2017—2018年度
石油工程建设工法汇编

石油工程建设工法编辑委员会　主编

中国石化出版社

内容简介

《2017—2018年度石油工程建设工法汇编》共收录工法70项，包括油气田建设工法、油气储运建设工法、炼油化工建设工法和海洋石油建设工法等。

工法突出了施工工艺的先进性、工艺流程的可操作性、材料与设备配置的合理性、质量控制的可靠性、安全环保措施的可行性，每项工法均附有效益分析和应用案例，集中反映了两年来石油工程建设企业在施工技术创新与管理上取得的成果，对石油工程建设施工具有很强的指导和借鉴意义。

图书在版编目（CIP）数据

2017—2018年度石油工程建设工法汇编／石油工程建设工法编辑委员会主编．—北京：中国石化出版社，2020.6
ISBN 978-7-5114-5841-4

Ⅰ.①2… Ⅱ.①石… Ⅲ.①石油化工企业－建筑工程－工程施工－建筑规范－汇编－中国－2017—2018
Ⅳ.①TU276-65

中国版本图书馆CIP数据核字（2020）第083067号

中国石化出版社出版发行

地址：北京市东城区安定门外大街58号
邮编：100011 电话：(010) 57512500
发行部电话：(010) 57512575
http：//www.sinopec-press.com
E-mail：press@sinopec.com
北京科信印刷有限公司印刷
全国各地新华书店经销

*

889×1194毫米 16开本 55.5印张 1413千字
2020年6月第1版 2020年6月第1次印刷
定价：360.00元

目　录

海底脐带缆水平铺设施工工法

深圳海油工程水下技术有限公司

李怀亮　陈晓东　宋春娜　檀晓光　王保森

1　前言

近年来，随着我国海洋油气田开发水深和边际油气田数量的不断增加，水下脐带缆作为油田控制系统中的关键部分，在几乎所有水下油气田开发中均是必备设施之一，其安装需求也急剧增加。脐带缆应用的连接形式多样，主要用于连接固定式平台至固定式平台、固定式平台至水下结构物、浮式生产设施至水下结构物、水下结构物至水下结构物等。

脐带缆铺设是油气田建设过程中的关键步骤之一。在2012年以前，国内油气田的脐带缆铺设施工一直被国外工程公司垄断，国内没有相关的技术储备和施工能力。

深圳海油工程水下技术有限公司瞄准国内海上油气田大规模开发和脐带缆应用需求不断增加的机遇，引进并吸收了国外先进技术和设备，通过相关科研课题和工程项目的实施，总结和积累技术经验，编制了本工法。本工法所采用的脐带缆非线性有限元分析技术、存储分析技术、终端吊装及下放技术、甩弯铺设分析技术，解决了深水、长距离海底脐带缆铺设施工的难题。

本工法相关技术通过了海洋石油工程股份有限公司组织的技术鉴定，技术先进，具有明显的社会效益和经济效益。

本工法中，实用新型专利“模块化的下水桥（CN 207884205 U）”已获授权，“一种软管提拉支架”正在申请国家实用新型专利，“脐带缆终端总成（UTA）选型和尺寸确定”拟申报行业标准，“水下生产设施建造、测试及安装技术在流花19-5等项目中的应用”获得深圳海油工程水下技术有限公司科技进步一等奖。

2　工法特点

2.1　设备和船舶通用性强、布置简单

本工法使用结构简单、运输方便的储缆装置、张紧器、下水桥等设备，对施工船依附程度低；锚泊定位的平板驳船、甲板面积紧凑的动力定位船均可按需布置。所用脐带缆铺设设备在安装船上可方便地安装和拆除，装船布置也可根据铺设船特性灵活调整，通常仅需2天即可完成施工船上的安装调试。

2.2　适用水深覆盖范围广

本工法适用于500 m水深以浅的海底脐带缆铺设作业。

2.3 铺设精度控制能力强

本工法通过锚泊系统或动力定位系统和借助水面 / 水下定位系统所提供的坐标参考，可实现脐带缆铺设船在海面上的位置固定和平稳移动。在此条件下，脐带缆在海床上的铺设位置误差能控制在 ±1 m 以内。

2.4 作业过程安全可靠

本工法中，脐带缆水平铺设过程中张力恒定、铺设速度均匀。通过水面 / 水下定位系统和张力监测系统、入水角监测、水下机器人水下监视等手段，可保证铺设过程中脐带缆的完整性和安全性。

2.5 作业效率高

本工法中，脐带缆水平铺设过程甲板操作简单，作业连续性好、效率高；采用国内动力定位船以水平铺设方式铺设脐带缆，最快可达 800~900 m/h，能显著缩短项目建设周期，减少油气田整体开发成本。

3 适用范围

本工法适用于 500 m 水深以浅的海洋油气田用钢管脐带缆及热塑性管脐带缆铺设作业，包括固定式平台到固定式平台、固定式平台到水下结构物、水下结构物到水下结构物的所有脐带缆（图 3–1、图 3–2、图 3–3 所示）铺设作业。

图 3–1 固定式平台间脐带缆设计简图

图 3–2 至水下结构物脐带缆设计简图

图 3–3 至水下结构物脐带缆设计简图

4 工艺原理

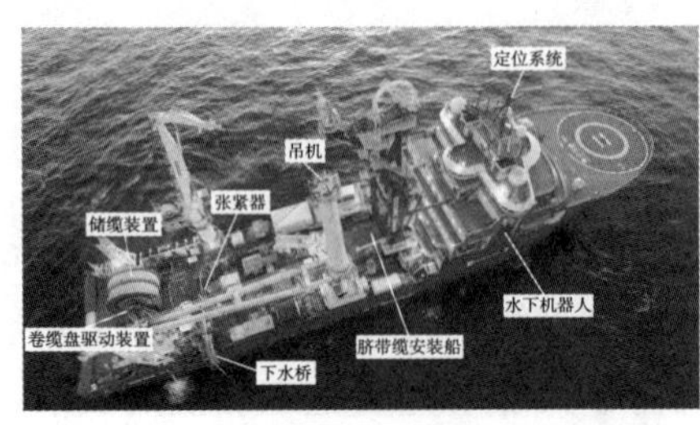

图 4–1 脐带缆水平铺设示意图

本工法中，铺缆船搭载工作级水下机器人、水面 / 水下定位系统、储缆装置、张紧器、下水桥、绞车等专业设备，集成脐带缆水平铺设作业系统，如图 4–1 所示。

脐带缆水平铺设是指脐带缆从作业船舶上的储缆装置释放，经过张紧器和下水桥入水，通过船舶向前移动，脐带缆依靠自身重力和张紧力铺设至海床上。

本工法形成的关键技术如下所述。

4.1 脐带缆非线性有限元分析技术

OrcaFlex 软件是一种用于解决三维空间细长体结构静力和动力分析问题的非线性时域有限元程序，常用于脐带缆海上水平铺设分析计算。

采用 OrcaFlex 软件建立分析模型如图 4-2 所示，施加波浪、海流等海洋环境载荷，制定分析工况矩阵，开展静力、动力及敏感性分析工作，之后进行批量计算。通过数据处理软件提取脐带缆相关力学及海上作业关注信息，从而确定脐带缆在水平铺设过程中各个阶段的控制参数。

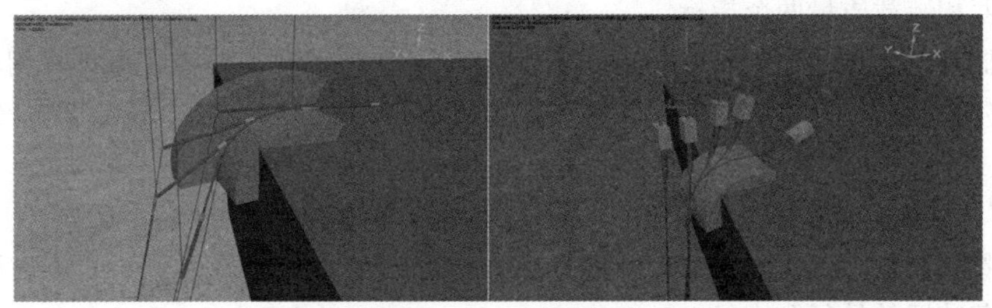

图 4-2　OrcaFlex 分析模型示意（脐带缆首端下放和末端下放）

脐带缆水平铺设静力分析结果示例如表 4-1 所示，主要包括有：

（1）脐带缆控制参数：脐带缆上部悬挂点到触泥点的水平距离（layback）、脐带缆上部悬挂张力及偏离角、脐带缆最小弯曲半径、脐带缆在触泥点的弯曲半径及有效张力等。

（2）作业船舶移船距离和方向。

（3）安装设备如绞车、吊机钢丝绳收放长度和张力。

表 4-1　输出的静力分析结果示例

施工步骤	脐带缆						拖拉头	限弯器	平台绞车			作业船舶	
	长度 /m	最大张力 /kN	弯曲半径 /m		距离海床 /m	铺设长度 /m	弯曲半径 /m	弯矩 /kN·m	拉力 /kN	长度 /m	回收长度 /m	与平台距离 /m	移船距离 /m
1	151.8	33.2	5.1	17.4	1.1	0.0	7.0	0.2	29.7	138.2	0.0		
2	154.8	33.5	5.1	16.1	1.1	3.0	5.9	0.2	29.7	136.2	2.0		
3	157.8	33.3	5.1	7.3	1.2	3.0	4.1	0.2	30.1	133.2	3.0		
4	273.8	33.3	5.1	6.7	1.3	116.0	126.2	1.7	49.2	15.2	118.0		
5	276.8	33.0	5.1	6.4	1.3	3.0	102.8	1.9	51.0	11.2	4.0	70.0	0.0
6	279.3	33.1	5.1	5.9	1.2	2.5	34.7	2.2	52.1	8.2	3.0		
7	282.3	32.2	5.1	5.1	1.1	3.0	8.7	2.8	52.9	5.2	3.0		
8	285.8	30.2	5.1	5.0	0.8	3.5	9.5	3.1	54.6	3.2	2.0		
9	288.8	29.8	5.1	5.5	0.9	3.0	17.3	4.7	130.4[4]	0.7	2.5		

脐带缆水平铺设动力分析要给出可供海上施工的天气窗口，输出结果如表 4-2 所示。

表 4-2　输出的动力分析结果示例

波浪方向 /℃	允许施工天气，波浪有义波高 /m											
	波浪跨零周期 /s											
	4	5	6	7	8	9	10	11	12	13	14	15
0	3	3	3	3	3	3	3	3	3	3	2.5	3
45	3	3	3	3	3	2.5	2.5	2	2	2	2	2.5
90	3	3	2.5	2.5	2.5	2	2	1.5	2	2	2	2
135	3	3	3	3	2.5	2.5	2	2	2	2	2	2.5
180	3	3	3	3	3	3	3	3	3	3	2.5	3
225	3	3	3	3	3	3	3	3	3	3	3	3
270	3	3	3	3	3	3	3	3	3	3	3	3
315	3	3	3	3	3	3	3	3	3	3	3	3

4.2 脐带缆存储分析技术

为便于脐带缆存储、运输及铺设，应配置特殊的容器或储缆装置来存储脐带缆，脐带缆存储分析主要考虑装载长度和装载质量两个指标。

根据脐带缆储存装置的有效容积、内径、外径、高度和脐带缆的外径，可计算得到可装载的总长度，计算公式见公式（1）。

$$L=\frac{k\times\pi\times H\times\left(D_1^2-D_2^2\right)}{4d^2} \tag{1}$$

式中，L 为脐带缆的长度，m；k 为经验系数；H 为储存装置的有效高度，m；d 为脐带缆的外径，m；D_1、D_2 为储存装置的外径和内径，m。

总装载质量公式见公式（2）：

$$W=L\times w \tag{2}$$

式中，W 为脐带缆的总装载质量，t；L 为脐带缆的长度，m；w 为脐带缆的单位长度质量，t/m。

对于固定的储缆装置，相同外径 D_1 下，随着脐带缆外径 d 的增加，最大装载量不断减少；相同脐带缆外径 d 下，随着外径 D_1 的增加，最大装载量不断增加。

利用上述计算技术，本公司开发了一款用于脐带缆存储分析的软件，便于快速校核储缆装置最大容量，或者在脐带缆总长的已知条件下，确定储缆装置的最小尺寸，软件截图如图 4–3 所示。

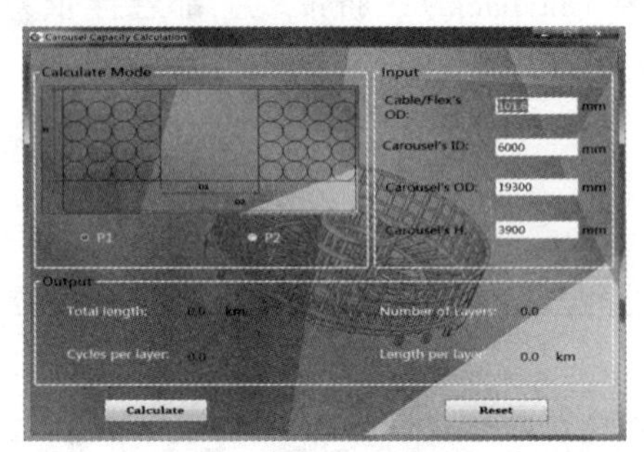

图 4–3 脐带缆存储分析软件开发软件截图

4.3 脐带缆终端吊装及下放技术

脐带缆连接水下结构物的端头通常有 UTA（Umbilical Termination Assembly）和 CHA（Cobrahead）两种形式，这两种形式均具有结构尺寸大、质量大、刚度大等特点。端头与脐带缆主缆连接过度处弯矩较大，弯曲半径小，相对脆弱易损，因此在脐带缆终端吊装下放的索具设计时，要保证终端与脐带缆过渡段处于同一水平线上，或者在过渡段加装限弯器来防止脐带缆发生过度弯曲。

4.4 脐带缆甩弯铺设分析技术

当脐带缆海底铺设路由发生变向、完工长度大于设计长度或末端需抽拉上平台时，均需进行甩弯铺设。甩弯铺设一般采用 S 形甩弯或 U 形甩弯。甩弯铺设设计应在施工准备阶段完成，主要进行两部分计算，其设计原理如下。

（1）最小铺设路由半径计算公式：

$$H\leqslant R_c\times(\mu\times w_s+F_R) \tag{3}$$

式中，H 为脐带缆在触泥点处的最小张力，t；R_c 为最小铺设路由半径，m；μ 为海床和脐带缆的横向摩擦系数；w_s 为脐带缆的单位长度湿重，t/m；F_R 为土壤被动摩擦力，t。

（2）甩弯路由长度计算公式：

$$L_{route}=l+S \tag{4}$$

式中，L_{route} 为弯路由长度，m；l 为水平段长度，m；S 为甩弯段长度，m。

$$l=L_1+L_2 \tag{5}$$

式中，L_1 为脐带缆甩弯前的水平段长度，m；L_2 为脐带缆甩弯后的水平段长度，m。

$$\text{对于 U 形弯，} S=S_1+S_2+R_c\times(\theta_1+\theta_2+\theta_3) \quad (6)$$

$$\text{对于 S 形弯，} S=S_1+S_2+S_3+R_c\times(\theta_1+\theta_2+\theta_3+\theta_4) \quad (7)$$

式中，S 为甩弯段长度，m；S_1、S_2、S_3 为脐带缆甩弯段中间的直线长度，m；R_c 为最小铺设路由半经，m；θ_1、θ_2、θ_3、θ_4 为脐带缆甩弯段中间的圆弧长度对应的圆心角，rad。

5 施工工艺流程及操作要点

5.1 施工工艺流程

海底脐带缆水平铺设总体施工工艺流程如图 5-1 所示，其中，海上施工主要包括脐带缆起始铺设、正常铺设、余量存储及终止铺设三个关键步骤。

子流程

子流程 1：脐带缆起始铺设流程图（图 5-2）。

子流程 2：脐带缆正常铺设流程图（图 5-3）。

子流程 3：脐带缆余量存储及终止铺设流程图（图 5-4）。

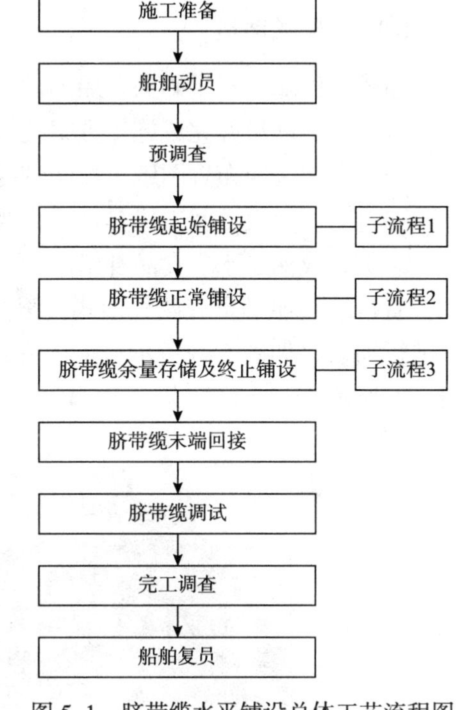

图 5-1 脐带缆水平铺设总体工艺流程图

5.2 操作要点

5.2.1 施工准备

施工准备包括设备选型、方案设计、装船布置、海上平台施工准备等：

（1）设备选型，即根据水深、脐带缆特性选择所用设备。

（2）方案设计，包括施工方案相关的计算报告、图纸等的编制。

（3）装船布置主要考虑以下技术因素：

①脐带缆甲板入水位置的确定，即确定入水位置是在舷侧还是船尾；

②核对甲板的有效面积是否满足作业设备布置的需要；

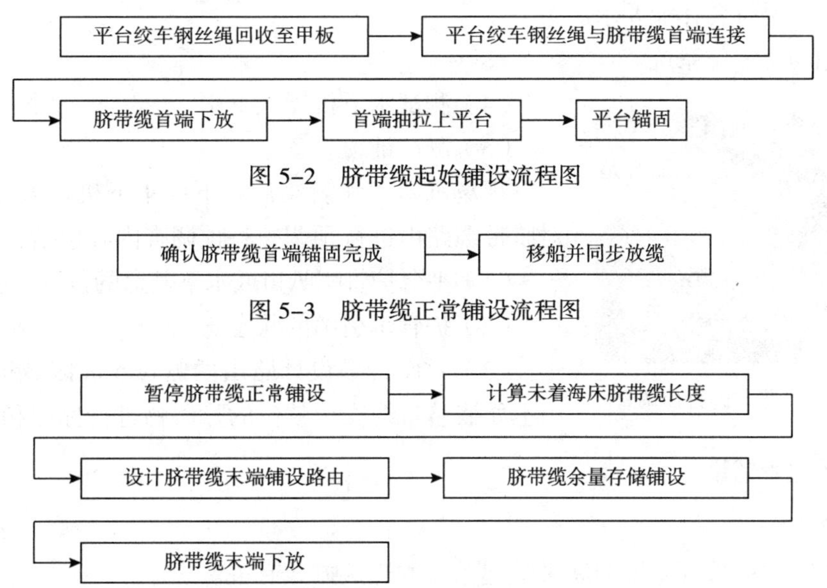

图 5-2 脐带缆起始铺设流程图

图 5-3 脐带缆正常铺设流程图

图 5-4 脐带缆存储余量及终止铺设流程图

③校核甲板的脐带缆路由满足最小弯曲半径的要求；

④进行设备的甲板装船固定计算；

⑤预留安全所需的人员逃生路径；

⑥校核吊机的作业半径。

（4）海上平台施工准备，包括脐带缆抽拉上平台的绞车布置、护管内壁海生物清理等。

5.2.2 船舶动员

铺缆船停靠在指定码头，船舶动员工作包括：

（1）人员动员并完成施工方案技术交底。

（2）根据装船布置图纸完成脐带缆铺设设备、工机具、物料装船。

（3）对所有设备及工机具进行必要的焊接固定、检验或绑扎固定。

（4）完成油、水、食品补给。

脐带缆装船动员有两种形式：滚筒形式和卧式储缆盘形式。采用滚筒形式需额外配备滚筒驱动装置进行铺设，如图5–5所示；采用卧式储缆盘形式需要额外配备装载臂和出舱导向装置进行铺设，如图5–6所示。

图5–5 储缆装置－滚筒

图5–6 储缆装置－卧式储缆盘

5.2.3 预调查

铺缆船航行抵达作业现场后，预调查工作开始前，首先需完成如下现场准备工作：

（1）从油气田获取作业许可。

（2）确认天气情况符合作业要求。

（3）测试船舶动力定位系统。

（4）测试水下机器人下水。

（5）测试铺缆设备。

现场准备工作就绪后，下放水下机器人（如图5–7所示）对脐带缆路由进行预调查，预调查内容包括：

图5–7 下放水下机器人进行预调查

（1）平台护管喇叭口或水下基盘的位置、朝向和水平角度。

（2）护管牵引缆的状态。

（3）对脐带缆设计路由两侧 ±5 m区域进行扫测，并对路由上妨碍脐带缆安全就位的障碍物进行标记和清理。

5.2.4 脐带缆起始铺设

1. 起始铺设要点

（1）起始铺设方法的选择主要与脐带缆起始端的连接方式有关。

①若起始端连接到导管架护管上方，则起始铺设时需要将脐带缆首端通过护管抽拉到护管顶部并

进行锚固；

②若起始端连接到管汇基盘等水下结构物，则一般通过在首端连接配重块来实现起始端的下放及铺设。

（2）在起始铺设过程，应关注以下因素：

①起吊、下放、抽拉过程中，脐带缆的弯曲半径要大于最小弯曲半径，抽拉力要不大于许用轴向拉力；

②起始端的索具设计应满足水下机器人解 / 挂钩的要求；

③安装船舶应严格控制船位和艏向，确保船舶与水面设施保持足够的安全距离；

④起始端的下放速度、平台抽拉速度、以及船舶位置变化应相互协调，保证速度的同步性。

2. 平台绞车钢丝绳回收至甲板

（1）在平台上护管外侧的牵引缆末端连接足够长度的高强度尼龙绳。

（2）将位于护管内侧的牵引缆末端连接至平台绞车钢丝绳。

（3）将尼龙绳自由端传递至铺缆船。

（4）通过铺缆船上的绞车回收尼龙绳和牵引缆，从而将平台绞车钢丝绳回收至铺缆船甲板。

3. 平台绞车钢丝绳与脐带缆首端连接

（1）将张紧器履带打开。

（2）吊机与滚筒驱动（或卧式储缆盘）、甲板绞车配合将脐带缆起始端头放入张紧器内。

（3）连接平台绞车钢丝绳至脐带缆首端拖拉头。

4. 脐带缆首端下放

（1）合拢并根据程序要求设置张紧器夹紧力。

（2）张紧器放缆方向启动，将脐带缆端头下放入水。

（3）平台绞车钢丝绳缓慢同步回收，保证不对脐带缆施加额外拉力。

（4）滚筒驱动（或卧式储缆盘）和张紧器亦同步释放脐带缆。

5. 首端抽拉上平台

（1）将张紧器张力设置为起始铺设中的设计值。

（2）下放水下机器人，监测抽拉过程中脐带缆拖拉头位置。

（3）回收平台绞车钢丝绳，抽拉脐带缆拖拉头向平台护管底部喇叭口移动。

（4）水下机器人检查脐带缆与护管底部相对位置，确保两者处于一条直线。

（5）密封塞和限弯器安装下放。

（6）继续回收平台绞车钢丝绳，将脐带缆拖拉头抽拉出平台护管顶部。

（7）密封塞抽拉进护管。

（8）在抽拉脐带缆拖拉头进护管过程中，水下机器人在护管底部喇叭口实时监视脐带缆状态。

6. 平台锚固

（1）脐带缆首端抽拉到位后，在脐带缆端头上安装锚固卡子。

（2）缓慢释放平台绞车钢丝绳使载荷逐步传递到锚固卡子上。

（3）确认锚固卡子无异常后，平台施工人员通过对讲机通知铺缆船可以开始铺缆作业。

5.2.5 脐带缆正常铺设

1. 正常铺设要点

在进行脐带缆正常铺设时，主要关注的参数有：作业水深、悬挂张力、入水角度、着泥点位置、着泥点至下水桥的水平距离、风浪流等海洋环境、船舶运动等。

2. 确认脐带缆首端锚固完成

（1）铺缆船向前移船 20 m。

（2）滚筒驱动（或卧式储缆盘）和张紧器同步释放 20 m 脐带缆。

（3）将张紧器张力加大至铺设的最大张力，测试脐带缆起始端已固定。

（4）通过对讲机通知平台施工人员可以将平台绞车钢丝绳从脐带缆首端拖拉头上移除。

（5）将张紧器张力调至正常铺设设计值。

3. 移船并同步下放脐带缆

（1）铺缆船沿设计路由移船。

（2）滚筒驱动（或卧式储缆盘）和张紧器同步释放脐带缆。

（3）监视记录张紧器的铺设张力和已铺设脐带缆长度。

（4）铺设过程中持续监控脐带缆中压力，并定期测试脐带缆电导通性。

（5）水下机器人水下监视脐带缆着泥点，确保 layback 符合设计值。

5.2.6 脐带缆余量存储及终止铺设

1. 暂停脐带缆正常铺设

当铺缆船铺设至距离水下结构物或末端平台 200 m 左右时，停止移船，暂停脐带缆正常铺设。

2. 计算未着海床脐带缆长度

未着海床脐带缆包括悬链线段脐带缆和铺缆船甲板剩余脐带缆两部分。悬链线段脐带缆长度测量方法为：

（1）在下水桥和张紧器之间的脐带缆上缠绕反光胶带并安装浮球，记录此时张紧器铺缆累计长度为 L_1，如图 5–8 所示。

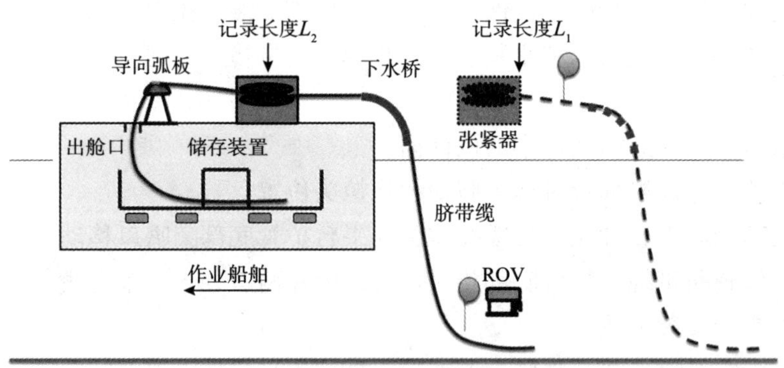

图 5–8 脐带缆悬链线长度测量

（2）以同样速度放缆和移船，水下机器人监控着泥点，待浮球的位置位于着泥点上方时，停船并停止放缆，记录此时张紧器的铺缆累计长度为 L_2。

（3）从下水桥侧到着泥点的悬链线长度为 $L_3=L_2-L_1$。

（4）计算铺缆船甲板剩余脐带缆长度：

①倒缆期间复测的脐带缆交货长度为 L'；

②甲板（从下水桥位置算起）及滚筒（或卧式储缆盘）内的剩余脐带缆长度为 $L_4=L'-L_2$。

最后计算得到未着床脐带缆长度 $L_5=L_3+L_4=L_2-L_1+L-L_2=L'-L_1$。

3. 设计脐带缆末端铺设路由

（1）依据准确计算出的未着海床脐带缆长度来设计脐带缆剩余路由，采用弧形铺设进行余量的海床存储。

（2）将弧形路由根据半径大小分解成若干等分的圆弧，圆弧等分越多，铺设路由精度越高，但铺设所用的时间也越长，正常每段圆弧长度以不超过 10 m 为宜，如图 5-9 所示，弧形路由被分成四个等份圆弧进行铺设。

4. 脐带缆余量存储性铺设

（1）根据存储性铺设时设定的每个等份圆弧的弧长，在甲板测量出每步需铺设的同等长度脐带缆，并做好标记；

（2）按设计路由移船，同步从滚筒（或卧式储缆盘）中释放与移船距离相同的脐带缆。

（3）通过完成多个圆弧段的铺设来完成脐带缆的存储性铺设。

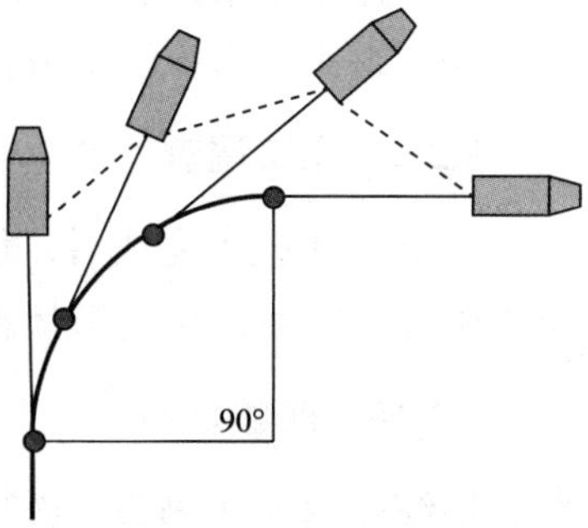

90°

图 5-9 四分之一圆弧路由

5. 脐带缆末端下放

（1）使用张紧器和吊机辅助将脐带缆末端移出滚筒或储缆盘，此过程中在入水桥附近安装拖拉网套并连接甲板绞车。

（2）使用甲板绞车、吊机及张紧器协同将脐带缆末端转移至入水桥入口附近；

（3）按照脐带缆生产厂家的要求安装脐带缆末端附件。

（4）使用吊机和甲板绞车一同将脐带缆起吊并下放至 30 m 水深处。

（5）水下机器人解除甲板绞车，吊机继续下放脐带缆和脐带缆终端至海底。并将脐带缆终端下放至海床。

5.2.7 脐带缆末端回接

（1）二号水下机器人拆除脐带缆终端吊装框架。

（2）二号水下机器人安装 FLOT 和 Class1-4 TT 并完成功能测试和校准工作，如图 5-10 所示。

（3）二号水下机器人拆除回接口处的保护盖，并回收至水下机器人工具篮。

（4）二号水下机器人完成与脐带缆终端的连接，一号水下机器人连接驼峰索具至预先安装在脐带缆管体上的索具上，如图 5-11 所示。

图 5-10 FLOT 和 Class1-4 TT 安装于水下机器人前端

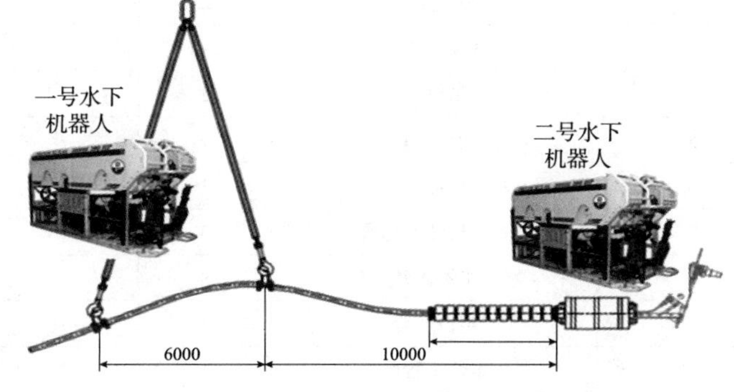

图 5-11 脐带缆末端回接

（5）二号水下机器人飞行并移动脐带缆终端至回接位置，使用吊机进行辅助。

（6）二号水下机器人将脐带缆终端连接至回接口，并按照脐带缆终端生产厂家要求完成脐带缆终端回接。

5.2.8 脐带缆测试

（1）平台进行绝缘测试和电阻测试确认脐带缆电导通性。

（2）平台进行脐带缆试压设备布置、连接及调试等准备工作。

（3）连接试压管线及仪表。

（4）按照 API 规范进行脐带缆高压及低压管线试压。

（5）保压结束，管线泄压，拆除试压管线及设备。

（6）编制脐带缆测试报告并提交给业主和第三方审核签字。

5.2.9 完工调查

海上整体施工完成后，使用水下机器人进行一次脐带缆全路由水下完工调查，记录实际铺设路由位置坐标，并对铺设完工状态录像并存储。

5.2.10 船舶复员

铺缆船返航回码头，进行作业设备、物料及人员的复员工作。

5.3 人力资源配置

本工法实施过程中，通常按照固定式平台、铺缆船两部分进行人员组织，具体人员配置如表 5–1 及表 5–2 所示。

表 5-1 固定式平台人员配置表

序 号	种 类	人数 / 人	备 注
1	施工领队	1	全面负责平台施工
2	安全监督	1	检查、监督现场施工，确保施工安全
3	领班	2	平台施工指挥
4	现场工程师	2	现场协调及技术支持
5	甲板工	8	焊工、铆工、钳工、架子工、电工等

表 5-2 铺缆船人员配置表

序 号	种 类	人数 / 人	备 注
1	海上施工经理	1	项目海上施工总指挥
2	施工监督	2	海上施工指挥
3	现场工程师	2~4	现场协调及技术支持
4	吊机手	2	吊机操作
5	安全监督	1	检查、监督现场施工，确保施工安全
6	水下机器人总监	1	负责水下机器人运营及管理
7	水下机器人监督	3	水下机器人操作及管理
8	水下机器人领航员	8	水下机器人操作及维保
9	定位监督	1	定位设备运营及管理
10	定位工程师	1	定位设备操作
11	设备总监	1	甲板设备运营及管理
12	张紧器监督	1	张紧器操作及管理
13	张紧器工程师	3	张紧器操作及维保
14	储缆装置监督	1	储缆装置操作及管理
15	储缆装置工程师	3	储缆装置操作及维保
16	甲板监督	2	甲板施工指挥
17	甲板工	12	焊工、铆工、钳工、架子工、电工等
18	脐带缆厂家工程师	4	脐带缆外表皮修复及脐带缆铺设过程中的压力监控及 IR，CR 监控
19	船舶作业人员	37	船长、DPO、大副、二副、轮机长、ETO、水手长、水手等

6 材料与设备

海底脐带缆水平铺设的主要机具设备如表 6–1 所示。

表 6-1 主要机具设备汇总表

序号	名 称	规格型号	单位	数 量	作业内容
1	铺缆船	—	艘	1	脐带缆铺设主作业船
2	水面 / 水下定位系统	DGPS/ 超短基线	套	2	水面 / 水下定位
3	水下机器人	100 匹马力以上	台	2	水下作业
4	FLOT	—	套	2	脐带缆终端回接
5	储缆盘（或滚筒）	根据脐带缆外径、长度等要求进行选型	套	1（或若干）	脐带缆储存
6	垂直导向装置	根据脐带缆最小弯曲半径选型	套	1	储缆盘出口转向
7	Class1–4 TT	CLASS1–4	套	2	脐带缆终端回接
8	TT 校准设备	CLASS1–4	套	1	脐带缆终端回接
9	滚筒驱动装置	根据滚筒 + 脐带缆总重进行选型	套	1	驱动滚筒旋转，仅适用于滚筒储存方式
10	张紧器	根据脐带缆参数及水深等要求选型	套	1	提供铺设拉力
11	导向弧板	根据脐带缆最小弯曲半径选型	台	1	脐带缆甲板转向
12	导向托辊	根据需要选取	台	1	脐带缆甲板转向
13	下水桥	根据脐带缆参数进行选型	套	1	脐带缆导向下水
14	绞车	根据铺设施工要求选型	套	2	脐带缆首端牵引和末端下放
15	脐带缆压力监控设备	根据脐带缆参数进行选型	套	1	压力监控和测试
16	脐带缆电导通性测试设备	根据脐带缆参数进行选型	套	1	电导通性测试

主要材料如表 6–2 所示。

表 6-2 主要施工材料汇总表

序号	名 称	单位	序号	名 称	单位
1	环形吊带	根	13	水泥沙包	个
2	吊环	个	14	胶皮	m^2
3	钢丝绳	套	15	氧气瓶	瓶
4	扁平吊带	条	16	乙炔瓶	瓶
5	棘轮绑带	条	17	氮气瓶	瓶
6	卸扣	个	18	氩气瓶	瓶
7	倒链	个	19	泡沫块	个
8	水下机器人索具	个	20	钢板	m^2
9	开口滑轮	个	21	钢管	m
10	尼龙绳	m	22	工字钢	m
11	浮球	个	23	拖拉网套	个
12	万向旋转节	个			

备注：材料规格及数量根据项目实际情况进行选择。

7 质量控制

7.1 质量标准

（1）GB/T 21412.5 石油天然气工业 水下生产系统的设计和操作 第 5 部分：水下脐带缆。

（2）DNVGL-RP-N101 Risk Management in Marine and Subsea Operations。

（3）DNVGL-RP-N103 Modelling and Analysis of Marine Operations。

（4）DNVGL-RP-C205 Environmental Conditions and Environmental Loads。

（5）DNVGL-RP-F109 On-Bottom Stability Design of Submarine Pipelines。

（6）API-17E API Specification for Subsea Umbilical。

（7）API-17I Installation Guideline for Subsea Umbilical。

7.2 质量保证措施

7.2.1 质量控制措施

（1）铺设前对张紧器张力计、长度记录仪进行标定，并对定位系统进行校准。

（2）根据脐带缆的特性，设计下水桥及导向弧板的弯曲半径，设置张紧器履带挤压力。

（3）铺设前进行水下预调查，清除设计路由上的障碍物。

（4）仔细检查脐带缆移动路由和终端转移路径上是否有尖锐边缘和粗糙表面，防止划伤脐带缆表层。

（5）保证铺缆船移船速度与张紧器、滚筒驱动（或卧式储缆盘）放缆速度一致。

（6）实时记录脐带缆铺设张力及长度。

（7）水下机器人水下实时监控，确保脐带缆不受损伤，不打扭，水中悬空段脐带缆为顺滑悬链线形状。

（8）平台抽拉时，使用拉力计监控拉力，避免脐带缆所受拉力超过脐带缆允许最大拉力。

（9）保证平台绞车抽拉速度与张紧器、滚筒驱动（或卧式储缆盘）放缆速度一致。

（10）储存、搬运和铺设过程中弯曲半径应大于制造商要求的最小弯曲半径。

（11）根据抽拉分析确定平台抽拉绞车能力，提前制定合理的平台抽拉作业路线。

（12）根据脐带缆特点和长度，确定储存方向、铺设方向、安装方案。

（13）在船舶甲板上合理安排布置和固定作业设备，明确脐带缆及其两端在主甲板移动路由，绘制铺设时的安装船舶主甲板布置图。

（14）选取的吊装索具满足脐带缆两端结构的形状特点要求。

（15）明确弯曲限制器、跨越保护结构、脐带缆终端组块附属结构等附属构件的具体安装方法。

（16）根据脐带缆的最大径向容许压力、张紧器履带的有效长度和条数、摩擦系数等确定张紧器的径向挤压力限值。

（17）对脐带缆两端铺设下放就位作业全流程进行模拟计算，提出合理操作方案，指导海上作业施工。

（18）根据水深、脐带缆结构性能参数选取适宜的 Layback。

7.2.2 关键工序质量控制点主要技术指标检验统计表（表 7-1）

表 7-1 主要技术指标检验统计表

序号	检查点或工序	指标要求	检验时机与频次	检验仪表或方法
1	装船设备焊接固定	焊缝磁粉检验合格	船舶动员时	磁力仪、悬浮剂
2	绞车拉力试验	试验拉力为额定拉力 1.3 倍，持续时间不短于 5min，拉力试验后焊缝磁粉检验合格	船舶动员时	拉力计、秒表、磁力仪、悬浮剂
3	储缆装置内径	> 脐带缆最小存储弯曲半径	施工准备阶段	米尺
4	下水桥半径	> 脐带缆最小安装弯曲半径	施工准备阶段	米尺
5	水下机器人作业海况	风速：<25 节 有义波高：<2.5m 海底流速：<1 节 海底能见度：>10m	每次水下机器人入水作业前及作业过程中	风速计、船载雷达、多普勒流速剖面仪、水下摄像头
6	脐带缆铺设张力	< 允许最大轴向拉力	整个铺设过程中	张紧器
7	脐带缆侧向挤压力	< 允许最大侧向挤压力	整个铺设过程中	张紧器
8	路由铺设精度	± 5m	整个铺设过程中	水下定位系统
9	试压压力	设计压力 1.1 倍	铺设完成后	圆图记录仪
10	保压时间	4h	铺设完成后	圆图记录仪
11	保压期间可接受压降	<4%	铺设完成后	圆图记录仪
12	绝缘电阻测试	参考 IEC60228 标准或 FAT 数据	铺设完成后	兆欧表
13	直流电阻测试	参考 IEC60228 标准或 FAT 数据	铺设完成后	直流电阻测试仪

8 安全措施

脐带缆水平铺设过程中存在很多风险，其中包括：船舶碰撞、恶劣天气、火灾、触电、水下机器人放漂、设备故障等，以上风险都可以通过充分的前期准备和严格的现场管理予以规避。施工过程应符合《中华人民共和国安全生产法》《生产安全事故应急条例》《中华人民共和国水上水下活动通航安全管理规定》等国家法律法规的规定，还应符合地方政府相关的管理规定，如《深圳市生产经营单位安全生产主体责任》。并根据上述法律法规、管理规定和相关标准要求，制定可行的管理体系，保障施工安全，具体措施如下：

（1）充分收集资料，其中包括平台和水下结构物的设计图纸、安装完工图纸、水下海底管道、海缆的分布等。

（2）所有出海人员必须持有有效的健康证、五小证 / 四小证等证书，特殊工种必须持证上岗。

（3）所有人员上船必须进行安全培训。

（4）每次施工前必须召集所有施工参与人员召开技术交底会。

（5）在施工过程中，任何人不得随意改变施工方案，如有特殊情况需进行调整，必须进行审批程序以保证整个施工过程安全可靠。

（6）海上所有施工人员要明确分工，听从指挥。

（7）在船甲板进行作业时，施工人员必须佩戴救生衣及劳保用品。

（8）出海前检查所有索具，均需证书齐全，所有设备及工机具必须完成陆地调试，使用、测试记录完整。

（9）作业前检查水下机器人、绞车、吊机等设备，确保各设备正常工作，若发现故障或潜在隐患应暂停作业、及时处理。

（10）夜间作业必须保证工作区域有充足的照明。

（11）监测天气及海况条件（包括潮位、风速、浪高、流速等），选择满足作业要求的天气窗口进行作业，提供至少 72 h 天气预报，并制定恶劣天气的应急计划。

（12）制定船舶应急计划，做好日常演习，防控火灾、人员落水和其他伤害事故。

（13）定期组织作业安全检查，发现安全隐患后应立即实施整改，并根据问题的严重程度在各级安全会议上进行通报。

（14）甲板布置应规划留出消防和安全逃生通道。

9 环保措施

在施工前进行环境影响评估，识别出对环境会造成影响的各个因素，符合《防治海洋工程建设项目污染损害海洋环境管理条例》《中华人民共和国海洋石油勘探开发环境保护管理条例》《防治船舶污染海洋环境管理条例》《中华人民共和国海洋石油勘探开发环境保护管理条例实施办法》等法律法规和相关标准规定，并根据上述法律法规和标准的要求编制控制方案，落实各项环保政策，具体措施如下：

（1）各作业船舶应有海事局要求配备和批准的《油污应急计划》《油类记录簿》《垃圾记录簿》和防污染告示牌；

（2）船舶配备防油污设施，如果发生漏油、溢油事故，应立即进行处理并上报相关部门；

（3）海上施工时，应禁止向海中抛放、倾倒工业垃圾、污油、塑料制品和其他无法分解的材料，所有排海的液体应经过无害化处理，化学品有环保部门的使用许可方能使用；

（4）施工期间，专（兼）职 HSE 监督人员必须按照 HSE 方案中的环境控制措施进行环境管理，并做好环境控制措施执行情况检查；

（5）脐带缆铺设完成后应对施工地点海底的杂物进行清理。

10 效益分析

在掌握本工法的关键技术以前，国内油气田的海底脐带缆施工作业只能单纯依靠外方技术力量及设备，铺缆船及人员动复员周期长。以文昌 9–2/9–3/10–3 气田开发脐带缆安装项目为例，铺缆船从新加坡动员，设备装船、清关、航行至中国深圳和复员共需要 14 天，铺缆船作业日费用约 100 万元 / 天，动复员费高达 1400 万元。掌握该技术以后，公司通过整合国内施工资源进行铺缆施工作业，船舶动复员仅需 8 天，铺缆船作业日费用约 80 万元 / 天，动复员费仅需 640 万元，仅动复员费用一项即可节约 760 万元（表 10–1）。

表 10-1 脐带缆水平铺设效益对比分析

序号	应用项目	作业水深 /m	脐带缆尺寸及长度	外方作业预计费用 / 万元	利用本工法实际费用 / 万元	节约费用 / 万元
1	文昌 9–2/9–3/10–3 气田开发项目	142	直径 126 mm 长度 23.05 km	3600	2400	1200
2	流花 19–5 气田开发项目	180~200	外径 112 mm 长度 12.5 km	2800	1760	1040
3	荔湾 3–1 项目（浅水）	190	外径 82 mm 长度 500 m	2200	1280	920
总计节约费用						3160

11 应用实例

本工法指导了深圳海油工程水下技术有限公司多个脐带缆铺设项目，极大地提高了油气田建设效率，为规范和指导海底脐带缆铺设施工提供了有力保障。应用的典型工程项目有：

应用实例一：文昌 9–2/9–3/10–3 气田开发项目

施工地点：中国南海东部海域；

施工工期：2018 年 07 月 07 日至 07 月 28 日；

实物工程量：1 根首端为拖拉头、末端为眼镜蛇头的长距离钢管脐带缆，长度为 23.05 km；

产生效益：1200 万元。

应用实例二：流花 19–5 气田开发项目

施工地点：中国南海东部海域；

施工工期：2013 年 5 月 11 日至 5 月 24 日；

实物工程量：1 根直径 112 mm、长 12.5 km 的钢管脐带缆安装及连接调试；

产生效益：1040 万元。

应用实例三：荔湾 3–1 项目（浅水）

施工地点：中国南海东部海域；

施工工期：2013 年 8 月 1 日至 8 月 8 日；

实物工程量：1 根直径 82 mm、长 500 m 的塑胶管脐带缆安装及连接调试；

产生效益：920 万元。

LNG 储罐拱顶气顶升施工工法

海洋石油工程股份有限公司

叶忠志　闫景鹏　魏雄标　尹永强　蔡文刚

1　前言

LNG 储罐拱顶气顶升施工工法是形成于 LNG 低温储罐的建造过程中。储罐拱顶顶升是 LNG 储罐建造的关键点和难点。

海洋石油工程股份有限公司液化天然气工程技术中心通过天津 LNG 储罐 EPC 总包项目和广西 LNG 储罐 EPC 总包项目 LNG 储罐顶升的施工实践，经过不断的经验积累和凝练总结，通过海洋石油工程股份有限公司各级单位专家的审核与鉴定，最终形成了大型 LNG 储罐拱顶顶升的施工工法。

在本工法应用前，储罐类拱顶提升需要借助大型机械起吊的方式，又由于起吊高度超过 30m，起吊质量超过 200t，一般均采用多机联吊的方式来实现拱顶的提升，存在资源耗费巨大，升顶过程不够稳定，受天气的影响较大的不利因素，而采用本工法提升 LNG 储罐拱顶只利用空气形成的微小压力便可实现拱顶的提升，具有稳定、安全、环保和经济优势。

在形成该工法的过程中，LNG 储罐顶升技术及相关设备设施取得了专利 4 项，其中德国国家专利 2 项为"大型液化天然气储罐穹顶气顶升密封装置（专利号：202014101268.0）""液化天然气储罐穹顶气举过程平衡钢丝绳张紧力调整装置（专利号：202014101567.1）"，中国国家专利 2 项为"液化天然气储罐穹顶气举过程平衡钢丝绳张紧力调整装置（专利号：ZL 2013 2 0777559.6）""大型液化天然气储罐穹顶气顶升密封装置（专利号：ZL 2013 2 0778469.9）"。气压顶升（储罐气压浮升技术）的技术研发获得了 2015 年度海洋石油工程股份有限公司科技进步三等奖。

2　工法特点

2.1　机械化施工程度高，节能环保

由两台风机（一用一备）组成的风机系统，提供顶升所需要的压力，无需借助外部助力，由钢丝绳、定滑轮、动滑轮组成的平衡系统，操作人员只需要调整风机的档位，便可全程控制完成拱顶的提升，机械化程度高；气压顶升过程中不产生废气、废水和噪声危害，是一种绿色环保的提升方式。

2.2　突破传统工艺瓶颈，施工便捷、质量好

采用空气作为拱顶提升的动力源，解决了长久以来采用大型履带吊装作业风险高、投入大、工效低的问题，不仅提高施工工效，由于平衡系统的存在，保证气体顶升过程中，整个拱顶钢结构不发生较大的倾斜和翻转，对于所处环境要求较低，为拱顶提升过程中安全平稳运行提供了质量保障。

2.3 顶升过程有效控制、安全风险低

采用空气提升拱顶的过程中，拱顶是沿着外罐由钢丝绳辅助牵引，逐步提升至罐顶抗压环处，通过压力检测和高度检测，实时提供拱顶上升过程中的参数，使得拱顶的平衡状态得到了有效控制。相关区域通过隔离和限制，顶升过程人员均布置在安全绳外操作，整个过程安全、风险低，不会对人员造成伤害。

3 适用范围

本工法适用于（3～16）$\times 10^4 m^3$ 全包容 LNG 储罐的拱顶提升。

4 工艺原理及施工关键技术

在 LNG 储罐墙体至环梁第一段施工完成，将已在储罐底板上预制完成的拱顶模块采用微正压，空气将拱顶浮升至安装位置，并用钢索及滑轮组组成的平衡系统防止拱顶在浮升中发生扭转和倾覆。

拱顶的空气顶升是利用风机设备向密闭空间（外罐墙体与拱顶之间）送入大风量低压力的空气，当空气的总浮力大于需要顶升的质量并克服摩擦阻力后，拱顶会顶升至安装位置，达到顶升拱顶的目的。

4.1 风量风压的有效控制

4.1.1 风压的计算

$$P_{min}=N/A=K\times m\times g\times f/A \quad (1)$$

式中，K 为综合超载系数；m 为质量总和，kg；g 为重力加速度，$9.8m/s^2$；f 为摩擦系数；A 为拱顶投影面积 m^2。

4.1.2 风量计算

以 $3\times 10^4 m^3$ LNG 储罐拱顶空气顶升为施工对象，预计顶升时间约为 120 min，顶升平均速度为 200 mm/min，最大速度为 300 mm/min。

$$Q_{max}=V_{max}\times A\times K \quad (2)$$

式中，Q_{max} 为最大风量，m^3/s；V_{max} 为最大顶升速度，m/s；A 为吹顶作用截面积，m^2；K 为泄漏系数。

4.2 平衡支撑设施和钢丝绳的强度校核

由 T 型架、钢丝绳、底部固定块和滑轮组组成的平衡系统，用来保证拱顶模块在气压顶升过程中保证不发生大的倾斜和扭转。使得拱顶模块顺着预紧的钢丝绳沿着外罐壁缓慢提升至指定位置。

4.2.1 T 型架的强度校核

1. 立柱受压校核

T 型支架采用的工字钢立柱为 HW150×150×70，查材料数据表可得截面积 A、屈服强度 R_{eH}，取安全系数为 n=1.5，则立柱受到的压力 $F_{压}=2F_{实}$，立柱最大许用压力 $F_{许}=A*R_{eH}/n<F_{许}$，得出立柱受压状态安全。

2. 横梁受弯校核

查材料数据表得到 W_{nX}、γ_X、f，已知 $F_{实}$和 L，则 $M_X=F_{实}\times L$，进一步计算，$M_X/\gamma_X\times W_{nX}<f$，因此，横梁受弯矩状态安全。

3. 稳定性校核

查材料数据表得到，I_X、I_Y，弹性模量 E，则

回转半径：$R_Y=(I_Y/A)^{1/2}$

长细比：$\lambda=M_L/R_Y$

$\lambda_u=(a-\sigma_u)/b$，$\lambda_p=\pi(E/\sigma_p)^{1/2}$，通过数值得到 $\lambda_u<\lambda<\lambda_p$，对照取得杆件类型，T形架稳定性满足要求。

4.2.2 钢丝绳的强度校核

钢丝绳的预紧力，按照经验值9 kN的力来预紧。拱顶在上升过程中升顶的质量与气压形成平衡，钢丝绳基本不受力，只有在拱顶发生倾斜的时候，平衡钢丝绳才会调节其平衡而受力，平衡钢丝绳在顶升的过程中主要拱顶向上的提升力与钢丝绳的摩擦力。

$$F_{总}=F_{预}+F_{摩}=9+\mu(P\times S-Q\times g)/N$$

式中，$F_{总}$为钢丝绳最大受力，N；$F_{预}$为钢丝绳预紧力，N；$F_{摩}$为钢丝绳摩擦力，N；μ为摩擦系数，0.15；P为压力，kPa；S为拱顶面积，m^2；Q为升顶质量，kg；g为重力加速度，$9.8m/s^2$；N为钢丝绳组数。

根据钢丝绳的直径取得破断拉力值 $F_{破}$，按照钢丝绳组的不平衡拉力，比较 $F_{总}$不均匀系数与 $F_{破}$，数值后，当 $F_{总}$不均匀系数 $<F_{破}$时，钢丝绳的抗拉力满足要求。

4.3 拱顶与抗压环连接时焊接施工控制

预先在拱顶及抗压圈上划定的控制线，当拱顶到达安装位置时，若拱顶在顶升过程中发生偏移与预先在拱顶及抗压圈上划定的控制线不能重叠时，可对拱顶进行微量旋转及偏转工作，当拱顶调整至正确位置后，风机缓慢调整风压至升顶最大风压，使用销子和组对卡具，并适当使用千斤顶来控制拱顶与抗压圈正确组对。为了保证不发生较大的焊接变形，焊工要沿着罐周长范围内均匀布置，沿着同一个方向施焊。

5 施工工艺流程及操作要点

5.1 工作流程（图5-1）

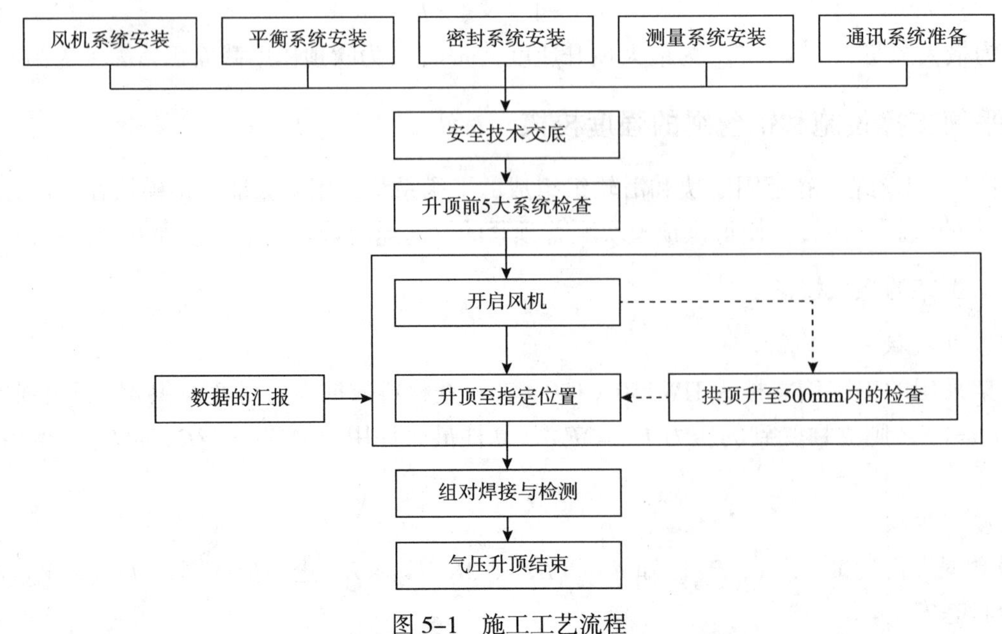

图5-1 施工工艺流程

5.2 关键工序施工方法

5.2.1 风机系统安装

（1）根据图纸（如图 5–2、图 5–3）制作风道并正确安装风机（2 台：包括 1 台备用），根据风机参数配备 2 台发电机（包括 1 台备用），由专业电工接通它们之间的电源线路。

（2）按照要求制作风道 2 组，人员入罐通道一组（图 5–2）。

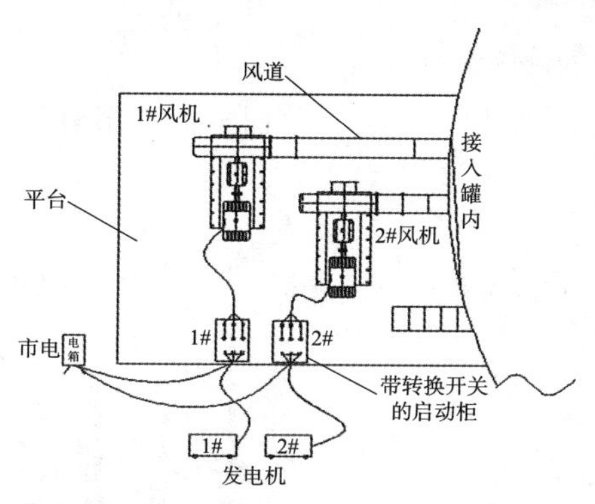

图 5–2 风机系统布置示意图

图 5–3 风机系统布置详图

（3）按照风机资料的要求选择发电机，确保发电机与风机是匹配的。

（4）应在前期对风机系统进行检测，确保风机系统能够正常的工作，LNG 储罐气压顶升作业开始后专业电工必须坚守岗位，直到升顶工作结束。

5.2.2 平衡系统安装

整套平衡系统由T型支架，钢丝绳、导向滑轮、中心滑轮组和底部固定块组成（总布置图见图 5–4 图 5–5）。钢丝绳作为平衡绳索由中心滑轮组（图 5–6、图 5–7）、固定端通过 T 型支架（图 5–8），通过导向滑轮（图 5–9），从拱顶钢结构中心的滑轮组（图 5–10）与底部固定块（图 5–11）相连接并固定，底部固定块是安装在罐底中心的钢丝绳固定装置，通过承台上表面的预埋螺栓可靠连接。

（1）在罐底的中心安装一个钢丝绳固定装置，并与承台上表面的预埋螺栓可靠连接。

（2）中心滑轮：在拱顶的中心上部安装 16 个中心滑轮，并与拱顶中心环的临时支撑焊接固定。

（3）导向滑轮：在拱顶上安装 32 个导向滑轮（导向滑轮的位置需标记在拱顶板上，按照标记将导向滑轮底座焊接在拱顶板上），用于支撑钢丝绳。

（4）开口滑轮：在拱顶板上表面沿外周围安装 16 个开口滑轮。

（5）T形架：在抗压圈上安装 T 形支架 16 个。保证 T 形架正确安装并与抗压圈可靠固定。布置钢丝绳：每个 T 形架布置一根单独的钢丝绳。单根钢丝绳不得有接头、破损，钢丝绳质量满足要求。拉

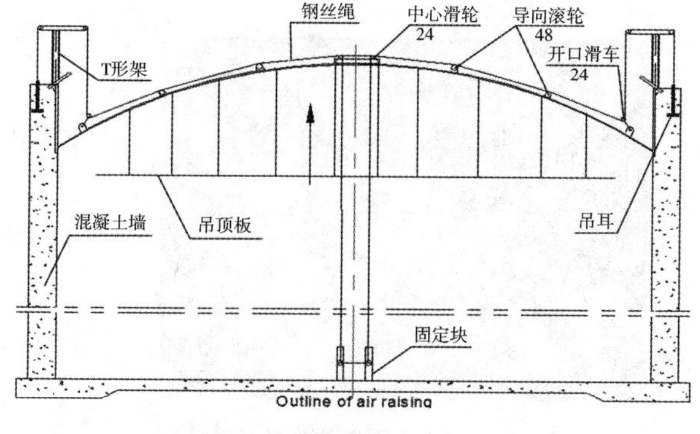

图 5–4 平衡系统安装布置图

图 5–5 平衡系统安装实物图

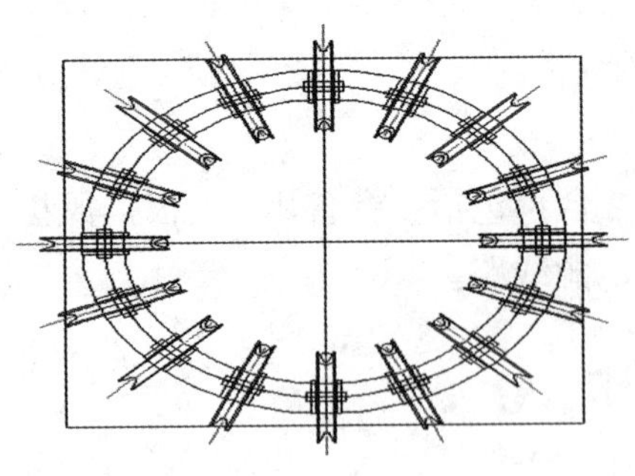

图 5–6 中心滑轮组示意图

图 5–7 中心滑轮组实物图

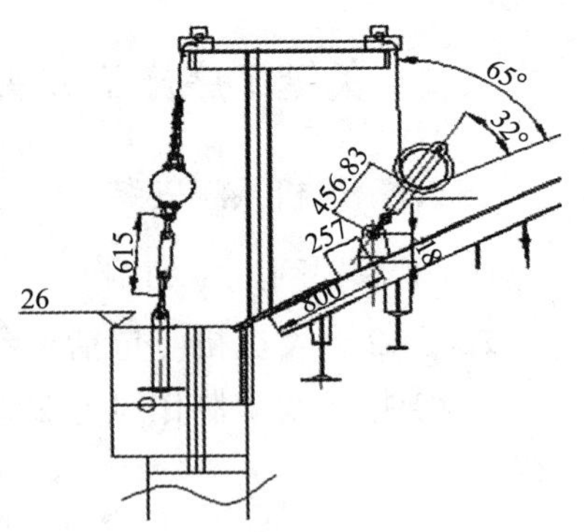

图 5–8 T 形架安装示意图

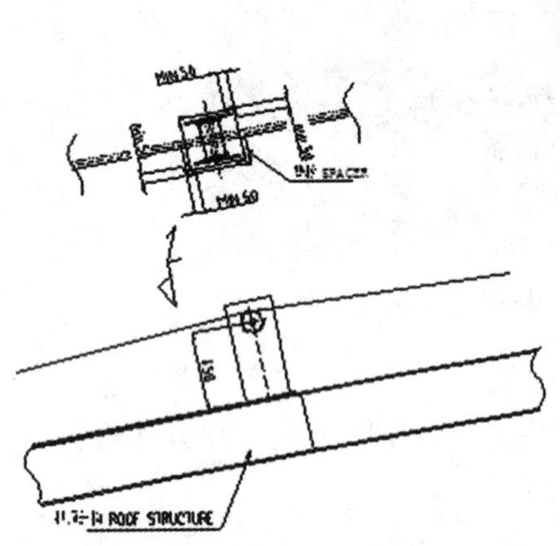

图 5–9 导向滑轮安装示意图

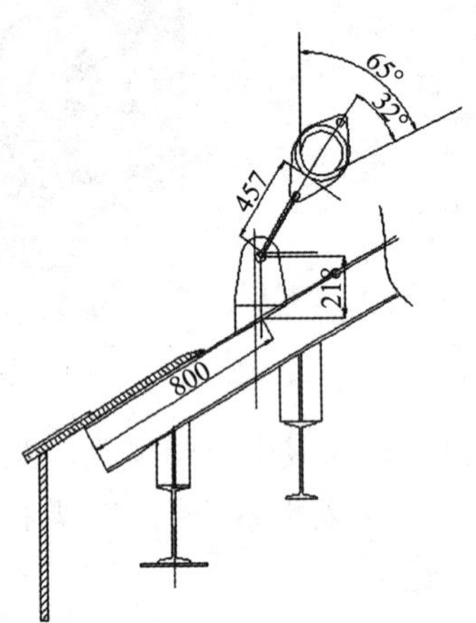

图 5–10 开口滑轮安装示意图

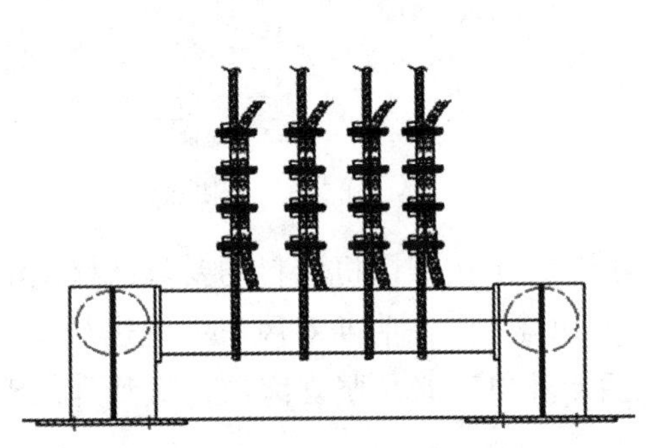

图 5–11 底部固定块钢丝绳安装示意图

紧两根带有张紧计的钢丝绳，并调整到一个合适的预紧力。使用卸扣连接花篮螺丝和预埋吊耳，花篮螺丝另一端与钢丝绳连接。钢丝绳依次穿过 T 形架、开口滑轮、导向滚轮、中心滑轮，直接垂直的与底部固定块连接固定。在拱顶下部和上部利用小秤在每根钢丝绳相同位置向上牵引相同大小的力确保钢丝绳挠度一致，检查钢丝绳的松紧程度是否基本相同，并用抗压圈上的花篮螺丝调节一致。

5.2.3 密封系统安装

密封系统采用镀锌铁皮，薄膜和圆销子组成，为了使密封薄膜同壁板的结合更加可靠，安装时采用与密封镀锌铁皮的曲率相同的扁钢条，用圆销子固定（图 5–12~ 图 5–15）。

（1）镀锌铁皮的厚度可选择 δ=0.4 ~ 0.5mm ；

（2）塑料薄膜应该选用偏厚一些的，如 δ=0.05 ~ 0.1mm ；

（3）镀锌铁皮用扁钢条压住，使其贴紧罐壁；

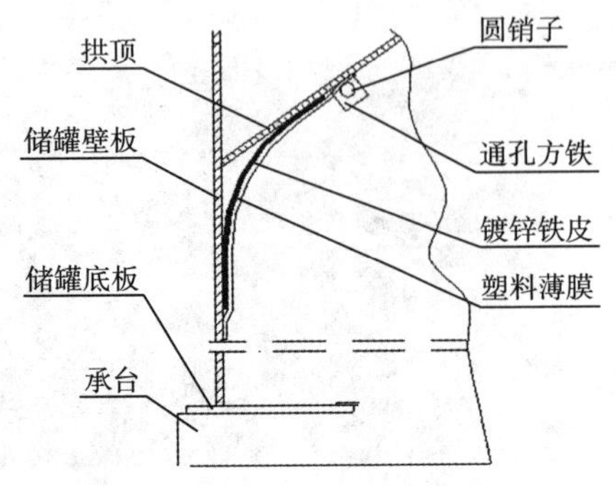

图 5–12 密封条安装示意图

图 5–13 密封条安装实物图

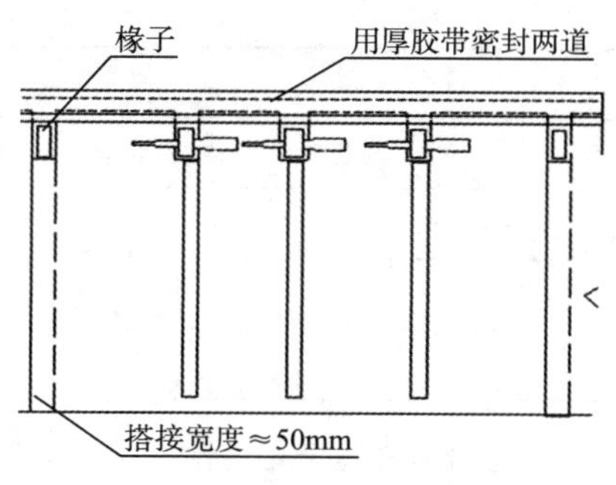

图 5-14　密封布安装示意图

图 5-15　密封布安装实物图

（4）镀锌铁皮和拱顶、塑料薄膜和拱顶之间用厚胶带密封两道，以防止密封的塑料薄膜在“吹顶”过程中脱落。

5.2.4　测量系统安装

配备两套 U 形压差计，一套在风机附近，另一套在罐顶指挥员附近。压差计一端与罐内相通，另一端与罐外大气相通，用透明塑料管将两根玻璃管连接成 U 形管形式，并固定在木板上。在木板上标出刻度线，以助于观察水柱的上升情况。使用 U 形压差计实时来监控气体压力的变化。U 形压差计的形式见图 5-16。

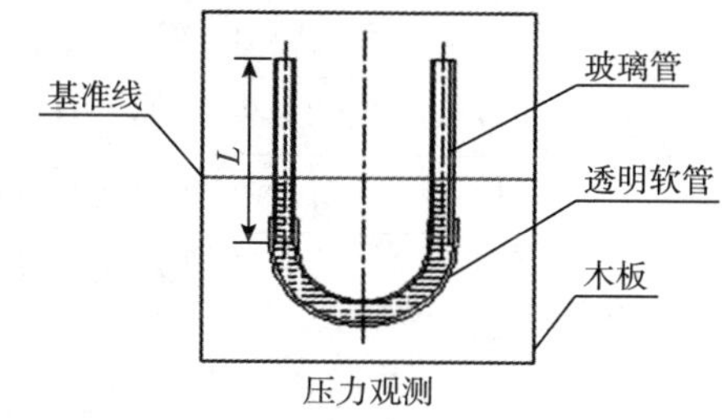

图 5-16　U 形压差计安装示意图

5.2.5　通信系统准备

根据气压升顶工作安排和各个岗位职责，设置不同的对讲机频道，用于区分气压顶升过程中的不同工作指令安排。

5.2.6　安全技术交底

（1）对现场所有施工人员进行施工方案的交底，根据气压升顶的工作安排和工作特点，每个工作组的工作内容都要详细交底到个人，并签字留存。

（2）对于气压升顶过程中可能造成的人身伤害（高处、临边作业）要进行有针对的交底，对于安全带的记挂位置、人员上升通道要明确路径。

（3）要严格控制数据测量人员和施焊人员所携带的物品，除必需品外其他一律不得携带，防止气压升顶过程中掉落，对拱顶提升造成障碍。

5.2.7　气压升顶前 5 大系统检查

在气压升顶 5 大系统安装完成后，准备气压升顶作业前，必须按照升顶检查表格逐项进行检查，以保证升顶作业时万无一失。升顶前各个系统的检查表格如表 5-1 所示。

表 5-1　升顶前各个系统检查表

总体检验确认表					
序号	检验项目	施工单位	总包	监理	业主
1	外罐尺寸在许可范围内				
2	确认拱顶以上墙体内表面无毛刺、钢筋头和爬升锥				
3	所有焊接工作已经完成，各种无损检测已经完成				
4	各种记录表格已经准备完成				

续表

墙顶检验确认表

序号	检验项目	施工单位	总包	监理	业主
1	固定块、卡具、倒链和先关工具在拱顶上准备好并固定				
2	所有焊机已经准备并调试好，线路布置妥当，牢固接地				
3	在扶壁柱布置好指挥台				
4	抗压环上的生命线正确安装				
5	抗压环焊接区域已经清理、除锈				

拱顶检验确认表

序号	检验项目	施工单位	总包	监理	业主
1	拱顶和墙体接缝处清理干净				
2	拱顶自有活动，拱顶和边缘支撑之间没有点焊				
3	拱顶上必需的材料均已固定，配重位置和质量符合要求				
4	所有拱顶穿管已经使用法兰封堵，螺栓已经拧紧				
5	拱顶焊接区域已经清理、除锈				

平衡钢丝绳检测确认表

序号	检验项目	施工单位	总包	监理	业主
1	底部预埋件上的吊耳是否按照要求焊接并外观检验				
2	所有 T 形架是否正确安装并完成焊接检验				
3	所有滑轮是否固定好，钢丝绳在滑轮内				
4	钢丝绳端部夹具是否正确安装并紧固到位				
5	通过拱顶板上的钢缆是否会产生明显摩擦				
6	钢丝绳端部是否留有规定的余量				

配重检查确认表

序号	检验项目	施工单位	总包	监理	业主
1	罐外备用配重是否准备好				
2	放置应急配重的塔吊和吊篮是否准备好				
3	配重是否正确安装并固定				

5.2.8 开启风机

（1）升顶总指挥（以下简称总指挥）下达指令，所有人员各就各位，风机小组开启风机，风机风量保持在 703m^3/min。

（2）测量小组会根据总指挥指令进行拱顶上升数据的反馈，罐内小组及时反馈罐内情况（包括拱顶的倾斜、拱顶脱离下部支撑的时间、吊顶内物体的一切动静），由总指挥下达指令调整风机送风量。

（3）若数据反映拱顶倾斜度在不可接受范围内（倾斜度 >300mm）时，由总指挥下达指令对拱顶临时配重进行调整，使得质量平衡，整个拱顶的倾斜度 <300mm。

5.2.9 数据的汇报

（1）在拱顶缓慢上升至 3m 之前，数据测量组要每隔 1min 汇报一次各个位置的拱顶上升高度（圆周方向每隔 60° 一组测量人员），反馈的数据用于升顶总指挥判断拱顶的倾斜情况来调整风机的档位，从而控制拱顶上升的速度。

（2）U 形压差计的读数人员应该每隔 1min 汇报一次罐顶和罐底的压力值，反馈的数据用于升顶总指挥判断拱顶的倾斜情况来调整风机的档位，从而控制拱顶上升的速度。

（3）当拱顶高度超过 5m 后，经检查各个方面均不存在问题后，拱顶会以较大的速度持续提升，此时数据组汇报的频次可以每 3min 汇报一次拱顶上升高度和罐内压力值。

5.2.10 拱顶升至 500mm 内的检查

（1）拱顶上升 500mm 后，总指挥下达指令控制风机风量，调整拱顶上升速度趋近 0mm/min ，并记录此时罐内风压参数（悬浮状态风压）及风道闸门控制量，此时拱顶处于悬浮状态。

（2）罐内小组检查罐内设施，主要是罐内配重的放置；检查附属结构是否有绑扎不牢固而滑动的情况；检查密封系统的完整性，是否存在卡具松动脱落情况。

（3）将上述情况及时反馈信息至总指挥，确保排除影响拱顶继续吹升的任何不良因素，总指挥确认后，下达指令罐内小组撤离罐内。

（4）总指挥发出调整风机风量指令，拱顶继续吹升，速度保持在 200mm/min。

5.2.11 升顶至指定位置

（1）当悬停在 500mm 并检查一切影响拱顶继续吹升的因素排出后，拱顶会以较快的速度持续提升，此过程大约 2h。

（2）测量组将连续汇报拱顶上升的高度和罐内的压力反馈至总指挥，总指挥根据拱顶的倾斜程度来修正拱顶的提升速度。

（3）当拱顶吹升至离抗压圈 3m 左右时，调整风机风量缓慢降低，使得拱顶逐渐接近拱顶悬浮风压（已经获得数据），控制拱顶上升速度缓慢降低，所有拱顶安装人员接受指令到达指定位置，检查各自所需工装卡具及手持工具，满足拱顶固定及焊接操作要求，等待拱顶与抗压环合拢后开始焊接作业。

5.2.12 组对焊接与检测

（1）当拱顶升至指定位置后，铆工应该根据预先在拱顶及抗压环上划定的控制线重合程度来进行微量旋转及偏转工作（拱顶处于悬浮状态时，所需要的调整力极小）。

（2）当拱顶调整至正确位置后，风机缓慢调整风压至升顶最大风压（数据过程中已经获得），铆工进行组对卡具的安装，焊工配合，将拱顶与抗压环正确组对。

（3）所有卡具均正确合理安装后，焊工开始焊接拱顶板与抗压环的焊缝。为了减小变形量，焊工应该沿着圆周方向均匀分布，一个铆工和一个焊工一组，沿着同一个方向施焊。角焊缝要求焊接焊缝饱满，无明显焊瘤。并保证焊脚高度满足要求。

（4）焊接完成后要对角焊缝进行真空箱或者皂泡检测，目的是保证焊缝无漏点，如果发现漏点，要补焊，并重新进行检测，直至合格无漏点为止。

5.2.13 气压升顶结束

（1）焊接完成后，缓慢降低送风量，直至风机关闭，拱顶吹升工作完成。

（2）清理工装卡具、测量尺、施工废料等。

5.3 劳动力组织

以 $3\times10^4m^3$ LNG 全容储罐拱顶气压顶升为施工对象，人员配置见表 5–2。

表 5-2　$3\times10^4m^3$ LNG 全容储罐气压顶升人员配置

序号	岗　位	人数 / 人	岗位职责
1	总指挥	1	监督本次升顶作业的顺利实施
2	升顶总指挥	1	负责本次气吹顶升作业的总指挥，对升顶作业下达命令
3	现场总协调	1	听从总指挥指令，负责进行现场的总协调，包括二局和其他外单位等
4	HSE 总协调	1	听从总指挥指令，负责协调升顶现场的 HSE 事宜
HSE 组			
5	HSE 副协调	1	听从 HSE 总协调指令，负责现场的 HSE 维护及安全巡视工作
6	罐顶 HSE 组员	2	听从 HSE 总协调指令，负责罐顶的 HSE 维护及安全巡视工作
7	地面 HSE 组员	2	听从 HSE 总协调指令，负责罐底周围的 HSE 维护及安全巡视工作
8	门洞处安全通道控制	1	听从 HSE 总协调指令，负责门洞处通道人员进出的控制和登记工作
9	马道处人员通道控制	1	听从 HSE 总协调指令，负责马道处通道人员上下流量的控制工作
风机组			
10	风机组指挥	1	听从升顶总指挥指令，负责风机系统的指挥工作
11	风机控制	2	听从风机组指挥指令，根据指令对风道闸门进行控制
12	风机开关操作、电气工程师	1	听从风机组指挥指令，负责风机启动控制；负责风机系统电路安装、维护等
13	发电机控制	1	负责发电机的启动控制和监察
14	数据记录	1	听从风机组指挥指令，负责风机系统工作的数据统计工作
测量组			
15	测量组指挥兼技术负责	1	听从升顶总指挥指令，负责对升顶测量数据进行记录与分析，并负责升顶技术工作
16	测量组员	12	听从测量组指挥指令，负责本次升顶全程测量工作，并根据指令汇报升顶数据
17	数据记录	1	听从测量组指挥指令，负责测量数据的记录工作
施工组			
18	施工组指挥	1	听从升顶总指挥指令，负责施工人员的安排、布置和拱顶组对焊接工作
19	施工组长	1	听从施工组指挥指令，协助安排和布置施工人员和机具
20	焊接负责	1	听从施工组指挥指令，负责焊接工作布置
21	罐顶分区组长	3	听从施工组指挥指令，负责协调及安排本区域内所有作业活动，并及时反馈
22	罐内检查小组	6	听从升顶总指挥指令，负责升顶初始进罐检查工作
23	铆工	18	听从罐顶各区域组长及施工协调指令，进行拱顶与抗压圈组对工作
24	焊工	18	听从罐顶各区域组长及焊接负责指令，进行工装卡具焊接、拱顶与抗压圈角焊缝焊接工作
25	电工	1	负责罐顶电路接线及正常巡视和维护
合计		44	

6　材料与设备

气压升顶过程中所采用的机械设备和人员配置以及各结构附属的质量是以 $3\times10^4m^3$ 储罐为例进行配置，机械设备和人员配置分别如下。

6.1 主要机械设备

施工主要机械设备清单如表6-1所示。

表6-1 施工主要机械设备清单

序号	材料名称	数 量	数 量
1	风机（110kW）	2台	主要设备
2	发电机（150kW）	2台	主要设备
3	导向滑轮	32个	主要设备
4	吊滑车5t	16个	主要设备
5	花篮螺丝3t	16个	辅助设备
6	手拉葫芦1t	4个	辅助设备
7	ϕ17.5mm钢丝绳卡子	128个	主要设备
8	ϕ17.5mm钢丝绳	16个	主要设备
9	卸扣3.3t	50个	辅助设备
10	卸扣5t	16个	辅助设备
11	套环1.3t	16个	辅助设备
12	电焊机	18台	主要设备
13	梅花扳手12in	4个	辅助设备
14	力矩扳手	2个	辅助设备
15	4lb大锤	20个	辅助设备
16	5t指针机械拉力记	2个	辅助设备

6.2 气压升顶各结构质量

气压升顶各结构质量如表6-2所示。

表6-2 气压升顶各结构质量

部件名称	质量/t	备注	部件名称	质量/t	备注
拱顶板	70.014		拱顶螺柱	1.585	
中心环梁	3.094		密封压条	1.023	
拱顶环梁	11.56		薄铁皮	0.453	
拱顶主梁及附件	71.89		圆销子	0.943	
内环轨	6.772		中心滑轮组	0.51	
外环轨	6.992		导向滑轮	0.288	
吊顶附件及加强圈	10.526		部分拱顶套管	4.857	
吊顶板	20.468		补强圈	1.578	
吊顶封板	0.953		开孔	0.266	
铝板套管	1		配重	5.743	
电动葫芦	1.87		吊顶梯子平台	0.656	
猫头吊	0.12		总合计	222.63	

7 质量控制

7.1 施工执行的标准与规范

（1）GB/T 26978—2011《现场组装立式圆筒平底钢质液化天然气储罐的设计与建造》。

（2）GB 50204—2015 《混凝土结构工程施工质量验收规范》。

（3）SY/T 4103—2006 《钢制管道焊接及验收》。

（4）SY/T 4109—2013 《石油天然气钢质管道无损检测》。

（5）GB 50209—2010 《建筑地面工程施工质量验收规范》。

7.2 质量保证措施

（1）对进场材料进行检查，各种材料分类堆放，并悬挂标识牌，严防误用。

（2）为了保证风机无机械故障，要进行风机性能测试和柴油发电机和市电转换开关控制测试。

（3）确定拱顶边缘打磨圆滑没有毛刺，拱顶纵向梁和边缘支撑只是重力连接。

（4）密封系统的安装质量要多次检查，包括密封布、密封条和圆销子的楔入程度。

（5）按规定对焊条进行烘烤，防止焊条受潮。焊条头要放在焊条桶内。

（6）平衡系统和配重系统的安装质量要检查，包括钢丝绳预紧力和底部固定程度、配重材料的固定程度、T 型架安装质量、滑轮组的安装和固定。

（7）吹顶过程中要保证拱顶平稳、速度不宜太快、倾斜不宜过大。

（8）焊接过程中为了减少变形量，要求焊工均布圆周方向，沿着同一个方向施焊，焊缝要求焊接饱满、无焊瘤、咬边，焊脚高度要满足设计文件要求，角焊缝至少焊接两遍。

（9）焊接完成后要进行真空箱或者皂泡试验，保证所有焊缝没有漏点。如果发现漏点要进行焊接返修，返修后重新进行真空箱试压，无漏点为合格。

（10）底部预埋件上的吊耳按照要求焊接并完成外观检验。

（11）所有 T 形架正确焊接在承压环上并完成外观检验。

（12）关键工序主要技术指标及检验方法见表 7-1。

表 7-1 关键工序主要技术指标检验统计表

序号	检验项目	检查时机或工序	指标要求	检验工具或方法
1	焊接外观检验	焊接完毕	焊脚高度 6mm，至少焊接两遍	焊接检验尺
2	钢丝绳预紧力检查	平衡系统安装	达到 900kg	5t 指针机械拉力记
3	外罐壁检查	升顶前	无突出钢筋、毛刺、凸点	目视和尺
4	拱顶和支撑件间隙	升顶前	所有拱顶与支撑件要全部脱离	间隙尺
5	拱顶上所有的开孔是否都已封住	升顶前	所有开孔必须全部封堵	目视
6	密封系统是否阻碍拱顶提升	升顶过程中	检查密封系统的完整性和独立性，保证拱顶上升过程中不发生卡顿问题	逐个目视
7	检查拱顶是否发生倾斜	升顶过程中	检查配重分布，保持拱顶平衡	不同点测量高度
8	拱顶上升过程中压力是否满足要求	升顶过程中	通过 U 形压差计的读数变化控制风机风速	读数控制
9	拱顶上预划线和抗压环上预划线是否重合	达到指定位置后	两个位置预留划线基本重合	可采用组对卡具控制间隙和位置
10	焊缝漏点	焊接完成后	应该无漏点	真空箱检测

8 安全措施

8.1 执行的安全法规

（1）GB 2894—2008 《安全标志》。

（2）JGJ 33—2001 《建筑机械使用安全技术规程》。

（3）GB 15630—1995 《消防安全标志设置要求》。

8.2 安全保障措施

（1）气压升顶前需针对各工种编制一份全面且详细的技术安全交底卡，交底的目的需要让每一位参与气吹顶升人员熟知自己的岗位职责及工作流程，并且对整个升顶过程的安全注意事项有一个全面而细致的认识。

（2）施工现场所有工作人员应穿戴好劳动防护用品，如：安全帽、安全靴、护目镜等。

（3）气压顶升作业存在着对拱顶结构造成损伤的危险（如果压力系统被破坏）。基于该原因，很重要的一点是对气压顶升清单中的工具进行复查。升顶总指挥对检查表中的问题进行审核。确保工具箱固定在抗压圈上，工具都放置在内，防止坠落。施工前对施工中所用的设备、机具进行安全检查，确认符合安全要求后，方可作业。

（4）无关人员对气压顶升的安全会有影响。脚手架上和罐体附近只允许有关（培训合格）人员进入。禁止除罐内小组成员以外的任何人员通过人员通道进入罐内，人员在进出罐内时必须由专人负责登记。

（5）在刚刚将风机开启时候，有必要安排一些人员在罐内保证密封和平衡系统的运行正常。在此过程中需要遵守以下步骤：

①罐内的人员和负责人应当要一直保持积极的联系；

②在罐内行走的人员应当携带手电以防止施工照明中断；

③在门洞处应当安装临时出入门以方便人员从罐内出来（当风机还在运行时）。在气压顶升时不允许人员待在吊顶下；

④罐内和罐顶的人员应当控制至最少是有必要，拱顶固定过程中严禁任何非操作人员滞留罐顶平台；

⑤整个气压顶升的过程将持续 2h，所有施工所安排的人员必须在指定的位置待命。在上部指挥和观察的人员应避免站在 T 型支架的正后方。测量小组从六个不同方位观测顶上升的速度，并随时报告给升顶总指挥。确保观察人员上衣口袋内无物，以防止观察和测量时物体坠落到拱顶上，破坏密封系统。

（6）管道牵引时应由起重工、机械操作手等人员共同配合完成，质检员、安全监督员实施监督、警戒人员现场警戒，且应由专人统一指挥。

（7）施工现场周围设立警示挡板，悬挂警示牌，周围圈拉警示带。在各区域设置安全标志，如隔绳、警戒线等都应当安装好。应当张贴清晰的标志以防止没有授权的人员进入（如帽贴、袖贴等）。

9 环保措施

9.1 执行的环保法规

（1）JGJ 146—2004 《建筑施工现场环境与卫生标准》。

（2）GB 16297—1996 《大气污染物综合排放标准》。

（3）GB 12523—2011 《建筑施工场界环境噪声排放标准》。

9.2 环保措施

（1）施工中应安装消声器控制施工过程中的噪声，尽量减少对周围居民的干扰。

（2）划使用施工场地，按施工平面布置图布置设备、设施和材料。规范围挡，设置围栏，做到标牌清楚、齐全，各种标识醒目，施工场地整洁文明。

（3）废物废料除按环境卫生指标进行处理达标外，并按当地环保要求的指定地点排放。

（4）严格对施工班组进行“工完料净场地清”考核工作，每月考评，做到奖优罚劣。确保“工完料净场地清”工作做到随倒随清，谁做谁清。

（5）施工过程中产生的废水、废油、废液及固态废弃物要分类处理。

（6）吊车、发电机等设备在加油时，要防止油品洒落地面污染环境。

（7）施工中产生的工业垃圾要和生活垃圾分开存放，并运送到指定处理场所。

（8）按照规定分类存放废弃物，做出标识，禁止混合、收集贮存性质不相容而未经安全性处置的危险废弃物，危险废弃物交由具备资质的单位进行集中处置。

10 效益分析

LNG 储罐气压顶升施工工法填补了中海油在 LNG 储罐气体顶升施工方面的空白，促进了 LNG 储罐施工技术的进步和发展，为今后类似工程的施工提供施工经验。LNG 全容储罐气压提升与常规起吊安装方法费用对比分析如表 10–1 所示。

该工法的适用范围也随着罐容逐步扩展，已经在 $3\times10^4m^3$ 储罐、$16\times10^4m^3$ 储罐上成功应用。

表 10-1 LNG 全容储罐气压提升与常规起吊安装方法费用对比分析

序号	对比内容	气压提升	履带吊起吊	节省费用 / 万元
1	施工工期	1d	10d	
2	人工费	20 人 ×1d×800 元 / 人 · d=1.6 万元	30 人 ×10d×900 元 / 人 · d=27 万元	25.4
3	材料费	T 形架：2 万元 钢丝绳：16 根 ×500 元 / 根 =0.9 万元 滑轮组：32 个 ×100 元 / 个 =0.32 万元 密封布 / 销子：0.5 万元 小计：1.72 万元	钢板：6 块 ×50 元 /d · 块 ×10d=0.3 万元 支撑槽钢：12.5t×3700 元 /t=4.625 万元 单罐场地处置费：2 个 ×300000 元 =60 万元 小计：64.925 万元	63.205
4	机械费	焊机：18台×800 元 / 台 · d×1d=1.44 万元 发电机 150kW：1 台 ×300 元 / 台 · ×1d=0.03 万元 风机：1000 元 / 台 · d×1d×2 台 =0.2 万元 小计：0.67 万元	焊机：18 台 ×800 元 / 台 · d×3d=4.32 万元 履带吊组装费：2 台 ×3000 元 / 台 · d×8d=4.8 万元 发电机 150kW：1 台 ×300 元 / 台 · d×10d=0.3 万元 2 台履带吊：5000 元 / 台 · d×2d×2 台 =2 万元， 小计：11.42 万元	10.75
小计 / 万元		3.99	103.345	99.355

平均每罐气压顶升可节省成本：103.345–3.99=99.355 万元。

11 工程案例

海洋石油工程股份有限公司在总承包的重点大型 LNG 全容储罐气压升顶作业中持续推广使用，并不断研发和创新新技术、新工艺、新材料、新设备，共完成罐容 $3\times10^4m^3$ 的 LNG 储罐 4 座，$16\times10^4m^3$ 的储罐 4 座。承建的典型工程有：天津 LNG 储罐 EPC 总包项目、广西 LNG 储罐 EPC 总包项目、天津 LNG 替代项目储罐工程、宁波 LNG 储罐 EPC 总包项目。

应用案例一：天津 LNG 储罐 EPC 总包项目

天津 LNG 储罐 EPC 总包项目一期建设规模为 220 万 t/ 年，采用带气化设施的 LNG 浮式装置（FSRU）气化外输和陆上小型储罐 LNG 槽车外输的方式的形式供气，建设规模为 2 座 $3\times10^4m^3$ 低温混凝土全容式储罐。该工程于 2012 年 9 月开工，2014 年 2 月建成投产。

2014 年本工法在天津 LNG 项目 2 座 $3\times10^4m^3$ 储罐的拱顶施工中实施，拱顶总重 222.26t。提升高度 23.706m，各项指标达到设计和规范的要求，施工质量优良，钢结构拱顶在顶升过程中稳定、无倾斜、翻转，焊接完成后真空箱试验未发现任何漏点，标志着储罐的气压顶升施工质量达到了国内一流的水准。产生的经济效益约 88 万元。

应用案例二：广西 LNG 储罐 EPC 工程项目

广西 LNG 储罐 EPC 项目是由广西 LNG 储运库项目和 501 号泊位项目组成。广西 LNG 储运库项目包括 2 台 30000 m^3 预应力混凝土全容罐、10 个槽车装车位、BOG 处理、地面火炬、公用工程等配套设施；501 号泊位项目包括码头水工结构、前沿港池、引桥等结构及码头上部配套的工艺设施。该项目于 2014 年 1 月开工至 2016 年 12 月。

2015 年本工法在广西 LNG 储罐 EPC 总包项目 2 座 $3\times10^4m^3$ 储罐的气压顶升施工中实施。拱顶质量 220t，提升高度 23.704m，施工质量优良，钢结构拱顶在顶升过程中稳定、无倾斜、翻转，焊接完成后真空箱试验未发现任何漏点。施工成本低，安全经济环保效益显著。产生的经济效益约 92 万元。

应用案例三：天津 LNG 替代项目

天津 LNG 替代工程拟对一期建设工程进行调整，并综合考虑二期工程建设的预留。接收站气化外输将由一期浮式调整为常规陆地模式。至 2018 年，接收站的液态分销量预计为 42.6×10^4t，气化后管道气外输规模预计为 50.28×10^4t，合计为 92.88×10^4t，以满足天津市及河北省的用气需求，以及周边城市液态市场的需求。该工程于 2016 年底完成工艺区气化外输设备设施的建设，以实现 FSRU 气化外输形式的功能替代，与此同时于 2018 年底完成 $16\times10^4m^3$ LNG 储罐的建设投产。

2017 年本工法在天津 LNG 替代项目 1 座 $16\times10^4m^3$ 储罐的气压顶升施工中实施。拱顶质量 681.31t，提升高度 39.958m。各项目指标达到设计和规范的要求，施工质量优良，钢结构拱顶在顶升过程中稳定、无倾斜、翻转，焊接完成后真空箱试验未发现任何漏点，施工成本低，安全经济环保效益显著。产生的经济效益约 97 万元。

桩腿耦合装置施工工法

海洋石油工程股份有限公司特种设备分公司

吕英创　尹志胜　仲继彬　肖德明　王力明

1　前言

桩腿耦合装置（LMU）（Leg Mating Unit，简称 LMU）是海上大型油气田开发生产平台整体浮托安装中的关键装置，用于上部组块插尖与导管架桩管对接时缓冲组块与平台基础结构（Substructure）之间的垂直与水平碰撞——减少组块与平台基础结构对强度的要求，待组块在导管架上平稳就位后，LMU 外筒再与组块焊接，开始在海上服役；LMU 是浮托安装技术中不可缺少的关键设备，对于大型组块整体安装起到至关重要的作用。海油工程早已熟练掌握浮托安装中所需的各种浮托专用系统，唯独 LMU 的设计、制造一直严重依赖国外专业公司。

海油工程股份有限公司于 2016 年进行 LMU 国产化及示范应用研究，海油工程特种设备分公司负责 LMU 样机的建造工作，后续在工程实践中，文昌 9–2/9–3 项目、蓬莱 19–3 油田 1389 区综合调整项目、曹妃甸 11–1，11–6 油田综合调整工程项目、东方 13–2 项目中均为特种设备分公司承揽 LMU 的建造工作，通过各个项目的建造工序对比得到最优工序及施工方法，进而形成此施工工法成果性文件。

本工法中，实用新型专利“一种桩腿耦合减震装置（ZL201620711358.X）”已获授权。

2　工法特点

2.1　适用范围广

本工法适用于上置型、倒置性、嵌入型的 LMU 建造施工作业。

2.2　施工质量好

通过总结对比各个 LMU 项目现场施工经验，确定各个相连部件焊接顺序以及狭小空间作业等焊接要点，确保最小的变形量，精确控制误差量。

2.3　施工效率高

本工法中，LMU 建造过程通过前期合理划分垂直工序、平行工序，通过相同部件合理连接预制，采用较少的人力及工机具资源，更合理的场地布置，最大的效率完成各个部分施工及总装工作。

3　适用范围

本工法适用于海上浮托安装技术中上置型（图 3–1）、倒置性（图 3–2）、嵌入型等各种大壁厚外筒体的 LMU 制造施工工艺。

其关键技术如下：

（1）通过该工法可快速掌握施工关键点和控制点。

（2）该工法严格控制成形尺寸、焊接变形及组装，保证设备的整体施工质量。

（3）对 LMU 难以进行埋弧环缝焊接的结构提供推荐做法。

（4）该工法可指导 LMU 建造方面的质量、安全、进度的管控。

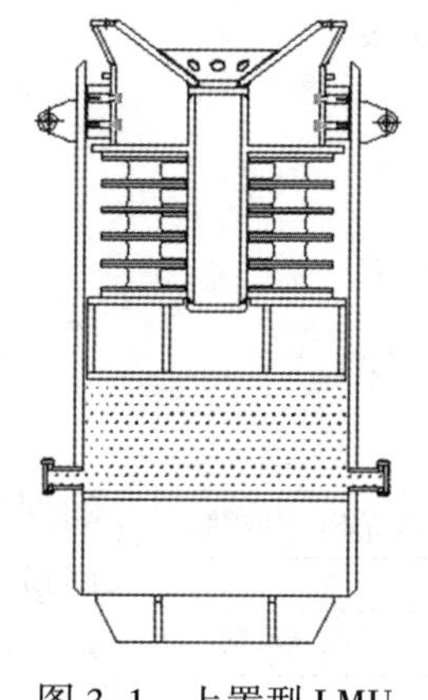

图 3–1　上置型 LMU

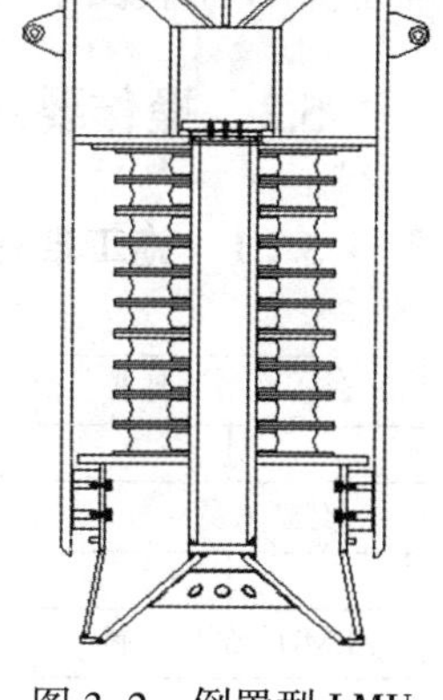

图 3–2　倒置型 LMU

4　工艺原理

4.1　LMU 建造技术

LMU 主要由外筒体、支撑器、垂直弹性体、水平弹性体、接收器及附件组成（图 4–1），该 LMU 建造施工工艺主要从方便施工、加快进度、控制变形、保证质量的角度进行优化。进度方面，LMU 建造分主结构筒体、接收器、支撑器三个部分进行建造，施工工序采用平行工序。各个部分进度互不影响，在质量上应控制各个部分尺寸以保证装配精度以及装配后整体尺寸满足图纸及实际应用要求。工序方面，各个部分构件采用不同的组对焊接顺序，依据最小变形、变形最好调节及施工进度、施工最优的角度，确定出最优施工工序及要求。

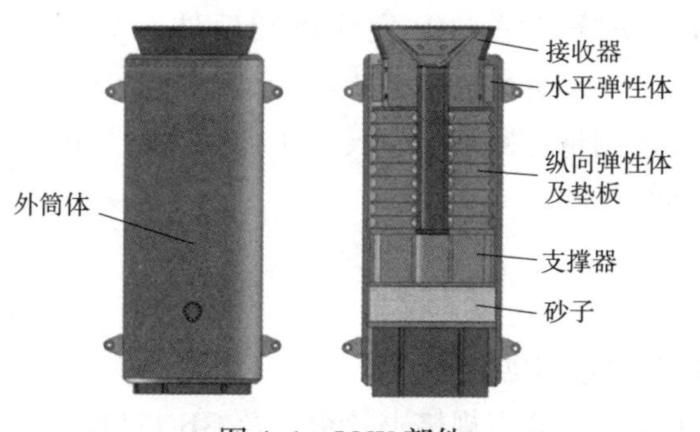

图 4–1　LMU 部件

4.2　浮托安装中 LMU

接收器与组块插尖配对，通过垂直弹性体进行缓冲竖直载荷，水平弹性体缓冲水平冲击，外筒体底部井字结构与支撑器之间填充砂子，用于组块与 LMU 稳定焊接后放出，降低支撑器，释放垂直弹性体压力。LMU 结构及功能设计复杂，载荷大、空间狭小、厚板材、焊接工艺要求高（图 4–2、图 4–3）。

图 4–2　LMU 与导管架组对、焊接

图 4–3　浮托完成后 LMU 服役

5　施工工艺流程及操作要点

5.1　施工工艺流程

LMU 建造总体施工工艺流程如图 5–1 所示，其中，主要包括主结构筒体预制、接收器预制、支撑器预制及总装四个关键步骤。

5.2 操作要点

5.2.1 施工准备及要求

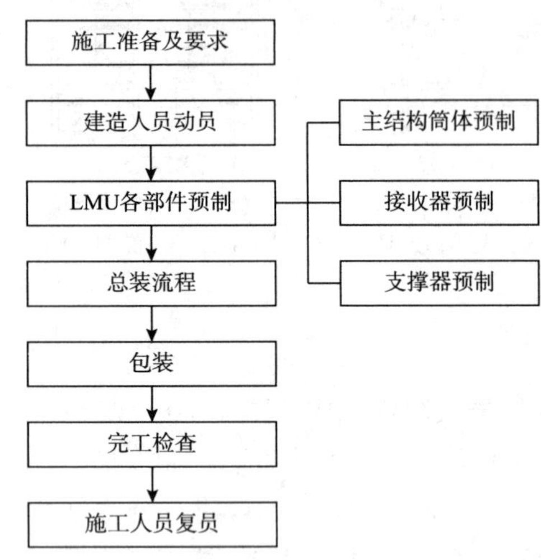

图 5–1 LMU 建造总体施工工艺流程图

1. 场地要求

进行施工前，应对现场进行检查并做好布局图（图 5–1），确保各区域工序衔接流畅，尽可能减少搬运次数和路程，施工现场应具备以下条件：

（1）场地平整，施工运输及消防通道畅通，场地硬化处理达到 LMU 运输和吊装要求，并有足够的施工作业空间。

（2）场地分为筋板等附件下料打磨区域、主结构筒体焊接区域、接收器焊接区域、支撑器焊接区域、橡胶体等外购件存放区域及总装区域。

（3）总装区域应充分考虑 LMU 完成总装后外运的便捷性；同时，车间净高度应满足吊机吊装要求。

（4）场地外应提前测量道路坡度、转弯半径是否满足运输方案及运输车辆实际情况。

2. 下料、卷制要求总则

1）划线

（1）主结构筒体、接收器筒体、支撑器筒体划线时注意考虑卷制延伸率。

（2）板材划线长、宽误差 ±1mm；对角误差≤2mm。主要依据业主规格书要求以及 GB/T 709《热轧钢板和钢带的尺寸、外形、质量及允许偏差》要求。

（3）划线后应立即自检、互检并签字，无问题后向 QC 人员报检。

（4）数控切板机下料不用划线，编程人员需考虑卷制延伸率及切割损耗量。

2）标记移植

杆件号、钢号要用无应力钢印，钢印要清楚，标记准确。钢印打在距离焊口纵横向 100mm 处，余料要做好材料钢印移植（图 5–2），以备它用。钢印应包含炉号、批号、验号、杆件号、材质等参数。

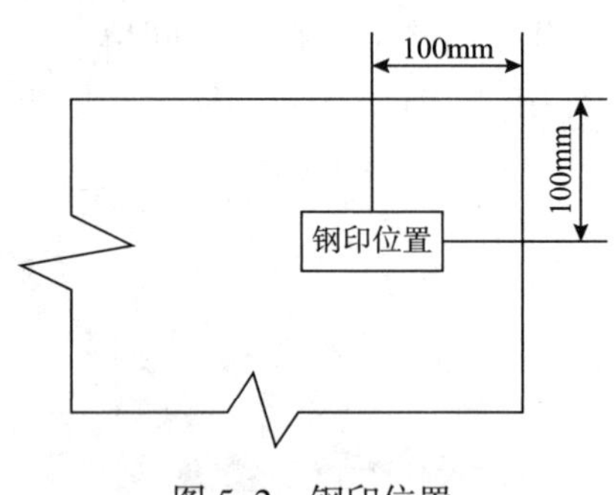

图 5–2 钢印位置

3）下料

根据板材排版图进行下料，下料采用火焰切割机等。

4）坡口加工

（1）零部件坡口切割时，根据焊接工艺规程和图纸执行单 V 形、X 形、不对称式 X 形坡口。

（2）坡口加工宜采用火焰切割、机械加工等形式。采用半自动切割机切割坡口时，注意部件坡口的方向、割枪走向，及时调整角度；坡口加工后，需去除割口处的氧化物至显露出金属光泽，同时保证坡口表面不得有裂纹、分层、夹杂等缺陷。

5）卷制

卷板机应具备相应卷制能力。

3. 焊接总则

（1）定位焊要采用与根部焊缝相同的焊接工艺，定位焊长度至少为 50mm。

（2）焊接过程应该连续进行。只有当完成封底焊并连续地焊完六层焊道后才允许焊接中断。焊接中断后，应用保温材料包裹焊接接头以缓慢冷却。重新焊接前应根据要求进行外观及磁粉检验，如无缺陷重新预热焊接。

（3）焊缝最多只能返修两次，两次以上返修应得到业主的允许。对于碳钢及低合金钢，缺陷的消除可以采用碳弧，再用砂轮片进行打磨，消除裂纹缺陷时，应注意采取措施防止裂纹扩散。

（4）若筒体壁厚超过 50mm，需要对焊缝进行焊后热处理。焊后热处理要遵循 WPS 及焊后热处理程序技术要求。根据具体壁厚确定加热温度、保温时间、加热速度及冷却速度等参数，合理布置热电偶，对热处理过程进行控制，按项目要求提供热处理曲线图。

4. 尺寸要求

（1）主结构筒体尺寸及形位公差，应满足相关标准、规范及图纸要求。除另有说明外，一般公差为：外筒卷制接长后高度误差≤±2mm，椭圆度误差≤6mm；外筒卷制、接长后直线度及垂直度误差≤4mm，其中单节为 2mm；直径范围误差≤3mm。

（2）接收器：高度误差≤±2mm，椭圆度误差≤3mm，垂直度误差≤3mm。

（3）支撑器：支撑器外筒直径≤±5mm，支撑器外筒高度≤±3mm。

5. 依据规范

主要依据业主规格书及以下规范：

（1）ISO 13920 《焊接结构尺寸公差》。

（2）GB/T 709 《热轧钢板和钢带的尺寸、外形、质量及允许偏差》。

（3）API Spec.2B 《结构钢管制造规范》。

（4）API Spec.2W 《海上结构钢板热机械控制工艺规范》。

（5）API Spec.2Y 《海上结构调制钢板规范》。

（6）AWS D 1.1/D1.1M 《钢结构焊接规范》。

5.2.2 建造人员动员

建造人员动员工作包括：

（1）人员动员并完成施工方案技术交底；

（2）根据项目材料情况运输设备、工机具、物料进入场地；

（3）对所有设备及工机具进行标定检测及人员证书复核；

（4）完成分包商人员入场培训等。

5.2.3 LMU 各部件预制

1. 主结构筒体预制

（1）主结构筒体详图如图 5-3 所示。

（2）单台 LMU 主结构筒体涉及的各部件数量如表 5-1 所示。

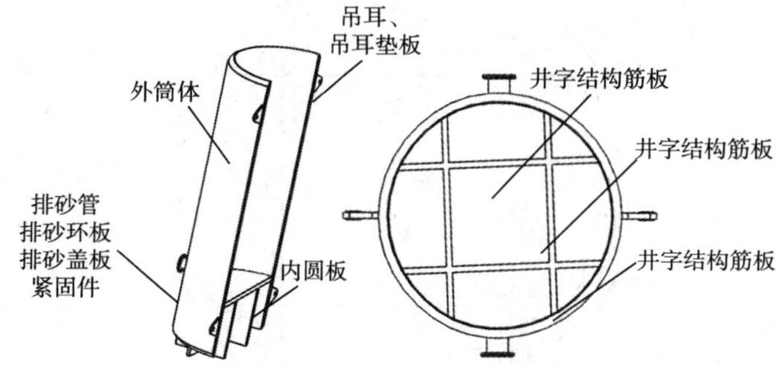

图 5-3 主结构筒体详图

2. 施工流程

（1）外筒体下料、坡口加工及卷制，吊点及吊耳垫板下料及预制，内圆板下料及坡口加工，排砂阀下料及预制。对于外筒体纵缝组对焊接，其坡口形式为非对称 X 坡口（外 1/3，内 2/3），坡口形式如图 5-4 所示；焊接完成后，进行椭圆度测量（椭圆度误差≤6mm），若合格，进行 NDT 检测；若椭圆度超过技术要求，调圆合格后进行 NDT 检测。对于内圆板组对、焊接，坡口形式为非对称 X 坡口（上 2/3，下 1/3）。

表 5-1 LMU 主结构筒体零件表

序 号	名 称	数量（单台 LMU）	备 注
1	外筒体	1	DH36–Z35
2	吊耳	4	DH36–Z35
3	吊耳垫板	8	DH36
4	圆板	1	Q345A/B
5	筋板	2	Q345A/B
6	筋板	2	Q345A/B
7	筋板	4	Q345A/B
8	排砂管	2	Q345A/B
9	排砂环板	2	Q345A/B
10	排砂盖板	2	Q345A/B
11	紧固件	24 套	Q345A/B

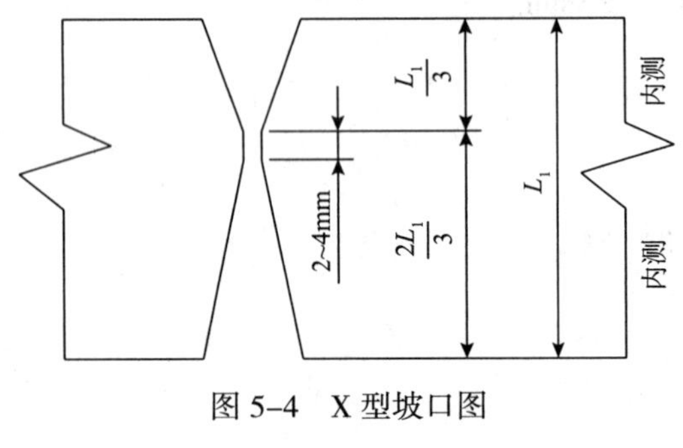

图 5-4 X 型坡口图

（2）外筒体上下两段纵缝焊接及 NDT 检验，合格后进行热处理。

（3）外筒体下段部分进行排砂孔开孔。

（4）吊耳及临时吊点安装。

（5）圆板与外筒体下段组对、焊接及 NDT 检验。

（6）外筒体上下两段环缝组对、焊接。接长后高度误差≤±2mm，直线度及垂直度误差≤4mm，其中单节为 2mm；直径范围误差≤3mm。

（7）纵缝及环缝热处理。

（8）井字结构筋板与外筒体下段组对焊接及 NDT 检验。为便于焊接和 NDT 检测工作，如图 5-5 所示，先进行Ⅰ和Ⅱ筋板组对、焊接，NDT 检验合格之后进行Ⅲ筋板的组对及焊接。井字结构筋板焊接推荐顺序如图 5-5 所示，图中竖向筋板左右数字代表竖向焊缝焊接序号，横向筋板上下数字代表横向焊缝焊接序号。现场施工图如图 5-6 所示。

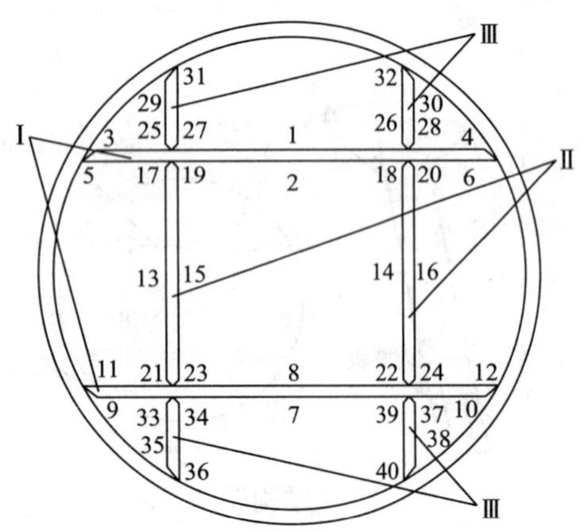

图 5-5 井字结构筋板焊接顺序图

图 5-6 筋板现场焊接施工图

（9）排砂阀安装及螺栓打扭矩。

（10）进行外筒体喷砂喷漆工作，并做好项目标识。LMU 钢结构外表面涂装系统按照防腐规格书及图纸要求进行涂装，在涂覆之前确保锌底漆清洁、无锌盐，所有被涂表面应清洁、干燥、无污物，表面处理等级 SSPC-SP10。

（11）安装应变片，单个 LMU 外筒体上、下圆周方向共 8 组。

3. 接收器预制

1）接收器构造

（1）接收器结构详图如图 5-7 所示。

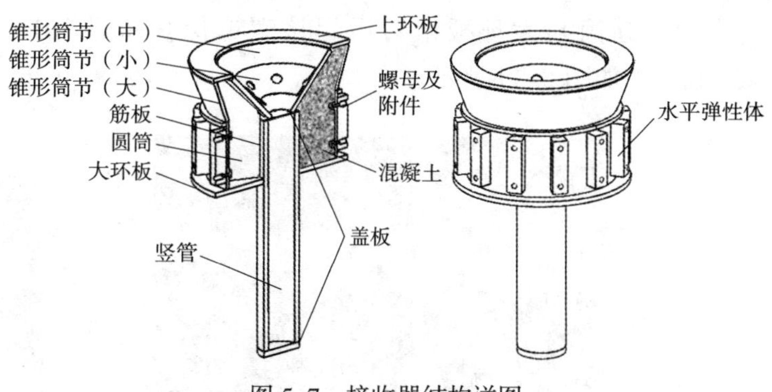

图 5-7 接收器结构详图

（2）单台 LMU 接收器涉及的各部件数量如表 5-2 所示。

表 5-2 接收器结构零件表

序 号	名 称	数量（单台 LMU）	备 注
1	竖管及盖板	1 套	Q345A/B
2	大环板	1	Q345A/B
3	圆筒	1	Q345A/B
4	锥形筒节（大）	1	Q345A/B
5	锥形筒节（中）	1	Q345A/B
6	锥形筒节（小）	1	Q345A/B
7	筋板	8	Q345A/B
8	上环板	1	Q345A/B
9	螺母及附件	24 套	Q345A/B
10	混凝土	≈ 1.4m^3	—

2）施工流程

（1）筋板下料及坡口加工，竖管及盖板下料，大环板、上环板下料，圆筒下料及卷制（椭圆度误差≤3mm）、圆筒纵缝焊接、NDT 检验后钻孔及内螺母焊接如图 5-8 所示，锥形筒节下料及压制并完成与圆筒组对、焊接工作如图 5-9 所示。其中，为保证尺寸精度，严格控制锥形筒节及大环板的焊接变形，锥形筒节纵缝焊接要加临时十字支撑。此外，接收器环板平面度误差要满足图纸要求。

图 5-8 圆筒钻孔图

图 5-9 圆筒、锥形筒节组对焊接图

（2）竖管、盖板组对、焊接及 NDT 检验。

（3）竖管与大环板组对，如图 5-10 所示。

（4）圆筒与大环板组对后焊接螺母保护罩及 NDT 检验（总高度误差 ≤ ±2mm，垂直度误差 ≤3mm），如图 5-11 所示。

图 5-10 竖管与大环板组对

图 5-11 圆筒与大环板组对

（5）筋板组对、焊接及 NDT 检验（图 5-12）。

（6）环缝焊接，锥形筒节与圆筒焊接形状不规则，单台速度慢，将 2 个接收器用临时筋板固定在一起，使用滚轮架进行埋弧焊接，如图 5-13 所示。

图 5-12 筋板焊接图

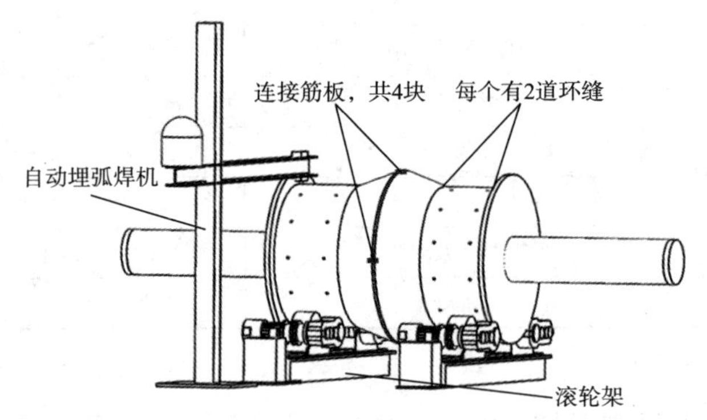

图 5-13 接收器环缝焊接

（7）锥形筒节（中、小）及加强圈组对、焊接及 NDT 检验。

（8）浇筑混凝土。

（9）上环板焊接及 NDT 检验。

（10）安装水平弹性体。

4. 支撑器预制

1）支撑器构造

（1）支撑器结构详图如图 5-14 所示。

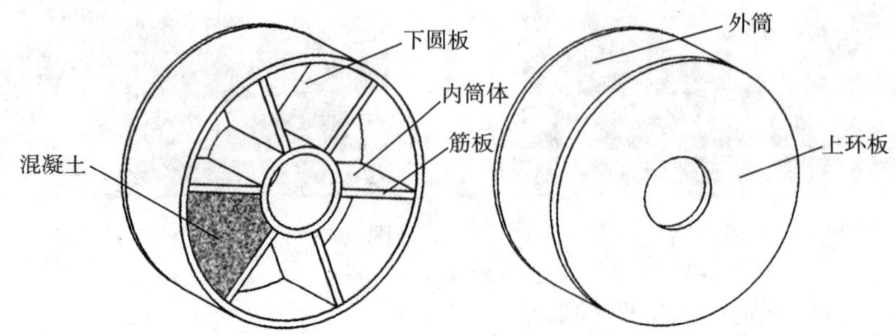

图 5-14 支撑器结构详图

（2）单台 LMU 支撑器涉及的各部件数量如表 5-3 所示。

表 5-3 支撑器零件表

序 号	名 称	数量（单台 LMU）	备 注
1	外筒	1	Q345A/B
2	上环板	1	Q345A/B
3	下圆板	1	Q345A/B
4	内筒体	1	Q345A/B
5	筋板	6	Q345A/B
6	混凝土	≈ $1m^3$	石英砂

2）施工流程

（1）外筒下料卷制及纵缝焊接（支撑器外筒直径≤ ± 5mm，支撑器外筒高度≤ ± 3mm）、筋板下料、内筒体下料卷制、下圆板下料、上环板下料。

（2）下圆板与内筒组对、焊接。

（3）外筒与下圆板组对、焊接，如图 5-15 及图 5-16 所示。

图 5-15 外筒与下圆板组对

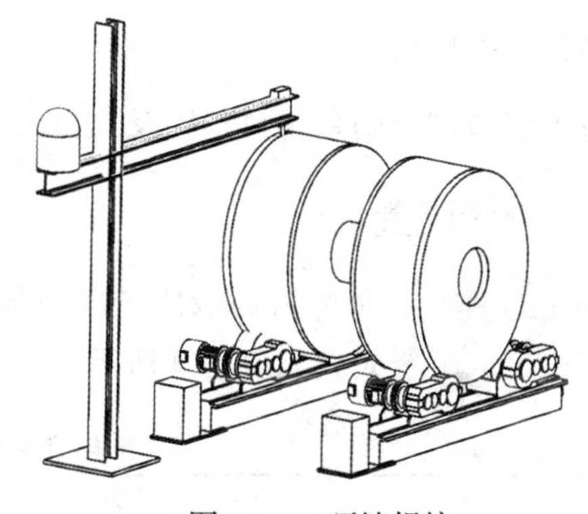

图 5-16 环缝焊接

（4）筋板与外筒及下圆板组对、焊接。

（5）浇筑混凝土。

（6）上环板组对焊接。

5.2.4 总装流程（图 5-17）

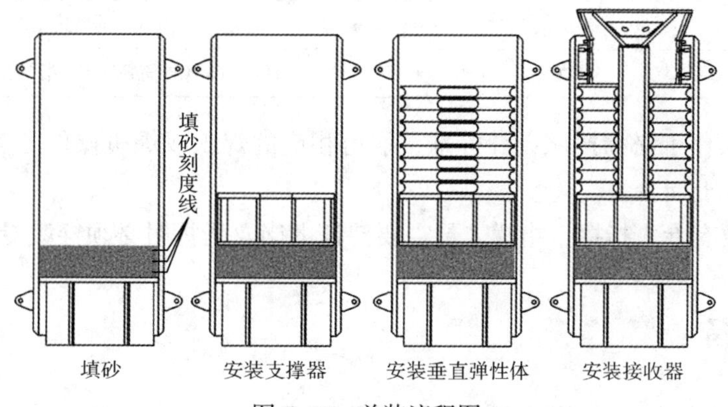

图 5-17 总装流程图

1. 填砂

为避免反复填砂（或取砂）、整平、测量，提前计算和测量每袋砂子体积并在筒体周围划出高度标记，多次填砂，每次填砂推荐用 3~4 个支撑器压实，记录压实前后高度。

2. 安装支撑器

支撑器外壁涂抹润滑脂后垂直吊入。

3. 安装垂直弹性体

垂直弹性体外壁涂抹润滑脂后吊装。在吊装过程中，由于吊带是环形并且垂直弹性体为片状只能从下侧吊装，因此在卸吊带时应严格保证吊带没有打结才能抽出。

4. 安装接收器

接收器竖管及水平弹性体涂抹润滑脂后吊装，完成总装。

5.2.5 包装

为防止雨水等进入 LMU 内部，每个 LMU 上部均需要用防水材料包裹。

5.2.6 完工调查

LMU 整体施工完成后，使用水准仪对 LMU 高度进行测量，同时对润滑脂涂抹、油漆、外观、热处理报告、NDT 报告进行核验、图纸与实物最终比对报告。

5.2.7 施工人员复员

施工设备检修清洁、剩余物料利库及人员的复员工作。

5.3 人力资源配置

本工法施工过程中，具体人数取决于项目周期、场地布置、工作量。以文昌 13-2 项目 8 台 LMU 建造施工高峰，最低配置人力如表 5-4 所示。

表 5-4 LMU 建造人员配置表

序号	种 类	人数 / 人	备 注
1	领队	1	负责全面统筹管理施工的进度、质量、安全
2	安全员	1	根据相关制度和体系要求检查、监督现场施工
3	技术负责人	1	负责提供技术支持
4	铆工	11	负责放样、下料、卷制等加工工艺
5	焊工	25	负责点焊、埋弧焊等焊接工作
6	辅助工	10	负责协助铆工、焊工、起重工等工种的辅助工作
7	叉车工	1	负责现场的搬运工作
8	起重工	2	负责 LMU 外筒翻转、安装等吊装工作

（1）焊工和焊机操作工必须按照设计标准，取得相应的焊工或焊机操作工资格，且在有效期内，申报批准后，才能持证上岗。

（2）起重作业时要有专人指挥，指挥人员需要持证上岗，指挥时必须穿戴专用马甲。

6 材料与设备

以 WC9-2/9-3 项目为例，根据图纸进行材料采购、验收、加工，材料（部分）如表 6-1 所示。

表 6-1　主要材料汇总表

序号	名　称	规格型号	材　料	单　位
1	钢板	PL65 × 2500 × 12000	Q345B\GB/T 3274—2007	t
2	钢板	PL50 × 3000 × 12000	Q345B\GB/T 1591—2008	t
3	钢板	PL50 × 3000 × 12000	EH36–Z35\GB/T 712—2011	t
4	钢管	ϕ457.2mm × 60.0mm × 10000mm	Q345B\GB/T 8162—2008	t
5	钢管	ϕ168.0mm × 20.0mm × 6000mm	Q345B\GB/T 8162—2008	t
6	卸扣	G–2130 WLL35 TONS STOCK NO.1019677	CROSBY BOLT ANCHOR SHACKLE	组
7	水平弹性体	—	橡胶	个
8	垂直弹性体	—	橡胶	个
9	砂子	—	石英砂	t
10	螺栓、螺母	—	Q235	套

备注：材料规格及数量根据项目实际情况进行选择。

主要设备及工机具如表 6–2 所示。

表 6-2　主要设备及工机具汇总表

序号	名　称	单　位	序号	名　称	单　位
1	环形吊带	根	12	割枪	个
2	吊环	个	14	二氧焊机	台
3	钢丝绳	套	15	气刨机	台
4	扁平吊带	条	16	马鞍口切割机	台
5	棘轮绑带	条	17	手把焊机	台
6	卸扣	个	18	半自动切割机	台
7	倒链	个	19	大臂埋弧焊机	台
8	砂轮机	个	20	埋弧焊接小车	台
9	角尺	个	21	天车	台
10	水平尺	个	22	叉车	台
11	气带	m	23	转胎	台

备注：材料规格及数量根据项目实际情况进行选择。

7　质量控制

7.1　质量标准

（1）GB/T 712 《船舶及海洋工程用结构钢》。

（2）GB/T 8162 《结构用无缝钢管》。

（3）GB/T 5313 《厚度方向性能钢板》。

（4）GB/T 700 《碳素结构钢》。

（5）GB/T 1591 《低合金高强度结构钢》。

（6）API Spec.2Y 《海上结构调制钢板规范》。

（7）AWS D 1.1/D1.1M 《钢结构焊接规范》。

（8）API Spec.2B 《结构钢管制造规范》。

（9）API Spec.2W 《海上结构钢板热机械控制工艺规范》。

（10）ISO 13920 《焊接结构尺寸公差》。

（11）GB/T 709 《热轧钢板和钢带的尺寸、外形、质量及允许偏差》。

（12）API RP 2Z 《海上结构钢板预生产前资质检验推荐做法》。

（13）API RP2X 《海上结构制造超声检测和磁粉检测推荐做法》。

（14）EN 10225 《海上固定平台可焊钢结构技术提交条件规范》。

7.2 质量保证措施

7.2.1 材料验收

材料验收与管理严格执行上述相关的材料标准。在到货 1 周内完成到货验收检查，并填写相应的可跟踪、保存的验收报告和不合格报告。重要物资需要到场验收的，要严格履行职责，并提交工厂验收记录。对供应商提供的产品，项目组要和检验相关人员到场对产品进行验证，有参加验收工作的各方签署完成《验收报告》，并予以发放和保存。

对不合格或是不符合要求的材料要返回厂家，并要求重新提供合格的材料。所有的不合格项目应被清楚标识和隔离。根据材料、设备的采办要求，应填写到货验收报告，此报告应基于相应材料或设备的标识跟踪。

按材料、设备到货验收程序进行的到货验收还应检查材料、设备证书和供货商完工文件是否齐全和符合要求。同样，应提供足够的文件证明有分包商采办的材料、设备符合采办要求。供货商额随货证书文件需为原件或加盖印章的复印件。

7.2.2 质量控制

在人员资质、设备工机具管理、计量设备仪表仪器控制、材料管理、施工工艺执行、施工环境控制等方面进行监督管理。质量人员将建造过程中各个监控点进行监督控制，应在工程项目实施前制定一套完整的质量保证体系和质量控制程序，建立质量保证组织机构，以便实施过程中行使相关的职能，确保成果符合合同、技术规格书和施工图纸的要求。其质量目标必须符合公司正式发布的质量目标指标。

此外，应配备现场质量监督人员，对施工过程进行质量检查、控制工作，必须保证参与施工的员工具备与其承担工作相符合的资质，同时应对其进行相关质量培训，并保存培训记录。

质量工程师审查施工是否按质量体系运行，对于重要工序和过程，工程项目组负责人员和质量控制人员应在现场。

7.2.3 施工过程控制

应确保所有生产活动依照批准的图纸、程序和计划的工作指令进行，对生产活动进行自检，采取措施在受控状态下对不合格品进行整改。所有产生的过程记录要进行适当保存。主结构筒体尺寸及形位公差，应满足相关标准、规范及图纸要求。除另有说明外，一般公差为：外筒、卷制接长后高度误差≤ ± 2mm，椭圆度≤6mm；外筒卷制、接长后直线度及垂直度≤4mm，其中单节为 2mm；直径范围误差≤3mm。支撑器外筒直径误差≤ ± 5mm，支撑器外筒高度误差≤ ± 3mm，其余过程间控制参考表 7–1 关键工序质量检验活动表。

建造现场应设置足够数量的专职检验员，该专职检验员负责保证所有工作按照业主和第三方检验机构批准的程序进行，并有权停止不按批准程序、图纸或规格书进行作业的工作。

7.2.4 检验控制

制造过程中的每一类检验活动应根据相应的检验程序和试验程序进行。检验程序将详细描述检测方法、检测设备和检验人员资格要求以及适用的检验规范、接收依据和记录要求。检验程序将包括检验报告格式。试验程序将详细描述试验活动的步骤、实施的操作和需要测试的特性以及记录要求，试验程序还将包括实验活动对环境条件的要求和对试验区周围人员、设备安全到货的措施。

7.2.5 关键工序质量检验活动表（表 7-1）

表 7-1 关键工序质量检验活动表

序号	质量控制项	检查内容	验收标准	确认文件
1.0 总体				
1.1	焊接工艺评定	焊接工艺评定	相关标准、业主规格书	焊接工艺 / 焊接工艺评定
1.2	焊工资质	审查和批准焊工证书	焊接工艺、业主规格书	焊工清单
1.3	NDT 人员 无损检验程序	审查批准 NDT 人员、NDT 程序	业主规格书	NDT 人员清单 无损检验程序
1.4	试验设备校定	检验试验设备的校定	厂家指导	厂家证书
2.0 材料验收				
2.1	材料证书	确认证书是否齐全；核查数据是否符合标准；是否与实物一致	材料标准	材质证书
2.2	材料检验	材料是否与采办料单一致	材料标准	材料检验记录
3.0 结构预制				
3.1	材质确认跟踪	核实所有材料的标识、等级、炉批号、尺寸、壁厚和证书文件	检验程序	材质证书
3.2	坡口准备	型材、板、管的标记与坡口准备	图纸	批准的 WPS、图纸
3.3	组对检验	组对、坡口准备、尺寸控制、点焊	批准的 WPS、图纸	批准的 WPS、图纸
3.4	过程监控	确认批准的正确焊接工艺、预热及层间温度、层间清理、焊接热输入等	相关批准的焊接程序、图纸	批准的 WPS
3.5	焊接外观检验	焊接外观	相关批准的焊接程序、图纸	NDT 检验图
3.6	焊接返修	见证缺陷的去除、重焊、焊后进行 NDT	WPS、业主规格书	外观检验报告
3.7	焊后尺寸检验	单个的尺寸检验	批准的图纸	尺寸控制记录
3.8	最终检验	最终尺寸和外观	相关批准的焊接程序、图纸	不做要求
4.0 喷砂及喷漆检验				
4.1	喷涂设备	正确的喷砂枪及软管	厂家指导书	不做要求
4.2	表面预处理	表面状态、锐边、油脂、焊接缺陷、磨料类型、金属非金属	涂装程序、规格书	不做要求
4.3	喷砂检验	照明、天气、粗糙度、清洁	涂装程序、规格书	喷漆检验报告
4.4	底漆、中漆、面漆检验	油漆批号、稀料、混合、天气状况、固话	涂装程序、规格书	喷漆检验报告
5.0 出厂检验				
5.1	出厂完整性检查	产品完整性检查、包装及配件检查	图纸、业主规格书	产品出厂检验记录

8 安全措施

8.1 安全标准

（1）QHSE-01-01-01《建设和运行健康安全环保风险管理细则》。

（2）QHSE-01-04-02《健康安全环保责任制细则》。

（3）QHSE-01-09-01《建设项目安全管理细则》。

（4）QHSE-01-09-05《职业病防护设施“三同时”管理实施细则》。

（5）QHSE-01-13-01《十类高风险作业管理细则》。

（6）GB 2894—2008《安全标志》。

（7）JGJ 33—2001《建筑机械使用安全技术规程》。

（8）GB 15630—1995《消防安全标志设置要求》。

8.2 安全预警事项

在LMU建造过程中，安全预警事项包括：脚手架，高处作业，起重作业，劳动保护用品，现场警告标识，电气安全风险识别，手动/电动设备风险预防，整体文明施工，限制空间作业，危险物品运输与储存，医疗急救设施，应急响应，消防设备，热工作业，协同作业。

8.3 安全保证措施

8.3.1 施工安全生产教育培训

（1）安全教育的培训类型应包括各类上岗证书的初审、复审培训。三级安全教育、岗前培训、日常教育、年度继续教育。

（2）企业的各类管理人员必须具备与岗位相适应的安全生产知识和管理能力，依法取得必要的岗位资格证书。

（3）特殊工种作业人员必须经安全技术理论和操作技能考核合格，依法取得特种作业人员操作资格证书。

8.3.2 分包方安全生产管理

（1）对分包单位施工过程的安全生产实施检查和考核，及时清退不符合安全生产要求的分包单位。

（2）分包竣工后对分包单位安全生产能力进行评价。

（3）对分包单位实施检查和考核内容包括分包单位安全生产管理机构的设置、人员配备及资格情况，分包单位违约、违章情况，分包单位安全生产绩效。

8.3.3 安全管理控制目标

（1）应记录事故的事件率<0.5/200000工作工时。

（2）有工日损失事故的事件率<0.26/200000工作工时。

（3）不发生环境污染事故不发生严重的火灾和爆炸责任事故。

（4）不发生严重的交通事故。

（5）不发生直接的平均经济损失超过100万元（人民币）责任事故。

（6）不发生直接的机械设备经济损失超过50万元（人民币）责任事故。

8.3.4 施工现场安全管理

（1）公司员工及分包商严格执行劳动保护用品穿戴规范。

（2）对起重、脚手架搭建、用电作业、压力测试、狭小空间工作等高风险作业，建立程序并严格监督和落实。

（3）脚手架施工满足业主的“脚手架作业指导书”和AS/NZS标准要求，制定出完善的脚手架计划，包括设计、图纸、估算、组织等。

（4）起重作业：

①根据公司“高风险起重作业评估指导书”要求，评估、计划和实施起重作业。

②“高风险起重作业”和“典型高风险起重作业”的施工方案在作业实施的10d之前递交业主审批。方案应包括详细的吊装计算，吊机参数以及运输方法/路线等的信息。在必要的参数变化范围之内的“典型高风险起重作业”的施工方案，应当在作业实施的3d之前递交业主审批。

③人员和设备的资格证书，以及吊装方案文件包应当在“高风险起重作业”和“典型高风险起重作业”实施的12h之前交业主代表审查验证。高风险起重作业的作业许可须由授权人员签字批准。

④经测试/具有证书/正确标识/标有安全工作荷载（SWL）的起重器材方可使用。所有的索具须由有资质的单位进行检验，带有标识（注明SWL，长度和检验日期），且每年（或有损伤后）至少（由检验机构）进行一次检验。所有的卡环和其他（辅助）起重工具，必须经由有资质的单位检验（在5年有效期内），且SWL标识明确。

⑤使用拖拉绳子引导被吊物，被吊物下不许站人，通过下方有人的施工区域。必要情况下，隔离吊装现场（隔离带/绳索）。

（5）文明施工：

①始终保持现场整洁，同时现场应急逃生通道及消防设备、配电箱、梯道的通道始终保持畅通。

②电缆、气带、风带等妥善布置，避免人员绊倒或设备损坏。

③所有施工人员必须参加每天的现场清理清扫工作（每天下班前的15min）。

（6）个人防护用品：

①进入现场必须穿戴安全帽、工作鞋、工作服和安全眼镜。

②高噪声区域使用听力保护器材。

③在烟尘/有毒气体聚集场所工作员工使用防尘/防毒面罩。（若涂装人员的呼吸用气由场地供风系统提供，则应增加过滤装置）。

④在超过2m工作有坠落的危险时，必须使用“带有吸能索的全身式安全带”；根据公司场地规则，所有场地工作人员须做好个人安全防护。

（7）焊接和切割作业：

①电缆和气带，必须妥善布置/固定以避免损坏或存在人员被绊倒的危险。

②必须使用回火防止阀。

③气带和割枪必须完全放好，卡箍正确使用。

④压缩气瓶必须垂直放置，妥善固定。

9 环保措施

9.1 环保标准

（1）GB 3095—2012 《环境空气质量标准》。

（2）GB 16297—1996 《大气污染物综合排放标准》。

（3）GB 31571—2015 《石油化学工业污染物排放标准》。

（4）QHSE-01-24 《中国海洋石油有限公司低碳管理办法》。

（5）QHSE-01-09-06 《建设项目环境评价管理细则》。

9.2 废弃物种类

在LMU建造过程中，排放的污染物主要有金属打磨粉尘、焊接烟尘、油手套、普通废弃物。

焊接烟尘采用焊接烟气净化装置处理，金属打磨粉尘采用定期地面洒水及时清理，油手套采用专用油废弃物回收箱处理，普通废物的收集和处理放置到固定的普通废弃物存放点。

9.3 注意事项

（1）生产环境管理分区域，采取“谁污染，谁治理”原则进行监督与处罚。

（2）公司专人定期检查车间治理情况，对未按规定治理排放的应及时通知整改

（3）对环保用设施、设备要认真管理，避免车间管道及设备的“跑、冒、滴、漏”，定期检查、维修和维修后验收制度，保证设备、设施完好，运转率达到考核指标要求。

（4）组织内部环境检测，掌握原始记录，建立环保设施运行台账，做好环保资料归档和统计工作，按时向上级环保部门报告。

（5）加强员工环保意识，把环保工作放在工作中的重要位置，树立环保优先的原则。

10 效益分析

该工法实现浮托安装中 LMU 建造的国产化，大幅降低成本，缩短 LMU 应用周期。国外采购周期约 5 个月，国产化后仅需 3 个月（包括整个装置从设计、制造及试验，运输等）。该成果于 2017 年 5 月成功应用于文昌 9–2/9–3 项目（14000t CEP 组块）的组块浮托安装，直接为公司节省 LMU 采购成本近 692 万元。该成果将继续应用到蓬莱 13–89 项目、东方 13–2 项目及曹妃甸 11–1/11–6 项目。在产生经济效益的同时，提高了公司在国际浮托安装市场的地位，对提升公司核心竞争力有重要作用与影响。

11 应用实例

本工法指导了海油工程特种设备分公司多个 LMU 建造项目，极大地提高了 LMU 建造效率，为规范和指导 LMU 建造施工提供了有力保障。应用的典型工程项目有：

序 号	项目名称	时 间
1	文昌 9–2/9–3/10–3 项目	2017 年 1 ~ 3 月
2	蓬莱 19–3 油田 1389 区综合调整项目	2018 年 9 ~ 12 月
3	曹妃甸 11–1 11–6 油田综合调整工程项目	2018 年 10 ~ 12 月
4	东方 13–2 项目	2019 年 2 ~ 5 月

大型油气处理模块建造工法

中国石油天然气第七建设有限公司

王海波　邓存武　任林昌　葛学强　岳金锁

1　前言

在传统的大型油气处理模块建造中，通常采用在工厂内预制杆件，然后将杆件发运到油气田现场，在现场完成模块整体组装的方法。该方法占用场地较多，受现场施工环境及气候条件的影响，施工质量不易保证，同时现场投入的施工人员较多，施工成本也较高。而本工法通过将模块合理的分割，多点多层面同时展开施工，在工厂内顺利完成整个模块的建造工作，并整体发运到油气田现场。

大型油气田模块建造充分利用工厂工人技能水平较高、施工质量稳定、拥有自备港口等优势，将相同的、重复的工作程序化；将简单的、零散的工作集成化，既降低了施工成本又缩短了施工周期。

该工法由中国石油天然气第七建设有限公司编制形成，目前已成功运用在俄罗斯亚马尔 LNG 项目 PAU211 泊位码头模块、PAR201 钢结构栈桥模块、PAR200 管廊模块的建造中，均顺利完成了模块的建造和发运。《大型油气田处理模块建造》成果获得了中国石油 2017 年度工程公司专业一线创新成果二等奖；被评为 2018 年度企业三级工法，并通过机械工业信息研究院科技查新证明该工法的创新性。

2　工法特点

2.1　施工工序流程科学合理、整体建造发运、缩短施工周期

针对 PAU211 泊位码头结构复杂，施工程序多等特点，合理安排施工顺序、选用最优、最正确的施工方法，在工厂内完成模块钢结构建造，工艺管线、设备、电气仪表等的安装调试，整体海运到现场，缩短了项目施工总周期。

2.2　科学分片、优化焊接顺序、精准组装

针对每层甲板施工中零部件多，组装焊接变形不易控制的难点，通过科学分片、优化组装顺序、采用“分级焊接法”等方法，解决了甲板片焊接易变形的难题，提高甲板片内部节点间位置精度，降低模块总装时难度。

2.3　建立全方位测量控制网、确保了高精度定位安装

通过提前详实的策划，在场地上提前布置测量定位基准点，建立标准测量控制网，在项目施工的全过程中均采用全站仪精准定位，保证模块整体尺寸和相对内部的相对位置偏差。

3 适用范围

本工法适用于大型油气处理模块的工厂建造，同时也可借鉴用于炼化、石化厂中装置模块的工厂内整体建造。

4 工艺原理

4.1 工艺原理简介

大型油气处理模块建造工法，其工艺原理是根据模块钢结构框架形式，将一个大型的、多层的模块科学合理的分割成若干个单层来预制，形成所谓的单个甲板片，然后将单个甲板片再按照顺序组装在一起。在每层甲板片安装过程中同时将油气装置、管路、阀门等分别安装其上，模块整体安装后进行试压和调试，然后整体船运到油气田现场。

4.2 主要关键技术

4.2.1 科学合理策划，确定分层方案

在综合考虑了模块结构特点、施工场地和工期等因素后，通过周详的策划，将模块按照标高划分为4层（图4–1），同时展开各层的预制工作，可缩短模块建造周期、降低多工种交叉作业的安全风险。

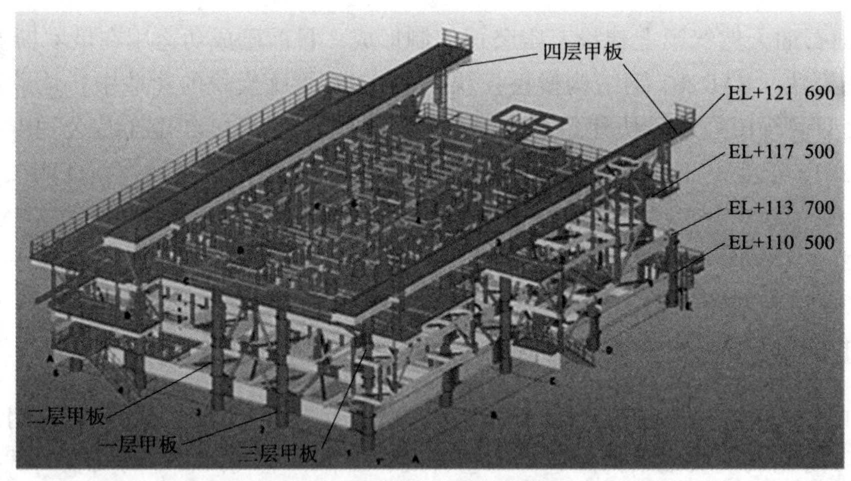

图 4–1 大型油气处理模块

4.2.2 甲板片焊接变形控制技术

通过区分每个甲板片中钢结构框架主次梁，将每个甲板片划分为若干个小的分片，利用“分而治之”的施工方法，优化每根钢结构梁的组装步骤和焊接顺序，解决了甲板片焊接过程中易发生变形的问题。

4.2.3 精准定位技术

通过分析、细化模块安装偏差，利用全站仪随时监测和控制每个甲板片中立柱定位、组装过程尺寸，及时测量立柱的焊接前、后的位置变化，确保单层甲板预制的高精度。同时在总装过程中，提前利用全站仪确定甲板片的中心位置，确保了模块最终组装后尺寸合格。

5 模块建造工艺流程及操作要点

5.1 模块建造工艺流程

5.1.1 施工总流程（图 5-1）

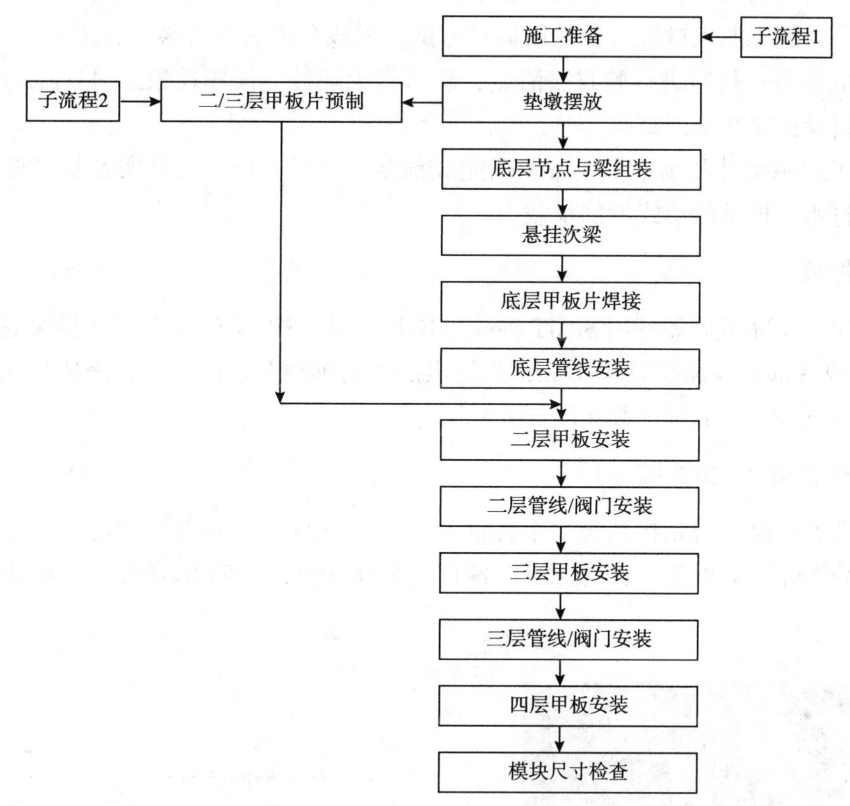

图 5-1 施工总流程

5.1.2 子流程

（1）子流程 1（图 5-2）：

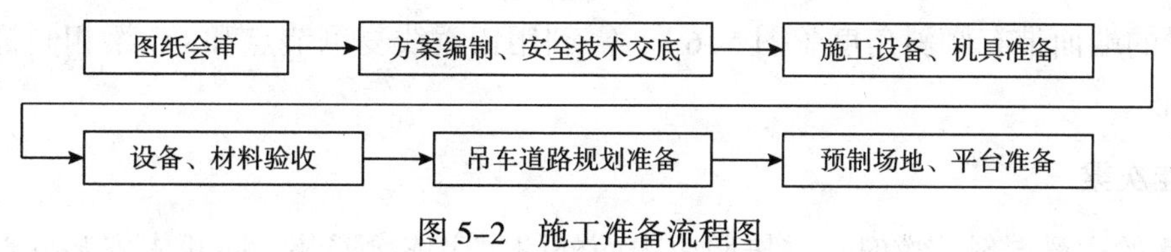

图 5-2 施工准备流程图

（2）子流程 2（图 5-3）：

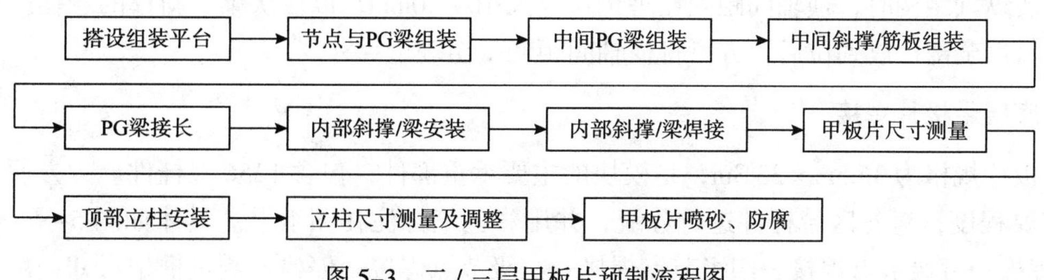

图 5-3 二 / 三层甲板片预制流程图

5.2 操作要点

5.2.1 施工准备

（1）对图纸进行审查，确定模块的分片原则，明确施工流程、操作要点。

（2）编写施工技术方案，进行施工安全、技术交底。

（3）准备施工所用的人员、设备、机具、手段材料等，确保满足施工需求。

（4）对参与项目施工的人员进行专项培训和考试，考核合格后方可参与施工。

（5）对到货的设备、材料进行验收、清点，确认有无缺件、损坏现象。对存在的问题进行汇总，书面反馈采办部门及厂家并限期整改。

（6）根据施工组织设计和场地平面布置图完成预制，组织对场地的夯实及找平处理，对地载力不足的场地，通过打水泥桩基的形式增加承载力。

5.2.2 垫墩摆放

由于整个模块施工完成后需使用SPMT轴线车顶升装船，SPMT轴线车进入模块底部所需的最小净高为1.4m，而模块底部立柱高度只有0.8m，为提供足够的轴线车进出空间，需通过在底部立柱下方放置总装垫墩的方式增加模块底部净高（图5–4）。

5.2.3 底层节点和PG梁组装

节点和PG梁组对前，需先找到每一个杆件的中心基准点，并使用样冲进行标记，具体要求为：PG梁两端各打3个同线样冲点，节点的四边各打3个样冲点，同时在节点中心圆处定位一个样冲点（图5–5）。

图5–4 垫墩布置

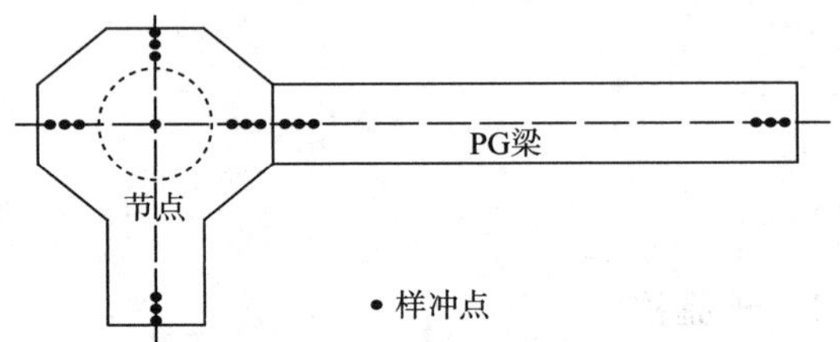

图5–5 基准点位置

如果PG梁的端面带有倾斜角度（图5–6），需利用铅垂线复测节点和PG梁相同标高处内凹和外伸长度是否匹配。

5.2.4 悬挂次梁

组对甲板片的次梁、斜拉撑时，需按照由内而外的次序依次安装，防止先安装外部结构后因空间不足造成内部构件无法安装的情况发生（图5–7）。

注：安装纵轴结构时，横轴间距须比理论尺寸大10~20mm，以便次梁、斜撑的悬挂。待两横轴间所有次梁及斜撑全部摆放到位后，方可将横轴间距调整至理论尺寸。

5.2.5 底层甲板片焊接

（1）甲板片规格为36.5m×33.3m，是模块的主要承重部件，包含1256根杆件。为方便现场施工，按照杆件重要程度，对各区域杆件进行分级，并用彩色笔标注在图纸上。具体如图5–8。焊接时按照“一级节点焊接→五级节点焊接→四级节点焊接→三级节点焊接→停检、测量框架尺寸→尺寸调整→二级节点（D 轴→ B 轴→ A 轴→ E 轴）”的顺序进行施焊，施焊时应按照焊接工艺参数严格控制焊接线能量，尽可能采用小电流、小电压参数，避免因线能量过大导致的焊接变形。

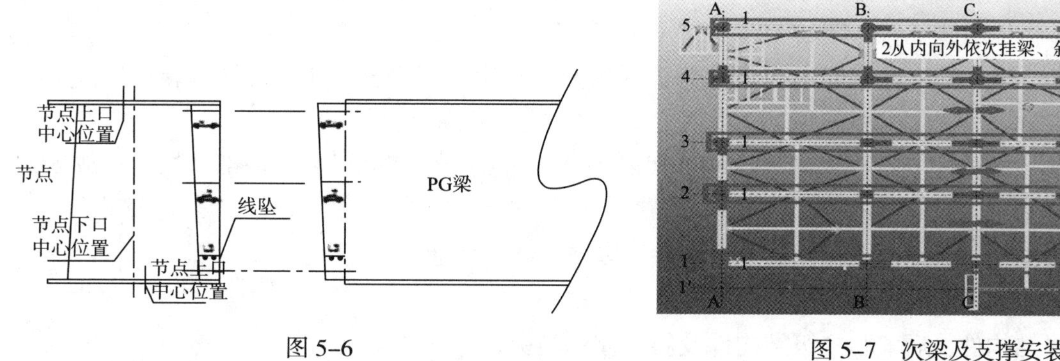

图 5–6　　图 5–7　次梁及支撑安装顺序

一级节点焊缝：节点和 PG 梁之间的焊缝；二级节点焊缝；三级节点焊缝；四级节点焊缝；五级节点焊缝。

（2）除了遵循以上的焊接顺序之外，单个节点位置也要采用对称焊接，对较长的焊缝采用分段退焊法（图 5–8）。

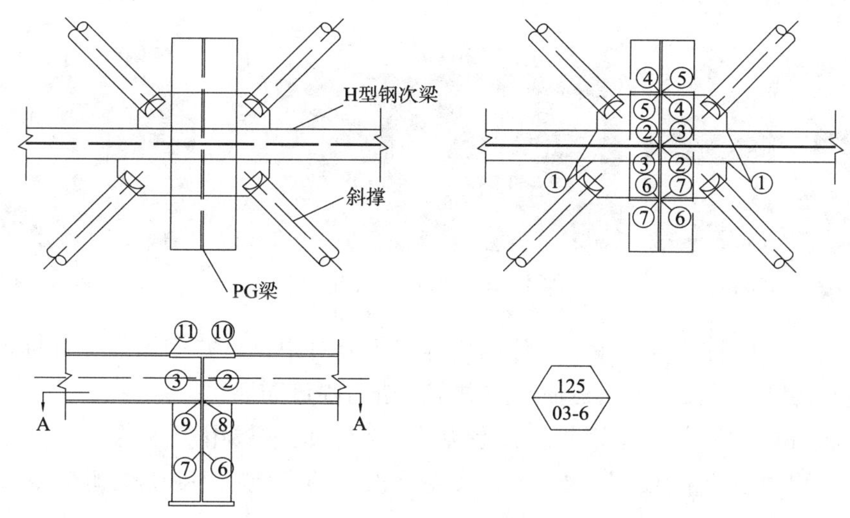

图 5–8　单个节点的焊接顺序

5.2.6　底层管线安装

底层甲板钢结构安装完毕并检验合格后，开始安装底层管线。管线需在车间厂房内预制成管段，尽可能地减少现场组装量，如图 5–9 所示。管段运抵组装现场时，应组织人员仔细核对管段的规格、尺寸、编号，确保无误后按照图纸将管段安装在甲板片上，并完成管段接长工作，如图 5–10 和图 5–11 所示。

图 5–9　管段预制

图 5–10　管段安装就位

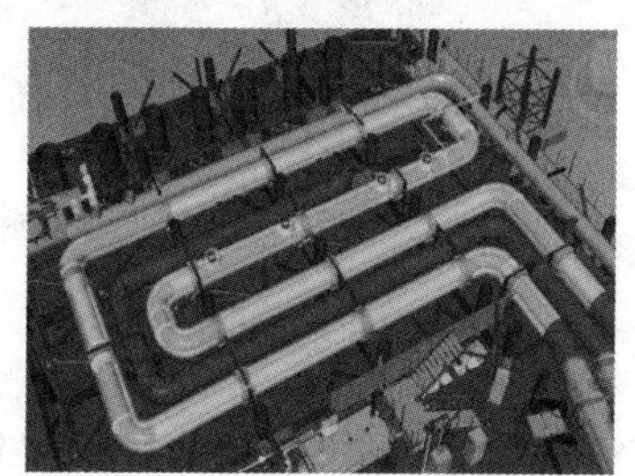

图 5–11　管段安装立体图

5.2.7 二三层甲板片预制

（1）为便于支柱定位，二三层甲板片的支柱已提前安装在下一层甲板上，故二三层甲板片预制时需提前布置垫墩，搭设组装平台（图5–12）。

（2）所有节点与PG梁均在车间内完成预制，在组装场地上完成节点与PG梁的组装、焊接工作（图5–13）。

（3）内部结构支撑件的安装要跟随主结构框架的进度，避免主框架完成后，内部结构无法放入的情况发生。安装时按照以下原则进行：

①一级和二级结构件在地面上预制成单根杆件，以减少高空作业量；

②安装杆件时应由中间向两侧、由内向外依次扩展；

③先安装一级结构件，后安装二级结构件及斜拉撑、筋板；

④先焊接一级结构，后焊接二级结构，可参考第5.2.5条中的甲板片焊接顺序进行。

（4）所有甲板片部件安装完毕、检查合格后，开始安装甲板片上部的27根立柱。安装立柱时需借助全站仪对立柱的位置进行精准定位，安装偏差不得>2mm，如图5–14所示。

图5–12 平台布置图

图5–13 节点与PG梁组装

图5–14 立柱安装

（5）甲板片组焊结束后，需要在甲板片四周标出组装对中点，并用做好样冲标记。然后利用吊车将甲板片抬起并放在倒运平板车上，运输至防腐车间进行喷砂防腐。

（6）三层甲板片的预制与二层甲板片流程基本一致，但三层甲板片的结构件更多，更易产生焊接变形，在安装过程中必须依照“从内到外、先主后次”的安装顺序和焊接顺序，防止焊接变形（图5–15、图5–16）。

图5–15 内部次梁定位

图5–16 甲板焊接完成

5.2.8 二层甲板片安装

用150t履带吊将预制成整体的二层甲板片吊起并安放在27根立柱上，按照提前布置的对中点进行甲板片的找正，并利用全站仪测量各关键尺寸，保证层间距偏差为±5mm，上下层间立柱同心度均不超过 5mm，层平面度不超过 10mm。

5.2.9　二层管线 / 阀门安装

二层甲板片安装完毕并检验合格后，进行二层管线、阀门的安装。阀门在安装前需逐件进行泄漏和压力试验，确保阀门合格。

5.2.10　三层甲板片安装

三层甲板防腐完毕后在全站仪的配合下，利用履带吊将第三层甲板片整体吊装，同样保证层高度偏差为 ±5mm，上下层间立柱同心度均不超过 5mm，层平面度不超过 10mm（图 5–17）。

5.2.11　三层管线、阀门安装

三层钢结构部分施工完毕并检验合格后，进行管线阀门的安装，安装步骤与二层管线安装相同。由于部分进口阀门未到货，在施工时制作阀门替代短节，以确保阀门到货后能顺利安装（图 5–18、图 5–19）

图 5–17　三层甲板安装

图 5–18　阀门替代短节图

图 5–19　管线阀门安装完毕

5.2.12　四层甲板片的安装

四层甲板片是两个长度为 23.5m，宽度为 2.8m 的钢框架，安装在模块顶部的两侧，间距 21.5m，该层甲板片需安装行车轨道，用于检修吊车行走，是关键的承重部件（图 5–20）。将预制的钢框架用 2 台 150t 履带吊车缓慢吊起放置在顶部的 5 根支柱上，并调整两个框架的相对高度和间距，确保安装高度差和间距公差在 ±5mm 内。

5.2.13　模块尺寸检查

1. 全站仪测量站点布置

合理地布置站点，将给模块建造尺寸控制提供极大的便利。相反，站点布置得不合理，所测得的数据需要进行多次转换，从而产生较大误差，给后续的预制、总装带来较大的困难，图 5–21 所示的站点布置方式可将测量误差控制在 2mm 内。

图 5–20　四层甲板及轨道梁

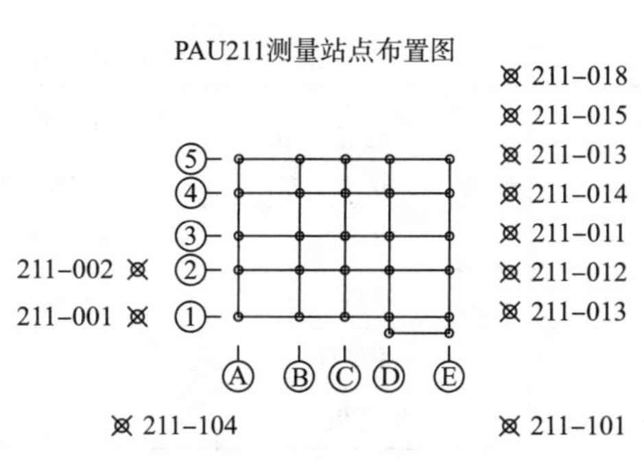

图 5–21　PAU211 测量站点布置图

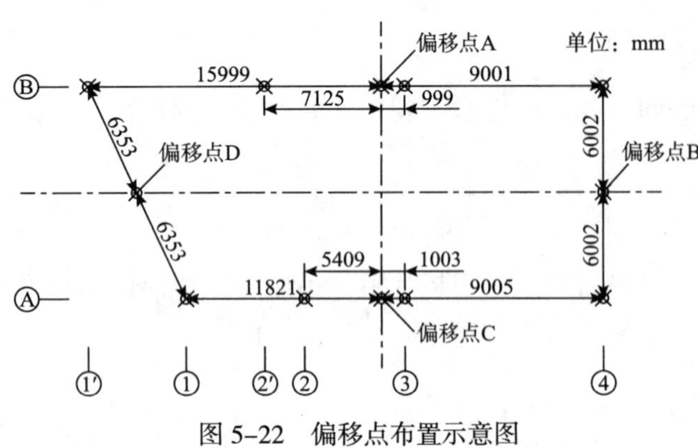

图 5-22　偏移点布置示意图

2. 甲板片焊前测量

利用全站仪测量每个节点的位置，对比出每个节点水平方向偏移和高度偏差。然后通过软件换算出每个测量点标高，取其平均值为测量基准原点，建立新坐标系，得出每个测量点的三维位置坐标。

3. 焊后、安装测量及偏移点的设置

测量与数据的处理步骤同甲板片焊前测量，但在测量时，应提前将甲板片四条节点梁的中点（即偏移点）用样冲眼和油漆笔标出，偏移点的位置标注示例如图 5-22 所示。

4. 甲板片就位及尺寸调整

在组装过程中的甲板片就位及尺寸调整，即可充分利用全站仪的高精度性和快捷性，迅速、高效地完成模块组装。同时也能准确地测量出各关键部件控制的位置，尤其是管线端部定位尺寸，便于数据的分析和整理。

5.3　劳动力组织

本工法劳动力组织情况见表 5-1。

表 5-1　劳动力组织情况表

序　号	职　务	数量 / 人	备　注
1	项目经理	1	现场总协调
2	技术员	3	现场技术跟踪与监督
3	质检员	3	现场施工质量监督检查
4	安全员	1	现场安全监督检查
5	焊工	25	模块焊接
6	铆工	14	模块预制及组装
7	管工	10	管线预制及安装
8	普工	10	配合工作

6　材料与设备

6.1　施工用主要手段材料（表 6-1）

表 6-1　主要手段用料统计表

序　号	名　称	规　格	单　位	数　量	备　注
1	钢管	168mm × 8mm	m	500	组装平台及脚手架
2	钢管	48mm × 3.5mm	m	800	
3	钢板	t20mm	m^2	430	
4	脚手架杆		m	8000	
5	钢跳板		块	600	

6.2 施工用主要设备（表 6-2）

表 6-2 施工用主要设备统计表

序 号	名 称	规 格	单 位	数 量	备 注
1	履带吊	350t	台	2	根据实际
2	汽车吊	50t	台	2	
3	货车	20t	辆	1	
4	卷扬机	12t	台	2	
5	滑车	H32 × 4D	个	4	

6.3 施工用主要测量、计量器具（表 6-3）

表 6-3 施工用主要测量、计量器具统计表

序 号	名 称	规 格	单 位	数 量	备 注
1	全站仪	徕卡	台	2	
2	水平仪	DSZ2	台	2	
3	水平尺	500mm、0.5mm	台	4	
4	钢板尺	1000mm	把	2	
5	钢盘尺	100m	把	2	
6	钢卷尺	5m	把	4	

7 质量标准与过程质量控制

7.1 执行的主要标准规范

（1）ASME PCC-1 Guidelines for Pressure Boundary Bolted Flange Joint Assembly。

（2）ASME B31.3 Chemical Plant and Petroleum Piping。

（3）AWS D1.1 2010 Structural welding code – Steel。

7.2 过程质量控制

7.2.1 材料下料

材料的标记移植、划线及切割数据的输入需要进行暂停检查，由 QC 人员确认无误后方可进行切割。

材料的标记移植主要检查标记移植的项目是否完整、正确，标记移植采用的方式、位置是否正确；材料的划线主要对划线的尺寸与图纸进行核对（卷管还应考虑钢板的延伸量）；切割数据的输入主要对输入的切割数据与技术给予的切割数据进行核对。用目视检验的方法查看杆件的自由边是否进行了倒角处理，倒角 1mm。

7.2.2 杆件钻孔检查

钻孔检验分为两个部分，对于一级结构，对于钻孔进行 100% 检验，对于一级结构以外的构件进行 50% 抽检。主要对螺栓孔的大小、螺栓孔的位置、螺栓孔的倒角进行检查。钻孔大小为螺栓直径加 2mm。

7.2.3 焊接检查

1. 焊接前准备

（1）根据 WPS 要求对坡口角度、坡口形式、坡口间隙等进行相应检查。

（2）定位焊长度不得 <100mm，如果板厚 <25mm，点焊长度为壁厚的 4 倍。对接焊定位焊打底厚度不超过 6mm，定位焊焊接应该与根焊焊接工艺一致。

（3）坡口清洁：在坡口焊接之前对坡口表面及附近进行检查，不能有铁锈、油污、水、氧化铁等杂质的存在。同时坡口表面要光滑，不能有较深的凹陷，如有凹陷，必须修补完成后在进行焊接。

2. 焊接过程监控

焊接监控是一项持续的工作，焊接监控可以有效地发现焊接过程中的各种问题，从而在很大程度上可以避免焊接完成后的焊缝出现缺陷。

检查要点：层间温度、电流、电压、焊接速度、层间清理、背部清根、热调直温度等。

3. 焊缝尺寸检查

焊缝轮廓应符合 AWS D1.1 的要求（图 7–1、图 7–2），所有的裂纹、针孔、冷叠、凹凸、炉渣、助焊剂或其他杂质，或者任何表面的不连续都应在外观检查前去除。喷丸去除缺陷是不允许的。

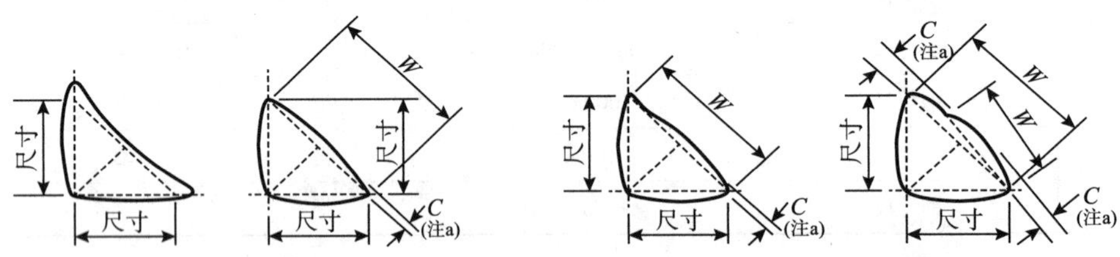

(a)理想角焊缝剖面形状　　(b)合格角焊缝剖面形状

宽度尺寸为W的个别焊缝或个别表面焊道的凸度C不得超过下表规定数值

焊缝或个别表面焊道的宽度，W	最大凸度，C
W≤5/16in. [8mm]	1/16in. [2mm]
5/16in. [8mm]<W<1in. [25mm]	1/8in. [3mm]
W≥1in. [25mm]	3/16in. [5mm]

图 7–1　合格焊缝剖面图

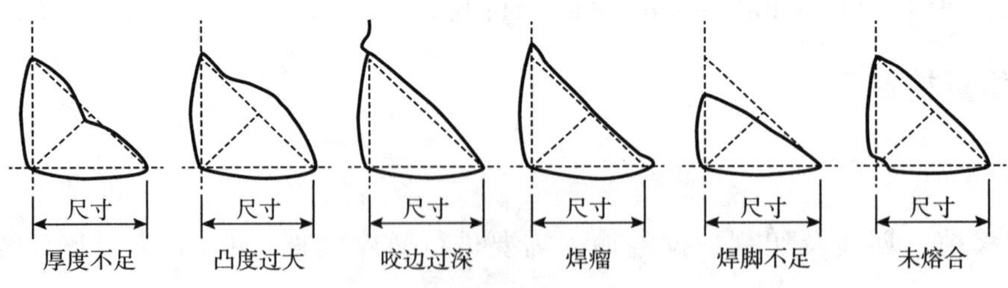

图 7–2　不合格焊缝剖面图

7.2.4 结构管预制尺寸检查

（1）椭圆度：管壁厚度≤2in（50.8mm）的，椭圆度不超过公称直径的 1% 或 1/4in（6.35mm）；管壁厚度 >2in（50.8mm）的，椭圆度不超过壁厚的 1/8；对于直径超过 48in（1219.2mm）的，如果周长公差 1/4in（6.35mm）内，椭圆度可以达到 1/2in（12.7mm）。

（2）长度：在 10ft（3.048m）的长度内，偏差不应 >$1^1/_2$in（38.1mm）。

（3）周长：偏差应为公称周长的 ±1%，或 1/4in（6.35mm），取小值。

（4）直线度：在任何 10ft（3.048m）长度内，最大允许直线度偏差 1/8in（3.2mm）。超过 10ft

（3048mm），直线度偏差可以用以下公式，在任何 40ft（12.192m）的长度范围内不得超过 3/8in（9.375mm）。

$$\frac{1}{8}\text{in}\times\frac{\text{总长（in）}}{10\text{ft}}$$

7.2.5 PG 梁预制尺寸检查（表 7-1）

表 7-1 PG 梁制作尺寸公差

高度公差	Δ =4mm	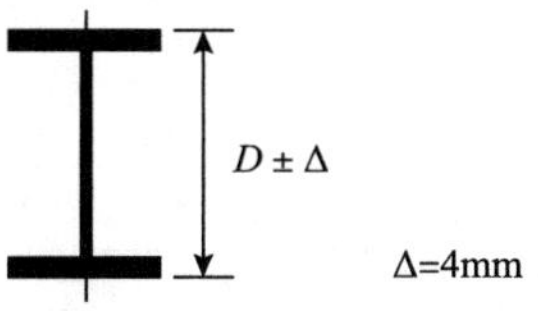 $D\pm\Delta$ Δ=4mm
宽度公差，*B*<300mm	Δ =3mm	$B_w\pm\Delta$ B_w or B_n<300mm Δ=3mm
宽度公差，*B*≥300mm	Δ =5mm	B_w or B_n≥300mm Δ=5mm $B_n\pm\Delta$
翼缘板装配公差	Δ =*B*/100 或 3mm，取大者	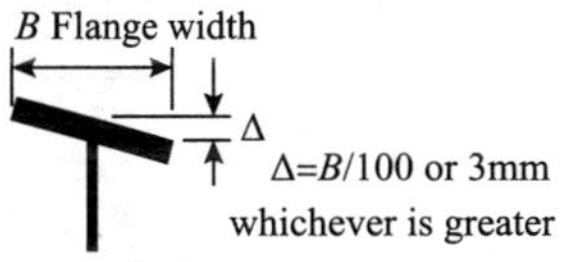 *B* Flange width Δ Δ=*B*/100 or 3mm whichever is greater
腹板装配工差	Δ =5mm	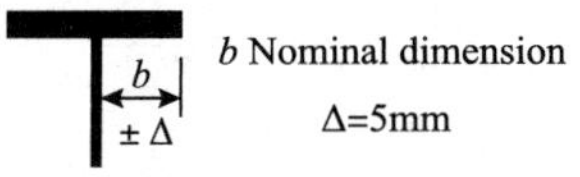 *b* Nominal dimension *b* ±Δ Δ=5mm

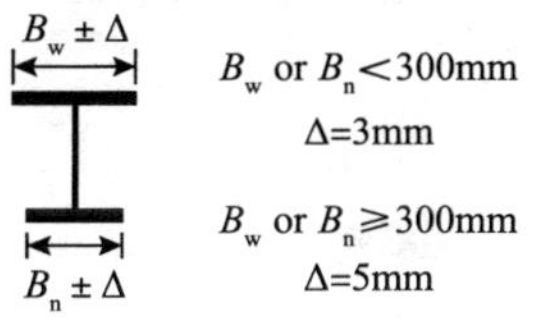

7.3 模块建造质量控制要求

7.3.1 杆件钻孔尺寸偏差（表 7-2）

表 7-2 杆件钻孔尺寸偏差

螺栓孔尺寸 /mm				
螺栓尺寸	标准孔尺寸	最大尺寸	短槽尺寸	长槽尺寸
M16	18	20	18×22	18×40
M20	22	24	22×26	22×50
M22	24	28	24×30	24×55
M24	27（a）	30	27×32	27×60
M27	30	35	30×37	30×67
M30	33	38	33×40	33×75
≥M36	*d*+3	*d*+8	（*d*+3）×（*d*+10）	（*d*+3）×2.5*d*

螺栓孔尺寸偏差 /mm		
孔位置偏差	Δ = 2 mm	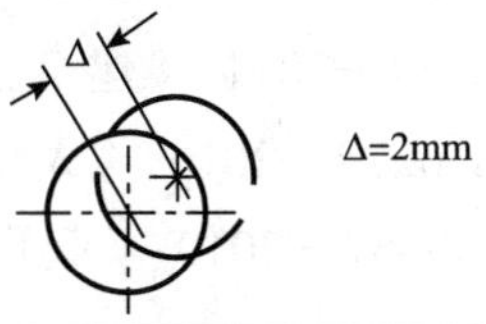 Δ Δ=2mm
冲孔局部变形公差	Δ = *D*/10 或 1 mm，取大者	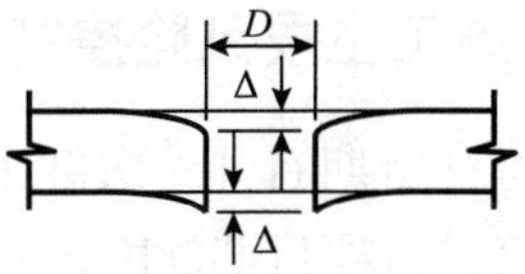 *D* Δ Δ

7.3.2 模块安装尺寸偏差（表 7-3）

表 7-3 模块安装尺寸偏差表

序号	检验描述	允许偏差
1	立柱位置偏差	± 5mm
2	两立柱间距偏差	
	立柱间距：10 m	± 10 mm
	立柱间距：20 m	± 15 mm
	立柱间距：50 m	± 25 mm
	立柱间距：100 m	± 40 mm
3	立柱上部分偏差	
	4~8m	± 10mm
	8~16m	± 12mm
	16~25m	± 15mm
	25~40m	± 20mm
	构架、梁	0.004Hf
4	横梁与立柱连接位置偏差	± 3 mm
5	横梁与立柱连接位置偏差	
	高度：0~6 m	± 5 mm
	高度：6~10 m	± 8 mm
	高度：10 m 以上	± 12 mm
6	梁两端高度偏差	
	长度：0~6 m	± 4 mm
	长度：6~10 m	± 6 mm
	长度：10 m 以上	± 8 mm
7	柱子底部高度偏差	
	相邻柱底板钢底标高的相对差异	± 3
	桁架和梁支撑点之间的挠度（其中 L = 梁长）	0.0013L
		<15
	梁支点高度偏差	± 10
8	管线端部位置偏差	± 3

8 安全措施

8.1 执行的主要法规、标准、规定

（1）JGJ59—2011 《建筑施工安全检查标准》。

（2）SY 6279—2016 《大型设备吊装安全规程》。

（3）GB6067—2010 《起重机械安全规程》。

8.2 施工主要风险控制措施

（1）每月定期召开一次健康、安全与环境小组会议，由项目经理主持；每周召开一次健康、安全与环境会议，由项目部健康、安全与环境经理主持，参加代表有项目部 HSE 人员及相关专业人员（必

要时可邀请总包或业主 HSE 代表参加）；每周星期一召集所有施工人员参加现场 HSE 喊话活动会；每天召开 HSE 班前会，由班长主持，全体成员参加。

（2）所有参与施工的人员必须参加入厂三级安全教育培训，考试合格后方可上岗；开工前针对模块建造危险源辨识和控制对施工人员进行培训，让施工人员了解模块建造过程中，各项工序可能存在的危害、风险等级及控制、补救措施，避免安全事故的发生。

（3）进入施工现场的所有人员必须穿戴好劳保用品；所有设备必须有出厂合格证和检验鉴定报告，且检验鉴定报告在有效期内。

（4）预制垫墩设计及布置时应详细计算承载能力，确保垫墩强度满足要求，地基承载力足够。

（5）单根杆件吊装时必须采用双吊点起吊，不得单点吊装；细长管线需采用专用平衡梁吊装。

（6）下雪后应清扫施工作业现场及周围积雪，防止积雪压实后打滑摔伤。

（7）冬季施工做好预制场和现场的易燃易爆物品的防爆隔离，设置专人负责管理和看管。

（8）高处作业控制措施：

①严禁患有心脏病、高血压、癫痫病、恐高症等其他不适合高处作业的人员进行高空作业；

②高处作业时，安全带应挂在作业人员上方固定牢靠的物体上，下部应有足够的安全空间和净距；

③悬空作业应有牢靠的立足处，并应视其具体情况设置防护网、栏杆或采取其他安全措施；

④悬空作业所用的索具、吊篮、平台等应经过检查确认后方可使用；

⑤钢结构及管道悬空作业时，作业人员应站在安全位置，工件放平、放稳、固定牢固后方可摘钩。

（9）起重机械与吊装作业控制措施：

①起重司机和起重工要有相关部门颁发的特种作业操作证，并在有效期内；

②现场吊装作业要严格按吊装方案实施，实施中未经技术负责人批准，不得任意改变吊装方案；

③作业前起重操作人员要认真检查起重设备的安全技术性能、状况，熟悉吊装现场环境情况；

④钢丝绳在使用前要进行全面检查，有问题及时处理，防止断丝。钢丝绳在现场使用中，严禁与带电焊把线、电源线接触；

⑤起重作业范围要设警戒线，吊物、吊臂下方严禁站人。

（10）有限空间作业控制措施：

①进入有限空间作业必须办理作业许可等手续，并进行含氧量、可燃气体等的检测；

②外面必须有监护人看守；

③清理有限空间内的可燃物；

④有限空间内必须使用安全行灯和安全电压；

⑤必须设置有通风设施，保持内部空气畅通。

9 环保措施

9.1 执行的主要法规、标准、规定

（1）HJ 612—2011 《建设项目竣工环境保护验收技术规范》。

（2）SH/T 3024—2017《石油化工环境保护设计规范》。

9.2 环保控制措施

（1）现场配置金属和非金属垃圾箱，所有废金属和非金属要分类及时放到垃圾箱里，垃圾箱满后及时送到垃圾处理场集中处理，严禁随地乱扔垃圾。

（2）包装箱和包装塑料要及时收集并放到垃圾箱里，防止刮风将垃圾扩散到其他地方。

（3）电焊机不使用时要及时切断电源，节约施工用电。

（4）机械发生漏油后，要及时清理干净，严禁用土就地覆盖漏油。

（5）施工现场要做到工完、料净、场地清，保证场地清洁和道路畅通。

（6）施工前将要需要保留植被的区域（特别是临时道路）的植被进行移植，施工完工后及时进行植被恢复，并定期浇水养护，确保植被成活。

10 效益分析

10.1 经济效益

本工法通过将模块分层预制、整体总装的方法，可将施工作业面最大化，提高了施工效率，缩短了施工工期，节省了施工用的手段材料；同时模块化施工将大部分工作放在地面上完成，减少了高空作业，降低了安全风险；原计划工期为 300d，实际采用本工法后，将工期缩短到了 240d，同时也大大降低了大型吊车的使用费。效益对比分析见表 10–1。

表 10-1 本工法与传统分装法工艺耗资差异对比表

序号	资源投入	传统工艺（分装法）	本工法	节 省
1	人工 / 工日	15000	12000	3000
2	350t 吊车 / 台班	36	14	22
3	50t 吊车 / 台班	210	120	90
4	手段料 / 钢材 /t	26	15	11
5	工期 /d	300	240	60

通过大型油气处理模块建造工法的应用，在亚马尔项目 PAU211 模块施工中节约成本 104 万元，缩短工期 60d。

10.2 社会效益

10.2.1 质量方面效益

模块化建造将以往由现场安装的工程量，全部放在工厂内进行制作，避免了现场施工条件恶劣、场地受限、天气环境糟糕等易产生质量隐患的不利条件，实现了工厂化整体建造，同时通过固定的工作流程将每道工序的操作规范化、科学化，更利于提高产品质量。

10.2.2 安全方面成效

传统的施工方式需要逐层施工，只有第一层安装完毕，才开始第二层的施工，以此类推，才能完成整个模块的建造，作业空间小、交叉作业多，且吊装作业频繁、高空作业量大，容易造成吊装和高空坠落事故。而通过大型油气处理模块建造技术的应用，可将人员高空作业量降低 80%~85%，高空吊装量降低近 92%，进而大幅度降低了安全事故发生的概率。

11 应用实例

应用实例一：俄罗斯亚马尔 LNG 项目 PAU211 模块应用

俄罗斯亚马尔 LNG 项目位于亚马尔半岛的南部，由国际知名的法国德希尼布、日本日挥和日本千代田联合总承包，其中 PAU211 为泊位码头模块，长 36.5m、宽 33.3m、高 14m，重约 1960t，包含钢结构和管线预制安装、阀门安装、电仪电器安装、防火、防腐、工厂整体调试等施工内容。利用大型油气处理模块建造工法，工期提前了 35d，节约成本约 45 万元。该项目经业主及第三方监理检验，满足设计和施工规范要求（图 11–1）。

图 11–1 PAU211 模块发运

应用实例二：俄罗斯亚马尔 LNG 项目 PAR201 模块应用

同属于亚马尔 LNG 项目的 PAR201 模块为钢结构栈桥模块，主要用于现场运输车量的行走，约 686t，主要由钢结构部分组成，在底部铺设厚度达 150mm 的高强度钢格栅，从 2015 年 8 月 10 日开工，2016 年 2 月 28 日顺利装船发运。利用大型油气处理模块建造工法，节约成本约 23 万元。经业主及第三方监理检验，满足设计和施工规范要求（图 11–2）。

应用实例三：俄罗斯亚马尔 LNG 项目 PAR200 模块应用

PAR200 模块为管廊模块，主要由钢结构和管线部分组成，在工厂内完成模块的整体制作，包括管线的保温保冷，模块重约 1159t，施工周期从 2015 年 7 月至 2016 年 3 月完工。利用大型油气处理模块建造工法，节约成本约 16 万元。经业主及第三方监理检验，满足设计和施工规范要求（图 11–3）。

图 11–2 PAR201 模块施工

图 11–3 PAR200 模块整装待发

俄标大型立式圆形卷制储罐安装施工工法

中国石油天然气第七建设有限公司

庞学龙　师　娟　刘乃涛　耿　开　代学彦

1　前言

俄罗斯标准立式圆形钢制储罐的建造方法是在制造厂将罐底板和罐壁板分段预制，然后采用机械设备卷制在圆形钢框架外侧，罐顶板分片打包进行运输；现场安装时，将预制罐底板和卷制罐壁板在现场展开后进行安装就位。而国内则是在制造厂将罐底板、罐壁板及罐顶板分片预制，在现场分片组焊倒装完成储罐安装。

在俄标储罐建造中，罐底中幅板卷制在圆形钢框架外侧，安装过程中需将中幅板逐渐展开进行铺设，中幅板展开过程中内部存在应力。罐壁板分段卷制在圆形钢框架外侧并且卧式到货，安装过程中需先将罐壁板卷筒直立后逐渐展开进行施工，罐壁板卷筒结构薄弱且无吊点。罐壁板卷筒直立后逐渐展开进行施工过程中，在壁板卷制过程中内部存在应力，并且罐底中幅板和罐壁板都为薄板，展开过程中极易变形。

中国石油天然气第七建设有限公司通过俄标储罐的建造，认真梳理总结经验形成了《俄标大型立式圆形卷制储罐安装施工工法》，采用本工法加快了施工进度，减少成本投入并排除了安全隐患。已成功应用于哈萨克斯坦 PKOP 奇姆肯特炼油厂现代化改造工程。该工法被评为公司科技进步成果一等奖和企业级三级工法，已获得实用新型专利《卷制罐壁板展开装置》(ZL201821490781.7)。

2　工法特点

2.1　深度预制、提高安装效率

罐底板、罐壁板以及罐顶板在预制厂完成壁板预制及焊接，减少了现场组焊量，提高了安装效率。

2.2　施工安全性高

罐壁板采用卷制罐壁板展开装置进行展板，有效控制壁板内应力提高了施工安全，加快了展板效率。

2.3　经济效益好

罐底板、罐壁板当地工厂化预制，现场安装连续作业，节省了传统工装费用，增加了经济效益。

3　适用范围

该工法适用于俄标大型立式圆形卷制 5000~10000m^3 储罐的安装施工。

4 工艺原理

俄标大型立式圆形卷制储罐的建造方法是以罐底为安装的基准平面，先将卷制的罐底板展开并安装完，然后将卷制的罐壁板直立后逐步展开后合拢并焊接，最后分片安装罐顶板，其关键技术如下：

4.1 卷制罐底板展开技术

卷制罐底板展开采用在罐基础上配合防腐直接展开铺设技术，一次安装就位。展开采用“内固外拉”逐步展开就位，设置固定挡块并双侧配置手拉葫芦完成罐底板展开。

4.2 卷制罐壁板翻转技术

卷制罐壁板翻转设计并制造一套罐壁板翻转和罐壁板展开一体装置，在该装置顶部设置翻转吊具，采用起重设备系挂翻转吊具完成卷制罐壁板翻转。

4.3 卷制罐壁板展开技术

卷制罐壁板展开采用罐壁板翻转和罐壁板展开一体装置，在装置底部设置旋转转盘并在转盘上设置挡板，在罐底内环设置固定点，采用手拉葫芦配合起重设备完成卷制罐壁板展开。

4.4 罐壁板防变形技术

罐壁板直立后采用边侧防变形工装固定，展开过程中采用双侧封固技术，单圈展开后壁板双侧安装防变形工装。

5 施工工艺流程及操作要点

以哈萨克斯坦 PKOP 奇姆肯特炼油厂现代化改造工程蒸汽冷凝水装置 1 台 10000m^3 除盐水罐安装为例，阐述该工法实施过程。

除盐水罐罐体直径 31.5m，高度 14.6m，材质为 C255，设计温度 70℃，操作温度 36℃，保温材料为矿棉板，厚度为 90mm。罐底板分边缘板和中幅板到货，边缘板分 14 片到货；中幅板采用卷制在圆形钢框架外侧分两卷卧式到货；罐壁板采用卷制在圆形钢框架外侧分五卷卧式到货；罐顶板整体预制分 36 片到货；爬梯等其他附件预制成整体到货。

5.1 施工工艺流程

5.1.1 施工总流程

施工工艺总流程示意（图 5–1）。

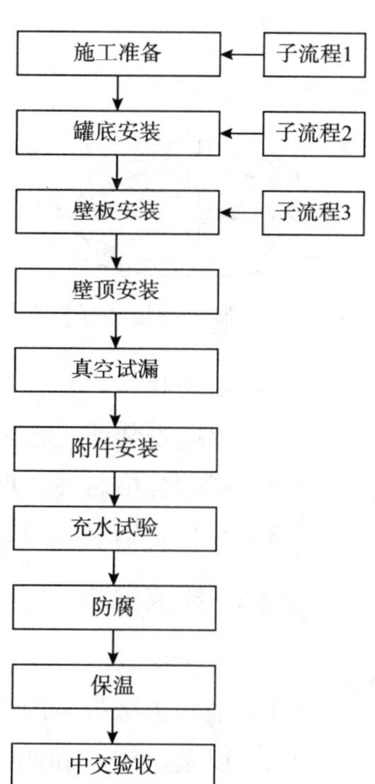

图 5–1 施工工艺总流程图

5.1.2 子流程

（1）子流程 1（图 5–2）。

（2）子流程 2（图 5–3）。

（3）子流程 3（图 5–4）。

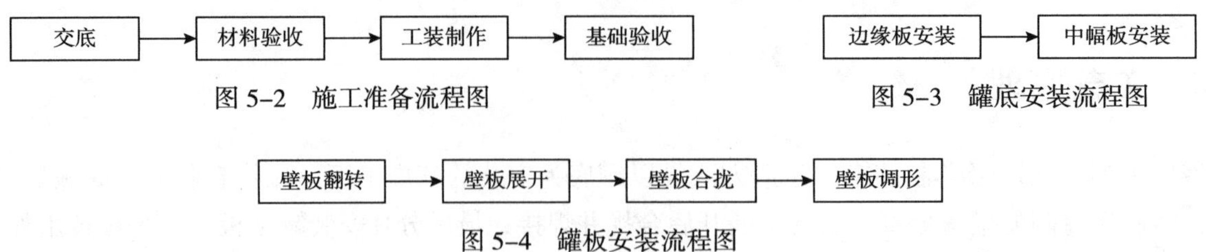

图 5-2　施工准备流程图

图 5-3　罐底安装流程图

图 5-4　罐板安装流程图

5.2　操作要点

5.2.1　施工准备

1. 交底

（1）安全、技术、质量交底必须实施逐级交底制度，纵向延伸至班组全体作业人员，交底覆盖率达到 100%。

（2）交底应将工程概况、施工方法、施工程序、安全技术措施、质量保证措施等向参与施工全体作业人员和管理人员进行详细介绍。

（3）交底内容应针对储罐工程施工给作业人员带来的潜在危险因素和存在的问题详细介绍。

（4）保存书面安全、技术、质量交底签字记录。

2. 材料验收

（1）储罐在工厂化深度预制到达现场后应对半成品材料、附件等进行联合验收。

（2）储罐的半成品材料、附件等应符合设计要求，并必须具有质量合格证明书。

（3）罐底板、罐壁板和罐顶板必须逐个进行检查，钢板表面质量应符合相关标准的规定。

（4）半成品材料、附件等应做好标识，并按材质、规格等分类分区存放。

3. 工装制作

卷制罐壁板展开装置：本装置是满足罐壁板从卧式到立式翻转和卷制在钢框架外侧罐壁板展开设计的工装，工装分上下两部分组成，使用时穿入卷筒内部，该装置采用无缝钢管、钢板以及型钢焊接而成，装置包括底部旋转部件、中间连接件、上部支撑件及吊点以及配置一些增加强度的刚性连接件，其结构形式详见图 5-5。

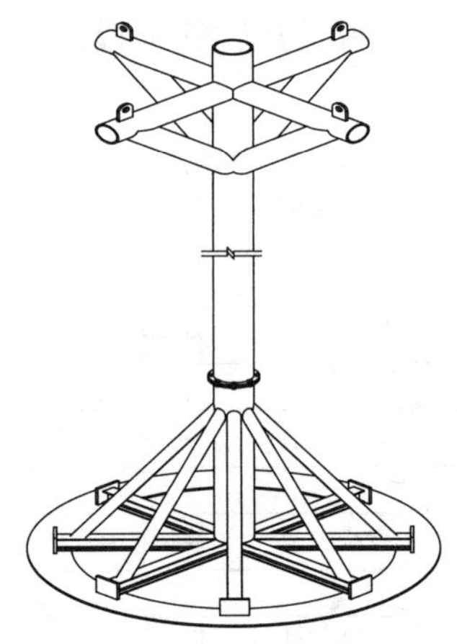

图 5-5　卷制罐壁板展开装置

4. 基础验收

（1）储罐安装前，必须按土建基础交接文件和对基础表面进行检查。

（2）基础合格后并办理交接检查记录后方可安装。

（3）验收完毕应办理基础中间交接手续。

5.2.2　罐底安装

1. 边缘板安装

（1）罐底边缘板采用 25t 汽车吊进行铺设，铺设前进行罐底放线。

（2）以基础中心和四个方位标记为基准，画出十字中心线和罐底边缘板安装线，边缘板的外弧半径按设计半径放大 0.1% 进行确定。

（3）罐底边缘板铺设前，先按图纸要求及标准规定将底板下面刷环氧煤沥青防腐涂料，每块板的边缘 50mm 范围内不予涂刷。

（4）罐底边缘板铺设时，应从 0° 方位开始，向两边进行定位铺设，以确保铺板位置的准确性。

2. 中幅板安装

（1）采用履带吊将卷筒外侧做完防腐的中幅板卷筒吊装到储罐基础上，并调整好安装位置，放置到基础上。

（2）在卷筒中幅板中间位置壁板开孔的两侧焊接吊点，并用手拉葫芦系挂吊点并预紧（中幅板临时固定，防止切开连接板后中幅板整体散开，易发生安全事故），将中幅板临时固定牢固，用磨光机切开固定的连接板，临时固定详见图 5–6。

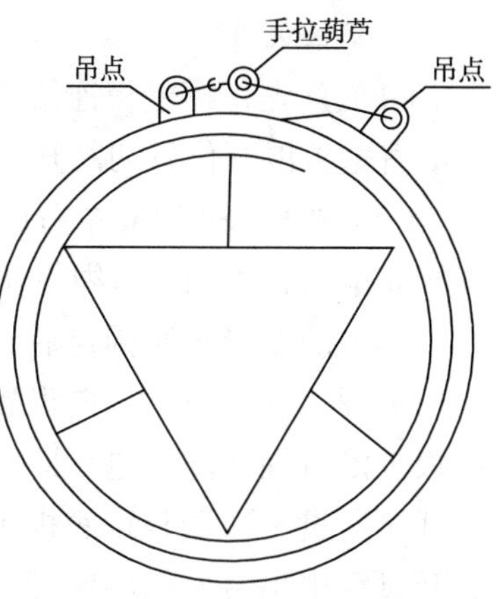

图 5–6　临时固定

（3）固定连接板切开后，缓慢放手拉葫芦，中幅板逐渐展开，当中幅板打开 60° 左右时，在中幅板卷筒内部焊接临时固定吊点，并用手拉葫芦预紧在中幅板卷筒外部焊接临时吊点，并用钢丝绳、手拉葫芦设置卷筒旋转牵引机构，临时固定和卷筒旋转牵引机构设置详见图 5–7。

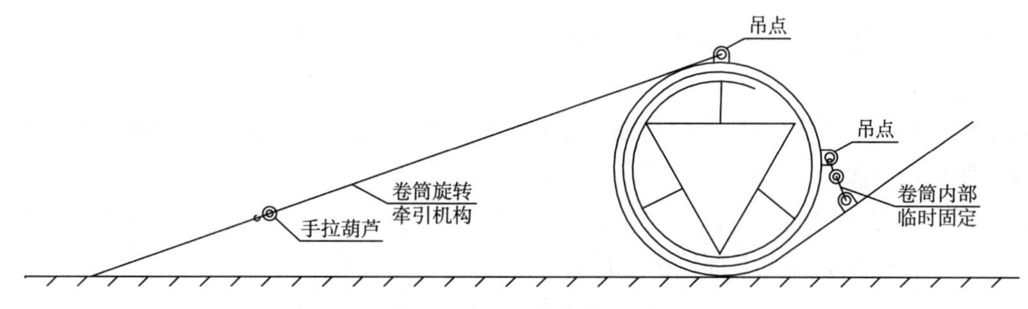

图 5–7　临时固定和卷筒旋转牵引机构设置

（4）中幅板展开的临时固定和卷筒旋转牵引机构设置完毕后，临时固定手拉葫芦放链，卷筒旋转牵引机构手拉葫芦收链，相互配合将中幅板逐渐展开。

（5）展开过程中，不断交替更换内部临时固定点和卷筒旋转牵引点，并在展开过程中将中幅板外侧（即罐底中幅板底部）刷环氧煤沥青防腐涂料。

（6）牵引中幅板展开过程和防腐过程交替进行，并临时固定壁板边缘，采用此方法将一卷罐底中幅板全部展开。

（7）按照第一卷罐底中幅板展开方法，进行第二卷中幅板展开。

（8）罐底中幅板边缘和中部采用重物压制方法进行调形，罐底中幅板连接处，利用槽钢进行固定，并采取间断焊接进行调缝，与边缘板不焊接。

5.2.3　罐壁板安装

1. 壁板翻转

（1）首先确定五个卷制筒体的安装顺序，将卷制罐壁板展开装置穿入卷筒的中心，并将装置的上、下两部分用螺栓连接牢固。

（2）罐壁板卷筒翻转采用履带吊做主吊，汽车吊为辅吊，主吊点在卷制罐壁板展开装置的顶部四个吊点位置，辅吊点采用捆绑底部方法进行吊装。

（3）罐壁板卷筒翻转前，在卷筒两侧采用手拉葫芦进行环绕捆绑并预紧，罐壁板卷筒顶部卷制的每圈壁板之间每隔 1m 点焊固定，固定完毕后两台吊车配合将壁板卷筒翻转直立。

2. 壁板展开

（1）首先将罐壁板连接板切割断开，将捆绑的手拉葫芦缓慢松开，采用高空吊篮将壁板顶部焊接点沿着壁板展开位置切割开一处，切割完毕后将上、下手拉葫芦拆除。

（2）壁板展开1m左右后安装壁板防变形工装，防变形工装采用型钢制作，防变形工装与罐壁板焊接完毕后，采用钢丝绳将防变形工装封固。

（3）防变形工装固定后，在卷制罐壁板展开装置底板的旋转托板上焊接底部固定挡板，采用在罐底板上焊接固定点并周向设置手拉葫芦，多台手拉葫芦配合将罐壁板逐渐展开，展开过程中底部固定挡板也沿着周线随之进行固定焊接，当展开到壁板顶部临时固定点时，利用高空吊篮将临时固定点切割开，通过多次调整罐底板手拉葫芦位置和上部临时固定点的切割，最后将卷制的罐壁板全部展开，展开过程中吊装卷筒的履带吊车沿着基础外侧随壁板展开方向走移，罐壁板在展开过程中，罐壁板底板采用内部挡板和销子进行调整和固定。

（4）罐壁板一卷卷筒全部展开后，在罐壁板的末端安装壁板防变形工装，防变形工装与罐壁板焊接完毕后，采用钢丝绳将防变形工装封固。

（5）防变形工装安装完毕后，在罐壁板两侧设置封固缆绳，封固缆绳采用钢丝绳和手拉葫芦配合使用。

（6）按照第一卷罐壁板的展开方法，对其他四卷罐臂板依次进行展开。

3. 壁板合拢

（1）利用钢丝绳配合手拉葫芦在罐壁板内侧和外侧设置牵引点，设置时按照壁板的弯曲方向进行设置，壁板一侧可设置多个牵引点。

（2）罐壁板合拢必须沿同一方向依次合拢，合拢采用手拉葫芦、组对卡具等工具配合两侧牵引点进行组对，罐壁板合拢从底部至上部依次进行。

4. 壁板调形

（1）整圈壁板合拢后，用带加减丝的支撑管等工装调整罐壁垂直度、椭圆度、上口水平度等。

（2）罐壁板调形主要包括罐壁合拢处调形和罐壁凸凹不平调形，罐壁合拢处主要采用临时制作的弧板配合千斤顶进行调形，罐壁主要采用火焰加锤击方法进行调形。

（3）罐壁板上部主要调整上口的椭圆度，椭圆度主要采用上口的包边角钢进行调整，包边角钢按照壁板的曲率预制。

5.2.4 罐顶安装

罐顶安装采用中心柱法进行安装。在包边角钢和临时支架上划出每块拱顶板的位置线，并焊上组装挡板，拱顶组装时先在轴线对称位置上采用50t汽车吊组装四块罐顶板，调整定位后再逆时针同时安装其他罐顶板，罐顶板搭接宽度要求符合设计要求，搭设宽度允许偏差为 ±5mm。

5.2.5 罐底真空试漏

在罐底焊缝全部焊接完毕且无损检测合格后，清除罐底上的杂物，进行真空试漏检验，将真空箱扣在涂有肥皂水的焊缝上，通过透明玻璃，观察焊缝表面是否产生气泡，无渗漏为合格，充水试验完毕后再进行一次复验。

5.2.6 附件安装

平台扶栏等钢结构应随罐体组装同时进行预制安装，并且符合施工图纸和规范要求。所有配件及附属设备的开孔、接管、保温钉及罐体上所有的焊件应在储罐压力试验前安装完毕。

5.2.7 充水试验

储罐工程完毕后应进行充水试验，充水试验时，必须按设计要求对基础进行沉降观测，当充水到设计最高液位并保持 48h 后，观测每天的沉降量小于前天沉降量的 1/10，直到沉降稳定。试验完毕后，罐内放水应分段进行。

5.2.8 防腐

罐体防腐工程需在罐体外侧保温支架、消防及工艺管线等焊接工作全部结束及罐体充水试验合格后进行。储罐的防腐必须严格地按设计要求涂装，涂装的颜色、涂刷的每层厚度和整体厚度必须符合设计要求。

5.2.9 保温

储罐外侧保温绝热工程，需在罐体外侧防腐工程结束后进行。保温层结构的层间应粘贴牢固、密实饱满、表面平整、圆弧均匀、无断裂和松弛现象。保护板安装应搭接固定牢固，铺设时由下向上进行，密封良好，无松脱、翻边、翘缝、凹凸现象。

5.2.10 中交验收

储罐工程施工完毕后，应及时向建设单位办理中交验收。

5.3 劳动力计划（表 5-1）

表 5-1 劳动力组织情况表

序 号	职 务	数量 / 人	备 注
1	技术员	2	技术跟踪与监督
2	质检员	1	质量监督检查
3	安全员	1	安全监督检查
4	测量员	1	测量
5	焊工	12	罐体焊接
6	驾驶员	2	吊车
7	起重工	4	吊装指挥
8	普工	6	配合工作

6 材料与设备

6.1 主体设备（表 6-1）

表 6-1 主体设备一览表

序 号	名 称	规格型号	数量 / 台	备 注
1	履带吊	55t	1	主吊
2	汽车吊	25t	1	
3	电动试压泵	SY–350	1	
4	真空泵	ZJ–30	1	

6.2 辅助设备（表 6-2）

表 6-2 辅助设备一览表

序号	名称	规格型号	单位	数量	备注
1	焊条烘干箱	ZYH-100	台	1	
2	去湿机	XH-16L	台	1	
3	电焊机	ZX5-400	台	6	
4	角向磨光机	ϕ100mm	台	4	
5	倒链	5t	台	10	
6	倒链	3t	台	10	
7	真空表	-0.1～0MPa	块	2	
8	压力表	0～2.5MPa	块	2	
9	卷尺	5m	把	5	
10	弯尺	500mm×250mm	把	10	
11	钢板尺	1m	把	3	
12	线坠	5m	把	2	
13	水准仪	—	个	1	
14	加减丝	—	个	10	

6.3 消耗材料（表 6-3）

表 6-3 消耗材料一览表

序号	名称	规格型号	单位	数量	备注
1	焊条保温筒	PR-1	个	4	
2	电 焊 钳	—	个	8	
3	氩弧焊把	—	个	4	
4	毛刷	—	个	6	
5	煤油	—	kg	15	
6	石灰粉	—	kg	20	

7 质量控制

7.1 质量标准与规范

（1）CH PK3.05 24—2004 《立式圆柱形钢制有关设计、制造和安装规程》。

（2）GB 50128—2014 《立式圆筒形储罐施工及验收规范》。

（3）GB 50205—2017 《工程施工质量验收规范》。

7.2 质量控制措施

7.2.1 施工准备

（1）基础中心标高允许偏差为 ±20mm。

（2）支撑罐壁的基础表面，其高度差应符合每 10m 弧长任意两点的高差应≤12mm。

（3）基础表面每 100m^2 范围内测点应≥10 点，基础表面凹凸度允许偏差应≤25mm。

7.2.2 罐底安装

（1）罐底对接接头间隙保持（7 ± 1）mm。

（2）罐底垫板与对接的两块底板间隙应≤1mm，垫板应长出边缘板 50mm。

（3）罐底板铺设凹凸变形的深度不应大于变形长度的 2%，且应≤50mm。

7.2.3 罐板安装

（1）罐壁板调形及组装完毕后，应及时对罐壁椭圆度、水平度、垂直度等按照规范要求及方法进行测量与检查并符合要求。

（2）纵焊缝的角变形用 1m 长的弧形样板检查，角变形应≤10mm。

（3）罐壁板局部凹凸变形用等于 2m 的弧形样板检查，局部凹凸变形应≤13mm。

7.2.4 罐顶安装

（1）罐顶包边角钢对接焊缝应与壁板纵缝错开 300mm 以上。

（2）罐顶板焊接成形后用弧形样板检查其间隙应≤15mm。

7.2.5 真空试验

（1）试验负压值≥53kPa，无渗漏为合格。

（2）压力表表盘直径≥100mm，量程为 0.1MPa，精度为 2.5 级。

7.2.6 附件安装

（1）开孔接管的中心位置偏差应≤10mm；接管外伸长度的允许偏差为 ± 5mm。

（2）导向管的垂直度和直线度不得大于管高的 0.1%，且应≤10mm。

7.2.7 充水试验

（1）充水试验应用洁净水，水温不应低于 5℃。

（2）沉降观测时，在罐壁下部每隔 10m 左右设一个沉降观测点，点数为 4 的倍数，且不得少于 16 点。

（3）当充水到设计最高液位并保持 48h 后，观测每天的沉降量小于前天沉降量的 1/10，直到沉降稳定，到达放置期限后方可开始放水，放水速度≤2m/d，注意地基回弹。

7.2.8 防腐

（1）防腐原材料应有齐全的出厂合格证、质量证明文件和二次复验报告。

（2）罐板表面喷砂除锈质量应达到 Sa2.5 级，并必须符合设计要求。

7.2.9 保温

（1）保温材料应有出厂合格证、质量证明书、材质证明和使用说明书。

（2）保温层绑扎间距为 250 ~ 300mm，储罐及设备保温层绑扎间距必须符合设计要求。

（3）保护板竖向重叠 100mm，周向重叠 1 ~ 2 个波纹宽度。

7.3 质量关键点控制（表 7-1）

表 7-1 质量关键点控制表

序号	检验项目	检查指标	检验时机与频次	检查器具或方法
1	原材料材质、规格	符合标准要求	材料到场 / 每批次	游标卡尺、钢卷尺光谱分析仪
2	基础中心标高	± 20mm	基础交接 /1 次	水准仪、钢卷尺

续表

序号	检验项目	检查指标	检验时机与频次	检查器具或方法
3	基础表面凹凸度	≤25mm	基础交接 /1 次	水准仪、钢卷尺
4	罐底组对间隙	7 ± 1mm	组焊前 /1 次	钢卷尺
5	罐底凹凸度	≤13mm	组焊后 /1 次	弧板、钢卷尺
6	罐壁凹凸度	≤13mm	组焊后 /1 次	弧板、钢卷尺
7	罐顶弧度	15mm	组焊后 /1 次	弧板、钢卷尺
8	罐底强度及严密性试验	无泄漏为合格	安装完 /1 次	充水试验，观察基础周边
9	罐壁强度及严密性试验	无泄漏为合格	安装完 /1 次	充水至设计液位，保持 48h
10	排水管的严密性试验	无泄漏为合格	安装完 /1 次	试压 30mim 无渗漏
11	涂层表面不光滑	表面平整光亮光滑均匀一致	100% 检查	目测检查
12	分层界限	允许偏差 ± 3mm	抽查 20%	目测检查
13	涂层厚度	≥设计厚度	抽查 20%	漆膜测厚仪
14	软质制品厚度	(-5% ~ +10%)	抽查 20%	用尺量检查
15	保护层圆度	≤10mm	100% 检查	用尺量检查
16	保护层搭接宽度	符合设计要求	100% 检查	用尺量检查

8 安全措施

8.1 安全标准与规范

(1) JGJ 80—2016 《建筑施工高处作业安全技术规范》。

(2) GB 6067—2010 《起重机械安全规程》。

(3) JGJ 46—2005 《建筑现场临时用电安全技术规范》。

8.2 安全措施

(1) 进行三级安全教育，健全安全管理制度，落实安全责任制。

(2) 严禁工作人员在工作前或工作中饮酒。

(3) 进入施工现场要正确穿戴好劳保用品。

(4) 强化现场安全监督检查。

(5) 施工机具在使用前，必须由专业人员安装和调试，合格后方可使用。

(6) 施工机械操作人员必须持有合格项的有效证件上岗，机械设备各安全装置保持良好状态

(7) 吊装作业要设置警戒区域，并挂警示牌，有专人负责监护。

9 环保措施

9.1 环保标准与规范

(1) GB 12523—2011 《建筑施工场界环境噪声排放标准》。

(2) GB/T 50378—2014 《绿色建筑评价标准》。

(3) SH/T 3024—2017 《石油化工环境保护设计规范》。

9.2 环保措施

(1) 施工现场所占用的区域和周边环境要充分考虑地貌恢复和环境保护。

（2）在施工进出道路和作业带要及时洒水控制扬尘。

（3）施工运输车辆要做好防护措施，防止随走随掉。

（4）施工垃圾及生活垃圾及时清理，统一处理。

（5）禁止将有毒有害废弃物作土方回填。

（6）严格控制人为噪声，施工现场不得无故敲打，使用高音喇叭，最大限度地减少噪声扰民。

（7）文明施工，创造愉悦的环境氛围。

10 效益分析

10.1 社会效益

通过本工法的实施，不仅是贯彻了中国“一带一路”战略规划，也使我们有了按俄罗斯标准建造储罐的能力。

10.2 经济效益

（1）哈萨克斯坦 PKOP 奇姆肯特炼油厂现代化改造工程蒸汽冷凝水装置 1 台 10000m^3 除盐水罐应用，经济效益见表 10–1。

表 10-1 传统方法与新工艺经济效益对比表

序　号	名　称	传统工艺 / 万元	新工艺 / 万元	节约费用 / 万元	指标对比 /%
1	人工费	504	231	273	54
2	材料费	28	19	9	32
3	机械费	52.4	25.4	27	51
4	合计	584.4	275.4	309	52

（2）哈萨克斯坦 PKOP 奇姆肯特炼油厂现代化改造工程 I 期成品油罐区 5 台 5000m^3 储罐应用，经济效益见表 10–2。

表 10-2 传统方法与新工艺经济效益对比表

序　号	名　称	传统工艺 / 万元	新工艺 / 万元	节约费用 / 万元	指标对比 /%
1	人工费	1624	946	678	42
2	材料费	83	64	19	22
3	机械费	147	117	30	20
4	合计	1854	1127	727	39

（3）哈萨克斯坦 PKOP 奇姆肯特炼油厂现代化改造工程 II 期成品油罐区 3 台 5000m^3 储罐应用，经济效益见表 10–3。

表 10-3 传统方法与新工艺经济效益对比表

序　号	名　称	传统工艺 / 万元	新工艺 / 万元	节约费用 / 万元	指标对比 /%
1	人工费	1022	596	426	42
2	材料费	65	50	15	23
3	机械费	89	64	25	28
4	合计	1176	710	466	40

通过上述经济效益对比采用俄标大型立式圆形卷制储罐工法施工，比传统工艺综合节省费用达到40%，储罐容积越大经济效益越显著。

11 应用实例

应用实例一：

哈萨克斯坦 PKOP 奇姆肯特炼油厂现代化改造工程蒸汽冷凝水装置除盐水罐建造，具体见表 11–1。

表 11-1 应用实例一览表

项目名称	施工地点	规 模	数 量	开竣工日期	应用效果
蒸汽冷凝水装置除盐水罐	哈萨克斯坦奇姆肯特	10000m^3	1 台	2017/08/01—2017/09/30	良好

应用实例二：

哈萨克斯坦 PKOP 奇姆肯特炼油厂现代化改造工程 I 期成品油罐区项目，具体见表 11–2。

表 11-2 应用实例一览表

项目名称	施工地点	规 模	数 量	开竣工日期	应用效果
成品油罐区储罐	哈萨克斯坦奇姆肯特	5000m^3	5 台	2016/09/10—2016/12/30	良好

应用实例三：

哈萨克斯坦 PKOP 奇姆肯特炼油厂现代化改造工程 II 期成品油罐区项目，具体见表 11–3。

表 11-3 应用实例一览表

项目名称	施工地点	规 模	数 量	开竣工日期	应用效果
成品油罐区储罐	哈萨克斯坦奇姆肯特	5000m^3	3 台	2017/10/20—2017/12/30	良好

反应器内催化剂立式分层装填工法

中国石油天然气第七建设有限公司

燕友国　张　鹏　贾锡正　邵金柱　刘永强

1　前言

在炼油装置一些容器类设备内，由于化学反应需要，会存在一些多种类固体催化剂装填，这些催化剂按照工艺反应的顺序和发生时间，要进行立式分层装填，此种类催化剂的装填要求催化剂区域性精密度高、催化剂填装的独立性强，而且要缩短填装时间，保证催化剂的活性，减少催化剂污染。

传统多层催化剂装填采用在设备内部用非固定模板进行隔离，多次拆装达到分层装填，而功法采用快速组装工具，在设备外预制完毕，在设备内部实行快速固定组装，整体提升，达到准确的催化剂装填；在设备外侧，采用多通道分隔式装填卸料漏斗进行独立装填剂，增加工作连续性，大大降低了人工和机械成本，减少了催化剂污染概率，缩短了检修工作的时间。

中国石油天然气第七建设有限公司总结施工经验形成了《反应器内催化剂立式分层装填工法》，已成功应用于中国石油四川石化炼化一体化项目 65×10^4t/a 对二甲苯芳烃联合装置歧化反应器催化剂装填、中国石油四川石化 65×10^4t/a 对二甲苯芳烃联合装置大检修歧化反应器催化剂换填、哈萨克斯坦 PKOP 炼油厂现代化升级改造工程 60×10^4t/a 异构化装置反应器换填，经过实验此工法证明安全、可靠、先进。该工艺被评为 2018 年中国石油第七建设有限公司科技进步成果二等奖和企业级三级工法。

2　工法特点

2.1　实现了填料在同台容器内的分层装填

外部采用多通道分隔式装填卸料漏斗投料方法，保证了装料的独立性，增强了催化剂倒入过程的连续性，提高了容器内分层装填的施工质量。

2.2　实现了模块化装填

工装制作简单，内部采用组装式模块化工装填的独立性，实现快速准确催化剂装填，缩短施工时间。

2.3　提高了施工安全性

催化剂装填属于有限空间作业，采用此施工方法，减少了内部作业时间，提高了施工的安全性。

3　适用范围

该工法适用于炼化装置中固体颗粒状催化剂式分层立体装填的塔器、容器及反应器，在施工规模应用方面，由于内部分层隔离工装和外部分隔式料斗可根据设备尺寸自行调整比例制作，故在应用的设备规格大小上不受约束。

4 工艺原理

本工法应用于立式分层催化剂装填施工，在催化剂装填时，依据图纸提供的设备内部空间尺寸、设备容器口尺寸，且依照催化剂装填分布范围，制作符合要求的独立式催化剂填装漏斗，料斗共分两种，一种是在施工中固定防止在设备口处，用以分别投放催化剂；另一种是收集催化剂作为传输催化剂用的单通道料斗；用薄型钢板制作设备内部分层隔离工装，按照容器口的尺寸大小，将应器反内分层隔离工装等份制作，工装分块进入后，在需装填的设备内部采用螺栓连接组对，组装后的工装以连续的钢制弯曲面形成装填空间；在催化剂填装施工中，分步分类装填在内部工装内，待此阶段工装所有面填充完毕后，从反应器内部利用倒链整体平衡提升工装至已装填的填料顶部，再进行重复填装，如此多次操作后，最终达到催化剂立式分层填装效果。本工法采用的关键技术如下：

4.1 多类别催化剂分隔式料斗投料

按照催化剂填装种类和设备入口尺寸，制作分段隔离式填料漏斗，在投料时按照填充顺序，分别进行催化剂单独投放控制。

4.2 催化剂立式分层隔离工装

按照设备内部尺寸和催化剂填充厚度要求，制作工装，平均等分成若干份，由设备入口运送到设备内部，在内部进行螺栓连接固定组装，工装上设置多处平衡吊耳，用来保证工装在起吊过程的平衡性。

5 主要施工流程及操作要点

5.1 施工工艺流程（图5-1）

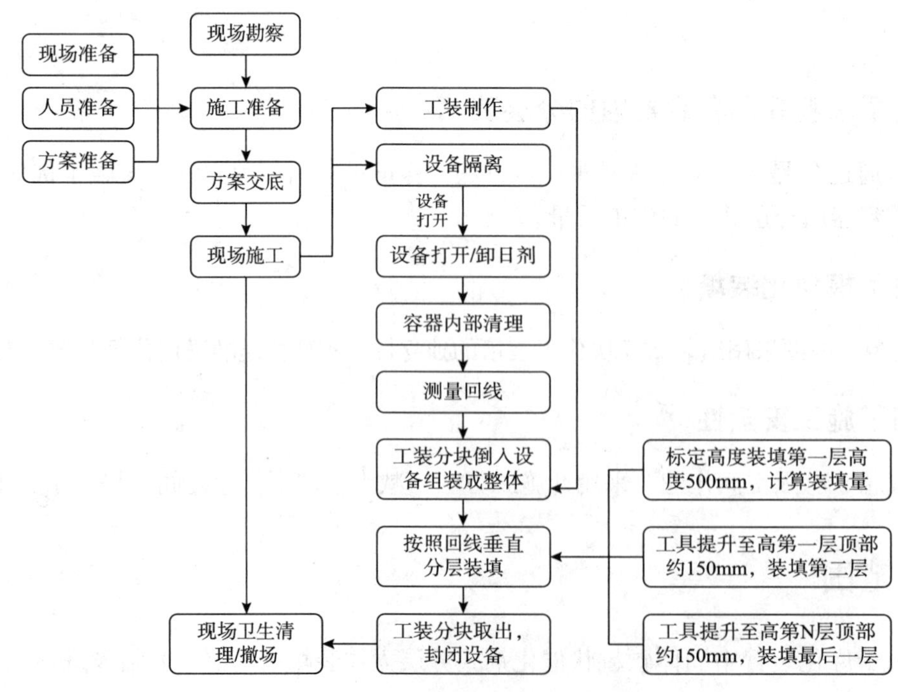

图5-1 反应器内部填料装填流程图

5.2 操作要点

以中国石油四川石化连续重整装置歧化反应器 R-7001 催化剂换填为例，阐述该工法实施过程。

歧化反应器 R-7001 内部空间狭小，直径 4200mm、高度 10900mm，内部中心是中心管结构，外圈为扇形筒结构，中心管与扇形筒之间的催化剂总量为 65m^3，其中中间层催化剂 I-500A 为 29m^3，内层催化剂 I-500B 为 43.1m^3，外层为瓷球（图 5-2）。

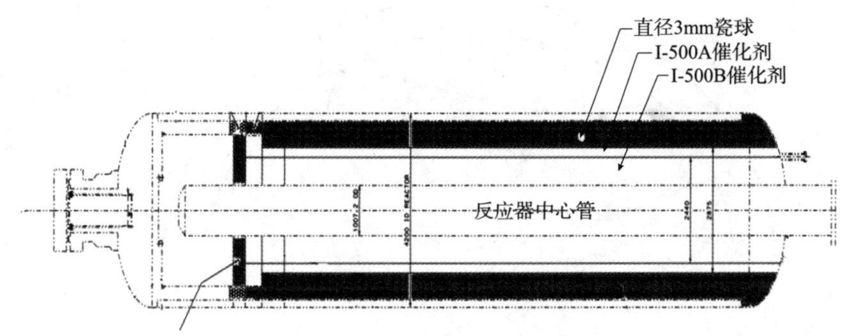

图 5-2 反应器内部填料装填图

5.2.1 现场勘查

（1）提前与车间进行联系，查看施工设备周边环境、场地布局。

（2）根据现场踏勘规划催化剂堆放区域、吊车站位区域、临时催化剂装料斗平台区域。

5.2.2 人员组织

根据现场需要，分别统计人员需要。主要考虑方面有临时平台搭设、催化剂传输、外部催化剂装料斗、设备打开、催化剂内部装填、安全监护、技术指导、质量确认、现场卫生清理，根据工作量的大小，做好人员准备。

5.2.3 材料准备

根据施工需要，将施工用的材料准备妥当。主要考虑的材料有：临时平台制作材料、安全防护材料、成品保护材料、料斗制作材料、填装工具制作材料等配套关联材料，为施工准备做好基础。

5.2.4 方案编审

（1）依照施工图纸和相关技术资料，施工单位编制并得到有关部门审批的施工方案，以及当地政府或行业的施工及验收规范和项目质量保证计划等文件。

（2）组织相关人员熟悉图纸及有关技术文件、规范等。

5.2.5 安全交底

组织施工人员，进行施工技术方案的安全技术交底，并对组织催化剂装填作业进行危害因素识别，制定对应风险消减措施。

5.2.6 工装制作

依据设备结构图纸和催化剂装填布局图纸，进行放样计算，确定反应器内部空间尺寸，分别制作设备外部装填料漏斗 3 个、设备内部分层隔离工装 1 个。

（1）本次施工胎具高度 700mm，将胎具根据反应器上部人孔的大小进行等分，设置好螺栓连接固定板、可调式中心筒滑动提升滚轮，工装上部均匀焊接起吊吊耳（图 5-3）。

图 5-3 反应器内部催化剂立式分层隔离工装

（2）本次施工料斗有两个类型，分别为多种类分隔式料斗 1 个和单通道传输料斗 2 个，按照计算好的填充量，设计料斗容量并制作测试（图 5-4、图 5-5）。

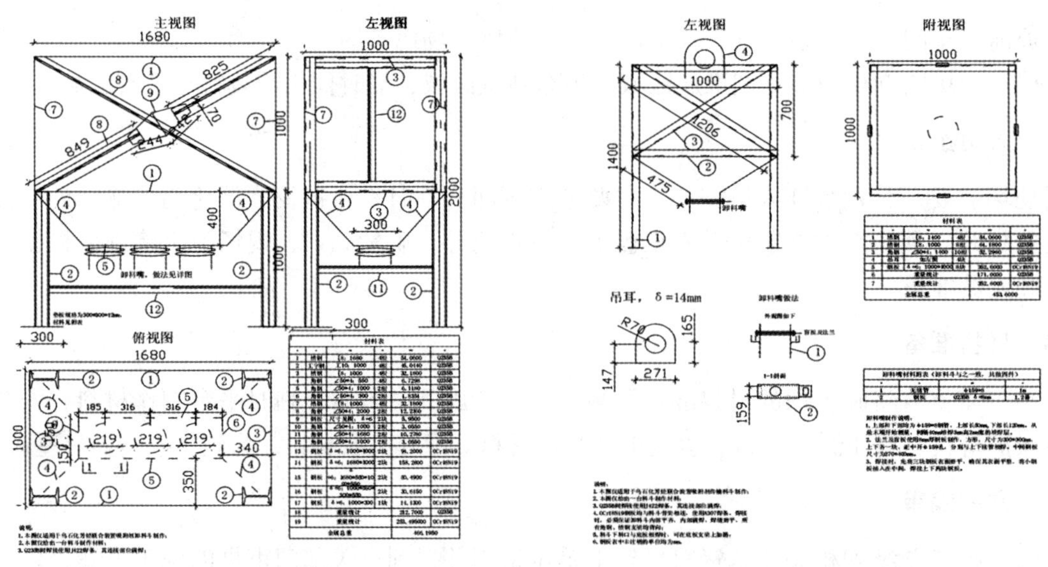

图 5-4 多种类分隔式料斗

图 5-5 单通道传输料斗

5.2.7 设备隔离

本次施工为检修施工，在设备打开前，要对换剂设备进行能量隔离，来保证设备打开后不会发生设备打开事故。在设备打开后，要进行检验检测，检查固体、液体物料是否隔离、检查气体物料是否隔离，如果检查合格则进行下一步，否则重新检查连接设备管线等，再次进行设备隔离工作，直至检查合格。

5.2.8 设备打开、卸剂

（1）利用定力矩扳手，将反应器顶部封头打开，打开后的封头用吊车吊至框架外地面上。

（2）对反应器内的顶板进行编号标识，标识完毕后移除顶板，并妥善保管。

（3）待封头开启完毕后，在设备底部铺设薄膜，并在四周设置围挡，打开设备下部卸剂口法兰，缓慢将旧催化剂卸出，直至反应器内旧催化剂全部清除。

5.2.9 容器内清理

待反应器内部旧催化剂清空后，检查反应器内气体，如无危险，则从反应器顶部放置软梯入内，并将软梯底端固定在反应器底端，加强软梯固定性，确保人员上下通行安全；将安全照明灯具放置到反应器内部，人员穿戴呼吸套管装置，进入反应器内部，采用清扫和吸取的方式，将反应器内部清理干净。反应器底部优先清理，2m 以上部分的清理，由于单独清理耗费人力物力时间太长，因此，后边的清理都随着催化剂的装填进行清理，清理方式为吸取，防止粉尘飘落，对新催化剂造成污染。

5.2.10 测量放线

测量放线主要分为三部分，一部分为反应器内部放线标识，第二部分为立式分层隔离工装放线标识，第三部分为多种类分隔式料斗放线标识。标识以不易脱落褪色的鲜艳记号笔进行画线。

（1）反应器内部放线标识是依据反应器填充高度和填充工装高度，计算出提升次数，在反应器内壁上按照每次提升到的高度做环形标识，确保工装提升时能做到准确性。

（2）首先按照分解组装模块的位置对工装模块进行标识，编号 1、2、3 依次续排，方便在反应器内进行摆放组装；其次在工装顶平面往下 150mm 做环形标识，在工装地平面往上 100mm 处做环形标识。

（3）多种类分隔式料斗放线标识是将单个隔离仓按照工装每次填装量的体积进行计算，然后在将该容量转换成在料斗中的各自料仓中的高度，并加以标识。

5.2.11 工装导入设备及组装

（1）将分解后的工装，按照相邻编号，依次用吊车从打开的封孔放置到反应器内底部摆放（图 5–6）。

（2）将滑轮、螺栓、扳手等小型物件，用包裹包好，一并放入反应器内。

（3）施工人员在设备内部按照编号，用螺栓将分体的工装组对完毕。

（4）此次施工采用 4 根倒链进行提升。反应器内部顶端有用于起吊装置的吊耳，将倒链本体挂在吊耳处固定，将挂钩挂在工装的起吊点上。

（5）检查工装、倒链的牢固性后，进行初步起吊测试。

5.2.12 按照画线垂直分层装填（图 5-7）

（1）将多种类分隔式料斗放置在反应器封头打开处并加以固定，以帆布装填套筒连接到料斗各自出料口，长布通道的长度以能达到反应器最低端为标准，在后续的提升中，每次都将长出套筒卷起，

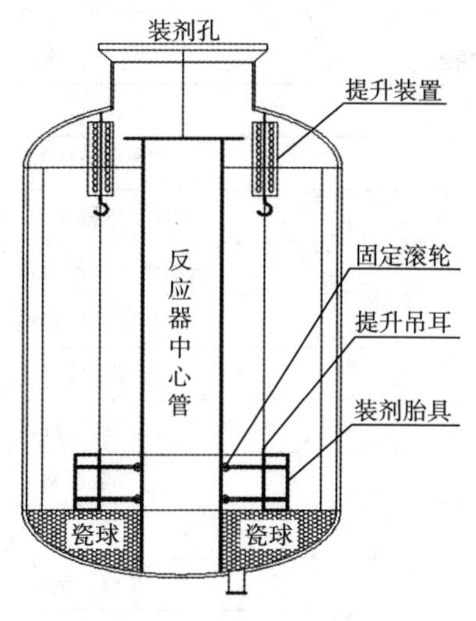

图 5–6 工装放入底部

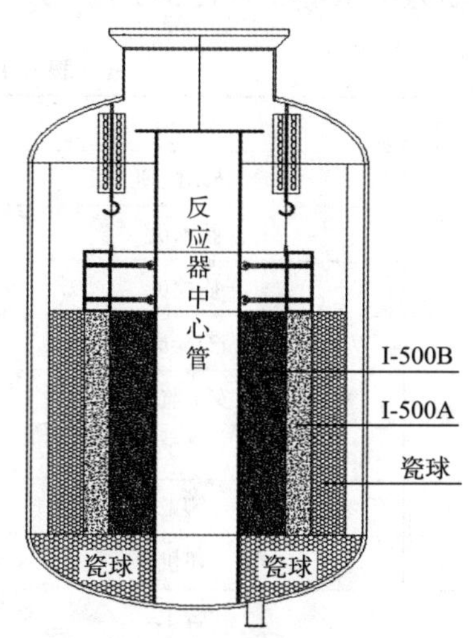

图 5–7 填料立式分层装填

保证催化剂能全部顺畅划入。

（2）在装剂前，使用金属盖板盖住反应器中心管及扇形管以防止催化剂或其他杂质进入。

（3）在装剂前，更换中心管底部与反应器连接处的陶瓷绳，避免催化剂进入。

（4）按照需求量，打开等量的催化剂桶，保证催化剂即开即用，不长久放置造成污染。

（5）装填时首先装填外层瓷球区域，瓷球在底部的初次装填，不采用套筒滑落方式。初次装填时瓷球会与反应器内壁直接接触，发生弹跳现象，造成安全隐患和瓷球破坏，因此最底层瓷球装填采用袋装入内填装，填装高度为工装上表面下部 150mm 标识处，到达既定高度后，用硬塑料板将瓷球上表面刮平，瓷球外侧与筒壁标识水平，内侧与工装上表面下部 150mm 线标识水平。

（6）其次装填中间层 I-500A 催化剂，装填采用套筒滑落入内方式进行，在底部由操作人员控制套筒滑落方位，使催化剂能大致均匀分布。中间层 I-500A 的填充高度为工装上表面下部 150mm 标识处，到达既定高度后，用硬塑料板将瓷球上表面刮平。

（7）最后装填内层 I-500B 催化剂，装填采用套筒滑落入内方式进行，在底部由操作人员控制套筒滑落方位，使催化剂能大致均匀分布。中间层 I-500A 的填充高度为工装上表面下部 150mm 标识处，到达既定高度后，用硬塑料板将瓷球上表面刮平。

（8）在该阶段三层全部填装完毕后，检查是否在同一水平，如果合格，则进行工装提升，工装提升由 4 人同时进行操作，要求提升速率大致相等，提升要缓慢进行，防止发生工装倾斜，提升高度为 600mm，既工装底部下表面上部 100mm 标识线处即可，这样有 100mm 工装会埋在已经装好的催化剂和瓷球内，保证了工装的稳定度。

（9）在新的一层装填中，除了瓷球改为套筒滑落方式外，其他施工方法不做改变，依次装填、提升，直到最后达到分层装填高度处。

（10）在分层装填结束后，由反应器内施工人员将工装解体，由反应器打开处用吊车分块将其分别吊出反应器。

（11）在顶层，按照催化剂装填要求，填入瓷球密封层。

5.2.13 设备封闭

检查填充高度，填装合格，则按照编号将反应器顶部盖板安装完毕，再将反应器封头回装，检查静密封。

5.3 劳动力组织

本工法劳动力组织情况（表 5-1）。

表 5-1 劳动力组织情况表

序 号	职 务	数量 / 人	备 注
1	技术经理	1	现场总协调
2	技术员	1	现场技术跟踪与监督
3	质检员	1	现场施工质量监督检查
4	安全员	1	现场安全监督检查
5	安全监督	1	作业监督
6	焊工	4	工装制作焊接
7	铆工	2	工装组对
8	司机	3	叉车、吊车、运输车
9	普工	10	装填、倒剂

6 材料与设备

6.1 主体设备（表 6-1）

表 6-1 主要设备一览表

序号	名称	规格	型号	单位	数量	备注
1	汽车吊	50t		台	1	装填
2	汽车吊	25t		台	1	运输
3	平板拖车	20t		辆	1	运输
4	叉车	5t		台	1	
5	滚板机			台	1	
6	焊机			台	2	

6.2 辅助机具（表 6-2）

表 6-2 辅助机具一览表

序号	名称	规格	型号	单位	数量	备注
1	千斤顶	10t		台	2	
2	卷尺	5m		把	5	
3	水平尺			把	4	
4	脚手架			吨	30	平台及防雨棚
5	倒链	10t		吨		

6.3 消耗材料（表 6-3）

表 6-3 消耗材料一览表

序号	名称	规格	型号	单位	数量	备注
1	钢管	ϕ168mm×6mm	Q235-B	m	30	平衡杠
2	钢板	δ=10mm	Q235-B	m^2	5	盲板
3	钢板	δ=6mm		m^2	10	进卸料漏斗
4	钢板	δ=6mm		m^2	10	装填胎具
5	滚轮	ϕ80mm		个	22	装填胎具
6	角钢	∠40×3		m	200	进料漏斗
7	钢板	δ=20mm		m^2	1	吊装吊耳
8	防雨布			m^2	50	
9	帆布			m^2	20	

7 质量控制

7.1 标准

工装的设计、制作符合 GB 50205 钢结构工程施工质量验收规范的要求。

催化剂装填符合厂家提供的催化剂装填量足、催化剂立式分层均匀的要求。

7.2 质量保证措施（参见表 7-1）

（1）现场搭设防雨防风棚，保证所有的装填剂在一个遮蔽的区域进行，以减少下雨等天气的影响。

（2）催化剂要保存在密封的袋子或容器内，储存在安全干燥的地方。

（3）装剂前准备：

①装剂前，检查反应器内部构造完好度和清洁度，及时修补和清理。

②检查装填剂的漏斗大小、使用是否流畅。

③检查反应器内部构件、密封绳是否更换完毕。

④检查通风设备是否通畅，检查进人设备是否能否正常使用。

⑤封头密封面保持朝上放置，封头与地面接触部分用枕木垫起，最后用塑料薄膜将封头封闭，放置水汽堆积在封头内，产生锈蚀。

⑥设备上表面密封面用厚橡胶板制作环形保护垫，放置在封头密封面上固定，用来防止在装填料的过程中对密封面产生的划伤破坏。

（4）装填过程中质量控制。

①清理反应器入口周边杂物，防止杂物坠入容器中。

②反应器入口搭设硬维护，防止人员、物件误入容器中。

③反应器人孔用硬橡胶板进行保护，防止在装剂过程中对人孔密封面造成破坏。

④在反应器入口搭设防雨棚，防雨棚设置两层，人孔一层，人孔外硬防护一层，防止湿气进入，影响换剂质量，工作完毕，双层防雨措施封闭。

⑤按照要求，提前在反应器内部做环形标高线标示，计算好装剂胎具装剂数量，计算好漏斗装剂入量，保证最快最优装剂。

⑥装剂过程中，人员采用可移动平板支撑鞋子在容器内行走，防止造成新剂不均衡密度分布。

（5）施工后检查。

①检查最终填装的标高线是否满足填装需求，不能发生缺少催化剂现象。

②检查反应器顶板的安装水平度和牢固度，必须达到设计要求。

③检查反应器封头密封面的清洁度，保证最后密封必须达到无泄漏。

④检查定力矩的使用是否符合螺栓定力矩要求，检查定力矩过程的分次定力矩，保证定力矩符合要求。

表 7-1 关键质量点控制表

序号	关键点	控制方法	检查人
1	材料进场验收	检查材料的证明文件、催化剂的密封情况	B
2	工装制作	制作完毕后，按照图纸尺寸进行验收	A
3	设备内部清理	观察验收	B
4	装填高度分阶段验收	按照内部划线计算装填的量	B
5	设备封孔	定力矩复测	B

注：A 为现场自检；B 为施工单位、监理、厂家、业主联合检查。

8 安全措施

8.1 安全标准

（1）国务院令第 279 号 《建设工程安全生产管理条例》。

（2）SHT 3536—2011 《石油化工工程起重施工规范》。

（3）JGJ 80—2016 《建筑施工高处作业安全技术规范》。

（4）JGJ 46—2005 《施工现场临时用电安全技术规范》。

8.2 安全保证措施

（1）在有限空间内作业，催化剂容易产生粉尘，有粉尘伤害、中毒窒息的风险；人员进入要做佩戴全套劳动保护，并配置长管呼吸器进入，人员进入作业半小时需要出设备进行通风、休息。

（2）有限作业空间内光线不足，需要放置安全电压的照明设备，并加以固定。

（3）人员进入反应器内部，需要从软梯上下通行，软梯两段必须固定牢固，避免晃动。人员进入反应器内部作业时，必须系挂防坠落器，防止发生坠落危险。

（4）高空的料斗需要用吊车进行倒料、胎具需分块装入设备底部，有机械伤害、挤伤、碰伤的风险，在进行倒运过程中要检查吊装物的牢固程度，确保不会发生脱落危险。

（5）在从上部往反应器内部传递小型工器具时，需要采用包裹绑扎方式，垂线放入，不得采取抛入方式送入物件。

9 环保措施

9.1 采用标准

（1）JGJ 146—2013 《建设工程施工现场环境与卫生标准》。

（2）国务院令第 253 号 《建设项目环境保护管理条例》。

（3）国环字第 002 号 《建设项目环境保护设计规定》。

9.2 环保保证措施

（1）现场填料装填的袋子等施工垃圾统一存放，集中送至建筑垃圾堆放场。

（2）现场设置生化垃圾桶等卫生设施，生活垃圾定点堆放并及时清理出场。

（3）现场文明施工严格按“5S”要求进行，坚持以“工完、料净、场地清”为原则。

（4）在现场用脚手架搭设材料存放棚，设置通风措施，防止粉尘污染大气，及时消除对环境的不利影响因素。

10 效益分析

10.1 社会效益

若用传统的思路来施工，需投入大量的人工，在反应器内安装隔离板，多次拆装模板的方式进行装填，费时、费力，而施工又处于有限空间内，长时间作业增加了安全风险，而且还不能保证装填的质量。本工法省时、省工、既减少了环境污染、人员伤害，又缩短了工期，保证了催化剂装填质量，达到了降本增效的效果。

10.2 经济效益

10.2.1 应用项目一效益分析

中国石油四川石化炼化一体化项目 65×10^4t/a 对二甲苯芳烃联合装置歧化反应器催化剂装填项目

应用（表 10–1）。

表 10-1　应用项目一新工艺经济效益对比表

序　号	名　称	传统工艺 / 万元	新工艺 / 万元	节约费用 / 万元	指标对比 /%
1	人工费	19	15	4	21
2	材料费	6.5	5	1.5	29
3	机械费	14	10	4	33
4	合计	41	30	9.5	27

10.2.2　应用项目二效益分析

中国石油四川石化 65×10^4t/a 对二甲苯芳烃联合装置大检修歧化反应器催化剂换填项目应用（表 10–2）

表 10-2　项目二新工艺经济效益对比表

序　号	名　称	传统工艺 / 万元	新工艺 / 万元	节约费用 / 万元	指标对比 /%
1	人工费	21	14.56	6.44	31
2	材料费	5	4	1	20
3	机械费	12.38	10	2.38	19
4	合计	38.38	28.56	9.82	26

10.2.3　应用项目三效益分析

哈萨克斯坦 PKOP 炼油厂现代化升级改造工程 60×10^4t/a 异构化装置反应器换填项目（表 10–3）。

表 10-3　项目二新工艺经济效益对比表

序　号	名　称	传统工艺 / 万元	新工艺 / 万元	节约费用 / 万元	指标对比 /%
1	人工费	85	66	19	85
2	材料费	27	24	3	27
3	机械费	60	45	15	60
4	合计	172	135	37	172

11　应用实例

本施工工法在中国石油四川石化炼化一体化项目 65×10^4t/a 对二甲苯芳烃联合装置歧化反应器催化剂装填、中国石油四川石化 65×10^4t/a 对二甲苯芳烃联合装置大检修歧化反应器催化剂换填、哈萨克斯坦 PKOP 炼油厂现代化升级改造工程 60×10^4t/a 异构化装置反应器换填施工中采用。

应用实例一：

中国石油四川石化炼化一体化项目芳烃联合装置（表 11–1）。

表 11-1　应用实例一览表

项目名称	施工地点	规模 /（$\times10^4$t/a）	数量 / 台	开竣工日期	应用效果	节约费用 / 万元
65 万吨 / 年对二甲苯芳烃联合装置	四川	65	1	2010—2013 年	良好	9.5

应用实例二：

中国石油四川石化 65×10^4t/a 对二甲苯芳烃联合装置（表 11–2）。

表 11-2 应用实例一览表

项目名称	施工地点	规模 / ($\times 10^4$t/a)	数量 / 台	开竣工日期	应用效果	节约费用 / 万元
65 万吨 / 年对二甲苯芳烃联合装置	四川	65	1	2018/4/15—2018/6/20	良好	9.82

应用实例三：

哈萨克斯坦 PKOP 炼油厂 60×10^4t/a 异构化装置（见表 11–3）。

表 11-3 应用实例一览表

项目名称	施工地点	规模 / ($\times 10^4$t/a)	数量 / 台	开竣工日期	应用效果	节约费用 / 万元
现代化升级改造工程	哈萨克斯坦奇姆肯特	60	1	2017/10/20—2017/12/30	良好	37

封闭厂房压缩机组撬块安装工法

中国石油天然气第七建设有限公司
贾 众 冯庆辉 仝玉坤 庞学龙 张 毅

1 前言

压缩机组通常位于混凝土厂房等封闭空间内部，其中压缩机组撬块是承载压缩机缸体的关键部位，撬块为长方体结构，具有尺寸质量大、安装空间受限等特点，安装难度较大。

传统的施工方法是将厂房侧面开窗，通过厂房外部设置平台（排子）及内部设置滑道等工装，将撬块滑入到厂房内部后再利用倒链提升的方法进行施工，该方法需要工装制作量较大，材料及人工费用较高。本工法利用压缩机厂房内部原有桁车，配合厂房外部移动式吊车，采用多点吊装递送的方法进行安装，节省了工装制作及人工费用，缩短了工期，使封闭空间内设备的吊装更简单便捷。

该工法由中国石油天然气第七建设有限公司编制形成，目前已经成功应用于大庆炼化 30×10^4t/a 烷基化装置压缩机撬块安装施工，以及大庆石化化工一厂裂解车间压缩机撬块的拆除和安装施工，均一次安装成功。《封闭厂房高位压缩机组撬块吊装技术研究》成果荣获 2018 年度公司科技进步成果二等奖，被评为 2018 年度企业三级工法，并通过机械工业信息研究院科技查新证明该工法的创新性。

2 工法特点

2.1 施工工效高

应用该工法进行封闭空间内撬块的安装施工，与传统的利用滑道、倒链等设施牵引法进行比较，节省了工装的制作及安装等繁琐的施工程序，缩短了施工周期，施工进度提前约 8d。

2.2 降低劳动强度

应用本工法进行施工，节省了施工前期制作施工工装和布置机具等准备工作，撬块到场即可安装，施工流程快捷、方便，操作人员劳动强度大幅度下降。

2.3 工程造价低

传统安装方法中需制作工装且使用大型起重机械设备，而采用本工法，使用 2 台小型起重机械设备即可，节省工装制作成本，单次吊装使用小型吊车时间仅为 2h，从而降低工程造价。

3 适用范围

本工法适用于封闭厂房内部大型撬块及造型复杂构件的安装施工。

4 工艺原理

4.1 工艺原理

该工法采用“双吊车抬吊法”将撬块前端送入厂房内部，利用厂房内原有 2 台桁车配合承接，采用“多点吊装递送法”完成安装作业，依据力矩平衡原理，对每个安装过程及各受力点进行分析校核，保证吊装系统各部位满足要求。

4.2 关键技术

4.2.1 双吊车抬吊过程受力分析

双吊车抬吊过程中，受力点为吊点 1 与吊点 3，根据力矩平衡原理可知：$G\times L_1=F_3\times L_3$，即 $F_3=G\times L_1/L_3$=27t × 4659mm/5533m=22.7t。由受力平衡知：$F_1+F_3=G$，即 $F_1=G-F_3$=27t−22.7t=4.3t，综上得出 F_1=4.3t，F_3=22.7t（图 4−1）。

4.2.2 单吊车与单桁车配合吊装受力分析（图 4-2）

单吊车与单桁车配合吊装过程中，受力点为吊点1与吊点4，根据力矩平衡原理可知：$G\times L_1=F_4\times L_4$，

即：$F_4=G\times L_1/L_4$=27t × 4659mm/10318m=12.2t。由受力平衡知：$F_1+F_4=G$，

即：$F_1=G-F_4$=27t−12.2t=14.8t，

综上得出：F_1=14.8t，F_4=12.2t。

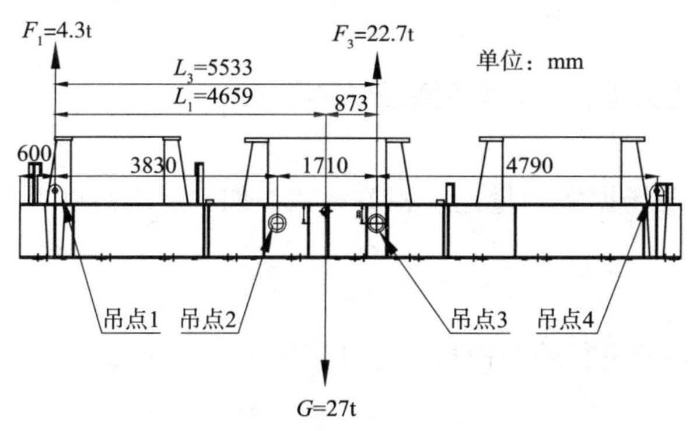

图 4−1 双吊车抬吊过程受力分析

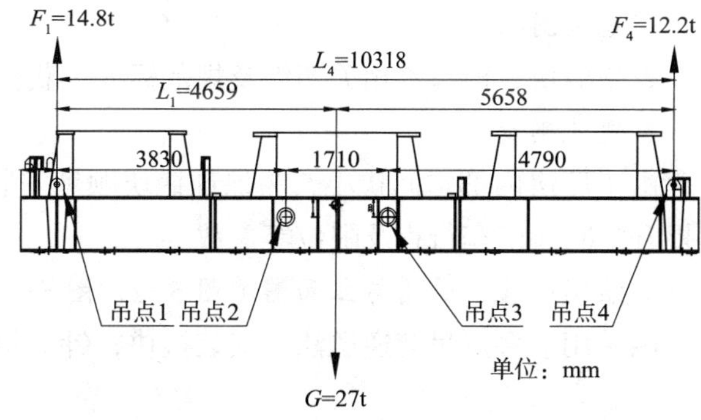

图 4−2 单吊车与单桁车配合吊装受力分析

4.2.3 双桁车配合吊装过程受力分析（图 4-3）

双桁车配合吊装过程中，受力点为吊点 2 与吊点 4，根据力矩平衡原理可知：$G\times L_1=F_2\times L_2$，即：$F_2=G\times L_1/L_2$=27t × 5658mm/6488m=233.5t。

由受力平衡知：F_2+F_4=G，即 $F_4=G-F_2$=27t−23.5t=3.5t，综上得出 F_2=23.5t，F_4=3.5t。

综上所述，整个吊装过程中，各吊点的受力最大值依次为：F_1=14.8t；F_2=23.5t；F_3=22.7t；F_4=12.2t，依据核算数据，根据吊装规范，选用满足要求的起重机械、吊耳及索具。

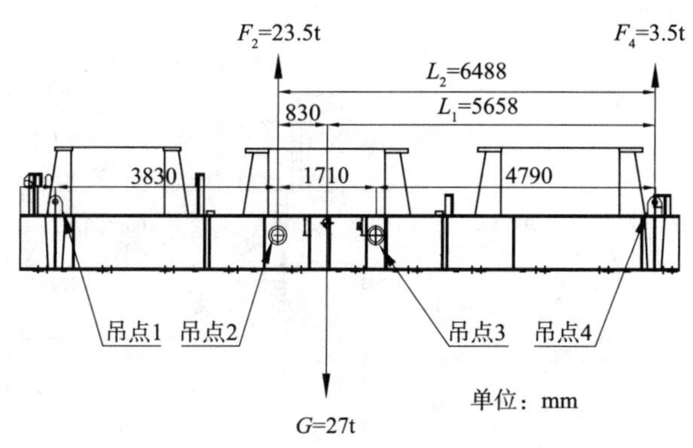

图 4−3 双桁车配合吊装受力分析

5 施工工艺流程及操作要点

5.1 施工工艺流程（图 5-1）

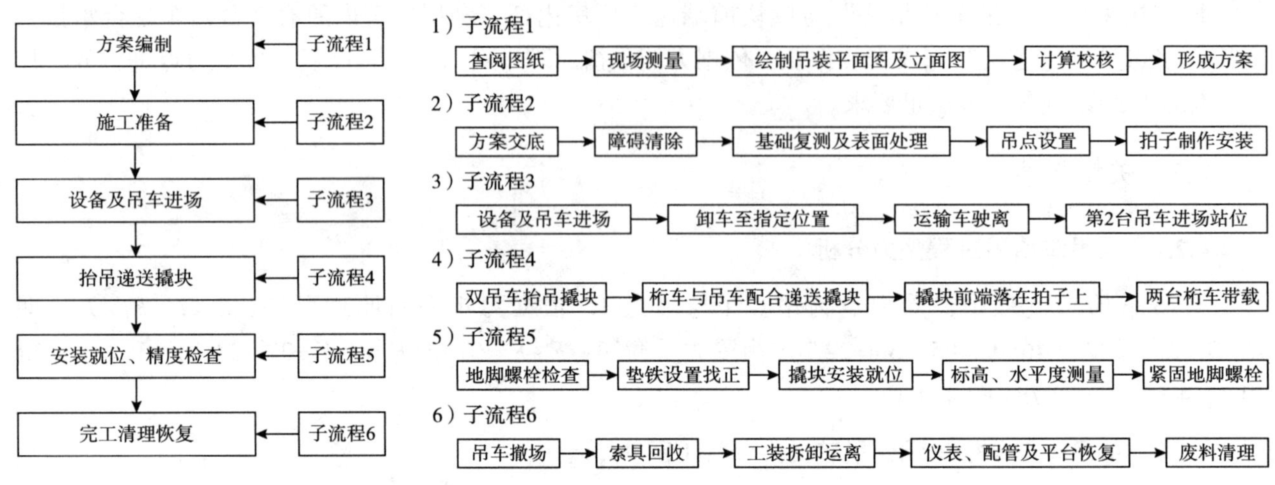

图 5-1 大庆石化公司裂解车间压缩机组撬块安装工艺流程

5.2 操作要点

5.2.1 方案编制

1. 查阅图纸

查阅撬块、桁车等相关图纸及规范标准，获得准确数据，为方案编制做准备。

2. 现场测量

由于厂房内部空间狭小，为保证撬块顺利安装，现场据实测量记录相关参数，如：厂房高度、桁车提升空间、桁车行程及限位等参数。

3. 绘制吊装平面图与立面图（图 5-2、图 5-3）

因采用“多点吊装递送法”安装撬块，针对每个环节进行绘图模拟，保证安装过程安全可行。

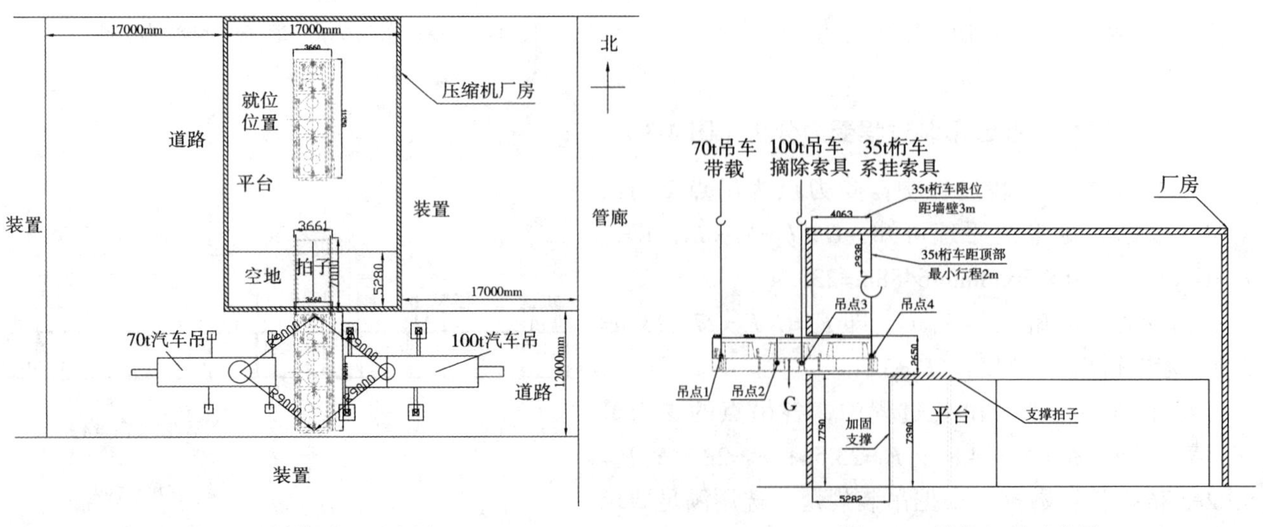

图 5-2 吊装平面示意图

图 5-3 吊装立面示意图

4. 计算校核

本施工中分析校核主要包括吊车、桁车、吊点、索具、拍子等荷载能力是否满足强度及稳定性需求，如：大庆石化公司化工一厂裂解车间压缩机撬块拆装，撬块自重 27t，厂房内原有 50t 桁车、35t 桁车各一台，依据《石油化工大型设备吊装工程规范》GB 50798—2012，吊装动载系数 K_1=1.1；不均衡系数 K_2=1.2，则吊装能力为（50t+35t）/K_1/K_2=（50t+35t）/1.1/1.2=64.4t，撬块自重 27t< 吊装能力 64.4t，故适用于该工法。

5. 形成方案

依据规范标准要求，将计算校核数据等进行整理后形成方案，上报审批。

5.2.2 施工准备

1. 方案交底

施工前，对每名参与撬块安装人员进行详尽的技术安全交底，使其明确安装参数、施工流程、操作要点及安全措施等信息，交底覆盖率达到 100%。

2. 障碍清除

将压缩机厂房东侧墙壁第 2 层窗户拆除，向下破除红砖 450mm，共有高 2.65m、宽 5m 的空间；并将压缩机组撬块上方平台、钢格栅板、连接仪表管线等障碍清除，保证撬块吊装过程中无刮碰（图 5–4、图 5–5）。

图 5–4 厂房侧面开窗图

图 5–5 撬块周边障碍清除图

3. 基础复测及表面处理

应按规范对撬块安装基础相关数据进行复测，基础表面不得有油渍、疏松层、裂纹、蜂窝及空洞等缺陷。

4. 吊点设置

压缩机组撬块共设计 8 个吊耳，分别位于撬块两端和中间位置，吊耳的焊接位置根据桁车行程及安全距离进行确定（图 5–6、图 5–7）。

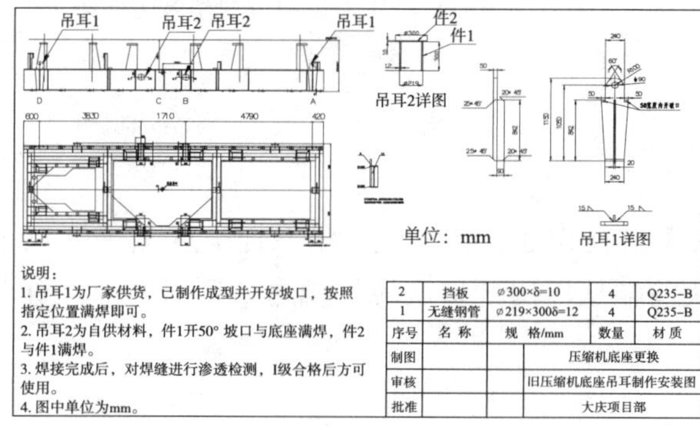

图 5–6 撬块吊耳制作图

图 5–7 撬块吊耳实物图

5. 拍子制作安装

由于框架平台与窗户下表面有 400mm 高差，为防止撬块安装中刮碰墙体，在框架平台上设置支撑拍子（图 5-8、图 5-9）。

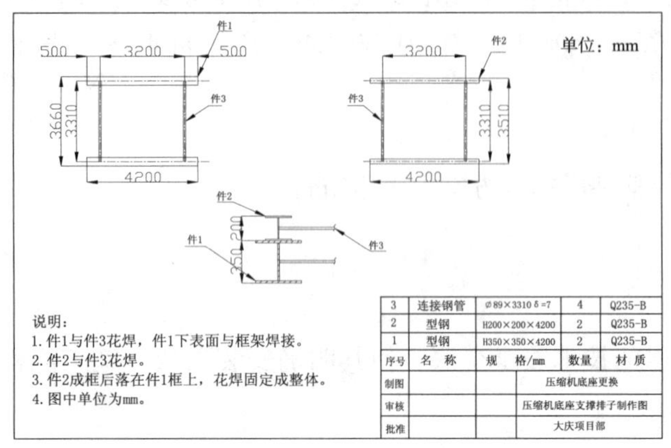

图 5-8 支撑拍子制作图

图 5-9 支撑拍子实物图

5.2.3 设备及吊车进场

1. 设备进场及吊装卸车

设备按指定路线进场后，由单台 100t 汽车吊卸车，将撬块水平吊离运输车 0.5m，运输车驶离现场，吊车缓慢落钩将撬块平稳落至指定位置，用道木支垫平稳（图 5-10）。

2. 第 2 台吊车进场站位

单台 100t 汽车吊与单台 70t 汽车吊分别站位于撬块两侧道路上进行吊装作业（图 5-11）。

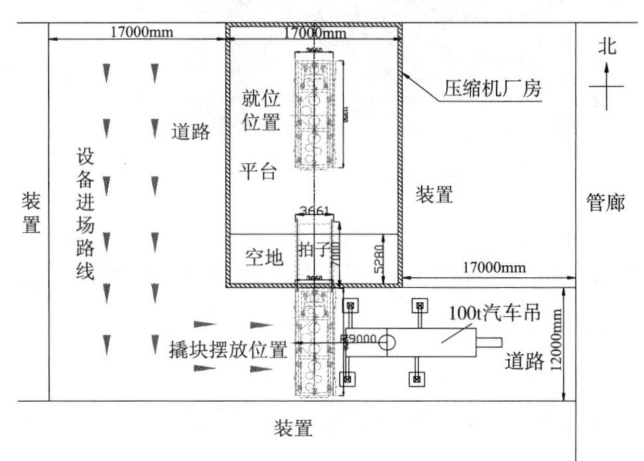

图 5-10 设备进场摆放示意图

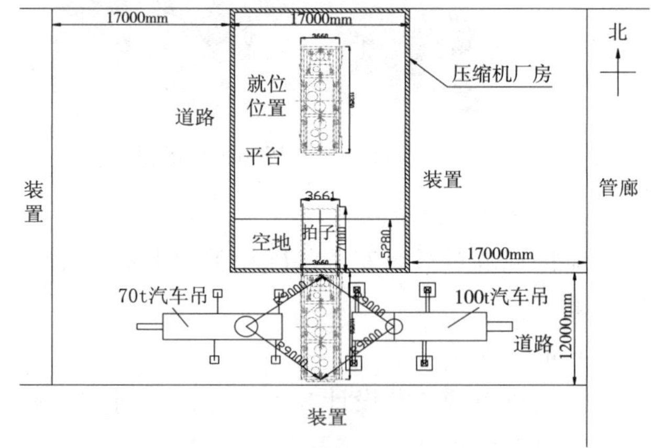

图 5-11 压缩机组撬块吊装平面图

5.2.4 抬吊递送撬块

1. 双吊车抬吊撬块

100t 汽车吊与 70t 汽车吊采用“双吊车抬吊法”进行作业，100t 汽车吊系挂吊点 3，70t 汽车吊系挂吊点 1，两台吊车配合将撬块水平抬起，将撬块前端从厂房开口区域平稳送入厂房内部，直至 100t 吊车吊钩临近墙壁（图 5-12）。

2. 桁车与吊车配合递送撬块

35t 桁车走车至吊点 4 上方系挂索具，带载后 100t 吊车缓慢落钩，保持撬块处于水平稳定状态，将 100t 吊车索具摘除。35t 桁车缓慢走车，70t 吊车配合将撬块继续递送入厂房内部，直至 70t 吊钩临近厂房墙壁，递送过程中由于桁车与吊车操作人员分别位于厂房内、外，视线受阻，配合难度较大，必须由一名起重指挥人员通过对讲机进行统一协调，确保指挥信号清晰准确（图 5–13）。

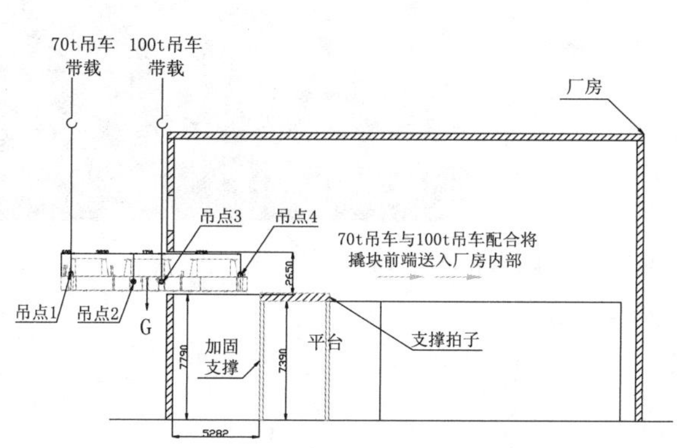

图 5–12　双吊车抬吊撬块

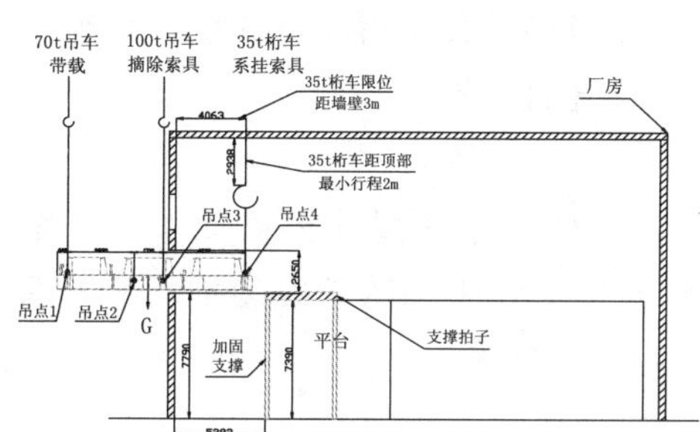

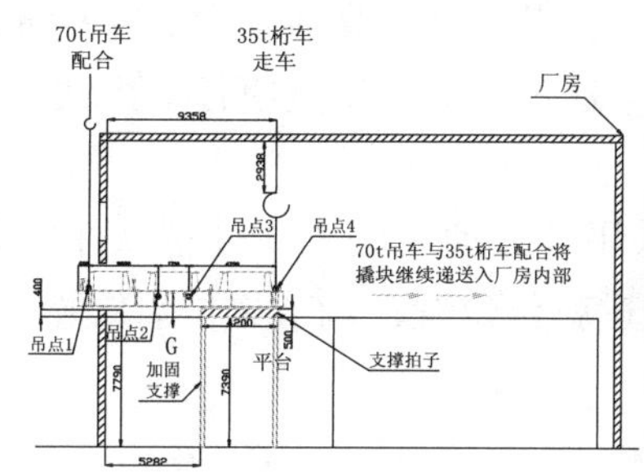

图 5–13　桁车与吊车配合递送撬块

3. 撬块前端落至拍子上

70t 汽车吊保持带载状态，35t 桁车缓慢落钩将撬块前端平稳落在支撑拍子上，检查系统稳定后，摘除 35t 行车索具（图 5–14）。

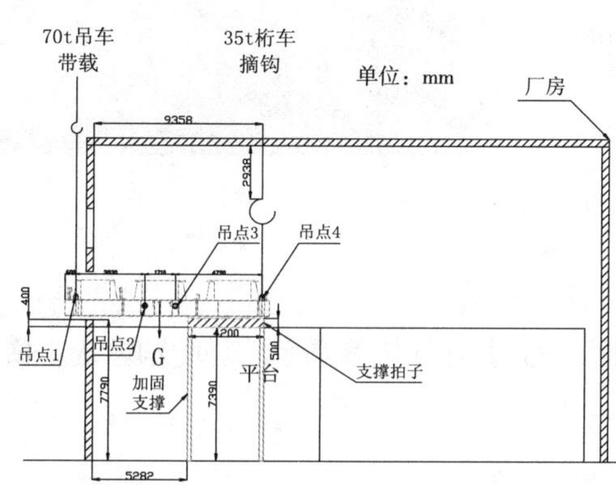

图 5–14　撬块前端落至支撑拍子

4. 两台桁车带载

70t 汽车吊保持带载，35t 桁车走车至吊点 2 系挂索具，50t 桁车走车至吊点 4 系挂索具，2 台桁车同步起钩带载后，将 70t 吊车索具摘除（图 5–15）。

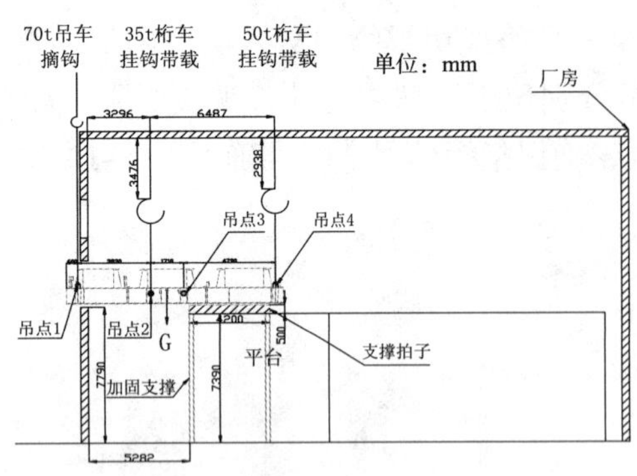

图 5-15　两台桁车带载

5.2.5　安装就位、精度检查

1. 地脚螺栓检查

撬块安装前，应检查确认预埋地脚螺栓的螺纹无损坏且有保护措施。

2. 垫铁设置

每个地脚螺栓应对称设置 2 组垫铁，垫铁高地宜为 30~80mm，每组垫铁数不得超过 5 块，每组垫铁的斜垫铁下方应设有平垫铁，并通过水准仪测量使各组垫铁位于同一标高。

3. 撬块安装就位

两台桁车同步带载走车，采用“点动”的方式使撬块平稳前进，两名桁车操作人员动作协调统一，避免发生偏摆，直至撬块到达就位位置，调节方位后缓慢落钩，使撬块平稳落至安装平面上（图 5-16）。

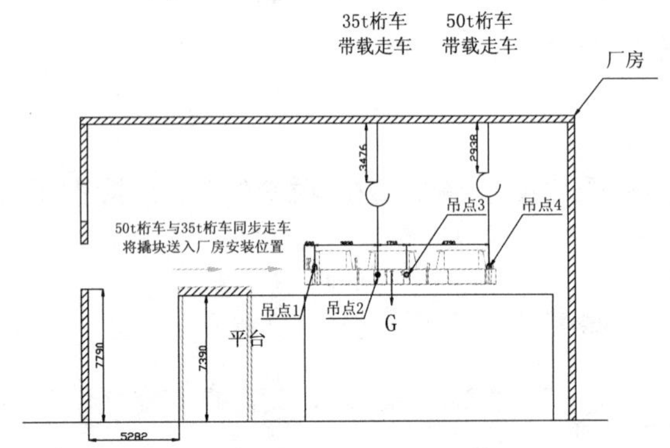

图 5-16　撬块吊装就位

4. 标高、水平度测量

通过水准仪、经纬仪进行撬块安装质量检验，通过调节垫铁等措施使支座纵、横轴线位置偏差≤5mm，标高偏差≤5mm；水平度偏差≤7mm。

5. 紧固地脚螺栓

设备找正、找平时，不得用紧固或放松地脚螺栓的方法进行调整，应用力矩扳手将每组地脚螺栓分 3 次进行紧固，确保其紧固压力符合设计要求。

5.2.6　完工恢复清理

撬块安装完成后，2 台吊车依次撤场，索具回收摆放整齐，工装拆卸后运离现场，将仪表、配管及平台等进行恢复，垃圾、废料清理至指定区域，做到工完料净场地清。

5.3 人员配置（表 5-1）

表 5-1 压缩机组撬块安装人员配置表（以 27t 压缩机吊装为例）

序　号	岗　位	数量 / 人	备　注
1	吊装工程师	1	负责该施工项目吊装技术工作
2	设备安装工程师	1	负责该施工项目的设备安装工作
3	HSE 监督员	1	贯彻落实现场 HSE 方针政策、法规，兼职安全员
4	铆工	6	兼火焰切割工
5	电焊工	4	焊接吊耳等
6	起重工	4	信号总指挥 1 名、吊车指挥 1 名、桁车操作工 2 名
7	电工	1	配合
8	架子工	4	搭设、拆除系挂索具的脚手架
9	普工	4	作为施工现场机动人员

6 设备与材料

本工法所使用的主要设备、材料（表 6–1、表 6–2）。

表 6-1 主要设备表（以 27t 压缩机吊装为例）

序　号	名　称	型号规格	数量 / 台	备　注
1	汽 车 吊	100t	1	主吊
2	汽 车 吊	70t	1	配合
3	运输车	30t 级	1	运撬块、钢材等
4	桁车		2	厂房内部原有

表 6-2 材料机具表（以 27t 压缩机吊装为例）

序号	名　称	型号规格	单　位	数　量	备　注
1	卸扣	17t	个	4	主吊
2	钢丝绳扣	ϕ 40mm × 8m	对	1	主吊
3	钢丝绳扣	ϕ 32mm × 8m	对	2	主吊
4	H 型钢	HM500 × 300mm × 4.2m	根	2	制作拍子
5	无缝钢管	ϕ 219mm × 10mm × 7.4m	根	4	支撑加固
6	无缝钢管	ϕ 89mm × 6mm × 3.3m	根	2	制作拍子
7	警戒线		m	200	
8	对讲机	单频	个	4	
9	道木	250mm × 160mm × 2500mm	根	20	支垫吊车、设备
10	麻绳	ϕ 20mm	m	40	溜绳
11	水准仪		台	1	测量标高
12	经纬仪		台	2	测量垂直度
13	力矩扳手		台	1	紧固螺栓

7 质量控制

7.1 执行标准

（1）GB 50798—2012《石油化工大型设备吊装工程规范》。

（2）SY/T 6279—2016《大型设备吊装安全规程》。

（3）JGJ 79—2012《建筑地基处理技术规范》。

（4）HG/T 21574—2018《化工设备吊耳设计选用规范》。

（5）GB 50461—2008《石油化工静设备安装工程施工质量验收规范》。

（6）GB 50275—2010《压缩机安装工程施工验收规范》。

7.2 质量保证措施

（1）现场勘查过程总要充分了解现场作业情况，工程师要与施工班组紧密沟通，提出合理的施工工艺方法，确定施工方案。

（2）施工前对现场工作人员做好技术交底。

（3）桁车与吊车配合递送过程中切忌斜拉硬拽，避免跑绳自钩槽中滑脱坠落。

（4）两台桁车同步带载走车过程中，要保持同步点动缓慢进行，避免大幅偏摆。

（5）厂房侧墙开窗，要综合考虑撬块尺寸，开窗位置及大小，确保吊装过程无刮碰。

（6）支撑拍子按图纸要求制作安装，与底部平台焊接牢固，避免受力发生倾翻。

（7）施工前检查设备及机具的完好情况，确保工程安全、高效的开展。

（8）专业吊装工程师、设备安装工程师和HSE监督员要始终在现场组织施工，严格执行质量体系文件程序，做好各项质量记录。

（9）旧撬块吊耳现场按图纸要求焊接，着色探伤I级合格后方可使用，新撬块吊耳出厂应带有质量验收合格记录。

（10）吊装所用索具必须进行联检并记录，检查合格证书及索具完好情况，吊装时对棱角部位要采取胶皮衬垫保护，防止索具受力断丝发生危险。

（11）撬块安装就位时，要按规范对其安装精度进行控制，确保后续压缩机缸体等设备顺利安装就位。

7.3 质量关键点控制

本工法质量关键点控制见表7-1。

表7-1 质量关键点控制表（以27t压缩机吊装为例）

序号	检查项目	检验指标	检验时机	检验频次	检验器具
1	撬块规格尺寸	允许偏差 ±3mm	设备到货验收时	1	钢尺等
2	墙体开窗尺寸	允许偏差 ±3mm	墙体开窗完毕后	1	钢尺等
3	撬块吊耳检测	着色探伤，I级合格	吊耳焊接完毕24h后	1	着色剂等
4	钢丝绳检查	无破损、断丝等缺陷	钢丝绳使用前	1	千分尺等
5	基础、地脚螺栓	强度、标高、水平度等，允许偏差 ±2mm	撬块安装前	2	水准仪、钢尺等
6	垫铁设置	布置符合要求，标高允许偏差 ±2mm	撬块安装前	1	水准仪、钢尺等
7	撬块安装质量	标高偏差≤5mm；水平度偏差≤7mm	撬块安装后	1	水准仪、经纬仪等

8 安全措施

8.1 执行标准

（1）SY 6279—2016 《大型设备吊装安全规程》。

（2）GB 6067—2010 《起重机械安全规程》。

（3）HG 30014—2013 《生产区域吊装作业安全规范》。

8.2 安全保证措施

（1）吊装作业人员须持证上岗；所持证件须在有效期内。

（2）严格遵守《起重工安全操作规程》进行施工。

（3）吊装过程中，吊车应设专人监护，高空系挂索具人员必须系挂安全带。

（4）双吊车抬吊前，要核算每台吊车的吊装质量，单台吊车负载率不得超过 75%。

（5）吊装过程中至少设置 2 个溜绳点，并安排专人进行监护。

（6）吊车吊装必须支垫结实，吊车行走、站位地面须平整、夯实。

（7）吊装前由技术负责人组织质检科、安全科等相关人员，对设备、吊装系统（吊耳、绳扣等）进行联合检查，确认安全后方可进行吊装作业；吊装前应签署吊装命令书。

（8）吊装过程设置吊装警戒线，无关人员禁止入内。

（9）遇 6 级风（10.8 m/s）以上或大雾、大雪、雷电等恶劣天气时不得进行吊装作业。

（10）选用的索具均应有合格证书，每次使用前进行检查，观察是否有断丝的情况。

（11）桁车操作人员必须持证上岗并能熟练操作，正式吊装前进行试吊演练。

9 环保措施

9.1 执行标准

（1）HJ 612—2011 《建设项目竣工环境保护验收技术规范》。

（2）SH/T 3024—2017 《石油化工环境保护设计规范》。

9.2 环保保护措施

（1）吊装现场合理规划，场地平整。

（2）吊车用油料不得随意洒落地面，废弃油料按规定进行处理。

（3）吊装机索具使用前后在指定位置摆放整齐。

（4）施工现场产生的施工和生活垃圾有规则堆放，并及时进行处理。

（5）车辆不使用时熄火，减少废气和噪声污染。

（6）拆除下的撬块要及时清理、运走，防止撬块上的垃圾落地。

（7）施工人员进入压缩机厂房内部施工时应佩戴防尘面具、防尘眼镜和耳塞。

（8）落在地面上的粉尘要及时清扫。

（9）吊装制作的拍子等工装，吊装完成后及时清理，做到工完料净场地清。

10　效益分析

经济效益分析

传统施工方法是将厂房侧墙开窗，设置平台及滑道，由大型起重机械将撬块吊至平台上，由工人拉拽倒链将撬块牵引至厂房内部，再设置提升倒链将撬块安装就位，设置平台及滑道等工装需大量材料、人工，倒链拖拽耗时费力，过程中倒链极易发生故障，造成设备脱轨坠落，风险较大。

本工法以大庆石化公司化工一厂裂解车间压缩机检修工程为例进行对比，采用 2 台小型起重机械，配合厂房内部原有 2 台桁车进行安装，节省起重机械费 5.7 万元；省去了设置平台、滑道及工装等大量材料、人工，节省工期约 8d，节省材料费 4.5 万元，节省人工费 28 万元，共节省资金约 38.2 万元（表 10–1）。

表 10-1　传统方法与本工法经济效益对比表

技　术	工期 /d	人工费 / 万元	机械使用费 / 万元	材料费 / 万元	资金 / 万元
传统方法安装	10	30	8.7	5	43.7
本工法安装	2	2	3	0.5	5.5
比较	节省 8d	节省 28 万元	节省 5.7 万元	节省 4.5 万元	共节省 38.2 万元

11　应用实例

采用此工法施工的主要施工项目见表 11–1、表 11–2。

表 11-1　大庆炼化 30×10^4t/a 烷基化新建项目一览表

项目名称	施工单位	原压缩机撬块数量	新压缩机撬块数量	开竣工日期	应用效果	经济效益
大庆炼化公司 30×10^4t/a 烷基化装置压缩机组安装工程	中油七建	0	1	2018/06/14—2018/06/15	良好	本工法安装共产生费用 11 万元较传统工法节省费用 25 万元

表 11-2　大庆石化化工一厂改造项目一览表

项目名称	施工单位	原压缩机撬块数量	新压缩机撬块数量	开竣工日期	应用效果	经济效益
大庆石化公司化工一厂裂解车间压缩机组改造工程	中油七建	1	1	2018/08/21—2018/08/23	良好	本工法安装共产生费用 13 万元较传统工法节省费用 38 万元

以上工程中压缩机厂房内部压缩机撬块的安装均是采用本工法进行施工，节省了传统方法中制作工装的大量材料、人工费用，摒弃了传统方法中拖拽倒链的繁重人工作业，规避了传统方法中设备偏移脱轨的风险，无论从施工成本、施工安全还是施工周期上，传统方法都无法与本工法相比较，本工法是目前先进的施工方法，具有较大的推广价值。

硫黄回收装置模块化建造安装工法

中国石油天然气第七建设有限公司

任林昌　万晓东　李海峰　葛学强　张博利

1　前言

模块是具有独立系统功能的处理单元，它集成了钢结构、工艺管线、动静设备、电气仪表、保温防腐等多个专业。模块化建造是将原来在项目现场的作业在制造厂内完成，最后在项目现场复装，相对于传统的建造方式，模块化建造具有以下优势：装置集成度更高，占地面积更小；在制造厂内整体建造检验，施工条件好，降低受风、雨、低温等天气的影响，质量更容易保证；减少现场安装量，降低安全风险，缩短工期，降低成本投入。

中国石油天然气第七建设有限公司自 20 世纪 90 年代开始从事橇装化施工技术研究，初期主要进行单体橇块施工，自 2016 年施工哈萨克扎那诺尔节流总机关及燃料气建造项目开始进行模块化施工研究，2017 年施工的哈萨克 PK 炼厂硫黄回收装置，总结前期施工项目的经验，采用模块化设计及建造方法，取得了极大的成功，通过对此项目的施工过程总结，梳理完成了《硫黄回收装置模块化建造安装工法》。本工法明确了建造的工艺流程和关键控制点，规定了各专业的施工方案，能缩短整个项目的施工周期，提高建造经济性，具有较强的指导性。

在 2017~2019 年，本工法成功地应用于土库曼斯坦东部气田脱水装置、格尔木硫黄回收和尾气处理装置、乍得PSA OGM项目的施工中，其大幅缩短了项目施工周期，减少了施工成本，取得了较好的经济效益。

本工法被评为中油七建企业级工法，应用此工法施工的哈萨克 PK 硫黄回收装置，获得中国石油天然气集团有限公司工程建设分公司“五化”优秀成果一等奖，油建协工程质量小组二等奖。

2　工法特点

2.1　施工方案科学、合理、高效、指导性强，提供施工效率

模块制造涉及专业多，单体模块制造精度要求高，除了需要按专业编制专项方案，还需要根据施工流程，编制总体建造方案，合理安排各工序介入时机，保证施工衔接紧凑，提高施工效率。

2.2　技术标准高，过程控制严，产品质量有保障

主体模块一般由多个单体模块组成，单个模块内又包含钢结构、设备、工艺管线、电仪等，因此每个单体模块内的各组成单元的预制组装是施工过程中的难点和控制点，本工法针对这些难点，详细描述控制措施，保证产品质量。

2.3　明确管线固定口位置，提高管线预制率

管线预制在模块建造工程量中所占比重较高，从某种意义上讲，工艺管线的预制关乎着模块建造

的成败。本工法描述通过三维模型图的空间位置，结合单线图的详细信息，确定管线固定口位置及单根管线预制深度的工艺，加大了管线预制深度，提高了管线预制精度，进而提升了施工的效率。

3 适用范围

本工法适用于年处理量 5×10^4t 以下的硫黄回收装置、$20 \times 10^8 m^3$ 的脱水装置以及其他炼化装置模块的建造，其中拆分后的单体模块尺寸不超过 20m × 3.7m × 4.0m（长 × 宽 × 高），质量不超过 200t。

4 工艺原理

4.1 工艺原理

PK 炼厂现代化改造工程 1.5×10^4t/a 硫黄回收装置以满足公路运输限制为前提，按照模块化施工原理，将钢结构、工艺设备、工艺管线及电仪等专业按区域划分进行设计并进行预制，在制造厂完成整体组装后进行水压试验、电仪联校等试验，然后进行编号拆分，最后运输至项目现场进行模块回装。

4.2 关键技术

4.2.1 模块钢结构整体预制尺寸控制技术

钢结构尺寸控制是模块最终安装能否成功的关键，本工法通过一层单体模块整体组装，二层单体模块分片组装，三层单体模块根据二层尺寸进行整体组装的方案，保证了模块整体的预制精度，加深了预制深度，提高了预制的效率。

4.2.2 工艺管线三维预制技术

通过三维模型、结合 ISO 图，确定工艺管线固定口的位置，提高地面预制深度，打破了传统的由管工现场自由选择固定焊口的方法，避免了将固定焊口放置于空间受限的位置，便于工人施工，提高施工效率和质量。

4.2.3 模块拆分技术

编制模块总体拆分说明，并按专业编制拆分手册，明确拆分点、拆分编号、存放位置，保证各拆分件编码唯一，箱单明确，便于现场回装。

5 施工工艺流程及操作要点

5.1 模块施工工艺流程

5.1.1 总流程（图 5-1）

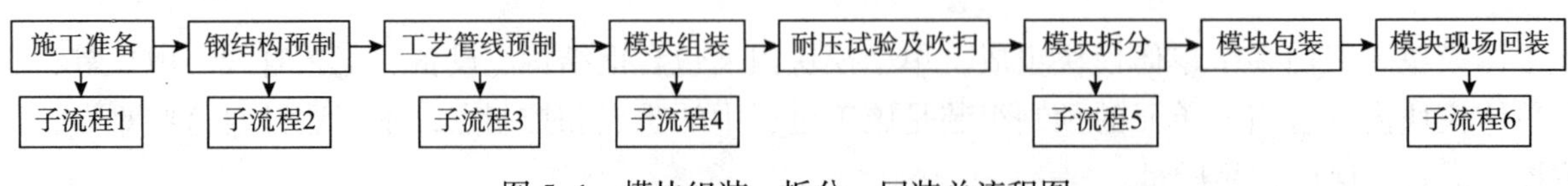

图 5-1 模块组装、拆分、回装总流程图

5.1.2 子流程

（1）子流程 1（图 5-2）：

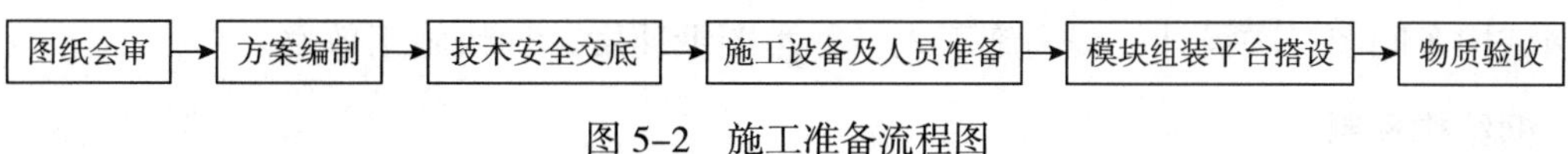

图 5-2 施工准备流程图

（2）子流程 2（图 5-3）：

（3）子流程 3（图 5-4）：

（4）子流程 4（图 5-5）：

（5）子流程 5（图 5-6）：

（6）子流程 6（图 5-7）：

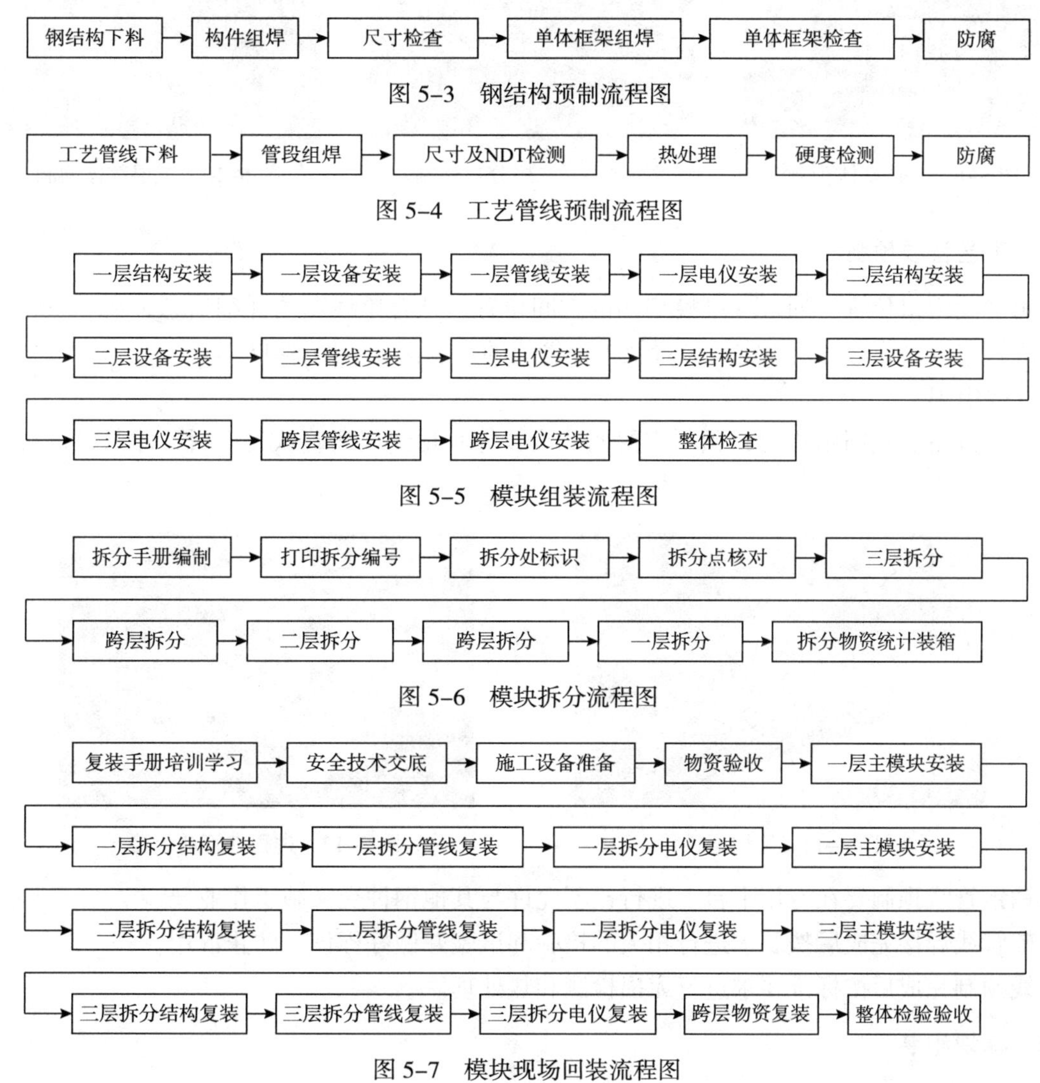

图 5-3 钢结构预制流程图

图 5-4 工艺管线预制流程图

图 5-5 模块组装流程图

图 5-6 模块拆分流程图

图 5-7 模块现场回装流程图

5.2 操作要点

5.2.1 施工准备

（1）进行图纸会审，提出图纸问题并反馈设计单位解决。

（2）编写施工技术方案，进行施工安全、技术交底。

（3）施工需用的人员、设备、机具、手段材料准备完毕，满足施工要求。

（4）对到货的设备、材料进行验收、清点，确认有无缺件、损坏现象，将验收问题汇总，书面反馈采办部门及厂家。

（5）钢结构车间图二次设计，提高施工人员熟悉图纸速度，加快施工效率。

5.2.2 钢结构预制

本项目模块间全部为 H 型钢柱腿加筋板的连接形式，每个柱腿由 36 颗螺栓连接，因此对精度要求极高。为了保证模块安装精度、并且提高效率，结合项目特点采用：一层模块按单体模块预制；二层模块分片预制；三层模块按单体预制；最后进行总装的模式进行，取得了良好的效果（图 5-8~ 图 5-10）。

图 5-8 一层整体预制

图 5-9 二层分片预制

图 5-10 三层整体预制

5.2.3 工艺管线预制

（1）明确固定口位置。通过三维模型图的空间位置，结合单线图的详细信息，在一条管线上只在两个方向留固定口，确定管线固定口位置及单根管线的预制深度（图 5-11）。

（2）管线组焊：

①管子与设备、阀门组焊时，预制应留调节段，等实物到现场确认无误后，才可以进行焊接（图 5-12）。

图 5-11 管线下料

图 5-12 过程气管道焊接

②不锈钢管线预制要在专用平台上进行，不允许与其他钢种交叉施工作业。

③抗硫管线焊接完成后按要求进行相关的检验和试验并做好标识，防止混用。

④管线预制完成后按标准要求进行无损检测和热处理。

5.2.4 模块组装

1. 一层安装

1）钢结构安装

（1）利用 20t 行吊将一层钢结构主框架按顺序摆放到组装平台上，保证主框架之间对角线≤3mm。主框架安装完成后安装框架间通道。

（2）调整一层模块的水平。重点测量非标设备鞍座底板或泵底座的水平，从而调节模块的水平。

2）设备安装

利用 75t 行车将一层设备安装到平台上并找正，设备找正后，应用 0.25kg 或 0.5kg 手锤敲击检查垫铁组的松紧度，应无松动现象；用 0.05mm 的塞尺检查，垫铁之间和垫铁与底座之间的间隙，从垫铁同一断面处塞入的长度（宽度）总和，不应超过垫铁长度（宽度）的 1/3。

3）管线安装（图 5-13～图 5-15）

设备安装完成后进行一层工艺管线安装，安装原则：先大管后小管，过程需做到以下几点：

①如果管道安装工作有间断时，应及时封闭敞开的管口；

②管段支架要与管段安装同步，尽量减少临时支架的使用；

③管段支架安装位置按管段单线图，安装应牢固，管段和支架支撑面应良好接触，管段安装时应同时进行支架的固定和调整；

④管段安装完毕后，应按单线图逐个检查阀门、法兰、支架等部件的形式和位置。

图 5-13

图 5-14

图 5-15

4）电仪安装（图 5-16～图 5-18）

工艺部分施工完成后进行电仪施工，电仪施工注意以下几点：

（1）支架间隙最大不能超过规范要求，梯架不能够超过 2m，槽盒不能超过 1.5m，桥架转弯处两侧应设置有支架。

（2）电缆桥架应设有跨接线（$6mm^2$），并引下与接地干线相连。

（3）可操作的电仪设备，安装高度应为 1.4～1.6m，以方便操作而无需使用登高设备。

（4）温度仪表的测温元件应安装在被测介质流动平稳、能准确反映介质温度的位置，同时不应影响同一管线上压力和流量的测量，与节流件间的直管距离≥ 5 倍的工艺管道内径。

（5）水平管上，探头应安装于管道上部中心线位，立管上，探杆应安装于 45° 垂直角位置 .4in 以下小管道应按设计规定加扩大管；如有毛细管，应可靠支撑并给以机械保护，并将超长部分盘起。

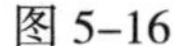
图 5-16

图 5-17

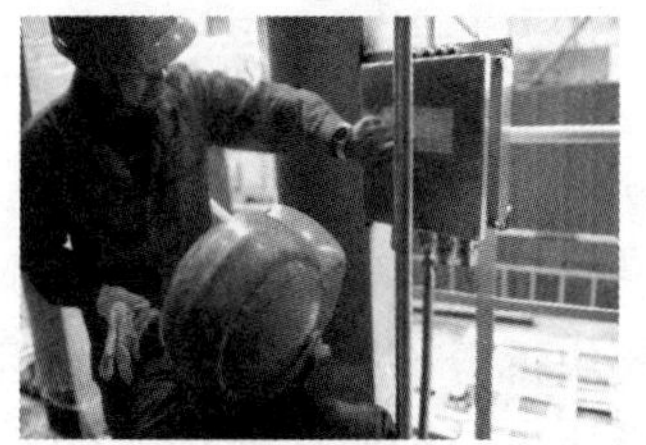
图 5-18

2. 二层、三层安装

按照先结构、再设备、然后工艺管线的顺序，需要注意各层模块之间用可拆支柱及定位连接板连接，第一层模块及设备安装就位后，根据钢结构节点分布图分别组装上层模块框架结构（图 5-19～图 5-21）。

图 5-19

图 5-20

图 5-21

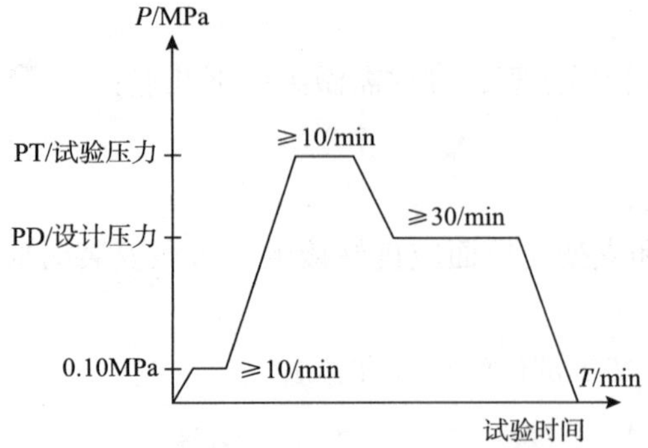

P/MPa
PT/试验压力
PD/设计压力
0.10MPa
≥10/min
≥30/min
≥10/min
T/min
试验时间

图 5-22

5.2.5 耐压试验及吹扫

模块采用整体水压试验，在工艺管线安装完成后按系统划分水压试验包。

1. 水压试验操作步骤（图 5-22）

（1）首先打开高点排气阀，从低点缓慢注入清洁水。

（2）注满水后，缓慢升压至 0.1MPa，检查所有的焊接接头和静密封点有无泄漏，检查合格后，缓慢增压至试验压力，保压 10min，并检查所有焊接接头和静密封点，无泄漏为合格。

（3）将试验压力降至设计压力，保压 30min，并检查所有焊接接头和静密封点，无泄漏为合格。

（4）在压力试验过程中，如有任何泄露或异常，应停止试验，泄压后排除故障，然后重新试压。

2. 管道吹扫（图 5-23、图 5-24）：

（1）管道试压合格后，对相应的管线进行吹扫，管道吹扫采用净化风或工厂风。

（2）吹扫顺序：主管、支管、输水管依次进行，吹出的赃物不得进入已清理过的管道系统，不得随意排放污染环境，吹扫的最终出气口引至厂房外的空旷处。

图 5-23

图 5-24

5.2.6 模块拆分（图 5-25 ~ 图 5-30）

1. 拆分前准备

（1）模块拆分前需确认已经全部完工，施工资料完备。

（2）模块拆分前需按需要搭设相关的临时保护或支撑等完善，无安全隐患。

（3）模块拆分前需要按模块拆分手册进行相关拆卸件的编号进行挂牌 / 贴标签。

2. 拆分原则

（1）按模块拆分整体考虑，需保证模块拆分后各部分的整体性及安全性。

（2）按照先管线、再设备、最后钢结构的大原则进行拆分。

（3）高度方向按照先从顶层到底层的原则进行拆分。

图 5-25 三层管线拆除

图 5-26 三层设备拆除

图 5-27 二、三层跨层管线拆除（一）

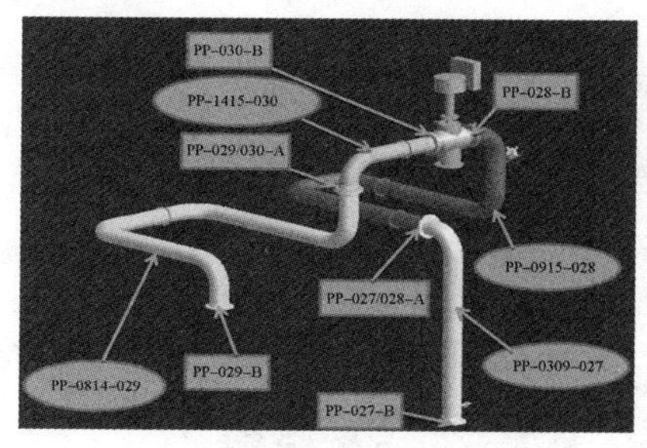

图 5-28　二三层跨层管线拆除（二）

图 5-29　三层劳动保护等钢结构拆除

图 5-30　三层单体模块拆除

5.2.7　模块包装

1. 加固与防护

（1）有悬臂结构的部分，例如：仪表箱、连接的管道等，为防止运输途中产生振动而发生疲劳损坏，在适当位置需加临时运输支撑进行加固。

（2）随撬一同运输的仪表元器件，在包装前也应进行加固处理，防止途中发生损坏。

2. 产品包装

模块包装形式主要有防雨布包装、铁箱包装、集装箱包装、胶合板木箱包装、裸装等。

1）模块本体包装

（1）防雨布包装（图 5-31）。

（2）铁箱包装（图 5-32）。

图 5-31　防雨布包装

图 5-32　铁箱包装

（3）裸装方式适用于质量、体积均较大，且又不适合于上述包装形式的产品。

2）配件包装

（1）胶合板木箱包装（图 5-33），对于外形尺寸小、质量较轻或有一定精度要求的易散失的零部件、紧固件、密封件等采用胶合板箱包装。

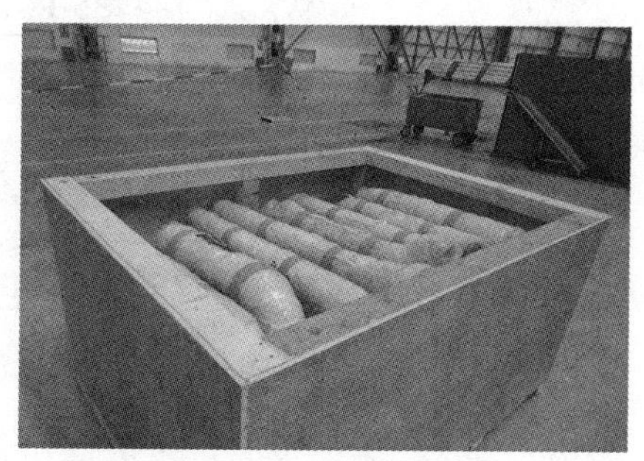

图 5-33　木箱包装

（2）钢结构框架包装，对于外形尺寸大的散拆管线、劳动保护等部件采用钢框架包装，管线端部需采用塑料端盖或盲板进行封堵（图 5-34）。

（3）集装箱包装，对精密部件或防潮要求高的部件可先装入木箱后再装入集装箱。其他木箱及钢框架物品亦可装入集装箱中（图 5-35）。

图 5-34　框架包装

图 5-35　集装箱包装

5.2.8　模块现场回装

1. 回装前准备

（1）组织技术、工程、质量、安全及施工等人员对复装手册进行培训学习，掌握复装顺序及主要控制点。

（2）对到货物资进行验收，并根据复装手册将每层物资进行挑拣分类。

（3）根据模块质量及尺寸，准备相配套的吊装、安装设备。

（4）对现场安装基础进行复检，保证尺寸公差符合要求。

2. 模块复装（图 5-36）

图 5-36　模块复装示意

（1）根据模块总体布置图，将一层主体模块进行吊装就位，并用垫铁进行找平调整，尤其是保证模块间尺寸符合标准要求。

（2）根据复装手册将一层拆分的钢结构和工艺管线进行复装，复装时应注意检查复装点两侧的复装编号是否一致，复装刻度线是否对齐。

（3）钢结构及工艺管线复装时应保证在自然状态下装配，严禁带应力强力组对。如在复装过程中发现不能正常装配，则需要对装配点两侧的结构进行复核、调整，直至能按标准要求回装。

（4）一层复装完成后，按复装手册要求进行二、三层复装，方法与一层一致。

（5）模块主体复装完成后，进行跨层管线及电仪复装。

5.3　人员配置表（表 5-1）

表 5-1　（15000t/a 硫黄回收装置模块）施工人员配置表

序　号	岗　位	数量 / 人	备　注
1	项目经理	1	负责项目总体组织、管理
2	技术经理	1	负责总体技术、质量支持、管理
3	施工经理	1	负责施工计划、进度管理
4	施工调度	1	负责现场人员、设备、材料调配
5	车辆调度	1	负责车辆调配、维护
6	计划统计	1	负责施工计划编制和工程量统计
7	结构工程师	1	负责钢结构预制、安装技术管理
8	焊接工程师	1	负责焊接、无损检测技术管理

续表

序　号	岗　位	数量 / 人	备　注
9	质检工程师	1	负责质量总体管理、控制
10	质检员	1	各工序、报验点质量检查
11	专职安全员	2	日常现场安全检查
12	HSE 监督	1	HES 体系管理、监督
13	材料计划员	1	负责设备、材料计划和进度管理
14	材料保管员	1	材料保管、发放
15	资料员	1	资料编制、保管、发放
16	管工	12	
17	铆工	26	
18	电焊工	30	
19	火焊工	4	
20	电工	6	
21	仪表工	7	
22	起重工	6	
23	无损检测工	4	
24	司机	4	
25	力工	15	
	合计	130	

6　材料与设备

6.1　施工用主要手段材料（表 6-1）

表 6-1　主要施工手段用料表（15000t/a 硫黄回收装置模块）

序　号	名　称	规　格	单　位	数　量	备　注
1	角钢	∠100×10	m	100	
2	槽钢	[12	m	50	
3	槽钢	[16	m	80	
4	槽钢	[30	m	300	
5	工字钢	I12	m	40	
6	钢板	δ=6mm	m^2	10	
7	钢板	δ=10mm	m^2	30	
8	钢板	δ=20mm	m^2	12	
9	钢板	δ=30mm	m^2	10	
10	脚手架杆		m	1000	
11	钢跳板		块	80	
12	门式脚手架		套	40	

6.2 施工用主要设备（表6-2）

表6-2 主要施工设备明细表（15000t/a硫黄回收装置模块）

序号	设备名称	规格	单位	数量	备注
1	行车	150t	台	1	
2	行车	20t	台	4	
3	平板车	20t	台	2	
4	电焊机	ZX5-630	台	2	
5	电焊机	ZX5-400	台	20	
6	CO2焊机	K R Ⅱ 530松下	台	8	
7	烘干箱	ZYH-100	台	2	
8	保温箱	~250℃	台	2	
9	数控切割机	GSII-8000	台	2	
10	带锯床	GB2100	台	2	
11	等离子切割机	LGK-100	台	1	
12	电动管口坡口机	DGPJ200	台	1	
13	管线自动焊接系统		台	1	
14	磁力切割机	GC2-200Z	台	4	
15	温控柜		台	1	
16	X射线探伤机	EX-260GH	台	4	
17	超声波测厚仪	USTM-500A	台	1	
18	超声波探伤机	CTS-26	台	1	
19	电动试压泵	SY-350	台	2	
20	力矩扳手	（M20-M48）套	台	2	
21	数字万用表	FLUK187	台	2	
22	数字微安表		台	1	
23	红外温度计	ST-80	台	1	
24	压力校验仪	F18	台	1	
25	数字多用表	17B	台	1	
26	活塞压力计	YU-60 0.1-6MPa	台	1	
27	多功能校验仪	PV623/DPI620	台	1	
28	直流电阻测试仪		台	1	
29	活塞压力计	YU-60 0.1-6MPa	台	1	
30	抛丸机		台	1	
31	无气喷涂机		台	1	

6.3 施工用主要测量、计量器具（表6-3）

表6-3 主要测量、计量器具明细表（15000t/a硫黄回收装置模块）

序号	名称	规格	单位	数量	备注
1	经纬仪	J-2	台	2	
2	水准仪	DSZ2	台	1	
3	红外线温度计	TES-1326S	台	1	

续表

序号	名称	规格	单位	数量	备注
4	外径千分尺	0~25mm	把	1	
5	外径千分尺	25~50mm	把	1	
6	外径千分尺	50~75mm	把	1	
7	外径千分尺	75~100mm	把	1	
8	焊接检验尺	40 型	块	2	
9	水平尺	500mm 0.5mm/m	个	5	
10	钢卷尺	3m	把	10	
11	钢卷尺	5m	把	8	
12	钢盘尺	30m	把	2	

7 质量控制

7.1 执行的主要标准规范

（1）GB 50184—2011 《工业金属管道工程施工质量验收规范》。

（2）SH 3501—2011 《石油化工有毒、可燃介质钢制管道工程施工及验收规范》。

（3）GB 50093—2013 《自动化仪表工程施工及质量验收规范》。

（4）GB50254—2014 《电气装置安装工程 低压电器施工及验收规范》。

（5）GB50169—2016 《电气装置安装工程 接地装置施工及验收规范》。

（6）GB 50205—2001 《钢结构工程施工质量验收规范》。

7.2 质量控制措施

7.2.1 钢结构及工艺管线预制质量控制措施

（1）对入厂材料外观、尺寸及质量证明文件进行检验，保证应用到项目的材料都为合格材料。

（2）材料号线需严格控制尺寸，号线完成后由质检员进行检查。

（3）优先采用机械方式进行下料，如果必须采用火焰切割，则需控制锋线，避免出现豁口、风沟等缺陷。

（4）相关杆件数量较多时，需对首件进行检查。

（5）需对杆件适当增加焊接收缩量，以保证焊接后的构件满足尺寸要求。

（6）焊接过程需严格按焊接工艺要求执行，注意焊接顺序，防止焊接变形。

7.2.2 模块安装质量控制措施

（1）设置模块安装平台，并用卷尺、经纬仪等设备进行检验，保证组装平台公差符合要求。

（2）模块每个柱腿有 36 个螺栓孔，需用钻模对柱腿和连接板进行配钻，保证通孔率。

（3）两个单体模块安装时需在中间设置临时连接梁，保证模块整体尺寸。

（4）工艺管线安装以设备管口为基准，设备安装必须保证满足技术要求。

（5）每条管线在安装时应留一道焊口进行尺寸调节，保证管道无应力安装。

7.2.3 模块拆分包装质量控制措施

（1）模块拆分点设置应保证拆装过程的安全性，拆除后的完整性以及保证运输通过性。

（2）模块拆分点标识后，必须由技术人员和质检人员进行核对，保证准确性。

（3）模块内较长的管线在拆分前需要设置临时加固支撑，防止运输过程损坏。

（4）带玻璃面板及其他精密电仪设备需拆卸下来单独发货。

（5）所有物资包装完成后需按照装箱清单进行清点，保证实际装载物资的一致性。

7.2.4 模块现场回装质量控制措施

（1）应对模块基础进行复核，保证安装基础在要求范围内。

（2）应设置专用吊索具，防止吊装过程变形。

（3）管线回装需将两侧法兰的回装基准线对齐，保证达到预装状态。

（4）所有的回装件都应无应力组装。

7.3 关键工序质量控制点（表 7-1）

表 7-1 关键工序主要技术指标检验统计表

序号	检验项目	检查时机或工序	指标要求	检查工具或方法
1	原材料规格	施工前	符合标准要求	游标卡尺、钢卷尺
2	原材料材质	施工前	各元素比例符合规范	光谱分析仪
3	钢结构下料长度	下料后	± 1.5mm	钢板尺、钢卷尺
4	钢结构下料对角线长度差	下料后	± 1mm	钢板尺、钢卷尺
5	钢结构构件长度	组焊后	± 1.5mm	钢板尺、钢卷尺
6	焊接工艺纪律检测	焊接过程中	符合焊接工艺要求	目试，复核
7	钢结构对接拼接焊缝	组焊后	100% UT	超声波探伤仪
8	工艺管线下料长度	下料后	± 1.5mm	钢卷尺
9	管段与法兰垂直度	组焊后	± 1.5mm	钢板尺、角尺
10	管段长度	组焊后	± 2mm	钢板尺、钢卷尺
11	焊接工艺纪律检测	焊接过程中	符合焊接工艺要求	目试，复核
12	工艺管线对接焊缝	组焊后	RT+MT	射线检测和磁粉检测
13	组装平台水平度	搭设后	± 2mm	水平管、水准仪、经纬仪
14	组装平台对角线差	搭设后	± 2mm	钢卷尺、经纬仪
15	框架垂直度	框架安装后	± 6mm	铅坠、钢盘尺
16	柱脚中心线偏差	框架安装后	± 5mm	经纬仪、钢卷尺
17	各立柱间相互标高偏差	框架安装后	≤3mm	水准仪、钢卷尺
18	1m 标高处大小对角线差	框架安装后	≤1‰对角线长度，且≤10mm	钢盘尺
19	设备标高偏差	设备安装后	± 5mm	钢卷尺、水准仪
20	纵横水平度偏差	设备安装后	≤2mm	水平管、水准仪
21	纵横中心线偏差	设备安装后	± 5mm	水平管、水准仪
22	工艺管线组对焊口	焊接后	RT I 级	射线检测
23	工艺管线倾斜值	安装后	<2mm	角尺、水平仪
24	压力类仪表	安装前	按照标准要求	压力校验仪
25	温度类仪表	安装前	通断测试	万用表、绝缘电阻表
26	远传仪表	安装后	回路测试	信号发射器
27	压力管道水压试验	安装后	保压足够时间不泄露、不变形	压力表、打压泵
28	压力管道吹扫	水压后	管道内无积水杂物	压力表、打压泵
29	模块内加固	拆分前	所有物资固定牢固，无损坏风险	目试、巡线
30	模块包装	拆分后	易损及精密件单独包装、箱单与实物一致	目试，复核

8 安全措施

8.1 主要执行的安全标准

（1）GB 50484—2008 《石油化工建设工程施工安全技术规范》。
（2）TSG R0004—2009 《固定式压力容器安全技术监察规程》。
（3）JGJ 46—2012 《施工现场临时用电安全技术规范》。
（4）SH 3505—2011 《石油化工施工安全技术规程》。
（5）JGJ 80—2011 《建筑施工高处作业安全技术规范》。

8.2 安全技术措施

（1）施工前对参加施工人员进行详细的安全交底。在施工中加大安全生产宣传力度，使安全意识深入人心。建立班前安全讲话制度，将工作任务分解，落实具体的安全措施。

（2）本工程特种作业人员包括电工、焊工、起重工、探伤工等必须持证上岗。

（3）起重作业应遵循批复的项目吊装作业方案，由专人负责，严格按照作业规定实施。

（4）高空作业必须进行评估，如有可能避免此类作业应提供替代方案。如不可能提供替代方案则必须采取适当的和足够的措施。例如，搭脚手架、或在可能情况下使用升降工作平台。当无法采用以上安全措施时，工作人员必须正确穿戴 100% 系挂好安全带，并确保其一直处在挂牢状态。

（5）动火作业在作业之前应申请动火工作许可。作业时应设置警戒区并配备灭火器材，随时监控。

（6）施工机械操作人员必须持有合格项的有效证件上岗，机械设备各安全装置保持良好状态。

（7）模块吊装及运输过程中应仔细核对质量，防止超载，损坏设备。

（8）冬季施工需对设备进行专门保养，防止冻坏。

（9）模块拆分工程中需明确顺序，防止过程失稳倒塌，危及工程安全。

9 环保措施

9.1 主要执行的环保标准规范

（1）JGJ 146—2013 《建筑施工现场环境与卫生标准》。
（2）GB 12523—2011 《建筑施工场界环境噪声排放标准》。
（3）中华人民共和国国务院 190 号令 《中华人民共和国监控化学品管理条例》。
（4）GB/T 50378—2014 《绿色建筑评价标准》。

9.2 环境保护技术措施

（1）严格遵守现场文明施工管理规定，创造愉悦的环境氛围。

（2）油漆等作业需在喷漆房内进行，禁止露天施工，污染大气。

（3）应根据施工方案，工作许可的要求在使用化学试剂时穿戴橡胶手套，及其他防护用具。

（4）施工现场要做到工完、料净、场地清，保证场地清洁和道路畅通。

（5）施工现场废料和垃圾等及时收回废料箱和垃圾箱，并定期运送到业主指定的垃圾堆放场地。

（6）施工中用的各类废油不能随便倾倒，要按业主相关要求集中收集并运送到指定的场所。

（7）采取措施消除粉尘、废气和污水的污染，尽量降低施工噪声。

（8）严格控制人为噪声，施工现场不得无故敲打，使用高音喇叭，最大限度地减少噪声扰民。

10 效益分析

10.1 经济效益分析（表 10-1）

表 10-1 经济效益比较（1 套 15000t/a 硫黄回收装置）

技 术	工期 /d	辅材费 / 万元	人工费 / 万元	机械使用费 / 万元	合计 / 万元
采用以往工艺技术	120	56	700	110	866
采用本工法工艺	110	20	300	52	372
比较	工效提升 8.3%	节省 36 万元	节省 400 万元	节省 58 万元	累计节省 494 万元

10.2 社会效益分析

应用本工法施工的哈萨克 PK 硫黄回收装置，是哈萨克境内第一套应用中国工艺，由中国制造商供货的模块化装置，为中国“一带一路”发展战略的宏伟画卷添上了浓墨重彩的一笔，改变了外商对中国制造的传统印象，提高了国家竞争力。

11 应用实例

应用实例一：

哈萨克扎那诺尔节流总机关及燃料气模块建造项目（表 11–1）。

表 11-1 应用实例一效益统计表

项目名称	施工地点	规模 /（$\times10^4m^3/d$）	数量 / 套	开竣工日期	应用效果
节流总机关及燃料气模块	哈萨克斯坦扎纳诺尔	150	1	2016/06/01—2016/12/20	良好

项目通过模块化施工节约成本约 18 万元，实现利润 65 万元。

应用实例二：

哈萨克 PK 炼厂硫黄回收装置模块建造项目（表 11–2）。

表 11-2 应用实例二效益统计览表

项目名称	施工地点	规模 /（$\times10^4t/a$）	数量 / 套	开竣工日期	应用效果
硫黄回收装置	哈萨克斯坦奇姆肯特	1.5	1	2017/03/01—2017/08/31	良好

项目通过模块化设计和施工，较传统意义上的施工成本节省了 494 万元，实现利润 162 万元。

应用实例三：

土库曼斯坦东部气田一期 TEG 脱水装置模块（见表 11–3）

表 11-3 应用实例三效益统计览表

项目名称	施工地点	规模 /（$\times10^8m^3/a$）	数量 / 套	开竣工日期	应用效果
TEG 脱水装置	土库曼斯坦东部气田	40	2	2018/06/01—2018/10/30	良好

项目通过模块化施工，节约成本约 49 万元，实现利润 106 万元。

油气田橇块快速拆装施工工法

中国石油天然气第七建设有限公司

王荣青　任林昌　李建江　李群石　师　娟

1　前言

橇装是设备框架和设备整体组合的一种形式，即预先在工厂将工艺设备、仪表设备、控制系统等组装在一起，形成一个相对完整功能的工艺系统的集成。橇装设备具集成度高、质量可靠、节省投资、建设周期短等优点，橇装设备的特点决定了橇装建设模式必然会成为油气田地面建设发展趋势，已经得到广泛应用。

中国石油天然气第七建设有限公司自 2009 年以来，已为国内外用户提供 100 多套橇装产品，积累了丰富的橇块建造安装技术。同时，在 2013 年科研项目《油气田地面处理橇装设备制造技术研究》获得中国石油集团公司批准立项，开始对橇装设备制造技术进行系统研发。通过工程实践及科技研发，总结梳理相关施工工艺，编制了油气田橇块快速拆装工法。本工法优化了橇块施工工艺，规范了橇块组装、检查检测、拆解标识、包装防护、现场回装的工序衔接，有效避开交叉作业造成的安全风险，通过对单线图的拆解规范标识，加强每个工序质量关键点的有效控制，可实现橇块在工厂内组装、拆解及现场回装。通过改进试压工装、采用三维空间模拟管线安装技术、编制科学实用的回装手册，使现场回装效率提高 60% 以上，回装螺栓孔穿孔率 100%。经查新，国内尚无类似工法公开发表。

与传统工艺相比，本工法回装效率可提高 30% 以上，大幅节省了现场尤其是国外用工数量及施工工期，项目回装成本可减少 40% 左右。

在 2014~2016 年，该工法应用于中油肇庆 LNG 液化工厂橇装项目、加拿大麦肯河一期井口模块建造项目、乍得扎纳诺尔橇块项目，安全高效地完成了项目的建造及现场回装，大幅缩短了建设周期。中油肇庆 LNG 液化工厂橇装设备制造项目在 2016 年被中国石油工程建设有限公司评为“创纪录项目”；加拿大麦肯河一期井口模块预制项目在 2016 年被中国石油工程建设有限公司评为“优秀制造项目”；乍得扎纳诺尔橇块成功打开了非洲橇块市场，为公司赢得了大量的橇块订单。

在项目实施中形成 3 件实用新型专利：分别为《槽钢焊接辅助夹具》，专利号：ZL 201520115977.8；《法兰螺栓孔跨中组对装置》，专利号：ZL 201520109245.8；《集装箱快速装箱导向及支撑装置》，专利号：ZL 2015 2 0563801.9。认定中国石油集团公司技术秘密两项：管道组对错边自动校准技术、型材管材排版技术。

2　工法特点

（1）优化制造物流，改进施工工艺，大幅缩短周期。

（2）橇装施工全过程实现信息化动态管理，信息化水平高。

（3）自主研发管道组对错边自动校准装置等多项自动化施工技术，自动化施工水平高。

（4）区块预制，分类成橇，有效保证橇块的精度。

（5）采用三维、多专业协同设计，实现油气田橇装功能划分、工厂预制、快速拼装和子模块拆装发运，橇装化集成技术水平高。

3 适用范围

本工法适用于多层或者超出运输范围的橇块在工厂内组装、拆分及现场回装。

4 工艺原理和关键技术

4.1 工艺原理

将原有的油气田装置的工艺管道与工艺设备按功能或区域划分成可以运输的模块进行设计，并组织模块的制作和安装施工，在预制厂实现模块化拼装和试压，再进行拆分后，运输至工地进行模块回装。

4.2 关键技术

4.2.1 高效水压试验技术

自主研发了橇内管线水压分配器，通过该分配器，可以同时对多条管线进行试压，工作效率提高2倍以上。

4.2.2 管道组对错边自动校准技术

自主研发了管道组对错边自动校准技术，设计了管道组对调整工装，组对效率提高30%以上。

4.2.3 型材管材排版技术

自主开发了型材管材排版程序，提高材料利用率，排版效率提高5倍以上。

4.2.4 集装箱快速装箱技术

自主开发了集装箱快速装箱导向及支撑装置，可以快速地将货物装入集装箱，并能够控制货物装箱方向，避免货物与将集装箱箱壁碰撞。

5 施工工艺流程及操作要点

5.1 施工工艺流程

5.1.1 总流程（图 5-1）

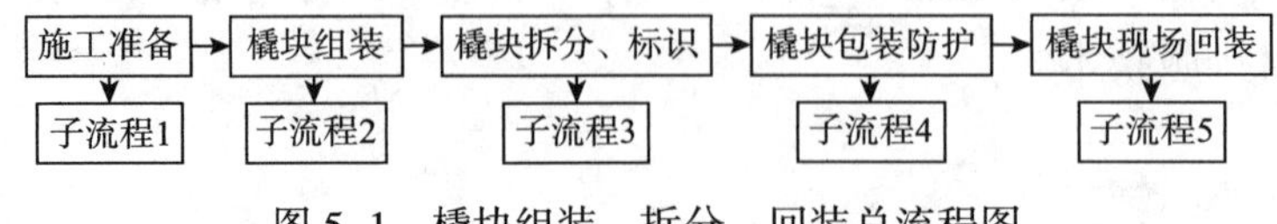

图 5–1 橇块组装、拆分、回装总流程图

5.1.2 子流程

（1）子流程 1（图 5–2）：

（2）子流程 2（图 5–3）：

（3）子流程 3（图 5–4）：

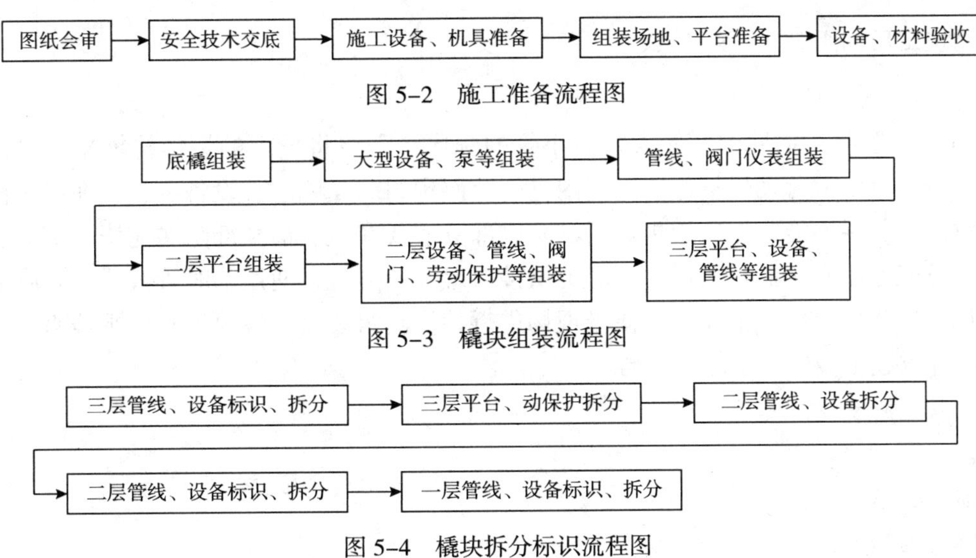

图 5-2 施工准备流程图

图 5-3 橇块组装流程图

图 5-4 橇块拆分标识流程图

（4）子流程 4（图 5-5）：

（5）子流程 5（图 5-6）：

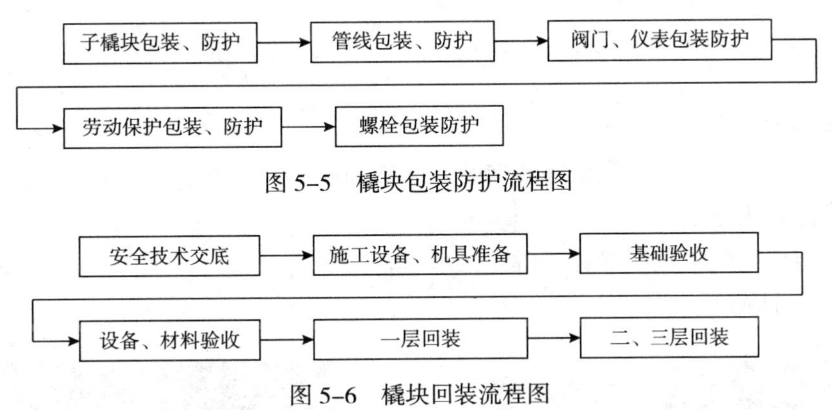

图 5-5 橇块包装防护流程图

图 5-6 橇块回装流程图

5.2 操作要点

5.2.1 施工准备

（1）进行图纸会审，提出图纸问题并反馈设计单位解决。

（2）编写施工技术方案，进行施工安全、技术交底。

（3）施工需用的人员、设备、机具、手段材料准备完毕，满足施工要求。（组装场地准备，搭设平台，按照安装顺序摆放平台、管线、阀门、仪表等部件。

（4）对到货的设备、材料进行验收、清点，确认有无缺件、损坏现象，将验收问题汇总，书面反馈制造车间及厂家。

（5）油漆施工的场地保持清洁，并且不允许有打磨、焊接等影响油漆施工作业的存在。

（6）管段预制工作必须有专用场地，并且将通球管段和普通管段预制区域必须分开，避免管段混合，用错材料。

（7）组橇前，完成以下准备工作：

①部分管线约 70% 预制完成。

②电缆桥架、电缆槽等结构预制完成。

③根据橇块的质量和外形尺寸，确定组装吊具和组装场地。

5.2.2 橇块工厂内组装

1. 组装原则

橇块的组装，按照先下后上，先大管后小管的顺序，需要将橇内的钢结构框架、设备、泵、阀门、电气、仪表、管线、劳动保护等在工厂内进行全部预组装。底座、设备、管线在组装前按照要求进行防腐。对于安装后不能或不便于再进行的防腐部分，要在组装前全部防腐完毕。部分长周期的国外定制设备有可能运不到预制厂，需要厂家提供接口尺寸及方位，使用临时管线代替。临时管线需要进行特殊标记，比如刷上红色油漆，以便于现场进行替换。组装时管线要做到横平竖直，便于操作，减少拆解时断开点超出橇外，增加运输难度。

2. 橇座安装（图5−7、图5−8）

（1）准备：

①标记地基的基准；

②标记橇座的基准；

③准备好调节橇座水平的工装。

（2）橇座的安装：做好准备后开始安放橇座，按以下步骤进行：

①采用适当的吊装工具吊装橇座；

②根据基准将橇座放在地基上；

③调整橇座的水平。

（3）按以下步骤做水平调整：

①根据总装正视图上的基准确定橇座和地基之间的高度；

②将底橇最高点定为零点；

③用适当的调整设备和调整螺栓调整橇座至水平；

④记下橇座的水平基准。

图5−7 底橇安装、调平

图5−8 静设备安装

3. 管线组装（图5−9、图5−10）

（1）管线施工由成橇组装车间集中预制施工，为了降低后期施工难度，缩短施工工期，要求预制深度达70%以上，具体参照设计单线图的标注执行。

（2）与设备接管法兰组对的法兰和甩头与别的橇块连接的管线的法兰预留待焊，管线需留余量。

（3）与阀门连接的直管段法兰在组装前预制。

（4）直管段多个开孔及多方位管线难以保证安装尺寸时预留待组装成橇后再净料焊接。

（5）管线组对预制严格按照图纸、设计变更、联系单等书面依据施工，不得因施工便利自行改动。预制、组对时应按相关要求做好标识，便于成橇组装和无损检测管理。

（6）管线及管件吊装绳扣应采用布带式或钢丝绳穿胶带式绳扣，装卸时应轻装轻放，运输时应垫稳、绑牢，不得相互撞击；接口及钢管的防腐层应采取保护措施，管线敞口处使用塑料薄膜封口，以防止异物进入。

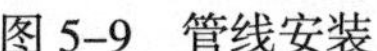
图 5-9　管线安装

图 5-10　动设备安装

（7）管段预制后，管段进行喷砂喷漆处理，喷砂等级、油漆牌号和干膜厚度按油漆方案要求。

（8）钢管主要采用机械方法切割，常用的工具主要有锯床、切管机等。当采用氧乙炔火焰切割时，管子每端应留有 1~2mm 的余量，以便下料后去除管子两端氧化皮。

（9）需要进行热切割或焊接的管段内外表面需要清理干净，去除油漆、油污、铁锈、氧化皮以及在加热时对焊缝或母材有害的其他物质。

（10）管道焊接：

①管线焊接按焊接工艺进行，严格控制焊接材料与焊接参数。

②严格按照厂家说明要求烘干焊条。

③焊前用手工或机械方法清理其外表面，在坡口两侧 50mm 范围内不得有油漆、毛刺、锈蚀、氧化皮等杂质，不锈钢管道用不锈钢轮或刷子轻微打磨。

④施工过程中焊件应放置稳固，防止在焊接时发生变形，严禁用强力方法组对接头。焊接在管道上的组对卡具不得用敲打或掰扭方式拆除。

⑤定位焊焊缝不得有裂纹及其他缺陷，其两端应磨成缓坡状。

（11）管段现场焊接过程中，管段下方区域必须做好保护，以免烫伤油漆和破坏其他设备。

（12）管段与客户提供的设备、阀门组焊时，预制时应留调节段，等实物到现场确认无误后，才可以进行焊接。

（13）如果管道安装工作有间断时，应及时封闭敞开的管口，防止管段内部污染或进入杂物；管道安装时，不得采用强力对口，以免引起内应力、管变形、给设备外加受力，造成设备移位或损坏设备。

（14）通球管线在焊接前需做好相关材料的标记移植并做好标识，并报质检人员检查后方可进行焊接，防止混用。

（15）管线应最大化预制，减少组装中的固定口焊接。

（16）管段支架要与管段安装同步，尽量减少临时支架的使用。

（17）管段支架安装位置按管段单线图，安装应牢固，管段和支架支撑面应良好接触，管段安装时应同时进行支架的固定和调整。

（18）管段安装完毕后，应按单线图逐个检查支架的形式和位置。

（19）喷砂前，管子两端要用塑料管帽封好，并且要做好材料标记移植。在喷砂处理前，根据 SSPC SP1 标准，用溶剂清洗法清除所有可见的油脂和污垢。

（20）多层橇块之间的穿层管线预制按照以下原则。

①确定安装工作的重点层面、各层安装工作的范围、穿层管线的预留。确定哪些管线分层制作，哪些管线需各层组装后进行配做，其中穿层管线制作时以重点层面作为安装基准，其他层面上该管线

在各个方向留出调整部分，待装置整体组装时再进行制作。

②分层组装时穿层管线的处理。穿层管线断开的位置确定原则应便于安装，便于拆卸，且不影响吊装。通常选择放置在上层橇座平面之下 200mm 左右。

③管线穿层时橇座开孔的处理。由于在橇座上开孔的大小原则上需保证连接法兰能穿过其中，一般选取为法兰外径 +50mm。

4. 阀门和法兰部件安装

（1）法兰在连接前检查其密封面，不得有缺陷，并清除法兰上的铁锈、毛刺和尘土等。

（2）对管道安装的螺栓、螺母涂二硫化钼、石墨机油或石墨粉加以保护。

（3）法兰连接时保持接合面的平行度和同心度，垫片放入前要保证对应法兰面的平行度符合要求，保证螺栓自由穿入。

（4）与法兰相邻的刚性接口待法兰紧固好后方可安装。

5. 设备安装

（1）施工前，施工单位准备好经检测合格的计量、检测器具、仪表等。

（2）施工前，设备表面无超标变形，无机械损伤及锈蚀等缺陷。

（3）检查设备开孔、接管的数量、方位等与设计是否一致。

（4）卧式设备支座底面平整、光洁，螺栓孔的数量、几何尺寸与设计图纸一致；卧式设备支立式设备底座底面平整、无翘曲、无变形，螺栓孔的数量、几何尺寸与设计图纸一致。

（5）设备找正后，应用 0.25kg 或 0.5kg 手锤敲击，检查垫铁组的松紧度，应无松动现象；用 0.05mm 的塞尺检查，垫铁之间和垫铁与底座之间的间隙，从垫铁同一断面处塞入的长度（宽度）总和，不应超过垫铁长度（宽度）的 1/3。

6. 电仪安装

（1）接线箱安装。接线箱安装水平度应为 1mm/m、垂直度为 1mm/m，安装完成后应当进行绝缘测试和接地测试。

（2）电缆桥架 / 穿线管安装。

①钢材应平直，无明显扭曲。下料误差应在 5mm 范围内，切口应无卷边、毛刺。

②支架应焊接牢固，无显著变形。各横撑间的垂直净距与设计偏差不应 >5mm。

③金属电缆支架应根据设计做防腐处理。

④电缆支架应安装牢固，横平竖直；托架支吊架的固定方式应按设计要求进行，安装后应测试支架的接地可靠性。

⑤仪表、电气电缆由于不允许中间接头，故一般在施工现场敷设。

7. 泵的安装

（1）泵就位前应做下列复查：

①基础的尺寸、位置、标高应符合设计要求；

②设备不应有缺件、损坏和锈蚀等情况，管口保护物和堵盖应完好；

③盘车应灵活，无阻滞、卡住现象，无异常声音。

（2）出厂时已装配、调试完善的部分不应随意拆卸。确需拆卸时，应会同有关部门研究后进行，拆卸和复装应按设备技术文件的规定进行。

（3）泵的找平应符合下列要求：

①卧式和立式泵的纵、横向不水平度不应超过 0.1/1000；测量时，应以加工面为基准；

②小型整体安装的泵，不应有明显的偏斜。

（4）泵的找正应符合下列要求：

①主动轴与从动轴与联轴节连接时，两轴的不同轴度、两半联轴节端面间的间隙应符合设备技术文件的规定；

②主动轴与从动轴以皮带连接，两轴的不平行度、两轮的偏移应符合设备技术文件的规定；

③原动机与泵（或变速器）连接前，应先单独试验原动机的转向，确认无误后再连接；

④主动轴与从动轴找正、连接后，应盘车检查是否灵活；

⑤泵与管路连接后，应复校找正情况，如由于与管路连接而不正常时，应调整管路。

8. 钢结构安装

各层橇座之间用可拆支柱及定位连接板连接，第一层橇座及设备安装就位后，根据钢结构节点分布图组装立柱及上层橇座框架结构。为避免钻孔误差导致钢结构互换存在问题，在制作过程中对每一个支撑件按一定的方式进行标记，并绘制各层橇座支柱分布图，便于厂内组装、拆卸及现场的二次组装。在分布图中，需规定标记的位置，其位置应直观、便于查找，且必须是永久性的：标记的内容应完整准确并能一一对应，包括层数编号、每层支柱编号、斜拉筋编号、支柱上下端编号等。

9. 工厂验收测试（FAT）

模块的工厂验收测试主要以管线的压力试验形式进行验证（图 5-11、图 5-12）。

图 5-11　FAT 检查

图 5-12　拆分发运

5.2.3　橇块拆分、标识

1. 原则

橇块拆分的目的是为了满足运输要求，尤其是在内陆安装的橇块，必须满足汽运或者火运尺寸、质量限制的要求，部分管线、结构以及电仪需拆开运输，并在现场重新组装。拆分时要严格按照拆分手册，做好每一道口的标识。拆分前本来是十分稳定的结构，拆分后可能会存在固定不牢或者无固定的状态，出现这种情况，必须采用增加临时支撑或者使用拉绳进行多方位紧固，满足多次吊装及长途运输的要求。

2. 根据三维模型，恰当的选择橇块拆分位置

橇块拆分位置的选择原则：

（1）尽量减少拆分点。

（2）尽量降低拆分点的拆、装难度。

（3）在不影响橇块性能、工艺、不增加零件的条件下，将易拆装部件布置在分界处。使拆分点达到最少，且尽量使用法兰连接，有效降低拆装难度。

3. 建立拆分装配索引，方便快速拆装

（1）在拆分点两端编码挂牌标识，牌上标注拆分点编码、所连接零部件的名称、规格、数量、装

箱存放位置、安装所需工具等信息。

（2）拆下散装的零部件按拆分点分块包装，包装外同样编码挂牌标识，牌上标注拆分点编码、包装内零部件名称、规格、数量、安装所需的工具等信息。

4. 编制橇块拆装方案

方案内体现橇块的拆装步骤、安装公差精度要求、所需的设备工具等内容。

5. 拆装构件标识

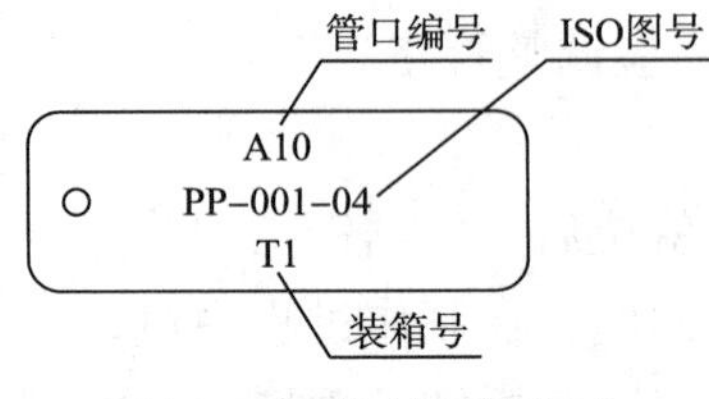

图 5-13　构件吊牌样式

（1）管线标识：

所有已拆开的连接管口处编制唯一性的编号，形成管口编号表，组成该管口位置的构件，在其法兰处均挂有吊牌。构件吊牌样式（图 5-13）：

管口编号：第一位字母 A、B、C……M 以及 P（橇块号 A~M 按流水号编制，组件 P 以功能划分为工艺管线），为对应的橇块或组件名称。第二位为流水号，按 1、2、3……顺序往后编排。

ISO 图号：即管线 ISO 图图号，去掉前缀“J961–ISO–”后剩余部分。

装箱号：第一位代表箱子形式（T：托盘，X：箱子，Z：支架）。第二位为流水号，按 1、2、3……顺序往后编排。

（2）管线构件清单说明（图 5-14）。

（3）结构构件标识（图 5-15）

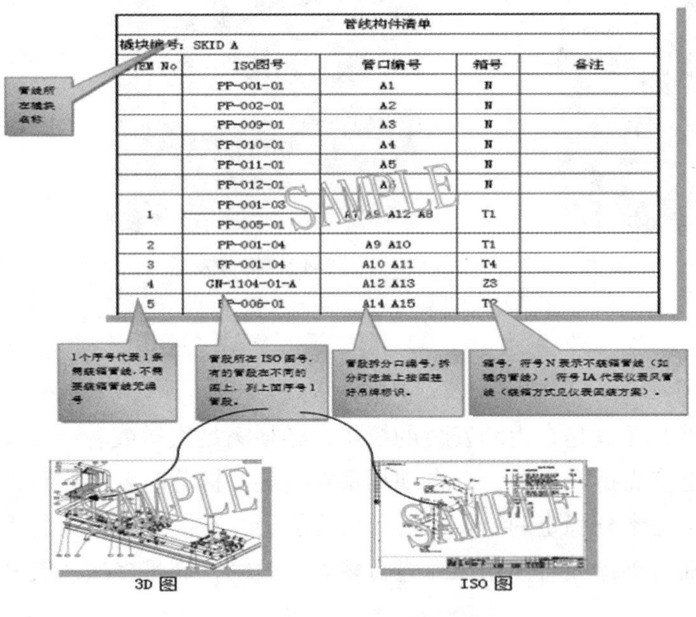

管线构件清单

橇块编号：SKID A

ITEM No	ISO图号	管口编号	箱号	备注
	PP-001-01	A1	N	
	PP-002-01	A2	N	
	PP-009-01	A3	N	
	PP-010-01	A4	N	
	PP-011-01	A5	N	
	PP-012-01	A6	N	
1	PP-001-03 PP-005-01	A7 A9 A12 A8	T1	
2	PP-001-04	A9 A10	T1	
3	PP-001-04	A10 A11	T4	
4	CN-1104-01-A	A12 A13	ZS	
5	[illegible]P-006-01	A14 A15	T[illegible]	

图 5-14　管线清单说明

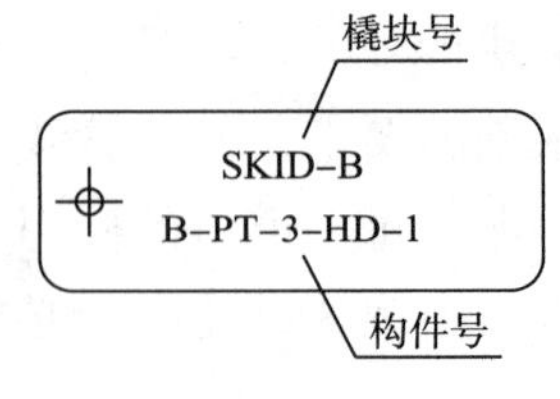

图 5-15

BF—橇块基座；PT—平台；CL—立柱；SP—斜撑或支撑；HD—扶手；MPR—大管廊架；SPR—小管廊架；BL—横梁；LD—直梯；SLD—斜梯

拆开的每个结构件，按“结构件编号”的编号挂上如下标牌进行标识：

结构件号（即构件清单中的分段号）说明：

第一位：为橇块号（从 A~P）；

第二位：代表一级结构类型；

第三位：为一级构件顺序号；

第四位：代表二级结构类型（同一级构件类型）；

第五位：为二级构件顺序号。

例如：SKID–E–PT–2–HD–5 该构件表示：E 橇块第二层平台上编号为 5 的扶手。

SKID–G–CL–5 该构件表示：G 橇块编号为 5 的立柱。

SIKD–H–BF 该构件表示：H 橇块基座。

（4）仪表拆分标识：

所有拆下来的无论是设备、管子、还是其他仪表材料都应做好标记，以便以后到现场时回装。具体标注方式可按照下表（表 5–1）。

表 5-1 仪表拆分标识

序号	拆分项	标记规则
1	槽盒拆分	以跨越模块号区分，CT–01–01–A/B…平面图上做好要拆的槽盒标记，其中第一项 CT 代表槽盒，第二项 01 表示在橇块名称，第三项 01 代表从见北方向第一个槽盒，A 和 B 则代表槽盒两端，以此类推
2	保护管拆分	以仪表位号区分，仪表位号 –J/B01…其中第一项为仪表位号；第二项如是接线箱一侧槽盒则用 J，如是表一侧则用 B，第三项是从接线箱或表侧开始依次编号，例如 PT–1508（I）–J01；PT–1508（I）–B01…，槽盒开口处也要贴仪表位号
3	引压管拆分	以仪表位号区分差压表则用仪表位号 –H/L（如有）–Y01 其中第一项为仪表位号；第二项如是测正压一侧槽盒则用 H，如是测负压则用 L，第三项是从取压点到表侧依次编号，例如 PT–1508（I）–H01；PT–1508（I）–L01
4	伴热管拆分	以仪表位号区分，仪表位号 –BR01，其中第一项为仪表位号；第二项代表是伴热管，第三项是从伴热点接口侧依次编号，例如 PT–1508（I）–BR01
5	仪表风线拆分	仪表风线拆分（如有）：以仪表位号区分，仪表位号 –F01。其中第一项为仪表位号；第二项代表是风线，第三项是从风线接口侧依次编号，例如 PT–1508（I）–F01，PT–1508（I）–F02
6	仪表电缆拆分	以仪表位号区分，仪表位号 + 接线箱号，例如：PT–1521（I）–DJB1519（I）

6. 结构构件清单说明（图 5–16）

5.2.4 包装运输防护

（1）适用范围：适用于橇装整体、分层的包装及运输。

（2）原则：包装防护是保证橇块质量的关键工序，国内产品一般不需要进行整体的外包装。国外产品要求有整体的外包装，我方一般采用使用集装箱形式整体铁皮包装的方式，有效预防了运输过程中出现包装撕裂等现象。对于橇块内部，采用将所有螺栓连接口使用缠绕膜进行缠绕固定，保证了螺栓不会因为运输而发生脱落丢失。

（3）包装运输要求：

①所有管线及容器出厂前，在完成吹扫试压工作后，要进行干燥和气密。

②以橇为单位进行系统正压氮气密封，密封压力为（100 ± 10）kP，所有法兰口使用盲板密封。

③仪表元器件要做加固处理，防止运输中发生损坏。

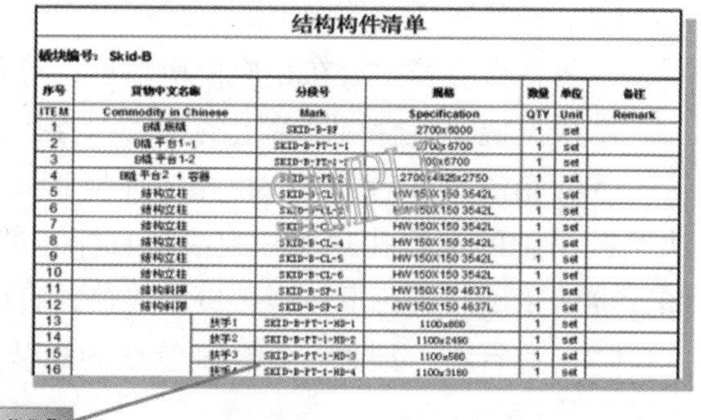

结构构件清单

橇块编号：Skid-B

序号 ITEM	货物中文名称 Commodity in Chinese	分段号 Mark	规格 Specification	数量 QTY	单位 Unit	备注 Remark
1	B橇 底橇	SKID-B-BF	2700x6000	1	set	
2	B橇 平台1-1	SKID-B-PT-1-1	[illegible]700x6700	1	set	
3	B橇 平台1-2	SKID-B-PT-1-2	[illegible]00x6700	1	set	
4	B橇 平台2 + 容器	SKID-B-PT-2	2700x4925x2750	1	set	
5	结构立柱	SKID-B-CL-1	HW150X150 3542L	1	set	
6	结构立柱	SKID-B-CL-2	HW150X150 3542L	1	set	
7	结构立柱	SKID-B-CL-3	HW150X150 3542L	1	set	
8	结构立柱	SKID-B-CL-4	HW150X150 3542L	1	set	
9	结构立柱	SKID-B-CL-5	HW150X150 3542L	1	set	
10	结构立柱	SKID-B-CL-6	HW150X150 3542L	1	set	
11	结构斜撑	SKID-B-SP-1	HW150X150 4637L	1	set	
12	结构斜撑	SKID-B-SP-2	HW150X150 4637L	1	set	
13	扶手1	SKID-B-PT-1-HD-1	1100x800	1	set	
14	扶手2	SKID-B-PT-1-HD-2	1100x2490	1	set	
15	扶手3	SKID-B-PT-1-HD-3	1100x580	1	set	
16	扶手4	SKID-B-PT-1-HD-4	1100x3180	1	set	

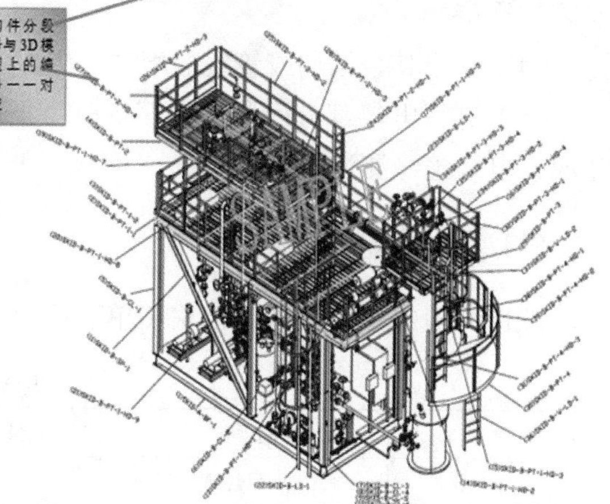

图 5–16 结构件清单说明

④精密元器件，要做运输风险分析，必要时刻拆解后单独包装运输。

⑤橇上的仪表盘、仪表玻璃部位要做防震保护，防止运输过程中震碎。

⑥紧固件要做防松脱处理。防止运输途中散落。

⑦悬空部件，在运输前应增加适当的运输支撑，防止运输过程中震动而发生疲劳损坏。

⑧除整橇做防雨防潮措施外，所有仪表表头、电器仪表接线箱、仪表盘等需防潮部件，要单独进行塑料套袋套装并用扎带扎紧密封。

⑨整橇防雨防潮采用内层用塑料布整体防潮包装，外用防雨帆布套装扎紧。

⑩整橇与车体加固时，要做好防护处理，防止损坏设备，使用钢丝绳加固时要用防护弧板进行产品保护。

⑪ 吊装前做试吊工作，当吊点刚度不够时，与业主沟通增加吊点刚度结构或使用平衡杠吊装。

⑫ 当分橇运输时，在连接部位进行加固，使用槽钢将管线限位防止运输过程管线错位。

（4）包装验收：装车运输前经业主驻厂监造、工程确认后，方可发货。

5.2.5 现场回装

1. 原则

按照回装手册及橇块布置图，并按唯一性标识“对号入座”；先将底层模块就位，按总体标高调节水平，再用连接板固定橇块，然后进行管线的安装，管线应按从下到上，先大管后小管的顺序装配，然后再连接橇间接线。回装时要注意观察查看是否有丢件、漏件、损坏件现象。对于现场焊接的对接口，还要按照图纸要求进行无损检测及水压试验。

2. 结构和管线总体安装说明

（1）橇底座及管廊结构就位：

①按“管架地脚螺栓总布置图”上的坐标放置橇块底座及安装管廊。

②按“橇块连接总布置图”用连接型钢或连接板固定各个橇块。

（2）安装底橇及管廊上的管线：

①将各个装箱摆放在相应橇块附近，等待拆箱。

②根据橇块上管口吊牌上的箱号，查找相应连接管线所在装箱。

③开箱清点好后，并取出相应连接管线，将吊牌编号相同的管口连接在一起（连接时注意将两个法兰挂吊牌的螺栓孔对在一起或将有标志的地方对在一起），根据吊牌上的 ISO 图号，查找相应 ISO 图，确认正确后进行下一步接口的连接，直到装完底橇平台的管线。

（3）进行第一层平台结构及管线的组装。安装第一层平台结构，并按先大后小、先下后上的顺序安装管线。

（4）完成其余结构或管线的组装。完成第二层和第三层平台及剩余管线的安装。

（5）进行电仪部分回装。按照拆分手册进行回装，仪表、接线箱固定、回装管线部分、电缆接线完成，电缆绝缘测试、联校。

5.3 人员配置表

油田井口集输计量系统模块（单套质量：35t）组装、拆分及回装施工人员配置（表 5–2）。

表 5-2 人员配置情况表

序 号	岗 位	数量 / 人	备 注
1	项目经理	1	负责项目总体组织、管理
2	技术经理	1	负责总体技术、质量支持、管理

续表

序　号	岗　位	数量 / 人	备　注
3	生产经理	1	负责施工计划、进度管理
4	施工调度	1	负责现场人员、设备、材料调配
5	车辆调度	1	负责车辆调配、维护
6	计划统计	1	负责施工计划编制和工程量统计
7	仪表工程师	1	负责仪表的校验及安装管理
8	焊接工程师	1	负责焊接、无损检测技术管理
9	质检工程师	1	负责质量总体管理、控制
10	专职安全员	2	日常现场安全检查
11	材料计划员	1	负责设备、材料计划和进度管理
12	资料员	1	资料编制、保管、发放
13	管工	6	
14	铆工	4	
15	电焊工	6	
16	火焊工	2	
17	钳工	1	
18	电工	1	
19	仪表工	1	
20	起重工	1	
21	无损检测工	2	
22	司机	1	
23	力工	4	
	合计	45	

6　材料与设备

6.1　施工用主要手段材料（表 6-1）

表 6-1　主要施工手段用料表（单套质量：35t）

序　号	名　称	规　格	单　位	数　量	备　注
1	角钢	∠ 50 × 5	m	200	
2	槽钢	[12	m	100	
3	槽钢	[16	m	200	
4	槽钢	[20	m	100	
5	工字钢	I12	m	40	
6	钢板	δ=6mm	m^2	8	
7	钢板	δ=10mm	m^2	20	
8	钢板	δ=20mm	m^2	15	
9	钢板	δ=30mm	m^2	5	
10	脚手架杆		m	1000	
11	钢跳板		块	50	
12	门式脚手架		套	20	

6.2 施工用主要设备（表 6-2）

表 6-2 主要施工设备明细表

序号	名称	规格	数量/台	备注
1	行吊	50t	1	
2	龙门吊	20t	1	
3	移动式空压机	$6m^3$	1	
4	拖车	30t	2	
5	叉车	5t	1	
6	等离子切割机	LGK–100I	1	
7	砂轮切割机	400 型	2	
8	X 射线探伤机	EX–260GH	4	
9	超声波测厚仪	USTM–500A	1	
10	γ 射线探伤机	DL–IIA	1	
11	超声波探伤机	CTS–26	1	
12	电动试压泵	SY–350	2	
13	电焊机	ZX5–630	2	
14	电焊机	ZX5–400	12	
15	CO_2 焊机	K R Ⅱ 530 松下	8	
16	烘干箱	ZYH–100	2	
17	数控切割机	GSII–8000	2	
18	数控钻床	PD5550/2	2	
19	带锯床	GB2100	2	
20	等离子切割机	LGK–100	1	
21	电动管口坡口机	DGPJ200	1	
22	管线自动焊接系统		1	
23	磁力切割机	GC2–200Z	2	
24	压力校验仪	F18	1	
25	活塞压力计	YU–60 0.1–6MPa	1	
26	多功能校验仪	PV623/DPI620	1	
27	24V 直流稳压源		1	
28	温控柜		1	
29	力矩扳手	（M20–M48）套	2	
30	数字万用表	FLUK187	2	
31	数字微安表		1	
32	红外温度计	ST–80	1	
33	抛丸机		1	
34	无气喷涂机		1	

6.3 施工用主要测量、计量器具（表 6-3）

表 6-3 主要测量、计量器具明细表

序 号	名 称	规 格	单 位	数 量	备 注
1	经纬仪	J-2	台	2	
2	水准仪	DSZ2	台	1	
3	红外线温度计	TES-1326S	台	1	
4	外径千分尺	0~25mm	把	1	
5	外径千分尺	25~50mm	把	1	
6	游标卡尺	0~200mm	把	1	
7	小百分表	0~3mm	块	1	
8	内径百分表	0~10mm	块	4	
9	焊接检验尺	40 型	块	2	
10	水平尺	500mm　0.5 ㎜ /m	个	5	
11	钢卷尺	5m	把	8	
12	钢盘尺	30m	把	2	
13	直角尺	500mm	把	6	

7 质量控制

7.1 执行的主要标准规范

（1）GB 50661—2011 《钢结构焊接规范》。

（2）GB 50205—2001 《钢结构工程施工质量验收规范》。

（3）SY/T 0043—2006 《油气田地面管线及设备涂色规范》。

（4）GB 50093—2013 《自动化仪表工程施工及质量验收规范》。

（5）GB 50484—2008 《石油化工建设工程施工安全技术规范》。

7.2 质量控制

7.2.1 施工准备（橇块组装前）质量控制

（1）所有原材料质证书齐全，检查合格。

（2）各成品外购件：工艺阀门规格、材质、合格证检验合格，强度试验验收合格；安全阀调试合格，仪表校验合格，相关合格证验收合格；小型设备如过滤器、流量计、疏水阀等验收合格。

（3）静设备、管线、钢结构各项检验包括焊缝外观检验、整体尺寸检验、无损检测，热处理、水压试验、油漆检验等完成。

7.2.2 橇块组装质量控制

（1）确认底橇组装平台基准；确认底橇的基准。

（2）测量底橇的水平度，关键是测量非标设备鞍座底板或泵底座的水平，从而调节橇座的调平工装。

（3）静设备组装，根据基础中心线及标高中心线，通过设备上的度数线，检测设备的垂直度及水平度。

（4）动设备（泵等）的安装质量控制，安装前对设备进行复查，设备不应有缺件、损坏和锈蚀等情况，管口保护物和堵盖应完好。以机加工面为基准测量泵的水平度及垂直度。

（5）管线安装，检查管子内部和管端是否清洗干净，无杂物；密封面和螺纹完好。焊接严格按照工艺要求进行控制，无损检测合格后进行水压试验及清扫、清洗。

（6）钢结构安装，重点是控制各对各螺栓连接点进行唯一性及永久性标识，作为厂内组装、拆分及现回装标识。

（7）电气安装，控制接线箱安装水平度应为1mm/m、垂直度为1mm/m、安装完成后应当进行绝缘测试和接地测试。电缆支架安装牢固，横平竖直。

（8）工厂内最终联检（FAT），由制造厂、第三方监理、总包方等对橇块设备进行联合检查。

7.2.3 橇块拆分、标识质量控制

橇块拆分，要严格按照拆分手册进行。拆分下来的管线等部件，要进行唯一性标识。拆分后零部件数量巨大，因此要有专人按照清单进行销号，防止出现丢件、漏件现象。

7.2.4 橇块包装防护质量控制

橇块拆分后有悬臂部分及运输时可能产生移位、损坏的部位，要增加临时运输支撑进行紧固，必须满足运输要求。加固材料若使用木方，检查是否经过熏蒸处理，符合出口要求。支撑与设备管道之间应加胶皮等对设备进行保护。随橇一同运输的仪表元器件，应进行加固处理，防止途中发生损坏。装车时要检查封车钢丝绳之间必须进行隔离，防止运输过程中窜动刮伤。

7.2.5 橇块现场回装质量控制

（1）检查现场回装基础的平面度是否符合要求，确认基准线。

（2）组装前检查到货产品有无损伤、缺漏。

（3）按照回装手册检查，防止出现错装、漏装。

（4）检查回装后的静设备、动设备的水平度及垂直度。

（5）现场焊接的对接口，控制无损检测及水压试验。

（6）仪表、接线箱固定、回装管线部分、电缆接线完成，电缆绝缘测试、联校。

7.3 关键工序质量控制点（表7-1）

表7-1 关键工序主要技术指标检验统计表

序号	检验项目		检查时机或工序	指标要求/mm	检查工具或方法
1	原材料		入厂后	设计文件要求	卷尺、UT检测仪
2	成品外购件（阀门、仪表等）		入厂后	设计文件要求	强度测试、水压
3	静设备、管线、钢结构		组装前	设计文件要求	钢卷尺
4	组装平台基准及底橇基准		组装前	±1	经纬仪、钢卷尺
5	组装平台平面度		组装前	±2	钢板尺、水准仪
6	静设备	安装中心线位置	设备组装后	±3	钢卷尺
7		标高	设备组装后	±3	钢卷尺
8		水平度	设备组装后	轴向 L1000 径向 $2D$/1000	水平仪、钢卷尺
9	泵的水平度	纵向	泵安装后	0.05/1000	水平仪、钢卷尺
10		横向	泵安装后	0.1/1000	水平仪、钢卷尺
11	接线箱安装水平度		安装后	1mm/m	水平仪、钢卷尺
12	接线箱安装垂直度		安装后	1mm/m	经纬仪、钢卷尺

续表

序号	检验项目		检查时机或工序	指标要求 /mm	检查工具或方法
13	管道与设备连接的法兰		自由状态	平行度≤0.15	水平仪、钢卷尺
14	管道与设备连接的法兰		自由状态	同轴度≤0.5	水平仪、钢卷尺
15	立管垂直度		安装后	≤5L‰，且≤30	经纬仪、钢卷尺
16	成排管道间距		安装后	≤15	钢卷尺
17	交叉管道外壁距离		安装后	≤20	钢卷尺
18	水平管道平直度	DN ≤100	安装后	≤2L‰，且≤50	水平仪、钢卷尺
19		DN>100	安装后	≤3L‰，且≤80	水平仪、钢卷尺
20	管道	焊接外观检查	焊接后	无咬边、气孔，焊缝余高不超过3mm，无凹陷	焊接检验尺
21		无损检测	外观检查合格	设计文件要求	无损检测设备
22		热处理	无损检测合格		
23		水压试验	热处理后	设计文件要求	压力表
24		气密试验	水压后	设计文件要求	压力表
25		清扫、清洗	水压试验合格	设计文件要求	
26	柱轴线对行、列定位轴线的平行偏移和扭转偏移		放到平台上	3.0	粉线、钢卷尺
27	柱实测标高与设计标高之差		放到平台上	± 3.0	钢卷尺
28	柱垂直度		放到平台上	10.0	经纬仪、钢卷尺
29	两柱同层内对角线长度差		放到平台上	5.0	钢卷尺
30	相邻柱间距离		放到平台上	± 3.0	钢卷尺
31	梁标高		放到平台上	± 3.0	钢卷尺
32	梁水平度		放到平台上	*L*/1000 且≤5.0	钢卷尺
33	梁中心位置偏移		放到平台上	2.0	粉线、钢卷尺
34	相邻梁间距		放到平台上	± 4.0	钢卷尺
35	竖面对角线长度差		放到平台上	15	粉线、钢卷
36	电气安装		安装后	水平度、垂直度 1mm/m	经纬仪、钢卷尺
37	仪表安装		安装后	水平度、垂直度 3	经纬仪、钢卷尺
38	橇块拆分标识		拆分前	清晰、唯一、清晰、牢固	依据拆分手册清单检查
39	橇块拆分加固		拆分后	所有悬臂、连接薄弱处进行加固	工艺文件
40	防腐保温		安装前及拆分后	膜厚、附着力、强度符合要求	设计文件
41	包装检验		包装时	牢固、无硬接触，符合工艺要求	包装工艺
42	回装基础平面度		回装前	± 2.0	
43	到货物资检查		回装前	无损坏、缺漏	图纸、包装清单
44	现场焊接焊缝检测		焊接后	参考工厂内相关要求	
45	橇块回装检验		联调联校	性能测试合格，无跑冒滴漏	设计文件

8 安全措施

8.1 主要执行的安全标准

（1）SH 3505—2011 《石油化工施工安全技术规程》。

（2）TSG R0004—2009 《固定式压力容器安全技术监察规程》。
（3）JGJ 46—2012 《施工现场临时用电安全技术规范》。
（4）JGJ 80—2011 《建筑施工高处作业安全技术规范》。
（5）SY 6279—2016 《大型设备吊装安全规程》。
（6）HG 30014—2013 《生产区域吊装作业安全规范》。

8.2 施工安全技术措施

本工法中应控制的风险有机械伤害、物体打击、高空坠落、触电等安全风险，主要存在于焊接、起重作业、橇块组装、拆分、现场回装、电仪调试等工序中，依据标准制定安全防范措施如下：

（1）施工前对参加施工人员进行详细的安全交底。
（2）所有参与施工的特殊工种人员，电焊工、电工、起重工等必须持证上岗。
（3）所有的施工机具和吊装机具要进行现场报验，定期检查。
（4）进入施工现场必须按规定穿戴、配备好防护用品，同时掌握防护用品的正确使用。
（5）施工现场的“三口”，通道口、预留洞口、楼梯口要保持畅通，平台走道临边危险处，必须有牢靠的护栏才能施工。
（6）电仪、动设备调试时，严格执行施工现场临时用电安全技术规范。
（7）吊装静设备、动设备、钢结构框架及管线时，必须遵守“吊车工安全操作规程”，并与吊车工、搬运工密切配合。
（8）高空交叉作业，必须扎好安全带。所用工具、零件、材料必须装入工具袋中，不准高处投掷材料，上下垂直作业时应有隔离措施。
（9）管线试压时要做好防护措施，拉上警戒绳，防止无关人员入内。
（10）现场负责人、安全员如发现高处作业人员不按规定作业时，特别是不系安全带的，要立即指出，责其改正，经指出不改正者有权停止作业。
（11）工作完毕后现场要及时清理，灭绝火种，切断电源方可离开工作现场。

9 环保措施

9.1 主要执行的环保标准规范

（1）SH 3505—1999《石油化工施工安全技术规程》。
（2）JGJ 146—2013《建筑施工现场环境与卫生标准》。

9.2 环境保护技术措施

（1）油漆、油料应单独存放，远离火源，并有消防设施及防毒、防火等安全标志。
（2）足量配备耳塞、防护眼睛、防护面罩、防护服、口罩等劳动防护用品，并定期检查使用情况。
（3）施工现场要做到工完、料净、场地清，保证场地清洁和道路畅通。
（4）现场的电缆、导线、电焊把线等要统一规划，合理布置，不准乱拉乱扯。
（5）减少废物的产生和排放、努力降低环境污染，并对紧急事件做好充分应急准备；施工产生的垃圾在施工区内集中存放，不得随意乱放并及时运往指定垃圾站。
（6）采取措施消除粉尘、废气和污水的污染，尽量降低施工噪声。
（7）设置专人负责现场水电管理，节约使用能源。

10　效益分析

10.1　经济效益分析（表 10-1）

表 10-1　经济效益对比分析表（单套质量 35t）

技　术	工期 /d	辅材费 / 万元	人工费 / 万元	机械使用费 / 万元	合计 / 万元
采用以往工艺技术	60	3.6	14	6	23.6
采用本工法工艺	45	2	10.5	4	16.5
比较	工效提升 25%	节省 1.6 万元	节省 3.5 万元	节省 2 万元	累计节省 7.1 万元

中油七建已经具备年产 120 套（单套质量 35t）的生产能力，按照每套节省 7.1 万元计算，120 套可节省 852 万元，该工法经济效益显著。

10.2　社会效益分析

本工法通过对橇块的组装、拆分标识、包装防护、回装等施工步骤进行深入的研究，优化施工流程，针对各个工序的施工重点和难点采取相应的措施，保证各工序施工一次合格，从而保证了橇块整体的施工质量。现场回装高效、投用一次成功。

11　应用实例

应用实例一：

2014 年广东肇庆中油天然气有限公司液化天然气（LNG）工厂的过滤调压及酸性气体脱除系统模块（一期），装置设计能力为 $60 \times 10^4 Nm^3/d$ 液化天然气。项目于 2014 年 6 月开工，2014 年 7 月竣工，制造周期 50d。项目合同金额为 516 万元。模块截面尺寸 14500mm × 7500mm × 5500mm（长 × 宽 × 高），质量 88t。橇内设备共 22 台套，其中非标容器 9 台，换热器、机泵 13 台套；橇内工艺管线共计 3366 寸口；各类仪表 60 台套，仪表电缆 365m，照明灯具 10 套。模块整体组装后分体拆解成 4 个单橇，单橇尺寸满足国内公路运输，单橇最大质量为 36t。该项目施工应用本工法，在车间内整体组装、调试、水压试验、产品出厂联检、现场回装、投用一次成功。创造了近百万元的利润，并在 2016 年 1 月获得工程建设公司“创纪录项目”。

应用实例二：

2014 年加拿大麦肯河一期井口模块预制项目应用本工法，按照加拿大标准 CSA S16-09 Design of steel structures，CSA W59-13 Welded Steel Construction（Metal Arc Welding）进行钢结构的设计及制造。合同额：CA$2076 万元，制造总工程量 5713t，是公司首次进入加拿大高端市场项目，也是公司打开北美高端油田地面工程市场的重要工程。为公司赢得了荣誉，创造了一千万元的利润，获得中国石油工程建设公司 2015 年度“优秀制造项目”。

应用实例三：

2016 年乍得扎纳诺尔橇块施工应用本工法，厂内整体制造、整体装船发运，水压试验、产品出厂联检、现场安装、投用一次成功。本项目创造利润 120 万元，凭借本项目，公司成功打开了乍得等非洲国家的橇装市场。2019 年七建公司已经陆续从中石油迪威尔公司承接了 7 套乍得 Baobab C II OGM Package 项目橇块，市场前景广阔。

电力线路架设采用绝缘网跨越带电线路施工工法

大庆油田建设集团有限责任公司

郭道厚　张圣利　韩少梁　郎卫生　袁　野

1　前言

随着社会经济迅速发展及用电负荷的增加，输电线路建设中相应的交叉跨越也越来越多。传统施工方法需要在输电线路停电后，再进行脚手架搭而设完成输电线路跨越施工，当跨越 35kV 及以上线路时，脚手架搭设高度达到 20m 以上，危险性高，且施工周期长。大庆油田建设集团有限责任公司在采油八厂 110kV 宋南变电站新建工程及采油八厂宋一变电站 35kV 电源线路改造工程施工中，采用飞行器牵引尼龙绳和环氧树脂玻璃钢管等绝缘元件组成的绝缘网，直接对带电线路进行封顶跨越施工，避免了传统作业需要线路停电的繁琐程序，解决了脚手架搭设危险性大、成本高、施工周期长等问题，经总结形成本工法。通过查新检索，利用飞行器牵引绝缘网进行跨越施工国内未见相同报道，且本工法被评为 2018 年度大庆油田有限责任公司企业级工法。

2　工法特点

2.1　安全性高

使用绝缘网进行跨越施工，避免了高层脚手架的搭设，降低了施工风险。

2.2　社会效益好

跨越线路带电作业避免了传统施工线路停电给用户带来的经济损失。

2.3　施工效率高

绝缘网拆装简单、易于施工、不受作业地形条件限制，施工时间短，效率高，适用性较强。

2.4　施工成本低

施工时所需施工人员少，施工速度快，且绝缘网可重复利用，降低了施工成本。

3　适用范围

本工法适用于 35kV 及以上带电线路的跨越施工。

4 工艺原理

本工法采用尼龙绳和环氧树脂玻璃钢管等绝缘元件组装成绝缘网，利用飞行器牵引绝缘网跨过带电高压线路，形成作业空间，带张力将导线、地线通过绝缘网进行放紧线施工（图 4–1、图 4–2）。

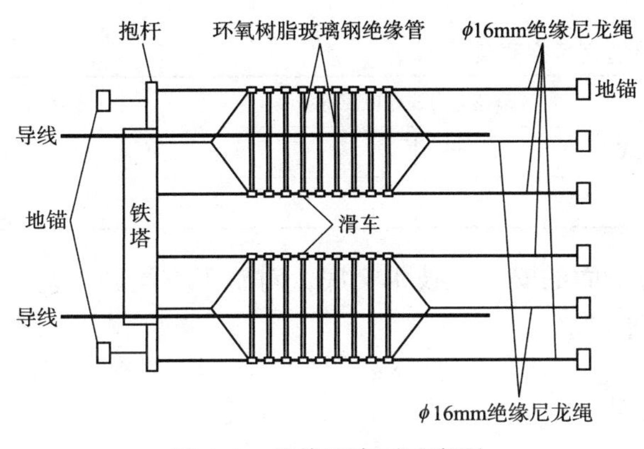

图 4–1 绝缘网牵引示意图

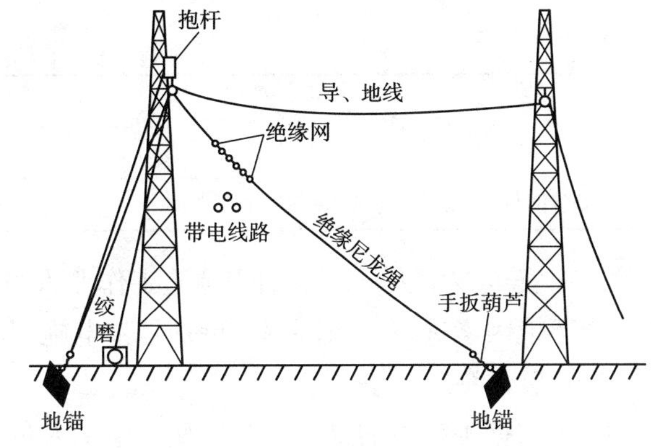

图 4–2 带电跨越侧面示意图

5 施工工艺流程及操作要点

5.1 工艺流程（图 5-1）

5.2 操作要点

5.2.1 施工准备

1. 技术准备

（1）现场勘察，结合设计图纸及复测结果计算出被跨越电力线的高度、宽度、交叉角以及跨越点的地形等情况，确定带电跨越方案。

（2）跨越网长度确定。封网长度应保证导线落网后，线头不会甩到被跨越物上，确保被跨越物的安全（图 5–2）。绝缘网长度应满足以下公式：

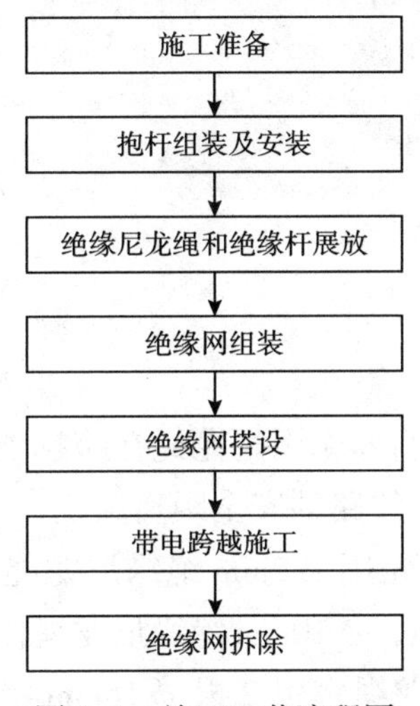

图 5–1 施工工艺流程图

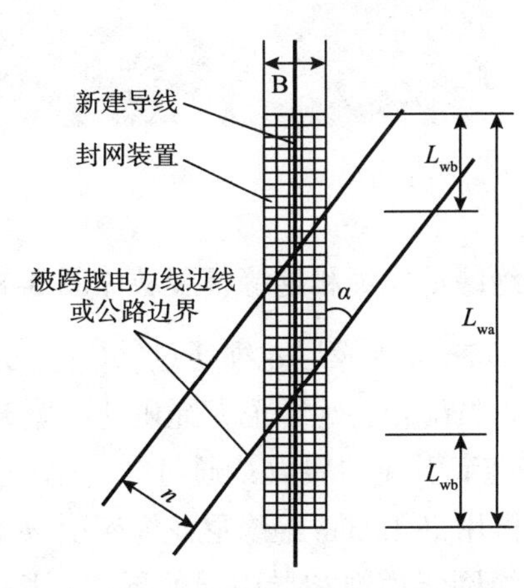

图 5–2 封网长度示意图

$$L_{wa} \geqslant \frac{n}{\sin\alpha} + \frac{B}{\tan\alpha} + 2\times L_{wb}$$

式中，L_{wa} 为绝缘网长度，m；n 为被跨越电力线路两边线或公路边界的水平宽度，m；B 为绝缘网宽度，B≥导线宽度 +4m，m；α 为新建线路与被跨越物交叉角度；L_{wb} 为保护网长度，也就是绝缘网单侧伸出被跨越物的保护长度，取值应≥2m。

（3）绝缘网安装垂直净空高度的确定。绝缘网安装距架空地线最小垂直距离见表 5–1。

表 5-1 绝缘网安装垂直净空高度

项 目	被跨越电力线路电压等级	
	35kV	66~110kV
绝缘网与架空地线最小垂直距离 /m	0.5	1.0

（4）安全技术人员对参加跨越施工作业人员进行全面的安全、技术交底，对施工方法、工艺流程和安全环境因素进行全面讲解，特别是带电施工注意事项。

2. 人员准备

（1）根据工程量的要求，合理配备施工人员。

（2）所有施工人员均应培训合格后，持证上岗，关键操作岗位由有经验的送电技工担任。

3. 材料准备

（1）所采用的材料、设备应符合国家现行技术标准规定，经试验检测合格后方可使用。

（2）对运抵现场的材料设备进行数量清点和外观检查。

4. 现场布置

把所用的绝缘尼龙绳、环氧树脂玻璃钢绝缘管运到现场（绳索不得受潮），摆放在防水毡布上。

5.2.2 抱杆组装及安装

将抱杆在地面组装完成，利用机动绞磨将抱杆吊到铁塔指定高度安装固定，并在跨越档的另一侧打好临时拉线（图 5–3）。

图 5–3 抱杆安装

5.2.3 绝缘尼龙绳和绝缘杆展放（图 5-4）

（1）将 ϕ2mm 绝缘尼龙绳通过铁塔上的滑轮，并利用飞行器牵引尼龙绳在跨越档进行展放，塔上人员与地面人员配合将绝缘尼龙绳迅速收紧升空，保证与电力线路的安全距离高度。

（2）索道牵引绳的展放：通过“一牵一”置换的方式，先用 ϕ2mm 绝缘尼龙绳牵引 ϕ4.0mm 绝缘尼龙绳，再用 ϕ4.0mm 绝缘尼龙绳牵引 ϕ10mm 绝缘尼龙绳，ϕ10mm 绝缘尼龙绳作为索道牵引绳。

（3）绝缘网索道绳和导引绳的展放：用 ϕ10mm 绝缘尼龙绳牵引 2 根 ϕ16mm 绝缘尼龙绳和 2 根

φ10mm 绝缘尼龙绳。2 根 φ16mm 绝缘尼龙绳作为绝缘网索道绳，1 根 φ10mm 绝缘尼龙绳作为绝缘网的牵引绳，1 根 φ10mm 绝缘尼龙绳作为导引绳，用于牵引导线牵引绳。在牵引过程中使绝缘绳保持一定的张力，不得将绝缘尼龙绳松落至被跨越地线上，绝缘尼龙绳不得低于地线高度。

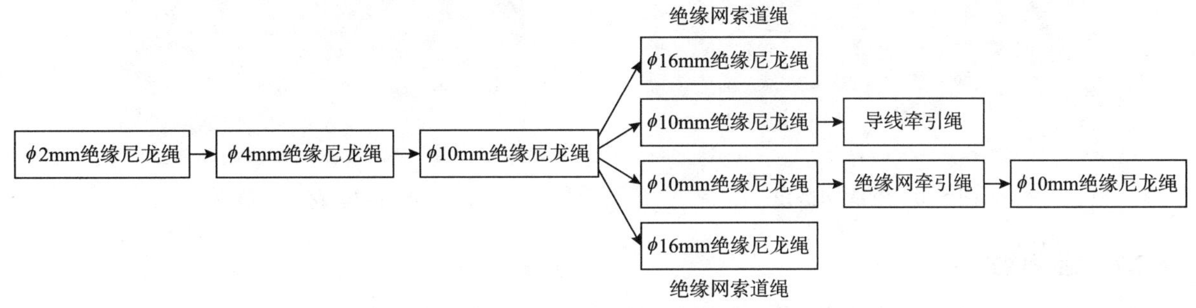

图 5–4 分绳示意图

（4）导线牵引绳的展放：将 φ10mm 导线导引绳保持张力，将导引绳一端与牵引绳连接，另一端与绞磨机相连，保证导线牵引绳展放过程中保持张力。

（5）φ16mm 绝缘尼龙绳牵引完毕后，通过抱杆由两边施以张力使其达到绷紧状态后将其绑在地锚上，绑扎必须牢固可靠，并采用双保险防护。

5.2.4 绝缘网组装

将专用小滑车挂在索道绳上，专用小滑车的前后各有 U 形环，先将第一根绝缘杆两端牵引方向的 U 形环连接 1 根 φ10mm × 8m 绝缘尼龙绳，并与 φ10mm 绝缘尼龙绳相连，再用 φ10mm × 3m 的绝缘尼龙绳穿入专用小滑车的另一端 U 形环内，安装绑扎牢固，慢慢牵引 φ10mm 绝缘尼龙绳到一定距离后将 φ10mm × 3m 绝缘尼龙绳安装绑扎在下一根绝缘杆专用小滑车 U 形环内，按此方法直至最后一根绝缘玻璃杆安装完成。将最后一根绝缘杆小滑车 U 形环连接 1 根 φ10mm × 8m 绝缘尼龙绳，并与 φ10mm 绝缘尼龙绳绳相连（图 5–5）。

图 5–5 环氧树脂玻璃钢绝缘杆及专用小滑车

5.2.5 绝缘网搭设

绝缘网组装完成后，通过牵引绳将绝缘网绳移动到交叉跨越的正确位置，保证交叉跨越的区域被完全覆盖，然后调整跨越承载绳的高度，使其对被跨越电力线路的安全距离满足要求，最后把绝缘承载绳锚固于地锚上（图 5–6）。

5.2.6 带电跨越施工

利用绝缘网上的导线牵引绳带张力将导线、地线牵引通过绝缘网，并与已放好导线、地线在另一档内接通，展放一根导线后，立即进行紧线（图 5–7）。

图 5-6　绝缘网搭设

图 5-7　跨越绝缘网

5.2.7　绝缘网拆除

导线架设完成后，拆除绝缘网，绝缘网的拆除与架设具有同样的危险性，应由原架设人员进行拆除，拆除步骤和搭设步骤相反，采用倒序拆除。

5.3　劳动力配置（表 5-2）

表 5-2　劳动力配备及分工

序　号	岗位工种	人数 / 人	备　注
1	项目经理	1	现场总体协调
2	技术负责人	1	现场技术指导
3	质量负责人	1	质量管理
4	安全负责人	1	安全管理
5	电工	4	跨越网搭设
6	试验工	2	现场试验测试
7	起重工	1	控制绞磨
8	力工	8	地锚安装等劳务
9	司机	1	车辆驾驶
合计		20	

6　材料与设备（表 6-1）

表 6-1　材料及设备表

序号	名　称	规　格	单　位	数　量	备　注
1	抱杆	600mm × 600mm 铁抱杆	付	2	封网支架
2	绝缘尼龙绳	ϕ2mm	m	400	导引绳
3	绝缘尼龙绳	ϕ4mm	m	800	导引绳
4	绝缘尼龙绳	ϕ10mm	m	600	牵引绳
5	绝缘尼龙绳	ϕ16mm	m	1000	索道绳
6	环氧树脂玻璃钢绝缘杆	ϕ50mm × 6m	根	若干	
7	环氧树脂玻璃钢绝缘专用小滑车		个	若干	
8	滑轮	ϕ50mm × 100mm	套	若干	
9	拉线盘	DP6	个	2	
10	绞磨	10t	台	1	牵引设备
11	手扳葫芦	6t	个	8	调节索道高度

7 质量控制

7.1 质量标准

（1）GB 50233—2014 《110kV～750kV 架空输电线路施工及验收规范》。
（2）GB 50173—2014 《电气装置安装工程 66kV 及以下架空电力线路施工及验收规范》。
（3）DL 5319—2014 《架空输电线路大跨越工程施工及验收规范》。
（4）DL/T 5106—2017 《跨越电力线路架线施工规程》。
（5）DL/T 5485—2013 《110kV～750kV 架空输电线路大跨越设计技术规程》。
（6）DL/T 1079—2016 《输电线路张力放线用防扭钢丝绳》。
（7）DL/T 5168—2016 《110kV～750kV 架空输电线路施工质量检验及评定规程》。
（8）DL/T 5343—2018 《110kV～750kV 架空输电线路张力架线施工工艺导则》。
（9）DL/T 5732—2016 《架空输电线路大跨越工程施工质量检验及评定规程》。

7.2 质量控制措施

（1）按照技术交底和规范要求进行施工。

（2）施工前地锚结构形式根据施工地区的地质条件进行设计和选用，地锚的设置根据施工方案的规定进行；地锚在回填时，应用净土分层夯实或压实；地锚经拉力试验符合要求后再使用。

（3）根据标准及规范对跨越带电线路施工设备、工器具及材料的管理和检测，外观观察完好且具备出厂质量检验合格证书，设备应有名牌。

（4）施工前将绝缘绳、环氧树脂玻璃钢绝缘杆进行晾晒 48h 以上，使其保持干燥状态，并进行绝缘测试，符合要求后方可使用。

（5）挂、紧线时应动作缓慢，注意拉线和铁塔是否变形，如发生变形，应立即停止施工，并采取加固措施，待确认完好后方可进行施工。

（6）电力线路导线或地线在跨越档内不得接头。

7.3 质量关键控制点（表 7-1）

表 7-1 主要质量关键控制点明细表

序号	检查项目	指标要求	检查时机或频次	检查工具
1	施工设备材料	外观完好、具有出厂检验合格证书	施工前检查	卷尺
2	绝缘绳及绝缘杆	承载绳≥ϕ16mm；绝缘电阻≥10000 MΩ	施工前检查及测试	绝缘电阻测试仪
3	地锚基础	回填土分层夯实、拉力试验符合要求	施工中现场检查	拉力测试仪
4	绝缘网搭设	保护网≥2m；宽度≥2m	施工前测量计算，施工中观测	卷尺
5	放紧线施工	与被跨越物距离满足要求，跨越档无接头、铁塔无变形	施工前测量计算，施工中观测	望远镜、卷尺

8 安全措施

8.1 安全标准

（1）2018 年最新版 《电力设施保护条例》。
（2）2018 年最新版 《建设工程安全生产管理条例》。

（3）2019年最新版《电力安全事故应急处置和调查处理条例》。

（4）安全［2015］37号《中国石油天然气集团公司高处作业安全管理办法》。

（5）GB 26859—2011《电力安全工作规程（电力线路部分）》。

（6）GB/T 36291.2—2018《电力安全设施配置技术规范（第2部分：线路）》。

（7）DL 5009.2—2013《电力建设安全工作规程（第2部分：电力线路）》。

8.2 安全控制措施：

（1）所有施工人员要明确分工，听从项目负责人的统一指挥。

（2）作业前进行安全交底、使施工人员了解施工中存在的风险因素以及规避措施，施工作业人员持证上岗，施工中必须设立安全监护人，禁止非工作人员进入工作区域内。

（3）高处作业人员必须系好安全带，戴好安全帽，禁止穿硬底和带钉易滑的鞋；安全带应高挂低用。

（4）绝缘尼龙绳、绝缘杆、滑车等在使用前必须认真检查。绝缘尼龙绳的安全系数及绝缘电阻测试应满足设计要求。

（5）施工过程中，应缓慢拖拽导线，使其缓慢移动，尽量保持稳定性。并设专人监视与带电线路的距离，保证与带电线路具有足够的安全距离。

（6）遇到浓雾、雨、5级以上风力的天气，应停止作业。

（7）架设的架空线路，应将导线临时接地，以防操作人员触及静电。

9 环保措施

9.1 环保标准

（1）《中华人民共和国电力设施保护条例》。

（2）HJ 24—2014《环境影响评价技术导则输变电工程》。

9.2 环保控制措施

（1）在工程施工中要遵守国家环境保护法规，不对当地生态环境造成破坏和影响。因施工影响到的农田、沟渠、道路和其他共用设施，尽量进行清理恢复。

（2）强化宣传、教育和培训力度，不断提高每个员工的环境意识，树立清洁生产的思想。

（3）现场领用的工器具、安装材料堆放整齐，无乱堆乱丢现象。

（4）施工垃圾、废料及生活垃圾应堆放在指定场所，并每天清理运出现场。

（5）现场设置HSE监督管理员，对现场的环保进行监督检查。

（6）提倡文明施工，建立健全控制人为噪声的管理制度，尽量减少大声喧哗。

10 效益分析

10.1 经济效益

1. 人工费节约

传统搭设脚手架跨越一处35kV或110kV带电线路共需要8人施工搭拆5d，日人工约168元，拉运脚手杆需3人2d；采用本工法仅需4人施工搭拆共3d。

节约人工费 =（8×5+3×2−4×3）×168=5712 元 / 每处。

2. 材料费节约

脚手架搭设 2 套共 12 层，每层 140 根，租赁脚手杆均价 0.2 元 / 根 /d，施工一条线路约 20d。绝缘网材料见表 6–1。绝缘网搭设所需的材料费共计 3876 元。

节约材料费 =12×140×0.2×20−3876=6720−3876=2844 元。

3. 机械费节约

脚手架拉运需 12t 自卸吊 2d，12t 自卸吊台班费为 600 元 /d。绝缘网搭设所需的机械费共计 300 元。

节约机械费 =600×2−300=900 元 / 处，对比节约成本见表 10–1。

表 10-1　搭设绝缘网跨越施工与搭设脚手架方式施工经济费用对比

项　目	传统方法（搭设脚手架）	新型方法（搭设绝缘网）	节约成本（每处）
人工费	（8×5+3×2）×168=7728	（4×3）×168=2016	5712
材料费	12×140×0.2×20=6720	3876	2844
机械费	600×2=1200	300	900

因此，每跨越一处 35kV 或 110kV 带电线路共计节约成本：5712+2844+900=9456 元。

在第八采油厂 110kV 宋南变电站新建工程中带电跨越 4 条 35kV 线路和 1 条 110kV 线路，共计节省成本 4.728 万元。

在第八采油厂宋一变电站 35kV 电源线路改造工程中跨越 1 条 35kV 线路，共计节省成本 0.9456 万元。

10.2　社会效益

本工法将传统采用线路停电后搭设脚手架进行跨越的施工方法改为线路不停电直接跨越施工，避免了线路停电给用户带来的经济损失。其中 110kV 宋南变电站新建工程施工中避免了 1 座光伏发电站停电以及采油八厂约 350 口抽油机的停产；宋一变电站 35kV 电源线路改造工程施工中避免了采油八厂约 110 口抽油机的停产。同时，采用绝缘网跨越施工避免了脚手架的搭设，减少了高空作业，降低了操作人员的劳动强度，提高了施工安全性。

11　应用实例

应用实例一：第八采油厂 110kV 宋南变电站新建工程

应用于第八采油厂 110kV 宋南变电站新建工程，带电跨越 4 条 35kV 线路和 1 条 110kV 线路跨越施工，保障了施工安全，避免了供电主线路的停电，确保了采油正常生产。

应用实例二：第八采油厂宋一变电站 35kV 电源线路改造工程

应用于第八采油厂宋一变电站 35kV 电源线路改造工程，带电跨越 1 条 35kV 线路跨越施工，保障了施工安全，避免了供电主线路的停电，确保了采油正常生产。

玻璃钢储罐数控缠绕机械喷涂施工工法

大庆油田建设集团有限责任公司

寇建峰　贺长河　王冬升　赵启晨　朱　闯

1　前言

玻璃钢储罐是以玻璃纤维为增强剂，树脂为黏合剂，通过缠绕喷涂制造而成的新型储罐，由于具有质轻高强的特点，近年来在石油行业广泛应用。随着储罐体积变大，工厂化制作越来越不方便。而现场制作工艺也不成熟，需要不断优化改进。传统的玻璃钢储罐多采用手糊法制作，生产效率低、制作成本高、外观成型差。大庆油田建设集团在 2017 年长庆油田 500m^3 玻璃钢储罐现场制作过程中，通过对设备的改进及工艺的调整，实现了大中型储罐机械化数控缠绕，提高了生产效率，降低了施工成本，保证了施工质量，通过总结形成了具有可操作性的施工工法。该工法经黑龙江省科学技术情报研究院查新，国内文献未见相同报道，属国内先进技术。

2　工法特点

玻璃钢储罐数控缠绕、机械喷涂技术与传统的施工方法相比，有如下特点：

1. 质量方面特点

利用数控缠绕技术保证缠绕层纹理均匀，厚度一致，表面细腻光滑；利用机械喷涂技术保证涂层均匀，避免了气泡产生，提高了储罐外观质量。

2. 安全方面特点

避免了高空作业带来的安全隐患，提高了安全性。

3. 成本方面特点

减少了脚手架等辅助材料的应用、减少了作业人员，缩短了施工工期，降低了施工成本。

4. 工效方面特点

可连续 24h 作业，生产效率提高 4~8 倍，节省工期 50%。

3　适用范围

本工法适用于直径 4~15m、容积≤ 1500m^3 的立式玻璃钢储罐的现场制作。

4　工艺原理

玻璃钢储罐制作时，先制作与罐体直径相应的芯模，芯模悬挂在立式电动旋转设备上，缠绕喷涂机轨道架放置在旋转模具旁，通过数控设备控制缠绕喷涂机在轨道架上作上下运动，芯模在电机驱动下匀速旋转，通过设定控制程序，使模具旋转与轨道小车做相对运动，从而实现罐体自动缠绕和喷涂。采用“一高三多”、退缠进喷方式，依次制作储罐的防渗层、增强结构层和外表抗老化层，缠绕喷涂交替进行，最终固化形成玻璃钢储罐。工艺原理示意图见图 4-1。

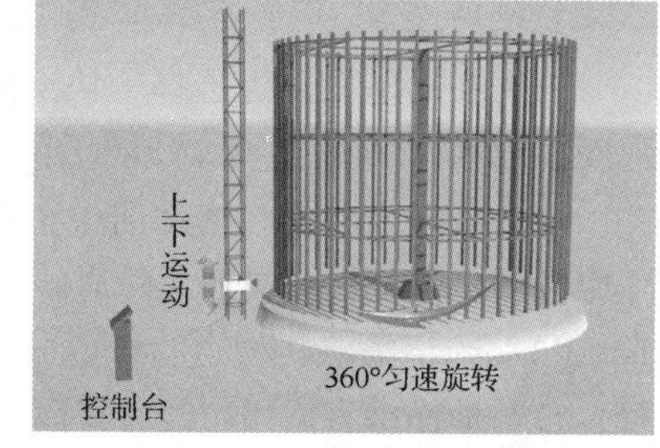

图 4-1 工艺原理示意图

5 工艺流程及操作要点

5.1 工艺流程（图 5-1）

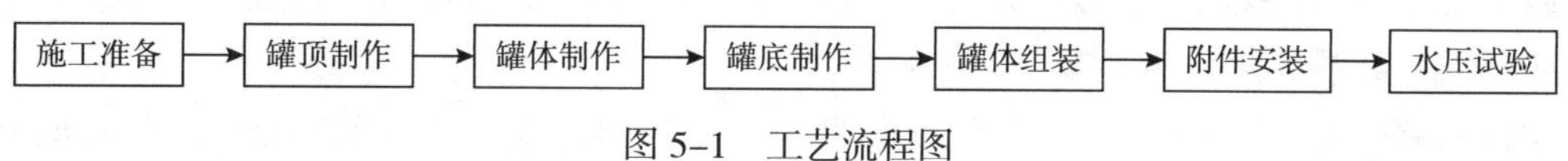

图 5-1 工艺流程图

5.2 操作要点

5.2.1 施工准备

1. 材料准备

（1）施工用树脂、无捻玻纤纱、表面毡、网格布等材料应具有产品合格证、质量检验报告等质量证明文件，各种材料经抽样检测合格，方可进入现场使用。主要缠绕材料图 5-2。

表面毡 喷射纱 网格布 无捻玻纤纱

图 5-2 主要缠绕材料

（2）施工模具用的材料准备到位，合理堆放，保持干燥，并备好脱模剂。

（3）树脂配料严格按照质检中心提供的配方进行配料，配料容器保持干燥、清洁、无渍物，配置胶液充分搅拌均匀，搅拌时间不低于 2h。

2. 设备准备

（1）现场配备数控缠绕设备、喷涂设备及配套机具。包括：树脂泵、助剂泵、混合器、轨道架、纱架、喷射器、空压机等。旋转喷涂设备见图 5-3。

（2）盘梯、平台用的焊接设备及吊装拉运设备，根据工程进度随时入场。

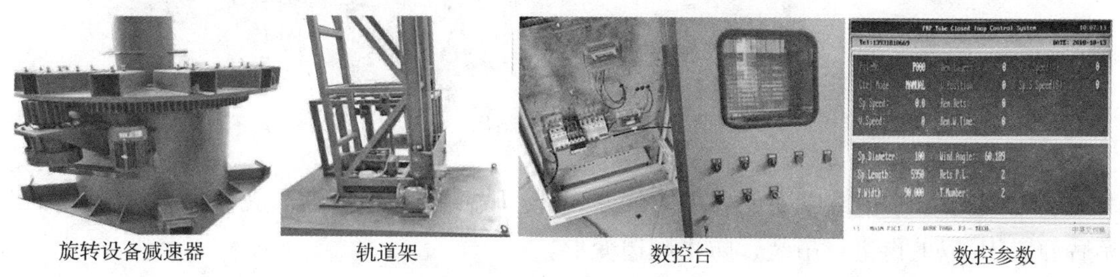

旋转设备减速器 轨道架 数控台 数控参数

图 5-3 旋转喷涂设备

3. 现场准备

（1）在罐基础附近选择一块空闲场地并平整、硬化，500m³ 以下储罐直接将旋转驱动设备放置在地面上锚固，500m³ 以上储罐根据地质环境采取固定措施，必要时可采用混凝基础固定。

（2）旋转设备宜在场地居中布置，并保持与地面垂直，检测设备垂直度合格后固定牢固，防止工作中倾斜，保证转动灵活无障碍。

（3）缠绕喷涂机轨道立于立式施工设备旁，距离模具边缘 600～800mm，保证轨道与模具纵线平行，且与地面垂直后用拉线方式固定。将缠绕、喷涂机安装在轨道上，保证上下运动灵活。

（4）将数控台、驱动电机变频控制箱放置在缠绕设备附近，便于操作的位置。

（5）连接旋转设备、变频器、轨道小车、喷涂机与控制台之间的控制线及电源线。

（6）接通电源，观察各设备仪表显示是否正常，驱动设备和缠绕喷涂小车能否自由运动，细心检查树脂固化剂双组分泵是否有堵塞现象。

（7）将储罐直径、高度、转速、切入角度等参数输入控制电脑，调试旋转设备、缠绕喷涂小车是否按规定的程序进行运动。

5.2.2 罐顶制作

1. 罐顶模具制作

（1）罐顶模具采用型钢制作成锥形结构，从模具轴中心线到罐圆内径长度考虑罐壁的厚度，因此直径略大于储罐内径，罐顶的仰角偏差不超过 0.5°。

（2）模具安装完成后应抛光，表面应光滑、平整、密实，无裂缝、针孔等缺陷。

（3）模具制作完成后，对模具的弧度、直径等进行检测和验收。使用精度为 1mm 的钢尺测量其弦长，用公式计算其弧长和数量，检验是否与罐周长相符。

2. 罐顶糊制

（1）罐顶采用手糊法进行糊制，糊制前先布置肋筋，本工程将玻璃钢管一分为二作肋筋，弧面朝上，360° 均匀布置 8 道，铺在已安装好的罐顶模具上与罐顶糊制成一体。

（2）糊制前在模具上涂刷脱模剂，干燥后涂刷树脂，均匀涂刷两层，第一层不粘手后涂刷第二层，每层厚度 0.2～0.3mm，然后铺玻璃纤维毡，采用正交铺设，注意错缝，搭接不少于 20mm。树脂定量使用，使用压辊用力沿布径向和纬向赶气泡，使布贴紧，含胶量均匀，表面平整密实。

（3）护栏弯管、扁钢由机械预制成型，保证制品的圆滑、美观，然后焊接到护栏立柱上。立柱与罐顶连接处在罐顶糊制时预埋垫板。罐顶制作见图 5–4。

图 5–4 罐顶制作

（4）玻璃钢固化达到 70% 以上可采用吊装方式进行脱模，为保证顺利脱模可采用胶锤敲击罐顶边缘。脱模后静置 1h 以上再进行吊装，防止翘边变形。

5.2.3 罐体制作

1. 罐体模具安装

（1）罐体模具与罐顶制作可以同时进行。模具由上、中、下三道支撑环，支撑环采用60mm × 5mm扁钢制作，直径根据储罐内径制作，并考虑模板厚度，支撑环结构见图5–5；纵向均布50mm × 50mm木方，间距100mm，木方布置示意图见图5–6。调节支撑环上的调节螺栓，使模具整体直径上小下大，有利于脱模。外层敷设一层三合板和一层五合板，模板高度为12m。

（2）为了保证罐体的圆度，模具制作完成后，采用标杆法对储罐椭圆度进行测量和校验，即在安装立式支撑筋时，在模具旁立一标杆，旋转模具，保证支撑筋与标杆的距离相等，逐条将立式支撑筋安装到旋转模具环上。

（3）在立式支撑筋安装完毕后，先安装三合板，用码钉枪将三合板固定在安装好的立式支撑筋上，三合板固定紧密。然后将五合板安装到三合板上，同样用码钉枪固定的方法，固定紧密。模具安装见图5–7。

图5–5 支撑环结构

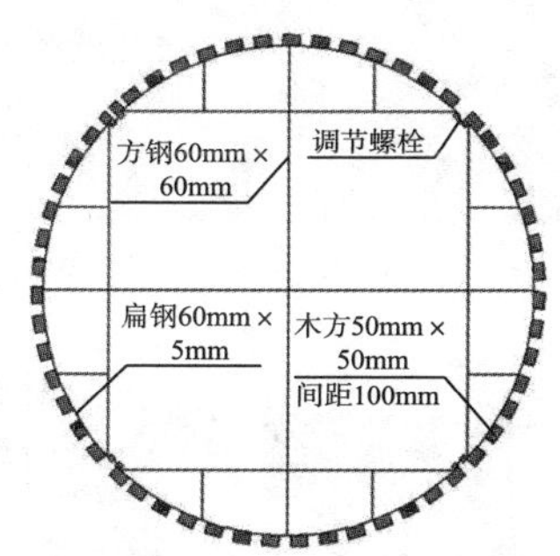

图5–6 木方布置示意图

图5–7 模具安装

（4）安装好复合板后，用标杆测定的方法校验其圆度，并测量罐体的内径。

（5）检查模具无凹坑、粉尘、杂物，表面平滑。缠绕前在模具表面涂刷隔离剂并包覆一层聚酯薄膜，薄膜搭接宽度20mm，表面无破损、无褶皱，以方便脱模。

2. 罐顶与罐体模具对接

罐体糊制前采用25t吊车将罐顶吊装到已组装好的模具上，吊点设置及吊具选用按照吊装脱模的要求（5.2.6）进行，吊装方式见图5–8。保证罐壁与罐顶一起缠绕糊制。罐顶与罐壁缠绕搭接方式见图5–9。

图5–8 罐顶吊装方式

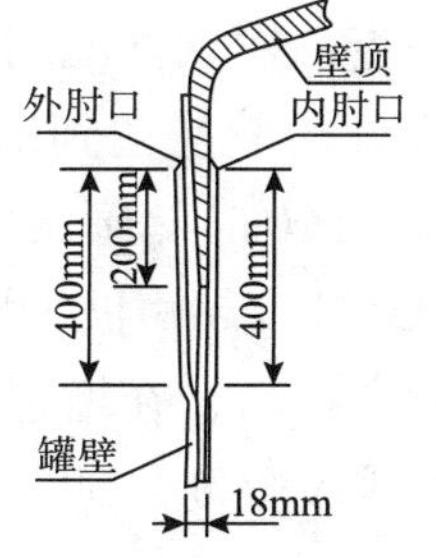

图5–9 罐顶与罐壁接缝方式

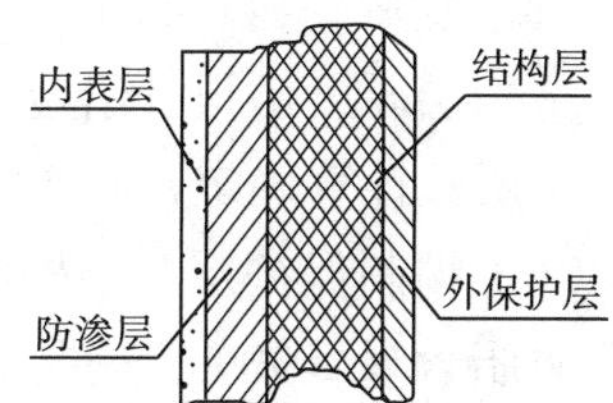

图5–10 罐壁结构

3. 罐体糊制

（1）罐体糊制顺序为：先糊制内表层和防渗层，再糊制结构层，最后糊制保护层。罐体缠绕结构见图5–10。

（2）糊制时先确定储罐参数，以500m³储罐为例，输入储罐直径为9m，储罐高度输入8.9m，纱面宽度110mm，交叉缠绕时输入缠绕角70°～80°数据设备控制程序自动换算切入角度。

（3）模具转速一般控制在1～1.5r/min，500m³储罐一般设定转速为1.5r/min，制作时随着储罐直径的变大，离心力变大，因此模具转速适当减小，转速的调节通过变频器设定。

（4）糊制内表层和防渗层：糊制前先在模具上缠绕一层聚酯薄膜，在聚酯薄膜上喷涂一层树脂胶衣，接着上喷射纱，缠表面毡、缠网格布，毡布搭接均不少于20mm，缠绕和喷涂均由电脑控制。缠绕完成后内表层和防渗层，平均总厚度≥5mm，树脂含量控制在（90±2）%，并在内表层2～3mm的铺层上加入抗静电剂。内表层和防渗层糊制先后顺序见图5-11。

缠聚酯薄膜

喷树脂胶衣

上喷砂纱

缠表面毡

上网格布

图5-11 内表层和防渗层糊制先后顺序

（5）糊制结构层：采用无捻玻纤纱进行缠绕，在缠绕小车上安装好分纱器，通常20～30股并行缠绕，缠绕时采用“一高三多”方式（高张力，多层次、多角度、多切点）由下至上缠绕，通过电脑控制程序调整切入点和缠绕角，保证环向缠绕与螺旋缠绕交替进行，采用“退缠进喷”方式进行糊制。要保证树脂含量，每缠一层进行外观检查，发现气泡用专用压辊排出，如不能有效排出，可将气泡划破进行修复后，再进行下一层缠绕，保证含胶量达到70%～80%。按此方式缠绕直至达到设计厚度要求。结构层厚度由设计给定，上薄下厚，500m³储罐结构层厚度为20～30mm。缠绕厚度根据纱的直径和缠绕层数计算确定，制作完成后采用高精度超声波测厚仪进行厚度测量。结构层的糊制见图5-12。

（6）糊制保护层：结构层厚度检测合格后，在增强结构层上涂覆一层抗老化的富树脂层作为保护层，树脂含量≥90%，糊制时加入紫外线吸收剂，延长使用寿命。在罐壁开孔切板处取样送检，进行树脂含量检测。

（7）罐体制作完成后检查内表面应平整光洁、无杂质，无纤维外露，无目测可见裂纹、划痕及白化分层等缺陷；任取300mm×300mm面积内最大直径4mm的气泡不得超过5个，外表面应平整光洁，无纤维外露，无明显气泡及严重色泽不均匀现象。罐体外观质量见图5-13。

图 5-12 结构层糊制

图 5-13 罐体外观质量

4. 脱模准备

罐体制作完成后在罐体上开好人孔进入罐内，作业人员松开上、中、下支撑环调节螺栓，释放模具支撑力，并用胶锤敲击罐壁，使罐壁与模具间产生缝隙，做好脱模准备，待罐底制作完成后进行吊装脱模。

5.2.4 罐底制作

（1）在储罐刚性基础上用多孔砖砌一圈高 200mm，比罐壁直径大 50mm 的环墙，环墙内侧用水泥抹面 20mm，测量内径偏差不得 >5mm。以基础和砖墙的环墙作模具进行罐底铺层，铺层厚度严格按图纸进行，罐底四周沿砖墙一起糊出垂直边，高度略高于砖墙，形似盆形，垂直部位应保持与罐底相同的厚度。拐角部位应交替做拐角补偿，厚度在 30mm 左右，偏差≤5mm。罐体糊制形式示意图见图 5-14。

图 5-14 罐底糊制形式示意图

（2）制作前应将钢筋混凝土基础清扫干净，不得有水迹、油污等，直接在罐基础上糊制，先涂环氧树脂厚度为 2~3mm，然后铺敷毡、布，层间搭接不少于 20mm，树脂与毡、布交替进行，铺层顺序为先铺结构层，后铺内衬层，最后铺耐磨层，直至达到设计厚度，最后在表层上铺薄膜或者聚酯毡，增加表层的树脂含量，达到防渗的功能。

（3）罐底不允许有夹层、凸起、分层和大面积气泡等缺陷，外观质量应符合相关标准的要求。

5.2.5 罐体组装

1. 吊装脱模

（1）吊装采用 75t 吊车、配 20t 吊带 4 套，整体吊装示意图见图 5-15。

（2）吊装部位及着力点为罐顶，罐顶组装前在罐顶开 4 个吊装孔，将起吊盘固定在罐顶预设位置，脱模后拆除（采用起吊盘的目的是为了增加罐顶的着力点面积，防止罐顶单点受力过大），吊具长度不低于 5m，起吊应缓慢，脱模后将罐体放在已制作好的罐底上。吊装脱模见图 5-16。

2. 罐体密封

（1）罐体和罐底进行承插连接，接缝处用树脂砂浆填充，再用纤维毡或布进行连接补强。

（2）罐体内壁与罐底连接处，按施工图要求用树脂砂浆做出圆弧，再用毡糊制 8~10mm 厚的密封层。

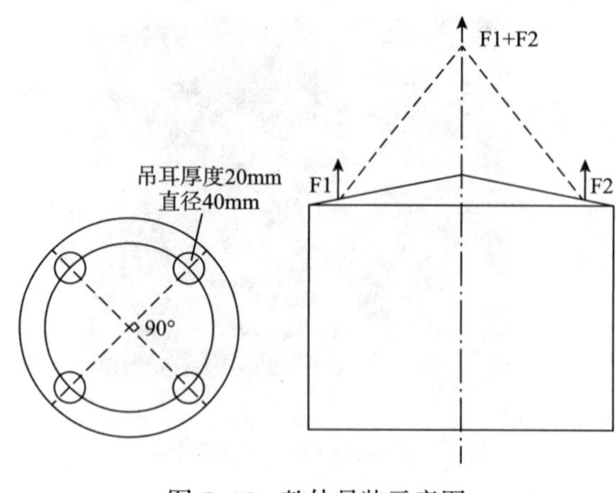

图 5-15 整体吊装示意图

图 5-16 吊装脱模

5.2.6 附件安装

（1）盘梯安装：罐缠绕完成后，按盘梯轨迹线在预埋的连接板上焊接支撑件。再将已预制好的盘梯吊装到支撑件上，调整固定。焊接时有必要的保护措施，避免焊接时高温对罐壁造成破坏。

（2）法兰接管安装标高和方位角度应符合图纸要求，确定开孔标高，待审查确认后开孔。开孔部位应做补强。补强材料、铺层应按工艺设计要求施工，补强接口使用内衬树脂，并加入抗静电剂。注意多个罐对称布置时，相对应的法兰应在同一标高和直线上，不得错位，开孔后的板材应予以登记保留，以做检测之用。法兰管就位后，内、外拐角处应做圆弧处理，用浸胶的缠绕纱衬出圆弧角。

（3）其他构件安装，应符合图纸尺寸要求，加强牢固，外表处理美观。

5.2.7 水压试验

1. 充水试压

储罐在制作和检查完毕后，必须进行充水试验，以检查罐底严密性、罐壁及严密性、固定顶强度、稳定性及严密性，试验方法是充水到设计最高液位后保持 48h，罐底无渗漏，罐壁无渗漏、无异常变形为合格。罐顶试验采用放水方法进行，试验时缓慢降压，试验压力达到 –490Pa 时，罐顶无异常变形为合格。

2. 沉降观测

在罐壁下部每隔≤ 10m 设置一个沉降观测点，宜为 4 的倍数，且不少于 4 个。充水高度等于罐壁高度的 1/3，进行沉降观测 24h，无异常继续充水到罐高的 2/3，进行沉降观测 24h 当仍未超过允许的不均匀沉降量，可继续充水到最高液位，当沉降量无明显变化，即可放水。

5.3 劳动力组织（表 5-1）

表 5-1 主要人员分工表

序号	岗位工种名称	人数 / 人	分 工	备 注
1	项目经理	1	总体协调	
2	技术负责人	1	现场技术指导	
3	质量负责人	1	质量检验	
4	安全负责人	1	安全管理	
5	操作手	2	吊装作业	

续表

序号	岗位工种名称	人数 / 人	分　工	备　注
6	起重工	1	吊装指挥	
7	电　工	1	电气接线及设备控制	
8	防腐工	4	储罐安装	
9	力　工	4	储罐安装	

6　材料与设备

6.1　施工材料（表 6-1）

表 6-1　施工材料明细表

序　号	名　称	规　格	需用量		备　注
			单位	数量	
1	吊带	20t	根	4	储罐吊装
2	吊盘	自制	个	1	储罐吊装
3	三合板	2440mm × 1200mm × 2.3mm	m^2	500	模具制作
4	五合板	2440mm × 1200mm × 5mm	m^2	500	模具制作
5	焊条	J506 ϕ3.2mm	kg	40	附件焊接

6.2　施工机具（表 6-2）

表 6-2　机具明细表

序　号	名　称	规　格	需用量		备　注
			单位	数量	
1	数控缠绕喷涂设备	CNC1694352686	台	1	缠绕喷涂
2	电动驱动旋转设备	—	台	1	模具驱动
3	变频器	西门子	台	1	转速控制
4	自备吊	12t	台	1	材料拉运
5	吊　车	25t	台	1	罐顶吊装
6	吊　车	75t	台	1	罐体吊装
7	磨光机	125	台	4	罐体打磨
8	电焊机	DC400	台	1	附件焊接
9	轴流风机	SF5-6	台	4	储罐排风
10	码钉枪	F30	把	2	模具安装
11	移动式脚手架	自制	套	10	模具安装

6.3 检测机具（表 6-3）

表 6-3 检测机具明细表

序号	名称	规格	需用量		备注
			单位	数量	
1	米尺	50m	把	1	直径测量
2	米尺	5m	把	1	长度测量
3	卡尺	0~150mm	把	1	厚度测量
4	水平尺	300mm	把	2	水平测量
5	板尺	20mm	把	1	垂直度测量
6	线坠	WK39003	个	3	垂直度测量
7	硬度计	HBA-1 型	个	1	硬度测量
8	超声波测厚仪	TT130	台	1	厚度测量

7 质量控制

7.1 质量控制依据

（1）Q/SH 1020 2124—2012 《玻璃纤维增强热固性树脂现场缠绕立式储罐》。

（2）JC/T 587—2012 《玻璃纤维缠绕增强热固性树脂耐腐蚀立式贮罐》。

（3）HG/T 3983—2007 《耐化学腐蚀现场缠绕玻璃钢大型容器》。

（4）SY/T 0603—2005 《玻璃纤维增强塑料储罐规范》。

（5）GB/T 3854—2017 《纤维增强塑料巴氏硬度试验方法》。

7.2 关键质量控制（表 7-1）

表 7-1 关键质量控制表

项次	关键控制点	检验内容	测量方法	质量指标	检验时机和频次
1	罐顶	表面平整度 锥度	尺量检查	≤15mm ≤0.5°	每层检验 糊制完成检验
2	罐壁	表面平整度 垂直度	尺量检查	≤10mm 不大于罐高度的 0.4%	每层检验 安装完成检验
3	罐底	表面平整度	尺量检查	≤50mm	每层检验
4	接管	开孔位置 角度偏差	尺量检查	≤10mm 1°	开孔完成检验 接管完成检验
5	罐体	糊制	目测	平整光洁、无杂质，无纤维外露，无目测可见裂纹、划痕及白化分层等缺陷；任取 300mm × 300mm 面积内最大直径 4mm 的气泡不得超过 5 个，外表面应平整光洁，无纤维外露，无明显气泡及严重色泽不均匀现象	平整度、杂质、裂纹、白化分层、气泡等每层检验；纤维外露、色差等糊制完成后检验
		巴氏硬度	硬度计	>50	固化完成检验
		厚度	卷尺	平均厚度不小于设计厚度，最小厚度不小于设计厚度的 90%	按罐顶、罐壁、罐底糊制完成后分别检验
		锥度	卷尺	不超过 1°	安装完成检验
		渗漏性	水压试验	静置 48h 不渗漏	熟化后检验

7.3 质量控制措施

（1）由技术人员按照合格的储罐缠绕工艺评定，编制储罐缠绕作业指导书，质检员对储罐缠绕工艺执行的工序进行连续监控、确认，并进行标识和记录。

（2）对表面毡、玻璃纤维毡进行面密度及线密度测试，含湿量及有机物含量测试，要符合原辅材料验收指标。

（3）对树脂进行黏度、固体含量及凝胶时间进行检验，满足要求方可允许使用。

（4）储罐在配料、制衬、缠绕、修整、脱模、装配各工序，由操作工实行自检，并且由下道工序对上道工序进行检验。

（5）储罐施工完毕，至少固化 24h 后或巴氏硬度达到 35 以上方可脱模。

（6）管壁的接管开孔，要在整体成型后，用机械切割的方法，造成的应力集中现象，采用开孔补强方案，消除或减少应力集中，同时糊制接管间隙内外缝时，一定要逐层加强，与液体可以接触部位制成富树脂层，其他部位树脂含量控制在 55% 左右。

8 安全措施

8.1 安全控制依据

（1）GB 50720—2011 《建设工程施工现场消防安全技术规范》。

（2）JGJ 80—2016 《施工高处作业安全技术规范》。

（3）SY 6279—2016 《大型设备吊装安全规程》。

（4）JGJ 184—2009 《建筑施工作业劳动保护用品配备及使用标准》。

（5）JGJ 46—2005 《施工现场临时用电安全技术规范》。

（6）JGJ 160—2016 《施工现场机械设备检查技术规范》。

（7）Q/SH 1020 2124—2012 《玻璃纤维增强热固性树脂现场缠绕立式储罐》。

8.2 安全控制措施

（1）作业时必须穿工作服、工作鞋，电气作业时应穿合格的绝缘鞋，现场缠绕必须戴防护口罩。

（2）在可能接触到化学药品或触电的地方，必须戴防化学药品或防触电手套。

（3）施工现场周围应配备防火沙、防火锹、灭火器等防火器材。

（4）严禁使用明火取暖，并保证施工环境通风良好，特别是罐内施工，应采用通风、除尘设备将粉尘及有害气体及时排出。

（5）对于有毒害气体、粉尘，操作人员应戴口罩或防毒面具加以防范。

（6）登高作业时佩戴好安全带及相应防护用品。

9 环保措施

9.1 环保控制依据

（1）2014 版 《中华人民共和国环境保护法》。

（2）2017 版 《中华人民共和国水污染防治法》。

（3）2013 版 《危险化学品安全管理条例》。

9.2 环保控制措施

（1）各种施工垃圾和生活垃圾必须倾倒至指定地点。

（2）树脂应在容器内存放，废树脂应及时回收集中储存，严禁就地倾倒，树脂对地面造成污染时应采取相应措施进行清理。

（3）施工过程中，应在上风部位设置挡风墙，以防粉尘飞扬，污染环境。

（4）在模具周围距离 2m 范围内搭设脚手架，脚手架上铺设与储罐高度一致的彩条布，防止喷涂过程中造成油漆或粉尘泄漏造成空气污染。

（5）施工完毕后及时清理现场工业垃圾，并予以妥善处理。

10 效益分析

以 2017 年长庆油田岭 44 增压站工程施工的 2 台 500m^3 玻璃钢储罐为例，采用数控缠绕、机械喷涂技术与传统的施工方法比较，节省成本 16 万元。效益对比见表 10–1。

表 10-1 数控缠绕施工与传统施工方法效益对比

项 目	数控缠绕施工方法	传统施工方法	节省费用 / 万元
材料费 / 万元	8	14	6
人工费 / 万元	12	16	4
机械费 / 万元	6	12	6
工期 /d	50	90	40
社会效益	提前完工	工期延长	

通过上表对比可以看出，数控缠绕施工方法与传统施工方法相比较，制作一台 500m^3 玻璃钢储罐上可节省费用 8 万元，我公司自 2016 年以来共计施工 500m^3 玻璃钢储罐 8 座，施工费用节省 64 万元，提高了施工质量，大大缩短了施工工期。

11 应用实例

（1）2017 年，我公司在长庆油田岭 44 增压站工程采用本工法施工 500m^3 玻璃钢储罐 2 座，节省成本 16 万元。

（2）2017 年，我公司在长庆油田岭 45 增压站工程采用本工法施工 500m^3 玻璃钢储罐 2 座，节省施工成本 17.2 万元。

（3）2018 年，我公司在长庆油田岭二联合站工程采用本工法施工 500m^3 玻璃钢储罐 2 座，节省施工成本 18.6 万元。

采用数控缠绕、机械喷涂技术，解决了工期紧张，工程量大的难题，使工程超前竣工，受到建设单位的好评，为公司取得显著的经济效益，也赢得了市场信誉。

预应力双 T 板单模预制安装施工工法

大庆油田建设集团有限责任公司

李洪志　李雅娟　王智远　王　标　刘培冬

1　前言

预应力双 T 板是工业厂房重型屋面的一种梁板组合结构构件，通常采用长线台生产，周期短，速度快，曾广泛应用于油田系统地面建设，为大庆油田发展做出巨大贡献。但随着轻型钢结构彩钢板屋面的推广应用，预应力双 T 板应用市场一度萎缩，长线台法生产双 T 板逐渐退出历史舞台，近年来随着油田改造项目的逐年增多，大跨厂房改扩建工程项目也逐步开始实施，大跨度的预应力双 T 板市场需求也不断出现。为了油田产能建设发展的需要，保障各改造项目顺利完成，同时节约成本，提高工效，大庆油田建设集团有限责任公司建材公司进行自主创新，设计制作可移动大跨预应力双 T 板模具及其配备设施，进行模上张拉，单模生产大跨双 T 板，即满足市场需要，又避免长线台场地建设投资，机动灵活生产；并且可移动式双 T 板生产模具已取得国家专利（专利号为：ZL 2016 2 1419479.3）。经过施工工艺方法和施工配套机具不断创新改进，大跨度预应力双 T 板单模预制安装施工工法 2018 年被评为大庆油田有限责任公司企业级工法，通过查新检索，目前大跨双 T 板单模预制安装施工工法在国内所查文献中未见相同报道，总结大跨度双 T 板基础制作和安装施工工程实践经验，形成本工法。

2017 年和 2018 年大庆油田建设集团有限责任公司建材公司应用此工法生产安装 15m 双 T 板 50 块，12m 双 T 板 73 块，18m 双 T 板 60 块，分别应用到采油一厂机采大队车库新建工程、三维检测公司专用设备车库工程和大庆原油泄漏救援基地配套车库工程，检测一次合格率达到 100%，获得显著的经济效益和社会效益。

2　工法特点

本工法从施工工艺、模具设计制作、预应力张拉，混凝土配制和浇筑、养生、吊运及安装等方面来看具有以下特点：

（1）打破传统长线台生产工艺，将张拉台与钢模具进行高度集成，设计制作双 T 板单模生产模具，实现模具自身刚度完成预应力张拉施工，模具大跨度，施工安全可靠。

（2）采用全钢模具设计制作，钢模底框与张拉支撑及大跨度双 T 板胎具焊接形成整体，模具刚度大，抗变形能力强，重复利用率高，使用耐久性长。

（3）大跨度双 T 板预制过程采用预应力钢筋下料、张拉，钢筋网片安装，混凝土浇筑成型，进行流水作业，互不干扰，施工时间短，速度快，用工少，效率高。

（4）采用加减水剂的高标号碎石混凝土，成型质量好，蒸汽养生时间短，养生成本低，生产周期短，模具周转率高。

（5）单模张拉生产模具可临时固定在钢平台上，也可在施工现场临时固定进行生产使用，不用时可拆除存入设备库中，拆装方便，机动灵活。

3 适用范围

本工法适用于油田产能建设中应用的跨度为 12～24m，宽度为 2.4～3m 的各种型号大跨度双 T 板预制安装施工。

4 工艺原理

利用模具自身刚度达到承载受力钢筋的预拉力，布置在钢模内，再浇筑混凝土，经蒸汽养生，混凝土快速凝固增强，依靠高强度混凝土与钢筋握裹力，达到承载预应力筋张拉力，从而形成大跨双 T 板结构（图 4–1）。其中包括两个关键技术：

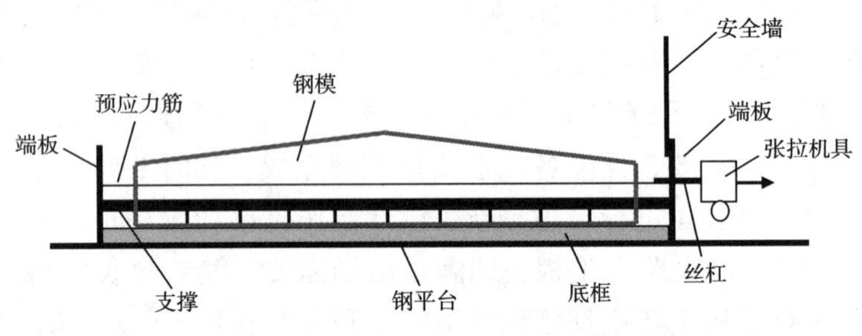

图 4–1 可移动式大跨预应力双 T 板单模张拉原理图

（1）关键技术 1：

竖向承力结构系统：钢模具与底框焊接形成整体，刚度大，不变形，双 T 板双肋模板焊接在底框上，翼缘板通过角钢支撑，与双肋模板共同将板体传到底框上，再由底框传到钢平台上，使模具重复承受 22t 以上双 T 板质量，并可多次重复使用。

（2）关键技术 2：

预应力模上张拉结构体系：张拉支撑系统包括张拉端板，安全挡墙，支撑管等钢结构部件。支撑管嵌入到模具内，共同与底框焊接形成整体，支撑管与底框间用肋板支撑焊接连接，防失稳，刚度大，可重复承受 216t 张拉力，同时抵抗高温变形，并可多次重复使用。

5 施工工艺及操作要点

5.1 施工工艺流程

5.1.1 施工工艺流程（图 5-1）

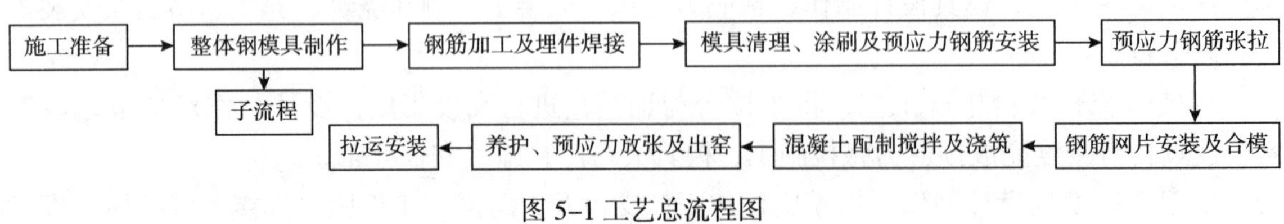

图 5–1 工艺总流程图

5.1.2 整体钢模具制作施工工艺子流程（图 5-2）

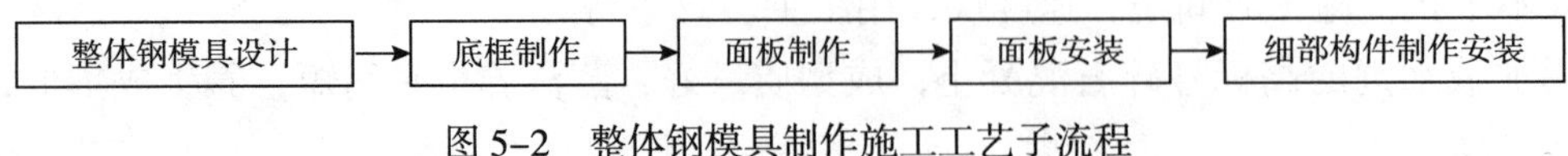

图 5–2 整体钢模具制作施工工艺子流程

5.2 施工操作要点

5.2.1 施工准备

（1）材料检验与设备检查。施工前对使用的钢筋、钢板、砂石、水泥、减水剂等原材料进行检验，并对吊车和养生管线等设备设施进行检查。

（2）对养生塑料布、隔离剂等辅助材料及振捣棒、铁锹、抹子、电焊机等小型机具、工具进行准备。

5.2.2 整体钢模具制作

1. 模具设计

单模预制双 T 板模具基础由底框、面板及细部构件组成，底框采用厚腹板槽钢焊接，支撑管通过验算采用厚壁钢管制作，厚壁钢管间隔 1.5m 一道横向支撑，与面板及底框连接，防止钢管支撑由于反复预应力施加引起变形。张拉墙采用 40mm 厚钢板制作，与支撑和底框焊接形成整体。模板制作时，先预制底框，再预制面板，然后在安装架上焊接面板及支撑等细部结构，模具焊接采用满焊连接，为减少焊接变形，预先将模具留出拱度，来抵消焊接产生的应力及变形。通过角钢支撑将面板与底框连接。

以国家标准图集 06SG432–2 中的 YTPa1524 双 T 板可移动式模具为例进行设计。设计及材料选择如下：

（1）面板采用 σ=4mm 钢板；面板加筋肋板采用 σ=6mm 钢板，高度为 70mm，间距≤300mm。

（2）经验算，底框采用［200mm × 100mm × 10mm 的槽钢焊接，纵向双 T 形板肋下部采用 2 根槽钢背靠背做底面，横向隔 1.5m 一道槽钢支撑，满焊连接。

（3）张拉端板和锚固端板采用 σ=40mm 钢板，张拉端和锚固端传力肋板 σ=20mm 钢板（图 5–3、图 5–4）。

（4）采用 6ϕ 114mm × 8mm 钢管作为支撑管。

（5）采用 ϕ 80mm 圆钢加工张拉丝杠，丝扣内径 60mm。

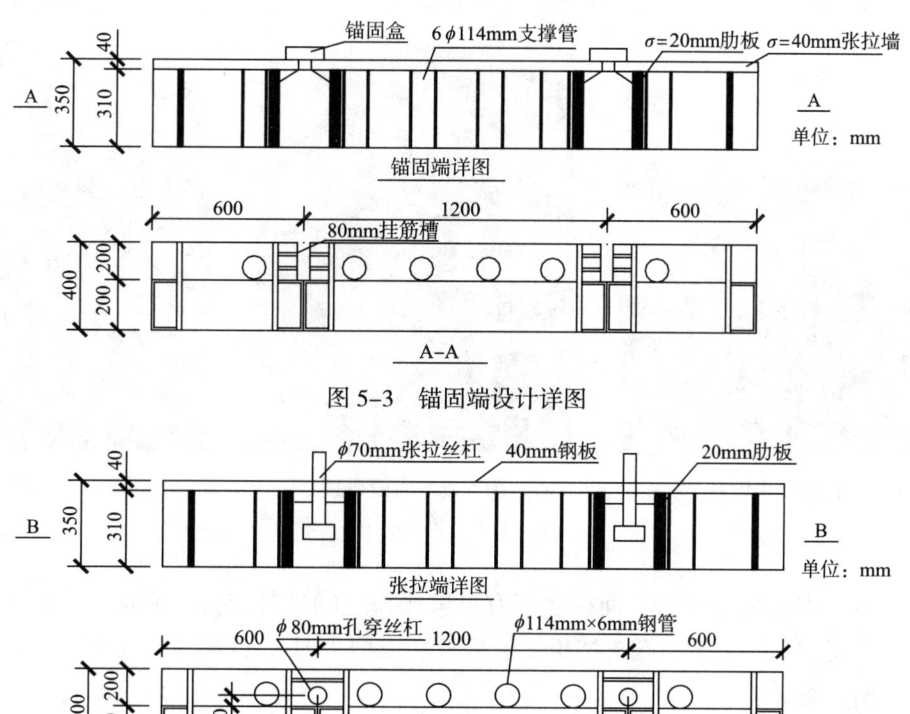

图 5–3 锚固端设计详图

图 5–4 张拉端设计详图

2. 底框制作

底框分三部分制作，包括 1 个腹板底框和 2 个翼缘底框，先下料，分别点焊连接形成整体，进行底框抄平组合成整体，底框中间用 10mm 厚钢板塞焊连接，最后将全部纵横槽钢满焊（图 5-5、图 5-6）。以底框为标尺制作安装架，安装架高 1.2m。做完将安装架摆正，底框吊放到安装架上，放稳，焊接临时固定。将底框中间部位抬高 20mm，向上起拱，以抵消模具焊接安装产生焊接收缩应力，减少模具焊接变形。

3. 面板制作

双 T 形面板制作包括钢板下料、压弧、焊接加筋肋板、拼装等工序。双 T 板弧度在自制压弧机上进行，弧度偏差控制在 2mm；压完弧的面板在钢平台胎具上组对，焊接肋板，肋板间距控制在 300mm 以内。采用断焊连接，焊缝长度 50mm，焊缝间距 80mm，保证焊接质量。焊完肋板的小块面板，进行拼装焊接成整体（图 5-7~ 图 5-10）。

图 5-5 底框制作

图 5-6 底框抄平

图 5-7 面板压弧

图 5-8 面板尺寸校对

图 5-9 面板拼接

图 5-10 面板打磨

4. 面板安装

面板安装全部在安装架上进行，面板底下有足够操作空间进行焊接。面板与底框焊接全部采用满焊连接。再焊翼缘支撑，板边沿，端头挡板，最后打磨成型（图 5-11~ 图 5-14）。

5. 细部构件制作安装

在穿 ϕ114mm 支撑管之前在模具端板开孔，开孔直径为 120mm，便于穿管；支撑定位完毕，焊接张拉锚固墙，底框和支撑管用肋板满焊连接形成整体，张拉锚固墙在钢筋和丝杠通过处开孔，开孔两侧用 20mm 钢板肋加强（图 5-15、图 5-16）。张拉盒、张拉丝杆预先设计计算，制作完成后再进行焊

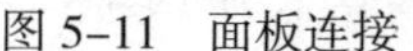

图 5–11 面板连接

图 5–12 面板安装

图 5–13 面板焊接

图 5–14 补焊打磨

图 5–15 细部构件制作

图 5–16 细部构件焊接

接、组装（图 5–17、图 5–18）。

5.2.3 钢筋加工及埋件焊接

（1）预应力筋采用 ϕ^{H}7.1mm 低碳高强钢丝，角向磨光机切割下料，长度满足张拉要求，下料长度偏差 <5mm。

（2）将下料完钢筋先逐一穿上分筋板、锚具头，再逐一墩头；预应力筋墩头由两人配合完成，一人控制钢筋，保证钢筋垂直深入墩头机，另一人进行开启油泵操作，保证墩头尺寸偏差 <2mm，墩头厚度为 3mm（图 5–19）。

（3）双T板面板及肋板网片钢筋采用 ϕ6.5mm 光圆钢筋经调直、冷拔成 ϕ5mm 钢筋后，切断下料。

（4）将切断好的钢筋吊到点焊机上，调整好钢筋间距，进行点焊成型。注意调整好钢筋间距和点焊压入深度。

图 5–17 张拉丝杠焊接

图 5–18 模具组装图

图 5–19 预应力钢筋墩头

（5）双 T 板埋件有底部肋板与梁连接件和顶部板间连接件，连接件宽度允许偏差为（0，-5）mm，长度允许偏差为 ±5mm，埋件焊接均采用双面埋弧焊，焊缝长度允许偏差为（0，+5）mm，焊缝高度为 6mm。

5.2.4 模具清理、涂刷及预应力钢筋安装

（1）将模具内的混凝土渣及杂物清理干净，模具表面不得有突出焊点及凹坑。

（2）将模具肋板及翼板胎模表面均匀涂刷一层隔离剂，首次使用可采用优质废机油浸润，便于脱模，脱模剂涂层不得过多，防止沾到预应力钢筋上，影响钢筋与混凝土之间的黏结力（图 5-20）。

（3）将肋板埋件定位，然后将穿好分筋板、墩头完毕的预应力钢筋安装到模具双肋内，进行就位，用分筋板将预应力筋分开，逐一安装到两侧挂筋板内，检查预应力筋，不得有交叉 。

5.2.5 预应力钢筋张拉

（1）预应力钢筋张拉由专人进行，张拉前，对张拉千斤顶、油泵及压力表进行检验标定，检验合格后调整好千斤顶及油泵，进行就位（图 5-20）。

（2）质量人员检查预应力钢筋两端与固定的端卡槽及分筋板连接可靠，活动端张拉丝杠与千斤顶连接张拉螺母连接好，螺纹外漏超过 50mm。

（3）由安全技术人员对预应力位置，张拉安全挡墙的有效性及张拉区周边环境进行检查，非操作人员不得进入张拉区，确定安全可靠后开始张拉，张拉人员在安全挡墙后安全区内进行操作。

（4）由一人启动油泵，观察油泵读数，两人配合调整张拉架位置使张拉架与丝杠同心。

（5）钢筋张拉程序为 $0 \rightarrow 5\%\sigma_{con} \rightarrow 103\%\sigma_{con}$，当达到 $5\%\sigma_{con}$ 时，已经将预应力钢筋拉紧，检测预应力钢筋，确保与锚具连接位置准确，锚具与丝杠同心。当油表读数达到 $103\%\sigma_{con}$ 时，拧紧丝杠固定螺帽，回油完成张拉。双 T 板两肋，由左右顺序张拉进行，记好张拉记录（图 5-21）。

图 5-20 预应力铺筋

图 5-21 预应力筋张拉

（6）张拉完毕，静停 30min 后方可进行下道工序。

图 5-22 下立筋

5.2.6 钢筋网片安装及合模

（1）先安装肋板内部钢筋网片，保证网片下到模底。再安装端部及板脊加强钢筋网片，最后再安装板面钢筋网片，保证钢筋网片展开，不得有翘曲。

（2）垫置好垫块，垫块采用星形分布，间距为 800~1000mm。

（3）采用 22 号绑线将肋板网片与面板网片间距 1000mm 进行有效绑扎连接，同时将两端及板脊加强筋立起，与板面钢筋有效绑扎，确定钢筋网片形成整体（图 5-22~图 5-25）。

（4）安装两侧端头板，用木楔子将模板立正加紧，安装牢固。

图 5-23　下吊环

图 5-24　铺网片

图 5-25　绑扎固定

（5）安放吊环，将吊环安放在预应力钢筋内部，板面外露高度 60mm，并将吊环与肋板钢筋网片进行绑扎牢固，控制好吊环位置。

（6）钢筋骨架安装完毕，由专职质检员进行验收，检验钢筋埋件位置、垫块，端头板严密性，检验合格进入下道工序。

5.2.7　混凝土配制、搅拌及浇筑

（1）采用 P.O42.5 水泥、中砂和 10～20mm 碎石等主要原材料，配制出 C45 混凝土。混凝土采用塑性混凝土，可掺高效减水剂，来提高混凝土的强度与和易性。

（2）混凝土采用搅拌站集中搅拌，进行开盘鉴定及质量检验，检测混凝土坍落度与和易性，并制作标准养护和同条件养护试块，坍落度控制在 55～70mm；检验合格后，用翻斗车拉运配送到达浇筑现场，用料斗接料、布料及浇灌。

（3）混凝土布料从一侧向另一侧进行，保证布料厚度与用灰量相适应。先用灰耙将肋板内混凝土灌满，肋上混凝土要高出 50mm，再将其余混凝土均匀铺到板面上。

（4）混凝土振捣采用先肋板后面板，U 形回路振捣，先用振捣棒将肋板内混凝土振捣密实，同时将两侧面板混凝土振捣密实，不得过振。振捣过程及时跟锹、填灰，补充不足混凝土，搓走多余混凝土（图 5-26）。

（5）抹面分粗抹和细抹，先将振捣完毕混凝土用锹拍平，粗抹。粗抹完毕进行板面安置连接埋件，板边埋件锚固筋要斜向深入混凝土中，锚筋头要深入板面钢筋以下，不得露筋。埋件下完后再用木抹子进行细抹，将混凝土表面压实，混凝土面为细麻面（图 5-27），压完面及时进行覆盖养生。

图 5-26　混凝土浇灌振捣

图 5-27　混凝土抹面

5.2.8 养护、预应力放张及出窑

（1）混凝土浇筑完毕，用塑料布加帆布覆盖，进行养护（图 5-28）。采用覆盖养护时覆盖物要四周与平台接触，将双 T 板及模具全部包裹。炎热夏季可以自然养护，也可以蒸汽养护，蒸汽养护采用模底送蒸汽法，两侧翼板下送气点六点或八点布置，严格按照“静停—升温—恒温—降温”养生制度进行（表 5-1），养护先静停 2h 后，升温速度不超过 15℃ /h，恒温温度 <70℃，恒温时间 14～16h 即可降温，混凝土表面与环境温差降到 20℃以内，当混凝土强度达到 75% 以上方可进行出窑、脱模。

表 5-1 混凝土蒸汽养护制度

步 骤	静 停	升 温	恒 温	降 温
时间 /h	2	2	12~14	2～3
温度 /℃	10～20	20～65	65～70	30～40

注：升温速度≤15℃ /h，降温速度≤10℃ /h。

（2）预应力放张采用角向磨光机交叉切断放张，张拉端及锚固端按 1、3、5 排，再 2、4、6 排对称进行放张，两个肋同时进行，减少因放张受力不均引起板局部出现裂纹，影响外观质量。

（3）双 T 板预应力钢筋放张完成后，即可起吊出窑，两台天吊协同作业，先将两台天吊分别停到双 T 板两端吊环正上方，用 U 形环拧紧吊环，四根钢丝绳同时是拉紧对正，一端两根钢丝绳将一端抬起，确保空气进入肋板内侧，板肋与模板脱离后，再缓慢提升另一端钢丝绳，四根钢丝绳同时受力、上升，双 T 板平稳吊离模具（图 5-29）。水平平稳移动，摆放到预先放置好的垫木上。

图 5-28 养护

图 5-29 出窑

（4）对双 T 板外观质量检验，如有掉角、粘边等问题，及时用高一标号混凝土进行修复。检验合格后，进行合格标识，并将工程名称、跨度、生产日期等内容标识清楚。

5.2.9 拉运及安装

（1）双 T 板运输采用载质是 20t 以上卡车运输，运输前先检查双 T 板外观尺寸，垫好垫木，双 T 板拉运，每次不得超过 2 层，上层双 T 板下要垫置垫石，保证两层双 T 板最小间距 >50mm，同时，将双 T 板用吊环与车体进行钢筋连接固定，以防运输过程道路颠簸，引起滑移（图 5-30、图 5-31）。

（2）双 T 板装车采用两台吊出起吊进行，装车采用 U 形锁具锁死，高空作业要有安全绳。双 T 板吊装要由专业起重工操作，轻起轻落，缓慢进行，防止碰撞损坏棱角。

（3）双 T 板运输速度不得超过 80km/h。道路崎岖路段不得超过 30km/h。

（4）双 T 板拉运要与现场进行有效沟通，进场验收，合格后可直接进行安装，避免二次倒运发生费用。

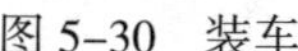

图 5-30 装车

图 5-31 运输

（5）双T板安装要由有高空作业证书的起重安装工进行操作，由专人指挥，高空作业人员要系好安全带。双T板安装保证肋板中心偏差 <7mm，板缝偏差 <10mm。双T板就位后要及时与圈梁埋件进行固定焊接，采用双侧角焊缝焊接，焊缝高度为 8mm，焊缝长度为 200mm（图 5-32、图 5-33）。

图 5-32 起吊

图 5-33 安装

5.3 劳动组织

所有的人员分工按施工所需分配，大跨双T板单模施工所需的主要人员及分工见表 5-2。

表 5-2 主要人员分工表

序号	岗位工种名称	人数 / 人	分　工	序号	岗位工种名称	人数 / 人	分　工
1	总工	1	全面技术质量管理	7	起重工	4	起重作业
2	项目经理	1	组织生产	8	钢筋工	5	负责钢筋下料、绑扎
3	工长	1	组织实施	9	实验工	1	配合比及强度实验
4	班长	2	组织班组管理实施	10	电焊工	2	负责埋件焊接
5	技术员	2	负责现场技术指导	11	混凝土工	8	施工作业
6	质检员	2	负责现场质量监督检查				

6 材料与设备

6.1 主要用料（表 6-1）

表 6-1 单块 15m 跨双T板主要用料表

序号	名称	规格型号	数量 /kg	序号	名称	规格型号	数量 /kg
1	水泥	P.O 42.5 普通硅酸盐水泥	1820	6	钢筋	ϕ^{H}7mm	1152.1
2	砂	中砂	2644	7	钢筋	ϕ5mm	497.3
3	碎石	10～20mm	4312	8	钢筋	ϕ12mm	20.5
4	水	饮用水	764	9	钢板	10mm	68.7
5	外加剂	HRT-S19 聚羧酸高效减水剂	64	10	钢筋	ϕ6.5mm	120.5

6.2 主要机具设备（表 6-2）

表 6-2 主要机具、设备表

序　号	名　称	规格型号	单　位	数　量	备　注
1	双梁起重机	18～21m	台	2	
2	振动棒	ϕ50mm	套	2	
3	调直切断机	QJ–40	台	2	
4	电焊机	CHV–560	台	4	
5	电阻点焊机		台	1	
6	搅拌站	HZ120	个	1	
7	翻斗车	$2m^3$	辆	1	
8	张拉千斤顶		个	6	
9	张拉油泵	ZB6–600H 电动油泵	台	2	
10	墩头机		个	1	
11	起重机	50t	台	1	
12	卡车	25 t	辆	2	

7 质量控制

7.1 质量控制标准

（1）GB/T 14684—2011 《建筑用砂》。
（2）GB/T 14685—2011 《建筑用卵石、碎石》。
（3）GB 175—2007 《硅酸盐水泥、普通硅酸盐水泥》。
（4）JGJ 19—2010 《冷拔钢丝预应力混凝土构件设计与施工规程》。
（5）GB 50204—2011 《混凝土结构工程施工质量验收规范》。
（6）JGJ 63—2006 《混凝土拌合用水标准》。
（7）GB 8076—2008 《混凝土外加剂》。
（8）GB 1499.1—2008 《热轧光圆钢筋》。
（9）GB 1499.2—2007 《热轧带肋钢筋》。
（10）09G432 《预应力混凝土双 T 板》。

7.2 质量控制措施

1. 模具制作质量控制措施

（1）模具制作过程要严格控制肋板斜度为 50mm，两侧对称，以便于脱模；
（2）严格控制板的拱度和肋板高度，便于预埋管向里侧靠紧内芯模；
（3）双 T 板堵头板进行钢板切割，保证合口严密，不出现端头跑浆现象；
（4）挂筋板间距及定位准确，以确保预应力筋位置准确；
（5）钢板焊缝要饱满，焊缝长度、高度满足设计要求；
（6）板面不得有凹坑和凸起，保证板面平整度要求；
（7）在模具制作、安装、钢筋加工就位、张拉、养护出窑等各个环节由技术人员组织质量、安全管理人员进行逐道工序验收，合格后进入下道工序。

2. 预应力钢筋制作、钢筋网片加工及埋件焊接质量控制措施

（1）预应力钢筋下料控制好下料长度，保证镦头厚度和镦头大小，不得出现偏心；

（2）钢筋网点焊要控制好钢筋筋间距，点焊压入深度；

（3）预埋件焊接要控制好锚筋间距，保证钢筋保护层厚度和预应力筋的位置；

（4）肋间钢筋网片调整好坡度，与板坡度相适应。

3. 钢筋安装、埋件安装及合模质量控制措施

（1）钢筋安装要轻拿轻放，减少骨架及网片变形，底部垫置好标准垫块，确保钢筋保护层准确有效；

（2）钢筋张拉完毕后，检查板底埋件位置，及时进行校正与固定；

（3）为保证钢筋在混凝土浇筑过程不变形，板面钢筋与肋板钢筋及加强钢筋进行有效绑扎，确保钢筋保护层厚度，不出现局部露筋现象；

（4）端头模板安装后及时检查合模严密性，对模具进行验收；

（5）吊环要与肋间钢筋网片绑扎固定，防止振捣过程吊环移位，混凝土浇筑过程及时对吊环位置进行校正。

4. 混凝土浇捣质量控制措施

（1）混凝土采用55~70mm坍落度，不得过大，坍落度过大，容易出现泌水过多，延长静停时间，影响混凝土强度；

（2）混凝土振捣要采用先肋板后面板方式进行连续振捣，并及时跟锹、抹面，缩短施工时间；

（3）抹面分粗抹和细抹两次成型，与振捣同时进行，进行流水施工，采用木抹子进行抹成细麻面，用靠尺检查抹面质量，保证抹面平整度；

（4）抹面完成后及时进行覆盖，减少水分蒸发，防止混凝土表面失水出现龟裂。

5. 出窑、吊运及安装质量控制措施

（1）出窑前混凝土强度要达到 C45 的 75% 以上，方可进行预应力放张，采用交叉放张，防止放张出现肋间及板面裂纹；

（2）出窑起吊采用两台吊车起吊出窑，先将一端抬起，使板肋与模具脱离，再四点起吊出窑；

（3）装车及运输过程要垫好垫木，用吊环将板固定连接，运输过程控制好车速；

（4）双 T 板安装要轻起轻落，保证板中线位置和板缝距离。

7.3 关键质量控制

关键质量控制见表 7-1。

表 7-1 关键质量控制表

项次	质量关键控制点	检验内容	控制方法	质量指标	检验仪器	检验时机	频次 / 次	控制手段
1	模具制作	细部尺寸、平整度	旁站、验算	长度 ±5mm、宽度 ±5mm，高度 ±5mm	钢尺、塞尺	下料前、焊接组装前、模具制作完	10	制作过程跟踪检测
2	埋件加工安装	外形尺寸、焊接质量	测定、观察	焊缝高度≥8min，位置中心偏差≤5mm	钢尺	下料后、焊接完后	5	旁站跟踪检查
3	合模振捣	严密性、振捣方法	试块试压实验	合模严密、缝隙不得超过3mm	钢尺、秒表	合模前、振捣浇筑时	5	制作过程跟踪检测
4	外观修复	修复过程和结果	观察、钢尺测量	不得有缺棱掉角，裂纹等质量缺陷	钢尺、观察	修复时、修复完成后	2	检验批进行检测
5	安装	中心线与板缝距离	观察、钢尺测量	轴线偏差 <7mm 板缝距离偏差≤10mm	钢尺、水平尺	安装时	2	安装过程跟踪检查

8 安全措施

8.1 安全标准

（1）GB 50870—2013《建筑施工安全技术统一规范》。

（2）JGJ 59—2011《建筑施工安全检查标准》。

（3）GB 50656—2011《建筑施工企业安全生产管理规范》。

（4）Q/SY TZ 0363—2013《吊装作业安全管理标准》。

（5）QSY 1236—2009《高处作业安全管理规范》。

（6）GB 9448—1999《焊接与切割安全》。

（7）JGJ 46—2005《施工现场临时用电安全技术规程》。

（8）GB 50484—2008《石油化工建设工程施工安全技术规范》。

（9）GB 50194—2014《建筑工程施工现场供用电安全规范》。

（10）GB 5144—2006《塔式起重机安全规程》。

（11）GB 5067.1—2010《起重机械安全规程》。

（12）GB/ 3787—2006《手持式电动工具的管理、使用、检查和维修安全技术规范》。

8.2 安全措施

本工法中应控制的风险有机械伤害、物体打击、高空坠落、触电等安全风险，主要存在于钢筋自动下料、钢筋网片焊接、埋件焊接、混凝土浇筑、预应力钢筋张拉及放张作业、起重吊装作业等工序中，依据标准制定安全防范措施如下。

1. 钢筋、埋件下料及加工制作安全措施

（1）使用调直切断机前应检查刀片是否安装牢固，润滑油是否充足，并且应在开机空转正常以后再进行操作。

（2）断料时必须握紧钢筋，待活动刀片后退时，及时将钢筋送进刀口，不要在活动刀片已开始向前推进时，向刀口送料，以免断料不准，甚至发生机械及人身安全事故。

（3）剪板机切割埋件前，应先将上下刀片进行对刀，其刀片间隙应根据剪切钢板厚度确定，一般为被剪板料的厚度 5%～7%，每次间隙调整都应用手转动飞轮，使上下刀片往复运动一次，并用塞尺检查间隙是否合适。

（4）钢筋焊接要带好劳动保护，做好防电措施。

2. 预应力张拉及放张操作安全措施

（1）预应力张拉前，在操作区放好安全警示牌，并且外侧有专人进行观察看守，防止非操作人员进入张拉区。

（2）张拉过程所有操作人员必须在安全防护墙外侧进行，认真观察油表读数和钢筋伸长量，不得超出给定张拉读数。

（3）预应力钢筋张拉过程中及混凝土浇筑前，如有钢筋断裂，必须进行更换。

3. 混凝土浇筑操作安全措施

（1）混凝土放料前将垫板垫实防止踏空。

（2）在混凝振捣前要对插座、电机、振捣棒进行检查，要有漏电保护器，采用三级配电。

（3）新上岗人员必须进行岗前安全培训。

4. 起重作业安全措施

（1）操作人员听从指挥人员的指挥，并及时报告险情。

（2）选择合适的吊具和吊索，并且正确使用。

（3）禁止施工人员随吊物起吊或在吊钩、吊物下停留。

（4）人员与吊物应保持一定的安全距离。

（5）双T板吊运及装车过程时应采用安全溜绳。

5. 用电安全措施

（1）设备接地时要根据设备用电量大小正确选择接地线的规格，严禁超载。

（2）所有用电设备均应设有安全防护设施，室外的用电设备要采取防雨设施，同时注意保护设备电缆，对已损坏的电缆要及时更换。

（3）做到人走电断。

（4）施工用的机械设备应有漏电保护装置。

9 环保措施

9.1 环保标准

（1）JGJ 146—2013 《建筑工程施工现场环境与卫生标准》。

（2）GB 12523—2011 《建筑施工场界环境噪音排放标准》。

（3）GB 8978—1996 《污水综合排放标准》。

9.2 环保措施

本工法在实施过程中对环境的危害主要是粉尘污染、固体废弃物污染、噪声污染等。针对以上危害依据标准制定环保防范措施如下：

（1）施工现场垃圾，要及时清理出现场，并运到指定地点，严禁随意抛洒；施工现场应指定专人定期洒水清扫，并形成制度，防止扬尘；对易飞扬的细颗粒物、散体材料和废弃物的运输、堆放应具备可靠的防扬尘措施；禁止在施工现场焚烧垃圾。

（2）杜绝长明灯现象，及时检查、维修管线，减少能源浪费，力求以最小的能源消耗获得最大的经济效益。

（3）钢筋头、焊条头和焊渣等各种固体废弃物进行分类后统一存放、统一处理。

（4）浇注过程散落在地的混凝土及时回收利用，及时清理施工现场，做到工完料净场地清。

（5）机器设备加油时，加注部位的地面上要铺上废旧木屑或塑料布，回收后统一处理，防止对土壤和水源造成污染。

（6）双T板出窑后及时将灰渣及杂物清理干净，做到工完料净场地清。

（7）施工现场严格按照公司 QHSE 体系运行管理，减少环境污染。

10 效益分析

10.1 经济效益

2017 年和 2018 年，大庆油田建设集团有限责任公司建材公司应用本工法为大庆油田各采油厂预制安装 12m、15m、17.6m 双 T 板共计 183 块，本工法相对于长线台施工工艺少占用场地，节省制作长线台生产线费用、机动灵活，节约人工费用、缩短施工时间，提高工程质量并减少维修成本，具有良好的经济效益，分析如下：

10.1.1 生产成本节省计算

本工法与长线台生产工法相比，节省浇筑混凝土张拉台，不用建设生产线，每条生产线建设成本节约 5 万元，单模生产可机动灵活，减少场地占用，用时就位，不用时拆除摆放，场地可用来生产其他产品。模具成本可减少一半，一套模具成本 8 万元，模具周转由 100 次提高到 200 次，2017 年和 2018 年共制作 3 套双 T 板整体张拉模具，共计投入模具成本 24 万元，共生产 183 块大型双 T 板，可节省 3 套双 T 板模具制作成本：8 万元 ×3=24 万元。

10.1.2 人工费用节省计算

本工法与原有工法相比，可减少人员投入 3 人，其中合模人员 2 人，构件修复人员 1 人，按每人每月 4500 元、一年生产 8 个月计算，人工费用节省如下：

M1=4500 元 / 月 ×8 月 ×3 人 ×2=216000 元 =21.6 万元。

10.1.3 生产效益计算

应用本工法共生产 183 块大型双 T 板，混凝土总体积共计 732m^3，单价 3500 元 /m^3，按每块 30% 利润计算，可创效：732×3500×30%=76.86 万元

利润本工法总效益：5×3+24+21.6+76.86=137.46 万元。

10.2 社会效益

本工法从生产安装工艺到质量控制都优于原有工艺，技术更加全面，应用本工法生产预制大跨双 T 板，即满足了油田维修使用要求，减少了质量通病的出现，又提高了大跨双 T 板的质量，减少了二次修复，达到预制安装质量一次合格，保证大跨双 T 板不大量占用生产及堆放场地，能够根据施工需要机动灵活生产。得到油田各用户的一致认可和好评，市场应用前景可观。

11 应用实例

2017 年和 2018 年，本工法在采油一厂机采大队车库新建工程、三维检测公司专用设备车库工程和大庆原油泄漏救援基地配套车库工程中得到推广应用，工程检测合格率达 100%，获得显著的经济效益和社会效益（表 11–1）。

表 11-1 工程应用实例

序号	建设单位	工程项目名称	时 间	工作量	应用效果	经济效益 / 万元
1	大庆油田公司	采油一厂机采大队车库新建工程	2018 年 6~7 月	YTBa1224 双 T 板共 50 块	良好	37.56
2	大庆油田公司	三维检测公司专用设备车库工程	2018 年 8~9 月	YTBa1524 双 T 板共 73 块	良好	54.83
3	大庆油田公司	原油泄漏救援基地配套车库工程	2017 年 6~9 月	YTBa1824 双 T 板共 60 块	良好	45.07

大型法兰连接式火炬塔整体吊装施工工法

大庆油田建设集团有限责任公司

张宏志　舒均满　刘宏波　葛　兵　王　松

1　前言

在大型油气田站场建设中经常需要安装法兰连接式火炬塔，法兰连接式火炬塔具有超高、塔架截面尺寸大、水平位置稳定性差等特点。传统的法兰连接式火炬塔安装采用高空散件组装或者分段吊装的方法，此方法存在工期长、成本高、安全风险大等问题。特别是施工期间已进入冬季的大庆地区，气候寒冷多风雪，在恶劣环境下登高作业和组装操作，造成火炬塔安装具有很大的难度和风险。

大庆油田建设集团有限责任公司在多年的大型塔类容器、火炬塔吊装工程实践中，开发了大型吊装分析模拟平台，在法兰连接式火炬塔吊装研究中取得技术突破，研发了大型法兰连接式火炬塔地面散件拼装整体吊装技术。该项技术主要包括：吊点位置确定、主、副吊耳设计、整体结构强度和稳定性分析校核、吊装过程运动模拟等，通过科技查新检索，尚未发现类似的文献或技术成果，处于国内同行业领先水平。在北Ⅰ－Ⅱ天然气净化厂工程、中七浅冷站安全隐患治理工程等4个工程的4台法兰连接式火炬塔整体吊装实施应用，吊装一次成功率100%，实现了法兰连接式火炬塔安装的高效性、安全性和经济性，形成了“大型法兰连接式火炬塔整体吊装施工工法”。

本工法所采用的大型吊装模拟分析技术成果《大型塔类容器吊装技术模拟分析系统研究》获2013年大庆油田技术创新一等奖、2014年石油和化学联合会科技进步三等奖。2018年《大型塔类容器模块化吊装技术开发》获中国石油石化工程建设创新发展大会优秀论文一等奖。论文《法兰连接结构火炬塔架整体吊装工艺校核分析计算》获2015年度大庆油田优秀论文一等奖。

2　工法特点

本工法和常规的施工方法比较，具有以下特点：

1. 施工安全性高

本工法采用地面组装后形成整体模块，整体一次起吊就位，避免搭设跳板和大量的高空组装、焊接作业，提高了施工安全性。

2. 施工质量好

采用先在地面散装，工作量集中在地面完成，利于施工，螺栓紧固达到高标准，梯子平台、火炬筒焊接成型质量更佳，无损检测更方便。

3. 施工工效高

地面整体组装比高空散装提高了施工速度，机械设备使用时间集中，工作效率提高5倍以上，节约了施工工期。

4. 经济性好

本工法采用整体吊装就位，减少了塔架分段吊装吊车台班费用和跳板拆装费用，经济性好。

3 适用范围

本工法适用高度 <80m，起吊质量 <100t 的石油化工工程中法兰连接式火炬塔整体吊装施工。

4 工艺原理

火炬塔散件进场验收后，采用散件组装平台将火炬塔架、火炬筒、梯子平台、火炬头、仪表配管附件等所有结构散件在地面进行组装成整体模块；应用有限元法设计主、副吊耳，分析校核整体结构的强度、稳定性校核，对应力大、挠度大部位进行法兰部位、塔架结构部位加固；采用运动模拟，确定主、副吊车站位，优化吊装工艺路线；实现了大型法兰连接式火炬塔分体吊装到整体吊装的突破。

4.1 重心、惯性矩计算技术

建立火炬塔架、火炬筒、梯子平台、火炬头、仪表配管附件等整体结构三维实体模型，赋予各结构材料物理性能参数，准确计算出结构重心和惯性矩，确定对称平衡梁或偏心平衡梁的结构类型，为钢丝绳选型提供理论依据。根据重心惯性矩计算结果，将火炬塔顶部的板式主吊耳改进为管轴式主吊耳，确定副吊耳的结构，优化吊点位置。

4.2 强度、稳定性分析校核技术

采用有限元法对火炬塔水平状态、垂直状态两个极限工况进行强度、稳定性校核。火炬塔水平状态时，主、副吊耳同时受力，火炬塔主要承受重力产生的弯矩，火炬塔中部弯矩最大，火炬塔底部法兰端面由于副吊点的位置存在弯矩，根据强度、稳定性分析计算结果，需要对塔架挠度最大处、塔架底部、副吊耳和局部法兰连接处进行结构加固。火炬塔竖直状态时，火炬塔的全部质量作用在上部的主吊耳上，主吊耳以及吊耳附近的火炬塔身所受应力最大，根据强度、稳定性分析计算结果，需要对主吊耳结构、火炬筒进行结构加固。

4.3 吊装工艺路线优化技术

应用运动模拟分析方法，模拟火炬塔整体吊装过程，确定主、副吊车站位，对吊装过程进行干涉碰撞检测，优化吊装工艺路线，为火炬塔地基加固处理提供参考。

5 施工工艺流程及操作要点

5.1 主要工艺流程图（图 5-1）

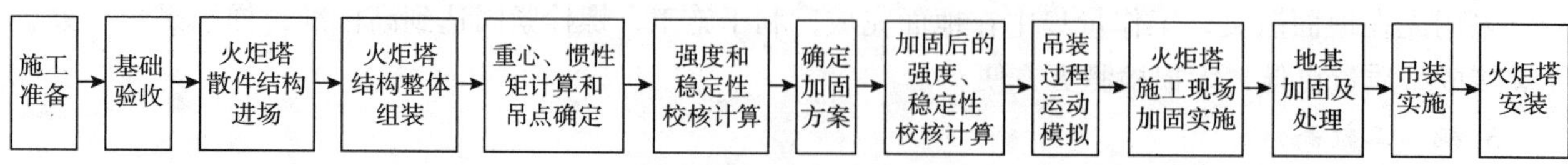

图 5-1 施工工艺流程图

5.2 操作要点

5.2.1 施工准备

（1）火炬塔安装场地平整完成，火炬塔结构和散件进场路线畅通。

（2）火炬塔组装图纸审查完成，技术人员、施工人员已到位，对施工人员安全、技术交底完成。

（3）组装火炬塔的设备、机具、工装、枕木等材料准备齐全，水准仪、经纬仪等测量仪器准备齐全。

（4）提前与设备租赁单位联系，确定吊车、重型运输车辆的进场时间，同时保证自有机具性能良好，准备就位，以满足施工需要。

（5）所有参与施工的人员，均需接受入场安全教育，并考核合格。

5.2.2 基础验收

（1）基础轴线、地脚螺栓的材质、品种、规格、数量应符合设计要求。

（2）基础表面应有清晰的中心线和标高标记。

（3）基础施工单位应提交基础测量记录，其记录应包括基础位置、方位测量记录和沉降观测位置、沉降观测记录。

（4）基础的混凝土强度应符合设计文件的规定。

（5）基础的外观不得有裂纹、蜂窝、空洞和露筋。

（6）基础和地脚螺栓位置的允许偏差应符合表 5-1 的规定。

表 5-1 基础和地脚螺栓位置的允许偏差

<table>
<tr><th colspan="2">检查部位</th><th>允许偏差值 /mm</th></tr>
<tr><td colspan="2">基础中心</td><td>20.0</td></tr>
<tr><td colspan="2">基础支承面中心</td><td>5.0</td></tr>
<tr><td colspan="2">框架基础支承面中心</td><td>3.0</td></tr>
<tr><td colspan="2">基础支承面标高</td><td>0
–20</td></tr>
<tr><td rowspan="2">二次找平的水泥砂浆或细石混凝土支承面</td><td>标高</td><td>± 2.0</td></tr>
<tr><td>水平度</td><td>L/200，且≤ 4.0</td></tr>
<tr><td rowspan="2">支承面埋件</td><td>标高</td><td>± 2.0</td></tr>
<tr><td>水平度</td><td>L/200，且≤ 3.0</td></tr>
<tr><td rowspan="2">垫铁或混凝土垫铁支承面标高</td><td>同一支承面</td><td>± 1.0</td></tr>
<tr><td>不同支承面</td><td>± 2.0</td></tr>
<tr><td rowspan="4">地脚螺栓</td><td>螺栓中心距（在根部和顶部两处测量）</td><td>± 2.0</td></tr>
<tr><td>螺栓中心对基础轴线距离</td><td>± 2.0</td></tr>
<tr><td>顶端标高</td><td>+20
0</td></tr>
<tr><td>螺纹长度</td><td>+20
0</td></tr>
</table>

注：*L* 为支承面埋件的长度。

（7）以上内容符合要求后，双方有关负责人签字，办理工序交接手续后方可允许进行火炬塔安装工作。

5.2.3 火炬塔散件结构进场

火炬塔散件进场后，与生产厂家、监理单位、甲方现场代表按装箱清单核对，检验零部件的规格、数量、外观质量等，重点检查接管节点处法兰面的平直度，合格后签订交接记录。同时，确定火炬塔组装位置、散件堆放位置。

在施工现场采用 200mm × 200mm × 2000mm 枕木和 20mm 厚钢板（钢板规格为 6000mm × 2200mm）搭设一个 6000mm × 6600mm × 400mm 的组装平台，共计组装平台 4 个。火炬塔在组装平台上进行散件组装。支墩下方要求平整，标高相差 <20mm，标高达不到要求采用垫铁进行找平。支墩枕木之间采用铁丝进行绑扎加固。支墩搭设平面布置见图 5-2、图 5-3。

图 5-2　火炬塔散件

图 5-3　支墩平面布置图

5.2.4　火炬塔结构整体组装

1. 火炬塔散件组装

先将两根柱子主材（6m 长）放置在组装平台上，安装横材，使之成为一个整体。安装主材端部另外两根横材，将第三根主材吊起，进行组装，形成一个刚性整体，最后安装中间的横材和斜材。采用该方法组装其余分段（6m 长）。在组装过程中，要注意将梯子和附属管线所在平面布置在上面，以方便吊装（图 5-4）。

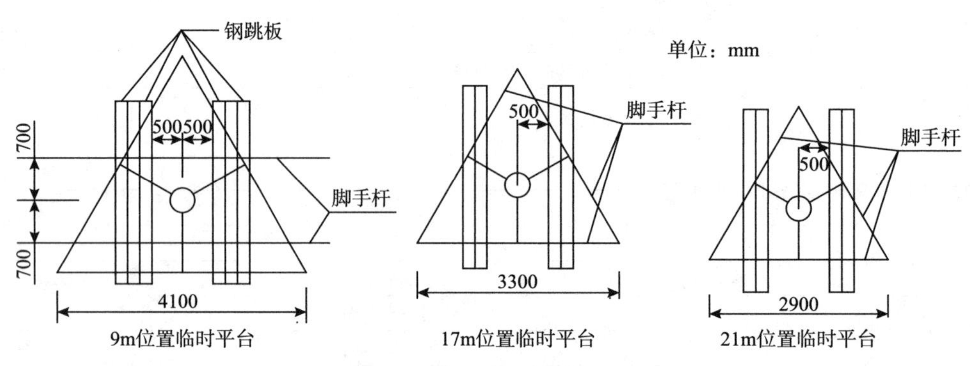

图 5-4　火炬塔散件组装

塔体框架拼接采用安装螺栓和冲钉。每个节点穿入的安装螺栓为 2 个，冲钉和安装螺栓的总数为 3 个，不得采用高强螺栓兼做安装螺栓。塔架柱子拼接采用高强度大六角头螺栓，一套连接副包括一个螺栓、两个螺母和两个垫片。

高强螺栓头下垫圈有倒角的一侧朝向螺栓头，螺母带圆台的一侧朝向垫圈有倒角的一侧。高强螺栓安装时，应能自由穿入螺栓孔，不得强行穿入，禁止采用手锤敲击螺栓穿入。

2. 火炬塔筒体组装

火炬塔框架散件组装完成后，插入火炬筒体，采用管箍固定好，筒体采用分段插入、焊接连接的方法。

3. 火炬塔附件安装

按照工艺图纸要求，将梯子、燃料气管线和电缆配管装配到塔架上。并采用铁丝将管线与塔架进行捆绑加固，铁丝与管子、与塔架之间，需要垫破布，以增加摩擦力，防止在吊装过程中，管子滑落。

5.2.5 重心、惯性矩计算和吊点确定

根据火炬塔安装施工图纸，在大型吊装模拟分析平台中建立火炬塔全比例三维实体模型，赋上材料物理性能参数，查看整体结构模型的属性功能，准确计算出结构总质量、重心位置及惯性矩等数据，确定吊点位置。

结合火炬塔主体结构和重心位置，确定火炬塔重心后，主、副吊点选择受力强度好的塔架立柱上。主吊耳采用管轴式吊耳，距离塔底面 28.6m；辅助吊耳采用板式吊耳，距离塔底面 4.5m。主、副吊点位置采用槽钢连接立柱，吊耳结构采用 30mm 筋板加固（图 5-5、图 5-6）。

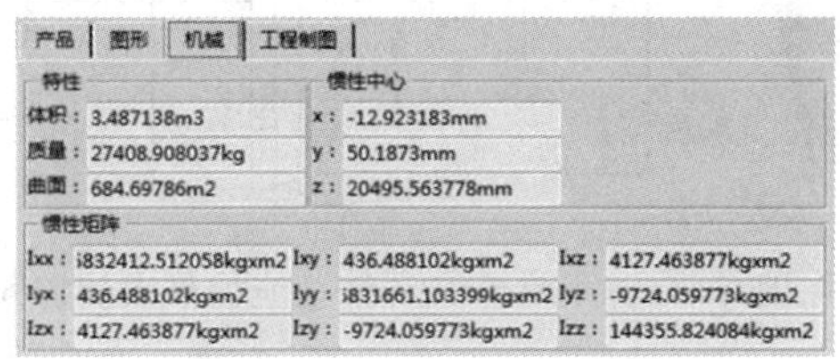

图 5-5 火炬塔模型机械属性

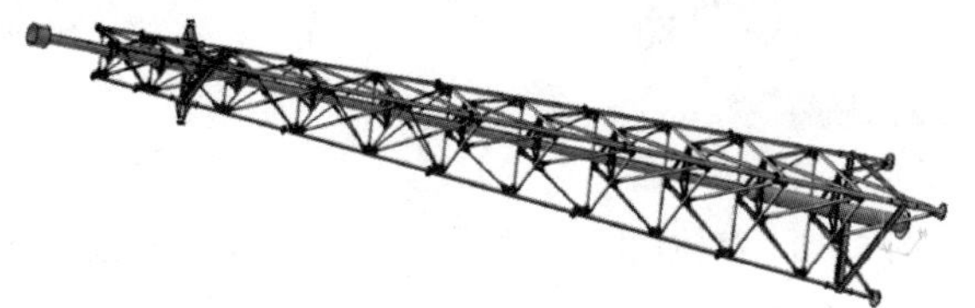

图 5-6 塔架三维实体模型

5.2.6 强度和稳定性校核计算

（1）水平状态火炬塔强度、稳定性校核：

火炬塔整体吊装处于水平状态时，主副吊耳的钢丝绳竖直向上，钢丝绳上端设定固定约束。计算的 Von Mises 应力如下所示。与材料的屈服强度值 240MPa 进行比较验证强度是否满足安全要求。

火炬塔整体吊装处于水平状态时，主副吊耳的钢丝绳竖直向上，钢丝绳上端设定固定约束。火炬塔整体强度校核应力小，低于材料的许用应力，满足安全要求。但是塔架结构整体在重力作用下，火炬塔中心、底部会有向下的位移，塔体结构稳定性差，挠度值较大，在吊装过程中会产生失稳破坏，需要加固处理。

（2）竖直状态火炬塔强度、稳定性校核：

火炬塔整体吊装处于竖直状态时，计算火炬塔整体的 Von Mises 应力云图如下左图所示。与材料的屈服强度值 240MPa 进行比较验证强度是否满足安全要求。

火炬塔整体吊装处于竖直状态时，设定火炬塔顶端吊耳钢丝绳垂直向上。火炬塔只承受向下的重力，稳定性好。但是主吊耳承受火炬塔的重力载荷，强度校核应力最大，超过了材料的屈服强度，需要对主吊耳结构加固；同时塔架筒体由于自重产生较大的应力，也需要进行加固。

5.2.7 确定加固方案

（1）主吊耳结构加固：主吊耳立柱采用钢管、槽钢、筋板加固（图 5-7）。

（2）溜尾吊耳加固：辅助吊耳立柱采用钢管、槽钢、筋板加固（图 5-8）。

（3）塔架挠度最大处加固：采用钢管、槽钢、钢板加固（图 5-9）。

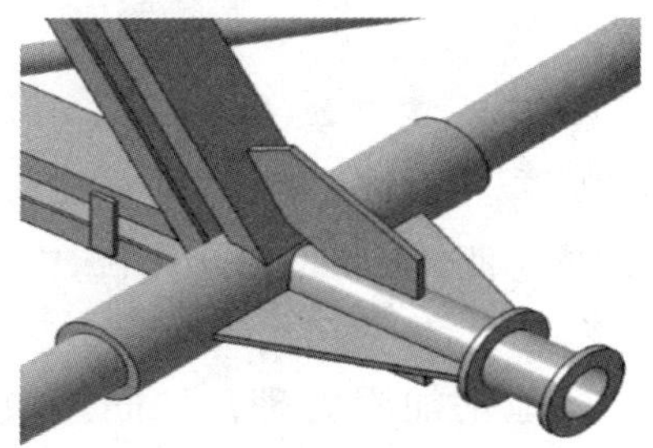

图 5-7 主吊耳结构加固

图 5-8 溜尾吊耳加固

图 5-9 塔架挠度最大处加固

（4）筒体加固：采用槽钢加固（图 5-10）。

（5）火炬塔底部加固：采用钢管连接成整体加固（图 5-11）。

（6）局部连接法兰加固：采用槽钢、钢板加固（图 5-12）。

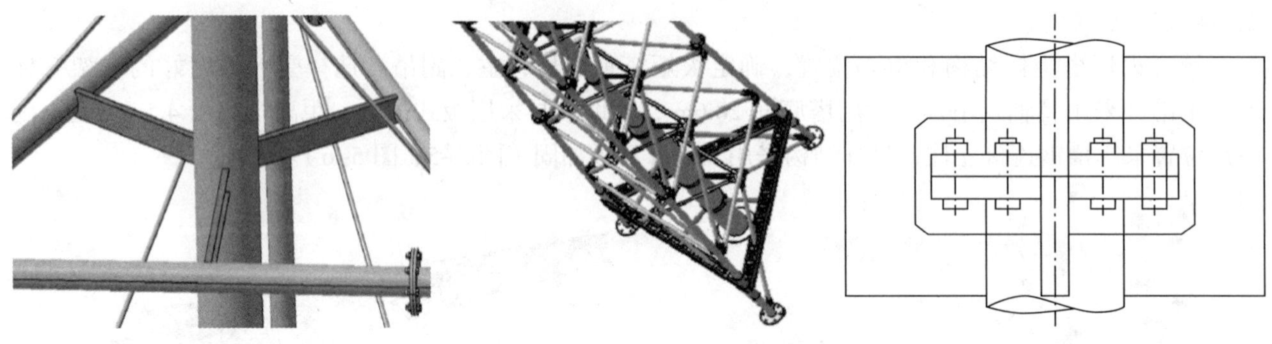

图 5-10 筒体加固　　图 5-11 火炬塔架底部加固　　图 5-12 法兰应力最大处加固

5.2.8 加固后的强度、稳定性校核计算

根据确定的火炬塔加固方案，对火炬塔模型进行调整修改，再一次进行强度和稳定性分析校核，根据计算结果显示，火炬塔整体应力 <130 MPa 以下，结构满足安全要求（图 5-13）。

图 5-13 加固后强度、稳定性分析校核

5.2.9 吊装过程运动模拟

火炬塔所在场区管廊、构筑物多，施工作业用地紧凑，吊装作业环境复杂。火炬塔结构体积庞大、结构件数量多、外形尺寸较大等，易与主、副吊车或周围环境构筑物发生干涉，吊装过程存在一定的安全风险。对整个吊装过程进行运动模拟仿真，找出吊装干涉部位，确定主、副吊车站位等，优化了吊装结构和吊装工艺路线，实现精确、高效、安全、合理的吊装，节约吊装成本（图 5-14）。

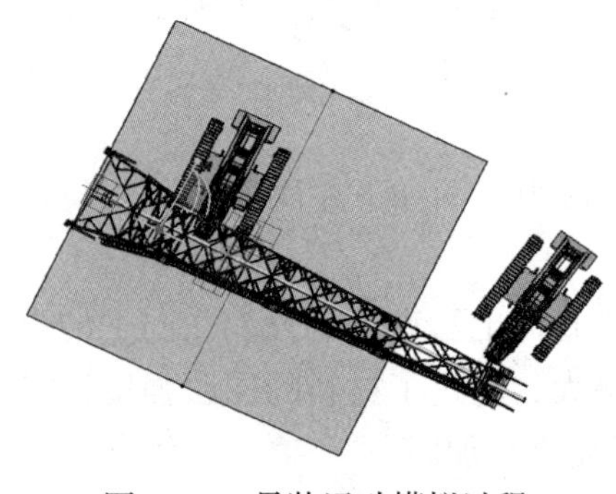

图 5-14 吊装运动模拟过程

5.2.10 火炬塔施工现场加固实施

以火炬塔计算结果为依据，根据施工现场火炬塔主体结构选择相匹配的加固方式。塔架立柱采用加设防滑橡胶，钢管与筋板对夹高强度螺栓连接，槽钢对扣支撑，肋板加强的方法。火炬塔底部采用倒链对称加固（图 5-15 ~ 图 5-20）。

5.2.11 地基加固及处理

由于吊车、火炬塔整体质量重，吊装作业时，地基应具有足够的强度，在荷载作用后不发生失稳破坏，同时地基不能产生过大的下沉，尤其不能产生过大的不均匀下沉，通常需要对吊车站位、行走的地基区域进行加固处理。

根据地质勘探结果和吊车对地压强要求，采用更换垫层法进行地基加固处理，加固区域为 15m × 15m，回填深度 1m，采用碎石三合土碾压处理，石灰、砂子和碎石比例为 1：2：4，压实系数

0.97。根据本地区地质勘察报告，本地区土壤主要以粉细砂层为主，地基承载力特征值f_{ak}=110kPa。碎石垫层与原土层交接处的地耐力小于地基承载力特征值，满足主吊车的站位要求。

图 5-15　主吊耳加固实施

图 5-16　副吊耳加固实施

图 5-17　塔架挠度最大处及筒体加固

图 5-18　火炬塔底部结构加固

图 5-19　法兰应力最大处加固

图 5-20　火炬塔施工现场加固实施

5.2.12　吊装实施

根据以上分析计算结果，依据加固指导方案，工程现场完成对该火炬塔的整体加固、吊耳加固、立柱法兰、火炬塔底部支架加固工作，保证火炬塔整体吊装作业取得圆满成功（图 5-21、图 5-22）。

图 5-21　火炬塔吊装过程效果图

图 5-22　火炬塔吊装直立效果图

开始两台吊车同时向上起吊，起吊离地 20cm 时，1 台主吊车及 1 台副吊车同时垂直向上吊，至火炬塔与地面成 75° 角后，副吊车缓慢放绳，至火炬塔与地面成 90° 角后摘钩，由主吊车独立吊装到火炬塔基础上方，距离基础顶面高 50cm 后，将副吊车分别挂到底脚吊耳上，进行精确安装就位，待底脚焊接完成后再将主吊车摘钩，同时工人上到火炬塔顶部平台处拆除临时加固钢板、主吊耳、高强度螺栓，安装点火系统配电箱，用主吊车吊装。

5.2.13　火炬塔安装

当火炬、塔架与基础顶面成 90° 时，先对准火炬筒的地脚螺栓孔，将火炬筒先就位，之后进行三角定位，三角定位完成后架设 2 台水准仪找正，并焊接火炬塔底脚。

火炬塔柱脚底板法兰与基础间的空隙在主要负荷加载之前应用细石混凝土浇筑密实；确定几何位置的主要构件（塔柱、横杆、刚性斜杆等），应吊装在设计位置上，在松开吊钩前应初步校正并固牢。

火炬塔架的垂直度、总高度、整体平面弯曲允许偏差值等符合设计文件规定。当设计文件未做明确规定时，应按表 5–2 的规定执行。

表 5-2　火炬塔架安装允许偏差

项　目		允许偏差值 /mm
垂直度	火炬塔架高度≤ 60m	H/1500，且≤30
	火炬塔架高度 >60m	H/1500，且≤60
总高度		± 50.0
整体平面弯曲		整体平面弯曲 L/1500 且不应 >25.0
塔柱顶面中心相对水平度		± 3.0
塔架截面对角线长度	D ≤4000mm	± 2.0
	D>4000mm	± 3.0
塔架截面边长	b ≤4000mm	± 1.5
	b>4000mm	± 2.5

火炬筒安装允许偏差符合设计文件规定。当设计文件未做明确规定时，应按表 5–3 的规定执行。

表 5-3　火炬筒安装允许偏差

项　目		允许偏差值 /mm
标高		± 5.0
中心线		± 5.0
方位		10
直线度	高度≤60m	H/2000，且≤20
	高度 >60m	H/3000，且≤45
垂直度	高度≤60m	H/1500，且≤25
	高度 >60m	H/2500，且≤50
总高度		± 50.0

5.3　劳动力组织

所有的人员分工按施工所需分配，法兰连接式火炬塔整体吊装施工所需的主要人员及分工见表 5–4。

表 5-4　法兰连接式火炬塔整体吊装施工劳动力配备表

序　号	工　种	人员数量 / 人	备　注
1	施工队长	1	负责施工现场总协调管理
2	技术员	1	负责施工现场技术管理
3	质检员	1	负责现场质量管理
4	安全员	1	负责施工现场 HSE 管理
5	材料员	2	现场材料调配
6	吊车司机	2	工程车辆驾驶

续表

序 号	工 种	人员数量 / 人	备 注
7	地面指挥	1	地面指挥
8	起重工	2	起重施工
9	管工	2	管道施工
10	力工	6	螺栓紧固等劳务
11	架子工	2	架子安装
合计		15	6 人兼职

6 材料与设备

6.1 主要材料（表 6-1）

表 6-1 主要材料清单

序号	名 称	材料	型号尺寸	材质	数量	备 注
1	主吊耳	钢板	240mm × 160mm × 40mm	20#	3 个	主吊耳
		钢板	100mm × 60mm × 20mm	20#	6 个	加强板
		法兰板	ϕ260mm 厚 30mm	20#	3 个	主吊耳板
		螺栓	M20 × 100	高强度	18 个	主吊耳板连接
2	溜尾吊耳	钢板	400mm × 400mm × 40mm	20#	2 个	底部架吊耳
		钢板	300mm × 220mm × 40mm	20#	1 个	顶部架吊耳
		钢管	ϕ159mm × 6mm	Q235	6.1m	连接吊耳
		钢管	ϕ114mm × 4mm	Q235	6m	连接 ϕ159mm × 6mm 钢管、顶部辅助吊耳加固
		钢板	100mm × 60mm × 20mm	20#	6 个	吊耳板加固
3	塔架底部加固	钢管	ϕ159mm × 6mm	Q235	30m	外支架
		槽钢	C12.6	Q235	20m	内支架及筒体加固
4	筒体加固	槽钢	C12.6	Q235	12m	标高 14.5m
		槽钢	C12.6	Q235		标高 20.7m
		槽钢	C10	Q235	7m	标高 28.5m
		槽钢	C10	Q235		标高 35.3m
		槽钢	C10	Q235		42.02
5	钢丝绳		6 × 37S+IWR 直径 52		6m	一共 3 股，每股 8m 主吊用
6	钢丝绳		6 × 37S+IWR 直径 52		3.6m	一共 3 股，每股 8m 主吊用
7	钢丝绳		6 × 37S+IWR 直径 34.5		15.5m	一共 2 股，每股 15.5m 辅助吊车用
8	钢丝绳		6 × 37S+IWR 直径 34.5		7m	一共 1 股，每股 15.5m 辅助吊车用
9	吊环		20t		12 个	
10	平衡梁	槽钢	C12.6	Q235	10m	
		槽钢	C10	Q235	5m	
		钢板	240mm × 200mm × 40mm	20#	6 个	
		钢板	440mm × 300mm × 40mm	20#	6 个	

6.2 主要机具设备（表 6-2）

表 6-2 主要机具、设备表

序号	机械或设备名称	型号规格	单 位	数 量	进场时间	备 注
1	汽车吊	220t	台	1	2016.12.1	吊装
2	汽车吊	50t	台	1	2016.11.16	卸车、吊装
3	挖掘机		台	2	2016.11.16	地基处理
4	压路机	18t	台	1	2016.11.16	地基处理
5	经纬仪		台	1	2016.12.1	测量
6	水准仪		台	1	2016.12.1	测量
7	全站仪		台	1	2016.12.1	测量
8	钢尺		个	6	2016.12.1	测量
9	眼睛扳手	M17~M30	套	4	2016.11.16	组装
10	电焊机	ZX7-500	台	2	2016.12.1	焊接
11	焊条烘干箱		台	1	2016.12.1	焊接
12	焊条保温箱		台		2016.12.1	焊接
13	坡口机	ISE-30T025	台	1	2016.12.1	焊接
14	角磨机	ϕ125mm	台	4	2016.12.1	焊接

7 质量控制

7.1 质量控制标准

（1）GB/T 51029—2014 《火炬工程施工及验收规范》。
（2）GB/T 50205—2001 《钢结构工程施工质量验收规范》。
（3）GB/T 8918—2006 《钢丝绳国家标准》。
（4）GB/T 5972—2016 《起重机钢丝绳保养、维护、安装、检验和报废》。
（5）SH/T 3507—2011 《石油化工钢结构工程施工质量验收规范》。
（6）SH/T 3536—2011 《石油化工工程起重施工规范》。
（7）CECS 80 ：2006 《塔桅钢结构工程施工质量验收规程》。
（8）SH/T 3515—2017 《大型设备吊装工程施工工艺标准》。

7.2 关键质量控制

关键质量控制见表 7-1。

表 7-1 关键质量控制表

项次	质量关键控制点	检验内容	控制方法	质量指标	检验仪器	检验时机	频次 / 次	控制手段
1	火炬塔基础支承面	标高、水平度	旁站、测定	标高 ±2.0mm、水平度 1/1000mm	全站仪、水准仪和钢尺	火炬塔吊装前	6	制作过程跟踪检测
2	地脚螺栓	中心距、中心对基础轴线距离	旁站、测定	中心距 ±2.0mm，中心对基础轴线距离 2mm	经纬仪、水准仪和钢尺	火炬塔吊装前	10	检验批进行检测
3	主肢、构件放样组装	直线度	测定、全站仪控制	主肢直线度不大于长度的 1/1500，且≤5.0mm；构件直线度偏差不大于长度的 1/1000，且≤10.0mm	经纬仪、全站仪、水准仪和钢尺	火炬塔散件组装	8	制作过程跟踪检测

续表

项次	质量关键控制点	检验内容	控制方法	质量指标	检验仪器	检验时机	频次/次	控制手段
4	火炬塔弯曲度	塔柱、横杆、柔性杆弯曲度	测定、全站仪控制	整体平面弯曲 L/1500 且应≤25mm；局部弯曲不大于被测长度的 1/750	经纬仪、全站仪、水准仪和钢尺	火炬塔散件组装、火炬塔安装	10	检验批进行检测
5	塔架安装	垂直度、高度	测定、全站仪控制	允许偏差为高度 1/1500，且 >25mm；任意两点垂直偏差：≤H/750；塔架总高度允许偏差 ± 50mm	经纬仪、全站仪、水准仪和钢尺	火炬塔安装时	3	安装过程跟踪检查
6	火炬筒安装	标高、总高度	测定、全站仪控制	标高允许偏差值 ± 5mm；总高度允许偏差值 ±50mm	经纬仪、全站仪、水准仪和钢尺	火炬塔安装时	3	安装过程跟踪检查

7.3 质量控制措施

（1）地脚螺栓调平螺母抄平后，在螺栓上做好记号，采用塑料薄膜包裹螺栓裸露螺纹部分，防止生锈。在安装之前才能拆除。

（2）散装构件进场后，禁止随意堆放，应进行集中堆放，分门别类摆放整齐。下面铺垫枕木，禁止直接与地面接触。

（3）吊装构件时，采用吊装带吊装，禁止采用钢丝绳直接捆绑吊装，以免破坏防腐层。

（4）厂家供给的仪表等精密器材，要存放在暂设区的材料库库房内，禁止存放在施工现场，及时移交。

（5）施工技术方案严格遵守“编制、审核、审批”制度，技术方案经审核、审批通过后，方可指导施工。

（6）按照公司质量体系相关文件规定，细化质量职责并结合本次吊装作业落实到部门和岗位，做到分工明确，责任到人。

（7）贯彻“技术交底”制，吊装施工前，应对施工队进行交底，并做好技术交底记录。

（8）贯彻质量“三检制”，质量检查实行“自检为主，互检为辅”和“专业检查”相结合的原则。

（9）所用吊具、拉板、吊轴、钢丝绳、卸扣等吊装索具应有质量证明文件，进场后应进行尺寸复检和质量检验，要求吊装用钢丝绳无断丝，其他索具无明显变形、表面磨损等缺陷，并出具相关的复测记录和检验报告。

（10）制造单位应提交相关施工记录、检测报告及其他质量证明文件。

（11）正确使用绳索和卸扣，严格按照合格证上使用及保养注意事项进行使用。

（12）吊装索具连接时，在各吊轴表面、轴孔内部、卸扣轴及吊耳孔内部涂抹锂基脂。

（13）主吊起重机所用钢绞线应无缺口、点蚀、沟槽、直径小于标准直径 0.2mm、散股及严重弯曲变形等情况。

8 安全措施

8.1 安全标准

（1）GB 50870—2013 《建筑施工安全技术统一规范》。

（2）JGJ 59—2011 《建筑施工安全检查标准》。

（3）GB 50656—2011 《建筑施工企业安全生产管理规范》。

（4）Q/SY TZ 0363—2013 《吊装作业安全管理标准》。

（5）GB 50484—2008 《石油化工建设工程施工安全技术规范》。

（6）GB 6067.1—2010 《起重机械安全规程》。

（7）SY 6279—2016 《大型设备吊装安全规程》。

8.2 安全措施

（1）所有参与火炬组装、吊装的施工人员，均进行了安全教育培训，了解紧急事件处理程序。

（2）所有施工人员均接受了安全技术交底，对工程施工的过程的安全风险了解，并知道消除措施。

（3）在吊装、登高作业前，由安全员办理特种作业票。并在施工过程中进行现场监护。

（4）特殊工种操作人员持证上岗。

（5）所有施工人员配备棉工服，具备防滑功能的工作靴，棉手套和安全帽。登高作业人员还要配备五点式安全带。

（6）吊装时，要有专业起重指挥人员指挥，其他人员禁止指挥吊车。

（7）吊装时，吊车司机、起重指挥、现场负责人员配备无线电对讲机。起重指挥还应配备口哨和旗子。

（8）吊装时，禁止在吊车回转半径内穿越、逗留。

（9）构件吊装时，必须要有两个吊点，吊钩和构件重心要在同一直线上。

（10）登高作业前，要将构件表面的霜、雪等清理干净，防止滑落。

（11）登高作业人员要分组进行作业，每组高空作业人员在高空滞留时间≤1h。

（12）吊装前，应了解当地气象变化情况，当风速≥10.8m/s（相当于风力等级大于或等于六级）、雷雨、大雪、大雾、沙层天气和吊装范围内视觉不可及距离等环境下不得进行吊装作业。

9 环保措施

9.1 环保标准

（1）JGJ 146—2013 《建筑工程施工现场环境与卫生标准》。

（2）GB 12523—2011 《建筑施工场界环境噪音排放标准》。

9.2 环保措施

（1）施工前，应了解掌握施工所在地有关环境保护的法律、法规，并向全体施工人员进行宣传贯彻。

（2）施工过程中严格遵守环境保护法，保护施工现场周围的环境。必须严格在施工征地范围内进行施工作业，教育职工不得随意超出征地范围，或破坏周围的环境及植被，也不得猎杀动物和鸟类。

（3）施工期间应保持现场清洁，废机油及固体废弃物设专人回收处理。废弃物应运至指定堆弃地点，不得随意倾倒，造成环境污染。

（4）严禁在河流、池塘刷洗施工设备、机具，防止污染水面。

（5）施工期间严格进行火种管制，施工区域内禁止吸烟。

10 效益分析

10.1 经济效益

以喇二联浅冷站火炬系统维修工程 49m 法兰连接式火炬塔安装施工为例，采用整体吊装与传统的分段吊装、高空组装施工方法对比，节省成本 40.22 万元。效益对比如表 10–1 所示。

表 10-1　火炬塔整体吊装与传统施工方法效益对比

对比项目	火炬塔整体吊装施工方法	传统的施工方法	效益对比
工期 /d	8	20	
机械费 / 万元	6.3	38.8	32.5
材料费 / 万元	1.5	1.2	–0.3
人工费 / 万元	1.68	9.7	8.02
合计	9.48	48.4	40.22

10.2　社会效益

大型法兰连接式火炬塔整体吊装施工工法解决了冬季施工高处作业和分段吊装作业的诸多困难，确保了吊装一次性成功，提高了施工效率，提高了施工质量，同时采用集中施工，提高机械使用效率。本工法实现了法兰连接式火炬塔整体吊装工艺达到精确、安全、经济、可执行，具有极其重大的推广价值和显著的社会效益。

11　应用实例

应用本工法主要完成了以下工程的施工任务。施工速度快，避免高处作业工作量，杜绝不利的施工因素，节省成本创造效益，提前完成了施工任务。具体工程如表 11–1 所示。

表 11-1　工程应用实例

序号	建设单位	工程项目名称	时间	工作量	应用效果	经济效益 / 万元
1	大庆油田公司	北Ⅰ－Ⅱ天然气净化厂工程	2014 年 6～10 月	新建 35m 火炬系统 1 套	良好	31.2
2	大庆油田公司	中七浅冷站安全隐患治理工程	2015 年 7～11 月	新建 32m 火炬系统 1 套	良好	26.04
3	大庆油田公司	喇二浅冷站火炬系统维修工程	2016 年 8～12 月	新建 49m 火炬系统 1 套	良好	40.22
4	大庆油田公司	徐深九天然气净化厂工程	2017 年 7～9 月	新建 60m 火炬系统 1 套	良好	49.78

多年冻土地区桥梁钻孔桩施工工法

大庆油田路桥工程有限责任公司

逯春雨　邱　鹏　张朋辉　朱　明　刘志波

1　前言

在多年冻土地区施工桥梁钻孔桩会扰动冻土层，加剧冻土层温度变化，破坏土层冻结力，采用常规作业方式施工易出现融塌现象，导致缩径、塌孔等质量问题，而且土层回冻过程漫长，影响桩周形成摩阻力。本工法由大庆油田路桥工程有限责任公司在中俄原油管道漠大线林区伴行公路建设工程加格达奇至漠河沿线桥梁工程共计160根钻孔桩施工中形成，通过减少施工导入的热量和使用低温早强混凝土，成功解决了多年冻土地区桥梁钻孔桩施工技术难题。本工法已评为大庆油田有限责任公司2017年企业级工法。项目竣工以来的运营使用证明，该项工法是多年冻土地区桥梁钻孔桩施工的有效方法，可在类似工程中推广应用。

本工法依托的科研项目《漠大线伴行路多年冻土地区路基及桥梁建设关键技术研究》，获2014年度大庆油田有限责任公司技术创新二等奖、2016年度石油工程建设科技进步奖三等奖项，高纬度低海拔岛状多年冻土桩基侧摩阻力值的测定与选取方法获国家发明专利（ZL 2014 1 0575162.8）。

2　工法特点

（1）合理利用施工时间，有效缩短工期。选择低温季节施工（–15~5℃），降低气候条件对土层的热扰动，减少冻土回冻时间；通过使用低温早强混凝土和添加防冻剂，及早获得桩基混凝土强度和桩周摩阻力，确保后续工程的工序衔接。

（2）采取有效措施减少热量传递，确保多年冻土层成孔质量。采用填筑方式修建钻机作业平台、钻机底部铺设隔热层、埋设双层护筒三项措施，减少钻孔过程中对多年冻土层的热量传导，有效避免了孔壁融化，确保了钻孔的成孔质量。

（3）选用快速成孔钻机及特殊工艺，显著提高施工效率。采用对冻土热扰动最小的旋挖钻机钻孔，成孔速度快，孔底沉渣少，易于清孔，并形成粗糙的孔壁，有利于增加桩侧摩阻力，确保桩基设计承载力。并采用特制泥浆，利用钢制泥浆池循环，在钻进过程中，定时测量泥浆温度和稠度，根据温度上升情况加入冰块，降低泥浆升温对冻土层的干扰；旋挖钻机采用伸缩式钻杆，节省了人力和加接钻杆的时间，显著提高施工效率。

3　适用范围

本工法适用于多年冻土地区桩径3m以内、桩长70m以内桥梁钻孔桩施工。

4 工艺原理

利用旋挖钻机成孔速度快的优点，通过在钻机与地表间增设隔离层、埋设双层钢护筒、泥浆加冰、钢制泥浆池循环泥浆、选用低温早强混凝土和添加防冻剂等措施，本工法可以在自然气候温度低的4~5月施工，减少施工过程中热量交换的时间和数量，解决了多年冻土地区桥梁钻孔桩施工技术难题。

5 施工工艺及操作要点

5.1 工艺流程（图 5-1）

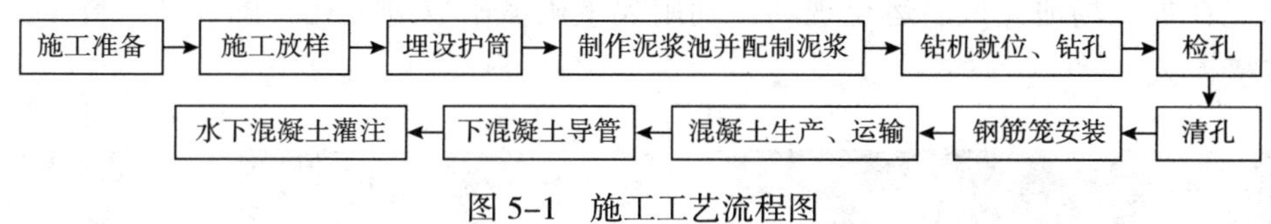

图 5-1 施工工艺流程图

5.2 操作要点

5.2.1 施工准备

（1）结合设计文件、地质勘察报告，现场核查多年冻土路段地质条件、岩土类别、多年冻土性质及特征、多年冻土上限、下限及水文地质情况。

（2）采取填筑方式平整施工场地，填方材料采用砂性土，减少原地表开挖对冻土的热扰动。

5.2.2 施工放样

根据钻孔桩位置坐标，采用全站仪放样并进行保护。

5.2.3 埋设护筒

（1）钢护筒尺寸符合设计要求，内护筒直径比桩基直径大 20~30cm。

（2）外护筒、内护筒利用钻机自带的扩孔器埋设，用钻头压入地下，护筒顶高出地下水位 1.5~2m，高出地面 0.3m，护筒底埋入冻层不少于 0.5m。

（3）护筒准确就位后，双层护筒之间空隙用渣油拌制的粗颗粒土回填，并夯击密实 。

5.2.4 制作泥浆池并配制泥浆

（1）采用钢板焊接制作泥浆池。

（2）泥浆池位置距离孔位不超过 10m，并保证泥浆流通槽的纵坡≥2%。

（3）泥浆材料采用水、膨润土、羟丙基甲基纤维素、优质黏土和纯碱，由制浆机拌合。

5.2.5 钻机就位、钻孔

（1）钻机就位并利用护桩十字线将钻头中心对准桩基中心，底座下发动机散热部分铺设聚苯乙烯泡沫塑料隔热板，以减少对地基热侵入。之后，向护筒内注入泥浆，开始钻孔。

（2）定时测量孔内泥浆温度，当温度高于 5℃时，加冰块控制泥浆温度。

（3）钻孔时泥浆液面高度要时刻超出地下水位标高 0.5m 以上。

（4）钻孔过程中应连续作业不得中断。因故停钻时，严禁钻头留在孔内，以防埋钻，孔口用护盖保护。

（5）在钻孔排渣、提钻、除土，保持孔内水头、泥浆密度、黏度符合要求，以防坍孔。

（6）采用丈量钻杆方法测量孔深，取钻头 2/3 长度处作为孔底终孔界面。

5.2.6 检孔

检查孔中心位置、孔径、孔深、倾斜度、孔内沉淀层厚度。

5.2.7 清孔

（1）检孔完成立即采用换浆法清孔。将钻头提起 20~30cm，并不停转动，通过泥浆循环进行清孔。

（2）清孔后，泥浆黏度、含砂率以及相对密度、沉淀层厚度要符合设计及规范要求。

5.2.8 钢筋笼安装

（1）钢筋笼在加工场地完成后运至现场，利用起重机械吊放进桩孔（图 5–2、图 5–3）。钢筋笼接长采用焊接连接方式。

图 5–2 安装钢筋笼示意图 1

图 5–3 安装钢筋笼示意图 2

（2）钢筋笼吊放入孔过程中严禁碰撞孔壁，避免破坏泥浆护壁效果导致塌孔，顶面、底面标高误差控制在 5cm 范围内，并固定牢固。

（3）钢筋笼吊放入孔位 4h 内必须灌注水下混凝土。

5.2.9 混凝土生产、运输

（1）严格进行原材料进场的抽样检测。采用低水化热的矿渣硅酸盐水泥配置混凝土，并加入 DZ–1 型低温早强高性能混凝土外加剂，使之具有良好的和易性。

（2）采用混凝土搅拌运输车运送至现场，灌注前测定坍落度。

（3）根据当日气温、混凝土运输时间，通过调整混凝土拌和温度控制混凝土入孔温度，使混凝土入孔温度控制为 5~10℃。

5.2.10 下混凝土导管

（1）导管内壁光滑圆顺，直径 20~30cm，节长 2m。

（2）导管使用前进行水密性试验和接头抗拉试验，确保不漏气、不漏水。

（3）导管轴线偏差不超过孔深 0.5%，且≤10cm。

（4）使用隔水球应有良好的隔水性能，并保证顺利排出。

（5）导管接长固定后，底部至孔底距离为 30~50cm。

5.2.11 水下混凝土灌注

（1）灌注混凝土前，检测孔底钻渣沉淀厚度。

（2）首批混凝土灌入数量满足导管底部埋入混凝土的深度不得 <1m 的要求。

（3）灌注过程保持连续，拆除导管时间应控制在 15min 以内。导管内混凝土不满时，要徐徐地灌注，防止在导管内造成高压空气囊堵塞导管，影响混凝土灌注。

（4）在灌注过程中经常保持井孔水头，防止坍孔。

（5）在灌注过程中，经常探测井孔内混凝土面位置，及时调整导管埋深，导管埋深控制在 2～6m 范围内。

（6）为了防止钢筋笼上升，当导管底口低于钢筋笼底部 3m 至高于钢筋笼底 1m，以及混凝土表面在钢筋笼底部上下 1m 之间，应放慢混凝土灌注速度，允许的最大灌注速度与桩径有关，经验表明，本工程的最大灌注速度为是每分钟孔内混凝土上升 <0.5m。

（7）混凝土灌注标高要高于设计标高 0.5～1m，保证凿除桩头后桩身质量。

5.3 劳动力组织（表 5-1）

表 5-1 劳动力配置表

序号	工 种	人数 / 人	分 工
1	技术员	2	技术质量控制
2	工长	2	组织实施
3	试验员	2	混凝土质量控制
4	测量员	2	测量放线
5	机械操作手	4	机械设备操作
6	钢筋工、电焊工	10	钢筋加工
7	混凝土工	4	混凝土施工
8	力工	10	施工作业

6 设备和材料

以中俄原油管道漠大线林区伴行公路建设工程为例。

6.1 设备配备（表 6-1）

表 6-1 主要机械设备明细表

序号	设备名称	规 格	数 量	备 注
1	旋挖钻机	山河智能 SW22	1 台	
2	混凝土运输车	斯太尔 $7m^3$	4 台	
3	起重吊车	徐工 25t	2 台	
4	装载机	徐工 ZL50	1 台	
5	自卸汽车	五十铃翻斗车	2 台	
6	混凝土拌和站	750 型	1 座	
7	发电机	康明斯 250kW	2 台	
8	蒸汽锅炉	CLSG0.25	1 座	$0.25MW/20\times10^4kcal$

6.2 材料配备（表 6-2）

表 6-2 主要材料明细表

序号	材料名称	规 格	备 注
1	矿渣硅酸盐水泥	42.5	
2	中砂	细度模数 2.3~3.0	
3	碎石	0.5~1cm	
4	碎石	1~3cm	
5	减水剂等外加剂	萘系高效减水剂、DZ-1 型低温早强高性能混凝土外加剂	
6	渣油		
7	钢护筒		

7 质量控制

7.1 质量控制标准

（1）JTG/T F50—2011《公路桥涵施工技术规范》。

（2）SY 4211—2009《石油天然气建设工程施工质量验收规范桥梁工程》。

（3）CJJ 2—2008《城市桥梁工程施工与质量验收规范》。

（4）JTG F80/1—2017《公路工程质量检验评定标准》。

7.2 质量保证措施

（1）严格检查混凝土原材料，保证外加剂掺量准确，控制混凝土的出机温度，保证混凝土灌注质量。

（2）做好控制点位的测放及保护。桩位放样后要放控制桩，检测护筒安装位置以及钻机钻头定位是否准确。

（3）开钻前用全站仪复核钻杆垂直度。成孔后用检孔器对孔径、孔深进行检查；用钢丝绳吊钻头测其倾斜度。

（4）清孔后灌注水下混凝土前，用沉淀盒测定沉淀厚度。

（5）加强灌注过程中孔内混凝土液面标高以及导管埋置深度的监测。导管埋深应控制在 2~4m，每次拔管前应仔细测探混凝土面深度。用测绳锤探测时，需用 2 人、2 个测绳锤探测，防止误测。

（6）待桩身混凝土达到设计要求并且原土层回冻形成冻结力后，凿除桩头多余混凝土，并采用超声波法进行桩基质量检测。

7.3 关键质量控制

关键质量控制见表 7-1。

表 7-1 关键质量控制表

项次	关键质量控制点	规定值或允许偏差	检查方法和频率	备注
1	混凝土强度	在合格标准内	按《公路工程质量检验评定标准》附录 D 检查	
2	桩位	≤50mm	全站仪：每桩测中心坐标	
3	孔深	≥设计值	测绳：每桩测量	
4	孔径	≥设计值	探孔器：每桩测量	
5	钻孔倾斜度	≤1% 桩长，且≤500mm	钻杆垂线法：每桩测量	

续表

项次	关键质量控制点	规定值或允许偏差	检查方法和频率	备注
6	沉淀厚度	≤100mm	沉淀盒或测渣仪：每桩测量	
7	桩身完整性	满足设计要求	超声波法：每桩测量	

8 安全措施

8.1 安全标准

（1）JGJ 33—2012 《建筑机械使用安全技术规程》。

（2）JGJ 46—2005 《施工现场临时用电安全技术规范》。

（3）GB 50348—2018 《安全防范工程技术标准》。

（4）GB 2894—2008 《安全标志及其使用导则》。

8.2 安全保证措施

（1）遵照中华人民共和国行业现行标准《公路工程施工安全技术规程》以及《公路项目安全性评价指南》。

（2）提高现场所有人员防火意识，严格控制机械、人员动火规程，避免出现火灾。

（3）施工现场采取实名制管理措施，加强施工人员入场安全教育、培训，及安全技术交底。

（4）施工现场设立隔离设施、警示标志，施工管理人员对进入现场的作业人员要进行提示。

（5）钻孔过程中，严禁人员靠近钻机和护筒，以免出现安全事故；因故停钻时，严禁钻头留在孔内，以防埋钻，孔口用护盖保护。

（6）施工作业人员配备符合要求的劳动保护用具，定期检验更换。

（7）施工现场配备专职安全员，巡回检查，及时发现安全隐患，并督促整改直至消除，发现有违章指挥或违章作业行为应进行制止。

9 环保措施

9.1 环保标准

（1）JTG B04—2010 《公路环境保护设计规范》。

（2）JTG B03—2006 《公路建设项目环境影响评价规范》。

（3）JGJ 146—2013 《建设工程施工现场环境与卫生标准》。

9.2 环保措施

（1）合理调配和使用机械，规划施工以填代挖避免改变冻土地貌。

（2）控制钻渣和泥浆的排放，做好无害化处理。

（3）施工现场四周的排水设施齐全。

10 效益分析

相对于其他钻孔方式，旋挖钻孔速度快，护壁效果好、扩孔率低，成孔质量好。不但降低了设备租赁费及油料消耗成本，同时也节约了混凝土材料费用。并且能提高桥梁整体施工进度，缩短施工工期，为全线工程贯通通车打下了良好的基础。

10.1 经济效益

10.1.1 漠大线林区伴行公路建设工程

使用本工法低温季节施工钻孔 160 根，与常规方法（以冲击钻为例）施工相比，施工工期及施工费用比较如表 10–1 所示：

表 10-1 经济效益分析表

项 目	本工法钻孔	常规工艺	比 较	备 注
施工内容				
钻孔时间	45d	90d	时间短	
扩孔导致混凝土超灌	1～1.05 倍	1.1～1.3 倍	消耗低	
泥浆循环利用率	高	基本不可循环利用	利用率高	
费用	共计 232.33 万元	共计 334.43 万元	–102.1 万元	
租赁机械费	45/30×（3 万 / 月 ×4 台 +3 万 / 月 ×2 台 +2.1 万 / 月 ×1 台 +2.1 万 / 月 ×2 台 +5 万 / 月 ×1 座 +0.9 万 / 月 ×2 台 +4.5 万 / 月 ×1 座）=53.4 万元	2×53.4 万元 = 106.8 万元	–53.4 万元	表 6.1 中的 2–8 等机械
混凝土消耗	3.14×0.6×0.6×20m×160 根 ×1.05 倍 ×0.04 万元 / m^3=151.93 万元	3.14×0.6×0.6×20m×160 根 ×1.2 倍 ×0.04 万元 /m^3= 173.63 万元	–21.7 万元	C30 混凝土单价按 400 元 / 立计算，桩基直径 1.2m，桩深 20m
人工费	45/30×（技术员 8000×2+ 工长 6000×2+ 试验 3000×2+ 测量 8000×2+ 操作手 5000×4+ 焊工 5000×10+ 混凝土工 5000×4+ 力工 4000×10）=27 万元	2×27 万元 =54 万元	–27 万元	

以上数据表明，采用本工法施工多年冻土钻孔与其他工艺施工相比，减少作业时间 45d，更加适合多年冻土区施工季节短、工期紧要求，并降低施工成本约 102.1 万元。

10.1.2 永乐油田葡 47 区块葡 49 井区 2015 年产能道路系统工程

使用本工法施工钻孔桩 108 根，与正常施工季节相比，施工工期及施工费用比较如表 10–2 所示：

表 10-2 经济效益分析表

项 目	本工法钻孔	冲击钻钻孔	比 较	备 注
施工内容				
钻孔时间	30d	60d	时间短	
扩孔导致混凝土超灌	1～1.05 倍	1.1～1.3 倍	消耗低	
泥浆循环利用率	高	基本不可循环利用	利用率高	
费用	共计 207.42 万元	共计 283 万元	–75.58 万元	
租赁机械费	1×（3 万 / 月 ×4 台 +3 万 / 月 ×2 台 +2.1 万 / 月 ×1 台 +2.1 万 / 月 ×2 台 +5 万 / 月 ×1 座 +0.9 万 / 月 ×2 台 +4.5 万 / 月 ×1 座）=35.6 万元	2×35.6 万元 =71.2 万元	–35.6 万元	表 6.1 中的 2–8 等机械
混凝土消耗	3.14×0.6×0.6×30m×108 根 ×1.05 倍 ×0.04 万元 /m^3=153.82 万元	3.14×0.6×0.6×30m×108 根 ×1.2 倍 ×0.04 万元 / m^3=175.8 万元	–21.98 万元	C30 混凝土单价按 400 元 / 立计算，桩基直径 1.2m，桩深 30m

续表

项 目	本工法钻孔	冲击钻钻孔	比 较	备 注
人工费	1×（技术员 8000×2+ 工长 6000×2+ 试验 3000×2+ 测量 8000×2+ 操作手 5000×4+ 焊工 5000×10+ 混凝土工 5000×4+ 力工 4000×10）=18 万元	2×18 万元 =36 万元	–18 万元	

以上数据表明，使用本工法施工与其他工艺相比，施工仅用 30d 时间，提前完工 30d，并降低施工成本约 75.58 万元。

10.2 社会效益

实践证明，采用冬季施工冻土地区钻孔桩保证了施工质量和进度，又降低了施工成本。同时，能充分利用冬季进行施工，保证冻土层施工后自然回冻时间和下一步工序的衔接，适合多年冻土区施工季节短、工期紧的要求。随着该类地区基础建设投资力度的增加，今后类似工程会越来越多，该工法值得借鉴推广，应用前景广阔。

11 工程实例

应用实例一：中俄原油管道漠大线林区伴行路工程

2010 年建设的中俄原油管道漠大线林区伴行路工程是为保证原油管道运输修建的起于加格达奇，终至漠河的路桥工程，建成之后成为大兴安岭地区重要的交通干道。大庆油田路桥工程有限责任公司在施工中采用本工法，节约工期 45d，成本降低 102.1 万元。

应用实例二：永乐油田葡 47 区块葡 49 井区 2015 年产能道路系统工程

2015 年建设的永乐油田葡 47 区块葡 49 井区 2015 年产能道路系统工程是为确保采油系统产能建设的工程，该工程配合在库里泡中修筑大型钻井作业平台，沿湖周围新建环形公路，并在湖中填石填土修筑道路桥梁。大庆油田路桥工程有限责任公司在施工中采用本工法，节约工期 30d，成本降低 75.58 万元。

高大抽油机基础正立预制安装施工工法

大庆油田建设集团有限责任公司

李洪志　张玲燕　陈　剑　刘晓善　代瑞海

1　前言

抽油机基础是油田产能建设不可缺少的重要产能构件，常规抽油机基础每套质量均在 20~30t，高度为 1.5~1.8m，通常采用倒置成型工艺，出窑翻身后，再拉运安装。而近年来，随着油田节能环保投入加大，采用永磁电机的新型塔架型抽油机的开始逐步推广应用，由于其机身过高（通常可达 14m），导致设计采用加高加大的基础底座，高度可达 2.2~2.5m，质量也增加到 30~50t。对于此类基础，若采用原有倒置成型工艺，存在芯模过长过大，脱模困难，基础自重过大，翻身困难，需大型设备，安全风险高等诸多问题。据此，大庆油田建设集团有限责任公司建材公司对 30~50t 高大抽油机基础生产工艺进行论证和研究，对现有专利技术（一种整体式抽油机基础倒置成型钢模具，专利号：ZL 2017 2 0517004.6）进行创新，设计制作正立生产专用模具和生产工艺，解决了原有生产工艺存在的诸多问题，即降低模具制作成本，保证质量和生产安全，又满足了油田产能建设的需要。经过施工工艺方法和施工配套机具不断创新改进，高大抽油机基础正立预制安装施工工法 2018 年被评为大庆油田有限责任公司企业级工法，通过查新检索，目前该工法关键技术在国内所查文献中未见相同报道。总结高大抽油机基础制作和安装施工工程实践经验，形成本工法。

2016—2019 年应用“高大抽油机基础正立预制安装施工工法”先后为大庆油田采油六厂生产安装塔架机基础 40 套，为采油八厂生产安装 13BF 型基础共计 51 套，为采油四厂生产安装 WCYJD 型塔架式抽油机基础 30 套，获得显著的经济效益和社会效益。

2　工法特点

本工法从正立模具设计制作安装、混凝土浇筑、骨架及埋件螺栓定位安装、混凝土配制与浇筑、养护及脱模共六方面来看具有以下特点：

1. 基础成型质量好，模具成本低

采用正立成型工艺，单套拆装模具设计理念，取消整体模具底框，包括芯模，侧模，底模钢平台三部分，整体仍采用贯通螺栓固定，顶部预埋管件定位采用方盒穿孔、侧模上定位孔和埋件挡销进行三向定位，预埋螺栓采用顶部架设定位框定位，预埋管件成型位置精确。即保证拆装模具用工少、安全快捷，又保证模具在多次重复拆装情况下不变形，不破损，基础成型质量好，模具制作成本低。

2. 施工速度快、安全性高

采用正立模具的底模与侧模完全分开，在侧模、底模及钢筋骨架、埋件全部安装完毕后，最后安装芯模具，当混凝土终凝后即可先脱出芯模，再继续养生，施工灵活，施工速度快、安全性高。

3. 基础密实度高，抗冻性、耐久性好

采用引气型高效减水剂、矿粉、粉煤灰掺合料配制的坍落度为55~70mm高性能混凝土浇筑，从上到下分块分层振捣施工工艺，混凝土快速填充模具的各个角落，混凝土密实度高，抗冻性能及耐久性能好。

4. 施工周期短、效率高

采用带蒸汽的钢平台上定位钢模具，侧模底板及芯模板内部贯通蒸汽养护，缩短养护时间，实现快速脱模具，保证一天一茬，施工周期短、效率高。

3 适用范围

本工法适用于油田产能建设中应用的体积为15~30m^3，质量30~50t或高度为2.2m以上的各种型号塔架型抽油机基础预制安装施工。

4 工艺原理

利用钢平台、侧模、芯模形成的腔体，内置钢筋笼，浇灌混凝土，在蒸汽高温环境下，混凝土快速硬化达到强度后，先拔出芯模，再拆除侧模，形成基础结构（图4-1）。

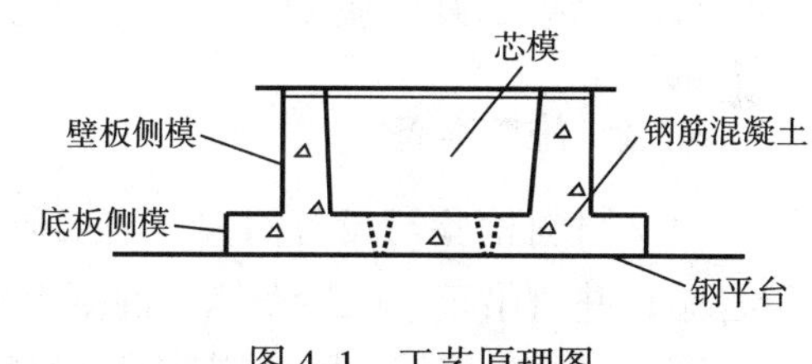

图4-1 工艺原理图

（1）关键技术1：正立支模传力体系。通过芯模板、壁板侧模、底板侧模板和钢平台形成从上向下的竖向传力体系（图4-2），将模板荷载、施工荷载，钢筋混凝土自重荷载，直接传递到钢平台上。保证侧模、芯模受力和变形最小，在侧模自身刚度和贯通螺栓的紧固下，保持结构整体性，可重复利用200次以上，不发生变形。

（2）关键技术2：预埋管件精确定位方法（图4-3）。通过侧模板上设立预埋管定位孔，钢管销穿过预埋管，与下部成孔方盒连接，保证预埋管处于三向定位控制，预埋螺栓采用顶部架设定位框定位，确保预埋管件预埋位置精确，便于设备安装。

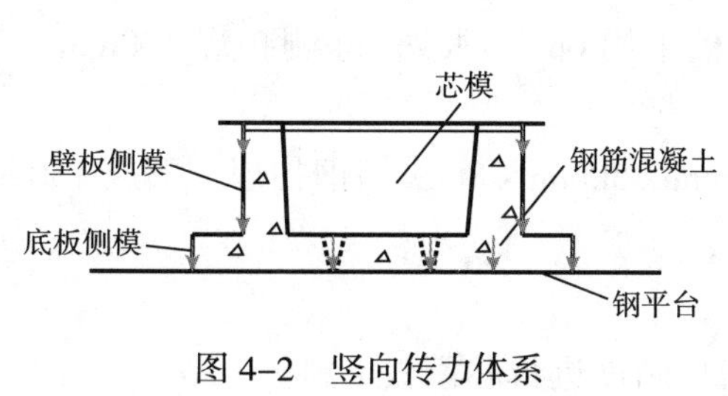

图4-2 竖向传力体系

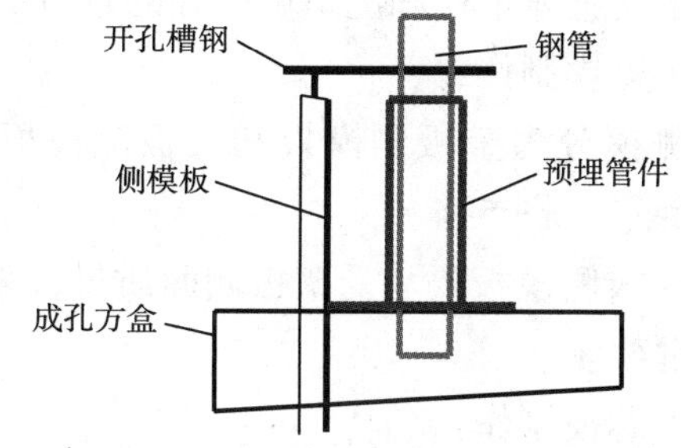

图4-3 预埋管件精确定位方法

5 工艺流程及操作要点

5.1 工艺流程

工艺总流程图（图5-1）。

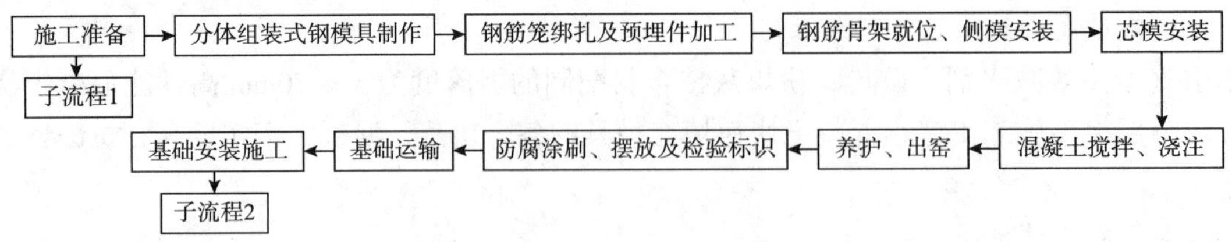

图 5–1 工艺流程图

（1）子流程 1：分体组装式钢模具制作子工艺流程图（图 5–2）。

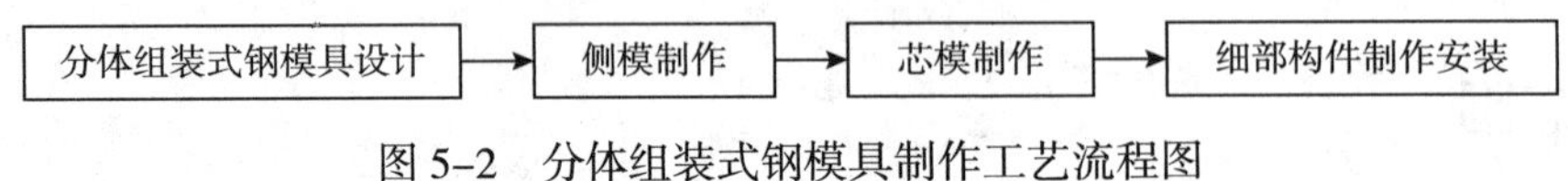

图 5–2 分体组装式钢模具制作工艺流程图

（2）子流程 2：基础安装施工工艺流程图（图 5–3）。

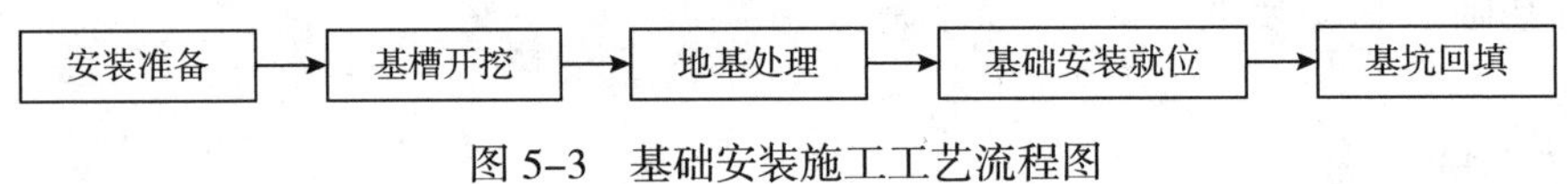

图 5–3 基础安装施工工艺流程图

5.2 施工操作要点

5.2.1 施工准备

（1）材料检验与设备检查。施工前对使用的钢筋、钢板、砂石、水泥、矿粉、外加剂等原材料进行检验，并对吊车、拉运车辆、混凝土搅拌等设备设施进行检查。

（2）对养生管线、隔离剂等辅助材料及扳手、振捣棒、铁锹、电焊机等小型机具、工具进行准备。

5.2.2 分体组装式钢模具制作

（1）分体组装式钢模具设计。分体组装式钢模具采用全钢制作，由壁板侧模、底板侧模、芯模和细部构件组成，采用钢平台定位底板侧模板，壁板侧模通过槽钢横担坐落在底板侧模上，芯模板采用下部支腿传力到钢平台上，上部槽钢横担与壁板侧模相连，侧模之间通过贯通螺栓连接固定，形成整体，抽油机连接套管定位采用侧模板上槽钢与方盒共同定位。通过挡板和钢销与壁板侧模连接。钢平台直接承受整体钢模和浇筑后基础的总质量，形成芯模到侧模再到底板钢平台的传力体系。

（2）侧模制作：

①侧模分为壁板侧模板和底板侧模板，壁板侧模板采用 6mm 钢板，外侧扣焊 100mm × 50mm × 8mm 槽钢肋（图 5–4）。

②底板侧模板要承受壁板侧面质量，采用 2 根 150mm × 50mm × 8mm 槽钢扣焊，形成 150mm 厚底板侧面框架。

（3）芯模制作：

①芯模面板采用 6mm 厚钢板制作，按横向 75mm 脱模斜度进行芯模板下料。

②在芯模里侧采用角钢做加筋肋板，进行段焊连接，焊缝长度 80mm，焊缝距离 50mm，再焊接角钢支撑，形成面板整体。

③将面板连接板缝满焊连接，做出 45° 倒角，打磨光滑，形成芯模。

④芯模下设菱形支腿，可坐落在钢平台上，兼作基础排水孔（图 5–5）。

（4）细部构件制作与安装：

①在制作好的侧模板上，定位贯通螺栓连接位置、掏孔，同时定位预埋小盒位置、掏孔，制作定位下料前进行详细计算面板尺寸，保证侧模接口准确。

图 5-4 侧模制作

图 5-5 芯模制作

②制作螺栓杆，合模螺栓杆纵向间距≤500mm，均匀布置，壁板侧模板贯通螺栓杆采用 ϕ25mm 钢棒制作，一端采用横向钢棒固定端，另一端采用 M24 螺帽进行双螺母固定（图 5-6）。

③预埋小盒制作及预埋管定位，采用 6mm 厚钢板下料、制作，小盒采用四棱台锥形体，内侧与芯模板靠严。外侧通过钢销与侧模连接固定，小盒位置，同时在小盒上掏孔，预埋管坐落小盒上，通过 ϕ48mm 钢管传入小盒方孔内，定位预埋管底端位置，侧模板上部采用槽钢上掏孔定位预埋管上不位移，ϕ48mm 钢管上部传入孔内，槽钢与侧面焊接连接。

图 5-6 侧模制作与安装

④模具制作完进行组装验收，重点测量模具长宽高外形尺寸，预埋管位置，模板平整度和合模具严密性。模具验收完毕进行模具钢平台上的定位，采用紧线器四角固定，准备生产。

5.2.3 钢筋笼绑扎及预埋件加工

（1）在钢筋班组进行抽油机基础底板、壁板钢筋下料、绑扎（图 5-7）。

（2）钢筋采用机械下料、弯曲成型；钢筋笼采用正立绑扎，先绑扎底板钢筋网片成型，再绑扎壁板竖向钢筋网片，绑扎壁板端部加强钢筋时要将加强螺纹钢筋绑扎竖向钢筋弯钩的斜角上（图 5-7），来增大预埋钢处钢筋保护层。钢筋笼绑扎采用八字形绑扣，增加剪刀撑，减少钢筋笼移动过程产生变形（图 5-7、图 5-8）。

图 5-7 钢筋骨架绑扎

图 5-8 壁板钢筋绑扎

（3）预埋件加工制作，先进行钢板、钢管、锚固筋下料，再进行统一焊接，抽油机基础竖向连接预埋件角钢件采用先焊接锚固筋，再用 ϕ8mm 钢筋连接整体，保证竖向埋件间距准确（图 5-9）。预埋管采用在固定胎具上进行，先切孔，再焊接连接成型，保证管底钢板位置准确（图 5–10）。

图 5–9 预埋件加工

图 5–10 预埋管焊接

5.2.4 钢筋骨架就位、侧模安装

（1）将生产平台清理干净，将抽油机基础底模板组装完成，尺寸校准完毕，然后均匀涂刷一层隔离剂，之后埋件坑内四角垫置 30cm 高度垫块。

（2）将预先预制好的整体钢筋骨架吊放定位到预制平台上，控制好骨架两端位置（图 5–11）。

（3）将相应预埋件安放在钢筋骨架上，调整好埋件位置，并将埋件与骨架焊接，以控制住埋件位置（图 5–12）。

（4）安装壁板模板，用吊车吊起依次将壁板侧模板吊装就位，纵向侧模夹紧横向侧模，依次穿好贯通螺栓，拧紧螺母，校核尺寸，挂好紧线器，拉紧调正，控制好壁板侧模垂直度和平直度（图 5–13）。

图 5–11 钢筋骨架就位、底侧模安装

图 5–12 埋件定位

图 5–13 侧模安装

5.2.5 芯模板安装

（1）先放置竖向垫块，保证混凝土保护层厚度，将整体芯模吊放定位到预制平台上，控制好骨架与芯模间隙，使芯模上表面与模板平面齐平（图 5–14）。

（2）将芯模槽钢搭放在侧模上，采用固定螺栓与侧模固定，保证芯模位置准确，防止在浇注混凝土时芯模上浮（图 5–15）。

（3）模具安装完毕进行质量验收，检查合模后的钢筋及模板的外形尺寸、模具紧固性、严密性、钢筋保护层厚度、预埋管件的位置等（图 5–16）。

图 5–14　安装芯模板

图 5–15　芯模固定

图 5–16　钢筋模板检验

5.2.6　混凝土搅拌、浇注

（1）采用 P.O42.5 水泥、引气型高效减水剂、中砂和 5 ~ 25mm 碎石及矿粉等主要原材料，试验、配制坍落度为 75 ~ 90 的具有抗渗抗冻性能抽油机基础的专用混凝土。

（2）混凝土采用搅拌站集中搅拌供料，采用翻斗车拉运配送到达现场，用料斗接料、布料及浇灌。

（3）混凝土布料从基础壁板开始，壁板混凝土布满后，分层振捣，壁板内混凝土会自动填充到基础底板内的各个角落。壁板底部混凝土振捣完毕，从外侧振捣底板两翼混凝土，振捣密实，边振捣底板边将底板上多余的混凝土送到上部壁板，再分层浇筑上半部剩余壁板混凝土（图 5–17、图 5–18）。

图 5–17　混凝土浇灌

图 5–18　混凝土振捣

（4）壁板上部混凝土振捣完毕，用木抹子找平壁板上表面，再用铁抹子压光，将预埋管定位管周围混凝土清理干净，抹平压实。

5.2.7　养护、出窑

（1）基础浇筑完毕，用塑料布加帆布覆盖，进行养护（图 5–19）。采用覆盖养护时覆盖物要四周与地面接触，将基础及模具全部包裹。炎热夏季可以自然养护，也可以蒸汽养护，蒸汽养护采用底部钢平台蒸汽送汽和芯模内送蒸汽的办法。严格按照“静停—升温—恒温—降温”养护制度进行，基础养护先静停 2h 后，升温速度不超过 15℃ /h，恒温温度 <70℃，恒温时间 5 ~ 7h 即可降温，混凝土表面与环境温差降到 20℃以内，方可出窑、脱模（表 5–1）。

表 5-1　混凝土蒸汽养护制度表

步　骤	静　停	升　温	恒　温	降　温
时间 /h	2	2	5 ~ 7	3
温度 /℃	10 ~ 20	20 ~ 65	65 ~ 70	30 ~ 40

注：升温速度≤15℃ /h，降温速度≤10℃ /h。

（2）脱模，当混凝土蒸汽养护 5 ~ 7h 后，即可先拆除成孔方盒模板和预埋管定位管，然后继续养生，当基础强度到达 70% 以上，先后脱出芯模板、侧模板，然后将基础吊出，摆放。拆除芯模板时，吊出摆正，先拉紧钢丝绳，钢丝绳要对称居中，受力均匀，先轻轻拉动，使芯模与基础分离，进入空气后，再平稳将芯模脱出。

然后依次逐一对称松开螺丝，抽出螺杆，操作人员安全离开后，吊出侧模，用钢丝绳 U 形环锁住基础吊环，微微抬起，分离侧模板进行脱模（图 5–20）。

图 5–19　养护

图 5–20　脱模

5.2.8　防腐涂刷、摆放及检验标识

（1）基础摆放后即可根据需要进行防腐涂刷。对于塔架机基础采用引气型混凝土，可不用做防腐处理，其他基础要进行防腐，先涂刷外露壁板白色防腐墙漆，然后涂刷沥青防腐涂料。涂刷要均匀，黑白分明，线条平直（图 5–21）。

（2）基础检验标识要分两步进行，一是出窑后进行生产日期和规格型号标识，二是整体检验后，进行合格标识。

（3）模板全部拆除完毕后将抽油机基础吊走放到成品检验区域，先测量基础上下的长宽高及对角线，再检验基础外观质量，包括混凝土浇筑质量、埋件位置、钢轨道宽度及凹陷深度等。检验合格对抽油机基础进行合格标识。

（4）抽油机基础标识要将工程名称、基础型号、生产日期等标识清楚。

5.2.9　基础运输

（1）基础运输采用载质量 40t 以上卡车运输，运输前先核实基础型号，检查基础外观尺寸，进行分段运输。卡车上要垫置两道垫木，避免基础与卡车车体直接接触，防止运输过程道路颠簸，引起基础底板断裂或发生碰撞损坏（图 5–22）。

（2）基础装车采用预留方孔外侧专用吊具进行吊装，高空作业要有安全溜绳。基础吊装要由专业起重工操作，轻起轻落，缓慢进行，防止碰撞损坏基础棱角。

（3）基础运输速度不得超过 60km/h。道路崎岖路段不得超过 30 km/h。

（4）基础拉运到施工现场进行合理摆放，让开道路、井口和基坑，平稳吊装，轻起轻落。

图 5-21 标识、摆放

图 5-22 基础运输

5.2.10 基础安装施工

1. 施工准备

基础安装前，进行定位放线，确定基础安装方位，基础与采油树的距离，以及基槽需要开挖尺寸和深度。

2. 基槽开挖

基槽开挖采用机械开挖（图 5-23），挖到基底标高后，根据现场需要对地基进行处理。

图 5-23 基坑开挖

3. 地基处理

基坑开挖前要根据井场地质条件先确定地基处理方法。对于地基有原状土的硬地基，采用在原状土上填 300mm 厚砂垫层或 100mm 混凝土垫层，进行地基处理（图 5-24）。

对于低洼地带水泡井，采用先进行井场垫土，打入 8m 深以上摩擦方桩，按桩基专项施工方案进行定位、沉桩、基槽开挖、破桩头，桩基周围进行素土夯实，上浇筑 300mm 厚混凝土承台底板，20mm 厚混凝土找平层，再安装抽油机基础。

4. 基础吊装就位

基础采用 50t 以上吊车进行吊装就位，先根据与井口距离在底板上进行基础放线定位，分别将两段基础吊装就位（图 5-25），保证采油树与基础第一批螺栓孔的距离准确，安装过程基础起落平稳，不得相互碰撞，调整好两段基础宽度和基础表面平整度，复测合格后，用钢板将基础连接件进行电焊拼装焊接连接，冷却后进行防腐涂刷。

图 5-24 混凝土垫层地基处理

5. 基坑回填

基础安装就位并连接完毕，复验合格后即可回填夯实。基础芯槽内及基础四周 1m 范围内采用素土或砂分层回填，并进行分层夯实，压实系数≥0.95。基坑回填也可采用机械回填，节省时间，为抽油机设备安装作好准备（图 5-26）。

图 5-25 基础吊装就位

图 5-26 塔架抽油机安装及使用

5.3 劳动组织

所有的人员分工按施工所需分配，高大抽油机基础正立预制施工所需的主要人员及分工见表 5-2。

表 5-2 主要人员分工表

序 号	岗位工种名称	人数 / 人	分 工
1	总工	1	全面技术质量管理
2	项目经理	1	组织生产
3	工长	1	组织实施
4	班长	2	组织班组管理实施
5	技术员	2	负责现场技术指导
6	质检员	2	负责现场质量监督检查
7	起重工	4	起重作业
8	钢筋工	8	负责钢筋下料、绑扎
9	实验工	1	配合比及强度实验
10	电焊工	2	负责埋件焊接
11	气焊工	2	气焊切割
12	混凝土工	6	施工作业
13	安全监督员	2	生产安全监督

6 材料与设备

6.1 主要用料（表 6-1）

表 6-1 单套 13HF 抽油机基础主要用料表

序 号	名 称	规格型号	质量 /kg
1	水泥	P.O42.5 普通硅酸盐水泥	3171.2
2	矿粉	S95	1125.8
3	砂	中砂	8573.1

续表

序　号	名　称	规格型号	质量 /kg
4	碎石	5～25mm	12848.6
5	水	饮用水	4198.1
6	外加剂	HRT–S19 聚羧酸高效减水剂	95.1
7	钢筋	ϕ8mm	191.1
8	钢筋	ϕ10mm	745.9
9	钢筋 HRB335	ϕ12mm	93.1
10	钢筋 HRB335	ϕ16mm	103.1
11	钢筋 HRB335	ϕ14mm	150.8

6.2　主要机具设备（表 6-2）

表 6-2　主要机具、设备表

序　号	名　称	规格型号	单　位	数　量
1	双梁起重机	30M–60t	台	2
2	双梁起重机	30M–60t	台	2
3	振捣棒	ϕ50mm	套	4
4	调直切断机	QJ–40	台	2
5	电焊机	CHV–560	台	4
6	卷扬机	JJZK–3t	台	1
7	搅拌站	HZ120	个	1
8	翻斗车	$2m^3$	辆	1
9	扳手	ϕ28mm	把	6
10	起重机	50t	台	1
11	卡车	40t	辆	2

7　质量控制

7.1　质量控制标准

（1）GB/T 14684—2011 《建筑用砂》。

（2）GB/T 14685—2011 《建筑用卵石、碎石》。

（3）GB 175—2007 《硅酸盐水泥、普通硅酸盐水泥》。

（4）GB 50204—2011 《混凝土结构工程施工质量验收规范》。

（5）JGJ 63—2006 《混凝土拌合用水标准》。

（6）GB 8076—2008 《混凝土外加剂》。

（7）GB 1499.1—2008 《热轧光圆钢筋》。

（8）GB 1499.2—2007 《热轧带肋钢筋》。

7.2　关键质量控制

关键质量控制见表 7–1。

表 7-1 关键质量控制表

项次	质量关键控制点	检验内容	控制方法	质量指标	检验仪器	检验时机	频次 / 次	控制手段
1	模具制作	细部尺寸、平整度	旁站、验算	长度 ±5mm、宽度 ±5mm，高度 ±5mm	钢尺、塞尺	下料前、焊接组装前、模具制作完	10	制作过程跟踪检测
2	埋件加工安装	外形尺寸、焊接质量	测定、观察	焊缝高度≥8min，位置中心偏差≤5mm	钢尺	下料后、焊接完后	5	旁站跟踪检查
3	合模振捣	严密性、振捣方法	试块试压实验	合模严密、缝隙不得超过3mm	钢尺、秒表	合模前、振捣浇筑时	5	制作过程跟踪检测
4	外观修复	修复过程和结果	观察、钢尺测量	不得有缺棱掉角，裂纹等质量缺陷	钢尺、观察	修复过程	2	检验批进行检测
5	基础安装	表面平整度、孔距、与井口距离	观察、钢尺水准仪测量	基础近井口一侧第一排螺栓孔距井口的距离≤2240mm	钢尺、水平尺	安装时	2	安装过程检查

7.3 质量控制措施

1. 模具制作质量控制措施

（1）模具制作过程要严格控制芯模斜度 >1/20mm，两侧对称，以便于芯模脱出。

（2）严格控制预埋管定位销钢管的位置，保证侧模槽钢定位孔与方盒定位孔垂直，确保出窑后预埋管位置准确。

（3）侧模合口要进行钢板切割，保证合口严密。

（4）预埋小盒定位采用钢板销定位在侧模上。

2. 钢筋骨架加工及埋件焊接质量控制措施

（1）钢筋骨架绑扎采用对扣绑扎，减少骨架拉运变形，两侧壁板增加剪刀撑。

（2）壁板上部加强钢筋要绑扎在竖向钢筋弯钩外侧。

（3）竖向连接件要与模具尺寸一一对应，采用钢筋连成整体。

（4）预埋管焊接时底管与钢板要采用满焊，焊平。

3. 钢筋骨架安装、埋件安装及合模质量控制措施

（1）钢筋骨架安装要轻拿轻放，减少骨架变形，底部垫置好标准垫块，确保钢筋保护层准确。

（2）预埋件就位后竖向预埋件与固定端模绑扎固定；预埋管就位后，将钢筋笼横向钢筋回复原位。

（3）合模后先及时拧紧顶部螺丝，再按照从下到上依次拧紧螺丝，保证上下螺丝受力一致，合模严密。

（4）顶部吊环要与竖向钢筋焊接定位，保证吊环处于壁板中心，防止受力不当，壁板吊坏。

4. 混凝土浇捣质量控制措施

（1）混凝土采用 70~90mm 坍落度，不得过大，坍落度过大，容易发生水泥浆流失，加重跑浆现象，同时容易引起芯模上浮。

（2）混凝土振捣要采用斜向分层振捣，加强底部振捣，振捣棒要插到壁板底部，严禁过振，同时防止漏振。

（3）抹面采用木抹子进行抹成细麻面，用靠尺检查抹面质量，保证抹面平整度。

5. 基础运输、安装质量控制措施

（1）基础运输前，对基础外观及强度进行检查，检查合格方可运输。装车过程垫置好垫木，基础装车，要有安全员在现场，专人指挥，由专业起重工来完成作业，吊车吊起基础行走时下面要有人用遛绳，对基础进行控制。

（2）基础吊运采用专用工具，利用基础预留孔进行，钢丝绳与基础接触部位用旧轮胎或垫木进行垫置保护。

（3）基础运输要平稳运输，运输过程基础不得损坏，控制好车速，道路崎岖路段车速不得超过30km/h，正常路段不得超过80km/h。

（4）现场基础采用桩基时，桩上承台底板强度达到75%以上方可就位基础，基础平稳坐落再找平层上，两片基础连接采用E4303焊条满焊，检验合格后，进行防腐处理。

（5）基础回填前，复测基础位置尺寸，并分层回填，分层测量回填土的压实系数。

8 安全措施

8.1 安全标准

（1）GB 50870—2013《建筑施工安全技术统一规范》。

（2）JGJ 59—2011《建筑施工安全检查标准》。

（3）GB 50656—2011《建筑施工企业安全生产管理规范》。

（4）Q/SY TZ 0363—2013《吊装作业安全管理标准》。

（5）QSY 1236—2009《高处作业安全管理规范》。

（6）GB 9448—1999《焊接与切割安全》。

（7）JGJ 46—2005《施工现场临时用电安全技术规程》。

（8）GB 50484—2008《石油化工建设工程施工安全技术规范》。

（9）GB 50194—2014《建筑工程施工现场供用电安全规范》。

（10）GB 5144—2006《塔式起重机安全规程》。

（11）GB 5067.1—2010《起重机械安全规程》。

（12）GB/T 3787—2006《手持式电动工具的管理、使用、检查和维修安全技术规范》。

8.2 安全措施

本工法中应控制的风险有机械伤害、物体打击、高空坠落、触电等安全风险，主要存在于钢筋自动下料机、埋件焊接、混凝土浇筑、起重作业、防腐涂刷等工序中，依据标准制定如下安全防范措施。

1. 钢筋、埋件下料安全措施

（1）使用调直切断机前应检查刀片是否安装牢固，润滑油是否充足，并且应在开机空转正常以后再进行操作。

（2）断料时必须握紧钢筋，待活动刀片后退时，及时将钢筋送进刀口，不要在活动刀片已开始向前推进时，向刀口送料，以免断料不准，甚至发生机械及人身安全事故。

（3）剪板机切割埋件前，应先将上下刀片进行对刀，其刀片间隙应根据剪切钢板厚度确定，一般为被剪板料的厚度5%~7%，每次间隙调整都应用手转动飞轮，使上下刀片往复运动一次，并用塞尺检查间隙是否合适。

2. 混凝土浇筑操作安全措施

（1）混凝土放料前将垫板垫实防止踏空。

（2）在混凝振捣前要对插座、电机、振捣棒进行检查，要有漏电保护器，采用三级配电。

（3）新上岗人员必须进行岗前安全培训。

3. 起重作业安全措施

（1）操作人员听从指挥人员的指挥，并及时报告险情。

（2）选择合适的吊具和吊索并且正确使用。

（3）禁止施工人员随吊物起吊或在吊钩、吊物下停留。

（4）人员与吊物保持一定的安全距离。

（5）抽油机基础吊运及翻身时采用溜绳。

4. 用电安全措施

（1）设备接地时要根据设备用电量大小正确选择接地线的规格，严禁超载。

（2）所有用电设备设有安全防护设施，室外的用电设备要采取防雨设施，同时注意保护设备电缆，对已损坏的电缆要及时更换。

（3）人走电断。

（4）施工用的机械设备设有漏电保护装置。

9 环保措施

9.1 环保标准

（1）JGJ 146—2013《建筑工程施工现场环境与卫生标准》。

（2）GB 12523—2011《建筑施工场界环境噪音排放标准》。

9.2 环保措施

本工法在实施过程中对环境的危害主要是粉尘污染、固体废弃物污染。针对以上危害依据标准制定如下防范措施。

（1）施工现场垃圾要及时清理出现场，并运到指定地点，严禁随意抛撒；施工现场应指定专人定期洒水清扫，并形成制度，防止扬尘；对易飞扬的细颗粒物、散体材料和废弃物的运输、堆放应具备可靠的防扬尘措施；禁止在施工现场焚烧垃圾。

（2）杜绝长明灯现象。及时检查、维修水及蒸汽管线，减少能源浪费，力求以最小的能源消耗获得最大的经济效益。

（3）钢筋头、焊条头和焊渣等各种固体废弃物进行分类后统一存放、统一处理。

（4）浇注过程散落在地的混凝土及时回收利用，及时清理施工现场，做到工完料净场地清。

（5）机器设备加油时，加注部位的地面上要铺上废旧木屑或塑料布，回收后统一处理，防止对土壤和水源造成污染。

（6）抽油机基础脱模后及时将灰渣杂物清理干净，做到工完料净场地清。

（7）防腐涂刷过程在室外通风处进行，及时将废料桶回收，清离现场。

（8）施工现场严格按照公司 QHSE 体系运行，减少环境污染。

10 效益分析

10.1 经济效益

应用该工法近年生产正立式抽油机基础共计 121 套，机械化程度高，施工操作面广、流程安排合理，取得良好的经济效益，经济效益分析如下：

材料费：共制作 5 套模具，与倒置成型模具制作相比，每套模具节省底盘制作成本，每套节省钢材 1.5t，钢板单价：3200 元 /t，5 套基础共节约材料成本，合计：1.5 × 5 × 3200=24000 元 =2.4 万元。

生产利润：应用该工法施工预制高大抽油机基础 121 套，按每套基础直接利润 1.8 万元，应用该工法预制 164 套高大基础，共创造总效益：121 套 × 1.8 万元 / 套 =217.8 万元。

人工费：不用翻转抽油机基础，每套基础节省人工设备 2 工日，150 元 / 工日，共计节省人工费。121 × 2 × 150=36300=3.63 万元。

总效益：2.4+217.8+3.63=223.8 万元。

应用该工法预制抽油机基础，保证了产品质量，产品一次合格率达到 100%。

10.2 社会效益

本工法采用正立式模板预制高大抽油机基础，解决芯模脱模难和基础自重大存在翻身困难，安全风险高等问题，保证基础质量和生产效率，单个脱出基础芯模，安全有效，螺栓连接预埋管位置准确，基础质量得以保证，达到一次合格。得到用户一致认可和好评，具有广阔的应用市场前景。

11 应用实例

2016~2019 年，本工法在大庆油田采油三厂新型塔架抽油机评价试验工程、采油八厂黑 1 转油站系统工程及采油四厂新型节能型抽油机基础现场试验工程三项工程中得到推广应用，生产 WCYJD8-6-26Z 型、CYJX3-2.1-13HF 型、WCYJD12-6-23Z 型共 121 套，工程检测合格率达 100%，获得良好经济效益和社会效益（表 11-1）。

表 11-1 工程应用实例

序号	建设单位	工程项目名称	时 间	工作量	应用效果	经济效益 / 万元
1	大庆油田公司	采油三厂新型塔架抽油机评价试验工程	2016 年 4 ~ 7 月	新型塔架型抽油机 WCYJD8-6-26Z 型基础共 40 套	良好	73.99
2	大庆油田公司	采油八厂黑 1 转油站系统工程	2017 年 8 ~ 10 月	CYJX3-2.1-13HF 型抽油机基础共 51 套	良好	94.32
3	大庆油田公司	采油四厂新型节能型抽油机现场试验工程	2019 年 5 ~ 6 月	WCYJD12-6-23Z 型抽油机基础 30 套	良好	55.49

大口径输油管道药芯气保护自动焊施工工法

大庆油田建设集团有限责任公司

张　思　张先龙　雷　阳　杜洪滨　李忠琴

1　前言

中俄原油管道二线工程地处大兴安岭地区，地形多为低山丘陵，业主要求采用全自动焊接施工，但是全自动焊接设备受地形因素的影响比较严重，转场与磨合周期长，施工时要求地势平坦且作业面连续。为满足工程建设的需要，大庆油田建设集团有限责任公司进行了全位置药芯气保护焊自动焊工艺的研发，既能满足流水施工要求，又能进行单机焊接作业，节约设备转场时间，并在中俄原油管道二线工程成功推广，通过总结形成本工法。该工法采用 RMD 根焊和药芯焊丝气保护上向自动焊工艺，通过查新，国内相关文献未见相同报道，属于国内行业领先技术。

本工法所采用的《大口径管道全位置自动焊配套技术》科研成果获 2019 年度石油工程建设科技进步一等奖，研发过程中，对施工工艺方法和施工配套机具不断创新改进，获国家发明专利 2 项，实用新型专利 4 项。

2　工法特点

1. 适用性强

RMD 根焊技术和药芯气保护上向自动焊系统的传感器、焊枪角度调节功能在较大坡度地段施工具有更强适应能力。系统可储存不同焊道的焊接参数，可在施工作业面不连续地段，实现单机焊接作业，更能满足设备频繁转场的要求。

2. 提高工效

RMD 根焊技术对坡口、组对以及环境因素的适应性强，节约了坡口加工和管口组对的时间，相同工况条件下比其他自动焊工艺工效提高 10%。

3. 提升质量

焊接一次合格率高达 98.7%，其他全位置自动焊焊接一次合格率均为 95% 左右，提升一次合格率 3.7%。

4. 节约成本

采用国产自动焊设备和焊材，设备台班费节约 50%，焊材成本节约 40%，同时随着焊接合格率的提高，节约了大量的返修成本。

3　适用范围

本工法适用于 *DN*600—*DN*1000 低合金高强度钢、各种壁厚、地势坡度起伏 15° 以下地段长输管道线路焊接施工。

4 工艺原理

4.1 RMD 根焊工艺原理

RMD 根焊技术是一种成熟的工艺。RMD 技术主要是对短路过渡作出精确控制的一种技术，在焊接过程中，通过对焊丝短路过程的检测，控制短路过程中各个阶段的电流波形，从而控制多余的电弧热量，提高电弧推力，在根部产生高质量的熔深，RMD 技术对晶粒细化有明显的提高作用。

4.2 药芯气保护自动焊工艺原理

药芯气保护自动焊机是由计算机控制的焊接机（图 4–1）。机头上装有两个直流无刷电机和一个步进电机。第一个直流无刷电机用于送进焊丝。第二个直流无刷电机用于使焊机绕轨道行走。步进电机用于摆动焊枪。自足式焊接平台，它包含行走小车、焊丝盘、送丝装置和可调节的焊枪，操作界面采用全中文液晶显示，实现了焊接参数（焊接电压、焊接电流、行走速度、摆动幅度、摆动频率、停留时间、焊缝位置等）的精确控制。允许存储 10 个焊道的焊接参数（共计 50 组、350 个参数），内置倾角传感器，可将焊机在管道外周的准确位置传输给系统，系统根据焊机所处的不同区域调用相应的焊接参数。水平方向和垂直方向调节功能，调节范围均为 60mm，可适应不同的轨距和焊枪高度要求。焊枪角度调节功能，调节范围为 ±30°，可适应不同的焊接位置对焊枪倾角的要求。人工干预功能，其行走速度和焊枪摆幅可根据焊缝状态适时进行人工调整。可调的行走底盘结构，能够适应不同直径的管道焊接。

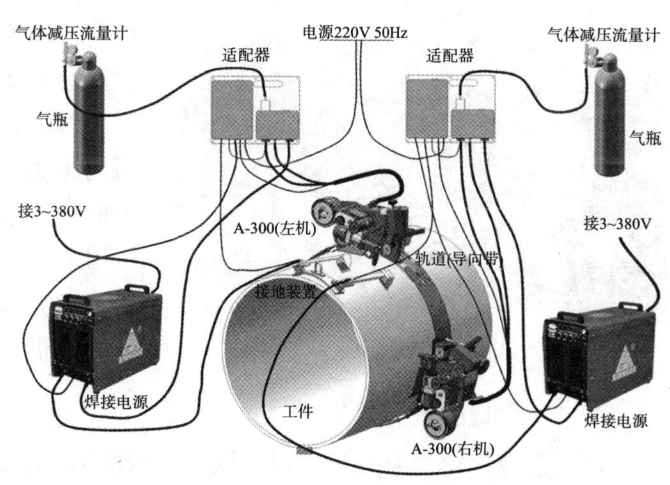

图 4–1 药芯气保护自动外焊系统示意图

5 施工工艺流程及操作要点

5.1 工艺流程（图 5-1）

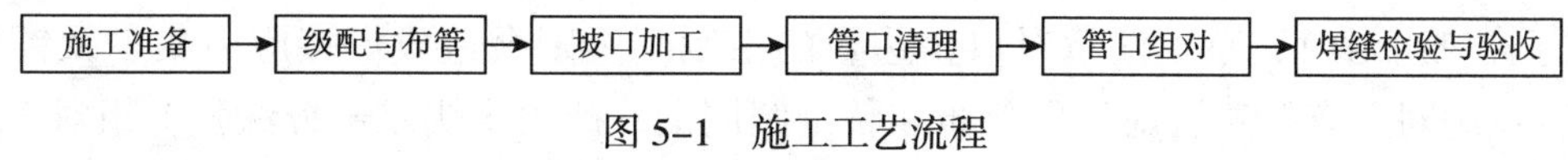

图 5–1 施工工艺流程

5.2 操作要点

5.2.1 施工准备

（1）施工前，进行焊接性试验，根据标准要求、理论计算和焊接经验，确定焊接工艺参数范围。设定几组不同的焊接工艺数进行焊接工艺性试验。对焊接后的试件进行外观检查和无损探伤，根据结果来缩小焊接工艺参数的范围，重新进行试验，最终确定最佳的焊接工艺参数。

（2）根据试验确定的工艺参数，委托具备相应资质的单位进行焊接工艺评定，在模拟现场环境下连续焊接完成至少 3 道焊口，经外观和无损检测合格后，随机抽取其中一道焊口进行环焊缝机械性能检验。评定合格后，方可进行工程焊接。

（3）根据焊接工艺评定，编制焊接工艺规程和焊接作业指导书，并由焊接工程师对施工作业人员做好技术交底工作。

（4）气体保护焊在野外施工中应采取有效的防风措施，开工前，施工机组制作全自动焊专用的焊接防风棚。

5.2.2 级配与布管

1. 级配

自动焊对管口组及质量要求严格，两组对管口周长差会影响组对错边量，所以管材入场后，进行布管时需进行管口级配工作，测量管口周长进行管口匹配并按匹配结果布管。管口级配原则：两个管口周长值差 $\Delta L \leqslant 6\mathrm{mm}$。

图 5-2 布管

2. 布管（图 5-2）

（1）布管前，先在布管中心线上打好管墩，钢管下表面与地面的距离宜为 0.5～0.7m。管墩可用土筑并压实，不应使用硬土块、冻土块、石块、碎石土作管墩，管墩应稳固。

（2）布管时管与管间首尾相接，相邻两管口错开，成锯齿形布置，以方便管内清扫、坡口清理及起吊。

5.2.3 坡口加工

该工艺坡口设计为 V 形坡口，坡口在钢管出厂前加工完成，组焊前只需进行管口清理除锈即可。

5.2.4 管口清理

管口组对前对坡口及坡口内外两侧进行清理。管端 120mm 范围内应无污物、锈蚀，坡口及坡口两侧 25mm 范围内应采用机械法清理至显现金属光泽。管口清理不干净，会产生气孔等不良缺陷，直接影响焊接质量。并对管口坡口质量进行检查和验收。管端两侧各 150mm 范围内，内、外制管焊缝（如螺旋焊缝、直焊缝）应采用机械方法修磨至与母材平齐，但不应伤及母材，修磨后的余高应为 0～0.5mm，且应与母材圆滑过渡以满足管口组对和自动超声检测的要求。

5.2.5 管口组对

（1）钢管组对时不应敲击钢管两端，不应强力组对，两相邻管的制管焊缝（直焊缝、螺旋焊缝）在对口处应相互错开，距离≥100mm。

（2）进行管口组对时，特别注意对口错边量的控制，否则会造成焊接应力集中及钝边区熔合不良的现象。管口组对若有错边，应均匀分布在整个圆周上，严禁采用敲击方法强行组对。根焊道焊接后，禁止校正管子接口的错边量。

（3）管口组对间隙严格执行焊接工艺规程的同时，尽量减小组对间隙，以提高焊接合格率，现场对口间隙一般采用 2.5～3.0mm。

5.2.6 焊前预热

焊接前，采用中频感应加热器对管道进行焊前预热（图 5-3），预热温度不低于 60℃，冬季焊接时，预热温度不低于 80℃，增加预热宽度至坡口两侧各 75～100mm。冬季施工时，预热温度控制在 130℃左右。

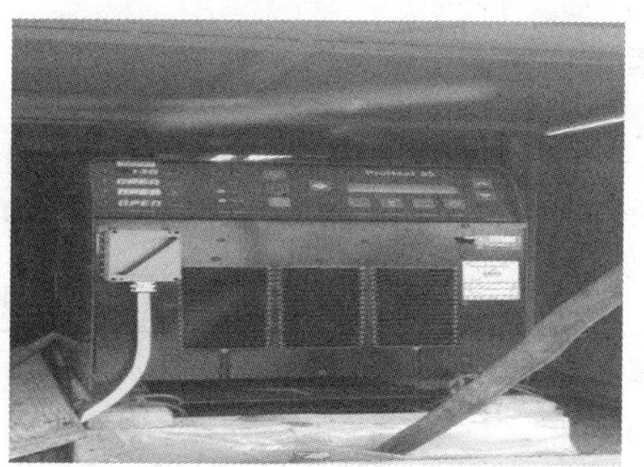

图 5-3 中频预热

5.2.7 RMD 根焊

（1）焊接前对所有焊接设备进行检查，RMD 根焊检查焊接电源是否正常工作、检查气瓶压力是否正常（不低于 1MPa），气体流量是否正常（不低于 20L/min）、检查气带是否有漏气现象，每次更换气瓶后，要按住验气按钮将空气排出，防止产生气孔、检查送丝箱板面上的预设电压和电流的数值，查看焊枪导电嘴是否导电良好，焊丝的对中性、送气孔是否堵塞，护罩是否松动、检查地线、反馈线是否接牢，并保持地线接触面呈现金属光泽，焊接时注意变换焊枪角度，注意干伸长度（保持在 5~10mm）。外焊设备检查电源箱、控制箱、焊接小车、送丝机构，外焊保护气气压、焊丝剩余量等，全部符合要求的情况下可进行模拟焊接，并确认设备可正常使用。

（2）该管道全自动焊属气体保护焊，焊接时环境风速不得 >2m/s，野外环境施工必须采取有效的防风措施。本工法采用的是由焊接工程车起吊的专用防风棚，该防风棚还可防雨雪，既可确保焊接质量，又可提高工效，如图 5-4 所示。RMD 根焊时需进行管口封堵，防止管子内部过堂风对内焊造成影响，如图 5-5 所示。

图 5-4 焊接防风棚

图 5-5 根焊管端封堵

（3）根焊施焊时，应由两名焊工同时分别在管道两侧对称施焊，12 点至 1 点位置焊枪倾角保持在 20° ~25° ，在坡口处引弧，可采用轻微的半月牙形摆动，保持坡口两侧熔合性良好；1 点至 5 点位置焊枪倾角保持 10° ~15° ，无需摆动，直接拖拽前行；5 点至 6 点位置焊枪与管壁垂直，焊枪倾角 0° ~5° ，6 点位置结束时，在坡口上收弧。根焊施焊时必须采取管端封堵措施进行防护，以免产生气孔。

5.2.8 轨道安装

外焊系统自动焊接时，小车沿着特定的轨道运动，因此轨道与管道管口的平行度，将直接影响焊道的质量和焊工操作的复杂程度。现场采用专利技术自动焊轨道定位块（定位轨道）进行轨道的安装，将轨道安放在管材上，使轨道端面距离焊缝坡口近端一个合适且固定的距离，保证焊接小车焊炬能在坡口内左右摆到位，并适当预紧，用角尺测量并调整使轨道各点距离焊缝坡口近端距离值之差 ≤1mm，使用轨道上的夹紧机构将轨道夹紧在管材上，夹紧力需保证后续工序中轨道不滑动。

5.2.9 热焊填充盖面

（1）检查根焊焊道外观合格后，安装焊接小车，进行热焊焊道的焊接，热焊和根焊的时间间隔以≤10min 为宜。热焊道接头应与根焊道接头错开 50mm 以上。

表 5-1 错边量及最小焊层（焊道）数量

壁 厚	错边量 /mm	最小焊层（焊道）数量
12.5	≤1.5	4 层 4 道
14.2	≤2.0	5 层 5 道
16.0	≤2.0	6 层 6 道
17.5	≤2.2	6 层 6 道

（2）热焊焊道外观检查合格后，方可进行填充和盖面焊道的焊接。根据钢管壁厚确定填充焊道的层数（表 5–1），填充焊道每层厚度大约 2～3mm。填充时不同焊层、不同位置摆宽值不同。摆宽 W 经验值：W= 当前焊层宽度 $-2d$（d 为焊丝直径），仰脸摆宽需适当增加 0.2～0.4mm。填充焊道的各层接头应错开 50mm 以上，接头搭接长度 20mm 以上，并在下一遍焊接前将其打磨掉。最后一层填充焊道完成后，应清理焊道并检查坡口边是否完全熔合，不得有任何直角边存在。为保证盖面焊道的良好成型，最后一遍填充焊道应填充至距离管外表面 1～2mm 处，可根据填充情况在立焊位置增加立填焊。各焊层之间成型不好的位置和坡口边缘的大颗粒飞溅，应进行打磨并做相应处理以避免单边未熔合缺陷的出现。

填充焊时两边焊工需相互配合，注意起弧时间的控制和接头的打磨处理，尽量减少焊接空余时间，提高焊接效率。若焊接过程中发现摆宽不合适，可使用自动焊机的增减幅功能。若焊接过程出现密集气孔或焊偏，需停焊修磨焊道后再焊，修磨时切勿伤害焊缝坡口，否则焊接时易造成未熔合。填充焊道焊接工艺参数见表 5–2。

表 5-2 填充焊参数

序号	参数名称	参 数	序号	参数名称	参 数
1	焊接方向	上向	7	电弧电压 /V	22～24
2	焊材类别	E70C–6M	8	焊接速度 /（mm/min）	30～350
3	焊材规格 /mm	ϕ1.0mm	9	送丝速度 /（m/min）	6～8
4	保护气体	80% Ar+20% CO_2	10	摆动频率 /（次 /min）	80～90
5	气体流量 /（L/min）	30～40	11	干伸长度 /mm	10～12
6	焊接电流 /A	190～230	12	电源极性	反接

经检查填充焊道外观合格后，方可盖面焊接。盖面焊道的宽度应为每侧比坡口增宽 0.5～2mm 为宜。盖面焊完成后应由专门帮工清理焊道，对超高部分进行打磨。盖面焊道焊接工艺参数见表 5–3：

表 5-3 盖面焊参数

序号	参数名称	参 数	序号	参数名称	参 数
1	焊接方向	上向	7	电弧电压 /V	22～24
2	焊材类别	E70C–6M	8	焊接速度 /（mm/min）	30～350
3	焊材规格 /mm	ϕ1.0mm	9	送丝速度 /（m/min）	6～8
4	保护气体	80% Ar+20% CO_2	10	摆动频率 /（次 /min）	80～90
5	气体流量 /（L/min）	30～40	11	干伸长度 /mm	10～12
6	焊接电流 /A	190～230	12	电源极性	反接

5.2.10 焊缝检验与验收

（1）管口焊接、修补或返修完成后，应清除表面熔渣、飞溅和其他污物，焊接质检人员应及时进行外观检查和无损检测。

（2）外观检查：

①焊缝外观成形应均匀一致。焊缝宽度宜比坡口每侧增加 0.5～2.0mm，余高宜为 0.5～2mm，焊缝余高 >2mm 且≤3mm 的连续长度不应 >50mm。焊缝余高超高应进行打磨，修磨过程中若伤及母材应测量打磨处母材的剩余厚度；

②管口错边量不宜 >2.0mm；

③焊缝及其附近表面上不应有裂纹、未熔合、气孔、夹渣、引弧痕迹、有害的焊瘤、凹坑及夹具焊点等缺陷。

（3）无损检测：

①全自动超声波检测紧跟自动焊焊接机组施工进度，以便及时发现质量问题，及时分析调整焊接参数，保证焊接质量稳定；

②全自动超声检测，检测比例应为 100%。采用射线检测对所选取的焊缝全周长进行复验，复验数量应为每个焊工或流水作业焊工组当天完成全部焊缝数量中任意选取 10%。

5.3 劳动组织

均以单机组为例进行人员配置，主要人员配备见表 5-4。

表 5-4 自动焊机组人员配备

序号	岗 位	数量 / 人	备 注
1	机组长	1	负责现场总体施工安排
2	技术员	2	负责现场技术管理和指导
3	质量员	1	负责现场质量管理
4	安全员	1	负责现场安全监督工作
5	管工	4	指挥管墩搭建、吊运钢管和管口组对
6	综合员	1	后勤保障等
7	设备员	1	负责现场设备的运维
8	电焊工	20	根焊 4 名，热焊 3 名，填盖 13 名
9	起重工	2	负责布管等吊装作业
10	操作手	10	对口 2 名，填盖 7 名，中频设备 1 名
11	挖掘机操作手	2	现场平整地面和管墩的修筑
12	维修工	1	现场设备保障与维护
13	辅助工	10	木墩或土墩修筑 4 名，清口 2 名，预热 2 名，铁屑回收 1 名，防腐层打磨 1 名，
14	司机	4	

6 材料与设备

6.1 主要材料（表 6-1）

表 6-1 主要工程材料

焊道	焊 丝		保护气体	
	规格型号	牌号	气体配比	纯度要求
根焊	E70C-6M ϕ1.2mm	金桥 JQ.70M	80%Ar+20%CO_2	Ar ≥99.999%；CO_2 ≥99.96%
热焊	E81T1-M21A4-K11 ϕ1.2mm	金桥 JQ-81T1M	80%Ar+20%CO_2	Ar ≥99.999%；CO_2 ≥99.96%
填充	E81T1-M21A4-K11 ϕ1.2mm	金桥 JQ-81T1M	80%Ar+20%CO_2	Ar ≥99.999%；CO_2 ≥99.96%
盖面	E81T1-M21A4-K11 ϕ1.2mm	金桥 JQ-81T1M	80%Ar+20%CO_2	Ar ≥99.999%；CO_2 ≥99.96%

6.2 主要设备

均以单机组为例进行人员配置，主要设备配备见表 6–2。

表 6-2 自动焊机组设备配备

序号	设备名称	型号及规格	单 位	数 量	备 注
1	吊管机	DGY40G	台	3	
2	移动电站	HY125	台	3	
3	移动电站	HY100	台	3	
4	焊接检验尺	HJC40	把	3	
5	红外测温仪	AR842A+	个	5	
6	温湿度表	WS2080B	个	6	
7	分体式风速仪	AR826+	台	2	
8	防风棚	2.6m × 2.5m × 2.2m	套	6	
9	中频电源	RDY70	台	1	
10	感应加热器	ϕ813mm	台	1	
11	米勒焊机	450RFC	台	2	
12	送丝箱	12RC	台	2	
13	熊谷焊机	A-300X	台	10	
14	焊机电源	MPS-500	台	10	
15	砂轮机	—	台	14	
16	电加热带	YJR-813	台	5	
17	半自动焊机	林肯 DC500	台	4	
18	空气压缩机	W-0.8/16	台	2	
19	液压电站	4D45	台	1	
20	挖掘机	BH370-7	台	2	
21	钳形电流表	MS2108A	个	1	

7 质量控制

7.1 施工技术标准及验收规范

（1）GB 50369—2014 《油气长输管道工程施工及验收规范》。

（2）GB 50424—2015 《油气输送管道穿越工程施工规范》。

（3）GB/T 31032—2014 《钢质管道焊接及验收》。

（4）CDP–G–OGP–PL–073–2015–1 《油气管道工程线路技术规定》。

（5）CDP–G–OGP–OP–081.01–2016–1 《油气管道工程焊接技术规定　第 1 部分》。

（6）CDP–G–OGP–OP–081–2015–1 《油气管道工程自动焊接技术规定》。

（7）CDP–G–OGP–OP–043–2014–1 《现场质量检查手册　线路分册》。

（8）SY 4208—2016 《石油天然气建设工程施工质量验收规范输油输气管道线路工程》。

（9）SY 4207—2016 《石油天然气建设工程施工质量验收规范　管道穿跨越工程》。

7.2 质量控制措施

1. 组对质量保障措施

（1）管口组对前检查坡口质量。

（2）钢管在组对前必须进行管口级配。

（3）组对时保证错边量符合要求，对口间隙符合要求。

2. 根焊质量保障措施

（1）根焊焊接材料严格按规定保管，防止受潮生锈影响焊接质量。

（2）每天焊接前必须进行设备电气检查、机械部分检查，并进行模拟焊接。

（3）焊接前需清理枪头气罩飞溅，防止因飞溅堵塞气罩影响气体保护效果。

（4）检查气瓶内的气体存量、压力，内焊保护气体压力低于 1.5MPa 需更换。

（5）焊接前，必须严格按照要求进行焊口加热。预热温度达到焊接工艺规程要求，在距管口 25mm 处的圆周上用红外测温仪均匀测量预热温度，保证预热温度均匀。预热时不应破坏钢管的防腐层，并及时清除表面污垢。预热完毕要立即施焊，以保证焊接所需温度。

（6）焊接前对管口进行封堵，管内不允许有穿堂风。

（7）内对口器必须在根焊道全部完成后方可撤离。若根部焊道承受敷设应力比正常情况高，且有可能发生裂纹，宜在完成热焊道后撤离内对口器。

3. 外焊质量保障措施

（1）外焊焊接材料严格按规定保管，防止受潮生锈影响焊接质量。

（2）自动焊焊接采用防风棚，保证焊接时棚内风速 <2m/s。

（3）轨道安装精度直接影响焊炬在坡口内的对准程度，必须保证安装精度。

（4）检查气瓶内气体存量、压力，外焊保护气气体压力低于 0.2MPa 必须更换。

（5）热焊前需检查坡口错边量，修磨错边过大处，保证钝边能焊透。

（6）热焊时，可缩短焊丝干伸长度使焊接电流增大，从而提高电弧的熔深。

（7）焊接过程中打磨一侧焊道接头时，需用挡板与另一侧隔离，防止砂轮气气流影响另一侧焊接的气体保护效果。

（8）焊接过程中可能因导电嘴烧损、飞溅堵塞导电嘴引起送丝不畅，导致电弧不稳定，需停弧根据实际情况清理或更换导电嘴。

（9）每层焊道由两名焊机操作工操作焊接功能车焊接完成。自动外焊向下焊时，一辆焊接小车宜从管顶起弧焊接，另一辆焊接小车待第一小车焊过 3 点或 9 点位置后，再从管顶起弧焊接。焊接过程中，焊机操作工应时刻关注焊炬对中情况并随时调整。

（10）施焊过程中使用的焊接工艺参数、焊接材料、保护气体及焊接层（道）数等应符合焊接工艺规程的要求。层间焊接完成后，认真清渣和打磨突起部分以及表层缺陷，外观检查合格后进行下一层焊道焊接。

（11）最后一遍立缝填充厚度不得 >3mm，以防立缝铁水下淌，造成未熔。

（12）焊接过程中焊工需仔细观察电弧情况，控制好平缝、立缝、仰缝位置电弧的长度，保证电弧始终处于熔池的中间，应靠熔池将坡口边缘熔合。不许焊偏，焊偏则需停弧打磨补焊。

（13）每层焊道前将起弧接头打磨成平滑小斜坡，保证接头焊接不出现未熔合。

（14）在出现飞溅过大、电弧发漂、立缝铁水下坠等问题，可停弧根据实际情况修正参数，保证焊接效果和质量。

（15）焊接完成后还要对焊道进行认真检查，焊道表面不允许有飞溅、咬边和弧坑等缺陷。如果外观有缺陷要立即将有缺陷部位段的盖面打磨掉，重新盖面。

（16）焊后的缓冷：寒季环境温度低于 5℃施工时，焊后采用耐热保温棉包裹进行保温和缓冷。

（17）当日不能完成的焊口应完成 50% 钢管壁厚且不少于三层焊道。未完成的焊口应采用干燥、防水、隔热的材料覆盖好。次日焊接前，应预热至焊接工艺规程要求的低道间温度。

7.3 关键过程质量控制

关键过程质量控制见表 7–1。

表 7-1 关键质量控制表

序号	检验项目	指标要求	检验时机或频次	检验工具
1	管口级配	周长值差 $\Delta L \leqslant 6$mm	组对前全部检查	用卷尺检查
2	钢管管口	管端 120mm 完好无损，管口清理应无铁锈、油污及毛刺	组对前全部检查	用尺检查或目测检查
3	钢管管端	150mm 范围内余高应打磨掉并平滑过渡	组对前全部检查	用尺检查或目测检查
4	坡口检查	坡口两侧 25mm 范围内显现金属光泽	组对前全部检查	用尺检查或目测检查
5	对口间隙	符合焊接工艺规程	每焊口抽查 4 点（处）	用焊接检测尺或塞尺测量
6	错边量	符合焊接工艺规程	每焊口抽查 4 点（处）	用焊接检测尺测量
7	焊前预热	符合焊接工艺规程	每焊口抽查 4 点（处）	用红外测温仪测量
8	环境温度	≥5℃	防风棚内全部检查	用温度计测量
9	环境风速	≤2m/s	防风棚内全部检查	用风速仪测量
10	层间温度	符合焊接工艺规程	每焊口抽查 4 点（处）	用红外测温仪测量
11	焊缝外观	焊缝宽度比坡口每侧增加 0.5～2.0mm，余高为 0.5～2.0mm	每焊口抽查 4 点（处）	用焊接检测尺测量

8 安全措施

8.1 执行法规、标准

（1）中华人民共和国主席令 11 届第 30 号《中华人民共和国石油天然气管道保护法》。

（2）中华人民共和国国务院令第 393 号 《建设工程安全生产管理条例》。

（3）中华人民共和国国务院令第 549 号 《特种设备安全监察条例》。

（4）GA 1166—2014 《石油天然气管道系统治安风险等级和安全防范要求》。

（5）AQ 2012—2007 《石油天然气安全规程》。

（6）SY/T 6186—2007 《石油天然气管道安全规程》。

（7）SY/T 5737—2004 《原油管道输送安全规程》。

（8）Q/SY 1241—2009 《动火作业安全管理规范》。

8.2 安全保障措施

（1）建立施工安全领导小组，机组长为现场安全负责人，在现场安全员的协助下，负责现场的施工安全。

（2）管道焊接施工之前应由项目部技术人员、安全工程师对现场施工人员进行技术交底，明确各工种的操作程序和技术控制要点。

（3）确保现场施工作业的规范管理，现场的安全标志、标示、安全警句、所有设备操作规程必须齐全、清晰，所有安全防护设施包括配电箱、开关、插座、安全吊带等必须完好，施工环境必须处于安全状态，无潜在的安全隐患。

（4）定期召开 HSE 管理分析会议，归纳总结施工过程中存在的 HSE 问题，制定有效的消减措施，每个施工机组每天必须进行施工作业前安全讲话。

（5）所有岗位人员都必须持有上岗证，并经过安全技术培训，工作时严格遵守安全操作规程。

（6）现场所有特种作业人员必须具有特种作业人员许可证。

（7）在施工现场所有工作人员根据工种要求配备劳保服、安全靴、手套、安全镜、安全头盔等。

（8）现场临时用电设施的安装和使用必须按照建设部颁发的《施工临时用电安全技术防范》（JGJ 46—2005）规定操作，严禁私自拉电或带电作业。

（9）电气设备、电动工具应有可靠保护接地，随身携带和使用的工具应搁置于顺手稳妥的地方，以防发生事故伤人。

（10）加强油料、气瓶等危险化学品的管理，制定有关的防护措施，按国家、地方有关规定和要求运输、储藏、搬运和使用。

（11）吊装作业时，机具、吊索必须先经严格检查，不合格的禁用，防止发生事故。

9 环保措施

9.1 执行法规、标准

（1）中华人民共和国务院第 253 号令 《建设项目环境保护管理条例》。

（2）中华人民共和国国务院令第 167 号 《中华人民共和国自然保护区条例》。

（3）环发［1999］177号 《关于涉及自然保护区的开发建设项目环境管理工作有关问题的通知》。

（4）中华人民共和国主席令 11 届第 18 号 《中华人民共和国野生动物保护法》。

（5）1989 年版环管字第 201 号 《饮用水水源保护区污染防治管理规定》（2012 年修订）。

9.2 环境保护措施

（1）建立健全 HSE 组织机构，设专职 HSE 负责环境保护管理工作。

（2）在施工过程中严格遵守国家和地方政府下发的有关环境保护的法律、法规和制度。

（3）现场施工应在作业带范围内施工，不得随意超占、破坏作业带以外的其他土地。

（4）设备维修保养时配备接油槽（塑料布），防止污染环境（土壤）；固体废弃物（废旧零部件、废旧蓄电池、棉纱等）和废液（废柴油、废机油等）应分类回收处理。

（5）施工现场做到标牌清楚、齐全，各种标识醒目，施工现场整洁文明。

（6）施工结束后，清除各种施工垃圾，平整场地，尽快恢复施工作业带内的地表原状，并按照设计要求进行绿化。

（7）在保护区内不准建造临时厕所。禁止在保护区内存放油品。限制在水源区内进行车辆、设备加油，在施工过程中注意对施工机具的维护，防止其漏油。机械设备若有漏油现象要及时处理，避免造成大的污染。机器设备维修时，对各种油料的渗、漏、溢、滴，要采取与地面的隔离措施，防止污染地面。

（8）施工现场各个区域均配备废弃物回收桶，包括固体废弃物回收桶、废油及含油垃圾回收桶，所有的回收桶应张贴标明其用途的标识。焊条（丝）头、废砂轮片、钢丝刷、坡口加工铁屑等应分类回收。

（9）废油处理送到当地环保部门指定的地方进行，可用于再生或有控制地燃烧，也可以烧毁处理。

（10）施工现场设置足够数量的环保警示标志牌，做好宣传环保教育。

10 效益分析

10.1 经济效益

本工法采用药芯气保护自动焊技术取得的经济效益 2226.4 万元（表 10–1）。其中包括：

（1）焊材应用效益。RMD 金属粉芯 ϕ1.2mm 焊丝，累计使用 28t，其中价格在 5 万元 /t，国外同类产品价格约在 7 万元 /t，直接节约成本为 28t×（7–5）万元 /t=56 万元。

气保药芯焊丝 JQ–81T1M 使用约 100t，焊丝单价为 4 万元 /t，国外同类价格约在 8 万元 /t，节约成本为：400 万元。

（2）全位置气保药芯向上焊工艺应用效益。全位置气保药芯向上焊工艺在中俄原油管道二线累计焊接量约为 300km，累计约 26000 道焊口，综合一次合格率为 98.7%，其他全位置自动焊焊接一次合格率约为 95%，提升一次合格率 3.7%，按照每道焊口现场焊接工作量折算单口施工成本约在 1.2 万元。提升合格率节约成本约为：26000 道 ×3.7%×1.2 万元 / 道 =1154.4 万元。

（3）焊接设备应用效益。全位置气保药芯向上焊工艺采用国内自动焊设备，大庆油建建设集团有限责任公司累计投入 7 个机组，每个机组配备 4 套设备，单套设备租金约为 1200 元 /d，单机组施工周期约在 200d，若采用国外同类设备，单套设备租金约为 2300 元 /d，节约租赁成本约为：7 机组 ×4 套 / 机组 ×200d×（2300 元 /d–1200 元 /d）=616 万元。

表 10-1 经济效益汇总表

序 号	名 称	节约成本 / 万元
1	焊材应用效益	456
2	全位置气保药芯向上焊工艺应用效益	1154.4
3	焊接设备应用效益	616
合计		2226.4

10.2 社会效益

大口径输油管道药芯气保护自动焊施工工法，成功应用于大庆油田参与施工的多条长输管道建设中，为管道高质量施工提供了技术保障，取得了显著的经济效益和社会效益，填补了国内、外相关领域技术空白，整体技术处于国际先进水平。为今后大口径长输管道建设积累经验，总结、优化出一套科学、规范的施工技术，该技术适用于目前建设的各类规格的长输管道，能有效地提高焊接质量和焊接一次合格率，保证长输管道建设全位置自动焊的全覆盖，具有良好的推广应用前景。

11 应用实例

应用实例一：

2016—2017 年，该工法应用在中俄原油管道二线工程第一标段的施工中，焊接 ϕ813mm 全位置自动焊管道焊缝 117km，通过工程应用焊接质量均达到标准要求，为企业取得了良好的效益。

应用实例二：

2016—2017 年，该工法应用在中俄原油管道二线工程第四标段的施工中，焊接 ϕ813mm 全位置自动焊管道焊缝 183km，通过工程应用焊接质量均达到标准要求，为企业取得了良好的效益。

应用实例三：

2017—2018 年，该工法应用在中俄东线天然气管道工程北段（黑河—长岭）的施工中，完成 ϕ1422mm 连头焊接 89 道，连头合格率 100%，为企业取得了良好的效益。

山区长陡坡段天然气管道索道输送安装施工工法

大庆油田建设集团有限责任公司

郭道厚　郑　伟　刘立建　尹永新　赵　军

1　前言

山区天然气管道施工具有地形复杂、地势起伏较大、降水周期长、施工难度较大的特点。尤其当管道经过长陡坡地段（坡度≥40°）时，吊管机、挖掘机等设备无法在施工作业带上直接行走，需要削峰降坡、大量修筑“之”字形绕行便道以满足管沟开挖、运布管、管道焊接等工作，导致工程量增加、施工周期变长、施工风险增高，施工成本变大。

大庆油田建设集团有限责任公司在 2017 年承建了西南油气田《长宁页岩气田集输气干线工程》，新建 D813×9/11 L485M 天然气长输管道 42.88km，部分线路跨越的长陡坡坡度平均 70° 左右，长度 300m 左右。在该工程中主要采用架设索道方式进行管道输送以及配合管道安装施工，解决了传统长陡坡段天然气管道输送及安装需削峰降坡、修筑“之”字形便道的难题，后期经总结、提炼形成本工法。本工法经大庆油田有限责任公司工法评审委员会审定，获 2017 年度大庆油田企业级工法。其中山区长输管道钢丝索道布管的研制荣获 2017 年度大庆油田有限责任公司技术革新成果奖三等奖。

2　工法特点

（1）施工周期短，采用索道进行管道、弯管等材料运输，无需修建“之”字形绕行便道，受降雨影响小，施工工期大幅缩短。

（2）施工质量好，采用索道配合管道组对、焊接，管材成品保护较好，组对间隙适中，错边量小，焊接一次合格率达到了 96.5%。

（3）施工安全可靠，管沟人工开挖时人员在开挖的管沟平台上作业，减少了高空作业，管道、弯管等材料通过索道转运，直接布管到管沟内，减少了机械倒运，降低了施工风险。

（4）施工效益好，作业带无需修建大量“之”字形绕行便道，同时索道架设费用低，并沿管沟方向架设，管道、弯管等材料通过索道可一次性从下至上运输至管沟内，无需二次布管，节约了大量的机械台班和人工工时。

3　适用范围

本工法适用于山区长陡坡段（坡度≥40°）管道施工。

4 工艺原理

本工法主要采用架设单跨、双承载索的索道系统，在索道上设置轨道小车及平衡梁，利用2端卷扬机驱动往复环状牵引带动索道运行，以完成防腐管、弯头等材料的运输、布管、辅助对口焊接等工作。同时采用载波相位差分技术（RTK）进行线路测量放线，并与CAD、CATIA、UG等三维虚拟空间辅助软件相结合进行弯管角度、短节长度计算，辅助完成管线的预制工作。

5 施工工艺流程及操作要点

5.1 工艺流程（图5-1）

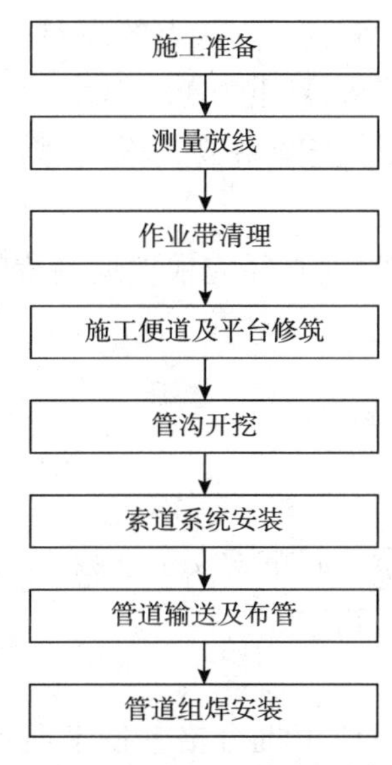

图5–1 施工工艺流程图

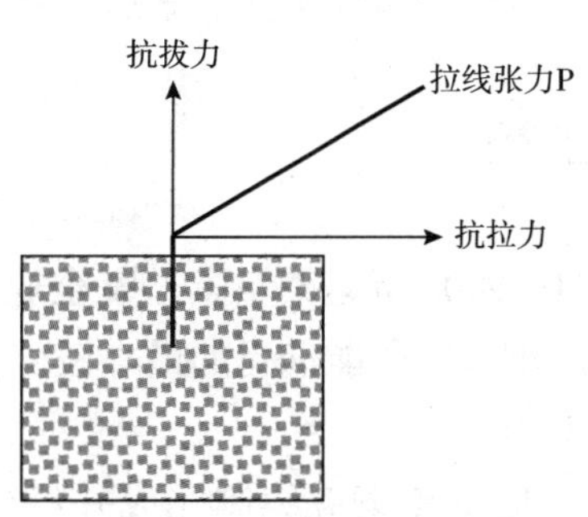

图5–2 锚固墩受力分析图

5.2 主要操作要点

5.2.1 施工准备

1. 施工技术准备

1）索道锚固墩抗拔力、抗拉力计算（图5–2）。锚固墩大小、埋深位置及深度应能满足索道架设时主索的拉力要求，锚固墩受力可分解成抗拔力和抗拉力单独进行验算：

①抗拔力Q由两部分组成，即锚固墩的自重和锚固墩与土壤之间的摩擦力，因此锚固墩的抗拔力为：

$$Q=10G+F$$

式中，Q为锚固墩抗拔力，N；G为锚固墩质量，kg；F为锚固墩与土壤之间摩擦力，N。

锚固墩与土壤之间摩擦力F与拉线张力向上的分量成正比，可由以下公式计算得到：

$$F=\mu P\cos A$$

式中，μ为锚固墩与土壤静摩擦系数；P为拉线张力，N；A为拉线与水平方向夹角。

为保证锚固墩内钢构和岩石有足够的稳定性，其抗拔力必须大于外力向上的分力：

$$Q \geqslant KP\sin A$$

式中，K为安全系数。

②锚固墩的抗拉力Q_1与埋设的深度的耐压力和在深度上与土壤的接触面积成正比，其抗拉力为：

$$Q_1=HL\sigma$$

式中，H为锚固墩高度，m；L为锚固墩长度，m；σ为土壤单位面积耐压力，N。

锚固墩抗拉力一定要大于拉线张力P的水平方向的分力，如此方能保证受力后锚固墩不发生位移：

$$Q_1 \geqslant KP\cos A$$

式中，K为安全系数。

（2）承载索钢丝绳直径验算。两根承载索钢丝直径应根据所运输货物质量、索道小车自重、角度、垂直高度等参数进行验算选择。起吊管道时单根承载索张力：

$$T_2=H/\cos\beta=l^2/8f\cos^2\beta\ (\omega/\cos\beta+2Qz/l)$$

式中，T_2为承载索的张力，N；H为承载索的水平张力，N；l为承载索支持点间的档距，m；ω为承载索单位长度的质量，kg；f为档距中点承载索的弧垂；β为承载索支持点的高差角；h为承载索支持点的高差，m；Qz为集中荷重的重力（包括起吊管道、小车及索具重力），N。

根据《GB 12141—2008 货运架空索道安全规范》，承载索安全系数K=3.0，因此所选取作为承载索的钢丝绳所能承受的最小破碎拉力$T_0 \geqslant 3T_2$。

（3）牵引索及起重索钢丝绳直径验算。牵引索及起重索钢丝直径应根据运输货物质量、轨道小车自重及索道角度等参数进行验算选择。索道运行时牵引索张力：

$$Tq_{max}=Qz/\sin\beta$$

索道运行时起重索张力：

$$Tq_{max}=Qz/2$$

根据《GB 12141—2008 货运架空索道安全规范》，牵引索、起重索安全系数K=4.5，因此所选取作为牵引索或起重索的钢丝绳所能承受的最小破碎拉力$T_0 \geqslant 4.5\ Tq_{max}$。

2. 其他施工准备

（1）施工方案、应急预案应编制完成并经建设、监理单位审批合格，技术质量安全交底应编制完成。

（2）施工用挖掘机、卷扬机、电焊机、发电机等设备机具材料应经自检合格、运转良好、能满足施工需求。

（3）施工用原材料应外观保持良好，质量证明文件齐全并经质检人员现场验收合格后方可进场使用。

（4）所有施工人员进行入场前 HSE 培训及安全技术交底，确保所有人员了解施工风险，掌握防控措施。

5.2.2 测量放线

长陡坡地段采用 RTK 进行线路测量时由于其通视性差，应安排人员对管道沿线影响视线的树木杂草等进行清理，以便清楚的确定线路走向、变坡点、原始地貌等。同时长陡坡地段测量时应进行多次测量，利于更准确地设置线路的变坡点以及各段之间的开挖深度（图 5-3、图 5-4）。

测量完成后根据测量出水平、纵向转角桩及加密桩点的坐标数据，结合 CAD、CATIA、UG 等三维虚拟空间辅助软件测算线路中各个弯管的角度及各段线路长度。最终形成测量的成果为弯管采购、土建管沟开挖以及管道预制提供依据（表 5-1）。

图 5–3　RTK 设备调试

图 5–4　桩点测量

表 5-1　数据采集表

管段	点序	原始坐标				相对坐标			
	坐标	x_0	y_0	z_0	x, y, z	X_0	Y_0	Z_0	X, Y, Z
1 段	1	4521279	383567	331	4521279，383567，331	0	0	0	0，0，0
	2	4521301	383570	340	4521301，383570，340	22	3	9	22，3，9
2 段	3	4521314	383575	342	4521314，383575，342	35	8	11	35，8，11
	4	4521319	383587	369	4521319，383587，369	40	20	38	40，20，38

5.2.3　作业带清理

长陡坡段机械进入困难，作业带清理主要以人工清理为主（图 5–5），首先应将作业带内危及施工作业安全的危石、崩岩等进行清除，对易滑塌岩体进行防护、固定，然后采用人工将作业带内林木、灌木等进行砍伐或移栽，使其露出原始地貌，上下通视，作业带宽度应根据管径大小以规范要求为准。

图 5–5　人工清理作业带

5.2.4　施工便道及平台修筑

长陡坡段管道施工时所有设备、材料均需由陡坡段上部或下部进入，因此需修建临时施工便道，以便于施工设备、材料的运输，同时在长陡坡段上部和下部需各修建施工平台 1 个，作为施工设备、材料等的存放场地及预制场地（图 5–6、图 5–7）。

图 5–6　施工便道修建

图 5–7　操作平台修建

5.2.5　管沟开挖

长陡坡段地质多为裸露基岩或为较薄风化覆盖层的基岩，土层较薄，石方量巨大。管沟开挖时主要根据坡度大小采用人工配合机械的方法进行。

当 40° ≤坡度 <60° 时，主要采用履带岩石破碎机 + 履带挖掘机从下至上进行管沟开挖成型（图 5–8）。

当坡度≥60° 时，施工便道修筑困难，履带设备行驶容易发生倾覆，风险较大，管沟主要采用水磨钻钻孔 + 人工风镐破碎的方式进行开挖（图 5-9），开挖时应从上至下分层开挖，施工人员每开挖完一层后需进行临边防护，然后在已开挖好的基坑平台上垂直向下作业。

图 5-8 水磨钻开挖管沟

图 5-9 机械开挖管沟

石方段管沟开挖时应超挖 200mm，沟底应平整，宽度适中，变坡点明显，便于管道沟下组对焊接。

管沟应严格按照测量成果表进行开挖，变坡点应明显，并设置等高线，开挖后应及时进行线路复测，管沟验收。

5.2.6 索道系统安装

1. 卷扬机基础及锚固墩浇筑

（1）卷扬机基础采用 C30 混凝土进行浇筑，并预留地脚螺栓孔，浇筑完成后及时进行养护，当混凝土强度达到设计强度 80% 以上时才能进行卷扬机安装。

（2）锚固墩基础采用 C30 钢筋混凝土进行浇筑，底部采用 ϕ12mm 钢筋网片，上部采用 6 根 ϕ36mm 圆钢与底部钢筋网片焊接连接作为锚固点。

（3）每个锚固墩的布置必须在其索道直线的延长线上，而且被锚固的钢索与地面的夹角必须 <30° 。承载索两端的锚固墩不能与其他共用，必须单独锚固。

2. 卷扬机和人字架安装（图 5-10、图 5-11）

索道系统一般采用 3 台卷扬机进行驱动，以 D813mm × 11mm 管道为例，单根管重 2.8t，宜选择 1 台 10t 卷扬机作为主牵引进行管道的水平运输，同时选择 2 台 5t 卷扬机作为管道的垂直升降控制。

图 5-10 卷扬机安装

图 5-11 人字架安装

人字架采用 D273mm × 8mm 螺旋缝钢管制作，焊接连接，高度应能满足索道架设的要求，安装后采用 ϕ12.5mm 钢丝绳与锚固墩进行固定。

3. 索道安装

首先用人力展放较小的钢丝绳，然后再用卷扬机牵引牵引索。起重索和承载索利用环状牵引索拉到所需位置。首先牵引起重索，把起重索的一头用马鞍螺丝固定在牵引索上，牵引机慢速牵引起重索，把起重索拉倒终点后，再通过高速转向滑车拉到起点。然后进行锚固，终点的一头固定在地锚上，在始端固定在起重卷扬机滚筒上。

承载索用相同的方法拉到终点，然后一头锚固在终端地锚上，另一头用收紧装置收紧其张力、锚固在始端地锚上。至此整条索道架设完成。主索道由 2 根钢丝绳索组成，每根承载索采用相同的方法进行安装。

4. 轨道小车安装

轨道小车及平衡梁安装图 5–12、图 5–13 主索道架设完成后，在 2 条主索道上分别安装 1 套滑轮组并连接形成轨道小车，吊装管道在索道上行走，轨道小车主要由 8 个定滑轮组装而成，其中上排 4 个滑轮在索道上行走，下排 4 个滑轮用于吊装管道。

平衡梁通过起重绳索和动滑轮安装在轨道小车下方，平衡梁下方设吊钩 2 个，管道与吊钩采用吊管带连接，平衡梁一般采用 D114mm × 10mm 无缝钢管制作。

5. 牵引索、起重索安装

牵引索由 10t 卷扬机牵引带动轨道小车在两条承载索上行走，起重索由 2 台 5t 卷扬机牵引分别控制平衡梁两端上下提升（图 5–14）。

图 5–12　轨道小车安装

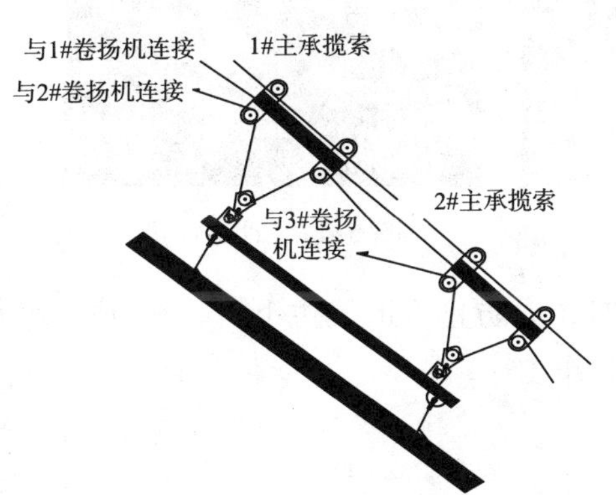

图 5–13　轨道小车及平衡梁连接示意图

图 5–14　牵引索及起重索安装

6. 索道试运行

索道系统安装完成后，首先应检查承载索、牵引索和起重索连接是否牢固，所有滑轮组行走是否畅通，然后进行卷扬机单机试运转，最后启动卷扬机牵引轨道小车进行无负荷试运行。现场试运行合格，经质量、安全人员验收合格后方可投入使用。

5.2.7　管道运输及布管

索道验收合格后进行管道运输及布管，首先采用履带挖掘机将管道吊至索道首端并采用吊管带与平衡杆固定，然后启动牵引索卷扬机带动管道沿索道行走，当行走至管沟位置后，暂停牵引，启动另外 2 台起重索卷扬机进行放绳，随着绳索加长管道随之落入管沟内完成布管（图 5–15）。

由于陡坡段管道焊接难度大，为了减少陡坡段焊接工作量，应根据测量成果表及弯管尺寸提前计算出短节长度，并在预制场内与直管焊接后一同运输至管沟内。

图 5–15　索道运管

管道运输过程应平稳，速度控制在 8~15m/min，为防止吊管带与管道发生滑移，可在吊管带上方各安装钢板管卡 1 个。

5.2.8 管道组对焊接

长陡坡段管道组对由于管材自重较大，人工无法直接组对，主要采用外对口器从下至上进行管道组对，组对时通过 2 条卷扬机起重索的收放来调节管道前后高度及倾斜角度，当管口间隙过大时可通过牵引索的调节来控制管道组对间隙，直至完成管道组对（图 5-16）。

长陡坡段管道焊接与一般地段焊接工艺相同，主要为氩电联焊或半自动向下焊，由于陡坡段焊接人员操作困难，应预先在焊口位置管沟内人工开挖成平面，然后搭设脚手架平台供焊接人员操作，脚手架根部采用锚杆与岩体连接固定，上部满铺竹跳板。焊接设备、工具等均可通过索道运输至焊接平台上（图 5-17、图 5-18）。

图 5-16 管道组对

图 5-17 管道焊接

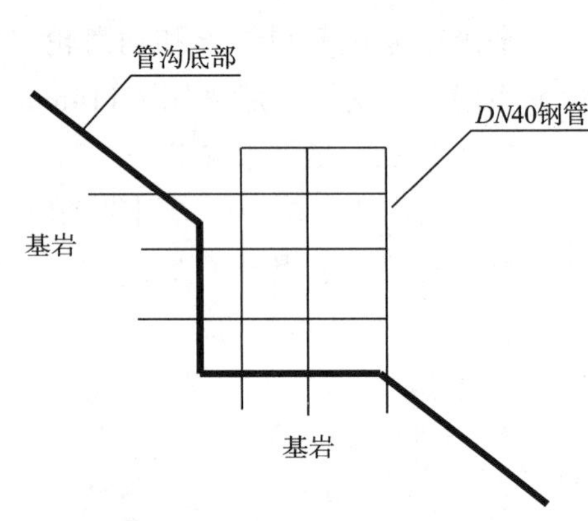

图 5-18 焊接操作平台

同时长陡坡段管道焊接时，为防止管道发生下滑，在陡坡下端平缓段应设置锚固墩对管道进行固定，锚固墩采用钢筋混凝土制作。

5.3 劳动力组织

山区长陡坡段管道施工所需的主要人员及分工（表 5-2）：

表 5-2 主要人员分工表

序 号	岗位工种名称	人数 / 人	分 工
1	总工	1	全面技术质量管理
2	项目经理	1	组织生产
3	技术员	2	负责现场技术指导
4	班长	4	组织班组管理实施
5	测量员	2	负责线路测量
6	质检员	2	负责现场质量监督检查
7	管工	2	负责管道组对
8	电焊工	4	负责管道焊接
9	起重工	2	负责管道吊装、运输
10	操作手	4	负责设备操作
11	力工	30	负责管道转运、配合施工等
12	木工	6	负责模板安装
13	钢筋工	4	负责钢筋绑扎

6 主要施工设备和材料（表 6-1）

表 6-1 主要施工设备、材料一览表

序号	名 称	型 号	单 位	数 量	备 注
1	履带挖掘机	$1.25m^3$	台	4	
2	半自动焊机	DC–500 Ⅱ e	台	4	
3	送丝机	奥太 NBC 500	台	4	
4	逆变式焊机	ZX7–400–SST	台	4	
5	柴油发电机组	104kW	台	2	
6	RTK	中海达 V9	台	2	
7	砂浆搅拌机	200L	台	2	
8	挤压泵		台	2	
9	切割机		台	2	
10	调直机		台	2	
11	卷扬机	JM10	台	1	
12	卷扬机	JM5	台	2	
13	承载索	ϕ30mm	m	260	
14	牵引索	ϕ12.5mm	m	600	
15	起重索	ϕ12.5mm	m	600	
16	地锚	60t	只	2	
17	地锚	20t	只	2	
18	卸扣	10t	只	3	
19	卸扣	4t	只	10	
20	卸扣	2t	只	20	
21	链条葫芦	3t × 5m	只	2	
22	水平横梁	114 × 6	根	2	
23	轨道小车		套	1	
24	定滑轮	10t	只	12	
25	焊接钢管	*DN*40	m	600	

7 质量控制

7.1 质量标准

（1）GB 50369—2014 《油气长输管道工程施工及验收规范》。

（2）GB 50424—2015 《油气输送管道穿越工程施工规范》。

（3）GB 50235—2010 《工业金属管道工程施工及验收规范》。

（4）GB/T 31032—2014 《钢制管道焊接及验收》。

（5）SY 4208—2008 《石油天然气建设工程施工质量验收规范 输油输气管道线路工程》。

（6）SY 4207—2007 《石油天然气建设工程施工质量验收规范管道穿跨越工程》。

（7）GB 50470—2017 《油气输送管道线路工程抗震技术规范》。

（8）GB 50236—2011 《现场设备、工业管道焊接工程施工规范》。

（9）GB 12141—2008 《货运架空索道安全规范》。

（10）GB/T 24913—2010 《非公用往复索道技术规范》。

（11）GB 50127—2007 《架空索道工程技术规范》。

（12）GB 26722—2011 《索道用钢丝绳》。

（13）GB/T 9075—2008 《索道用钢丝绳检验和报废规范》。

7.2 质量保证措施

（1）严格进货检验制度，按进货检验计划安排实施检验，把住材料进场验收关，杜绝不合格原材料、设备和构配件的使用。

（2）强化过程检验，实行三工序管理，“三检制”控制，班组自检数据要标注在工程实体上，专职质检员在检查工程质量的同时，要核验班组自检的准确性和有效性，把好工程过程质量交验关。

（3）测量工具必须检定合格并在有效期内使用，测量过程中必须标记清晰，数据采集齐全。

（4）作业带清理过程中严格控制作业带宽度，减少临时用地面积。

（5）管沟开挖坡比、宽度、深度等需符合设计及规范要求，沟底平直，变坡点位置清晰。

（6）施工中应对管材管口、外防腐层等成品做好保护工作。

（7）弯管与直管段管道、沟下管道、变壁厚管道组对应符合规范要求。

（8）焊接工艺参数、预热、缓冷及焊接环境条件（温度、湿度、风速等）应符合焊接工艺规程要求，焊检尺、风速仪、温湿度计、测温仪等必须检定合格并在有效期内使用。

（9）索道系统基础浇筑用水泥、砂浆标号符合设计要求，并有相应的配合比报告及强度试验报告。

（10）锚固墩和卷扬机基础浇筑完成后要定期进行洒水养护，当强度达到 80% 以上时才能进行安装作业。

（11）卷扬机安装时水平度、垂直度应满足规范要求，主索道张拉时应留有一定的弧度，不应太紧。

（12）索道系统钢丝绳选择合理，满足规范要求。

7.3 关键工序质量控制

关键工序质量控制见表 7–1。

表 7-1 关键工序质量控制要求

序号	检验项目	检查工序	指标要求	检验工具或方法
1	管沟成型	管沟开挖时	管沟中心线便宜应 <150mm；变坡点位移≤ 1000mm	钢卷尺，板尺
2	混凝土质量	锚固墩基础浇筑时	位置允许偏差不得 >200mm；混凝土表面平整度不得 >20mm	靠尺，卷尺
3	钢丝绳质量	索道系统运行前	钢丝绳直径符合要求，无断裂	直尺
4	组对质量	管道组对时	两管口直缝或螺旋缝错开间距应≥100mm；钢管短节长度不应 < 管道外径且≥0.5m	卷尺
5	焊接质量	管道焊接时	焊缝余高应在 0~3mm 内；焊缝表面每侧宽度宜比坡口表面宽 1~2mm	焊接检测尺

8 安全措施

8.1 安全标准

（1）GB 2894—2008 《安全标志及其使用导则》。

（2）GB 6067.1—2010 《起重设备安全规程》。

（3）JGJ 46—2012 《施工现场临时用电安全技术规范》。

（4）Q/SY 1240—2009 《作业许可管理规范》。

（5）GB 50484—2008 《石油化工建设工程施工安全技术规范》。

（6）SY/T 7412—2018 《油气长输管道突发事件应急预案编制规范》。

（7）GB 12141—2008 《货运架空索道安全规范》。

（8）GB 50348—2018 《安全防范工程技术规范》。

（9）SY/T 5922—2012 《天然气管道运行规范》。

（10）SY 6444—2010 《石油工程建设施工安全规定》。

8.2 安全控制措施

（1）工程所有施工管理人员、操作人员以及临时用工进场施工前需进行安全培训及考试，考试合格后方可进场施工。

（2）重点部位施工前需编制相应安全预案，安全预案需由监理单位、建设单位进行审批，并在施工前按照预案落实相应的防控措施。

（3）每道工序施工前需落实安全技术交底，确保工程施工人员了解施工风险、落实防控措施。

（4）关键施工点需安排专职安全监督员进行定点看护，严格执行作业票证制度。

（5）施工前，应在长陡坡段底部修建袋装土挡土墙，开挖缓冲沟和落石坑，防止上部石方滚落伤人，挡土墙和落石坑长度应延伸至作业带外两侧各 50m。

（6）在长陡坡段顶部及作业带两侧开挖临时截排水沟，防止暴雨季节雨水冲刷作业带及管沟。

（7）在陡坡底部作业带上及两侧分段安装钢制被动防护网，防护网高 5m，防止滚石飞落伤人。

（8）在陡坡段岩石表面设置监测控制点，每天采用 RTK 对岩石表面水平及垂直位移进行观测，防止由于地壳变迁、洪水、地震等造成岩石松动，发生危险。

（9）陡坡段人员通行困难，施工时沿作业带方向在一侧搭设脚手架的施工通道，便于施工人员通行，小型施工机具、设备转移等。同时作为应急抢险和撤离通道，保证了施工的顺利进行。

（10）施工现场的临时电缆均采用绝缘良好的橡皮线或塑料线，架设高度不低于 2.5m，禁止在树上、金属设备上或脚手架上挂线，不准用金属线绑扎电线。

（11）现场所有设备应进行接地，索道和人字支架也应进行接地，并绝缘电阻在规范允许范围内。

（12）高空作业时，施工人员应佩戴好安全带、安全绳，临边作业时应防护到位。

（13）陡坡段施工时，作业人员必须配备对讲机等，保持与地面安全监护人员的沟通畅通。

（14）卷扬机地锚、滑轮地锚必须严格按照方案进行施工，混凝土部分必须振捣密实，焊接部分必须全部满焊，预埋件与地锚连接必须牢固。

（15）施工机具、设备等定期进行检查，对于有安全隐患的机具设备及时进行维护，严禁带病工作。对于索道钢丝绳、吊带等应在每天施工前进行检查，如有问题及时更换。

（16）索道运行时，在备关键点应设置安全检查人员。随时观察运行情况，以便及时处理影响正常运行的因素，确保安全运行。

（17）陡坡段施工时应按照专人进行指挥，同时严禁陡坡上下进行交叉施工。

（18）依据季节变化和现场实际情况，增加引、排水沟，每天作业结束时，必须对设备材料进行固定。防止雨水过大造成塌方、滑坡、泄流、设备损失等情况的发生。

（19）根据季节变化及地域情况，施工现场配备相应的防暑降温药品、止血绷带、抗毒血清以及其他应急救援药品。

9　环保措施

9.1　环保标准

（1）JGJ 146—2013 《建筑工程施工现场环境与卫生标准》。
（2）GB 12523—2011 《建筑施工场界环境噪音排放标准》。
（3）GB 16297—1996 《大气污染物综合排放标准》。
（4）Q/SY 1002.1—2014 《健康、安全与环境管理体系》。
（5）GB8 978—1996 《污水综合排放标准》。
（6）GB 3838—2002 《地表水环境质量标准》。
（7）GB/T 14848—2017 《地下水质量标准》。
（8）GB 6763—2000 《建筑材料用工业废渣放射性物质限制标准》。

9.2　环保控制措施

（1）施工时应严格控制作业带宽度，减少对周围植被及地貌的破坏。

（2）在陡坡底部及作业带两侧根据现场情况修筑袋装土挡土墙防止水土流失。

（3）施工作业带修筑时，根据需要安装临时排水管以及修筑排水沟，保持排水通畅，防止雨水及地表水等对地表、植被造成冲刷和破坏。

（4）施工过程产生的工业固体废弃物不得倒入水体或任意遗弃，应随时清理回收，做到工完、料尽、场地清。

（5）施工作业中的焊条头、废砂轮片和包装物等应每天进行回收、集中处理。

（6）施工期间对堆土场等应根据需要采用防尘布进行遮挡，防止尘土随风飘散对周围环境造成污染。

（7）施工及生活用污水严禁直接排放，必须经过相应处理后方可排放。

（8）施工完毕后，及时清理施工现场各类废弃物、垃圾等，做到现场整洁、无杂物。

10　效益分析

10.1　经济效益

通过架设三机双轨钢丝索道进行长陡坡段天然气管道的输送及安装，施工周期短，成本低，管道转运速度快且平稳，受雨季降水影响较小，管道组对焊接效率高，施工工期大幅缩短，人工费和机械费用大幅降低。

以 2017 年长宁干线工程江门峡长陡坡段（1044m）天然气管道（*DN*800）施工为例，将本工法同传统的施工方法的成本对比如表 10–1 所示：

表 10-1　效益分析对比

方式 / 费用	机械费 / 万元	材料费 / 万元	人工费 / 万元	合计 / 万元
传统机械布管	36	1.8	10.8	48.6
索道布管	11.4	3.2	3.6	18.2
经济效益	24.6	–1.4	7.2	30.4

从上表中可以看出，采用架设索道配合长陡坡段天然气管道输送及安装施工，施工成本共计节约 30.4 万元，施工经济效益显著。

在长宁干线工程共计架设索道 3 条，累计节约成本 86.4 万元。

10.2 社会效益

与常规施工方法相比，本工法无需大量修建“之”字绕行便道，对地形地貌破坏较小，环保效果显著，同时无需进行挖机运布管作业，人员安全得到有效保证，施工安全风险大幅降低。

11 应用实例

应用实例一：长宁页岩气田集输气干线工程江门峡长陡坡段跨越

2017 年将此工法应用于长宁页岩气田集输气干线工程江门峡长陡坡段跨越，管道直径 D813mm，设计压力 6.3MPa，平均坡度 65°，架设钢丝双轨索道 2 条，分别长 280m 和 320m，工期缩短 36d，节约成本 57.6 万元，得到了建设单位的一致肯定。

应用实例二：长宁页岩气田集输气干线工程云台寺长陡坡段跨越

2017 年将此工法应用长宁页岩气田集输气干线工程云台寺长陡坡段跨越，管道直径 D813mm，设计压力 6.3MPa，平均坡度 75°，架设钢丝双轨索道 1 条，长 220m，工期缩短 20d，节约成本 28.8 万元，为工程按期投产奠定了基础。

应用实例三：楚雄－攀枝花天然气管道恩就山长陡坡段

2018 年将此工法应用于楚雄－攀枝花天然气管道恩就山长陡坡段，管道直径 D610mm，设计压力 6.3MPa，平均坡度 56°，架设钢丝双轨索道 1 条，长 240m，工期缩短 22d，节约成本 21.8 万元。

气田双金属集输管道焊接施工工法

大庆油田建设集团有限责任公司

常 亮 马士锋 刘 畅 王 静 李 聪

1 前言

天然气田存在高含硫酸性成分，对管道腐蚀性较大，近几年气田集输管道多采用基层为碳钢、覆层为不锈钢的双金属复合管。该类管道焊接合格率低，焊缝及热影响区为抗腐蚀薄弱位置，在应力腐蚀的作用下，经常出现穿孔、爆管等质量问题，主要原因是焊接工艺还不完善。大庆油田建设集团在采气分公司输气管道项目中对焊接工艺进行了改进，研发了管口堆焊工艺，大大提高了焊接一次合格率和接头的抗腐蚀性能，延长了复合管使用寿命，提高了施工效率，通过总结形成本工法。经黑龙江省科学技术情报研究院查新，国内相关文献未见相同报道，属国内先进技术。工法应用了“加量内切”、GMAW 堆焊、定位焊接、节能内充氩、红外线测温等先进技术，并在多次改进中自主研发了多项国家专利和革新工具，包括：内充氩保护装置（专利号：ZL2013 2 0766213.6）、管道焊接防风保温棚（专利号：ZL2009 2 0293134.1），以及获得大庆油田有限责任公司技术创新一等奖的新型快速对口器等先进工具，提高了焊接速度，保证了焊接质量，降低了施工成本。

2 工法特点

新研发的双金属复合管焊接工艺是主要为了提高焊接接头的抗腐蚀性能，与传统的封焊工艺相比具有以下优点：

（1）焊接质量高，采用“加量内切”和 GMAW 堆焊技术制作抗腐蚀层，使基层和覆层的熔合线远离坡口，避免了因渗碳及两种钢热膨胀系数的差异而造成应力腐蚀开裂，焊接一次合格率提高 12%，且接头的抗腐蚀性能明显提高。

（2）施工速度快，管端堆焊和坡口加工采取工厂化预制、机械化作业批量完成，省掉了现场封焊、坡口制作等工序，加快了管道安装施工进度；同时采用新型可调式外对口器大幅提高管口组对速度，现场施工工效提高 40%。

（3）施工成本低，采用内充氩专利技术，氩气用量节省 50%，同时由于安装工效提高，工期缩短，施工总成本降低 30%。

3 适用范围

本工法适用于 *DN*400 以下，总壁厚 <20mm，基层为碳钢、覆层为奥氏体不锈钢的复合管焊接。

4 工艺原理

复合管在施工前采用“加量”内切技术将管口覆层切割50mm，用GMAW堆焊出具有抗腐蚀性能的不锈钢层，经打磨及坡口处理后再进行管线组对焊接。组对时采用具有调节功能的外用对口器快速组对，用“定位块”精确固定；采用氩电联焊方式焊接，同时管道内置充氩密封装置全程充氩，得到具有抗腐蚀性能的高质量焊接接头。

5 工艺流程及操作要点

5.1 焊接工艺流程

5.1.1 总工艺流程（图5-1）

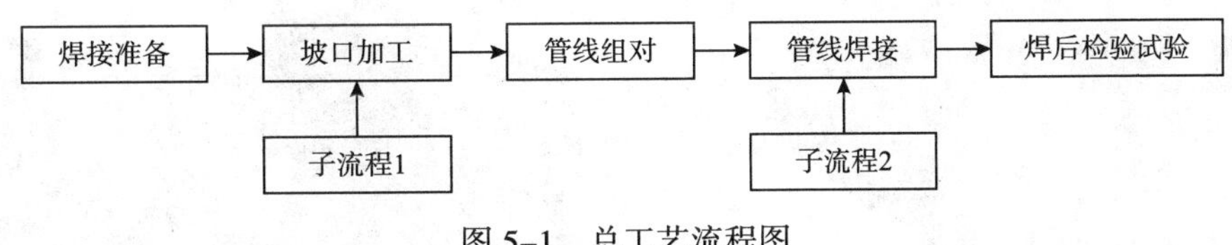

图5–1 总工艺流程图

5.1.2 子工艺流程

子流程1：坡口加工工艺流程（图5–2）。

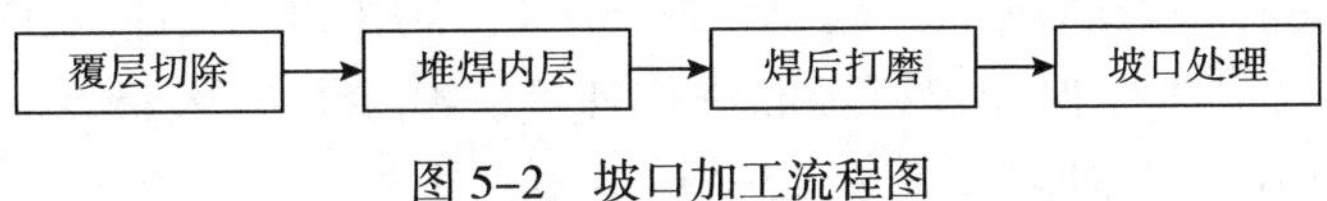

图5–2 坡口加工流程图

子流程2：管线焊接工艺流程（图5–3）。

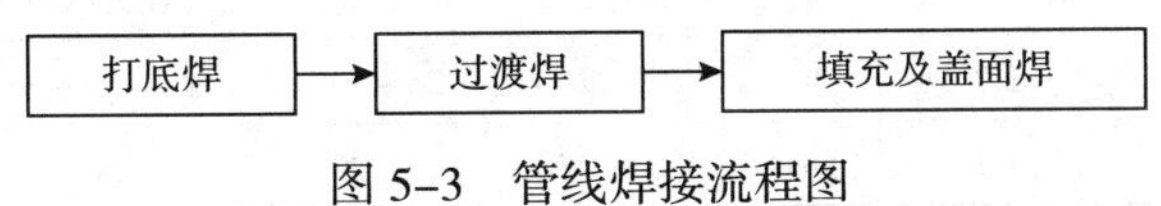

图5–3 管线焊接流程图

5.2 操作要点

5.2.1 焊接准备

（1）焊接工艺评定：根据管线材质选择焊接方法和材料，拟定焊接工艺规程并进行现场组焊，焊件进行工艺评定试验，验证拟定的正确性，最终形成焊接工艺评定报告，评定标准依据《承压设备焊接工艺评定》NB/T47014。

（2）焊接作业指导书：按焊接工艺评定报告要求制定焊接作业指导书，经现场监理审批后用于指导施工、焊工培训及考试。

（3）焊接技术交底：由项目技术人员对所有焊接作业人员进行现场技术交底，详细介绍相关的参数要求，要求每名焊工在交底记录上签字。

（4）焊工培训考试：加强焊工准入要求，必须现场考试合格才能从事相应焊接作业，考试项目见表5–1。

表 5-1　焊工考试项目

试件	管线材质	规格	焊接方法	焊接材料	焊接位置	项目代号
试件 1	L290N+316L	6+2	GTAW	ER309LMo	6G	GTAW-FeIV-6G-8/219-02
试件 2	L290N+316L	6+2	SMAW	J507	6G	SMAW-FeIV-6G-8/219-02
试件 3	L290N+316L	6+2	GMAW	ER309LMo	6G	GMAW-FeIV-2FG-8/219-03

5.2.2　坡口加工

（1）覆层切除：采用“加量内切”技术对覆层进行切割，即切割时距管口 50mm 处开始，外侧预留 20mm 增加管口刚度，并向基层深切（1±0.3）mm，保证焊接时较好熔合。切割采用不锈钢切片防止渗碳。切割完成后用不锈钢磨片、钢丝刷清理堆焊区内的油污、铁锈等杂质。管口加工示意图见图 5-4；内衬切除后清理效果见图 5-5。

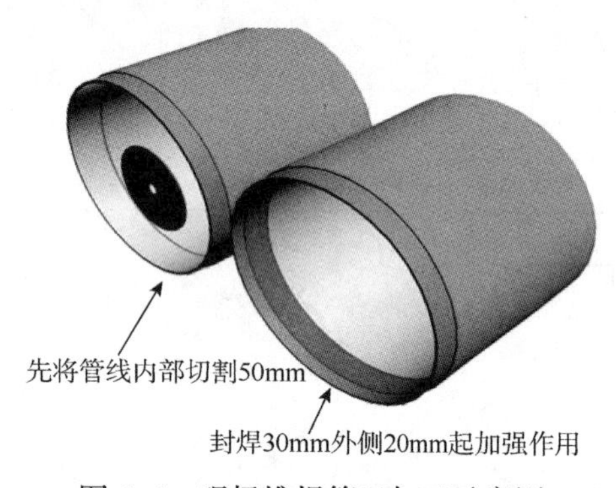

图 5-4　现场堆焊管口加工示意图

图 5-5　内衬切除后清理效果图

（2）堆焊内层：焊接前将表面烘干，避免产生气孔。采用 CO_2 气体保护焊进行多道焊，堆焊两层，堆焊方法见图 5-6。CO_2 气体保护焊可提高堆焊速度，减少热输入量，防止管口收缩，并容易得到较薄的堆焊层。堆焊焊道效果见图 5-7，堆焊参数见表 5-2。

表 5-2　堆焊相关参数表

名称	焊接方法	焊材	直径 /mm	极性	电流 I/A	电压 U/V	焊速 /（cm/min）	保护气流量 /（L/min）
堆焊 1	GMAW	ER309LMo	1.2	DC-	160～200	25～29	50～60	15～25
堆焊 2	GMAW	ER309LMo	1.2	DC-	160～200	25～29	50～60	15～25

（3）焊后打磨：堆焊完成后用不锈钢钢丝刷清理焊道，进行外观检查。堆焊层应均匀、余高 1～2mm，焊道无气孔、夹渣、凹坑等缺陷。检查合格后将堆焊层打磨平整，打磨后保留余高 0～0.2mm。

（4）坡口处理：坡口制作前采用等离子将外侧起加强作用的 20mm 管段切除。切口表面平整，无裂纹、重皮、凸凹、缩口；切口端面倾斜偏差不大于管子外径的 1%，且不得超过 3mm。采用坡口机进行坡口加工，并倒出 30°±2° 坡口角度。坡口制作见图 5-8；最终坡口见图 5-9。

图 5-6　堆焊方法

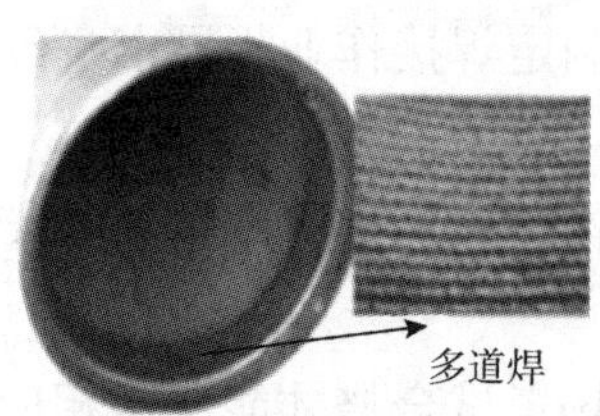

图 5-7　堆焊焊道效果

图 5-8　坡口制作

图 5-9　最终坡口

5.2.3 管线组对

（1）坡口清理。组对前用不锈钢钢丝刷清理坡口两侧 20mm 范围内污油、铁锈及其他杂质，管口清理见图 5–10。并用丙酮溶液清洗覆层金属使之呈银白色。

（2）安装充氩保护装置。坡口清理完毕后将充氩保护装置装入管内，一端用镀锌铁丝拴牢，以便焊后牵出。管线内充氩保护装置见图 5–11。

（3）采用外对口器进行管线组对。通过调节压块上的螺栓保证管线同心度，组对间隙 3 ~ 5mm，错边量≤0.5mm。对口器安装见图 5–12。

（4）采用定位块点焊固定。定位块 ϕ8mm × 20mm，Q235B，均匀分布且不少于 3 块。定位块焊接方式见图 5–13。

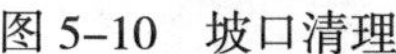

图 5–10　坡口清理

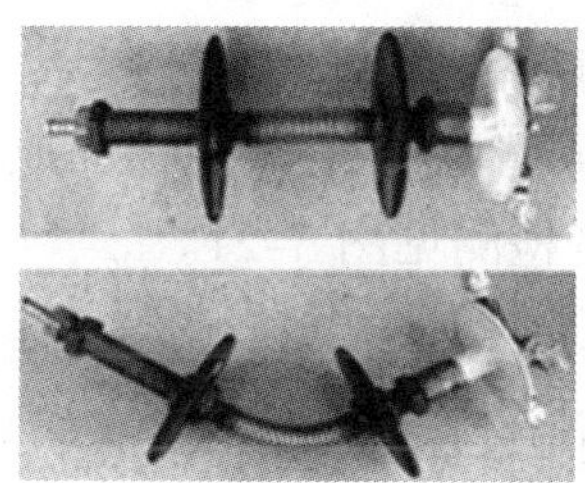

图 5–11　内充氩保护装置

图 5–12　对口器安装

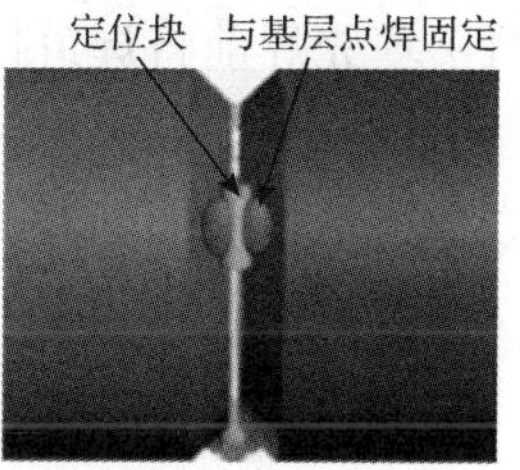

图 5–13　定位块焊接

5.2.4 管线焊接

由于复合管覆层壁薄，打底焊和过渡焊选用热输入量小的钨极氩弧焊。焊材选用 ER309LMo；填充和盖面焊采用手工电弧焊，焊材选用 J507 焊条，既能保证焊接质量，又能节省成本。

1. 打底焊

（1）焊接前用美纹纸密封坡口，在起弧点打开一个小口便于气体置换，充氩约 5min 后用测氧仪检测氧含量，满足要求时方可施焊。

（2）焊接过程中注意观察焊道颜色变化，焊道呈银白、金黄、蓝、红灰等颜色为合格，当呈灰黑或黑色时应及时检测氩气浓度。不锈钢颜色随含氧量浓度变化见图 5–14；氩气检测见图 5–15。

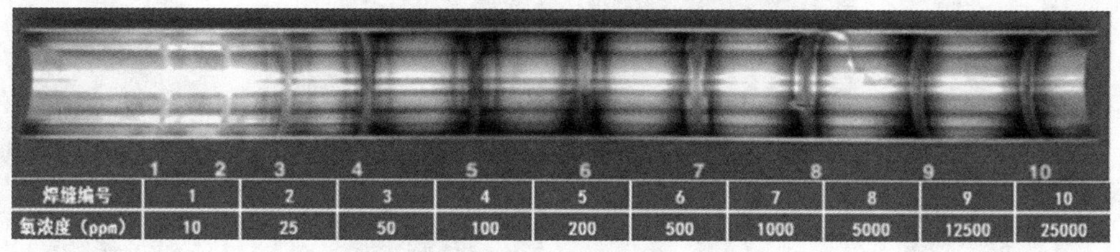

焊缝编号	1	2	3	4	5	6	7	8	9	10
氧浓度（ppm）	10	25	50	100	200	500	1000	5000	12500	25000

图 5–14　不锈钢颜色随含氧量变化图

（3）打底焊由两名焊工对称施焊。注意观察焊缝颜色和成型情况，及时调整充氩设备。焊缝应焊透，无气孔、夹钨等缺陷。打底焊过程见图 5–16。

（4）定位块间的焊道全部完成后，拆除定位块并检测氩气合格后再将剩余焊缝完成。打底焊成型见图 5–17。

2. 过渡焊

（1）过渡焊仍采用氩弧焊，并充氩保护，氩气流量降低到 20L/min。

（2）焊接时用点温计测量焊道温度，应低于 120℃。

（3）焊接应采用小电流快速焊，减少线能量输入。

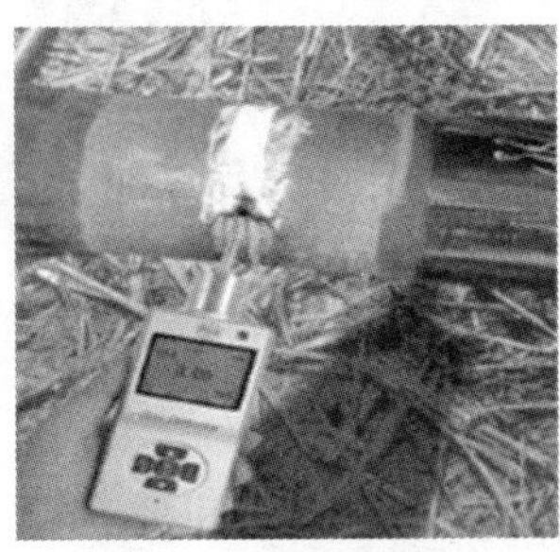

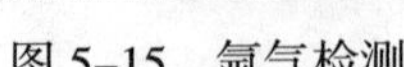
图 5-15　氩气检测

图 5-16　打底焊过程

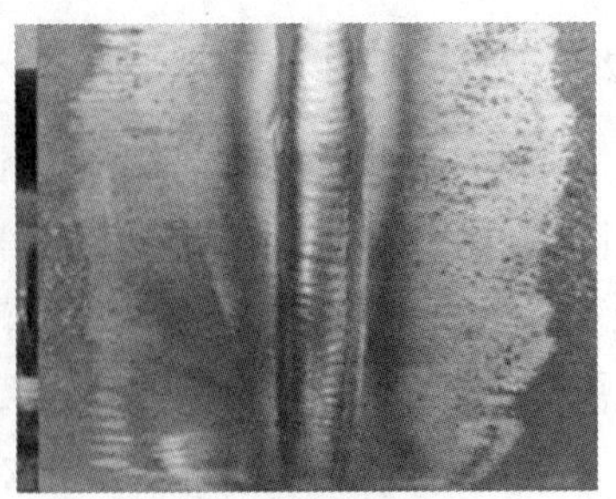
图 5-17　打底焊成型

（4）过渡焊可焊接 1~2 遍，保证厚度≥4mm，且覆盖基层 2mm 以上。过渡焊成型见图 5-18。

3. 填充及盖面焊

（1）填充焊前将焊道打磨干净，焊接时可适当减少氩气供应。

（2）填充及盖面焊均采用手工电弧焊。填充焊成型见图 5-19；盖面成型见图 5-20。

（3）严格控制层间温度在 120℃以下。层间温度检测见图 5-21。

（4）焊接工艺参数见表 5-3。

表 5-3　管线组焊相关参数表

焊道	焊条（丝）		极性	电压 U/V	电流 I/A	焊速 / V/（cm/min）	线能量 / Q/（kJ/cm）	气体流量 /（L/min）	
	型号	规格 /mm							
打底焊	ER309LMo	ϕ2.4	DCEN	10~15	90	40~50	≤14.2	10~15	≥25
过渡焊	ER309LMo	ϕ2.4	DCEN	10~15	110	60~70	≤11.6	10~15	≥25
填充焊	J507	ϕ3.2	DCEP	15~20	90	50~60	≤15.1	—	15~20
盖面焊	J507	ϕ3.2	DCEP	15~20	90	60~70	≤12.6	—	—

注：1. 打底焊和过渡焊采用 GTAW 钨极直径 WCeϕ2.0mm 喷嘴直径 ϕ6~ϕ10mm Ar 气混合比 99.99%。

2. 填充和盖面焊采用 SMAW 焊条使用前 350℃烘焙 1h。

3. 焊道层间温度控制 120℃。

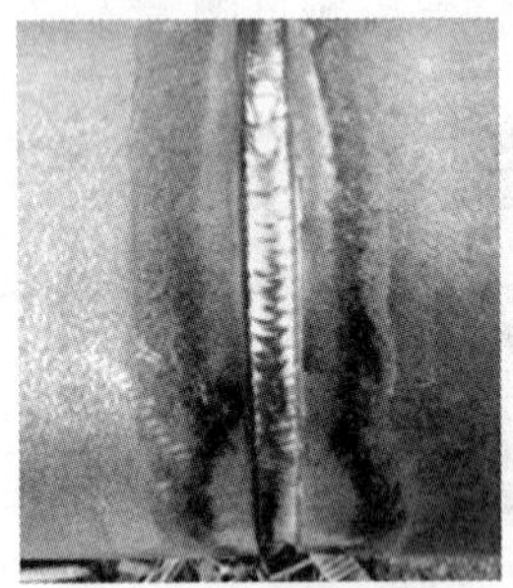
图 5-18　过渡焊成型

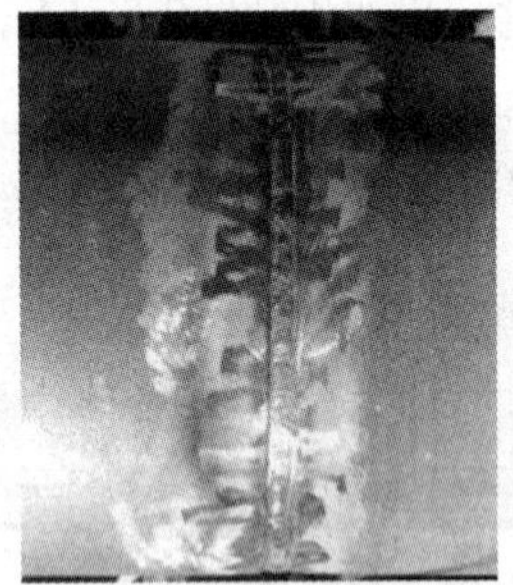
图 5-19　填充焊成型

图 5-20　盖面成型

图 5-21　层温检测

5.2.5　焊后检验试验

1. 外观检验

（1）焊接过程中，每层（道）焊接完成后，应仔细检查焊道，发现缺陷及时处理。

（2）焊接完成后用锉刀清除接头表面熔渣、飞溅和其他污物，使焊缝宽度均匀一致，焊缝余高≤2mm 且不得低于母材表面，余高超过 3mm 时，应进行打磨，打磨后应与母材圆滑过渡，但不应伤及母材。

（3）焊缝表面应无裂纹、气孔、夹渣、熔合性飞溅及凹陷等缺陷，咬边深度不得超过 0.5mm，咬边深度为 0.3～0.5mm，单个长度不应超过 30mm，在焊缝任何 300mm 连续长度内，咬边累计长度不应 >50mm。

（4）焊道外观应符合《石油天然气建设工程施工质量验收规范油气田集输管道工程》SY4204 及《工业金属管道工程施工质量验收规范》GB50184 标准要求。

2. 无损检测

（1）对接焊缝易产生未熔合、未焊透、夹渣、气孔、裂纹等缺陷，需要对复合管每道焊口进行 100% 超声检测和 100% 射线检测，由于复合管焊口易产生延迟裂纹等缺陷，因此检测须在焊接完成 24h 后进行。

（2）无损检测评定符合《石油天然气钢制管道无损检测》SY/T4109 和《承压设备无损检测》NB/T47013 要求。

3. 压力试验

（1）试压前应对试压用水进行水质化验，水中 Cl^- 离子含量不得超过 25ppm（$1ppm=10^{-6}$）。

（2）试验压力 12MPa，逐级升压，在试验压力的 30% 和 60% 稳压 30min，升至强度试验压力后稳压 4h，然后降至设计压力进行严密性试验，稳压时间不少于 24h。

（3）强度试验时无断裂、无渗漏、压降小于或等于试验压力的 1%；严密性试验时压降小于或等于试验压力的 1%。

4. 性能试验

每个项目任意抽取一个焊道验证焊接工艺性能，主要包括接头拉伸试验、弯曲试验和晶间腐蚀实验。

（1）接头拉伸试验：在焊缝上纵向截取长条板状试件并将基层加工成平面，焊缝位于中心；采用同样方法取 3 件做拉伸试验。

（2）接头弯曲试验：以焊缝为中心截取宽 10mm，长 200mm，加工成板状试件 4 件做弯曲试验。

（3）接头晶间腐蚀实验：以焊道为中心取 76.2mm × 25.4mm × 2mm 块状试件 3 组，进行硫酸－硫酸铜晶间腐蚀试验。将 100g $CuSO_4 \cdot 5H_2O$ 溶解在 700mL 蒸馏水中，再加 100mL H_2SO_4，然后加入蒸馏水稀释到 1000mL。烧瓶底部铺一层铜屑，然后放置试样，试样与铜屑接触，电加热至微沸状态，保持溶液深度、体积不变，试验连续 24h，试验后取出，洗净、干燥、弯曲（弯心 4mm），然后对弯曲试样进行分析。

5.3 劳动力组织（表 5-4）

表 5-4 主要人员分工表

序号	岗位工种名称	人 数	分 工	备 注
1	项目经理	1 人	组织生产	
2	焊接工程师	1 人	焊接质量管理	
3	技术员	1 人	焊接工艺交底及技术指导	
4	质检员	1 人	焊接质量检查	
5	电 工	2 人	负责每个机组用电设备运行	
6	力 工	每机组 2 人	管口清理、对口器及封堵器安装等	
7	管 工	每机组 2 人	坡口加工、组对	
8	电焊工（TIG）	每机组 2 人	负责定位焊、过渡焊	
9	电焊工（SMAW）	每机组 2 人	负责填充、盖面焊	
10	电焊工（GMAW）	每机组 1 人	负责管口堆焊	

6 材料与设备

6.1 施工材料（表6-1）

表6-1 施工材料明细表

序号	材料种类	材料名称	型 号	使用部位
1	焊接材料	焊丝	ER309LMo	管口堆焊、打底焊、过渡焊
2		焊条	J507	填充、盖面焊
3		氩气	混合比99.99%	打底焊、过渡焊、填充、盖面焊
4		CO_2气	混合比95%	管口堆焊
5	坡口清理	钢丝刷	A304	坡口及外壁清理
6		丙酮溶液	C_3H_6O	内侧坡口清洗
7	对口辅助	外对口器	自制	管口组对
8		倒链架	自制	管口组对
9		塞尺	自制	间隙控制
10		定位块	ϕ8mm×20mm	间隙固定
11	焊接辅助	美纹纸	30mm	充氩外密封
12		氩气封堵器	自制	充氩内密封
13		焊条保温桶	2kg	焊条保温
14		防风棚	自制	焊接防风
15	坡口加工	不锈钢切片	100 A304	切割覆层
16		不锈钢磨片	100 A304	打磨覆层

6.2 施工机具（表6-2）

表6-2 机具明细表

序号	机具名称	型 号	数 量	使用部位
1	角向磨光机	125	每机组2个	管口清理
2	直磨机	100	每机组1个	覆层切割
3	倒链	3t	每机组2个	组对
4	倒链架	自制	每机组2个	组对
5	米勒电焊机	Syncrowave200	每机组1台	焊接SMAW、GTAW+TIG
6	焊条烘干箱	ZYHC-100	1台	焊条烘干

6.3 检测机具（表6-3）

表6-3 检测机具明细表

序号	机具名称	型 号	数 量	使用部位
1	远红外测温仪	-50~500℃	2把	焊接温度测量
2	风速仪	AS8556	1个	风速测量
3	温湿度计	AR847+	1个	温湿度测量
4	焊接检验尺	HJC40	12把	焊接检验
5	微氧量分析仪	KANE	1把	氩气纯度检测

7 质量控制

7.1 质量控制依据

（1）SY 4204—2016《石油天然气建设工程施工质量验收规范油气田集输管道工程》。

（2）GB 50184—2011《工业金属管道工程施工质量验收规范》。

（3）SY/T 4109—2013《石油天然气钢制管道无损检测》。

（4）NB/T 47013—2015《承压设备无损检测》。

7.2 关键质量控制（表 7-1）

表 7-1 关键质量控制表

项次	关键控制点	检验内容	控制方法	质量指标	检查时机和频次
1	坡口制作	堆焊层及坡口表面外观	目测	无裂纹、夹层、重皮、凹凸、毛刺	堆焊完成每道检查
		堆焊层厚度	焊检尺	不低于覆层	
		堆焊层宽度	直尺	20～30mm	
		管口平齐	直尺和塞尺	应≤1mm	坡口完成每道检查
2	管线组对	管口倾斜度	角尺和塞尺	不大于管外径 1.0%	组对前每道检查
		组对间隙	观察、塞尺	3～5mm	点固前每道检查
		错边量	观察、焊检尺	<1.5mm	
3	管线焊接	焊缝外观	目测、放大镜	无裂纹、气孔、凹陷、夹渣、飞溅	焊接完成每道检查
		咬边	焊检尺	不应小于管壁厚的 12.5%，且不应超过 0.5mm，在焊缝任何 300mm 连续长度中累计咬边应≤50mm	
		焊缝宽度	焊检尺	每侧超出坡口 1～2mm	
		余高	焊检尺	不超过 2mm，局部不得超过 3mm，连续长度≤50mm，超过 3mm 打磨并圆滑过渡	

7.3 质量控制措施

1. 组对质量控制

（1）管口清理及对口工具必须采用不锈钢材质，如毛刷、组对用的塞尺、撬杠等，防止渗碳造成点蚀。

（2）组对使用外对口器，如遇管口变形情况能起到校正作用。严禁使用锤击或加热管子的方法校正管口。

（3）在管道连头、穿越处需要管道切割，现场加工坡口时，应注意管口测量。把误差相近的放到一起进行组对，以免错边量超标。

（4）管道组对后应进行检查，严格控制对口间隙、错边量。

（5）氩气封堵器进气口朝向管线下部，便于排出充氩装置内空气，保证焊接质量。

2. 焊接质量控制

（1）不锈钢焊丝在使用前应进行机械清理和化学清洗，防止因杂质造成气孔。

（2）焊条在使用前必须经 350℃烘焙 1h，随用随取，并使用保温桶盛装。

（3）氩气纯度要达到 99.99%，流量达到焊接工艺要求。氩气使用前检查充氩装置的密封效果，避免焊接气孔产生。

（4）定位焊要均匀分布，焊缝长度宜为 10~15mm，焊接过程中点固焊缝要打磨光亮。

（5）严格控制工艺参数，如焊接层数、电流、电压、焊速等，应按焊接作业指导书要求操作。

（6）焊接时应每层进行温度测量，层间温度不得超过 120℃。

（7）焊接过程注意风速和空气湿度，必要时需采取防风、防潮措施。

（8）常见焊接缺陷的控制：

①磁偏吹：采用短弧焊接，并调整焊条向磁偏吹相反的方向倾斜减小磁偏吹；

②夹渣：焊条按要求烘干并保温，调整焊条角度和运条方法；

③内凹：适当调节焊接电流和电弧电压，避免熔池温度过高；同时严格控制坡口角度、钝边厚度、坡口间隙和错边量等；

④夹钨：及时打磨并补焊。如焊接产生裂纹，应将焊口切断重焊。

8 安全措施

8.1 安全控制依据

（1）2014 版 《中华人民共和国安全生产法》。

（2）GB 50656—2011 《建筑施工企业安全生产管理规范》。

（3）JGJ 184—2009 《建筑施工作业劳动保护用品配备及使用标准》。

（4）JGJ 46—2005 《施工现场临时用电安全技术规范》。

（5）JGJ 160—2016 《施工现场机械设备检查技术规范》。

8.2 施工安全措施

（1）工程开工前对所用焊接作业人员进行入场安全教育，上岗前对作业人员进行专项安全交底，要求电焊工必须持证上岗，所有作业人员入场后穿戴好劳动保护用品。

（2）专职安全员及管理人员要经常深入现场，对各种施工设备及机具的性能进行检查，清除安全隐患，并采取各种形式随时对操作人员进行安全教育以确保施工安全。

（3）在作业带内施工时两侧插警示旗、拉警示带，在道路附近作业时要在道路两侧 150m 以外放置“前方施工，减速慢行”警示牌。

8.3 人身安全措施

（1）作业人员要穿戴好劳动保护用品，管口清理或打磨作业时戴好手套及护目镜等，防止机械伤害。

（2）电焊工焊接时要戴好披肩、口罩、防护耳塞及面罩等防护用品，防止弧光、噪声及飞溅造成的伤害。

（3）摆管、焊接等设备在作业带移动时注意保持设备之间的距离，起步或汇车时注意鸣笛警示，保证现场作业人员安全。

（4）夏季施工时现场配备药品、绿豆水等解暑药物，高温天气施工要合理安排作息时间，防止人员中暑。

9 环保措施

9.1 环保控制依据

（1）2014 版 《中华人民共和国环境保护法》。

（2）1997 版 《中华人民共和国环境噪声污染防治法》。

（3）JGJ 146—2013 《建设工程施工现场环境与卫生标准》。

9.2 作业区防护措施

（1）管道施工过程中严格控制作业范围，不得超出规定操作面进行其他作业。

（2）射线探伤必须设立警示标志，以及安全隔离带。

（3）在作业带内施工避免扬尘，管沟开挖时生熟土剥离并做好苫盖措施。

（4）居民区施工时注意控制噪声污染，夜间注意弧光辐射减少对周围居民影响。

9.3 作业区卫生措施

（1）使用后的氩气瓶及时收回，不得随意放置。

（2）每天对现场进行清理，把剩余的焊丝头、焊条头、钨极头及使用后废弃的砂轮片等收拾干净，并将使用的器具收取、放置到规定的位置，做到工完、料净、场地清。

10 效益分析

10.1 经济效益

由于堆焊工艺在厂房内机械化批量加工，减少现场坡口制作工序，采用可调节外用对口器快速组对，每道 *DN*200 焊口可节约 0.5h。以 2017 年徐深 1 至徐深 9 集气管道工程焊接 40km，*DN*200 双金属复合管为例，采用本工法与传统施工方法相比，工期提前 30d，减少了人工、机械投入和氩气消耗，施工总成本可减少 45 万元。效益对比见表 10–1。

表 10-1 施工效益对比

项 目	传统焊接方法	堆焊施工方法	效益对比	备 注
机械费 / 万元	72	48	24	
人工费 / 万元	54	36	18	
材料费 / 万元	9	6	3	仅对比氩气用量
费用总计 / 万元	135	90	45	

10.2 社会效益

本工程通过运用本工法，大大提高工程焊接质量，焊接一次合格率达到 98.5%。由于焊接工艺改进，使工期缩短 30d，为工程项目的早日投产做出了积极贡献，给建设单位带来可观的经济效益。为公司树立了良好的企业形象，赢得良好的社会信誉。

11 应用实例

2016—2018 年，本工法在大庆油田采气分公司产能建设工程多次应用，提高了焊接质量和安装效率，使焊接一次合格率达 98.5% 以上，获得显著的经济效益和社会效益，为今后复合管施工积累了经验。工程应用实例见表 11–1。

表 11-1 工程应用实例表

序号	施工时间	建设单位	项目名称	主要工程量
1	2016 年	大庆油田采气分公司	昌德气田 2014 年产能建设项目	芳深五、芳深六单井管道 ϕ89mm ×（6+2）mm、ϕ76mm ×（6+2）mm 复合管，共计 22km，节约成本 26 万元
2	2017 年	大庆油田采气分公司	徐深气田徐深 27 井区产能建设工程	气井单井管道 ϕ60mm ×（6+2）mm 复合管，共计 3.6km，节约成本 4.6 万元
3	2017 年	大庆油田采气分公司	徐深 1 至徐深 9 集气管道工程	ϕ219mm ×（6+2）mm 复合管，共计 40km，节约成本 45 万元
4	2017～2018 年	大庆油田采气分公司	天然气净化厂集气管道工程	ϕ219mm ×（6+2）mm、ϕ114mm ×（6+2）mm 复合管，共计长度 42km，节约成本 48 万元

现浇箱梁采用多角度自锁盘扣支架施工工法

大庆油田路桥工程有限责任公司

张忠庆　姚立峰　姜国璐　于　洋　凌云志

1　前言

随着油气田不断开发，水域地区产能建设不断增多，现浇箱梁结构桥梁被广泛应用。目前，国内的现浇箱梁一般采用碗扣式钢管支架、门式钢管支架、扣件式钢管支架搭设施工方法，此方法搭设的钢管支架在强度、刚度、稳定性等方面存在一定问题，并且工作效率低、投入费用高、安全隐患较多。

针对以上工艺不足，大庆油田路桥工程有限责任公司对箱梁现浇工艺进行技术攻关，从提高质量、保证安全、加快进度、降低成本等角度出发，研发了多角度自锁盘扣支架体系现浇箱梁施工技术，并应用于大广高速公路松原至双辽段、解放至二莫段、第二合同段互通区匝道桥和龙凤互通立交桥的工程实践中，取得了良好效果，现总结编制成工法。该工法获得2018年度大庆油田企业级工法。

2　工法特点

（1）拼拆简便、省时省力，施工进度快。采用了构造简单、拆装快捷的现浇箱梁支架体系，使现浇箱梁支架拼装使用人力较少，工人用一把铁锤即可完成全部作业，接头拼装、拼拆速度比以往工艺提高功效5倍以上。

（2）承载力大、稳定性好，安全有保证。支架材料强度、刚度满足现浇箱梁荷载要求，且接头具有可靠的双向自锁能力。作用于横杆上的荷载通过盘扣传递给立杆，因盘扣具有很强的抗剪能力，确保支架体系稳定性好，安全可靠。

（3）灵活快捷、通用性强，施工精度高。由于多角度自锁盘扣钢管支架可以组成不同的组架尺寸，可适应不同高程的现浇箱梁，并且支架体系的可调顶托实现了可对现浇箱梁底面高程进行微调的操作。

3　适用范围

本工法适用于油气田道路桥梁墩身高度不超过20m的现浇桥梁施工。

4　工艺原理

根据现浇箱梁自重、截面、高度，对多角度自锁盘扣支架的立杆、水平杆、斜杆、可调顶托、连接销、可调底座进行单元模块化处理，在支架和模板就位后进行超重预压，然后进行现浇箱梁钢筋安装及混凝土浇筑施工，混凝土强度达到规定后再拆除多角度自锁盘扣支架。

5 施工工艺及操作要点

5.1 施工工艺流程

施工工艺流程见图 5-1。

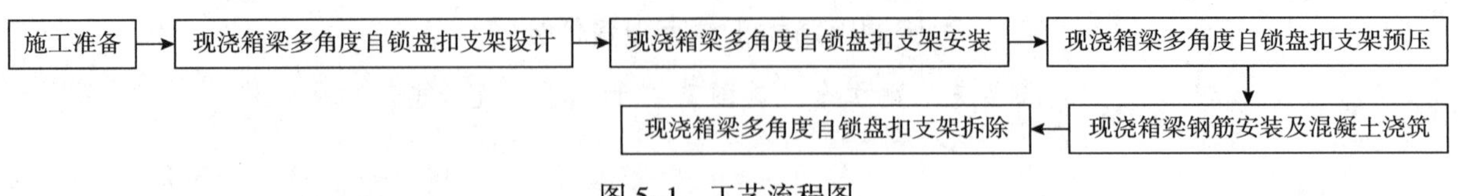

图 5-1 工艺流程图

5.2 工艺操作要点

5.2.1 施工准备

（1）用全站仪在地基基础顶面放出轴线坐标及平面位置并弹出墨线，用水准仪测量基础顶面的控制高程。

（2）对进场的多角度自锁盘扣支架，可调顶、底托等材料进行验收，合格后方可使用。

（3）多角度自锁盘扣支架基础局部采用换填处理。长度为桥梁起点桥台内侧至终点桥台内侧，宽度比支架搭设范围宽 1.0m。处理措施为：首先对支架布设范围内的表土、杂物、泥浆及淤泥进行清除，将原地面进行整平（斜坡地段做成台阶），然后分层填筑、碾压密实，达到承载力要求。

5.2.2 多角度自锁盘扣支架设计

（1）多角度自锁盘扣支架由立杆、水平杆、斜杆、可调顶托、连接销、可调底座组成。

（2）支架计算：

①腹板、翼缘板位置支架计算。由于支架布置形式相同，腹板位置荷载最大，所以只计算腹板位置支架受力。当立杆位置腹板中部时，单根立杆所受的荷载最大，此时所对应的箱梁混凝土截面积为 0.94m^2，立杆纵距为 1.5m，故单位立杆承受的钢筋混凝土自重荷载为 $0.94\times1.5\times26/(1.2\times1.5)=20.37\ (\text{kN/m}^2)$。

支架自重按 2kN/m^2 取值，施工活载按 $5\ \text{kN/m}^2$ 取值，

活载总和 $q=1.2\times(20.37+2)+1.4\times5=33.84\ (\text{kN/m}^2)$

单根立杆承受轴向力计算：

$N=33.84\times0.9\times1.5=45.68\ (\text{kN})$

立杆强度验算：

$\sigma=N/A=45.68\times10^3/571=80\text{MPa}<[\sigma]=300\text{MPa}$

立杆稳定性验算：

立杆长细比为 $\lambda=L/i=180/2.01=89.5$，查表得 $\Psi=0.55$

则有：

$N/(\Psi A)=45.68\times1000/(571\times0.55)=145\text{MPa}<f=300\text{MPa}$ 满足要求。

②地基承载力计算。单根立杆受力最大的为 60.07kN，底托底部钢板尺寸为 15cm × 15cm，基础经过混凝土硬化处理，混凝土厚度为 20cm，根据规范，混凝土按照 45° 扩散角传力，放大角边长为 $15+2\times20\times\cot45°=55\text{cm}$，与地基接触面的受力面积为 $55\times55=3025\text{cm}^2$。

所需的地基承载力为 $60.07\times1000/302500=0.199\text{MPa}=199\text{kPa}$。

5.2.3 多角度自锁盘扣支架安装（表 5-1）

表 5-1 多角度自锁盘扣支架安装顺序及说明

序号	自锁盘扣支架	说 明
①	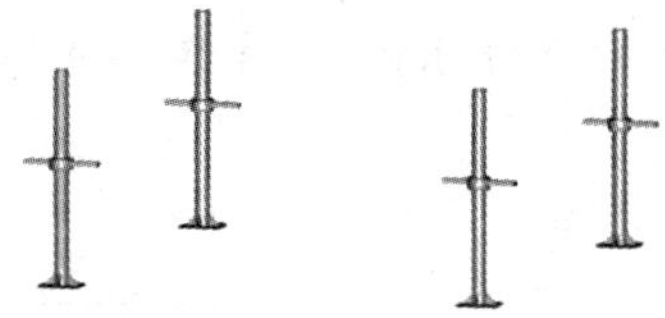	调整座：依支架配置图尺寸放样后，将「调整座」排列至定点
②	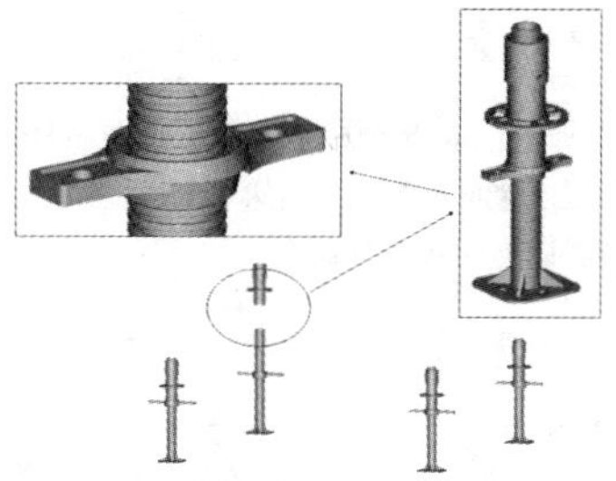	基座：将「基座」的立杆套筒部分朝上套入调整座上方，基座下缘需完全置入扳手受力平面的凹槽内
③	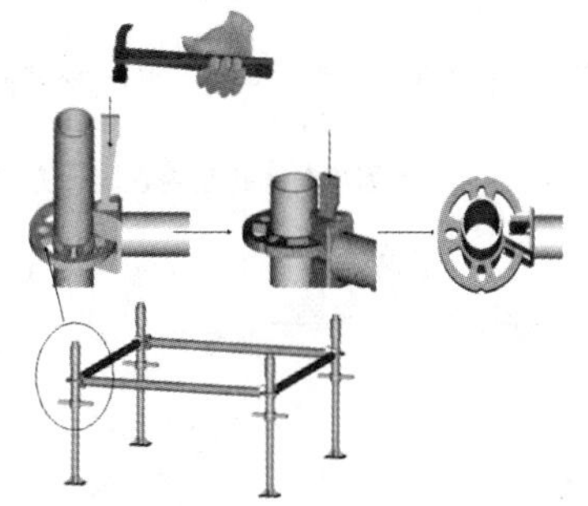	第一层水平杆：将水平杆头套入圆盘小孔位置使水平杆头前端抵住立杆圆管，再以斜楔贯穿小孔敲紧固定
④	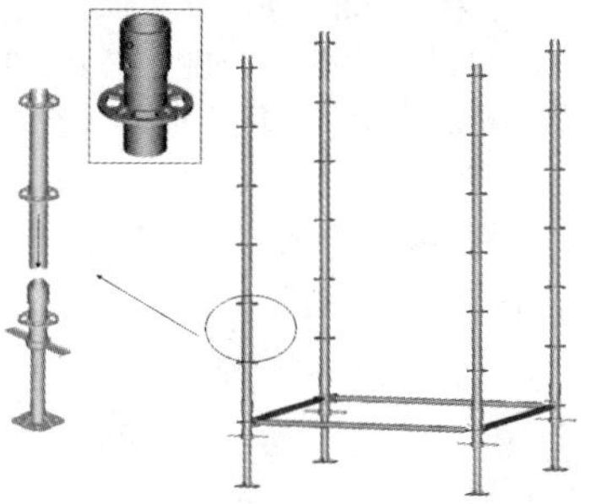	基础立杆：未加装（连接棒）的立杆统称为「基础立杆」，依图所示将「基础立杆」长端插入基座的套筒中。以检查孔位置查看基础立杆是否插至套筒底部。「基础立杆」仅使用在第一层搭接，第二层往上均使用「立杆」
⑤	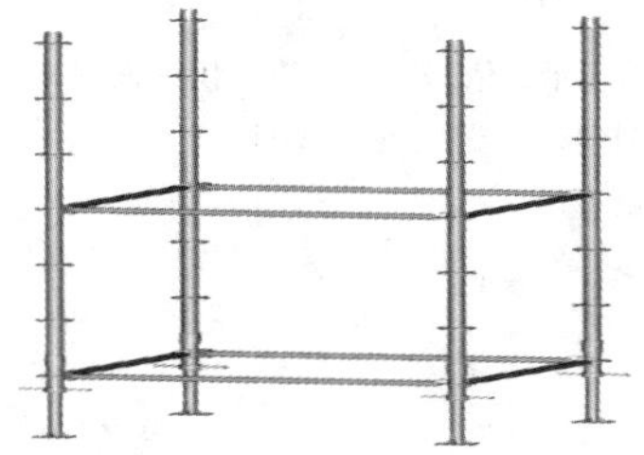	第二层水平杆：依步骤③（第一层水平杆）安装第二层水平杆
⑥	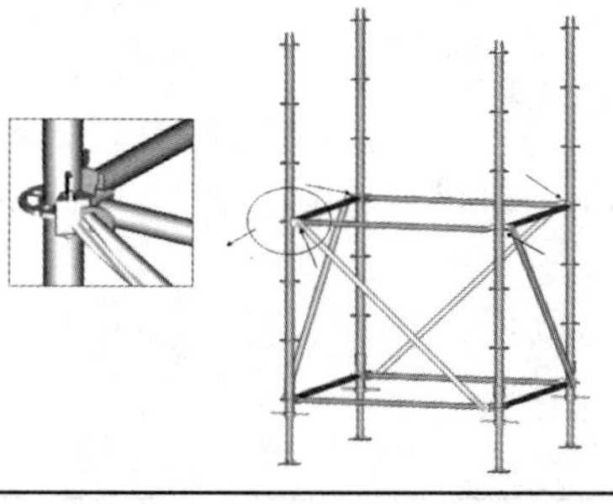	第一层竖向斜杆：将「竖向斜杆」全部依顺时钟或全部依逆时钟方向组搭，如图。将「竖向斜杆」套入圆盘大孔位置，使竖向斜杆头前端抵住立杆圆管，再以斜楔贯穿大孔敲紧固定。竖向斜杆具有方向性，方向相反即无法搭接

续表

序号	自锁盘扣支架	说　明
⑦	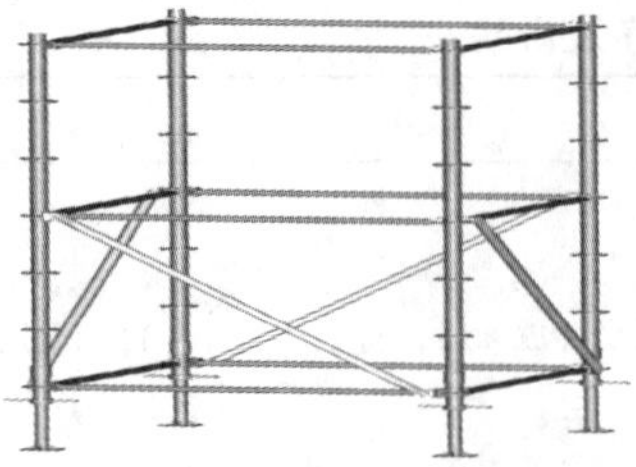	第三层水平杆：依步骤③（第一层水平杆）安装第三层水平杆
⑧	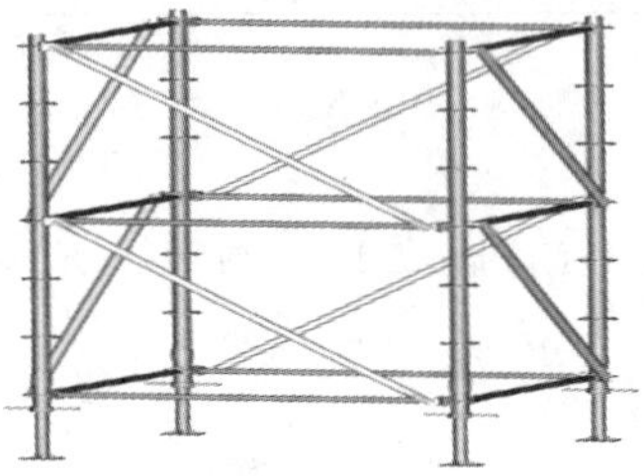	第二层竖向斜杆：如图所示，依步骤⑥（第一层竖向斜杆）组搭方式，和第一层相同方向搭接第二层「竖向斜杆」。若第一层为逆时钟方向组装，则第二层以上的竖向斜杆同样需以逆时钟方向组装
⑨	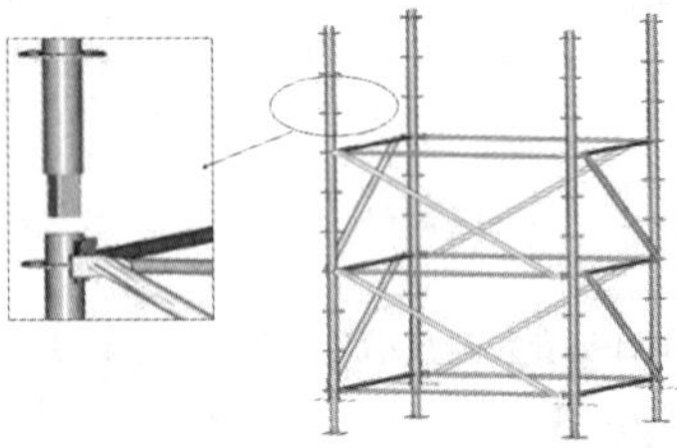	立杆:「立杆」以四方管（连接棒）连接，如图所示将连接棒插入下层管中即可 若需使用「立杆插销」则务必检查圆盘对齐孔是否在同一方向
⑩	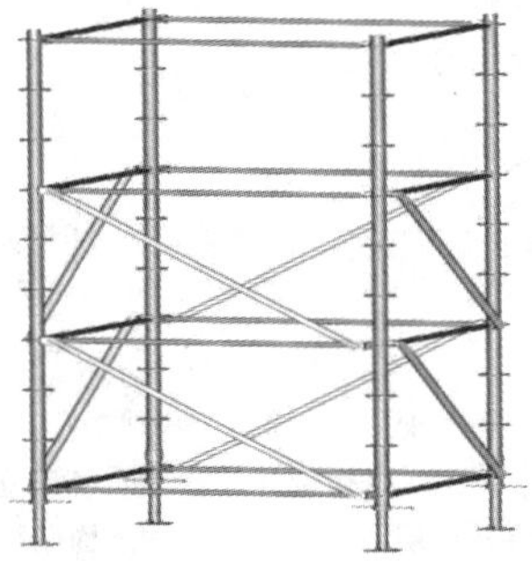	第四层水平杆：如图位置，依步骤③（第一层水平杆）安装第四层水平杆。水平杆需每 150cm 安装一层，依实际高度组装。若安装于支撑架最上层（即 U 形调整座下方），不管高度搭接几层，每层间距都不得超过 150cm
⑪	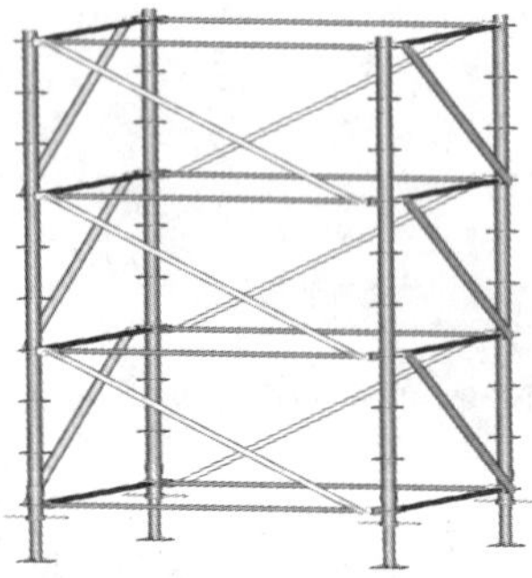	第三层竖向斜杆：如图所示，依步骤⑥（第一层竖向斜杆）组搭方式，和第一层、第二层相同方向搭接第三层「竖向斜杆」
⑫	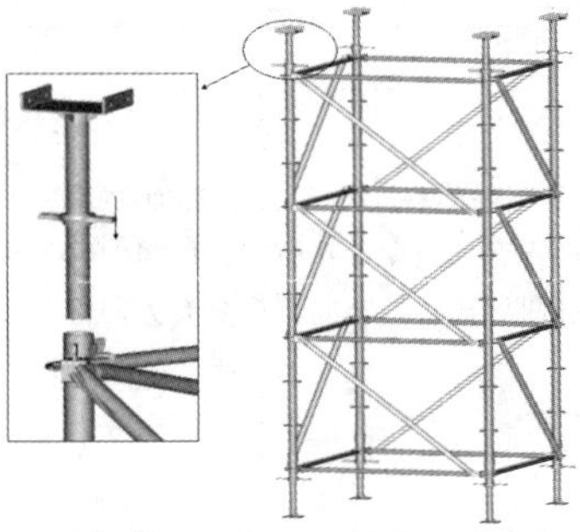	U 形调整座：如图所示，将「U 形调整座」牙管插入立杆管中，再以扳手调整至所需高度

5.2.4 多角度自锁盘扣支架预压

（1）支架与模板安装完成后按箱梁自重的120%进行分级加载预压。

（2）支架测点布置在底模板顶面，每孔沿纵桥向布置5排测点，分别在0、1/4*L*、1/2*L*、3/4*L*、*L*位置（*L*为跨径）。每排5个测点，如图5–2所示。

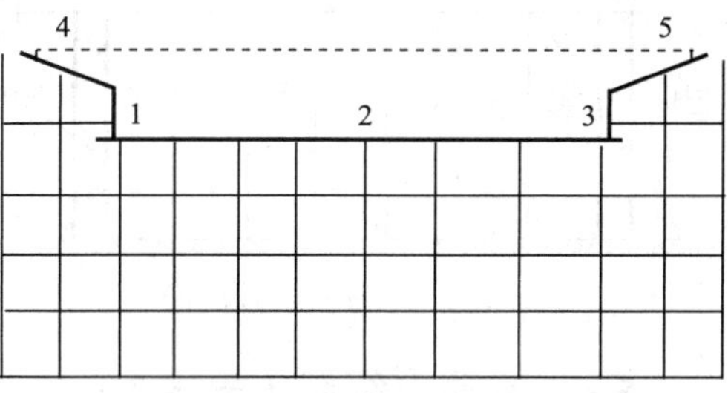

图5–2 预压测点布置图

（3）预压采用分级加载，每级加载停止后进行12h的沉降观测，无异常情况方可进行下一级的加载，全部加载完成后以6h为一个观测单位进行连续观测，若连续3天观测的沉降累计<2.5mm则可认为支架基本稳定。然后卸载并复测，重新调整底模和预拱度。用水准测量观测方法观测压载全过程（预压加载前、加载60%、满载、卸载后）各测点的高程、位移变化情况，分析整理数据得出控制立模高程和预拱度值。

5.2.5 现浇箱梁钢筋安装及混凝土浇筑

1. 模板安装

（1）模板应按设计要求准确就位，且不宜与脚手架连接。

（2）安装侧模板时，支撑应牢固，应防止模板在浇筑混凝土时产生位移。

（3）模板安装完成后，其尺寸、平面位置和顶部高程等应符合设计要求，节点联系应牢固。

（4）固定在模板上的预埋件和预留孔洞均不得遗漏，安装应牢固，位置应准确。

2. 钢筋绑扎

（1）钢筋在钢筋加工场制作，现场绑扎成型。钢筋分两次安装：一次为底板、腹板及横梁和横隔梁，第二次为顶板及翼板。

（2）箱梁底板钢筋先绑扎底层横纵向钢筋，后安装绑扎横梁钢筋。横梁钢筋应焊接成闭合的框架，安装时要注意梁底钢板上的钢筋。然后绑扎腹板钢筋，腹板的箍筋用分布筋将其固定，并用拉结筋将其内外钢筋绑扎成整体。在绑扎底板上层钢筋、倒角钢筋等，并用2cm厚垫块均匀垫好钢筋保护层。

（3）顶板钢筋绑扎时要注意预埋伸缩缝、防撞墙等钢筋。

3. 箱梁混凝土浇筑

（1）现浇箱梁混凝土，采用分二次浇筑法施工，第一次浇筑底板及腹板，再浇筑顶板和翼缘板。

（2）混凝土浇筑方法：现浇箱梁混凝土采用逐孔浇筑进行施工。第一次浇筑底、腹板时：横桥从浇筑的梁段两端向梁段中心方向进行全面斜向法浇筑；纵桥向分段（分段长度控制在4~6m）从跨中开始，向墩顶方向浇筑；最后浇筑墩顶两侧各1.8m左右范围内梁段及横隔梁，并及时凿除腹板顶面混凝土。第二次浇筑顶板时，依次从一端向另一端方向全断面法浇筑施工。混凝土浇筑完成后，对混凝土裸露面及时进行修整、抹平。

4. 混凝土养护

待浇筑混凝土收浆后再予以覆盖和洒水养护。混凝土的养护不得采用海水或含有害物质的水。在梁部顶面覆盖土工布进行洒水养护，混凝土的洒水保湿养护时间≥7d，随时保证混凝土湿润。

5.2.6 多角度自锁盘扣支架拆除

钢筋混凝土结构的承重模板、支架，应在混凝土强度能承受自重荷载及其他可能的叠加荷载时，方可拆除。非承重侧模板应在混凝土抗压强度达到2.5MPa，且能保证其表面及棱角不致因拆模而受损时方可拆除。

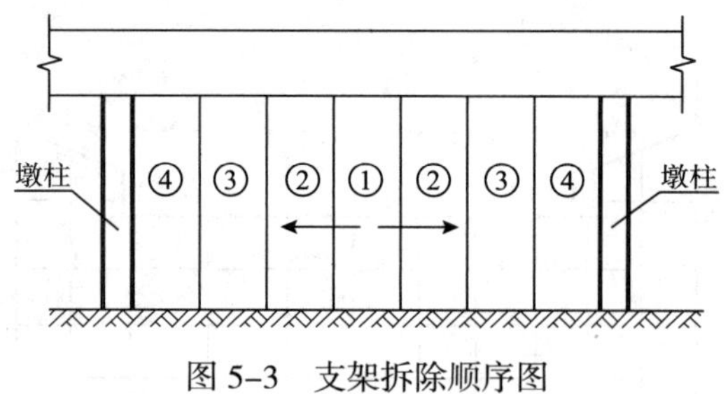

图 5-3 支架拆除顺序图

拆架顺序（图 5-3）应遵守由上而下，先搭后拆，先横杆后立杆的原则，即先松顶托，使底梁板、翼缘板底模与梁体分离，再从跨中对称往两端拆，多跨连续梁应同时从跨中对称拆架。而且在整个拆架过程中必须有技术人员跟班指挥与检查，以防拆架产生过大的瞬时荷载引起不应有的施工裂缝。

5.3 劳动力组织（表 5-2）

表 5-2 劳动力组织

序 号	工 种	人数 / 人	责任范围
1	项目经理	1	施工现场总负责
2	技术负责人	1	施工技术、质量等现场总负责
3	质检员	1	负责现场质量控制检查、施工记录、数据整理等工作
4	试验员	1	负责试验及检测工作
5	测量员	1	负责现场测量工作
6	安全员	1	负责现场安全管理等工作
7	钢筋工	10	负责现场钢筋加工、安装工作
8	木工	8	负责现场钢筋模板加工、安装工作
9	混凝土工	8	负责现场混凝土浇筑工作
10	普工	15	配合施工现场各种操作工作
11	电工	1	负责现场用电工作
12	电焊工	4	负责现场电焊工作

6 设备与材料

6.1 主要设备（表 6-1）

表 6-1 主要施工机具

序 号	名 称	数 量	备 注
1	16t 汽车吊	1 台	材料垂直运输
2	水准仪	2 台	水平度控制
3	50cm 水平尺	2 把	水平度调节
4	50cm 钢卷尺	2 把	测量放样
5	游标卡尺	2 把	管径壁厚测量
6	铁榔头	10 把	槌实插销
7	五金工具箱	3 套	模板安装

6.2 主要材料（表 6-2）

表 6-2 主要施工材料

序 号	名 称	型 号	规格 /mm
1	基座	JZ-200	60 × 3.2 × 200
2		JZ-250	60 × 3.2 × 250

续表

序　号	名　称	型　号	规格 /mm
3	基础立杆	JLG–1000	60 × 3.2 × 1000
4		JLG–2000	60 × 3.2 × 2000
5		JLG–3000	60 × 3.2 × 3000
6	立杆	LG–500	60 × 3.2 × 500
7		LG–1500	60 × 3.2 × 1000
8		LG–2000	60 × 3.2 × 2000
9	水平杆	SG–1200	48 × 2.5 × 840
10		SG–1500	48 × 2.5 × 1440
11		SG–1800	48 × 2.5 × 1740
12	竖向斜杆	XG–900 × 1500	42 × 2.75 × 1660
13		XG–1200 × 1500	42 × 2.75 × 1661
14		XG–1500 × 1500	42 × 2.75 × 1662
15		XG–1800 × 1500	42 × 2.75 × 2200
16	可调底座	KTZ–450	48 × 6.5 × 450
17	可调托撑	KTC–450	48 × 6.5 × 450
18	模板	木模版 / 钢模板	
19	钢筋	HRB400/HPB300	ϕ10ϕ12ϕ16ϕ22ϕ25
20	混凝土	C50	

7　质量控制

7.1　质量控制标准

（1）GB/T 1591—2008 《低合金高强度结构钢》。

（2）GB/T 700—2006 《碳素结构钢》。

（3）JTG/T F50—2011 《公路桥涵施工技术规范》。

（4）SY 4211—2009 《石油天然气建设工程施工质量验收规范桥梁工程》。

（5）GB/T 11352—2009 《一般工程用铸造碳钢件》。

7.2　质量控制措施

（1）楔形插销的斜度应满足楔入 U 形卡后能自锁，厚度应≥6mm，尺寸允许偏差 ±0.1mm。

（2）立杆连接套管有铸钢套管和无缝钢管套管两种形式。立杆连接套长度不应 <50mm，外伸长度不应 <60mm。套管内径与立杆钢管外径间隙应≤4mm。

（3）当模板支架搭设成独立方塔架时，每个侧面每步距均设竖向斜杆。当有防扭转要求时，在顶层及沿高度每隔 2~3m 设置水平对角拉杆。

（4）模板支架顶杆与可调托座的伸出顶层水平横杆的悬臂长度严禁超过 650mm，可调托座插入立杆长度应≥150mm。

（5）可调底座和垫板应准确地放置在定位线上，并保持水平，垫板应平整、无翘曲，不得采用已开裂垫板。

（6）支架搭设完成后预压前应由项目技术负责人组织相关人员进行验收，预压完成后经项目技术负责人组织相关人员进行验收确认后，方可进行后续工序的施工。

7.3 关键质量控制（表 7-1、表 7-2）

表 7-1 现浇箱梁关键质量控制表

项次	关键质量控制点	规定值或允许偏差 /mm	检查方法和频率
1	钢筋搭接长度	45d	钢卷尺，5%
2	受力钢筋间距	± 10	钢卷尺，5%
3	钢筋焊接接头	单面焊缝≥10d，双面焊缝≥5d	钢卷尺，5%
4	钢筋保护层厚度	± 3	钢卷尺，次 /2m
5	模板高程	± 10	水准仪，5 点 / 截面
6	轴线偏位	10	全站仪，4 点 / 板
7	混凝土强度	在合格标准内	按《公路工程质量检验评定标准》附录 D 检查

表 7-2 多角度自锁盘扣支架关键质量控制表

项次	关键质量控制点	规定值或允许偏差	检查方法和频率
1	立杆垂直度	绝对偏差≤50mm	全站仪及钢板尺
2	支架沉降观测	<10mm	水准仪
3	支架水平位移	—	全站仪及钢板尺
4	水平杆、斜杆的钢管弯曲	≤30mm	钢板尺、水平仪

8 安全措施

8.1 安全标准

（1）Q/SY 1236—2009 《高处作业安全管理规范》。

（2）GB 50656—2011 《建筑施工企业安全生产管理规范》。

（3）GB/T 3787—2006 《手持式电动工具的管理、使用、检查和维修安全技术规范》。

（4）GB 5067.1—2010 《起重机械安全规程》。

（5）Q/SY TZ 0363—2013 《吊装作业安全管理标准》。

8.2 安全措施

（1）架体拆除时应按施工方案设计的拆除顺序进行。拆除作业必须按先搭后拆，后搭先拆的原则，从顶层开始，逐层向下进行，严禁上下层同时拆除。拆除时的构配件应成捆吊运或人工传递至地面，严禁抛掷。

（2）支架安装时严格检查间距、步距、跨距、纵横水平杆、斜撑杆、上下调节支撑高度，扣件牢固，垫木稳固。

（3）支架搭设作业人员必须正确佩戴安全帽、系安全带、穿防滑鞋。操作人员持证上岗。

（4）应控制模板支架混凝土浇筑作业层上的施工荷载，集中堆载不应超过设计值。

（5）模板支架及支架使用期间，严禁擅自拆除架体结构杆件，如需拆除必须报请工程项目技术负责人同意，确定防控措施后方可实施。

（6）模板支架应与架空输电线电路保持安全距离，工地临时用电线路架设及支架接地防雷击措施等应按现行行业标准《施工现场临时用电安全技术规程》（JGJ 46—2012）的有关规定执行。

（7）电焊工焊接时必须戴防护眼罩，电工作业时必须穿绝缘鞋，高空作业应穿防滑鞋。

9 环保措施

9.1 环保标准

（1）JGJ 146–2013 《建筑工程施工现场环境与卫生标准》。

（2）GB 12523–2011 《建筑施工场界环境噪音排放标准》。

9.2 环保措施

（1）支架搭设场地应封闭施工，各作业班组要维护好施工现场的封闭设施。

（2）对工程材料存放场地、施工便道和生产、生活区道路采取硬化处理，施工过程中经常洒水，防止扬尘对施工人员造成的危害及对周边农作物的影响。

（3）模板刷油地点固定并设好防污措施，防止废油进入土壤或水域。

（4）施工现场安排专人清扫，严格控制光照射和机械噪声并合理安排机械设备和施工作业时间。

（5）加强对机械设备的保养，并合理安排机械设备和施工作业时间，以保证机械噪声控制。

10 效益分析

10.1 经济效益

本工法与传统施工方法比较，加快了施工进度、提高了机械设备利用率、节约了设备租赁费用，减少了劳动力投入，节约了施工成本。在龙凤互通立交桥工程中，施工工期提前 30d 完成，节约成本 43 万元。以大广高速公路松原至双辽段、解放至二莫段、第二合同段互通区匝道桥为例，施工工期提前 21d 完成，节约成本 37.3 万元（表 10–1）。

表 10-1 节约成本分析

项 目	门式或碗扣式钢管支架现浇箱梁施工		多角度自锁盘扣支架现浇箱梁施工	
材料费	门式或碗扣式钢管支架租费	150t × 400 元 /t/ 月 × 6 月 =360000 元	多角度自锁盘扣支架租费	150t × 400 元 /t/ 月 × 5.3 月 = 318000 元
机械费	汽车吊租费	6 月 × 20000 元 / 月 =120000 元	汽车吊费	5.3 月 × 20000 元 / 月 =106000
人工费	安、拆费	15（平均）人 × 8000 元 / 人 / 月 × 6 月 =720000 元	安、拆费	10（平均）人 × 8000 元 / 人 / 月 × 5.3 月 =424000 元
	管理费	3（平均）人 × 10000 元 / 人 / 月 × 6 月 =180000 元	管理费	3（平均）人 × 10000 元 / 人 / 月 × 5.3 月 =159000 元
合计		1380000		1007000
节约成本费合计			373000	
施工时间提前			21d	

10.2 社会效益

采用现浇箱梁多角度自锁盘扣支架体系施工，避免了由于门式或碗扣式钢管支架用于桥梁现浇箱梁存在的稳定性较差，施工进度慢，投入费用高，较多安全隐患等问题，为设计及行内桥梁工程同类施工提供了可靠依据，施工质量、安全有保障，发挥了安全质量效益，具有显著的社会效益。

11 应用实例

应用实例一：大广高速公路松原至双辽段、解放至二莫段、第二合同段互通区匝道桥

该合同段是《国家高速公路网》中规划的大庆至广州高速公路绕松原市区部分。互通区匝道桥造价为 618 万元。桥梁设计荷载等级：公路 I 级；标准单幅桥宽为 11.5m，上部采用 4 孔跨径 30m 预应力现浇箱梁。采用现浇箱梁多角度自锁盘扣支架体系施工方法施工。于 2015 年 5 月 1 日开工，2015 年 10 月 20 日完工。

本工程采用现浇箱梁多角度自锁盘扣支架体系施工方法施工，其钢管支架具有搭设方便快速省力，横向刚度大，稳定性好，承载能力高、施工进度快、安全可靠、环保节能等优点，施工工期提前 21d 完成，节约成本 37.3 万元。

图 11-1 龙凤互通立交桥

应用实例二：龙凤互通立交桥项目

合同金额为 2884 万元。桥长 340.84m，桥梁宽度 10.5m，孔径 6×25+40+6×25（m）。桥梁设计荷载等级：公路 I 级。采用现浇箱梁多角度自锁盘扣支架体系施工方法施工。于 2010 年 5 月 1 日开工，2011 年 10 月 1 日完工（图 11-1）。

本工程采用现浇箱梁多角度自锁盘扣支架体系施工方法施工，其钢管支架具有搭设方便快速省力，横向刚度大，稳定性好，承载能力、施工进度快、安全可靠、环保节能等优点，施工工期提前 30d 完成，节约成本 43 万元。

$5000m^3$ 循环水冷却塔模块化组装施工工法

大庆油田建设集团有限责任公司

王志强　王　义　佟永财　任海峰　温　权

1　前言

在石油化工行业中循环水冷却塔是重要的生产辅助设备，以其环保的冷却方式广泛应用于化工装置中，石油化工工程施工中常常会涉及循环水冷却塔安装。循环水冷却塔安装涉及的作业形式多，按照本工法的施工工艺和程序，避免了同一垂直立面形成交叉作业，风险性低，安全隐患少，效率高。填料黏结是循环水冷却塔安装中工作量最大的施工内容，需要投入大量的人力，是施工进度及成本控制的关键工序。通过研制"填料粘贴盘"工装代替手工涂刷填料，不仅节约了大量黏结剂且工作效率高，填料组块成型好。为在保证施工质量的前提下，提高施工效率。利用三维建模技术进行虚拟装配，模块化组装，研制"填料粘贴盘"工装，有效地解决了施工难题。

大庆油田建设集团有限责任公司在多年石油化工改扩建工程实践中，安装了多台冷却塔，自主研制的"填料粘贴盘"工装，广泛应用于冷却塔填料黏结，同时我们应用了三维建模技术进行虚拟装配，碰撞校核及模块化组装。在此基础上总结形成了循环水冷却塔分体组装施工工法，应用在奇姆肯特PKOP炼油厂现代化改造二期工程、辽阳石化俄罗斯原油加工优化增效改造项目、徐深9天然气净化厂二期及北Ⅲ–7三元转油放水站、三元含油污水站工程的10台冷却塔安装，取得了良好的经济效益。

本工法所采用的技术成果《油田集输工程站内工艺工厂化预制、组装化施工工法》获2014年大庆油田企业级工法；《施工现场管道模块化预制加工平台的研制》获2017年大庆油田重大技术革新二等奖；《循环水冷却塔分体组装施工工法》获2018年大庆油田企业级工法；《自制粘贴盘在冷却塔填料施工中的应用》获2018年大庆油田实用技术创新一等奖；《冷却塔填料粘贴盘的研制》申报了国家实用新型专利，专利号：ZL 201921139524.3。

2　工法特点

本工法和常规的循环水冷却塔安装施工方法比较，具有以下特点：

（1）安全性高：利用模块化技术，分单元地面组装，降低了施工难度及由此产生的高处作业风险，减少了在同一施工期间，与其他作业在同一垂直立面形成交叉作业的风险。

（2）成本低：地面完成50%以上预制拼装，同时减少对手工操作的要求，大幅节约了人工，节省了施工工期，降低了安全管理费。

（3）质量高：三维建模技术，进行虚拟装配，实现碰撞校核；利用模块化技术，地面分单元组装，利于质量控制。

（4）工效高：研制了"填料粘贴盘"工装，机械涂刷黏结剂替代手工涂刷，提高工效4倍以上，黏结剂节约20%以上。

3 适用范围

该工法适用于 10000m³ 及以下循环水冷却塔现场组装。

4 工艺原理

依照设计图纸利用三维建模技术进行虚拟装配、碰撞校核。利用模块化技术原理将循环水冷却塔分成可以各自独立施工的单元体（如配水支管、填料组块），在不同的地方进行各单元体施工，组成不同的模块，各个模块组装完成后，分块通过滑轮运送至安装位置，再进行各分块之间的组装。利用“填料粘贴盘”工装代替人工涂刷填料黏结剂，一次完成填料片本体的 5 排黏结点粘接。

5 工艺流程及操作要点

5.1 工艺流程（图 5-1）

施工准备 → 模块组装 → 检修走道安装 → 配水系统安装 → 填料块安装 → 收水器安装 → 风机安装 → 风筒安装

图 5-1 工艺流程图

5.2 操作要点

5.2.1 施工准备

（1）对全体施工人员进行技术交底，安装人员熟悉图纸、工艺、质量标准、安全要求、明确安装顺序、要求和注意事项。

（2）安装工作开始前，按图核对零部件的名称、规格、数量并检查质量，凡不符合要求的必须及时处理。

（3）按每天安装内容，提前一天做好材料、设备、工具及辅助材料的准备工作。

（4）利用三维建模技术（图 5–2、图 5–3），进行虚拟装配，通过三维建模后对配水管道、风机安装、电气配线及预留孔洞等进行碰撞校核，如存在问题及时与设计单位沟通，确认无误后立即准备开始施工，冷却塔整体三维建模效果。

图 5–2 冷却塔整体三维建模装配图

图 5–3 冷却塔整体三维建模轴测图

5.2.2 模块组装

1. 检修走道组装

依据设计图纸在管道预制加工平台上完成检修走道加工拼装（图 5–4）。

2. 配水支管组装

利用模块化技术，按设计图纸要求用 M6 × 40 标准连接件将三溅式喷头与配水管支管连接（图 5–5、图 5–6），保证所有喷头垂直向下，在地面上完成所有配水支管组装。以保证后续配水支管与主管道连接的施工工效（图 5–7）。

图 5–4　管道预制加工平台

3. 填料分块组装

填料黏结时两人一组。将经搅拌均匀的黏结剂倒入自制粘贴盘中，使盘中黏结剂存量控制在 1/3 ~ 2/3 深。第一张填料片不用沾胶水，直接放在粘贴盘另一侧，待第二张填料片涂刷黏结剂后粘贴。以后的每一张填料片都要两人配合放在粘贴盘里，让填料片的一面凸起的地方沾上胶水，然后放在另一边的填料片上，保证凸起的地方对着下面填料片的凹处，轻轻地压紧使其粘接牢固。填料粘接时，做到片间的黏结点粘接牢固，不得有虚粘和脱开的现象，各片间的有效黏结点不少于黏结点总数的 90%（图 5–8、图 5–9）。

图 5–5　配水支管组装

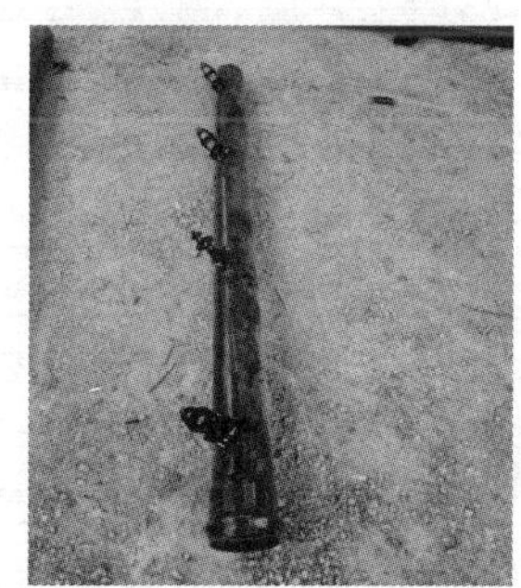

图 5–6　配水支管组装效果

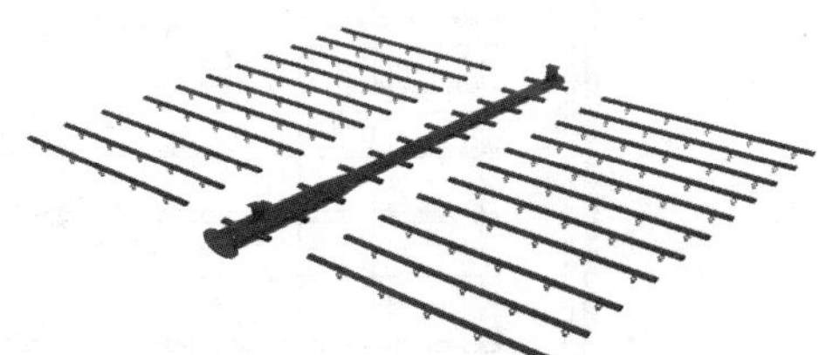

图 5–7　后续配水组装分块示意图

图 5–8　填料粘接施工

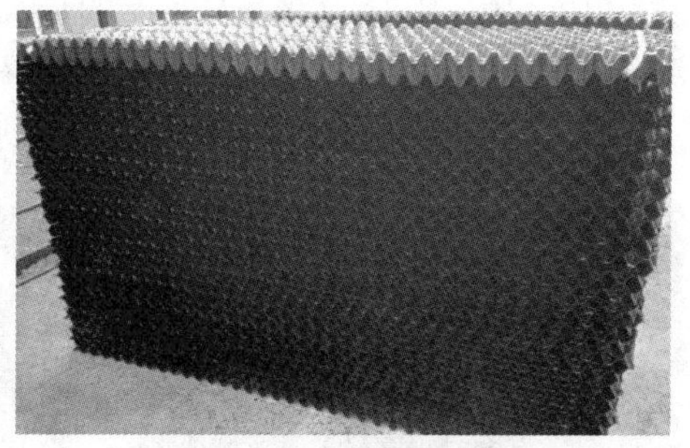

图 5–9　填料粘接效果

4. 收水器分块组装

收水器分块组装时两人为一组，按照图纸设计要求，收水器片之间装上收水器支架并用拉杆串联，安装时注意收水器收水筋的方向一致，再用螺母和垫圈固定。组装好的收水器分块要整齐的堆放在场地上，搬运时要轻拿轻放，不能在地面上拖动，也不能抛落。

5.2.3　检修走道安装

清扫混凝土基础表面，检查基础平台标高是否符合要求，检查基础预埋件位置、数量是否合乎要求，清除预埋件上表面的铁锈和混凝土覆盖物。按照图纸设计要求将组装好的走道与预埋件进行焊接，去除焊渣并进行补漆防腐。

5.2.4 配水系统安装

图 5-10 检修走道安装

主配水管道由圈梁孔从收水器梁空隙中吊入塔内，到达设计高度后将其放至水平，确认标高无误后用卡箍将主配水管道固定在牛腿柱上，注意主进水口应伸出塔外。将主配水管吊装至设计位置，固定好后将两片法兰螺栓连接紧固。调整过程中允许局部用垫铁调整配水管的水平位置，保证水平。将组装好的配水支管与主管承插式连接并通过密封胶圈密封，外缘均匀间隔打上 6 个自攻螺钉紧固，用钢带把配水支管水平吊在混凝土梁上（图 5-11～图 5-13）。

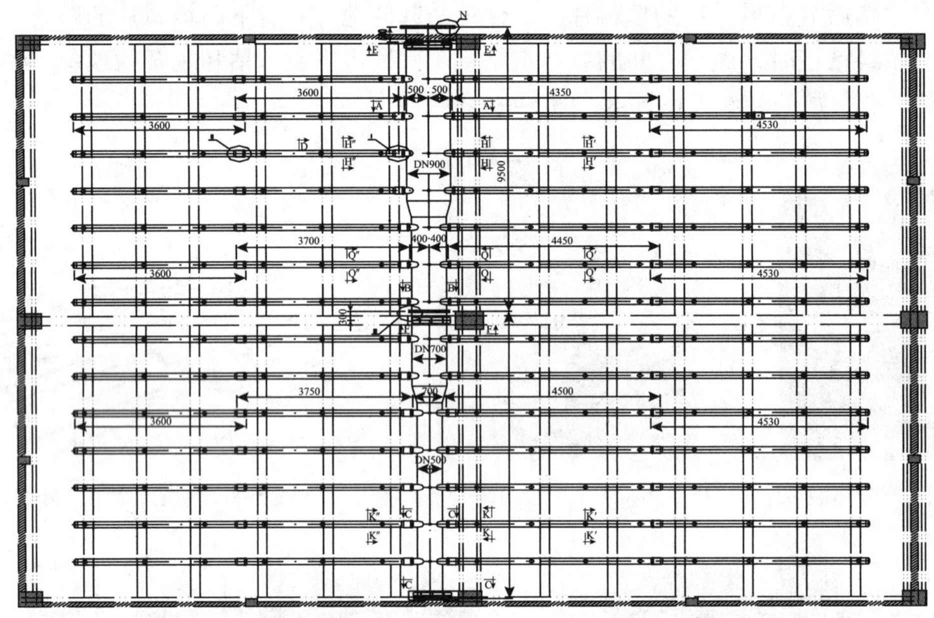

图 5-11 配水管布置图

图 5-12 配水管吊装图

图 5-13 配水管安装效果图

5.2.5 填料块安装

（1）粘接好的填料分块必须在各点固化后，在均匀载荷 3000N/m^2 下，组块无变形，粘接强度经拉伸试验测试符合要求后，方可装入塔内。

（2）按照图纸要求的排放顺序进行填料分块安装，做到堆放排列整齐，间距均匀，松紧适宜，无贯通缝隙。在遇到混凝土柱时，填料分块可根据具体情况做局部切割。安装过程中应清理干净填料层间，分块内的残留碎屑，不能有遗留杂物（图 5-14～图 5-18）。

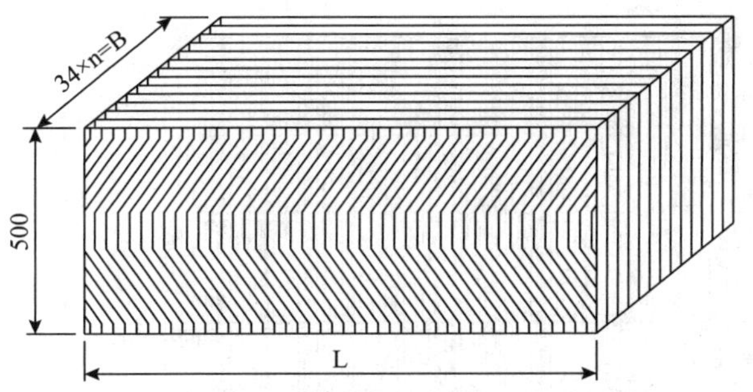

图 5–14　填料分块制作图

图 5–15　填料分块效果图

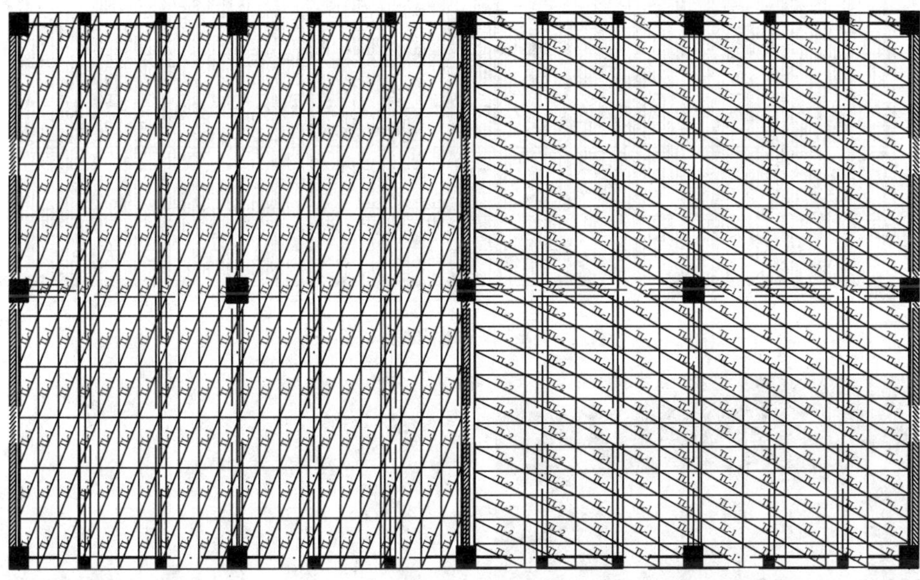

图 5–16　填料安装平面布置图

图 5–17　填料安装图

图 5–18　填料效果图

5.2.6　收水器安装

按图纸要求，将收水器分块整齐地排列安装在水泥梁上。排列时表面平整，块与块之间间隙均匀，安放牢固，不得有悬空起翘，并注意收水器收水筋的方向符合要求。收水器安装时如遇到混凝土柱，可现场局部切割，保证收水器无贯通缝隙（图 5–19、图 5–20）。

5.2.7　风机安装

（1）把减速器、电机吊装到基础上，在基础表面和底座之间插上垫铁，通过调整垫铁的厚度，使安装的设备达到设计水平度和标高。调整结束后，同一组垫铁焊接在一起，减速器和电机找平找正后进行一次灌浆（图 5–21、图 5–22）。

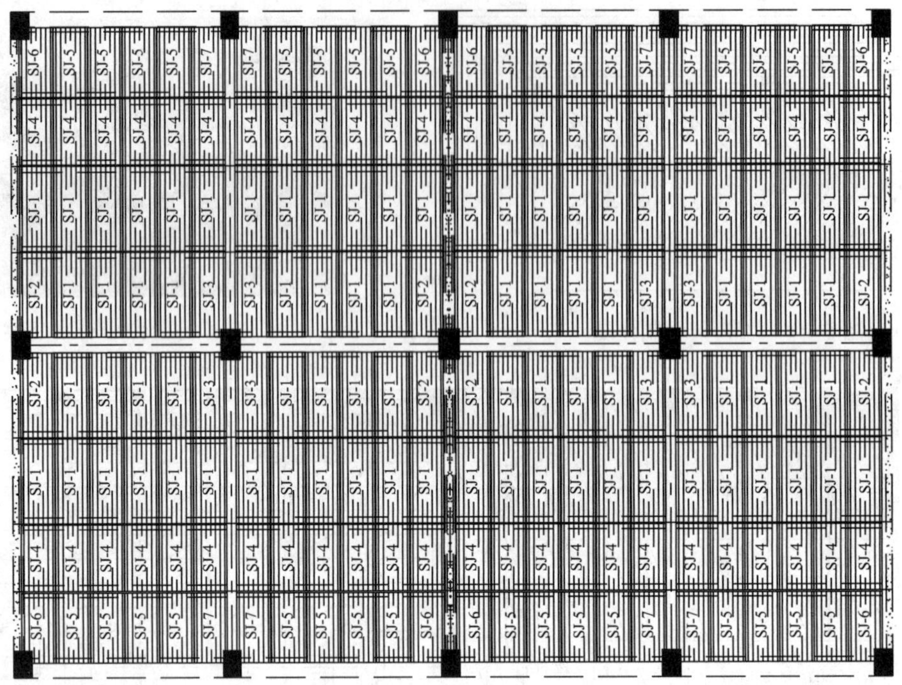

图 5-19 收水器安装制作图

图 5-20 收水器安装效果图

图 5-21 减速器安装

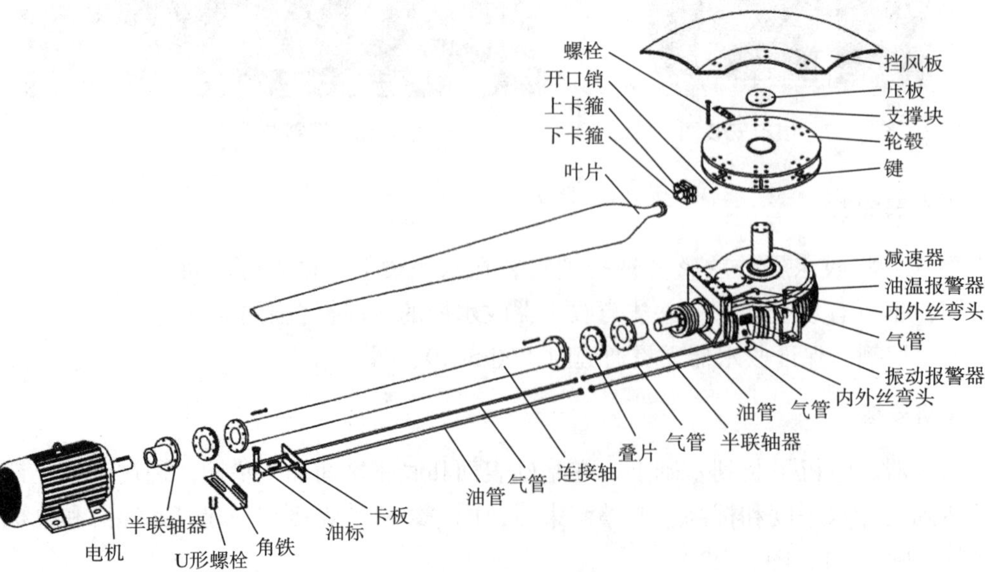

图 5-22 风机安装平面图

（2）将半联轴器装在带键的电机的输出轴上，（注意：半联轴器端面与电机端面平齐），拧紧紧固螺钉；将联轴器的一端与电机半联轴器相接，另一端与减速器半联轴器相接，两法兰面之间装入金属叠片穿上螺栓（注意：相邻螺栓对头穿入），叠片与半联轴器之间要穿入球面垫圈，拧紧螺母。

（3）联轴器初步找正：不转动两半联轴器，用角尺检查上下、左右两半联轴器的外缘表面，微调减速器、电机位置，直至两端表面互相平行或各处间隙均匀一致。联轴器精细找正：以手盘动联轴器，用百分表测量联轴器的同轴度和平行度（将百分表磁性表座固定在传动轴的轴肩上，同时使表头指向半联轴器的背面，转动联轴器一周，观察百分表数据的跳动，并微调减速器或电机的位置，再进行如上观察，直至百分表显示跳动 <0.12mm），使联轴器两法兰的间隙为：左右 <0.12mm，上下 <0.12mm，合格后进行二次灌浆，待 2~3 周养护后按照上面的方法进行复测（图 5-23、图 5-24）。

（4）叶片安装：取下减速器输出轴上部的压盖，并将输出轴圆锥部分擦拭干净，涂上机油，将轮毂的锥孔擦拭干净，上好机油，将轮毂套入输出轴。装上压盖，拧紧螺栓，压紧轮毂。按照编号在轮毂上装配叶片。叶片在出厂前已做静平衡试验，每个固定座都有编号，叶片和轮毂上的固定座必须对号安装，不得任意交换位置，以免引起震动。将叶片根部柱段扣在下固定座上，上压上固定座及压板，用螺栓将固定座及压板安装在轮毂板上，向外拉叶片，使叶片根部后端面靠紧固定座，预紧固螺栓（先预紧内侧的两副螺栓螺母后，再预紧外侧的两副螺栓螺母；预紧时弹簧垫圈处于松弛状态；预紧螺栓时要保持压板与底板平行）。叶片安装应用宽柔吊带将叶片吊平后进行安装，为避免损伤固定座，在四螺母预紧前，叶片始终要保持水平，待四根固定座紧固螺栓的螺母均达到预紧状态时，再撤去吊带。使用专用角度尺、直尺调整叶片安装角度，安装角误差不超过 ±0.5°。用角度尺放在距叶尖内 50 ㎜处测量，角度尺上的气泡在测线的中间位置为正确，逐一对每张叶片复检，若在同一位置为正确。选一基准点，检查风机叶片高度差，要求其最大误差不超过 ±25 ㎜（图 5-25、图 5-26）。

整机安装完毕后，手动盘动联轴器，应运转轻重均匀。

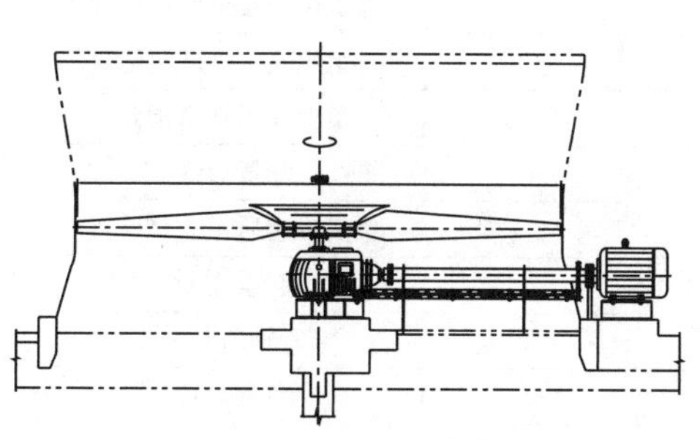

图 5-23 联轴器对中安装图

图 5-24 联轴器对中安装图

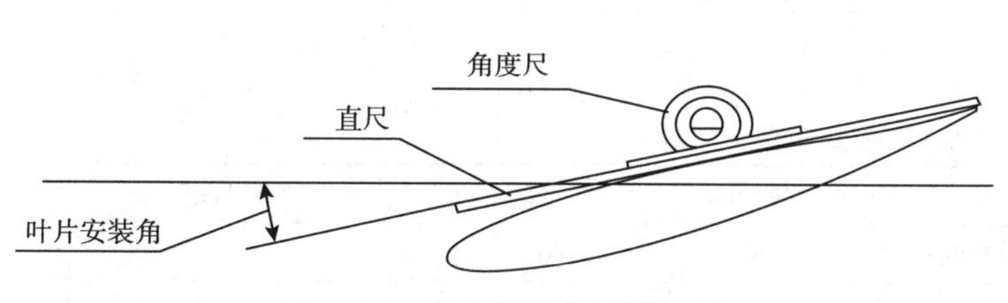

图 5-25 叶片安装角度测量图

图 5-26 叶片安装

5.2.8 风筒安装

根据风筒分块编号依次将每片风筒吊至塔顶平台，就位前按施工图和土建提供的基准线画出安装基准线。首先安装电机处的一片风筒，将风筒分块上传动轴孔位置对准传动轴，然后按风筒编号依次安装。风筒拼装后，保证风筒的风机旋转工作段的直径误差在 ±5mm 之内。旋转风机叶片，调整叶片外缘和风筒壁之间的间隙各处均匀一致，叶片外缘和风筒壁之间的间隙为 25~45mm。风筒调整验收合格后，拧紧拼装螺栓。根据风筒安装的情况，现场画出膨胀螺栓的打孔位置，要保证间距均匀，排列整齐，安装风筒压板，拧紧螺栓。风筒安装验收合格后，风筒底脚与风筒圈梁之间的间隙用水泥填充（图 5-27、图 5-28）。

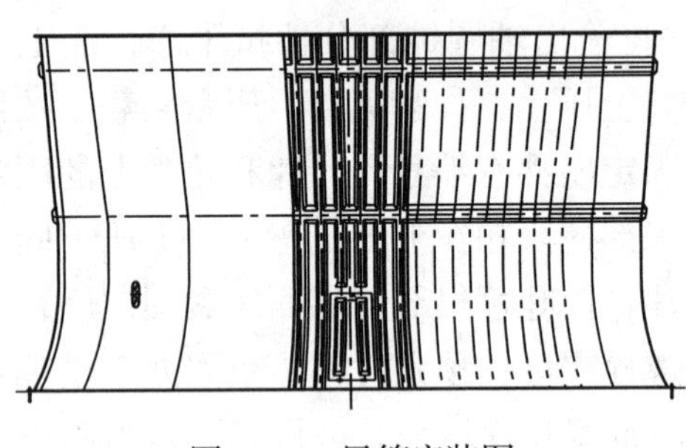

图 5-27 风筒安装图

图 5-28 风筒安装实物图

5.3 劳动力组织

所有的人员分工按施工所需分配，循环水冷却塔模块化组装所需的主要人员及分工见表 5-1。

表 5-1 主要人员分工表

序 号	岗位工种名称	人数 / 人	分 工
1	总工程师	1	全面技术质量管理
2	项目经理	1	组织生产
3	工长	1	组织实施
4	HSE 监督员	1	负责现场安全监督管理
5	班长	4	组织班组管理实施
6	技术员	1	负责现场技术指导
7	测量员	1	测量放线
8	质检员	1	负责现场质量监督检查
9	起重工	1	起重作业
10	钳工	2	联轴器对中
13	电焊工	1	负责焊接
14	普工	16	施工作业

6 材料与设备

6.1 主要材料（表 6-1）

表 6-1 主要材料

序 号	名 称	规 格	单 位	数 量	备 注
1	填料片	1200mm × 500mm	m^2	5760	
2	填料片	2000mm × 500mm	m^2	8640	

续表

序号	名称	规格	单位	数量	备注
3	填料片	1830mm × 750mm	m^2	15888	
4	填料片	1100mm × 750mm	m^2	3972	
5	PVC 配水管	ϕ160mm × 3.8mm	m	600	
6	不锈钢管	ϕ31.8mm × 1mm	m	57	
7	三溅式喷头		个	1864	
8	扁钢	–30 × 4	m	36	
9	避雷连接件	155mm × 30mm × 4mm	个	14	
10	风筒分块		个	15	
11	风筒密封板		块	3	
12	收水器片		片	14400	

6.2 主要机具设备（表 6-2）

表 6-2 主要机具、设备表

序号	名称	规格	单位	数量	备注
1	电焊机	ZX–200	台	2	焊接
2	手电钻	10mm/220V	台	6	打孔
3	角磨机	ϕ100mm	台	4	打磨
4	电锤	220V	把	2	基础凿毛
5	手动切割机	220V	只	4	切割
6	吊车	25t	台	1	吊装
7	钢卷尺	5m	个	2	量具
8	水准仪	S3	个	1	基础复测
9	磁力线坠		个	2	量具
10	百分表		个	2	联轴器对中
13	角度尺		个	1	量具
14	吊带	8t	条	2	吊装
15	吊带	10t	条	2	吊装
16	水平仪		块	2	量具
17	塞尺		把	2	量具
18	直尺	1m	把	2	量具
19	自制填料粘贴盘		个	3	填料粘接

7 质量控制

7.1 质量标准

（1）GB 50204—2015 《混凝土结构工程施工质量验收规范》。
（2）GB 50231—2009 《机械设备安装工程施工及验收通用规范》。
（3）GB 50275—2010 《压缩机、风机、泵安装工程施工及验收规范》。
（4）GB 7190.2—2008 《玻璃纤维增强塑料冷却塔第 2 部分 大型玻璃纤维增强塑料冷却塔标准》。
（5）DL/T 742—2019 《湿式冷却塔塔芯塑料部件质量标准》

7.2 质量关键点控制（表 7-1）

表 7-1 质量关键点控制

序号	关键工序控制点	检查时机或工序	指标要求	频次	检验工具或方法
1	人员资格	人员入场前检查	人员资质证书和入场考试	1 次	资质证书及考试结果核实
2	材料质量证明文件检查及复验	材料入场前验收	查资料、查实物	1 次	量证明文件及复检报告核实
3	基础强度	基础养护完成后	强度达到 75% 以上	6 次	回弹法
4	基础标高	基础养护完成后	标高误差≤5mm，斜度≤2mm	6 次	水准仪、钢卷尺
5	减速器底座、电机底座水平度	底座安装完成后	误差≤0.15/1000mm	6 次	水平仪
6	叶尖外缘和风筒内壁间隙	风筒、叶片安装完成后	间隙 25~45 mm	18 次	钢卷尺
7	联轴器对中	对中完成后	联轴器对中值 <0.12mm	6 次	百分表
8	风筒分块拼装间隙	风筒分块拼装完成后	风筒分块间的拼装间隙均匀，≤5mm，拼装边平整误差≤5mm	12 次	塞尺、钢卷尺
9	风机叶片高度	叶片安装完成后	风机叶片高度最大误差不超过 ±25 mm	18 次	水准仪、钢卷尺
10	叶片安装角度	叶片安装完成后	误差不超过 ±0.5°	18 次	角度尺、直尺
11	填料分块刚度及强度	填料分块粘接完成后	填料分块在均匀荷载 3000N/m^2 下，组块无变形；粘接强度经拉伸试验测试符合要求	每个分块 1 次	采用与面积 3000N/m2 对等的重物进行上部下压

7.3 质量控制措施

（1）在安装前，使用回弹仪在基础表面进行回弹试验，符合要求后可以进行安装。基础尺寸使用水准仪配合钢卷尺进行检测。

（2）联轴器进行对中时采用百分表使用“2 表法”进行反复检测，直至联轴器对中值符合 <0.12mm 要求时，安装完成。

（3）填料粘贴完成后，人工检测粘接点数量，并采用与面积 3000N/m^2 对等的重物进行上部下压，填料组块不变形为合格。

8 安全措施

8.1 安全标准

（1）GB 50870—2013 《建筑施工安全技术统一规范》。

（2）Q/SY TZ 0363—2017 《吊装作业安全管理标准》。

（3）QSY 1236—2009 《高处作业安全管理规范》。

（4）GB 9448—1999 《焊接与切割安全》。

（5）JGJ 46—2005 《施工现场临时用电安全技术规程》。

（6）GB 50484—2008 《石油化工建设工程施工安全技术规范》。

（7）GB/T 3787—2017 《手持式电动工具的管理、使用、检查和维修安全技术规程》。

8.2 安全措施

本工法中应控制的风险有机械伤害、物体打击、高空坠落、触电等安全风险，主要存在于焊接、起重作业、配水管安装、填料块安装、风筒安装等工序中，依据标准制定安全防范措施如下：

（1）进入施工现场必须按规定穿戴、配备好防护用品，同时掌握防护用品的正确使用。

（2）施工现场的“三口”，通道口、预留洞口、楼梯口，要保持畅通，平台走道临边危险处，必须有牢靠的护栏才能施工。

（3）施工作业期间禁止喝酒。

（4）施工现场禁止吸烟。

（5）填料粘接时，应做好防火措施，配备灭火器。

（6）吊装风机、风筒时，必须遵守“吊车工安全操作规程”，并与吊车工、搬运工密切配合。

（7）从事起重吊装、校正构件等作业时，不易用力过猛，以防身体失稳坠落。

（8）凡高处作业与其他作业交叉进行时，必须遵守有关安全的各项规定，高处作业时，必须扎好安全带。上下垂直作业时，应有隔离措施。

（9）高处作业所用工具、零件、材料必须装入工具袋中，不准高处投掷材料。

（10）在安装塔内部件时，应做好安全防范措施，在水池上平面拉安全网、工作点搭好安装辅助设施——跳板，并仔细检查需搬运的部件是否捆扎好。

（11）现场负责人、安全员如发现高处作业人员不按规定作业时，特别是不系安全带的，要立即指出，责其改正，经指出不改正者有权停止作业。

（12）工作完毕后现场要及时清理，灭绝火种，切断电源方可离开工作现场。

（13）减速器底座、减速器以及轮毂等设备的吊装均有吊装孔或钩，必须采用钢丝绳吊装，不斜吊、不超重，两根钢丝绳起吊的夹角≥100°。减速器吊装部位靠近法兰端必须用棕麻绳。

（14）吊装风筒时为防止碰伤风筒，应采用棕绳吊装，每次吊装数量为2~3片，保持平衡。

9 环保措施

9.1 环保标准

（1）JGJ 146—2013《建筑工程施工现场环境与卫生标准》。

（2）GB 12523—2011《建筑施工场界环境噪音排放标准》。

（3）GB/T 24001—2016《环境管理体系要求及使用指南》。

（4）SY/T 6276—2014《石油天然气工业健康、安全与环境管理体系》。

9.2 环保措施

本工法在实施过程中对环境的危害主要是粉尘污染、固体废弃物污染、噪声污染等。针对以上危害依据标准制定防范措施如下：

（1）施工现场垃圾，要及时清理出现场，并运到指定地点，严禁随意抛撒；施工现场应指定专人定期洒水清扫，并形成制度，防止扬尘；对易飞扬的细颗粒物、散体材料和废弃物的运输、堆放应采取可靠的防扬尘措施；禁止在施工现场焚烧垃圾。

（2）杜绝长明灯现象，及时检查、维修管线，减少能源浪费，力求以最小的能源消耗获得最大的经济效益。

（3）填料片、收水器片和焊条头等各种固体废弃物进行分类后统一存放、统一处理。

（4）机器设备加油时，加注部位的地面上要铺上废旧木屑或塑料布，回收后统一处理，防止对土壤和水源造成污染。

（5）施工现场严格按照公司 QHSE 体系运行，减少环境污染。

10　效益分析

10.1　经济效益

以 2017 年辽阳石化俄罗斯原油加工优化增效改造公用工程为例进行经济效益分析，采用地面整体模块预制、机械工装粘贴填料技术与传统的施工方法对比，节省成本 19.226 万元（表 10–1）。

表 10-1　经济效益对比分析表

对比项目	应用本工法	传统施工方法	效益对比
人工费	工期45d，施工人员20人，人工取费160元/工日。人工费：20×45×160=144000元	工期60d，施工人员20人，人工取费160元/工日。人工费：20×60×160=192000元	48000元
材料费	填料片费：1009×118元/m^3=119062元，黏结剂费：3450×135元/kg=465750元。材料费：119062+465750=584812万元	填料片费：1039×118元/m^3=122602元，黏结剂费：4250×135/kg=573750元。材料费：122602+573750=696352万元	108000元
其他措施费	脚手架费用：0	脚手架费用：27311+（7512+2683）×0.53=32715元	32715元
费用合计	728812元	921067元	192260万元

10.2　社会效益

采用本工法在地面整体模块化预制，不需进行冷却塔内部脚手架搭设施工，减少施工措施费用，应用自制“粘贴盘”黏结填料节约黏合剂 20%，减少因手工涂刷污染导致填料浪费，提高了施工效率 4 倍以上，减少了高处作业安全风险。

11　应用实例

应用本工法主要完成了以下工程的施工任务。施工速度快，节省成本创造效益，提前完成了施工任务。具体工程如表 11–1 所示：

表 11-1　工程应用实例

序号	建设单位	工程项目名称	时　间	工作量	应用效果	经济效益 / 万元
1	哈萨克斯坦石油产品有限责任公司	奇姆肯特 PKOP 炼油厂现代化改造二期工程	2017 年 9～11 月	新建 3 台 5000m^3	良好	26.754
2	中国石油辽阳石化分公司	辽阳石化俄罗斯原油加工优化增效改造项目	2017 年 10～11 月	新建 3 台 5000m^3	良好	19.226
3	大庆油田公司	北 III–7 三元转油放水站、三元含油污水站工程	2018 年 6～7 月	新建 2 台 5000m^3	良好	12.817
4	大庆油田公司	徐深 9 天然气净化厂二期工程	2018 年 9～10 月	新建 2 台 5000m^3	良好	12.817

中小型倒装储罐 CO_2 气保护机械化焊接施工工法

大庆油田建设集团有限责任公司

郭道厚　王宝春　黄立新　袭　奇　韩冬岩

1　前言

目前，中小型储罐焊接以手工电弧焊为主，其劳动强度高，焊接质量受焊工水平影响较大，机械化程度低。大庆油田建设集团有限责任公司将 CO_2 气体保护焊与机械化焊接小车相结合，成功的研发了一体化自动焊接设备，优化了焊接参数，并通过研制防风罩及焊机撬等措施，解决了 CO_2 气体保护焊抗风能力弱、焊接设备组装繁琐等技术难题，本技术具有焊接质量好，焊接速度快，机械化作业水平高等特点，改变了传统手工施工模式，降低了人员劳动强度，大幅提升了储罐施工机械化作业水平，具有较高的经济效益及社会效益，经总结形成本工法。本工法经中国石油工程建设协会鉴定为国内先进，获省部级科技进步三等奖，已在大庆油田第二、第四、第六采油厂 500m^3、1000m^3、2000m^3 储罐的焊接中推广应用。

2　工法特点

（1）焊接速度快。本工法采用 CO_2 气体保护焊接方法，熔敷效率高，同时，机械化焊接小车可实现连续焊接，长焊缝不需要断点，与传统手工电弧焊相比，焊接速度提升一倍。

（2）焊接质量高。采用 CO_2 气体保护焊与机械化焊接小车结合，焊枪依靠焊接小车摆动，不受操作人员手法因素影响，操作人员通过设置正确的焊接参数及焊接小车行走速度、焊枪角度、摆动幅度等参数即可确保焊缝成型均匀、美观，经现场焊接后进行射线探伤，一次合格率达到 100%。

（3）劳动强度小。本工法可节省操作人员大量的劳动强度，每台设备仅需要两名操作人员监控并调整焊接参数即可，以 2000m^3 储罐为例，共需要 3 台 CO_2 气保护机械化焊接设备，6 名操作人员即可完成全部焊接作业。

（4）经济效益好。本工法采用 CO_2 气体保护机械化焊接技术，与手工电弧焊相比，材料成本节省约 30%、人工成本节省约 30%、工期成本节省约 35%，大大降低了施工成本。

3　适用范围

本工法适用于 20000m^3 及以下拱顶储罐施工。

4　工艺原理

针对储罐罐底板、壁板、顶板的焊接位置和坡口形式，选取柔性吸附式轨道焊接小车、一体式焊接小车或角焊缝小车，结合新型 CO_2 数字电源，对储罐进行全位置焊接，提高储罐机械化水平。

5 施工工艺及操作要点

5.1 施工工艺流程（图 5-1）

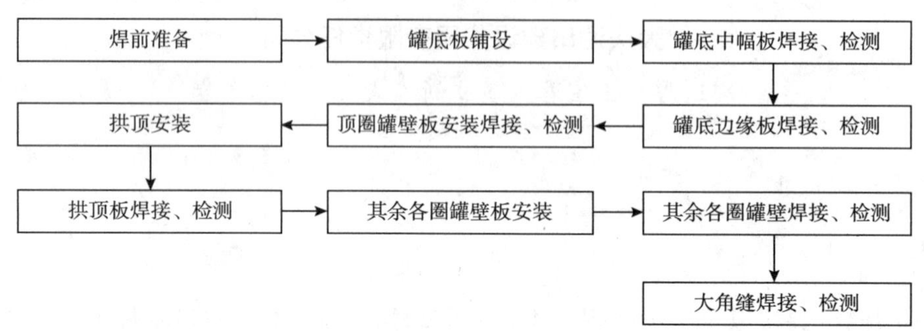

图 5-1 施工工艺流程

5.2 操作要点

5.2.1 焊前准备

（1）配 30m 组合电缆，组合线缆由功率线（焊接电缆）、七芯控制线及气管三条线组成，每 600mm 用扎线扣束紧。

（2）根据焊接储罐的大小沿罐周均匀放置几组焊接电源，每组 2~3 台，每组集成于专门制作的设备撬中，焊接用电采用 35mm^2 三相铜线直接接到设备撬外面的配电箱内。

（3）防风装置安装到焊接小车上（图 5-2、图 5-3），由内外两层防风结构，底部包覆软质耐火材料以增加防风效果，此防风装置可用于 4 级以下风力（环境风速 <8m/s）的情况下使用。

图 5-2 防风罩

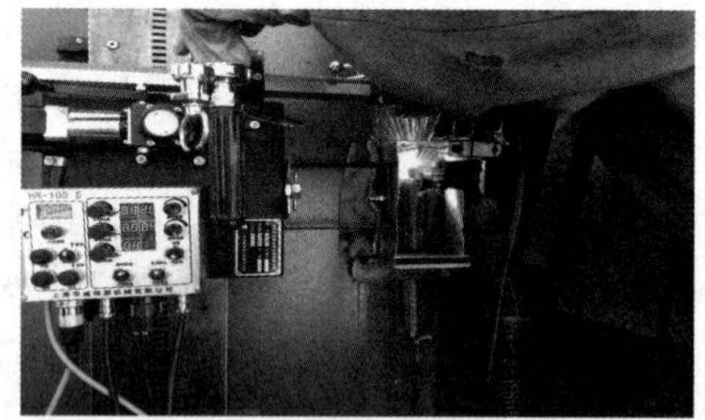

图 5-3 防风罩保护效果

5.2.2 罐底板铺设

从中心开始向四周对称铺设，边铺设边用手工电弧焊进行点焊固定，中心区域铺设完成，铺设所用机具撤离后，开始从中心向四周进行机械化焊接。

5.2.3 罐底中幅板焊接及检测

（1）罐底中幅板为搭接焊缝，罐底板采用一体式焊接小车施焊，其中丁字缝的位置采用半自动焊手工焊接（图 5-4）。

（2）焊接从中心开始向四周对称施焊，其中通长的焊缝在中幅板其他焊缝焊完后采用分段退焊以罐中心为中心对称焊接，焊接顺序如图 5-5 所示。

图 5–4　罐底中幅板焊接

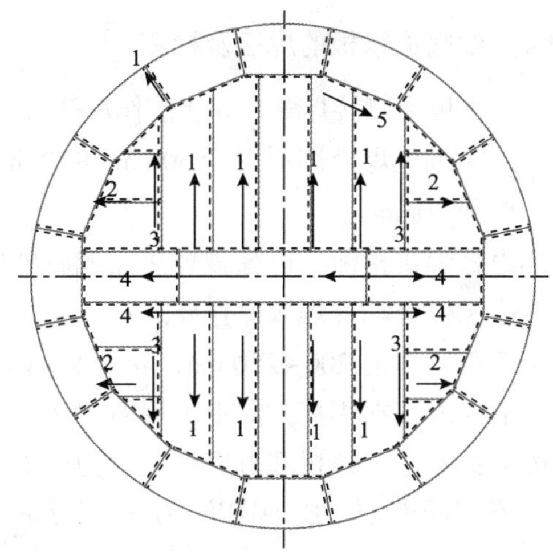

图 5–5　罐底中幅板焊接顺序图

（3）丁字缝在长焊缝焊接完毕后采用手工焊焊接。

（4）中幅板焊接检测：

①组对间隙检查：板搭接间隙 <1mm；

②打底焊后表面质量检查；

③所有丁字缝表面渗透检测。

（5）中幅板搭接焊时自动焊焊接操作要点：

①轨道距离焊道 200 ~ 250mm，轨道必须平行于焊道铺设；

②焊枪角度为 40° ~45° ；

③在焊接方向上采用左焊法；

④焊枪摆动设定。焊枪摆动幅度根据需要的焊道宽度而定，焊道宽度在 5mm 以下焊枪不摆动，焊道超过 5mm，焊枪摆动，摆动幅度根据需要的焊道宽度而定。为避免焊道中间过高，焊枪摆动速度应稍快一些，摆动速度在 40 ~ 50 次 /min，并在焊道上边停留 0.2s，下边停留 0.1s 或不停留，使焊枪在焊道两边的焊接时间多些，中间的焊接时间少些；

⑤各种厚度板搭接焊接层数排布如表 5–1 所示：

表 5-1　各种板厚的焊层排布

板　厚	焊接层数	焊接位置及顺序
6mm 以下	1	1
6 ~ 10mm	2	1 2
11 ~ 12mm	3	3 1 2

⑥焊接速度为 25 ~ 30cm/min；

⑦焊接电流、电压。数字焊接电源采用“一元”模式焊接时，送丝机上的电压调节旋钮用于微调电压，调节范围在 ±9V 之间，一般情况下设定到标准位置，如焊接电缆较长可用电压调节旋钮将电压增加 1 ~ 2V（电压增加或减少的数值在焊接电源面板上显示），焊接电流设定为 200A；

⑧无损检测。罐底中幅板的焊缝检测应符合《立式圆筒形钢制焊接储罐施工规范》GB 50128—2014。

5.2.4 罐底边缘板的焊接及检测

（1）边缘板为对接焊缝，焊接前作反变形将焊缝位置外缘下部用方楔踮起6~8mm。

（2）边缘板先焊外侧不少于300mm的焊道，焊接时焊工均匀分布，均由内向外施焊，多层焊接时层间接头错开50mm。

（3）边缘焊接检测。边缘板焊接完成后外侧300mm焊缝全部进行射线探伤检测。

（4）边缘板自动焊焊接操作要点：

①轨道距离焊道200~250mm，轨道必须平行于焊道铺设；

②焊枪角度。在焊接方向上采用右焊法；

③边缘板对接焊缝根部打底焊时，为使根部熔透，应采用右焊法，焊枪前倾10°~15°；

④焊枪摆动设定。摆动速度40~50次/min，并在焊道左右两边各停留0.2s，摆动幅度根据焊道的宽度设定；

⑤焊接层数排布。打底焊1遍，填充焊根据板厚情况1~2遍，盖面焊1遍；

⑥焊接速度。焊接速度为25~30cm/min，焊接小车控制箱数码管设定数值为45~50；

⑦焊接电流、电压。焊接电流设定为200A，焊接电压设定到“标准”位置，盖面时焊接电压增加1V。打底焊时为保证罐底板与垫板之间的间隙能穿透融合，利用数字焊接电源提供的电弧吹力调节功能调整电弧的硬度，增加电弧的穿透性；

⑧无损检测，罐底边缘板的焊缝检测应符合《立式圆筒形钢制焊接储罐施工规范》GB 50128—2014。

5.2.5 顶圈罐壁板的安装

边缘板对接焊缝焊接完成并检测合格后进行顶圈壁板的安装，顶圈壁板时底部在罐底边缘板上设置定位挡板，顶部安装拱顶的承重圈，全部安装完毕后再进行壁板纵缝的焊接，因顶圈壁板较薄，纵缝焊接前在焊道一侧安装防变形加强槽钢，待焊接完成后再拆除，焊接采用柔性磁吸附轨道焊接小车。

5.2.6 拱顶的安装

拱顶安装在罐底板机械化焊接完成后进行，先在罐底板上安装临时支撑，然后在其上安装拱顶，拱顶安装时先安装瓜片板，边安装边进行点焊固定，所有瓜片板安装完毕后再进行机械化焊接，瓜片板焊接完成后再安装焊接中心板。拱顶焊接前先将拱顶周边的护栏安装完毕。

图5-6 罐顶板焊接

5.2.7 拱顶板的焊接及检测

（1）罐顶板采用磁力吸附式柔性轨道焊接小车进行机械化焊接（图5-6）。

（2）磁力轨道沿焊道平行铺设，其永磁体块的外边缘距离焊道200~250mm。

（3）从中心开始由上往下施焊，采用右焊法焊接。

（4）拱顶焊接检测。焊接完成后进行外观检查。在储罐充水试验时按照《立式圆筒形钢制焊接储罐施工规范》（GB 50128—2014）要求拱顶进行负压试验。

5.2.8 其余各圈壁板的安装

其余各圈壁板安装在拱顶焊接完成后进行，先在罐内沿罐周均匀布置胀圈和提升装置，将胀圈固定在已焊接完成的上一圈壁板下部距边缘100mm的位置上，提升装置提升胀圈，胀圈带动已安装完成的罐体部分整体提升。

5.2.9 其余各圈壁板焊接及检测

1. 纵缝焊接（图 5–7）

（1）纵缝焊接前在焊道一侧点焊一根槽钢防止纵缝焊接后发生变形。

（2）纵缝的组对间隙 3 ~ 5mm，间隙过小时应在背面用砂轮机清根将根部未焊透的部位磨掉，在背面进行补焊。

（3）纵缝两端丁字缝位置在自动焊完后对起弧和收弧位置进行打磨后用手工焊进行补焊。

（4）罐壁纵缝焊接操作。磁力轨道沿焊道平行铺设，其永磁体块的外边缘距离焊道 200 ~ 250mm。采用左焊法，焊枪角度与壁板垂直面向下呈夹角 5° ~ 10° 。焊枪摆动速度 50 次 /min，摆动幅度根据焊道宽度而定，左右停留时间 0.4 ~ 0.5s。焊接速度为 8 ~ 12cm/min。采用“一元”模式焊接时，送丝机上的电压调节旋钮用于微调电压，调节范围在 ±9V 之间，一般情况下设定到标准位置，如焊接电缆较长可用电压调节旋钮将电压增加 1–2V（电压增加或减少的数值在焊接电源面板上显示），焊接电流设定为 95A。打底焊及填充焊时焊接电压设置在标准位置，盖面焊时焊接电压可提高 1V。

2. 纵缝焊接检测

纵缝焊接完成后先进行外观检查然后按照《立式圆筒形钢制焊接储罐施工规范》（GB 50128—2014）要求进行射线检测。

3. 罐壁环缝的焊接（图 5–8）

（1）罐壁环缝在相邻的上下两圈壁板纵缝焊接完毕后进行，焊接时焊机设备沿罐周均布并沿同一方向施焊。

（2）采用自动焊焊接时，每台设备配置 2 根柔性轨道以便于倒换，达到连续焊接的目的。

（3）环缝组对间隙 0 ~ 3mm，间隙小时正面焊接完毕后在焊道背面用砂轮机清除根部未融合部分，并在背面补焊一遍。

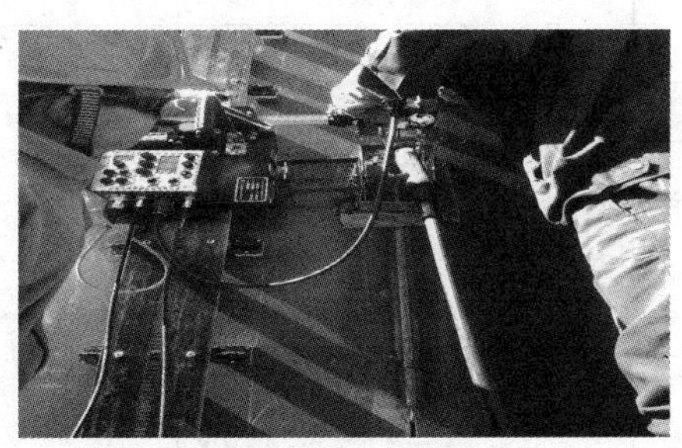

图 5–7 罐壁立缝焊接

图 5–8 罐壁环缝焊接

4. 罐壁环缝焊接操作

磁力轨道沿焊道平行铺设，其永磁体块的外边缘距离焊道 200 ~ 250mm。打底及填充焊时焊枪角度与水平面向上呈夹角 5° ~ 10° ，盖面焊时焊枪角度与水平面向下呈夹角 5° ~ 10° 打底焊时焊枪不摆动，填充焊时摆动速度为 50 次 /min，并在焊道左右两边各停留 0.2s，摆动幅度根据焊道的宽度设定，盖面焊时采用多道焊，焊枪不摆动。打底焊 1 遍，填充焊根据板厚情况 1 遍，盖面焊 1 遍。焊接速度为 20 ~ 25cm/min，焊接小车控制箱数码管设定数值为 30 ~ 45。焊接电流设定为 150 ~ 200A，焊接电压设定到“标准”位置，盖面时焊接电压增加 1V。

5. 环缝焊接检测

环缝焊接完成后先进行外观检查，然后按照《立式圆筒形钢制焊接储罐施工规范》（GB 50128—2014）要求进行射线检测。

图 5-9 罐底大角缝焊接

5.2.10 大角缝的焊接及检测

（1）大角缝焊接前，储罐壁板应全部安装完毕，提升用的机具全部撤除，焊接前，将角焊小车行走轮经过的位置，因组装留下的焊疤清理干净。

（2）采用角焊小车机械化焊接（图 5-9），角缝的焊接顺序：大角缝焊接先焊内侧后焊外侧。

（3）大角缝的焊层排布。各种焊脚高度的焊接层数排布如表 5-2 所示。

表 5-2 各焊脚高度下的焊层排布

焊脚高度	焊接层数	焊接位置及顺序
6mm 以下	1	1
6～10mm	2	1 2
11～12mm	3	3 1 2

（4）大角缝焊接检测。大角缝焊接完成后第一遍打底进行渗透检测，全部焊完后再进行一次渗透检测。

5.3 劳动力组合（表 5-3）

表 5-3 施工劳动力组合表（单台 2000 立罐）

序 号	工 种	人数 / 人	备 注
1	铆工	2	
2	电焊工	2	
3	气保护自动焊工	3	
4	气焊工	1	
5	起重工	1	
6	电工	1	
7	力工	4	
合计		14	

6 材料与设备

6.1 储罐主要施工机械、设备（表 6-1）

表 6-1 储罐施工主要机械、设备（单台 $2000m^3$ 罐）

序号	名称及规格型号	数量 / 台	备 注
1	麦格米特数字焊机（配套送丝机）Ehave CM500C	3	
2	柔性轨道摆动式焊接小车 HK-100SE	2	
3	平板拼接自动焊接小车 HK-31	2	
4	角焊小车 HK-5W-D	2	
5	电焊机 ZX-700S	2	

续表

序号	名称及规格型号	数量 / 台	备注
6	16t 履带式吊车	1	
7	博世砂轮机	2	
8	焊条烘干箱 YDHA-100 10 kW	1	

6.2 储罐主要施工措施、手段用料（表 6-2）

表 6-2 储罐施工主要机械、设备

序号	名称及规格型号	单 位	数 量	备 注
1	10# 槽钢	m	12	防变形
2	撬棍	个	4	
3	脚手架杆 ϕ48mm L=3m	根	40	
4	脚手架杆 ϕ48mm L=1.5m	根	40	
5	跳板	块	80	
6	防风罩（平焊）	个	2	
7	防风罩（横、立焊）	个	2	
8	气保护焊接组合电缆 50m	套	2	
9	气保护焊焊枪 AB35 焊枪长度 5m	套	2	
10	气管快速接头	套	2	
11	焊接电缆快速接头	套	2	
12	组合工具（钳子、螺丝刀、内六角扳手）	套	1	

7 质量控制

7.1 施工主要技术标准及验收规范

（1）GB 50128—2014 《立式圆筒形钢制焊接储罐施工规范》。

（2）SY 4202—2016 《石油天然气建设工程施工质量验收规范储罐工程》。

（3）NB/T 47015—2017 《钢制压力容器焊接规程》。

（4）NB/T 47013—2017 《承压设备无损检测》。

（5）GB/T 985.1—2008 《气焊、焊条电弧焊、气体保护焊和高能束焊的推荐坡口》。

（6）SH/T 3530—2011 《石油化工立式圆筒形钢制储罐施工工艺标准》。

（7）GB 50235—2010 《工业金属管道工程施工及验收规范》。

（8）GB 50236—2011 《现场设备、工业管道焊接工程施工规范》。

（9）SY/T 4109—2013 《石油天然气钢制管道无损检测》。

（10）SY/T 6064—2011 《管道干线标记设置技术规定》。

7.2 储罐 CO_2 气保护焊接质量控制

（1）CO_2 气保护自动焊与手工电弧焊与罐体的二次线（地线）应分别与罐体连接，并且 CO_2 气保护自动焊与罐体的二次线尽量短，以减少对 CO_2 气保护焊的干扰，焊接时焊接电缆全部打开不要盘在一起以免产生额外的电感影响焊接。

（2）CO_2 气保护焊焊接时电弧热量集中，电弧形成的熔池比焊条电弧焊小，其热影响区小，焊接中等厚度的钢板时，应采用大电流焊接，当采用 100A 左右的小电流焊接时，因较小的热输入导致冷却速度快，会使焊道融合不好，此时应使电弧在坡口两侧的停留时间稍长一些，保证焊道两边的坡口熔透，中间停留时间短一些，避免焊道余高过大；

（3）气保护焊焊接前，在小车上安装防风装置，防风装置的防风罩与板接触位置的间隙≤1mm 以保证良好的防风效果，防风罩与板接触处可用耐火的皮革材料包覆，使其与板接触严密，使安装防风罩的中心位于焊枪位置，保证不会影响到调整焊枪的操作和观察熔池；

（4）当环境风速 >8m/s 时停止采用气体保护焊焊接；

（5）罐底大脚缝焊接时第一遍进行打底焊以保证焊接接头的质量。

7.3 关键工序质量控制点（表 7-1）

表 7-1 关键工序质量控制点

工序名称	质量控制点	质量要求	检查工具及方法	检验时机	检验频次	检查人
焊接准备	焊接材料	焊材的型号、材质、规格符合焊接工艺评定的要求	检查材质单	焊接前	100%	专业工程师
	保护气体	纯度大于 99.99%、压力 >0.98MPa	使用前应倒置排净瓶内底部的积水，用 CO_2 压力表检查瓶内压力	焊接前	100%	班组长自检 专业工程师抽检
罐板组对	根部错边	<1mm	焊接检验尺、目测	焊接前	100%	班组交接检，质检员抽检
	间隙	搭接 <1mm，对接 4~6mm	焊接检验尺、目测	焊接前	100%	班组交接检，质检员抽检
打底焊	根部融合、有无气孔	根部未融合进行清根补焊，焊接气孔进行打磨补焊	目测	焊接过程中	100%	焊工自检
填充焊	有无气孔	焊接气孔进行打磨补焊	目测	焊接过程中	100%	焊工自检
盖面焊	咬边、气孔、余高	咬边 1mm 及气孔进行打磨补焊，余高 <3mm	焊接检验尺、目测	焊接后	100%	焊工自检，质检员抽检
其余无损检测按照 GB 50128《立式圆筒形钢制焊接储罐施工规范》规范执行						

8 安全措施

8.1 执行的安全规范

（1）GB 6067.1—2010 《起重设备安全规程》。

（2）JGJ 46—2012 《施工现场临时用电安全技术规范》。

（3）GB 2894—2008 《安全标志及其使用导则》。

（4）GB 50484—2008 《石油化工建设工程施工安全技术规范》。

（5）AQ 2012—2007 《石油天然气安全规程》。

（6）GB 50348—2018 《安全防范工程技术规范》。

（7）Q/SY 1002.1—2014 《健康、安全与环境管理体系》。

（8）Q/SY 1241—2009 《动火作业安全管理规范》。

（9）JGJ 46-2012 《施工现场临时用电安全技术规范》。

（10）安全 [2015]37 号 《中国石油天然气集团公司高处作业安全管理办法》。

8.2 安全措施

（1）施工现场所使用的电缆线必须绝缘良好，无破损，且摆放整齐，罐内焊接把线及照明线路必须有保护，罐体接地要良好、可靠，照明必须采用 36V 安全电压。

（2）参加施工的人员必须戴安全帽，高空作业必须系安全带。

（3）施工前必须将现场易燃物品清理干净，每天下班前必须有专人检查现场，待确认无隐患后方可离开现场。

（4）施工现场设有明显的警示标志，提醒操作人员注意安全。

（5）保证工作场所的照明，消除因焊缝视线不清点火后戴面罩的情况发生；不得任意更换滤光片色号。

（6）电焊工要严格遵守电焊工安全技术操作规程，不允许私自拉接电焊机电源线路；所有用电设备（器具）的安装和管理必须由持有电工操作证的电工来完成。

（7）电焊面罩要严密，焊接前佩带好防护用品。

（8）为防止焊接灼烫应穿好工作服、工作鞋、戴好工作帽。工作服应选用纯棉且质地较厚，防烫效果好的。注意脚面保护，不穿易熔的化纤袜子。

9 环保措施

9.1 执行的环保规范

（1）JGJ 146—2013 《建筑工程施工现场环境与卫生标准》。

（2）GB 12523—2011 《建筑施工场界环境噪音排放标准》。

（3）Q/SY 1002.1—2014 《健康、安全与环境管理体系》。

（4）GB 8978—1996 《污水综合排放标准》。

（5）GB 16297—2017 《大气污染物综合排放标准》。

（6）GB 3838—2002 《地表水环境质量标准》。

9.2 环保措施

（1）施工现场垃圾渣土要及时清理出现场，并运到指定地点，严禁随意凌空抛洒；施工现场应指定专人定期洒水清扫，并形成制度，防止扬尘；对易飞扬的细颗粒物、散体材料和废弃物的运输、堆放应具备可靠的防扬尘措施。

（2）在施工场区边缘设置垃圾回收站，及时清理回收施工垃圾，禁止焚烧有毒垃圾，将垃圾运至指定垃圾处理厂。

（3）焊接过程产生的焊丝盘等固体废弃物回收统一处理，严禁随意丢弃。

（4）禁止将有毒有害废弃物作土方回填。

（5）在居住密集区施工时，尽量减少夜间作业，减少弧光污染。

10 效益分析

10.1 经济效益（表 10-1）

表 10-1 经济效益比较（2018 年度全年共安装 10 台 $2000m^3$ 罐）

技术项目	工 期	人工费 / 万元	材料费 / 万元	机械费 / 万元
手工焊焊接	130d	50.96	5.225	19.2
机械化焊接	100d	39.2	3.32	12
对比	工期减少 23%	成本降低 27%		

以焊接 2000m³ 罐为例与手工电弧焊进行详细比较：

（1）材料费用对比：手工焊，0.95t × 5500 元 =5225 元；CO_2 气保护焊，0.34t × 6000 元 +80 元 × 16 瓶 =3320 元；材料成本节约 1905 元。

（2）人工费用对比：手工焊人工费用，15 人 × 13d × 350 元 =68250 元；CO_2 气体保护焊人工费用，14 人 × 10d × 350 元 =49000 元；人工成本节约 44800-28000=16800 元。

（3）机械费用对比：施工 2000m³ 罐需要 12t 履带吊 1 台，每天台班费用 1200 元，节约 3 天工期共计节约台班费用 3600 元。

共计节约直接费用人工费 + 机械费 + 材料费 16800+3600+1905=22305 元。

10.2 社会效益

以焊接 2000m³ 罐为例，采用机械化焊接，焊接技术工人由原来的 8 人减少到 5 人，既降低了劳动强度，又减少焊接技术工人使用数量，具有良好的社会效益。

11 应用实例

应用实例一：

2017 年应用于大庆油田第二采油厂三元南 6-8 转油放水站及系统工程一台 2000m³ 事故罐的焊接。

应用实例二：

2017 年将此工法应用于大庆油田第六采油厂喇 6 号配置站、喇 3-10 注入站工程一台 1000m³ 清水罐的焊接。

应用实例三：

2017 年将此工法应用于大庆油田第六采油厂聚喇 360 含油污水处理站工程一台 500m³ 缓冲罐的焊接。

装配式大桥梁板双导梁架设施工工法

大庆油田路桥工程有限责任公司

范旭辉　刘　可　王　健　李连生　王艳伟

1　前言

随着油气田产能不断开发建设，跨河滩、湖泊大桥已成为连接产能区块重要交通枢纽。在桥梁施工中，通常采用汽车吊进行梁板架设，这种架设方法必须依靠修筑施工便道及吊装场地完成梁板运输和吊装作业，并且桥梁完工后必须拆除便道及吊装场地，恢复至原地貌达到环保要求，从而增加了施工难度和建设成本，延长了施工工期。

鉴于以上分析，大庆油田路桥公司针对北方高寒地区施工季节短地域特点，对桥梁架设进行技术攻关，结合施工现场优选双导梁架设梁板。在中俄原油管道漠大伴行路工程、新疆塔里木油田道路工程和大庆油田葡47区块道路工程中成功应用，并总结提炼形成工法。实践证明，该工法节约了拆建施工便道及吊装场地施工成本，避免了桥下吊装作业安全风险，提高了桥梁架设工效。在石油工程建设系统中，首次实现大桥梁板由桥下吊装转为桥上跨线架设的技术突破，并获2016年大庆油田有限责任公司企业级优秀工法。根据油田条件自行研制的《一种双导梁主梁连接销轴拔插装置》已申请国家专利（专利号201921720833.X）。

2　工法特点

（1）梁板移运、吊装、就位连续，逐孔架设，速度快、功效高。

（2）梁板架设就位精准，质量偏差小。

（3）梁板架设平稳，安全风险低。

（4）不必拆建吊装场地及施工便道，降低成本，节约占地，保护周边环境。

（5）施工现场梁板架设不受水文地貌和桥高限制，且不阻碍桥下交通，保证了施工期间交通便利、河道顺畅。

3　适用范围

本工法适用于油气田装配式简支梁桥及连续梁桥梁板安装，尤其适用于梁板自重较大、孔数较多、跨径≤40m的大桥或特大桥。

4　工艺原理

利用油田条件自行研制的双导梁主梁连接销轴拔插装置，将多节钢桁节梁拼装成两根导梁，作为承重及运送梁板的主要载体，导梁底设置支撑及纵移系统，导梁顶设置纵横向平移轨道，轨道上布设两台起重天车，通过电器操控系统控制天车进行梁板吊装。

5 工艺流程及操作要点

5.1 工艺流程

5.1.1 总流程（图 5-1）

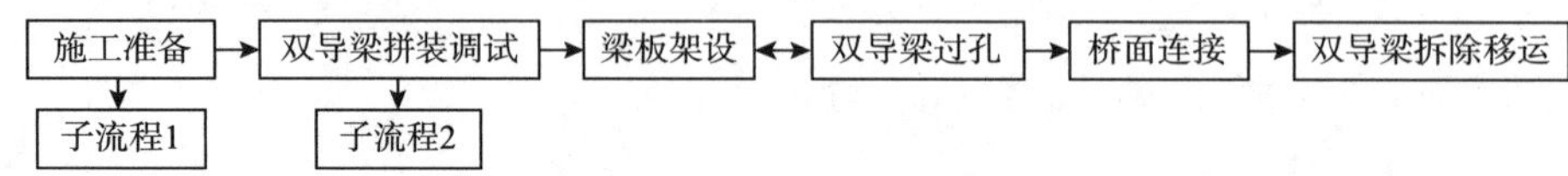

图 5–1 施工工艺流程图

5.1.2 子流程（图 5-2、图 5-3）

子流程 1：

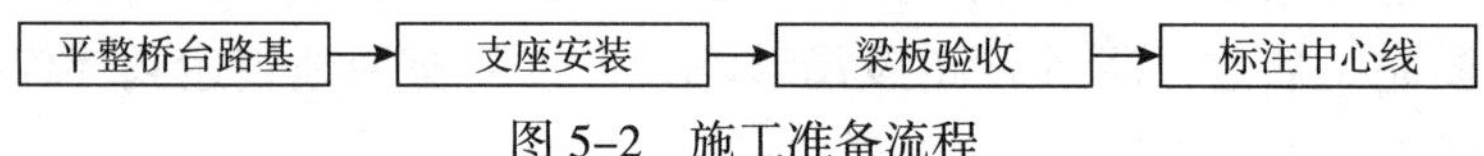

图 5–2 施工准备流程

子流程 2：

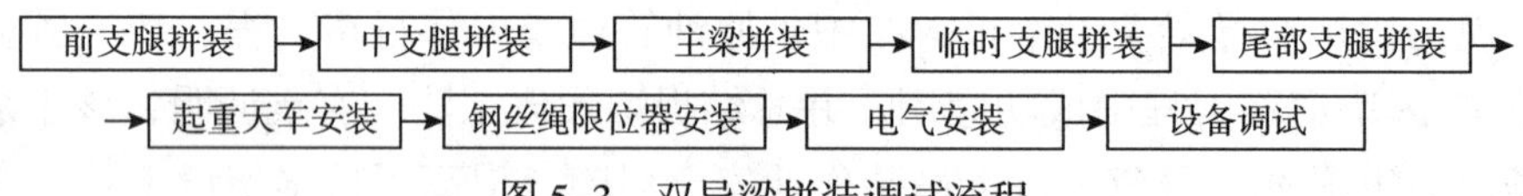

图 5–3 双导梁拼装调试流程

5.2 操作要点

5.2.1 施工准备

（1）平整桥台后路基。将桥台后路基平整压实，用于设备拼装场地及运梁便道。

（2）支座安装（图 5–4、图 5–5）。在盖梁顶端进行精确测量放样，标出支座纵横向设计中心线。按照标注支座中心位置进行支座安装，保证支座表面水平。

图5–4 支座安装（固定式）

图5–5 支座安装（滑板式）

（3）梁板验收。检测梁板强度、外观尺寸、表面平整度、拱度，预埋钢板位置平面高差等指标。

（4）标注中心线。在检验合格的梁板上标注与支座位置相对应的纵横向中心线，在梁体端头标注梁体竖向中心线，作为梁板吊装检测依据。

图 5–6 前支腿拼装

5.2.2 双导梁拼装调试

（1）前支腿拼装（图 5–6）。在桥台处铺设前支腿轨道，确定前支腿高度和角度，高度为中支腿高度加梁板高度加纵坡度。拼装前部总成，完毕后将其吊装到盖梁平台指定位置。

图 5–7　中支腿拼装

（2）中支腿拼装（图 5–7）。桥台后路基上铺设中支腿轨道，安装中部总成装置并将其吊装就位。

（3）主梁拼装（图 5–8）。利用油田条件自行研制的双导梁主梁连接销轴拔插置，将多节钢桁节梁拼装成两根导梁，完毕后将纵移小车、吊装小车安装好，用两台汽车吊同时吊放至前、中支腿反滚轮上，调好位置后将挂轮就位，并用压板固定。

图 5–8　主梁节段拼装

（4）临时支腿拼装（图 5–9）。将临时支腿横梁安装至主梁前部端头上弦后，确定支腿高度，再将各调节块拼装完毕与横梁连接。

图 5–9　临时支腿拼装

（5）尾部支腿拼装（图 5–10）。将尾部总成拼装好后与主梁连接（位置在主梁尾部向前 4～5m 处）。

（6）起重天车安装（图 5–11）。为保证整机平衡，前天车吊到靠近前支腿、后天车吊到靠近中支腿，再安装起重天车。

图 5–10　尾部支腿拼装

图 5–11　起重天车安装

（7）钢丝绳与限位器安装（图 5–12）。将 1 号、2 号起重天车主钩钢丝绳穿好后，分别将各行走、起升机构限位安装完毕。

图 5–12 钢丝绳与限位器安装

（8）电气安装（图 5–13）。将操作室平台、操作室、控制柜安装至指定位置进行电线铺设。

图 5–13 电气安装

（9）设备调试（图 5–14、图 5–15）。拼装完毕后，调试电机正反转是否有误、刹车和限位器是否灵敏、主梁前移冲垮是否同步、起升系统是否正常升降、纵移行车运行是否顺畅。各组件正常运行后进行空载和负载运转。申请安全技术管理部门检查验收，合格后获取使用许可证，达到吊梁使用条件。

图5–14 设备调试（空载）

图5–15 设备调试（负载）

5.2.3 梁板架设

1. 喂梁

采用大型平板拖车将梁板从预制场直接移运到双导梁喂梁区进行架设。平板拖车运输时用斜撑和木楔在梁板两侧临时固定，以防止构件倾倒、滑动或跳动的现象发生，运梁拖车采用后退的方式把预制梁运送到设备尾部喂梁区（图 5–16～图 5–18）。

2. 吊梁纵移

（1）前后起重天车同时起吊梁板纵向平移，运行到达前一跨预定位置，运输车返回梁场运梁（图 5–19、图 5–20）。

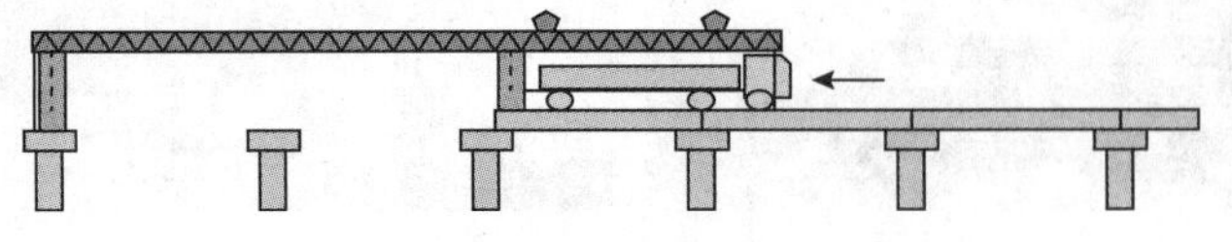

图 5–16 喂梁

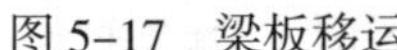

图 5-17 梁板移运　　图 5-18 后退喂梁

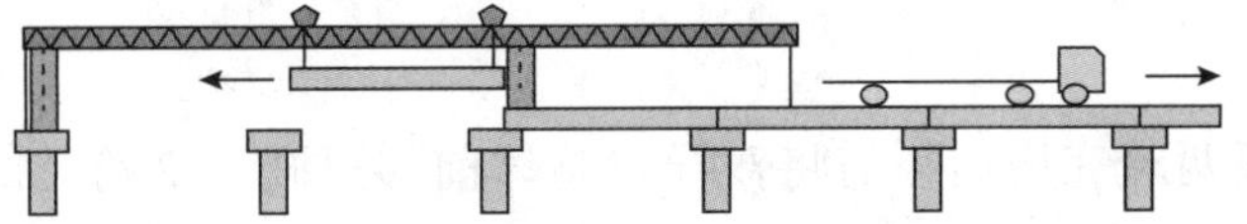

图 5-19 吊梁纵移示意图

图 5-20 吊梁纵移施工图

（2）前后吊梁天车临时落梁就位，达到预制梁横移条件（图 5-21）。

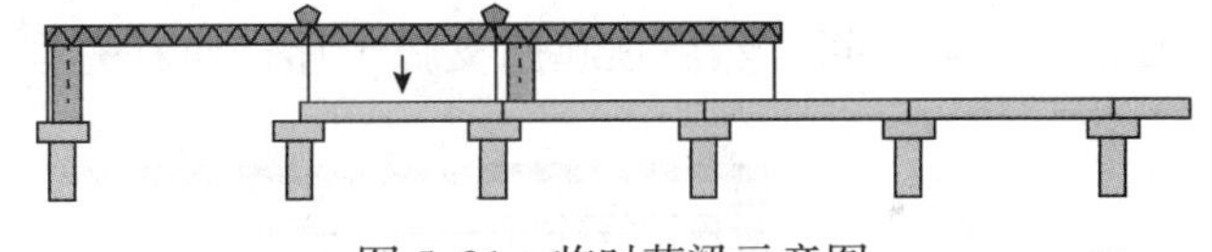

图 5-21 临时落梁示意图

3. 吊梁横移

因设备自身宽度限制，对于外侧边梁架设时，需转换吊点位置。先将外侧边梁落位在其相邻的中梁位置，然后操控架桥机由中间向边部整体横移，使吊点位置到达边梁中心线，再用吊梁天车起吊外侧边梁横移到指定的落梁位置（图 5-22）。

图 5-22 吊梁横移施工图

4. 落梁

依据事先在盖梁及梁板上的测量放样标记，启动天车缓慢落梁，保证盖梁上的标记与梁板上的标记完全重合（图 5-23）。

5. 测量调整

预制梁板架设就位后，用测量仪器对梁板顶面高程、横坡度、两侧边梁板偏位情况等进行复测，出现偏差及时加以调校，以保证梁板架设精确就位（图 5-24）。

图 5-23 落梁施工图

图 5-24 测量调整图

5.2.4 双导梁过孔

当设备连续架设梁板两跨完毕后，需将双导梁整体前移过孔 1-2 跨（20~40m 长），方可继续架设安装。跨孔前双导梁位置如图 5-25 所示。

第一步：主梁前移过孔 20m，将后支腿千斤顶及临时支腿收起，主梁前移 20m 跨第一孔，主梁前移时天车向后运行，仍停在前、中支腿中间处（图 5-26）。

第二步：中支腿前移 20m，顶起后支腿及前支腿千斤，使中支腿升高 25cm 左右，并前移中支腿 20m，然后收起后支腿及前支腿千斤，使中支腿完全受力于梁板上（图 5-27）。

第三步：主梁再次前移过孔 20m，起吊天车后移，停在中支腿与后支腿之间，主梁再次前移过孔 20m，直到主梁前部临时支腿到达第二孔盖梁位置（图 5-28）。

第四步：中支腿再次前移 20m，顶起后支腿及前支腿千斤，使中支腿升高 25cm 左右，再次前移中支腿约 20m 至前支腿附近，然后收起后支腿及前支腿千斤，使中支腿完全受力于梁板上（图 5-29）。

第五步：前支腿前移 40m，顶起临时支腿千斤，并保证临时支腿完全受力，前移前支腿约 40m 至第二孔盖梁中间，然后顶起前支腿千斤，使其完全受力于盖梁上，达到架设下孔梁条件（图 5-30）。

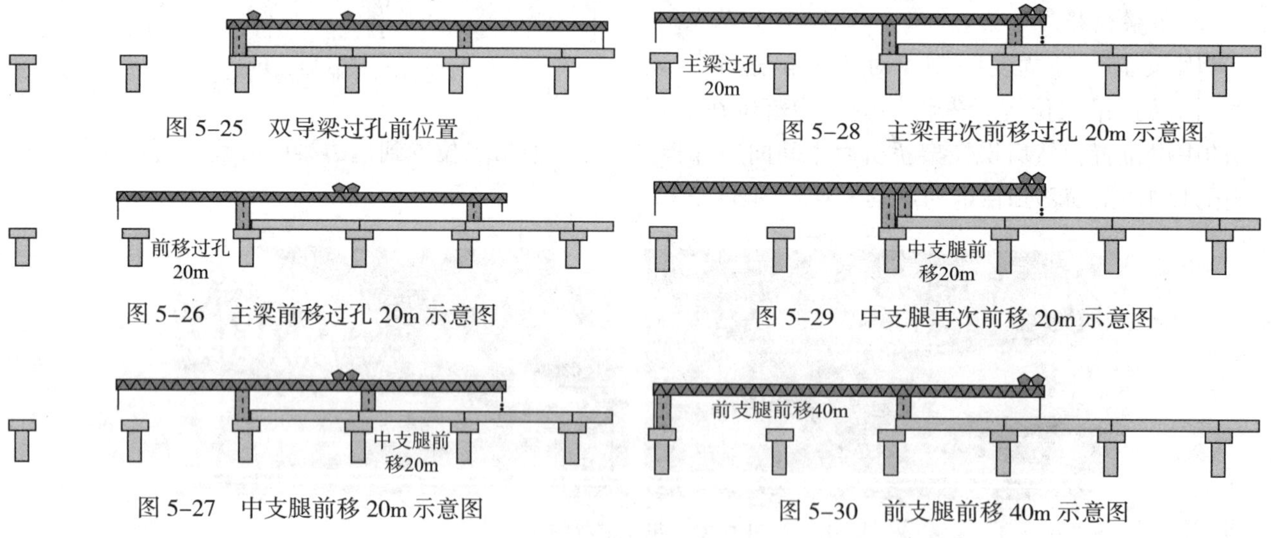

图 5-25 双导梁过孔前位置

图 5-26 主梁前移过孔 20m 示意图

图 5-27 中支腿前移 20m 示意图

图 5-28 主梁再次前移过孔 20m 示意图

图 5-29 中支腿再次前移 20m 示意图

图 5-30 前支腿前移 40m 示意图

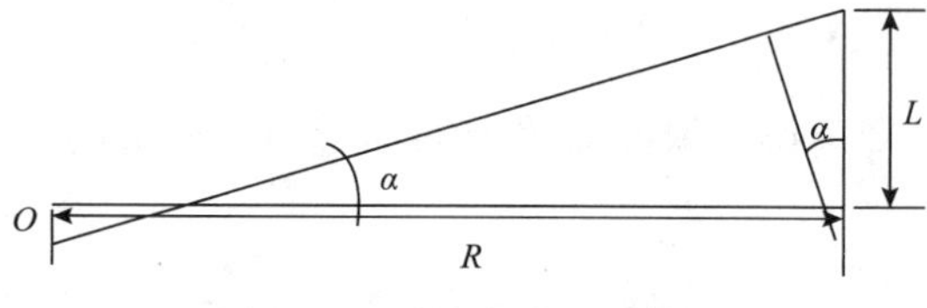

图 5-31 冲垮斜角值计算图

曲线架设段，应先依据架设桥梁曲率半径 R、架设桥梁跨度 L 计算出主梁冲垮斜角值，然后按照计算角度调整主梁过孔斜角。

其计算示意图如图 5-31 所示：

$$\alpha=\mathrm{arctg}L/R$$

式中，α 为斜交角；L 为架设桥梁跨度，m；R 为架设梁桥曲率半径（内侧），m。

弯道过孔双导梁冲垮前必须按照计算角度调整主梁过孔斜角，调整方法是利用前部、中部车轮踏面与横轨间隙进行调整，步骤如下：

（1）单动前部大车行走≤500mm。

（2）顶起前部油顶和中部油顶，将天车开至中部油顶与前部油顶中间，将中部横轨调整一个角度（利用踏板间隙），启动摇滚，将中部车开到前部附近。

（3）中部横轨着地后，收起前部车连同横轨。

（4）将前部横轨转一个角度（利用踏板间隙），确保与中部横轨平行。

重复以上动作，直至角度达到要求为止，保证设备冲垮过孔就位准确。

双导梁冲垮过孔完毕后，继续进行梁板架设，施工步骤同上，直至整桥梁板全部架设完毕。

5.2.5 桥面连接

每跨梁板架设完毕后，将梁板间铰缝预埋钢筋连接好，使整孔梁板横向连接成为整体，增加梁板整体稳定性。

5.2.6 双导梁拆除移运

当梁板全部架设完毕，即可按照双导梁拼装节段进行拆除，并用拖车移运至下一施工场地施工。起重天车和起重横梁可不拆除，直接移运待用。

5.3 劳动力组织（表 5-1）

表 5-1 劳动力配置表

序 号	工 种	人数/人	分 工
1	质检员	1	负责梁板安装质量
2	工长	1	负责现场指挥
3	双导梁操作员	1	负责操控双导梁
4	起重工	4	负责起重吊装作业
5	吊车司机	2	负责操控吊车
6	焊工	1	负责埋件焊接
7	电工	1	负责电气检测维修
8	测量工	1	负责梁板安装检测
9	合计	12	

6 材料与设备

以大庆永乐油田葡 47 区块葡 49 井区道路工程为例，材料与设备使用情况如下。

6.1 主要材料（表 6-1）

表 6-1 主要材料表

序号	名 称	型号规格	单 位	数 量	用 途	备 注
1	预制梁板	C50	片	270	梁板架设	检测合格
2	板式橡胶支座	GYZØ200×42NF	个	312	支垫梁板	检测合格
3	板式橡胶支座	GYZF4Ø200×44NF	个	768	支垫梁板	检测合格
4	枕木	2.5mm×0.16m×0.16m	根	60	支垫钢轨	检测合格

注：预制梁板为成品预应力空心板，跨径 20m，梁高 1.0m，中梁宽度 1.0 m，边梁宽度 1.5 m，混凝土标号 C50，中梁重约 40t/片，边梁重约 41t/片。

橡胶支座技术性能符合《公路桥梁板式橡胶支座》（JT/T 4—2004）要求。

枕木外观必须结构密实、无裂痕，保证架桥机钢轨铺设平整，架桥机整体稳定。

6.2 主要机具设备（表 6-2）

表 6-2 主要机具设备表

序号	名 称	型号规格	单 位	数 量	用 途	备 注
1	装配式双导梁	JQ160-40	台	1	梁板架设	附带配件
2	汽车吊	50t	台	2	构件、组件吊装	轮胎式
3	发电机	160kW	台	2	供应电力	移动式
4	电焊机	BX1-134、AX-320-1	台	2	钢筋、组件焊接	
5	水平尺及水准仪	S3	套	2	高程、找平测量	跟踪检测
6	经纬仪	J2	套	1	中线定位	跟踪检测
7	钢卷尺	50m	个	2	距离测量	
8	电工器具	万用表、电流表等	套	若干	电气检测	
9	气割套件	CG	套	1	钢板切割	
10	平板拖车	50t	台	6	构件运输	

7 质量控制

7.1 质量控制标准

（1）JTJ/T F50—2011 《公路桥涵施工技术规范》。

（2）SY 4211—2009 《石油天然气建设工程施工质量验收规范 桥梁工程》。

（3）CJJ 2—2008 《城市桥梁工程施工与质量验收规范》。

（4）JTG F80/1—2017 《公路工程质量检验评定标准》。

7.2 质量保证措施

7.2.1 支座安装控制措施

（1）支座安装前检验其强度，检测外观有无裂缝、永久变形，是否出现接触不正常的磨损痕迹，产品不合格者，及时进行撤换。

（2）依据盖梁上标注的纵横向中心线安装橡胶支座，保证支座表面水平，均匀受压，与上下部结构之间接触紧密无空隙。安装时温度以 20~25℃为宜，以减小温差剪切变形。

7.2.2 梁板架设控制措施

（1）检测预制梁板长度、宽度、高度、腹板厚度、跨度，预埋支座板平面高差等项是否符合规范或设计要求。

（2）检查预制梁板外观：

①钢筋混凝土构件表面平整，外光内实，无露筋；

②混凝土蜂窝面积不超过该面面积的 1%；

③预制构件在运输过程中无破损，无裂缝等情况；

④构件预拱度复核满足设计要求；

⑤构件吊环位置正确，吊环安装预制牢固；

⑥预埋件标高、尺寸、数量均符合设计要求，偏差在规定允许误差范围之内。

（3）经检测合格后，在梁板上标注与支座位置相对应的纵横向中心线，作为梁板吊装就位依据，同时在梁体端头标注梁体竖向中心线，作为梁板吊装竖直度检测依据。

（4）依据事先在盖梁及梁板上的放样标注进行落梁，落位时，在梁侧面的端部挂线锤，检查和控制梁体纵横向就位准确度，保证盖梁上的标记与梁板上的标记完全重合。

（5）在梁端的顶部中心线挂锤，根据梁端面上的竖向中心线检查梁体倾斜度是否符合要求。

（6）检查梁板底面与支座间支撑面是否紧密贴实，无空隙、翘动现象。当出现落空时，启动天车缓缓吊起梁板 1~2cm，用薄钢板进行塞垫。

（7）梁板架设完毕后，测量检测就位是否准确，发现控制指标超出允许偏差的，应立即进行就位调整，直至各项指标均符合要求为止。

（8）对检测就位合格的梁板及时设置保险支撑，将相邻梁板预埋横向连接钢筋连接，避免梁板受外力冲击移位。待全孔梁板架设完毕后，再按设计规定使全孔梁板整体化。

7.2.3 关键质量控制（表 7-1）

表 7-1 关键质量控制表

序号	检 查 项 目	允许偏差	检查方法和频率	检查时机
一	支座安装			
1	支座高程	± 5mm	水准仪：每支座	安装过程中
2	支座中心与主梁中心线偏位	≤2mm	经纬仪、钢尺：每支座	安装过程中
3	支座顺桥向偏位	≤10mm	经纬仪、钢尺：每支座	安装过程中
二	梁板安装			
1	支承中心偏位	≤5mm	尺量：每孔抽查 4~6 个支座	安装完成后
2	倾斜度	≤1.2%	吊垂线：每孔检查 3 片梁	安装完成后
3	梁板顶面纵向高程	+8mm、-5mm	水准仪：每孔 2 片 每片 3 点	安装完成后
4	相邻板顶面高差	≤8mm	尺量：每相邻梁板	安装完成后

8 安全措施

8.1 安全标准

（1）GB 50870—2013 《建筑施工安全技术统一规范》。

（2）Q/SY TZ 0363—2013 《吊装作业安全管理标准》。

（3）QSY 1236—2009 《高处作业安全管理规范》。

（4）JGJ 46—2005 《施工现场临时用电安全技术规程》。

（5）GB 50484—2008 《石油化工建设工程施工安全技术规范》。

（6）GB 6067.1—2010 《起重机械安全规程》。

（7）GB 50278—2010 《起重设备安装工程施工及验收规范》。

（8）GB 26469—2011 《架桥机安全规程》。

8.2 安全保证措施

（1）双导梁拼装完毕后，必须经安全技术监督管理部门检查验收，合格后获取使用许可证。

（2）作业人员必须进行安全教育，持证上岗，明确安全操作规程，专人指挥，各就各位，服从调配。

（3）设备拼装场地地基承载力应满足荷载要求，并采用枕木、钢垫板等予以支垫。

（4）梁板架设条件应满足下列事项：

①梁板质量、长度、运输路线、架设顺序是否符合要求；

②吊机通行路线的宽度、弯道半径、高度限制和载重限制是否符合要求；

③对导梁的刚度及稳定性做导梁设计计算书；

④对导梁螺栓、导梁整体性和稳定性进行检查，避免使用时发生扭折、失稳、倾覆；

⑤每班开机前须经空载试运转，确认各系统运转无异常再投入正式工作。

（5）喂梁时专人指挥运梁拖车，缓慢倒行后退至指定区域，避免碰撞设备发生意外。

（6）梁板架设时，保证现场指挥信号统一，起吊、降落做到同步运行，承载均匀、平稳。

（7）导梁横移时，专人负责设备横移是否到位，避免导梁横移超出安全范围发生倾覆。

（8）双导梁过孔应满足下列要求：

①双导梁各运动部件安全装置是否可靠灵敏，如有问题及时调整、修理、更换；

②设备各运动部件润滑情况，按要求加注润滑油；

③液压系统各部件动作可靠性；

④各电器、电机等部件动作可靠性；

⑤机械结构部件可靠性。

经检查，确认设备达到要求后，方可进行过孔操作。

（9）过孔时，专人观察、监听各支腿传动机构，发现异常及时停车检查，采取措施排除故障。弯道过孔时，必须严格按照设计说明书调整主梁斜角，确保过孔安全到位。

（10）整孔梁板架设完毕后，连接相邻梁板横向钢筋，使梁板整体化，增加梁板稳定性，保证运梁车在梁板上安全运梁。

（11）制定应急预案措施，保证现场响应及时，救援快速到位。

9 环保措施

9.1 环保标准

（1）JGJ 146—2013《建筑工程施工现场环境与卫生标准》。

（2）GB 12523—2011《建筑施工场界环境噪声排放标准》。

9.2 环境保证措施

（1）运输车辆应严格按运梁路线行驶，不得随意碾压或超出路线范围行驶，避免破坏自然地理环境。

（2）梁板运输中，道路需经常洒水，保证路面湿润，避免飞沙扬尘。

（3）施工现场垃圾，要及时清理出现场，并运到指定地点，严禁随意抛撒，禁止在施工现场焚烧垃圾。

（4）文明施工不扰民，严格控制居民区施工噪声，晚 10 点以后运输车停止梁板运输。

10 效益分析

10.1 经济效益

该工法先后应用于中俄原油管道漠大线林区伴行路工程、新疆塔里木克拉苏气田主干道路工程、永乐油田葡47区块葡49井区道路工程，架设梁板共计558片，大大加快了施工进度，节约施工成本共计117.8万元。经济效益如表10–1～表10–3所示：

表10-1 中俄原油管道漠大线林区伴行路工程经济效益分析表

项 目	双导梁架设梁板	汽车吊安装梁板	比 较	备 注
（一）施工工期	共计14d	共计34d	–20d	
梁板架设	8d	12d	–4d	合计安装192片
设备安装与拆卸	6d	0	6d	装配式双导梁设备1套
铺设吊装场地及施工便道	0	15d	–15d	便道总长480m，高度3.0m，宽度8m
拆除吊装场地及施工便道	0	7d	–7d	便道总长480m，高度3.0m，宽度8m
（二）施工费	共计23.88万元	共计60.08万元	–36.20万元	
人工费	12人×100元/d×14d=1.68万元	8人×100元/天×34d=3.2万元	–1.04万元	工人工资按100元/d计算
机械费	1台×8000元/d×14天=11.2万元	2台×9500元/d×12d=22.80万元	–11.60万元	双导梁设备台班费8000元/天，100t汽车吊台班费9500元/d
铺设吊装场地及施工便道	0	30元/m^3×［2.5m（水下）+0.5m（水上）］×480m（长）×8m（宽）=34.56万元	–34.56万元	土方单价30元/m^3，便道总长480m，高度3.0m，宽度8m
双导梁安装与拆卸	2台×5000元/d×6d=6万元	0	6万元	50t汽车吊台班费5000元/d
双导梁场地运输	1台×50000元/台=5万元	0	5万元	运输车台班费

表10-2 新疆塔里木克拉苏气田主干道路工程经济效益分析表

项 目	架桥机架设梁板	汽车吊安装梁板	比 较	备 注
（一）施工工期	共计10d	共计18d	–8d	
梁板架设	4d	6d	–2d	合计安装96片
设备安装与拆卸	6d	0	6d	装配式双导梁设备1套
铺设吊装场地及施工便道	0	8d	–8d	便道总长360m，高度3.5m，宽度8m
拆除吊装场地及施工便道	0	4d	–4d	便道总长360m，高度3.5m，宽度8m
（二）施工费	共计20.20万元	共计45.10万元	–24.90万元	
人工费	12人×100元/d×10d=1.2万元	8人×100元/d×18d=1.44万元	–0.24万元	工人工资按100元/d计算
机械费	1台×8000元/d×10d=8万元	2台×9500元/d×6d=11.4万元	–3.40万元	双导梁设备台班费8000元/d，100t汽车吊台班费9500元/d
铺设吊装场地及施工便道	0	32元/m^3×［3.0m（水下）+0.5m（水上）］×360m（长）×8m（宽）=32.26万元	–32.26万元	土方单价32元/m^3，便道总长360m，高度3.5m，宽度8m
双导梁安装与拆卸	2台×5000元/d×6d=6万元	0	6万元	50t汽车吊台班费5000元/d
双导梁场地运输	1台×50000元/台=5万元	0	5万元	运输车台班费

表 10-3　永乐油田葡 47 区块葡 49 井区道路工程经济效益分析表

项　目	架桥机架设梁板	汽车吊安装梁板	比　较	备　注
（一）施工工期	共计 18d	共计 43d	–25d	
梁板架设	12d	16d	–4d	合计安装 270 片
设备安装与拆卸	6d	0	6d	装配式双导梁设备 1 套
铺设吊装场地及施工便道	0	20d	–20d	便道总长 900m，高度 4.0m，宽度 6m
拆除吊装场地及施工便道	0	7d	–7d	便道总长 900m，高度 4.0m，宽度 6m
（二）施工费	共计 27.56 万元	共计 84.24 万元	–56.68 万元	
人工费	12 人 × 100 元 /d × 18d=2.16 万元	8 人 × 100 元 /d × 43d=3.44 万元	–1.28 万元	工人工资按 100 元 /d 计算
机械费	1 台 × 8000 元 /d × 18d=14.4 万元	2 台 × 5000 元 /d × 16d=16 万元	–1.6 万元	双导梁设备台班费 8000 元 / d，100t 汽车吊台班费 9500 元 /d
铺设吊装场地及施工便道	0	30 元 / m^3 ×［3.5m（水下）+ 0.5m（水上）］× 900m（长）× 6m（宽）=64.8 万元	–64.8 万元	土方单价 30 元 /m^3，便道总长 900m，高度 4.0m，宽度 6m
双导梁安装与拆卸	2 台 × 5000 元 /d × 6d=6 万元	0	6 万元	50t 汽车吊台班费 5000 元 /d
双导梁场地运输	1 台 × 50000 元 / 台 =5 万元	0	5 万元	运输车台班费

10.2　社会效益

实践证明，采用双导梁架设梁板既保证了施工质量和进度，同时又降低了施工成本。尤其是水上桥梁架设，仅利用桥台路基为施工吊装运输作业面，不但减少了水上铺筑吊装场地和便道工序，也避免了完工后的清理拆除便道工作，大大降低了施工成本。同时，平板拖车配合送梁，实现移运、吊装、就位连续，达到快速架梁目的，保证了采油产能作业的迅速投产，适合北方高纬度低海拔季节冻土区施工季节短、工期紧的要求，充分体现了本工法架设桥梁梁板的优越性。随着油田水域产能建设大力开发，今后类似水上桥梁施工会越来越多，该工法值得借鉴推广，应用前景广阔。

另外，国内城市交通建设规模不断扩大，高架桥梁、立体交叉桥梁工程不断增加，使用该工法架设梁板不但避免了地貌、桥高限制，还不占用场地，可直接跨线安装，符合环保理念。且施工期间不必封闭桥下交通，保证城市交通的便利顺畅，施工优势显而易见，相信该工艺的应用将带来不可估量的社会效益。

11　应用实例

2012 年至 2016 年，本工法先后应用于中俄原油管道漠大线林区伴行路工程、新疆塔里木克拉苏气田主干道路工程、永乐油田葡 47 区块葡 49 井区道路工程，工程检测合格率达 100%，获得显著的经济、社会效益（表 11–1）。

表 11-1　工程应用实例

序号	建设单位	工程项目名称	施工时间	工作量	应用效果	经济效益 / 万元
1	大庆油田路桥公司	中俄原油管道漠大线林区伴行路工程	2012 年 6 月 5 ~ 18 日	架设 30m 预应力箱梁 192 片	良好	36.2
2	大庆油田路桥公司	新疆塔里木克拉苏气田主干道路工程	2014 年 7 月 1 ~ 10 日	架设 30m 预应力空心板 96 片	良好	24.9
3	大庆油田路桥公司	大庆永乐油田葡 47 区块 49 井区 2015 道路系统工程	2016 年 7 月 10 ~ 27 日	架设 20m 预应力空心板 270 片	良好	56.68

大型 LNG 储罐混凝土外罐施工工法

中国石油天然气第六建设有限公司

蔡国萍　秦秀生　龙永新　刘　阳　孙宇航

1　前言

中国石油天然气第六建设有限公司自从 2007 年参与建设上海液化天然接收站 165000m^{3}LNG 储罐以来，共参与建设了中石油江苏如东 LNG 接收站、大连 LNG 接收站、唐山 LNG 接收站的所有 LNG 内罐及接收站的全部配套设施施工。在近 10 年的 LNG 储罐及接收站建设施工过程中，公司组织相关技术人员对 LNG 储罐混凝土外罐施工的相关技术、关键设备进行了考察调研、学习、总结，有了一定的混凝土外罐技术储备。2018 年，公司中标唐山 LNG 接收站应急调峰保障工程中的 2 台 160000m^{3}LNG 储罐混凝土外罐，并从奥地利 DOKA 公司引进 DOKA 150F 提升模板系统，开始进行 160000m^{3}LNG 储罐混凝土外罐的施工，在项目进行中，从隔震橡胶垫安装，到承台施工，再到墙体及穹顶施工，经过不断钻研探索，并对 LNG 储罐外罐施工方法的全面总结，编制出了“大型 LNG 低温储罐混凝土外罐施工工法”。在项目实施过程中，我公司的 QC 成果《提高 DOKA 爬升模板系统的安装精度》获石油工程建设优秀成果二等奖，成果《隔震橡胶垫安装的一种新方法》获得中国寰球工程有限公司“五新五小”一等奖，成果《隔震橡胶垫二次灌浆层模板安装的新方法》获得中国寰球工程有限公司“五新五小”二等奖，并编制出版了中国石油统编培训教材《大型液化天然气储罐建造技术》一书，参与了《液化天然气工程项目规范（施工部分）》的编制工作。

2　工法特点

2.1　施工工期短

隔震橡胶垫安装支撑采用可调节螺栓，施工便捷，不受严寒天气限制，提高施工效率。隔震橡胶垫二次灌浆层采用预制定型模板，制作简单，加快了施工速度。外罐承台侧模板采取 DOKA 模板配件，安拆方便，提高了材料的周转率和作业效率。外罐墙体混凝土中预埋波纹管采用预制钢筋支架固定。外罐墙体钢筋采用地面预制钢筋网片，塔吊吊装安装方法，减少了高空作业，缩短了钢筋施工工期。墙体模板采用 DOKA 150F 爬升模板系统，模板拆装方便，施工速度快，效率高。

2.2　施工质量高

隔震橡胶垫二次灌浆层采用预制定型模板，外观成型美观，提高了混凝土的外观质量。外罐承台大体积混凝土分区分块、跳仓法浇筑，混凝土表面采用振动尺进行提浆找平，磨光机压光，提高混凝土表面密实度，平整度，减少裂纹发生。外罐承台混凝土采取中心部位埋设循环冷却水管、混凝土表面铺设保温层、承台砌围堰蓄水相结合的综合养护措施，增强混凝土的降温效果，降低混凝土内外温差，减少混凝土裂纹发生。承台外圈钢筋的马凳筋采用自行制作的桁架式结构，该结构具有作为承台外圈上层筋支撑、环向波纹支架固定、墙体两侧埋件支架固定、墙体两侧钢筋网片拉结点固定的多重作用。外罐墙体混凝土中预埋波纹管采用预制钢筋支架固定，可很好控制波纹管标高，位置。外罐墙体混凝土施工采用内部风冷技术，合理布置鼓风机，通过墙体扶壁柱处的预埋波纹管通风冷却，带走墙体混凝土内部水化热，有效降低混凝土内部温度，减少裂纹产生。墙体模板采用 DOKA 150F 爬升模板系统，具有结构安全性能高、施工速度快，施工质量好的特点。模板系统的面板采用定制大尺寸的胶合板，减少模板拼缝，混凝土外观质量更加美观。

2.3 施工成本低

隔震橡胶垫安装支撑采用可调节螺栓，与传统的垫铁安装法和座浆垫块施工法相比，材料成本低，同时节约人工成本。隔震橡胶垫二次灌浆层采用预制定型模板，外观成型美观，施工便捷，模板周转次数多，节约材料成本和人工成本。外罐承台侧模板采取 DOKA 模板配件，安拆方便，提高了材料的周转率，节约成本。外罐墙体钢筋采用地面预制钢筋网片，塔吊吊装安装方法，减少了高空作业，缩短了钢筋施工工期，节约了人工机械成本。内外模板固定的对拉螺栓系统采用预埋可拆卸的锥形套筒与对拉螺杆，锥形套筒与混凝土外部的对拉螺杆拆卸便捷，可重复使用，节约施工材料及人工成本。外罐墙体钢筋网片的固定采用可拆卸式的劲性柱，摒弃了以前埋入混凝土中的工字钢施工方法，安拆方便，且劲性柱可重复使用，节约成本。

2.4 施工安全性高

外罐墙体钢筋网片的固定采用可拆卸式的劲性柱，摒弃了以前埋入混凝土中的工字钢施工方法，安拆方便，安全性更高。墙体钢筋网片固定采用“5–4–3–2”措施，能保证高空大风气候下大直径筒形钢筋结构体的整体稳定性，增加工作安全性。墙体模板采用 DOKA 150F 爬升模板系统，结构整体性好，安全性能高。

3 适用范围

本工法适用于 80000m^3 以上 LNG 储罐、乙烯、丙烷、轻烃仓储等低温储罐混凝土外罐的施工。

4 原理

全容式 LNG 储罐的混凝土外罐由高桩承台、预应力外墙和薄壳穹顶三大结构组成。

4.1 高桩承台施工关键技术

高桩承台呈圆饼形，按照 8 块分区施工，采用由内至外“跳仓施工法”的施工工艺，圆弧形外侧模采用造型木拼制木模支护，各分区竖向施工缝采用免拆金属网模板分隔。

4.2 外罐墙体施工关键技术

外罐墙体施工模板采用 DOKA 150F 模板和爬升系统，由内模、外模和角模组合支护竖向墙体并形成封闭的三层工作平台，根据施工周期持续向上提升，完成各段钢筋网片吊装、预应力和预埋件安装、混凝土浇筑的施工作业。

4.3 外罐穹顶施工关键技术

钢筋混凝土穹顶按环向自下而上分为 6 段环向施工段施工，各阶段间的环向垂直施工缝采用 0.5mm 厚的金属钢板网收口，底部直接支撑在内罐钢穹顶上，第一段混凝土浇筑前需封闭内罐充气支撑保压，直至最后一段混凝土施工完毕且达到设计强度的 80% 方可释放罐内气压。

5 施工工艺流程及操作要点

5.1 外罐施工艺流程

5.1.1 总流程（图 5-1）

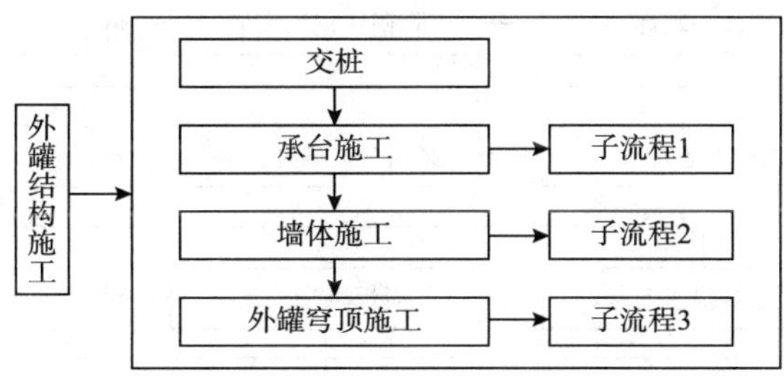

图 5-1 外罐施工艺总流程

5.1.2 子流程

1. 子流程 1

子流程 1 是承台施工工艺流程如图 5-2 所示。

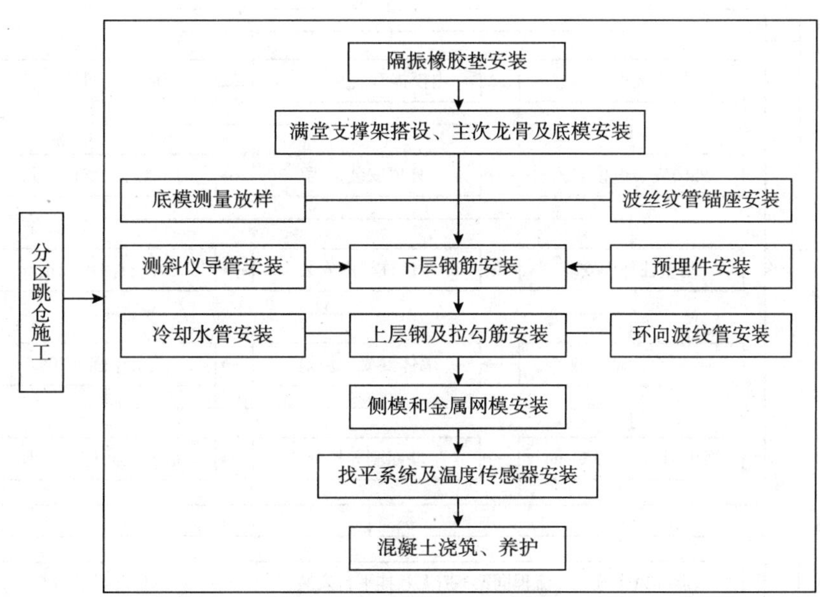

图 5-2 承台施工工艺流程

2. 子流程 2

子流程 2 是墙体施工工艺流程如图 5-3 所示。

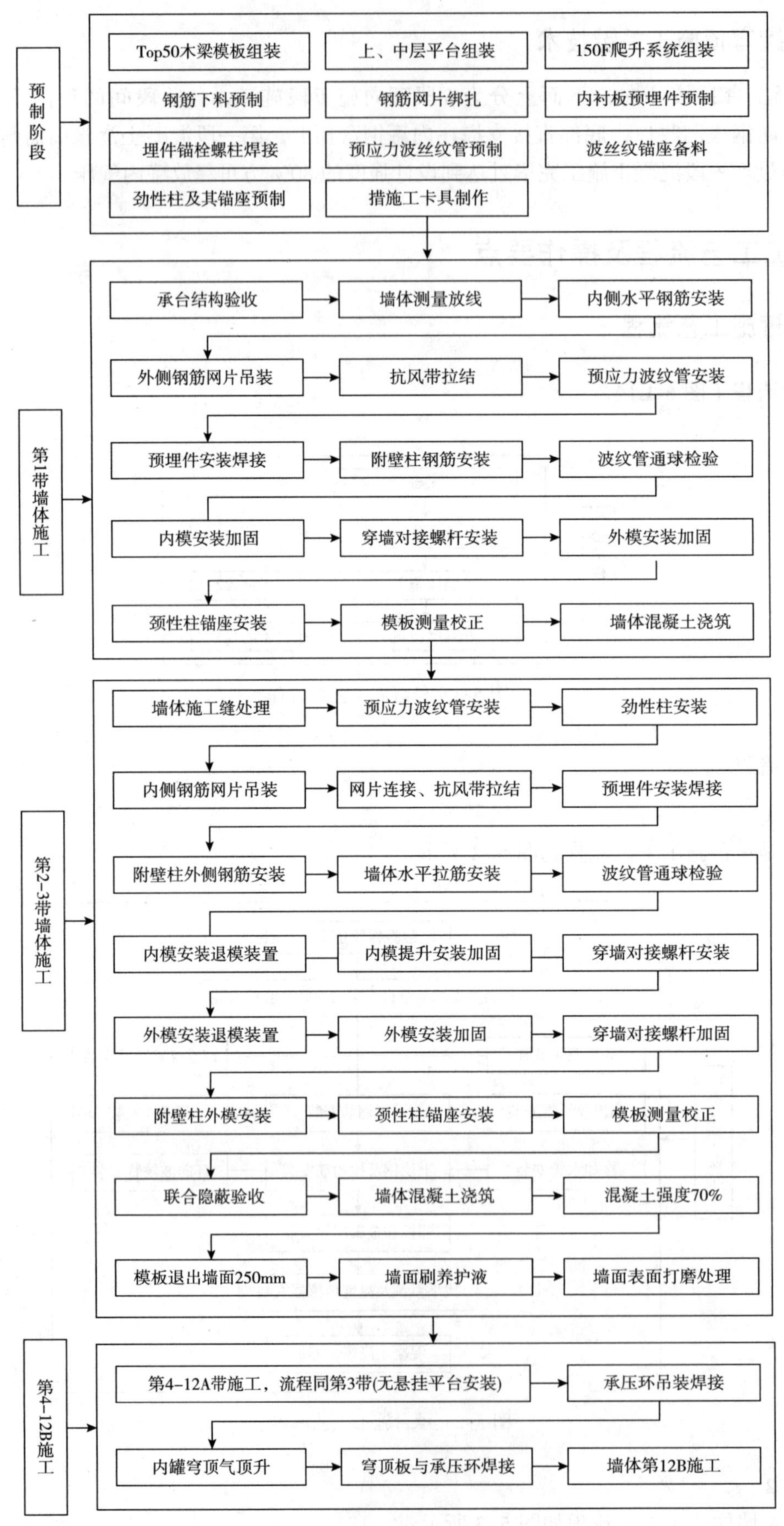

图 5-3　墙体施工工艺流程

3. 子流程3

子流程3是穹顶施工工艺流程如图5–4所示。

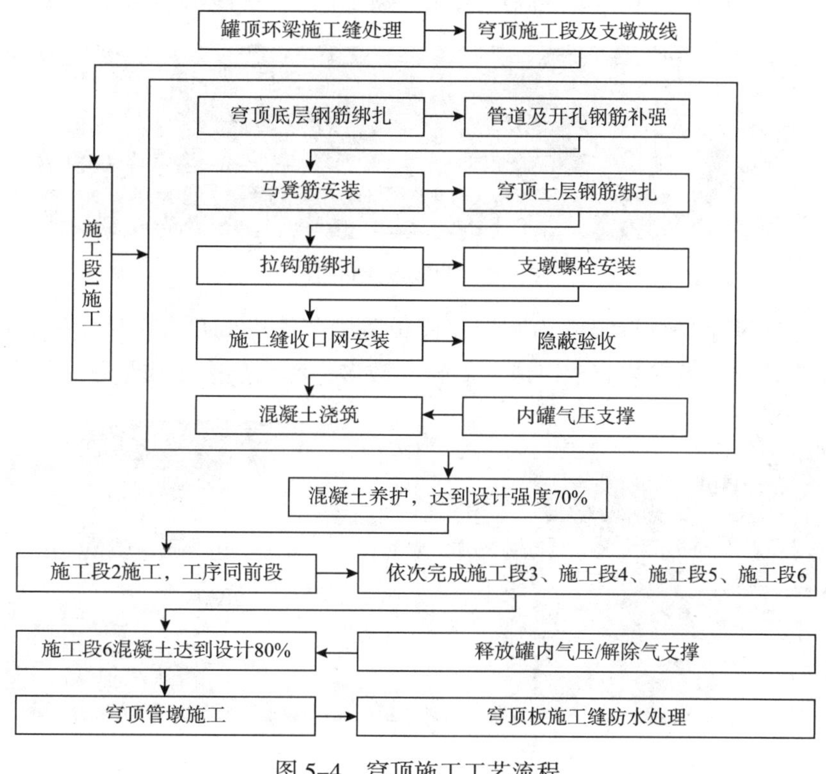

图5–4　穹顶施工工艺流程

5.2　操作要点

5.2.1　交桩

交桩桩基单位移交时应对地上桩顶混凝土平面质量、预留孔位置、预留孔清洁度进行验收。

5.2.2　承台施工操作要点

1. 隔振橡胶垫安装

隔震橡胶垫安放在桩基顶部，承台底部，通过4根锚杆与桩基和承台转接固定成整体（图5–5、图5–6）。

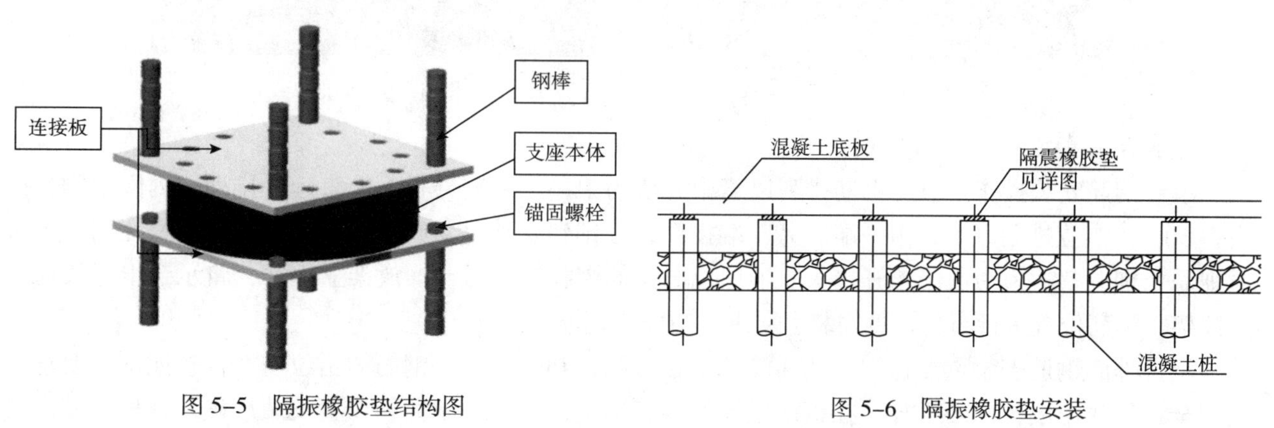

图5–5　隔振橡胶垫结构图

图5–6　隔振橡胶垫安装

隔震橡胶垫外形尺寸与桩基预留孔的位置为正方形，橡胶垫上部的4根锚杆锚入承台中，安装时只要保证隔震橡胶垫的中心坐标与设计相符即可。因此隔震橡胶垫的安装采用通过在桩顶植入3颗双螺母膨胀螺栓作为支撑，通过调节螺母的高度来保证隔震橡胶垫的标高（图5-7）。

图5-7 调节螺栓布置图

隔震橡胶垫的二次灌浆层外形尺寸为圆形，模板采用薄铁皮，两端铆接角钢，通过螺栓紧固的方式加工成定型模板，具有模板安装简单快速、周转次数多、灌浆层表观质量良好的效果（图5-8）。

图5-8 定型模板施工图

2. 满堂支撑架搭设、主次龙骨及底模安装

以承台变截面处划分为内圈和外圈，内圈高度1.7m、外圈高度2.0m。支撑架体采用D48×3.5镀锌钢管，内圈为矩形架，主楞按南北或东西向布置；外圈为环形架，立杆、横杆按照设计要求布置，立杆顶部设可调支托，主楞木方沿承台径向布置，次楞木方沿承台环向布置，格栅上部铺设拼装木模板（图5-9、图5-10）。

图5-9 矩形架

图5-10 环形架

3. 承台钢筋安装

承台钢筋安装操作要点：钢筋排列以罐中心线为中，向两侧分布，一直延展排列至内圈边侧，接头率50%，错位排列原则，由一端向另一端排列，推排到尾端时，如出现与并筋接头重叠在同一区域时则需个别调整，人为截筋错开接头。下层双向钢筋绑扎完毕后，摆放架立钢筋，将承台上层横向主筋按架立钢筋位置进行布置，再安装上层纵向与横向钢筋（图5-11）。

承台外圈钢筋安装重点控制导墙插筋的半径、圆弧和垂直度，钢筋的错位需严格按照图纸要求，使用全站仪放出墙体内外半径，在钢筋上做红油漆标记，便于控制插筋位置安装准确，每根竖筋需要通过水平尺检测垂直度，达到规范要求后采用双侧抗风带拉结稳定。

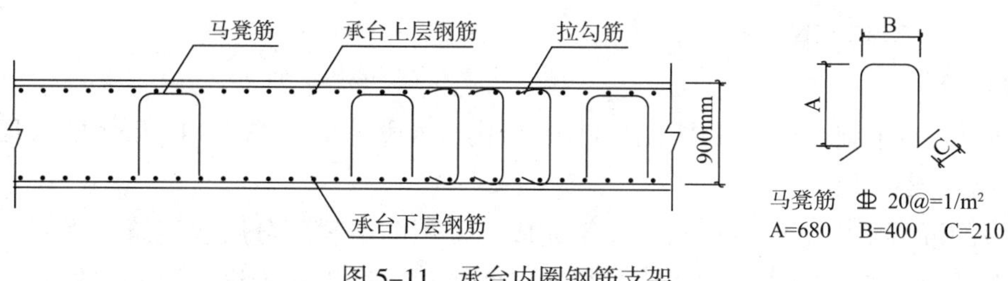

图 5-11 承台内圈钢筋支架

4. 测斜管的安装

（1）用全站仪测出测斜管方位并在底模模板上弹线标识，用水准仪控制安装平面，水平误差控制在设计图纸要求范围内。

（2）将软绳用长铁丝牵引，穿进第一根测斜管和管接头中，然后对准导槽，将测斜管插入测斜管接头，使管口处在管接头中间位置，再根据测斜管安装说明书进行固定。

（3）将已连接的管子用铅丝做初步固定，误差不超过 5mm，待整条管路连接完毕后，全部用铅丝固定，并浇筑混凝土。

（4）在测斜管安装完毕后，用木球或海绵球进行通透性试验。

5. 金属网模及侧模安装操作要点

内圈侧模呈 1/4 圆形，分隔网采用钢板网，钢管或钢筋条作竖楞，以桩顶螺栓棒作支点，下部采用可调顶丝方式支撑，上部以通长木方条拉结顶部钢筋支护。

承台侧模的外围弧形采用 DOKA 系统的钢围檩和造型木自配面板立模，通过焊接拉结筋以连接盘加固；分格缝采用与内圈相同方式，钢板网支挡隔离；导墙侧模采用造型木加钉自配面模吊脚支撑（图 5-12）。

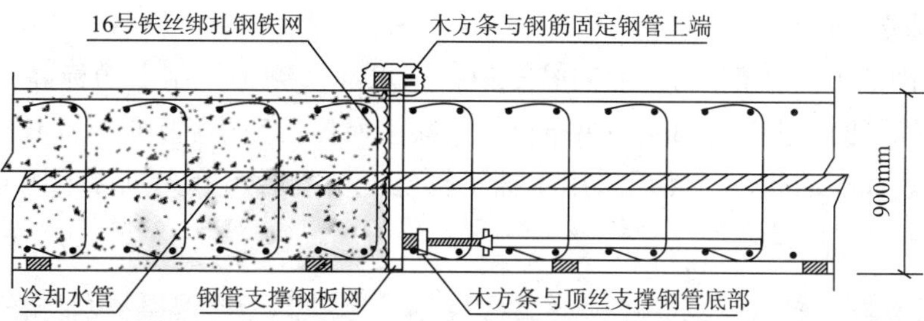

图 5-12 分隔缝隔离图示

6. 波纹管和锚座安装操作要点

竖向波纹管和锚座安装。竖向锚座安装前，在承台底模上用全站仪精确放样并做好标记，通过锚座的 4 个螺栓固定在模板上（图 5-13）。

波纹管以 300mm 长的套筒连接，保持波纹管的旋转方向以确保两端拧入长度各为套筒的 1/2，每隔 2m 设一组钢筋拉杆定位，确保竖向波纹管在混凝土浇筑过程中不偏位。

承台环向波纹管按间距布置“井”字形支架并以铅丝固定在板底钢筋上，支架安装严格控制标高（图 5-14）。

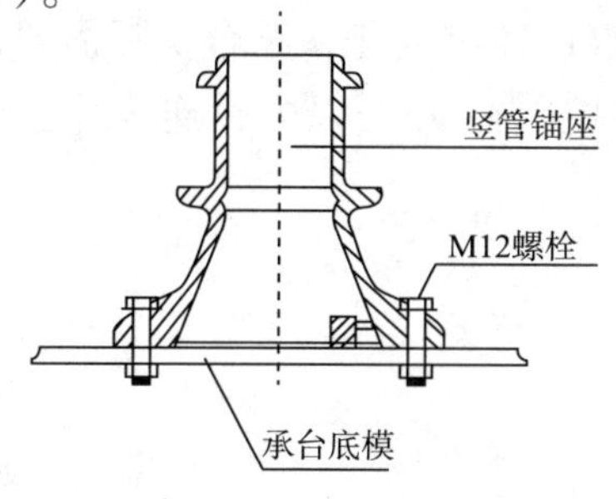

图 5-13 竖向锚座安装

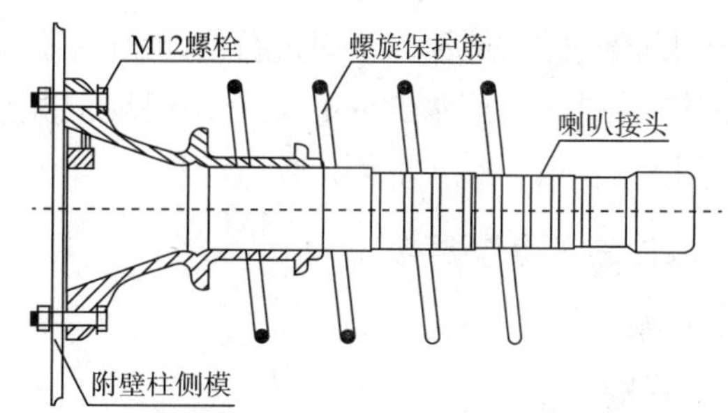

图 5-14 环向锚座安装

7. 混凝土浇筑、养护操作要点

1）施工段划分

承台混凝土共分8个施工段：其中半径33.2m以内分4段，半径33.2～43.7m均分4段（图5–15）。

2）混凝土浇筑操作要点

每一施工段的混凝土由2台泵车同时浇筑完成，采用两层斜面分层法浇筑，采用二次振捣工艺，由每台泵车的布料范围交点的罐中心开始进行，以两幅找平杆为一个浇筑单元向外侧推进，每次浇筑400～500mm，分层逐渐上移到顶，且每层斜面已浇筑混凝土，在初凝前覆盖下一浇筑层（图5–16）。

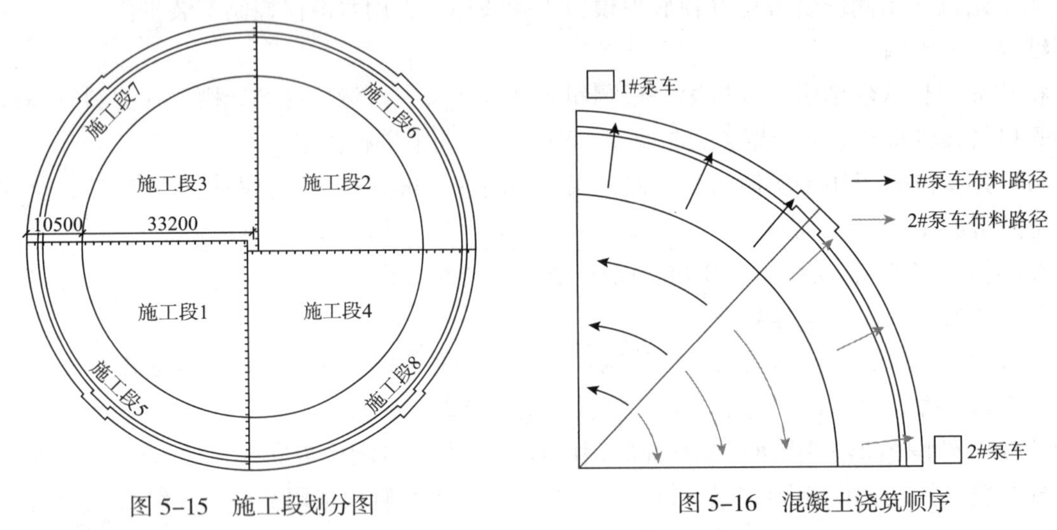

图5–15 施工段划分图　　图5–16 混凝土浇筑顺序

3）标高控制及表面处理

在承台上层钢筋上焊接倒“h”形钢筋支架，用水准仪测量控制卡槽标高，浇筑前安放镀锌钢管作为混凝土面层找平的依据，每3m一幅布置，混凝土所振捣完毕后，用4m长铝质刮尺沿钢管初步刮平，再用振动尺表面振动收平，然后采用木抹子打毛，初凝后用磨光机搓平压光，局部采用人工铁板紧面（图5–17、图5–18）。

图5–17 混凝土浇筑

图5–18 表面二次抹压

温度监测按施工段对称轴线的半条轴线为测区，监测点按平面的外侧、中心区和内侧布置。

混凝土抹面作业完成后，立即进行浇水和覆盖养护。根据温度监测变化，结合实际需要，在承台表面外圈砌筑小围堰，蓄水50mm以上，保证混凝土内外温差控制在25℃以内，连续养护14d以上（图5–19、图5–20）。

5.2.3 墙体施工操作要点

1. 测量控制

1）施工测量

在罐底中心区建立中心点控制点并复核确认。施工过程中利用该点对罐体直径和墙体垂直度进行测量控制，墙体施工阶段，将全站仪架设在罐底板中心通过棱镜测量每一块内模板的半径和垂直度，墙体每个施工段的所有工序完毕后，将全站仪架设在中心点对内模板进行半径和垂直度测量并最终校正。

图 5-19　混凝土温度监测

图 5-20　混凝土养护

2）沉降观测及测斜

在场地外适当位置设置 3~4 个水准基准点，并准确测定其高程。测斜采用同一仪器、观测同一测斜孔，且应将电缆放置在同一槽口处观测，观测时先将探头放入管中一段时间（约 5min），以消除温差影响。测量时先将测斜探头正向放入管道，同一点的观测进行正反测试，测量完毕后，及时做好记录或存储好数据，检查合格后方可收线。

2. DOKA 模板制作与组装

$16\times10^4m^3$ 罐各施工段内、外模板分别含 48 套模板及爬升单元，每套爬升单元由 2 榀 150F 爬升架体组成；每段墙体 4 个扶壁柱位置采用特殊设计加工的 8 套角模进行施工。

1）DOKA 模板组装顺序

模板：搭设组装平台→铺设钢围檩→安装造型木→安装木工字梁→木梁顶端安装吊环→铺设面板→平台托架及脚手板→内模板开螺栓孔→外模板开螺栓孔→模板及上平台验收→模板编号→吊装归类堆放。

爬升挂架及支撑模板体系：测量爬升挂架在模板体系上的位置→安装定位锥与止动锚杆→拆除第一层模板→安装爬升挂架→地面拼装竖向钢围檩与剪刀撑→连接竖向钢围檩与剪刀撑→安装平台栏杆及脚手板→吊装至墙体混凝土上的爬升锥固定→爬升挂架及平台验收。

下挂平台体系：DOKA 模板体系挂架已提升至第三带→安装下挂平台方管→安装平台脚手板→安装平台栏杆、密目网→下挂平台验收。

2）DOKA 模板组装操作要点

钢围檩拼装：根据造型木图纸尺寸量距、定点、划弧，截、刨成标准内弧或外弧造型木，复核尺寸、弧度、长度等偏差≤1mm 后，当作造型木样板件，其余的依样画弧弹线批量加工。

根据组装图纸 A 型（内模）及 B 型（外模）图示，选定对应长度的两支钢檩条和连接件，二接一组成一对，套上弹簧插销，插好销针即可。

木工字梁安装：三道成品钢围檩分别按图 5-21 所示距离铺于木制平台上，摆放木工字梁，其中一端顶住竖向挡板，下口与造型木分格标注对齐，上口与木制标尺对齐。由六角螺钉与造型木连接。

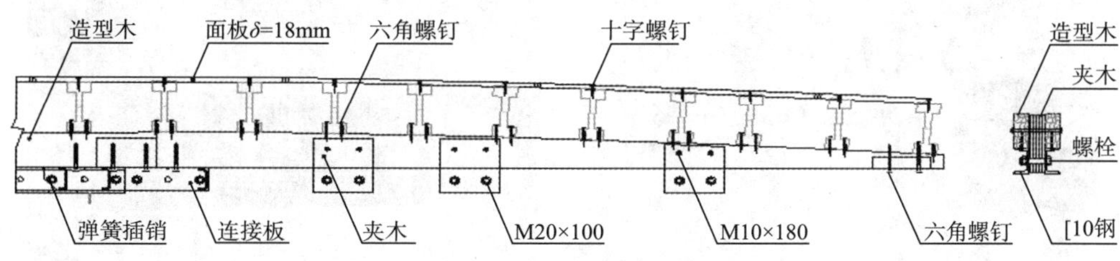

图 5-21　模板组装图

承台底板外沿侧模可直接用墙体外墙造型木，由木方条替换木工字梁成弧形模架（图 5–22、图 5–23）。

图 5–22 面板安装

图 5–23 木工字梁拼装

面板板缝间贴双面胶，排定后用 3 道板带拉紧密缝，开始钻孔、上十字螺钉。

将定位锥位置钻孔在模板上，对拉螺栓孔位置划线在模板上。定位锥定位误差控制在 ±2mm 以内，定位锥由螺杆穿过面板，由对拉盘拉结在木工字梁背侧。

上平台组装：内外模拼装后，在初次使用前，在地面与上平台组合拼装（图 5–24）。

中平台组装：中平台（主平台）在地面独立组装。用螺栓把槽钢和木方安装到挂架上，然后将脚手板铺到木方和槽钢上并用钉子与木方固定好，安装踢脚板和扶手，并挂上密目安全网（图 5–25）。

图 5–24 上平台组装

图 5–25 中平台组装

下平台组装：主要用于墙体的对拉螺栓锥套及爬升锥拆除和墙体打磨修复，在第 2 带内外模提升到第 3 带前，安装下挂平台外侧吊杆，内侧吊杆待提升后架梯子上螺栓安装，悬挂平台在升模后吊装（图 5–26）。

150F 挂架和悬挂平台组装：用螺栓把槽钢和木方安装到挂架上，然后将脚手板铺到木方和槽钢上并用钉子与木方固定好；将下挂平台方管用螺栓与中层平台连接，通过螺栓将下挂平台槽钢龙骨与方管连接，将木龙骨与槽钢连接，并铺上跳板，用钉子固定牢固（图 5–27）。

图 5–26 内模下平台组装

图 5–27 外模下平台组装

3. DOKA 模板立模操作要点

第1带：第1带施工只使用Top50模板及上层浇筑平台并需充分利用临时支撑体系。安装时，全站仪架于罐体中心进行检查，调整临时支撑体系，模板之间用连接件进行连接，并用销子固定，并在模板上安装定位锥体，开始浇筑混凝土（图5-28）。

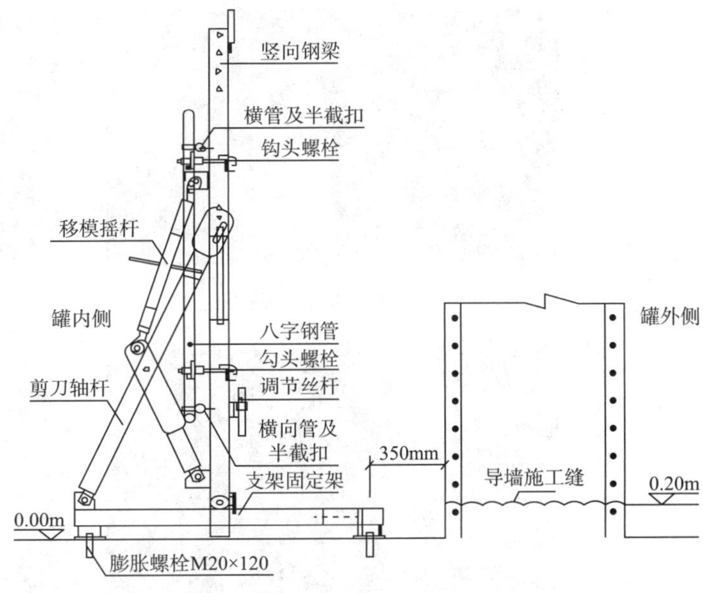

图5-28 第1带内模支撑装置装图

第2带：将已组装好的竖向钢围楞、150F爬升挂架、剪刀支撑与Top50系统连成一体，吊装模板将爬升挂架悬挂在预埋在第1带混凝土的爬升锥体上，打紧竖向钢围楞下端的钢楔板，使面板贴紧在第1层已经浇筑好的混凝土面上，在模板上预埋定位锥体，开始浇筑混凝土。

第3带：将第2带施工用的整个模板体系用塔吊提升到预埋在第2带混凝土中的爬升锥体上，并打紧竖向钢围楞下端的钢楔板，使面板贴紧在第2带已经浇筑好的混凝土面上，在模板上预埋定位锥体，开始浇筑混凝土。

第4带：将第3带施工用的整个模板体系用塔吊提升到预埋在第3带混凝土中的爬升锥体上，用螺栓将下挂平台与爬升挂架牢牢连接，并打紧竖向钢围楞下端的钢楔板，使面板贴紧在第3带已经浇筑好的混凝土面上，在模板上预埋定位锥体，开始浇筑混凝土。至此，整个模板体系全部使用。

DOKA模板立模操作过程如图5-29～图5-38所示。

4. 钢筋网片制作安装

钢筋网片制作安装操作要点：

（1）钢筋网片长12m、高8.1m，单片质量约为3t。网片在硬化地面上制作绑扎完成，每层网片间以ϕ48mm钢管或方木隔垫，便于穿丝绑扎。

图5-29 退模

图5-30 退模

图5-31 外墙提模

图5-32 内墙提模

图 5-33 墙面刷养护液

图 5-34 内墙合模板

图 5-35 外墙穿螺杆

图 5-36 内墙合模板

图 5-37 外墙合模板

图 5-38 模板平直校正

（2）吊装由塔吊通过平衡钢梁起钩，下落接近安装标高时，垂直度以吊坠查验。落点后不松钩，以钢管、撬棍等工具调整底部竖筋，使之与墙体插筋对齐，再逐根撬运使之贴合后，以18#丝绑扎搭接段，保持网片垂直和稳固后，塔吊脱钩，至此完成一片吊装工作。

（3）单片吊装松钩前，除了内外各4道抗风拉带拉结，还应将钢筋网片顶部三道内外侧的拉筋及时绑扎拉结，保持网片尽量稳定可靠。

（4）网片固定严格遵守钢筋搭接处至少5道绑扎丝，每片钢筋网片至少4道抗风拉带，每片钢筋网片至少3道劲性柱，且垂直，每片钢筋网片至少2道拉钩进行网片固定（图 5-39 ~ 图 5-42）。

5. 预埋件安装

1）环向埋件安装

按2m间距焊接环向埋件支撑，环向埋件支撑在钢筋支架上，定位后通过L形螺栓和拉盘拉结调动，两处拉结点间衬垫木契，半径尺寸以全站仪，垂直度以水平尺挂靠检验，符合要求后拧紧对拉

图 5-39 钢筋搭接处至少5道扎

图 5-40 每片钢筋网片至少4道抗风拉带

盘，与钢筋支架点焊，为保证弧度达到要求，在两2m间距的埋件支撑间增设一道焊点，全部点焊后，取出固定工件（图 5-43）。

图 5-41 每片钢筋网片至少 3 道劲性柱

图 5-42 钢筋网片至少 2 道拉钩进行网片

2）竖向埋件安装

用塔吊吊装定位后用铁丝或用附加定位钢筋进行临时固定，使埋件位置和垂直度偏差满足设计要求。在埋件上下对接处的垫板进行点焊固定，用水平尺进行垂直度检查，合格后提升内模板，通过混凝土螺杆顶撑埋件背侧使之紧贴内模表面（图 5-44）。

图 5-43 环向埋件安装

图 5-44 竖向埋件安装

环向及竖向埋件安装示意图如图 5-45 所示。

6. 波管安装

1）波纹管安装工序

波纹管外观检查→管口两端打磨→运到塔吊作业区域→吊装至 DOKA 系统的上层平台→管口两端安装上热缩套筒→连接波纹管套筒→用喷灯加热密封→竖向波纹管固定、顶端加封盖→水平波纹固定→通球试验（图 5-46）。

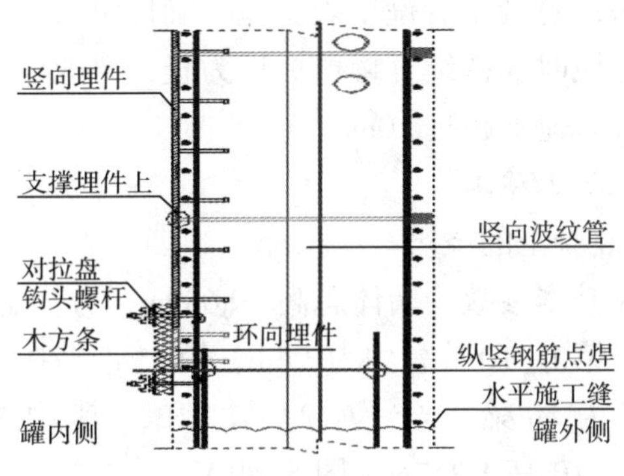

图 5-45 环向及竖向埋件安装

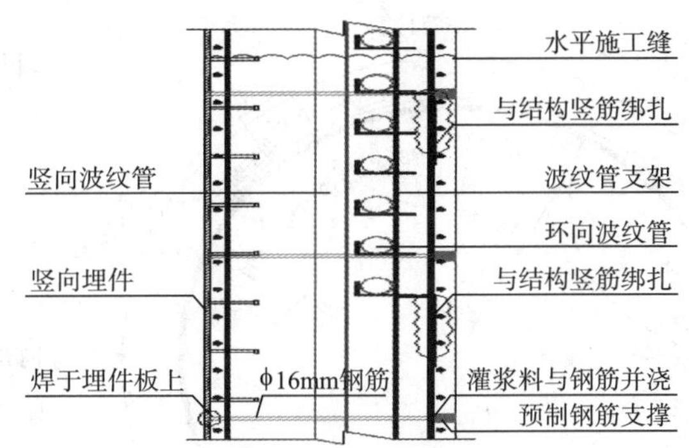

图 5-46 波纹管安装

2）波纹管安装操作要点

安装焊接波纹管支架，按预埋在混凝土中的钢筋插头焊接支架，保证支架中每层标高符合图纸设计要求。波纹管由人工传递到位，接头短节及热缩接头熔接后，以扎丝绑扎在支架挂架上。

7. 劲性柱安装

为了增强墙体内外侧钢筋网片的稳定，提高抗风性能，防止钢筋网片在大风等不利气候下发生倾翻，保证工程安全质量，沿环墙中部设置可拆卸式的劲性柱与两侧钢筋网片做刚性连接，间距按3.5m布置，其中在各个扶壁柱处增设一根（图5-47）。

混凝土浇筑时预埋劲性柱锚座，内侧或外侧钢筋网片吊装前，将劲性柱杆吊装套入锚座，插上钢筋销子，与套管间缝隙按3个方向打入ϕ10mm钢筋销钩扎紧，每根劲性柱在中上部与内外侧钢筋网片不少于3道对拉连接（图5-48）。

劲性柱拆除：外模合模前，将锚座处的插销取出，墙体混凝土浇筑前吊出柱体。

图5-47 劲性柱锚座安装

图5-48 劲性柱与钢筋网连接

8. 墙体混凝土降温（表5-1）

表5-1 墙体混凝土降温表

温升阶段通风速率		温降阶段通风速率	
罐壁中心温度/℃	导管内平均风速/（m/s）	罐壁中心温度/℃	导管内平均风速/（m/s）
30以下时	3~4	60~50	6~7
30~40	4~5	50~40	5~6
40~50	5~6	40~30	4~5
50~60	6~7	30以下时	3~4

为了控制墙体混凝土因水化热集中而产生有害裂缝，利用结构中的竖向及环向波纹管作为通风降温支管，在承台下部设置一道ϕ100mm环形通风总管，通过沿罐体均布的8台离心式吹风机提供风源，在混凝土浇筑完成后即进行通风降温，对混凝土通风速率如下：

同时注意观察罐壁里表温差，确保每天24h连续通风，通风时间持续至罐壁拆模为止，风速应严格控制，最大风速不超过10m/s。

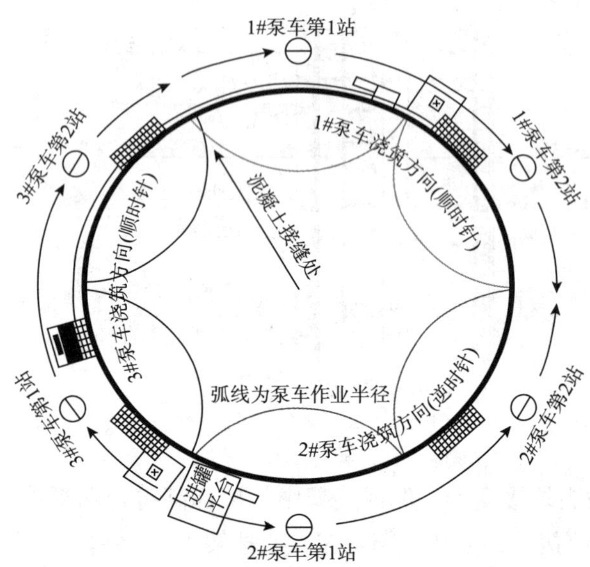

图5-49 第12B混凝土泵车布置平面图

9. 混凝土施工

1）混凝土的浇筑

墙体基本参数：墙体总高39.689m，分为13带进行施工，第1~10带高均为3.6m，第11带高0.839m，第12带为环梁，分为12A与12B，其中12A高1.576m，12B高1.247m（图5-49）。

混凝土均采用泵车浇筑，泵车的数量、规格、现场布置根据其输送能力、浇筑工况计算确定，第4带以下由4台臂架高度48m布料即可满足要求，第5~第10带由48m与56m组合布置，第11~12B带由2~3台56m独立浇筑完成。安装外侧钢筋网片（偶数层）时，汽车泵管摆动受影响，为了保证混凝土布料到位、防止混凝土落差离析，泵车软管头需加接一根 3m 长的延长溜管，保证管底距离浇筑面≤2m（图 5-50、图 5-51）。

图 5-50　第 5 带混凝土浇筑

图 5-51　第 10 带混凝土浇筑

2）混凝土养护

混凝土浇筑完毕强度达到 1.2N/mm² 之前，混凝土表面上严禁上人、堆物和凿毛工作。墙体顶部在混凝土终凝后铺设毛毡及洒水养护，墙体两侧在提模后涂刷养护液进行养护。

3）注意事项

浇筑过程中特别注意定位锥止动埋件、波纹管、预埋件等不受输送管头冲撞，不被混凝土落差冲击，避开振动棒头直接振荡。保证波纹管畅通不受破损至关重要，务必坚持管道安装后、合模前、浇筑中、浇筑后的 4 次通球检验确认。

5.2.4　穹顶施工操作要点

1. 钢筋工程

穹顶区域通过全站仪放出钢筋端部圆弧线，在穹顶钢板上用墨线弹出底层筋的位置线，在钢筋的纵横两个方向设置定位钢筋，并在定位钢筋上画分档标志，而后摆放下层钢筋，所有钢筋必须以轴线上的定位钢筋为基准进行绑扎，穹顶下层双向钢筋绑扎完毕后，经“三检”合格后，开始摆放架立钢筋，将穹顶上层一根主筋安装在架立钢筋顶部，在其上依次安装上层纵向钢筋及横向钢筋。穹顶上层钢筋摆放次序及绑扎方法同底层下层钢筋，马镫加工高度必须确保穹顶钢筋顶面标高满足要求。如钢筋绑扎过程与埋件、柱墩位置发生冲突，应做相应调整并经设计确认。

施工缝垂直设置在穹顶，以防止混凝土流到不同的浇筑范围内，分隔由 0.5mm 厚的金属收口网定位于穹顶分段浇筑层之间，施工缝示意如图 5-52、图 5-53 所示。

图 5-52　穹顶钢筋安装

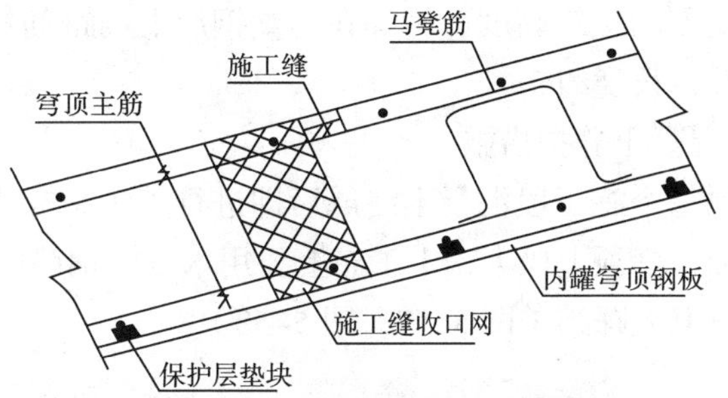

图 5-53　穹顶施工缝收口网安装图

2. 模板工程

以钢结构穹顶作为穹顶混凝土底模，施工缝分隔采用厚度为 0.5mm 金属收口网，竖向采用钢筋内外夹紧，间距 0.5m，并在板底和板顶各绑扎两道环向钢筋，固定在上下层主筋上，防止浇筑混凝土网片胀鼓，上口用 50mm × 100mm 木方支撑，混凝土的顶面标高控制采用钢筋头点焊于马凳筋上标示，以弧形靠尺控制穹顶弧度，在浇筑前对施工缝处碎碴及穹顶钢板面进行清理。

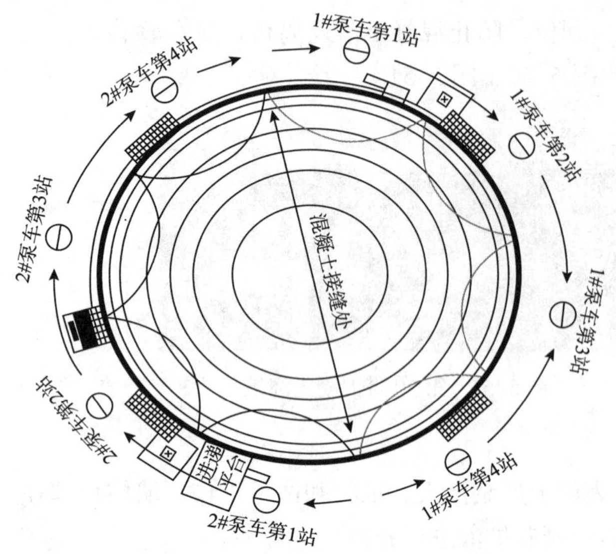

图 5-54　穹顶混凝土泵车布置平面图

罐顶支墩基础在穹顶混凝土结构完毕后施工，其侧模为常规胶合板模板，采用措施钢筋和脚手管固定，接缝处加设密封条防止漏浆。

3. 混凝土工程

1）混凝土浇筑

施工段 1~4 混凝土浇筑采用 2 台 63m 汽车泵布料，塔吊在混凝土两处接缝处同时用料斗反方向布料，确保均衡、对称浇筑且不产生冷缝。据现场实际混凝土浇筑情况，施工段 1 钢筋密集，共分两层按推移式连续浇筑，第一层混凝土初凝前进行第二层浇筑，施工段 2~6 混凝土浇筑不分层，一次性浇筑至设计高度（图 5-54）。

2）混凝土振捣

采用插入式和平板振捣器相结合方法，按行列式从下往上进行振捣，采用两次振捣工艺，施工段 1 按分两层浇筑，第一层浇筑至第二层钢筋面上，第一层混凝土初凝前再浇筑第二层，靠近环梁处坡度较陡，混凝土振捣时容易向下流淌，在混凝土初凝前由人工及时铲上去拍实。

在混凝土初凝前 1~2h，用弧形刮尺刮平（图 5-55），磨光机与木抹子搓平压实相结合，人工 3 次净面，对支墩周围采用人工收面进行处理（图 5-56）。

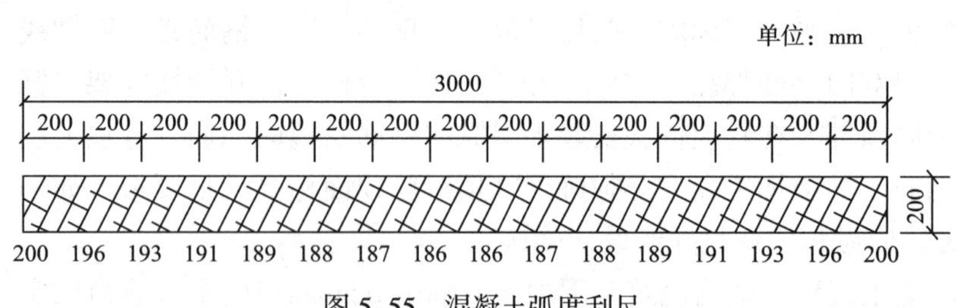

图 5-55　混凝土弧度刮尺

图 5-56　穹顶混凝土收面

3）混凝土标高控制

混凝土的浇筑高度可用焊在马凳钢筋上的钢筋标志桩测设标高及弧度管控制，穹顶表面采用弧度刮尺收弧，长度约 3m。

4）混凝土养护措施

穹顶每个施工段混凝土终凝后即进行养护，在表面先覆盖塑料薄膜再覆盖土工布，再浇水保温、保湿养护，穹顶上风大，土工布上要用木方、钢筋或钢管压住，养护不得少于 14d。浇筑完成后的 24h 内要避免上人踩踏（图 5-57、图 5-58）。

图 5-57　穹顶混凝土养护

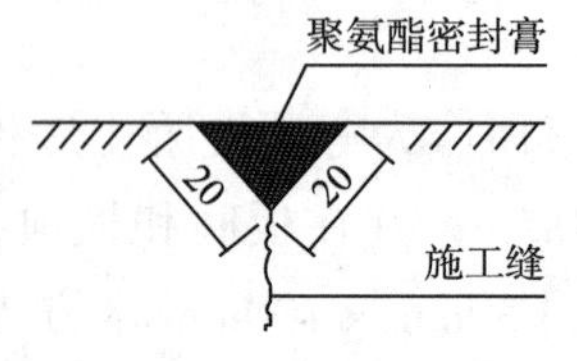

图 5-58　施工缝防水处理

5.3 劳动力组织

序号	岗位	2018年									2019年					
		3月	4月	5月	6月	7月	8月	9月	10月	11月	3月	4月	5月	6月	7月	8月
1	管理人员	16	16	16	16	16	16	16	16	10	6	6	6	6	6	6
2	木工	13	13	13	15	15	15	15	15	10	5	5	5	5	5	5
3	钢筋工	20	30	30	35	35	35	35	35	15	15	15	10	10	10	10
4	混凝土浇筑工	5	10	10	13	13	13	13	13	10	10	10	6	6	6	6
5	瓦工	5	5	5	5	5	5	5	5	5	5	5	5	5	5	5
6	架子工	15	7	7	8	8	8	8	8	8	2	2	2	2	2	2
7	测量工	3	3	3	3	3	3	3	3	3	1	1	1	1	1	1
8	电工	2	2	2	2	2	2	2	2	2	2	2	2	2	2	2
9	起重工	3	3	3	3	3	3	3	3	3	3	3	3	3	3	3
10	操作工	2	2	2	2	2	2	2	2	2	2	2	2	2	2	2
11	安装工	2	2	2	2	2	2	2	2	2	2	2	2	2	2	2
12	焊工	2	2	2	2	2	2	2	2	2	2	2	2	2	2	2
13	辅工	8	8	8	10	10	10	10	10	5	2	2	2	2	2	2
14	仓库管理工	3	3	3	3	3	3	3	3	3	3	3	3	3	3	3
15	思索信号工	2	2	2	2	2	2	2	2	2	2	2	2	2	2	2
16	合计	101	108	108	121	121	121	121	121	82	62	62	53	53	53	53

6 材料与设备

6.1 材料（表6-1）

表6-1 工法所使用的主要材料

序号	材料名称	规 格	主要技术指标
1	脚手架钢管	ϕ48mm × 3.5mm	截面面积4.893cm^2、单位质量3.841kg/m，国标管
2	扣件	直角扣件	抗滑：p=7.0kN时，Δ≤7.00mm；p=10.0kN时，Δ≤0.50mm；抗破坏：p=25.0kN时各点不破坏
3	扣件	旋转扣件	抗滑：p=7.0kN时，Δ≤7.00mm；p=10.0kN时，Δ≤0.50mm；抗破坏：p=17.0kN时各点不破坏
4	扣件	对接扣件	抗拉：p=4.0kN时，Δ≤2.00mm
5	方木	100mm × 100mm	杉木，用于承台满堂架主龙骨
6	方木	80mm × 40mm	杉木，用于承台满堂架次龙骨
7	胶合板	18mm	面板弹性模量9000N/mm^2，面板抗弯强度9N/mm^2
8	胶合板	15mm	面板弹性模量8000N/mm^2，面板抗弯强度8N/mm^2
9	可调托撑	ϕ36mm	Q235B，L=500mm，承载力50KN，支托板厚5mm
10	钢制脚手板	3000m × 250mm × 50mm	Q235B，用于上罐人行通道走道和平台板
11	聚酯密目网	1000目/100cm^2	阴燃≤4s，用于工作平台及上人通道外侧防护
12	木踢脚板	厚20mm	松木、用于工作平台及上人通道外侧防护

续表

序号	材料名称	规　格	主要技术指标
13	劲性柱钢管	$DN100\times5$	Q235B，用于钢筋网片临时支撑加固
14	定位锥	ϕ35mm	随模板系统进口，用于爬升锥定位
15	爬升锥	ϕ35mm	抗拉力190KN、抗剪力128KN；
16	锥形螺栓套筒	ϕ55mm	Q235B，墙内支撑、墙外拉结模板
17	螺栓对拉盘	ϕ120mm×3.0mm	Q235B，固定穿墙螺栓
18	对拉螺杆	ϕ16mm	Q235B，用于穿墙螺栓拉结与支撑
19	措施钢筋	ϕ32mm、ϕ25mm、ϕ14mm	三级钢筋，用于钢筋支撑、波纹管及埋件支架等
20	平台木板	1600m×250mm×50mm	松木材，用于上中下三层平台板
21	槽钢	14#	Q235B，上中下三道平台梁
22	造型木	5500m×250mm×50mm	铁杉木材，现场加工成内外模弧度造型
23	抗风拉带	涤纶丝织带	宽5cm，抗拉力1t，拉结钢筋网片

6.2 设备（表6-2）

表6-2 工法所使用的主要施工机具、仪器、仪表

序号	名　称	型　号	性　能	能耗	数量
1	塔式起重机	TCT7526	最大臂长75m，起重力矩315t.m，端部起质量2.6t，独立高度62m	68kW/h	2
2	混凝土泵车	SYM5333THB 490C-8	臂架垂直高度48.6m，混凝土理论排量120～170m³/h，理论泵送压力8.3～12MPa	22L/h	4
3	混凝土泵车	SY5419THB 56E（6）	臂架垂直高度56m，混凝土理论排量120～180m³/h，理论泵送压力8.5～12MPa	25L/h	3
4	混凝土泵车	SYM5502THB 62V（6）	臂架垂直高度62m，混凝土理论排量120～180m³/h，理论泵送压力8.5～12MPa	30L/h	2
5	混凝土运输车	XT5310GJBZZE2	容量20m³	6L/h	12
6	汽车起重机	XCT25L5	最大额定总起质量25t，最大起升高度41m，最长主臂42m	12L/h	1
7	叉车	CPC（D）30	额定起质量3t，门架起升高度3m，全长2.74m	2L/h	1
8	DOKA模板系统	整装进口模板系统	Top50大模板体系、150F提升体系、操作平台、围护系统和锚固系统组成		1
9	钢筋切断机	GQ40-2	切断钢筋直径≤32mm，连续切断次数32次/min，电机功率3kW	2.2kW/h	4
10	钢筋切断机	GQ50	切断钢筋直径≤50mm，连续切断次数32次/min，电机功率4kW	3kW/h	4
11	钢筋弯曲机	GW40C-1	最大弯心轮径为7×Φ40mm=280mm，弯曲角度：0°～180°，工作盘转速：<2r/min	2.2kW/h	5
12	逆变焊机	ZX7-400ST	焊接电流80～160A，焊条型号J422、J507	1.5kW/h	3
13	电焊机	ZX7-400GT	焊接电流80～160A，焊条型号J422、J507	1.5kW/h	2
14	单面压刨机	MB104G-4	刨削宽度400mm，最小刨削厚度3mm，最小刨削长度120mm	2kW/h	1
15	台式木工机床	ML292E5	最大刨削宽度200mm，最大刨削深度：3mm	2kW/h	1
16	手提电刨	M1902B	开槽深度1～2mm，功率500W		10
17	手提电锯	M1Y-BS01-125	锯片直径125mm，功率1280W		10
18	插入式振动棒	8M ZN50	电机2.2kW，振动棒长8m，振动棒直径51mm，振动频率200Hz，最大振幅1.15mm	2kW/h	16
19	插入式振动棒	12M ZN50	电机2.2kW，振动棒长12m，振动棒直径51mm，振动频率200Hz，最大振幅1.15mm	2kW/h	20
20	彩雀牌振动棒	35	ZN50-12m		6
21	角向磨光机	S1M-FF04-100A	磨片直径100mm		6

续表

序号	名 称	型 号	性 能	能耗	数量
22	平板振动器	ZW-3	激振力3000N，振幅1.0mm		5
23	混凝土振动尺	FSD-25	摊铺宽度2000mm		5
24	混凝土抹光机	DMDS-600-1000型	抹盘直径1000mm，抹盘转速60~100r/min，电机功率3kW叶片数量5片		4
25	电锤	Z1C-FF-38	额定冲击次数3000次/min		6
26	电镐	Z1G-FF-6	额定冲击次数2900次/min		12
27	手电钻	GSR 120-L1	最大扭矩30/13Nm，木材钻孔20mm		10
28	冲击扳手	DCPB16	电源电压18V，方榫公称尺寸12.7mm，适用范围M12-M16，扭力230Nm		12
29	全站仪	RTS112SR6	测距精度±（2mm＋2×10^{-6}·D），测角精度2in，放大倍率30倍		2
30	风机	CZT-120	风压1.18kPa，风量$32m^3/s$，转速2800r/min	2.2kW/h	8
31	水准仪	DS3	每公里往返测量高差中数的偶然中误差≤3mm		2
32	铟钢水准尺	规格3m，型号N3	格值0.1mm，可估读值0.01mm		1
33	平板测微器	FS1	测微器与DSZ2型水准仪配套使用（直读0.1mm，估读至0.01mm，测量精度为每公里往返测量高差标准偏差±0.7mm）		1
34	测斜仪	IC32011H	量程：水平±30°，精度±2mm/25m，分辨率0.005mm/500mm，重复性0.003°		1
35	电子测温仪	RC-4HC	液晶显示，测温范围-40~85℃，记录容量16000组，温度精度±0.5℃		20
36	手持式温度计	TES-1362	测量范围-40~85℃、湿度10%RH~95%RH，测量精度±0.8℃，取样率1次/秒		15
37	风速计	SMATR AS856	风速测量范围0.3~45m/s，测量误差±3%±0.1dgt，风温测量0~45℃，温度误差±2℃		
38	读数显微镜	MG10081-2	显微镜放大100倍，最大量程1.6mm		2
39	套筒扳手	DOKA进口配件	16~40mm		2
40	力矩扳手	SGAC-100	测量范围20~100N.m，分度值5N·m		2
41	水平尺	90cm	铝合金		10
42	垂直检测尺	2000*55*25	精度±14/2000，误差0.5mm		2

7 质量控制

（1）GB 51081《低温环境低温混凝土应用技术规范》。

（2）GB 50204《混凝土结构工程施工质量验收规范》。

（3）GB 1499.2《钢筋低温混凝土用钢第2部分热轧带肋钢筋》。

（4）GB/T 50496《大体积混凝土施工技术规范》。

（5）JGJ 162《建筑施工模板安全技术规范》。

（6）JGJ 130《建筑施工扣件式钢管脚手架安全技术规程》。

（7）同时依据设计单位的相关设计文件资料要求。

7.1 隔震橡胶垫及承台施工的质量控制措施

7.1.1 隔震橡胶垫施工的质量控制措施

（1）在施工前，严格控制原材料、半成品材料、成品材料的质量，做好原材料的复检工作。

（2）隔震橡胶垫安装时采取三级复核的方式确保安装精度。

7.1.2 钢筋工程的质量控制措施

（1）钢筋进场后，每个炉批号在监理见证下，取样复验，合格后方可使用。

（2）钢筋安装时按图纸标明的钢筋间距，在底板上用石笔划出底层位置线，并摆放底层钢筋。

7.1.3 混凝土工程的质量控制措施

（1）高温天气时通过混凝土搅拌站拌合用水加冰冷却，浇筑时段避过白天高温时段的方法，保证低温混凝土的入模温度不超过30℃。

（2）承台混凝土采取安装循环冷却水管。

（3）承台混凝土浇筑采用分层浇筑法，分层厚度为500mm。

7.1.4 预应力波纹管的质量控制措施

（1）波纹管采用钢筋焊接钢筋支架安装固定

（2）预应力波纹管必须进行通球试验。通球采用直径略小于波纹管直径的木球或橡胶球，分别在预应力波纹管连接完毕后进行第一次通球，低温混凝土浇筑前、中、后分别进行第二次通球、第三次通球、第四次通球（图7–1）。

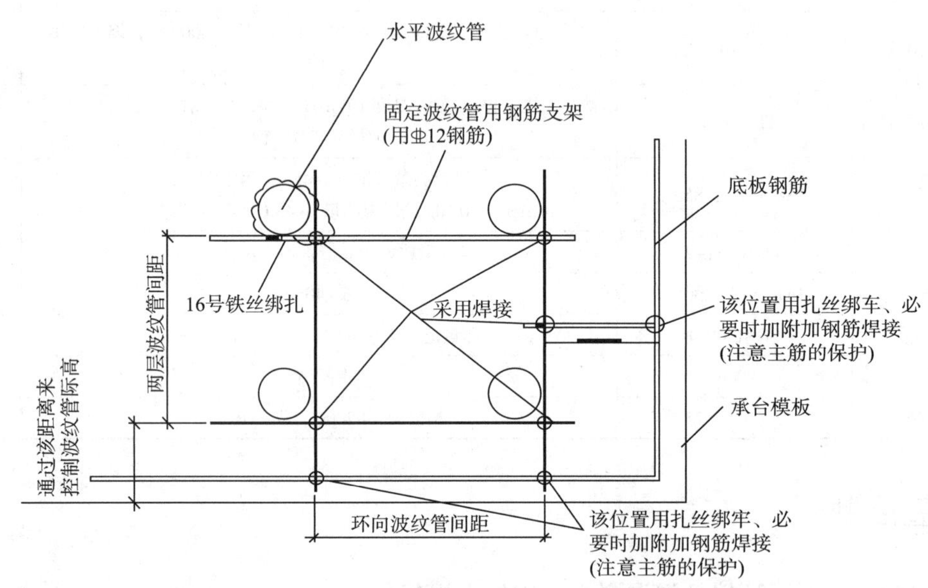

图7–1 储罐承台底板环向波纹管固定支架安装示意图

7.1.5 测斜管的质量控制措施

（1）每段测斜管安装时轨道要对准连接。

（2）在混凝土浇筑前、浇筑中与浇筑后都要进行通球实验。

7.2 墙体施工的质量控制措施

7.2.1 钢筋工程的质量控制措施

（1）钢筋进场后，每个炉批号在监理见证下，取样复验，合格后方可使用。

（2）钢筋网片的预制，要采取加固措施，满足吊装安全需要。

（3）墙体每层的钢筋网片宜在一天内吊装完毕，内外侧钢筋网片连接成整体，并且加固措施到位。

（4）钢筋网片安装必须遵守“5–4–3–2”的原则。

7.2.2 模板工程的质量控制措施

（1）施工缝处的金属钢板网安装、固定牢固，搭接处拼缝严实，封堵严实，防止混凝土漏浆。

（2）墙体模板施工是在模板上下贴反光片，采用通过全站仪测半径的方法来调整模板的安装半径及垂直度。

7.2.3 混凝土工程的质量控制措施

（1）高温天气时通过混凝土搅拌站拌合用水加冰冷却，浇筑时段避过白天高温时段的方法，保证低温混凝土的入模温度不超过 30℃。

（2）罐壁墙体混凝土 1~3 带采取管道通风降温的方法，降低混凝土里表温差，控制混凝土温度裂缝。

（3）墙体混凝土浇筑采用分层浇筑法，分层厚度为 500mm。

7.2.4 预应力波纹管的质量控制措施

（1）波纹管采用钢筋焊接钢筋支架安装固定。

（2）预应力波纹管必须进行通球试验。方法同 7.1.4 中第 2 条。

7.3 穹顶施工的质量控制

7.3.1 钢筋工程的质量控制

（1）钢筋进场后，每个炉批号在监理见证下，取样复验，合格后方可使用。

（2）同一连接区的钢筋搭接接头面积不应大于总钢筋截面积的 50%，钢筋绑扎搭接接头连接区段的长度为 1.3 倍搭接长度。

（3）穹顶下层双向钢筋绑扎完毕后，应做好“三检”检查，合格后，方可进行下一道工序，即摆放架立钢筋螺纹 20（双向间距为 1.2m）。将穹顶上层一根主筋安装在架立钢筋顶部，在其上依次安装上层纵向钢筋及横向钢筋。穹顶上层钢筋摆放次序及绑扎方法同底层下层钢筋，马镫加工高度必须确保穹顶钢筋顶面标高满足要求。

7.3.2 模板施工的质量控制

（1）穹顶施工在气压顶升钢结构穹顶就位后，由钢结构穹顶作为穹顶混凝土底模。施工缝处模板采用厚度为 0.5mm 金属收口网，并在每次浇筑前对施工缝处混凝土碎块及穹顶钢板面进行清理。

（2）混凝土的面标高控制采用在钢筋马凳上焊接标记钢筋来确定混凝土的面标高，并制作弧形管对穹顶弧度进行控制。

（3）罐顶平台基础模板在穹顶浇筑完成后再施工。按设计图纸尺寸制作模板盒，根据柱墩大小需加固时外侧用脚手管交叉进行固定。

7.3.3 混凝土工程的质量控制

（1）高温天气时通过混凝土搅拌站拌合用水加冰冷却，浇筑时段避过白天高温时段的方法，保证低温混凝土的入模温度不超过 30℃。

（2）混凝土浇筑时沿穹顶圆周进行均匀统一浇筑，以确保混凝土均匀同步升高。

（3）罐顶平台柱墩浇筑采用二次浇注的方式进行，在穹顶混凝土与柱墩结合面进行凿毛处理，清理松散混凝土及杂物并冲刷干净等。在浇筑前进行湿润但不得有积水。经验收合格后方可施工。

7.4 关键工序的质量控制要求

7.4.1 隔振橡胶垫的安装质量控制要求（表 7-1）

表 7-1 隔震橡胶垫安装技术要求和允许偏差

序 号	内 容	控制偏差	备 注
1	隔震橡胶垫表面平整度	5‰	
2	橡胶垫上表面标高误差	± 2mm	
3	橡胶垫与桩中心线的允许偏差	20mm	
4	橡胶垫底部灌浆面高度需高出橡胶垫下层钢板	5mm	
5	橡胶垫底部灌浆厚度	≥50mm	GB/T 50448—2015 最大厚度根据规范

7.4.2 测斜管安装的质量控制要求

水平误差控制在 ± 2mm，竖直误差控制在 20mm。

7.4.3 承台、墙体及穹顶施工钢筋搭接、锚固长度应符合表 7-2 的规定

表 7-2 钢筋搭接、锚固长度

直径 /mm	竖向钢筋	水平钢筋	
		板底和穹顶底	板顶和穹顶部
10	450	450	500
12	540	540	600
16	720	720	800
20	900	900	1000
25	1125	1125	1250
28	1260	1260	1400
32	1440	1440	1600

7.4.4 承台、墙体及穹顶钢筋加工的允许偏差应符合表 7-3 的规定

表 7-3 钢筋加工的允许偏差

项 目	允许偏差 /mm
受力筋沿长度方向的净尺寸	± 10
箍筋外廓尺寸	± 5
弯起钢筋的弯折位置	± 20

7.4.5 承台、墙体及穹顶钢筋安装允许偏差和检验方法（表 7-4）

表 7-4 钢筋安装允许偏差和检验方法

项 目		允许偏差 /mm	检验方法
绑扎钢筋网	长、宽	± 10	尺量
	网眼尺寸	± 20	尺量连续三档，取最大偏差值
绑扎钢筋骨架	长	± 10	尺量
	宽、高	± 5	尺量

续表

项 目		允许偏差/mm	检验方法
纵向受力钢筋	锚固长度	-20	尺量
	间距	±10	尺量两端、中间各一点，取最大偏差值
	排距	±5	
纵向受力钢筋、箍筋的低温混凝土保护层厚度	基础	±10	尺量
	墙	±3	尺量
绑扎箍筋、横向钢筋间距		±20	尺量连续三档，取最大偏差值
外罐壁钢筋		中心到中心	±20mm
		中心到保护层	±5mm

7.4.6 承台模板安装过程中的质量控制要求（表7-5）

表7-5 承台模板安装过程中的质量控制要求

序 号	名 称	允许偏差/mm	检查方法
1	承台侧模圆度偏差	±30	全站仪
2	底模上表面标高	±5	水准仪
3	底模相邻模板错台	2	水准仪
4	底模表面平整度	5	靠尺

7.4.7 墙体施工DOKA模板拼装过程中的质量控制要求（表7-6）

表7-6 DOKA模板拼装过程中的质量控制要求

序 号	名 称	允许偏差/mm	检验方法
1	组装平台平整度要求	±5	尺量
2	造型木弧度	±2	尺量
3	造型木长度	±5	尺量
4	木工字梁整体安装完成后需用尺测量对角线之差	3	尺量
5	木工字梁安装后弧度	±2	尺量
6	模板四边垂直度	±1	尺量
7	模板拼缝应用双面胶，间距应均匀	2	尺量
8	模板平整度	±2	尺量
9	组装好的模板几何尺寸	-2	尺量
10	模板弧度	±2	尺量

7.4.8 墙体施工模板安装过程中的允许偏差（表7-7）

表7-7 模板安装过程中的允许偏差

序 号	名 称	允许偏差/mm	检查方法
1	模板测量控制，每段垂直偏差	±10	全站仪
2	圆度偏差	±30	全站仪
3	截面偏差	±8	尺量
4	定位锥平面位置偏差	±5	目测检查及用扳手检查，尺量
5	模板下口缝隙	≤8	尺量
6	钢筋顶撑长800mm	±5	尺量
7	内侧插板两侧留缝的对称度	±2	目测检查及尺量

7.4.9 承台、墙体及穹顶混凝土表面施工允许误差应符合表 7-8 的规定

表 7-8 混凝土表面施工允许误差

序号	描述		数值 /mm
1	承台低温混凝土标高	表面	± 5
		底部	± 5
		侧面	± 4
2	垂直度	罐壁每施工段	± 6
		罐壁从任一点到底部	± 20
3	圆度偏差 – 沿半径方向	底板	± 25
		罐壁底部	± 40
		罐壁顶部	± 40
4	从任一点到任一完成水平面的标高偏差，罐底环梁除外	标高偏差	± 13
		水平偏差（每 3m）	± 5
5	罐壁、底板、穹顶和柱截面尺寸偏差		± 6
6	定位尺寸偏差	基础底板	± 30
		罐壁和柱	± 10
7	内罐地坪找平层及环梁	环向每 10m 误差	± 3
		环向总误差	± 6

注：以理论位置为测量基准，偏差不能累加。

7.4.10 承台及墙体预应力波纹管施工误差应符合以下要求

（1）水平半径方向的误差范围为 ± 5mm。

（2）竖向误差范围为 ± 20mm。

7.4.11 承台、墙体及穹顶预埋件安装的允许偏差（表 7-9）

表 7-9 预埋件安装允许偏差

项 目		允许偏差 /mm
预埋件中心线位置		3
预埋螺栓	中心线	2
	外露长度	+10，0
预埋件位置偏差（垂直混凝土表面）	罐壁	± 5
	罐顶	± 10
预埋件位置偏差（沿混凝土表面）		± 13

8 安全措施

本工法执行的安全标准是 GB51081《建设工程施工现场用电安全规范》、JGJ162《建筑施工模板安全技术规范》、JGJ130《建筑施工扣件式钢管脚手架安全技术规程》、JGJ196《建筑施工塔式起重机安装、使用、拆卸安全技术规程》、JGJ80《建筑施工高处作业安全技术规范》、GB51210《建筑施工脚手架安全技术统一标准》等标准，同时依据设计单位的相关设计文件资料要求。

8.1 人员要求

8.1.1 作业人员经过安全技术交底

（1）作业前必须经过三级安全教育培训。

（2）作业前进行班前会，分析施工风险。

（3）作业前配备好合格的劳动防护用品。

8.1.2 特殊工种必须持有效证件

电工、起重工、塔吊司机、焊工等必须持证上岗，定期进行安全、技能培训，提高现场安全意识。

8.2 设备使用的安全控制

（1）设备进场前的能力认可，安全验收检查。

（2）塔吊等特种设备经过有资质的检测检验机构检验合格后使用。

（3）项目对各种施工机械及电动工器具必须经常检查、保养，设备完好，并有可靠的接地装置。

（4）设备使用严禁违章施工、违章指挥。

8.3 防起重伤害安全措施

（1）塔吊必须经行业检测机构检测验收后挂牌使用。

（2）起重作业前，进行吊索具、车况的安全检查，电动葫芦进行试运行。

（3）起重作业，作业半径警示，防止无关人员进入，吊物下禁止站人。

（4）严禁违反操作规程操作。

8.4 防高处坠落、物体打击安全措施

（1）高处作业必须 100% 系挂好全身式安全带，高处移动作业，必须保证安全带一钩系挂好。

（2）高处作业使用的工具，使用腕带或随身携带工具包，防止跌落。

（3）高处作业的工卡具要使用工具箱存放，防止坠落。

（4）临边使用硬护栏防护。

（5）DOKA 模板间的连接处遮挡物要安装牢固，防止人员坠落。

（6）由于施工的交叉作业多，必须采取有效的隔离措施，隔离设施不符合要求不得施工。因此，施工时各工种要协调、配合好，听从统一指挥，认真按作业程序进行施工。

（7）在六级风以上和雷电、暴雨、大雾等恶劣气候条件下影响施工安全时，禁止进行露天高处作业。

8.5 防触电安全措施

（1）配置标准规范的配电箱，使用工业型防雨插头，执行《JGJ46 施工现场临时用电安全技术规范》。

（2）做好用电设备及罐体的接地，并且定期进行接地电阻的检测。

（3）经常性检查用电设备，加强电设备的维护保养。

（4）所有配电箱必须一机一闸，一漏一箱。

（5）严禁违章用电。

8.6 防火灾安全措施

（1）动火作业地点，配备足够数量的灭火器材。

（2）易燃物存放、使用规范。

（3）消除着火源。就是严格控制明火、电火及防止静电、雷击引起火灾。

（4）及时清除或转移作业周围的可燃、易燃物。

（5）严禁乱拉乱接电源电器，严防电器线路引起火灾。

（6）木工加工场及支模板的设备旁必须每班清扫木屑、刨花，运到地面指定地点堆放。

8.7 之字形走道及 DOAK 模板荷载的安全控制措施

（1）DOKA 模板上堆物不得超载，不得堵塞通道。

（2）上层平台堆载不得超过 150kg/m^2，中层平台堆载不得超过 300 kg/m^2，下层平台不得超过 75 kg/m^2。

（3）之字形走道每层同时行走的人员不要超过 4 人，人员走动时，频率不要相同，防止引发共振，造成脚手架坍塌。

（4）之字形走道必须验收合格后才能使用。

8.8 应急控制措施

（1）项目成立应急组织机构，制定应急预案。

（2）配备应急设备、器材，并经常性检查保持其完好性。

（3）定期组织应急演练。

（4）了解急救程序及知识，掌握简单的急救方法。

9 环保措施

本工法执行的环保标准是《中华人民共和国环境保护法》、《中华人民共和国固体废物污染环境防治法》、《建筑施工场界环境噪声排放标准》GB12523、《中华人民共和国大气污染防治法》等标准，同时依据设计单位的相关设计文件资料要求。

9.1 文明施工控制措施

（1）施工现场在施工完毕后，派专人进行清理，包括施工驻地的环境，临时工程的清除、移走。确保“工完、料净、场地清”。

（2）运送土方、垃圾、设备及建筑材料等，不污损场外道路。运输容易散落、飞扬、流漏物料的车辆，必须采取措施封闭严密，保证车辆清洁。

（3）采取洒水、覆盖等措施，达到作业区目测扬尘高度 <1.5m，不扩散到场区外。

（4）加强环保的检查和监控工作，采取合理措施，保护工地及周围的环境，减少空气、水源、噪声污染或由其他施工方法不当造成的公共人员和财产的危害、干扰。

（5）现场施工道路必须保持畅通，材料堆放整齐。

（6）拆模后的建筑垃圾必须清理归堆，堆放在指定地点。

（7）混凝土浇筑后的剩余用量要充分利用，严禁随地乱弃。

9.2 环境保护措施

9.2.1 污染控制措施

（1）在施工现场应针对不同的污水，设置相应的处理设施，如沉淀池、化粪池等。

（2）危害材料、物质使用或存放，以及有危险状况存在的区域应进行确认并采用封装物或屏蔽物适当隔离。

（3）工地使用或存放化学品和其他危害物质的安全数据表应提前提交给总包商 HSE 部门。

（4）保护地表环境，防止土壤侵蚀、流失。

9.2.2 废料的收集与处理

（1）要有计划，经常地把工业垃圾和废料，按边角料、包装板分类收集，放在指定的容器或场所。

（2）生活垃圾、生活废水、废液要分类堆放或处理。

（3）任何情况下废物都不允许在现场埋地和回填，严禁倾倒在未经批准的地方或焚烧。

（4）对于碎石类建筑垃圾，可采用地基填埋、铺路等方式提高再利用率，力争再利用率 >50%。

9.2.3 环境卫生控制

（1）生活驻地设立饮水设施，水质必须达到国家标准检验合格后饮用。

（2）生活驻地应设专职管理员负责清洁卫生、消毒处理及生活区消防安全。

（3）职工食堂要保持清洁卫生，定期对餐具进行消毒；食堂要配备一定数量的剩菜剩饭收集桶；工作人员上岗前体检，任何有传染病的人员要立即调离食堂。

（4）食堂购买的粮油、肉类及蔬菜必须合格卫生，严格控制变质食品蔬菜流入食堂。

（5）职工要有良好的住宿条件：夏季要有降温设施、防蚊虫叮咬设施；冬季要有防寒取暖设施：职工宿舍要保持清洁、卫生、干燥。

10 效益分析

（1）隔震橡胶垫安装用双螺母调节螺栓取代传统的灌浆料制作垫块：可节省施工工期 7d，减少人工消耗 70 个人工，节省 3t 叉车台班 9 个。唐山当地人工费为 300 元，3t 叉车台班费为 1000 元，共节约费用为 70×300+9×1000=30000 元。

（2）隔震橡胶垫二次灌浆层采用自制铁皮的定型模板：二次灌浆工序完成共耗时 6d，消耗人工 120 个人工，与传统胶合板模板施工相比，可节省工期 9d，人工 180 个人工。共节约费用 180×300=54000 元。减少了传统方式而产生的多次安装、切割、加固，提高工序质量，减少了环境污染。

（3）承台侧模采用 DOKA 系统成型的钢围檩和造型木自配面板立模：提前拼装完成用于承台侧模施工，省去了承台侧模拼装工序，优化了工期和质量，节省人工拆装 200 个，木方和脚手架管等措施用料 50000 元，合计费用为 200×300+50000=110000 元。

（4）钢筋网片的抗倾翻固定措施采用可拆卸式的劲性柱钢管：较以往预埋工字钢的方法，可节省工字钢 53t，成本为 53×4600 元 =243800 元。

（5）内外墙体模板对拉固定系统采用预埋可拆卸的锥形套筒与对拉螺杆：可节省 ϕ16mm 的对拉螺杆 16.4t，成本为 16.4×9500 元 =155700 元

（6）采用本工法进行施工：每道工序的施工质量得到了提高，降低了因施工质量不符合规范要求

而进行的返工所耗费的时间，从而缩短了工期，节省成本。

（7）墙体模板系统采用 DOKA 150F 爬升模板系统：有 3 层施工操作平台，具有结构安全性能高、施工速度快，施工质量好的特点。

（8）墙体模板系统的面板采用定制的大尺寸胶合板：较常规的 2.44 × 1.22m 建筑模板，模板系统组装时拼缝数量大大减少，混凝土浇筑时拼缝数量少，表面修饰打磨的工作量也大为减少，可节省约 350 个人工，人工费为 350 × 300=105000 元 。

（9）模板系统的面板采用定尺的大尺寸胶合板：组装过程不存在模板切割的现象，大大减少了施工过程的噪声和粉尘污染。

（10）经济效益比较：见表 10–1。

表 10-1　经济效益收益表

项　目	隔震橡胶垫安装		隔震橡胶垫二次灌浆		承台模板施工		墙体施工	
	成本 / 元	工期 /d	成本 / 元	工期 /d	成本 / 元	工期 /d	成本 / 元	工期 /d
采用以往工程技术	92000	23	90000	15	371000	28	24804500	180
采用本工艺方法	62000	16	36000	6	360000	24	24300000	156
比较（节约）	30000	7	54000	9	11000	4	504500	24

11　应用实例

公司 2017 年至 2019 年已经建成大型 LNG 储罐外罐，其中 160000m^3 外罐 2 台，所有储罐外罐施工工程优良率为 100%，罐体的垂直度、椭圆度、平整度等均在规范允许偏差之内，外罐成型美观。在 PMC、监理组织的 4 台混凝土外罐的基础承台和墙体的质量评比中，我单位施工的 T–1208 储罐荣获基础承台第 1 名，墙体第 2 名，T–1207 储罐荣获基础承台第 2 名，墙体第 1 名的好成绩，充分展现了中国石油工程建设项目的施工技术水平。

具体应用实例如表 11–1 所示：

表 11-1　施工的具体应用

序号	业　主	规　模	项目名称	建设时间	项目进度	工作范围
1	中石油京唐液化天然气有限公司和北京市燃气集团有限责任公司	四座 16 × 10^{4}m^3 LNG 储罐，两台 BOG 压缩机，一台 SCV，一台增压压缩机和配套附属工程	唐山 LNG 接收站应急调峰保障工程	2018 年 3 月 23 日开始施工	2019 年 4 月完成混凝土外罐，配套附属工程建设中	T–1207LNG 储罐混凝土外罐
2	中石油京唐液化天然气有限公司和北京市燃气集团有限责任公司	四座 16 × 10^{4}m^3 LNG 储罐，两台 BOG 压缩机，一台 SCV，一台增压压缩机和配套附属工程	唐山 LNG 接收站应急调峰保障工程	2018 年 3 月 23 日开始施工	2019 年 6 月完成混凝土外罐，配套附属工程建设中	T–1208LNG 储罐混凝土外罐

大中型双金属全包容LNG储罐正装施工工法

中国石油天然气第六建设有限公司

连厚波　魏　明　廖志成　张雪峰　王　军

1　前言

双金属全包容LNG储罐外罐与内罐均采用耐低温设计，可以盛装泄漏工况下的低温液体介质及低温低压蒸发气。与常见的混凝土单包容LNG储罐相比，其占地面积更少、投资成本更低、建设周期也大幅缩短，深受民营石油天然气公司的青睐。中国石油天然气第六建设有限公司于2017年参与建设了江阴液化天然气集散中心2台80000m^{3}双金属全包容LNG储罐，该型储罐属于国内首次实施。在此基础上通过对外罐壁板、拱顶以及内罐壁板安装方法的全面总结和提炼形成了“双金属全包容LNG储罐正装施工工法”。

本工法较全面地介绍了大中型双金属全包容LNG储罐的施工方法，采用正装法进行内、外罐壁板安装，气升法进行拱顶安装。在施工过程中融入工厂化预制、模块化施工、机械化作业，首次将国产焊材应用到06Ni9钢的埋弧自动焊中。为后续类似工程的开展积累了宝贵的经验。

2019年《06Ni9钢国产焊材埋弧自动焊工艺研发》和《LNG外罐壁板国产焊材首次应用的质量控制》两项课题分别获得了2019年度石油工程建设QC小组一等奖、二等奖；《大型LNG储罐制作安装成套技术》获得了中国石油和化学工业联合会科技进步奖二等奖；《LNG储罐罐顶自动平衡气顶升方法及顶升装置》《液氮增压气化撬装设备》分别获得2013年、2014年国家实用新型专利（专利号分别为：ZL 2013 1 0701156.8、ZL 2014 2 0274973.X）。

2　工艺特点

2.1　提高施工工效

内、外罐壁板均采用正装法，且工装可重复利用，避免了倒装施工过程中安装拆除涨圈的繁琐工序；储罐拱顶型钢采用工厂预制、现场分块拼装，减少了罐内组装的高空作业；壁板环缝采用埋弧自动焊技术、罐顶板焊接和承压环的部分焊缝焊接，采用药芯焊丝气体保护半自动焊技术较大地提高了施工工效。

2.2　保证施工质量

针对外罐壁板圆度和垂直度控制，采用了钢丝绳张拉纠偏技术，有效地保证了外罐壁板圆度和垂直度；采用自主开发的气顶升数据收集自动分析技术，完成了国内跨度最大、拱顶最重的金属外壁低温储罐罐顶气顶升工作；LNG储罐内壁板焊接采用自动焊和手工焊相结合的方法，壁板环缝采用埋弧自动焊技术，提高了焊接质量。

2.3 降低工程造价

创新采用瓦楞型铝吊顶结构，板间采用拉丝铆钉固定，施工过程中投入的高技能铆工和铝焊工的人员大幅减少；首次采用国产埋弧自动焊焊丝用于储罐外罐施工，与进口焊丝相比，投入的焊材费用大幅降低。

2.4 降低劳动强度

在工厂内或现场大型预制场完成罐顶梁拼焊、外罐壁板和内罐壁板滚弧及坡口加工、抗压环下料和滚弧及罐体钢结构等的预制和底漆防腐工作；采用多种施工机械进行施工，操作工人的劳动强度大大降低。

3 适用范围

本工法适用于（3~16）$\times 10^4 m^3$ 双金属全包容低温储罐、双金属单包容低温储罐。

4 工艺原理

大中型双金属全包容 LNG 储罐正装施工工法的工艺原理是：外罐壁板、内罐壁板采用正装法，即内挂一圈操作平台与在壁板上口挂设行走小车相结合的方法；拱顶在地面上采用模块化预制，在罐底板（或基础承台）上进行组装，组装完成后采用气顶升技术，浮升罐顶至外罐壁上的承压环位置后连接固定的方法；罐底板和保冷采用分区块、由内至外的安装方法。其主要的关键技术如下；

4.1 罐顶气顶升技术

LNG 储罐罐顶气顶升原理是：钢制拱顶、铝吊顶、吊杆、罐顶接管及单轨吊车梁等在罐底上组装、焊接、检验完毕后，在拱顶最外周安装密封装置，以使拱顶与外罐壁板及外罐底板形成密闭空间，采用鼓风设备向储罐内相对密闭空间强制送入大风量低压力的空气，当密闭空间的压力上升到一定程度，储罐拱顶和吊顶等一起沿着外罐壁板浮升至储罐顶部的承压环，在拱顶升至承压环部位后，作业人员利用卡具使拱顶与抗压环贴紧并与抗压环焊接固定好后，气顶升作业完成。

4.2 储罐内、外罐壁板的正装法施工技术

本工法对大型 LNG 储罐的壁板安装采用的是“内挂一圈操作平台和壁板上口挂设行走小车相结合的正装法”；即在罐底边缘板安装完成后，安装底部第 1 圈壁板，依靠壁板本身作为主架，在壁板内侧安装施工临时平台，通过此平台进行第 2 圈壁板的安装，在壁板上口挂设行走小车进行焊缝的组对、焊接、打磨；安装埋弧自动焊横焊专机焊接环缝，在第 2 圈壁板焊接、检验合格后，把施工临时平台移到第 2 圈壁板上，进行第 3 圈壁板的安装。以后各圈壁板依此法自下而上依次进行。

4.3 06Ni9 钢埋弧自动焊横焊技术

06Ni9 钢是 LNG 储罐外罐和内罐的施工主材，其钢板在 −196℃工况条件下具有优良的低温韧性，06Ni9 钢埋弧自动焊横是用于 LNG 储罐壁板环缝的主要焊接工艺，与手工电弧焊相比生产效率高，且不产生焊接烟尘。六建公司与北京钢研总院、兴澄特钢、寰球北京公司、周泰焊材等四家单位联合开发了埋弧自动焊横焊焊接新工艺，将 06Ni9 钢国产埋弧自动焊焊材（ERNiCrMo−4）用于江阴 LNG 项

目低温储罐施工，在国内属首次应用。

5　施工工艺流程及操作要点

5.1　施工工艺流程（图5-1）

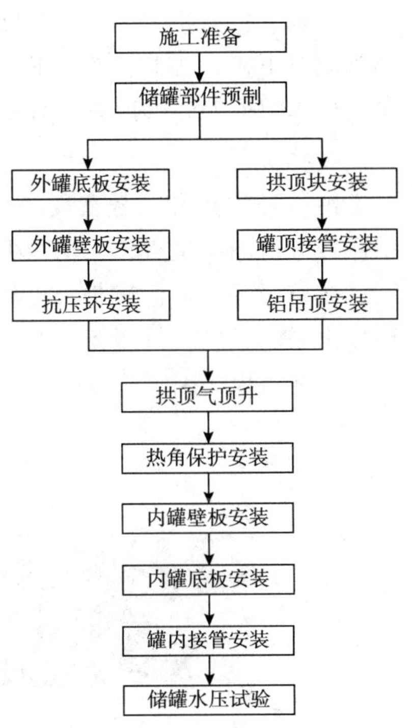

图5-1　施工工艺流程

5.2　操作要点

5.2.1　施工准备

1. 技术准备

（1）参与设计交底会，明确低温储罐的质量要求及关键技术。

（2）进行图纸会审，明确与低温储罐施工有关的专业工程相互配合的要求。

（3）绘制部件下料图，准备施工技术交底单和施工原始记录表，对班组进行交底。

（4）列出“储罐施工技术方案”目录清单及编制计划，开展技术方案的编制，逐步完成施工的技术准备。

2. 人员准备

（1）根据项目人力计划组织人员进场，进行入场教育培训。

（2）组织焊工专项培训，进行焊工考试。

（3）检查特种作业人员资质证书是否符合要求，并报验合格。

3. 施工用机械设备

组织预制设备、吊装设备、运输设备、焊接设备、检验和试验设备等进场并报验合格。

4. 材料准备

（1）低温钢板和低温焊接材料的质量证明文件应标明钢号、规格、化学成分、力学性能、低温冲击韧性值、供货状态及材料的制造标准，其特性数据应符合相关标准，并满足设计文件的要求。当对质量证明文件的特性数据有疑问时应对材料进行复验。

（2）对材料进行验收，并填写材料验收报告。验收合格的钢材应做好标记，并按品种、材质、规格分类存放。

5.2.2　储罐部件预制

1. 底板的预制

绘制排板图时，应考虑焊接收缩引起的底板直径缩小，一般是对异形板加长40mm作为调节量。作为对接缝的边缘板的收缩量考虑为2.5mm。用白色油漆笔在钢板表面上标出储罐位号、钢板编号、厚度、材质及炉批号等，并对应做好下料记录。边缘板的下料切割采用等离子切割或半自动火焰切割，切割后的板边和坡口要采用专用砂轮片打磨1~3mm。边缘板下料时应留一块加长预留板（长度增加200mm为宜），在铺板时作为最后一块边缘板根据现场实际情况切割。

2. 壁板的预制

外罐和内罐壁板的下料尺寸应考虑收缩余量（单侧）。壁板切割采用数控切割机切割，切割表面应平滑，不得有夹渣、分层、裂纹及熔渣等缺陷，火焰切割产生的表面硬化层应打磨掉。壁板的坡口加工应采用数控铣床或小型坡口机进行冷加工。壁板卷弧宜采用数控卷板机进行，卷板前必须清除钢板上的杂物，卷板时不论板厚应将每张壁板两端进行预弯；钢板必须放正，保证两侧或板端与卷轴轴线垂直或平行；必须注意壁板坡口的方向，壁板正、反面不得颠倒。

3. 拱顶块预制

拱顶的预制根据纵向梁的数量分块来进行预制。拱顶梁及节点板由钢结构厂家制作、滚弧、防腐，现场需进行拱梁、环梁及风撑的拼装、焊接、拱顶块组装及焊缝的防腐补漆工作。所有拱顶块在预制胎具上进行预制，胎具下方铺设钢板作为施工用平台。胎具支柱位置应保证不影响主梁、环梁、拱顶块零附件的安装焊接（图 5–2）。

4. 抗压环预制

抗压环顶板和壁板在现场按图样进行放样，用火焰切割下料、加工坡口。用卷板机压制成型，用样板进行曲率检查，在现场组对平台上进行承压环的组对焊接。考虑到抗压环立缝焊接时的焊缝收缩，在抗压环下料时壁板长度增加 10mm，每块顶板增加 3.3mm，在罐顶安装时，截去最后一块抗压环多出来的长度。抗压环卷弧合格后，将抗压环壁板、顶板放在预制胎具上进行组对焊接，在胎具上组对好之后焊接固定筋板及固定斜撑，每块抗压环筋板及斜撑各使用 10 个且均匀分布（图 5–3）。

图 5–2　拱顶块在胎架上预制

图 5–3　抗压环坡口加工

5.2.3　外罐底板安装

1. 底板组装

（1）按照施工图纸的要求验收基础，标注基础中心点位置和底板中幅板和环形板的位置。首先进行边缘板的安装，在基础中心定位点处利用全站仪放出罐底十字中心线、边缘板周向定位线、边缘板的中心定位线。

（2）中幅板铺设按照放线位置由中心向四周铺设底板，所有中幅板以十字中心线为基准，对称向外铺设，罐中心位置的底板最后铺设。

（3）底板铺设时保证图纸所要求搭接宽度。

2. 底板焊接

（1）整个外罐底板分为 5 个区段，分为边缘板、中幅板（A、B、C、D）4 个区域。首先焊接外罐边缘板对接缝，分段均布隔缝焊接，预留 0° 与 180° 位置两道焊缝作为伸缩缝最后焊接；焊接前每条对接焊缝采用4组卡具调节变形，焊工焊接前统一从外侧向内侧施焊，焊300mm，跳300mm，层间接头错开。

（2）中幅板的焊接分 4 个区域进行，预留 4 条伸缩缝最后焊接，中幅板焊缝的焊接先焊短焊缝后焊长焊缝。焊工分段跳焊，跳焊方式为焊 300mm，跳 300mm。四个区域内的焊缝焊接完成之后进行四条伸缩缝的焊接。所有中幅板焊缝焊接完成之后进行异形板与边缘版之间的龟甲缝焊接，焊工均匀分布，沿罐中心逆时针同步焊接。

5.2.4　拱顶块安装

1. 组装支架的安装

（1）单台储罐需制作并安装中心支架 1 个，中间支架、边缘支架。边缘立柱安装后应在立柱的顶面放出拱顶径向梁支座的中心和周向位置。

（2）边缘立柱和中心支架的方位必须依拱顶安装方位图确定，均匀放线之后才可以安装。边缘立柱、中间支架和中心支架的标高必须以储罐承台 0 标高为基准。

（3）支架高度的确定。支架高度应考虑两点，一是边缘支架与中心支架的高差应符合图纸的要求，二是拱顶相对于罐底板的高度应保证铝吊顶的施工空间。为保证现场支架的真实高度和图纸一致，支架应加长留出切割余量，现场以同一基准测量，调为图纸尺寸时再进行修整。

2. 拱顶块的安装

（1）在拱顶支撑系统安装完成后即可进行拱顶块的吊装，第一步应先吊装中心圈，中心圈安装应保证两点：一是中心圈圆心位置应与罐中心重合；二是应保证中心圈上的一圈 48 个连接板角度。

（2）中心圈安装调整完成后，应在中心圈的表面上标识出大块两侧两根梁的位置和大块的标号。以便安装拱顶块时迅速找准位置。另外大块中心所对应的边缘立柱也应标识，以便现场迅速识别安装位置。在边缘支柱上应画出拱顶块梁头位置并点焊限位板，确保拱顶块安装尺寸。

（3）拱顶块吊装时为保证中心支架受力平衡，应先吊装 0°、90°、180°、270° 的大块拱顶块，前后两块吊装应间隔 180°，然后吊装剩余大块拱顶块，最后吊装小块拱顶块。

（4）在拱顶施工完成拆除拱顶支撑系统后，应进行罐顶套管、接管的定位安装工作，施工完成后方可进行铝吊顶的安装工作。

5.2.5 外罐壁板的安装

（1）外罐壁板采用正装法安装。依次从第 1 圈开始直至第 12 圈安装完成。为保证施工过程质量和施工方便，每一块板和每一条焊缝均需做板号和焊缝标识。

（2）第一圈壁板安装之前应检查外罐底板边缘板的平整度、半径，大角缝位置应打磨光滑。安装外罐壁板前应先在外罐底板边缘板上放好内侧轮廓线、纵向焊缝的角度线位置，之后每隔 1m 设置一组限位块。壁板就位时内侧直接靠在内侧限位块上，外侧留有斜尖空间，用斜尖配合外侧限位块固定牢固外罐壁板（图 5–4、图 5–5）。

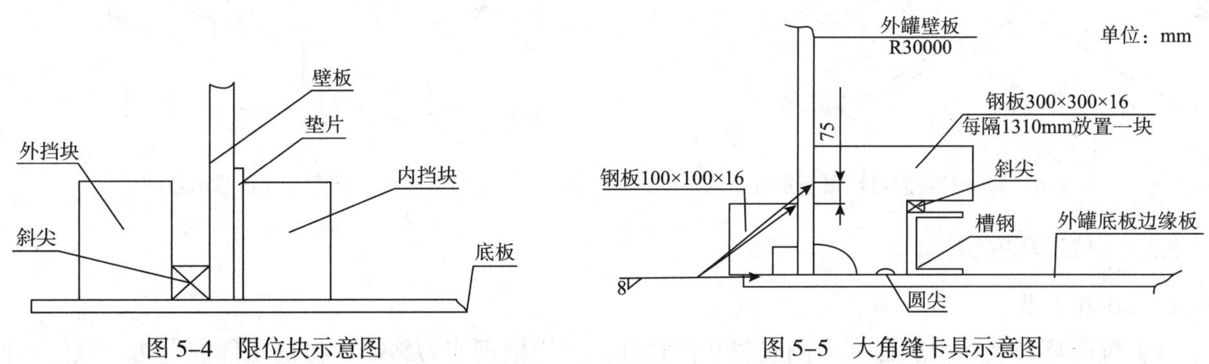

图 5–4 限位块示意图　　图 5–5 大角缝卡具示意图

（3）外罐壁板安装从基准点开始沿顺时针方向安装，组对时首先组对纵向焊缝卡具，再固定第 1 圈外罐壁板的板脚。安装过程中应测好外罐壁板垂直度及板缘水平度，测量好后在外罐壁板内侧每隔约 3m 安装 1 个临时斜撑以固定壁板防止倾倒；安装完成后再详细测量第 1 圈外罐壁板的圆度、垂直度及板缘水平度。

（4）第 1 圈外罐壁板安装为一级质量控制点，在安装全部完成且在保证垂直度、水平度和圆度的情况下，经过总包、监理、业主、特检院的共检后才能进行纵向焊缝的焊接，焊接方法为手工电弧焊，焊缝错变量应≤1.5mm，相邻两壁板上口水平的允许偏差应≤2mm，在整个圆周上任意两点水平的允许偏差应≤6mm，壁板的垂直度应≤3mm。

（5）从第 1 圈与第 2 圈壁板之间的环向焊缝开始，壁板组对、焊接、检测、焊缝处理等作业均在外罐施工平台上完成，环缝使用背杠组对固定。在第三圈壁板全部施工完成后方可拆除 1 圈、2 圈壁板的门洞板，拆除前应安装门洞加强装置，确保壁板不会因承重增加而发生变形。

5.2.6 罐顶接管安装

（1）套管采用板材制作，在下料前做好测量，考虑到拱顶的沉降，为了更好地控制套管的最终标高，在下料时将所有套管的长度统一加长 200mm。

（2）板材切割可采用数控等离子切割机进行下料，下料前应移植原有标识。切口表面平整，无裂纹、毛刺、凹凸、缩口、熔渣、氧化物、铁屑等缺陷，坡口尺寸和角度应符合图纸要求。

（3）焊接接头组对前，应用手工或机械方法清理其内外表面，在坡口两侧 20mm 范围内不得有油漆、毛刺、锈斑、氧化皮及其他对焊接过程有害的物质。管子对口时应检查其平直度，焊管组对时纵向对接缝与环向对接缝必须错开且 >100mm，避免出现十字焊缝。

（4）管段预制完后对预制管段和焊缝进行标识，并按材质摆放整齐。预制管段必须做好临时加固措施，以防受力不均产生变形。

（5）开孔接管法兰的密封面应完好，不得有径向划痕，法兰密封面与接管轴线的垂直度不应大于法兰外径的 1%，且≤3mm，法兰螺栓孔应跨中安装。

（6）套管吊装前应进行拱顶开孔放线，按照图纸要求利用全站仪先将开孔中心点定好，套管开孔中心位置偏差不得 >10mm。

（7）拱顶开孔后在孔洞周围应安装临时护栏，利用∠65×6 的角钢作为立柱，ϕ10mm 的钢丝绳作为生命线，每个孔洞周围安装 4 根立柱高 1.2m，围 2 圈钢丝绳。

（8）直径大于 900mm 的套管在安装前应采用 2 根 16a 槽钢对拱顶板进行加强，避免因套管过重对拱顶板造成变形，见图 5–6、图 5–7 所示。

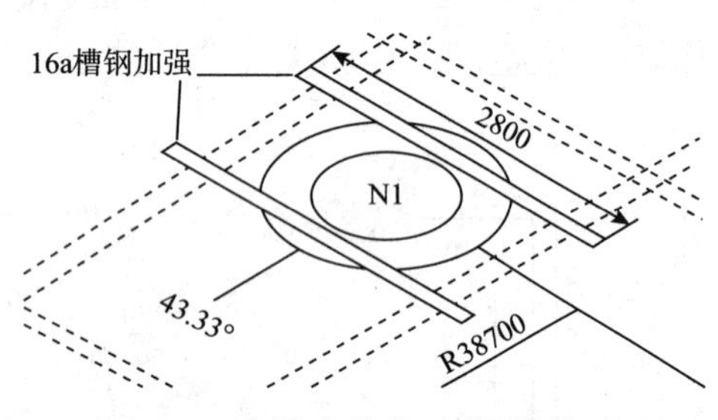

图 5–6 套管安装前对拱顶板加强

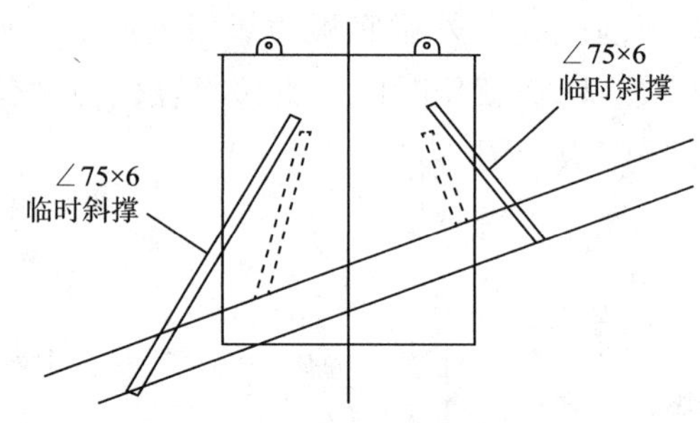

图 5–7 套管临时斜撑示意图

5.2.7 抗压环安装

1. 抗压环安装

（1）抗压环吊装到位后应在内侧安装 9 根背杠，再用槽钢作为斜撑，将抗压环固定防止倾倒，保证抗压环的稳定，每块抗压环上至少要 4 根槽钢支撑。所有背杠及斜撑安装完毕后吊车才允许松钩。

（2）抗压环对接缝之间安装立缝组对卡具，利用这些卡具来进行焊缝间隙、错边量、棱角度及垂直度的调整，所有抗压半径及垂直度调整合格后进行抗压环立板焊缝的焊接。

（3）抗压环组装到最后一块时，因最后一块有预留长度，在切除最后一块抗压环时应确保切割尺寸满足要求。

（4）待抗压环立缝全部焊完后，再进行抗压环立板与外罐壁板环缝的组对工作，确保抗压环立板及外罐壁板半径偏差在 ±50mm 内方可进行焊接。

2. 抗压环的焊接

（1）安装时保证抗压环组对完成 6 块以上时才允许安排电焊焊接抗压环对接焊缝。由于抗压环板厚度较大，为控制变形量，纵向焊缝焊接前根据外侧焊接填充量采用日字卡在内侧向罐外方向打反变形。焊接过程中应安排足够数量的铆工不间断巡视正在焊接的焊缝，对卡具进行打紧动态控制焊接变形量，并做好角变形控制记录，焊工严格按照排道图排道焊接。

（2）外观检查要求：焊缝与母材应圆滑过渡；焊缝表面不得有气孔、夹渣、弧坑、未填满等缺陷；焊缝咬边深度应≤0.5mm，连续咬边应≤100mm，且焊缝两侧咬边总长不大于焊缝全长的 10%。

5.2.8 铝吊顶的安装

（1）储罐铝吊顶主要包括铝吊顶框架、吊杆、波纹板等组成，吊顶的所有构件都在工厂下料、制作，现场只进行组对安装和少量铝焊接作业；工厂制作的构件主要包括：不锈钢吊杆、不锈钢调节接头、铝制型材框架梁、波纹铝板、铝平板、管道铝套管等构件以及不锈钢螺栓配件。

（2）按照储罐中心基准点，采用激光经纬仪，每隔 7.5° 打出主梁位置，并用墨斗线在底板上做好标记，从 0° 线开始编号，在线的两端及中心位置用记号笔写在底板上。按照主梁编号、布置图，找出有套管的特殊主梁编号，并做好标记。根据框架梁的布置图，划出中心直梁及环梁的位置，并做好标记。

（3）吊杆安装，按照图纸及吊杆编号，从中心位置将吊杆通过螺栓和穹顶吊杆连接板连接在一起。注意所有吊杆的连接板与穹顶连接板在同一侧，螺杆从穹顶连接板侧穿入。将下半部分吊杆通过调节接头、锁紧螺母和上部吊杆连接在一起，待框架调准水平后，将锁紧螺母与吊杆点焊在一起，注意调节螺栓两头的螺牙方向不同，调节接头与上下吊杆丝扣拧紧的长度必须一致且保证上下各 95mm 以上。

（4）框架梁安装，根据布置图在底板上绘制施工辅助线，组装中心环梁，采用不锈钢单头螺栓连接，螺栓从连接板侧穿向腹板侧。将梁与吊杆连接在一起，螺栓从梁的连接板侧穿向吊杆侧。按照框架梁布置图，安装其余主梁、环梁，辅助线为梁中心线，安装误差应控制在两条辅助线之内。安装方法与中心环梁、直梁一致。

（5）波纹板安装，按照波纹板安装图要求的区域（分为单片、双片、四片区域），将波纹板铺设在梁上，每块波纹板长度方向最少跨接两个径向梁。调节波纹板的搭接间隙及方位，利用拉丝铆钉将波纹板和梁连接在一起，铆钉间距≤500mm，单张波纹板上至少设置 4 根拉丝铆钉并均匀布置，波纹板径向对接缝隙≤10mm，波纹板搭接宽度≥71.5mm。

5.2.9 罐顶气顶升

1. 平衡装置

（1）钢丝绳底部固定：在外罐底板边缘板上安装钢丝绳固定拉耳，拉耳与外罐底板边缘板焊接连接。

（2）导向滚轮：在拱顶吊车梁上安装 24 组导向滑轮（导向滑轮的安装位置需提前标记在吊车梁上，按照标记将滑轮底座固定在吊车梁上），用于支撑钢丝绳。

（3）T 形架：在抗压环上安装 T 形支架 24 个。保证 T 形架安装正确、可靠与抗压环固定。

（4）钢丝绳布置：每个 T 形架布置一根单独的钢丝绳。单根钢丝绳不得有接头、破损，钢丝绳质量满足一般施工要求。使用卸扣连接花篮螺丝，花篮螺丝另一端与钢丝绳连接。钢丝绳依次穿过 T 形架、罐顶板、轨道梁上的导（转）向滑轮组，到达对称方向的导（转）向滑轮组，垂直到罐内与底板边缘板上的固定拉耳连接固定。钢丝绳预拉紧时必须对称进行，首先预紧的是 8 个带有张紧计的钢丝绳，并依此为基准进行其他钢丝绳的张紧。

（5）钢丝绳受力分析：钢丝绳在最初预紧力为 12kN，最大预紧力 50kN。当在顶升过程中，出现罐顶斜度为 200mm 的情况时，钢丝绳受力分析如下：

当罐顶倾斜度为 200mm 时，考虑到平衡装置的实际结构形式，钢丝绳按照最大伸长 100mm 进行计算分析。则钢丝绳受力增量计算公式如式（5–1）：

$$\Delta F=AE\frac{\Delta L}{L} \tag{5-1}$$

式中，ΔF 为钢丝绳受力增量，N；A 为钢丝绳横截面积，mm^2；E 为钢丝绳弹性模量，GPa；ΔL 为钢丝绳伸长量，mm；L 为钢丝绳长度，mm。

通过以上公式可计算出钢丝绳所受应力，选择合适型号的钢丝绳。

2. 密封系统

（1）拱顶临时密封板安装。由于拱顶板与抗压环之间的过渡板在升顶之后才能安装，为了将过渡板位置的间隙密封，需提前安装临时封板，采用 6mm 钢板制作，用卡具固定，便于升顶后该临时封板拆卸下来。

（2）在抗压环施工完成后应测量壁板半径，从零度开始每隔 1.875° 测量一个点，纵向上每带板上中下三个点，然后对照所对应角度的密封板边缘半径，切割或补焊密封板，保证密封板与壁板有 100mm 距离。

（3）拱顶边缘密封：根据图纸要求在拱顶下部外边缘上安装好密封固定圈，将镀锌铁皮用螺栓固定在密封固定圈上（注意：螺栓两边都要带上大垫片），镀锌铁皮下部安装密封布，密封材料之间使用胶带粘贴牢固。

（4）临时门洞封闭：采用钢板加槽钢封闭。临时门洞安装完毕后应检查其边角密封情况。临时门安装后，要求与外罐壁板紧贴，防止向罐内倾倒。一旦临时门密封完成，通风管就可以与临时门连接焊接，焊接连接完成后要全部检查确认。

3. 风机系统

（1）风压计算公式（5-2）：

$$P_{升}=P_{平}+P_{附} \tag{5-2}$$

$$P_{平}=\frac{G}{S}$$

$$P_{附}=(0.1\text{~}0.2)P_{平}$$

式中，$P_{升}$为升顶风压，Pa；$P_{平}$为静平风压，Pa；$P_{附}$为附加风压，Pa；G 为升顶最大风压，N；S 为罐体横截面积，m^2。

（2）风量确认：风机风量的确定是指罐顶在顶升至与抗压环顶板相接处的高度时，罐体内腔充满使罐体顶升并具有一定压力气体的风量；考虑到漏风损失，需对风机风量进行修正。根据气体方程计算，温度一定情况下 PV＝恒量，即公式（5-3）：

$$Q=\frac{(V\cdot P_{升}-P_0\cdot V_1)K}{P_0} \tag{5-3}$$

式中，Q 为鼓风量，m^3；V 为升顶完成时罐体的总容积，m^3；V_1 为升顶部分所围罐体的容积，m^3；K 为风机风量修正系数，3～4；$P_{升}$为升顶风压，Pa；P_0 为标准大气压，101325Pa。

（3）根据以上风量、风压计算公式，选择符合要求的风机。

4. 配重装置

（1）重心计算公式（5-4）：

$$X_C=\frac{\sum P_I X_I}{\sum P_I} \tag{5-4}$$

$$Y_C=\frac{\sum P_I Y_I}{\sum P_I}$$

式中，P_I 为第 I 个物体质量，kg；X_I、Y_I 为第 I 个物体横坐标、纵坐标，mm；X_C、Y_C 为重心横坐标、纵坐标，mm。

（2）所增加配重应满足$X_C=0$，$Y_C=0$，配重物体应均匀放置，跨距90°为宜，实践证明使用螺纹钢筋作为配重能起到良好的效果。

5. 气顶升操作要点

（1）操作起始阶段前，风量调节阀门关闭，紧急封闭门打开。启动风机时逐渐打开风量调节阀门，达到要求的压力。

（2）顶升时，若风机停转，紧急封闭门应关闭。

（3）升顶时每隔五分钟进行一次拱顶高度测量读数，监视拱顶高差偏转是否在控制范围内及升顶高度、速度。

（4）当罐顶距离罐壁顶部约2m时，顶升指挥要通知风机工程师开始注意控制进风量，来控制上升速度。

（5）在最后1m时，上升速度控制在100mm/min之内，由风机工程师指挥操作工控制风量调节阀门来减少进风量，同时要密切关注U形压力计的读数。

（6）当罐顶与抗压环底部接触时，工人（已布置在抗压环上）将96个罐顶梁限位件按图示安装在罐顶梁上，然后按要求焊接。

（7）在顶板限位件安装时，储罐内压力应保持在罐顶气升所要求平衡压力之上20~30mm水柱。

（8）当96个拱顶限位块全部焊接完成后即可泄压。

（9）顶板限位件在焊完梁与抗压环的连接牛腿后拆除。拆除顶板限位件后应立即组织安装、焊接抗压环与拱顶板之间的过渡板。

5.2.10 热角保护安装

1. 热角保护顶板的安装

（1）顶板安装前，使用全站仪进行测量放线，确定顶板安装高度，画出顶板安装基准点；

（2）热角保护顶垫板安装，下部角缝进行跳焊；

（3）按图纸施工，安装盖板，用汽车吊完成所有盖板的安装。

（4）按照热角保护图纸施工，使用全站仪确定底部水平垫板安装半径，找到安装起始点；

（5）安装完成后进行角缝焊接，焊接形式为跳焊，焊角高5mm。

2. 热角保护壁板的安装

（1）热角保护壁板安装之前，必须完成边缘板的安装。

（2）热角保护壁板安装前使用全站仪确定安装起始点，将壁板靠在水平垫板上，使用斜撑固定。壁板环缝组对使用带06Ni9垫板的背杠。

（3）用汽车吊将壁板安装在相应的位置，完成所有壁板的安装。

（4）焊接前确认日子卡已经按要求安装，首先完成热角保护壁板立缝的焊接，然后焊接壁板间环缝，焊接过程中焊工采取焊500mm跳500mm的分段跳焊法。

（5）为控制焊接变形，焊工应分区域均匀布置，确保焊接同步。

5.2.11 内罐壁板安装

1. 内罐壁板安装

内罐壁板的安装采用正装法，与外罐壁板安装方法大致相同，本条不再赘述。

2. 内罐壁板的焊接

（1）内罐壁板的焊接，先焊纵缝，后焊环缝，当焊完相邻的壁板后，再焊其间的环焊缝。环向焊缝采用SAW焊，焊机均匀分布，沿同一方向施焊。纵向焊缝全部采用SMAW焊接。为避免焊缝错边、变形，装配定位焊接时要使用焊接卡具。

（2）第一圈壁板装配定位焊三块板后，开始焊接纵向焊缝（外侧），纵向焊缝外侧焊接完成后，纵向焊缝的内侧采用碳弧气刨清根并打磨后才能焊接。焊工焊接时配备一名铆工，随时测量检查并调整焊接卡具，控制焊接变形。

（3）第一、第二圈壁板焊完相邻的纵向焊缝且RT合格后，焊接第一、第二圈壁板的环向焊缝（外侧）。当环向焊缝（外侧）焊完两遍后，焊缝长度 >10m，开始清根打磨，焊接环向焊缝（内侧）。

（4）焊接底角焊缝采用SMAW，焊接第一遍（外侧）由多名焊工均匀布置，沿同一方向施焊，采用相同的方法焊接罐底角焊缝（内侧）第一遍，罐底角焊缝（外侧）第二遍，罐底角焊缝（内侧）第二遍。

5.2.12 内罐底板安装

1. 边缘板的安装

（1）边缘板安装半径应放大，由公式（5–5）计算：

$$R_C=\frac{R_0+na/2\pi}{\cos\theta} \tag{5–5}$$

（2）内罐底板边缘安装之前必须按照土建验收标准对找平层进行复测，如果有超差，应进行处理，直至满足验收要求。

（3）根据施工方位图，用全站仪在已完成的混凝土上画出边缘板的尺寸线和方位线，边缘板中心定位线要求每块板打两个标记（两点确定一条线，板上先画中间十字线，放板时与标记比对，对齐即可）。

（4）由于焊缝下侧需要清根，内罐底板边缘板焊缝处需要架高，如图 5–8、图 5–9 所示。

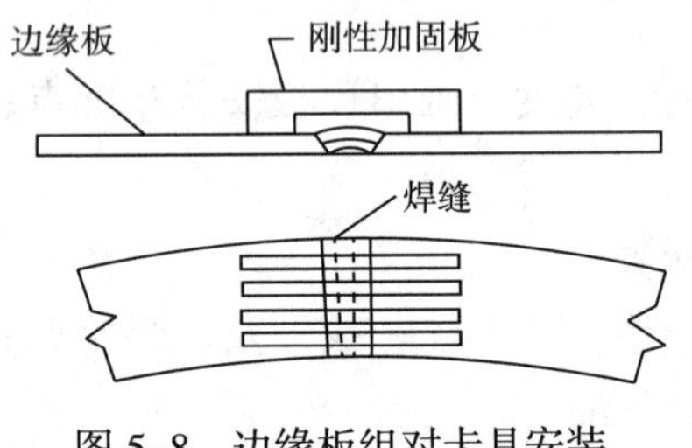

图 5–8 边缘板组对卡具安装

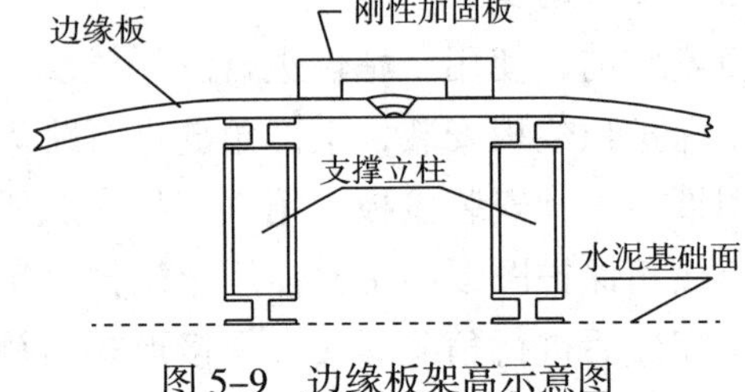

图 5–9 边缘板架高示意图

2. 中幅板、异形板安装

（1）根据以往 LNG 项目储罐安装工程施工经验，不允许超过保温材料（泡沫玻璃砖）抗压强度的机械在其上行走，因此底板的铺设只能由内向外划区块施工。

（2）按照区域划分进行底板的铺设安装。每个区块施工时先在外罐底板上依次完成干沙层及保冷层的安装工作，然后使用汽车吊停靠在下一个区块完成底板的铺设工作，并依次完成焊接、检验工作。

（3）对于搭接处的罐底板，使用沙袋压实或使用 06Ni9 的卡具使底板贴合，不得使用锤击，防止损伤母材。

5.2.13 罐内接管安装

1. 安装的一般要求

（1）管线安装前，需要按照施工图纸上的要求，使用测量仪器画出每根管线的安装位置，并做好标记，防止安装位置混乱。

（2）安装管线前应核对基础预埋件、预留孔位置是否正确，对于最后封闭的管段，应留有充足的调整余量，保证管线上端法兰面的标高及距离底板尺寸符合设计要求。

2. 泵井管安装

（1）每根泵管分为 3 个部分安装：吊顶上部、直管部分、底阀。

（2）吊顶上部泵管及三个支管预制完成后，使用吊车通过拱顶套管从上部插入进行安装，然后与套管焊接。

（3）吊顶下部的管段吊装使用一台卷扬机及三组滑轮完成吊装，泵管就位固定及管口环缝组对使用两个倒链完成，吊装固定见图 5–10。

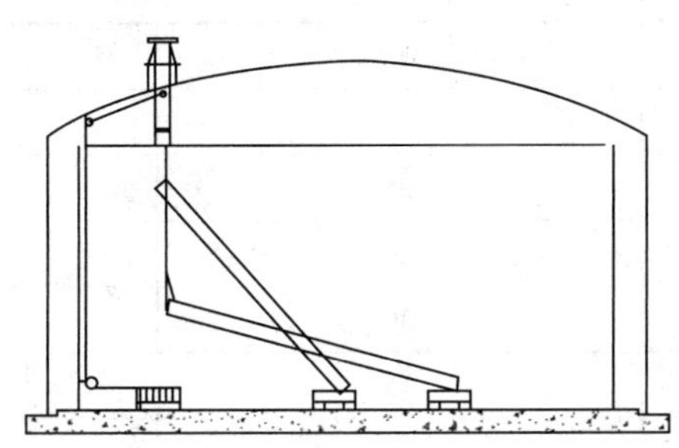
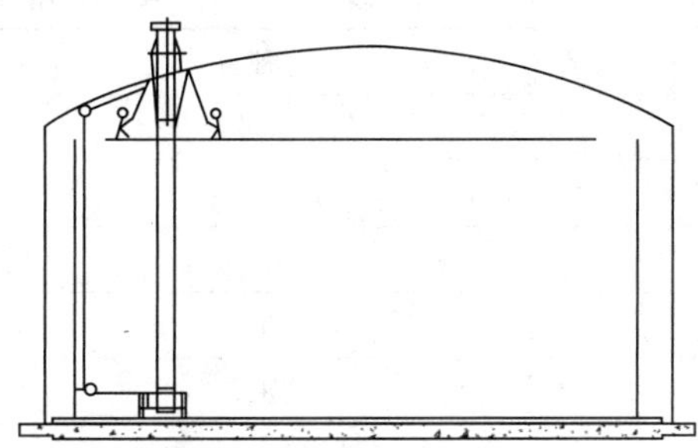

图 5–10 泵井管安装示意图

5.2.14 储罐水压试验

1. 进水之前必须完成的工作

（1）保证内罐焊缝的无损检测已经完成。

（2）清理内罐罐底板上的垃圾和灰尘。

（3）在内罐壁板上进行液位标识。

（4）16 个沉降观测点做好定位并标识。

（5）将 3 根泵井管在底部加盲板封闭，并注入淡水，以抵消水压试验产生的浮力。

（6）临时进、排水管线安装。

（7）罐顶安全阀 PSV 和破真空阀 VSV 的隔断阀全部要打开。

2. 充水过程

（1）根据现场实际情况选择合适的取水点，根据进水进度要求计算选择合适的进水泵及管道并设计系统布置图，图纸应明确进水泵的型号、数量，管道的管径、长度、支架形式数量等。

（2）冲水阶段每隔 3h 进行一次水位测量，在到达试验液位前 1m 的冲水阶段时，每 1h 测量一次水位，测量人员应做好记录。

（3）罐内水位上升速度不超过 0.9m/h。在水位达到试验水位时，通知现场值班人员停泵，进行储罐沉降观测。充水的流速和总量将通过水位的测量来计算。

（4）在充水期间，做好储罐的沉降观测。通过观测到的储罐均匀和不均匀沉降值来控制充水速度。如果沉降量超过设计给出的限定范围时，必须停止充水。

3. 储罐沉降测量

（1）充水液位到达设计规定的沉降观测液位时停止进水，进行沉降观测，在储罐环形空间内均匀布置的测量点，对内罐的沉降进行仔细监测，并做好记录。

（2）沉降偏差要求：内罐任意两个测量点的最大允许沉降差为 25mm；内罐相对承台的最大允许沉降差为 10mm。

（3）达到试验液位后保压 48h，并在到达试验液位 12h 后，检查内罐焊接接头泄漏情况和记录内罐的沉降测量。

（4）沉降测量的记录数据由设计人员进行分析，当测量值超过预定值时，应停止试验，并在重新请示试验负责人之后进行试验。

6 资源配置

6.1 劳动力统计表（表6-1）

表6-1 两台$8\times10^4m^3$LNG储罐劳动力统计表

序 号	工 种	人数/人	备 注
1	管理人员	22	
2	铆工	25	
3	管工	2	
4	电焊工	30	
5	打磨工	15	
6	自动焊工	8	
7	气焊工	6	
8	钳工	2	
9	电工	4	
10	仪表工	2	
11	无损检测	19	
12	起重工	6	
13	吊车司机	3	
14	卡车司机	2	
15	小车司机	4	
16	辅助工	18	
17	防腐保温	20	
18	环卫工	5	
19	合计	193	

6.2 主要工装材料一览表（表6-2）

表6-2 两台$8\times10^4m^3$LNG储罐工装材料一览表

序 号	材料名称	单 位	数 量	备 注
1	拱顶块预制胎具	套	3	
2	大块拱顶块存放胎具	组	3	
3	小块拱顶块存放胎具	组	3	
4	钢板下料支座	个	4	
5	罐顶安装中心支架	个	1	
6	罐顶安装中间支架	个	60	
7	罐顶安装边缘支架	个	96	
8	气顶升平衡装置	套	24	
9	气顶升密封装置	套	1	
10	气顶升测量装置	套	3	
11	气顶升鼓风装置	套	3	

续表

序　号	材料名称	单　位	数　量	备　注
12	门洞加强装置	套	2	
13	行走小车	个	26	
14	施工平台	个	64	
15	门洞挡雨棚	个	1	
16	车辆进罐支架	个	2	
17	卷板机用支架	个	2	
18	抗压环预制胎架	个	5	
19	边缘版对接缝支架	个	36	
20	壁板存放支架	个	16	
21	临时爬梯	个	2	
22	纵缝组对卡具	个	300	
23	背杠	个	300	
24	加减丝	个	60	
25	圆尖	个	1500	
26	斜尖	个	900	
27	牛鼻子	个	2000	
28	泵井管吊装工具	套	1	
29	水压试验进排水系统	套	1	
30	储罐气密试验系统	套	1	

6.3　主要机具设备一览表（表 6-3）

表 6-3　两台 8×10^4 m³LNG 储罐机具设备一览表

序号	设备名称	型号、规格	制造厂家	单位	数量
1	汽车吊	QZ35	徐工	辆	2
2	履带吊	70t	徐工	辆	2
3	履带吊	250t	抚挖	辆	1
4	重型半挂牵引车	解放牌 CA4226P2K2T3EA8	一汽	辆	1
5	轻型普通货车	江铃 JXIG41JTSG23	江铃	辆	1
6	逆变直流焊机	ZX7-400N	凯尔达	台	30
7	逆变式交直流脉冲氩弧焊机	WSME-500	山东奥太电气有限公司	台	30
8	自动埋弧横焊机	YS-AGW-LNG-I/SC	南京勒肯机电设备有限公司	台	8
9	水准仪	DiNi03	Trimble	台	1
10	全站仪	TS06	莱卡	台	1
11	电动葫芦	CD1-5-45F	上海雄风起重设备厂	台	8
12	焊缝余高打磨机	LABG-2000	南京勒肯机电设备有限公司	台	4
13	焊剂烘箱	YxH2-100	吴江市金峰电器厂	台	2
14	焊条烘烤箱	YJCH-100	吴江金峰	台	4
15	柴油发电机	1213-J0291		台	3
16	风机	TFDH-17		台	3
17	二保焊机			台	3

续表

序号	设备名称	型号、规格	制造厂家	单位	数量
18	铝焊机			台	2
19	升降机	SJYO-48-12	苏州格安特	台	6
20	等离子切割机	LGK-100	深圳佳市	台	4
21	卷扬机	JK5B	上海浦南	台	2
22	高处作业吊篮	ZLP630	无锡强恒	台	8
23	空压机	W-0.9/7-B	浙江罗迪	台	4
24	配电箱	二级箱	常州劳安	台	16
25	电箱	小型		台	10
26	高处作业篮	ZLP630	无锡龙升	台	2
27	摇臂钻床	Z3035	滕州大兴	台	1
28	高压清洗机	288、388	台州丰福机电	台	1
29	卷板机			台	1
30	切割机			台	2
31	液压平板车			个	2
32	电钻			个	5
33	轴流风机			个	16
34	磨光机			个	55
35	内磨机			个	5
36	拖车			个	3
37	单向葫芦			个	4
38	倒链	10t		个	12

7 质量控制

7.1 本工法执行的标准

（1）BS EN14620—2 2006 《低温工作条件下立式平底圆筒型储罐》。

（2）AP I620—2008（2012 年增编）《大型焊接储罐设计与建造》。

（3）NB/T 47013.1 ~ 6-2015 《承压设备无损检测》。

（4）NB/T 47014—2011《承压设备焊接工艺评定》。

（5）GB 50205—2001 《钢结构工程施工质量验收规范》。

（6）GB 50128—2014 《立式圆筒形钢制焊接储罐施工规范》。

（7）GB 50235—2010 《工业金属管道工程施工规范》。

（8）GB 50184—2011 《工业金属管道工程施工质量验收》。

（9）GB 50236—2011 《现场设备、工业管道焊接工程施工规范》。

（10）GB 50252—2010 《工业安装工程质量检验验收统一标准》。

（11）GB 50300—2013 《建筑工程施工质量验收统一标准》。

（12）2012 版 《炼油化工建设项目竣工验收手册》。

7.2 质量控制措施

7.2.1 质量保证体系控制措施

建立健全项目质量保证体系，确保质量体系的有效运行，明确各专业人员的质量职责。针对工程特点和工作内容，对质量目标进行分解，明确各项工作的具体要求。各项工作实行文件化管理，提高各专业人员的工作质量，以良好的工作质量保证工程质量。

7.2.2 施工和技术准备措施

优化各项资源配置，坚持各专业人员持证上岗制度，所有特殊工种必须持有效证件上岗。做好机具和设备维修、保养工作，推广先进施工机具尤其是小型施工机具的应用。测量设备要按期送检，并设专柜保管，确保测量准确性。

项目管理实行文件化管理，建立工程文件、图纸管理明细台账，配备满足要求的各种规范、标准。优化施工技术方案和技术措施，提高工艺文件的可操作性，做好工艺设计，加深预制，保证质量，提高工效，缩短绝对工期。三是细化各类检验试验、工艺评定，满足工程实际需要。

7.2.3 设备材料采办、验收管理措施

按设备材料质量标准、验收规定和设计文件进行验收，加强设备材料的验收检验和标识管理工作，严格执行关于材料验收检验和标识的规定，保证设备材料检验率达 100%，进入施工现场设备材料的合格率达 100%。

7.2.4 施工过程管理措施

在项目管理上充分发挥各职能部门作用，对施工过程进行动态控制，尤其是对技术难度大、质量要求高的工序加强检查和指导。技术质量部门在做好日常质量监督检查工作的基础上，对关键部位、隐蔽工程实施重点控制，对特殊过程实施连续监控，确保工程质量优良。

建立完善的班组自检、互检及检查员专职检查验收、报检制度，施工班组和技术质量部门严格遵守执行，做到有章可循，有据可查。

7.2.5 工程质量检查措施

根据工程的不同阶段定期组织质量检查，对质量检查中查出的问题，应逐条填写质量问题整改卡，交作业队限期整改，并做好质量问题整改报告。对重复出现的问题，要分析原因，找到解决方法，并且采取预防措施，避免问题再次发生。

7.3 关键工序的质量要求（表 7-1）

表 7-1 关键工序质量要求

序号	关键工序、部位	控制等级	质量控制要求
1	原材料检验 & 报验	B	（1）现场到货的 06Ni9 钢、焊材等应符合相关规定，并有相关质量证明文件；收到材料后应按照设计提供的图纸、总包单位的材料采购单、发货单位的装箱单等资料对到货材料进行检验并报验。验收合格后做好标记并严格按要求做好存放工作 （2）对现场所有 06Ni9 钢辅助材料做好色标标识工作，避免将其他材质的材料用在储罐上
2	焊接工艺控制	A	（1）对口间隙应根据施工图纸或 WPS 确定。应采用完全焊透的焊接接头。焊接前，质量检查员应对此进行检查和记录 （2）储罐壁板的定位焊采用手工电弧焊，定位焊缝长度最小为 50mm。只能在坡口内引弧，焊接过程中应避免电弧击伤母材 （3）在进行打底焊之前，定位焊处应充分打磨并清除杂物。焊接过程中，06Ni9DR 钢层间温度应≤150℃ （4）06Ni9DR 钢焊接线能量严格按照焊接工艺评定要求控制

续表

序号	关键工序、部位	控制等级	质量控制要求
3	焊工进场	A	（1）焊工必须持证上岗，且持证项目满足现场施工要求并在有效期内 （2）对焊工进行现场操作技能考试，操作技能考试合格的焊工，由监督方签发合格焊工上岗卡，从事焊接工作 （3）培训合格的 06Ni9 钢焊工持有焊工培训合格上岗证和 06Ni9 标志的特制袖标方可上岗从事 06Ni9 板的焊接 （4）对焊工进行动态管理，每月对焊工进行焊工合格率统计，对焊接质量连续不佳的持证焊工暂停该焊工作业资格
4	第 1 带壁板组对	A	第 1 带壁板安装全部完成且在保证垂直度、水平度和圆度的情况下经过总包、监理、业主、特检院的共检后才能进行纵向焊缝的焊接，焊缝错变量应≤1.5mm，相邻两壁板上口水平的允许偏差应≤2mm，在整个圆周上任意两点水平的允许偏差应≤6mm，壁板的垂直度应≤3mm
5	壁板最终检查		（1）底圈壁板径向公差应≤ ± 25mm （2）壁板垂直度偏差≤1/200 罐壁高 （3）纵向焊缝错边量：当厚度 t ≤10 时允许偏差 1mm；当厚度 >10mm 时允许偏差为（10%t）和 1.5 中的较小值 （4）环向焊缝错边量（自动焊）应≤1.5mm （5）环向焊缝错边量（手工焊）t ≤8 时，应≤1.5；t>8 时，0.2t 与 2 较小值 （6）壁板整体圆度偏差≤300mm
6	焊缝无损检测	A	（1）内、外罐壁板纵、环对接焊缝应 100% 射线检测 （2）边缘板（包括内、外罐底板边缘板及二次底板边缘板）对接焊缝应进行 100% 射线检测 （3）护角盖板对接焊缝应进行 100% 射线检测 （4）抗压环对接焊缝要求进行 100% 射线检测 （5）抗压环和外罐壁板之间的环焊缝应进行 100% 射线检测
7	罐体强度试验	A	（1）储罐必须在所有检验（射线探伤、渗透检查）完成后，及环隙和吊顶保冷施工前做水压试验 （2）应采用淡水做充水试验，试验用水的氯离子含量不超过 25ppm。在保证一定充水速度的同时，尽量减少水压试验的时间 （3）充水前应确保外罐人孔敞开 （4）内罐注水时，内罐壁板底部至少取 16 个等高点进行检查。同一测量方位内、外罐的相对沉降差应≤10mm。 （5）水充至设计图纸要求的液位，如罐基础未出现严重沉降应保持 48h
8	气密性试验	A	（1）外罐气密试验前，地脚螺栓应固定紧 （2）气密试验应在水压试验后用空气进行，试验前应检查外罐地脚螺栓的松紧度，试验达 25kPa 试验压力下保压 1h，此时应密切注意气温对罐内压力的影响，防止超压 （3）将试验压力降低到设计压力 20kPa，在外罐壁板和拱顶板的所有焊缝处涂肥皂水检验泄漏情况 （4）试验结束后，应重新检查外罐地脚螺栓的松紧程度 （5）外罐负压试验的压力为 -0.49kPa

8 安全措施

8.1 执行的安全标准

（1）JGJ 46—2005 《施工现场临时用电安全技术规范》。

（2）JGJ 80—2016 《建筑施工高处作业安全技术规范》。

（3）JGJ 59—2011 《建筑施工安全检查标准》。

（4）GB 50720—2011 《建设工程施工现场消防安全技术规范》。

（5）GB 3787—2006 《手持式电动工具的管理，使用，检查和维修安全技术规程》。

（6）JGJ 33—2012 《建筑机械使用安全技术规程》。

（7）GB 50656—2011 《施工企业安全生产管理规范》。

（8）SY 6516—1010《石油工业电焊焊接作业安全规程》。

（9）国家安全生产监督管理总局第 80 号令《特种作业人员安全技术考核管理规则》。

8.2 一般规定

8.2.1 人员要求

（1）作业人员经过能力评价和进场安全技术交底。

（2）作业前必须经过高处作业、起重作业、受限空间、用电安全 4 种专项培训。

（3）分项工程前参见项目部组织的安全技术交底并履行书面签字手续，作业前进行班前会，分析施工风险。

（4）作业前配备好合格的劳动防护用品。

8.2.2 设备使用的安全控制

（1）设备进场前的能力认可，安全验收检查。

（2）特种设备经过有资质的检测检验机构检验合格后使用。

（3）项目对设备的定期检查。

（4）项目对设备故障排除后检查。

8.3 针对本工法实施的特殊规定

8.3.1 防起重伤害安全措施

（1）电动葫芦操作人员、起重工持证上岗。

（2）电动葫芦必须经行业检测机构检测验收后挂牌使用。

（3）起重作业前，进行吊索具、车况的安全检查，电动葫芦进行试运行。

（4）起重作业，作业半径警示，防止无关人员进入，吊物下禁止站人。

（5）选择合适的吊索具，选择正确的吊点位置，捆扎符合要求。

8.3.2 防高处坠落、物体打击安全措施

（1）外罐平台作业和壁板小车焊接、打磨等高处作业必须 100% 系挂好全身式安全带，高处移动作业，必须保证安全带挂钩系挂好。

（2）无法系挂安全带位置，拉设生命线。

（3）电动吊篮作业，设置安全绳、自锁器。

（4）高处作业的工卡具比较多，很容易从高处掉落伤人，要随时将拆除的工卡具放入平台工具箱内。

（5）临边、洞口使用硬护栏防护。

（6）各种临时架设特别是罐壁临时操作平台、壁挂行走小车等的安装都要安装牢固，并每天安排专职 HSE 人员认真检查。

8.3.3 防触电安全措施

（1）配置标准规范的配电箱，使用工业型防雨插头，金属外罐和内罐按要求做好防雷接地工作。

（2）设备及罐体的接地定期进行接地电阻的检测。

（3）经常性检查用电设备，动力电缆和照明电缆均应架空后可靠固定，避免随意移动。

8.3.4 有限空间作业、健康环境控制

（1）罐内施工照明要设置好，储罐内采用机械强制通风，通风风机按 $1\times10^4 m^3$/ 台配置。

（2）进、出有限空间都要进行登记记录，有专人进行监护。

（3）职工定期体检，合格后上岗。

（4）所有作业人员配备口罩，间歇性作业。

9 环保措施

9.1 执行的环保标准

（1）JGJ 146—2013 《建设工程施工现场环境与卫生标准》。

（2）GB 12523—2011 《建筑施工场界环境噪声排放标准》。

（3）GB l2524—1990 《建筑施工场界噪声测量方法》。

（4）GB/T 17220—1998 《公共场所卫生监测技术规范》。

（5）GBZ 1—2002 《工业企业设计卫生标准》。

（6）GB 15618—1995 《土壤环境质量标准》。

（7）GB 5749—1985 《生活饮用水卫生标准》。

（8）中油质字安（206）362 《中国石油天然气集团公司环境保护管理规定》》。

9.2 文明施工控制措施

9.2.1 现场文明施工

（1）严禁乱扔焊条头，电焊工要清理干净焊条头。

（2）现场的碎片、钉子、锋利的边角料应及时清理并运走。及时清理焊条头、焊接手套、铁丝、电缆头和其他暂不用的设施，保持现场清洁整齐。

（3）当日工作结束前 10min，做好场地清理，确保“工完、料净、场地清”。

（4）现场采用洒水措施进行降尘。

9.3 环境保护措施

9.3.1 污染控制措施

（1）任何油料溢漏必须进行清理，并做好事故记录。

（2）冲洗和清洁施工设备和车辆的冲洗场地应提供设有不渗透地面。

（3）冲洗和清洁的污水排放和处理按照业主的规定执行。

（4）危害材料、物质使用或存放，以及有危险状况存在的区域应进行确认并采用封装物或屏物适当隔离。

（5）工地使用或存放化学品和其他危害物质的安全数据表应提前提交给总包商 HSE 部门。

9.3.2 废料的收集与处理

（1）要有计划，经常地把工业垃圾和废料，按边角料（金属）、包装板分类收集，放在指定的容器或场所。

（2）生活垃圾、生活废水、废液要分类堆放或处理。

（3）任何情况下废物都不允许在现场埋地和回填，严禁倾倒在未经批准的地方或焚烧。

（4）洗片废液使用桶装，不得直接排放。

10 效益分析

10.1 经济效益

（1）采用正装施工工法，部分工装与预应力凝土 LNG 储罐施工工装通用，大大降低了一次性工装费用投入，工卡具可以重复利用，仅一项可约手段材料费 45 万元。

（2）拱顶块吊装采用 260t 吊车 1 个月（吊预制块进罐）费用约 18 万元，气顶升升顶设备一套约 20 万元，如采用倒装施工法两台储罐需要采用两套（60 个 35t 液压千斤顶）液压顶升工作站连续使用 8 个月费用约 48 万元，机械费可节约 10 万元。

（3）瓦楞型铝吊顶由于采用拉丝铆钉固定，施工过程中投入的高技能铆工和铝焊工的人员大幅减少；以 $8\times10^4m^3$LNG 储罐为例：采用瓦楞型铝吊顶结构可节省材料费用约 70 万元；单位面积上的铝材消耗量减少 41%，不锈钢材料消耗量减少 23%，减少焊接长度约 4200 m，可节约 3800 工时。

（4）国产埋弧自动焊焊丝成功用于储罐外罐施工，导致国外品牌进口焊丝吨单价下浮 >40%，单台储罐节约焊材费用 160 万元。

（5）采用自主开发的气顶升技术和自主发明的密封装置，能安全高效地完成 LNG 储罐罐顶气顶升，有很好的经济效益和社会效益。

（6）铝吊顶板直接在罐底上安装，节约机具购置费约 6 万元，节省人工费 1.2 万元。

（7）采用大流量液氮气化装置对储罐及 LNG 管道进行置换干燥，费用节约 30%。

（8）大型双金属全包容低温储罐正装施工工法针对 $8\times10^4m^3$ 以上的双金属低温储罐适用性更强，更加容易满足双金属低温储罐大型化的发展趋势，双金属储罐由于外罐采用钢板取代预应力钢筋混凝土，施工过程中可大大减少工地砂、石等粉尘的污染，同时节约大量的混凝土施工用水，更加节能和环保。

10.2 社会效益

以沿海 LNG 接收站为资源转泊中心，通过建设沿江 LNG 接收站等方式将 LNG 直运进江，打造海江陆联动 LNG 终端网络，形成 LNG 水上交通应用综合优势，对于长江经济带上海、江苏、浙江等 11 省市的能源结构调整意义重大，实现长江航道内的船舶使用 LNG 清洁能源，对于保护母亲河意义非凡，采用正装施工工法建成江阴液化天然气集散中心 LNG 储配站两台 $8\times10^4m^3$ 双金属低温储罐，是国内第一次，对于推进双金属储罐的大型化及其布点应用同样具有划时代的意义。

11 应用实例

江阴液化天然气集散中心 LNG 储配站两台 $8\times10^4m^3$ 双金属低温储罐为国内单体罐容最大的双金属全包容低温储罐；T–1201 LNG 储罐 2017 年 8 月 5 日开工，T–1202 LNG 储罐 2017 年 08 月 21 日开工，目前，两台 LNG 储罐主体施工完成，2019 年 4 月 30 日机械完工。

中国石油天然气第六建设有限公司是中国石油第一家参与 LNG 储罐及接收站施工的单位，具备（3~27）$\times10^4m^3$ 混凝土型 LNG 储罐的施工能力，具备（3~8）$\times10^4m^3$ 双金属低温储罐的施工能力，06Ni9 钢焊接评定试验涵盖神户制钢、太钢、南钢、鞍钢、兴澄特钢等多家钢厂钢板，掌握手工电弧焊、埋弧自动焊横焊、药芯焊丝气保护立焊等多种焊接工艺。

大中型双金属全包容 LNG 储罐正装施工工法可应用于（3~16）$\times10^4m^3$LNG 双金属全包容 LNG 储罐施工是成熟、可靠的。

连续重整装置反再框架模块化施工工法

中国石油天然气第六建设有限公司

李玉磊　郭　瑞　刘相周　田展超　吕　旭

1　前言

反再框架为连续重整装置中安装程序最复杂的构架，其中核心设备反应器和再生器就位于反再框架内。在以往的作业中，采用分层安装，钢结构分片或单根组对的方式，安装周期长，高空作业工作量大。近些年来，随着大型吊装机械的发展，模块化吊装技术日益成熟，中国石油天然气第六建设有限公司在实践中通过梳理总结形成了《连续重整装置反再框架模块化施工工法》，在连续重整装置反再框架安装中，通过合理的划分构件模块，优化了反再框架的安装流程，有效缩短施工工期降低安装风险。

该工法获得2018年工程建设企业“五化”工作专项奖，先后应用于华北石化130×10^4t/a连续重整装置、辽阳石化140×10^4t/a连续重整装置和新海石化100×10^4t/a连续重整装置的反再框架的安装。实践证明，质量可靠，经济效益显著。

2　工法特点

（1）采用三维模型软件对反再框架进行模块化分。

（2）在地面同时进行多个模块预制，使用大型吊车集中吊装，节约安装工期。

（3）合理规划钢结构框架与设备安装顺序，确定到货需求，减少预留、拆除及切割作业。

3　适用范围

本工法适用于连续重整装置反再框架安装及其他石化装置大型构架安装。

4　工艺原理

（1）根据构架结构及构架内设备分布及安装条件，确定构件需要划分的位置。

（2）根据拟选用的大型吊车吊装性能，合理规划模块质量。

（3）根据现场施工平面总图，布置分段预制场地及吊装场地规划。

（4）根据构架安装、吊装方案，规划构架内设备与钢结构模块穿插安装顺序。

5 施工工艺流程及操作要点

5.1 施工工艺流程（图 5-1）

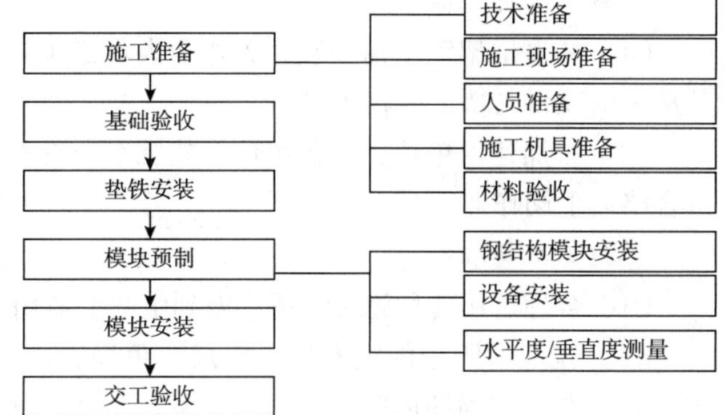

图 5-1 施工工艺流程图

5.2 操作要点

5.2.1 施工准备

1. 施工技术准备

（1）施工前期阶段组织项目工程技术人员及施工班组人员熟悉图纸，找出设计图纸存在的问题和施工疑难，积极和建设单位、设计单位、监理单位联系，进行图纸会审。

（2）由设计单位对总图设计、专业设计、采用的专业技术、采用的规范标准、施工技术要求等进行交底，并对图纸会审提出的问题进行答疑，明确问题，确定解决方案。

（3）根据施工图纸，对钢构架及设备进行若干模块划分及规划安装顺序。

①根据施工图纸及初步分段策划，采用三维软件建立框架的分段及设备的三维模型，如图 5-2、图 5-3 所示；

②采用三维软件对构架钢结构模块吊装情况进行三维模拟，查找其中的干涉情况，检查模块划分的合理性及适用性；

③根据三维软件模拟的情况，在吊装允许的情况下，适当加深分段预制深度，减少空中作业，最后形成最终的分段方案（图 5-4、图 5-5）。

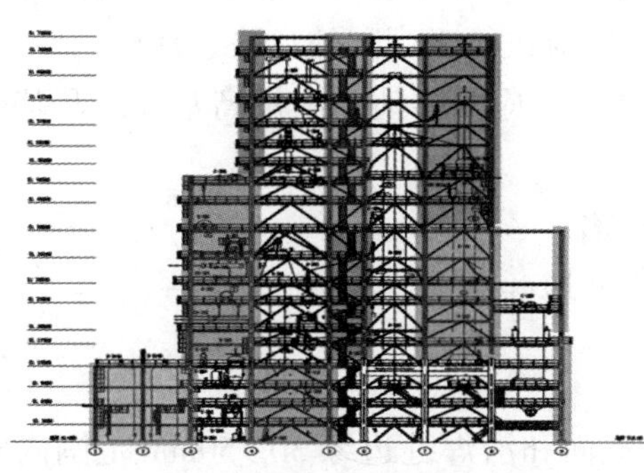

图 5-2 框架模块化初步分段策划

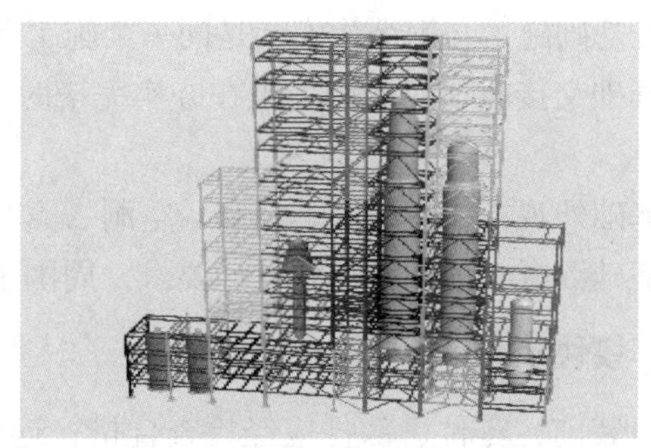

图 5-3 采用三维软件建立分段模型

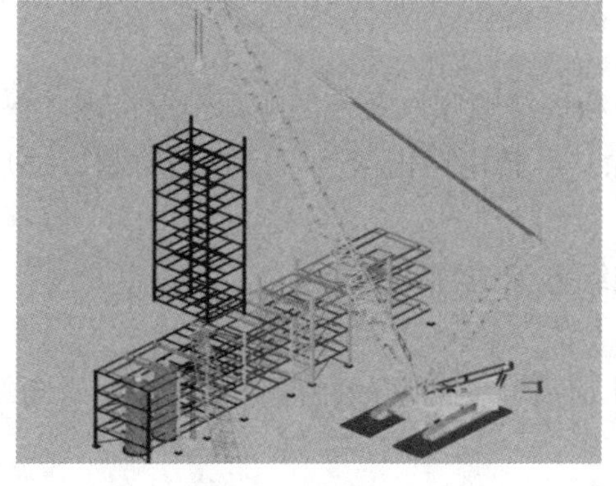

图 5-4 采用三维软件模拟吊装 1

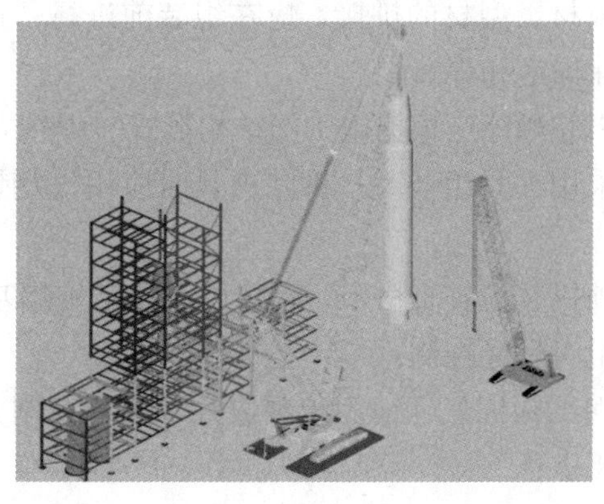

图 5-5 采用三维软件模拟吊装 2

④根据最终的分段方案，提出基于安装顺序的钢结构及设备到货需求计划。

（4）在施工前对施工班组进行安全技术交底，使其明确模块化安装的分片及分框程序和安装质量控制点与要求以及安全教育，切实做到质量第一、文明施工。

2. 施工人员准备

（1）从事框架钢结构安装相关作业人员必须持有相关合格资质证书且在有效期限内，且必须保证其从事的项目与持证内容相符。

（2）参加建设单位、总包单位及施工企业等相关单位组织的安全教育培训及其他专业培训，并考试合格后上岗作业。

3. 施工机具准备

（1）合理选用各种施工设备，做到生产上适用、性能上可靠、使用上安全、操作上方便等原则，。

（2）施工中所用的钢卷尺、板尺、角尺、水平尺、弹簧测力器等各种计量工具必须经过计量鉴定，并且在检定周期内完好。所有机具设备在入库前应及时报验，保证进入施工现场的计量器具都是合格的并且都在规定的期限内。

（3）施工的机具设备应按规定的时间及时进行检查、维护和保养，保证所有机具设备运转正常。

4. 材料验收

（1）到厂的型钢、钢板等材料到货时均应有相应的合格证或质量证明书，在制作安装前对照质量证明书确定是否符合相关质量检验标准和图纸的规定，不合格者不得使用。

（2）用于钢结构安装的材料（钢板、型钢、钢管等）进厂时，必须具有产品合格证。

（3）焊接材料（焊条、焊丝等）进厂时，必须具有产品合格证、质保书等，且符合焊接工艺要求，验收合格后方可入库，分类存放妥善保管。

5.2.2 基础验收

（1）建设 / 监理单位组织基础施工单位和钢结构施工单位进行基础交接验收，验收合格后方可交付安装。若基础施工与钢结构安装是同一个施工单位，则应进行工序间的自检、互检、专检。

（2）基础交接时，四周回填土在夯实完毕时，在基础上应明显地画出标高基准线及基础的纵横中心线。

（3）基础外观不得有裂纹、蜂窝、空洞、露筋等缺陷。

（4）基础混凝土强度应达到设计要求，周围土方应回填并夯实、整平。

5.2.3 模块预制

（1）组装前，零件、部件应经检查合格；连接接触面和沿焊缝边缘 30~50mm 范围内的铁锈、毛刺、飞边、污垢等应清除干净。构件的锐角、锐边应用手提砂轮机倒角。

（2）板材、型材的拼接，应在组装前进行；构件的组装应在部件组装、焊接、矫正后进行。组装前，应清除焊疤和焊渣。

（3）组装顺序应根据施工图结构形式、焊接方法和焊接顺序以及现场实际情况等因素综合确定。

（4）采用夹具组装时，拆除夹具时应用气割切除，严禁用锤击落且不应损伤母材，之后用磨光机打磨平整。

（5）预拼装检查合格后，标注中心线，控制基准线等标记特殊位置。

（6）组对尺寸控制：

①各钢结构框架在地面组装成片，必须控制其几何尺寸。两柱间距偏差、平面两对角线之差必须满足规范要求；

②钢结构框架在地面组装成框，除必须符合上述要求外，还必须控制空间两对角线之差在 10.0mm 以内。

5.2.4 垫铁安装

（1）柱脚板采用钢垫铁支承，安装前基础应打成麻面而且能保证垫铁组能垫实垫平。

（2）对已安装上的柱脚板，由测量工测出中心线，并用样冲做标记。

（3）钢垫板面积计算。

钢垫板最小面积按 GB 50755—2012《钢结构工程施工规范》计算：

$$P=\frac{Q+Q_2}{C}\varepsilon$$

式中，A 为钢垫板面积，cm^2；ε 为安全系数，一般为 1.5~3；Q_1 为二次浇筑前结构质量及施工荷载，kN；Q_2 为地脚螺栓紧固力，kN；C 为基础混凝土强度等级，kN/cm^2。

（4）用垫铁安装时，基础表面应凿麻，垫铁设置处应铲平并符合以下固定：

①垫铁组应设置在靠近地脚螺栓的柱脚底板和加劲板或柱肢下，每个地脚螺栓侧应设置 1 ~ 2 组垫铁。每组垫铁的垫铁数不宜超过 4 块。

②铁与基础面和柱地面的接触面应平整、紧密。

③斜垫铁应成对使用，其叠合长度不应小于垫铁长度的 3/4。

④二次灌浆前同组垫铁间应焊接固定。

5.2.5 模块吊装

1. 结构模块吊装

（1）框架结构吊装就位前，找好垫铁表面标高，在两个互相垂直的方向上放置经纬仪，以方便立柱的就位和找正。

（2）根据吊装专项方案，进行吊装前的安全技术交底。

（3）系挂好钢结构与吊车之间的主吊索具和溜尾索具，进行吊装前的联合检查。确认无误后，开始试吊，提升框架 200 ~ 300mm，对吊耳、吊索具的受力情况，起重机运行情况，地基的下沉情况进行检查确认。

（4）主吊起重机和溜尾起重机配合，使框架竖立后，拆除溜尾索具，主吊起重机通过变幅、旋转及提升下降等操作，使钢结构框架就位于基础上。

（5）吊装时，吊车占位尽量合理，把成片的钢结构吊装就位后，应立即进行校正固定，使安装完的框架钢结构能够尽快形成稳定的空间体系。

（6）框架结构分段及分片吊装完成后安装结构之间的联系梁及其他构件。

2. 设备安装

（1）钢结构框架施工安装过程中需要和设备同步进行安装，穿插作业，根据设备到货计划及安装施工方案，安装框架内的设备。

（2）及时与建设单位、总包单位及运输单位确认设备的到货信息。

（3）如设备到货较早，提前做好设备摆放位置的规划。

（4）如设备到货较晚，提前做好框架的预留。

3. 水平度、垂直度测量

（1）框架安装的允许偏差（表 5–1）

表 5-1 结构框架测量允许偏差表

项 目		允许偏差 /mm
柱轴线对行、列定位轴线的平行偏移和扭转偏移		3.0
柱实测变高与设计标高之差		±3.0
柱直线度		H/1000，且≤15.0
柱垂直度	H<12000	H/1000，且≤10.0
	12000 ≤H<24000	H/1000，且≤20.0
	24000 ≤H<36000	H/1000，且≤25.0
	36000 ≤H<48000	≤30.0
	1H ≥48000	≤35.0
相邻层间两柱对角线长度差		5.0
相邻柱间距离		±3.0
梁标高		±3.0
梁水平度		L/1000，且≤5.0
梁中心位置偏移		2.0
相邻梁间距		±4.0
竖面对角线长度差		15.0
任一截面对角线长度差		15.0

注：L 为梁的长度；H 为柱子高度。

（2）钢平台、钢梯和防护栏杆安装（表 5–2）

表 5-2 钢平台、钢梯和防护栏杆测量允许偏差表

项 目	允许偏差值 /mm
平台高度	±15.0
平台梁水平度	l/1000，且≤20.0
平台支柱垂直度	h/1000，且≤15.0
承重平台梁侧向弯曲	l/1000，且≤10.0
直梯垂直度	l/1000，且≤15.0
斜梯踏步水平度	5.0
栏杆高度	±5.0
栏杆立柱间距	±15.0

注：h 为平台支柱高度；l 为直梯和平台梁长度。

5.2.6 交工验收

（1）安装单位项目经理组织有关人员进行自验，应分层分段由上述人员按照自己主管的内容逐一进行检查。在检查中要做好记录。对不符合要求的部位和项目，确定修补措施和标准，并指定专人负责，定期修理完毕。

（2）施工单位在自查、自评工作完成后，应编制《工程竣工报告》，由项目负责人、单位法定代表人和技术负责人签字并加盖单位公章后，和全部竣工资料一起提交给监理单位进行初验。未委托监理的工程，施工单位应将工程竣工报告直接提交建设单位。

（3）《工程竣工报告》应当包括以下主要内容：已完工程情况、技术档案和施工管理资料情况、安全和主要使用功能的核查及抽查结果、观感质量验收结果、工程质量自验结论等。

6 劳动力组织

劳动力组织见表 6–1。

表 6-1　劳动力组织表

序　号	类　别	岗　位	人数 / 人	职　责
1	非直接人员	项目经理	1	现场总负责
2		项目副经理	2	负责现场的施工生产及技术质量工作
3		安装责任师	2	负责编制钢结构安装及设备安装方案及技术指导工作
		材料责任师	1	负责材料进场验收及检验工作
		焊接责任师	1	负责编制焊接方案及技术指导工作
4		吊装责任师	1	负责编制吊装施工方案及技术指导工作
5		安全工程师	1	负责施工现场的安全管理工作
6		QA、QC 工程师	1	负责质量控制工作
	直接人员	铆工	10	负责钢结构安装及找正工作
		钳工	10	负责垫铁安装及设备找正工作
		焊工	8	负责钢结构及垫铁焊接工作
7		吊车操作手	8	负责吊车的操作和日常维护
8		起重工	8	负责吊装作业准备及实施
9		力工	6	辅助工作
		合计	60	

7　材料与设备

需用的主要材料及机具设备见表 7–1。

表 7-1　主要设备材料表

序　号	名　称	规格、型号	单　位	数　量	备　注
1	履带吊	750t	台	1	根据框架尺寸规格选用
2	履带吊	400t	台	1	主吊、溜尾
3	履带吊	250t	台	1	主吊及溜尾
4	100t 汽车吊	100t	台	1	溜尾配合吊车
5	汽车吊	50t	台	1	钢结构卸货、配合吊车
7	钢丝绳扣	ϕ90mm × 14m	条	4	主吊钢丝绳
8	钢丝绳扣	ϕ65mm × 14m	条	4	主吊钢丝绳
9	钢丝绳扣	ϕ43mm × 14m	条	4	溜尾钢丝绳
10	卸扣	120t	个	2	
11	卸扣	85t	个	4	
12	卸扣	55t 35t 25t	个	4	各 4 个
13	吊装带	10t × 10m	条	4	
14	倒链	10t	条	2	
15	倒链	5t 3t 1t	条	4	各 4 条
16	电焊机		台	10	
17	烘干箱		台	1	
18	焊条保温桶		个	20	
19	角向磨光机		台	10	
20	液压板式		套	2	
21	敲击扳手		套	2	
22	经纬仪		台	2	

续表

序 号	名 称	规格、型号	单 位	数 量	备 注
23	水准仪		台	1	
24	水平尺		把	10	
25	钢盘尺	50m	把	5	
26	钢卷尺	5m	把	10	
27					
28	对讲机		台	8	
29	警戒绳		m	600	
30	钢板	δ40、δ30、δ20、δ12	m^2	若干	平台及吊耳制作

8 质量控制

8.1 工程质量控制标准

（1）SH/T 3507—2011 《石油化工钢结构工程施工质量验收规范》。

（2）GB 50205—2001 《钢结构工程施工质量验收规范》。

（3）GB 50461—2008 《石油化工静设备安装工程施工质量验收规范》。

（4）GB 50798—2012 《石油化工大型设备吊装工程规范》。

（5）SH/T 3515—2017 《大型设备吊装工程施工工艺标准》。

（6）SH/T 3536—2011 《石油化工工程起重施工规范》。

8.2 质量保证措施

（1）基础及地脚螺栓位置的允许偏差（表 8–1）

表 8-1 基础及地脚螺栓允许偏差参考表

检查部位		允许偏差 /mm
框架或管廊柱子基础支撑面中心		3.0
框架或管廊相邻两钢柱基础中心间距		± 3.0
一次浇筑的基础支承面标高		0，−10
垫铁或混凝土垫块支撑面标高	同一支撑面	± 1.0
	不同支撑面	± 2.0
地脚螺栓	螺栓中心距（在根部和顶部两处测量）	± 2.0
	螺栓中心对基础轴线距离	2.0
	顶端标高	+10，0
	螺纹长度	+30，0

（2）型钢、钢结构运输过程中，与车厢板接触的地方加枕木或胶皮，防止压坏型钢翼缘。在立柱、钢架梁吊装过程中，应视具体的结构形式在易变形的位置加 ϕ89mm × 5mm 的钢管或型钢予以固定，待钢结构安装稳妥后进行割除。

（3）钢结构安装前，应对构件的质量进行检查，构件的永久变形和缺陷超出允许值时，应进行处理。钢柱安装要检查柱底板下的垫铁是否垫实、垫平，防止柱底板下地脚螺栓失稳；控制柱是否垂直和有无位移，安装工程中，在结构尚未形成稳定体系前，应采取临时支护措施。

（4）当钢结构安装形成空间固定单元，并进行验收合格后，应及时将柱底板和基础顶面的空间二次浇筑密实，检查钢结构主体结构的垂直度和整体平面弯曲等。

（5）焊接区应保持干燥，不得有油污、水、锈、氧化皮和其他杂物，焊接材料使用前应按使用说明书规定进行烘焙，对T型、十型、角接接头要求熔透的对焊和角接组合焊缝，其焊脚尺寸应≤$t/4$。焊缝检查对全溶透，不低于Ⅱ级焊缝应要求做超声波探伤。其探伤比例为每焊缝长度的20%，而不是焊缝延长米的百分比，应为条数计数抽样检测。

（6）设备安装的允许偏差应符合表8–2的规定。

表8-2 设备安装的允许偏差

项目		允许偏差/mm	检验方法
标高		±5	用水准仪检查
中心线位置		5	用钢卷尺检查
卧式设备水平度	轴线	$L/1000$	用水平仪检查
	径向	$2D/1000$	
立式设备方位		15	用钢卷尺检查
立式设备垂直度		$H/1000$ 且≤25	用线坠或经纬仪检查
上下端盖法兰与筒体法兰间隙	钢垫	0.1	用塞尺检查
	其他垫	0.3	

注：D为设备外径；L为卧式设备两支座间距离；H为立式设备两端部测点间距离。

（7）涂刷工程质量的控制应做到在钢结构涂刷前，涂刷的构件表面不得有焊渣、油污、水和毛刺等异物，涂刷遍数和厚度应符合设计要求。对涂装材料必须有合格证，防火涂料涂装工程必须由消防部委批准的施工单位施工。

（8）保证施工、质检所用计量器具的准确可靠，严格执行公司程序文件关于检验、测量和试验设备的控制程序。

9 安全措施

（1）本工法遵照执行安全标准《石油化工建设工程施工安全技术规范》GB 50484—2008。

（2）全面推行HSE管理体系，做到领导承诺、全员参与、重点监控。建立健全施工安全管理网络，明确现场安全第一责任人、安全监护人。

（3）搞好安全教育，做好安全培训及安全交底，使每个作业人员做到安全工作心中有数，保证安全生产。

（4）坚持班前会安全讲话制度，安全讲话应具有针对性，以提高职工的安全意识，自我约束及自我保护能力为主。

（5）进入施工现场应穿工作服，戴安全帽，高空作业系牢安全带，严禁酒后上岗；遵守厂内的各项管理规定，特种作业人员必须持证上岗。

（6）加强用电机具的管理和维护工作，出现断电、短路情况，立即找维修电工处理，严禁擅自违章操作，配电箱、插座必须牢固可靠，做好防雨措施。

（7）吊装时严格按操作规程操作，周围要设置警戒线，并有专职人员辅助作业，严禁超重吊装。

（8）应按要求配备足够的消防器材和设施。

（9）脚手架全部采用钢制脚手杆、板和铸铁扣件，禁止使用木、竹制跳板，脚手架搭设应符合安全规定，经现场HSE监督员验收合格后方可使用。

（10）HSE 监督员应深入现场巡视，及时发现并清除安全隐患，提出安全整改意见。

10 环保措施

10.1 本工法遵照执行的环保法律、法规

（1）2015 年 1 月 1 日起施行《中华人民共和国环境保护法》。

（2）1998 年 11 月 29 日施行《建设项目环境保护管理条例》。

10.2 环保措施

（1）开展环境保护培训、环保监督、监测和检查，建立监测档案。

（2）制定防漏的应急措施，为防止吊车的液压油向外泄漏而造成的污染，需要在工具房内配备小容器做接漏用，同时要备好沙土和铁铲，当有泄漏发生时，及时用沙土覆盖，防止污染扩散。

（3）对施工中可能影响到的各种设施，要有具体和可靠的保护措施，并在实施的过程中加强监测，防止这些设施发生损坏。

（4）施工中选择低噪声的设备，合理安排高噪声设备的运转时间以减小施工噪声对当地人、畜的影响。

11 效益分析

（1）通过前期策划及提出设备钢结构到货需求，采用模块化分段安装连续重整装置反再框架，可以做到设备与钢结构的集中吊装，提高大型吊车利用效率，减少高空作业，有效缩短施工周期。

（2）本工法在中国石油华北石化公司炼油质量升级与安全环保技术改造工程 130×10^4t/a 连续重整装置安装工程中成功应用，原工期预计 90d，采用本工法实际工期 70d，节约工期 20d。节约费用如表 11-1 所示。

表 11-1 经济效益对比表

人工费			
人数 / 人	节约工期 /d	单价 /（元 / 人 · d）	节约合计 / 元
50	20	320	320000
主要机械台班费			
机械型号	节约台班	单价 /（元 / 台班）	节约合计 / 元
1350t 履带吊	20	40000	800000
400t 履带吊	20	12000	240000
机械台班费节约			1040000
总节约			1360000

12 应用实例

应用实例一：

中国石油华北石化公司炼油质量升级与安全环保技术改造工程 130×10^4t/a 连续重整装置反再框架共有 7 轴，2 轴、3 轴为反应框架、4 轴、5 轴为再生框架。其中，1 轴、2 轴内部就位设备 E-201 重整进料换热器，2 轴、3 轴内部就位设备 R201-204 重整四合一反应器及还原段，4 轴、5 轴内部就位

设备 R–301 再生器。框架顶部标高 EL106000。

该框架根据施工吊装方案共分为 12 个框架 +2 片进行吊装（图 12–1、图 12–2）。

应用实例二：

辽阳石化俄罗斯原油加工优化增效改造项目 140×10^4t/a 连续重整 – 抽提装置反再框架共有 9 轴，4 轴、5 轴为再生框架，6~8 轴为反应框架。其中 6~8 轴轴就位 2 台重整二合一反应器。框架顶部标高 EL73000。

该框架根据施工吊装方案共分为 7 个框架和 3 片进行吊装（图 12–3、图 12–4）。

应用实例三：

江苏新海石化有限公司 100×10^4t/a 连续重整项目及配套工程反再框架共 6 轴，2 轴、3 轴为再生框架，4 轴、5 轴为反应框架，其中 4 轴、5 轴轴就位四合一重整四合一反应器及还原段。框架顶部标高 EL97000。

该框架根据施工吊装方案共分为 7 个框架和 2 片进行吊装（图 12–5、图 12–6）。

图 12–1　反应器吊装

图 12–2　框架吊装

图 12–3　反应器吊装

图 12–4　框架吊装

图 12–5　反应器吊装

图 12–6　最后一段吊装

立式圆形加热炉采用旋转吊架吊运炉管施工工法

中国石油天然气第六建设有限公司

李玉磊　黄兆军　郭　瑞　彭　辉　吕　旭

1　前言

圆形加热炉是石油化工装置中是常见的热工设备，加热炉辐射室内贴近炉壁分布有若干组垂直炉管，该段炉管工作环境恶劣，工作条件苛刻，极易出现损坏，因此在石化装置检修作业中，加热炉辐射段炉管更换极为常见。由于辐射室为密闭空间，提高炉管在检修孔和安装位置之间的转运速度将极大地提高炉管更换效率。

中国石油天然气第六建设有限公司通过在圆形加热炉辐射室内安放旋转吊架，有效解决了炉内炉管吊装、安装就位难题。在实践中通过梳理总结形成了《立式圆形加热炉采用旋转吊架吊运炉管施工工法》，在圆形加热炉炉管安装作业中具有广泛的推广价值。

该工法应用于上海西萨化工 36×10^4t/a 异丙苯装置导热油炉改造工程，实践证明，安全可靠，对提高工效，节约成本有很大的促进作用。

2　工法特点

（1）使用旋转吊架在圆形加热炉辐射室内吊运炉管。

（2）旋转吊架由可拆卸构件组成，且各部件可通过检修孔进出辐射室。

（3）旋转吊架各部件有螺栓或销轴组对连接，组装拆卸便捷，可快速到达使用条件。

（4）完全利用检修孔完成炉内外材料的转运，避免在炉顶其他部位开孔。

3　适用范围

适用于立式圆形管式加热炉辐射段炉管的更换作业。

4　工艺原理

本工法自行设计制造可拆卸式旋转吊架，采用旋转吊架作为圆形加热炉辐射室内部吊运工具，实现炉管在检修孔和安装位置快速转运，由 50t 汽车吊进行炉外辅助炉管接力，建立炉内外材料快速转运途径，从而完成加热炉辐射段炉管更换作业。

5 施工工艺流程及操作要点

5.1 施工工艺流程（图 5-1）

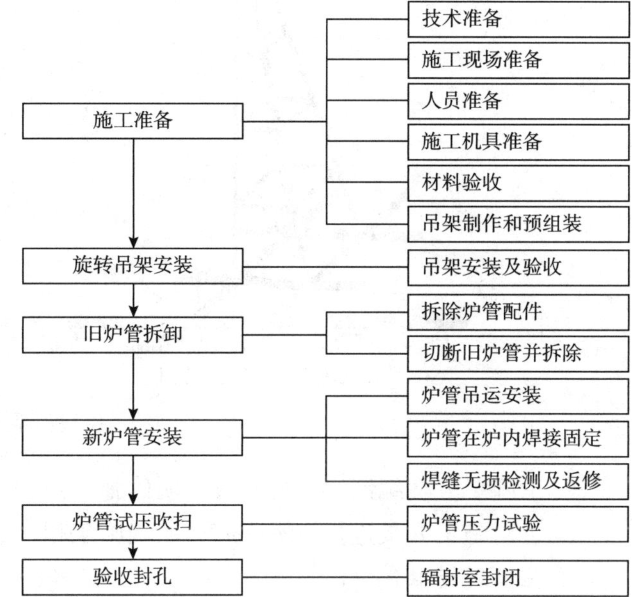

图 5-1 施工工艺流程图

5.2 操作要点

5.2.1 施工准备

1. 技术准备

（1）组织相关人员进行图纸会审，认真熟悉图纸和各种相关规范。

（2）完成旋转吊架图纸绘制和审核工作（图 5-2），并对其强度和稳定性做校核，形成计算书。吊架设计应符合以下要求：

①吊架在满足最大构件吊装的前提下尽可能做到结构简单，操作方便；

②旋转吊架所有组成构件可以由炉体检修孔自由出入，吊架具有快速搭建和拆卸的特点，且在炉内完全可由人工完成以上作业；

③旋转吊架应具有减少施工成本，降低作业安全风险，提高施工效率的能力；

④旋转吊架安装、拆卸后应尽可能不影响炉内其他作业。

利用 ANSYS 有限元软件进行强度校核，分析分两步进行，第一步进行静力分析，载荷为吊重加吊梁自重；第二步进行特征值屈曲分析。最大集中应力 185MPa，最大变形为 45.2mm，材料材质为 Q235B，其屈服极限是 235MPa，由图 5-3 计算结果可知：材料强度符合强度要求。特征值屈曲分析计算结果：特征值为 1.07>1，则钢结构稳定性强度满足要求。

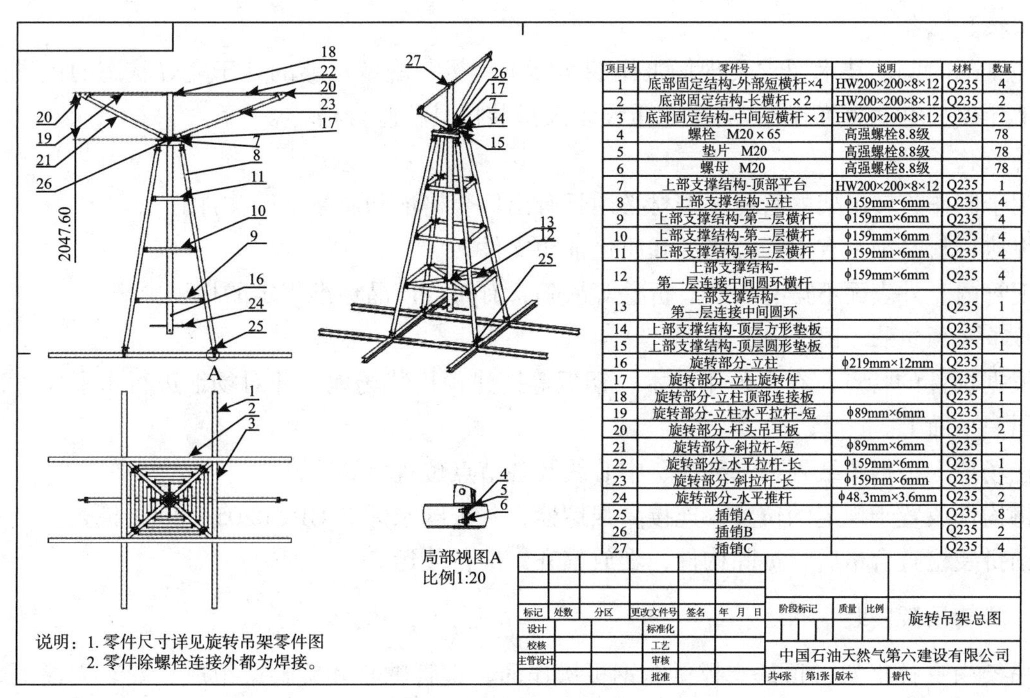

项目号	零件号	说明	材料	数量
1	底部固定结构-外部短横杆×4	HW200×200×8×12	Q235	4
2	底部固定结构-长横杆 × 2	HW200×200×8×12	Q235	2
3	底部固定结构-中间短横杆 × 2	HW200×200×8×12	Q235	2
4	螺栓 M20 × 65	高强螺栓8.8级		78
5	垫片 M20	高强螺栓8.8级		78
6	螺母 M20	高强螺栓8.8级		78
7	上部支撑结构-顶部平台	HW200×200×8×12	Q235	1
8	上部支撑结构-立柱	ϕ159mm×6mm	Q235	4
9	上部支撑结构-第一层横杆	ϕ159mm×6mm	Q235	4
10	上部支撑结构-第二层横杆	ϕ159mm×6mm	Q235	4
11	上部支撑结构-第三层横杆	ϕ159mm×6mm	Q235	4
12	上部支撑结构-第一层连接中间圆环横杆	ϕ159mm×6mm	Q235	4
13	上部支撑结构-第一层连接中间圆环		Q235	1
14	上部支撑结构-顶层方形垫板		Q235	1
15	上部支撑结构-顶层圆形垫板		Q235	1
16	旋转部分-立柱	ϕ219mm×12mm	Q235	1
17	旋转部分-立柱旋转件		Q235	1
18	旋转部分-立柱顶部连接板		Q235	1
19	旋转部分-立柱水平拉杆-短	ϕ89mm×6mm	Q235	1
20	旋转部分-杆头吊耳板		Q235	2
21	旋转部分-斜拉杆-短	ϕ89mm×6mm	Q235	1
22	旋转部分-水平拉杆-长	ϕ159mm×6mm	Q235	1
23	旋转部分-斜拉杆-长	ϕ159mm×6mm	Q235	1
24	旋转部分-水平推杆	ϕ48.3mm×3.6mm	Q235	2
25	插销A		Q235	8
26	插销B		Q235	2
27	插销C		Q235	4

图 5-2 旋转吊架总图

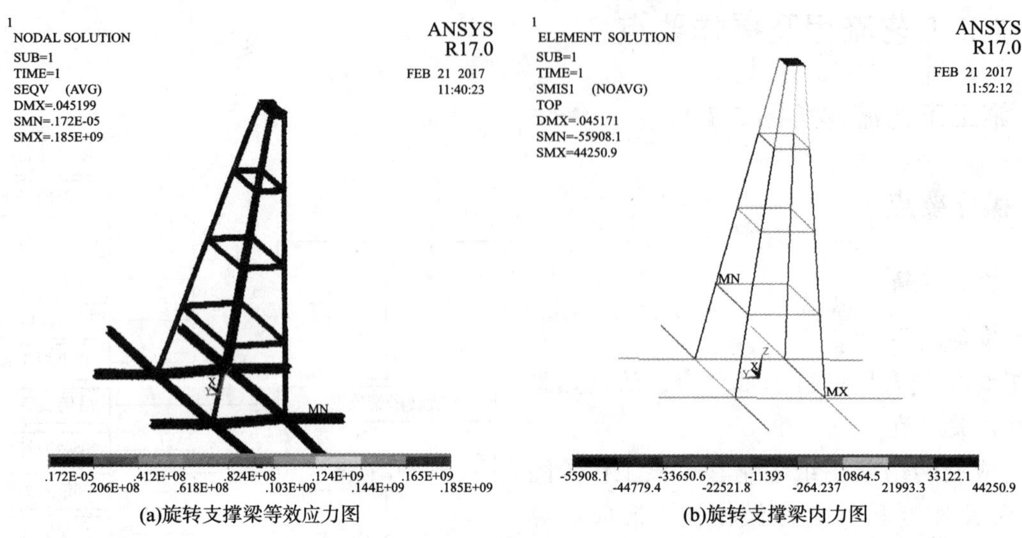

(a)旋转支撑梁等效应力图　　(b)旋转支撑梁内力图

图 5-3　旋转吊架有限元分析结果图

（3）施工方案编制、审批完成，明确施工范围、方法和其他有关要求。

（4）对施工人员进行技术交底，明确施工程序、施工方法、质量标准和 HSE 要求。

2. 施工现场准备

（1）合理规划现场材料存放区域，保证拆卸和安装互不影响。

（2）运输通道及施工车辆通道保持畅通，不得影响周边装置生产。

（3）施工现场临时用水用电按规定布置完毕。

（4）架设施工区域的硬维护，做好与周边生产装置的隔离。

3. 人员准备

由于停产时间短，炉管更换工作量大，炉内作业空间有限，无法投入大量人力，炉管更换操作人员必须熟练掌握吊架的使用。在人员进场之前对吊架操作人员进行场外培训和实际操作演练，确保操作人员熟悉吊架操作要点和流程。

4. 施工机具准备

根据施工的时间、技术要求及现场工作的实际工程量，配备足够的处于完好状态的机具设备（包括倒链、千斤顶、电动葫芦等），各类起重设备及吊装机具检验合格。

5. 材料验收

（1）用于制作旋转吊架的管材、型材必须具有出厂合格证和质量证明文件。

（2）焊接材料必须具有出厂合格证和质量证明文件。

（3）钢管内、外表面不得有裂纹、折叠等缺陷，有符合产品标准规定的标识。

6. 旋转吊架预组装（图 5-4）

（1）根据构件的特点，在厂外用枕木、钢板等搭建预拼装场地，并对场地进行水平校正，使所有基准点在同一平面上。

（2）在场地上根据图纸划出基准线、中心线及各节点位置。

（3）将构件放置于规定的位置，连接高强螺栓，并按国家标准 GB 50205—2001 检查。

（4）预拼装检查合格后，拆除构件，堆放整齐，准备装运。

5.2.2　旋转吊架安装

旋转吊架由支撑框架、顶部支撑梁、钢板操作面、钢管轴套和旋转梁组成。安装支撑框架前，将喷嘴上方铺设 1.5～2mm 厚钢板保护。吊架底座型钢、立柱等较长构件均由上方检修孔吊入辐射室内部，其他较轻构件由底部人孔搬运至辐射室，使用倒链在辐射室内由下至上组装旋转吊架。旋转梁由钢管、转轴、滚轮及钢板组成，旋转梁吊点下安装电动葫芦。为了减小旋转吊架的旋转平台摩擦力，利用 Teflon（特氟隆）板作为旋转平台垫板。

图 5-4　旋转吊架预制场组装图

5.2.3　旧炉管拆卸

1. 拆除炉管配件

保护性拆除炉管上部的炉管吊架固定架，用切割片将与炉管相连接的上下集合管的进、出口支管切割掉，切割时要贴近支管根部。

2. 切断炉管并拆除

使用切割机将炉管底部的 180° 弯头与上部直管段断开，将要拆卸的炉管每两根加一个顶部弯头作为一组吊装构件。炉子内部的旧炉管采用倒链一头挂于旋转支架三角杆头的吊装孔上，另一头挂于抱箍以下，通过调整倒链使炉管缓慢提升，离开炉壁，再用人工旋转吊臂将炉管吊运至检修孔下方，通过调整旋转吊架下部的旋转手柄直至炉管到达检修孔下方，通过炉子外部吊车通过检修孔把炉管吊出（图 5-5）。

图 5-5　旋转吊架拆卸炉管图

5.2.4　新炉管安装

1. 炉管吊运安装

辐射段单炉管数量繁多，单根吊装也是影响项目进度的难题，所以我们决定单炉管组对吊装，并且每组单炉管在炉外焊接一个弯头，组对吊装提升加快施工进度。使用外部吊车将炉管从吊装孔吊入炉内，通过旋转吊架接力吊装，再用人工旋转吊臂将炉管吊运至安装位置，通过调整吊架上的倒链使炉管装在指定位置的挂架上，固定炉管，再依次完成剩余炉管安装。

2. 炉管在炉内焊接固定

1）炉管组对

（1）定位焊的焊接工艺与正式焊的焊接工艺相同。

（2）严禁强力组对定位焊接。

（3）定位焊缝应沿管周均匀分布，正式焊接时，起焊点应在两定位焊缝之间。

2）对焊工的要求

（1）炉管的焊接工作，必须由持该项目合格证的焊工担任。

（2）焊工只能从事与合格证内容相符的焊接项目。

（3）炉管焊接完毕后，应做好焊口编号及焊接施工记录，焊工应将焊工的钢印代号、焊接日期等用记号笔写在焊缝附近约 50mm 范围内。

3. 焊缝无损检测及返修

1）无损检测

（1）炉管焊缝进行 100% 射线检测。经无损检测发现的不合格焊缝返修后，按原要求重新进行无损检测。

（2）有再热裂纹倾向的焊接接头应在热处理后进行表面无损检测，表面无损检测应符合现行标准 NB/T 47013 的规定。

（3）无损检测后焊缝缺陷等级的评定，执行《承压设备无损检测》NB/T 47013 标准规定，射线透照质量等级不低于 AB 级，超声检测的技术等级不得低于 B 级。

2）焊缝返修

（1）经无损检测发现的不合格焊缝必须进行返修，返修应做好记录。

（2）焊缝在返修前应进行质量分析，找出原因制订返修方案后，方可进行返修。

（3）返修采用原焊接工艺进行焊接，预热取预热温度的上限。

（4）返修部位按原检测方法及要求进行检测。

（5）同一部位的返修次数碳钢管道不应超过三次，其余钢种管道不得超过两次。

（6）炉管返修热处理后做硬度测试。

5.2.5 炉管压力试验

炉管及炉体配管安装完毕，经检验合格后，方可进行系统试压，系统试压应按试压流程图进行，试压前应做好下列检查和准备工作：

（1）按 SH/T 3501 的规定对有关技术资料和试压条件进行检查和确认，炉管施工资料如施工记录、无损检测报告等必须经检查合格。

（2）弹簧支、吊架及配重平衡系统均应锁住，使其处于不受力状态。

（3）确认与试压系统有关的钢结构和管架安装完毕。

（4）试压方案经审查批准，试验用压力表经检定合格，并在有效使用期内，精度不低于 1.5 级，量程为最大被测压力的 1.5～2 倍，表数不少于两块。

水压试验应遵守下列程序：

①充水过程应高点排气；

②加压至试验压力的 50% 后，进行重点部位的检查，如无异常，方可继续升压；

③升压至试验压力后，保压 10min，检查无异常后降至设计压力，保压时间不得少于 30min，并进行全面检查，以不降压、无渗漏、目测无变形为合格；

④水压试验合格后，应缓慢排水降压，且将水应排至指定的地点。

5.2.6 验收封孔

炉管压力试压完毕后应进行炉内边角料、焊条头等杂物清扫，以上工作完毕后由监理和甲方相关人员共同验收合格后方可封闭检修孔，并填写清理、检查、封闭记录。

6 劳动力组织

劳动力组织见表 6–1。

表 6-1 劳动力组织表

序 号	类 别	岗 位	人数 / 人	职 责
1	非直接人员	项目经理	1	全面负责项目管理工作
2		项目副经理	1	负责现场的施工生产工作
3		工艺工程师	1	编制施工方案，现场进行技术指导
4		安全工程师	1	负责施工现场的安全管理工作
5		QA、QC 工程师	1	负责质量控制工作
6	直接人员	管工	16	负责管道下料组对
7		电焊工	20	负责管道焊接工作
8		起重工	4	负责吊装作业准备及实施
9		电工	2	现场临时用电作业
10		吊车操作手	2	负责吊车的操作和日常维护
11		普工	16	负责辅助工作
		合计	65	

7 材料与设备

需用的主要材料及机具设备见表 7–1。

表 7-1 主要设备材料表

序 号	名 称	型 号	单 位	数 量	用 途
1	汽车吊	50t	台	1	
2	汽车吊	25t	台	2	
3	皮卡车		台	1	倒运
4	液压千斤顶	10t	台	3	调整炉管
5	电动葫芦	3t	台	2	炉管吊装
6	吊带	3t	个	2	
7	吊带	2t	个	4	
8	卸扣	4.75t	个	8	
9	手拉葫芦	3t	台	2	炉管吊装
10	手拉葫芦	2t	台	2	炉管吊装
11	试压泵		台	2	
12	坡口机		台	3	
13	角向磨光机	ϕ100mm	台	16	

续表

序号	名称	型号	单位	数量	用途
14	轴向磨光机		台	16	
15	逆变焊机		台	16	
16	气割设备		套	3	
17	焊条烘干箱		台	2	
18	焊条保温箱		台	2	
19	焊条筒		个	16	
20	气体检测仪		台	2	
21	干粉灭火器	8kg	具	10	10
22	安全带	五点式双钩	套	25	
23	警示带		m	200	
24	撬棍	1.2~1.5m	把	6	
25	防爆对讲机		台	10	吊装指挥
26	防爆照明灯	1000W	具	10	
27	轴流风机		台	3	
28	电工工具		套	1	

8 质量控制

8.1 工程质量控制标准

（1）GB 50461—2008 《石油化工静设备安装工程施工质量验收规范》。

（2）GB 50205—2001 《钢结构工程施工质量验收规范》。

（3）SH/T 3536—2011 《石油化工工程起重施工规范》。

（4）SH/T 3086—2017 《石油化工管式炉钢结构及部件安装技术条件》。

（5）SH/T 3085—2016 《石油化工管式炉碳钢和铬钼钢炉管焊接技术条件》。

（6）SH/T 3520—2015 《石油化工铬钼耐热钢焊接规程》。

（7）SH/T 3506—2007 《管式炉安装工程施工及验收规范》。

（8）SH 3501—2011 《石油化工有毒、可燃介质钢制管道工程施工及验收规范》。

（9）NB/T 47013—2015 《承压设备无损检测》。

8.2 质量保证措施

施工前工程技术人员一定对施工人员进行技术交底，交底内容主要是施工方法，质量保证措施，质量标准等内容；安装过程中应重视以下几个主要方面：

（1）下料加工：控制管子切割的长度、切口的平直度、飞边毛刺的清理和坡口的加工；*DN*100mm以下的管子切割一般采用砂轮切割机入行，大口径中低压、管子一般采用气割或等离子切割，坡口可以采用手把砂轮机打磨加工；高压管切割和坡口加工，一般均采用坡口机来完成。

（2）标识：预制管道的每道焊口一定做好标记，尤其合金钢材质及特殊材质管道。标明焊缝日期、焊工号、焊口编号，按照单线图把每截管段用油漆标明管线号及管段编号；预制完成的管段一定将端部管口封闭。

（3）焊接：焊工严格按照作业指导书进行；控制好焊材烘烤质量，严格按照烘烤、发放制度执行，控制焊工每次焊条的领用量，监督焊条桶正常使用；如果工艺要求预热和热处理的焊口，严格控制好每道口预暖和热处理温度，高压管焊接时应注意打底质量的无损检测；

8.3 施工检验

（1）无损检测此类一定严格按规范要求进行，对每名焊工每条管线的焊口均应抽检到，发现不合格焊口，必定返修合格后并且加倍抽检，直到合格为止，否则对该焊工焊口百分之百检测；合金钢材质的管道热处理后还应对其进硬度测量。

（2）压力试验

①试压前：试压范围的管道安装工程除涂漆、绝热外已按设计图纸全部完成，安装质量符合有关规定；试验用压力表已经校验，并在周检期内，其精度不得低于1.5级，表的满刻度值为被测压力的1.5~2倍，压力表不得少于2块；待试管道于无关系统已用盲板隔开，仪表元件等已经拆开；试压前，注液体时应排尽空气。

②所有需无损检测的管道检验合格后，相关部分、单位认可后方可试压。

③水压试验时环境温度不宜低于5℃，当环境温度低于5℃时应采取防冻措施。

④试压过程中：液压试验应缓慢升压，待达到试验压力后，稳压10min，再将压力降至设计压力，停压30min，以压力不降，无渗漏为合格。

⑤试压后：应及时拆除盲板，排尽液体。排液时应防止形成负压，并不得随地排放。

9 安全措施

9.1 本工法遵照执行安全标准

GB 50484—2008《石油化工建设工程施工安全技术规范》。

9.2 安全措施

（1）全面推行HSE管理体系，做到领导承诺、全员参与、重点监控。建立健全施工安全管理网络，明确现场安全第一责任人、安全监护人。

（2）施工方案经审批后由专业工程师及安全工程师进行详细的技术、安全交底，并做好交底记录并有所有参加人员的签字。

（3）严格遵守厂内的各项管理规定，特种作业人员必须持证上岗。

（4）凡参加作业人员，必须熟悉方案内容，并严格执行方案中安全、技术要求；进入现场人员要做好“三保”利用，必须佩戴好安全帽，高处作业（≥2m）要设置可靠的防护措施，系好安全带。

（5）施工现场临时用电严格按照《施工现场临时用电安全技术规范》的有关规定执行。

（6）进入炉内作业前对辐射室内空气进行气体检测，打开人孔检测氧含量，经甲方确认合格，且开合格的作业票，并有监护人的情况下后方可施工。

（7）现场动火要观察好环境，在装置区施工前应做到三“不动火”，即无火票不动火，无看火人不动火，防火措施不落实不动火

（8）吊装作业、现场拆除、管道试压时应设有警戒标志。

（9）受限空间作业必须使用12V安全电压作照明，受限空间有施工人员作业时外部要有专人监护。

（10）现场吊装时应由专业人员指挥，吊装作业必须使用合格的吊装索具。

10 环保措施

10.1 本工法遵照执行的环保法律、法规

（1）2015 年 1 月 1 日起施行《中华人民共和国环境保护法》。

（2）1996 年 4 月 1 日施行《中华人民共和国固体废物污染环境防治法》。

10.2 环保措施

（1）加强环保教育，把环保作为全体施工人员的上岗教育内容之一，提高环保意识。严格遵守国家环境保护法律、法令，在施工区外的生态环境绿色植物、树木等，尽量维护原状。

（2）现场布置：根据场地实际情况合理地进行布置，设施及设备按现场布置图规定进行放置，最大限度地减少占地面积。

（3）道路和场地：施工区域内的道路保持通畅、平坦、整洁，做好交通疏导，充分满足便民要求；不乱堆乱放，保持场地平整，施工的材料要集中分类堆放，堆放整齐；施工的废料及时处理。

（4）对施工中可能影响到的各种设施，要有具体和可靠的保护措施，并在实施的过程中加强监测，防止这些设施发生损坏。

11 效益分析

（1）本工法有效解决了辐射室内炉管水平吊运的问题，且吊架结构简单，组装便捷，单个构件的尺寸较小，可以通过炉顶的检修孔吊运至炉内，并可在炉内由人工安装、拆卸。旋转吊架的应用有效地加快了炉管拆卸、安装进度。

（2）本工法与传统的炉管更换方法相比，避免了炉顶结构的拆除，在工期方面，省略炉顶结构管线拆除与恢复工期约 7 天时间；在材料利用方面，本工法对炉内防火材料无损坏，有一定的环保效益。

（3）采用本工法与传统方法产生的费用比较见表 11-1 所示。

表 11-1 发生费用对比表

人工费				
	人数 / 人	工期 /d	单价 /（元 / 人・日）	合计 / 元
本工法	15	18	320	86400
传统方法	71	45	320	1022400
人工费节约				936000

机械台班费				
		台班	单价 /（元 / 台班）	合计 / 元
本方法	50t 汽车吊	8	3800	30400
	25t 汽车吊	12	1800	21600
传统方法	250t 汽车吊	12	23000	276000
	50t 汽车吊	4	3800	136800
	25t 汽车吊	10	1800	324000
机械台班费节约				393200

12 应用实例

工程名称：上海西萨化工 36×10^4t/a 异丙苯项目导热油炉改造工程
施工地点：上海化工区西萨化工公司
施工工期：2017 年 3 月至 2017 年 5 月
实物工程量：一台 3.64MW 加热炉 80 根长度为 17.6m 炉管更换。

覆土罐内钢制储罐安装工法

中国石油天然气第一建设有限公司

陈 欢 王万民 王代文 庄俊晶 丁 进

1 前言

覆土储油罐是国内常见的储油库形式，钢制储罐在砼罐室内部安装，操作空间受限，无法采用地面钢制储罐的常规吊装工艺。以往覆土储油罐底板采取自制吊装小车进行运输和安装，顶圈壁板采用人力配合倒链进行安装，顶板采用卷扬机配合定滑轮进行安装，中国石油天然气第一建设有限公司通过工程实践，研制出了一套适用于受限空间内成熟的运板、吊板工艺，其工艺技术相比以往机械化程度更高，显著提高了覆土罐内钢制储罐安装在运输、吊装等方面的安装效率，通过总结施工工艺编制了本工法。并在国储某储备库工程十余台覆土储油罐内钢制储罐施工中采用此工法，极大地节约了工程造价，缩短了施工工期，工程进展顺利。

本工法在实施中形成一项实用新型专利，名称为“一种受限空间内金属钢罐底板铺设工装”，目前国家知识产权局已受理正在审查；形成中国石油天然气集团公司技术秘密一项，名称为“一种金属拱顶罐网壳构件快速冷弯技术”。

2 工法特点

（1）施工效率高、缩减工期显著。利用简单的结构和吊装原理，研究出了适用于覆土罐内钢制储罐安装在运输和吊装的四种工装，通过四种工装的应用，极大地提高了钢制储罐安装效率，缩短了储罐安装工期。

（2）施工机械化程度高、降低了劳动强度。研制出的四种工装均采用了动力装置，相比以往施工方式，其施工机械化程度高，施工工序简单有效，减少了人员投入，降低了劳动强度，为人员连续作业提供了强有力的保证。

（3）工程造价低。研制出的一套适用于受限空间内成熟的运板、吊板工艺技术所采用的机具和材料均为工程现场常用的材料，其投入成本低，且制造结构简单，运输方便并能重复使用，降低了工程成本。

3 适用范围

此工法适用于覆土罐内的 10000m^3 及以下钢制拱顶罐的施工安装，地面上的钢制储罐在采用倒装法进行安装时，也可借鉴此工法中罐板在运输和安装过程中的吊装技术。

4 工艺原理

覆土罐内钢制储罐安装的工艺原理是：在有限空间内利用卷扬机或电动葫芦提供动力，结合简易的吊装结构和定滑轮对钢制储罐的底板、壁板和顶板进行安装。

其关键工艺技术包括：

（1）覆土罐内制作钢制储罐底板铺设工装，其由三角吊架结合灵活性强的小型轮式装载机组成，能够携带储罐底板在储罐基础上进行快速运输和安装的能力。

（2）覆土罐内制作钢制储罐顶板运输工装，其由设置在储罐基础上的卷扬机通过罐顶中心立柱上的定滑轮将放置在传输平台上的储罐顶板牵引至储罐顶部，在传输平台上均匀设置胶轮，防止钢板运输过程中的变形或损伤。在覆土罐内制作钢制储罐顶板铺设工装，能够通过卷扬机提供动力将储罐顶上的待安装顶板沿罐顶中心进行 360° 圆周运动至任意位置进行安装。

（3）在覆土罐内储罐顶部制作钢制储罐壁板快速吊装围板工装，该工装能在储罐顶板上以钢制储罐中心进行 360° 旋转，对钢制储罐其余圈任意位置的壁板进行快速起吊安装。

5 施工工艺流程及操作要点

5.1 施工工艺流程（图 5-1）

施工准备 → 储罐预制 → 底板安装 → 顶圈壁板安装 → 顶板安装 → 其余壁板安装 → 附件安装 → 检查与验收

图 5-1 施工工艺流程

5.2 操作要点

5.2.1 施工准备

（1）施工技术准备：施工前进行图纸会审，制作焊接工艺评定报告，编制焊接工艺指导书和施工技术措施。根据设计图纸深化优化，以 10000m³ 储罐为例，钢制储罐底板、顶板、壁板排版图如图 5-2～图 5-4 所示。

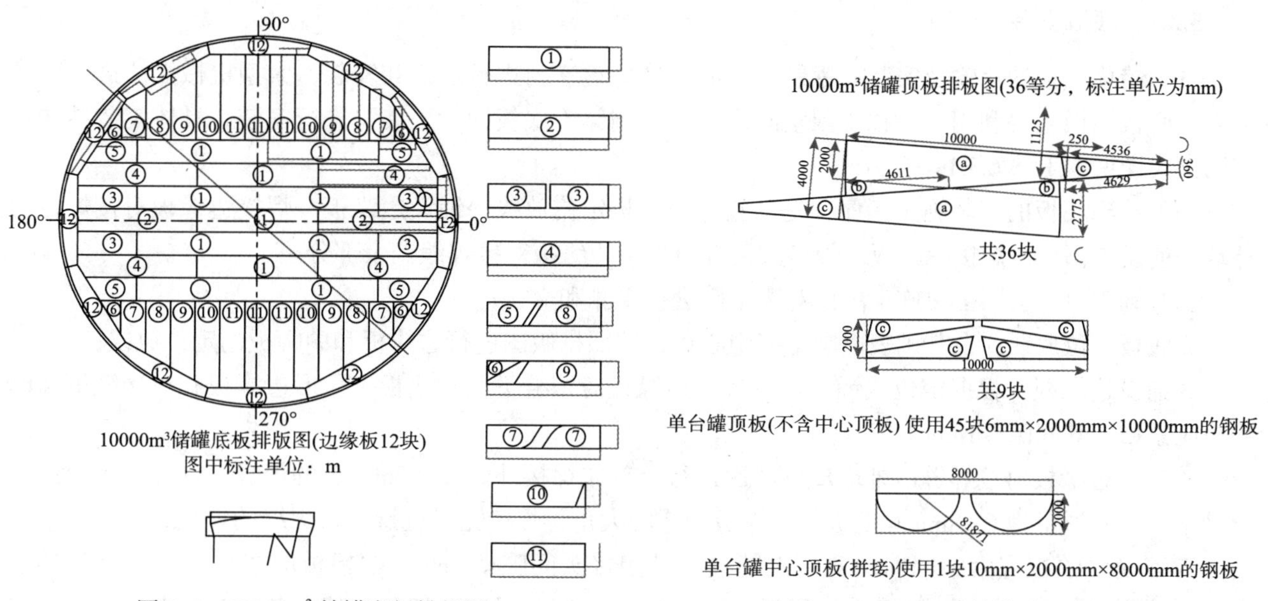

图 5-2 10000m³ 储罐底板排板图

图 5-3 10000m³ 储罐顶板排板图

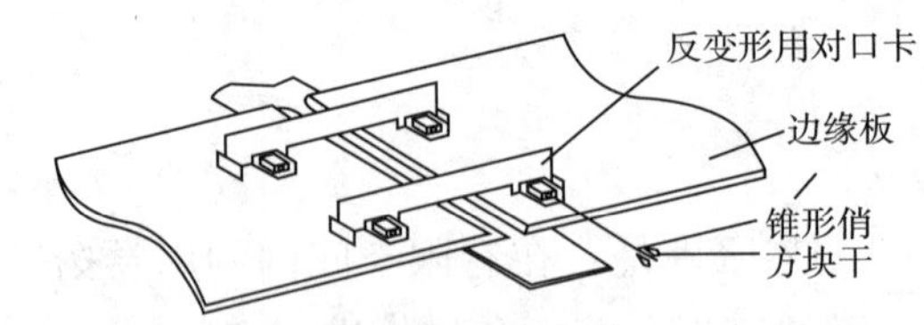

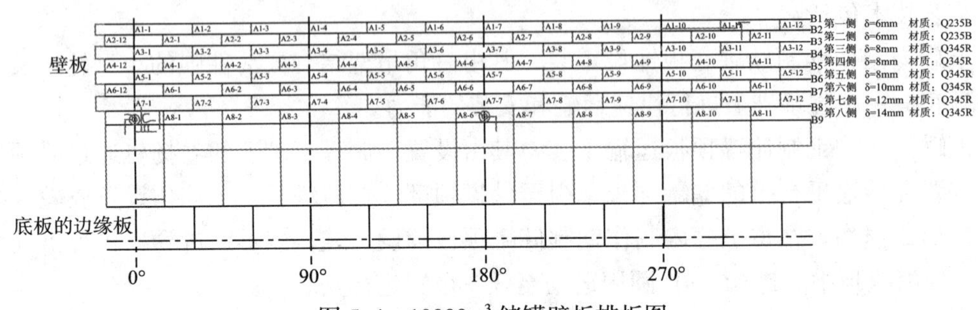

图 5-4　10000m³ 储罐壁板排板图

（2）钢制储罐基础验收：钢制储罐底板铺设前应根据图纸及规范要求，从罐基础中心向外画 3 个同心圆（*D*/4、*D*/2、3*D*/4，其中 *D* 为储罐基础直径），每个圆测点数依次为 8、16、24。

（3）材料验收：工程实体材料，应按要求进行到货验收和严格的质量验收，进场材料必须有出厂材料质量证明文件，且参数指标符合设计及相关标准要求，罐体钢板应逐张外观检查，钢板表面不得有可见裂纹、折叠、夹杂、结疤等缺陷。

5.2.2　储罐预制

（1）一般要求：应按照排版图进行放样和下料，放样时应根据工艺要求预留焊接收缩和加工裕量，钢材边缘加工面应平滑，不得有夹渣、分层、裂纹及熔渣等缺陷。

（2）钢制储罐网壳构件预制：钢制储罐网壳构件主要指钢制储罐加强筋，包边角钢及加强圈等。因工期紧张，质量要求高，采用普通滚弧或人工锤击的方式不能满足工程进度的需要，因此研究一种满足质量要求的前提下快速加工成型的技术，该技术能够大幅提高弯制效率，质量可控，减少了后续矫正成本。主要思路是利用金属的回弹特性，使用机械将立筋扁钢冷煨至一定过盈量，然后机械拉力释放，扁钢自动回弹至工程所需弧度。

5.2.3　底板安装

（1）储罐底板的运输及安装：钢制储罐底板在砼罐室内进行运输和安装，大型机械无法进入砼罐室内，底板铺设主要利用“一种受限空间内金属钢制储罐底板铺设工装”进行安装，具体工装结构及使用方式详见本工法 6.3.1。

（2）储罐底板的安装施工工序：基础验收→底板定位放线→铺设边缘板→焊接边缘板对接焊缝的外端→铺设中幅板→焊接中幅板→焊接大角缝→焊接边缘板对接焊缝剩余部分。

①基础验收：会同土建施工单位对罐基础进行复测和交接；

②底板定位放线：在基础表面画十字中心线，按照排版图进行边缘板和中幅板的定位放线；

③铺设边缘板：根据定位线铺设边缘板，边缘板对接缝下面加垫板，弓形边缘板和对接缝下面的垫板应紧贴，其间隙≤1mm；

④焊接边缘板对接焊缝的外端应分两次进行，首先焊接外侧≤300mm 长的焊缝，焊接时采取反变形措施，反变形量为 6～8mm。壁板与边缘板相连的大角缝焊接完后进行剩余焊缝的焊接；

⑤铺设中幅板应由中间向两侧依次铺设，搭接接头间隙≤1mm，中幅板应搭在弓形边缘板的上面，搭接宽度≥60mm，搭接接头三层板重叠部分，应为上层顶板切角，切角长度应为搭接长度的 2

倍，其宽度应为搭接长度的 2/3（图 5–5）；

⑥焊接中幅板由底板中心向周边先短后长，第一层焊道应采用分段退焊或跳焊法；

⑦焊接大角缝在底圈壁板与纵缝焊接完成之后，由数对焊工均匀分布，分别从罐内、外沿同一方向分段焊接，宜先内后外，初层焊道宜采用分段退焊或跳焊；

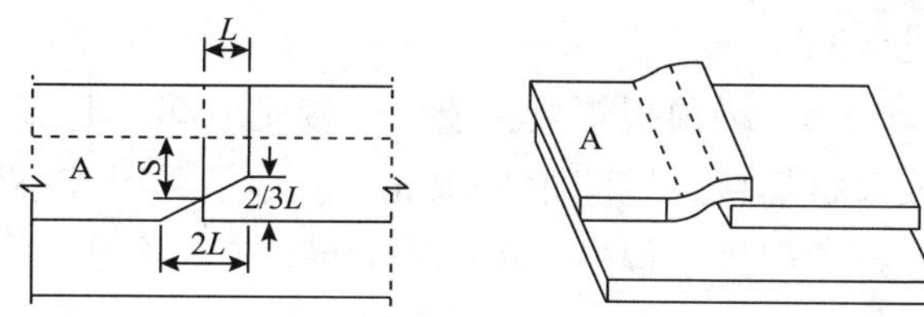

图 5–5　搭接接头三层钢板结构图

A—上层底板；S—A 板覆盖的焊缝长度；L—搭接宽度

⑧焊接边缘板对接焊缝剩余部分采用卡具固定焊缝两侧边缘板，控制焊接变形；

⑨焊接收缩缝宜采用分段退焊或跳焊。

5.2.4　顶圈壁板安装

（1）钢制储罐壁板安装采用倒装法，在顶圈壁板安装前，按照图纸储罐壁板位置均匀布置马镫作为罐室壁板的支撑，马镫采用 *DN*150 钢管为基座，高度为 400mm，钢管上焊接一块 200mm × 200mm，厚度 δ=10mm 的钢板，然后在钢板上焊接两块限位块，其中钢制储罐内的限位块靠壁板侧应为组装圆的半径（图 5–6）。

（2）安装前，应按照排版图在顶圈壁板的纵缝两侧 80~100mm 处各点焊一块定位铁，吊装就位的壁板底部用方销子和马镫进行固定，调整壁板的椭圆度。

（3）顶圈壁板安装主要采用储罐底板铺设工装进行安装，当顶圈壁板完成仅剩砼罐室门洞的壁板时，将轮式装载机撤出钢制储罐，利用装载机在砼罐室通道内吊装壁板，通过在两侧壁板上点焊临时受力件，并利用倒链来进行微调，进而组对焊接。

5.2.5　顶板安装

覆土钢制储罐为拱顶罐，进料口尺寸较小，拱顶直径较大、钢板较薄，顶板下面由经向及纬向的扁钢肋板进行支撑，形成设计曲率的拱顶曲面。

（1）搭设拱顶临时伞架：以 10000m^3 覆土罐为例，钢制储罐伞架以罐中心为圆心进行组装，用 *DN*100 无缝钢管作为伞架立柱，在柱顶煨制 ϕ3.6m 的组装罐顶的临时支架；在 ϕ7m、ϕ11m 处安装两道组合伞架（图 5–7）。

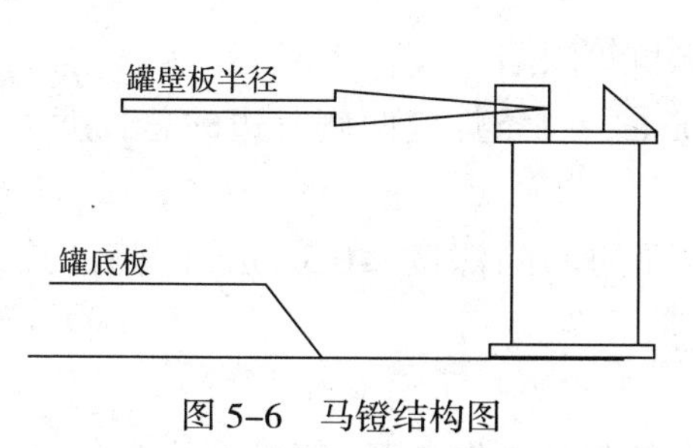

图 5–6　马镫结构图

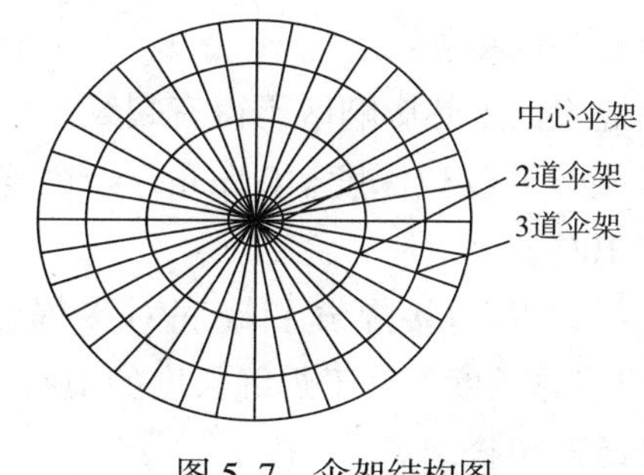

图 5–7　伞架结构图

（2）安装罐顶加强肋：按照图纸检查各节点、杆件和连接件是否一致，对首圈罐壁板上连接件的标高、位置、定位轴线进行复核检查，使用球面子午线定位法进行罐顶扁钢的就位，施工中先确定托圈的位置，托圈通过螺栓连接，在组对筋板时，定好加强筋靠近壁板一侧的尺寸进行就位。

（3）安装罐顶板：因覆土罐内作业空间受限，无法采取常规吊装机械作业，罐顶板运输主要采用“受限空间内钢制储罐顶板快速运输工装”完成，其工装形式和使用方式详见 6.3.2。当顶板运输至罐顶后，通过“受限空间内钢制储罐顶板快速铺设工装”进行顶板铺设，其工装形式和使用方式详见 6.3.3。

（4）罐顶板焊接：顶板焊接先下部后上部，环向肋板的角接接头为双面焊，肋板不得与包边角钢或壁板焊接，宜间距 350mm，应尽量采用较小允许电流焊接，控制焊接线能量，以减小焊接变形；且在罐顶焊接过程中，不得拆除罐顶安装伞架。

5.2.6 其余圈壁板安装

储罐其余圈壁板安装主要采用液压提升装置依次将罐壁板逐圈进行提升安装。

（1）壁板运输：由于空间受限，顶圈壁板安装完成后，材料将无法进入砼罐室内，因此在顶圈壁板安装前，利用金属钢罐底板铺设工装将预制好的罐壁板均匀分布在砼罐室内壁。

（2）壁板安装：壁板安装无法采用常规吊装机械进行安装，因此主要通过“受限空间内快速吊装围板工装”进行安装，其工装形式和使用方式详见 6.3.4。该工装能以钢制储罐中心在钢制储罐顶板上进行 360° 旋转，对钢制储罐其余圈任意位置的壁板进行快速起吊安装。应用吊装围板工装将壁板下端吊至马凳上的限位卡槽内，调整好壁板两侧纵缝间隙，先摘掉一个吊装卡具并点焊固定该侧壁板端部，再摘掉另一个吊装卡具并点焊固定对应侧壁板端部，调整壁板弧度，使壁板与马凳上的内侧限位板贴实，外侧采用斜垫铁固定牢固。水平位置相邻两块壁板间用 2 个组对卡具固定，其余壁板采用相同的围板方法进行组对安装。

（3）壁板焊接：纵缝焊接采取双面焊，先外侧，后内侧，外缝焊完后在内侧坡口采用气刨方式清根。焊工应均匀分布，并沿同一方向施焊。环缝采用双面焊，先外侧，后内侧，外侧焊接完成后内侧坡口清根。焊接时，胀圈应始终处于胀紧状态，焊完后松开。

5.2.7 附件安装

（1）包边角钢安装：将预制好的罐顶包边角钢分段安装在顶圈罐壁上，先焊角钢对接缝，再焊内部搭接间断角焊缝，最后焊外部搭接连续角焊缝。

（2）盘梯及平台安装：盘梯的三脚架可以在罐壁的提升过程中安装，盘梯在罐体施工完毕分段吊装。罐顶平台、栏杆在罐顶施工完后进行安装，平台及梯子的栏杆（包括立柱、扶手、护腰及踢脚板），其本身的接头采用对接，劳动保护应做到横平竖直。

5.2.8 检查与验收

1. 焊缝的外观检查

（1）焊缝表面及热影响区不得有裂纹、气孔、夹渣和弧坑等缺陷。

（2）对接焊缝咬边深度≤0.5mm，咬边连续长度≤100mm，每条焊缝两侧咬边的总长度不超过焊缝总长度的 10%。

（3）罐壁环向对接焊缝和罐底对接焊缝低于母材表面的凹陷深度≤0.5mm，凹陷的连续长度≤10mm，凹陷总长度不大于焊缝长度的 10%。

2. 焊缝的无损检测：

（1）从事焊缝无损检测的人员，必须具有有关部门颁发的与其工作范围相适应的资格证书。

（2）应严格按照 GB 50128—2014《立式圆筒形钢制焊接储罐施工规范》中要求执行。

3. 充水试验

（1）充水试验前，所有附件及与罐体焊接的构件全部完工，并检验合格。

（2）罐底的严密性，主要检查位置为大角缝，无渗漏为合格。

（3）罐壁强度及严密性试验，充水到设计最高液位保持 48h，罐壁无渗漏，无异常变形为合格。

（4）固定顶的强度及负压试验，罐内水位在最高设计液位下 1m 时进行缓慢充水升压，升至试验压力为 2.2kPa 时，罐顶无异常变形，焊缝无渗漏为合格。随后缓慢放水达到设计的负压值 1.5kPa 时停止放水，稳压 15min，罐顶无异常变形为合格。

（5）沉降观测，由于罐中罐结构，钢制储罐基础沉降应与砼罐室沉降同步，并进行数据对比分析。以 10000m^3 储罐为例，应用水准仪后视法按照图 5-8 进行，设置 12 个均布沉降观测点。

图 5-8 钢制储罐沉降观测

5.3 劳动力组织（表 5-1）

表 5-1 劳动力组织一览表

序 号	岗 位	数量 / 人	备 注
1	项目经理	1	负责整改项目的组织、管理和协调
2	施工调度	1	组织和安排现场具体工
3	技术员	2	施工现场的技术支持和资料管理
4	安全员	2	安全管理
5	质量检验	1	质量管理
6	材料员	1	材料的领用及发放
7	施工班组长	2	铆焊班组和电焊班组各 1 人
8	司机	3	起重机、装载机、板车等车辆司机
9	铆工	14	钢板预制和安装
10	电焊	12	板材焊接
11	电工	1	电力设施的检查和维护
12	起重工	2	吊装作业
合计：53 人			

6 材料与设备

6.1 主要材料（表 6-1）

表 6-1 主要材料清单

序 号	名 称	规格型号	单 位	数 量	备 注
1	钢管	ϕ114mm × 6mm	m	6	
2	钢管	ϕ89mm × 6mm	m	30	
3	槽钢	[80 × 43 × 5	m	20	
4	角钢	∠75 × 6	m	20	
5	高强胶轮	*DN*250	个	4	
6	钢板	δ=16mm	m^2	10	
7	钢板	δ=10mm	m^2	10	

6.2 主要机具设备（表 6-2）

表 6-2 主要设备、机具

序 号	设备名称	型 号	单 位	数 量	备 注
1	吊车	25t	台	1	
2	板车	25t	台	1	

续表

序 号	设备名称	型 号	单 位	数 量	备 注
3	装载机	ZL30	台	1	
4	电焊机	ZX–400	台	18	
5	液压千斤顶	16t	台	24	
6	卷扬机	5t、3t	台	各2	配套钢丝绳（6×37+IWR）
7	定滑轮	3t	个	5	
8	倒链	1~5t	套	6	

6.3 工装使用方法

6.3.1 一种受限空间内金属钢制储罐底板铺设工装

该工装主要由三角吊架、轮式装载机和连接机构组成（图6–1、图6–2）。

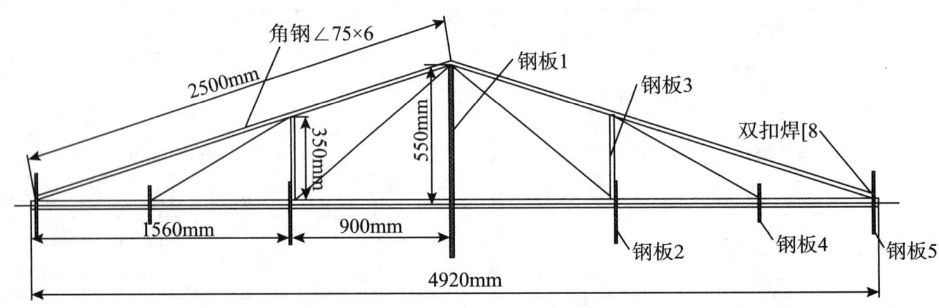

图6–1 三角吊架结构图

图6–2 钢制储罐底板铺设

小型轮式装载机为3t装载机，三角吊架水平梁是2根[8槽钢双扣对焊组成，斜梁采用角钢∠75×6，钢板1~钢板5采用10mm厚钢板，每根ϕ16mm钢丝绳（6×37+FC）末端带一个2t钢板吊钳。以上槽钢、角钢、钢板材质均为Q235B。该工装通过高强螺栓将三角吊架的钢板2与轮式装载机的铲斗固定起来，钢板4、钢板5作为吊耳三角吊架的横梁上对称分布。

该套工装可在砼罐室受限空间内将罐底板和壁板快速运输到待安装位置，又能实现钢罐底板和顶圈壁板的快速吊装。

6.3.2 受限空间内钢制储罐顶板快速运输工装

该工装由卷扬机、钢丝绳、中心立柱及罐顶定滑轮、斜支架、传输平台组成（图6–3~图6–5）。

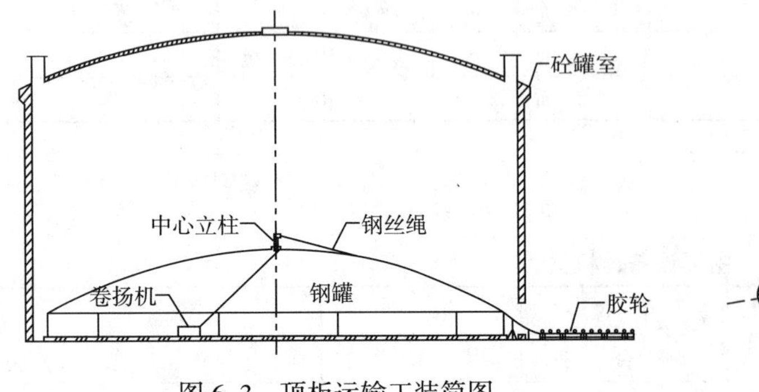

图6–3 顶板运输工装简图

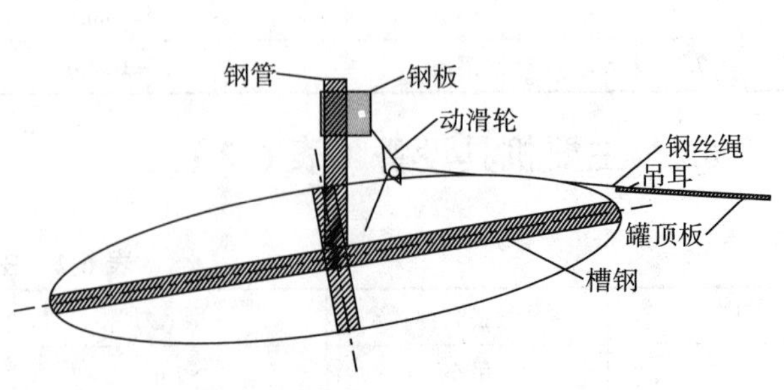

图6–4 中心立柱结构图

卷扬机规格为 3t，中心立柱采用 ϕ114mm × 6mm 无缝钢管，罐顶定滑轮 3t，钢丝绳直径 ϕ16mm，斜支架材料为∠ 75 × 6 角钢、10mm 厚的钢板，传输平台的水平钢板长度 9000mm、宽度 1500mm、厚度为 16mm，8 个胶轮直径 100mm、分两列间距 2000mm 对称分布。其中心立柱采用 *DN*100 的钢。

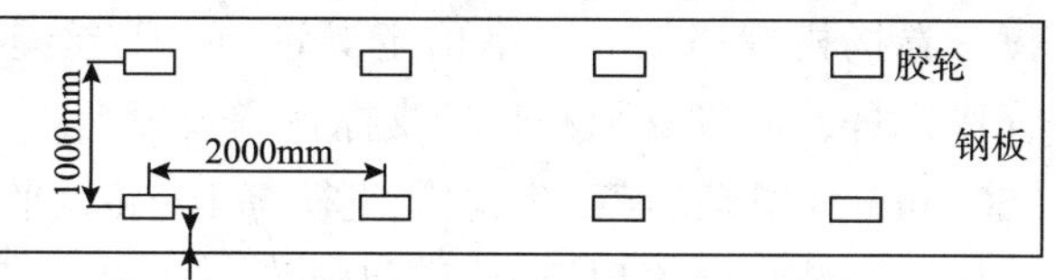

图 6-5　传输平台结构图

此工装可用于覆土罐室等受限空间内储罐顶板安装。在钢罐中心安装中心立柱和定滑轮，罐顶板在罐室外吊运至传输平台上，带胶轮钢板和罐室通道口处第一圈壁板上沿之间通过斜平台连接，然后利用钢罐内的卷扬机提供动力，利用钢丝绳与中心立柱上的动滑轮相结合，将待安装顶板拉至罐顶。

6.3.3　受限空间内钢制储罐顶板快速铺设工装

该工装由卷扬机、钢丝绳、胶轮、中心立柱组成（图 6–6、图 6–7）。

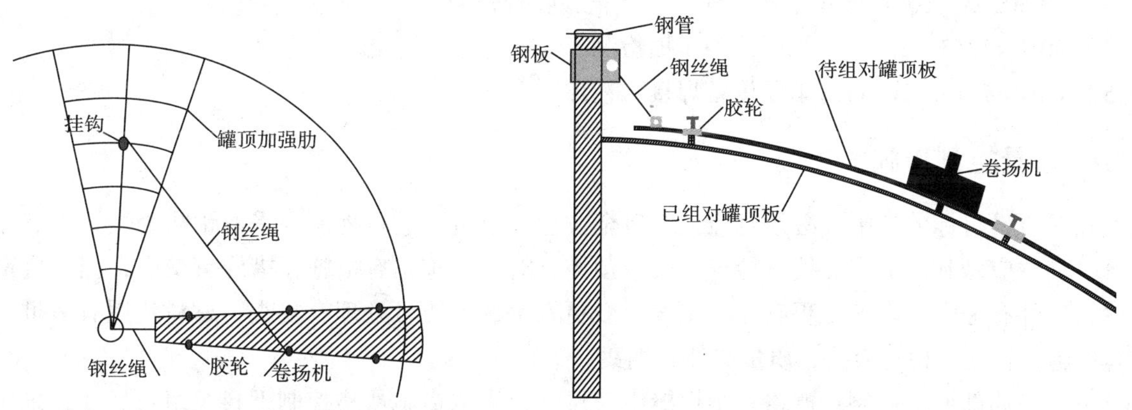

图 6–6　钢制储罐顶板安装布置图

图 6–7　罐顶板环向移动结构图

卷扬机规格为 3t，钢丝绳直径 ϕ10mm，胶轮直径 ϕ100mm，中心立柱为 *DN*100 钢管。

此工装可用于覆土罐室等受限空间内储罐顶板安装。其主要思路是通过钢丝绳将中心立柱上的钢管短节与待运输钢板连接进行向心固定，然后在待安装顶板的安装方向侧均匀安装 3 个胶轮，另一侧安装附带滚轮的小型卷扬机，从卷扬机上引出钢丝绳，通过钢丝绳前端的吊钩与待安装侧前端的拱顶伞架结构相连，启动卷扬机带动罐顶板在罐顶圆周运动至 360° 任意位置进行安装。

6.3.4　一种受限空间内快速吊装围板装置

该工装由卷扬机、罐顶定滑轮、钢丝绳、吊装支架、电动葫芦、吊索、平衡梁、钢板吊钳组成（图 6–8）。

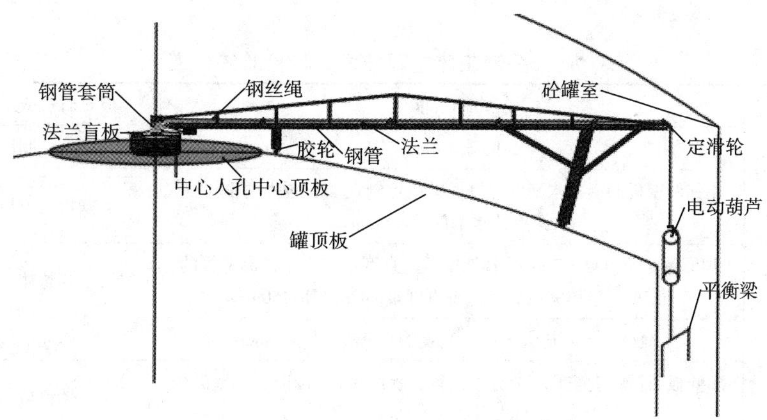

图 6–8　受限空间内快速吊装围板

卷扬机规格为3t，罐顶定滑轮3t，钢丝绳直径ϕ16mm，吊装支架采用ϕ89mm×6mm的无缝钢管作桅杆，通过支腿和胶轮支撑在罐顶板上。支腿采用ϕ89mm×6mm的无缝钢管，承重3t胶轮直径250mm，5t电动葫芦，钢丝绳直径ϕ16mm，平衡梁使用长度3m、ϕ168mm×6mm无缝钢管。

该工装在储罐顶板上以钢制储罐中心进行360°旋转，对钢制储罐第二圈至最后一圈圆周任意位置的壁板进行快速起吊安装。

7 质量控制

7.1 执行质量标准

（1）GB 50128—2014《立式圆筒形钢制焊接储罐施工规范》。

（2）GB 50236—2011《现场设备、工业管道焊接工程施工规范》。

（3）GB 50205—2001《钢结构工程施工质量验收规范》。

（4）NB/T 47013—2015《承压设备无损检测》。

（5）NB/T 47014—2011《承压设备焊接工艺评定》。

7.2 质量控制措施

为确保质量目标的实施，必须对施工质量全方位、全过程进行控制，采取预防为主，重点控制工序质量，具体应做到：工序交接有检查，质量预控有对策，施工有措施，措施有交底，图纸会审有记录，材料配件有证书，隐蔽工程有复验，设计变更有手续，质量处理有复查，材料代用有审批，成品保护有措施，行使质检有否决，质量文件有档案。

（1）罐底局部变形控制：严格控制焊缝组对尺寸：采取措施严格控制下料及组对尺寸，采用临时固定卡具与其相邻的铺板固定，防止组装其他底板时因碰撞引起位置移动。采用有效的防变形措施及振动消除应力法，使局部受热所产生的应力得到均匀释放，保证罐底成型后内应力最小，有效地延长储罐的使用寿命。

（2）焊接质量控制：严格工艺纪律，实行逐层质量认可制度，严格控制壁板切割下料的几何尺寸及坡口角度，逐张检查，不合格者，不准使用。严格控制壁板组对质量，尤其是组对间隙，错边等对焊接质量有较大影响的因素。壁板纵缝组对在纵缝朝向罐内一侧在上中下三个位置分别使用龙门卡具固定好纵缝两侧壁板，使壁板内表面齐平，避免错口现象。在纵缝焊接过程中，焊工沿圆周均匀分布，严格按照焊接顺序要求，先外后内，自下而上焊接。

7.3 关键工序质量控制点（表7-1）

表7-1 关键工序主要技术指标检验统计表

序号	检验项目	指标要求	检查时机或工序	检验工具或方法
1	储罐壁板圆弧度	间隙≤4mm	壁板预制后	弧形样板
2	储罐壁版水平度	相邻两壁板的上口水平度允许偏差应控制在2mm内，整圈任意两点的水平偏差≤6mm	壁板完成后	水准仪
3	储罐壁板垂直度	顶圈壁板垂直度≤3mm，其他壁板垂直度不应大于该圈壁板的0.3%，整体完成后罐壁垂直度≤0.4%，且≤50mm	组对后和整体完成后	线坠法
4	储罐高度	允许偏差不应大于设计高度的0.5%，且≤50mm	整体完成后	盘尺
5	储罐壁板圆弧度	罐壁板圆弧度应按照相关标准进行，板厚≤12mm时，罐壁的局部凸凹变形≤15mm	整体完成后	弧形样板

8 安全措施

8.1 执行安全法规和标准

（1）国务院令第393号《建设工程安全生产管理条例》。
（2）安监局令第74号《企业安全生产应急管理九条规定》。
（3）GB/T 12801《生产过程安全卫生要求总则》。
（4）GB 50484《石油化工建设工程施工安全技术规范》。
（5）GB 50656《施工企业安全管理规范》。

8.2 安全保证措施

建立、健全安全管理制度和保证体系，定期检查，坚决贯彻“安全第一，预防为主”的方针，并制定具体、可行、科学的制度及措施。

（1）吊装作业控制措施：吊装前应事先办理吊装作业票，作业人员应持证上岗，起重吊索不断股、不套扣、不相互缠绕，不在吊绳上打结来缩短绳长。且所有吊耳及吊点必须经联合检查合格后方可使用，吊车站位及行走路线地面需压实，必要时铺设路基。

（2）触电控制措施：施工用电必须按规定办理临时用电作业票，作业人员持证上岗，严格执行现场临时用电管理规定，用电线路采用绝缘良好的橡皮或塑料绝缘导线，配电板上的电源开关应根据电气设备容量而定，严禁一闸多用。

（3）机械伤害控制措施：所有的施工机具、设备必须经过现场检查、检验报验合格后方可使用，施工机械应由机组人员或专人负责使用和管理，施工机械不得在有故障情况下运转或超负荷使用，施工机械的外转动部位，应加设安全防护罩。

（4）火灾、爆炸控制措施：严格遵守施工现场的动火规定和制度，根据动火区域级别办理动火手续，监护人员必须严格落实安全防火措施，备置可靠的消防器具，做好监护工作，严禁监护人脱离动火现场，储罐安装时，在罐室内距地面3m处平均分布安装10盏100W防爆灯，增加罐室内的明暗度。

（5）中毒窒息控制措施：进行受限空间作业前，应识别是否存在缺氧、易燃易爆、有毒有害、高温、负压等危害因素，根据情况对受限空间进行强制通风等方法处理，受限空间作业场所外必须悬挂受限空间作业标志，进行人员进出登记。

9 环保措施

9.1 执行环保法规和标准

（1）国务院第253号《建设项目环境保护管理条例》。
（2）JGJ 146《建筑施工现场环境与卫生标准》。
（3）GB 12348《工业企业厂界环境噪声排放标准》。
（4）GB 16297《大气污染物综合排放标准》。
（5）GB 18599《一般工业固体废物贮存、处置场污染控制标准》。

9.2 环境保证措施

（1）施工前，应对作业现场和施工工序进行风险识别和评价，制定风险消减措施并对施工人员进行相对应的交底。

（2）施工现场建立健全控制管理制度，加强对强噪声机械作业控制，合理安排施工作业时间并加强对噪声的监测，防止噪声污染。

（3）采取合理措施，防止施工粉尘污染和大气污染，不得焚烧化学、塑料、橡胶、油料等物品，以防产生有害、有毒的烟尘污染大气，造成毒害。

（4）将施工过程中产生的所有废弃物按废弃物类别投入指定箱（桶）或在指定的场地放置，禁止乱投乱放，放置废弃物的地点要有明显标识。

（5）每天下班前及时打扫场地，做到“工完、料净、场地清”，垃圾分类存放。

10 效益分析

10.1 经济效益

通过现场实际施工过程中运用此工法，与一般的受限空间内钢制储罐施工比较，安装效率更高，缩短了施工作业时间，减少了大量的人力和物力，单台钢制储罐可节省工期8d，对人工费、材料费和机械费进行分析如下：

人工费：施工人员30人，300元/d，共30×300×8=7.2万元；

机械设备费：2000元（液压提升机、倒链等），共2000×8=1.6万元；

材料费：10000元（氧气、乙炔和型材等）；

总计节约成本9.8万元。

10.2 社会效益

通过多次实践研制出一套成熟的覆土罐内钢制储罐快速治安工艺，特别是网壳构件快速冷弯技术、受限空间内金属钢制储罐底板铺设技术、受限空间内快速吊装围板技术、受限空间内钢制储罐顶板快速运输技术和快速铺设技术的应用，大大提高了覆土罐内钢制储罐的机械化安装水平，减少施工人员投入，保证了工程的施工质量和工程进度，能够广泛应用覆土罐内钢制储罐安装中，实现良好的社会效益。

11 应用实例

中国石油天然气第一建设有限公司承建的某储备库工程10000m^{3}覆土储油罐。其中砼罐室内壁距钢制储罐壁板外侧仅1m宽，钢制储罐直径31.2m，罐壁板高度14.264m，共8圈壁板，最大壁厚δ=14mm，最小壁厚δ=6mm。采用此工法的关键技术运用于现场十余台钢制储罐安装，实施效果良好，安装质量符合相关标准要求，单台钢制储罐节约成本约9.8万元，节约工期8d。

催化装置余热锅炉改造模块化施工工法

中国石油天然气第一建设有限公司

李　刚　洪宾院　丁泓竣　鲍成智　马　龙

1　前言

随着国家环保要求，为使烟气排放达标，催化装置余热锅炉往往需要进行技术改造，在确保 CO 余热锅炉热效率不降低的前提下，满足环保排放要求。重油催化裂化装置余热锅炉是其核心设备之一，设备质量重，规格尺寸大，内部构件多，改造施工普遍具有工作量大、工期短、交叉作业多、施工工艺复杂、密集空间内施工投入人力资源和装备资源多、总体施工难度大等特点。

中国石油宁夏石化公司根据重油催化裂化装置的生产运行实际，分别于 2014 年和 2017 年对余热锅炉进行结构改造，以适应装置节能和烟气排放达标要求。

2014 年宁夏石化公司重油催化裂化装置检修工程余热锅炉改造 项目主要内容：每台锅炉增设一台水热媒空气换热器、一台给水预热器和一组外来饱和蒸汽低低温过热器模块（1 组 2 块）。拆除原光管省煤器（3 组，每组 121 根）改为模块箱式翅片管省煤器（3 组 6 块），改造的省煤器、低低温过热器和空气换热器均采用模块化箱式结构。

2017 年宁夏石化公司催化裂化装置烟气脱硝项目余热锅炉改造项目的主要内容：对每台锅炉原有的模块式省煤器整体下移位利旧，整体拆除原有模块式低低温过热器，管蒸发器、低低温过热器的蛇形管管束分片拆除。增加两层模块式脱硝反应器、稀释风机与喷氨模块，单片鳍片式蒸发器、单片鳍片式过热器等。

余热锅炉改造传统的炉管管束炉膛内安装法、模块安装滑移法、炉壁拆除时采用风镐拆除法等作业方法无法满足锅炉改造施工工期短、质量要求高等施工要求。中国石油天然气第一建设有限公司根据 2014 年余热锅炉模块化改造实例，梳理总结了余热锅炉改造受热面管束采用炉管地面模块化预制技术、模块安装采用搬运坦克车进行平移搬运技术、锅炉壁板采用绳锯与水钻相结合的切割技术，编写了公司级工法。之后在 2017 年宁夏石化公司催化裂化装置烟气脱硝项目余热锅炉模块化改造工程中进行了成功应用，并且在施工过程中不断总结和积累经验，优化了余热锅炉改造模块化施工工艺和技术质量控制要点，总结形成了“催化装置余热锅炉改造模块化施工工法”。

2 工法特点

（1）保证工程质量。受热面管束采用炉管地面模块化预制技术，将散件到货的受热面管束预制组装成模块，整体安装，与传统的单片管束在炉膛内部组对焊接的工艺相比，能更好地从人员、机具、材料、技术、环境、检测等方面进行控制，管束的施工质量更容易得到保证。采用模块化施工方法，将大部分高处作业转移至地面作业，减少了高空施工的工作量，改善施工人员的作业条件，有利于提高作业人员的施工质量。

（2）降低安全隐患。模块拆除和安装均采用搬运坦克车进行平移搬运的技术，搬运坦克移动中稳定性强，体型小易控制操作，滚轮会绕转盘改变方向，转盘和设备底座不会发生位移，避免了传统滚杠滑移法中来回搬运摆放滚杠和发生挤压伤害的风险。采用模块安装施工时了减少高空作业及脚手架的搭设，利于保证施工安全，降低安全隐患。锅炉改造通过设置隔离层的方法，施工作业由流水作业变为平行作业，加快了施工进度，保证作业人员安全。

（3）提高生产效率。锅炉壁板采用绳锯与水钻相结合的切割技术，与传统人工使用风镐打掉衬里相比，机械化程度高，降低了劳动强度，提高了劳动生产率。受热面管束安装采用炉管地面模块化预制技术，预先在工厂或现场对受热面管束进行模块组装，优化了施工顺序、减少施工交叉作业，提高时间利用率，加快了施工进度。模块安装采用搬运坦克车进行平移搬运的技术，比传统滚杠滑移法提高了劳动效率，确保了后续工程的开展，在节约成本的前提下加快了施工进度，保证了工期。

（4）降低施工成本。采用模块化预制，现场装配施工，机械化程度高，提高了施工机具的使用效率，减少现场施工及管理人员数量，降低了施工成本，有利于提高经济效益。模块化施工时减少了施工手段用料的使用量和提高材料的周转率，节约了施工材料。本工法施工效率高，能够明显的缩短施工工期，施工质量可靠，施工风险低，具有良好的综合经济效益。

（5）减少环境污染。锅炉衬里拆除采用绳锯和水钻钻孔切割，减少了锅炉衬里拆除时产生的粉尘和噪声污染，有利于提高现场的作业环境质量。

3 适用范围

本工法适用于催化装置余热锅炉改造模块化施工，其他类型锅炉的施工也可参考本工法实施。

4 工艺原理

将锅炉的部件按系统或功能分割出来作为一个模块，即锅炉的过热器、蒸发器、省煤器等部件系统作为一个模块进行改造实施，从而实现工厂化制造、模块化施工。其中关键技术有：

（1）锅炉壁板采用绳锯与水钻结合的切割技术。锅炉壁板拆除是施工难点，是影响工程计划的瓶颈。锅炉壁板内侧是厚度可达300mm左右的隔热衬里，作业时根据现场实际，壁板采用绳锯与水钻相结合的切割技术。绳锯机运输方便，组装快捷，电子控制，无级调速，切割快速且稳定，水钻适合在空间位置狭小，管线障碍多的地方切割衬里。

（2）炉管地面模块化预制技术。结合现场的吊装能力将单片到货的蒸发器和过热器管束在胎架上预制成模块，进行模块化安装，改善焊接条件，提高焊接质量。加大了预制深度，减少炉膛内狭小空间炉管的组焊和检测工作量，加快了施工进度。

（3）模块安装时采用搬运坦克车进行平移搬运的技术。脱硝反应器模块、喷氨和稀释风模块、预制的过热器、蒸发器模块的安装，采用搬运坦克车和借助在设备移动方向上设置的牵引工具将设备移动至安装位置的原理进行安装。

5 施工工艺流程及操作要点

5.1 施工工艺流程（图5-1）

5.2 操作要点

5.2.1 施工准备

（1）技术准备：熟悉设计图纸和资料，做好图纸会审工作。编制施工技术方案，根据焊接工艺评定报告，编制焊接工艺卡，并经过审核、批准。详细向施工班组进行技术交底，并做好记录。施工用计量器具应经过检定、校准或检验，处于合格状态，并在有效鉴定期内使用。书面告知所在地的特种设备安全监督管理部门，接受其进行的现场监督检验。收集施工所需最新的验收规范及验收标准。

（2）现场准备：修通道路，平整施工现场，选定材料、构件存放场地。接通水源、电源，按照施工平面布置图放置焊机箱及工具房、休息室。铺设钢平台以便组对烟道、管束、模块拼接等，钢平台基础必须夯实，表面要平整。按照图纸对锅炉的不同部位、不同标高进行标记。

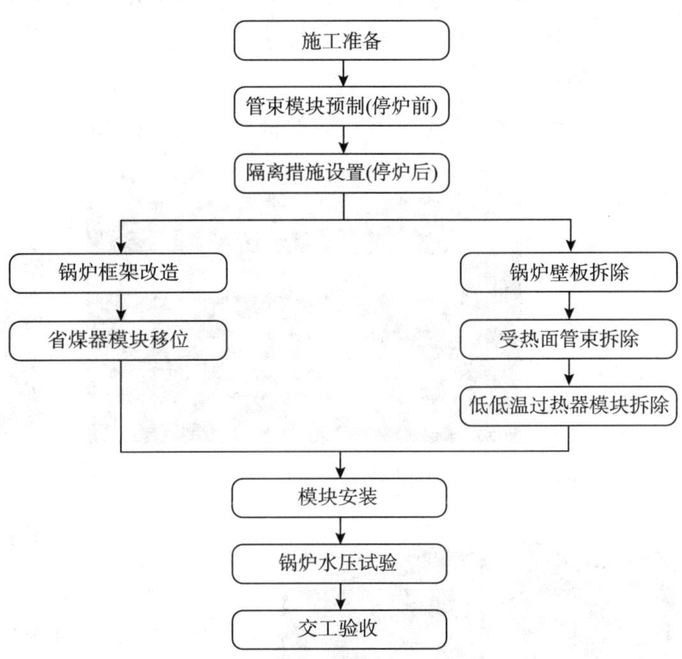

图 5-1　余热锅炉模块化改造施工流程图

（3）材料、制造件现场检验：检验包括资料检验、必要的复验和几何尺寸、制造质量检验及数量核查等。资料应包括：装箱单、产品监督检验证书、产品合格证、质量证明书、其他必要的技术文件。检查所有构件的外观质量，如有损坏、锈蚀、焊缝等表面缺陷，应填入记录中；模块到货的部件按设计图纸复核其型号、规格外形尺寸和数量。

5.2.2 管束模块预制

管束到货验收后需要做通球试验，需要进行通球的管束必须是经过检验符合安装要求的管子；试验用球一般应用钢球制成，不应使用铅等易产生塑性变形的材料制造，用球直径根据 GB/T 16507.1～8—2013 水管锅炉中要求选用。

蒸发器、过热器集箱和管束散件到货，考虑到检修施工工期短，焊接焊口数多，且需要 100%RT 射线检测。根据现场的就位空间、吊装能力、组对空间均能满足要求，经综合考虑蒸发器、过热器采用地面组装成模块，整体吊装就位的安装方式。

（1）组装胎具制作：根据蒸发器、过热器的整体外形尺寸大小，使用型钢或钢管等构件制作管束预制钢平台（图 5–2）。

（2）模块预制成型过程如下（图 5–3）：

①找正进出口两个集箱的相对位置，即两个集箱之间的垂直距离和平行度，横向中心线符合规范要求，并用临时卡具固定；

②以蒸发器、过热器集箱中部的一排为基准管，使之就位，测量几何尺寸，位置确定后，进行定位焊接。用线锤吊检其垂直度及中心位置，再在集箱下部短管与对接口以下 100～150 ㎜处，装上梳形定位卡板以便于焊接和限位，保证管束间距。梳形定位卡板采用 L50×5 ㎜或 L60×6 ㎜角钢，按管束外径的管径加 1 ㎜开梳孔，各梳孔的间距便是管束的间距。每排管束安装就位后，用 U 形螺栓将管束

固定在梳形卡板的梳形孔内，再进行定位焊。全部管束安装、焊接完成后将梳形定位卡板取出；

③管束的全部焊接完成后，对各项几何尺寸进行检查，必须符合相关规范及标准要求，同时做好检查记录；

④将蒸发器、过热器上的管卡、夹板及吊钩等附件按照图纸要求逐一安装好；

⑤考虑到现场的实际吊装能力，蒸发器、过热器整体预制组合时，可以预留部分管束，在炉膛内散件安装；

⑥全部管束安装焊接、检测合格后，与锅炉本体一起进行水压试验。

图 5-2 管束预制钢平台

图 5-3 管束模块预制成型

5.2.3 隔离措施设置

图 5-4 设置完成的隔离层

锅炉的改造作业分两部分进行同时作业，即锅炉壁板、受热面管束、低低温过热器模块等拆除与锅炉框架改造、省煤器模块移位同时进行（如流程图 5-1 所示）。为了保证作业安全，同时防止管束拆除时落物污染省煤器模块，需要在低低温过热器模块表层设置隔离设施（图 5-4）。先将膨胀节及连接烟道拆除，在低低温过热器模块上部满铺钢跳板，然后在跳板上铺上防火布进行防护。

5.2.4 锅炉壁板拆除

锅炉壁板拆除采取绳锯切割与水钻钻孔相结合的切割技术，绳锯机方便于运输，组装快捷，电子控制，无级调速，切割快速且稳定。水钻钻孔适合在空间位置狭小，管线障碍多的地方切割衬里。两种拆除方法优于传统人工使用风镐打掉衬里。

1. 绳锯机使用前环境准备

壁板拆除前，先将周围管线、测点、集箱（壁板内外侧管束沿壁板及衬里割除）拆除；然后用碳弧气刨按照画线定位处割除，在外部刨开 50~120mm 宽的间隙（包括壁板上工字钢和槽钢），锅炉壁板外部气刨（图 5-5）。

2. 绳锯机布置及切割

（1）使用钻孔机钻出 ϕ20mm 的穿链条孔，孔贯穿衬里，切割壁板时按照①—②—③—⑤—④顺序进行切割（图 5-6）。

（2）使用膨胀螺丝或焊接方法固定导向轮，导向轮支架和驱动装置应正确固定，链条应根据正确的行程方向连接到设备上。

（3）壁板整体割除完成后，采用手拉葫芦和汽车吊配合直接装车运至指定地点。

3. 水钻钻孔切割

在某些空间位置狭小，管线障碍多的部位衬里无法采用绳锯切割时，可以使用水钻钻孔的方式拆除。钻孔前，先将周围管线、测点、集箱等附件拆除；然后用碳弧气刨按照画线定位处割除，在外部刨开 50~120 mm宽的间隙（包括壁板上工字钢和槽钢）。

图 5–5 锅炉壁板外部气刨

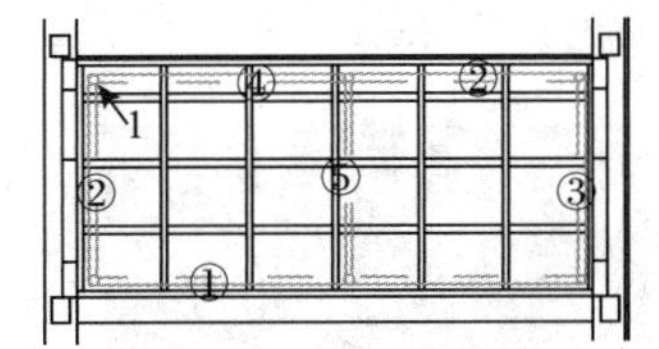

图 5–6 绳锯机布置及切割示意图

5.2.5 受热面管束拆除

受热面管束包括低温蒸发器、高温蒸发器和低温过热器，拆除顺序按照自上向下拆除的原则，首先拆除过热器、蒸发器的管线、密封箱；过热器、蒸发器管束的拆除与锅炉壁板拆除同时进行（相向方向拆除）。

（1）拆除低温过热器南侧壁板（先拆除集箱侧，再拆除剩余三面）；拆除影响管束抽出的平台，搭设拆除低温过热器管束脚手架。

（2）拆除高温蒸发器壁板（先拆除集箱侧，再拆除剩余三面）、拆除影响管束抽出的平台，搭设拆除高温蒸发器管束脚手架。

（3）拆除低温蒸发器壁板（先拆除集箱侧，再拆除剩余三面）、待高温蒸发器管束拆除完成后，拆除影响管束抽出的平台，拆除低温蒸发器管束。

（4）低温蒸发器、高温蒸发器、低温过热器管束根据吊装能力分组吊出。

5.2.6 低低温过热器模块拆除

蒸发器、过热器管束拆除完成后，拆除隔离设施，设置低低温过热器吊点，挂设手拉葫芦，割除下方连接烟道；采用手拉葫芦提升低低温过热器 500 ㎜左右，在框架内横梁上设置轨道梁和搬运坦克车，在手拉葫芦和吊车配合完成低低温过热器的抽出和吊运（图 5–7），低低温过热器拆除完成后，高温省煤器向下移位安装。

图 5–7 低低过热器在搬运坦克车的配合下拆除

5.2.7 锅炉框架改造

考虑到锅炉结构的整体稳定性，在模块移位、安装前必须按照设计图纸要求把对框架结构改造施工完成后，才能进行模块安装与移位。锅炉框架横梁改造时遵循先安装后拆除的原则进行，保证锅炉结构的安全性。

5.2.8 省煤器模块移位

省煤器模块包括低温省煤器（下）、低温省煤器（上）、高温省煤器。

图 5-8 模块移位时设置的锁具

（1）在框架横梁处设置吊耳和手拉葫芦，同时在模块本体分别对应的焊接板式吊耳与横梁上设置的吊点相对应，并将横梁和省煤器模块通过索具连接起来（图 5-8）。

（2）移位作业前，由施工部组织安装、质量、安全、焊接、吊装、设备等相关专业责任工程师和项目总工程师进行联合检查，对设备安装位置、吊耳焊接质量、施工安全措施及索具设置受力情况进行联合检查，确认合格后方可进行吊装作业。

（3）开始时，先用火焰切割将连接烟道分片拆除。

（4）再次确认横梁上设置的手拉葫芦和绳索具受力情况符合要求，利用手拉葫芦将模块缓慢回落至设计要求位置。

（5）按照设计要求在模块底标高位置设置横梁，最后调整好模块位置将模块本体支座与横梁固定，摘除手拉葫芦，移位结束。

5.2.9 模块安装

余热锅炉改造后，新增加两层脱硝反应器模块和一层稀释风模块，新增模块采用搬运坦克车和借助在设备移动方向上设置的牵引工具，将设备移动至安装位置进行安装。

脱硝反应器模块分为上下两级，每级分为左右两模块，两模块对称布置，拼接完成后吊装就位。左右箱体拼接时先割除刷黄漆的运输支撑，左右箱体拼接时先把接缝处密封焊接，并打磨平整，然后安装加强板；两层反应器间的膨胀节需要在反应器（下）吊装前，将膨胀节焊接在模块上；吊装前需将催化剂门拆除，待催化剂安装完成后，焊接催化剂门。

模块采用搬运坦克车、手拉葫芦吊车配合安装，安装反应器时，在横梁处铺设型钢轨道；待模块倒运至就位位置后，使用手拉葫芦将模块提起，撤去轨道梁，将模块移至安装标高处，模块找正完成后焊接支脚、固定支脚（支脚与横梁）；然后进行连接烟道的安装。

蒸发器、过热器预制组合焊接及检测合格后，采用与脱硝反应器相同的方式进行安装。待预制管束模块就位后，将吊杆与吊梁连接，撤去手拉葫芦，拆除临时加固设施后；安装预留管束。

稀释风机喷氨模块的安装与脱硝反应器模块安装方法相同（图 5-9）。

图 5-9 模块采用搬运塔克辅助就位

5.2.10 锅炉水压试验

1. 水压试验前应具备的条件：

（1）参与锅炉试压的系统按照图纸要求全部施工完毕，材质、无损检测、热处理等所有工序均经检查核对无误，且验收合格。

（2）锅炉水压试验压力，应以汽包上经过校验合格的压力表所指示的压力为准。压力表选用符合精度等级要求。

（3）对参与试压人员进行安全技术交底，拉设警戒线，无关人员禁止入内。

2. 水压试验过程

（1）试压水从外来给水管道进水，事先开启空气换热器、给水预热器及过热器、省煤器、锅炉给水管、蒸汽引出管上的放气阀；然后向空气换热器、给水预热器、省煤器、过热器进水；当放气阀冒水时，表明水已满，应关闭此阀，继续进水开始试压。

（2）水压试压时，水压应当缓慢地升降。当水压升到工作压力时，应当暂停升压，检查有无漏水或者异常现象，然后再升到试验压力，达到保压时间后，降到工作压力进行检查，检查期间压力应当保持不变。

3. 合格标准

（1）受压元件金属壁和焊缝上没有水珠和水雾。

（2）水压试验后，没有发现明显残余变形。

5.2.11 交工验收

（1）项目施工完毕经自检合格后方可进行交工验收，交工验收由建设单位组织进行，验收合格后办理工程交接证书。

（2）项目施工完成后，应在锅炉机组试运完成前向使用单位移交安装、调试资料。

5.3 劳动力资源

余热锅炉改造劳动力需求计划见表 5–1。

表 5-1 余热锅炉改造劳动力需求计划

人

工 种	3 月（预制）	4 月（预制）	5 月（预制）	6 月（入厂培训）	7 日（施工）	8 月（施工及离厂）
铆工	30	30	60	140	140	140
铆焊	10	10	20	40	40	40
起重	6	6	12	40	40	40
衬里	0	0	0	50	50	50
架子工	10	10	10	50	50	50
防腐保温	10	10	20	30	30	30
管理人员	8	10	10	12	12	12
合计	74	76	132	362	362	362

6 材料与设备

以我公司银川项目经理部承担的宁夏石化公司烟气脱硝项目、重油催化裂化装置烟气脱硝项目两台余热锅炉改造施工为例，列举主要施工材料见表 6–1，列举主要施工设备见表 6–2。

表 6-1 余热锅炉改造主要施工材料一览表

序 号	名 称	规格及材质	单 位	数 量	用 途	备 注
1	钢板	δ=30 mm TP304	m^2	16	加固、吊耳	
2	钢板	δ=30 mm Q345B	m^2	64	加固、吊耳	

续表

序　号	名　称	规格及材质	单　位	数　量	用　途	备　注
3	钢板	δ=20mm　Q235B	m^2	10	加固、吊耳	
4	钢板	δ=10mm　Q235B	m^2	15	加固、吊耳	
5	钢板	δ=16mm　Q235B	m^2	100	施工平台	回收
6	钢管	ϕ159mm×10mm　20#	m	28	支架	回收
7	槽钢	[12　Q235B	m	150	支架	回收
9	槽钢	[16　Q235B	m	100	支架	回收
10	槽钢	[30　Q235B	m	180	轨道	回收
11	工字钢	I20　Q235B	m	50	支架	回收
12	角钢	∠63×6　Q235B	m	100	支架	回收
13	角钢	∠75×8　Q235B	m	120	支架	回收
14	H 型钢	HW300×300 Q235B	m	170	支架、轨道	回收
15	警戒线	100m/盘	盘	80	警戒线	回收
16	防火布	—	m^2	1000	防护	回收
17	防火毡	—	m^2	1000	防护	回收
18	防雨布	—	m^2	500	遮盖	回收
19	枕木	250mm×200mm×2500mm	根	80	放置模块、支垫	回收

表 6-2　余热锅炉改造主要施工设备一览表

序　号	名　称	规格 / 型号	单　位	数　量	用　途	备　注
1	汽车吊	LTM1500 型 500t	台	1	模块吊装	
2	汽车吊	SAC3500 型 350t	台	1	模块吊装	
3	汽车吊	QY260 型 260t	台	1	拆除吊装	
4	汽车吊	QY130K 型 130t	台	2	拆除吊装	
5	皮卡车	—	台	2	应急车辆	
6	运输板车	40t	台	6	废料倒运	
7	搬运坦克车	CRB-18	台	16	模块搬运	
8	压制钢丝绳扣	ϕ21.5mm×12m	对	10	吊装绳扣	
9	压制钢丝绳扣	ϕ28mm×12m	对	12	吊装绳扣	
10	压制钢丝绳扣	ϕ32.5mm×12m	对	20	吊装绳扣	
11	压制钢丝绳扣	ϕ32.5mm×4m	对	32	吊装绳扣	
12	手拉葫芦	20t/10t/5t	台	各 24	配合吊装	
13	液压千斤顶	10t/5t	台	各 6	模块组对	
14	炭弧气刨枪	K4000	把	32	刨除壁板	
15	电焊机	ZX_7-400	台	30	焊接	
16	氩弧焊机	ZX_7-400ST	台	20	焊接	
17	等离子切割机	PC-500	台	2	切割	
18	焊条烘干箱	Y2H2-500℃	台	2	焊条烘干	
19	焊条保温箱	—	台	1	焊条保温	
20	磨光机	ϕ125mm/ϕ150mm/ϕ180mm	台	共 120	打磨	
21	空压机	$9m^3$/min，0.6MPa	台	2	气刨	
22	绳锯	TD-22 型	套	4	衬里切割	
23	水钻	—	套	8	衬里切割	

7 质量控制

7.1 质量标准

余热锅炉改造施工主要执行质量标准如下。

（1）GB/T 16507.1～8《水管锅炉》。

（2）DL 5190.2《电力建设施工技术规范 第2部分：锅炉机组》。

（3）NB/T47014《承压设备焊接工艺评定》。

（4）NB/T 47043《锅炉钢结构制造技术规范》。

（5）GB 50235《工业金属管道工程施工及验收规范》。

（6）GB 50236《现场设备、工业管道焊接工程施工规范》。

（7）GB 50126《工业设备及管道绝热工程施工规范》。

（8）GB 50211《工业炉砌筑工程施工与验收规范》。

7.2 质量保证措施

（1）根据公司《锅炉安装改造维修质量保证手册》的规定，建立健全本项目质量保证体系，认真落实质量责任制，确保质量保证体系有效运行。

（2）各阶段施工前进行详细的技术交底，使施工人员明确设备、横梁安装标高，受热面管束焊接，脱硝反应器模块、喷氨模块组对，衬里施工，吊装轨道及搬运坦克车布置，吊耳布置及焊接等各施工环节的质量控制要点。

（3）严格对受热面管束、合金钢管线进行验收，查看出厂质量证明文件，检查外观质量，并按照要求进行光谱试验。材料验收合格后方可使用。

（4）严格控制受热面管束的安装尺寸。建立完善的班组自检、互检及专职检查员检查验收，报检（包括工序交接报检及工程最终报检）、共检制度，及时做好数据准确、签字完备的检验记录，做到有章可循，有据可查。同时强化工序控制，全面实施报检制度，不经过质检人员检查、确认合格且技术资料齐全的工序，不得转入下道工序施工。及时对焊缝进行射线检测，受热面管束焊接做好防风措施，焊接前经专职质检员检查合格后方可施焊。过热器、蒸发器管排管中心间距为98mm、101mm，间距狭小不易进行返修，焊接完成5～8排后必须进行射线检测，合格后方可进行后续焊接。

（5）持证焊工经入厂考试合格后方可进行受热面管束、合金钢管线、模块焊接作业。

（6）严格执行焊接材料的采购、储存、烘干、发放、回收制度，保证焊接材料的使用正确。

（7）严格按照评定合格的工艺进行焊接，采取防风和防潮措施，保证焊接环境条件，从而保证焊接质量。

（8）连接烟道、壁板在预制完成后水平放置平台板上防止变形。

（9）按照焊接方法和顺序施焊，减少模块焊接变形，保证模块拼接的水平度与垂直度。

（10）施工中各种计量器具均应经校验合格，并在校验周期内，否则不得使用。

7.3 质量控制要求

（1）钢制横梁安装质量标准见表7-1。

表 7-1 钢制横梁安装质量标准

序号	检查项目	质量标准 /mm	检验时机、频次	检查方式、工具
1	标高偏差	±5	安装，逐个	米尺
2	水平度偏差	≤5	安装，逐个	水平尺
3	与柱中心线偏差	±5	安装，逐个	卷尺

（2）集箱安装检查项目和质量标准见表 7–2。

表 7-2 集箱安装检查项目和质量标准

序号	检查项目	质量标准 /mm	检验时机、频次	检查方式、工具
1	安装方向	复合设计图纸要求	预制，安装，逐个	目测
2	集箱标高偏差	±5	安装，逐个	卷尺
3	集箱水平度偏差	≤3	预制，安装，逐个	水平尺
4	集箱纵横中心线与炉中心线距离偏差	±5	安装，逐个	卷尺
5	集箱间中心线距离偏差	±5	预制，安装，逐个	卷尺

（3）过热器、再热器组合安装检查项目和质量标准见表 7–3。

表 7-3 过热器、再热器组合安装检查项目和质量标准

序号	检查项目	质量标准 /mm	检验时机、频次	检查方式、工具
1	组件宽度	±5	预制，安装，逐个	卷尺
2	组件对角线差	≤10	预制，安装，逐个	卷尺
3	组件边管垂直度	±5	预制，安装，逐个	线坠
4	管排平整度	±5	预制，安装，逐个	线坠
5	管排间距	≤5	预制，安装，逐个	卷尺
6	边缘管与炉墙间距	符合设计图样	安装，逐个	卷尺
7	管排膨胀间隙	符合设计图样	预制，安装，逐个	卷尺

（4）模块安装质量标准见表 7–4。

表 7-4 模块安装质量标准

序号	检查项目	质量标准 /mm	检验时机、频次	检查方式、工具
1	模块中心至锅炉中心偏差	±5	安装，逐个	卷尺
2	模块集箱到基准点（横梁）偏差	±5	安装，逐个	卷尺
3	模块水平度	3	预制，安装，逐个	水平尺
4	模块垂直度	±10	预制，安装，逐个	线坠

8 安全措施

8.1 安全法规和标准

（1）GB/T 12801 《生产过程安全卫生要求总则》。

（2）GB 12523 《建筑施工场界环境噪声排放标准》。

（3）GB 15630 《消防安全标志设置要求》。

（4）GB 18218 《重大危险源辨识》。

（5）GB/T 28001 《职业安全健康管理体系》。

（6）JGJ 46 《施工现场临时用电安全技术规范》。

8.2 安全保证措施

（1）对进入现场的施工人员进行安全教育，并建立台账，起重、电焊等特殊工种做到100%持证上岗。

（2）现场作业人员100%发放和佩戴合格的劳保鞋、安全帽、工作服等劳动保护用品。

（3）现场设置专职安全员，及时发现安全隐患，并监督相关责任人限时整改。

（4）认真、详细做好施工检查记录，特别是对存有隐患的记录，必须具体地、如实地反映隐患部位、危险性程度及提出处理意见等。

（5）余热锅炉改造期间存在多层交叉作业，必须及时完善平台扶梯，做好施工防护工作。

（6）余热锅炉改造期间所有作业人员必须正确佩戴安全带。

（7）吊装技术方案按照程序批准后，由吊装责任工程师对所有参加模块吊装作业的人员进行技术交底；由吊装指挥进行岗位分工；由吊装安全总监进行安全交底。使施工人员熟悉整个吊装、移位过程、掌握关键控制要点、明确岗位职责。

（8）吊装时每台吊车必须配备吊车监护人，当吊车显示受力与技术措施计算的受力有出入时，吊车负责人和吊车司机应及时向吊装指挥部汇报。异常因素得到正确解决并能够确保吊装安全的情况下，方可继续进行吊装作业。

（9）焊接或切割的工作场所应采取防火措施，施工区域必须配备齐全的消防器材。

（10）吊装作业应提前收集气象信息，吊装作业应避开风、雨天气。

（11）夜间作业要有充足照明，其线路架设应有防止漏电措施。

（12）耐压试验时，如发现渗漏需停止升压，判明渗漏无发展时，人员方可接近。

9 环保标准和措施

9.1 法规和标准

（1）GB 18599《一般工业固体废物贮存、处置场污染控制标准》。

（2）GB 12348《工业企业厂界环境噪声排放标准》。

9.2 环保措施

（1）对施工人员进行环保教育，提高环保意识，严格遵守现场文明施工管理规定。

（2）对施工现场进行科学规划，做到合理有序，整齐美观。

（3）喷砂除锈施工时应采用妥善的防护措施，控制粉尘蔓延，防止粉尘污染。

（4）施工现场暂时不用的材料要标识清楚，分类摆放，防护规范。

（5）施工现场的工业废料和垃圾及时分类回收至废料箱和垃圾箱，并及时运至指定的堆放场地。

（6）设置专人负责洒水工作，保证施工现场无粉尘。

（7）严格执行无损检测防护措施，杜绝射线对人身的伤害。

10 效益分析

10.1 经济效益

催化装置余热锅炉改造模块化施工工法，锅炉壁板衬里拆除采用绳锯切割与水钻钻孔结合的切割技术、锅炉改造分为平行作业技术、炉管地面模块化预制技术、模块安装时采用搬运坦克车进行平移搬运技术，具有显著的经济效益。以宁夏石化公司 260×10^4t/a 重油催化装置烟气脱硝项目余热锅炉改造施工为例，主要以设备的拆除、及安装进行经济效益分析。

（1）锅炉壁板采用绳锯切割与水钻钻孔结合的切割技术取得效益。根据 2014 年锅炉壁板衬里拆除采用风镐的工程实际，经过调研和咨询专业单位，2017 年锅炉壁板衬里拆除作业时采用“绳锯切割与水钻钻孔相结合的切割技术”进行施工，两种切割衬里的技术均优于传统人工使用风镐打掉衬里，两台 CO 余热锅炉共节约成本 28.62 万元，经济效益对比分析如表 10–1 所示。

表 10-1 与锅炉壁板采用人工风镐拆除经济效益分析对比表

项目内容	锅炉壁板采用绳锯与水钻结合的切割技术		锅炉壁板采用人工风镐拆除		经济效益分析
两种施工方法引起的人工、材料、机械成本节约					
焊工、铆工、起重	52 人	工期 4d，人工成本 =52 人 ×300 元 /d × 4d=6.24 万元	60 人	工期 7d，人工成本 =60 人 ×300 元 /d × 7d=12.6 万元	成本增加 20+6.24–12.6=13.64 万元
绳锯切割	项	20 万元	—	—	
风镐	—	—	8 台	工期 7d，机械成本 =120 元 / 台班 ×8 台 ×14 台班 =1.34 万元	机械台班费节约 8.54 万元
130t 汽车式起重机	2 台	工期 4 天，机械成本 =12000 元 / 台班 ×2 台 ×4 台班 =9.6 万元	2 台	工期 7d，机械成本 =12000 元 / 台班 ×2 台 ×7 台班 =16.8 万元	
工期压缩引起的成本节约（3d）					
焊工、铆工	260 人	工期节约 3d，人工成本 =300 人 ×300 元 /d × 3d=27 万元			工期人工成本节约 27 万元；机械直接成本节约 6.72 万元，合计 33.72 万元
衬里工	40 人				
75t 汽车式起重机	4 台	机械成本 =5600 元 / 台班 ×4 台 ×3 台班 =6.72 万元			
小计	成本节约 33.72+8.54–13.64=28.62 万元				

（2）应用炉管地面模块化预制技术取得的效益。新更换的蒸发器和过热器管束为单片散件到货，单台焊口总数为 480 道，如果根据以往在炉膛内部单片组焊、检测，需要 5~7 天的作业时间，并且检测时其他施工作业无法进行，不能满足现场施工需要。结合现场的吊装能力采用“炉管地面模块化预制”，进行模块化安装，改善了焊接条件，提高了焊接质量；加大了预制深度，减少了炉膛内部炉管的组焊和检测工作量，加快了施工进度。两台 CO 余热锅炉共节约成本 80.24 万元，经济效益对比分析如表 10–2 所示。

表 10-2 与炉膛内部单片散装经济效益分析对比表

项目内容	炉管地面模块化预制		炉膛内部单片散装		经济效益分析
两种施工方法引起的人工、材料、机械成本节约					
地面集中预制焊口 / 空中焊接管束焊工、铆工、起重工	地面 8 人 15d/ 空中 20 人 4d	人工成本 =300 元 /d ×（8 人 ×15d+20 人 ×4d）=6 万元	起重 10 人，焊工 20 人，铆工 20 人	工期 7d，人工成本 =300 人 ×50 元 /d ×7d=10.5 万元	直接人工成本节约 4.5 万元
手段用料	3t	手段用料成本 =3800 元 /t × 3t=1.14 万元	1t	手段用料成本 =3800 元 /t × 1t=0.38 万元	手段用料、机械台班费节约 7.74 万元
25t 汽车式起重机	2 台	地面组焊工期 15d 机械成本 =1600 元台班 ×15 台班 ×2 台 =4.8 万元	—	—	
130t 汽车式起重机	2 台	—	2 台	管束焊口空中焊接机械成本 =12000 元 / 台班 ×2 台 ×7 台班 =16.8 万元	

续表

项目内容		炉管地面模块化预制	炉膛内部单片散装		经济效益分析
350t 汽车式起重机	1 台	管束、集箱预制件空中吊装 1d 机械成本 =32000 元 / 台班 ×1 台班 = 3.2 万元	—	—	手段用料、机械台班费节约 7.74 万元
500t 汽车式起重机	1 台	管束、集箱预制件空中吊装 1d 机械成本 =48000 元 / 台班 ×1 台班 = 4.8 万元	—	—	
工期压缩引起的成本节约（4d）					
焊工、铆工、起重工等	260 人	工期压缩 4d，人工成本节约 =300 人 ×300 元 /d× 4d=36 万元			工期人工成本节约 36 万元
衬里工	40 人				
350t 汽车式起重机	1 台	工期压缩 4d，机械费节约 32000 元 / 台班 ×4 台班 = 12.8 万元			机械台班费节约 32 万元
500t 汽车式起重机	1 台	工期压缩 4d，机械费节约 48000 元 / 台班 ×4 台班 = 19.2 万元			
小计		成本节约 36+12.8+19.2+4.5+7.74=80.24 万元			

（3）模块安装时采用坦克搬运车搬运技术取得效益。脱硝反应器模块、喷氨和稀释风模块、预制的过热器、蒸发器模块的安装，采用坦克搬运车和借助在设备移动方向上设置的牵引工具将设备移动至安装位置。与传统使用滚杠的方法相比，加快了施工进度、节约大型机具使用台班。两台 CO 余热锅炉共节约成本 53.44 万元，经济效益对比分析如表 10–3 所示。

表 10-3　与传统使用滚杠搬运经济效益分析对比表

项目内容	模块安装时采用坦克搬运车搬运		传统使用滚杠搬运		经济效益分析
两种施工方法引起的人工、材料、机械成本节约					
坦克滑块就位铆工、起重工	20 人	工期 3d，人工成本 =300 元 / d×3d×20 人 =1.8 万元	起重工、铆工 40 人	工期 5d，人工成本 =300 元 / d×5d×40 人 =6 万元	直接人工成本节约 4.2 万元
手段用料	型钢轨道 3t	手段用料成本 =3800 元 / t×3t=1.14 万元	无缝钢管滚杠 1t	手段用料成本 =3800 元 / t×1t=0.38 万元	手段用料、机械台班费节约 15.24 万元
350t 汽车式起重机	1 台	工期 3d，机械成本 =32000 元 / 台班 ×3 台班 =9.6 万元		工期 5d，机械成本 =32000 元 / 台班 ×5 台班 =16 万元	
500t 汽车式起重机	1 台	工期 3d，机械成本 =48000 元 / 台班 ×3 台班 =14.4 万元		工期 5d，机械成本 =48000 元 / 台班 ×5 台班 =24 万元	
工期压缩引起的成本节约					
焊工、铆工、起重工等	260 人	工期压缩 2d，人工成本 =300 人 ×300 元 /d×2d=18 万元			工期人工成本节约 18 万元
衬里工	40 人				
350t 汽车式起重机	1 台	工期压缩 2d，机械费节约 32000 元 / 台班 ×2 台班 =6.4 万元			机械台班费节约 19 万元
500t 汽车式起重机	1 台	工期压缩 2d，机械费节约 48000 元 / 台班 ×2 台班 =9.6 万元			
小计		成本节约 18+19+4.2+15.24=53.44 万元			

（4）综合经济效益统计：宁夏石化公司 260×10^4t/a 重油催化装置烟气脱硝项目余热锅炉改造施工，采用了催化装置余热锅炉改造模块化施工技术，圆满地完成了安全、质量、进度目标，一次投产成功，获得奖励 200 万元。本次锅炉改造直接或间接的取得经济效益共计 362.3 万元。

10.2 社会效益

“催化装置余热锅炉改造模块化施工工法”有利于提高余热锅炉施工工程质量，保障施工安全，加快施工进度，具有良好的综合效益。工程施工质量符合设计和标准规范要求，锅炉一次投产成功，施工过程中没有事件、事故发生。缩减了合同工期，使锅炉提前投产，增加了的收益。

“催化装置余热锅炉改造模块化施工工法”具有良好的科学性、经济性、适用性，较强的应用价值和推广意义，可以广泛的应用催化裂化装置中的余热锅炉改造及新建工程中去，能够缩短施工工期，节约材料以及能耗，使装置尽快投料产出，因此该工法具有较强的科学性、经济性、适用性，有较强的应用价值和推广意义。

11 应用实例

应用实例一：宁夏石化公司 260×10^4t/a 重油催化裂化装置检修工程余热锅炉改造项目

该项目中，CO 余热锅炉长 13580mm × 宽 7530mm × 高 42000mm，改造涉及省煤器管束拆除、锅炉炉壁拆除，低低温过热器模块，省煤器模块安装。该工程于 2014 年 08 月 21 开工建设，2014 年 09 月 11 日竣工达到烘炉条件，2014 年 09 月 15 日顺利投产，一次投产成功，产出合格蒸汽。

应用实例二：宁夏石化公司 260×10^4t/a 重油催化装置烟气脱硝项目余热锅炉改造

该项目中，CO 余热锅炉长 13580mm × 宽 7530mm × 高 42000mm，改造涉及省煤器模块下移位利旧、锅炉壁板拆除、低低温过热器模块拆除、过热器管束模块安装、脱硝模块安装。该工程于 2017 年 7 月 7 日开始施工，2017 年 8 月 8 日锅炉整体试压合格，2017 年 8 月 14 日锅炉产出合格蒸汽，至今运行平稳。

中压散装蒸汽锅炉模块化安装工法

中国石油天然气第一建设有限公司
陈亚强　杨东峰　康保云　郑　勇　王　磊

1　前言

中压散装蒸汽锅炉部件结构复杂，受压管件安装紧凑，工序多，需要严格科学的管理，缜密筹划和有力组织，才能确保施工有序，顺利完成交付。

为保证蒸汽锅炉安装质量，确保锅炉设备安全运行，不断提高散装蒸汽锅炉安装管理和技术水平（图 1–1）。通过对华北石化 2 台、长庆石化 3 台 75t 锅炉安装关键施工步骤论述，明确施工重点难点，优化施工工艺，总结形成中压散装蒸汽锅炉安装工法。本次工法与以往散装锅炉工法不同的是，减弱锅炉基础制约，锅炉主体部分地面模块化组装，整体吊装，大大压缩工期。

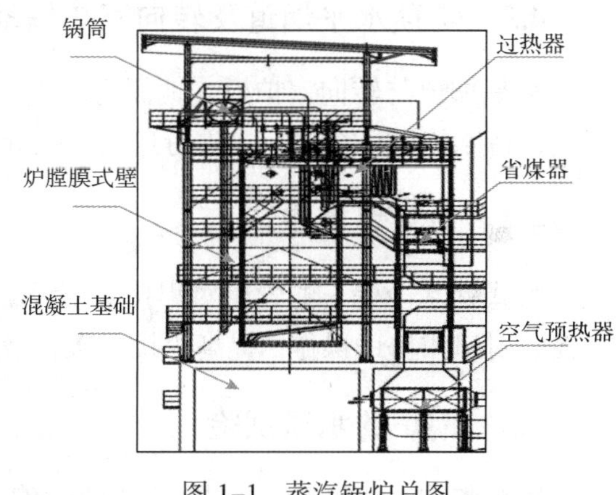

图 1–1　蒸汽锅炉总图

2　工法特点

2.1　缩短施工工期，展开施工工作面

合理优化施工场地，拓展施工空间，土建基础与钢架、膜式壁同时展开，作业面增加，利于施工组织，加快安装施工进度。降低土建基础施工对锅炉安装的制约，避免大量交叉作业。

2.2　减少交叉作业，降低安全风险

减少高处作业施工，降低安装标高。劳动保护平台、斜梯提前安装，统筹零件吊装，减少了吊装、焊接、安装等交叉施工作业，降低了安全风险，确保施工安全。

2.3　经济效益高，施工质量有保证

地面模块化预制，整体吊装施工工艺，减少了狭小空间作业，施工质量得到提升，减少工期，提高了经济效益。

3　适用范围

本工法适用于石油化工和电力行业工程建设中的中压散装蒸汽锅炉的施工，其他类型锅炉的施工也可参考工法实施。

4 工艺原理

4.1 炉体钢框架提前预制

锅炉立柱钢架成框，减少高处作业。

4.2 前部炉膛钢构与膜式壁、尾部省煤器分级模块化预制、吊装

膜式水冷壁分片组对，水冷壁分片吊装进框架，吊车整体吊装就位。找正找平后，完善炉顶结构，调整膜式壁，安装锅筒。

省煤器胎具上预制成框，安装三面护板，密封焊接及炉墙衬里，蛇管安装后，整体吊装。预留集箱处一面，水汽系统试压合格后，进行衬里和外护板密封。

4.3 炉顶水平烟道及转向室炉墙地面预制

水平烟道与转向室护板，地面组对焊接，提前衬里施工，边缘预留，分片吊装拼接后，过热器安装后，待水压试压合格后，进行过热器蛇管穿墙处和炉顶护板安装、砌砖补衬、密封焊接。

4.4 炉管焊接安装

膜式壁水冷壁、蛇管组对焊接，搭设临时组对支架，减少组对应力，提高焊接质量，采用简易对口器、对口钳协助操作，提高焊接一次合格率。

4.5 锅炉的水压试验

锅炉整体水压试验，先进行一次低压气密，处理漏点后进行正式上水试压，确保一次试压合格。

4.6 炉墙衬里施工

采用支模浇注法进行施工，水平烟道、转向室烟道、省煤器壁板等部分衬里保温提前地面预制已吊装拼接，试压合格后修补施工。

5 施工工艺流程及操作要点

5.1 施工工艺流程

施工工艺流程（图5-1）。

5.2 操作要点

5.2.1 施工准备

（1）建立锅炉质保体系，各专业工程师进行岗位及责任划分，落实实职，责权分明。

（2）组织调遣各工种配备齐全，按照施工进度计划进行人员施工安排，数量满足施工需要。

（3）进行设计交底，确认供货状态及到货时间。特种作业收集核验相应资格证，考试及培训。

（4）施工图审查，相关技术文件是否齐全，沟通预制深度是否符合施工要求，做好施工技术交底。

（5）检查三通一平，对入场所有使用的检测及测量器具，应按相关质量管理要求进行管理和使用。

（6）做好材料到货验收，设备开箱检验、检查并记录，各方人员签字确认。

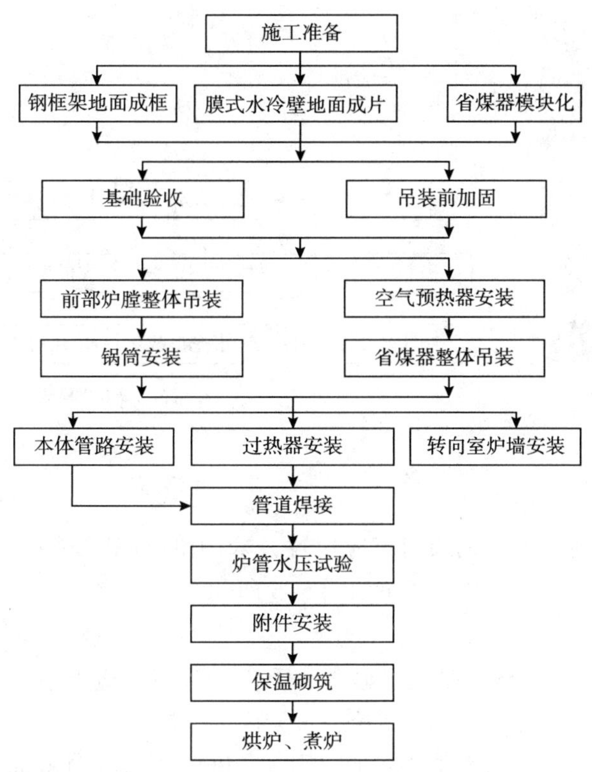

图 5-1 锅炉施工工艺流程

5.2.2 钢框架地面成框

1. 钢架立柱组对

锅炉本体钢结构，按照规范要求组对安装，确保质量要求。

（1）到货验收：到货验收，核对率 100%，偏差较大的钢架立柱进行调直处理。

（2）立柱对接定出安装基准标高线，设置 1m 样冲眼，应有明显而清晰的标记，如图 5-2 所示。

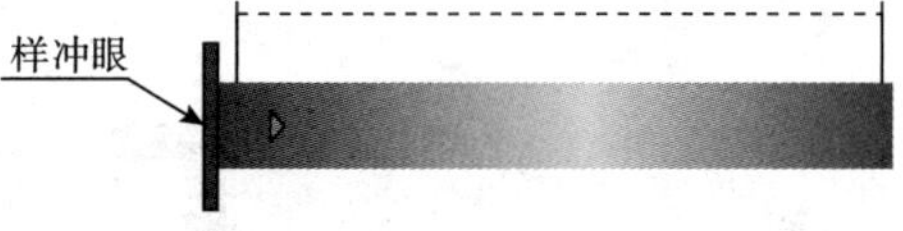

图 5-2 单根立柱直线度核查、设置样冲眼

2. 钢架成框（图 5-3）

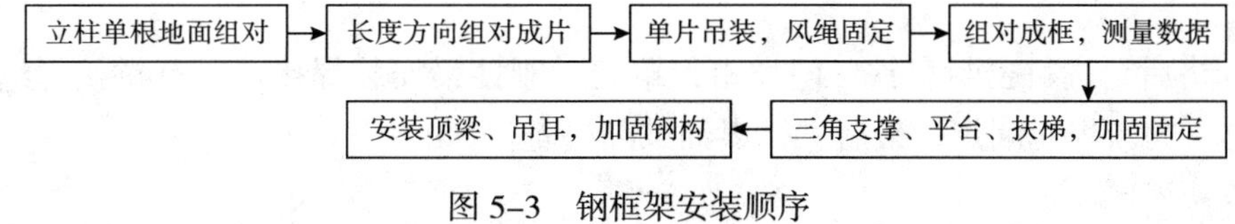

图 5-3 钢框架安装顺序

（1）钢结构单根立柱预拼装，在胎具上按照施工图样的尺寸测量，复核率 100%，做好标识移植。

（2）立柱拼装点焊定位，复核尺寸，预留焊接变形量，焊后尺寸校核。

（3）单片吊装前，在预制场按照框架吊装摆放位置和设计尺寸画出钢架立柱位置，每根立柱垫厚钢板，进行找平处理，钢板上划十字线定位，分层划线。

（4）单片吊装时，标高复核后点焊固定。吊装就位后，复核四根立柱间距、对角线、安装基准线标高等，用缆风绳调整钢柱垂直度，合格后临时焊接固定。

（5）合格后进行钢架横梁安装，安装由下向上逐层进行，验收合格后进行焊接，焊后复核尺寸。

（6）钢架加固后安装炉顶顶梁，钢架焊接完成后及时复查钢架结构尺寸，以防焊接变形影响相关附件安装尺寸，锅炉立柱及框架安装见图 5-4。

图 5–4 锅炉框架成框

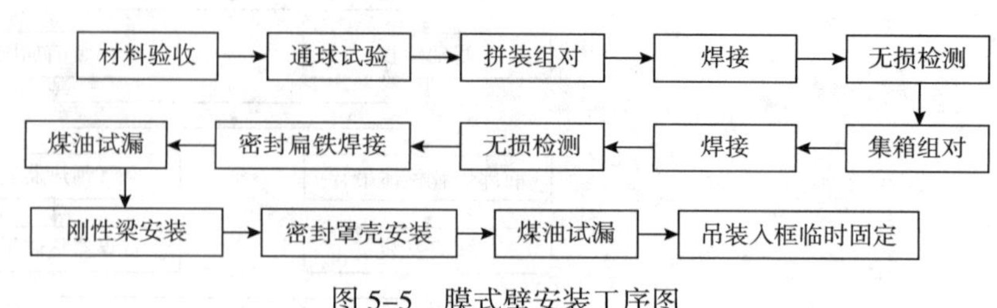

图 5–5 膜式壁安装工序图

5.2.3 膜式水冷壁地面成片

膜式水冷壁地面分片预制，吊入钢架内对应位置，采用倒链临时固定。依据现场情况，左右质量一般对称安装，可适当调整。膜式壁安装工序如图 5–5 所示。

1. 到货验收

外观质量检查：应无撞伤、压偏、裂纹、砂眼、重皮和分层，检查率 100%。

内部检查清理：用磁铁、压缩空气清除集箱、水管内的杂物、铁屑。

组对安装：水冷壁管排端口应与管中心垂直，其端面倾斜度应≤0.8mm；逐根通球试验，试验编号严格管理，不得将球遗留在管内，通球后做好封闭措施。

2. 膜式水冷壁组对焊接

通球合格后进行拼装焊接，胎具制作不宜过高，焊接后检查成片对角线尺寸，再通球一次，合格后组对集箱，焊接宜采用双人组合焊接，如图 5–6 所示。

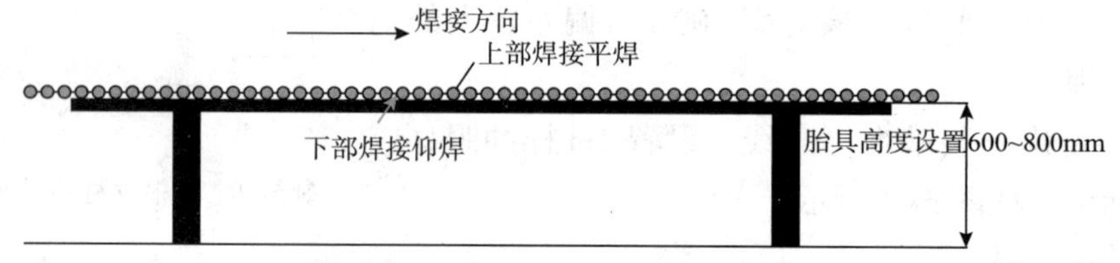

图 5–6 水冷壁焊接胎具制作尺寸

无损检测合格后，进行密封扁铁、门类密封罩壳、刚性梁安装焊接。所有拼接焊缝必须是连续满焊，不允许点焊、间断焊、漏焊、最后进行煤油试漏检查。

3. 水冷壁吊装固定

水冷壁成片组焊完成后，结构尺寸检查合格后吊装，选择上下集箱和刚性梁为吊点，吊装采用两台吊车配合，为防止吊装变形，溜尾吊车采用滑轮并增加中部刚性梁吊点防止吊装过程水冷壁变形。

吊入钢结构框架内对应位置后，采用倒链临时固定在钢架梁上，刚性牢固（图 5–7、图 5–8）。

5.2.4 省煤器模块化

省煤器部件散件到货。低温省煤器、中间框架、中高温省煤器地面模块预制，分级吊装。

到货验收：做好相关验收记录，逐根通球试验。

1. 外框架拼装

外护板组对成框，预留集箱侧，组对后尺寸核查，检查对角线、水平度及垂直度。重点对人孔、取样孔、吹灰孔等标记报验，开孔后复查。通风梁、工艺接管、仪表接管或套管等配件在衬里施工前安装。

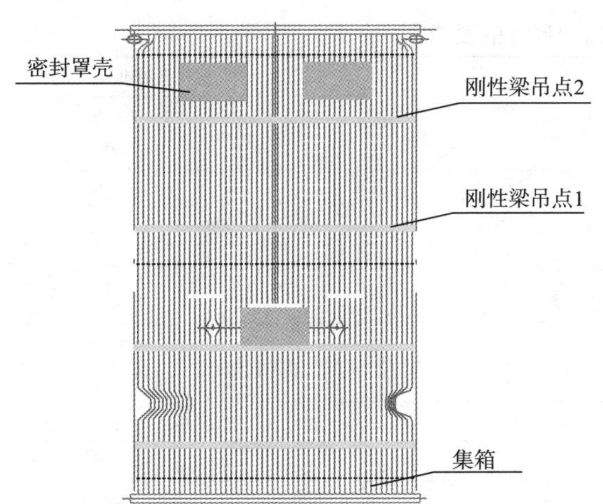

图 5-7　水冷壁吊装位置设置

图 5-8　水冷壁吊入刚性固定

2. 局部衬里施工

局部衬里施工在框架结构尺寸和接管安装无误后进行，衬里结构按照图纸要求施工（图 5-9）。

重点检查保温钉设置间距和焊接质量，砖衬拉钩安装位置。密封钢板厚度较薄，焊接钢件时防止钢板烧穿。

砌筑保温施工安装质量验收，应重点检查框架内空间位置间距符合热膨胀间距要求，衬里养护采取防雨措施。

3. 蛇管安装

管外表面应无撞伤、压扁、裂纹、砂眼、重皮和分层及外观焊接质量等缺陷，对合金钢管进行光谱 100% 检查。逐片进行通球试验。

蛇管逐片从一侧进行安装，最后安装集箱。

蛇形管进出管口圆心位置必须在同一直线，重点要求在蛇形管安装过程同步调整，暂不焊接蛇形管在通风梁上的固定板（图 5-10）。

图 5-9　省煤器框架局部衬里施工

图 5-10　省煤器管安装

5.2.5　基础验收

基础施工与锅炉部件模块化预制同时施工，待养护合格后，进行基础验收。基础上应明显地画出标高基准线、纵横中心线，相应建筑（构筑）物上应标有坐标轴线，基础表面应全部打出麻面、放置垫铁处应凿平。基础交接验收时，复查基础的尺寸和位置，其质量应符合表 5-1 的要求。

表 5-1　基础和尺寸的要求

项　次	项　目	允许偏差 /mm
1	地脚螺栓顶端标高	+20 0
2	地脚螺栓螺纹长度	+20 0
3	两螺栓间距（在根部和顶部两处测量）	±2
4	螺栓中心对基础轴线距离	±2
5	螺栓垂直度	≤H/100
6	相邻基础轴线间距	±3
7	基础轴线总间距	±5
8	基础对角线差	≤5
9	基础顶面标高（不包括二次灌浆层）	-20 0

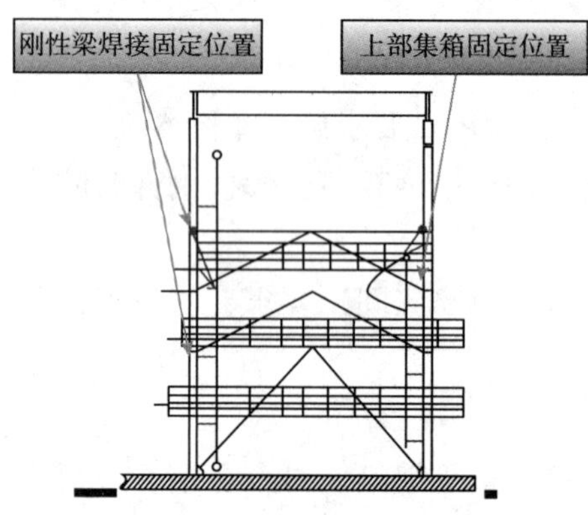

图 5-11　水冷壁临时加固示意图

5.2.6　吊装前加固

吊装前在钢架柱基础上提前布置垫铁，并调整至安装标高。

吊装前，对钢架对角线、高度、长度及其他尺寸进行复核确认。

对悬挑结构的平台，吊装前无法生根安装平台支撑的，采用焊接临时三脚架进行稳固，确保安全。

为防止吊装时水冷壁晃动，现场采取使用倒链将水冷壁吊挂固定在钢架上，并采用槽钢将两者临时焊接连接，将水冷壁锁死（图 5-11）。

5.2.7　前部炉膛整体吊装

吊装前应现场放样，模拟吊装。

正式吊装前应进行试吊，试吊时观察水冷壁、刚性梁等部位是否有晃动，确认无误后进行正式平移。

钢架就位时，安排专人在四根立柱旁，及时调整，确保一次就位成功。吊装后复核找正、找平一次，确认吊装后钢架整体变形程度，对有变形的部位进行校正，采用千斤顶、垫铁等进行调整（图 5-12～图 5-14）。

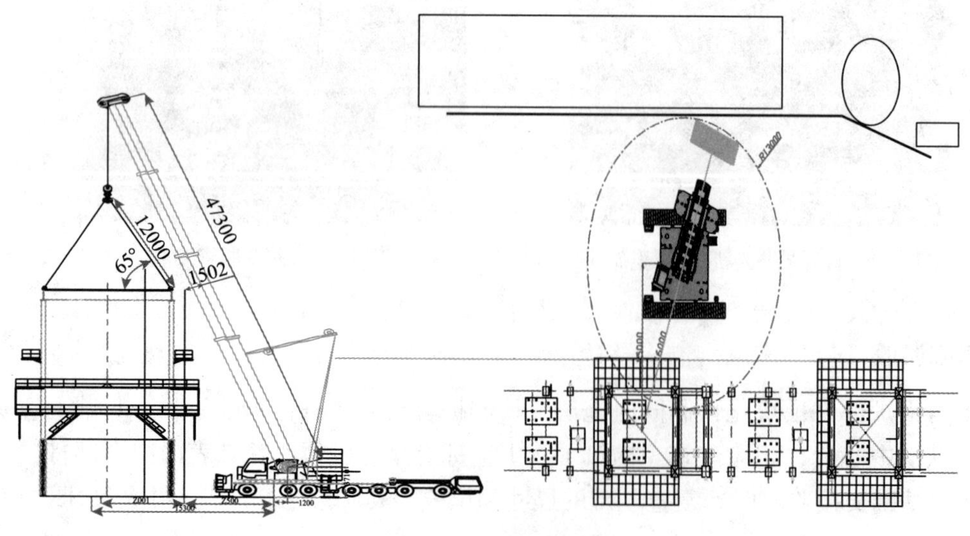

图 5-12　整体吊装放样

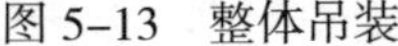
图 5-13　整体吊装

图 5-14 吊装落位

5.2.8　空气预热器安装

空气预热器一般设置于最底层，整体吊装前提前将其吊装到位，清除管子内外杂物。安装允许的误差见表 5-2。

表 5-2　安装允许误差表

检查项目	允许误差
支撑框的水平方向位置	± 3mm
支撑框的标高	0～-5mm
预热器垂直度	高度的 1‰

焊后进行煤油渗透，确保不漏风。空气预热器安装结束后，可与冷、热风道同时进行风压试验。

5.2.9　省煤器整体吊装

吊装前确认无损检测合格，衬里强度满足设计要求。整体吊装按照低温省煤器、中间框架、中高温省煤器依次进行。模块吊装就位后及时找正焊接固定，完成后进行水管路系统安装，整体试压后，安装集箱侧护板衬里，密封护板（图 5-15、图 5-16）。

图 5-15　省煤器成框吊装

图 5-16　集箱侧衬里施工

5.2.10　锅筒安装

1. 锅筒安装前检查

（1）检查管接头数、规格和位置是否正确，管接头有无损伤，按图用记号笔进行标记。

（2）检查锅筒内外壁有无裂纹、擦伤等缺陷。

（3）清除锅筒内外表面及管孔内油污和其他杂物，吊装时要对管孔及管接头做好防护措施。

（4）检查、校正锅筒的纵、横向中心线。

2. 锅筒的吊装和找正

锅筒起吊应水平，避免晃动撞击，锅筒离开地面，检查锅筒的横向水平度，然后缓慢提升至安装位置。

锅筒找正：按表5-3要求进行检查，合格后拧紧锅筒吊装的螺母，在球面垫圈和锥面垫圈间应加涂石墨粉状润滑剂。锅筒支座检查接触部位，接触角在90°内，接触良好。锅筒安装结束后，应根据锅筒中心标出水位表的0水位（即正常水位）以及最高最低水位。

表5-3 锅筒找正允许偏差

序号	检查项目	允许偏差/mm
1	锅筒标高	±5
2	锅筒纵向及横向中心线与安装基准线水平度方向距离	±5
3	锅筒与Z1柱间距	±5
4	锅筒纵向水平度	2
5	锅筒与集箱中心线的水平、垂直方向距离	±3
6	锅筒横向水平度	1
7	锅筒横向中心线和过热器集箱横向中心线相对偏移	3

5.2.11 过热器安装

过热器一般布置在水平烟道内，采用悬吊结构。高、低温过热器在炉顶板结构安装完，过热器集箱就位找正后进行。过热器逐片吊装，根据情况可从一侧或两侧同时施工，由于安装焊接操作空间狭小，施工时就位一片焊接一片，焊缝当天对接焊接后必须完成无损检测，合格后再进行下步施工，避免由于操作空间狭小的缺陷焊缝造成返修困难（图5-17）。

5.2.12 转向室炉墙安装

转向室炉墙护板地面成片组对焊接并局部衬里，预留接管、套管位置，每片边缘衬里预留300mm，护板就位密封焊接后施工（图5-18）。

图5-17 过热器安装

图5-18 炉墙吊装施工

5.2.13 本体管路安装

到货检查：本体管路分段预弯角度到货，到货后应对管道材质、角度、外观质量、检测报告、内部清洁度等进行逐项检查，合金钢管道光谱检查覆盖率100%。对引出管、下降管等大直径的管道，应划线放样复查各部尺寸是否符合图纸要求，对到货的预弯管进行100%通球试验。

安装原则：先大管径后小管径，先长管后短管原则，按图安装，主要检查内容见表5-4。安装过程中累积误差，对口位置容易出现应力，采用自制对口器和对口钳，减少组对应力，提高组对效率（图5-19）。

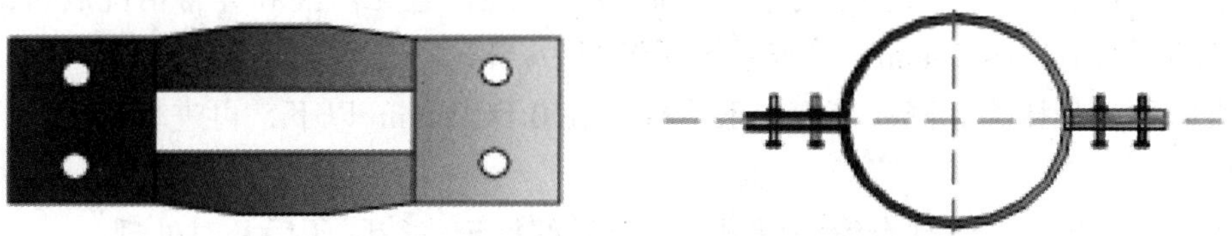

图5-19　简易对口器制作简图

表5-4　允许误差表

检查项目	允许误差
管子对口	错位≤10%，壁厚且≤1mm
不垂直度	≤2‰且，≤15mm
水平弯曲度	≤1‰且，≤20mm
管间距离	±5mm
成排管段个别不平整度	≤10mm
支吊架	位置正确，符合图纸

5.2.14　管道焊接

1. 焊接材料的选用

采用钨极氩弧焊打底手工电弧焊填充盖面的焊接工艺。根据母材材质，焊接材料选择合适焊材（表5-5）。

表5-5　焊材选用一览表

材　质	焊接方法	焊　条	焊　丝	备　注
12Cr1MoVG	GTAW	—	CHG-55B2VR	过热器
20G	GTAW	—	CHG-56	水冷壁、省煤器、水管路
15CrMo	GTAW+SMAW	CHH307	CHG-55B2	集气集箱
09CrCuSb	GTAW	—	09CrCuSb	低温省煤器

2. 主要的焊接工艺

（1）施焊前，焊接工艺评定报验合格，焊工持证作业。

（2）严格按照焊接工艺进行施工，禁止在焊件上试验电流，坡口外引弧；多层焊时，层间接头应错开；定位焊应与正式焊接工艺相同。

（3）焊接检验：焊缝焊完后，外观检查，焊缝外观不得有焊渣、飞溅、表面气孔、表面裂纹、夹渣等缺陷，咬边深度应<0.5mm。外观检查合格后，按规定进行无损检测，检测方法、检测比例、级别按图样规定执行。

（4）焊缝的返修，一般由施焊者进行。焊缝同一部位的返修次数，不应超过两次。当超过两次时，要按经批准的返修工艺方案进行施工。

（5）无损检测按照TSG G0001—2012《锅炉安全技术监察规程》执行。

5.2.15　锅炉水压试验

上水前，系统密封检查后进行气密检查。采用0.7MPa非净化风线进行，沿上水线进口至整个汽水系统，稳压后采用肥皂水进行汽水系统焊道、水冷壁密封检查，处理漏点。检查合格后确认无泄漏，再进行上水试压。

系统上满水后，关闭进水总阀。升压前，对锅炉本体系统及连接管路进行一次全面的检查。

水压试验按照升压曲线进行。缓慢升压，升压速度一般应控制在 0.3MPa/min 或以下，当水压上升至锅筒工作压力时，应暂停升压，再进行一次全面检查，经检查无渗漏和异常情况后再继续升压至试验压力，达到试验压力后保压 20min，检查系统无渗漏为合格。

合格后缓慢降至工作压力，降压速度一般应控制在 0.1MPa/min 以下，再进行全面检查，检查期间压力应保持不变。

在试验检查全过程中，若发现有渗漏情况，及时做好标记，待降压后及时处理。

试验检查完毕后，继续缓慢降压，待锅筒压力降至零位时，逐步打开放空阀和各排污阀门，缓慢地将水放尽，局部不容易排出的水分用压缩空气吹出。利用炉内余压对锅炉系统管道进行一次全面的冲洗，尽可能减少炉内因水压试验造成的腐蚀现象发生。

5.2.16 附件安装

1. 门类杂件安装

门类杂件主要包括：人孔门、看火孔、防爆门、膨胀指示器等。在锅炉水冷壁和省煤器安装合格后进行。

2. 燃烧设备的安装

燃烧器设有火焰检测器、熄火保护装置。

（1）安装前，复查燃烧器安装位置预留让管中心标高符合设计要求。

（2）安装前，按照燃烧器进风口位置不同，区分燃烧器安装位置。

（3）燃烧器的就位和火嘴角度调整在厂家的指导下进行，安装结果必须经过厂家和监理业主确认。

5.2.17 保温砌筑

主要采用支模浇筑、手工捣打的施工工艺。一般设计为浇筑混凝土、耐火砖、保温棉结合，配套耐火灰浆抹面的结构形式，其中支撑件有保温钉、托砖板、钢筋网进行固定。

浇筑料应使用强制式搅拌机进行搅拌，每次搅拌量应在 30min 内施工完毕为限，搅拌时先将骨料、粉料、结合剂和添加剂等进行干混 1min，然后加入用水量的一半，湿拌 1~2min，待料全部润湿后，再加入余下的水量。

为避免产生施工缝或施工冷缝，每层模板上边缘预留 100mm 左右不浇注，且上、下层衬里浇筑的时间间隔不得超过衬里料的初凝时间，按要求设置膨胀缝。

养护完成后及时进行 20mm 的耐火灰浆抹面，抹面要求平整、光滑及饱满，无毛糙和分层现象，养护过程中采取防雨措施。

5.2.18 烘炉、煮炉

1. 烘炉

待衬里施工完成后进行烘炉，一般采用自然风干燥、124℃除氧水流通和燃气烘炉三种方式，瓦斯作为燃料。锅炉安装完毕后，将各孔、门、挡板、风机出入口挡板全部打开，进行 2~3d 的自然风干（自然养护）时间，必要时锅炉可启动鼓引风机进行强制通风风干。自然风干燥后，锅炉引 124℃除氧水，然后采用燃气枪低温烘炉。

烘炉后炉墙经烘烤后不应有变形或裂纹，耐火混凝土不得有塌落，同时用炉墙灰浆试样法或测湿法检查烘炉是否合格。

采用各部位相同的材料预制试块，在烘炉前放在相应部位内部，待烘炉保温结束后取出分析，耐火材料含水率 <2.5% 的烘炉合格。

烘炉结束后，将汽包水位放至最低可见位置，准备加药煮炉，同时进行第二阶段烘炉。

在锅炉具备煮炉条件时，整组启动，用锅炉主气枪对耐火材料进行第二次烘炉（高温烘炉）。为满足升温曲线的要求，燃气枪投运时，燃气量和燃气枪投用数量应于严格控制。

2. 煮炉

为消除锅炉及其受热面管系、集箱及汽包内壁上的污染物，避免其溶解于水影响蒸汽品质，同时可提高锅炉的热效率。另一方面在锅炉内表面形成保护膜，可延缓锅炉老化。

（1）煮炉可在烘炉后紧接着进行，也可在烘炉后期同时进行。

（2）按锅筒、集箱锈污情况计算加药量，按照厂家及设计给出的相关参数进行计算：

（3）药品按 100%纯度计算。

（4）当无 Na_3PO_4 时可用 1.5 倍 Na_2CO_3 代之。

（5）将药液配制成 20%浓度的溶液，且需由技术员按实际浓度换算配制。

6 材料与设备

（1）主要施工机具见表 6–1。

表 6-1 主要施工机具一览表

序 号	名 称	规 格	数量 / 台	备 注
1	履带吊	150t	1	吊装
2	汽车吊	500t	1	吊装
3	汽车吊	75t	2	吊装
4	汽车吊	25t	1	吊装、倒运材料
5	半挂车	30t	1	倒运材料
6	货车	15t	1	倒运材料
7	叉吊	5t	1	倒运材料
8	数字化光谱分析仪	—	1	材质检查
9	热处理机	TCS–1 型	1	热处理
10	打压泵	SY–350	1	压力试验
11	空压机	8 ~ 9m^3/min	1	吹扫
12	强制搅拌机	250 ~ 300L	2	衬里施工
13	电焊机	ZX7–500	20	—
14	氩弧焊焊机	ZX7–400ST	30	焊接
15	电动吸尘器	—	2	清理
16	轴流风机	—	4	施工通风
17	经 纬 仪	J–2	2	安装找正
18	水 准 仪	C32	1	安装找正
19	烘干箱	Y2H2–500℃	2	焊条烘干
20	角向磨光机	—	30	焊口打磨
21	烘干箱	Y2H2–500℃	2	焊条烘干

（2）主要施工手段用料见表 6–2。

表 6-2　主要施工手段用料一览表

序　号	名　称	规　格	单　位	数　量	备　注
1	脚手架	ϕ42mm × 4mm	t	100	脚手架
2	卡扣	—	t	0.5	脚手架
3	钢跳板	—	块	200	脚手架
4	三防布	—	m^2	300	防护
5	氧气	—	瓶	100	切割
6	乙炔	—	瓶	50	切割
7	钢板	δ=10mm	m^2	15	胎具
8	型钢	HW300 × 300	m	150	辅助料
9	镀锌钢管	*DN*25	m	30	辅助料
10	铁丝	—	kg	100	辅助料
11	钢管	*DN*40/*DN*80/*DN*100	m	100	打压
12	阀门	*DN*40/*DN*80/*DN*100 *PN*10	台	6	打压
13	帆布	—	m^2	500	防护
14	手套	—	双	150	劳保
15	水表	—	台	1	用水测量
16	丙烷	—	瓶	20	辅助料
17	氩气	—	瓶	10	辅助料
18	焊条	J427	t	15	辅助料
19	道木	—	根	40	辅助料

7　质量控制

7.1　执行标准

主要相关施工标准和验收规范：

（1）TSG G0001—2012 《锅炉安全技术监察规程》。

（2）GB 16507.1～8–2013 《水管锅炉》。

（3）GB 50273—2009 《锅炉安装工程施工及验收规范》。

（4）DL 5190.2—2012 《电力建设施工技术规范 第 2 部分：锅炉机组》。

（5）DL 5190.5—2012 《电力建设施工技术规范 第 5 部分：管道及系统》。

（6）DL/T 869—2012 《火力发电厂焊接技术规程》。

（7）GB 50211—2014 《工业炉砌筑工程施工及验收规范》。

（8）SH 3010—2013 《石油化工设备和管道隔热技术规范》。

（9）NB/T 47013—2015 《承压设备无损检测》。

（10）NB/T 47014—2011 《承压设备焊接工艺评定》。

（11）NB/T 47018—2017 《承压设备用焊接材料订货技术条件》。

（12）NB/T 47043—2014 《锅炉钢结构制造技术规范》。

7.2　质量保证措施

蒸汽锅炉组装过程中质量保证要点包括：

（1）建立、健全质量保证体系，确保质量体系有效运行；计量器具均应经计量检测合格，并在周检期内。

（2）建立完善的三检制，及时做好数据准确、签字完备的检验记录。

（3）模块化部件组装时几何尺寸严格控制：框架尺寸、吊装变形、锅筒及集箱相对位置、锅炉炉膛密封、锅炉水压试验、炉本体管道及受热面管焊接质量等。

（4）吊装整体组合，施工人员对整体构架安装标高、各立柱垂直度、各梁水平度、空间对角线几何尺寸进行严格控制，联检合格后，会同总包单位、建设单位（监理单位）进行中间验收，办理工序交接手续。

（5）做好防风、防雨措施。过热器蛇管、省煤器蛇管、后水冷壁管位置受限，返修较难，要重点关注，焊接完成必须及时射线检测，合格后方可进行下一处焊接。

（6）水压试验联合检查，由质保工程师组织建设单位（PMC/监理单位）、属地特种设备安全监察机构及监督检验机构进行检查和确认，确认合格后办理锅炉受热面压力试验前的联检签证手续。

（7）检查受热面所有管线支、吊架，弹簧支、吊架，固定及滑动支撑安装；各膨胀间隙是否符合设计要求；对接焊缝质量是否得到确认，施工记录是否齐全。

7.3 具体质量预控对策

蒸汽锅炉安装质量预控对策如表 7-1 所示。

表 7-1 蒸汽锅炉安装质量预控对策一览表

序号	检验项目	控制指标	检验时机、频次	检验工具、方法
1	基础验收	标高、几何尺寸	基础支模浇筑前、后	线坠，水平仪、卷尺
2	基础验收	表面质量	基础养护完成后	目测
3	钢结构几何尺寸	垂直度，对角线	钢结构成片、成框后	线坠，水平仪、卷尺
4	钢结构焊接质量	余高、咬边	焊后，多次	焊缝检验尺，直尺
5	钢结构焊接质量	外观成型质量，气孔、夹渣	焊后，多次	目测
6	钢结构焊接质量	对接接头质量	焊后，1 次	超声测量仪、探伤仪、PT
7	钢架组合件几何尺寸	垂直度，对角线	钢架组合后，2 次	线坠，水平仪、卷尺
8	锅筒安装质量	水平度、方位、标高	安装后，1 次	水平管、水平仪
9	管件材料材质	合金元素	材料验收	光谱仪
10	管件材料外观质量	几何尺寸	材料验收	游标卡尺、卷尺、目测
11	受热面管道无损检测	外表面检测	焊后，1 次	目测
12	受热面管道无损检测	探伤	外表面合格，1 次	探伤仪
13	筑炉衬里材料质量	材料复检	到货验收取样，1 次	送相关实验室
14	筑炉衬里外观质量	水平度、平整度、间距，外观质量	施工后，多次	线坠、卷尺、目测
15	试压	压力表升降	试压时，1 次	压力表、目测
16	保温施工质量	厚度、绑扎	施工时、隐蔽前，多次	直尺、目测

8 安全措施

8.1 安全规范

（1）TSG G0001—2012 《锅炉安全技术监察规程》。

（2）GB 50194—2014 《建设工程施工现场供用电安全规范》。

（3）GB 50484—2008 《石油化工建设工程施工安全技术规范》。

（4）GB 50798—2012《石油化工大型设备吊装工程规范》。

（5）SH/T 3536—2011《石油化工工程起重施工规范》。

（6）GB/T 28001—2011《职业健康安全管理体系要求》。

（7）JGJ 46—2012《施工现场临时用电安全技术规范》。

（8）JGJ 80—2016《建筑施工高处作业安全技术规范》。

（9）JGJ 130—2011《建筑施工扣件式钢管脚手架安全技术规范》。

（10）GB 3787—2017《手持式电动工具的管理、使用、检查和维修安全技术规程》。

（11）GB 50720—2011《建设工程施工现场消防安全技术规范》。

8.2 安全管理制度

（1）编制安全技术措施，落实安全设施与器具，设置相应防护设施、安全标志。人员进场进行三级安全教育培训。

（2）项目部每月制订一项安全管理重点目标及相应的保证措施，此目标应随着工程进展情况予以调整。

（3）定期组织安全检查，掌握安全生产动态，提出纠正或改进措施，及时消除施工现场存在的安全隐患及各类不安全因素。

（4）特殊工种人员必须培训合格后持证上岗。

（5）制定检查和考核措施对施工班组的安全活动进行检查和考核，形成安全生产的良好氛围。

8.3 安全施工措施

（1）在锅炉内部作业，应内垫橡胶绝缘板，照明灯电压应≤12V，照明灯必须有护网罩。

（2）多层作业时，上下孔洞应妥善护盖，易发生高处坠落处其下应架设安全网。

（3）电缆严格采用三相五线制，采用二级配电。

（4）吊装要有完善的技术措施，统一指挥，对索具要认真进行核算，遇到险情时应立即停止，迅速查明原因，采取反事故措施，以防事态扩大。

（5）夜间作业要有充足的照明，其线路架设应有防止漏电措施。

（6）工程施工前进行安全技术交底，安全措施明确，记录签字齐全，覆盖到位。

（7）设置门岗，发放入门磁卡，无关人员不得随意进出。

8.4 文明施工措施

（1）开展文明施工为主线的现场管理标准化活动。

（2）坚持按整体平面规划设置临设施，设置现场材料库房，分类堆放材料，做到整齐、清洁。

（3）做好成品保护，对设备应进行防护以免设备损坏。

（4）现场设置休息室、临厕，满足现场施工需求。

（5）现场工程垃圾与生活垃圾分类，设置垃圾堆放点，在休息区域设置冰箱、空调、饮水机、垃圾桶，满足现场需求。

8.5 消防措施

（1）建立防火消防制度，对厂区防火工作实行属地区块责任制，列入考核。

（2）严格执行防火管理制度。对施工工地和器材库房要设置符合要求的消防器材，落实专人负责管理。

（3）焊接或切割的工作场所应采取防火措施，交叉作业设置接火盆和防火布。

（4）严格执行安全部门和保卫部门关于用火的审批管理规定和许可证制度。

9 环保措施

9.1 环保规范

（1）GB 12523—2011 《建筑施工场界环境噪声排放标准》。

（2）GB/T 24001—2016 《环境管理体系 要求及使用指南》。

（3）GB/T 28001—2011 《职业健康安全管理体系 规范》。

（4）GB 5749—2006 《生活饮用水卫生标准》。

（5）GB 7692—2012 《涂装作业安全规程 涂漆前处理工艺安全及通风净化》。

（6）GBZ 117—2015 《工业 X 射线探伤卫生防护标准》。

（7）JGJ 146—2013 《建筑施工现场环境与卫生标准》。

（8）GB 11651—2008 《个体防护装备选用规范》。

9.2 相关措施

有效控制废水、废气排放和工业废弃物处置，各种污染物排放应达到国家排放标准，实现清洁生产，环境保护、水土保持方面达到相关规定要求。对喷砂除锈、打磨除锈和涂料喷涂等影响环境的工序制定作业指导书，建立室内喷砂厂房。对施工产生的废料分类存放，及时清理。生活垃圾由专人分类清理，定点存放，每天清理。设置专人进行现场清理，设置除尘机、洒水车、洗轮机、定点降尘。严格执行无损检测防护措施，杜绝射线对人身的伤害。

10 效益分析

10.1 经济效益

对比传统安装工艺，以长庆石化公司 3 台 75t 散装蒸汽锅炉施工为例，进行经济效益分析。

（1）炉膛炉管地面预制，整体平移吊装，省煤器模块化预制，分级吊装，

三台蒸汽锅炉安装共降低施工成本 148.77 万元，经济效益对比分析如表 10–1 所示。

表 10-1 传统施工与新工艺施工经济效益分析对比表

项目内容	传统施工与新工艺施工对比		经济效益分析
工期成本节约，降低人工、材料、机械成本，共计 26d			
铆工	140 人	工期下降 26d，人工成本 =175 人 ×300 元 /d×26d=136.50 万元	合计 167.98 万元
衬里工	20 人		
焊工	15 人		
150 履带吊	1 台	机械成本 =13 万元 / 月 ×1 台 ×0.87 月 =11.31 万元	
新工艺实施，增加人工、材料、机械成本			
500t 汽车式起重机	1 台	增加吊装 5 个台班，机械成本 =4.5 万 / 台班 ×1 台 ×5 台班 =22.50 万元	合计 26.34 万元
起重、铆工、焊工	26 人	工期增加 3d，人工成本 =26 人 ×300 元 /d×3d=2.34 万元	
手段用料	5t	手段用料 =4000 元 /t×5t=1.5 万元	
合计		成本节约 167.98–26.34=141.64 万元	

（2）转向室地面预制衬里，吊装就位后修补衬里，避免大量交叉施工，提高施工效率，其经济效益分析如表 10–2 所示。

表 10-2　经济效益分析对比表

<table>
<tr><th>项目内容</th><th colspan="2">转向室地面深度模块化预制与顶部单片散装对比</th><th>经济效益分析</th></tr>
<tr><td colspan="4">工期压缩，直接人工、材料、机械成本节约（8d）</td></tr>
<tr><td>焊工、铆工、起重工等</td><td>34 人</td><td rowspan="2">工期压缩 8d，人工成本节约 =49 人 ×300 元 /d×8 天 =11.76 万元</td><td rowspan="3">合计 14.87 万元</td></tr>
<tr><td>衬里工</td><td>15 人</td></tr>
<tr><td>75t 汽车式起重机</td><td>1 台</td><td>工期压缩 8d，机械费节约 3881 元 / 台班 ×8 台班 =3.11 万元</td></tr>
<tr><td colspan="4">直接人工、材料、机械成本增加</td></tr>
<tr><td>手段用料</td><td>1t</td><td>手段用料成本 =4000 元 /t×1t=0.4 万元</td><td rowspan="3">合计 7.74 万元</td></tr>
<tr><td>25 汽车吊</td><td>2 台</td><td>组焊工期增加地面时间 5d，机械成本 =1600 元台班 ×5 台班 ×2 台 =1.6 万元</td></tr>
<tr><td>150t 履带吊</td><td>1 台</td><td>增加机械使用 4d，机械成本 =13 万元 / 月 ×1 台 × 0.13 月 =1.74 万元</td></tr>
<tr><td colspan="2">合计</td><td colspan="2">成本节约 14.87–7.74=7.13 万元</td></tr>
</table>

10.2　社会效益

减少吊装频次，降低施工过程中尾气排放。减少因焊接造成油漆烧结部位，降低底漆修补 20% 面积，对环境有益。

11　应用实例

应用实例一：

中国石油长庆石化公司共 3 台 75t/h 燃气蒸汽锅炉，为 A 级中压散装锅炉，额定蒸汽压力 3.82MPa，额定蒸汽温度 450℃，单台锅炉本体长 13140 ㎜ × 宽 7100 ㎜ × 高 31630 ㎜，单台锅炉总质量为 350t。该工程于 2018 年 6 月 20 开工建设，中交验收一次成功，2018 年 11 月 10 日达到烘炉条件，2018 年 11 月 30 日锅炉产出合格蒸汽，并汽成功，至今运行平稳，参数稳定。

应用实例二：

中国石油华北石化公司共 2 台 75t/h 燃气蒸汽锅炉，为 A 级中压散装锅炉，额定蒸汽压力 3.82MPa，额定蒸汽温度 450℃，单台锅炉本体长 13140 ㎜ × 宽 7100 ㎜ × 高 31630 ㎜，单台锅炉总质量为 350t。该工程于 2017 年开工建设，中交验收一次成功，2018 年 6 月 30 日达到烘炉条件，锅炉产出合格蒸汽，并汽成功，至今运行平稳，参数稳定。

厚壁 N08825 镍基合金复合管道单面焊接施工工法

中国石油天然气第一建设有限公司

李建波　张俊生　万晓军　郭　超　曲德岩

1　前言

近年来，随着复合管制造工艺的发展以及油气田开采的需要，以 N08825 为覆层的镍基合金复合管逐渐的在国内外开始大量使用，其与普通不锈钢复合管相比，具有更为优良的耐腐蚀性能；其在高产油气田及海洋油气田得到广泛的使用。

由于 N08825 镍基合金复合管应用环境比较恶劣，因此对其焊接质量也提出了更高的要求，近些年来国内外也开展了许多相应的焊接研究，但都没有形成系统化的成果。本工法通过土库曼斯坦加尔金内什气田天然气井口地面工程中 N08825 复合管道焊接施工实例，对 N08825 镍基合金复合管的焊接施工进行总结，形成工法，对类似管道焊接施工具有良好的借鉴意义，有很高的推广价值。

本工法在前期焊接工艺试验和施工准备阶段所做的研究成果《确保 N08825 双金属复合管焊接质量》《提高 N08825 双金属复合管焊接一次合格率》，分别获得省部级和国家级 QC 成果二等奖；《一种金属管道焊接换热装置》获得国家发明专利。

2　工法特点

（1）焊缝抗腐蚀能力强。N08825 镍基合金复合管的焊接施工最关键的是保证焊缝（主要是覆层焊缝）具有不低于母材的耐腐蚀能力，本工法采用了 U+V 形组合坡口形式及局部背保装置，保证覆层焊缝的合金含量，防止焊缝背面氧化，通过腐蚀试验和管道的实际运行验证了焊缝优良的抗点腐蚀和晶间腐蚀能力。

（2）施工成本低、施工效率高。本工法采用局部背保装置对焊缝背部进行充氩保护，与传统的复合管焊接方法相比，能节省约 50% 的氩气；采用了 U+V 形组合坡口形式，与传统的 V 形坡口形式相比能节省约 30% 的焊材；整体工效能提高 20% 左右。

（3）焊接质量更加可靠。N08825 镍基合金复合管应用环境比较恶劣，对焊接质量要求较高，本工法采用了射线检测和手工相控阵相结合的无损检测方法进行过程质量控制，过程质量控制更加严格，焊接质量更加可靠。

（4）焊接方法灵活、使用范围广。本工法采用常规氩电联焊方法，焊接方法灵活，基本不受场地和环境限制，使用范围广。

3　适用范围

该工法适用于材质为 A333 GR6+N08825、L360QS+NO8825，管径 *DN*400 以下，壁厚为≤50mm 的

N08825 镍基合金复合管焊接施工。

4 工艺原理

对于 N08825 镍基合金复合管的焊接施工，为防治焊接过程中产生热裂纹、气孔、晶间腐蚀及点腐蚀等缺陷，主要采用了以下工艺进行控制：

（1）采用了 U+V 型组合坡口形式；

（2）分层采用钨极氩弧焊（GTAW）和焊条电弧焊（GTAW）的焊接方法；

（3）采用局部背保装置对焊缝背部进行充氩保护防止焊缝背面氧化；

（4）选择射线检测和手工相控阵相结合的无损检测方法进行过程质量控制；

（5）焊接过程中应采用小线能量，降低层间温度，加快焊缝冷却速度，焊前彻底清除焊丝、母材坡口处的油、污物，严格控制母材焊材中的硫、磷含量等措施。

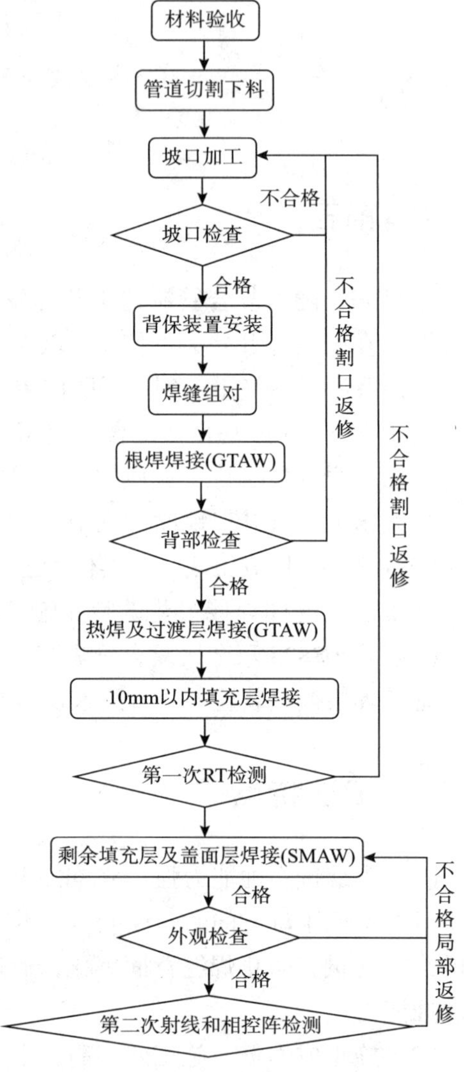

图 5-1　N08825 镍基合金复合管焊接施工工艺流程图

5 施工工艺流程及操作要点

5.1 施工工艺流程

N08825 镍基合金复合管焊接施工工艺流程（图 5-1）：

5.2 操作要点

5.2.1 材料验收

本次施工的 N08825 镍基合金复合管均为冶金复合管，无论管子、管件还是法兰均采用内壁堆焊覆层的复合方式。管子采用厂家定尺供货，在管端内壁 100mm 范围内修平，以便于下料后焊接。考虑到 N08825 镍基合金复合管使用环境的特殊性以及其焊接特性，在材料验收时一定要严把质量关，对复合层与基层金属的复合质量进行仔细检查；对外径、复合层厚度、椭圆度等外观尺寸偏差严格把关（严控内径偏差≤2mm），从源头上控制其质量。

图 5-2　复合管切割下料示意图

5.2.2 管道切割下料

管道切割下料采用机械方法施工，本工法使用的是管道切割及坡口加工一体机，该设备属于电动液压设备，通过更换刀头可以在线切割管道并进行坡口加工（图 5-2）。

5.2.3 坡口加工

从工艺可焊性、焊接质量、焊材消耗等方面综合考虑试验多种 U 形、V 形坡口类型，最终确定采用带钝边的 U+V 形组合坡口：单边坡口角度20°、R=2.4mm、钝边1.6～2mm，见图5-3。坡口采用机械方法加工（图5-4）。

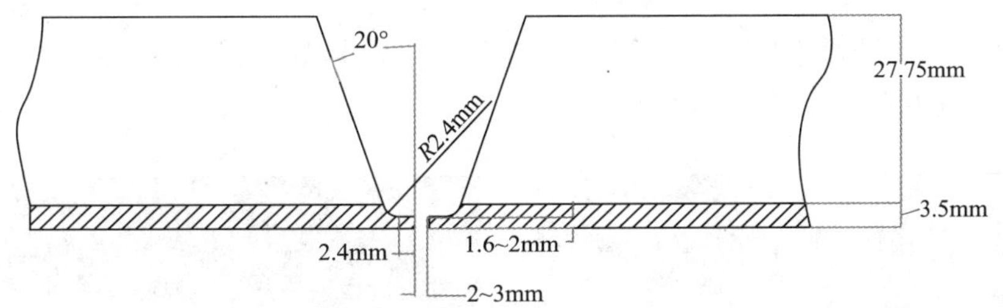

图 5-3　焊缝坡口形式及组对示意图

图 5-4　焊缝坡口加工图

图 5-5　坡口加工过程中尺寸检测

5.2.4　坡口检查

复合管的坡口形式对覆层焊的抗腐蚀能力起决定性作用，在坡口加工过程中要对其坡口角度、倒角 R、钝边等尺寸进行严格控制，保证加工好的坡口尺寸在偏差范围内（图 5-5）。

5.2.5　背保装置安装

焊接过程中当焊缝厚度在 10mm 以下时必须采用背部充氩保护，氩气的纯度≥99.99%。本工法采用了一种焊缝背部局部保护装置，装置相比以往的背保（方式）装置保护效果好，焊缝背面均能达到最高要求的银白色或金黄色，相比以往的背保（方式）装置气体消耗量小，能够节省背部保护气体一半以上。在焊缝组对前将本背保装置放置焊缝坡口处（图 5-6、图 5-7）。

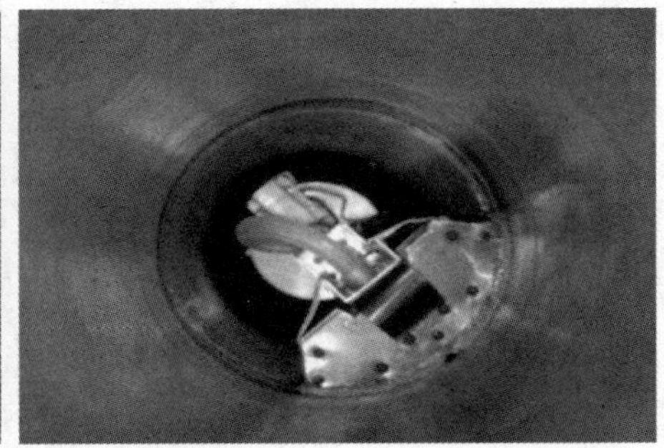

图 5-6　背保装置安装及使用图

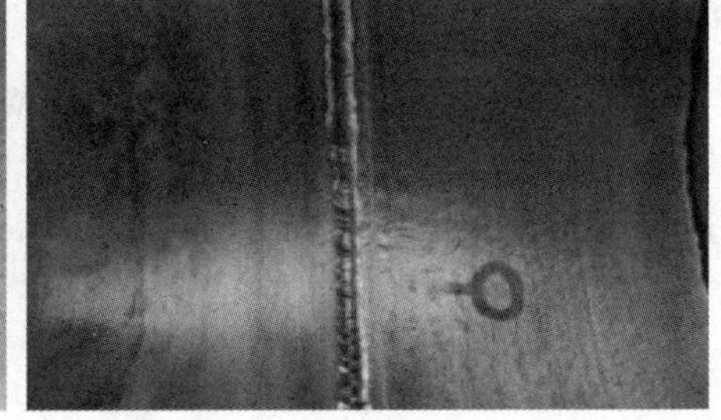

图 5-7　使用普通背保装置和使用本背保装置对比图

5.2.6 焊口组对

背保装置安装好后，进行焊口组对，组对间隙 2～3mm 可以满足焊接要求，组对时为保证组对间隙应使用加工好的定位块进行定位（图 5-8）。

图 5-8 焊缝组对后效果图

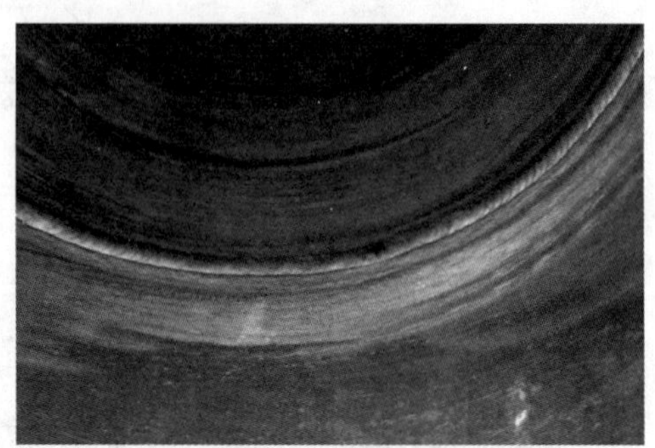

图 5-9 利用内窥镜检查焊缝背部

5.2.7 根焊焊接

为保证覆层焊接质量，根焊焊接采用 GTAW，选用 ϕ2.4mm 的 ERNiCrMo-3 焊丝，使用纯度≥99.99% 的氩气；背部进行充氩保护，使用纯度≥99.99% 的氩气。

根焊是复合管焊接的难点，如果根焊层出现焊接问题，返修时会十分困难。根焊时焊接电流控制在 55～65A，过小的电流容易造成未焊透，过大的电流容易造成根部内凹。

5.2.8 背部检查

根焊完成后，除对外观进行质量检查外，要使用管道内窥镜对根焊背部进行检查（图 5-9），发现缺陷及时返修，无法返修的割口重焊。

5.2.9 热焊及过渡层焊接

为保证覆层焊接质量，热焊、过渡层焊接均采用 GTAW；因镍基焊材焊接时塑性好且焊缝收缩力大，从根部成型及背面余高方面考虑，热焊选用 ϕ1.6mm 的 ERNiCrMo-3 焊丝，过渡层焊接选用 ϕ2.4mm 的 ERNiCrMo-3 焊丝，使用纯度不低于 99.99% 的氩气；背部进行充氩保护，使用纯度不低于 99.99% 的氩气。

热焊层时焊接电流制在 65～75A，该层焊接主要在覆层进行填充焊，焊接时在保证熔合良好的前提下尽可能采用小电流焊接以保证焊缝最终根部成型。

过渡层焊接是复合管焊接质量要求最高的工序，过小的电流容易造成层间未焊透及熔敷金属合金浓度梯度过大，过大的电流易将根部烧穿。此为关键质量控制点。过渡层时焊接电流控制在 70～80A。焊接过渡层时，为减少稀释率，在熔合良好的前提下，也应尽量采用小电流。过渡层焊接应同时熔合基层母材和复层母材，焊缝形状保持平滑防止焊缝中间凸起，否则需用砂轮打磨平滑。

5.2.10 10mm 以内填充层焊接

过渡层焊接完后，为提高焊接效率，采用 SMAW 焊接方法进行填充层焊接，为避免覆层焊缝背部氧化，此时仍需要继续使用背保装置，壁厚 >10mm 的管道焊至焊缝厚度≥10mm（壁厚约等于 10mm 的焊缝可一次焊完）；使用 ϕ3.2mm 的 ENiCrMo-3 焊条；背部进行充氩保护，使用纯度不低于 99.99% 的氩气。

焊接基层前必须将过渡层焊缝表面和坡口边缘清理干净，基层焊时焊接电流控制在 70～85A。焊接过程中注意线能量控制，应采用小电流快速焊，控制熔池体积，焊接过程中焊条尽量不做横向摆动。

5.2.11 第一次 RT 检测

因目前的背保装置不能在根部返修时重新进行充氩保护，且业主对 N08825 复合管焊接质量要求特别高，发现根部缺陷时必须割口。为避免整口焊完后出现割口情况，制定了焊接 10mm 后做一次 RT 检测的方案。（焊缝达到 10mm 后再焊接时背部不用充氩）

第一次 RT 检测前要把焊缝外观进行打磨处理，一方面保证探伤时无外观缺陷，另一方面保证后续焊接时不出现气孔（图 5-10）；如有缺陷及时返修，无法返修的割口重焊，当检测无焊接缺陷时再完成整道焊缝的焊接；返修焊接时应重新安装背部保护装置，对焊接部位进行背部充氩保护。

5.2.12 剩余填充及盖面焊接

壁厚 >10mm 的管道，在第一次 RT 检测合格后，继续填充剩余及盖面焊接，填充层使用 ϕ3.2mm 的 ENiCrMo-3 焊条，盖面层焊接时，因镍基焊材流动性差，为保证外观成型，选用 ϕ2.4mm 焊条，焊接电流控制在 60～70A。焊接过程应采用小电流快速焊，控制焊条摆动幅度，保证成型美观，防止表面缺陷。

因为整个焊缝金属为奥氏体组织，为满足焊缝抗晶间腐蚀能力，整个焊接过程层间温度应控制在 100℃以下；焊接过程中可以采取自然冷却或物理降温的方法控制层间温度（物理降温时应避免碳钢层焊缝出现淬硬组织）；焊接过程中应使用接触式测温仪进行温度测量（因镍基焊缝对红外测温仪有较强的反射作用，导致温度数据误差较大）。

5.2.13 外观检查

整个焊缝焊接完成后要进行外观检查（图 5-11），确认没有外观缺陷后再进行射线探伤或相控阵检测。

图 5-10 第一次 RT 检测前焊缝外观

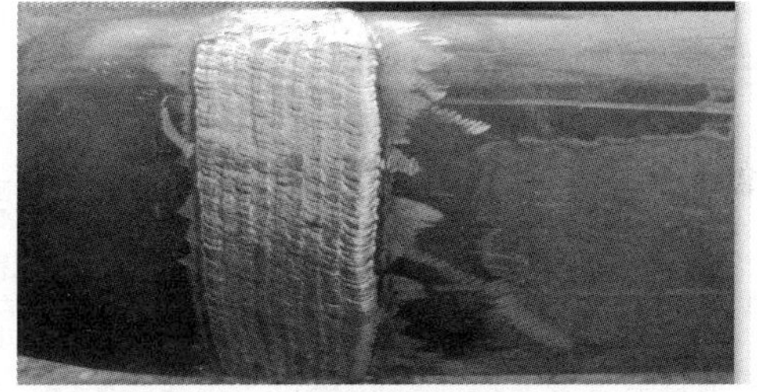

图 5-11 焊缝最终外观成型

5.2.14 第二次 RT 和相控阵检测

整口焊完后在条件允许的情况下进行 100% 射线检测（RT）和手工相控阵检测（UT），通过射线和超声相结合的无损检测方式，可以提高焊缝缺陷检出率，确保焊接质量更加可靠（图 5-12，图 5-13）。

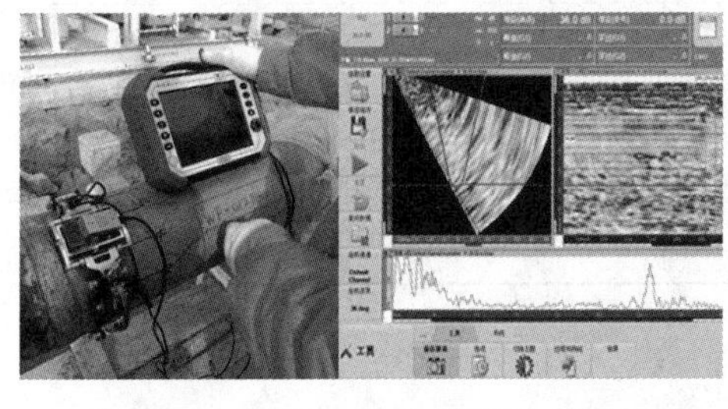

图 5-12 手工相控阵检测及其图谱

图 5-13 手工相控阵检测用标准试块

5.3 劳动力组织（表 5-1）

表 5-1 劳动力组织一览表

序 号	人员分类	国 别	岗 位	人员数量
1	中方人员	中方	项目负责人	1
2		中方	施工安全负责人	1
3		中方	技术质量负责人	1
4		中方	管工	2
5		中方	管焊工	4
6		中方	探伤工	1
		中方	中方小计	10
7	当地雇员	土方	管理人员	2
8		土方	司机	2
9		土方	管工	4
10		土方	普工	4
11		土方	电工	2
		土方	单班土方小计	14
	总计			24

6 材料与设备

6.1 主要材料（表 6-1）

表 6-1 主要材料一览表

序号	机具名称	规格型号	单 位	数 量	备 注
1	焊丝	ϕ1.6mm ERNiCrMo-3	kg	5	
2	焊丝	ϕ2.4mm ERNiCrMo-3	kg	10	
3	焊条	ϕ2.4mm ERNiCrMo-3	kg	20	
4	焊条	ϕ3.3mm ERNiCrMo-3	kg	60	
5	氩气	40L 纯度≥99.99%	瓶	20	
6	胶片	180mm × 100mm	张	500	
7	机洗显影药	5L	套	1	
8	机洗定影药	5L	套	1	
9	镍基专用砂轮片	ϕ150mm × 1mm	个	50	
10	镍基专用砂轮片	ϕ150mm × 3mm	个	100	
11	镍基专用抛光片	ϕ150mm	个	50	
12	手工相控阵检测用标准试块	ϕ114 ~ ϕ273mm	套	1	

6.2 主要设备

根据本工程的实物量，结合以往类似工程的施工经验，主要施工机具设备见表 6-2。

表 6-2 主要设备一览表

序号	机具名称	规格型号	单 位	数 量	备 注
1	电焊机	ZX7-400STG	台	4	焊接
2	米勒拖拉焊	Big Blue700X	台	4	焊接
3	管道切割及坡口加工一体机	KCG-800	台	1	管道切割及坡口加工
4	背保装置	自主研发	套	4	焊缝背部充氩保护
5	X 射线机	ZY-320HP	台	2	焊缝无损检测
6	相控阵检测仪	HS PA 20-P 型	台	1	焊缝无损检测
7	管道内窥镜		套	2	焊缝背部检查
8	焊条烘干箱	YZH2-150	台	1	烘焊条
9	磨光机		台	4	打磨
10	接触式测温仪		台	1	层间温度检测
11	焊缝检验尺		把	1	坡口检测
12	氧含量检测仪		套	1	背部氧含量检测

7 质量控制

7.1 主要执行标准

（1）ISO 13847 《石油和天然气工业管道输送系统管道的焊接》。
（2）API 6A 《石油和天然气工业钻井和生产设备井口装置和采油树》。
（3）ASME 锅炉及压力容器规范第Ⅸ卷 《焊接和钎接评定》。
（4）ASME B31.3 《工艺管道》。

7.2 质量控制措施

（1）建立人员分工明确的质量保证体系，确保质保体系运行正常。
（2）建立严格的焊工资质审查制度，焊工必须考试，合格后方能施焊。
（3）做好技术交底，明确施工重点、难点和关键控制点及质量要求。
（4）规范焊材的使用，建立焊材领用制度，确保焊材使用具有可追溯性。
（5）严格按焊接工艺评定编制焊接工艺卡，焊工必须按焊接工艺卡焊接施工。
（6）严格执行工序交接制度和“三检制”，确保质量始终处于受控状态。
（7）做好防风防雨措施和环境监测，避免外界环境对焊接质量的影响。
（8）坡口加工完毕必须进行检测，合格以后方可以进行焊接。
（9）复合管材组对应以覆层为基准，错边量不超过 1mm。
（10）RT 检测前，首先进行外观检查，确认无目视缺陷后方可进行 RT 检测。

7.3 主要质量控制点（表 7-1）

表 7-1 主要质量控制点一览表

序号	施工工序	质量检查内容	检查方式
1	坡口加工	坡口角度、倒角 R、钝边等尺寸符合焊接工艺卡要求	焊缝检验尺
2	焊缝组对	组对间隙及定位块焊接	焊缝检验尺

续表

序号	施工工序	质量检查内容	检查方式
3	背部检查	焊缝背部外观成型，有无裂纹、未焊透、未熔合、气孔等表面缺陷，有无背部氧化等	管道内窥镜
4	第一次RT检测	10mm以内焊缝内部有无超标缺陷	X射线机
5	外观检查	焊缝外表面有无裂纹、气孔、焊瘤、夹渣等缺陷，咬边、焊缝余高是否超标	目测
6	第二次RT和相控阵检测	整个焊缝内部有无超标缺陷	X射线机、相控阵检测仪

8 安全措施

8.1 执行的法律法规及标准

《土库曼斯坦加尔金内什气田天然气井口地面工程》相关程序文件。

8.2 安全保障措施

（1）实行特种作业准入制度，严格焊工、无损检测工、脚手架工、起重工、电工等特种作业人员资格审查。

（2）加强人员入场“三级教育”，全面提高焊接施工人员的安全防护意识。

（3）作业前，技术人员和专职安全人员应完成工作危险性分析（JHA），并传达至每名施工人员。

（4）进入施工现场，必须确保劳保用品佩戴齐全，安全条件不具备禁止作业。

（5）吊装作业必须设置警戒区，并有安全员现场监督和提示。

（6）射线检测作业必须设置警戒区，摆放警示灯，并有人员现场监督和提示。

（7）加强对可燃气体等危险品的贮存、运输和使用的管理，在露天堆放的危险品采用遮阳降温措施，严禁烈日曝晒，避免发生泄漏、自燃、火灾、爆炸事故。

（8）雷雨天气，或视线清时应停止所有吊装作业。

（9）做好用电管理。定期对现场及营地电气设备逐台进行全面检查、保养、禁止乱拉电线，特别是对暴露在外的电缆线、电焊把线、气带线及宿舍的电源线要及时检查，加强用电知识教育，做好配电箱漏电保护器的检查工作，发现损坏要立即更换，预防触电事故的发生。

9 环保措施

9.1 执行的法律法规及标准

（1）《土库曼斯坦加尔金内什气田天然气井口地面工程》相关程序文件。

（2）《中国石油天然气集团公司环境保护管理规定》。

9.2 环境保护措施

（1）合理规划营地和临设，满足当地政府对消防和垃圾处理等环保要求。

（2）原材料、成品、半成品的堆放和施工机具、设备的摆（停）放整齐、合理，不得侵占场内道路和妨碍消防等应急措施的实施。

（3）无论是预制场还是现场施工，都要做到工完、料净、场地清，确保文明施工；生产垃圾采取无害化分类处置，不得任意遗弃，避免造成二次污染。

（4）做好可燃气体贮存、运输和使用的管理，避免泄漏、燃烧和爆炸事故的发生。

（5）施工产生的其他工业废料统一收集处理，严禁现场焚烧任何废弃物，防止产生有毒有害物。

（6）设置专人负责现场水电管理，杜绝长明灯、长流水，节约使用能源。

（7）合理安排劳动作息时间，保证营地卫生，做好防蚊虫措施，定期进行体检，保证人员身心健康。

（8）所有作业人员配备相应的卫生防护用品，保证作业人员身体健康。

（9）经常进行环境监控和检测，及时消除对环境的不利影响因素。

10 效益分析

N08825为覆层的镍基合金复合管主要用于高压、高产、高含硫的油气田主管道，其往往是整个工程的质量控制核心。因此，确保其焊接质量，也是整个工程的重点和关键点。N08825镍基合金复合管的焊接施工最关键的是保证焊缝（主要是覆层焊缝）具有不低于母材的耐腐蚀能力，而根焊零缺陷，提高焊缝背保效果，避免覆层焊接氧化成为保证焊接质量的关键，也是施工的难点。

本施工方法先后在土库曼斯坦加尔金内什气田天然气井口地面工程280井和255井的N08825复合管道进行焊接施工，均满足设计要求，目前运行状况良好，取得了良好及经济效益和社会效益。

10.1 经济效益

本施工工法所采用的焊接工艺（坡口形式）及辅助背保装置相比传统的方法节省了约30%的焊材和50%的氩气，并且节省20%的人工，在两次天然气井口地面工程施工过程中共节省费用约2.2万美元，经济效益明显。详情如下：

以目前ENiCrMo-3焊条60美元/kg、土库曼斯坦当地氩气150美元/瓶、国外人工150美元/d计算，两次施工的N08825复合管共节省费用：

人工费用：

$$Q_1=\text{人工 }150\text{ 美元}/\text{d}\times(40+48)=13200\text{ 美元}$$

材料费用：

$$\text{焊条 }60\text{ 美元}/\text{kg}\times(40+50)+\text{氩气 }150\text{ 美元}/\text{瓶}\times(10+15)=9150\text{ 美元}$$

合计：

$$Q=Q_1+Q_2=13200\text{ 美元}+9150\text{ 美元}=22350\text{ 美元}$$

10.2 社会效益

本施工工法具有简单灵活，施工成本低，易于保证焊接质量等特点，可以广泛地应用于N08825复合管焊接施工，对其他不锈钢以及镍基复合管焊接施工也有很好的借鉴意义。因此，该工法具有较强的科学性、经济性、适用性，有较高的应用价值和推广意义。

11 应用实例

应用实例一：土库曼斯坦加尔金内什气田天然气井口地面工程（280#）

2017年1~2月，在土库曼斯坦加尔金内什气田天然气井口地面工程280#井口N08825复合管道焊接安装中使用（该井日产天然气超过$200\times10^4\text{m}^3$，管道操作压力29.1MPa、设计压力45MPa、试验压力67.545MPa），主要规格为114.3×（18.85+3.5）、168.3×（27.75+3.5）和219.1×（36.13+3.5）等；

焊接合格率100%，目前管道运行正常。

应用实例二：土库曼斯坦加尔金内什气田天然气井口地面工程（255#）

2018年2~3月，在土库曼斯坦加尔金内什气田天然气井口地面工程255#井口N08825复合管道焊接安装中使用（该井日产天然气超过$200\times10^4m^3$，管道操作压力29.1MPa、设计压力45MPa、试验压力67.545MPa），主要规格为114.3×（18.85+3.5）、168.3×（27.75+3.5）和219.1×（36.13+3.5）等；焊接合格率100%，目前管道运行正常。

超级双相钢（ASTM A790 S32760）管道焊接施工工法

中国石油天然气第一建设有限公司

李　明　潘鹏勇　刘宏波　楚金利　程太迷

1　前言

近年来随着国内油气装置、化工装置及造纸等行业工程技术的革新和发展，超级双相钢因其更高的合金程度，更加优异的抗 Cl^- 和 H_2S 腐蚀性能和力学性能，应用范围越来越广泛。超级双相钢管道焊接的难点是控制焊缝金属的奥氏体和铁素体两相平衡，避免焊缝与母材组织结构差别过大，导致力学和耐腐蚀性能达不到长期使用的要求。针对超级双相钢焊接工艺中对线能量、焊接过程气体保护及焊接过程参数控制等要求高的特点，中国石油天然气第一建设有限公司进行了技术攻关，根据超级双相钢焊接工艺评定过程，制定了合理的焊接工艺和施工程序，并不断进行超级双相钢施工技术进行分析与总结，通过技术革新与工程实践，最终编制形成了超级双相钢（ASTM A790 S32760）管道焊接施工工法。

2013 年 6 月该工法首次应用于伊拉克哈法亚油田二期 CPF2 工程超级双相钢施工中，实现了超级双相钢焊接的技术创新。在 2018 年伊拉克哈法亚油田 CPF3 工程中此工法得到推广应用，经过工程实践形成了“超级双相钢（ASTM A790 S32760）管道焊接施工工法”。本工法与传统焊接施工比较焊接合格率高，质量稳定可靠，技术先进，经济效益明显提高。该工法形成过程进行了质量关键课题攻关，《确保超级双相钢（焊评）抗点腐蚀试验一次合格》荣获了 2018 年石油工程建设优秀 QC 成果二等奖。

2　工法特点

超级双相钢（ASTM A790 S32760）管道焊接施工工法在施工效率、工期、质量、安全、成本、环保等方面均取得了良好的效果。

1. 施工效率高、工期缩短

（1）现场焊接采用了“氩弧焊接保护气体氩 - 氮混合技术”，设计制作了氩 - 氮混合气体配比柜工装，实现了多机位系统化施工，加快了施工进度，提高了施工效率。

（2）现场设计制作了背面保护气体工装和管道切割坡口加工一体工装，拆卸简单，运输轻便，提高了施工效率。

2. 施工质量稳定可靠

（1）通过控制超级双相钢管道焊接填充金属、保护气体、焊接方法、焊接参数、层间温度、冷却速度等因素，提高了焊缝一次合格率，质量高。

（2）通过优化焊接工艺，有效解决焊缝和热影响区铁素体和奥氏体两项组织比例不均衡的难题，确保焊接接头的力学性能和耐腐蚀性能达到长时间使用的要求。

3. 施工风险低

（1）氩－氮混合气体配比柜工装，设备、气瓶和管路均在遮阳棚覆盖范围内，降低了施工风险。

（2）管道切割坡口加工一体工装实现了坡口加工的预制化，减少了不同位置、不同环境下坡口的动火和打磨作业，降低了安全隐患。

4. 施工成本低

（1）通过优化焊接工艺，提高了焊接合格率，降低了返工次数、无损检测次数，减少了焊接材料及保护气体的消耗，大大节约施工成本。

（2）采用了背面保护气体工装，提高焊接保护气体利用率，降低了施工成本。

3　适用范围

本工法适用于超级双相钢（ASTM A790 S32760）管道母材厚度范围为 1.5～7.2mm，管道直径范围 3/4～24in 的焊接施工。

4　工艺原理

超级双相钢晶相组织为奥氏体＋铁素体，两相组织各占 50% 左右，其兼具奥氏体不锈钢和铁素体不锈钢的双重性能。本工法通过选择合适的焊接材料，控制超级双相钢管道焊接填充金属、保护气体、焊接方法、焊接参数、层间温度、冷却速度等因素，来优化超级双相钢管道焊接工艺，有效解决焊缝和热影响区铁素体和奥氏体两项组织比例不均衡的难题，确保焊接接头的力学性能和耐腐蚀性能达到长时间使用的要求。

（1）焊接施工技术：本工法通过选择满足耐点蚀当量（PREN 值）的焊接材料，通过严格的焊接工艺评定实验，制定了合理的焊接工艺指导书，并严格控制焊接线能量输入（焊接过程以观察焊道焊后颜色来判断热输入是否合格），控制焊接层间温度和焊接施工各环节施工技术，确保了较高的焊接一次合格率和焊接质量的稳定可靠。

（2）混合气体保护技术：本工法设计制作手工氩弧焊背面保护气体工装、氩弧焊接保护气体氩－氮混合设备，满足不同规格管道的焊接工艺要求，多机位系统化施工，提高焊接混合气保护效果和焊接施工效率。

5　施工工艺流程及操作要点

5.1　施工工艺流程（图 5-1）

5.2　操作要点

5.2.1　施工准备

（1）组织施工人员熟悉设计图纸及相关施工验收规范的基本要求和规定。

（2）编制施工作业指导书、焊接工艺卡、检验流程卡、材料标识规定、材料领用规定等作业控制和指导文件。

（3）焊接工艺评定必须覆盖所有管道规格，并经 PMC 审核合格。

（4）施焊焊工必须持有特种焊工作业证，并通过 ASME IX 中相关规定的 P–No.10H 焊工考试。

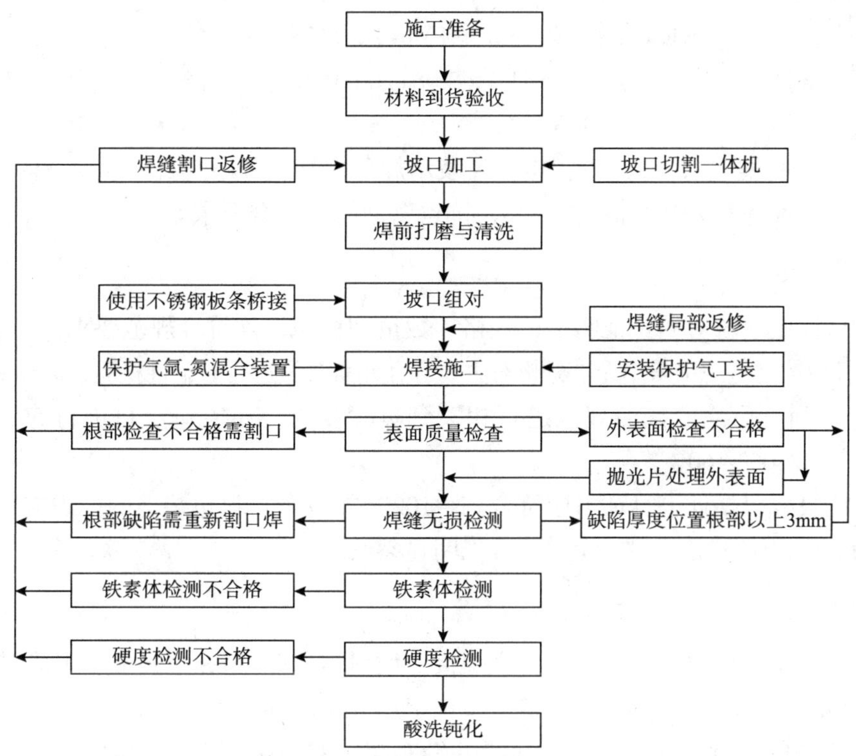

图 5–1　超级双相钢管道焊接工艺流程

（5）在施工作业前向相关作业人员进行详细的施工技术交底和安全交底。

（6）制作专用作业平台，平台地面要铺设木板或三防布与管道材料隔离，平台侧面使用围挡包裹三防布隔离。

（7）设置专用焊材库房，配置温湿度计、烘干箱、保温箱、除湿机、换气扇等设施。

（8）配备直流电焊机、焊条保温筒、砂轮机、不锈钢打磨片、不锈钢钢丝刷、不锈钢撬棍、不锈钢地线夹等专用工具。

（9）计量器具应校验合格并在有效期内。

（10）超级双相钢 ASTM A790 S32760 管道焊接推荐使用焊材：瑞典伊萨直径 ϕ1.6mm 焊丝：AWS A5.9 ER2594，四川大西洋直径 ϕ3.2mm 焊条：AWS A5.4 E2594。

（11）抗点腐蚀性能是超级双相钢的重要性能之一，焊材的耐点蚀当量（PREN 值）需 >40，以本工程焊丝为例，化学成分分析如表 5–1 所示。

表 5-1　焊丝化学成分分析表　　%

C	Mn	Si	S	P	Cr	Ni	Cu	Mo	N
0.01	0.6	0.4	<0.01	0.02	24.9	9.2	0.1	3.9	0.26

$$\begin{aligned}PREN&=1\times\%Cr+3.3\times\%Mo+20\times\%N \quad (5\text{–}1)\\&=1\times24.9+3.3\times3.9+20\times0.26\\&=42.97\end{aligned}$$

式中，PREN 表示耐点腐蚀当量，%；Cr、Mo、N 表示焊丝化学成分中其百分含量，%。

由以上计算可知，本焊丝 PREN 值 =42.97，抗点腐蚀能力符合要求。

（12）以本工程四川大西洋直径 ϕ3.2mm 焊条为例，化学成分分析如表 5–2 所示。

表 5-2　焊条化学成分分析表　　%

C	Mn	Si	S	P	Cr	Ni	Cu	Mo	N
0.035	1.080	0.823	0.006	0.017	25.6	9.675	0.031	3.96	0.234

$$PREN=1\times\%Cr+3.3\times\%Mo+20\times\%N \tag{5-2}$$
$$=1\times25.6+3.3\times3.96+20\times0.234$$
$$=43.348$$

式中，PREN 表示耐点腐蚀当量，%；Cr、Mo、N 表示焊条化学成分中其百分含量，%。

由以上计算可知，本焊条 PREN 值 =43.348，抗点腐蚀能力符合要求。

5.2.2 材料到货验收

（1）管道组成件按要求核对质量证明书、规格、数量和标识，均符合规范要求。

（2）管道组成件应按规范规定采用光谱分析对主要合金元素含量进行验证性检验，并做好记录和标识。

（3）母材和焊材到货后除需按照规范进行相关到货验收外，还应对母材进行 5% 铁素体含量抽检，铁素体含量应符合 40%～60%。

（4）焊接材料应具有合格证书且证书应符合 EN-10204 规范，材料包装上的标识应与合格证相符。

（5）焊条的涂层应保证不受潮湿、无脱落且无明显裂纹。

5.2.3 坡口加工

（1）超级双相钢管道采用钨极气体保护打底焊接，坡口需按照 WPS 中要求加工成单面 V 形坡口，坡口角度 30° ±2.5°，钝边为 0.5～2mm，管道坡口加工尺寸见图 5-2。

（2）公司采购先进的电动切割坡口一体机，并针对超级双相钢硬度（330HB）较高的特点订购特殊的刀具以满足现场需要。管道坡口加工范围为：ϕ121～ϕ426mm，加工厚度不限。电动坡口切割一体机如图 5-3 所示。

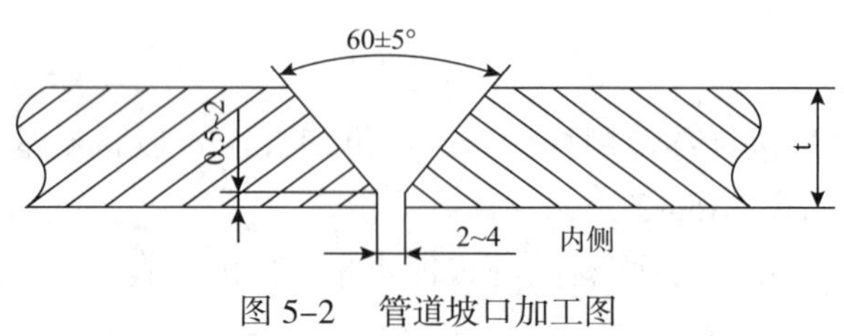

图 5-2 管道坡口加工图

图 5-3 电动坡口切割一体机

（3）电动坡口切割一体机需提前调试，以保证设备的加工精度，坡口加工如图 5-4 所示。

（4）坡口加工完毕后，要进行外观检查。坡口角度应使用焊接检验尺进行检测，如图 5-5 所示。坡口钝边可使用直板尺检查，钝边最佳尺寸为 1～1.5mm，如图 5-6 所示。

图 5-4 坡口加工

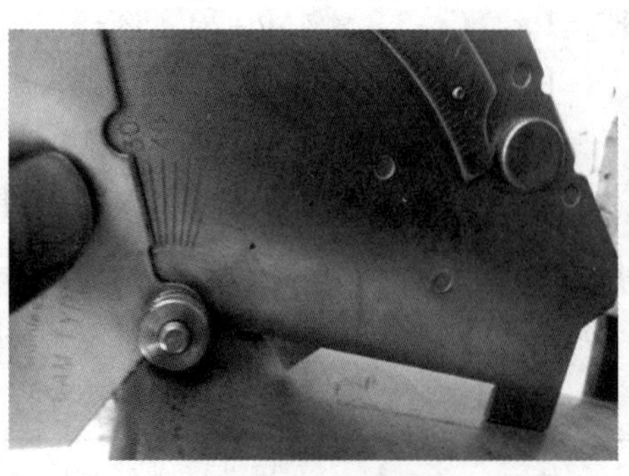
图 5-5 坡口角度检测

图 5-6 钝边尺寸检测

5.2.4 焊前打磨与清洗

焊件组对前，应使用不锈钢专用磨片对坡口两侧各 50mm 范围内进行打磨，并用纯棉的布条浸蘸丙酮对坡口内外表面进行清洗（图 5–7 ~ 图 5–10），两侧坡口都清洗后方可进行组对焊接。

5.2.5 坡口组对

（1）按照 WPS 要求，组对应使用桥连接（Bridge Tack）。焊缝组对点焊时需注意点焊电流不可过大，防止因大电流导致的母材组织转变过多及表面缺陷。焊缝桥连接点焊如图 5–11 所示；焊缝组对间隙一般 2 ~ 4mm，如图 5–12 所示。

图 5–7　超级双相钢专用钢丝刷

图 5–8　超级双相钢专用磨光片

图 5–9　打磨合格的焊道

图 5–10　施焊前丙酮清理焊道

图 5–11　焊缝组对桥连接点焊图

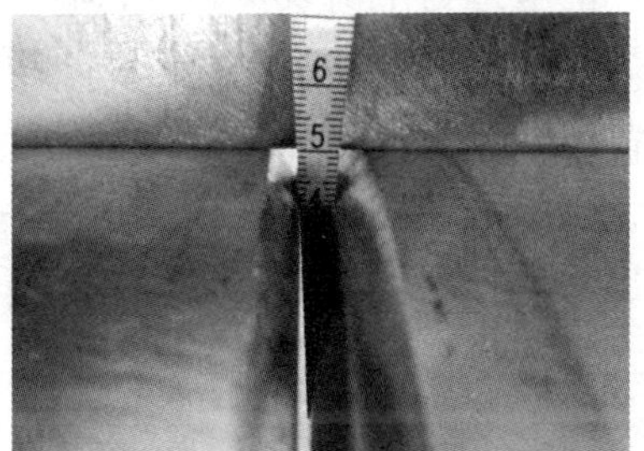

图 5–12　焊缝组对间隙测量

（2）正式焊接时，先将气体保护工装安装到位，再对焊缝进行施焊。

5.2.6 焊接施工

（1）超级双相钢管道焊接方法按照表 5–1 进行选择。

表 5-1　焊接方法

焊接内容	焊接方法	焊接材料
超级双相钢工艺管道（$t \leq 6$mm）	钨极氩弧焊（GTAW）	焊丝 ER2594（ϕ1.6mm）
超级双相钢工艺管道（$t>6$mm）	氩电联焊（GTAW+SMAW）	焊丝 ER2594（ϕ1.6mm） 焊条 E2594（ϕ3.2mm）

注：t 表示母材厚度

（2）焊接气体保护：焊接正面保护气为 98% 氩气 +2% 氮气，背面保护气为 95% 氩气 +5% 氮气。由于当地工业条件有限，采购不到所需混合气体，无法满足现场焊接。所以，现场对购置的混合气体配比柜进行改造，形成了氩氮混合一体撬装置（图 5–13、图 5–14），满足现场多机位系统化施工。

氩弧焊施焊前需要检测背面保护气中的氧含量，氧含量要≤0.25%，如图 5–15 所示，自制背部保护气工装如图 5–16 所示。施工现场需要配备氧含量检测仪，每次施焊前均需进行气体检测。

图 5-13 混合一体撬

图 5-14 气体配比调节

图 5-15 氧含量检测

图 5-16 背部保护工装

（3）相平衡控制：控制相平衡的关键是控制热输入，过高的热输入会导致铁素体含量过低，从而无法保证焊道的抗腐蚀和力学性能。

焊接参数应严格遵循 WPS 中的参数范围，控制焊接速度，应以小电流快速焊及多层多道焊来实现较小的热输入，从而保证合格的铁素体含量及抗点腐蚀性能。

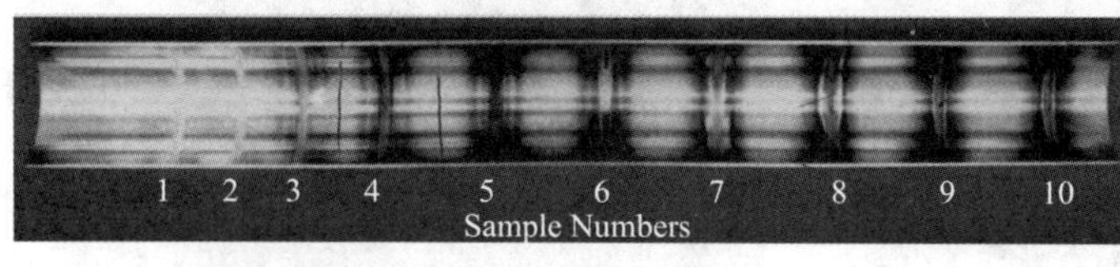

图 5-17 不锈钢焊后颜色样本

焊接过程一般以观察焊道焊后颜色来判断热输入是否合格，如图 5-17 所示，一般以颜色不高于 4 号为可接受范围。

（4）焊接需注意的问题：

①焊前应进行电流及保护气体检测，保证焊接电流及保护气体符合 WPS 要求；

②焊口组对间隙在 WPS 允许范围内尽量大，避免因组对间隙过小而导致的焊接过程焊缝收缩，以及焊接背面保护气比正面保护气压力大，引起背部焊缝内凹、咬边缺陷；

③氩弧焊打底完成后，用纯棉的布条浸蘸丙酮清洗干净，避免焊接时产生气孔等缺陷；

④焊接过程中保护气需持续通入并保持微正压，且氧气含量不得高于 0.25%。

5.2.7 表面质量检查

（1）焊缝表面质量符合 ASME B31.1 及 ASME B31.3 等规范的规定。

（2）超级双相钢管道表面检查如果外表面发现有余高过高、咬边、飞溅、药皮等不超标缺陷，可安排电焊工使用电动砂轮机安装抛光片处理表面。

（3）超级双相钢管道表面检查如果根部发现有超标缺陷，不允许进行根部局部返修，焊道需切口重新组对焊接。

5.2.8 焊缝无损检测

（1）超级双相钢焊后应进行至少 10%RT 抽检，RT 检测应符合 ASME SEC V 中相关规定。对于超级双相钢，以下严重缺陷在射线检测中应为不允许的：

①不允许有裂纹；

②不允许有根部未熔合；

③不允许有未焊透。

（2）超级双相钢返修需遵循以下原则：

①禁止根部返修，最大打磨返修厚度为 T-3mm（T 为母材厚度，mm），即根部 3mm 范围内禁止返修；

②总返修长度不得超过焊缝长度的 40%，最大单个返修长度不得超过焊缝长度的 30%；

③局部返修时如果磨除缺陷后补焊前母材厚度低于 6.5mm，背面保护气需持续通入并保持微正压，避免根部焊缝过热氧化以及补充焊接过程中氮元素烧损。

5.2.9 铁素体检测

（1）超级双相钢焊缝在焊后应进行覆盖 5% 焊道的铁素体含量检测，对抽检焊圈对称抽检 4 处，以 4 次测量的平均值作为最终测量值，结果在 35%~60% 范围内为合格（图 5–18、图 5–19）。

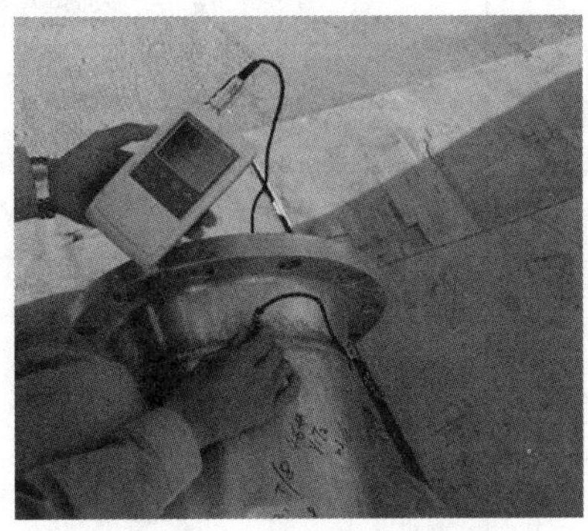

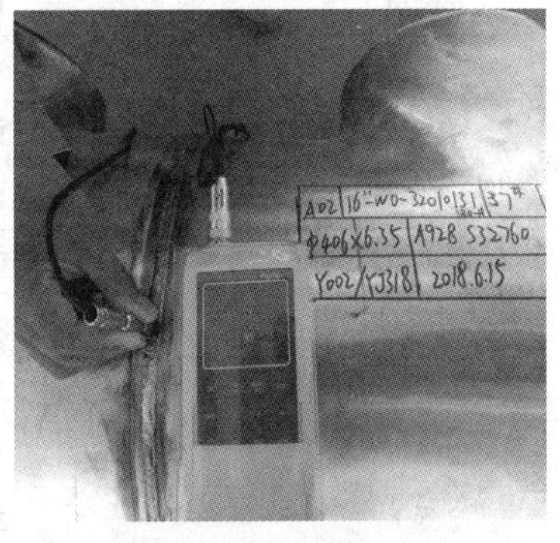

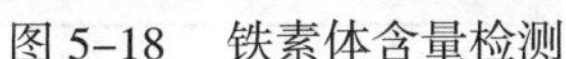

图 5–18 铁素体含量检测　　图 5–19 铁素体含量检测合格

（2）铁素体含量不合格，焊道需切口重新组对焊接，必要时更换管道组成件。

5.2.10 硬度检测

（1）超级双相钢在焊后应进行覆盖 10% 焊道的表面硬度检测，对抽检焊缝整圈对称抽检 2 组，每组检测 5 点包括焊缝、两侧热影响区及母材，硬度平均值≤340HV10 为合格，硬度检测见图 5–20。

（2）硬度检测不合格，焊道需切口重新组对焊接，必要时更换管道组成件。

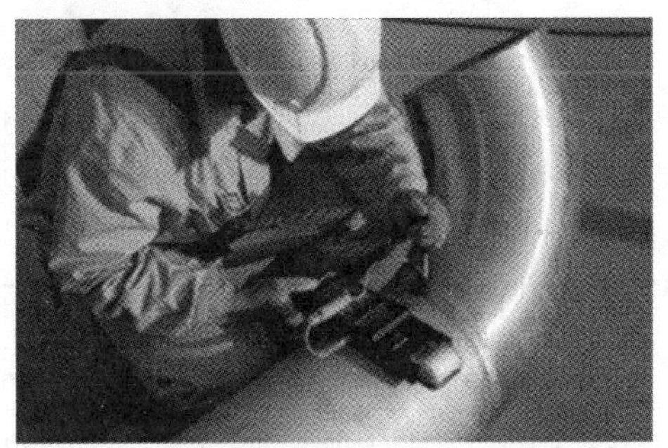

图 5–20 超级双相钢焊后硬度检测

5.2.11 酸洗钝化

超级双相钢焊道需进行酸洗钝化，水中氯离子含量应≤50ppm（$1ppm=10^{-6}$），酸洗钝化见图 5–21、图 5–22。

图 5–21 酸洗钝化

图 5–22 酸洗后清洗

5.3 劳动力组织

以伊拉克 CPF3 工程超级双相钢管道施工为例，劳动力组织情况如表 5–1 所示。

表 5-1 劳动力组织情况表

序　号	职　务	数量 / 人	备　注
1	项目经理	1	总体负责
2	项目副经理	1	技术管理与施工管理
3	施工员	1	现场施工协调

续表

序号	职务	数量 / 人	备注
4	物资计划员	1	物资管理
5	安全员	1	现场安全监督检查
6	质检员	1	现场施工质量监督检查
7	技术员	1	现场技术跟踪与监督
8	施工队长	1	施工现场负责人
9	起重工	9	吊装指挥、手动葫芦操作
10	焊工	8	焊道焊接
11	管工	3	焊口组对
12	架子工	3	脚手架搭设
13	检测工	2	焊缝检验

6 材料与设备

6.1 施工材料

以伊拉克 CPF3 工程超级双相钢管道施工为例，施工需要的材料如表 6–1 所示。

表 6-1 施工材料一览表

序号	名称	型号	单位	数量	备注
1	钢板	δ=6mm	m^2	30	
2	钢板	δ=20mm	m^2	100	
3	橡胶板		m^2	20	
4	角钢	∠75mm × 75mm × 8mm	m	100	
5	槽钢	[14a	m	40	
6	酸洗膏		kg	150	
7	超级双相钢钢管	6in	m	2	
8	超级双相钢钢管	8in	m	2	
9	超级双相钢钢管	12in	m	2	
10	渗透着色剂		套	20	
11	脚手架管	ϕ48mm × 3.5mm	m	500	防风棚搭设
12	防火帆布		m^2	200	
13	石笔		盒	10	
14	氧气乙炔带		m	各 800	
15	电焊把线	铜芯 70mm^2	m	800	
16	两相电缆	2mm × 1.5mm^2	m	800	
17	三相电源线	Rvv–3 × 2.5mm	m	800	
18	棉布		kg	50	
19	面罩		个	4	
20	白玻璃		片	200	
21	黑玻璃		片	100	

6.2 施工设备

以伊拉克 CPF3 工程超级双相钢管道施工为例，施工需要的施工设备机具如表 6-2 所示。

表 6-2 施工设备机具一览表

序 号	机具名称	型 号	单 位	数 量	备 注
1	汽车吊	50t	台	1	
2	氩弧焊机	ZX7-400ST	台	8	
3	焊条烘干箱		台	1	
4	焊条保温筒	大（小）	套	1	
5	磨光机	ϕ125mm	台	8	
6	直磨机		台	4	
7	射线机	X（比利时 300HP）	台	3	
8	风速仪		台	1	
9	氧气瓶		瓶	40	
10	乙炔瓶		瓶	40	
11	氩气瓶		瓶	40	
12	氮气瓶		瓶	40	
13	光谱分析仪		台	1	
14	铁素体检测仪		台	2	
15	焊缝检验尺		把	1	
16	干湿温度计		台	1	
21	焊把		台	4	
22	不锈钢坡口一体加工机		台	1	
23	混合气体配比柜		台	1	
24	氩气表		块	20	
25	钢卷尺	3m	把	3	
26	弯尺		把	3	
27	防爆手电筒	1#	把	5	
28	防爆袖珍手电	5#	把	5	

7 质量控制

7.1 执行标准

（1）ASME B31.1—2018 《压力管道标准》。

（2）ASME B31.3—2016 《工艺管道标准》。

（3）ASME B31.4—2016 《液态烃及其他流体介质管道输送系统标准》。

（4）ASME B31.8—2016 《输配气管道系统》。

（5）ASME B36.19M—2018 《不锈钢管道标准》。

7.2 关键工序质量要求及技术措施

（1）施工准备阶段应严格落实母材及焊材到货验收和抽检工作，认真组织技术交底和焊接工艺交底工作，操作人员应熟知工法流程各工序的操作要领，不得随意施工。

（2）材料到货后符合相关规范要求。现场需检查质量合格证，并用光谱分析仪对主要合金元素含量进行验证性检验。

（3）坡口加工需按照WPS中的要求进行。现场焊接位置需张贴相关的WPS。

（4）焊件组对前，应使用不锈钢专用磨片对坡口两侧各50mm范围内进行打磨，并用纯棉的布条浸蘸丙酮对坡口内外表面进行清洗。

（5）组对应使用桥连接，焊缝组对间隙控制在2~4mm。

（6）焊接施工严格按照WPS执行，控制热输入，严格执行技术交底制度和中间过程检查制度。

（7）焊缝表面质量符合ASME B31.1及ASME B31.3等规范的规定。

（8）无损检测人员需严格按现行相关标准、规范要求操作，及时对探伤底片进行校准、审核。

（9）铁素体含量控制在35%~60%。

（10）硬度平均值≤340HV10。

（11）酸洗钝化时，水中氯离子含量应≤50ppm，酸洗结束后焊道清洁光亮。

7.3 质量控制要点（表7-1）

表7-1 超级双相钢管道质量控制要点

序号	检验项目	控制指标	检验时机、频次	检验工具、方法
1	施工准备	有焊接工艺评定、特种作业证、技术交底、相关施工工机具，焊工考试合格	施工前100%	检查法
	材料到货验收	有合格的质量证明书、光谱分析合金元素含量	材料到货后100%	工具：光谱分析仪 方法：检查法、测量法
2	坡口加工	角度30° ±2.5° 钝边0.5~2mm	坡口加工完成后10%检查	工具：焊接检验尺、直板尺 方法：测量法
3				
4	焊前打磨与清洗	坡口两侧各50mm内清洁无油污和异物	坡口清洗完成后10%检查	工具：直板尺方法：观察法
5	坡口组对	组对间隙2~4mm	组对完成后100%检查	工具：焊接检验尺、直板尺 方法：测量法
6	焊接过程	正面保护气为98%氩气+2%氮气，背面保护气为95%氩气+5%氮气。相平衡控制	焊接过程中100%检查	工具：气体检测仪 方法：测量法、观察法
7	表面质量检查	无夹渣、气孔、咬边、飞溅、余高过高等缺陷	焊接完成后100%检查	工具：焊接检验尺 方法：测量法、观察法
8	无损检测		焊接完成后10%检查	工具：无损检测设备 方法：成像法、观察法
9	铁素体检测	铁素体含量为35%~60%	焊接完成后5%检查	工具：铁素体检测仪 方法：测量法、平均法
10	硬度检测	硬度平均值≤340HV10	焊接完成后10%检查	工具：硬度检测仪 方法：测量法、平均法
11	酸洗钝化	水中氯离子含量应≤50ppm，焊道清洁光亮	焊接完成后10%检查	方法：测观察法

8 安全措施

8.1 执行标准

（1）GB 50656—2011《施工企业安全生产管理规范》。

（2）GB 50720—2011《施工现场消防安全技术规范》。

（3）JGJ 46—2005《建筑现场临时用电安全技术规范》。

（4）JGJ 80—2016《建筑施工高处作业安全技术规范》。

8.2 安全保障措施

（1）成立职业健康、安全管理组织机构，认真执行国家和上级部门有关健康、安全与环境管理的方针、政策和规定，落实建设单位的各项规定和要求。

（2）HSE 管理原则：严格执行集团公司反违章六大禁令及公司反违章十大禁令，入场之前进行三级安全教育和培训，考试合格后方可进入场内施工。工作人员进入施工现场应穿工作服，戴安全帽，穿符合安全要求的工作鞋。严禁酒后上岗，施工区域内严禁吸烟。

（3）各工种严格遵守本工种安全操作规程及通用安全操作规程。

（4）打磨作业，必须佩带防护面具，严格按照操作规程操作。

（5）动火施工，现场必须按规定配置足够数量的消防器材，并保持消防通道畅通。动火施工应按照业主安全管理要求安排监护人监护，方可进行作业。

（6）施工现场临时用电应采用三相五线制，实行三级配电、两级保护，做到一机一闸一保护。

（7）高处作业由安全监督员进行监督实施，并安排专人监护。

9 环保措施

9.1 执行标准

（1）DB65/T 4060—2017《建筑工程绿色环保施工管理规范》。

（2）DB32/T 3195—2017《在用汽车尾气排放性能维护技术规范》。

9.2 环境保护措施

（1）对施工人员进行环保教育，提高环保意识，严格遵守现场文明施工管理规定。

（2）对施工现场进行科学规划，做到合理有序，整齐美观。

（3）超级双相钢材料要单独放置，避免因接触污染造成的废料污染。

（4）设置专人负责洒水工作，保证施工现场无粉尘。

（5）设置专人随时清扫施工现场，保证场地清洁和道路畅通。

（6）非工程车辆禁止进入施工现场，减少现场尾气排放。

（7）施工现场的废料和垃圾及时分类回收至废料箱和垃圾箱，并运至指定的堆放场地。

10 效益分析

10.1 经济效益

采用本工法进行超级双相钢管道焊接施工，保证了施工作业安全，减小了工作量。通过采用氩弧焊接保护气体氩 - 氮混合技术，制作背面保护气体工装和管道切割坡口加工一体工装，有效地缩短了施工周期，提高了劳动效率，经济效益显著。以 CPF3 工程为例，采用本工法后对人工费、材料费、机械费、管理费进行成本核算，相对于传统的安装工艺节约费用 184.635 万元 -143.55 万元 =41.085 万元，详见表 10-1 和表 10-2。

表 10-1 与传统的施工方法对比主要技术指标评价表

序号	施工方法	施工工期 /d	发生费用 / 万元	环保效果	节能效果	经济效益	社会效益
1	传统施工工艺	65	184.635	施工方法简单，机械使用效率低，施工周期长，机械使用能耗大，产生的尾气排放量多，射线作业多	施工周期长，施工采用机械设备、起重设备造成的电能以及机械使用能源消耗大	人工费 104 万元，材料费 9 万元，机械使用费 54.85 万元，管理费 16.785 万元	企业具有气柜制造能力，能够承揽类似工程建设
2	新施工工艺	50	143.55	改进施工方法，制作了工装，机械使用率高，施工周期短，机械能耗小，尾气排放量小，射线作业少	施工周期短，施工采用机械设备、起重设备造成的电能以及机械使用能源消耗相对较小	人工费 80 万元，材料费 8 万元，机械使用费 42.5 万元，管理费 13.05 万元	提高气柜施工效率，展现了企业施工技术水平，更具有市场竞争力

表 10-2 与传统的施工方法相比经济效益参数表

对比项目	传统施工工艺	新施工工艺
施工工期	坡口加工 7d，焊前打磨与清洗 6d，坡口组对 14d，焊接施工 20d，焊缝无损检测 6d，铁素体检测及硬度检测 3d，酸洗钝化 5d，管线试压 4d 合计工期：7+6+14+20+6+3+5+4=65（d）	通过切管道割坡口加工一体工装的研制，加快了超级双相钢坡口加工速度和焊前打磨与清洗速度，坡口加工 4d 完成，焊前打磨与清洗 4d 完成；坡口组对 12d 完成；通过氩 – 氮混合气体配比柜工装和背面保护气体工装的研制，实现了多机位系统化施工，加快超级双相钢焊接速度，焊接施工 14d 完成；焊缝无损检测 4d 完成；铁素体检测及硬度检测施工 3d 完成；酸洗钝化施工 5d 完成；管线试压 4d 完成 合计工期：4+4+12+14+4+3+5+4=50（d）
人工费	焊工、起重工、管工合计 20 人 费用：65d × 800 元 /d × 20 人 =104 万元	焊工、起重工、管工合计 20 人 费用：50d × 800 元 /d × 20 人 =80 万元
材料费	焊材、氩气、氮气等耗材合计费用：9 万元	材、氩气、氮气等耗材合计费用：8 万元
机械台班费	25t 吊车机械台班使用费：65d × 1500 元 / 台班 × 3 台 =29.25 万元 焊机使用费：65d × 300 元 / 台班 × 8 台 =15.6 万元 无损检测费用：10 万元 合计费用：54.85 万元	25t 吊车机械台班使用费：50d × 1500 元 / 台班 × 3 台 =22.5 万元 焊机使用费：50d × 300 元 / 台班 × 8 台 =12 万元 无损检测费用：8 万元 合计费用：42.5 万元
管理费	（104+9+54.85）× 10%=16.785 万元	（80+8+42.5）× 10%=13.05 万元
合计	184.635 万元	143.55 万元

10.2 社会效益

伊拉克哈法亚 CPF3 工程超级双相钢管道焊接施工工法的应用，确保了该工程一次试车成功，系统运行平稳，获得了业主和监理的一致称赞。本工法在哈法亚油田进行了推广，供其他参建单位学习、交流，为公司在海外油田地面建设方面博得了良好的社会信誉和声誉。

11 应用实例

应用实例一：伊拉克哈法亚油田二期 CPF2 工程

伊拉克哈法亚油田 CPF2 工程超级双相钢焊接工作于 2014 年 5 月顺利完成，焊接一次合格率达到 98.35%，合计节约成本 18.6 万元，节约工期 8d。运用超级双相钢（ASTM A790 S32760）管道焊接施工工法，工程运行良好。

应用实例二：伊拉克哈法亚油田三期 CPF3 工程

伊拉克哈法亚油田 CPF3 工程焊接工作于 2018 年 7 月顺利完成，焊接一次合格率达到 99.42%，使超级双相钢管道的施工工期比原计划缩短了 15d，共计节约成本 41 万元。运用超级双相钢（ASTM A790 S32760）管道焊接施工工法，工程运行良好。

大型催化裂化装置提升管反应沉降器施工工法

中国石油天然气第一建设有限公司

周旭东　薛防震　梁　卓　王　凡　孙思谦

1　前言

催化裂化装置是炼油装置中的关键生产装置，提升管反应沉降器（以下简称沉降器）是催化装置的核心设备。在炼油建设中因其设备规格尺寸巨大、质量重、结构复杂、布局紧凑、施工周期长成为催化装置施工建设的关键施工线路和施工的难点。

随着近几年炼油装置规模的不断加大，沉降器的规格也不断增大，施工难度越来越高。中国石油天然气第一建设有限公司通过技术革新和经济方面论证分析，经过近三年两套大型催化裂化装置的实践，总结形成了一套完整的沉降器施工工法，在中国石油云南石化公司 330×10^4t/a 催化裂化装置和中海油惠州二期 480×10^4t/a 催化裂化装置得到了成功应用。与传统的筒体分片正装法、平面画法几何放样、汽提段"悬挂提升法"等施工方法相比机械化程度高，施工工期短，具有较好的指导和借鉴作用。

该施工核心技术《一种免焊悬臂梁的机械加工成型系统》《一种设备开孔放样装置》《一种带端板的柱形锚固钉组焊工装》分别获得国家实用新型专利，《一种翼阀静态试验工装》获得国家发明专利；《提高隔热耐磨单层衬里钢纤维分布率》《提高沉降器施工效率》分别获得国家级 QC 成果二等奖。

2　工法特点

1. 施工工期短

采用沉降器模块化预制技术，实现了多模块的平行施工作业，缩短了施工工期；采用基于 BIM 的吊装模拟技术改变了传统的施工方法，实现了模块化预制，减少了施工作业量，从而缩短了施工工期；《一种免焊悬臂梁的机械加工成型系统》《一种设备开孔放样装置》《一种带端板的柱形锚固钉组焊工装》三项实用新型专利分别针对沉降器批量制作的劳动保护悬臂梁、壳体开孔以及锚固钉的组焊提出了更有效的施工方法，保证质量的同时提高了劳动效率。

2. 施工质量高

沉降器模块化预制技术，改变了作业条件，尤其是衬里施工采用托辊作业以及锥段翻转技术避免了顶部支模捣打作业，实现了支模连续浇筑，保证了施工质量；沉降器开孔放样技术与传统的投影展开放样技术相比，避免了复杂的计算和等分辅助线，与三维辅助球面法相比实现了偏心接管的放样开孔。降低了施工难度，提高了施工精度，施工质量更好控制；《一种翼阀静态试验工装》一项发明专利，实现了现场对翼阀的高精度检验。

3. 施工风险低

沉降器模块化预制技术，采用工厂化预制和地面预制减少了高空作业，改变了焊接及衬里施工作业条件，减少了高处作业和有限空间作业，施工更加安全；基于 BIM 的吊装模拟技术，通过建立数据模型和"力控"计算机系统，对所有模块的吊装状态进行动态模拟，从而优化吊装方案，科学的选择工况，操作性强，施工风险低；基于 BIM 的吊装模拟技术，改变了传统的汽提段“悬挂提升”法，机械化程度的提高减少了高空作业量。

4. 施工成本低

沉降器的模块化预制技术，采用工厂化预制和地面预制，减少了高空作业，降低了机械使用费，同时采用多项专利实现批量化预制构件，提高了效率，降低了成本；沉降器开孔放样技术与传统的投影展开放样技术相比，高精度的放样为施工作业提供了可靠的依据。减少了接管安装的修整和大型吊车配合作业的时间，机械费大大降低；基于 BIM 的吊装模拟技术，实现了汽提段的整体安装和框架结构梁的同步施工，减少了脚手架的搭设量。

3 适用范围

适用于催化裂化装置反应 – 再生系统中沉降器的施工。

4 工艺原理

沉降器因结构尺寸巨大，通常为分片到货现场组焊。根据自身施工条件，将沉降器分解成若干模块。待分片壳体板到货后，采用平行施工的方法，分别对各个模块进行深度预制。预制完毕后，依次将各个模块安装就位，最终进行内件安装和衬里施工补口。

4.1 大型设备开孔技术

沉降器现场接管开孔多且规格形式复杂多样，涉及开孔接管类型有圆管交圆管、圆管交球形封头、锥管交锥管、虾米腰交圆管等。

以中石油云南石化催化裂化装置沉降器为例，开孔将近 21 个，最大接管开孔尺寸为 ϕ1.8m，最大接管厚度 36mm，开孔处器壁厚度最大 32mm，必须综合考虑开孔壁厚影响。

传统投影展开放样技术、建立数学模型无法满足施工进度和质量要求，利用计算机软件进行三维图形放样方法（图 4–1），摆脱了实地放样过程和复杂的计算，大大提高了放样精度和施工效率，保证了施工质量和工期要求。

对开孔部位结构复杂、开孔较小、规格一致且数量较多的接管，发明的《一种设备开孔放样装置》具有开孔精度高、速度快的特点（图 4–2）。

图 4–1 沉降器待升斜管开孔模型

图 4–2 沉降器顶封头开孔模型图

4.2 模块化施工技术

将沉降器分成外部提升管、汽提段、过渡段、筒体、封头 5 个模块分别进行预制。预制采取先分片组焊成段，再组成整体；先外部壳体安装再进行内件安装的原则。模块中，满足运输条件的提升管等内构件优先采用工厂化预制，其他模块采用现场预制。模块预制完毕，最终吊装采用“滑移法”或“直接提升法”，依次进行安装就位（图 4–3）。

在模块化施工中，充分研发各种专利工装，集中批量预制构件，提高施工效率。

图 4–3　沉降器模块吊装流程

4.3　基于 BIM 的吊装模拟技术

采用 CAD 建立三维建筑信息模型（图 4–4），通过数据模型，对所有模块的吊装状态进行动态模拟。通过软件对模块吊装过程进行干涉检查，查找影响吊装构件，提前采取措施。

图 4–4　两器系统三维建筑信息模型

采用利勃海尔公司研发的“力控”计算机系统。通过计算机工作方案设计（图 4–5），将起重机配置、负荷等数据输入安全负荷指示器，相应的起重机的配置工况图像即在监视屏幕上显示出来。“力控”计算机系统，可以实现吊装设计、模拟和记录起重机应用工况，将起重机的作业动作进行模拟作业，具有操作简单、可视化程度高等特点。其先进的操作系统能够保证设备平稳吊装，将摆动幅度控制在 50mm 之内，有效地保证了最小作业安全距离。

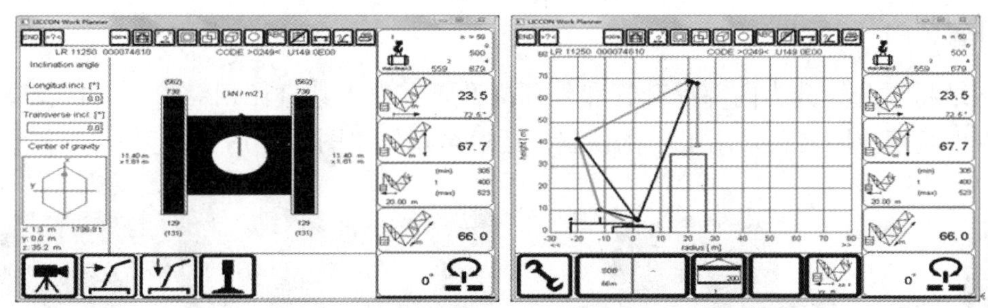

图 4–5　力矩控制系统工作方案设计

通过基于 BIM 的吊装模拟技术，可视化程度高，模拟状态贯穿整个工作流程，使得整个团队人员和吊装作业过程一致性、协调性、准确性得到了提高，有效地保证了安全、降低了成本，显著提高了施工效率。

5　施工工艺流程及操作要点

5.1　沉降器施工工艺流程（图 5-1）

根据沉降器的结构特点和分段质量，将沉降器分成五大模块预制安装。第一段：为外部提升管；

第二段：由汽提段筒体及内件组成；第三段：由沉降器裙座及锥段组成过渡段；第四段：由沉降器筒体及部分内件支撑件组成，第五段：由沉降器的封头及内集气室组成。

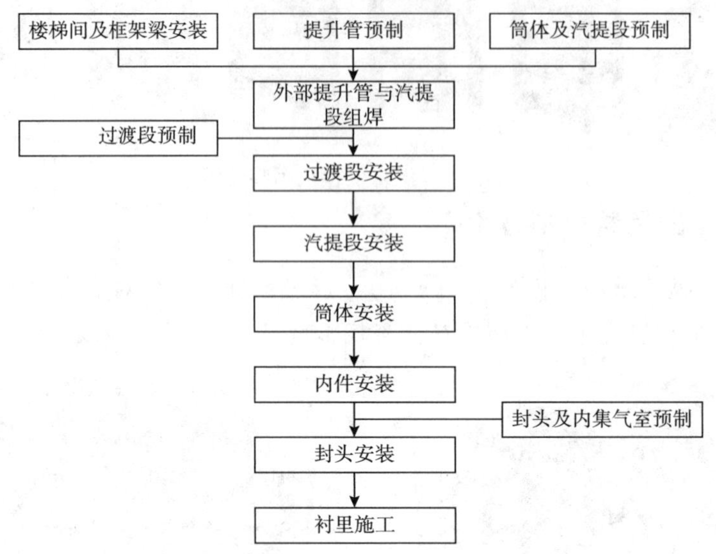

图 5-1　沉降器施工工艺流程图

5.2　施工操作要点

5.2.1　楼梯间及框架梁安装

通过基于 BIM 的吊装模拟技术，建立三维模型，对拟采用的吊装方案进行动态模拟作业。过程通过吊装模拟软件对沉降器框架内钢结构进行干涉检查，确定妨碍沉降器各个模块吊装作业的构件（图 5 –2）。利用原设计结构梁局部搭设施工作业平台。在不同吊装阶段安装完善沉降器框架内结构梁。

利用原设计楼梯间形成安全通道，通过模拟软件确定吊装范围内楼梯间的预制深度。采用地面成框，整体安装的方法，将楼梯间安装就位。

5.2.2　提升管预制

根据施工图纸将提升管分为内部提升管和外部提升管。由于其直径相对较小，且长度能够满足运输要求。为减少现场场地周转，采用工厂化预制，运送至现场（图 5–3）。

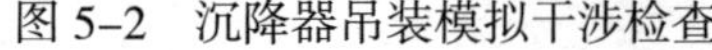
图 5–2　沉降器吊装模拟干涉检查

图 5–3　工厂化预制的外部提升管

工厂内采用机械加工将钢板卷制成圆筒型，预制成筒节，然后组焊成段。

将预制成段的筒体卧式放置托辊上，根据需要转动托辊安装内构件，然后进行衬里施工。衬里施工时，通过转动托辊将筒体预制段分为两部分进行，避免了顶部支模振捣保证了衬里的施工质量。

5.2.3 筒体及汽提段预制

1. 筒体预制

（1）分片组焊成节。到货的壳体板片上应有工件号、排版编号、方位线、开孔定位线等醒目标识且与排版图一致。将同一圈的板片按照排版图的顺序逐块吊至钢平台上的基准圆上进行组对，筒体在钢平台上组对完后，按规范要求检查，并做好记录（图 5–4）。

分片组焊施工工序：划基准圆→焊定位板→分片组对成筒节→利用工装卡具调整合格→在纵缝内侧点焊防变形弧板→筒节焊接。

（2）分段筒体组焊成段。根据设备吊装分段情况，在平台上采用“倒装法”将单节筒体组对成段，利用吊车将组对成型的吊装段平放到胎具上。在对口处每隔 1m 设置 δ=2～3mm 的间隙控制板，以保证对口间隙，同时上、下两圈筒节四条方位母线偏差应保证≤5mm。用加减丝或龙门卡具调整环缝间隙及错边量，同时测量筒体的直线度或垂直度，合格后进行点焊（图 5–5）。筒体组对完成后，为防止筒节变形，应根据筒节的具体情况采取“米”字或“十”字形临时加固措施，加固件应支撑在圆弧加强板上。

图 5–4 分片组对成节　　图 5–5 筒节组装示意图

（3）安装劳动保护平台及保温钉。通过发明的《一种免焊悬臂梁的机械加工成型系统》批量预制劳动保护悬臂梁，然后安装筒体外壁劳动保护平台，同时进行筒体内壁的保温钉焊接。

2. 汽提段预制

汽提段筒体预制方法同上，预制完毕后将筒体卧式放置托辊上，根据需要转动托辊安装内构件。通过发明的《一种带端板的柱形锚固钉组焊工装》批量预制柱形保温钉，然后进行保温钉焊接，应注意内构件的连接件位置预留不焊。经检查合格后，通过转动托辊将筒体分为三部分进行衬里施工，避免了顶部支模振捣保证了衬里的施工质量。衬里施工完毕后将汽提段筒体立式放置，分层依次安装人字挡板及内构件（图 5–6）。

图 5–6 汽提段的预制

5.2.4 过渡段预制

（1）设计排版时选用大规格板材，减少焊缝数量以及交叉焊缝的出现，从而减少焊缝的收缩，降低整体内应力。对于接管开孔位置排版时，应尽力避开，防止出现L形焊缝。尽量增大相邻焊缝间距，减少焊接时相邻焊缝焊接应力的影响。

（2）焊接时优先采用X型坡口，减少焊缝填充金属量，节约施工成本。减少焊接层数，避免焊缝多次受热，从而减少焊接应力与变形。

（3）过渡段在现场预制平台上大口向下组对，过渡段板每隔1m设置组对卡具进行刚性固定。对于交叉焊缝处，刚性加固适当加密。待组对完毕后应对整体组对质量进行检查。

（4）先焊收缩量大的焊缝和受力较大的焊缝。对于各个部分小环缝应先焊接厚板焊缝，再焊接较薄板焊缝。

（5）焊缝交叉时，先焊短焊缝，再焊长焊缝。因此对于各个部分先将过渡段上下环口及中部短小立缝进行焊接，再进行小环缝的焊接。各个部分焊完后，再进行大纵缝焊接，最后进行环缝焊接。

（6）所有焊缝焊接时，焊工均对称布置，控制焊接速度，保证同步调施焊。

（7）先焊接焊缝外侧，待外侧焊接完毕后。将过渡段进行翻转，内侧进行清根，然后再进行焊接。

5.2.5 封头及内集气室预制

1. 封头预制

封头应在符合标准要求的平台上用地规放样划基准圆，在圆内设置组装胎具，用吊车配合将封头瓜片板按排版图顺序依次安装。

组装基准圆，封头基准圆直径 D_B 可按下式确定：

$$D_B=D_i+n\times G/\pi \qquad (5-1)$$

式中，D_B 为封头基准圆直径，mm；G 为对口间隙一般取2mm；D_i 为封头内径，mm；n 为封头分瓣数量。

将基准圆按照封头的分瓣数 n 等分，在距等分线约100mm处点焊定位板，每个瓣片的定位板不少于2块（图5–7）。

以定位板和组装胎具为基准，用工卡具使瓣片紧靠定位板和胎具，并调整对口间隙和错边量。

封头按照先大口后小口的顺序组对成型（图5–8），经检验符合要求并做好记录后，可根据封头对接焊缝的长度和板厚情况，在每条纵缝上适当加2~4个圆弧板进行加固，以减小焊接变形，经复检后，办理工序交接手续，交下一工序进行焊接。

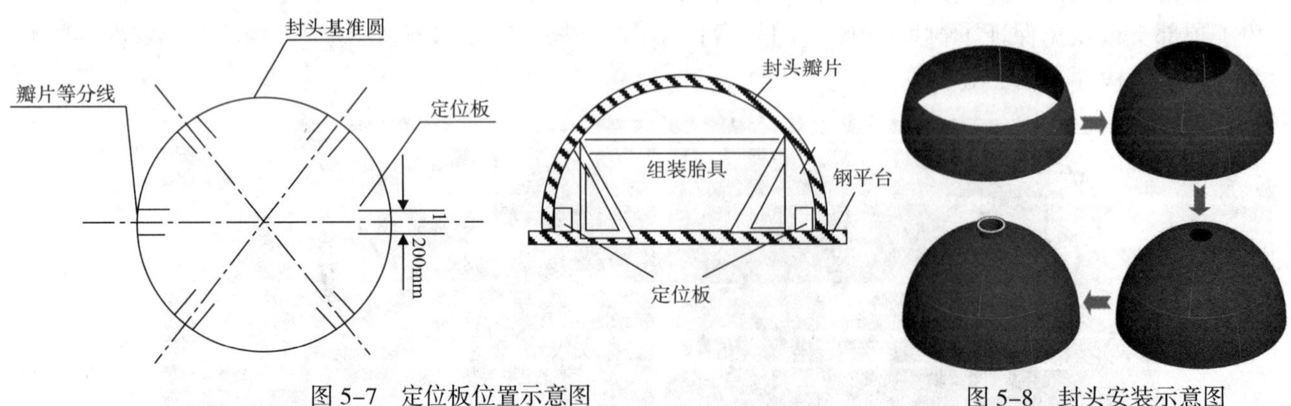

图5–7 定位板位置示意图　　图5–8 封头安装示意图

组焊合格后，按排板图标出0°、90°、180°、270°四条方位母线并做上标记，按开孔方位图组焊接管。

2. 内集气室预制

内集气室底封头组对，先用地规在钢平台上进行放样，并设置定位挡板，依照排版图顺序组装成整体。然后组对内集气室筒体，再将内集气室底封头与集气室筒体组对焊接成整体。内集气室与封头分别组焊完毕，待无损检测合格后，采用750t履带吊和400t履带吊将内集气室和沉降器球形封头分别进行翻个儿，将内集气室吊入球形封头内组焊成整体。组焊完毕后，安装旋风分离器升气管。待升气管安装完毕，经无损检测合格后，整体进行喷砂除锈，再进行衬里施工，衬里施工完毕后经养护合格后，再次进行翻个儿。

5.2.6 各预制模块安装

（1）将楼梯间预制成整体框架式结构，采用400t履带吊吊装就位。搭设临时通道连接楼梯间与沉降器框架。

（2）采用400t履带吊将外提升管吊入框架内。将妨碍外部提升管吊装的钢结构梁，暂时不予安装。吊装就位时，按照拟定吊装模拟线路，调整角度注意管嘴避开钢梁。到达既定安装位置后，进行垂直度找正，连接已安装的钢梁进行临时加固。

（3）采用750t履带吊将汽提段吊入框架内与外部提升管组焊成整体，连接已安装的钢梁进行二次加固。

（4）采用400t履带吊将过渡段安装就位。

（5）在汽提段内设置内置吊耳，吊绳穿越过渡段中心。采用750t履带吊将汽提段与外部提升管整体提升。提升过程中，按照拟定吊装模拟线路，调整角度注意管嘴避开钢梁。将过渡段与汽提段进行组焊，安装剩余框架梁，完善框架内结构平台。

（6）采用750t履带吊将沉降器筒体进行安装就位组焊。

（7）采用750t履带吊依次安装内提升管、旋流分离系统。

（8）安装顶封头，内部构件完善。

5.2.7 内件安装

1. 旋流分离系统的安装

沉降器旋流分离系统分为旋流分离室、旋流分离升气系统和旋风分离器三部分组成。旋流分离室分片到货后，在预制平台上组焊成整体。然后安装顶部膨胀节，采用[14a槽钢对膨胀节进行定位焊接、加固。待沉降器筒体组焊完毕后，安装旋流分离室以及高位挡板支架。8个旋风分离器对应位置高位挡板暂不安装，待旋风分离器和料腿施工完毕后再进行安装。

采用750t履带吊安装旋流分离室，然后安装旋风分离升气系统。安装时先将旋风分离器按照对应位置临时悬挂于筒体内侧。安装旋风分离升气系统，安装方位及水平度符合要求后，采用钢管进行临时固定。待封头及内集气室进行安装后，再安装旋风分离器（图5-9）。

图5-9 旋流分离系统的安装

2. 旋风分离器翼阀安装

翼阀安装前应由制造厂家提供安装角度。安装前，应根据制造厂的实验数据，用平衡催化剂重新进行静态试验（图 5–10）。翼阀安装于料腿上后，折翼板的倾斜角度应为现场静态试验时所确定的折翼板实际开启角度，其角度应为 3°～8°，允许偏差为 0～+0.5°，采用万能角度尺或数显角度尺进行测量（图 5–11）。

图 5–10　翼阀静态试验

图 5–11　翼阀角度检测

5.2.8　衬里施工

（1）沉降器筒体衬里采用倒模、连续浇筑法进行施工。

（2）衬里混凝土拌合用水宜为生活应用水，水温宜为 10～25℃。使用其他洁净水时，氯化物的含量应≤50mg/L，pH 值宜为 6.5～7.5。

（3）需衬里的设备壳体及其附件和龟甲网均应进行喷砂除锈、除油等；器壁上的管嘴、插管喷砂前用牛皮纸或破布填实并绑扎牢固，防止砂粒堵塞，对易损坏的部件进行拆除，喷砂后再恢复安装。

（4）沉降器封头翻转后进行衬里施工，完成后再对封头翻转进行吊装组对。

（5）衬里正式施工前，针对隔热耐磨衬里钢纤维分布不均匀的问题，需通过反复试验，确定衬里材料配比、加水量、缓凝剂等材料用量；确定振捣时间、确定振捣间距、插入深度等工艺参数。

5.3　劳动力组织

以中国石油云南石化公司 330×10^4t/a 重油催化裂化装置沉降器施工为例，劳动力组织情况如表表 5–1：

表 5-1　劳动力组织情况表

序　号	职　务	数量 / 人	备　注
1	项目经理	1	总体负责
2	项目副经理	2	技术管理与施工管理
3	施工队长	3	施工现场负责人
4	安全员	2	现场安全监督检查
5	质检员	2	现场施工质量监督检查
6	技术员	3	现场技术跟踪与监督
7	测量员	2	工程测量
8	起重工	18	吊装指挥、手动葫芦操作
9	焊工	35	沉降器焊接
10	铆工	25	沉降器组对与内件安装
11	架子工	25	脚手架搭设
12	衬里工	25	衬里拆除与恢复
13	检测工	8	焊缝检验

6 材料与设备

6.1 施工材料（表 6-1）

表 6-1 施工材料一览表

序 号	名 称	规格型号	单 位	数 量	用 途
1	钢管	ϕ355mm × 10mm	m	30	制作管式吊耳
2	钢管	ϕ406mm × 13mm	m	16	制作平衡梁
3	钢管	ϕ377mm × 10mm	m	120	锥段翻个儿平衡梁
4	钢管	ϕ273mm × 10mm	m	260	筒体成段吊装加固
5	钢管	ϕ114mm × 6mm	m	200	封头组对支撑
6	型钢	[18a	m	60	汽提段段临时固定
7	型钢	HW400 × 400	m	200	制作临时平台
8	型钢	HW200 × 200	m	200	制作临时平台
9	道木	—	根	200	支垫吊车或筒体板
10	钢丝绳	ϕ6mm	m	200	架设生命线
11	钢板	δ=20mm	m^2	400	预制场平台制作
12	钢板	δ=30mm	m^2	24	制作组对销子、吊耳
13	钢板	δ=16mm	m^2	12	制作吊耳、连接板
14	钢板	δ=10mm	m^2	6	制作挡板或吊耳
15	阻燃篷布	—	m^2	1000	防风棚

6.2 施工设备（表 6-2）

表 6-2 施工设备一览表

序 号	机械名称	型 号	单 位	数 量	用 途
1	750t 履带吊	利勃海尔	台	1	沉降器吊装
2	400t 履带吊	利勃海尔	台	1	沉降器吊装
3	50t 履带吊	三一重工	台	1	地面安装
4	30t 板车	徐工	台	1	材料运输
5	10t 板车	—	台	2	材料运输
6	客货	—	台	1	材料运输
7	螺旋千斤顶	10t	台	4	板片组对
8	螺旋千斤顶	5t	台	4	板片组对
9	手动葫芦	10t	台	8	材料吊装
10	手动葫芦	5t	台	8	材料吊装
11	液压扳手	M20—M36	台	2	螺栓紧固
12	卸扣	5t	个	10	吊索具
13	卸扣	3t	个	20	吊索具
14	台钻	—	台	2	钻孔
15	磁力钻	—	台	3	钻孔
16	撬棍	ϕ18mm 螺纹钢	把	4	沉降器施工用
17	电焊机	ZX7-400S	台	35	沉降器焊接

续表

序 号	机械名称	型 号	单 位	数 量	用 途
18	电焊机	AX-500	台	5	沉降器碳弧气刨
19	烘干箱	Y2H2-100	台	2	沉降器焊接
20	无齿锯	C-400	台	2	材料切割
21	角向磨光机	ϕ100mm	台	60	焊缝打磨
22	角向磨光机	ϕ150mm	台	5	焊缝打磨
23	半自动切割机	—	台	5	材料切割
24	剪板机	—	台	1	材料切割
25	室外照明灯具	—	套	20	夜间施工照明
26	热处理设备	ZWK-I-240	台	1	局部热处理

7 质量控制

7.1 执行标准

（1）GB 150—2011《压力容器》。
（2）GB 50461—2008《石油化工静设备安装工程施工质量验收规范》。
（3）GB 50798—2012《石油化工大型设备吊装工程规范》。
（4）GB 50236—2011《现场设备、工业管道焊接工程施工规范》。
（5）GB 50683—2011《现场设备、工业管道焊接工程施工质量验收规范》。
（6）TSG 21—2016《固定式压力容器安全技术监察规程》。
（7）TSG Z6002—2010《特种设备焊接操作人员考核细则》。
（8）NB/T 47014—2011《承压设备焊接工艺评定》。
（9）NB/T 47015—2011《压力容器焊接规程》。
（10）SH/T 3601—2009《催化裂化装置反应再生系统设备施工技术规程》。
（11）SH/T 3524—2009《石油化工静设备现场组焊技术规程》。
（12）SH/T 3542—2007《石油化工静设备安装工程施工技术规程》。

7.2 关键工序质量要求及技术措施

（1）封头的实测厚度不得小于设计厚度扣除钢板负偏差与加工减薄量之和后的厚度值，坡口形状应符合图纸的要求，表面无裂纹、分层、夹渣等缺陷、局部凸凹应≤2mm。

（2）椭圆形封头瓣片表面要光滑，其最小宽度应≥500mm。当瓣板弦长≥2m时，用弦长2m的样板检查曲率；当瓣板弦长≥1.5m且<2m时，用弦长1.5m的样板检查曲率；当瓣板弦长<1.5m时，用弦长1m的样板检查曲率，任何部位间隙E都得≤3mm。

（3）沉降器应避免在焊缝上开孔，开孔补强圈过大或影响开孔接管的焊接时，补强圈允许分成2~4块，且每块补强圈上不少于一个信号孔，信号孔不得堵塞。开孔补强圈应通入0.4~0.6MPa的压缩空气检查焊缝质量。

（4）开孔补强圈若与壳体变截面处的焊道相碰时，可以割除部分补强圈。保留部分的补强圈的宽度不小于设计宽度的2/3。

（5）在器壁上进行较大直径的开孔（如油气出口，提升管出入口等）宜在开孔补强圈就位安装点焊牢固后进行。

（6）翼阀安装前由制造厂家提供安装角度，根据制造厂的实验数据，现场采用平衡催化剂重新进行静态试验。翼阀安装于料腿上后，折翼板的倾斜角度应为现场静态试验时所确定的折翼板实际开启角度，其角度应为 3°～8°，允许偏差为 0～+0.5°。

（7）搅拌合格的衬里混凝土应在产品使用技术条件规定的时间内使用，不得二次加水搅拌。

（8）接口修补前，应将修补处松动或残余的衬里采用压缩空气清理干净，衬里修补时所用材料、配合比、施工方法及养护方法宜与原衬里施工相同。

7.3 质量控制要点（表 7-1）

表 7-1 催化装置沉降器施工质量控制要点

序号	检查部位	检验项目	控制指标	检验时机、频次	检验工具、方法
1	筒体组对	A 类焊接接头错边量	≤3 mm	焊缝组对后	焊缝检验尺检查
		B 类焊接接头错边量	≤5 mm	焊缝组对后	焊缝检验尺检查
		焊接接头棱角度	≤5 mm	焊缝焊后	施工样板及塞尺检查
		椭圆度	≤25 mm	筒节成圈后	钢尺检查
2	设备开口方位与安装标高	开口方位	≤±5mm	开孔前	钢尺检查
		有衬里部分的插管伸入设备内部的长度	0~5mm	预组装后	钢尺检查
		法兰面应垂直于接管或设备的主轴中心线	不得超过法兰外径的 1% 且≤3mm，螺栓孔应跨中分布	法兰安装后	弯尺检查
3	沉降器安装	中心线位置	≤10 mm	各模块安装后	钢尺检查
		标高	≤±5 mm	整体安装后	钢尺检查
		铅垂度	≤20 mm	整体安装后	钢尺检查
4	封头开孔	封头各种相交的拼接焊缝中心线间距	封头钢板厚度的 3 倍，且≥100mm	设计排版时	钢尺检查
5	旋风分离器安装	任意旋风分离器垂直度	≤±5mm	旋风分离安装后	线坠与钢尺检查
		旋风分离器入口标高	≤±5mm	旋风分离安装后	U 形水平管与钢尺检查
		吊杆中心到旋风分离器本体主轴线距离	≤3mm	旋风分离安装后	钢尺检查
6	翼阀安装	拉杆水平度	≤2mm/m	拉杆安装后	水平尺检查
		翼阀安装角度	≤0～+0.5°	翼阀安装后	数显角度尺检查
7	空气环	冷态安装中心	图样要求偏移值的 1/3，≤±5mm	预制完成后	钢尺检查
		水平度	空气环直径的 1/1000，且≤10mm	安装完毕后	钢尺检查

8 安全措施

8.1 执行的法律法规及标准

2019 年版《中华人民共和国安全生产法》。

（1）GB 50484—2008 《石油化工建设工程施工安全技术规范》。

（2）JGJ 46—2005 《建筑现场临时用电安全技术规范》。

（3）2017 年 A 版 《健康安全环境管理手册》中国石油天然气第一建设有限公司。

8.2 安全保障措施

（1）吊装技术方案按照程序批准后，由吊装责任工程师对所有参加吊装作业的人员进行吊装技术交底，使施工人员熟悉整个吊装过程，掌握关键控制要点，明确岗位职责和安全注意事项。

（2）现场临时配电线路必须按规范布置，架空线必须与支架绝缘且不得成束架空布置，也不得沿地面明敷。

（3）严禁高空抛物，小件物品要随身携带或使用绳索，作业过程中切除的材料、余料要有防止高处坠落措施。

（4）沉降器封头衬里施工及热处理施工前应当密切注意天气趋势，尽量避免雨天施工，并做好防护措施。

（5）沉降器内件安装过程中无安全带系挂位置或不便处，应设置生命绳或防坠器保证作业安全。

（6）沉降器内壁喷砂除锈，必须设通风设施。作业人员必须佩戴防护口罩等防护面具，为防止交叉作业和扬尘，可选择夜间作业。

9 环保措施

9.1 执行的法律法规及标准

（1）2018 年版 《中华人民共和国环境保护法》。

（2）2019 年版 《中华人民共和国环境影响评价法》。

（3）2019 年版 《中华人民共和国环境噪声污染防治法》。

（4）2019 年版 《中华人民共和国固体废物污染环境防治法》。

（5）2017 年版 《建设项目环境保护管理条例》。

（6）中油质安字［2006］362 号 《中国石油天然气集团公司环境保护管理规定》。

（7）2017 年 A 版 《健康安全环境管理手册》中国石油天然气第一建设有限公司。

9.2 环境保护措施

（1）现场施工用油漆等危险化学品以及保温材料应定点存放，施工完毕及时清理至指定地点。

（2）施工产生的其他工业废料统一收集处理，严禁现场焚烧任何废弃物，防止产生有毒有害物。

（3）设置专人负责现场水电管理，杜绝长明灯、长流水，节约使用能源。

（4）施工现场暂时不用的材料要标识清楚，分类摆放，防护规范。

（5）对所有施工人员进行环保教育，严格遵守业主现场文明施工管理规定。

（6）设置专人随时清扫施工现场，专人定期洒水，保证场地清洁和道路畅通。

（7）对现场施工机具及车辆定期检查，防止跑冒滴漏现象发生。

10 效益分析

10.1 经济效益

大型催化裂化装置提升管反应沉降器施工工法在中国石油云南石化有限公司新建 330×10^4t/a 重油催化裂化装置得到了成功应用。施工中采用大型设备开孔技术、基于 BIM 的吊装模拟技术，改变了施工工序，减少了施工作业时间，保证了施工质量，采用模块化预制技术，减少了施工作业量、提高了劳动效率。对人工费、材料费、机械费、管理费进行成本核算，与传统的安装法相比，节约费用1330.91 万元 −1023.28 万元 =307.63 万元，详见表 10–1、表 10–2。

表 10-1 与传统的施工方法对比主要技术指标评价表

序号	施工方法	施工工期 /d	发生费用 / 万元	环保效果	节能效果	经济效益	社会效益
1	传统施工工艺	145	1330.91	模块化程度不高，机械使用效率低，施工周期长，机械使用能耗大，产生的尾气排放量多。焊接制作的构件多，产生的焊接烟尘污染环境	施工周期长，施工采用机械设备、起重设备造成的电能以及机械使用能源消耗大	人工费 577.62 万元，材料费 52.5 万元，机械使用费 443.2 万元，管理费 257.59 万元	企业具有设备制造能力，能够承揽中小型催化装置建设工程
2	新施工工艺	105	1023.28	模块化以及工厂化预制程度高，机械使用率高，施工周期短，机械能耗小，尾气排放量小。机械加工件替代了焊接构件，成型好，无污染	施工周期短，机械效率高，施工采用机械设备、起重设备造成的电能以及机械使用能源消耗相对较小	人工费 421.98 万元，材料费 38.4 万元，机械使用费 364.8 万元，管理费 198.1 万元	企业具有大型设备制造能力，能够承揽大型催化装置建设工程

表 10-2 与传统的施工方法相比经济效益参数表

对比项目	传统施工工艺	新施工工艺
施工工期	沉降器封头组焊及接管安装需 15d；筒体组焊劳动保护安装需 45d；过渡段组焊及接管安装需 15d；沉降器提升管施工 20d；采用“临时悬挂法”安装外提升管与汽提段段共需 20d；内提升管安装 5d；剩余壳体分段吊装 15d；部分施工内容可平行施工，沉降器壳体安装完毕，共计 80d。沉降器旋流分离室、汽提段“人”挡板及其他内件安装 35d。沉降器整体衬里施工共计 30d 施工工期合计：80+35+30=145d	采用新的开孔技术和模块化预制技术，沉降器封头组焊及接管以及衬里施工需 17d；采用悬臂梁制作技术，筒体组焊劳动保护安装需 35d；采用新的开孔技术和吊装翻转技术，过渡段组焊、接管安装及衬里施工需 20d；采用基于 BIM 的吊装模拟技术，改变作业工序，安装外提升管与汽提段段需 10d；剩余壳体分段吊装 15d；部分施工内容可平行作业，沉降器壳体安装完毕，共计 60d。沉降器旋流分离室及其他内件安装 25d。沉降器部分衬里施工共计 20d 施工工期合计：60+25+20=105d
人工费	架子工、焊工、起重工、铆工、检测工以及现场管理人员，共计 126 人 人工费：126 人 ×115d×380 元 /d=550.62 万元 衬里工人工费：30 人 ×30d×300 元 /d=27 万元 合计费用：577.62 万元	架子工、焊工、起重工、铆工、检测工以及现场管理人员，共计 126 人 人工费：126 人 ×85d×380 元 /d=406.98 万元 衬里工人工费：25 人 ×20d×300 元 /d=15 万元 合计费用：421.98 万元
材料费	制作组对预制平台 24 万，吊耳板 0.8 万元，组对用加固材料 4 万元，临时加固材料 2 万元，共计 30.8 万元；脚手架 46.2t×4700 元 /t=21.7 万元 合计费用：52.5 万元	制作组对预制平台 24 万，吊耳板 0.6 万元，组对用加固材料 4 万元，临时加固材料 2 万，共计 30.6 万元；脚手架 16.6t×4700 元 /t=7.8 万元 合计费用：38.4 万元
机械台班费	750t 吊车机械台班使用费：15d×48000 元 / 台班 =72 万元 400t 吊车机械台班使用费：145d×25600 元 / 台班 =371.2 万元 合计费用：443.2 万元	750t 吊车机械台班使用费：20d×48000 元 / 台班 =96 万元 400t 吊车机械台班使用费：105d×25600 元 / 台班 =268.8 万元 合计费用：364.8 万元
管理费	（577.62+52.5+443.2）×24%=257.59 万元	（421.98+38.4+364.8）×24%=198.1 万元
合计	1330.91 万元	1023.28 万元

10.2 社会效益

大型催化裂化装置提升管反应沉降器施工工法，采用大型设备开孔技术、模块化施工技术、基于 BIM 的吊装模拟技术，提高了机械效率，降低了劳动强度，保证了工程的施工质量和工程进度，充分证明了大型催化炼化装置沉降器施工技术应用的可行性，为今后类似工程施工提供了理论依据，同时展现了施工企业的技术水平。

11 应用实例

应用实例一：中国石油云南石化公司 330×10^4t/a 重油催化裂化装置

该项目为新建工程，再生器与沉降器同时施工交叉作业。沉降器安装工程开工日期 2015 年 05 月 08 日，竣工日期 2015 年 8 月 25 日。提升管反应器 – 沉降器规格：ϕ8600mm/ϕ5200mm/ϕ2000mm/ϕ1600mm×53154mm×26mm/30mm/20mm/16mm/30mm，总重约 567.932t，其中金属重约 370.426t，设备壳体材质为 Q245R。根据工程施工需要和设备情况，提升管反应器沉降器采用厂外预制成片或段，现场组焊施工的到货方式。根据工期状况和设备设计结构、现场情况等，施工中选用大型催化装置提升管反应沉降器施工技术进行安装，节约了材料，提高了效率，确保了工程质量。

应用实例二：中海石油炼化有限责任公司惠州二期 480×10^4t/a 重油催化裂化（Ⅱ）装置

项目为新建工程，提升管反应器 – 沉降器壳规格：ϕ9500mm/ϕ8040mm/ϕ5600mm×5mm×26mm/30mm/20mm/16mm/30mm，全长 35663mm，安装标高 80126mm。金属总重 471t，其顶部设置 11 组单级旋风分离器，采用内集气室结构，中部设置旋流快分，汽提段设蝶形汽提挡板，其间设汽提蒸汽环。施工中选用大型催化装置提升管反应沉降器施工技术进行安装，将沉降器分为 5 个模块分别预制，采用大型吊车进行模块化安装，机械化程度高，提高了施工效率，保证了施工的安全，缩短了施工工期。

石油化工装置 EDV® 湿法洗涤塔施工工法

中国石油天然气第一建设有限公司

侯　静　潘　越　王万民　关利章　胡克明

1　前言

为了满足企业生产要节能、环保、减排的要求。新建或改扩建的大型催化裂化装置或其他锅炉装置设置有烟气脱硫、烟气净化系统，洗涤塔（图 1–1）是烟气脱硫、烟气净化系统的核心设备，其设备直径大、高度高、质量重、结构复杂、施工周期长，成为项目施工建设的关键路径和施工重点、难点。传统的洗涤塔塔体积小、质量轻，采用整体到现场吊装就位的施工方法。目前国内炼油厂规模大，洗涤塔直径大、体积大、质量大、设备高，整体吊装的方法不能满足施工需求。中国石油天然气第一建设有限公司，近几年在新建或改扩建的大型催化裂化装置设置在烟气脱硫、烟气净化系统的洗涤塔施工过程中，进行总结、梳理，编制了石油化工装置 EDV® 湿法洗涤塔施工工法，该工法被中国石油天然气第一建设有限公司 2018 年 2 月 28 日评为企业级工法。该工法其方法简单、施工效率高、施工质量好、施工成本低、施工风险低，起到了较好指导和借鉴作用。

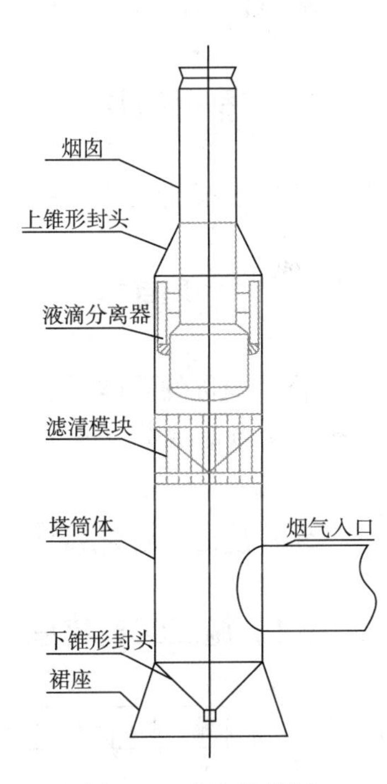

图 1–1　洗涤塔简图

2017 年在中海石油炼化有限责任公司惠州二期 480×10⁴t/a 催化裂化（Ⅱ）装置的洗涤塔施工，2015 年中国石油广西石化分公司 350×10⁴t/a 催化裂化装置烟气净化项目的洗涤塔施工，均采用此技术。2018 年《EDV® 湿法洗涤塔施工技术》获得中国石油工程建设有限公司年度优秀论文三等奖。

2　工法特点

1. 减少高处作业、降低施工风险

（1）滤清模块采取在地面预制平台上与塔筒体组焊成整体，不锈钢表面酸洗钝化处理后，成段吊装就位，减少了高处作业。

（2）液滴分离系统采取在地面预制平台上组焊成整体，不锈钢表面酸洗钝化处理后，吊装就位，减少了高处作业和受限空间作业。

2. 科学设计施工工艺、减少施工成本

（1）裙座组焊采取在基础上组对焊接技术，利用千斤顶配合，减少了大型吊车使用，减少了预制场地处理和预制平台铺设，节省施工成本。

（2）应用井字形吊架技术减少了吊车使用台班，减少了使用大型倒链，在塔内部上焊接大量吊耳，减少了机具和材料成本。

（3）烟囱分段空中组焊技术采用内悬外挂施工平台，内悬外挂施工平台可重复利用，减少搭设大量超高脚手架，节省了脚手架成本。

3. 施工方法科学、施工质量高

（1）喷嘴与滤清模块采取在地面预制平台上与塔筒体组焊成整体，在预制平台上便于调节喷嘴与滤清模块文丘里管管口间的距离、喷嘴和文丘里管的同心度，验收尺寸复核，一次性 100% 合格。

（2）塔筒体在平台预制成节、段，焊接过程中便于采取防风防雨措施，保证了焊接质量。

4. 施工效率高、施工工期短

（1）滤清模块、液滴分离器采取在平台上预制整体吊装就位，比采取散件空中组装提高了效率，确保了后续工程的开展，加快了施工进度，保证了工期。

（2）梯子平台采取先预制在平台上与塔、烟囱组装焊接，随塔、烟囱整体吊装就位，比将塔、烟囱吊装就位后，搭设脚手架安装梯子平台，减少搭设脚手架，施工风险低、施工工期短。

3 适用范围

适用于石油化工装置 EDV® 湿法洗涤塔施工。

4 工艺原理

分片到货的筒体、裙座，分段到货烟囱，散件到货内件及附件，结合现场的大型吊车工况，在预制平台上预制成节、成段、成部件，依次吊装就位。

5 施工工艺流程及操作要点

5.1 施工工艺流程（图 5-1）

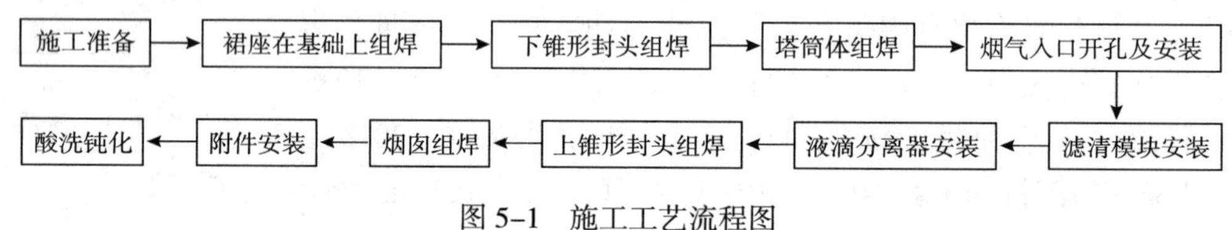

图 5-1 施工工艺流程图

5.2 施工操作要点

5.2.1 施工准备

1. 预制场地布置

在洗涤塔基础一侧，布置现场预制场地，面积 20m × 25m，地面找平并碾压密实，铺 20mm 厚的钢板，在钢板上设置 4 组胎具，满足 4 个筒节同时组对焊接（图 5–2）；在预制场地东侧靠近洗涤塔摆放焊机箱、工具箱和配电箱；基础南侧道路，为吊车占用场地，地面处理应满足大型履带吊车吊装对地基承载力的要求。

2. 预制场地基处理

为保证洗涤塔 / 烟囱分片运输、卸车、分段预制和各段吊装工作安全顺利进行，应对装置区域内洗涤塔 / 烟囱吊装施工现场地基进行地基硬化处理。硬化处理分为两种：第一种处理应满足大型履带吊车吊装对地基承载力的要求，处理形式为换填 300mm 厚毛石，然后再换填 200mm 厚碎石，找平并

图 5-2　预制平台布置图

碾压密实；第二种处理满足预制平台对地基要求，处理形式为换填 200mm 厚碎石，找平并碾压密实。

3. 吊装区域地基承载力验算

（1）750t 履带吊车履带底面最大压强：

$$P_1=(119.7+800)/(10.8\times2\times2)\ \mathrm{t/m^2}=21.3\mathrm{t/m^2}$$

750t 履带吊车履带宽度 L_1=2m，750t 履带吊车路基箱长度 L_2=4m，吊装作业时，750t 履带吊车履带下路基箱为横向铺设，则 750t 履带吊车路基箱对地最大压强：

$$P_2=P_1L_1/L_2=21.3\mathrm{t/m^2}\times2\mathrm{m}/4\mathrm{m}=10.7\mathrm{t/m^2}$$

（2）地基经过处理后，垫层的总厚度为 Z=0.5m，取压力扩散角 θ=30°，则垫层与底层交接处的地基附加应力为：

$$P_z=SP_2/[(B+2Z\mathrm{tg}\theta)(L+2Z\mathrm{tg}\theta)]=48\times10.7/[(4+2\times0.5\times\mathrm{tg}30^\circ)(6\times2+2\times0.5\ \mathrm{tg}30^\circ)]=8.92\ \mathrm{t/m^2}$$

（3）砂石配级层地面自重对底层的压力为：

$$P_{cz}=2\times0.5=1.00\mathrm{t/m^2}$$

（4）单块路基板自重 6t，每组履带下路基板（6 块）对底层的压力为：

$$P_3=6G/[(B+2Z\mathrm{tg}\theta)(L+2Z\mathrm{tg}\theta)]=6\times6/[(4+2\times0.5\times\mathrm{tg}30^\circ)(6\times2+2\times0.5\times\mathrm{tg}30^\circ)]=0.63\ \mathrm{t/m^2}$$

则：

$$P=P_Z+P_{CZ}+P_3=8.92+1.0+0.63=10.55\ \mathrm{t/m^2}$$

上式中，S 为路基箱对地面的实际接触面积，$\mathrm{m^2}$；P_2 为铺设路基箱之后 750t 对地表产生的压强（偏安全考虑，取最大压强），t；B 为路基箱铺设后宽度（实际为单块长度），m；L 为路基箱组合铺设长度（实际受压长度为 11m），m；Z 为垫层总厚度，m；θ 为压力扩散角，(°)。

结论：垫层与底层地基交接处的地基承载力特征值达到 10.55t/m^2，即可满足 750t 履带吊车吊装施工要求，而地质勘探报告显示地基承载力达到 22t/m^2，因此本地基处理措施满足要求。

400t 履带吊、250t 履带吊和 150t 履带吊吊装对地压力均 <750t 履带吊对地压力，因此上述场地硬化处理形式也能够满足吊装要求。

5.2.2　裙座在基础上组焊技术

洗涤塔裙座为锥形裙座，其锥体外形尺寸为 ϕ9000mm/ϕ12940mm×7000mm，壁厚为 36mm，材质为 Q345R 总重为 94t，共设置 88 个螺栓孔。裙座在组焊过程中的产生微小焊接变形，就会导致裙座无法顺利吊装就位。考虑到地脚螺栓与地脚环板的安装精度要求高，采取直接在基础上进行裙座组焊；控制基础环板在同一个水平面上并且保证环板上的 U 型螺栓孔与基础地脚螺栓之间的间隙均匀一致；控制裙座焊接成型后上口最小直径大于理论尺寸，以便于后续下封头与裙座组对过程中调节下封头上口的标高和水平度。

基础环板共计 22 块，环板厚度为 56mm，按照排版图依序在基础上进行组对（图 5.2.2），通过垫铁找平，使组对完成的基础环板在同一个水平面上并且保证环板上的 U 型螺栓孔与基础地脚螺栓之间的间隙均匀一致。考虑到焊缝收缩的影响，基础环板共计 22 个对接缝，根据经验每个对接缝需加放 2mm 收缩余量，周长就需放大 44mm，直径需放大 14mm ，按照放大后的直径组对基础环板，可避免筋板与基础环板边缘错口超标。

基础环板焊接防变形措施。基础环板焊接，先将被壁板压住焊缝部分焊接完成，表面磨平，在22个对接缝的位置打上加固弧板，以防止焊接角变形，其余焊缝待裙座壁板组对完成后，利用壁板质量压住环板，统一对称同时焊接，减小环板的焊接变形。

基础环板、筋板及环形盖板的焊接空间狭窄，被地脚螺栓遮挡，需要将裙座整体提高900mm，使基础环板上表面与地脚螺栓齐平；现场的250t履带吊，单台吊车载荷不足，无法进行吊装；现场利用6台50t的液压爪式千斤顶，将裙座整体抬高900mm（图5-3）；为了防止千斤顶提升速度不同步，裙座旋转或倾斜，给地脚螺栓加上套管，减小地脚螺栓与环形盖板的间隙。

图5-3 裙座在基础上组对焊接图

5.2.3 下锥形封头组装

下封头尺寸为 ϕ9000mm/ϕ742mm×19/21/29/41×4623，材质为Q345R+S31603。共5圈板，第一圈和第二圈板组焊成部件到货，第五圈分16片到货，第四圈分4片到货，第三圈分4片到货，在现场进行组焊；在胎具上采取倒装法进行组对焊接，然后翻转吊装就位。

组对思路先整体、后局部，即先组对整体成形，再进行调整局部焊缝间隙、错边。

在预制钢平台支墩盖板表面划出组对第五圈板的基准圆周线，基准圆周线直径（内径），需要考虑焊缝的收缩余量，在支墩上点焊挡板，封头板内表面是不锈钢，碳钢挡板的接触面要进行防渗碳处理，采取在碳钢挡板与不锈钢接触的一面，用不锈钢焊条焊接一层不锈钢。

封头整体组对完成，安装好工卡具（图5-4），临时加固支撑完成，进行尺寸验收合格后，然后进行焊接，焊工均匀分部，同时焊接成形。

图5-4 下封头组对焊接图

5.2.4 塔筒体组焊

筒体共16圈壁板，第1~8圈壁板采取在预制平台胎具上进行单圈组对成筒节，利用250t履带吊，单节吊装就位，控制组对环焊缝；第9~12圈壁板在预制平台胎具上组对成筒体第一段，第13~16圈壁板，组焊成第二段，利用250t履带吊配合组对成段；将滤清模块安装在第一段筒体内，滤清模块与筒体组焊成整体；利用400t履带吊，采取“单机提升法”将筒节第一段和第二段吊装就位。

在环缝组对时每隔2m放置厚 δ=2~3mm的间隙调整块，以保证对口间隙，同时上、下两圈筒节的四条方位线必须对正。利用龙门板和方销调整错边量，避免局部超标（图5-5）。

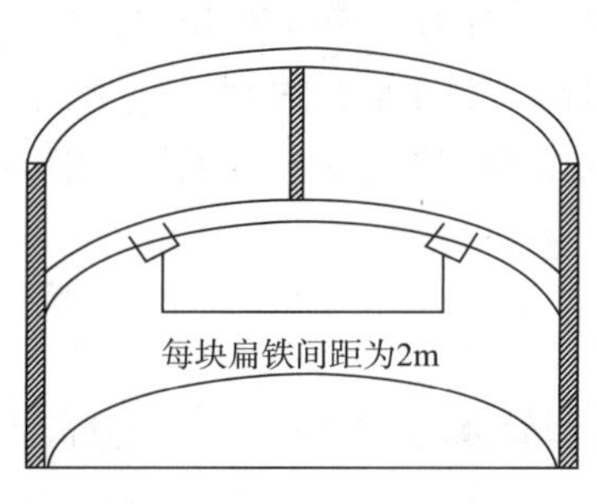

图 5-5　筒节组装图

5.2.5　烟气入口开孔及安装技术

洗涤塔烟气入口，分为直边段和锥段两部分，直边段为直径 ϕ7800mm（内径）的复合板（3mm+36mm）筒体，在塔体直径 ϕ9000mm（内径）的复合板（3mm+36mm）筒体上切割出一个 ϕ7800mm 的大孔，利用 AUTOCAD 画图软件放样划出，其实是通过 AUTOCAD 放样画出孔实形上等分点的坐标，然后用曲线把各个点连起来就得到孔的实形。其内外支撑件的安装按图施工，内支撑件材质特殊，种类多，必须确保焊材的正确使用。烟气入口开孔及直边段安装见图 5-6。

图 5-6　烟气入口开孔和直边段组装图

烟气入口锥段（急冷段），是分片到货材质为 NO8020（ALLOY 20）/ NO6002（ALLOY X），尺寸为 ϕ7800mm/ϕ5870mm × 6 × 7500，在预制平台胎具上，组焊成段，重点控制焊接质量，防止焊接变形。

5.2.6　滤清模块安装

（1）文丘里管安装：滤清模块为洗涤塔的核心内件，并且是进口外国的专利产品，分三部分到货，需要在现场进行组焊。其组焊精度及安装精度要求非常高，验收标准为美标。其形状就是一个锥体里面镶着 42 个文丘里管。严格控制文丘里管管口到喷嘴间的距离和整个管口水平度，喷嘴与文丘里管的同心度。

滤清模块在预制平台上进行倒装组对，点焊完成进行吊装翻转，安装在筒体第一段内，与筒体焊接成整体。滤清模块组装见图 5-7。

图 5-7　滤清模块组装图

（2）喷嘴安装：洗涤塔滤清模块段安装有 F-130 型喷嘴。喷嘴安装，安装位置尺寸、角度控制是关键点。F-130 型喷嘴共有 84 台，安装滤清模块文丘里管的上下两侧，一个文丘里管，上下口分别安装一个 F-130 型喷嘴，共有 42 个文丘里管，严格控制喷嘴口到文丘里管口的距离，喷嘴与管嘴是螺栓连接，管嘴组装，先点焊，检查尺寸合格后，才允许进行焊接。

5.2.7 液滴分离器安装

液滴分离器系统包含有液滴分离器、虾米腰、内套筒体和下沉管。液滴分离器 22 个，专利商供货。

安装液滴分离器前，先与虾米腰组焊成整体，一个液滴分离器组焊一个虾米腰，虾米腰与 ϕ6500mm 筒体组焊，需要在筒体开设 22 个 ϕ780mm 孔，开孔前，先将筒体内部的 22 组筋板安装完成，防止开孔时筒体变形。

液滴分离器安装要保证垂直度，同时要保证液滴分离器上用于安装下沉管法兰的角度，法兰面夹角 80°，液滴分离器与内套体通过两组筋板组焊连接，组焊成一体（图 5-8）。

利用 400t 履带吊，将内套筒体和液滴分离器整体吊装，进行预椭圆封头进行组焊，然后安装在下沉管。液滴分离器系统整体吊装，放在塔体内，利用井字形吊架，将液滴分离器系统悬挂在塔筒体上（图 5-8）。

图 5-8　液滴分离器组装及井字形吊架应用

另一段 ϕ4600mm 筒体安装在上锥形封头内部，通过筋板组焊成一体，筒体与上锥形封头的连接角焊缝，焊接质量十分关键，只能进行单面焊接，要保证焊透，焊脚高度要符合要求。

5.2.8 上锥形封头安装

在预制平台上将分片到货的上锥形封头，采取正装法、组焊成段，控制好锥形封头上下口的尺寸，采用单机提升吊装就位，空中与塔筒体和烟囱组对（图 5-9）。

图 5-9　上锥形封头预制和吊装就位图

5.2.9 烟囱安装

烟囱在工厂组对焊接，分段到货，到货后，采取“双机抬吊法”卸车，将烟囱筒体直立在预制平台上，进行劳动保护和加强圈安装。烟囱筒体分段就位采用“单机提升法”进行吊装就位，吊耳设置筒体外壁上。

烟囱筒体根据现场 750t 履带吊吊装性能，控制分段长度，吊装就位时，控制环焊缝组对间隙，控制好筒体的垂直度。在烟囱筒体高空组对过程中采用内悬外挂施工平台（图 5–10）。

图 5–10 内悬外挂施工平台应用图

内悬外挂施工平台，是在分段筒体高空组焊过程中，筒体内外悬挂临时施工平台，避免在筒体内、外搭设大量超高型脚手架，脚手架设材料倒运困难，搭设超高型脚手架风险大，搭设周期长，不能满足施工进度要求。

设计内悬外挂施工平台，进行可行性和安全风险分析，内悬外挂施工平台施工方法是可行的，是在烟囱内外设置可重复利用的临时施工平台，作业人员从烟囱上口通过直梯达到作业位置；该施工平台是挂在烟囱上口，作业期间不需要连续使用吊车；作业结束后，将施工平台吊装到下一段烟囱内，与烟囱一起进行吊装，在空中进行烟囱分段组焊。既能满足筒体环缝的高空组焊作业，又能进行焊缝的无损检测作业。

5.2.10 塔附件安装

塔附件主要有梯子平台、加强圈、人孔和管嘴。梯子平台、加强圈先预制好，在预制平台上与筒体组焊，与筒体整体吊装就位，减少高空作业（图 5–11）。

图 5–11 塔附件预制安装图

5.2.11 不锈钢表及焊缝酸洗钝化

洗涤塔筒体使用 Q345R+S31603 材料，内表面整体酸洗钝化，洗涤塔在投用后，介质是烟气，含有催化剂，长期处于腐蚀环境，pH 值达到 2.5~3.5，呈强酸性。筒体复合层在制造厂，进行下料滚板过程中，可能对表面有损伤，所以要内表面整体需要酸洗钝化。

复合层总面积达 2500m²，整个酸洗施工过程周期长、工作量大、高空作业多，因受施工环境限制，难以采用打循环的酸洗方法，只能靠手工清洗的方式完成酸洗钝化作业；如果焊接完毕后的洗涤塔 S31603 复合层表面酸洗钝化处理不好，容易出现不锈钢点蚀的情况，容易引起腐蚀泄漏，进而影响设备的安全运行。

项目组织酸洗作业组，为了避免重复处理，在筒体预制成型后，并进行酸洗钝化。组装完成后，进行局部处理。采取从上而下的作业顺序，对整个塔体和烟囱内表面进行酸洗钝化处理；先用不锈钢抛光片对塔体内表面和焊缝有锈蚀的位置进行打磨处理，然后进行酸洗钝化处理；用滚筒或毛刷在内表面涂上酸洗膏，再用洁净水冲洗干净，水的氯离子含量不超过 25mg/L，冲洗的水要回收处理，不能随地排放；酸洗后的表面要进行蓝点检测，检测时，表面变蓝，说明酸洗钝化不合格，需要重新进行酸洗钝化处理，直到合格为止。

5.3 施工人力组织

以中海油惠炼二期 480×10⁴t/a 催化裂化（Ⅱ）装置洗涤塔施工为例，劳动力组织情况见表 5-1。

表 5-1 劳动力组织情况表

序 号	职 务	数量 / 人	备 注
1	管理人员	10	施工、技术及质量管理
2	施工队长	2	施工现场负责人
3	起重工	10	吊装指挥
4	焊工	30	洗涤塔焊接
5	铆工	20	洗涤塔组对与内件安装
6	架子工	15	脚手架搭设
7	酸洗工	10	不锈钢表面酸洗钝化
8	检测工	6	焊缝检验

6 材料与设备

6.1 施工材料（表 6-1）

表 6-1 施工料一览表

序 号	名 称	规格型号	数 量	备 注
1	钢管	ϕ219mm×5mm	60m	防风防雨棚
2	钢管	ϕ108mm×6mm	270m	防风防雨棚
3	钢管	ϕ168mm×6mm	60m	米字型支撑
4	钢管	ϕ114mm×6mm	80m	内悬外挂施工平台
5	H 型钢	HW350×350	70m	预制平台胎具、井字形吊架
6	H 型钢	HM300×200	18m	内悬外挂施工平台
7	槽钢	[14a	80m	内悬外挂施工平台
8	槽钢	[10a	40m	内悬外挂施工平台
9	钢板	δ=20mm	516m²	铺设预制平台

续表

序　号	名　称	规格型号	数　量	备　注
10	钢板	S30408 δ=16mm	10m^2	内件安装加固
11	花纹钢板	δ=5mm	60m^2	内悬外挂施工平台
12	栏杆	LG-1200	36m	内悬外挂施工平台
13	直梯	20m	600kg	内悬外挂施工平台

6.2　施工设备（表 6-2）

表 6-2　施工设备一览表

序　号	机械名称	型　号	数量 / 台	用　途
1	750t 履带吊	LR1750	1	烟囱分段吊装
2	400t 履带吊	QUY400	1	塔筒体分段、液滴分离器系统吊装
3	250t 履带吊	QUY250	1	筒节吊装
4	150t 履带吊	SC1500-2	1	烟囱抬尾
5	30t 板车	—	2	材料倒运
6	爪式千斤顶	50t	6	裙座组装
7	逆变焊机	ZX7-400S	20	焊接
8	逆变焊机	ZX7-500S	10	焊接
9	逆变焊机	ZX7-630S	10	焊接
10	等离子切割机		3	切割
11	洗车泵		2	酸洗膏冲洗
12	空压机		2	气刨
13	经纬仪		2	安装找正
14	水准仪		1	垫铁安装找平

7　质量控制

7.1　执行标准

（1）GB 150—2011 《压力容器》。
（2）GB 50461—2008 《石油化工静设备安装工程施工质量验收规范》。
（3）GB 50798—2012 《石油化工大型设备吊装工程规范》。
（4）GB 50236—2011 《现场设备、工业管道焊接工程施工规范》。
（5）TSG Z6002—2010 《特种设备焊接操作人员考核细则》。
（6）NB/T 47014—2011 《承压设备焊接工艺评定》。
（7）NB/T 47018—2011 《承压设备用焊接材料订货技术条件》。
（8）NB/T 47015—2011 《压力容器焊接规程》。
（9）NB/T 47010—2010 《承压设备用不锈钢和耐热钢锻件》。
（10）NB/T 47008—2010 《承压设备用碳素钢和合金钢锻件》。
（11）SH/T 3524—2009 《石油化工静设备现场组焊技术规程》。
（12）SH/T 3022—2011 《石油化工设备和管道涂料防腐蚀设计规范》。

7.2 质量保障措施

（1）预制平台和占车场地地基处理后，要做实验，保证达到设计要求，才进行相应的施工作业。

（2）基础混凝土达到养护期，试块养护和强度实验，强度达到标准要求后，才进行设备安装。

（3）筒体组装过程中严格控制椭圆度和圆周偏差，筒节空中组装，采用两台经纬仪，互成 90°角，进行筒体垂直观察，多次观察，确保整体安装垂直度。

（4）焊缝及时进行无损检测，了解焊接质量变化情况，确保焊接质量。

（5）制作大型透气防风防雨棚，确保下雨天焊接质量。

（6）不锈钢表面使用陶纤防火毡覆盖保护，防止施工过程中造成不锈钢表面污染。

（7）指派焊工回公司进行镍基合金焊接取证，确保烟气入口镍基合金焊接质量。

（8）指派专人负责不锈钢表面酸洗钝化质量检查，确保不锈钢表面酸洗钝化质量。

7.3 质量控制要点（表 7-1）

表 7-1 洗涤塔施工质量控制要点

检查部位	检查项目	允许偏差	检验时机 / 频次	检验方法 / 工具
筒体组对	A 类焊接接头错边量	≤3 mm	焊后 / 每条焊缝	焊缝检验尺检查
	B 类焊接接头错边量	≤5 mm	焊后 / 每条焊缝	焊缝检验尺检查
	焊接接头棱角度	≤5 mm	焊后 / 每条焊缝	施工样板及塞尺检查
	椭圆度	≤1%D_i 且≤25mm	每圈筒体	钢尺检查
	外圆周长偏差 4200 ≤*DN*<6000	−18~+18mm	每圈筒体	钢尺检查
	外圆周长偏差 7600 ≤*DN*	−24~+24mm	每圈筒体	钢尺检查
封头、椎体与筒体组对	外圆周长偏差 5000 ≤*DN*<6000	−12~+18mm	每条焊缝	钢尺检查
	外圆周长偏差 6000 ≤*DN*<7800	−15~+21mm	每条焊缝	钢尺检查
	外圆周长偏差 7800 ≤*DN*	−18~+24mm	每条焊缝	钢尺检查
F−400 喷嘴	法兰端面与轴线垂直度偏差	≤30mm	每片法兰	角度尺检查
F−130 喷嘴	喷嘴中心线与对应文丘里管中心线不重合度允差	± 1.5mm	每片法兰	钢尺检查
	上喷嘴与对应文丘里管之间距离	583~593mm	每个喷嘴	钢尺检查
	下喷嘴与对应文丘里管之间距离	137~143mm	每个喷嘴	钢尺检查
不锈钢表面处理	酸洗钝化处理后	蓝点检测	抽检	目测

8 安全措施

8.1 执行的法律法规及标准

（1）GB 50484—2008《石油化工建设工程施工安全技术规范》。

（2）JGJ 46—2005《施工现场临时用电安全技术规范》。

8.2 安全保障措施

（1）吊装技术方案按照程序批准后，由吊装责任工程师对所有参加吊装作业的人员进行吊装技术交底，使施工人员熟悉整个吊装过程，掌握关键控制要点，明确岗位职责和安全注意事项。

（2）吊装作业时，设置警戒线，并由专职 HSE 管理人员现场监督，无关人员严禁进入吊装作业现场，吊装作业时，起吊重物及吊车吊臂下严禁站人。

（3）高处作业、动火作业和有限空间作业人员，必须接受专项安全作业培训，作业前必须做好安全条件确认并办理作业票，设置专人监护。

（4）作业的特殊工种，焊工、起重工、架子工及电工必须持证上岗。

（5）现场临时配电线路必须按规范布置，架空线必须与支架绝缘且不得成束架空布置，也不得沿地面明敷。

（6）严禁高空抛物，小件物品要随身携带或使用绳索、工具包，作业过程中切除的材料、余料及工具要有防止高处坠落措施。

（7）高处作业所用的工具和材料均应摆放平稳，临边和孔洞均应采取防护措施，杜绝高空坠物。

（8）洗涤塔施工期是夏季和秋季，而南方雨季时间长，秋季台风多，应做好防雨、防台风措施。

（9）脚手架搭设完成后，经安全管理人员、技术员及施工人员联合检查确认合格后方可使用，高处作业人员必须系安全带并正确使用。

9 环保措施

9.1 执行的法律法规及标准

（1）GB 3838 《地面水环境质量标准》。

（2）GB/T 14848 《地下水质量标准》。

（3）GB 8978 《污水综合排放标准》。

9.2 环境保护措施

（1）对施工现场进行合理规划，做到设备摆放整齐有序、使用便捷、美观大方。

（2）施工剩料统一收集处理，严禁现场乱堆放发，分类回收。

（3）设置专人负责现场水电管理，杜绝长明灯、长流水，节约使用能源。

（4）设置专人负责现场清扫施工现场，保持现场清洁、道路通畅。

（5）现场的电缆、电焊把线、氧气乙炔带等要统一规划，合理布置，不准乱拉乱扯。

（6）施工材料要标识清楚，分类摆放，防护规范。

（7）施工机具设备要摆放整齐，按时检查，标识清楚，防护规范。

（8）对所有施工人员进行环保教育，提高环保意识，严格遵守现场文明施工管理规定。

（9）不锈钢酸洗钝化残留液、冲洗水，回收存放，委托专业商处理，防止对现场污染。

10 效益分析

10.1 经济效益

采用本工法进行洗涤塔施工，通过数据分析，既保证了作业安全，又减小了工作量。以中海石油惠炼二期项目 480×10^4t/a 催化裂化（Ⅱ）装置洗涤塔施工为例，采用本工法后对人工费、机械费、脚手架费用进行成本核算，安装工艺费用节约 23.459739 万元，详见表 10–1。

表 10-1　施工方法对比主要技术指标评价表

序号	名称	传统施工工艺	费　用	新施工工艺	费　用
1	裙座组焊	1. 预制场地处理 2. 铺设预制平台 3. 裙座组焊 4. 裙座吊装就位（使用大吊车） 5. 采用 400t 履带吊将裙座吊装就位（1 个台班）	1. 预制场地处理费用 =196 × 350= 68600 元 2.400t 台班费用 1 × 10000=10000 元 合计 =78600 元	1. 在基础上直接进行裙座组焊（不需要进行场地处理、铺设预制平台） 2. 采用 250t 履带吊 +80t 汽车吊抬吊将裙座吊装就位（0.5 个台班）	1. 预制场地费用 =0 元 2. 250t 台班费用 =0.5 × 7000=3500 元 3. 80t 台班费用 =0.5 × 3500=1750 合计 =5250 元
2	液滴分离系统安装	1. 采用 400t 履带吊将液滴分离系统吊装放入塔内（1 个台班） 2. 在塔壁上焊接吊耳，利用倒链悬挂液滴分离系统（液滴分离系统总重 60 吨，组焊 10 吨级吊耳 8 个吊耳，10 吨倒链 8 台，卸扣，索具重复利用） 3. 吊耳切割打磨（吊耳切割打磨、不锈钢复层堆焊、表面处理） 4. 脚手架费用	1. 吊耳制作用 =472.56 × 8=3780.48 元 2. 倒链采购费用 =3000 × 8=24000 元 3. 吊耳切割、打磨（人工费）=260 × 12=3120 元 4. 复层堆焊（人工费）=260 × 12= 3120 元 5. 表面处理（人工费）=260 × 4= 1040 元 6. 脚手架费用 =3.1415 × 9 × 15 × 40= 16964.1 元 7.400t 台班费用 =1 × 10000=10000 元 合计：62024.58 元	1. 应用井字形吊架（不需要使用吊耳和倒链）（制作井字形吊架，用 HW350 × 350 型钢 40m，中 5351.6kg） 2. 采用 400t 履带吊将液滴分离系统吊装放入塔内（0.5 个台班）	1. 井字形吊架制作费　用 =7200 × 5351.6/ 1000=38531.52 元 2. 400t 台班费用 =0.5 × 10000=5000 元 合计：43531.52 元
3	烟囱筒体空中组焊	烟囱内外搭设脚手架（需要在 ϕ4600mm 的筒体内搭高 63m 设满堂红脚手架）	1. 烟囱内部脚手架费用 =3.1415 × 4.6 × 63 × 75= 68280.5025 元 2. 烟囱外部脚手架费用 =3.1415 ×（4.6+2.6）× 63 × 75= 106873.83 元 合计：175154.33 元	采用内悬外挂施工平台（施工平台重 4500kg）	施工平台制作费用 =7200 × 4500/1000= 32400 元 合计 =32400 元

10.2　社会效益

在中海石油二期 480 × 10^4t/a 重油催化裂化（Ⅱ）装置洗涤塔施工过程中，采取预制过程中开始对不锈钢表面酸洗处理，少用酸洗膏 30%，减少利用清洗的水，减少酸洗水的处理，节约水资源，减少对环境污染。

11　应用实例

应用实例一：

中海油炼化有限责任公司惠州二期 480 × 10^4t/a 重油催化裂化（Ⅱ）装置为新建项目。洗涤塔 / 烟囱（位号：123–C–701）简称洗涤塔，安装工程开工日期 2016 年 3 月 1 日，竣工日期 2017 年 12 月 30 日。洗涤塔安装标高 300mm，顶标高 120000mm，金属质量 906295kg；节约施工成本约 24 万元；该洗涤塔应用运行良好。

应用实例二：

中国石油广西石化分公司 350 × 10^4t/a 催化裂化装置烟气净化项目。洗涤塔（设备位号：150–C–701），安装工程开工日期 2015 年 06 月 25 日，竣工日期 2015 年 9 月 30 日。设备为框架支撑结构，顶部标高 60000mm，洗涤塔金属质量 280t；节约施工成本约 20 万元；该洗涤塔应用运行良好。

威金斯干式气柜同步提升施工工法

中国石油天然气第一建设有限公司

薛防震　梁　卓　周旭东　梁　晓　孙思谦

1　前言

随着国家对环境保护的重视程度日益提高，特别是近几年，对石油化工行业废气排放可能造成环境污染的高度重视。尾气处理装置是实现石化厂废气零排放，节能降耗，提高社会效益和经济效益的重要装置，其核心设备——气柜主要用于回收多余的放火炬瓦斯，在石化厂的瓦斯平衡中发挥着重要作用。

气柜具有零部件多、结构复杂、安装精度高等特点。中国石油天然气第一建设有限公司在多年工程实践的基础上，对传统气柜施工中的机械设备选用、零部件制造以及主体安装等施工技术进行分析与总结，通过技术革新与工程实践，最终编制形成了威金斯干式气柜同步提升施工工法。

云南石化公司新建 $2\times10^4m^3$ 干式气柜采用该工法，历时 146 天实现工程中交。与传统的“正装法”相比，极大减少了脚手架的搭设。其可拆卸式的作业平台，针对多层环形平台式气柜结构避免了采用正式平台作为施工平台的多次拆解，施工更加简单、连续、高效，具有较好的指导和借鉴作用。该施工核心技术《一种储罐施工搭接板限位器》（专利号：201320796062.9）、《一种储罐加强筋机械加工成型装置》（专利号：201620125484.7）获得了国家实用新型专利。《提高威金斯干式气柜施工效率》荣获 2018 年石油工程建设优秀 QC 成果二等奖。

2　工法特点

1. 施工工期短

（1）加强筋制造技术采用机械加工成型，可批量预制，加工速度快、施工效率高。

（2）可拆卸式作业平台同步提升技术避免了大量的脚手架搭设作业，直接减少了工程量。对于多层环形平台式气柜结构，在壁板安装过程中通过对可拆卸式平台局部拆解，实现了平台支架以及附属构件的一次性安装，避免后期安装二次搭设脚手架，加快了工程的施工进度。

（3）气柜底板与活塞底板施工采用搭接板限位器，具有操作简便、可操作性好等特点，提高了铺板的施工效率。

2. 施工质量高

（1）加强筋制造技术采用机械加工成型，具有加工弧度可控、加工精度高、加工质量好等特点。

（2）气柜底板与活塞底板施工采用搭接板限位器，具有可操作性好、施工尺寸控制精确、底板铺设布置对称性好，施工质量高等特点。

3. 施工风险低

（1）可拆卸式作业平台同步提升技术避免了大量的脚手架搭设作业，从而减少了高空作业量，降低了施工的安全风险。

（2）加强筋制造技术避免了二次动火作业以及打磨作业，减少了安全隐患。

4. 施工成本低

（1）可拆卸式作业平台同步提升技术避免了大量的脚手架搭设作业，降低了措施费。

（2）引进建筑业塔式起重机进行吊装作业，提高了机械使用效率，降低了机械使用费。

3 适用范围

适用于威金斯干式气柜的施工。

4 工艺原理

气柜总体施工采用“正装法”进行施工。先施工气柜顶，再进行立柱安装和壁板安装。利用气柜周边原设计的立柱为支撑，采用一种提升工装将气柜顶进行整体提升。以气柜顶为基准平台，沿壁板外侧设置悬挑可拆卸式作业平台，通过提升气柜顶从而实现施工作业平台同步提升，保证了气柜壁板施工的需要。待壁板施工完毕后，再进行内构件及密封装置的施工。

（1）可拆卸式作业平台同步提升技术：设计了一种气柜顶提升工装（图 4–1）能够依附于气柜立柱，将气柜顶进行整体提升，从而保证气柜壁板的施工。

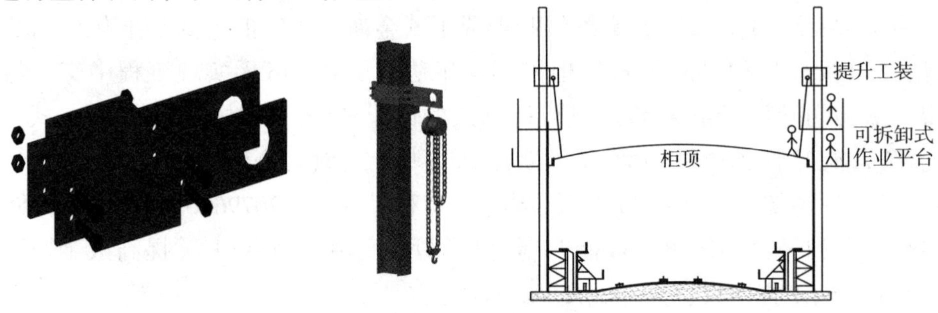

图 4–1 提升工装示意图

首先对立柱进行受力核算（承重应考虑气柜顶质量、作业平台质量以及作业人员产生的动、静荷载），确定工装的几何尺寸。安装时，采用高强螺栓将工装安装在每根气柜立柱上，悬挂提升倒链，利用倒链将气柜顶与周边立柱连接。以气柜顶为基准平台，沿壁板外侧搭设悬挑可拆卸式作业平台。

施工时，根据要求统一进行指挥，步调一致同步提升倒链，将气柜顶进行整体提升，从而带动外部施工作业平台整体提升。根据壁板以及气柜附件安装要求，调整施工作业平台确保壁板、外部平台以及附件安装作业空间（图 4–2）。采用此施工工艺避免了传统施工工艺中外部脚手架的整体搭设。

图 4–2 拆卸式作业平台提升结构

（2）加强筋制造技术：加强筋制造采用机械加工成型，利用限位槽钢与导向轮将扁钢固定，通过调整滚板机上辊高度对扁钢反复碾压即可煨制出所需弧度的加强筋（图4–3）。从加工过程可以看出，制造一根加强筋的时间只需要几分钟，也放置可多套工装同时进行批量预制。该工装避免了传统方法中的焊接和打磨等工序，减少对母材的损伤，施工质量好，效率显著提高。

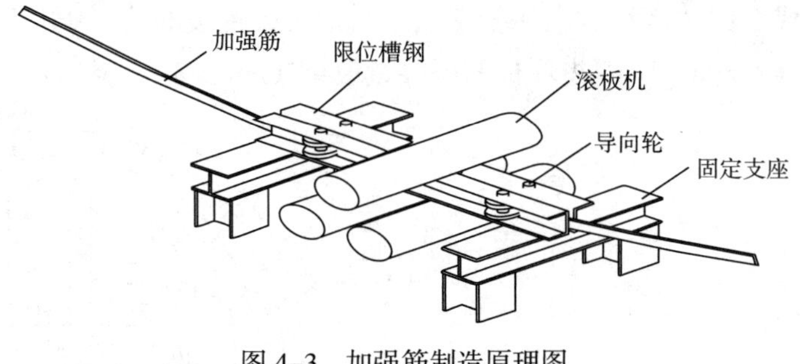

图 4–3　加强筋制造原理图

5　施工工艺流程及操作要点

5.1　干式气柜施工工艺流程（图 5-1）

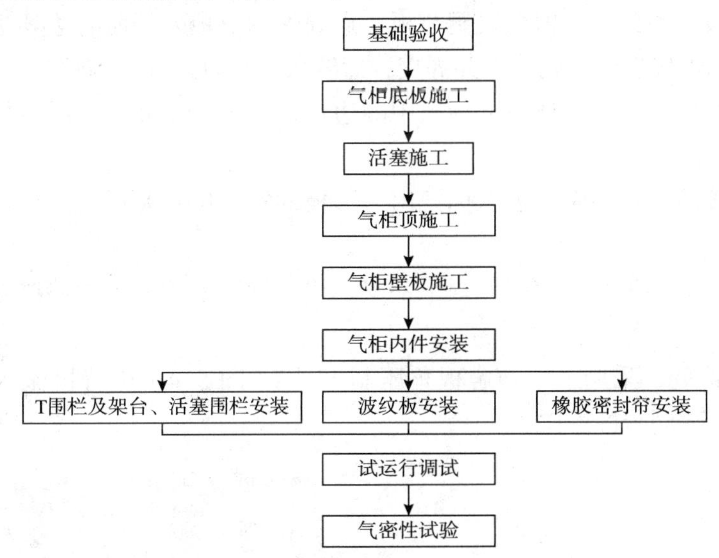

图 5–1　干式气柜施工工艺流程图

5.2　施工操作要点

1. 基础验收

（1）基础环梁的验收，测量立柱位置及柱间中心位置，任意两点不超过 ±10mm 为合格。相邻两点不超过 ±5mm 为合格。

（2）中间部位验收，沿半径 3m 间距作同心圆，各圆上约每 3m 测量一个点，任意两点不超过 ±5mm 为合格。

（3）预留孔中心位置偏差不超过 ±5mm 为合格。

（4）确定基础沉降观测点。

2. 气柜底板施工

（1）柜底板预制：根据绘制的排版图进行底板预制；底板安装前下表面应防腐处理，底板上表面除焊接区外也应除锈并涂刷底漆；最外圈边环板防腐时，应先将垫板与最外圈边环板焊接然后再进行防腐。

（2）柜底板铺设：标注底板安装基准线，中幅板以十字基准板为中轴带，以十字中心线为界线分成个四个区域，采用搭接法进行铺设，铺设时应遵循以下顺序（图5-2）。中幅板、弓形板的搭接量应≥25mm，中圈边环板的搭接量应≥30mm。

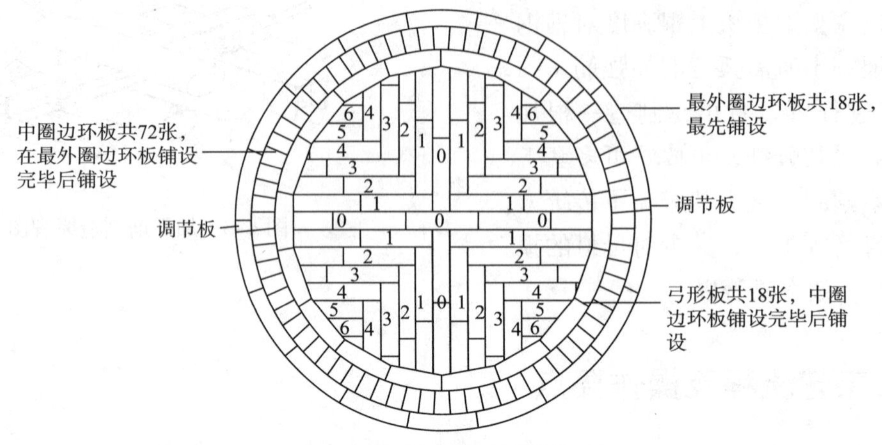

图5-2 气柜底板铺设顺序图

①先铺设外圈边环板，铺设时应留两块调节板。点焊除调节板外的所有边环板，然后焊工均布焊接外圈边环板的短焊缝，焊好后修正调节板并焊接，短缝采用分段退焊法施焊。

②当外圈边环板焊好后，在外圈环板上标出中圈边环板安装位置并设置限位挡板，然后以同样的方式铺设焊接中圈边环板。

③当中圈边环板焊接后，在中圈环板上标记出弓形板的安装位置并设置限位挡板，然后以同样的方式铺设焊接弓形板。

④铺设中心定位板，中心板铺设前应弹画十字安装线，然后采用《一种储罐施工搭接板限位器》（图5-3）铺设中幅板。

⑤柜底板三层板搭接处，采用《一种罐板角压制工具》（图5-4）进行机械压制成型，压制过程中，两侧千斤顶要协调一致同步进行作业。

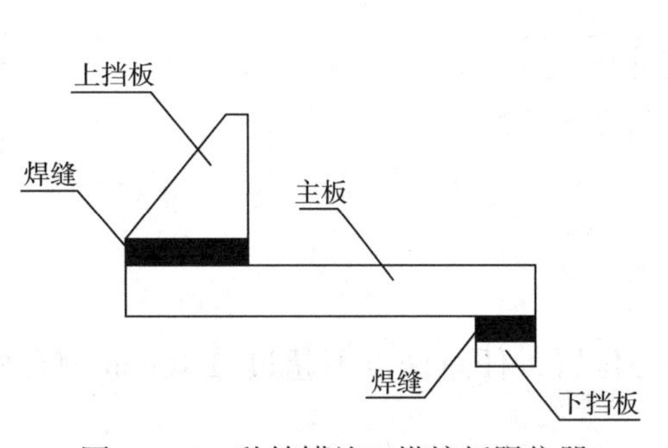

图5-3 一种储罐施工搭接板限位器

图5-4 一种罐板角压制工具

（3）柜底板焊接：气柜底板焊接时，遵循先外部后内部，先短缝后长缝的原则交替焊接（图5-5）。焊接工艺采用分段对称施焊的方法，将四个区域分别焊完以后，最终焊接成整体。

（4）柜底板验收：检测底板平整度，不应有明显的凸起或凹陷；底板平整度检查合格后应对底板所有焊缝做100%抽真空试验（图5-6），真空度为200mmHg，无渗漏为合格，如有渗漏处应及时修补并重做抽真空试验；活塞支撑垫板定位焊接时，气柜底板中心处的垫板暂不焊接，待柜顶吊装完毕后再焊接；气柜底板真空试验合格后，对气柜底板上所有的焊道除锈补漆处理，并完成气柜底板上表面防腐工作。

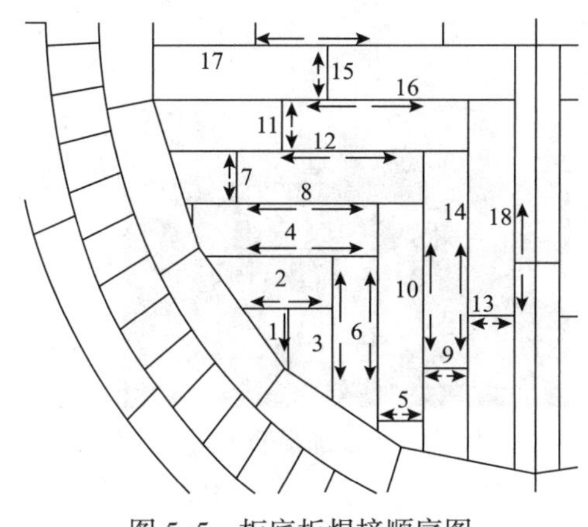

图 5–5 柜底板焊接顺序图

图 5–6 柜底板抽真空试验

5.2.1 活塞施工

1. 活塞底板施工

活塞底板排版、制作、定位安装及检查方法同气柜底板施工。

（1）在气柜底板上标记活塞底板安装定位线。

（2）活塞板内圈环板铺设前应在气柜底板上画出边界线，并在边界线外侧每隔 1m 弧长设置一块限位挡板。

（3）活塞板外圈边环板与活塞中幅板之间的收缩缝暂时不施焊，在活塞砼坝浇筑完毕后再组对焊接。

（4）活塞板安装后需测定活塞支柱的安装中心，并做好标记。

2. 活塞砼坝施工

（1）以基柱为基准，确定活塞挡板及砼坝框板的安装位置，用经纬仪确定活塞挡板支柱和砼坝内补强构件的位置。

（2）活塞砼坝框架组装与焊接（图 5–7）。

（3）活塞砼坝框架组装焊接后，按图纸要求进行配筋。配筋应注意钢筋的接头不要出现在同一断面上，钢筋接缝的搭接量要符合 JGJ 107—2010《钢筋机械连接技术规程》要求。

（4）根据基柱安装位置，在活塞板外环板上标记密封槽钢安装位置。将密封槽钢组对就位，检查对接焊缝处的间隙。先焊密封槽钢对接缝，然后由多名焊工均布同向施焊槽钢与活塞底板的环缝。

（5）砼坝浇注时，砼要用振动棒充分捣实，不能有空隙，流到活塞和其他地方的砼要迅速除去。

图 5–7 活塞砼坝框架组装与焊接

5.2.2 气柜顶施工

1. 柜顶梁施工

（1）制作柜顶临时中心伞架（图 5–8），先将中心圈放在临时支架上，顶圈中心应对准底板中心，临时支架采用∠63×10mm 角钢制作。临时支架安装后，应及时找正，确认无误后将临时支柱与底板焊接。柜内组装临时支架时，拱顶高度要比设计值高 80mm。

（2）顶梁由主梁、横梁和连接支撑等组成，主梁按设计图纸加工成弧形，在平台板上用模具压制。采用弦长为 2m 的样板检测，对弦高和弦长校核，不得发生扭曲现象。柜顶加强筋采用《一种储罐加强筋机械加工成型装置》（图 5–9）批量进行预制。

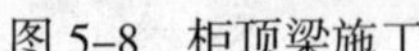

图 5-8　柜顶梁施工

图 5-9　柜顶加强筋预制

2. 柜顶板组装焊接

将柜顶板依次与柜顶梁组对点焊，全部组对完毕后，焊工均布焊接顶板外侧与顶梁的焊缝，然后焊接顶板内侧与顶梁的仰角焊缝。

5.2.3　气柜壁板施工

1. 气柜立柱安装

（1）采用经纬仪测量通过调整垫铁保证立柱垂直度，然后安装抗风平台梁，将柜立柱连接成一个整体，所有基柱安装好后，重新检查所有基柱的安装质量，确认无误后对柱脚二次灌浆。

（2）立柱下料时，每根立柱长度预留 1m，以便于安装柜顶提升工装。

2. 气柜壁板安装

（1）按照排版图，采用塔吊将第一圈壁板按顺序吊装就位，最后预留一张调节板，采用 2m 长的弧度样板测量，壁板局部凸凹度不应超过 35mm/2000mm。壁板安装完后调整椭圆度，合格后点焊立缝。

（2）第一圈每块壁板设置 3 个调节支撑（图 5-10）。

（3）安装柜顶提升工装，采用高强螺栓将其安装在立柱连接板上，安装完毕后悬挂倒链，整体提升气柜顶高出第 1 圈壁板 500mm，搭设外部施工作业平台（图 5-11）。

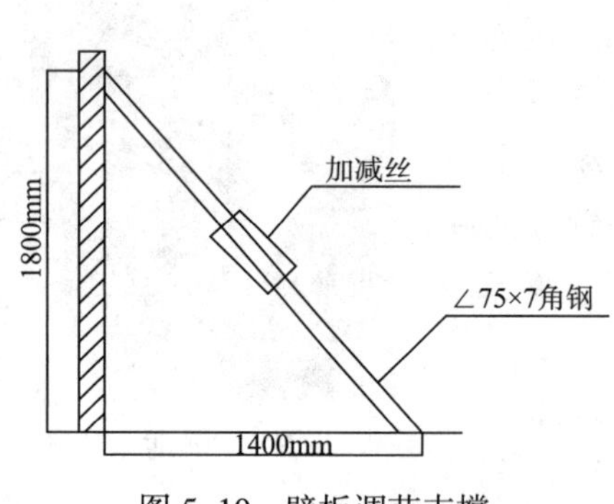

图 5-10　壁板调节支撑

图 5-11　提升气柜顶

（4）利用倒链提升气柜顶，将作业平台提升至第 2 圈壁板作业面。

（5）在下层壁板内侧点焊限位挡板，保证搭接间隙一致，壁板搭接距离不得低于设计要求。

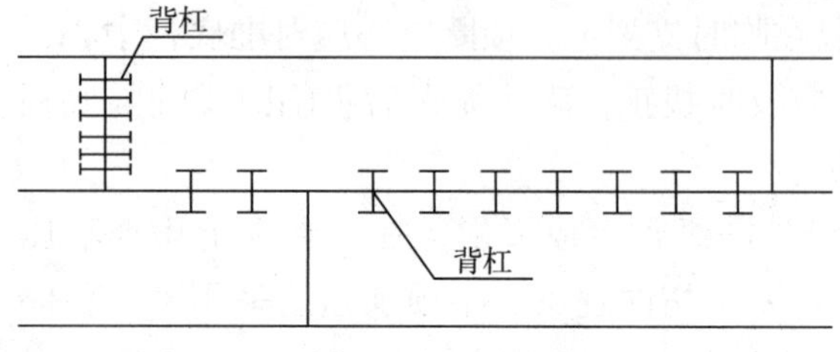

图 5-12　壁板环缝及纵缝加固示意图

（6）按照排版图，将第 2 圈壁板安装就位，装配方法与第一圈壁板相同。

（7）壁板防变形措施：纵缝防变形措施：焊接前，在每条焊缝内侧分别焊上三块弧形抗变形板，在每道纵缝内侧加背杠（图 5-12）。为补偿焊接过程中产生的收缩变形，纵缝外侧预留 3 mm 收缩量。

环缝防变形措施：安装时，在环缝内侧加背杠，为补偿焊接过程中产生的收缩变形，安装时将壁板垂直度向外倾斜 3mm，作为补偿焊接过程中产生的收缩变形。

（8）壁板焊接：气柜壁板第 1 圈壁板与第 19 圈壁板厚度为 6mm，其余壁板均为 4.5mm，纵缝为对接焊缝，环缝为搭接焊缝。焊工要均匀布置，每名焊工同位置、同方向、同焊接工艺、同时焊接，焊接过程中严格按照焊接工艺卡参数执行，控制线能量。

纵缝焊接时，先焊壁板内侧焊缝，再进行外部清根与焊接。

环缝焊接时，焊接过程中可采用捶击法消除焊接过程中产生的应力，再次施焊前应安装防变形背杠后再焊接。

5.2.4 气柜内件安装

（1）T围栏和围栏台架是安装密封装置的重要前提，它的垂直度直接影响到密封胶皮能否正常起落。

①先安装 T 围栏台架，将台架在平台上组装成“门”字形结构，标出各连接处部件名称，并与施工图纸认真核对。“门”字形结构预制合格后将其抬入柜内，利用临时吊臂吊装就位后，再安装台架间的联系梁。

②活塞围栏安装，将预制完毕的活塞围栏分片安装在活塞底板上，用弧形角钢连接。

③在围栏台架安装完毕后，在台架平台上铺上 T 围栏底板，再安装密封槽钢和密封角钢，最后将预制成片的T围栏吊装就位与T围栏底板焊接，采用已经预制成弧度的角钢将T围栏连接成一个整体，再安装上下橡胶挡轮。

（2）波纹板由工厂预制，在安装前活塞挡板和 T 挡板的防腐应结束。

①波纹板吊装用专用吊杆吊装。

②起吊时，通过吊索的长度调整波纹板的角度，使波纹板穿越壁板与T挡板、T挡板与活塞间隙。

③安装最上部的金属连接件到挡板角钢的同时用螺栓紧固波纹板。

④ T 挡板的上部和下部波纹板连接，在确认安装位置后拧紧螺栓。

⑤在各波纹板的间隔调整后，安装防松动紧固件。

（3）橡胶密封帘安装：

①波纹板安装工作已完成，安装电动葫芦。电动葫芦应均匀布置，布置应考虑吊装钢丝绳与顶梁错开。

②将吊装钢丝绳降到活塞中央，每个电动葫芦配一副专用夹具。

③将密封帘逐渐展开并顺次安装吊装专用夹具，直到密封帘全部夹具装好。

④启动电动葫芦，起吊前要确保电动葫芦同步提升，严禁单侧、单机起吊。

⑤在起吊过程中要注意操作，防止密封帘与柜内构件接触而破损，起吊过程中要随时保持各吊点的平衡。

⑥当起吊高度超过 T 挡板或活塞挡板高度后，再慢慢降下密封帘，下降速度必须均匀，同时不断地修正并保持各吊点平衡。

⑦当密封帘全部达到指定高度后，然后在安装面上涂抹密封胶，先组装吊装夹具之间的密封帘。

⑧当吊装夹具之间的密封帘安装好后，拆除吊装夹具，然后在安装面上涂密封胶，将上部密封口安装结束。

⑨整圈密封帘组装紧固后，应再次仔细检查全部螺栓，防止漏拧。

⑩在密封帘安装作业全部完成时，进行目视检查，要确认密封膜无折皱现象（图 5–13）。

图 5–13 橡胶密封帘安装图

5.2.5 试运行调试

（1）试运行调试准备：

①气柜制作安装工作已结束，电气仪表安装结束并初步调试；

②将鼓风机与进气管临时相连；

③人员分工及技术交底已到位；

④试运行调试的其他工具、器材准备就位（包括柜内外通信器材）。

（2）试运行调试检测和调整项目：

①柜内压力波动；

②活塞水平度；

③密封件的间隙及密封橡胶帘固定处气密性；

④焊缝及法兰密封面密封性；

⑤调平装置的驱动状况；

⑥活塞升降速度；

⑦活塞挡板及 T 挡板升降情况；

⑧自动放散管的功能。

（3）试运行调试：开启鼓风机及进气阀门将空气送入气室，活塞随气室储气量的增加而上升。达到要求后，打开放气阀，活塞随气室内储气量的减少而下降。在不断地升降中对试运行调试检测和调整项目中所列的事项进行检测，直到完全合格为止。

5.2.6 气密性试验

（1）气密性试验准备：

①检查所有法兰、人孔、阀门是否有漏气现象。

②一切正常后，在储气柜壁板内侧画出位置标记，作为位置变化的基准点。

③在活塞人孔上安装压力表和温度计进行测量。

（2）试验方法：

用鼓风机送入空气，将 T 围栏升起至气柜容积的 90% 处，然后停鼓风机，关闭进气阀门。一切正常后，在储气柜活塞倾斜测量装置附近壁板内侧上，画出活塞位置标记，作为测量位置变化的基准点。将活塞静止 7 昼夜，每天早晨在日出前定时测量一次。根据规范要求算出泄漏量，以 7 昼夜累计泄漏量≤2%的测试容积为合格。整体气密性试验结束后，所有机具应撤出现场，现场做最后的清理。

5.3 劳动力组织

以中国石油云南石化公司 $2\times10^4m^3$ 气柜施工为例，劳动力组织情况如表 5-1 所示。

表 5-1 劳动力组织情况表

序 号	职 务	数量 / 人	备 注
1	项目经理	1	总体负责
2	项目副经理	1	技术管理与施工管理
3	施工员	1	现场施工协调
4	物资计划员	1	物资管理
5	安全员	1	现场安全监督检查
6	质检员	1	现场施工质量监督检查
7	技术员	1	现场技术跟踪与监督

续表

序　号	职　务	数量 / 人	备　注
3	测量员	1	工程测量
8	施工队长	1	施工现场负责人
9	起重工	3	吊装指挥、手动葫芦操作
10	焊工	20	气柜焊接
11	铆工	5	气柜组对与内件安装
12	架子工	5	脚手架搭设
13	检测工	2	焊缝检验

6　材料与设备

6.1　施工材料（表 6-1）

表 6-1　施工材料一览表

序　号	名　称	规格型号	单　位	数　量	用　途
1	钢 管	L63 × 10mm	m	200	气柜顶支撑
2	槽钢	[14a	m	600	气柜板胎架
3	槽钢	[18a	m	200	制作背杠
4	型钢	HW200 × 200	m	200	制作临时平台
5	道 木	—	根	200	支垫吊车
6	钢板	δ=20mm	m^2	400	预制场平台制作
7	钢板	δ=30mm	m^2	3	制作提升工装
8	钢板	δ=16mm	m^2	12	制作吊耳、连接板
9	高强螺栓	8.8 级	套	60	制作提升工装
10	阻燃篷布	—	m^2	200	防风棚

6.2　施工设备（表 6-2）

表 6-2　施工设备一览表

序　号	机械名称	型　号	单　位	数　量	用　途
1	塔式起重机	TC5013	台	1	气柜壁板及内件吊装
2	50t 履带吊	三一重工	台	1	材料倒运
3	20t 板车	徐工	台	1	材料运输
4	10t 板车	—	台	2	材料运输
5	客货	—	台	1	材料运输
6	螺旋千斤顶	10t	台	4	壁板组对
7	螺旋千斤顶	5t	台	8	壁板组对
8	手动葫芦	10t	台	30	柜顶提升吊装
9	电动葫芦	5t	台	20	密封帘吊装
10	液压扳手	M20—M36	台	1	螺栓紧固
11	卸扣	5t	个	10	吊索具
12	卸扣	3t	个	20	吊索具

续表

序　号	机械名称	型　号	单　位	数　量	用　途
13	台钻	—	台	4	钻孔
14	磁力钻	—	台	4	钻孔
15	撬棍	ϕ18mm 螺纹钢	把	10	气柜施工用
16	电焊机	ZX7-400S	台	20	气柜焊接
17	电焊机	AX-500	台	5	气柜碳弧气刨
18	烘干箱	Y2H2-100	台	2	气柜焊接
19	无齿锯	C-400	台	2	材料切割
20	角向磨光机	ϕ100mm	台	20	焊缝打磨
21	角向磨光机	ϕ150mm	台	10	焊缝打磨
22	半自动切割机	手动	台	5	材料切割
23	仿型切割机		台	1	制孔
24	剪板机	—	台	1	材料切割
25	室外照明灯具	—	套	20	夜间施工照明

7 质量控制

7.1 执行标准

（1）GB150.1～4-2011 《压力容器》。

（2）GB 50205—2001 《钢结构工程施工质量验收规范》。

（3）GB 50755—2012 《钢结构工程施工规范》。

（4）CEC S267—2009 《橡胶膜密封储气柜工程施工质量验收规程》。

（5）SH/T 3507—2011 《石油化工钢结构工程施工质量验收规范》。

（6）SH/T 3510—2011 《石油化工设备混凝土基础工程施工质量验收规范》。

（7）HG/T 4074—2008 《贮气柜用橡胶密封膜》。

（8）NB/T 47014—2011 《承压设备焊接工艺评定》。

（9）NB/T 47015—2011 《压力容器焊接规程》。

（10）JGJ 107—2016 《钢筋机械连接技术规程》。

7.2 关键工序质量要求及技术措施

（1）绘制柜底板排版图时，应考虑焊接收缩余量，中幅板半径收缩余量 +20mm，边环板半径收缩余量 +10mm。

（2）在柜底中心架设经纬仪，并在附近架设水准仪，对基柱定位测量，圆周方向为 ±5mm、柜壁内倾斜不得超过 7mm，柜壁外倾斜不得超过 3mm，立柱与立柱之间的间距不应超过 ±10mm。

（3）T 形围栏检测要应保证各立柱中心线与横梁中心轴线在同一水平面内且相互垂直，确认无误后方可组对。

（4）T 形围栏全部组装结束后，测定密封直径和各支柱的垂直度，径向方向的偏差应为 0～5mm，垂直度不应超过 ±3mm。

（5）T 形围栏安装后，内外同时焊接，焊完后密封帘的接触面应打磨光滑。

（6）安装密封橡胶帘的型钢焊缝应做煤油渗漏试验。

（7）安装密封橡胶帘前，对活塞面仔细进行清扫，防止安装过程中损伤密封帘。

（8）密封橡胶帘安装完毕后，在T挡板上和活塞挡板上禁止放置物件，防止物件落到密封间隙中损伤密封橡胶帘。

（9）在施工过程中，每一个重大构件部分安装前都应先对基础做沉降观测。

7.3 质量控制要点（表7-1）

表7-1 气柜施工质量控制要点（CECS267—2009）

编号	位 置	检测项目	允许偏差
1	基础高度	基础环梁以内顶部混凝土、沥青完成面相邻基准点标高差（沿径向及圆周每隔3m设基准点）	≤10mm
		基础环梁顶部（基柱位置处）完成面标高	-10～0mm
		基础坐标中心偏差	≤20mm
2	底板	搭接尺寸	≥s（s为设计搭接值）
		真空度检查	真空箱抽真空度：200mmHg，无气泡，全数检查
3	活塞板	焊接接头外观检查	目测无表面缺陷
		真空度检查	真空箱抽真空度：200mmHg，无气泡，全数检查
4	基柱	基柱标高	±3mm
		相邻柱标高差	2mm
		垂直度	H/1250mm（H为立柱长度）
5	后续柱	相对柱间距	-10mm，+30mm
		相邻柱间距	±5mm
		总体高度	±15mm
6	壁板	壁板局部凹凸	35/2000mm
		焊接接头煤油浸透检测	100% 无泄漏
7	柜顶外周环板	水平度	±5mm
		垂直度	+4mm
		立柱到外周环板的距离	-20～80mm
8	柜顶主梁	主梁轴向偏差	±20mm
		主梁圆顶部高度	-20～80mm
9	活塞围栏	活塞立柱垂直度	圆周方向10mm（左或右）
		活塞围栏组装后的高度	半径方向 ±15mm
		密封安装用槽钢焊接处煤油浸油检测	100% 无泄漏
		充气时，密封安装槽钢焊接处的肥皂水的检测	100% 无泄漏
		围栏顶部外围角钢与T围栏下端内侧型钢间的尺寸	±45mm
10	T围栏	垂直度	半径方向 -25～20mm
		水平度	±20mm
		密封安装用槽钢焊接处煤油浸油检测	100% 无泄漏
		充气时，密封安装槽钢焊接处肥皂水的检查	100% 无泄漏
		壁板与T围栏顶端外缘间的尺寸	±45mm
11	密封装置	充气时密封安装处肥皂水检查	无泄漏
12	活塞及T围栏的升降	倾斜	≤±30mm
		柜内气体压力	约3000Pa
		密封间距偏差	外密封间距 ±120mm 内密封间距 ±145mm

8 安全措施

8.1 执行的法律法规及标准

（1）2019 年版 《中华人民共和国安全生产法》。
（2）JGJ 46—2005 《建筑现场临时用电安全技术规范》。
（3）2017 年 A 版 《健康安全环境管理手册》中国石油天然气第一建设公司。

8.2 安全保障措施

（1）吊装技术方案按照程序批准后，由吊装责任工程师对所有参加吊装作业的人员进行吊装技术交底，使施工人员熟悉整个吊装过程，掌握关键控制要点，明确岗位职责和安全注意事项。

（2）现场临时配电线路按规范布置，架空线必须与支架绝缘且不得成束架空布置，也不得沿地面明敷。

（3）严禁高空抛物，小件物品要随身携带或使用绳索，作业过程中切除的材料、余料要有防止高处坠落措施。

（4）气柜橡胶密封帘安装作业时，钢结构均应施工完毕，清理柜内杂物，将橡胶密封帘运入柜内，开箱前确保内部无动火作业。

（5）气柜内件安装工作量较大，安装前要设置安全充足的照明。

（6）高处作业、动火作业和有限空间作业，必须做好安全条件确认并办理作业票，设置专人监护。

（7）脚手架搭设完成后，经安全管理人员检查确认后方可使用，高处作业人员必须系安全带并正确使用。

（8）调试运行及气密作业时，设置警戒区，无关人员不得进入。对通讯联络装备进行检查，保证通讯畅通。

9 环保措施

9.1 执行的法律法规及标准

（1）2018 年版 《中华人民共和国环境保护法》。
（2）2019 年版 《中华人民共和国环境影响评价法》。
（3）2019 年版 《中华人民共和国环境噪声污染防治法》。
（4）2016 年版 《中华人民共和国固体废物污染环境防治法》。
（5）2017 年修正版 《建设项目环境保护管理条例》。
（6）中油质安字［2006］《中国石油天然气集团公司环境保护管理规定》。
（7）2017 年 A 版 《健康安全环境管理手册》中国石油天然气第一建设公司。

9.2 环境保护措施

（1）现场施工用油漆等危险化学品应定点存放，施工完毕及时清理至指定地点。
（2）施工产生的其他工业废料统一收集处理，严禁现场焚烧任何废弃物，防止产生有毒有害物。
（3）设置专人负责现场水电管理，杜绝长明灯、长流水，节约使用能源。
（4）现场的电缆、导线、电焊把线等要统一规划，合理布置，不准乱拉乱扯。

（5）施工现场暂时不用的材料要标识清楚，分类摆放，防护规范。
（6）对所有施工人员进行环保教育，严格遵守业主现场文明施工管理规定。
（7）设置专人定期洒水，保证施工现场无粉尘。
（8）设置专人随时清扫施工现场，保证场地清洁和道路畅通。
（9）对现场施工机具及车辆定期检查，防止跑冒滴漏现象发生。

10 效益分析

10.1 经济效益

采用本工法进行气柜施工，保证了施工作业安全，减小了工作量。通过采用可拆卸式作业平台同步提升技术、加强筋制作技术，有效地缩短了施工周期，提高了劳动效率，经济效益显著。以云南石化项目 $2\times10^4m^3$ 气柜安装工程为例，采用本工法后与传统施工方法相比主要技术指标评价见表10–1，对人工费、材料费、机械费、管理费进行成本核算，相对于传统的安装工艺节约费用351.33万元 –227.1万元 =124.23万元，详见表10–2。

表 10-1 与传统的施工方法对比主要技术指标评价表

施工方法	传统施工工艺	新施工工艺
施工工期	气柜底板施工需 21d；活塞施工需 18d，气柜顶施工 16d，气柜壁板及立柱施工 68d，T 围栏及 T 围栏架台安装 31d，密封装置安装 12d，调平装置安装 5d，试运行调试 10d 合计工期：21+18+16+68+31+12+5+10=181（d）	通过技术研发，加快了气柜铺板和压角的速度，气柜底板施工 17d 完成；加快柜顶加强筋的预制安装，气柜顶施工 13d 完成；加快了底板施工，活塞施工 15d 完成；改进施工工艺，选用塔式起重机，采用同步提升法，气柜壁板及立柱施工 47d 完成；T 围栏及 T 围栏架台安装 32d 完成；采用电动葫芦整体提升，密封装置安装 10d 完成；调平装置安装 4d 完成；试运行调试，一次成功 8d 完成 合计工期：17+13+15+47+32+10+4+8=146（d）
发生费用	351.33 万元	227.1 万元
环保效果	履带式起重机，采用柴油驱动，有尾气排放	塔式起重机采用电能驱动，无污染
节能效果	施工周期长，施工采用机械设备、起重设备造成的电能以及机械使用能源消耗大	施工周期短，施工采用机械设备、起重设备造成的电能以及机械使用能源消耗相对较小
经济效益	人工费 243.69 万元，材料费 25.3 万元，机械使用费 56.32 万元，管理费 26.02 万元	人工费 188.34 万元，材料费 13.44 万元，机械使用费 8.5 万元，管理费 16.82 万元
社会效益	企业具有气柜制造能力，能够承揽类似工程建设	提高气柜施工效率，展现了企业施工技术水平，更具有市场竞争力

表 10-2 与传统的施工方法相比经济效益参数表

施工方法	传统施工工艺	新施工工艺
人工费	架子工、焊工、起重工、铆工、检测工以及现场管理人员，合计 48 人，其中架子工 10 人 费用：181d×300 元 /d×43 人 +68d×300 元 /d×5 人 =243.69 万元	架子工、焊工、起重工、铆工、检测工以及现场管理人员，合计 43 人 费用：146d×300 元 /d×43 人 =188.34 万元
材料费	加固材料费 3.6 万元，脚手架 46.2t×4700 元 /t=21.7 万元 合计费用：3.6+21.7=25.3（万元）	塔式起重机基础 1.2 万元，制作工装材料 3 万元，加固材料费 3.6 万元；脚手架 12t×4700 元 /t=5.64 万元。 合计费用：1.2+3+3.6+5.64=13.44（万元）
机械台班费	50t 吊车机械台班使用费 176d×3200 元 / 台班 =56.32 万元 合计费用：56.32 万元	TC5013 塔式起重机机械台班使用费：5 个月 ×17000 元 / 月 =8.5 万元 合计费用：8.5 万元

续表

施工方法	传统施工工艺	新施工工艺
管理费	（243.69+25.3+56.32）×8%=26.02 万元	（188.34+13.44+8.5）×8%=16.82 万元
合计	351.33 万元	227.1 万元

10.2 社会效益

威金斯干式气柜施工工法，引进建筑业惯用的塔式起重机极大降低了机械施工费用，通过技术创新采用可拆卸式作业平台同步提升技术、加强筋制作技术，同时推广应用公司《一种储罐施工搭接板限位器》专利技术，提高了机械效率，降低了劳动强度，保证了工程的施工质量和工程进度，充分证明了威金斯干式气柜施工技术应用的可行性，为今后类似工程施工提供了理论依据，同时展现了施工企业的技术水平。

11 应用实例

应用实例一：中国石油云南石化公司 $2\times10^4m^3$ 气柜安装工程

该工程开工日期 2016 年 02 月 08 日，竣工日期 2016 年 07 月 03 日。气柜金属质量 614237kg，顶部标高 28500mm，直径 ϕ34377mm。根据工期状况和设备设计结构、现场情况等，采用威金斯干式气柜施工工法，运用多种创新施工技术，节约了材料，提高了效率，确保了工程质量。

应用实例二：恒力石化（大连）炼化有限公司 $3\times10^4m^3$ 气柜安装工程

该工程开工日期 2018 年 04 月 21 日，竣工日期 2018 年 11 月 16 日。气柜直径 ϕ38200mm，侧板总高 34500mm，气柜形式为威金斯式橡胶密封型，密封段数为 2 段。现场施工采用威金斯干式气柜施工工法，提高了效率，确保了工程质量。

镍基合金双金属复合管双面焊接施工工法

海洋石油工程（青岛）有限公司
田　雷　陆传航　温志刚　程晋宜　张艳芳

1　前言

镍基合金双金属复合管由于其优秀的耐腐蚀能力，正成为众多重度酸性油气田开发项目的首选。目前，镍基合金双金属复合管主要以单面焊工艺为主，双面焊应用少。但单面焊工艺要求全部使用镍基高合金焊材进行焊缝填充，并且以手工钨极氩弧焊及手工电弧焊工艺为主，焊接成本高，焊接效率低。

自 2011 年以来，海洋石油工程（青岛）有限公司通过科学研究以及大量模拟试验，成功开发出镍基合金双金属复合管双面焊接施工工艺，该工艺通过创新的双面坡口设计取代传统的单面坡口设计，实现了复合管双金属与焊材的一对一匹配连接，并通过机械及半自动焊接工艺取代传统手工焊接工艺，实现了焊材成本的大幅降低，焊接效率的大幅提升。该施工工艺形成了“镍基合金双金属复合管双面焊接施工工法”，并于 2017 年获得国家发明专利（专利号 ZL 201510129232.1），该技术获得海洋石油工程股份有限公司优秀工程设计奖一等奖、海洋石油工程（青岛）有限公司科技进步奖一等奖、节能减排奖一等奖等在内的 6 项奖项。

截至目前，该工法已在澳大利亚 GORGON 模块化工厂项目、巴西国家石油 FPSO 项目、卡塔尔 NFA WHP-3 平台项目等大中型油气田开发及终端处理项目中成功应用。

2　工法特点

2.1　技术先进，国内首创

该工法提供的双金属复合管双面焊接的工艺方法，通过创新的双面坡口设计取代传统的单面坡口设计，对母材 / 焊材匹配连接取代传统的整道焊口都用高合金焊材填充的现状，属国内首创，于 2017 年获得国家发明专利。

2.2　施工质量优异

采用双面焊接的施工方法，焊接质量高，一次合格率达到 98% 以上，达到国际先进水平。

2.3　施工效率高

较常规单面焊接工艺，双面焊接工艺采用机械及半自动焊接工艺方法，焊接效率高，大大降低了工人的劳动强度，缩短了项目实施周期。例如，外径 914.4mm，壁厚 68mm 的双金属复合管焊接，双面焊效率是单面焊的 4 ~ 5 倍以上。

2.4 施工综合成本低

较传统的单面焊接施工，该工法高效优质的施工表现可节省大量的人工成本，同时由于焊接坡口的创新，可节省昂贵的焊材成本。例如，外径 914.4mm，壁厚 68mm 的双金属复合管环口焊接，单道焊口使用双面焊工艺后较单面焊工艺，可降低焊材成本约为 90%~95%。

2.5 技术成熟可靠

该工法已经在澳大利亚 GORGON 模块化工厂项目、巴西国油 FPSO 项目及卡塔尔 NFA WHP-3 平台等项目中推广应用，技术成熟，可靠性强。

3 适用范围

该工法中的双面焊接技术适用于管内径尺寸≥762mm 的镍基合金双金属冶金复合管的管线、管件之间的环焊缝焊接。

4 工艺原理

该工法所规定的双面焊接方法，即对于内径≥762mm 的管线 / 管件环焊缝，选用双面焊接工艺进行焊接，对于碳钢基层及镍基内衬层分别采用碳钢焊材、镍基焊材进行匹配焊接。碳钢基层使用钨极氩弧焊工艺（GTAW）打底，半自动药芯焊丝气体保护焊（FCAW-G）或机械埋弧焊（SAW）填充、盖面焊接，然后在管内使用手工电弧焊（SMAW）或半自动氩弧焊（Tip Tig）进行焊接。关键技术如下：

4.1 双面坡口设计

采用双面复合坡口形式，如图 4-1 所示。该双面复合坡口的结构包括连接一体的外坡口及内坡口两部分，该外坡口位于基体侧，为对称坡口，外坡口分为下部坡口倾斜度 37.5° ±2.5°、上部坡口倾斜度 10° ±2.5° 两部分。该双面复合坡口钝边 1~2mm，坡口间隙 2~4mm，该外坡口下部坡口与上部坡口连接处为拐点，该拐点至内坡口顶面的垂直距离至少为 19mm。该内坡口是倾斜度为 45° ±5° 的梯形坡口，该内坡口顶面至内衬层的距离至少为 2mm，且内坡口顶面单侧坡口长度至少为 5mm。

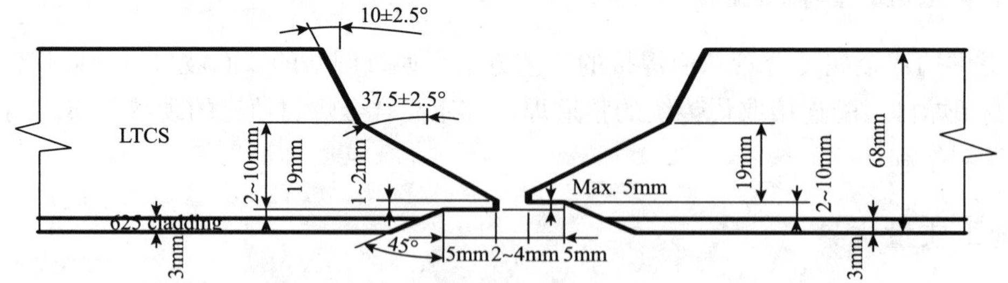

图 4-1 双面焊接接头坡口形式

4.2 双面焊接技术

对于双面施焊的工艺方法，首先使用碳钢焊材从管外侧焊接碳钢基层，打底采用钨极氩弧焊工艺（GTAW 或 Tip Tig），焊材标准等级号为 AWS A5.18/A5.18M ER70S-G，填充盖面使用手工电弧焊工艺，焊材标准等级号为 AWS A5.1/5.1M E7018-1，或半自动药芯焊丝气体保护焊工艺（FCAW-G），焊材标准等级号为 AWS A5.29 E81T1-Ni1M，或机械埋弧焊工艺（SAW），焊材标准等级号为 AWS A5.17/5.17M F7P6-EM14K-H8。然后使用镍基合金焊材在管内侧焊接内衬层部分，采用半自动氩弧焊工艺（Tip Tig），焊材标准等级号为 AWS A5.14/A5.14M ER NiCrMo-3，或手工电弧焊工艺（SMAW），焊材标准等级号为 AWS A5.11/5.11M E NiCrMo-3。其他焊接方法可根据工况选择，配套焊材需匹配镍基合金的化学成分，符合 ASME II 卷 C 篇要求。对于双面焊接过程中内坡口的焊接，焊接参数如表 4-1 所示。

表 4-1 内坡口焊接参数推荐表

焊接方法	焊材分类号	直径 /mm	电流极性	电流 /A	电压 /V	最大焊接热输入 /（kJ/mm）	最大层间温度 /℃
TIP TIG	ER NiCrMo-3	0.9 或 1.0	DCEN	220~240	12~15	1.5	150
SMAW	E NiCrMo-3	3.2	DCEP	60~100	20~24	1.6	150

镍基合金双金属复合管双面焊接的施工方法，通过创新的双面坡口设计取代传统的单面坡口设计，对母材 / 焊材匹配连接取代传统的整道焊口都用高合金焊材填充的现状。双面焊接接头满足 ASME B31.3 及 ASME IX 等性能要求的同时，铁稀释率控制在 5% 以下，同时满足抗点蚀、晶间腐蚀、H_2S 腐蚀及 CO_2 腐蚀等防腐蚀性能的要求，双面焊接接头示意图如图 4-2 所示。

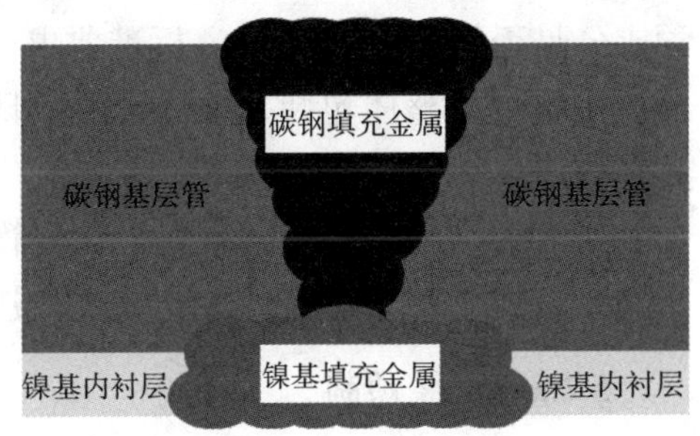

图 4-2 双面焊接接头示意图

5 施工工艺流程及操作要点

5.1 施工工艺流程

5.1.1 总流程（图 5-1）

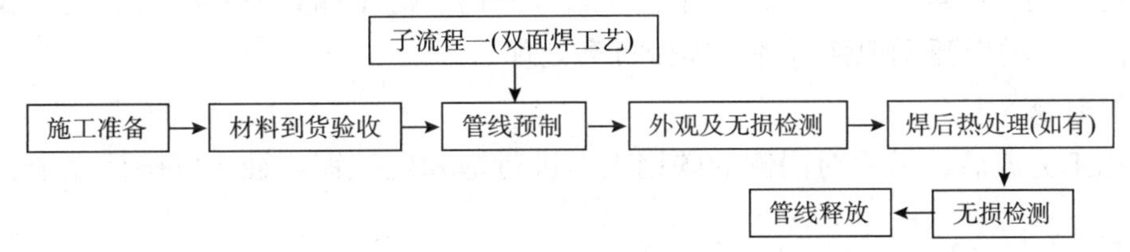

图 5-1 施工工艺流程图

5.1.2 子流程一（图 5-2）

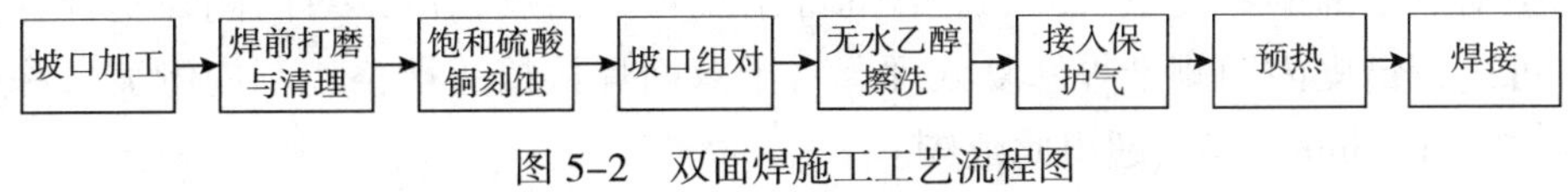

图 5-2 双面焊施工工艺流程图

5.2 操作要点

5.2.1 施工准备

根据设计图纸、规格书及标准要求，编制施工作业指导书、焊接工艺规程（WPS）、检验程序、焊接预热程序、焊材保管及控制程序、焊后热处理控制程序等工艺文件，并经业主和第三方批准。施工前，进行专项技术交底，组织相关人员熟悉图纸、施工文件及安全方面的要求。现场配备烤把、电加热片、焊条保温筒、砂轮机、不锈钢打磨片、不锈钢钢丝刷等专用工具。配备纯度 99.99% 的氩气（焊枪使用气体），检查气体标签满足焊接要求。现场配备 Tip Tig 焊机或手工电弧焊焊机、药芯焊丝气体保护焊焊机（需同时配备 CO_2/Ar 保护气，混合比 20% ：80%）或埋弧焊焊机，所有焊机必须在标定范围内。

检查焊接区域工况，当风速超过 8 km/h 时，应做好防风措施；在环境相对湿度 >80% 时，不得进行施焊。

5.2.2 材料到货验收

根据镍基复合管制造标准（例如：碳钢管依据 ASTM A671/A671M，内衬层依据 ASTM B444），核对镍基复合管管线或管件（法兰、三通、弯头等）质量证明书、规格（包括椭圆度、直线度、管径及壁厚等）、数量和标识，确定是否符合项目要求，并使用便携式合金元素分析仪测试复合管内衬层化学成分是否符合 ASTM B444 标准要求，并做好记录。

检查焊材整体包装、批号、生产日期与焊材材质证书是否一致。核查焊材名称、牌号、规格、数量等信息，并做好记录。

所有到货材料验收合格后，物资管理员办理材料入库手续，对于不合格的材料禁止入库，并应进行隔离，禁止发放使用，其他相应规定参照公司物资到货验收管理办法执行。

5.2.3 管线预制

1. 坡口加工

按照图 4–1 双面焊接接头坡口形式开设坡口，使用机加工或机加工 + 打磨的方式进行坡口制备。坡口加工完成后，检查坡口加工质量，无毛刺、沟槽等明显的外观缺陷，加工过程中要尤其注意镍基内衬层的保护，不允许伤害母材。

2. 焊前打磨与清理

焊接之前，两侧焊缝内外至少 25mm 范围内需要用未在碳钢或低合金钢上使用过的氧化铝 / 碳化硅砂轮片或者不锈钢钢刷清理干净，防止油漆、油脂、铁锈、污垢和其他物质对焊缝造成有害影响。整个焊接过程中，所有的引弧和熄弧点都必须做打磨处理。

3. 饱和硫酸铜刻蚀

管内侧坡口加工完成后，需要对同侧的碳钢表面进行饱和硫酸铜刻蚀，以确认完全去除碳钢表面的镍基合金残留。

4. 坡口组对

严格按照 WPS 的组对要求进行坡口组对，坡口间隙 2～4mm。组对时，对接的管段（件）应处在同一轴线上，防止发生偏移，应使用氩弧焊工艺进行定位点焊，并且在打底焊接时需要打磨去除，焊接接头严格控制组对后根部的错皮量≤5mm。若局部出现较大错皮，严禁对内侧镍基合金复合层进行打磨过渡处理，可进行错皮内凹侧堆焊修复处理。对于双面焊接接头严格控制内侧坡口深度（不包含内衬层厚度）≤（2～10）mm，严禁超出此范围。

5. 无水乙醇擦洗

焊接之前，焊丝、焊接接头内外表面 25mm 以内区域以及焊接过程中每焊完一道都要用无水乙醇进行清洗。另外，凡是有可能接触焊接区域的物件也都必须要用无水乙醇擦洗。

6. 接入保护气

焊接前，氩弧焊枪需接入焊接保护气氩气，氩气纯度 99.99%，焊接时气体流量为 10～22L/min（以实际 WPS 为准）；在管内侧，不需要进行背部氩气保护。

7. 预热

根据相应的 WPS 要求对镍基合金复合管（件）进行预热。当材料厚度 <25mm 时，最低预热温度为 10℃；当材料厚度≥25mm 时，最低预热温度为 79℃。母材表面有水或者温度低于 5℃时，不允许施焊，水源必须找到并去除，并且焊接开始之前需预热到≥50℃，即使 WPS 预热温度低于 50℃。

8. 焊接

根据镍基合金复合管（件）的规格尺寸及现场工况，选择相应的 WPS 进行焊接。双面焊焊接顺序：

（1）低温碳钢侧氩弧焊打底、热焊道焊接。

（2）低温碳钢侧药芯焊丝气体保护焊或埋弧焊填充、盖面。

（3）镍基内衬层手工电弧焊或 Tip Tig 堆焊。焊接时，要严格按照该焊接顺序进行。镍基内衬层焊接前，碳钢焊缝根部余高必须要打磨平整。双面焊焊接顺序如下：

①碳钢基体打底焊接工序（图 5-3）：选用氩弧焊焊接工艺，焊材标准等级号选用 AWS A5.18 ER70S-G 碳钢氩弧焊焊丝。打底焊接参数设定为钨极类型为含 2% CeO_2 的铈钨极，氩气纯度 99.99%，流量 18~22 L/min，焊接电流 110~160 A，焊接电压 11~14 V，焊接速度 95~110 mm/min，最大热输入 1.2 kJ/mm。采用单层单道焊，由复合管碳钢侧进行打底焊接，焊接时两名焊工分别立于复合管的两侧，1 人由 6 点钟位置顺时针焊接至 12 点钟位置，另一人由 6 点钟位置逆时针焊接至 12 点钟位置。

②碳钢基体热焊道焊接工序（图 5-4）：选用氩弧焊焊接工艺，焊材标准等级号选用 AWS A5.18 ER70S-G 碳钢氩弧焊焊丝。采用单层单道焊，两焊工对称施焊。热焊道焊接参数设定为钨极类型为含 2% CeO_2 的铈钨极，氩气纯度 99.99%，流量 18~22 L/min，焊接电流 170~220 A，焊接电压 11~14 V，焊接速度 160~190 mm/min，最大热输入 1.1 kJ/mm。

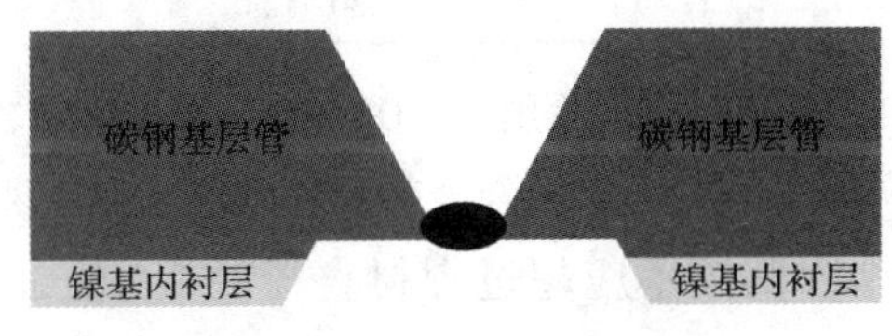

图 5-3 碳钢基体打底焊接

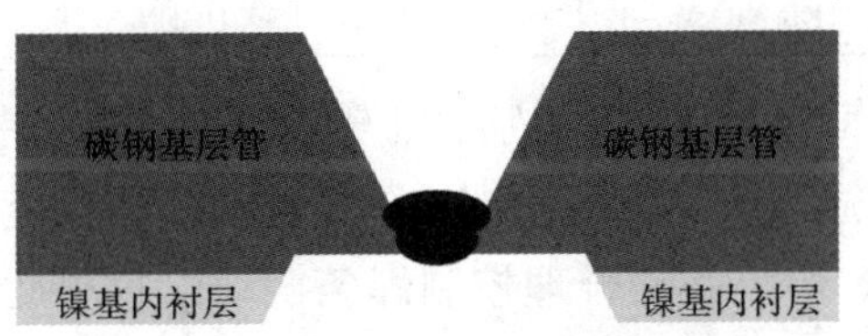

图 5-4 碳钢基体热焊道焊接

③碳钢基体填充及盖面焊接工序（图 5-5）：填充焊接工艺可选用钨极氩弧焊、半自动药芯焊丝气体保护焊或者机械埋弧焊填充焊接；盖面焊接工艺选用半自动药芯焊丝气体保护焊盖面焊接或者机械埋弧焊盖面焊接。氩弧焊选用 AWS A5.18 ER70S-G 焊丝，半自动药芯焊丝气体保护焊选用 AWS A5.29 E81T1-Ni1M 焊丝，保护气为 20%CO_2+80%Ar 混合气，根据 AWS D1.1 标准，埋弧焊选用 AWS A5.17 F7P6-EM14K-H8 焊材。半自动药芯焊丝气体保护焊的填充及盖面，选用全位置（6G 位置）焊接，机械埋弧焊选用平焊位置（1G 位置）完成填充或盖面焊接。

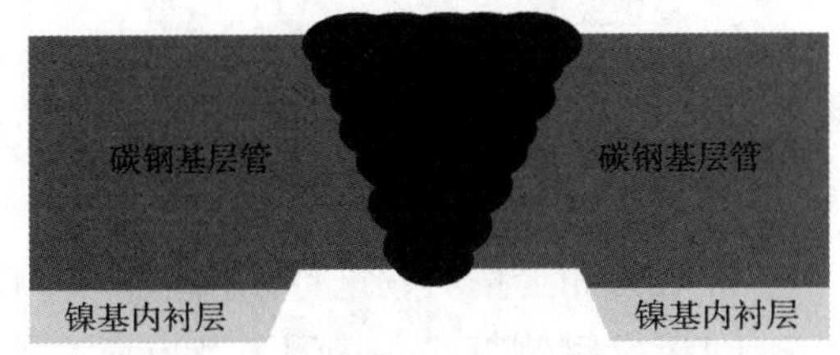

图 5-5 碳钢基体填充盖面焊接

填充焊接参数设定：钨极氩弧焊填充焊接参数是钨极类型为含 2% CeO_2 的铈钨极，氩气纯度 99.99%，流量 18~22 L/min，焊接电流 170~230 A，焊接电压 11~14V，焊接速度 170~190 mm/min，最大热输入 1.1 kJ/mm；半自动药芯焊丝气体保护焊填充焊接参数是焊接电流 160~210 A，焊接速度 160~300 mm/min，控制热输入量≤1.7 kJ/mm，焊接保护气为 20%CO_2+80%Ar 混合气，气体流量 15~25 L/min；机械埋弧焊填充焊接参数是焊接电流 240~500 A，焊接速度 400~600 mm/min，控制热输入量≤2.2 kJ/mm。

盖面焊接参数设定：半自动药芯焊丝气体保护焊盖面焊接参数为焊接电流 150～180 A，焊接速度 160～200 mm/min，控制热输入量≤1.5 kJ/mm，焊接保护气为 20%CO_2+80%Ar 混合气，气体流量 15～25 L/min；机械埋弧焊盖面焊接参数为焊接电流 250～470 A，焊接速度 420～600 mm/min，控制热输入量≤2.1 kJ/mm。

④耐蚀内衬层坡口打磨及清洗（图 5-6）：将打底焊道根部余高打磨平整；将焊缝及其两侧至少 25mm 范围内清理干净；耐蚀内衬层堆焊前，焊丝、焊接坡口及两侧至少 25mm 范围内区域用无水乙醇进行擦洗；对接触焊接区域的物件用无水乙醇擦洗。

⑤耐蚀内衬层堆焊（图 5-7）：采用手工电弧焊工艺或 Tip Tig 焊接工艺进行内衬层堆焊，根据焊材标准等级号选用 AWS A5.11 ENiCrMo-3 焊条或 AWS A5.14 ERNiCrMo-3 焊丝。焊接时，第一道堆焊焊道焊肉厚度需控制在 3mm 以内，每道堆焊焊道厚度尽量薄，热输入控制在 1.5 kJ/mm 以内，整个内坡口至少要保证两层四道的堆焊。焊接参数推荐如表 5-1 所示。

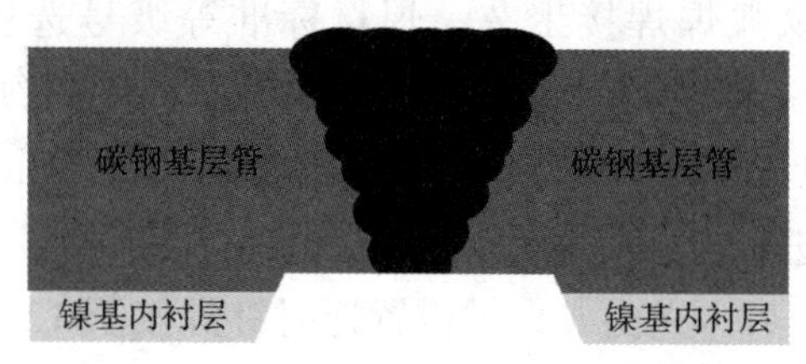

图 5-6 碳钢基体打底焊道余高打磨

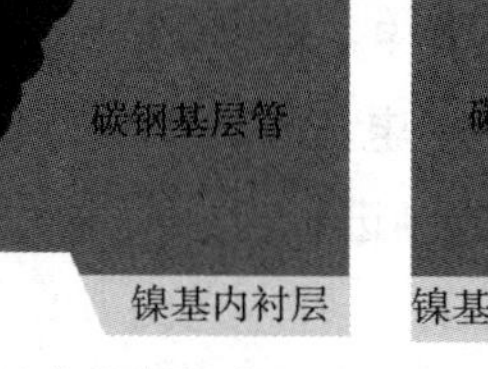

图 5-7 镍基内衬层堆焊焊接

表 5-1 镍基内衬层焊接参数推荐表

焊接方法	焊材分类号	直径 /mm	电流极性	电流 /A	电压 /V	焊接热输入 /（kJ/mm）	层间温度 /℃
SMAW	E NiCrMo-3	3.2	DCEP	70～85	25～26	1.30～1.50	80～150
GTAW（TT）	ER NiCrMo-3	1.0	DCEN	220～240	11～12	1.30～1.50	80～150

使用氩弧焊时，需要特别关注钨极端部形状，拟推荐的端部锥形角为 30°～60°，端部磨出直径约 0.38mm 的球冠，焊工也可根据实际情况适当调整钨极端部形状。镍基合金焊接熔池不像碳钢那样容易流动及铺展。焊工必须合理控制焊条摆动以解决此问题，摆幅不应超过焊材直径的 2.5 倍，并尽量保证完成的焊道呈轻微凸起形状，避免凹形焊道。

5.2.4 外观及无损检测

1. 外观检测

焊接完成后，对焊缝进行外观检测（VT），外观检测需符合 ASME B31.3 标准相关章节要求。

2. 无损检测

外观检测合格后，进行无损检测（NDT）检测，双面焊接头 NDT 检测顺序如下：

（1）碳钢侧打底、热焊道及填充、盖面完成后需要进行 100% 磁粉（MT）及 100% 超声波（UT）检验。

（2）以上步骤完成后，若碳钢焊道内存在缺陷，则需要依据相应的 WPS 进行返修；若碳钢焊道无缺陷则继续进行管内镍基内衬层的堆焊，堆焊完成后需要对内侧镍基焊道进行 100% 渗透（PT）检测。

（3）整个焊口焊接完成后，进行 100% 射线（RT）检测。

所有无损检测结果需满足 ASME B31.3 标准相关章节要求。

5.2.5 焊后热处理

若需要对镍基双金属复合管进行焊后热处理，推荐的保温温度为 593～649℃，采取其他保温温度需进行单独测试。厚度超过 25mm 时，保温时间按照 2.4min/mm 计算。

5.2.6 无损检测

热处理完成后，需要再次按照章节 5.2.4 的要求进行 NDT 检测，相应的检测结果需满足 ASME B31.3 标准要求。

5.2.7 管线释放

所有焊口焊接完成并检验合格后，需按照项目要求开展管线内部清洁干燥、标识牌悬挂、法兰保护等工作，所有工作完成且合格后进行管线释放。

5.3 劳动力组织

以澳大利亚 GORGON 模块化工厂项目 RBAD 模块镍基合金复合管车间预制为例，组织劳动力。RBAD 模块复合管主管尺寸：外径 914.4mm，壁厚 68mm（碳钢基层管 65mm，镍基内衬层 3mm），管线长度 27.4m，劳动力组织见表 5–2 所示。

表 5-2 劳动力组织表

序号	工 种	数量 / 人	备 注
1	项目经理	1	
2	施工经理	1	
3	技术工程师	2	焊接工程师 1 名，管线工程师 1 名
4	手工氩弧焊焊工	2	每道焊口安排 1 人，且需持有碳钢氩弧焊全位置（6G）焊接资质
5	药芯焊丝气体保护焊焊工	4	每道焊口安排 2 人对称焊接，且需持有碳钢药芯焊丝气体保护焊全位置（6G）焊接资质
6	埋弧焊操作工	2	1 名操作工，1 名辅助工，埋弧焊操作工需持有碳钢埋弧焊平焊位置（1G）焊接资质
7	手工电弧焊焊工或半自动 Tip Tig 焊工	2	内坡口焊接焊工，可选用手工电弧焊工艺或半自动 Tip Tig 焊接工艺，分别选择相应的焊工；需持有镍基合金全位置（6G）焊接资质
8	组对工	2	管线组对
9	吊装工	4	1 名吊车司机，1 名吊车指挥，2 名挂绳工
10	坡口加工	1	
11	电加热片操作工	3	
12	外观检验人员	1	具备相应外观检验资质
13	无损检验人员	1	具备相应 NDT 检验资质
14	安全工程师	1	具备相应安全资质
合计		27	

6 材料与设备

以澳大利亚 GORGON 项目 RBAD 模块镍基合金复合管车间预制为例。RBAD 模块复合管主管长度为 27.4m，主管尺寸：外径 914.4mm，壁厚 68mm（碳钢基层管 65mm，镍基内衬层 3mm）。主要材料如表 6–1 所示，所使用的主要设备如表 6–2 所示。

表 6-1 主要材料清单（以 RBAD 模块为例）

序 号	名 称	规格 /mm	单 位	数 量	备 注
1	镍基合金手工电弧焊焊条	$\phi3.2$	kg	31.78	4.54 kg/ 盒
2	碳钢氩弧焊焊丝	$\phi2.4$	kg	10	5 kg/ 盒
3	药芯焊丝气体保护焊焊丝	$\phi1.2$	kg	165	15 kg/ 盒

续表

序 号	名 称	规格 /mm	单 位	数 量	备 注
4	埋弧焊焊丝、焊剂	焊丝直径：ϕ2.4/ϕ4.0	kg	焊丝：90.8 焊剂：227	焊丝：22.7 kg/ 盒 焊剂：227 kg/ 桶
5	氩气（纯度：99.99%）		瓶	3	气体技术指标符合 AWS A5.32/A5.32M 标准要求
6	CO_2/Ar 混合气（CO_2/Ar：20%：80%）		瓶	18	
7	无水乙醇		瓶	2	坡口及焊丝擦洗
8	碳钢风动砂轮片	180 × 3	片	40 片	碳钢侧外坡口打磨
9	不锈钢风动砂轮片	180 × 3	片	4 片	管内侧镍基内衬层坡口打磨
10	钢丝刷		个	1	坡口处理
11	电焊护目镜片		片	6	焊工眼部防护
12	白玻璃		块	30	焊工眼部防护

表 6-2　主要设备清单（以 RBAD 模块为例）

序 号	名 称	规 格	单 位	数 量	备 注
1	桥式起重机	10/3.2t	台	1	复合管吊装
2	氩弧焊焊机		台	3	复合管焊接
3	药芯焊丝气体保护焊焊机		台	4	复合管焊接
4	埋弧焊焊机		台	1	复合管焊接
5	手工电弧焊焊机		台	3	复合管焊接
6	半自动 TT 焊机		台	1	复合管焊接
7	坡口加工机		台	1	坡口加工、修复
8	电动砂轮机	带备件	台	2	打磨
9	风动砂轮机	带备件	台	2	打磨
10	直头磨光机	带备件	台	1	打磨
11	电阻加热设备		套	3	焊前预热及焊后热处理
12	电加热片	长度为管周长，宽度 500mm	块	3	预热及焊后热处理
13	鼓风机		套	3	管内部焊接排烟通气
14	测氧测爆仪		套	1	测量管内氧含量
15	水平仪		套	1	测量管线水平度

7　质量控制

7.1　本工法执行的标准规范

（1）ASME IX–Qualification Standard For Welding，Brazing，and Fusing Procedures。

（2）Welders；Brazers；And Welding，Brazing，And Fusing Operators》焊接和钎接工艺，焊工、钎接工、焊接和钎接操作工评定标准。

（3）《AWS A5.32 Specification for Welding Shielding Gases》焊接保护气。

（4）《ASME B16.25 Butt welding Ends》对焊接头。

（5）《ASME II Part C Specification for Welding Rods，Electrodes，and Filler Metals Materials》焊丝、焊条及焊接材料规范材料篇。

7.2 质量保证措施

（1）防风、防潮措施。当风速超过 8 km/h 时，就要做好防风措施；在环境相对湿度 >80% 时，不得进行施焊。

（2）配套设施。在工艺评定试验过程中，要保证有单独的区域进行焊接，以提供良好的焊接环境，保证母材不被飞屑、杂质等污染；同时，要给工人配备全新的工作服和手套，以避免焊接过程中发生二次污染。

（3）焊材。氩弧焊丝在使用前，要保证用无水乙醇进行擦洗；焊条需使用真空包装的焊材，且使用过程中要保存在保温桶中并保证处于保温状态。真空包装打开后未使用的焊条，必须进行 250～350℃烘干 1h 后方可再次使用。

（4）清理及擦洗。焊接前坡口区域两侧 25mm 范围内要求打磨干净，要使打磨区域有光滑度，露出金属光泽，再用无水乙醇擦洗；焊接过程中，每层每道间要用未在碳钢上使用过的不锈钢砂轮片进行打磨，以避免夹渣，同时每层焊道焊完后要用无水乙醇擦洗。

（5）焊工培训。在焊工考试前，就相关工艺、特殊技术要求等做好技术交底，专门组织焊工进行有针对性的操作技能培训，使工人提前对此有一定的熟知度。

（6）操作要点：①收弧时要填满弧坑，待弧坑冷却后再切断保护气；②焊接过程中要尽可能地用短弧焊接；③每道焊缝的收弧处要求进行打磨处理；④焊接过程中不要做大幅摆动，要用小细焊道直线焊接；⑤若是钨极受到了污染，要及时打磨或更换，同时对被污染的焊缝进行打磨，防止造成夹钨缺陷；⑥要求焊道为凸断面。

焊接质量关键点控制指标如表 7–1 所示。

表 7-1 质量关键点控制指标表

项次	检验项		检验内容	检验方法	质量指标	检验时机和频次
1	焊接前	材料	镍基复合管、焊材	质量控制人员、配管工程师、焊接工程师、材料工程师检查	1. 镍基复合管质量证明书、外径尺寸公差、椭圆度及直线度要求需符合 ASTM A671/A671M 第 11 章节及 ASTM B444 第 7 章节关于尺寸及允许偏差的要求 2. 数量和标识：根据订货料单、送货单并结合材质证书核查送货数量及标示 3. 使用便携式合金元素分析仪测试复合管内衬层化学成分是否符合 ASTM B444 标准要求	材料到货后检查；逐项检查
2		焊接保护气	1. 保护气选择是否正确 2. 保护气纯度及比例	质量控制人员检查	1. 氩气（焊枪）纯度：99.99% 2. CO_2/Ar 混合气，比例：20%：80%	焊接开始前；逐项检查
3		焊接工况	焊接区域风速、湿度	风速测量仪、湿度测量表	风速≤8 km/h 湿度≤80%	焊接开始前；每 1h 检查一次
4		坡口加工质量	坡口加工表面平整度、坡口加工尺寸	外观检查（肉眼或放大镜）、直尺、焊缝检验尺	坡口表面无毛刺、沟槽等可见损坏	坡口加工后，组对前检查每个加工后的坡口
5		组对精度	坡口加工尺寸及组对尺寸	直尺、焊缝检验尺	1. 坡口组对间隙：2~4mm 2. 钝边尺寸：1~2mm 3. 坡口角度满足图 4.1 要求 4. 根部错皮量≤5mm	组对后，焊接前检查每个组对口

续表

项次	检验项		检验内容	检验方法	质量指标	检验时机和频次
6	焊接前	双面焊内坡口	内坡口是否存在镍合金残留	饱和硫酸铜刻蚀	不变色	组对后，焊接前检查；每个组对口
7	焊接施工中	焊接参数	电流、电压、热输入	电流电压表	在相应 WPS 范围内	焊接工程中；打底焊道、热焊道每道检查，填充、盖面焊道抽查
8		双面焊	焊接顺序及内坡口焊接层数及道数	质量控制人员检查	严格按照相应 WPS 执行	焊接过程中；每道焊口检查
9	焊后	焊后外观检测	外观成型质量	质量控制人员检查	符合 ASME B31.3 外观质量合格要求	焊接完成后；逐项检查
10		焊后无损检测	焊缝整体质量	NDT 检测人员	符合 ASME B31.3NDT 质量合格要求	外观检测合格后；逐项检查

8 安全措施

8.1 施工安全标准

（1）25号令（新修版）《海洋石油安全管理细则》。

（2）安全监管总局令第4号《海洋石油安全生产规定》。

8.2 安全措施

（1）组织进场人员进行HSE教育，做好各工序安全教育和安全技术交底。

（2）工作安全分析会制度，作业前，召开各专业人员参加工作安全分析会，分析作业安全问题，提前提出解决方案。

（3）设专职安全员负责工地安全管理工作，由施工负责人监督日常安全工作，各工种、各施工班组设立兼职安全员，由项目经理、施工负责人、专职安全员组成项目安全检查小组，检查监督项目安全工作，负责对施工全过程进行全方位、全过程监督检查。

（4）施工现场设安全警示牌，划分吊装区域，并在吊装区域内设警示带，派专人负责警示带区域安全工作，吊装施工时严禁闲杂人员进入警示带内。

（5）现场施工人员必须学习现场安全规章制度，特种作业人员必须持有特种作业资格证方能从事特种作业。施工期间，要求劳保整齐，严禁劳保不齐进入施工现场。所有参加施工人员，要求工作界面清晰，分工明确，听从施工负责人统一安排。

（6）施工机具、车辆及人员应与内、外线路保持安全距离，达不到规范要求时，必须采用可靠的安全措施。临时用电必须设专人管理，分片包干，责任到人，非电工人员严禁乱拉乱接电源线和动用各类电器设备。对临时用电的线路及设备，必须由专业电工每天进行巡视检查，发现各类问题及时处理。

（7）作业线危险源：丙酮、焊枪、烤把、吊车、射线源、坡口机、对口器、千斤顶等，作业施工人员应落实公司相关安全规定，及时熟悉并了解危险源，制定相应的保护措施，确保工人人身安全与工程质量。

（8）24h安全防护和监控措施，确保及时发现安全隐患。

（9）每次吊装前对所有吊具进行质量检查和数量核对，检查倒链、钢丝绳等起重用品的性能是否完好。

9 环保措施

9.1 环保标准

《海洋石油工程股份有限公司质量健康安全环保管理规定》。

9.2 环保措施

（1）健全环境控制制度，建立环境管理组织机构，落实环保人员岗位职责。指定专人专职或兼职负责环保管理事务，制定环保管理计划和方案。

（2）在整个施工过程内，严格遵守有关环境保护的法令、法规，以及与施工相关的合同规定，认真执行项目环境保护控制程序中的要求，对水质、土壤、噪声、大气、废渣等进行全面的污染控制，把对施工区域邻近的影响减小到最低程度。

（3）严格控制作业线污染源，如铁锈、铁屑、砂轮片、油漆、油污、钢管信号笔标识、冷却液、海水等，严格按照有关规章制度清理回收。

（4）施工期间专（兼）职 HSE 监督员对工程施工期间进行环境管理，其管理的内容主要是根据上级有关环保管理规定和施工项目特点制定的环境保护措施，并对作业现场实施监督检查。

（5）施工作业中的焊条头、废砂轮片、废钢丝绳和包装物等每天进行回收，施工过程产生的废弃物要随时清理，做到工完、料净、场地清。施工中使用的化学溶剂及有毒有害物品，要妥善存放、保管，制定防止泄漏和污染的具体措施。禁止将废弃物直接抛入海中，污染海洋。

10 效益分析

以澳大利亚 GORGON 模块化工厂项目为例，对双面焊接施工技术在镍基合金复合管中的应用，简要分析一下该技术在实际生产项目中的经济效益。根据 GORGON 项目中实际焊接工况条件，该项目至少有 47 道外径 914.4mm，壁厚 68mm 焊口，使用了该双面焊焊接工艺进行焊接。使用双面焊技术替代单面焊技术后，通过统计，每道焊口可节省焊材成本约 5.54 万元，47 道焊口可节省焊材成本约 260.38 万元；每道焊口可至少节约 136 个人工时，47 道焊口至少节约 6392 人工时，约 30.2 万元。因此，使用双面焊技术后，每道焊口可节省焊材成本及人工成本合计约 290.58 万元。双面焊接口数越多，可节省的建造成本越多。

单面焊 / 双面焊焊接工艺效率对比情况如表 10-1 所示：

表 10-1 单面焊接与双面焊接效率对比

焊接工艺		焊接材料牌号	单道焊口焊材消耗量 /kg	焊缝金属熔敷率 /（kg/h）	总工时 /h		两种焊接工艺工时对比 /h
					直接工时	间接工时	
单面焊工艺	GTAW	INCONEL FM625	12.37	0.80	15.46	1.24	177.04
	SMAW	INCONEL WE112	111.34	0.75	148.46	11.88	
双面焊工艺	SMAW	INCONEL WE112	10	0.75	13.33	0.40	40.51
	GTAW	TG-S50	2.74	0.81	3.38	0.27	
	FCAW-G	DW-A55LSR	42.83	2.50	17.13	0.86	
	SAW	LA-71	30.11	6.03	4.99	0.15	
		880M	36.13	—	—	—	

10.1 焊材成本

管（外）径 914.4mm，壁厚 68mm 的复合管单面焊焊接工艺为氩弧焊 + 手工电弧焊的复合工艺。

氩弧焊材为 INCONEL FM 625，单道焊口所需氩弧焊材用量为 12.37 kg；手工电弧焊焊材为 INCONEL WE 112，单道焊口所需手工电弧焊焊材用量为 111.34 kg。两种焊材的单价：INCONEL FM 625：560 元 /kg；INCONEL WE 112：505 元 /kg。因此，单面焊单道焊口所需焊材成本约为：6.32 万元。

若使用双面焊工艺，需要用到氩弧焊 + 埋弧焊 / 药芯焊丝气体保护焊 + 手工电弧焊复合工艺。其中，氩弧焊焊材为：TG–S50；埋弧焊焊材为：LA–71（焊丝）/880M（焊剂）；药芯焊丝气体保护焊焊材为：DW–A55LSR；手工电弧焊焊材为：INCONEL WE 112。根据现场工况情况，单道焊口所需焊材情况为：INCONEL WE 112 焊材用量为 10 kg；TG–S50 焊材用量为 2.74 kg；药芯焊丝气体保护焊焊材用量为 64.24 kg；埋弧焊焊材用量为：10.95 kg（焊丝）、13.14 kg（焊剂）。各种焊材的单价为：TG–S50：23 元 /kg；DW–A55LSR：28 元 /kg；LA–71：42.8 元 /kg；880M：29 元 /kg。双面焊单道焊口所需焊材成本为：0.78 万元。

综上所述，双面焊接较单面焊接，每道焊口节省焊材成本：6.32–0.78=5.54 万元。47 道双面焊焊口可节约焊材成本：260.38 万元。

单 / 双面焊焊材成本情况如表 10–2 所示：

表 10-2 镍基复合管 47 道焊口单 / 双面焊焊材成本对比

焊接工艺	镍基合金焊材用量 /kg		碳钢焊材用量 /kg				总量 /kg	总价 / 元
	INCONEL FM625	INCONEL WE112	TG–S50	DW–A55LSR	LA–71	880M		
单面焊工艺	581.39	5232.98					5814.37	¥2,968,233
双面焊工艺		470.00	128.78	3019.28	514.65	617.58	4750.29	¥364,789

10.2 人工费用

单面焊焊口人工时为：176h/ 焊口；双面焊焊口人工时为：40h/ 焊口。47 道焊口节省人工时：6392h。节省人工费：6392h × 47.25 元 /h=30.2 万元。

10.3 总成本

综上所述，澳大利亚 GORGON 模块化工厂项目的镍基合金双金属复合管双面焊施工综合效益至少为 290.58 万元（焊材成本 + 人工费）。

11 应用实例

应用实例一：澳大利亚 GORGON 液化天然气模块工厂项目

2012 年 7 月至 2013 年 12 月，本工法成功应用于澳大利亚 GORGON 液化天然气模块工厂项目，该项目地理位置为澳大利亚西北部的巴罗岛，镍基复合管环焊缝焊口总数量为 207 道，其中管线材质为 ASTM A671 CC65+3mm UNS N06625，尺寸为管径 914.4mm，壁厚 68mm 的复合管焊口数量为 66 道，使用该工法进行焊接的焊口数量为 47 道，直接节省建造成本 290.58 万元。

应用实例二：巴西国家石油 P67/P70 FPSO 项目

2015 年 11 月至今，本工法成功应用于巴西国家石油 P67/P70 FPSO 项目，该项目地理位置为巴西桑托斯盐下油田，镍基管线环焊缝焊口总数量为 186 道，其中镍基合金复合管焊口数量为 3 道，使用该工法进行焊接的焊口数量为 3 道，直接节省建造成本 17 万元。

应用实例三：卡塔尔 WHP–3 组块平台项目

2017 年 4 月至 2018 年 12 月，本工法成功应用于卡塔尔 WHP–3 组块平台项目，该项目地理位置为波斯湾，镍基复合管环焊缝焊口总数量为 617 道，其中可使用该工法的镍基合金复合管焊口数量为 5 道，直接节省建造成本 32 万元。

管道跨越工程桩基自平衡承载力检测工法

四川石油天然气建设工程有限责任公司

邓 文 张 杰 王开元 黄 伦 吴成铖

1 前言

管道跨越形式是管道敷设的一种技术手段。管道跨越工程通常在两岸设置有桩基，以改善桥墩的受力特性。基桩承载力是设计的依据，同时对施工具有指导作用。

传统的基桩承载力检测使用堆载法。堆载法需要预制大量的混凝土块，在现场安装沉重的反力架，检测周期长，占地多。为了解决该难题，我公司进行了管道跨越工程桩基承载力检测技术研究，并在龙会场－铁东区块集气干线工程巴河跨越和楚雄－攀枝花天然气管道勐岗河跨越工程中成功应用，总结、归纳形成了管道跨越工程桩基承载力自平衡检测工法，较好地解决了桩基承载力检测混凝土块预制量大、施工周期长、占地多的技术难题。具有不用一直混凝土块、施工周期短、占地少等优点，安全、环保和经济效益突出。关键技术达到行内先进水平。

本工法所用的施工技术获得的奖励有：

（1）《油气管道大型悬索施工及配套技术》，获川庆钻探工程有限公司重大科技成果技术创新奖。

（2）《大型管道跨越关键结构施工过程控制技术》，获四川石油天然气建设工程有限责任公司第五届科技大会重大科技成果科技进步奖。

（3）管理团队，获四川石油天然气建设工程有限责任公司科技创新先进单位和四川石油天然气建设工程有限责任公司科技创新优秀团队奖。

2 工法特点

2.1 工期短、效率高

不需预制几百吨，甚至上几千吨的混凝土块，同时不需要大面积征用土地来预制和存放混凝土块，也不需要在现场制作、安装笨重的反力架装置。检测十分简单、方便。

2.2 安全性好

检测人员就在地面自由行走、操作。没有高大、沉重的反力架，减少了吊装和人员高空作业，工作环境得到很大改善，施工安全有保障。

2.3 环保无污染

不需要预制大量的混凝土加重块，也不需大面积征用土地，减少两岸原有地貌损毁，不用堆载建筑产生大量的垃圾。

2.4 经济效益明显

不需要制作混凝土加重块和安装沉重的反力架，减少了大型施工设备，占地少，使得施工工期缩短和施工成本降低。

3 适用范围

本工法适用于灌注桩基础管道跨越工程，也适用于灌注桩基础的其他类似工程。

4 工艺原理

跨越工程基桩承载力自平衡检测原理是：将基桩分成上下两段，根据基桩上段桩身自重及极限桩侧摩阻力之和与下段桩极限桩侧摩阻力及极限桩端阻力之和相等的原理，再根据基桩的地探资料，计算出基桩受力的平衡点；在混凝土浇筑之前，将一种特制的加载装置（荷载箱）与桩基的钢筋笼在平衡点连接，和钢筋笼一起埋入桩内，并将荷载箱的加压管以及所需的其他测试装置（位移、应力等）从桩体内引至地面；然后灌注成桩。待混凝土强度达到设计强度的 80% 时，加压泵与荷载箱的加压管连接，检测仪器与荷载箱的位移、应力装置连接；由加压泵在地面向荷载箱分级加载，荷载箱产生上下两个方向的力，并传递给桩身。通过对加载力与这些参数（位移、应力等）之间关系的分析和计算，得出桩基承载力等一系列数据。如图 4-1 所示。

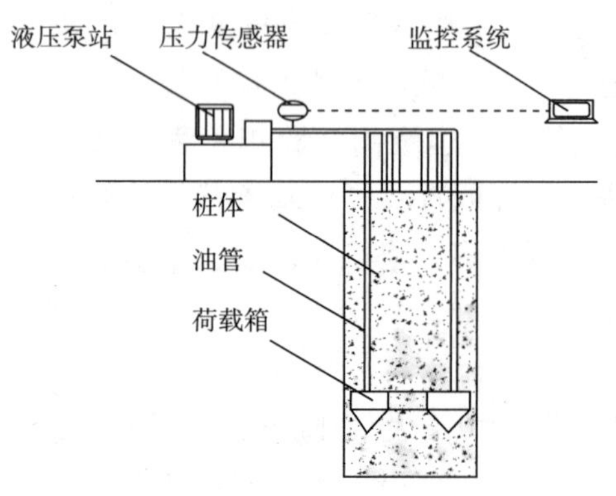

图 4-1 基桩自平衡检测原理图

5 工艺流程及操作要点

5.1 施工流程图（图 5-1）

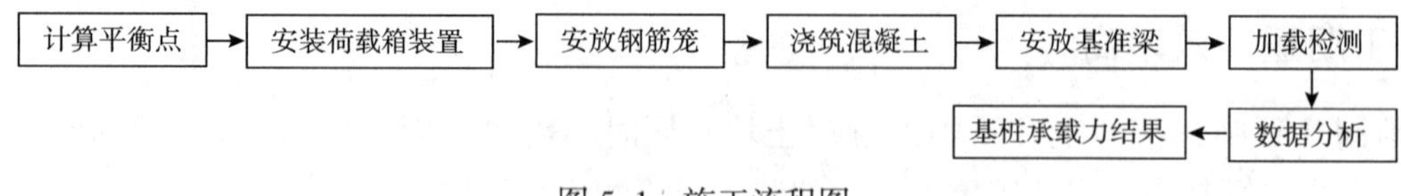

图 5-1 施工流程图

5.2 操作要点

5.2.1 计算平衡点

根据基桩上段桩桩身自重及极限桩侧摩阻力之和与下段桩极限桩侧摩阻力及极限桩端阻力之和基本相等的原理，计算确定平衡点位置。

由地探报告和地探资料，可知不同地层桩侧摩阻力标准值 q_{sik}（kPa）和端阻力标准值 q_{pk}(kPa)。依据这些参数计算出基桩平衡点——荷载箱的安放位置，也就是桩身钢筋笼的切断位置。实际确定位置时，一般上桩长要比理论计算值长 2~5m。勐岗河跨越桩基平衡点计算。如表 5-1 所示。

表 5-1　勐岗河跨越桩基平衡点计算表

工程名称	勐岗河悬索跨越工程				试桩编号	南岸 Zk16		
桩径 /m	1.5	桩长 /m	26		荷载箱位置	桩端上 8.8m		
					计算参考柱状图	CP08T01-CR001-C73#ECR-DW-01-15 南岸 Zk16 柱状图		
土层编号	土层名称	桩侧摩阻力标准值 q_{sik} /kPa	端阻力标准值 q_{pk} /kPa	负摩阻系数 a	层厚 L_i/m	竖向 $q_{sik} \times L_i$	修正后侧阻 $a \times q_{sik} \times L_i$	备注
⑤1	粉土	45		0.7	0.9	40.5	28.4	
⑤4	漂石	180		0.7	1.4	252.0	176.4	
⑤3	卵石	130		0.7	1.1	143.0	100.1	
⑤4	漂石	180		0.7	1.9	342.0	239.4	
⑥1	强风化片麻岩	160		0.7	6.8	1088.0	761.6	
⑥3	强风化石英片岩	180		0.7	5.1	918.0	642.6	
	荷载箱							
⑥3	强风化石英片岩	180		1.0	0.4	72.0	72.0	
⑥1	强风化片麻岩	160	1800	1.0	8.4	1344.0	1344.0	
上段桩侧阻和							1948.5	
上段桩极限侧阻力							9177.2	
上段桩自重							759.5	
上段桩极限上托力							9936.7	
下段桩侧阻和						1416.0		
下段桩极限侧阻力						6669.4		
下段桩极限端承力						3179.3		
下段桩极限承载力						9848.6		
荷载箱标高		桩端上 8.8m						
上段桩长					17.2			
总桩长				4	26.0			

5.2.2　安装荷载箱装置

（1）根据地探资料计算的平衡点，确定荷载箱安装位置。一般采用组合式荷载箱，带上下导流体。荷载箱直径同钢筋笼外径，高约 40cm，行程约 18cm。组合式荷载箱总的承载力应为基桩设计极限承载力的 2 倍。如图 5-2 所示。

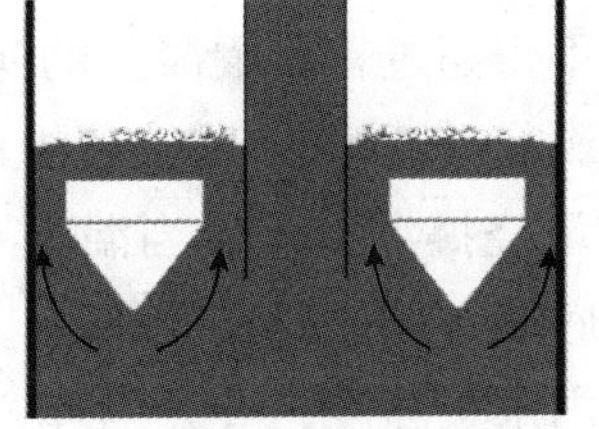

浮浆导流原理图

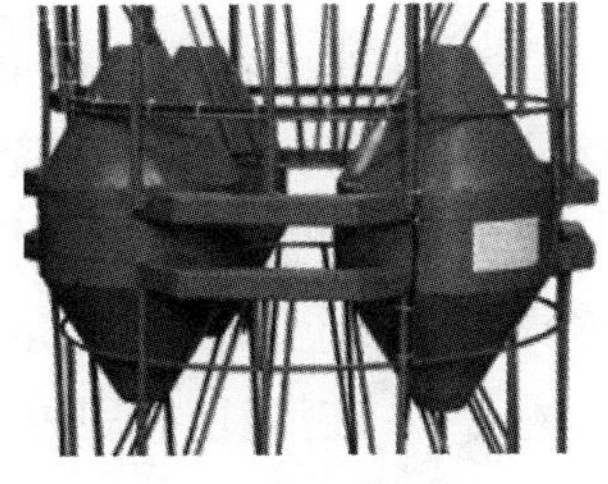

荷载箱

图 5-2

（2）荷载箱、加压泵标定完成后，运往现场安装连接。

（3）荷载箱安装：荷载箱预浇注混凝土—荷载箱与钢筋笼焊接—油管及位移检测管线布置。

（4）组合式荷载箱与上下钢筋笼对接：荷载箱上下钢筋笼主筋分别与上下面的箍筋焊接，焊接时钢筋笼与荷载箱必须保证垂直，偏心度控制在 5° 之内。

（5）荷载箱与上下两节钢筋笼连接处应进行加固。一般采用同规格设计的基桩钢筋 - 喇叭筋。喇叭筋的一端与荷载箱导管孔边缘焊接，另一端与其对应的钢筋笼焊接。喇叭筋应保证与荷载箱平面夹角 > 60° 。数量不小于钢筋笼主筋数，间距小于混凝土导管的口径。如图 5-3 所示。

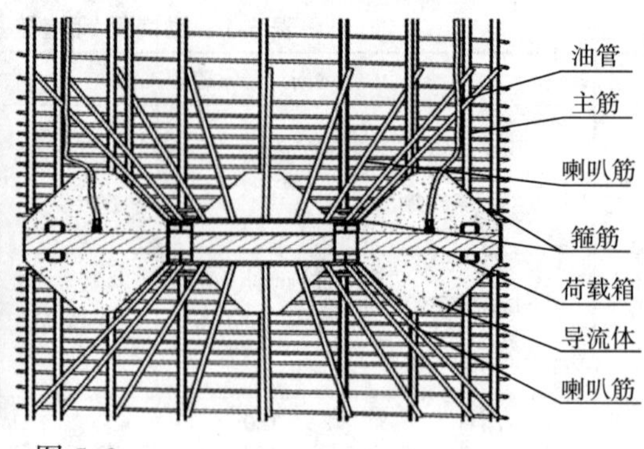

图 5-3

（6）布置位移管线及油管：

①位移拉索：根据荷载箱的安装深度，配套位移拉索的长度。上下位移拉索分别固定在荷载箱的上下支撑梁上，呈 90° 布置，分别用于测量桩体上下位移。

②位移杆：采用内杆外套护管的方式，根据孔深设计长度，顺着钢筋笼连接至地面，采用丝扣连接。呈 90° 布置，分别用于测量桩体上下位移。

③油管：预先盘好在荷载箱处，沿钢筋笼连续绑扎至地面。所用油管为高压软管，油管两端接头为 24° 锥 M14x1.5。

5.2.3 安放钢筋笼

（1）在吊入钢筋笼前，应对孔径、孔深、和孔的倾斜度进行检查，且符合设计要求和规范规定。

（2）钢筋骨架外侧设置混凝土保护层的垫块，垫块的间距在竖向应≤2m，圆周不应少于 4 处。

（3）下笼过程中，需要对位移管线和油管进行绑扎，位移管线每隔 0.5m 用扎丝绑扎，油管每隔 1m 用扎丝绑扎。当桩顶标高低于地面时，桩顶到地面需放置简易支架，用于引导保护管线。

（4）安装钢筋笼应将其吊挂在孔口的护筒上，或在孔口地面设置吊挂装置进行吊挂，不得直接将钢筋笼支承在孔底。

5.2.4 浇筑混凝土

经泥浆循环清孔后，孔内的成渣厚度、泥浆比重和泥浆含砂率符合设计及规范要求，浇筑混凝土：

（1）根据孔深，下导管，导管底部至孔底的距离宜为 300~500mm。

（2）水下混凝土的灌注时间不得超过首批混凝土的初凝时间。

（3）首批混凝土的数量应能满足导管埋设 1.0m 以上的深度需求。

（4）导管通过荷载箱到达桩端浇捣混凝土，当混凝土接近荷载箱时，拔导管速度应放慢，当荷载箱上部混凝土高度 >2.5m 时导管底端方可拔过荷载箱。

（5）在灌注过程中应保持孔内水头高度，导管的埋置深度应控制在 2~6m。

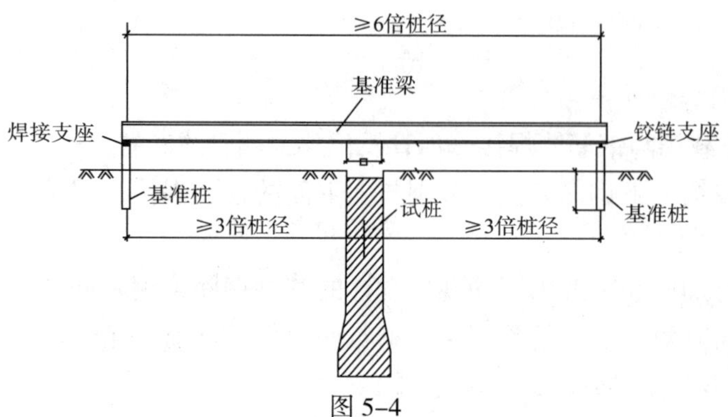

图 5-4

（6）灌注的桩顶高程应比设计高程高出至少 0.8~1.0m。

5.2.5 安放基准梁

基准梁设置在桩的中心位置，基准梁长度应不小于桩径的 6 倍，以桩中心为中心，每边各 3 倍桩径，基准梁离桩顶约 0.5~1m，便于操作就行。基准梁的水平误差在 1/1000 以内。如图 5-4 所示。

5.2.6 加载检测

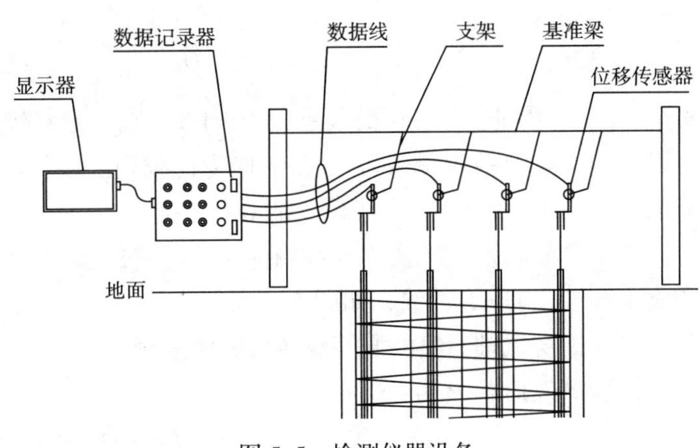

图 5-5 检测仪器设备

检测用仪器设备应在检定或校准周期的有效期内，检测前应对仪器设备检查调试。测压传感器或压力表精度低于 0.4 级，量程应≥60MPa。位移传感器宜采用电子百分表或电子千分表，分辨力优于或等于 0.01mm。如图 5-5 所示。

1. 加卸载

（1）加载应分级进行。每级加载量为顶估最大加载量的 1/10。

（2）卸载也应分级进行。每级卸载量为 2~3 个 加载级的荷载值。

（3）加卸载应均匀连续，每级荷载在维持过程中的变化幅度不得超过分级荷载的 10%。

2. 位移观测和稳定标准

（1）位移观测。采用慢速维持荷载法。每级加（卸）载后第 1h 内应在第 5min、第 10min、第 15min、第 30min、第 45min、第 60min 测读位移，以后每隔 30min 测读一次，达到相对稳定后方可加（卸）下 一级荷载。卸载到零后应至少观测 2h，测读时间间隔同加载，如图 5-6 所示。

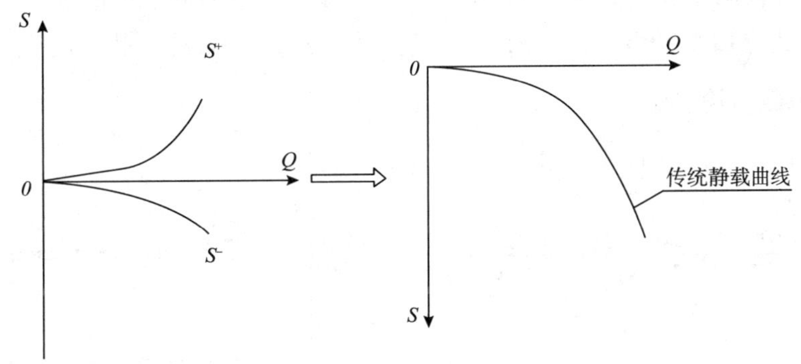

图 5-6 位移观测

（2）稳定标准。每级加（卸）载 的向上、向下位移量，每 1h 位移量均≤0.1mm，并连续出现 2 次。

（3）终止加载条件：

①某级荷载作用下，位移量大于或等于前一级荷载作用下位移量的 5 倍。但位移量相对稳定且上、下位移量均 <40 mm 时，宜加载至位移量超过 40 mm。

②某级荷载作用下，位移量大于前一级荷载作用下位移量的 2 倍，且经 24h 尚未达到相对稳定。

③已达到最大极限加载值。

④当荷载 – 位移曲线呈缓变形时，可加载至位移量 60~80mm；在特殊情况下，根据具体要求，可加载至累计位移量超过 80mm。

（4）每级加载和卸载应做好记录。

5.2.7 数据分析

依据大量的测试数据记录和逐级的荷载值与位移值，进行数学统计分析，最后按下列方式确定基桩数据。

（1）根据实测的上段桩的极限承载力 $Q_{u上}$和荷载箱下段桩的极限承载力 $Q_{u下}$，按照公式（5-1）得到单桩竖向抗压极限承载力 Q_u：

抗压：
$$Q_u=\frac{Q_{u上}-W}{\gamma}Q_{u下} \quad (5-1)$$

式中，Q_u 为单桩竖向抗压极限承载力，kN；$Q_{u上}$为荷载箱上段桩的实测极限承载力，kN；$Q_{u下}$为荷载箱下段桩的实测极限承载力，kN；W 为荷载箱上段桩的自重；γ 为荷载箱上段桩侧阻力修正系数，对于黏土、粉土 γ 取 0.8，对于砂土取 0.7。

（2）等效转换曲线实测荷载箱向上（Q^+—S^+）、向下（Q^-—S^-）两条曲线，根据位移协调原则，转换成传统桩顶 Q—S 曲线，如图 5-7 所示。

（3）桩身无轴力实测值等效转换方法采用如下公式计算：

桩顶等效荷载 P 为：

$$P=(Q_u-W)/\gamma+Q_1 \quad (5-2)$$

与等效桩顶荷载 P 对应的桩顶位移 s 为：

$$S=S_1+\Delta S \quad (5-3)$$

其中上段桩身的弹性压缩量 ΔS 为：

$$\Delta S=\frac{[(Q_u-W)/\gamma+2Q_1]L}{2E_pA_p} \quad (5-4)$$

式中，Q_u 为对应上段桩 Q_u–S_u 曲线中位移绝对值等于 S_1 时的荷载，kN；Q_1 为荷载箱向下荷载，可直接测定，kN；S_1 为荷载箱向下位移，可直接测定，mm；W 为试桩荷载箱上部桩自重，kN；γ为试桩上部桩土修正系数。L 为上段桩长度，m；E_P 为桩身弹性模量；A_P 为桩身截面面积，m^2。

5.2.8 桩基竖向承载力检测结果

（1）基桩的 Q–S 曲线，S–lg$T$ 曲线。如图 5-7、图 5-8 所示。

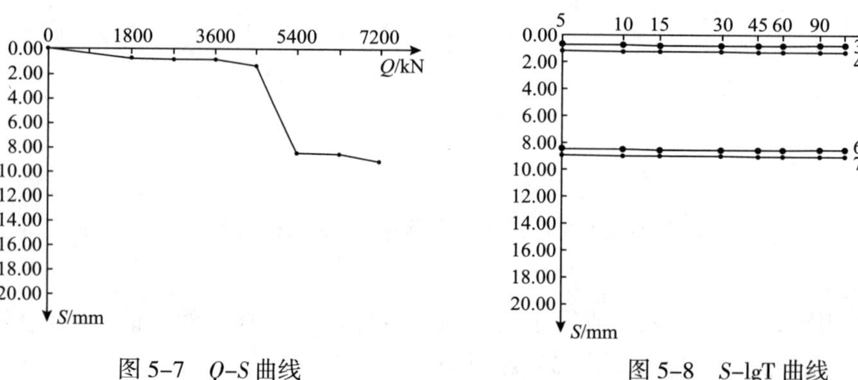

图 5-7 Q–S 曲线　　　图 5-8 S–lgT 曲线

（2）基桩的竖向抗压特征值 Q_{sik} 和极限承载力 Q_u。

6 材料及设备

6.1 材料

6.1.1 混凝土

（1）选用设计要求的粗细骨料、水和水泥。

（2）按设计要求和规范进行混凝土配合比设计和实验，满足设计强度要求。

（3）按规范要求进行混凝土的拌制和运输。

6.1.2 型材

制作基准梁选用 150# 工字钢，满足刚度要求。

6.2 设备（表 6-1）

表 6-1 主要设备表

序 号	设备名称及型号	数 量	单 位
1	荷载箱	4	套
2	高压水泵 OUGAN	1	台
3	电子位移传感器 WY-50	6	套
4	油压传感器 2YBZ2-80	1	台
5	全自动位移采集仪 RSM-JC Ⅲ（B）	1	套
6	电焊机 ZX7-400S	1	台

7 质量控制

7.1 质量控制标准

（1）本工法除满足设计图纸外，还必须遵守《油气输送管道跨越工程施工规范》GB 50460 和《公路桥涵施工技术规范》JTG/T F50 的有关规定。

（2）混凝土必须遵守《混凝土结构工程施工质量验收规范》GB 50204 的有关规定。

（3）桩基施工应遵守《建筑桩基技术规范》JGJ 94 的有关规定。

7.2 质量控制点

（1）钢筋、水泥、粗细骨料及拌和水满足设计要求或规范规定。

（2）荷载箱必须要有合格证及试验报告。

（3）荷载箱用油管有合格证及试验报告。

（4）压力表及千分表必须校验，在有效期内使用。

（5）荷载箱与钢筋笼焊接必须牢固并加焊喇叭钢筋。

（6）混凝土的配合比满足设计强度要求。

（7）试验桩基混凝土需一次浇筑完成。

（8）基准梁的支撑点必须大于桩径的 6 倍。

（9）加载和卸载都要分级进行，每级宜为最大顶力的 1/10。

（10）读取数据采用慢速维持荷载法。每级加（卸）载后第 1h 内应在第 5min、第 10min、第 15min、第 30min、第 45min、第 60min 测读位移，以后每隔 30min 测读一次，达到相对稳定后方可加（卸）下一级荷载。卸载到零后应至少观测 2h 位移数值。

7.3 质量保证措施

7.3.1 施工材料和设备

（1）材料：施工所需的水泥、粗细骨料、掺合料、添加剂等必须有出厂合格证和材质证明书及按规范要求的复验报告。

（2）压力表和位移测系统必须具有合格证和有效检定证书。
（3）施工机具和设备应有专人进行维护保养，确保设备处于良好状态。

7.3.2 基桩承载力检测

（1）准确计算出基桩平衡点位置，准确安装荷载箱，偏移控制在100mm以内。
（2）严格按配合比进行混凝土拌制，控制好水胶比和坍落度，保证桩基的质量。
（3）基准梁应安置牢固，支撑基准梁的支墩应尽量远离基桩，防止加载过程基准梁产生位移。
（4）进行基桩承载力检测前，应进行基桩完整性检测且合格。
（5）进行加载时，应在基桩强度达到设计强度80%以上进行。
（6）每个加载级别，应在基桩位移相对静止后读取位移值和荷载值。
（7）基桩承载力数据分析应结合现场实际情况，考虑桩顶土壤的扰动性进行修正。

8 安全措施

8.1 风险点及措施

8.1.1 起重伤害及控制措施

（1）作业前进行安全技术交底。
（2）佩戴好劳动防护用品。
（3）严格执行作业许可制度。
（4）严格执行起重作业“十不吊”规定。
（5）根据吊装方案正确选用起重设备与吊索具，并确保完好。
（6）作业前确保设备运转良好及安全防护装置完好有效。
（7）吊物捆绑牢固、平稳，吊装时用溜绳牵引。
（8）作业半径范围内禁止人员通行和停留。

8.1.2 触电及控制措施

（1）作业前进行安全技术交底。
（2）佩戴好劳动防护用品。
（3）严格执行作业许可制度。
（4）严格按规程指挥、作业，安排专人监护。
（5）作业前确保设备、线路、漏电保护器等完好。

8.1.3 机械伤害及控制措施

（1）作业前进行安全技术交底。
（2）佩戴好劳动防护用品。
（3）严格执行作业许可制度。
（4）作业前确保设备运转良好及安全防护装置完好有效。
（5）作业人员与机械设备保持安全距离。

8.2 其他安全措施

（1）认真执行国家有关健康、安全、环境的法律、法规和企业的HSE规章制度。

（2）编制详细的施工技术方案，对安全风险进行识别，并编制风险削减措施。

（3）施工人员必须经过安全培训后持证上岗。各类机械必须有专人负责，做到定员定岗。

（4）进入施工现场必须戴好安全帽，所有作业人员必须正确穿戴好各类劳保用品。劳动保护用品、保护装置和设施，必须齐全、完好、有效。

（5）所有配电设备和配电柜应安装漏电保护装置，并张贴安全用电标识，严禁无电工操作证人员进行电工作业，定期进行安全用电检查，不符合要求的立即整改。

（6）定期对施工设备进行检查、保养和维修，保证施工设备安全可靠，各种设备必须严格按照安全操作规程进行操作，严禁违章作业。

（7）工地必须设置警示线和安全警示牌，夜间施工必须有足够的照明灯。

9 环境保护措施

9.1 风险点及措施

9.1.1 打压水排放及控制措施

（1）打压前提取样品，经当地环境监测站检验合格出具报告后，方可用于加压。

（2）打压后，水排放前经过沉淀、过滤处置，然后再次提取样品送检，取得检测报告后，方可排放。

（3）少量的沉渣用专用容器收集送当地环保部门处理。

9.1.2 油料泄漏及控制措施

（1）燃油和润滑油存放在指定地点或库房内。

（2）减少设备使用和维修过程中燃油、润滑油的泄漏，如有跑冒滴漏，及时维修，并清理、储存所漏液体，运送到当地环保部门处理。

（3）预先在地面铺设防油垫层，以防污染地表。

9.2 其他措施

（1）认真执行国家有关环境保护的法律、法规，依法施工。

（2）对进出现场的车辆，进行严格的清扫，做好防遗撒工作。

（3）在干燥多风季节时，车辆进、出临时施工道路前进行洒水降尘作业。

（4）施工结束清理现场，做到工完、料尽、场地清。

10 效益分析

10.1 经济效益

本工法工效高，经济效益好。比常规的堆载法检测技术可缩短工期 50%，降低成本 40% 以上，有比较好的经济效益。

在龙会场－铁东区块集气工程巴河跨越中，应用本工法完成直径 1800mm 桩基承载力测试。节约施工费约 51.12 万元，缩短工期 28d。

检测方法	检测费用 / 万元	工期 /d
堆载法费用	81.12	50
本工法费用	30	22

在楚 – 攀天然气管道工程勐岗河跨越中，应用本工法成功完成直径为 1500mm、长度为 28m 试验桩基承载力检测工作。节约施工费约 65.056 万元，提前工期 26d。

检测方法	检测费 / 万元	工期 /d
堆载法费用	83.056	46
本工法费用	18	20

10.2 社会效益

本工法技术先进、安全，施工效率高、质量好，具有广泛适应性，社会效益明显。

10.3 安全、环保效益

本工法不需要沉重的反力架和大量的预制混凝土块，没有高空作业，占地很少，对周围环境影响小，安全性高，具有明显的安全效益和环保效益。

11 工程实例

应用实例一：龙会场 – 铁东区块集气干线巴河跨越工程

2017 年 2 月在龙会场 – 铁东区块集气干线巴河跨越工程中，采用自平衡检测基桩承载力方法，成功完成直径为 1800mm 基桩承载力检测工作（图 11–1、图 11–2）。

图 11–1 荷载箱连接

图 11–2 荷载箱加固

应用实例二：楚雄 – 攀枝花天然气管道工程勐岗河悬索跨越工程

2018 年 4 月在楚雄 – 攀枝花天然气管道工程勐岗河悬索跨越工程中，采用自平衡检测基桩承载力方法，成功完成直径为 1500mm、长度分别为 26m 和 28m 基桩承载力检测工作（图 11–3、图 11–4）。

图 11–3 液压管及位移装置连接

图 11–4 位移检测

悬吊跨越桥面与管道安装猫道辅助施工工法

四川石油天然气建设工程有限责任公司

彭建超　王学军　陈小刚　朱钢坚　曾　洁

1　前言

悬吊式跨越无成型的可供人行的桥面结构，传统的悬吊式跨越桥面结构安装时一般采用大型吊篮进行桥面结构和管道安装施工，存在有措施工程量大、高空作业量大、施工作业周期长、风险高等施工作业难点。

我公司在西南油气田马鸣溪过江管道工程金沙江跨越工程中采用了利用原设计桥面结构架设猫道（施工用的封闭式可供人行和设备、材料摆放的桥面结构）辅助安装悬吊跨越桥面结构和管道的技术进行施工作业，通过工程的金沙江跨越应用、总结，形成了悬吊跨越桥面结构猫道式施工工法，较好地解决了以上难题。具有施工措施量小、高空作业风险低、作业周期短、地锚系统小等优点，安全、环保和经济效益突出。关键技术达到国内先进水平。本工法所用的施工技术获得的奖励有：

（1）“大型管道跨越施工猫道的施工工艺”获得发明专利（专利号：ZL 2015 1 1001759.2）。

（2）《油气管道大型悬索施工及配套技术》获得川庆钻探工程有限公司重大科技成果技术创新奖。

（3）《大型管道跨越关键结构施工过程控制技术》获得四川石油天然气建设工程有限责任公司第五届科技大会重大科技成果科技进步奖。

（4）《大型油气管道跨越建设技术与研究》获得中国石油工程建设协会石油工程建设科技进步三等奖。

（5）管理团队获得四川石油天然气建设工程有限责任公司科技创新先进单位和四川石油天然气建设工程有限责任公司科技创新优秀团队奖项。

2　工法特点

2.1　结构受力安全

充分利用了悬吊式跨越的自身特点，猫道架设借助原设计桥面结构和索系，猫道线形与主缆一致，减小了猫道架设的附加施工荷载，而且最大程度减小了施工措施和荷载对结构的影响。建立有限元模型对施工过程进行仿真分析，充分保证了塔架、基础、索系、管道在施工过程中的力学健康，同时还保证了塔架、索系、管道及桥面的安装曲线正确合理。

2.2　施工方便快捷

充分结合跨越自身结构特点和线型，利用桥身原有横担，来快速高效地铺设、加固施工猫道，顺桥线型进行安装，实施完成后可快速完成拆卸。

2.3 作业高效

不需架设复杂的缆索系统，不需在两岸修筑地锚系统，轻质的猫道借助跨越自身塔架或主锚进行架设，搭设快速方便，且优良的施工作业环境也提高了桥面结构安装、管道布管和焊接的施工效率，保证施工质量。

2.4 安全性高

安装人员可以在猫道上自由行走，且猫道贯穿全跨，材料设备均可借助猫道进行运输，明显减少了吊装、人员高空作业工作量，劳动人员的工作环境得到很大改善，使得施工安全得到有效的保障。

2.5 环保无污染

不需大面积征用两岸场地来修筑锚固系统，减少两岸原有地貌损毁情况，且猫道使用材料主要为钢丝绳、型钢、木条，主要机械为卷扬机，耗材少且拆卸后可进行回收利用，基本上无废弃物产生。猫道为封闭式作业面，桥面结构及管道安装施工作业时在猫道行走面设置废弃物回收盘，可有效防止固体废弃物和防腐底漆等液体掉落江面。

2.6 经济效益明显

措施使用材料和设备少，且大大减小缆索施工措施量，节约了施工措施安装时间，缩短了施工周期，减小了跨越两岸的征地范围，使得施工工期和施工成本大大减小。

3 适用范围

适用于跨度≤310m、管径≤300mm、无人行桥身通道的悬吊式管道跨越的桥面结构及管道的安装。尤其适用于跨越两端场地不足、无法架设重型缆索吊系统、跨越城市内部河道的悬吊式管道跨越工程的桥面结构及管道的安装。

4 工艺原理

本工法工艺原理是借助悬吊跨越桥面自身结构与主索线型，沿主缆线型进行猫道架设，并在架设好的猫道上进行无人行通道的跨越桥面和管道安装工作，施工完成后利用架设好的猫道来拆除猫道自身结构。

4.1 施工前对猫道进行设计

根据设计图纸数据建立有限元模型进行仿真分析。通过分析读取典型工况下两岸塔架分别的偏移值、背索的受力值等，作为方案实施过程中结构应力、主缆挠度的控制值。

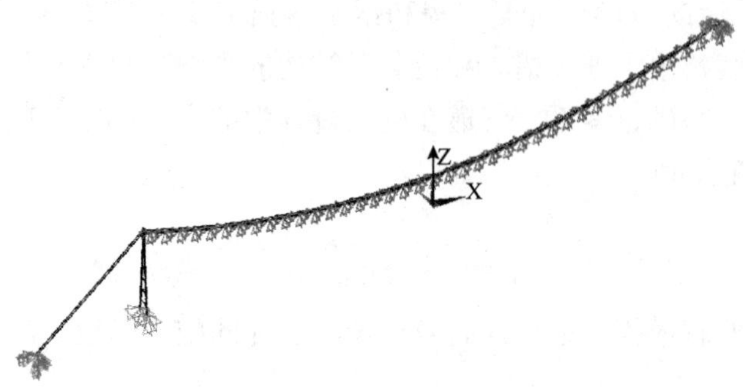

图4–1 结构有限元模型示意图

仿真分析主要流程：

1. 采用有限元法，根据设计图纸数据建立三维模型

对图纸进行分析后，采用BEAM单元模拟钢结构构件，采用LINK单元模拟索构件，根据实际情况模拟铰支、固支等跨越结构边界条件，建立悬吊跨越结构的索系受力平衡模型。如图4–1所示。

2. 采用倒推法，确定各个工况的控制点和控制值

首先，计算分析全桥成桥模型中，各个部位的位置和受力情况，确保塔偏值、跨中垂度等达到设计条件。

其次，倒推施工作业安装顺序，拆除猫道架设后的管道安装等工序，得到猫道架设完毕时结构的形态、猫道未拆除前结构得形态（主要是塔偏和跨中垂度）等控制值。

再次，制作施工作业各个阶段跨越结构的力学和变形的参数表格，包括塔偏、跨中垂度、背索拉力等。

4.2 根据分析计算出的控制值

通过计算选取缆索吊系统中的施工承重索、锚固系统、支撑新系统、转向系统和卷扬机系统等设备材料型号和猫道架设所需材料。

（1）施工承重索：

承重索系根据主索安装工况进行计算选取，如图 4–2 所示。施工承重索主要计算公式：

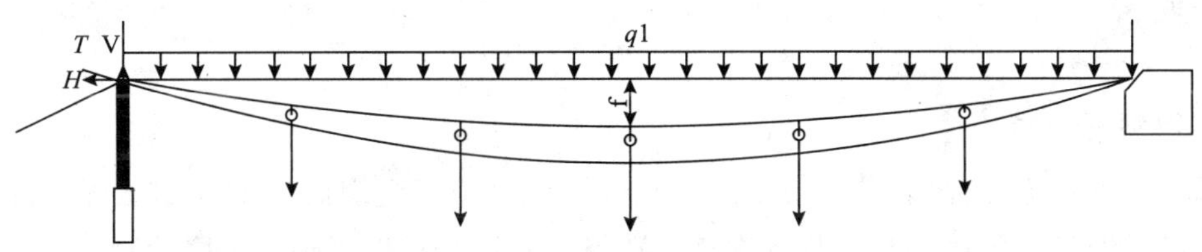

图 4–2 结构受荷示意图

$$H=M_z/f$$

式中，M_z 为跨中弯矩（由吊装载荷及施工索载荷引起的跨中弯矩）；H 为承重索水平拉力，N；F 为垂度。

（2）承重索拉力计算公式为：

$$T=\sqrt{H^2+R^2}$$

式中，T 为承重索拉力，N；R 为竖向支撑力，N。

计算时考虑动载荷系数及安全系数（≥3.5 倍）即可根据计算结果选取钢丝绳型号。若施工工况复杂，也可采用有限元分析方法进行设计计算。

4.3 架设猫道

通过安装好的缆索吊系统沿主缆线架设猫道，并在架设好的猫道上进行无人行通道的跨越桥面和管道安装工作。

4.4 拆除猫道自身结构

施工完毕后利用猫道拆除猫道自身结构。

5 施工工艺流程及操作要点

施工工艺流程及操作要点通过马鸣溪金沙江跨越工程为例进行介绍西南油气田马鸣溪过江管道工程金沙江跨越工程，跨越形式为悬吊式管桥跨越，主跨 310m，属甲类大型跨越。跨越北岸设置一个摇摆式塔架及一个锚固墩，塔架高度为 33.34m，塔架中间设爬梯，塔顶设检修平台。跨越南岸设置一个锚固墩，缆索直接锚固在锚固墩中。桥面结构横梁采用槽钢通过螺栓与吊索连接，无人行桥面结构输气管道通过管座与槽钢固定。跨越结构如图 5–1 所示：

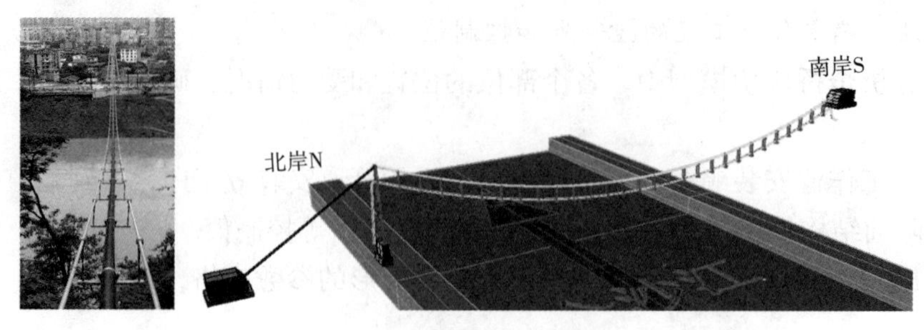

图 5-1 跨越结构示意图

5.1 施工工艺流程（图 5-2）

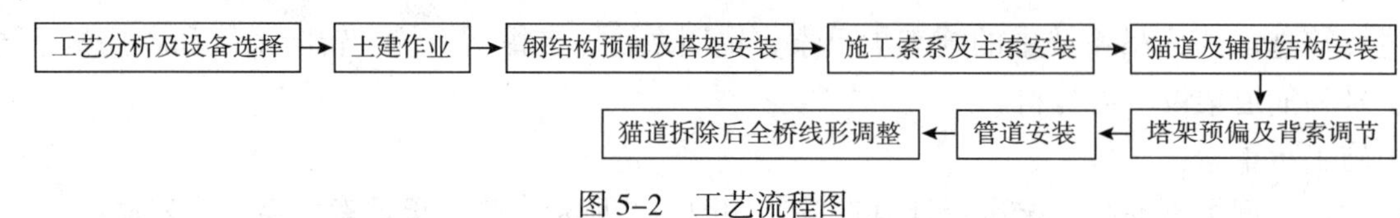

图 5-2 工艺流程图

5.2 操作要点

5.2.1 工艺分析及设备选择

编制工艺施工方案，施工方案严格按照设计文件、经过施工组织设计批准的工程文件执行，施工方案应具有明确的针对性，明确桥身安装的规格、数量、质量，并根据施工工序绘制现场平面布置图。

1. 工艺实施过程分析

因为悬吊式跨越结构只有主索和吊索，没有刚性桥面，结构柔性十分大，猫道系统的安装对结构受力和变形影响较大。因此，在确定猫道实施方案前，需要对猫道进行设计，并建立有限元模型进行仿真分析。需要通过分析读取典型工况下两岸塔架分别的偏移值、背索的受力值等，作为方案实施过程中结构应力、主缆挠度的控制值。

2. 主要施工设备的选择

悬吊跨越桥面安装的主要措施是猫道架设，需要一套沿主缆架设的缆索吊牵引和提升装置，该装置相对悬索跨越需求量较小，其选择需根据跨越结构的跨度、垂度、吊物质量等多种施工因素，结合各个工况的安装荷载来决定。

猫道安装前，要完成塔架及主索安装，而主索安装需要借助缆索吊系统。由于悬吊跨越无桥面结构，且猫道质量相对较轻，因此，整个缆索吊系统的设计依据主索安装需求即可。

整个缆索吊系统牵引和提升装置由支撑塔架、承重索系、行车系统、牵引索、起重索、支撑专项系统、卷扬机等构成，如图 5-3 所示。

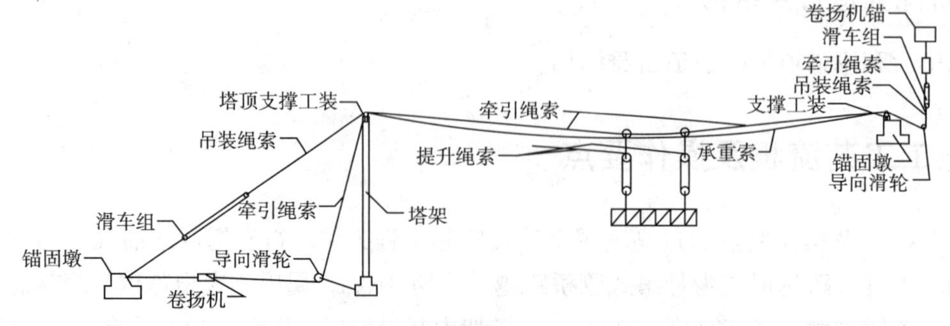

图 5-3 缆索吊系统示意图

1. 两端支撑锚固系统

两端支撑系统主要起到两端固定及主施工索转向的作用，一般选用跨越塔架即可，塔架顶部焊接转向系统来实现该功能。转向系统的安装可采用吊车吊装焊接，也可以提前在塔顶焊接完毕。

当跨越仅有 1 座塔架或者无塔架时，两端支撑系统宜采用两端锚固系统。如图 5–4 所示。

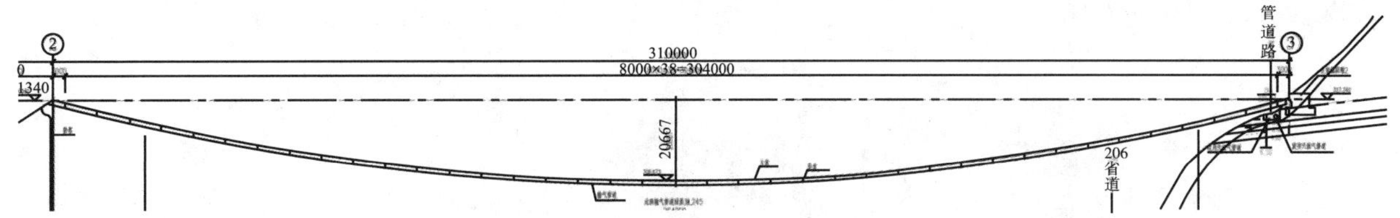

图 5–4 典型的一端塔架一端锚固的悬吊结构

2. 施工承重索

承重索系采用 2 组钢丝绳，根据主索安装工况进行计算选取。计算时考虑动载荷系数及安全系数（≥3.5 倍）即可根据计算结果选取钢丝绳型号。若施工工况复杂，也可采用有限元分析方法进行设计计算。

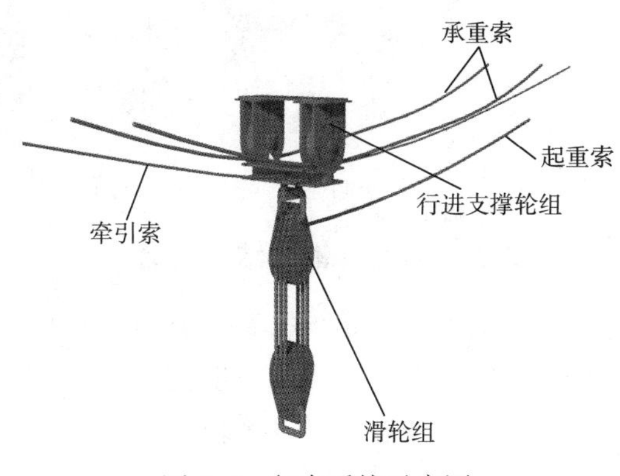

图 5–5 行车系统示意图

3. 行车系统

桥身吊装过程中设置 2 套行车系统，负责桥面结构的吊运及安装。行车系统由行进支撑轮组、滑轮组、钢丝绳组构成。其中行进支撑轮组负责行车沿承重索行进及支撑整个行车的负重，动滑轮组主要负责行车的上下调节及吊挂桥身结构，钢丝绳组连接行进支撑轮组及滑轮组。如图 5–5 所示。

4. 转向系统

在由塔架进行施工索转向的情况下，塔顶需要安装转向系统，转向轮槽和槽间距的大小要适应选取号的施工索大小和滑车组轮距，转向系统结构设计和基脚间距要根据工程实际塔架顶部结构进行设计，设计完毕后，还应采用有限元分析的方法对该局部结构进行分析，明确其受力和变形在安全可控的范围内。转向系统一般采用焊接的方式固定在塔顶部，特殊情况可采用法兰连接。

5. 卷扬机系统

卷扬机系统给整个缆索施工吊装工作提供动力，根据需要选择的主施工索、牵引索、起重索等，以及经过计算分析后的最不利索力进行确定，包括卷扬机的规格型号、数量、牵引速度、锚固位置等。

5.2.2 土建作业

工艺分析及设备选择完毕后进行土建施工作业。根据编制好的工艺施工方案和现场平面布置图进行测量放线，准确定位出锚固系统、锚固墩、塔架基础、卷扬机系统的位置，并按照设计图纸进行施工。

5.2.3 钢结构预制及塔架安装

土建施工作业的同时进行设计桥面结构、塔架、猫道横担、缆索支撑及转向系统等钢结构的预制工作。塔架整体预制完毕后，根据塔架特点及现场实际条件采用 2 台吊车抬吊、1 台吊车按溜尾的整体吊装方式安装。吊装前对塔架进行吊装载荷及塔架重心进行计算，综合考虑吊装载荷、动载系数和不均衡系数选用吊车吨位。

5.2.4 施工索系及主索安装

施工主索系，施工主索采用 1 根钢丝绳。主施工索的架设采用小绳引大绳的方式牵引过江，塔架顶部通过转向系统转向，与两岸锚固系统相连，采用可调式滑车连接，牵引卷扬机牵引张拉绳头，调整索形及张力，采用全站仪测量承重索中跨及边跨垂度，采用索力动测仪测量拉力，调整完毕后承重索采用绳卡锁定。要保证施工索的垂度满足既定值，如图5–6所示。施工索架设完毕后，用缆索吊系统安装主索，如图5–7所示。

图5–6 施工索及缆索系统安装图

图5–7 主索安装示意图

5.2.5 猫道及辅助结构安装

猫道机辅助结构安装总共分为：桥面横担及猫道横担安装→猫道承重索安装→猫道行走面安装→猫道侧护栏安装，共4个步骤。

1. 桥面横担及猫道横担安装

图5–8 吊索与横担安装

利用原有设计桥面来架设猫道，每两组吊索之间增加多组施工吊索及配套索具和桥面结构，使得每两组之间间距≤5m。

由于新增吊索长度、新增桥面钢结构与设计一致，因此猫道线型与主索一致，且所有吊索及桥面沿着主索均匀布置，不改变结构受力特点。

在安装结构设计吊索索具及桥面横担时，新增施工吊索与索具顺着安装方向一起安装，新增的吊索长度、桥面钢结构宽度与设计值一致，达到加快施工速度的作用，如图5–8所示。

2. 猫道承重索安装

在猫道横担和设计桥面横担上，沿桥面结构线型安装支撑索，从两岸牵4根承重索作为支撑并加以固定，支撑索长度及弧形与主索设计值一致。支撑索安装如图5–9所示。

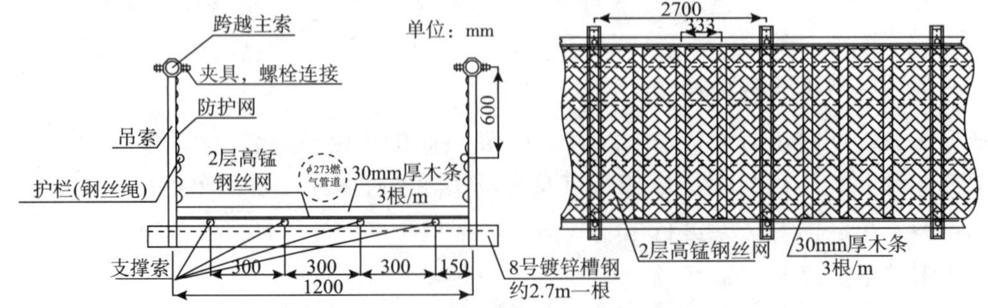

图5–9 支撑索及防护结构安装示意图

3. 猫道行走面安装

猫道承重索上满铺2层高锰钢丝网（孔径2cm）作为猫道行走面，并防人及物跌落，且在高锰钢丝网上按跨越方向每1m铺3根30mm厚的防滑条供人行走，如图5–10所示。

图 5-10　猫道行走面铺设示意图

4. 猫道侧护栏安装

猫道两侧主索与横担间各增加 1 根钢丝绳作为护栏，并在此位置沿跨越长度方向安装防护网，如图 5-11 所示。

图 5-11　猫道两侧防护网架设示意图

5.2.6　塔架预偏及背索调节

施工各个关键控制点的主要验收参数为塔偏，根据前期计算成果表，采用全站仪测量与张拉尺寸进行控制，确保预偏角度。

全站仪架设于塔架一侧，分别测量塔顶模拟计算位置的三维坐标或者高程，通过调整背索使塔偏值达到有限元模拟计算值。

5.2.7　管道安装

猫道安装完毕后，由缆索吊系统将管道从地面吊运至猫道上，并完成布管、组对工作。然后由施工人员在猫道内进行焊接、检测、防腐补口、试压清管作业。如图 5-12 所示。

图 5-12　管道安装示意图

5.2.8　猫道拆除

跨越段空中管道安装完成，试压合格验收后先利用猫道回收施工主索，拆除缆索吊系统，再进行猫道拆除工作；拆除步骤如下：

（1）利用猫道拆除缆索吊系统（图 5-13）。

（2）从跨越中间开始分别向两岸拆除（对称拆除、加快拆除速度），先拆除上方行走的防滑木条，再拆除高锰钢丝网及护栏网。其中钢丝网和护栏网采用卷收的方式。

（3）用卷收法拆除高锰钢丝网的同时，逐个拆除相应的临时吊索、锁架和桥面支撑结构。

图 5-13 猫道拆除示意图

（4）待所有猫道构件拆除完后，支撑用钢丝绳及护栏钢丝绳用两岸卷扬机慢慢收回直至完成。

5.2.9 猫道拆除后全桥线型调整

猫道拆除后，全桥进行全面的线型调整，主要采取张拉、放松背索的方式调节，包括塔偏、跨中垂度、索力等。

跨中垂度和塔偏：采用全站仪进行测量。

背索索力：采用索力动测仪，利用频率动测法测量背索索力是否符合计算要求。

6 设备与材料

主要的施工设备及材料以金沙江跨越工程为例进行说明

6.1 主要设备（表 6-1）

表 6-1 主要设备一览表

序 号	名 称	型 号	单 位	数 量	备 注
1	卷扬机	5t	台	4	
2	全站仪	徕卡 TS02	台	2	
3	GPS RTK 仪	徕卡 GS15	套	1	
4	索力动测仪	JMM268	台	1	
5	通心千斤顶	ZLD-100/200	台	2	
6	吊车	徐工 25t	台	1	
7	行车系统	20t	套	2	

6.2 主要材料（表 6-2）

表 6-2 主要材料一览表

序 号	名 称	型 号	单 位	数 量	备 注
1	钢丝绳	6×37 ϕ52mm	m	1000	缆索吊系统
2	钢丝绳	6×37 ϕ27mm	m	1000	缆索吊系统
3	钢丝绳	6×37 ϕ19mm	m	800	缆索吊系统
4	钢丝绳	ϕ19.5mm	根	6	猫道
5	镀锌槽钢	8 号	根	117	猫道
6	高锰钢丝网	—	m^2	若干	猫道
7	防滑条	L=1.2m	根	若干	猫道

7 质量控制

7.1 相关标准规范

（1）GB 50460—2015《油气输送管道跨越工程施工规范》。

（2）GB 8918—2006《重要用途钢丝绳》。

（3）SY 4207—2007《石油天然气建设工程施工质量验收规范 管道穿跨越工程》。

（4）JGJ 33—2012《建筑机械使用安全技术规程》。

桥面结构安装允许偏差及其检验数量、检验方法按表 7-1 执行。

表 7-1 桥面结构安装允许偏差及其检验数量、检验方法

项 目	允许偏差	检验数量	检验方法
钢梁或钢桁架桥面轴线偏移 /mm	±20	检查 3 处	用尺检测
钢梁或钢桁架桥面侧向弯曲矢高	L/1000	检查 2 处	仪器测量
管桥预拱度	F_p/100	检查 1 处	仪器测量
桥面上吊点的侧向偏移 /mm	±10	检查 4 处	仪器测量
每一组 2 吊索的相对高差 /mm	±20	检查 4 处	仪器测量
断面尺寸 /mm	±20	每节检查 1 处	用尺检测

注：1. L 为桥面长度。

2. F_p 为设计预拱度。

桥身安装过程中对塔架的检查及调整按照表 7-2 执行。

表 7-2 塔架允许偏差及其检验数量、检验方法

项 目	允许偏差	检验数量	检验方法
轴线偏移 /mm	≤10	全数检查	仪器测量
横膈面对角线差值 /mm	5	全数检查	用尺检测
塔身垂直度	H/1500	全数检查	仪器测量
塔身横向挠曲	H/1000	全数检查	仪器测量
塔身高度 /mm	±10	全数检查	仪器测量
主索锚固点标高 /mm	±10	全数检查	仪器测量

注：H 为塔架高度，mm。

7.2 质量保证措施

（1）桥身进行安装前必须对全桥的测量系统进行一次复核，根据前面工序的测量作业记录，对控制网中使用的控制点逐一闭合，采用全站仪光学测量与 GPS RTK 相结合的方式进行。

（2）桥身进行安装前必须对塔架基础、塔架安装状态、锚固墩锚点进行检查及参数收集。

（3）桥身进行安装前必须对桥面结构的数量、尺寸、吊点位置进行检查验收。

（4）猫道安装前和安装后必须对全桥的测量系统进行一次复核，根据前面工序的测量作业记录，对控制网中使用的控制点逐一闭合，采用全站仪光学测量与 GPS RTK 相结合的方式进行。

（5）猫道及桥身进行安装前必须对塔架基础、塔架安装状态、锚固墩锚点进行检查及参数收集。

（6）应根据施工过程中不同工况的实际情况进行计算校核，获取方案实施过程中桥身、塔架、主索的应力及位置情况。实施过程中根据现场应力、索力、挠度监测数据进行对比分析，及时调整方案。

（7）桥身吊装完毕且猫道拆除完毕后应进行现场测量，特别是主索拉力、全桥线型等，根据测量数据，采用背索牵引、吊索调整等措施，调整全桥线型及力学状况符合该工况下的设计要求。

8 安全措施

在施工前，要根据国家有关规定、条例，结合施工单位实际情况和工程的具体特点，认真贯彻“安全第一，预防为主”的方针，组成专职安全员和班组兼职安全员以及工地安全负责人参加的安全生产管理网络，执行安全生产责任制，明确各级人员的职责，抓好工程的安全生产。

8.1 风险识别

本工法主要安全风险有高空坠落、溺水、触电、机械伤害作业施工风险。

8.2 防高空坠落安全措施

（1）操作人员必须经过安全及技术培训，并在指定岗位上操作，穿戴保险带、安全帽、登高鞋。

（2）作业前熟悉吊装方案，仔细检查、核对钢丝绳、吊带等吊具的承载能力和安全性能，在作业范围内设安全监督岗，划定警戒线，确保吊装安全。

（3）在作业前应对锚固基础、吊具索具、吊装机械设备及电器设备进行检查，确认安全后方可作业。

（4）空中作业使用工器具及材料务必有效捆扎，稳妥传递，严禁抛扔，作业人员配备工具袋，工具应放入工具袋内。

（5）作业时下方画出警戒区域，拉上警戒线，现场安全员应进行监控指挥，防止无关人员进入警戒区域。

（6）作业中各环节操作人员必须严格按约定操作信号操作，整个作业由吊装总指挥统一指挥，遇到任何报警信号，应立即停止操作。

（7）高空作业必须执行交接班制度并保持记录完整。

8.3 防溺水安全措施

（1）严禁施工人员下河游泳、洗澡等。

（2）在临河面施工时施工人员要穿戴好救生衣。

（3）在作业前应对吊具索具、吊装机械设备进行检查，确认安全后方可作业，防止人员从高空掉落水中。

（4）在高空和临河面作业时，在两岸设置专职安全员并配备救生衣和冲锋舟，在人员落水时及时救援。

8.4 防触电安全措施

（1）电气作业由持有劳动部门颁发的安全技术操作证的电工进行，非专业电气工作人员，严禁乱动电气设备。

（2）配电盘、箱的各路开关标明“电压”及“送电地点”，设备的电器箱设置有门，采取绝缘和防雨淋措施。配电箱、盘的操作面上其操作部位不得有明露的带电体，配电箱必须上锁。

（3）现场所用电气设备、线路绝缘良好，各接触点坚实坚固，金属外壳设置牢靠的接零线和接地线，电气设备按规定要求装设接地线。

（4）作业现场所用电源插头、插座、开关等满足设备、器具的安全使用要求，安装符合规范。

（5）施工用的所有电动工具由持证电工进行定期检查，并配有漏电保护器。

（6）凡未经检查合格的电气设备，均不得安装和使用。使用中的电气设备应保持正常工作状态，绝对禁止带故障运行。

8.5 防机械伤害安全措施

（1）操作手必须持有特殊工种作业证，才能上岗作业，并执行操作规程，不得违章作业。

（2）设备作业区域内严禁停留和从事其他工作。

（3）非操作手不得启动、使用设备。

（4）设备使用时必须有专人指挥，手势、信号清楚、明确。

9 环保措施

本工法主要环保风险点为噪声污染、废弃物污染。

9.1 通用环保措施

（1）施工现场成立以项目经理为组长的环境保护小组，完善各项管理制度，逐级落实责任，将组织、落实、检查、验收一体化、规范化、制度化。

（2）材料堆放划分区域，将施工场地和作业限制在工程建设允许的范围内，合理布置、规范围挡，做到标牌清楚、齐全，各种标识醒目，施工场地整洁文明。对不同的材料依据性能采取必要的防雨、防潮、防晒、防火、防爆等措施。

（3）合理布置施工场地，优化施工方案，减少对施工场地周边植被的影响，对于临时施工场地，采用设置排水沟、坡面覆盖等方式减小水土流失。

（4）施工机械、车辆统一停放，便于夜间看护，机械设备保持清洁。

（5）对施工便道要通畅、平坦，不积水、不起泥、不扬尘，定期洒水。

9.2 废弃物污染控制措施

（1）设立专用集渣坑，对油料、污水进行集中，认真做好无害化处理，从根本上防止施工废浆乱流。

（2）施工现场配备垃圾桶（袋），产生的固体废弃物（焊条头、废砂轮片、废钢丝刷、矿泉水瓶等）应分类回收处理。

（3）猫道上防腐、补口施工时，在需补口下方设置回收盘，防止防腐底漆等液体掉落江面，待防腐施工完毕后回收处理。

9.3 噪声污染控制措施

（1）合理安排噪声设备的施工计划，降低对周围群众生活造成影响。

（2）发电机等噪声源采取控制噪声措施，并在四周设置隔音板。

10 效益分析

可提高桥面结构安装、管道布管和焊接的工作效率，劳动条件好，节约施工成本，优势明显。

1. 经济效益

本工法结合跨越结构自身特点，充分利用悬吊桥自身结构与受力特点，只需架设一道轻型的缆索吊系统即可完成猫道架设和管道、桥面的安装工作。轻型缆索系统架设快速方便，较悬索跨越用缆索系统架设而言节约了架设和拆除时间。

主要措施采用的是可回收利用的钢丝绳、型钢等材料，且尽可能多地采用了跨越自身缆索和钢结构，大大减少了措施材料用量，相比原大型吊篮安装而言，桥身安装费用节约 30%，施工时间减少 35% 以上，地貌影响减少 43% 以上。

主要施工机械设备仅为卷扬机，机械设备费用低。

本工法所需施工场地小，主要施工区域均在跨中河道内的猫道上，施工干扰因素少，有利于减少施工对环保的影响。对道路和施工场地的需求小，也可减少临时占地和地貌恢复费用。

创造经济效益约为 230 万元，其中节约材料、设备费购置、使用费约 130 万元、土建施工费用约 47 万元、人工费约 38 万元、征地费约 15 万元。

施工方法	材料、设备购置使用费 / 万元	土建施工费用 / 万元	人工费 / 万元	征地费 / 万元
原施工方式费用	240	131	88	35
本工法施工费用	110	84	50	20

2. 环保效益

本工法根据跨越实际结构形式，充分利用跨越自身塔架和锚固系统，施工措施量占地小，环保效益突出。

3. 社会效益

通过实际工程应用，本工法技术先进、安全，施工效率高、质量高，环保效益好，社会效益明显，具有很大的推广应用价值。

11 应用实例

该工法已经成功应用于马鸣溪金沙江跨越工程（跨度 310m、大型悬索跨越），桥身一次安装合格率 100%，猫道架设仅用 7d，猫道拆除仅用 4d。赢得了业主和同行业的广泛赞誉（图 11–1）。

工程开工报告　　TY-05

工程名称	马鸣溪支线金沙江过江管道工程	工程编号	S2010-304E
施工（总承包）单位	四川石油天然气建设工程有限责任公司管道穿跨越工程公司	工程类别	新建
合同编号		合同金额	

计划开工日期：2017 年 8 月 26 日
计划竣工日期：2018 年 6 月 21 日

主要工程内容：

金沙江马鸣溪支线管道跨越工程位于宜宾市翠屏区柏溪镇农生村农兴组和宜宾县普安镇普和村 5 组之间，主缆跨径组合至北向南为（310+58）m，属于甲类大型跨越工程，跨越管道运营设计压力 2.5MPa，管径为 D273mm。

本跨越按照基准周期 50 年设计。主缆系统采用 PESC7-055 平行钢丝束，主索吊索：PESC5-7，锚具均采用热铸锚，主缆分成 2 段，在塔顶位置销接。

塔架高度（含支座）总高度 h=33.34m，主管塔顶横向中心距 b=1.2m，底部横向中心距 b=5.954m。

北岸塔架基础采用钢筋混凝土独立扩展基础，采用 11.5m×5m 矩形截面，高度为 6.5m。两岸锚固墩均采用现浇钢筋混凝土重力式，北岸基础尺寸 8.7m×3m×6m，南岸基础尺寸 7.5m×3m×5.5m。

开工准备情况：

1、开工标段施工图纸可满足连续施工的要求，并已完成图纸会审、设计交底工作。

2、施工组织设计（方案）、HSE 两书一表二案、质量体系及质量检验计划已通过监理分部审查。

3、施工管理人员已经到位，资质符合要求。

4、施工机具、设备、部分工程物质已到场，且满足开工及随后施工的需要。

5、设计已现场交桩，并对桩点进行了复核，测量放线已完成。

6、施工场地"四通一平"（即供电、供水、运输、通讯和场地平整）工作已完成，具备开工条件。

7、质量、HSE 监督、开工前审计已送审。

施工（总承包）单位	监理单位	建设单位
（公章） 项目经理： 年 月 日	（公章） 总监理工程师： 年 月 日	（公章） 项目代表： 年 月 日

业务主管部门意见：
（需要时有此审批栏）

（公章）
经办人：
年 月 日

说明：本表格由施工单位申请单项或单位工程开工时使用，业务主管部门意见根据各油气田管理要求填写。

图 11–1　沙江跨越工法应用实物图及开工报告

长输管道水磨钻管沟成型施工工法

四川石油天然气建设工程有限责任公司
汪昱吉　徐诗皓　罗泽松　魏群坤　李丹枫

1　前言

随着地面建设规划的扩大，长输管线建设的主体逐渐走向山区或边远地区，山区管道施工最大的局限性在于地形限制。由于地形特殊性造成管沟开挖土石方量增大，工程造价增高。同时采用传统的施工方法爆破开挖、机械破碎等噪声、振动强烈，易造成管沟垮塌，对过往人员机械造成安全隐患，而且很多地区机械难以进场施工，同时又禁止使用爆破开挖，这种情形下采用水磨钻施工具有较强的针对性。

水磨钻管沟成型施工在川渝地区天然气管网调整改造工程、万州－云阳天然气供气管道工程、巴中地区供气管道工程和北外环集输气管道三期工程中得到较好的应用。

2　工法特点

（1）设备投入少、操作简单：本工法设备小巧轻便、技术成熟、操作简单。

（2）投资需求小：减少修筑大量施工便道，减少土石方开挖量，大大降低施工成本投入。

（3）对环境破坏小：大量减少施工临时占地面积和水工保护工作量。减少机械开挖管沟对植被的破坏和水土流失。

（4）安全风险较低：减少火工品管理和使用，降低了施工中的安全隐患。

（5）针对性强：对山区石方段地形针对性较强，避免了机械进场，减小运输安全隐患。

3　适用范围

本工法适用于无法爆破、机械难以进场、难以形成施工作业带的陡坡地段以及采用整体预制发送就位的陡坡管道施工。

4　工艺原理

管沟开挖采用水磨钻取出岩心，形成外圆周临空面，然后对剩余的岩心部分进行分块，在分块的岩石上钻一排小孔，锤击挤压岩石使岩石，同时受到铅锤面上的拉力和水平面上的剪切力作用，当挤压力大于极限抗拉力和极限抗剪切力之和时，岩石沿铅锤面被拉裂并从底部发生剪切破裂，取出分裂的岩块。依次按照分层取心、破裂、取岩块的循环工序，达到成沟的目的（图 4–1）。

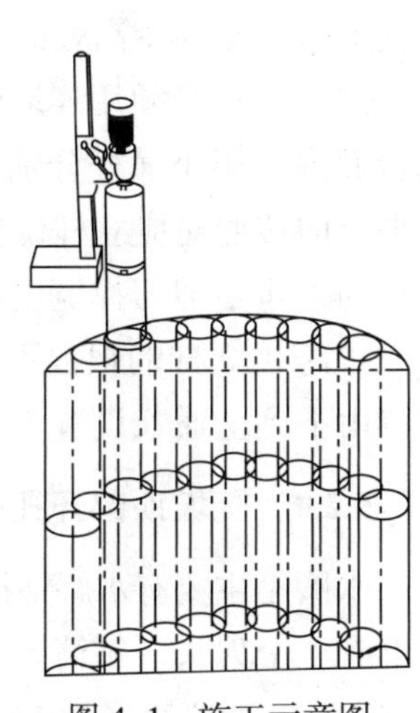

图 4–1　施工示意图

5 施工工艺流程及操作要点

5.1 施工工艺流程（图 5-1）

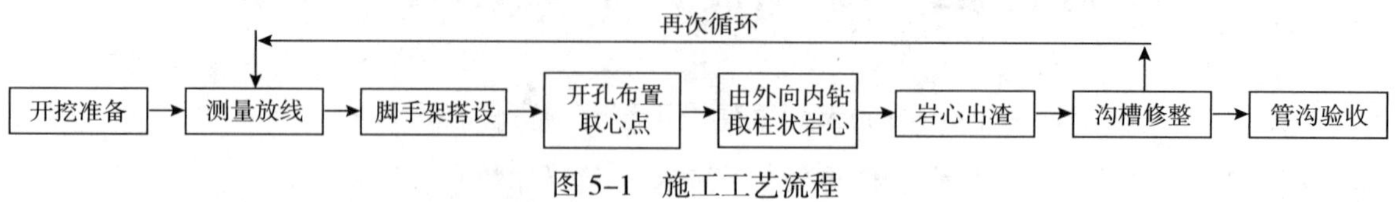

图 5-1 施工工艺流程

5.2 操作要点

5.2.1 开挖准备

（1）编制《施工作业指导书》，编制施工方案，报经业主（监理）单位批准。

（2）组织技术人员、安全人员、起重工对施工地段进行风险识别，制定安全防范措施，落实措施工程施工，对施工班组进行安全技术交底。

（3）施工机械水磨钻、架管以及安全带等必须符合要求，确保完好、可靠。作业人员必须进行作业岗位培训，取得资格证书，并在施工前对作业人员进行安全应知应会考核。

（4）确保作业人员劳保衣裤，安全帽准备到位。

5.2.2 测量放线

（1）依据线路图纸、控制桩、水准标桩进行测量放线。放线宜采用 GPS 定位，全站仪测量，测量放线中应对测量控制桩全过程保护。

（2）中心线和作业带边界线定好后，在陡坡上下各设一水准点，以便开挖时对深度进行控制。

（3）测量过程中应做好各项测量记录，包括控制桩测量（复测）记录，转角处理记录。

5.2.3 脚手架搭设

（1）依据现场地形，立杆定位→摆放扫地杆→竖立杆并与扫地杆扣紧→装扫地小横杆，并与立杆和扫地杆扣紧→装第一步大横杆并与各立杆扣紧→安第一步小横杆→安第二步大横杆→安第二步小横杆→加设临时斜撑杆，上端与第二步大横杆扣紧→安第三、第四步大横杆和小横杆→接立杆→加设剪力撑。

（2）脚手架必须设置纵、横向扫地杆。纵向扫地杆应采用直角扣件固定在距底座上皮≤200mm 处的立杆上，横向扫地杆亦应采用直角扣件固定在紧靠纵向扫地杆下方的立杆上。当立杆基础不在同一高度上时，必须将高处的纵向扫地杆向低处延长两跨与立杆固定，高低差≤1m。

（3）立杆必须用连墙件与陡坡墙体可靠连接，连墙件采用二步三跨，且每个连墙件都锚固在陡坡基岩面内，用小横杆分别采用人工钻孔、锚固在垂直的基岩石壁上。连墙件竖向每隔一层进行设置，水平方向按照对应立杆位置进行满设。

（4）每道剪刀撑宽度应≥4 跨，且≥6m，剪刀撑斜杆与地面倾角应为 45°～60°。倾角为 45° 时，剪刀撑跨越立杆的根数不应超过 7 根；倾角为 60° 时，则不应超过 5 根。剪刀撑按脚手架外立面宽度布置由下到上通长设置（图 5-2）。

5.2.4 陡坡顶部开孔布置取心点

水磨钻主要有水磨钻机、水磨钻筒和专用水泵三部分组成。一个水磨钻配备 3～5 水磨钻筒，水磨钻筒上有 7 个刀头。钻筒外径为 160mm，内径为 140 mm。在陡坡顶部选取合适位置开孔，同时在外圈布置取心点，取心直径为 150mm，取心圆与锁口内壁相切，取心圆之间的距离为 130～150mm（图 5-3）。

图 5-2 脚手架搭设图

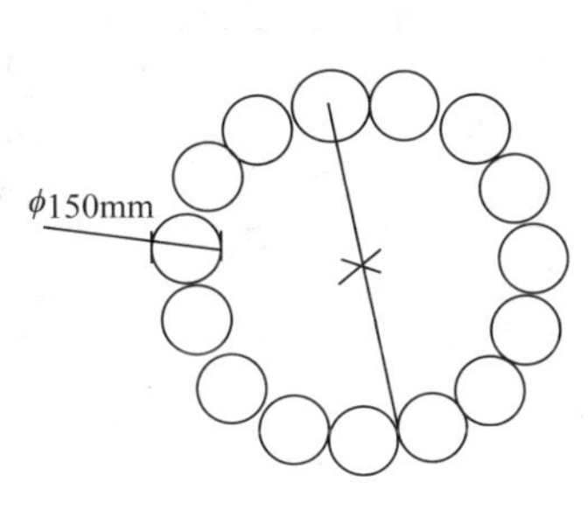

图 5-3 取心布置图

5.2.5 钻取柱状岩心

由外向内依次钻取岩心，以外倾角 20° 钻取岩层，取出的岩心高度大约 300mm，将周围的岩心取完后桩心体岩外围便形成一个环形临空面。钻孔从最外侧开始，成圆形状按顺序进行钻孔，当最外一圈成型后，取出岩心，继续进行相近内侧的钻孔施工，直到整圈岩石均被取出为止（图 5-4）。

图 5-4 钻孔取心

5.2.6 岩心出渣

水磨钻开挖需分层推进，每层深度约为 0.7m，将钻出的岩心进行依次出渣，钻孔取下的岩心用铁桶吊下陡坡，将岩心定点堆放，最后统一处理（图 5-5）。

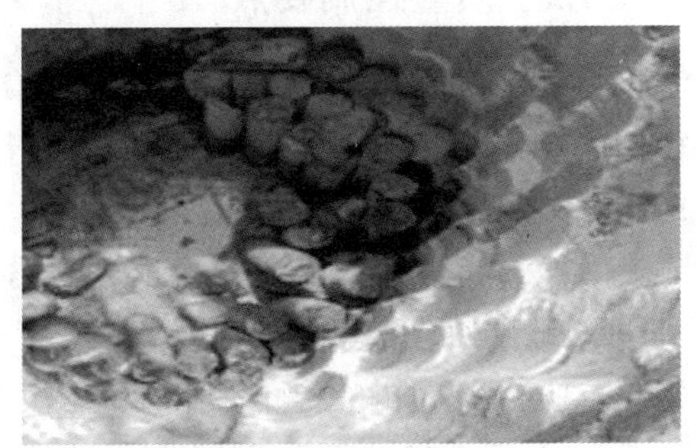

图 5-5 出渣岩心示意图

5.2.7 管沟修整

钻完后应检查孔底沉渣是否清理干净，及时清除松渣，污物，由于水磨钻成型管沟凹凸不平，须采用风镐配合进行凿平处理，处理完毕用砂浆抹面。

5.2.8 验收

开挖完成后，应及时通知监理业主进行检查验收，做好验收记录，验收合格后应及时办理工序交接程序。以便进行下一道工序。

6 材料与设备

6.1 材料（表 6-1）

表 6-1 主要材料一览表

序 号	名 称	型 号	单 位	数 量	备 注
1	白棕绳	ϕ16mm	m	400	
2	白棕绳	ϕ12mm	m	200	
3	防护网		㎡	1000	
4	架管	ϕ48mm × 5mm	t	5	
5	钢跳板	3000mm × 250mm	块	200	
6	铁质筒		个	2	
7	安全带		副	4	
8	警戒线		m	300	

6.2 设备（表 6-2）

表 6-2 主要设备一览表

序 号	名 称	型 号	单 位	数 量	备 注
1	水磨钻		台	2	
2	风镐（配空压机）		副	2	
3	铁质筒		个	2	

7 质量控制

7.1 相关标准规范

（1）GB 50369—2014 《油气长输管道工程施工及验收规范》。

（2）SY 6444—2010 《石油工程建设施工安全规定》。

（3）JGJ 130—2011 《建筑施工扣件式钢管脚手架安全技术规范》。

7.2 质量控制要点

（1）设专人质量检查员，班组设兼职质检员，明确各级责任。分项施工的现场实行标示牌管理，写明作业内容和质量要求，要认真执行三检制度，即：自检、互检、工序交接检验制度，切实做好隐蔽工程的检查工作。

（2）布置取心点以及钻孔必须严格按照要求进行。开孔位置准确，开孔时要慢速钻进，待钻头全部进入地层后，方可加速钻进。

（3）钻孔时因故停止钻孔时，需保证孔内水位与泥浆相对密度与黏度，同时必须将钻头拔出孔外。

（4）开挖时设置质量检查点，加强对关键部位的控制。检查点是专职质量检查人员根据检验计划和检查作业指导书、定时定位进行的检查。

①对施工设备以及材料的验收必须符合质量验收标准。

②脚手架搭设符合《建筑施工扣件式钢管脚手架安全技术规范》(JGJ 130—2011)。

③钻孔开始后应随时检测水平位置与竖直线，如发现偏移，应将钻头拔出，调整后重新压如钻进。

④水磨钻开挖管沟后需对沟壁进行修整，沟内无塌方、无杂物、无凹凸，沟底宽度允许偏差为±100mm、深度允许偏差为50~100mm。

(5)严格施工纪律，把好工序质量关，上道工序不合格不能进行下道工序的施工，否则质量问题由下道工序的班组负责。对施工流程的每一工作内容要认真进行检查。

8 安全措施

(1)高处作业人员必须按规定穿戴劳动安全保护用品、拴好安全带安全绳，不按规定使用不准作业；高处作业工种人员必须持证上岗，非特殊作业人员不准从事特种作业。

(2)凡是高血压、心脏病、癫痫病、晕高或视力不够等不适合做高处作业的人员，均不得从事架子作业。凡从事架子工种的人员，必须定期(每年)进行体检。

(3)脚手架作业时，必须佩戴安全带。所用的杆子应栓2m长的杆子绳。安全带必须与已绑好的立、横杆挂牢，不得挂在铅丝扣或其他不牢固的地方，不得“走过档”(即在一根顺水杆上不扶任何支点行走)，也不得跳跃架子。

(4)脚手架的安全性是由架子的整体性和架子结构的完整性来保证的，未经允许严禁他人破坏架子结构或在架子上擅自拆除与搭设脚手架各构件。其中在脚手架使用期间，下列杆件严禁拆除：如主节点处横纵向水平杆。

(5)拆架程序应遵守“由上而下，先搭后拆”的原则，即先拆跳板、剪刀撑，而后拆小横杆、大横杆、立杆等。

(6)钻孔施工前，应在危险区边界设置明显标志。在危险区边界应设置岗哨，其位置应能监视所有在施工人员，并使之处于相邻岗哨视线范围之内。

(7)钻孔施工前，应清除作业区域内的危石、悬石、松动易滚落的石块。

(8)安排安全值守人员看守坡体上下的人行道路口，严禁闲杂人员进入施工区域。

(9)为保证管线及施工人员安全，防止在钻孔成沟时，散石或塌方伤人、砸坏设备等事件发生，以及防止施工人员在陡峭段施工作业时滑落。在管沟靠山体一侧修筑挡石栅栏；对于管线靠公路段，为防止施工时散石落入道路阻碍交通或损坏民房，在管沟下侧，公路的靠山一侧，公路旁设置防护网。

9 环保措施

(1)严格按照当地环保部门要求做好现场环保工作。

(2)严格执行各种设备的安全操作规程。

(3)施工现场所使用的所有机具设备、材料均应该按时进行检查，不合格应该更换，钻孔产生的碎石碎渣应该及时清理。

(4)在保证施工的前提下，尽量不破坏周边植被环境。

(5)清理产生的岩心在指定地点堆放整齐，且不能对堆放地点周边环境产生影响。

(6)设置一个位置适中的临时垃圾存放场地。

(7)每个施工班组配备一个垃圾桶和一个回收桶。施工现场五牌一图应该及时设置，保证施工现场的安全规范。

（8）所有废弃物定期拉运到当地政府部门指定的地点集中处理。

（9）施工时产生的粉尘、废弃物等垃圾，应该严格控制，保证不对现场造成环境污染。

10 效益分析

（1）一方面采用水磨钻施工可以大幅度降低作业带和施工便道修筑的土石方工程量和水工保护工程量，减少作业带宽度和对地表植被的破坏，降低水土流失；另一方面增加施工安全性、保证施工质量，降低施工机械设备在陡坡施工的安全风险。再次，水磨钻代替大型机械，降低运输费用和运输风险，减少大型设备的进场，大大减小了陡坡作业的安全风险。

（2）该工法通过在川渝地区天然气管网调整改造工程、万州－云阳天然气供气管道工程、巴中地区供气管道工程和北外环集输气管道三期工程的施工应用，共开挖石方段管沟 3580m，节约工期 40 余天，其中材料、人工费节约 60 万余元；机械单价 1500 元 /d，节约成本 20 万元；施工占地面积减少 20 亩，减少施工便道修 15km，单价 40000 万元 /km，节约 60 万元；便道土石方约 50000m^3，节约 75 万元。创造经济效益共计约 200 万元，确保了工程的顺利运行。

（3）在本工法的应用过程中，施工所产生的岩心都得到统一处理，真正实现了“零污染、零排放”，环境效益明显。通过水磨钻在陡坡陡坎地段的应用，积累了丰富的施工经验，此工法对于以后同样工程的指导具有重大意义。

11 工程实例

11.1 应用项目

本工法在巴中地区供气管道工程、北外环集输气管道三期工程、万州－云阳天然气供气管道工程等项目中的成功应用。不仅提高了高陡坡地段石方段管沟开挖的效率，也提高了我公司在长输管线地面建设中的技术装备实力，并创造了可观的经济效益，得到了业主、监理方的一致认可。其运用情况见表 11–1：

表 11-1 本工法运用情况

工程项目名称	时 间	陡坡开挖方式	工程量 /m
川渝地区天然气管网调整改造工程	2013 年	水磨钻	800
北外环集输气管道三期工程	2015 年	水磨钻	180
万州－云阳天然气供气管道工程	2017 年	水磨钻	2200
巴中地区供气管道工程	2017 年	水磨钻	400

11.2 应用图片（图 11-1）

图 11–1 水磨钻陡壁钻孔取心

双相不锈钢管道 TIG 半自动对接焊施工工法

中油（新疆）石油工程有限公司

王 京 张 帆 栾军华 张继民 林 君

1 前言

LC65-2205 双相不锈钢是一种 Cr 的质量分数为 22% 的双相不锈钢，屈服强度为 400MPa，抗拉强度为 650MPa。双相不锈钢的金相组织由铁素体和奥氏体两相组成，具有体积分数大体相等的特征，兼有奥氏体不锈钢与铁素体不锈钢的双重特征。由于其特性，每道口焊接完成后要进行铁素体检测；与奥氏体不锈钢一样在焊接过程中对氧气异常敏感，因此正面和背面的惰性气体保护要求高；LC65-2205 双相不锈钢焊接比普通奥氏体不锈钢对污染更敏感，焊接接头可能出现热影响区耐腐蚀性降低；同时焊接线能量对焊缝及热影响区耐蚀性有很大影响，在焊接热循环作用下焊接接头性能恶化，控制适中的焊接线能量，是获得平衡的双相组织的关键，是焊接接头的力学性能和耐蚀性能得到保证的关键。

国内油气田建设工程中，双相不锈钢管道传统的焊接施工工艺为手工氩电联焊工艺，焊接工艺稳定性受人为因素影响较大，经常出现焊接热输入较高、焊接工效低、焊缝成型外观差、无损检测一次合格率低、焊缝耐腐蚀性能因个人水平及熟练度不同质量差异大等问题。且手工氩电联焊焊工劳动强度较大，自动化水平较低，焊接工艺适应性及焊接质量一致性较低，不能适应目前工程建设施工高效率、高质量的需求。

为此，中油（新疆）石油工程有限公司在国内首次研究并应用了双相不锈钢管道 TIG 半自动对接焊施工工法，该工法兼具人工和机具设备优势互补、工艺合理的优点，首次实现了可控的对熔池的送丝动力搅拌功能，大幅度提高了熔敷效率和熔池的冶金性能，显著降低了热输入，将普通钨极氩弧焊的焊接效率提高约 2 倍，使焊缝的机械力学性能、冶金化学性能得到了显著的提高，焊缝背面氩气保护并实时检测浓度、自动采集焊接工艺信息，具有适用性广、可操控性强、灵活性好、清洁环保、质量优异、外观成型好、施工工效高成本低、施焊人工强度低、实时监测可控等特点。

在塔里木油田公司大北 11 断块试采地面工程、大北 12 断块试采地面工程中得到了成功应用，共焊接约 10.04km，X 射线无损检测一次合格率达到了 97.88%，铁素体检测合格率 100%。达到了预期的研究效果，取得了良好的经济效益和社会效益。应用了我公司申请的国家专利 2 项（具有背保护功能的内对口器 ZL201520011716.1，内充氩保护装置 ZL201520011693.4）。

2 工法特点

2.1 适用性广，可操控性强，灵活性好

TIG 半自动焊设备焊工对熔池的可视性和操控性极佳，不同点位焊接结合焊工观察熔池状态并调整周向速率、摆幅速率完成焊缝焊接，焊接过程融入了人为优点，焊接部体积小、操作灵活。

TIG 半自动焊接培训时间短，操作易掌握：15 天即可完成取证及具备进场条件。

TIG 半自动焊适用于多种管道连接方式：除一般直线段外，对工艺管道部位焊接、管件焊接、穿越连头焊接均适用，半自动工作部件小适用于作业操作狭窄的空间，适用于横焊、水平焊、45°倾斜焊等不同焊接位置，适用于 U 形坡口、V 形坡口等不同管道坡口形式，适用于 400mm≥管径 *DN*≥100mm、10mm≥壁厚≥4mm 双相不锈钢管道焊接施工，对于地势起伏坡度大的不利地貌环境（如山区、沙漠、戈壁、农田、水域地段等）也有较强的适用性。

2.2 清洁环保

实芯焊丝焊接无焊条头、无焊渣、无烟尘，采用焊材有效熔敷率高达 95% 以上，既保证环保效果又保障了操作人员职业健康。管道内清洁便于后续工序的高效推进，且利于投产后管道设备运行与维护保养。

2.3 质量优异

TIG 半自动焊施工的管道射线无损检测一次合格率达到了 97.88%，铁素体检测合格率为 100%。

该工法在国内双相不锈钢焊接工艺中，首次运用快速推拉送丝技术，降低缺陷率，基本消除常规氩弧焊气孔等缺陷，快速推拉送丝有效破坏熔滴和熔池的表面张力、细化晶粒，使裹挟在熔池中的气体容易逃逸，大幅度提高了熔敷效率和熔池的冶金性能。

TIG 半自动焊机低焊接线能量精准控制，输出适中的焊接线能量，避免在焊接热循环作用下焊接接头性能恶化，获得了平衡的双相组织，焊接接头的力学性能得到了保证。焊缝耐蚀性能优良，抗腐蚀、点蚀，经检测焊缝双相组织达到了要求的 30%~60%，抗点蚀、抗腐蚀性能稳定。焊缝内外部表面成型好，焊缝鱼鳞纹路规则、焊缝两侧呈直线型、焊缝高度均匀，焊接后不需要进行焊缝表面打磨处理。半自动焊和手工焊焊缝成型对比见图 2-1、图 2-2。

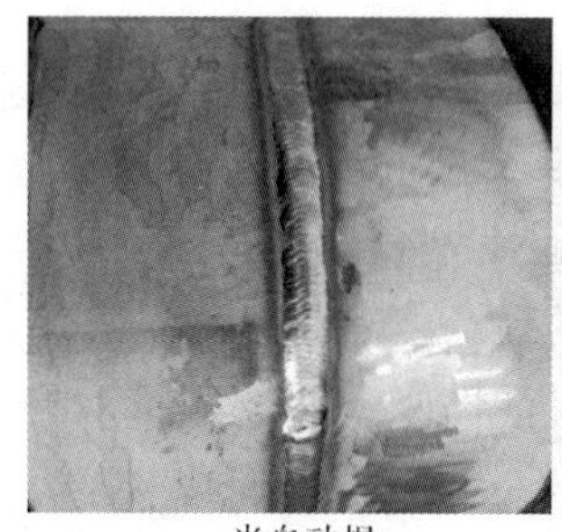

半自动焊

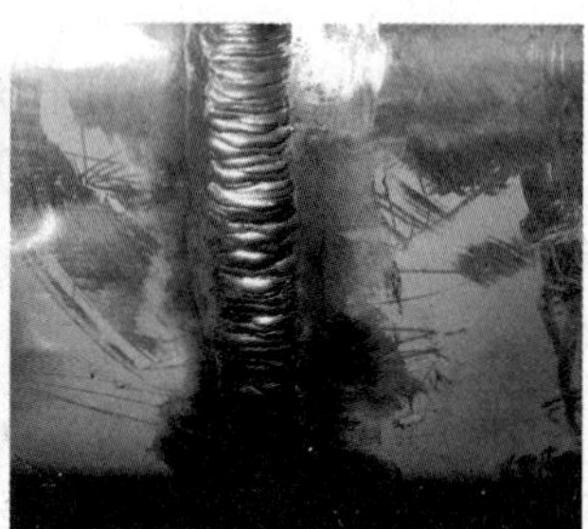

手工氩电联焊

图 2-1 焊缝外成型对比

半自动焊

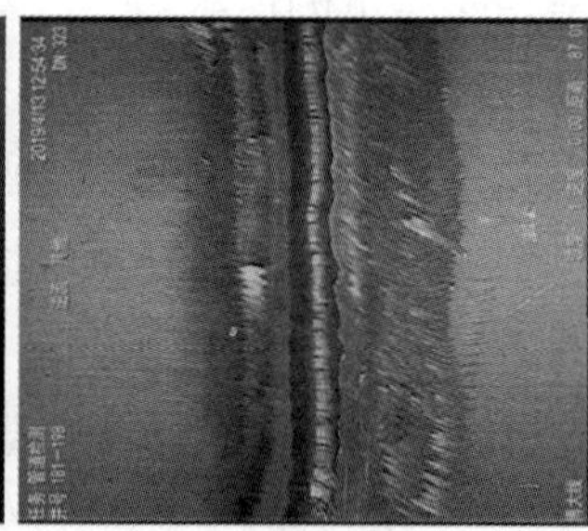

手工氩电联焊

图 2-2 焊缝内部成型对比

2.4 工效高

半自动焊热丝电源每分钟焊接熔敷量为手工氩电联焊的 5 倍，中途无需更换焊丝，降低停焊时间，综合对比手工氩电联焊的焊接效率提高约 1.5 倍，半自动焊单手操作，解放一只手进行有效的辅助作业保证焊接高质量高效率。焊后焊道温度较低，等待温降时间至少节约 95min/ 道［手工氩电联焊每层（共 5 层）42min，总计 210min，半自动每层仅需 23min，总计 115min］。

3 适用范围

本工法适用于 400mm ≥管径 *DN* ≥100mm、10mm ≥壁厚≥4mm 的双相不锈钢管道焊接施工，适用于工艺管道及管件的焊接施工，适用于焊接位置为水平焊、横焊、45° 倾斜焊等全位置焊接施工，适用于 U 形坡口、V 形坡口等不同坡口形式的焊接施工，半自动工作部件小适用于作业空间狭窄的焊接施工，适用于地势起伏坡度大的山区段、戈壁、沙漠、农田等不同地貌环境及特殊地段管道焊接施工。

4 工艺原理

双相不锈钢管道 TIG 半自动对接焊施工工法，采用半自动根焊、热焊、填充盖面焊。焊接设备为半自动焊接电源＋ TIP TIG 送丝机 + 控制柜组成。保护气体采用浓度 99.99% 的 Ar 气体，焊缝内壁充氩及氩气封闭由内对口器自带部件进行，焊缝外壁氩气保护由焊枪自带。焊口组对采用内对口器配合，U 形坡口组对间隙为零间隙、钝边 2.0~2.2mm ；V 形坡口组对间隙为 2.8 ~ 3.2mm、钝边 0.5 ~ 1.5mm。

双相不锈钢管 TIG 半自动对接焊是一种快速推拉自动送丝的热丝 TIG 焊接技术，实现了可控的对熔池的快速推拉送丝功能，能有效破坏熔滴和熔池的表面张力、细化晶粒、使裹挟在熔池中的气体容易逃逸，大幅度提高了熔敷效率和熔池的冶金性能，显著降低了热输入。它将普通钨极氩弧焊的焊接效率提高了约 1.5 倍；氩弧焊的焊接熔敷效率达到或接近熔化极 MIG ；更重要的是由于可控的快速推拉送丝系统，使焊接熔池的冶金性能发生了显著的改善，即：使焊缝的机械力学性能、冶金化学性能得到了较大提高，尤其在合金类焊接双相不锈钢焊接难度比较大、焊接质量要求高的特种焊接领域。

5 工艺流程及操作要点

5.1 工艺流程（图 5-1）

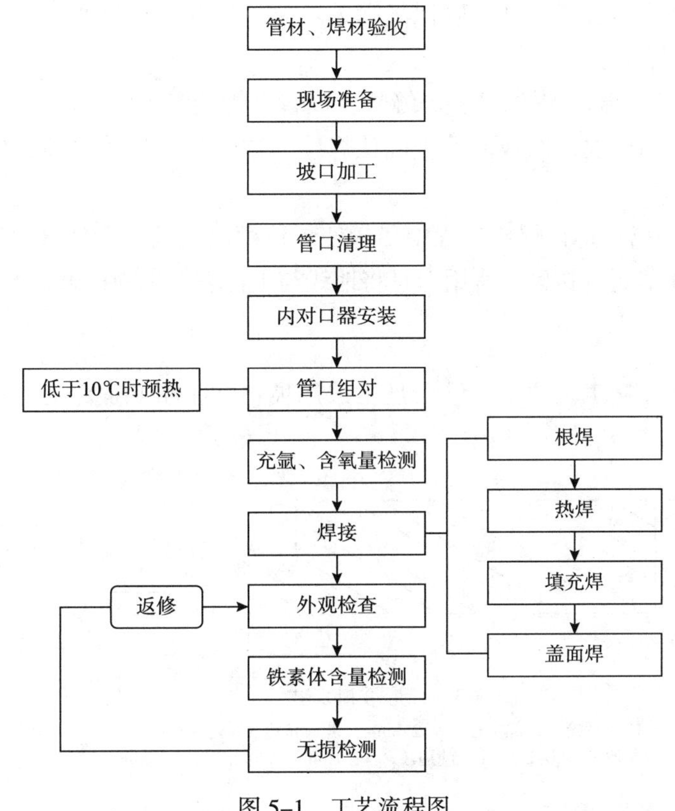

图 5-1 工艺流程图

5.2 操作要点

5.2.1 管材、焊材验收

图 5-2 椭圆度检查

（1）管材加工时严格进行驻厂监造，运输至现场前对管道外观进行检查验收，检查合格后方可使用，尤其是管口及 15cm 范围内管口椭圆度、壁厚、周长、直焊缝等重要参数（图 5-2）。

（2）焊接材料应分批号按标准规定进行验收。

（3）焊丝包装应密封完好，表面光滑、洁净，无油污和其他赃物。

（4）双相不锈钢管材不许与其他材料混合堆放，必须单独堆放，严禁与铁质物品接触。

5.2.2 现场准备

（1）制定焊接工艺评定并编制焊接工艺指导书，焊材、管材、坡口形式及参数符合标准和设计要求。

（2）使用直流焊接电源，焊接设备应能满足焊接工艺要求，工作状态和安全性良好，能准确地显示工艺参数。

（3）打开焊机、送丝机、采集盒电源开关，按照焊接参数选择电源面板按钮，高频起弧。

（4）检查设备的冷却水路、送丝和热丝系统是否正常，焊枪开关是否灵敏。

（5）检查气路：压下起弧开关后应及时按下熄弧开关，焊接气体流量一般为 15L/min 左右。

（6）严禁使焊枪长时间处于高频放电状态，焊枪长时间放电极易烧坏焊枪枪柄。

（7）起弧前检查焊枪枪头各损耗件，确保气筛无堵塞、破损及连接紧固，瓷嘴连接紧固，导电嘴磨损严重豁口时及时更换导电嘴。

（8）在焊接参数采集盒上输入焊工号、焊缝号，设置好焊接参数。

（9）在焊机电源面板和送丝机面板上检查确认焊接参数。正式焊接之前，应在试板上调整焊接参数，并检查设备状态。

（10）为确保送丝的顺畅性，在焊接过程中尽量使焊枪摆放顺畅，严禁缠绕形成卷状。

（11）焊接地线应尽量靠近焊接区，宜用卡具将地线与工件表面牢固接触，严禁产生电弧伤害母材。

5.2.3 坡口加工

管端坡口根据半自动焊接工艺要求，坡口加工采用坡口加工机和成型刀具进行。U 形坡口加工，坡口形式如图 5-3 所示。

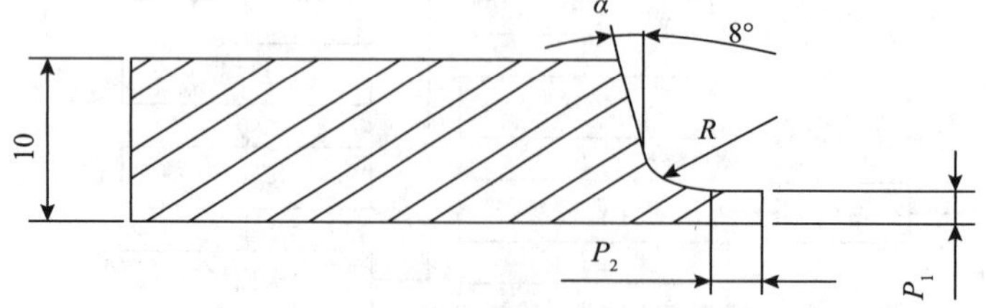

图 5-3 U 形坡口形式

U 形对接：根部半径：R=2.4mm；坡口角度（α）：8°；
钝边（P_1）：2.0~2.2mm；钝边（P_2）：1.8mm；间隙（b）：0mm

V 形坡口加工，坡口形式如图 5-4 所示：

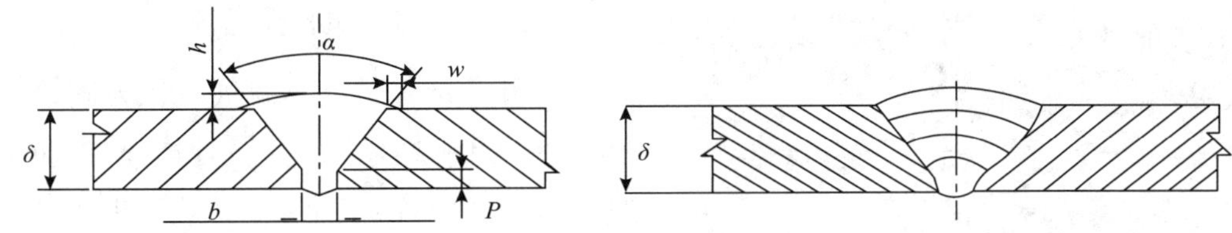

图 5-4 V 形坡口形式

V 形对接：（α）：60° ~70° ；间隙（b）：2.8 ~ 3.2mm ；钝边（P）：0.5 ~ 1.5mm

在坡口加工（图 5-5）完毕后根据坡口尺寸要求对坡口尺寸进行检查，不合格的坡口重新进行加工。管口管材直焊缝 10cm 范围内余高打磨平整，加工完成的坡口采用抛光片将毛刺等打磨抛光。加工完成的坡口组对前采用管帽进行保护。

5.2.4 管口清理

用专用不锈钢工具打磨管端≥25mm，管道被焊表面应均匀、光滑，无起鳞、裂纹、夹杂、油脂、油漆、Cu、Sn 和铁离子污染以及其他影响焊接质量的有害物质。

为了使摇把焊接时摆动的顺畅性，必须对坡口外壁进行倒角处理；在焊件清理和焊接操作过程中，需要用砂轮机打磨清理时必须佩戴好防护眼镜和口罩。使用丙酮或酒精清洗坡口及附近区域（见图 5-6）。

图 5-5 坡口加工

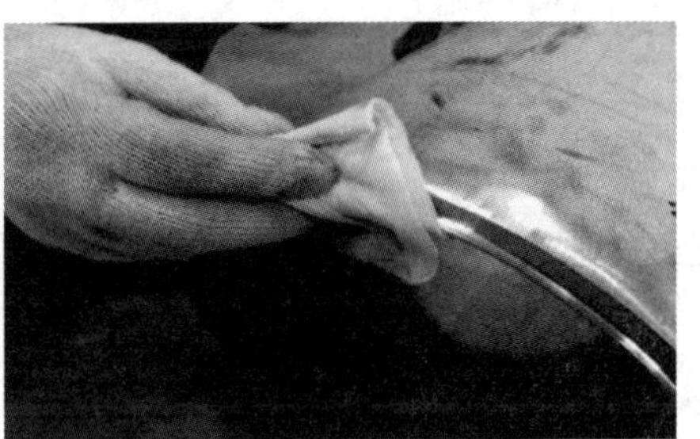

图 5-6 采用丙酮清洗坡口

5.2.5 管口组对

将对口器从焊接上游管口中穿出，再穿入焊接下游管口，活动对口器使出气孔对准焊道后，检查整圈出气孔是否均对齐焊道。

出气孔对齐后，调整对口器焊接上游管口坡口与焊接下游管口坡口对齐。检查仰焊位置是错边、间隙超限，其他位置是否无错漏。

组对完成前检查内对口器自带氩气封闭部件是否完好，是否能够有效动态封闭氩气，不能满足要求时及时更换。

管道组对、焊接过程使用的工装，与管子表面接触的材料应采用与管子相同材料或其他奥氏体不锈钢。组对过程中采用的工具应防止在焊缝附近产生铜、铁离子以及其他低熔点金属的污染。组对过程中严格控制组对间隙和错边。对口器见图 5-7、图 5-8。

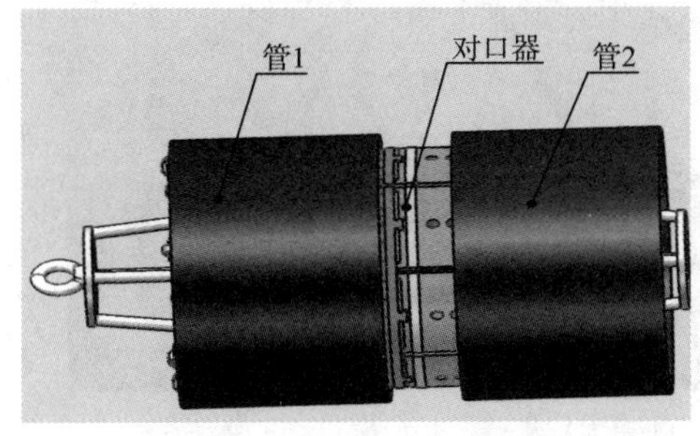

图 5-7 对口器示意图

图 5-8 现场组对

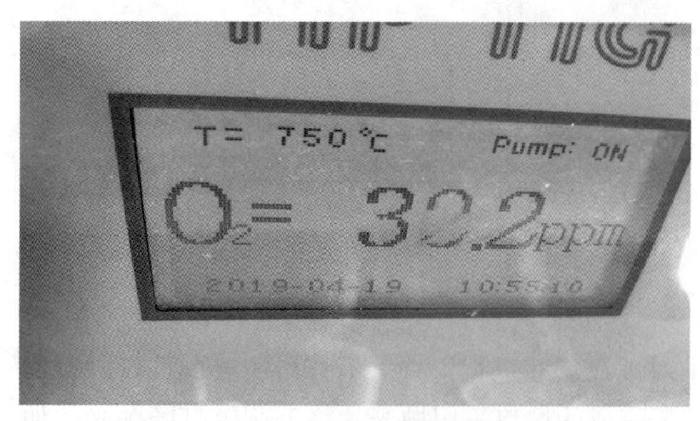

图 5–9 氧含量检测

5.2.6 充氩、氧含量检测

打开背部保护气体氩气瓶压力阀，打开送气阀，调节并确认背部保护气体流量 15L/min 左右。保护气体采用含量不低于 99.99% 的氩气。

打开 ppm 测试仪泵开关，检测对口器中保护气体中氧含量，当氧含量 <500ppm（$1ppm=10^{-6}$）时可以开始焊接。如图 5–9 为氧含量检测。

5.2.7 焊接

先根据坡口的深度调节钨针的长度，焊丝距离钨针尖控制到约 2mm 为宜，并确保焊丝通过钨针中心线。

打底根焊起弧时从 6 点中心位置起弧，小摆动快速度焊接，焊弧尽量压低，上半部焊接时速度稍微减慢，焊枪角度要随着位置的变化而及时变换。半自动焊焊层数参数详见表 5–1。半自动焊接工艺参数见表 5–2。

表 5-1 半自动焊焊层数参数表

	根焊（1 层）	热焊（2 层）	填充（1 层）	盖 面
焊接方法	半自动氩弧焊 GTAW	半自动氩弧焊 GTAW	半自动氩弧焊 GTAW	半自动氩弧焊 GTAW
焊接材料	ER2209 焊丝 ϕ1mm	ER2209 焊丝 ϕ1mm	ER2209 焊丝 ϕ1mm	ER2209 焊丝 ϕ1mm

表 5-2 半自动焊接工艺参数表

焊接方法	焊道名称	焊材型号	直径 /mm	极性	焊接方向	焊接电流 /A	电压 /V	焊接速度 /（cm/min）	线能量 /(kJ/cm)
GTAW	根焊	ER2209	1.0	DC−	上向	170～180	9～11	9～11	9～13
GTAW	热焊	ER2209	1.0	DC−	上向	180～190	9～11	7～9	10.8～17.9
GTAW	热焊	ER2209	1.0	DC−	上向	180～190	9～11	7～9	10.8～17.9
GTAW	填充	ER2209	1.0	DC−	上向	180～190	9～11	7～9	10.8～17.9
GTAW	盖面	ER2209	1.0	DC−	上向	165～175	9～11	6～8	11.2～19.2

注：焊接时控制层间温度，层间温度≤120℃，焊接时用接触式测温仪严格测量，方可进行下一层焊接。

焊接过程中钨针烧损严重或者焊缝中出现夹钨缺陷时，必须立即停弧，更换钨针，并将坡口内的夹钨缺陷用砂轮机打磨干净后才可继续焊接。

焊接过程中焊道不平整、侧壁未充分熔合，或者焊道表面有夹杂、浮渣、气孔时需要及时打磨处理。

盖面完成后，关闭对口器气源，撤出对口器。

焊接结束后，盘好焊枪，关闭焊机、送丝机、采集盒电源、气源，清理作业现场卫生。管道 TIG 半自动焊接见图 5–10。

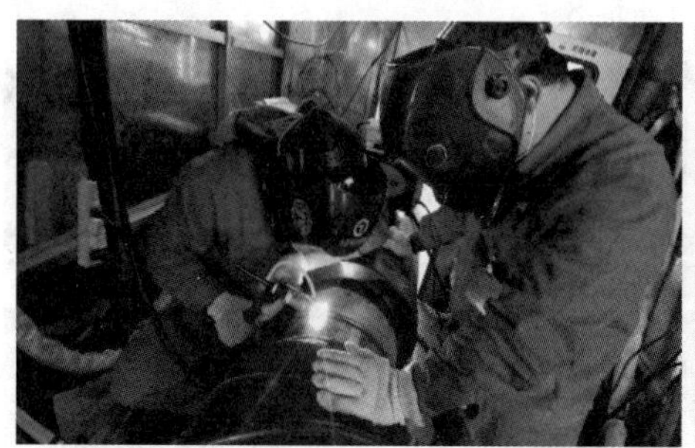

图 5–10 TIG 半自动焊接

双相不锈钢一般情况下不需要预热，但如果施焊环境温度低于 10℃，应将焊接部位两侧各 100mm 范围预热到 50~80℃。

5.2.8 铁素体含量检测

用铁素体仪对每道焊口的焊缝及热影响区的铁素体含量进行测定，检测要求如下：

用便携式磁性仪对焊缝及热影响区的铁素体含量进行检测，测量仪器的精度应满足测量值的 ± 12%；

测量时测量部位应用砂轮打磨平滑，同一部位测量 5 次，去掉最大值和最小值后取平均值作为测量结果；

要求焊缝金属的铁素体含量为 30%～60%，热影响区铁素体含量为 30%~70%。

5.2.9 外观检查

焊缝外观成型均匀一致，焊缝及其附近表面上不得有裂纹、未熔合、气孔、飞溅、夹具焊点等缺陷。

焊缝表面不得低于母材表面，焊缝余高不得超过 1+0.10*b*（*b* 为焊缝宽度），且最大值为 3mm。余高超过规定时应进行打磨，打磨后应与母材圆滑过渡，不得明显伤及母材。

焊后错边量应为：≤1.6mm；焊缝宽度比外表面坡口宽度每侧增加 0.5～2.0mm；焊缝同一部位的返修最多只允许进行 2 次。

咬边深度应≤0.5mm；咬边深度 <0.3mm 的任何长度均为合格；咬边深度为 0.3～0.5mm，单个长度应≤10mm，在焊缝任何连续长度中，累计长度应≤30mm 或是焊缝全长的 10%，取二者中的较小值。

5.2.10 无损检测及返修

焊缝经外观检查合格后，按照设计及规范要求进行无损检测（NB/T 47013—2015 RT 检测，Ⅱ级合格）。若检测不合格，则需对焊缝进行返修处理。

返修应由具有返修资格的电焊工实施，宜采用小线能量、低热输入的方法。对需要返修的焊缝，应分析缺陷产生的原因，编制焊接返修工艺文件。补焊部位的坡口形状和尺寸应防止产生焊接缺陷和便于焊接操作。检测合格后方可进行下道工序施工。

5.3 劳动力组织（表 5-3）

表 5-3 劳动力组织

序 号	工 种	人数 / 人	备 注
1	焊工	2	2 名半自动焊
2	管工	2	
3	起重工	1	1 名卸布管、1 名配合组对
4	操作手	1	吊管机 1 名、移动电站 1 名
5	安全监护	1	安全监护
合 计		7	标配

6 材料设备

6.1 主要材料（表 6-1）

表 6-1 主要焊接材料

序号	名称	规格型号	备注
1	氩弧焊丝	Avesta ER2209 ϕ1.0mm	
	氩气	纯度≥99.99%	
2	吊带	5t	
3	不锈钢砂轮片	ϕ100mm	
4	不锈钢抛光砂轮片	ϕ100mm	
5	钨极	3.2mm	
	钨极夹	3.2mm	
	气筛	3.2mm	
	钨极夹持器	ϕ4.0mm	
6	不锈钢钢丝刷	ϕ100mm	
	不锈钢锉刀	L=200mm	
	不锈钢游标卡尺	400mm	
7	丙酮		
8	全棉管口擦拭布		

6.2 主要机具设备（表 6-2）

表 6-2 主要设备、机具

序号	名称	规格型号	单位	数量	备注
1	半自动焊机	ALL-IN-ONE	套	1	
2	坡口加工机		套	1	
3	随车吊	12t	辆	1	
4	吊车	25t	辆	1	
5	移动电站		辆	1	
6	吊管机	25t	辆	1	
7	电加热带		套	1	
8	内充氩对口器		台	1	
9	铁素体测量仪		台	1	
10	接触式测温仪		台	1	
11	风速检测仪		台	1	
12	温湿度计		台	1	
13	焊检尺		把	1	
14	氧含量检测仪		台	1	

7 质量控制

7.1 质量控制标准

(1) GB 50819—2013《油气田集输管道施工规范》。
(2) SY 4204—2016《石油天然气建设工程施工质量验收规范 油气田集输管道工程》。
(3) GB 50424—2015《油气输送管道穿越工程施工规范》。
(4) NB/T 47014—2011《承压设备焊接工艺评定》。

7.2 质量控制(表 7-1)

表 7-1 质量控制检查表

序号	检查项目 / 阶段	检验方法	检验指标	检验时间 / 频次
1	管口椭圆度	管端平均找出 8 个点，用直尺测量 4 组管外径数据	这 4 组数据的差值≤1mm，如超标则进行校圆	内堆焊管口加工前
2	管端坡口	目测及焊检尺测量	钝边厚度、坡口角度等满足焊接工艺规程要求，发现不符合要求时进行修磨或重新加工	
3	现场施焊环境	风速仪 干湿温度计	1. 风速气体保护焊时≤2m/s 2. 环境温度：≥5℃ 3. 环境湿度：≤90%RH	焊接前
4	管口组对	目测及焊检尺测量	1. 管口清理：管口完好无损，无铁锈、油污、油漆等，采用丙酮擦洗坡口及 20mm 范围的油污等杂物 2. 管口错变量：管内壁错变量不应超过母材厚度的 10%，且不应大于 1.6mm 3. 管对接偏差：应≤3°	管口组对
5	管道接焊	1. 流量计测量氩气流量 2. 测温仪测量层间温度 3. 焊检尺测量过渡焊缝金属厚度 4. 电流电压表显示的焊接工艺参数	1. 通过焊接工艺评定，满足设计要求 2. 所用焊材与设计要求相符，焊材的规格、型号符合标准和设计要求，焊丝、保护气体保管符合产品说明书的规定 3. 背保护氩气流量≥15L/min 4. 层间温度≤120℃ 5. 焊接工艺参数在焊接工艺规程规定的范围之内 6. 焊缝冷却应采用空冷或风冷，不得采取水冷方式 7. 焊道接头点应打磨，相邻两侧的接头点不得重叠，应错开 30mm 以上 8. 焊接完成后，采用内窥镜检查焊缝背面颜色，银白色或麦秆黄表示背面气体保护效果好，若背面成黑色则表示保护不好，焊缝背面氧化，必须重新焊接	管口组对完成后
6	外观检查	目测及焊检尺测量	1. 不应有裂纹、未熔合、气孔、表面熔渣、飞溅、引弧痕迹或其他污物 2. 焊缝余高：0~2.0mm，局部不大于 3.0mm 3. 焊缝每侧比坡口增宽 0.5~2.0mm	管口焊接完成后
7	铁素体含量检测	铁素体检测仪检测	焊缝金属的铁素体含量为 30%~60%，热影响区铁素体含量为 30%~70%	外观检查合格后
8	无损检测	射线检测	NB/T47013.2-2015 Ⅱ级合格	外观检查合格后
9	焊缝返修	根据射线底片，用砂轮机打磨焊缝找出缺陷位置	将缺陷完全打磨干净	无损检测不合格后
10	返修焊接过程、外观检查、无损检测	同正常焊接	同正常焊接	清除焊缝缺陷后

8 安全措施

8.1 风险识别（表 8-1）

表 8-1 风险因素识别清单

序 号	作业名称	作业风险描述	危 害
1	坡口加工	铁屑飞溅	人员伤害
2	吊装作业	吊物坠落、超重、碰撞	人员伤害、吊物、设备损失
3	焊接作业	漏电、熔渣点燃易燃物、烟尘、灼伤	触电、火灾、烟尘、电弧灼伤
4	机械操作手作业	漏电、机械伤害	人员 伤亡
5	物资运输作业	交通事故	人员伤亡、物资损失
6	管道下沟作业	滚管	人员伤害
7	试压扫线	管线出现漏点	试压介质伤人

8.2 安全措施

8.2.1 坡口加工

（1）加工坡口前应认真检查机械转动部位、仪表、或其他零配件，如保险螺栓、销子不得有松动等。确保坡口机状况完好后才能开机。

（2）高速切削时，应在切削飞溅方向设挡护板，操作人员应戴防护眼镜和口罩。

8.2.2 吊装作业

（1）吊装工作开始前，作业前检查机具，保证各项性完好。

（2）严格执行操作规程，杜绝“三违”，起重工、吊车司机必须持有特种作业人员操作证方可上岗。

（3）吊装工作区设有明显标志，并设专人警戒，与吊装无关人员严禁入内。起重机工作时，起重臂杆旋转半径范围内，严禁站人或通过。

（4）大件吊装要制定吊装方案，恶劣天气（如风力 >5 级）不许进行吊装作业，作业人员要佩戴好劳动保护用品。

8.2.3 焊接作业

（1）焊机机体的任何部位禁止与焊把未绝缘的金属部件以及任何裸露的导体相接触。

（2）作业人员要佩戴好劳动保护用品。

（3）焊接设备保持完好电源线不得有裸露和破损处。

（4）作业前清理作业场所周围易燃物，作业完毕认真检查。

（5）在有限空间焊接时做好通风工作。

8.2.4 机械操作手作业

保持设备完好，严格执行操作规程，按规定佩戴个人防护用品。

8.2.5 物资运输

（1）保证作业车辆车况完好，不出病车。

（2）选择有丰富经验的司机驾驶车辆，司机各种证件齐全。

（3）特殊道路情况（如：雨雪天、冰雪路等）要采取有效的 防滑措施，物资摆放平稳捆扎牢固，平稳行驶。

8.2.6 管道下沟作业

（1）必须严格按照施工规范施工，确保管线与管沟之间的距离正确。

（2）两吊点之间的距离要符合规范的规定。

8.2.7 试压扫线

（1）在试压现场及管线两侧 50m 设置警戒线。

（2）由专人统一指挥，派人沿线巡查。

（3）严格按照试压作业规程执行。

9 环保措施

9.1 环境因素识别（表 9-1）

表 9-1 环境因素识别清单

序号	环境因素	产品或活动过程	物质组分	环境影响	影响程度
1	植被破坏	土方、管道工程	植物	土壤沙化	重要
2	能源消耗（水、电、煤、油、气）	施工及活动过程中水电油气煤消耗	油、煤、电	资源浪费环境污染	重要
3	火灾（潜在）	施工生活场所	有害烟尘	大气污染	重要
4	有害化学品泄漏、废弃及容器处置	站（场）工程防腐作业	有机质	环境污染	重要
5	油品废弃洒落	机械使用过程	燃油、副油	土壤污染	重要
6	射线产生	管道、容器检测	x 射线	（环境污染）	重要
7	设备尾气排放	设备使用	二氧化碳	大气污染	一般

9.2 环保管理措施

（1）建立健全 HSE 组织机构，完善 HSE 管理程序和制度。

（2）严格遵守国家和地方政府下发的相关环境保护的法律、法规和制度。

（3）施工现场设置醒目的环保标识，做到文明施工。

（4）管沟开挖时生熟土分开，回填时先回填生土，再回填熟土，以确保耕种的需要。

（5）现场产生的生活垃圾及工业垃圾不得随意丢弃，应分类回收，集中进行处理。

（6）管道试压废水主要含铁锈和泥沙等杂质，经沉淀过滤后，按当地环保部门指定地点或指定方式进行排放。不准在河流主流区和漫滩区内清洗施工机械或车辆。

（7）设备出现故障应及时进行维修，避免带病作业，减少废气对环境的污染。

10 效益分析

10.1 经济效益

（1）在中油（新疆）石油工程有限公司承建的大北 11 断块地面试采工程中，双相不锈钢管道直径为 ϕ323.9mm，壁厚为 10mm，采用 TIG 半自动焊焊接管线长约 5.88km。对以上焊口进行 100% X 射线检测，结果按 NB/T 47013.2—2015 的Ⅱ级合格标准进行评定，一次合格率达到 97.88%，铁素体检测合格率为 100%。

（2）在中油（新疆）石油工程有限公司承建的大北 12 断块地面试采工程中，双相不锈钢管道直径

为 ϕ323.9mm，壁厚为 10mm，采用 TIG 半自动焊焊接管线长约 4.16km。对以上焊口进行 100% X 射线检测，结果按 NB/T 47013.2—2015 的Ⅱ级合格标准进行评定，一次合格率达到 97.88%，铁素体检测合格率为 100%。

按照每公里 85 道口考虑，一个 TIG 半自动焊机组按照平均每天完成 6 道口计算，则完成以上合计 10.04km 管线焊接需要的天数为：

10.04km × 85 口 /km ÷ 6 口 /d=142d

一个手工氩电联焊机组平均每天完成 3 道口计算，则完成 11.17km 管线焊接需要的天数为：

10.04km × 85 口 /km ÷ 3 口 /d=284d

则完成 10.04km 管线焊接一个 TIG 半自动焊机组比一个手工氩电联焊机组可以节约天数为：

284d−142d=142d

一个 TIG 半自动焊机组和手工氩电联焊机组均按照 7 个人计算，一个人成本按照每天 600 元计算，则完成 10.04km 管线焊接 TIG 半自动焊机组可以比手工氩电联焊机组节约人工成本：

142d × 7 人 × 600 元 / 人 · d=596400 元

10.2 社会效益

在当前人力资源紧缺的情况下，通过该工法的应用节约了大量的人力资源，从而节约了管理带来的附加成本。同时该工法的应用，提升了我公司在特种钢管道方面施工的综合实力，提高了公司的竞争力。TIG 半自动焊填补了国内在双相不锈钢管道焊接领域的空白，形成了新的利润增长点，为进一步开拓市场，打下了良好的基础，创造了良好的社会效益。

11 应用实例

应用实例一：克拉苏气田大北区块 11 断块试采地面工程

该工程集气干线采用双相不锈钢焊管 5.88km（全长 20.6km），规格为 D323.9 × 10mm，材质 LC2205。

最初，采用常规的手工氩电联焊焊接方法，焊接质量差，焊缝外观差、接头多、效率低，一天只能焊 3 道口。

对此，双相不锈钢管 TIP TIG 半自动根焊 + 半自动填盖对接焊施工工法，一天能焊 6 道口，效率明显提高，而且焊接合格率达到了 97.88%，确保了该工程的顺利投产，得到了业主的认可和好评。

应用实例二：大北区块 12 断块试采地面工程

该工程集气干线采用双相不锈钢焊管 4.16km（全长 8.7km），规格为 D323.9 × 10mm，材质 LC2205。

最初，采用常规的手工氩电联焊焊接方法，焊接质量差，焊缝外观差、接头多、效率低，一天只能焊 3 道口。

对此，双相不锈钢管 TIP TIG 半自动根焊 + 半自动填盖对接焊施工工法，一天能焊 9 道口，效率明显提高，而且焊接合格率达到了 97.88%，确保了该工程的顺利投产，得到了业主的认可和好评。

这两项工程集气干线均采用双相不锈钢管，规格为 D323.9 × 10mm，共计 29.3km。针对双相不锈钢管手工氩电联焊焊接存在的问题及施工工效，经过多种焊接工艺试验，研究了 TIG 半自动根焊 + 半自动填盖对接焊技术，解决了双相不锈钢的焊接质量及工效问题，震动送丝技术降低了焊接线性能量输出，提高了焊接一次合格率，与原来的手工氩电联焊工艺相比，焊接效率和焊接质量都得到了显著提高，焊接射线检测一次合格率达到了 97.88%，工效提高了近 1.5 倍。

双相不锈钢管道全自动焊接施工工法

中油（新疆）石油工程有限公司

王　京　高彦伟　张成杰　孙书澎　刘振洪

1　前言

在国内外的石油天然气开发中，所产出的天然气或原油中含各种酸性有害介质，管道腐蚀问题一直是许多油气田面临的难题。国内许多油气田所产出的天然气、原油中氯离子、硫化氢、二氧化碳等成分含量高，腐蚀性强，普通材质的管线无法满足安全运行要求，对天然气、原油的生产及安全带来很大的隐患，国内目前逐渐使用铁素体－奥氏体双相不锈钢这种耐腐蚀材料代替传统材料，采用此耐腐蚀管道输送此油气介质是最安全、稳定运行的解决方案。双相不锈钢近几年在石油天然气行业的用量逐年增大，尤其是用于高硫、高氯“两高”油气田的集输管道、长输管道、工艺管道等领域，在新疆地区的塔里木油田等大型油气田中双相不锈钢的使用越来越广泛，管径已经从中小口径向大口径发展。

在焊接技术方面，瑞典、日本、美国等国家对双相不锈钢的性能和焊接特点尤其是对油气管道焊接深入研究多年，对其焊接技术已基本掌握，而国内只是借鉴或沿用国外的传统焊接方法与工艺，而传统的焊接工艺完全采用手工焊，未见使用全自动焊的先例，对其焊接接头性能还没有开展系统性研究。手工焊工艺稳定性受人为因素影响较大，焊工劳动强度较大，导致焊接工艺适应性及焊接质量一致性较低，焊接施工自动化水平也较低，对焊接工人的技能要求高，加之特种钢焊接特殊技术要求，现操作人员已逐渐不能适应目前工程建设施工高效率、高质量的需求，因此，中油（新疆）石油工程有限公司近几年一直在研究双相不锈钢的全自动焊，从室内试验到现场实践，进行了全自动焊接设备及各项资源的优化配置，优化工艺参数，并针对不同地形地貌制定了适宜性的施工方案和施工组织方式，并在工程中不断总结经验，形成了一套行之有效的施工工法——双相不锈钢管道全自动焊接施工工法。在塔里木油田公司大北 11 断块试采地面工程、大北 12 断块试采地面工程中得到了成功应用，共焊接约 11.17km，X 射线无损检测一次合格率达到了 98%，铁素体检测合格率 100%。达到了预期的研究效果，取得了良好的经济效益和社会效益，并申请了国家专利 4 项，其中发明专利 1 项（双相不锈钢管道环焊缝全自动氩弧焊接方法 201910935894.6）。

2　工法特点

2.1　焊接合格率高

根据坡口型式结合焊机特性，形成了钟摆和横摆相结合的焊接技术，最大限度地适用于窄间隙焊接，解决了全自动焊接最容易出现的侧壁未熔、根部未熔合等问题，在盖面时候采用横摆方式和下向焊接，形成美观的焊缝成型（图 2–1、图 2–2），焊接一次合格率达 98%。

全自动焊

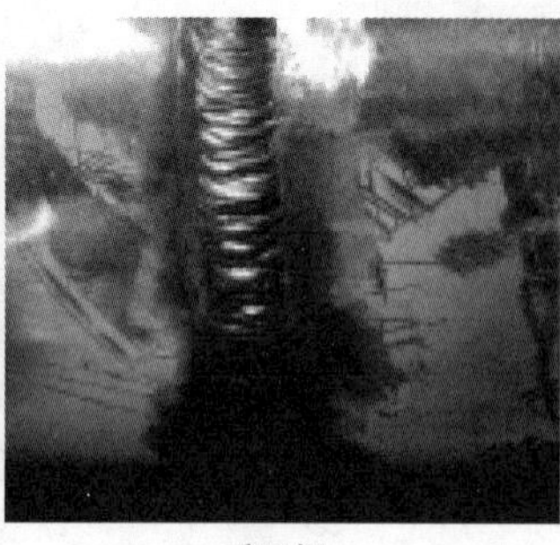
手工焊

图 2-1 焊缝外成型对比

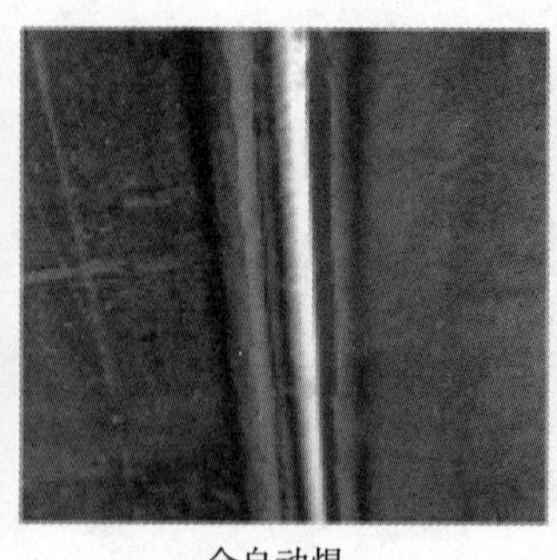
全自动焊

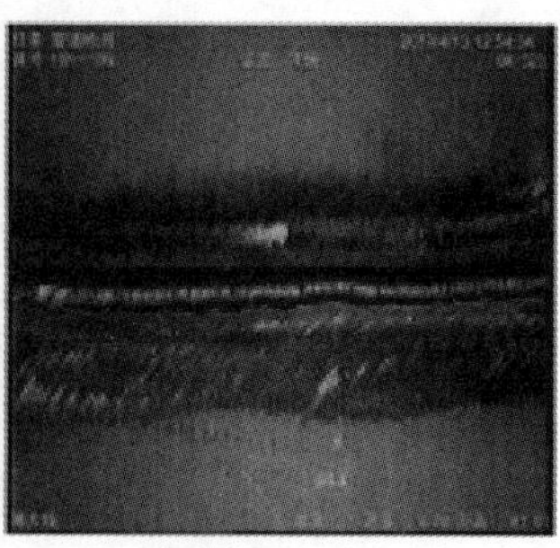
手工焊

图 2-2 焊缝外成型对比

2.2 焊接接头抗腐蚀性能和力学性能优异

此工法使用的焊接设备的动态振动送丝技术，实现了热丝状态下可控的振动送丝对熔池的搅拌功能。振动搅拌能有效破坏熔滴和熔池的表面张力、细化晶粒，使裹挟在熔池中的气体及夹杂容易逸出，并且辅助热丝功能大幅度提高了熔敷效率和熔池的冶金性能，显著降低了热输入，焊缝美观且性能优异。使双相钢的铁素体含量更容易达到 30%~60%，获得的焊接接头低温冲击性能好、抗点腐蚀、抗氯化物应力腐蚀性能优异。按照 ASTM A923—14 的要求，通过工艺研究使该接头的腐蚀速率≤5mdd（标准值≤10mdd），抗腐蚀性能提高 2 倍，大大延长了管道的使用寿命。

2.3 成本低

采用 U 型坡口无间隙对接，焊缝坡口尺寸小，焊丝填充量小，比传统的 V 型坡口节约 30%。

全自动焊接参数调定后能进行自动化作业，提高了生产效率，与其他焊接方法比较，减少了频繁更换焊条、焊丝产生的材料浪费，降低施工成本，同时高的一次焊接合格率也大大降低了施工成本。

2.4 焊接施工效率高

一个全自动钨极氩弧焊施工机组相当于3个手工焊施工机组的施工进度，节省了大量的人力资源。

2.5 降低了人员的劳动强度

全自动化焊接作业通过自动控制完成焊接，降低了工人的劳动强度，并且焊接操作更容易。

3 适用范围

本工法适用于管径≥*DN*300、壁厚≥10mm 的双相不锈钢管道全位置焊接施工，适合坡度 <25° 的平缓段的长输管道或油田集输管道焊接施工。

4 工艺原理

采用 PLC 自动控制系统（图 4-1）控制焊接专用机头，预先在控制系统中根据不同的焊接位置设置焊接速度、送丝速度、摆动宽度、钟摆角度、摆动速度、焊接电压和焊接电流等参数，采用专用机头在轨道上自动行走（图 4-3），实现连续送丝完成焊接，把管道连接到一起，从而获得牢固的焊接接头，焊接钟摆（图 4-4）。根焊、填充层为焊接专用机头从仰焊位置到立焊位置再到平焊位置的平滑过渡焊接过程；盖面层为焊接专用机头从平焊位置到立焊位置再到仰焊位置的平滑过渡焊接过程。

本工法采用全自动焊机进行根焊、填充、盖面。设备为 TIP TIG 焊接电源＋相匹配的送丝机 +TIP TIG DPS-5G 专用机头（图 4-2），采用与双相不锈钢相匹配的 ER2209 焊丝，保护气体采用纯氩气。

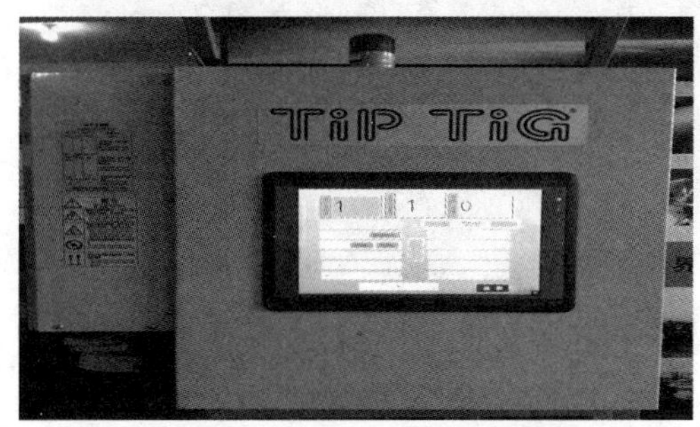

图 4-1　PLC 自动控制系统

图 4-2　焊接专用机头

图 4-3　自动行走焊接

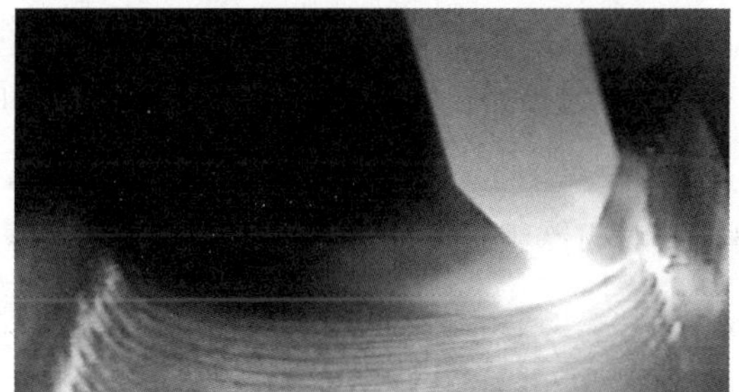
图 4-4　焊枪钟摆式焊接

5　工艺流程及操作要点

5.1　施工工艺流程

施工工艺流程见图 5-1。

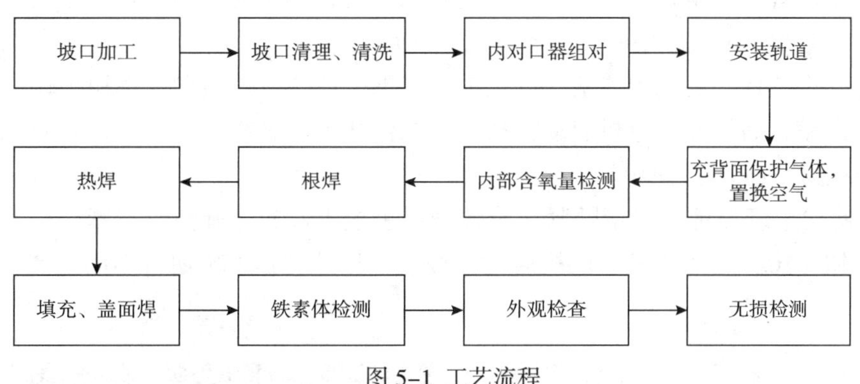

图 5-1 工艺流程

5.2　操作要点

中油（新疆）石油工程有限公司在塔里木油田大北 11、12 断块试采工程双相不锈钢焊接中采用了全自动钨极氩弧焊接根焊、填充焊上向焊 + 盖面焊下向焊的焊接方法，根据该工法在工程中的实际运用，概括总结出以下几点操作要点。

5.2.1　坡口加工

坡口需采用机械方式进行加工（图 5-2）。

图 5–2　坡口机械加工

5.2.2　坡口清理、清洗

（1）清理工具：动力角向砂轮机，砂轮片及钢丝刷等清理工具为不锈钢专用。

（2）焊接前必须清理干净焊件坡口两侧内外表面各 20mm 范围内油污、铁锈、水及其他影响焊缝性能的外来物质，并用丙酮或酒精清洗。

5.2.3　内对口器组对（图 5-3、图 5-4、图 5-5）

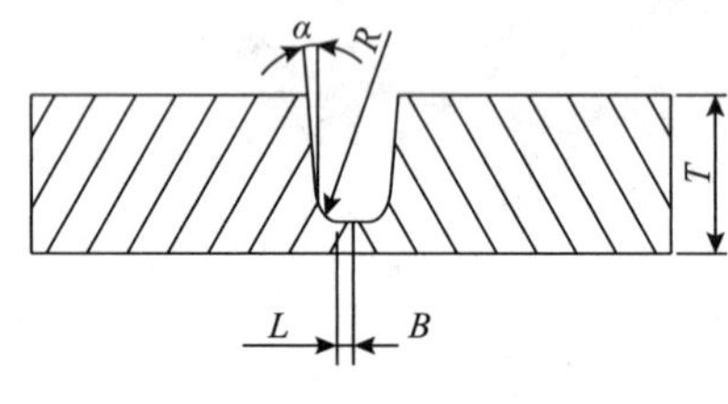

图 5–3　坡口形式

（1）全自动焊接对坡口要求严格，采用多功能内对口器进行组对、校圆，错边量按照≤1.5mm 进行控制。坡口形式如图 5–3 所示，T 为管子壁厚，α=8°，L=（1.8 ± 0.1）mm，R=2.4mm，B=（1.8 ± 0.1）mm。

（2）对口前的检查工作

①检查对口器是否处于完全收缩状态，各管路是否连接正确。

②检查导向轮的高度位置是否合适，导轮最高点不能低于导轮安装盘，导轮也不可过高，否则通过时容易被内壁高点卡死，导轮位置可根据刻线保持大致统一。

（3）对口操作步骤：

①先将管 1 固定，管 2 移动到管 1 附近大致等高的位置，再将对口器头部经过管 2 推入管 1 中，管口钝边尽量与对口器背部氩气座中心孔对齐（图 5–4）。

②旋转操作手柄上“1#”旋钮到“紧”位置不放，再按住“电机启动”按钮（10s），使对口器顶块单边顶紧管口 1 内壁，后松开“电机启动”按钮，泵停止动作，松开“1#”旋钮自动回到“停”位置，此时对口器顶块另一边处于基圆状态。

③移动管 2，使两个管口钝边尽量贴紧，旋转操作手柄上“2#”旋钮到“紧”位置不放，然后按住“电机启动”按钮（10s），后松开“电机启动”按钮，松开“2#”旋钮自动回到“停”位置，既完成对口工作。

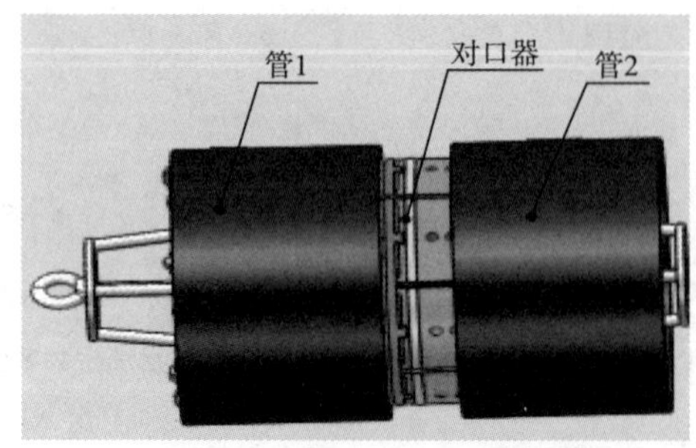

图 5–4　组对安装示意图

图 5–5　现场组对

5.2.4 安装轨道

自动焊接小车行走在焊接轨道上，轨道与管道的同心度和与管口的平行度直接影响着焊接的质量，应采用专用工具安装轨道，轨道专用安装工具可以测量和调整轨道边缘与管道坡口之间的距离，调整轨道的松紧度。首先将 3 个辅助定位工装吸附到管端表面，工装保持与管子平行，工装外端紧贴外侧坡口，然后安装轨道，用力拉紧轨道，确保轨道与辅助定位工装贴紧，使用电动工具快速锁紧轨道，用手拉动轨道确认牢固，最后去掉 3 个定位工装，用卡尺再次校验轨道是否垂直，若不垂直用皮锤敲打（图 5–6）。

图 5–6

5.2.5 充背面保护气体，置换空气

焊接前采用多功能内对口器对内部充氩保护。内保护装置（具有校圆、内充氩保护、组对、氧含量检测等功能）如图 5–7 所示。

5.2.6 内部含氧量检测

内部氧含量检测采用校验合格的氧含量检测仪进行检测，氧含量低于 50ppm 后方可施焊。结果如图 5–8 所示。

图 5–7 现场安装内保护装置

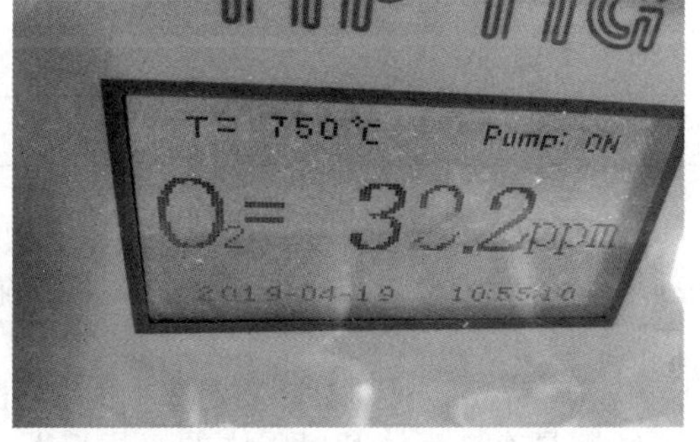

图 5–8 氧含量检测

5.2.7 根焊焊接

（1）根焊采用的 TIP TIG DPS–5G 全自动焊接设备。

（2）根焊采用的焊接用保护气体和背部保护气体为 100%Ar，Ar 气体纯度≥99.99%。

（3）根焊时背部保护气体控制在 15 ~ 20L/min 内，当氧含量达到 50ppm 以后，将保护气体流量减少至 8 ~ 10L/min，以免管腔内保护气体的压力太大，导致根部烧穿。

（4）由于氩弧焊对风速的要求比较高，为了确保焊接的质量，我们专门研制了焊接防风棚，以确保施焊的环境满足焊接的需要。

（5）根焊采用如下焊接工艺参数如表 5–1 所示。

表 5-1 根焊工艺参数

焊接方法	焊道名称	焊材型号	直径 / mm	极性	焊接方向	焊接电流 / A	电压 /V	焊接速度 / (cm/min)	线能量 / (kJ/cm)	送丝速度 / (cm/min)
GTAW	根焊	ER2209	1.0	DCEN	上向	165~185	10~12	15~17	5.8~8.9	160~250

5.2.8 热焊

(1)热焊采用的焊接用保护气体为 100%Ar，Ar 气体纯度≥99.99%。

(2)根焊完成后层间温度空冷至 150℃后，方可进行热焊焊接。

(3)热焊与根焊的间隔时间不宜超过 10min。

(4)热焊采用如下焊接工艺参数如表 5-2 所示。

表 5-2 热焊工艺参数

焊接方法	焊道名称	焊材型号	直径 / mm	极性	焊接方向	焊接电流 /A	电压 /V	焊接速度 / (cm/min)	线能量 / (kJ/cm)	送丝速度 / (cm/min)
GTAW	热焊	ER2209	1.0	DCEN	上向	240~250	12~14	12~14	12.3~17.5	350~400

5.2.9 填充、盖面焊

(1)填充焊采用的焊接保护气体为 100%Ar，Ar 气体纯度≥99.99%。

(2)填充焊时，应根据坡口开口度，调整焊枪的摆动速度、角摆角度、和焊枪两侧停留时间。

(3)盖面焊时，采用下向焊接，焊缝的成型美观，容易掌握。

(4)填充、盖面焊采用如下焊接工艺参数如表 5-3 所示。

表 5-3 填充、盖面焊工艺参数

焊接方法	焊道名称	焊材型号	直径 / mm	极性	焊接方向	焊接电流 /A	电压 /V	焊接速度 / (cm/min)	线能量 / (kJ/cm)	送丝速度 / (cm/min)
GTAW	填充	ER2209	1.0	DCEN	上向	240~255	12~14	12~14	12.3~17.9	385~450
GTAW	盖面	ER2209	1.0	DCEN	下向	195~220	10~13	11~13	9~15.6	350~400

(5)每一道焊口宜连续施焊完成。当无法完成的焊口，熔敷金属厚度至少应达到壁厚的 70% 且不应少于 6mm，并应对整个焊口采取防雨、防潮措施。

5.2.10 铁素体检测

双相不锈钢具有铁素体和奥氏体的双相特性，焊接过程中要保证两相组织的平衡，按照标准规范要求铁素体含量达到 30%~60%，检测部位包括焊缝和热影响区。

5.2.11 外观检查

外观：宽度为坡口两侧外表面 0.5~2.0mm；余高为 0~2.0mm，局部应≤3mm，余高 >2mm 且 <3mm 部分的长度应≤50mm；焊缝外表面不得低于母材表面，错边量 <1.5mm。

焊缝及附近表面上不得有裂纹、未熔合、气孔、夹渣、凹陷、引弧痕迹、有害的焊瘤，外观成形均匀一致。

5.2.12 无损检测

按照 NB/T 47013—2015 进行 RT 检测，要求 II 级合格。

6 材料与设备及劳动力组织

6.1 材料、设备、机具选择

大北 11、12 断块地面试采工程选用焊接、管材、设备、机具如表 6–1 所示。

表 6-1 材料、设备、机具表

设备、机具			
序 号	设备名称、型号	数 量	备 注
1	自行式移动电站	2 台	野外行走功能
2	TIP TIG 全自动焊机	2 台	填充盖面
3	吊管机	2 台	布管、对口
4	坡口加工机	1 台	加工坡口
5	液压内对口器	1 台	组对焊口
6	清管器	1 台	对口前清理管内杂物
7	层间测温仪	1 台	测试层间温度
8	温湿度仪	1 台	测量环境温、湿度
9	风速仪	1 台	测量环境风速
10	氧含量检测仪	1 台	
11	焊接检验尺 KH45 型	2 把	焊缝外观检验
12	铁素体检测仪	1 台	
材 料			
序 号	材料名称	规 格	数 量
1	AvestaGM2209 焊丝	ER2209 ϕ 1.0mm	0.67t
2	UNS S32205 管材	ϕ 323.9mm × 10mm	11.17km
3	氩气	纯度≥99.99%	380 瓶

6.2 劳动力组织

本工法人员组织见表 6–2。

表 6-2 劳动力组织表

序 号	工 种	数量 / 人	备 注
1	项目经理	1	对工程全面负责
2	项目副经理	1	协助项目经理工作
2	施工班长	1	负责现场施工
3	技术负责人	1	负责工程技术
4	安全负责人	1	负责工程安全
5	质量负责人	1	负责工程质量
7	测量工	1	测量定位
8	起重工	1	起重
10	管工	2	组对
11	电焊工	2	焊接
12	电工	1	施工用电
13	辅助工及其他人员	2	辅助施工

7 质量控制

7.1 施工执行的标准与规范

（1）GB 50819—2013 《油气田集输管道施工规范》。

（2）SY 4204—2016 《石油天然气建设工程施工质量验收规范 油气田集输管道工程》。

（3）GB 50424—2015 《油气输送管道穿越工程施工规范》。

（4）NB/T 47014—2011 《承压设备焊接工艺评定》。

7.2 施工质量控制项目及控制要点（表 7-1）

表 7-1 施工质量控制项目及控制要点

序号	控制项目	控制要点
1	坡口加工	1. 测量工具齐备完好，在校验有效期内 2. 核对坡口的钝边厚度、长度，坡口角度、根部半径等尺寸是否符合技术要求，发现不符合要求时进行修磨或重新加工
2	坡口清洗	1. 采用丙酮擦洗坡口及 20mm 范围的油污等杂物
3	管口组对	1. 管内清扫无污物 2. 管口清理和修口、两管口螺旋焊道、直焊道间距、对口间隙符合要求 3. 管道组对采用内对口器，在全部焊缝焊接完成后，方可撤除 4. 组对时尽量保证坡口间隙为 0，无法达到时，间隙应≤0.5mm
4	轨道安装	1. 采用定制的定位块进行粗定位 2. 采用校验合格的量具测量进行精确定位
5	背保护气体置换	1. 保护气体的纯度应≥99.99% 2. 采用有效的背面保护工装，此工法采用的是多功能对口器进行背面保护 3. 在开始根焊前，应采用校验合格的氧含量检测仪对背面保护气体的氧含量进行检测，满足工艺规定后方可开始焊接 4. 在焊缝厚度未达到 10mm 前，背面要一直通入保护气体
6	氧含量检测	1. 氧含量检测仪精度必须在 10ppm 以上，且经校验合格 2. 氧含量在≤50ppm 以下后方可施焊
7	管道焊接	1. 持证上岗并进行岗前焊接考试 2. 确保焊材的规格、型号符合标准和设计要求，焊丝、保护气体保管符合产品说明书的规定 4. 所用焊材与设计要求相符，且通过焊接工艺评定，满足设计要求 5. 焊接过程中，应注意控制层间温度，层间温度应≤150℃ 6. 焊缝冷却应采用空冷或风冷，不得采取水冷方式 7. 焊道接头点应打磨，相邻两侧的接头点不得重叠，应错开 30mm 以上 8. 焊接完成后，采用内窥镜检查焊缝背面颜色，银白色或麦秆黄表示背面气体保护效果好，若背面成黑色则表示保护不好，焊缝背面氧化，必须重新焊接
8	无损检测	1. 现场操作应严格按检测工艺卡进行作业 2. 底片评定应确保底片合格，不合格底片不能进行评定，认真进行复审

8 安全措施

8.1 风险识别（表 8-1）

表 8-1 风险因素识别清单

序号	作业名称	作业风险描述	危　害
1	坡口加工	铁屑飞溅	人员伤害
2	吊装作业	吊物坠落、超重、碰撞	人员伤害、吊物、设备损失

续表

序号	作业名称	作业风险描述	危　害
3	焊接作业	漏电、熔渣点燃易燃物、烟尘、灼伤	触电、火灾、烟尘、电弧灼伤
4	机械操作手作业	漏电、机械伤害	人员 伤亡
5	物资运输作业	交通事故	人员伤亡、物资损失
6	管道下沟作业	滚管	人员伤害
7	试压扫线	管线出现漏点	试压介质伤人

8.2 安全措施

8.2.1 坡口加工

（1）加工坡口前应认真检查机械转动部位、仪表、或其他零配件，如保险螺栓、销子不得松动等。确保坡口机状况完好后才能开机。

（2）高速切削时，应在切削飞溅方向设挡护板，操作人员应戴防护眼镜和口罩。

8.2.2 吊装作业

（1）吊装工作开始前，作业前检查机具，保证各项性能完好。

（2）严格执行操作规程，杜绝“三违”，起重工、吊车司机必须持有特种作业人员操作证方可上岗。

（3）大件吊装要制定吊装方案，恶劣天气（如风力 >5 级）不许进行吊装作业，作业人员要佩戴好劳动保护用品。

（4）吊装工作区设有明显标志，并设专人警戒，与吊装无关人员严禁入内。起重机工作时，起重臂杆旋转半径范围内，严禁站人或通过。

8.2.3 焊接作业

（1）焊机机体的任何部位禁止与焊把未绝缘的金属部件以及任何裸露的导体相接触。

（2）作业人员要佩戴好劳动保护用品。

（3）焊接设备保持完好电源线不得有裸露和破损处。

（4）作业前清理作业场所有周围易燃物，作业完毕认真检查。

（5）在有限空间焊接时做好通风工作。

8.2.4 机械操作手作业

保持设备完好，严格执行操作规程，按规定佩戴个人防护用品。

8.2.5 物资运输

（1）保证作业车辆车况完好，不出病车。

（2）选择有丰富经验的司机驾驶车辆，司机各种证件齐全。

（3）特殊道路情况（如：雨雪天、冰雪路等）要采取有效的 防滑措施，物资摆放平稳捆扎牢固，平稳行驶。

8.2.6 管道下沟作业

（1）必须严格按照施工规范施工，确保管线与管沟之间的距离正确。

（2）两吊点之间的距离要符合规范的规定。

8.2.7 试压扫线

（1）在试压现场及管线两侧 50m 设置警戒线。

（2）由专人统一指挥，派人沿线巡查。

（3）严格按照试压作业规程执行。

9 环保措施

9.1 环境因素识别（表 9-1）

表 9-1 环境因素识别清单

序号	环境因素	产品或活动过程	物质组分	环境影响	影响程度
1	植被破坏	土方、管道工程	植物	土壤沙化	重要
2	能源消耗（水、电、煤、油、气）	施工及活动过程中水电油气煤消耗	油、煤、电	资源浪费环境污染	重要
3	火灾（潜在）	施工生活场所	有害烟尘	大气污染	重要
4	有害化学品泄漏、废弃及容器处置	站（场）工程防腐作业	有机质	环境污染	重要
5	油品废弃洒落	机械使用过程	燃油、副油	土壤污染	重要
6	射线产生	管道、容器检测	x 射线	环境污染	重要
7	设备尾气排放	设备使用	二氧化碳	大气污染	一般

9.2 环保管理措施

（1）建立健全 HSE 组织机构，完善 HSE 管理程序和制度。

（2）严格遵守国家和地方政府下发的相关环境保护的法律、法规和制度。

（3）施工现场设置醒目的环保标识，做到文明施工。

（4）管沟开挖时生熟土分开，回填时先回填生土，再回填熟土，以确保耕种的需要。

（5）现场产生的生活垃圾及工业垃圾不得随意丢弃，应分类回收，集中进行处理。

（6）管道试压废水主要含铁锈和泥沙等杂质，经沉淀过滤后，按当地环保部门指定地点或指定方式进行排放。不准在河流主流区和漫滩区内清洗施工机械或车辆。

（7）设备出现故障应及时进行维修，避免带病作业，减少废气对环境的污染。

10 效益分析

10.1 经济效益

（1）在中油（新疆）石油工程有限公司承建的大北 11 断块地面试采工程中，双相不锈钢管道直径为 ϕ323.9mm，壁厚为 10mm，采用钨极氩弧全自动焊接管线长约 6.63km。对以上焊口进行 100% X 射线检测，结果按 NB/T 47013.2—2015 的Ⅱ级合格标准进行评定，一次合格率达到 98%，铁素体检测合格率为 100%。

（2）在中油（新疆）石油工程有限公司承建的大北 12 断块地面试采工程中，双相不锈钢管道直径为 ϕ323.9mm，壁厚为 10mm，采用钨极氩弧全自动焊接管线长约 4.54km。对以上焊口进行 100% X 射线检测，结果按 NB/T 47013.2—2015 的Ⅱ级合格标准进行评定，一次合格率达到 98%，铁素体检测合格率为 100%。

按照每公里 85 道口考虑，一个全自动焊机组和手工焊机组均按照 7 个人计算，一个人成本按照每天 600 元计算，则完成 11.17km 管线焊接全自动焊机组可以比手工焊机组节约人工成本：

211d × 7 人 × 600 元 / 人 · d = 886200 元。详见表 10–1。

表 10-1　经济效益对比表

	焊接功效 /（道口 /d）	机组人数 / 人	成本 /（元 / 人 · d）	完成时间 /d	节约时间 /d	节约成本 / 元
全自动焊	9	7	600	105	211	211 × 600 × 7=886200
手工焊	3	7	600	216		

10.2　社会效益

在当前人力资源紧缺的情况下，通过该工法的应用节约了大量的人力资源，从而节约了管理带来的附加成本。同时该工法的应用，提升了我公司在特种钢管道方面施工的综合实力，提高了公司的竞争力。钨极氩弧全自动焊填补了国内在双相不锈钢管道焊接领域的空白，形成了新的利润增长点，为进一步开拓市场，打下了良好的基础，创造了良好的社会效益。

11　工程应用实例

应用实例一：克拉苏气田大北区块 11 断块试采地面工程

该工程集气干线采用双相不锈钢焊管，规格为 D323.9 × 10mm，全长 20.6km，材质 LC2205。最初，采用常规的氩电联焊焊接方法，焊接质量差，焊缝外观差、接头多、效率低，一天只能焊 3 道口。

采用了双相不锈钢管道全自动焊接施工工法焊接了 6.63km，一天能焊 9 道口，效率明显提高，而且焊接合格率达到了 98%，确保了该工程的顺利投产，得到了业主的认可和好评。

应用实例二：大北区块 12 断块试采地面工程

该工程集气干线采用双相不锈钢焊管，规格为 D323.9 × 10mm，全长 8.7km，材质 LC2205。最初，采用常规的氩电联焊焊接方法，焊接质量差，焊缝外观差、接头多、效率低，一天只能焊 3 道口。

采用了双相不锈钢管道全自动焊接施工工法焊接了 4.54km，一天能焊 9 道口，效率明显提高，而且焊接合格率达到了 98%，确保了该工程的顺利投产，得到了业主的认可和好评。

大型LPG子弹罐滑移就位工法

中国石油管道局工程有限公司　国际事业部

刘明辉　崔国军　王　磊　吴　江　马骏飞

1　前言

2015年管道局承揽了加纳TEMA罐区项目，罐区项目中包含4台LPG子弹罐的安装就位，该项目是管道局首次承揽的大型LPG覆土子弹罐项目。LPG子弹罐单体长49.6m，直径8m，单罐自重650t。因该项目子弹罐体积较大，所以罐体的组装采用国内将罐板预制成半圆形瓦片状，现场焊接组装的方法。现场组装过程为将两个半圆形罐板预制成桶节，然后将桶节放置到转胎上进行桶节之间的焊接。因受当地机械设备、场地及经济效益限制，LPG子弹罐就位安装不宜使用大型吊装设备。加纳TEMA罐区项目部对LPG子弹罐就位方式进行了仔细的研究、对比和论证，最后制定了将LPG子弹罐置于滑移托架上，然后使用顶推设备推动托架，使子弹罐在重轨上滑移的方法就位。此方法解决了大型设备无法实现对子弹罐吊装的问题，并且获得不错的经济效益。此方法成功地应用于加纳TEMA罐区一期和二期的4台LPG子弹罐就位。

大型LPG子弹罐现场就位技术获得管道局2017年QC课题优秀奖和管道局2017年技术革新三等奖。

2　工法特点

（1）滑移就位使用的设备与大型吊装设备相比体积小、质量轻，对应用场地适应性强；

（2）滑移就位的方法可以根据就位设备的质量选取相应的托架和顶推设备即可，并且不同型号的顶推设备对于实地操作影响小，所以滑移就位方法对就位设备自重适用度宽；

（3）设备投入简单，生产效率较高，滑移就位过程只占用滑移轨道的位置，所以罐主体安装就位不制约其他配套设施施工；

（4）相对使用大型吊装设备，滑移方法对设备提升速度慢，并且提升过程为硬连接，降低了设备在提升过程中发生移位或旋转的风险。

3　适用范围

本工法适用于大型LPG覆土子弹罐等类似建设工程，特别是采用预制场整体预制组装方法建设的大吨位（≥400t）LPG覆土子弹罐的安装就位。其他不具备吊装条件的大型装备短距离移动也可参考该工法。

4　滑移工艺原理

本工法以2个液压缸分别驱动支撑LPG子弹罐罐体的2个托架在预先铺设的2条钢轨上实现罐

体沿钢轨方向移动。具体工艺原理如图4–1所示：

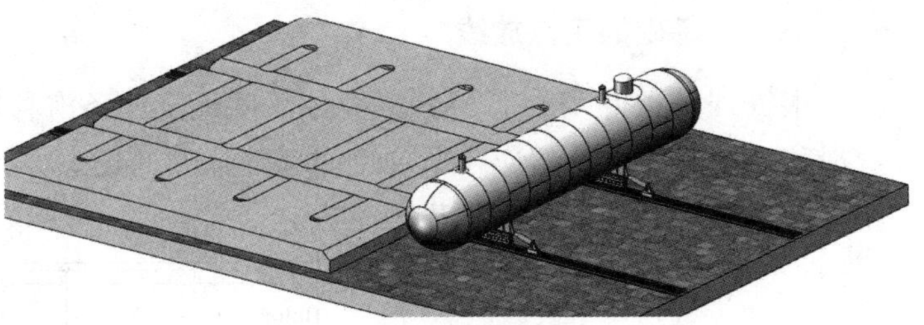

图4–1　滑移模拟图

（1）将顶推设备固定于滑移轨道上，通过液压杆伸长推动托架前行，然后前移顶推设备，继续伸长液压杆推动子弹罐再次缓慢前行。如此循环实现子弹罐的整体滑移。

（2）滑移时，托架与钢轨之间隔有聚四氟乙烯板，并在轨道上涂润滑油，以减小二者之间的摩擦力。滑动推力 F_m 计算如下：

装备总重力：

装备总重力 F_n=（储罐整体质量＋辅助托架和工装质量）×9.8N/kg

摩擦系数：根据相关资料（常用材料之间的摩擦系数和常用材料间摩擦系数汇总）钢与聚四氟乙烯摩擦系数分别为0.1（静）和0.05（动）。

工况：顶推滑移的速度非常慢，而且过程中需要反复启动和停止，从力学模型上考虑，应按静止态的摩擦系数考虑，取0.1。

计算：

滑动推力

$$F_m=F_n\times\mu \tag{4–1}$$

式中，F_m 为滑动所需推力，N；F_n 为装备总重力，N；μ 为滑动系数。

（3）两套液压顶推装置由同一个控制箱控制，二者的进油管路长度应一致，在液压杆的进油口处加设1个截止阀。当滑移过程中，两边行进速度有较大偏差时，应同时切断两边的截止阀，然后根据实际偏差情况人为操作截止阀进行调整，以保证行进时，子弹罐不偏离钢轨。

整套装置示意如图4–2所示：

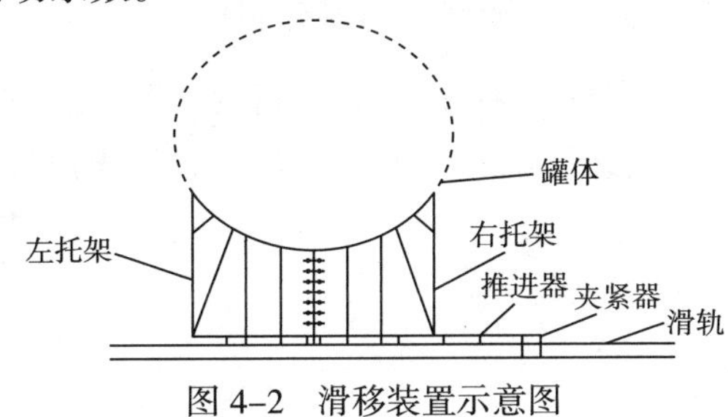

图4–2　滑移装置示意图

5　施工工艺流程及操作特点

5.1　施工工艺流程（图5-1）

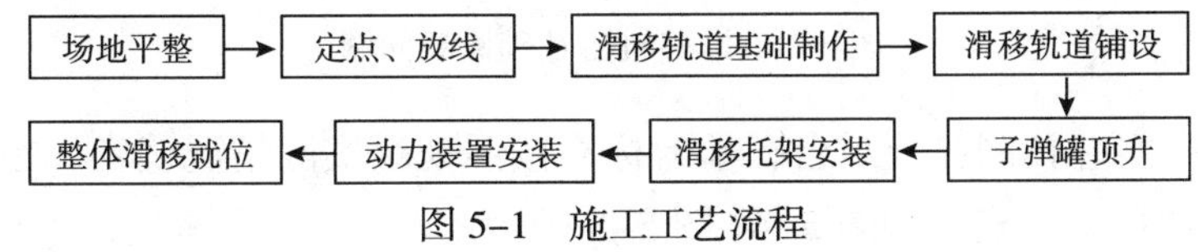

图5–1　施工工艺流程

5.2　工序操作要点

5.2.1　场地平整

滑移轨道的场地平整是为保障滑移顺利进行的基础工作。场地平整的要求如下：

（1）将预设滑移轨道位置的表土植被清理干净，根据设计标高进行场地平整。

（2）对清理后的地表土进行地基承载力测试，选用原位测试法如平板静载荷法、标准贯入法、静力触探法等。

（3）对地基承载力不够的部位要进行换填、压实处理，压实厚度应≤300mm，原土压实系数应≥92%。

（4）对换填部位进行第二次原位测试，确认达到承载力要求。

5.2.2 基础的定点放线

根据现场条件及 LPG 子弹罐总体长度确定两条滑移轨道位置，以覆土子弹罐挡土墙为参考位置布置滑移轨道，滑轨位置应在子弹罐内部加强圈的正下方，位置误差要求控制在 ±2mm 以内，两滑轨间距确定为 30400mm，布置如图 5-2 所示。

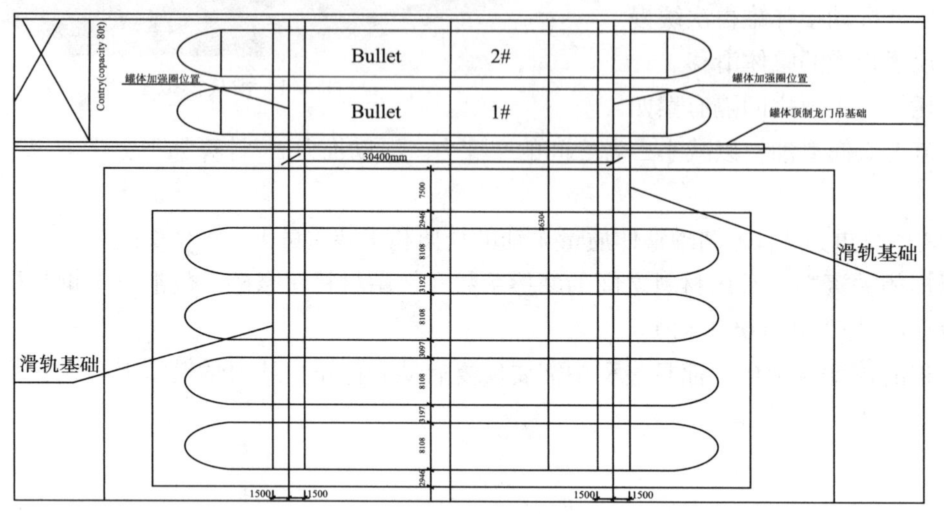

图 5-2　滑移轨道布置图

5.2.3 滑移轨道基础制作

根据子弹罐自重、滑移托架、垫铁等辅助设备的质量大（700t）以及现场地基承载力的实际情况（现场地基承载力为 200kPa）计算出滑移轨道形式及钢筋（Q235B 级）分布情况如图 5-3 所示：

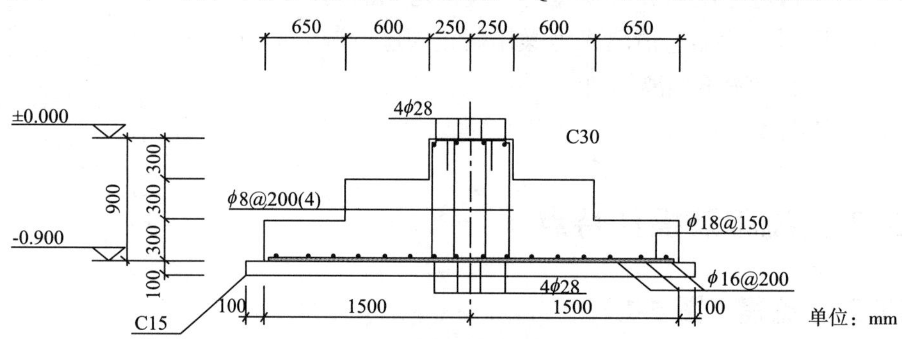

图 5-3　滑移轨道基础横断面图

滑移通道的地基要夯实并预制筏板承台，承台标高按照现场实际情况确定，承台顶部标高 10m 内误差 ±5mm。钢轨预埋铁加工及安装如图 5-4、图 5-5 所示：

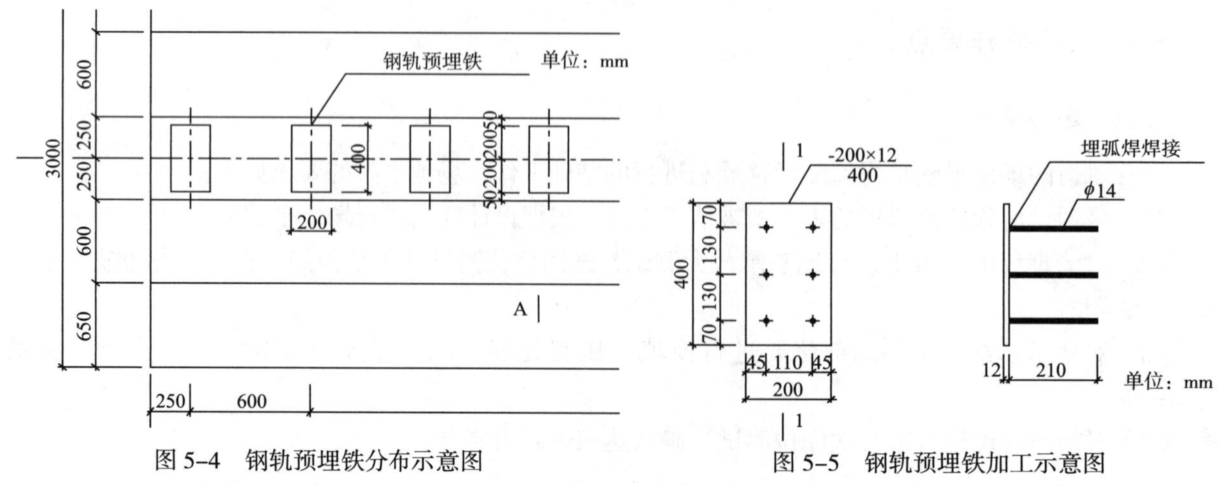

图 5-4　钢轨预埋铁分布示意图　　图 5-5　钢轨预埋铁加工示意图

5.2.4 滑移轨道铺设

筏板承台上铺设路基板，在路基板上安装QU120型重型钢轨，钢轨安装时应保证直线度，误差控制在10mm范围内，钢轨的标高应保持一致，相邻两轨道高差应控制在1mm以内。

轨道基础长度方向每间隔600mm敷设钢轨固定预埋铁件，预埋铁件的形式如图5-6所示：

图5-6 QU120钢轨固定示意图

5.2.5 LPG子弹罐顶升

为安装滑移托架，LPG子弹罐需要被顶升至高于托架位置。顶升点的位置应选在子弹罐加强圈部位，每次顶升高度应≤700mm。顶升过程中，子弹罐允许的最大倾斜角度应≤2°。顶升操作的流程：首先利用千斤顶将托架顶起，然后在托架下放入C型钢垫，千斤顶回落，托架落于C型钢垫上。之后在原千斤顶的位置放入B型钢垫并将千斤顶置于其上，再次顶起，直至到达所需高度后在C型钢垫上放入1个D型钢垫。B型、C型及D型垫板如图5-7、图5-8所示，顶升操作流程如图5-9所示：

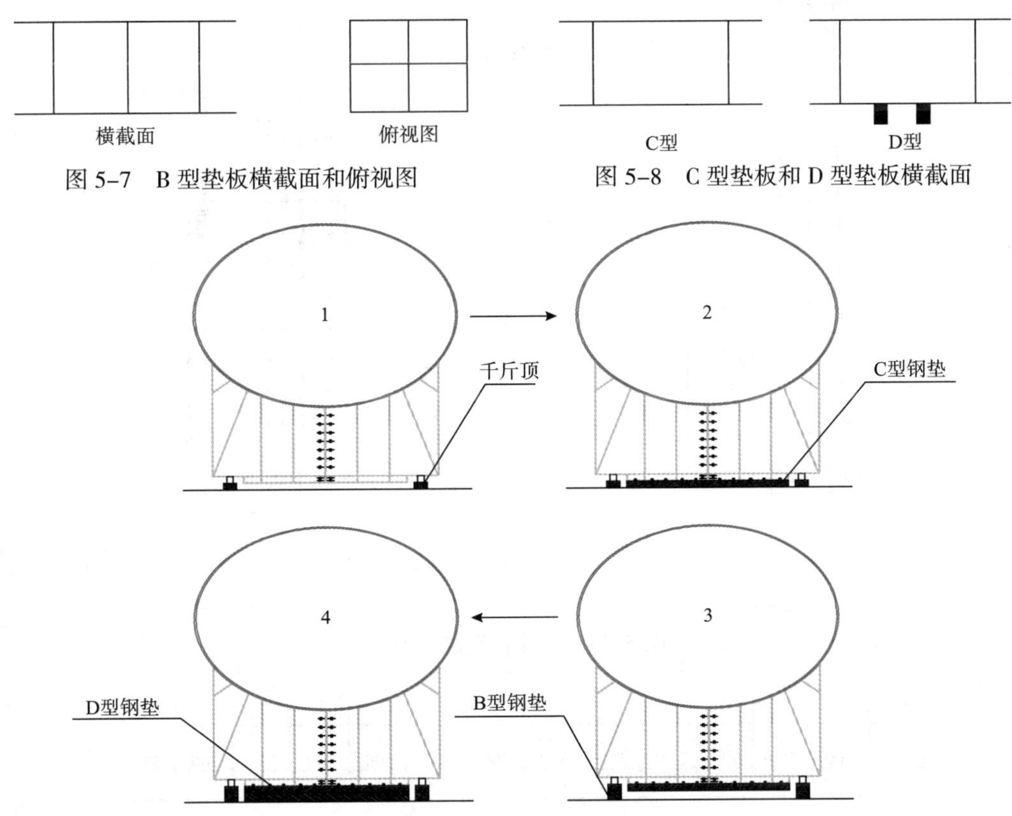

图5-7 B型垫板横截面和俯视图

图5-8 C型垫板和D型垫板横截面

图5-9 顶升操作流程

顶升过程中，托架下方的两个千斤顶需采用同一个液压控制器和相同长度的进油管路，升压过程应缓慢进行，两个千斤顶应分别由专人监控。

5.2.6 滑移托架安装

托架的结构为可分离式鞍座型，分为左右托架，合拢处采用高强螺栓（10.9级）连接。以自重650t子弹罐为例，托架钢板选用等级为Q345B，厚度为20mm厚钢板制造，焊条采用E50型焊条，托架制造如图5-10、图5-11、图5-12所示：

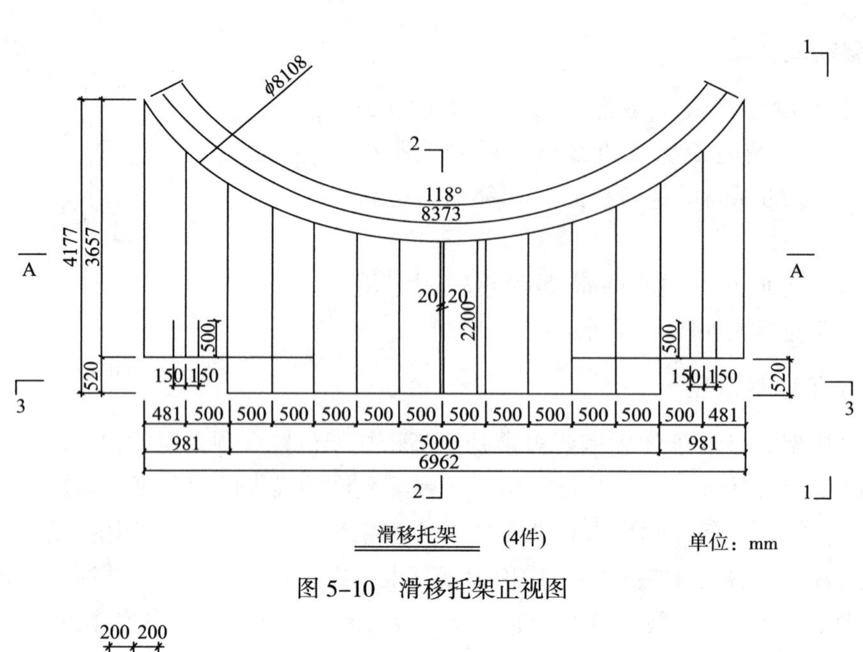

图 5-10 滑移托架正视图

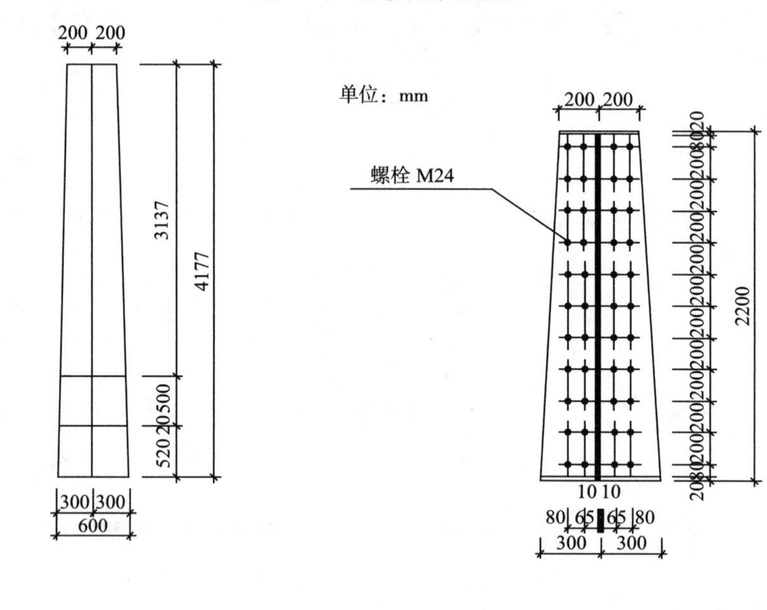

图 5-11 滑移托架侧视图

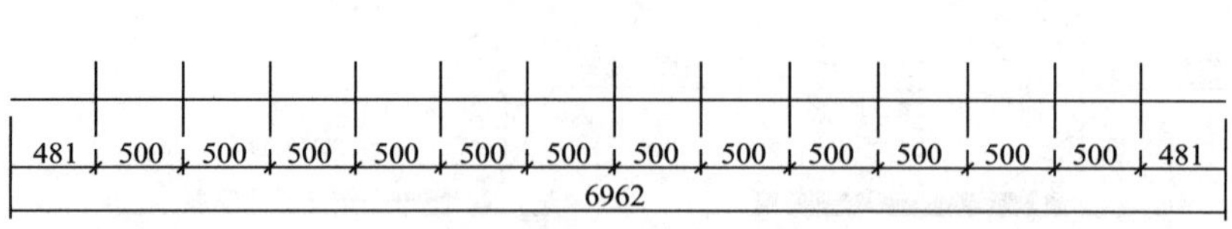

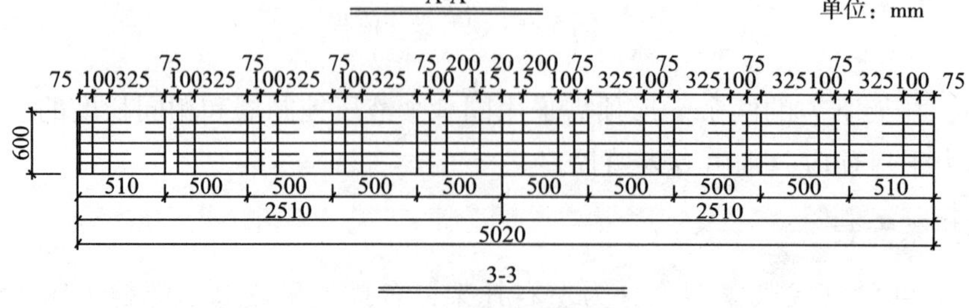

图 5-12 滑移托架剖视图

将滑移托架置于滑移轨道上，并在轨道两侧加垫铁以扶正滑移托架，让承重托架下的千斤顶缓慢回落，使子弹罐完全落于滑移托架之上，左侧的托架以相同的方式就位，子弹罐完成了承重托架向滑移托架的转换。滑移托架安装完成示意图如图 5–13 所示：

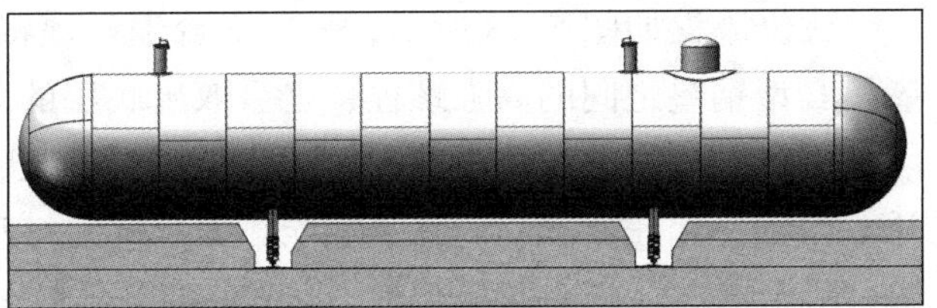

图 5–13 滑移托架安装完成示意图

5.2.7 动力装置安装及操作

动力装置由三部分构成：液压杆、夹紧器、控制箱。操作步骤如下：

（1）初始时，保持液压杆处于收缩状态。将夹紧器尾部的锁紧装置锁紧，并采用一定措施增大夹紧器和钢轨之间的滑动阻力。

（2）对液压杆加压，使其缓慢伸长。从而推动子弹罐缓慢向前滑移。

（3）液压杆达到最大伸长后，松开夹紧器尾部的锁紧装置，然后对液压杆泄压，使夹紧器缓慢向前移动，直至液压杆回复到初始状态。

（4）再次将夹紧器锁死在钢轨上，对液压杆再次加压，推动子弹罐再次缓慢前行。

如此循环实现子弹罐的整体滑移。两套液压顶推装置由同一个控制箱控制，二者的进油管路长度应一致，在液压杆的进油口处加设 1 个截止阀。当滑移过程中，两边行进速度有较大偏差时，应同时切断两边的截止阀，然后根据实际偏差情况人为操作截止阀进行调整，以保证行进时，子弹罐不偏离钢轨。液压杆和夹紧器及液压推定装置控制箱如图 5–14、图 5–15 所示。

图 5–14 液压杆和夹紧器

图 5–15 液压顶推装置的控制箱

5.2.8 LPG 子弹罐滑移就位

滑移时，托架与钢轨之间隔有聚四氟乙烯板，并在轨道上铺设 4 块不锈钢板条，在不锈钢上表面涂润滑油，以减小二者之间的摩擦力。滑轨和 D 型钢垫连接示意图如图 5–16 所示：

子弹罐通过滑移进入指定位置后，通过液压杆进行微调，以保证其中心线与沙床中心线重合，然后实施就位操作。子弹罐进入指定位置示意如图 5–17 所示。

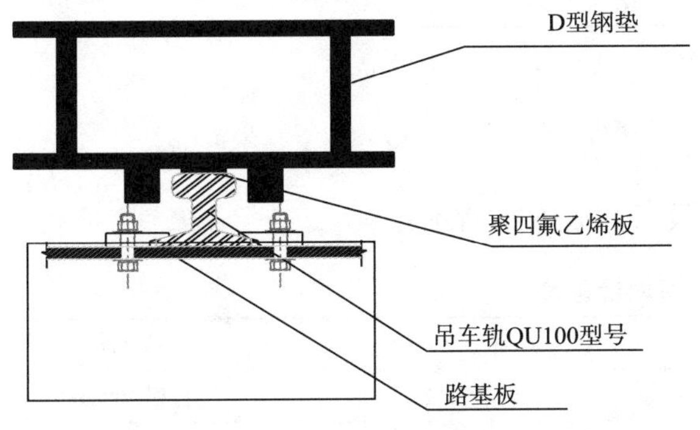

图 5–16 滑轨与 D 型钢垫连接示意图

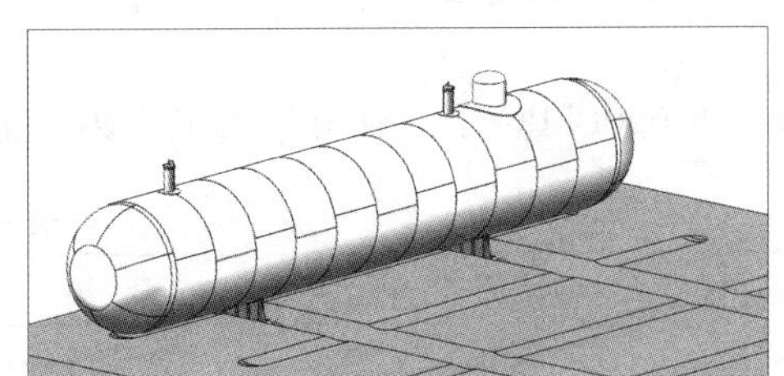

图 5–17 子弹罐进入指定位置

就位流程如图 5–18 所示，采用 2 台千斤顶将滑移托架顶升 100mm（第 1 步）；然后松开 D 型钢垫和 C 型钢垫之间的高强螺栓，之后取出底层的 D 型钢块（第 2 步）；将千斤顶缓慢回落，C 型钢垫落于钢轨上（第 3 步）；再将千斤顶下的 B 型钢垫取出后，再次用千斤顶将托架顶起（第 4 步）；松开 C 型钢垫和托架之间的高强螺栓，之后取出 C 型钢垫（第 5 步）；之后再将千斤顶缓慢回落，子弹罐可落于指定位置（第 6 步），此时托架与子弹罐脱离。松开左右托架之间的高强螺栓（第 7 步），从子弹罐的两侧分别取出托架，所有工装可重复用于下一个子弹罐的滑移。

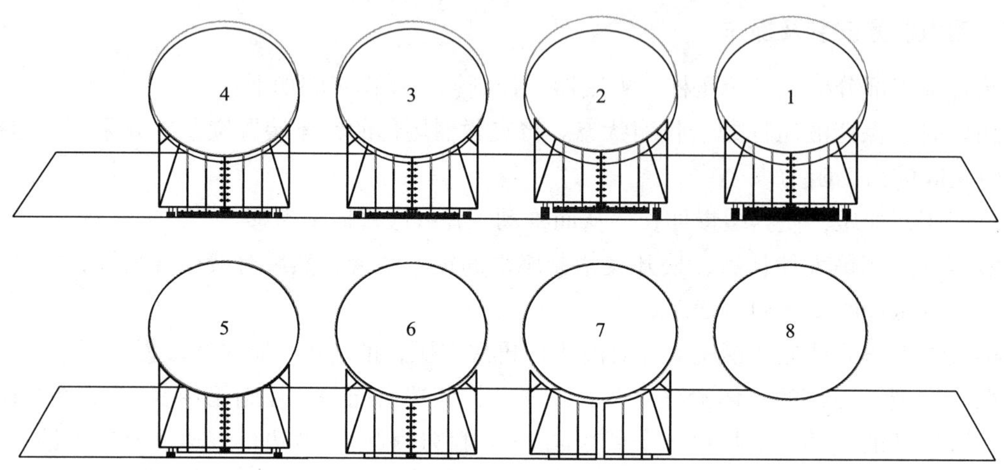

图 5–18　子弹罐就位流程图

5.3　劳动力组织表

以自重 650t LPG 子弹罐滑移就位为例，劳动力组织表如表 5–1 所示：

表 5-1　劳动力组织表

序　号	工　种	人数 / 人	备　注
1	班长	1	现场指挥及技术管理
2	安全员	2	安全监督
3	起重工	2	液压设备操作
4	测量工程师	1	顶升，滑移测量
5	机械操作手	1	吊车司机
6	焊工	2	托架制作
7	管工	2	托架制作
8	电工	1	液压设备电器安装
9	普工	10	配合人员
	合计	22	

6　材料与设备

以自重 650t LPG 子弹罐滑移就位为例，主要设备如表 6–1 所示：

表 6-1　材料设备表

序　号	设备名称	型　号	单　位	数　量	备　注
1	液压千斤顶	力良 MJD–400	台	2	行程 200mm
2	液压推进器	力良 MPD64ADN–4R–60	套	1	一套内两个推进器；行程 500mm

续表

序号	设备名称	型号	单位	数量	备注
3	承重托架	Q235、承重400t	套	1	2个，自制
4	滑移托架	Q235、承重400t	套	1	2个，自制
5	C型垫铁	Q235、承重400t	个	4	用于托架支撑，自制
6	B型垫铁	Q235、承重400t	个	4	用于千斤顶支撑，自制
7	D型垫铁	Q235、承重400t	个	4	用于托架支撑，自制
8	水平量角仪	DWL-3000 X-Y	个	1	
9	重型钢轨	昆山艾克利斯QU120	米	200	
10	吊车	徐工－QY25K5-I	台	1	滑移托架安装及拆除
11	钢轨条形基础	C30钢筋混凝土	米	200	

7 质量控制

7.1 施工执行的标准与规范

7.1.1 国际标准与规范

（1）《锅炉压力容器规范第Ⅷ卷第1、2册压力容器及其部件车间制造及现场安装质量控制规程》2013（B）版 美国机械工程学会（ASME）。

（2）《压力容器用钢板通用要求》2013版 美国机械工程学会（ASME）第Ⅱ卷A篇SA20/SA20M。

（3）《常温压力存储LPG的覆土卧式圆筒形钢制储罐设计、建造、使用指南》2000版2004增补 工程设备和材料用户协会（EEMUA 190）。

（4）《液化石油气规范》2014版 美国消防协会（NFPA 58）。

（5）《提升设备的检查、保养、修理及大修的推荐方法》2002版 美国石油协会（API RP 8B-2002）。

（6）《压力容器检验》2001版 美国石油协会（API RP 72-2001）。

7.1.2 国家标准与规范

（1）JB/T 4711—2003 《压力容器涂敷与运输包装》。

（2）GB 12337—2014 《钢制球形储罐》（参考）。

7.2 质量保证措施

（1）对顶升滑移测量工器具进行校验，确保在校验合格有效期内。

（2）施工前上报顶升滑移方案，批准后方可施工。

（3）顶升滑移过程中做好记录，并与施工方案进行比较，做到随时纠偏。

（4）每隔10min对子弹罐轴向偏离度进行测量，保证轴向偏离度在±5°以内。

（5）子弹罐就位前对沙床基础进行最终校验和修正，确保子弹罐就位符合要求。

8 安全措施

8.1 执行的安全法规

（1）GB 6067—2010 《起重机械安全规程》。

（2）GB 5082—1985 《起重吊运指挥信号》。

（3）Q/SY TZ 0363—2013 《中国石油吊装作业安全管理标准》。

8.2 安全风险分析及防控措施（表8-1）

表8-1 主要安全风险分析及预控措施

序号	作业活动	危险源描述	可能引起的事故	预控措施
1	滑移轨道开挖	基槽边坡塌方	人员伤亡	严格按照设计方案压实子弹罐就位床基础，边坡开挖按照设计规范放坡并留有逃生梯
2	滑移轨道吊装	起重设备选型不符合要求	起重伤害	严格按照设计计算及现场地质条件选择吊装设备
		起重钢丝绳、吊具磨损严重	物体打击	吊装设备进场前对钢丝绳及吊具进行检查
		机手无证上岗	工程事故	操作人员上岗前对资质进行核准
3	子弹罐顶升	顶升设备不满足要求	工程事故	顶升操作前对顶升设备进行检查
		起重人员无证上岗	工程事故人员伤亡	起重人员等专业人员要持证上岗并进行岗前培训
		高空物体坠落	人员伤亡	严格按照顶升操作流程操作，现场人员配齐合格劳保用品
4	动力装置安装	设备漏电	触电	对设备进行检查，持证电工上岗接线，做好设备接地措施
5	子弹罐就位	高空物体坠落	工程事故人员伤亡	严格按照就位专项方案进行就位操作

8.3 安全保障措施

（1）顶升、滑移区域作业带以外20m设置警示带，非操作人员禁止入内。

（2）制定顶升滑移专项方案。

（3）对技术人员及操作人员进行风险识别及质量安全交底。

（4）顶升滑移人员要有特种作业证，辅助人员要提前进行培训并考核通过。

（5）滑移通道内设置逃生梯。

（6）对滑移通道边坡进行加固，防止边坡塌方。

（7）滑移过程中每隔半小时对滑移托架垂直度进行测量。

9 环保措施

9.1 执行的环保法规

（1）GB 12348—2008 《工业企业厂界环境噪声排放标准》。

（2）GB 16297—1996 《大气污染物综合排放标准》。

（3）Q/SY 1002.1—2007 《健康、安全与环境管理体系》。

（4）GB 3095—2012 《环境空气质量标准》。

9.2 环保风险分析与防控措施（表9-1）

表9-1 环保风险分析与防控措施

序号	作业活动	风险源描述	可能引起的事故	预控措施
1	滑移轨道基槽开挖	地表土生态环境破坏	土壤沙化	开挖过程中按照地表土和地下土分类存放，回填按照原土层回填相应土壤
		开挖土壤裸露	引发扬尘	对开挖地区和堆土区域用土工布进行遮盖

续表

序号	作业活动	风险源描述	可能引起的事故	预控措施
2	吊装设备操作	施工废油	土壤污染水污染	对设备进行油路检查，对被污染的土壤进行统一回收和处理
		施工废水	土壤污染水污染	水设备冷却水系统进行检查，对污染的水进行统一回收和处理
		施工废渣	土壤污染水污染	现场设置合理的垃圾回收箱，并按照垃圾回收分类要求对所有施工废渣进行回收

9.3 环保保障措施

（1）做好顶升滑移区及设备就位区的覆土覆盖。

（2）雨季施工做好防水土流失措施，在LPG子弹罐基础和沙床上开沟清理出滑移轨道后，铺设土工布对沟道壁进行保护，沟道壁底部垒沙袋挡土墙。

（3）设置专门的垃圾堆放点及按时清理垃圾避免水源及环境污染。施工中加强对施工燃油、工程材料、设备、废水、生产生活垃圾、弃渣的控制和治理，遵守有关防火及废弃物处理的规章制度。现场各种标识醒目、施工场地整洁文明。

10 效益分析

加纳TEMA罐区LPG子弹罐就位实施前期，项目部针对传统的现场整体吊装和滑移进行了详细的对比。

加纳TEMA罐区项目中的4台LPG子弹罐的安装，按照吊装和滑移两种施工方法进行比较，经济效益分析如下：

1. 两台400t吊车施工成本计算

按照4台罐能同时达到就位条件的最佳情况计算，单台罐的就位时间约为5h，400t吊车租赁费用为每小时1万美元，4台罐总共用时最少需要20h。

施工成本为：$10000 \times 2 \times 5 \times 4=40$ 万美元。

2. 滑移就位施工成本

滑移轨道基础制作及轨道安装费用3万美元，顶升托架材料及制作费用2万美元，滑移托架材料及制作费用2.3万美元，顶推设备费用2.2万美元，滑移施工组费用1.5万美元，辅助用料0.5万美元

滑移施工成本 $3+2+2.3+2.2+1.5+0.5=11.5$ 万美元。

节约成本 $40-11.5=28.5$ 万美元。

对于大型LPG子弹罐及类似设备的就位，用滑移就位方法相对于吊装有很大优势，节省大型设备吊装设备的使用，并且滑移效率高、人员成本低，对大型设备的就位有很好的指导和实践意义。

11 应用实例

加纳TEMA罐区项目位于加纳TEMA市自贸区旁，该项目一期和二期包括4台2350m^{3}LPG子弹罐的滑移就位，罐体长49.6m，单罐重650t。单罐滑移，应用4次滑移方法将4台罐就位。现场滑移总布置图如图11–1所示：

在实际的滑移操作过程中，为确保罐体顶升及滑移时的安全，顶升过程中罐体倾斜角度控制在1°以内（理论最大倾角为5.7°），滑移过程中配备专业测量人员监控两侧滑移速度及滑移偏差。顶升、滑移及就位过程图如图11–2~图11–5所示：

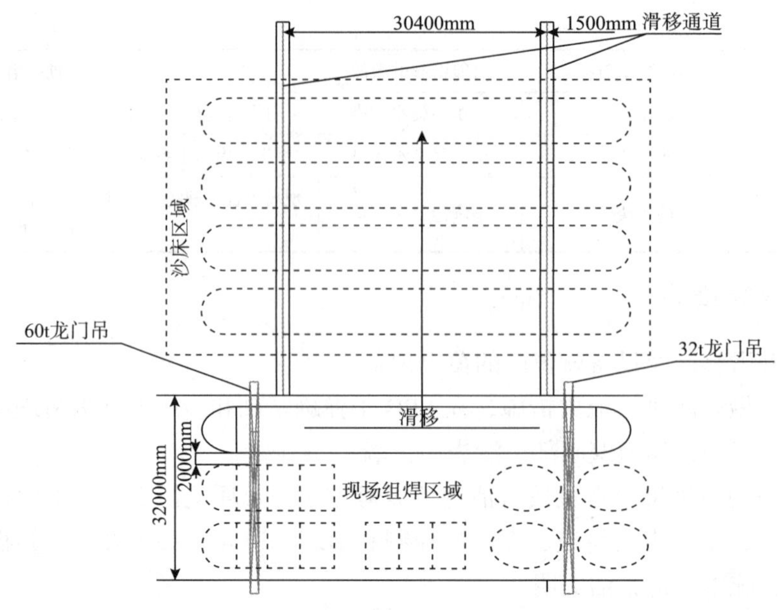

图 11-1 滑移场地总平面图

图 11-2 顶升过程图

图 11-3 滑移过程图

图 11-4 滑移过程图

图 11-5 滑移就位图

在应用实例中，因场地受限所以预制场纵向只能预制两台子弹罐，预制场横向空间较大，利用横向空间对另外两台罐进行预制，并利用调整转胎角度，使得在边焊接同节的同时子弹罐整体向滑移位置移动，前两台罐滑移完成后，后两台罐也能同时达到滑移位置进行焊接和滑移准备。

项目实施过程中大大节省了设备租赁成本和人力成本，尽管滑移就位的实施没有与实际吊装进行详细的经济技术指标的分析，但在实际操作过程中实现了每小时 1.5m 的推进速度，实际生产效率较高，原本计划一周的滑移施工三天就完成，从工时效率方面比预计的还要提高了 50%。

海底油气管道与终端管汇底拖法整体安装施工工法

中国石油管道局工程有限公司

李明涛　刁凤东　邢　航　牛国瓒　曹　鹏

1　前言

海洋油气管道主要铺设方式有拖拉法和铺管船法，其中拖拉法适用于短距离、浅海管道的安装。根据拖拉作业时被拖拉的预制管道在海水中具体位置不同，拖拉法分为浮拖法、近底拖法和底拖法。采用浮拖法和近底拖法施工时易受海浪、洋流、侧向流等影响，整体拖拉难度较高，通常需要将管道和海底管汇分开安装就位，然后在海底将管道与 PLEM（海底管道终端管汇）进行法兰连接。该方法具有潜水作业风险大、成本高和工期长等特点。采用底拖法铺设海底管道，将 PLEM 作为拖拉头，利用拖轮以及辅助的浮筒、辊轮等设施，一次性将 PLEM 和海底管道同时安装到位。该方法具有受海浪和侧向流影响小、工期短、成本低、风险可控等优点。

2015 年中国石油管道局工程有限公司国际事业部（以下简称国际部，隶属于中国石油天然气管道局）承建了安哥拉渔港油库扩建项目（以下简称安哥拉项目），本项目包括安装两条 20in 并行海底管道、PLEM 和 CBM（多点系泊），且 CBM 是目前世界上系泊能力最大的多点系泊，最高可系泊 225000DWT 油轮，工程设计通过 ABS 认证。

通过技术创新和工艺流程优化，采用刚性热煨弯管将 PLEM 与输送管道进行连接，并采用底拖法将两条 20in 并行海底管道和 PLEM 一次性拖拉安装完成，实现了工期和成本目标，得到业主高度认可。项目技术人员认真梳理、总结技术创新成果和施工过程经验，编制了海底油气管道 + 终端管汇（PLEM）底拖法施工工法。

2016 年，安哥拉渔港油库扩建项目获河北省优秀工程勘察设计行业奖一等奖，《海底管汇和海底管道“S”形弯管连接技术》获得“管道局 2015 年度技术革新三等奖”。2017 年，项目获石油工程优秀设计二等奖，管道局 2017 年度优秀工程设计二等奖。

2　工法特点

在海洋管道安装过程中，采用底拖法进行管道安装就位属于常用的施工方法，具有受恶劣天气影响较小、拖管稳定性好、就位轨迹容易控制、施工灵活、拖管期间遇到紧急情况可临时弃管撤离等。本项目的底拖法施工还具有如下特点：

（1）施工效率高，以 PLEM 撬座作为正向拖拉头，整体拖拉两条海底管道和 PLEM，一次性完成两条海底管道和 PLEM 的安装，工期大大缩短。

（2）施工成本低，在海滩完成 PLEM 的预制和与两条海底管道的连接等工作，减少海上作业时间，尤其是减少了海底连接作业工序，大大降低了施工成本。

（3）管道扭转易控制，PLEM 与海底管道通过 S 形弯管刚性连接，拖管所产生的扭矩传递到 PLEM 撬座后被充分约束，成功解决了拖管施工中管道扭转不易控制的技术难题。

（4）管道偏移风险可控，在海底管道近岸处设置“回拖撬座”作为反向拖拉头，用于底拖作业时路由纠偏，可有效控制就位偏移风险。

3 适用范围

该工法适用于单点系泊（SPM）、多点系泊（CBM）设施的海底油气管道及（海底管汇）PLEM 安装工程，尤其适用于工期较短的短距离海底油气管道及海底管汇（PLEM）安装工程。

由于海洋管道安装施工受海底的地质条件、施工海域的水文气象条件等影响较大，因此，底拖施工工法适用如下条件：

（1）管道路由范围内海床表层应为松软地质材料，不宜存在暗礁和岩石（如有岩石和暗礁则需要处理），以避免管道及管道上安装的阳极块受损；

（2）海底管道路由范围内海床坡度要求平缓，避免海床凹凸造成拖拉力过大和悬跨效应损伤管道；

（3）要有足够的管道预制作业空间。本工程滩海施工作业空间为 200m × 60m。

4 工艺原理

4.1 工艺原理

采用底拖法牵引施工前，在陆地上焊接完成一定长度的管段（安哥拉项目为 15 根钢管约 171m）后，第一段海底管道通过 S 形弯管与 PLEM 刚性连接，以 PLEM 撬座作为正向拖拉头，通过预先锚固在海中指定路由位置的拖管船牵引拖管头，管道通过滑道拖拉入海。以此方式依次将管道牵引就位，完成最后的安装。

管道在牵引前，需要依据海底勘测资料确定一条最佳拖管航线，并且排除障碍物。为了减小拖航阻力，需在拖拉头 PLEM 撬座上或管道上绑扎浮筒以减小拖拉头和管道的负浮力。

施工作业空间受陆地空间限制，通常可将管道分段预制，每完成一段管道牵引，在岸边连头点进行连头焊接、NDT 和防腐后继续牵引下一管段，直到所有管段全部牵引完成。为了防止就位偏差，需在管道入海位置设置反向回拖拖拉头。

4.2 关键工艺计算

海底管道底拖法施工工艺需要对拖管牵引力、拖拉时管道安全性、拖拉力和浮筒设置平衡等进行计算分析，合理配置设备资源，以保证整个牵引过程安全可控。相关关键计算如下：

1. 极限拖管长度估算

极限拖管长度的计算准则是以施加轴向拖力后管道最大应力不能超过钢材的许用应力。按阻力在管段上均匀分布，拖管头的应力应为最大，理论上对于底拖法极限拖管长度可按下式计算：

$$L_{\max}=\frac{A\times[\sigma]}{(q_1\times\mu)}$$

式中，$L_{\max}$ 为拖管长度，m；A 为钢管截面积，m^2；$[\sigma]$ 为管道许用应力，为屈服强度 σ 乘以许用应力系数 0.72，N/m^2；q_1 为管道施工控制质量，若不施加浮筒，即为管道负浮力，N；μ 为管道与海底摩擦系数，见表 4–1。

表 4-1 摩擦系数

土壤类型	黏 土	砂 土	砂 砾
摩擦系数	0.3 ~ 0.6	0.5 ~ 0.7	0.5

在海底为黏性土时，拖管启动时 μ 的最大值可达 1.2，应以此作为最不利情况考虑。计算托管长度时，应理论计算和实际相结合，管线过长，拖轮就无法控制管线的拖行轨迹。

2. 浮筒配置需求计算

为了减小拖航阻力，在管道上绑扎浮筒以减少管道的负浮力。浮筒的配置为：

浮筒个数 n ：

$$n=(\mathrm{Int})\ \frac{(q_0-q_1)\cdot L}{F_0}+1$$

浮筒间距 l ：

$$l=\frac{L}{n-1}$$

以上两式中，l 为浮筒间距，m；q_0 为管道水下负浮力，N；q_1 为管道施工控制浮力，N；L 为管道长度，m；F_0 为浮筒有效浮力，N；Int 为取整符号。

3. 拖管牵引力和浮筒配置平衡计算

当出现初步估算所需的拖管牵引力较大，或管道路由上有不符合理想坡度要求且处理成本不经济、环保受限等情况，可以综合考虑所需地锚能力、绞车能力及浮筒设置要求来进行综合比选，对拖管牵引力和浮筒配置进行平衡计算，采取较佳的拖管牵引力和浮筒配置匹配方案。

拖拽牵引力主要用来克服管道和拖拉头撬座所受到的阻力。管道和拖拉头撬座的阻力来自两方面：一方面是海床对管道和拖拉头的摩擦力 $F_{泥}$；另一方面是来自于海流力和拖航速度产生的海水阻力 $F_{水}$。

（1）海床的摩擦力：

$$F_{泥}=q_1\cdot\mu\cdot L$$

式中，$F_{泥}$为海床摩擦力，N；L 为拖管长度，m；q_1 为管道施工控制质量，若不施加浮筒，即为管道负浮力，N；μ 为管道与海底摩擦系数。

（2）海水的阻力：

单位长度管道海水阻力的计算公式为：

$$q_X=C\rho\pi DU_R/2$$

式中，q_X 为单位长度管道海水阻力，N；C 为海水阻力系数，C=0.075/(logRe−2)^2；Re 为雷诺数，$Re=U_R\,D/V$；D 为结构物直径，$V=1.007\times10^{-6}\mathrm{m^2/s}$ 为水的运动黏度，$\mathrm{m^2/s}$；ρ 为海水密度，$\mathrm{kg/m^3}$；U_R 为水与管道间相对速度，$U_R=u_t-u_c\cos\theta$，u_t 为拖管速度，u_c 为海流流速，θ 为海流流向，以拖管方向为基准零点，(°)。

因为管道贴近海底，波浪对管道的作用很小，可不予考虑波浪影响。整条管道拖管时受到的海水阻力为：

$$F_{水}=qG_XL+nqB_X\,L_b$$

式中，$F_{水}$为整条回拖管道的海水阻力，N；qG_X，qB_X 分别为管道和浮筒单位长度上的海水阻力，N；n 为浮筒数；L_b 为浮筒长度，m。

管道拖航牵引力：

$$T=F_{泥}+F_{水}$$

式中，T为整条管道的拖航牵引力，N；$F_{泥}$为海床的摩擦力，N；$F_{水}$为整条回拖管道的海水阻力，N。

5 施工工艺流程及操作要点

5.1 施工工艺流程（图 5-1）

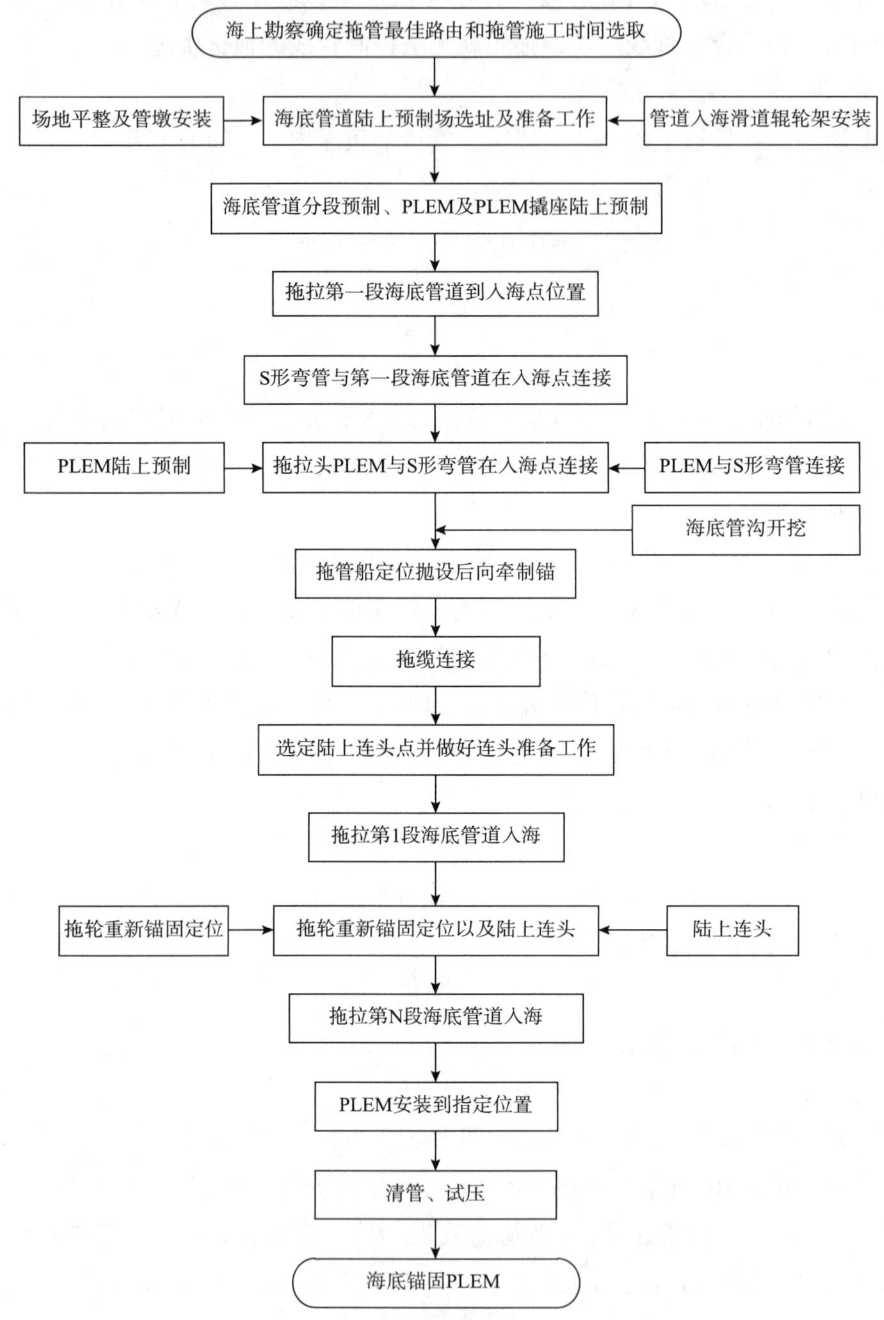

图 5-1 海底管道底拖法施工流程图

5.2 操作要点

本章节涉及的材料、设备和相关数据仅以安哥拉渔港油库扩建项目 CBM 工程海底管道及 PLEM 设施为例给出。

5.2.1 海上勘察确定拖管最佳路由和拖管施工时间选取

海底地质参数决定拖管时海床对管道产生的摩擦力。拖管前应确定相关海域的水文地质参数，排查路由全程是否有障碍物影响拖管等；海测图应进行实测并结合以往航海图进行绘制，以确定拖管时详细水深信息；查询当地海域监测站数据获得工作海域的风、浪、潮、流参数，对近几年该海域相关数据进行统计和分析，计算出拖管时的海水阻力；海底地质参数通过 BH（钻孔）法（图 5–2）、vibrocore、CPT（水下静力触探）等方法获得，一般 BH 法获得的数据比较详细，CPT 方法速度快更加高效。

图 5–2　BH（钻孔）法施工

最佳路由和拖管施工时间的选择要综合考虑如下影响因素：

（1）底层洋流流速。海底底层侧向洋流会对拖管时的海底管道产生侧向阻力，导致海底管道偏离预定路由。受海底管沟掩护效应，侧向流对海底管道的影响较小，因此通常采取开挖海底管沟的形式来减小侧向流对底拖法海底管道的影响。

（2）海底地质条件。不同地质条件下摩擦系数不同，拖管时拖轮的拖拉力也不同。应避免选取硬质岩石海床进行拖管，硬质岩石段托管会划伤管道，且拖管阻力较大。

（3）海床坡度。拖管时应选取海床坡度平缓的路由，平缓的海床坡度可以减小拖管时的拖拉力，拖管方向易控制。若海底坡度起伏过大，海底管道会产生悬跨，悬跨不仅会导致海底管道产生疲劳，而且可能使海底管道在输油过程中由于管道的震动达到自然频率产生共振，从而对管道造成损伤。

（4）海洋气象资料。调查当地海域气象资料，进行分析评估，避开恶劣天气高发时段进行拖管，将拖管风险降到可控范围之内。底拖法相较于浮拖法受恶劣天气影响较小，轨迹易于控制，如遇极端天气时可以弃管撤离。

5.2.2　海底管道陆上预制场选址及准备工作

结合海底管道路由，在管道登陆点处设置陆上预制场，预制场主要用于分段预制海底管道、预制 PLEM、预制 PLEM 撬坐、放置管道下水滑道、提供陆上连头点等。

（1）场地平整及管墩安装。陆上预制场的大小可以根据场地空间自由设置，若场地足够大，预制场的长度可以适当放大，以此来减少连头数量，节约整体拖管施工时间。预制场包括管道预制区、下水滑道区和拖管时后向陆上牵引设备伴行区。管道预制区要求场地平整，便于管道预制；下水滑道区分为平直段和曲线过渡段。平直段与管道预制区平行设置，便于将预制完成的管道放置到滑道上，同时方便拖管时的连头组对焊接。曲线过渡段用于过渡平直段与入水点处海床之间的高差，减小拖管时管道的应力。曲线过渡段应严格按照设计的曲线弧度平整场地，保证下水滑道曲线平滑；拖管后向陆上牵引设备伴行区主要用于拖管时陆上辅助拖管，防止管道从辊轮架上滑落，并且在拖管船失控时可以后向牵制管道。一般采用挖掘机作为牵制设备，需要在下水滑道一侧应留有足够空间，供挖掘机和吊车行走作业；下水滑道在场地中心，两侧分别为管道预制区和设备作业区，预制场的布置一般如图 5–3 所示。

（2）管道入海滑道辊轮架安装。下水滑道从预制场的末端一直延伸到入水点，分为平直段和曲线过渡段。平直段与分段预制的管道并列放置，长度与单段管道相同；过渡段为连接平直段与入水点的平滑曲线。入水滑道由等间距放置的辊轮架组成，根据辊轮承载质量计算单个辊轮架摆放间距，一般为 12m 设置一个。若拖管时为两条海底管道并行敷设，应设置两条并行的下水滑道（图 5-4）。

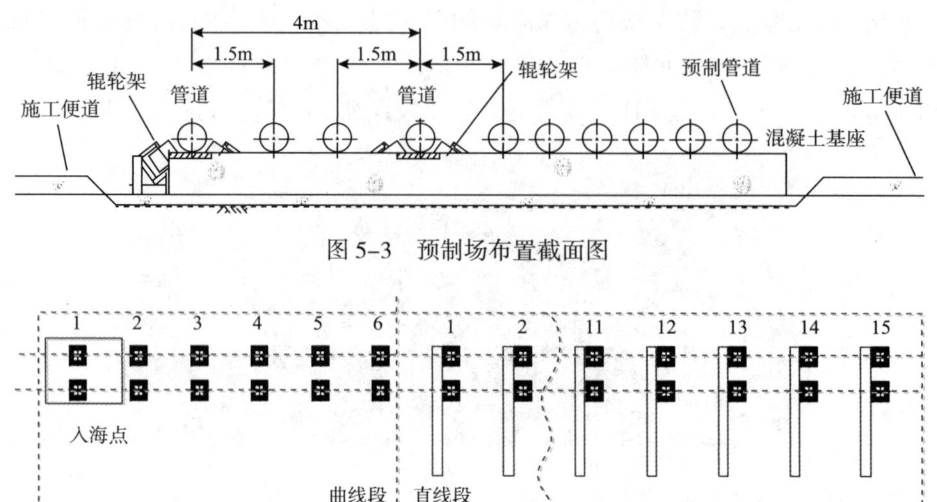

图 5-3 预制场布置截面图

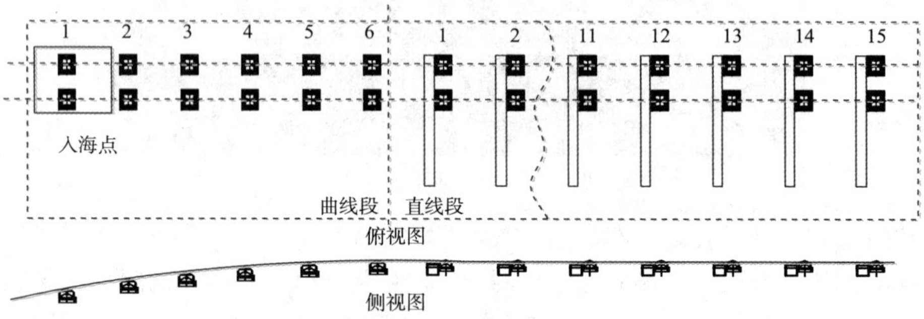

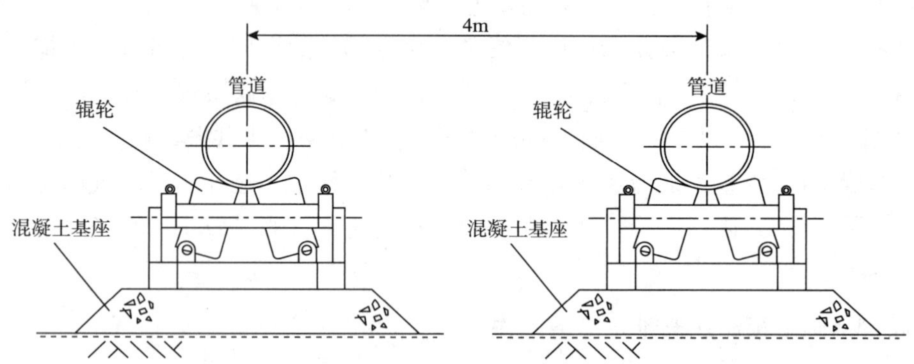

图 5-4 下水滑道布置图

辊轮架主要由水平支撑辊轮、侧向限位辊轮及混凝土基座组成。辊轮架的混凝土基座基础应夯实，防止拖管时辊轮架出现下沉或移动（图 5-5）。

图 5-5 两条下水滑道辊轮架安装示意图

5.2.3 海底管道分段预制、PLEM 及 PLEM 撬座的陆上预制

（1）海底管道分段预制。海底管道采用分段预制方式，每段长度根据场地空间大小设定。安哥拉 CBM 项目海管设计为双管并行，单线长度为 855m，双线总长度为 1710m；管径为 508mm，壁厚 19.1mm，单根管长度约为 11.5m。为了便于拖管将管道分为十段，每一段的长度为 171m。海管共计 10 排，每排 15 根管 14 道口（图 5-6）。海底管道焊接工艺为：根焊和热焊采用手工氩弧焊，填充和盖面采用药芯焊丝半自动焊接。焊缝经 100%RT 检测合格后，焊缝处采用热收缩套进行防腐补口。

图 5-6 海管的陆上预制焊接

海底管道外防腐采用 3PE 形式，采用牺牲阳极的阴保形式，在管道外壁每间隔 60m 设置一处阳极块套装，阳极块固定在半圆形圆环上，将圆环焊接于管道上方（图 5-7）。阳极块设置数量可以根据防腐设计寿命进行计算分析。

（2）PLEM 撬坐（拖拉头）的预制。为了便于拖管，在 PLEM 下方安装撬座，PLEM 固定在撬座上，撬座作为拖拉头进行拖管。拖管完成后，为了防止 PLEM 在水下横向移动，应将撬座固定在海床上。PLEM 与撬座间用限位板约束（图 5-8），限位板可以限制拖管过程中管道的轴向和周向运动。

图 5-7 海底管道阳极安装图

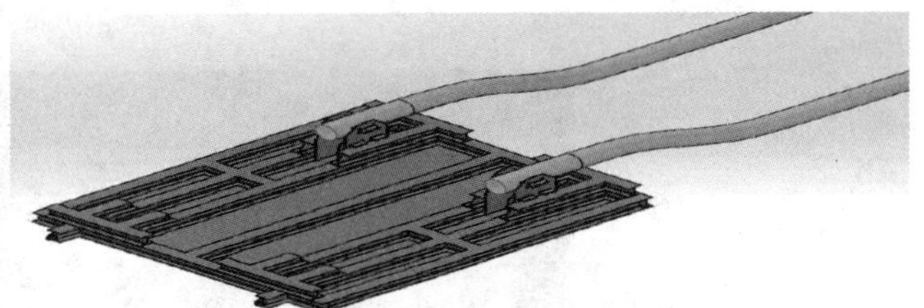

图 5-8 PLEM 与撬座通过限位板连接

撬座主要由 H 型钢和钢板焊接而成，规格为 6800mm × 7800mm 的长方体（图 5-9），主结构采用 H 型钢型号为 HEA650、HEA400、HEA300，锁板钢板厚度为 30mm，撬座底板钢板厚度为 12mm。为了减小拖动时海床淤泥产生的阻力，撬座前后设置挡泥板。

撬座的防腐形式为刷漆和安装阳极块，喷砂除锈后喷涂厚度为 20μ m的环氧富锌底漆，再喷厚度为 250μ m的白色环氧漆。在撬座上安装阳极床（图 5-10），阳极床上安装有 8 块铝合金块状阳极，每块的质量为 300kg，15 年后对阳极床进行更换，防腐设计寿命为 30 年。阳极床通过 H 型钢固定在 PLEM 撬座中心，经过 $70mm^2$ 的铜线与 PLEM 相连。

图 5-9 PLEM 撬座预制

图 5-10 PLEM 撬座阳极床

（3）PLEM 预制。PLEM 主要由 12in 旋转法兰、12in 壁厚为 17.48mm（API5L GRX65Q）管道、16in 壁厚为 12.7mm 管道、20in 壁厚为 19.1mm 管道、3 个 16in 的全通径球阀（密封面形式为 RTJ、压力等级为 300）、20in 旋转法兰、12in × 16in 大小头、16in × 20in 大小头、16in 等径三通组成（图 5-11~图 5-13）。

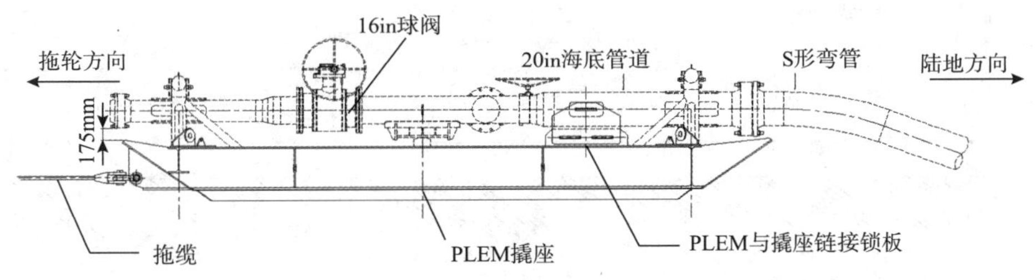

图 5-11 PLEM 侧视图

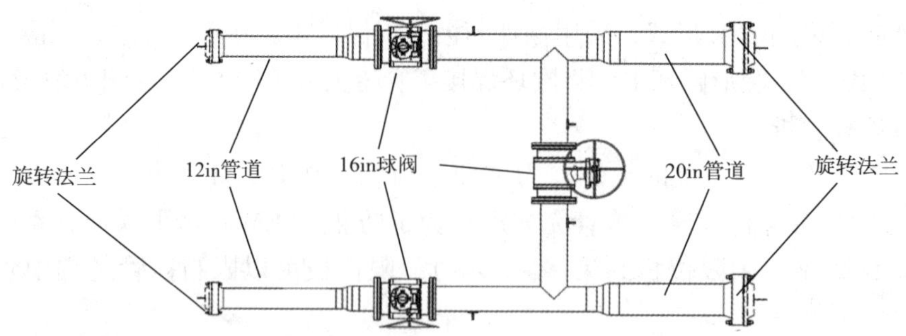

图 5-12　PLEM 俯视图

图 5-13　PLEM 陆上预制

5.2.4　拖拉第一段海底管道到入海点位置

所有海底管道预制完成后，将第一段海底管道平移到下水滑道水平段，平移时采用吊带固定管道，采用至少 2 台吊车同时起吊，分段将管道平移到滑道上。平移时严禁管道周向转动，周向转动会导致管道上方的阳极块在拖管时与海床接触，从而损坏阳极块。采用挖掘机将第一段管道由下水滑道平直段拖拽至下水滑道曲线段入海点处。拖拽时注意避免管道发生周向转动，若出现周向转动，应及时调整，防止拖管时海床碰掉阳极块。

5.2.5　S 形弯管与第一段海底管道在入海点连接

S 形弯管用于连接拖拉头 PLEM 与海底管道，连接方式为刚性连接，这样可以一次性将 PLEM 与海底管道同时拖入海中，避免了 PLEM 的二次安装。

S 形弯管采用与海底管道相同材质规格的钢管热煨弯制而成，管道规格为 ϕ508mm × 19.1mm，材质为 X65，弯制方式为感应热煨，S 形弯管的弧度设计应根据 PLEM 的底标高与海底管道底标高之差进行合理设计，避免角度不合理产生应力，导致 S 形弯管在拖管过程中撕裂（图 5-14）。

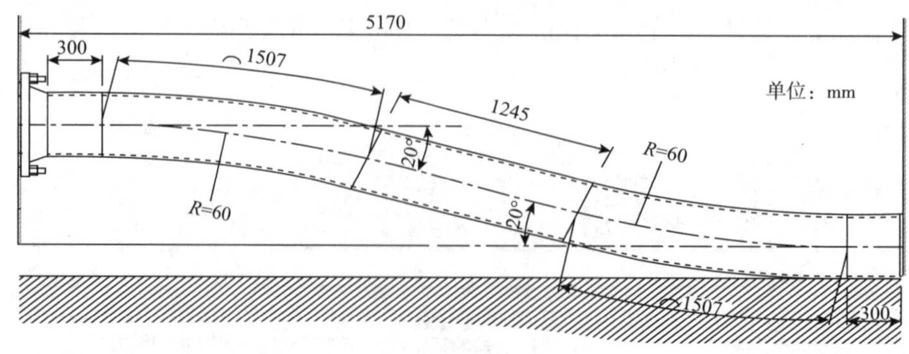

图 5-14　S 形弯管

S 形弯管外防腐采用 3PE 形式，与 PLEM 连接端为法兰连接，法兰密封面形式为 RTJ。S 形弯管与海底管道连接形式为焊接，焊接工艺与海底管道工艺相同。为了便于拖管完成后的清管、测径作业，S

形弯管与海底管道焊接前，需将清管球放入第一段海底管道的端部，焊接完成后将S形弯管注满水，在S形弯管与PLEM连接端处放入测径球（图5–15）。

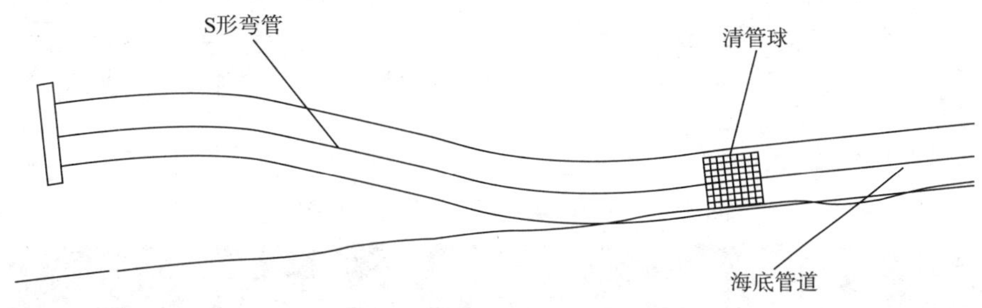

图5–15　S形弯管与海底管道连接

5.2.6　拖拉头PLEM与S形弯管在入海点连接

底拖法拖管时将PLEM撬座作为拖拉头，与海底管道同时被拖管船牵引，避免了海底管道安装完成后二次海上安装PLEM。

PLEM预制完成后，与撬座连接成一个整体，采用拖板车运送到入海点位置处，在150t吊车的配合下与S形弯管进行连接，PLEM与S形弯管通过旋转法兰连接（图5–16），连接前需将连接点处的场地进行平整，确保连接不受场地限制。吊装时采用4个20t吊葫芦作为吊带，吊葫芦与固定在撬座上的4个吊耳连接（图5–17），采用吊葫芦吊装PLEM便于法兰连接时方便调整PLEM高度。

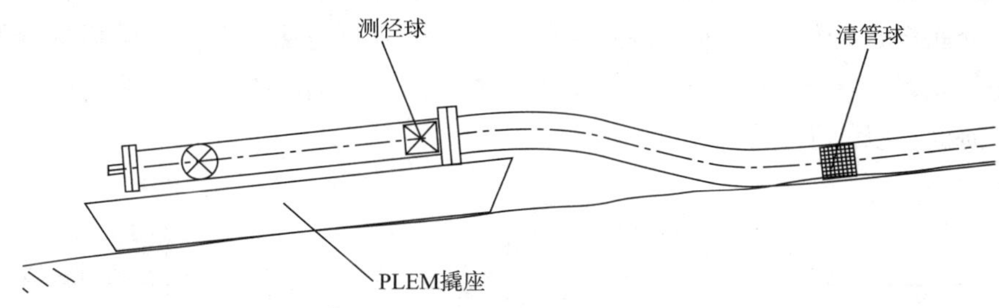

图5–16　PLEM与S形弯管连接示意图

图5–17　PLEM与S形弯管现场组对安装

5.2.7　海底管沟开挖

采用抓斗船开挖海底管沟（图5–18、图5–19）。开挖前对指定的海底管道路由进行测量放线。海底管沟要求沟底平整，沟底坡度平缓。抓斗船的抓斗大小选取应根据海底地质情况进行确定，一般表层为流泥质的海底应选取大型抓斗（>8m^3），开挖时适当加大坡比，并预留后期回淤余量，为了降低回淤引起的再次开挖风险。海底管沟的开挖开始时间应结合陆上海底管道预制工期进行合理安排。为保证管沟底部开挖质量，施工时宜选择小斗容（<6m^3）抓斗，，开挖深度达到要求后，将闭合后的抓斗沉入沟底，摆动吊机旋转平台让斗在沟底拖动一遍，以整平沟底。

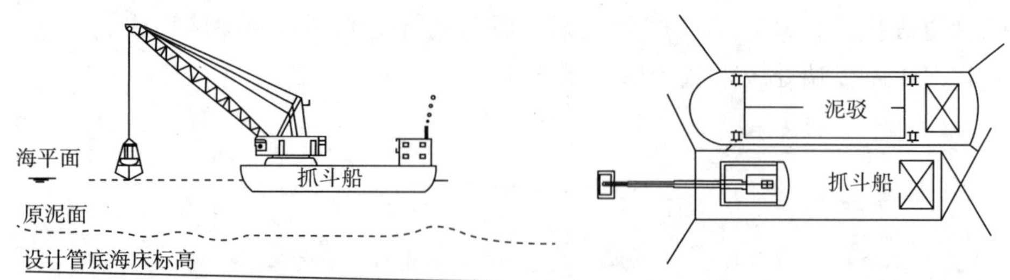

图 5-18 抓斗船开挖海底管沟示意图

图 5-19 抓斗船开挖海底管沟施工图

5.2.8 拖管船定位抛设后向牵制锚

由于拖管分阶段进行，因此后向牵制锚的抛设分多次进行。牵制锚的抛设需要拖管船的配合，锚顶端用卸扣连接一条拖缆，拖管时与拖管船上绞车连接，将拖拉力从绞车传递给后向牵制锚；锚杆部位用卸扣连接一条锚头缆（图 5-20）。待锚抛设到海底后，连接锚的拖缆、锚头缆另一端均系上浮球型锚漂，使其浮于海面，以便于查找定位。

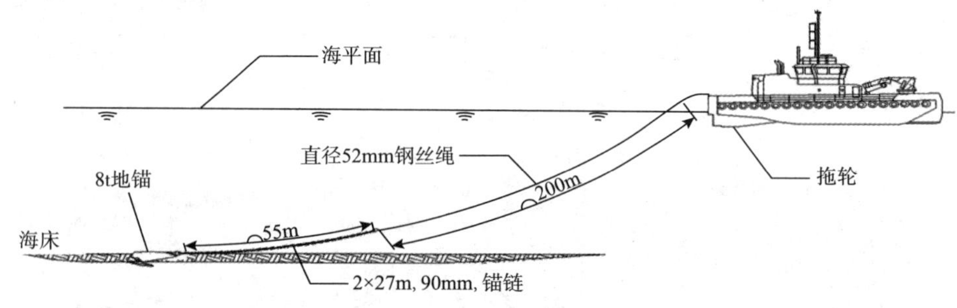

图 5-20 拖轮锚固示意图

5.2.9 拖缆连接

拖缆布设在海底管沟内，用于连接拖管船与拖拉头，拖缆可以是双拖缆也可以为单拖缆，根据拖拽力合理选择。拖缆长度可以结合水深及拖拽力设置。拖缆由若干段钢缆通过卡环连接成一体，拖缆一端与拖管船的绞车连接，另一端通过连接板与拖拉头连接（图 5-21）。

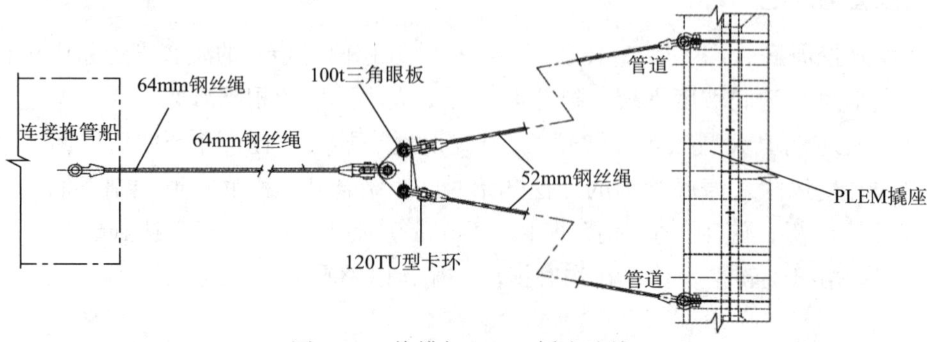

图 5-21 拖缆与 PLEM 撬座连接

布设拖缆时，先将拖轮系泊在海管入海点附近，船尾朝向对岸。船上的一台绞车内的拖缆端头连接一段直径 20mm 的引绳后，由小型交通船将该引绳连同拖缆拖拉下水并牵引至对岸，再由对岸的挖掘机牵引上岸。利用挖掘机的抓斗牵引引绳至 PLEM 撬座首端，然后将拖缆端头通过连接板与拖拉头固定连接。拖缆固定完成后，拖轮驶离对岸，边移船边在管沟内同时布设拖缆。放缆时要确保缆绳有一定张紧力，确保其就位保持顺直状态。若为双拖缆，拖拉头处应加槽轮，槽轮直径应确保两条并行的拖缆能保持合适的间距，避免两根拖缆相互缠绕（图 5–22）。

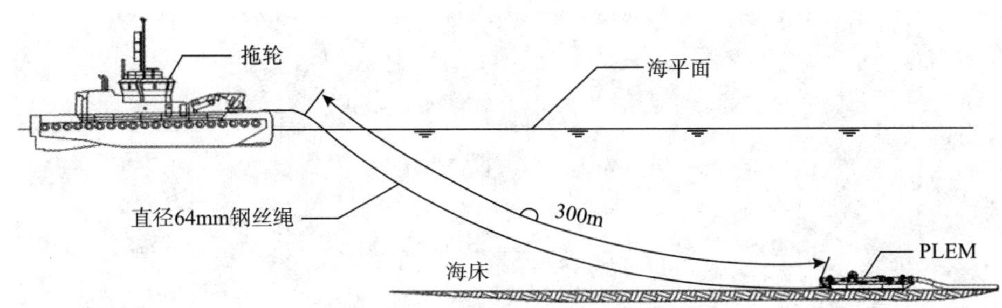

图 5–22　拖管船布设拖缆连接拖拉头

拖管船移动到第一段拖管的指定位置后，布缆结束，第一段海上拖管准备就绪，按照此法可以实施后续阶段拖管前的布缆工作。

5.2.10　选定陆上连头点并做好连头准备工作

分段拖管，每段之间要进行连头作业。连头点一般设置在下水滑道的直线段与曲线段的交界处。所有与之相关的对组对、焊接、防腐、NDT 检测等设备在拖管前都应准备就位，尽量缩短连头时间，降低海上拖轮等待时间。

5.2.11　拖拉第一段海底管道入海

拖管前，需对整个下水滑道进行仔细检查，在确认滑道上管道就位正常后，确认 PLEM 撬座就位正常（图 5–23、图 5–24）。PLEM 入海前，将其顶部绑扎 5 个浮力为 5t 的气囊，以平衡 PLEM 的负浮力，并且在 PLEM 顶部安装浮球和信号应答器，以实时获得拖拉头的实时位置信号。在下水滑道上的管道中部和尾部各设置 1 处吊点，并用挖掘机吊着管道，并在拖管时跟随管道行走，防止拖管时管道从滑道上滑落。所有工作准备就绪并检查无误后，陆上的拖管指挥长用对讲机向拖管船上的绞车操作员下达开始拖管指令，绞车操作员随即启动绞车，绞车开始缓慢张紧拖缆并牵引管道（图 5–25）。在此期间，绞车操作员记录并报告拖管指挥长各时段的拖缆张力与累计拖管长度，绞车尾部安装的张力测量仪能实时监测拖缆的拖拉力。待管段将拖至剩下最后一个管节接近连头点时，绞车开始减速，拖管指挥长及时向绞车操作员发出管段剩下最后 10m、5m、4m、3m、2m、1m 的指令，以确保管末端就位于连头点处。每拖完一个管段，潜水员下水查看拖管头，以获得其位置与就位姿态信息，期间拖管船船长需在中控室密切监控船的状态。岸上施工人员则需在滑道沿线仔细检查管道是否有脱落滑道风险，并提醒2台与拖管伴行的挖掘机操作手。在管道末端接近连头点时，伴行挖掘机应配合拖管船停止。

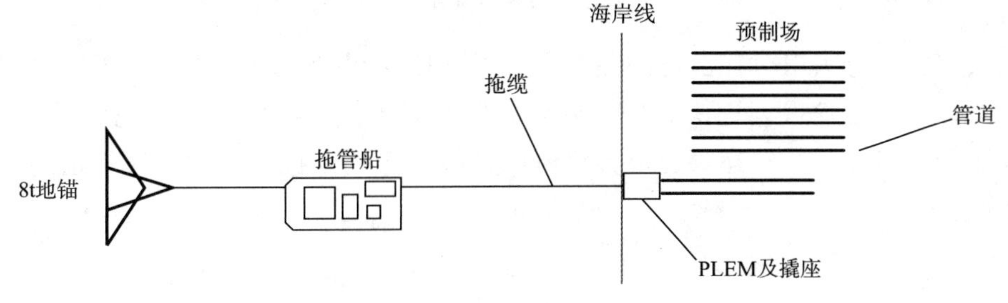

图 5–23　第一段拖管布置图

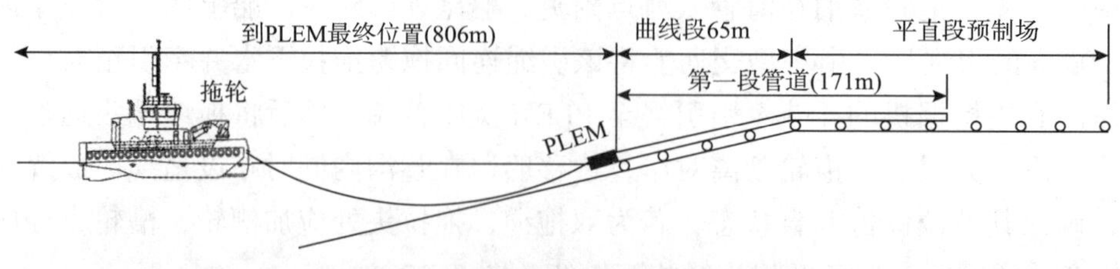

图 5-24 第一次拖管开始前侧视图

图 5-25 拖管开始，PLEM 入水

5.2.12 拖轮重新锚固定位以及陆上连头

（1）拖轮重新锚固定位。第一段拖管完成后，将拖缆与拖轮断开，为了方便再次连接拖缆，在拖缆的端部系上浮筒用于标记位置。拖轮驶离锚固位置，开始起后向牵制锚，用 GPS 引导拖轮到第二次拖管的后向牵制锚抛设位置，将后向牵制锚拖运到指定位置进行抛锚，并将拖缆重新连接，准备下次拖管作业（图 5-26、图 5-27）。

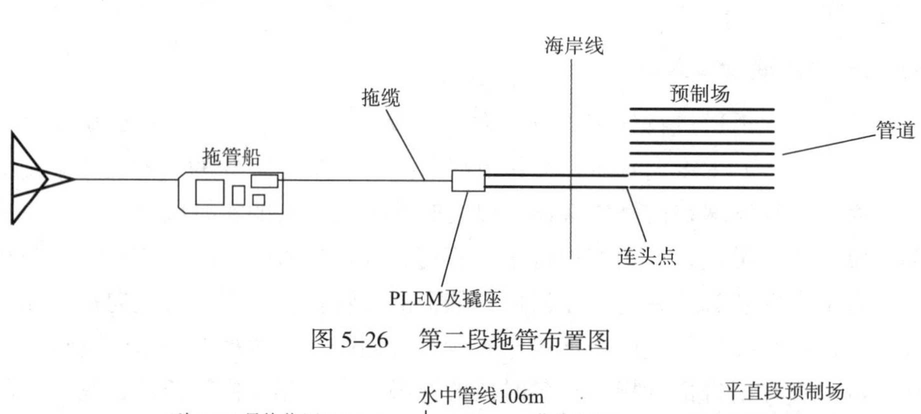

图 5-26 第二段拖管布置图

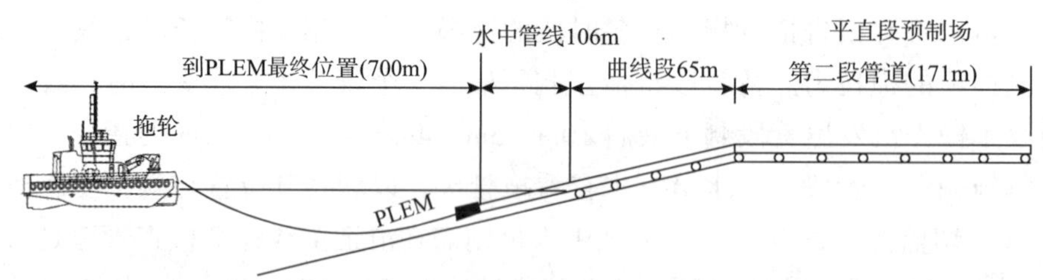

图 5-27 第二次拖管开始前布置图

（2）陆上连头。管道连头组对在滑道的曲线段和直线段交界处进行，为了便于组对焊接，连头点设置在滑道的直线段（图 5-28）。连头时采用外对口器组对（图 5-29），焊接完成后进行 RT 检测，合格后进行热收缩套防腐补口，并在管道上方涂刷白色线条，用于标记检测海底管道的拖行状态，然后开始下一段拖管工作。

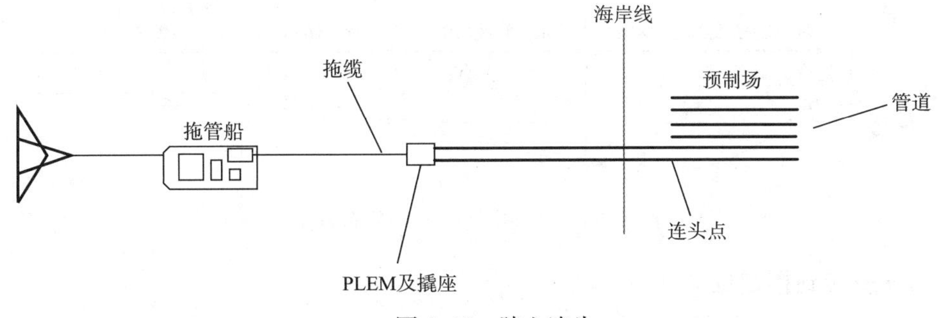

图 5-28 陆上连头

图 5-29 连头施工

5.2.13 拖拉第 N 段海底管道入海

连头完成后，检查滑道上的管道姿态（图 5-30），以及海上拖管船、拖缆等无误后，指令员下达再次拖管命令，重复第一次拖管过程（图5-31～图5-33），直到第N段海底管道末端到达连头点处，停止拖管。

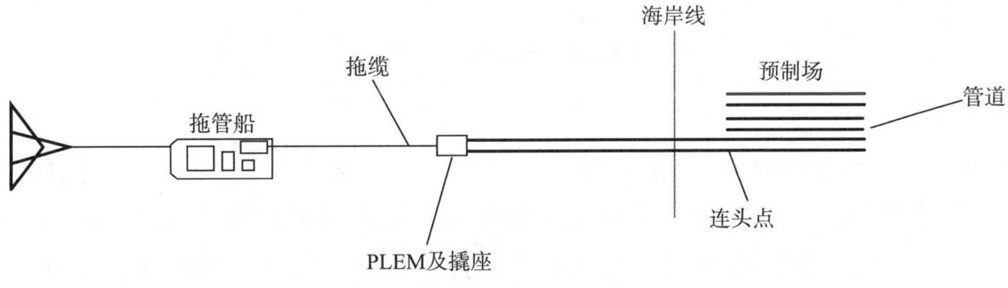

图 5-30 第 N 段拖管布置图

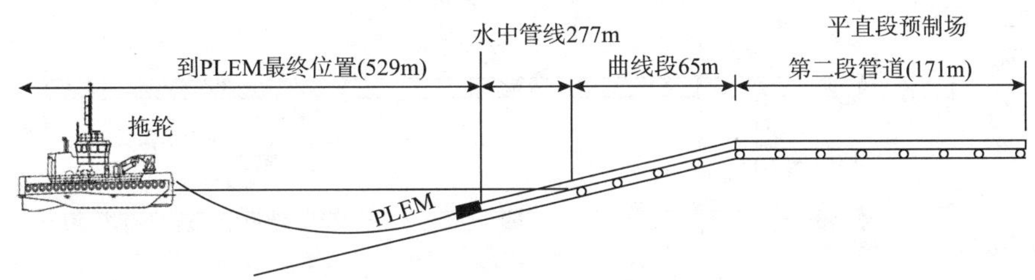

图 5-31 第三次拖管开始前布置图

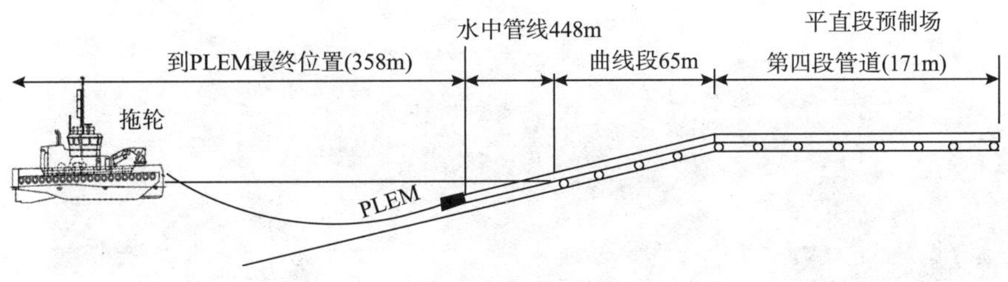

图 5-32 第四次拖管开始前布置图

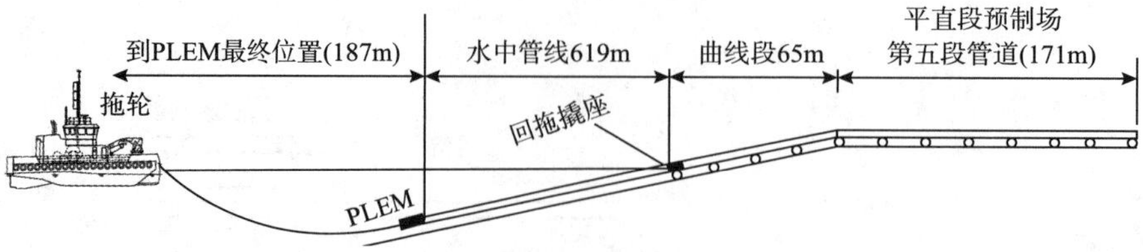

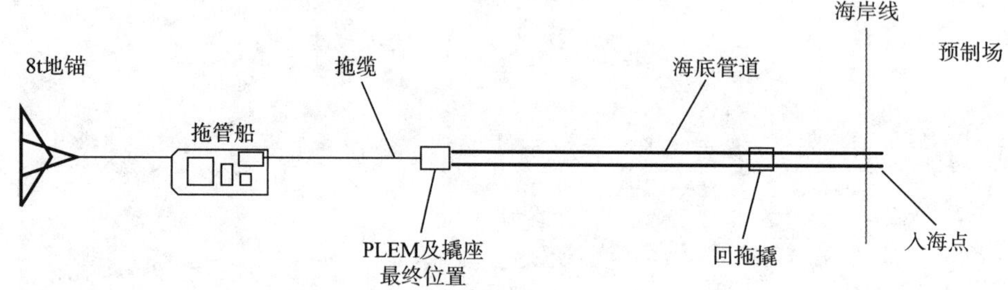

图 5-33 第五次拖管开始前布置图

5.2.14 PLEM 安装到指定位置

重复上述拖管过程，采用 GPS 定位，直到 PLEM 被拖到指定坐标点（图 5-34、图 5-35）后停止拖管，潜水员下水检查 PLEM 在海底的状态，解除 PLEM 上方绑扎的浮筒，至此拖管工作完成。

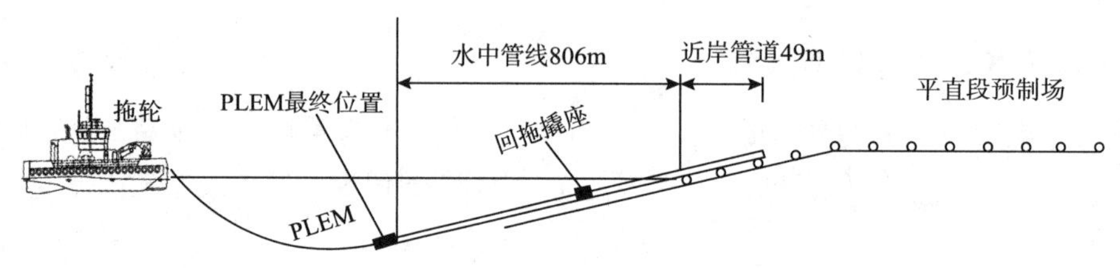

图 5-34 PLEM 及海底管道拖至指定位置图

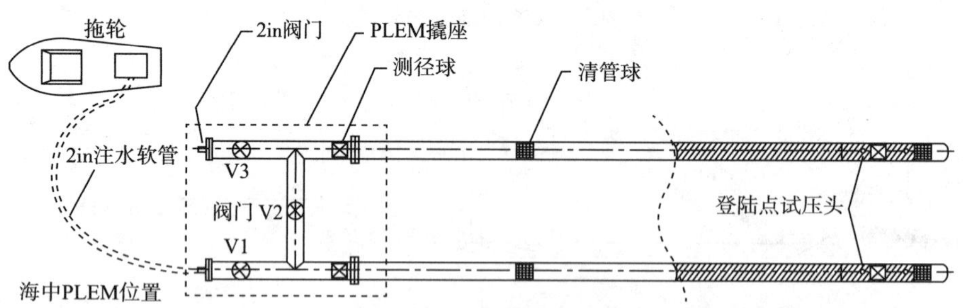

图 5-35 第五次拖管完成

5.2.15 清管、试压

在海底管道登陆点处焊接试压头（图 5-36），试压头上方设置 3 个 2in 的放空阀门。在 PLEM 端部法兰处连接 2in 注水软管，通过拖轮上的水泵对整个海底管道注水加压，海水推动清管球和测径球向陆地方向运动（图 5-37）。试压结束后，将试压头割掉，取出清管球和测径球，清管、试压结束。

图 5-36 清管试压布置图

图 5-37 试压头与海底管道连接图

5.2.16 海底锚固 PLEM

PLEM 放置于海底，在洋流的作用下会产生位移。由于地质条件也会引起 PLEM 与海底管道的不均匀沉降，会导致 S 形弯管撕裂。为了防止 PLEM 在水下移动和不均匀沉降，采用安装锚固桩的形式固定 PLEM（图 5-38）。

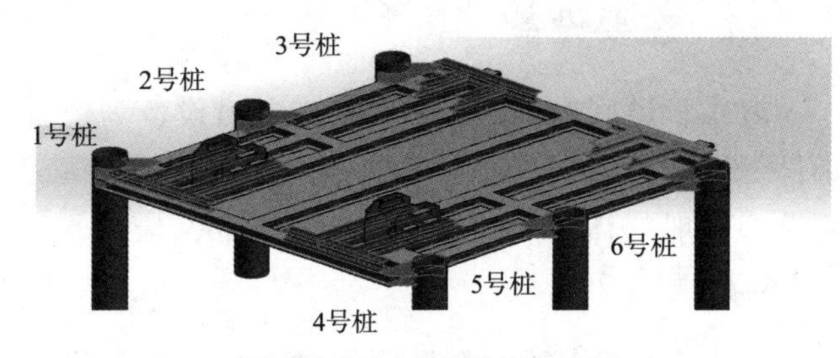

图 5-38 PLEM 锚固桩布置

为了预防 PLEM 的下沉，可在 PLEM 的两侧各设置 3 个吸力桩来固定 PLEM（图 5-39、图 5-40），吸力定位桩长 7m，采用海底管道相同钢管加工而成，定位桩的底部削成锋利状，便于沉桩。

图 5-39 PLEM 吸力桩吊装

图 5-40 气举法安装 PLEM 吸力桩安装

6 材料、设备及人力资源配

6.1 主要材料

主要施工材料以安哥拉渔港油库扩建项目为例进行测算和配置，具体如表 6-1 所示：

表 6-1 辅助仪器及材料表

序号	材料名称	规格型号	单位	数量	备 注
1	双轮辊轮架	单轮额定承重载荷 10t 级	个	40	拖管陆上滑道
2	大抓力后向牵制锚	Stevpris，8t 级	个	1	锚固拖轮
3	标记浮球	A65，D650mm × H700mm	个	20	标记警示浮球
4	气囊浮筒	5t 级	个	5	拖管辅助
5	日字形锚链	ϕ90mm	m	100	拖管拖缆
6	钢丝绳	ϕ64mm	m	1000	拖管拖缆
7	钢丝绳	ϕ52mm	m	200	拖管拖缆
8	卡环	150t 级	个	4	拖管拖缆
9	三角形眼板	150t 级	个	2	拖管拖缆
10	吊带	20t 级	条	8	吊装
11	吊具	与管径匹配	套	4	装卸管
12	U 形环	20t 级	个	10	牵引
13	清管球	20in	个	2	清管
14	测径球	20 in	个	2	测径
15	试压软管	1 in	m	100	试压

6.2 主要设备

海底管道底拖法施工所需要的关键设备为拖管船，拖管船在选取时应考虑该施工海域的水文气象条件，以及拖管时的拖拉力等各项指标参数，确保所选设备满足施工要求。本施工技术所应用项目所选拖管船船体主尺寸长 27m、宽 11m，最大吃水深度 2.8m，功率输出 882kW/1200hp(1hp=746W)(图 6–1)。

图 6–1 拖管船

在设备选择时，需综合考虑施工的便利性和经济性，其常用的机械设备如表 6–2 所示。

表 6-2 主要机械设备配置表 (以安哥拉项目为例)

序 号	名 称	规格 / 型号	数 量	备 注
1	拖管船	882kW/1200hp	1	拖管
2	船载绞车	80t 级	2	拖管辅助
3	船载吊车	10t/12.17m	1	拖管辅助
4	抓斗式挖泥船	6m^3 抓斗	1	海底管沟开挖
5	泥驳	500 m^3	1	海底管沟开挖
6	潜水设备	—	1	水下辅助
7	全站仪	TS06	2	定位
8	水准仪	NA700	1	标高控制
9	GPS	V30	2	定位
10	挖掘机	PC300	2	辅助
11	电焊机	—	4	海底管道焊接
12	一体焊机	林肯	1	海底管道焊接
13	发电机组	200kW	1	提供电源
14	汽车吊	50t 级	1	辅助
15	汽车吊	150t 级	1	PLEM 吊装
16	焊条烘干箱	YHL—200 15kW	1	焊接
17	火焰加热器	—	2	焊接
18	倒链	10t 级	2	辅助
19	倒链	5t 级	10	辅助
20	角向磨光机	ϕ125mm	4	辅助
21	角向磨光机	ϕ150mm	4	辅助
22	千斤顶	5t 级	2	辅助
23	千斤顶	20t 级	2	辅助
24	χ 射线探伤机	—	1	NDT

续表

序　号	名　称	规格 / 型号	数　量	备　注
25	χ 射线爬行器	—	1	NDT
26	磁粉探伤机	—	4	NDT
27	洗片机	—	4	NDT
28	观片灯	—	4	NDT
29	温湿度仪	WS–200	4	辅助
30	电火花检漏仪	0 ~ 3kV	4	3PE 防腐层检测
31	试压泵	$60m^3/h$ 30MPa	1	海底管道试压
32	增压机	$60m^3/min$ 15MPa	1	海底管道试压
33	压力天平	—	1	海底管道试压
34	电子跟踪仪	—	2	海底管道试压
35	圆盘压力记录仪	—	2	海底管道试压

6.3　人力资源配置（表 6-3）

表 6-3　主要人员配置（以安哥拉项目为例）

序　号	工　种	数量 / 人	说　明
1	机组长	1	负责机组全面工作
2	技术员兼质检员	1	现场施工技术及质检工作
3	HSE 员	1	HSE 管理
4	测量员	1	海底管线路由测量定位
5	船长	1	负责拖管船调配指挥工作
6	船员	6	拖管施工
7	潜水员	3	拖管期间水下配合
8	电工	1	
9	管工	2	管口组对、预热
10	电焊工	6	管口焊接、返修
11	起重工	1	指挥吊装作业
12	机械操作手	4	挖掘机吊车等设备操作
13	司机	2	
14	普工	8	
	合计	38	

7　质量控制

7.1　执行的标准与规范

海底管道以及拖拉头 PLEM 预制、焊接、安装参照以下规范：

（1）美国 ANSI B 16.25 标准《阀门、法兰、管件对接焊接》。

（2）API 1104 标准《钢质管道焊接及验收》。

（3）ASME V《无损检测》。

（4）BS 5135 标准《陆地和近海钢管焊接规范　碳锰钢管》。

（5）挪威 DNV-RP-F109 标准《海底管线稳定性设计》。

（6）海洋设备手册。

（7）挪威 DNV-RP-F105 标准《海底管道悬跨》。

（8）挪威 DNV-RP-D101 标准《管道疲劳分析》。

（9）挪威 DNV-RP-B401 标准《阴极保护系统设计》。

7.2 质量保证措施

通过质量交底、质量审核和质量监督等形式，对现场质量控制进行监督、查证。通过质量预防、定期检查和持续改进等质量活动，并使现场所有操作人员充分认识到具体项目的质量要求，确保工程质量技术保证措施的实施。

（1）路由勘查及清理：路由勘察应当识别潜在的对后续管道安装构成妨碍的影响因素。路由勘察应对管道安装造成影响的船骸、巨石、海底垃圾等进行识别。管线路由所经海床应达到无不稳定的斜坡、沙浪、深谷、地沟、高点等要求。应当对登陆点的地形地貌及场地等清楚识别和标识。

（2）拖管过程中管道发生扭转的控制：管道发生扭转主要因拖管过程中的拖拉力没有作用在管轴中心线上引起的，管道扭转会导致管道顶部的阳极块与海床接触，滑落，严重时可能会导致管道撕裂。为解决海底管道拖管过程中的扭转难题，主要采取以下技术措施：

①将 PLEM 与 PLEM 撬座组成的拖管头均设计成长方体模块，使其底平面能与海床充分接触，并且将 PLEM 内的管道与撬座固定在一起，防止管道的周向转动。

②选定最佳的 PLEM 与 PLEM 撬座组成的拖管头的匹配质量，使两者顶部在配置浮力筒后保证有足够的负浮力，避免负浮力过大出现拖拉头下沉、倾斜等情况而发生管道扭转。

③将海底管道与 PLEM 内的短管通过 S 形弯管焊接为一体进行拖管，这样可以使拖管时产生的扭矩传递到 PLEM 撬座后而被约束。同时，在待拖拉的管段顶部涂刷有平直的白色条纹，以便拖管过程中对可能出现的扭转用数显角度仪进行监测。

（3）管道组对控制：组对前对管口椭圆度及损伤情况进行检查。错边量小于焊接工艺规程允许的最大错边量。使用对口器调整错边量，不得使用锤击或加热改变管口形状的方法。各管道的纵向焊缝位于上四分之一圆周内，并错开≥50mm。根焊未完成不得撤离对口器。

（4）管道焊接控制：

①焊接前应对管口用砂轮进行打磨除锈，直至露出金属光泽，并做好检查记录。

②焊接预热要求遵守焊接工艺规程。环境温度低于 50℃时应进行预热，预热温度采用接触式测温仪在距管口 75mm 处测量。

③盖面完成后迅速检查焊缝质量。焊接完成后对焊道表面飞溅，焊渣、氧化皮、表面气孔、杂质等进行清理，焊缝余高应 <2mm，否则将用砂轮机等进行打磨，确保圆滑过渡。

④管线必须进行编号，并准确记录焊接日期、焊工编号、检验日期等情况。所有焊口宜一次焊接完成，如不能一次性完成，应焊至 3 遍以上或 0.5 倍壁厚。

（5）管道检测与返修：焊缝无损检测由专业检测公司人员进行。焊口采用 100% RT 检测。返修焊口应遵守返修焊接工艺规程。焊道同一位置允许返修两次。

（6）管道补口：按照设计要求，焊缝补口使用热收缩带。防腐的预热温度应按厂家操作说明书进行预热。热收缩带应由外部可延展的辐射聚烯烃基材和内部热塑性材料组成的胶黏剂构成。热收缩带的宽度应覆盖裸露的钢管表面，并在其安装和完全收缩后，在现有涂层两端搭接至少 50mm。热收缩带安装后用橡胶辊子反复辊压平整，将空气完全排除，并使之与钢管粘接牢固。胶熔后，再缓慢加热热收缩带，不应对其任意一点长时间喷烤，表面不应出现炭化。

8 安全措施

海洋油气管道安装作业时需遵循安全准则，确保舒适安全的作业环境，制定安全管理计划，参照安全生产规范条例及标准，确保施工作业人员的安全与健康及第三者的安全。为了形成安全的作业环境，建立完善的安全管理体系，制定相关的安全管理工序及安全作业标准等计划，同时要健全安全生产整改及应急机制。

8.1 重大危险源识别及防控措施（表 8-1）

表 8-1 重大危险源及预控措施一览表

序号	作业活动	危险源描述	可能引起的事故	预控措施
1	拖管作业	无方案（未审批）施工或无安全保证措施	工程事故、人员伤亡	施工前要有按照相关程序取得审批的施工方案；按批复的方案进行施工。
2	海底管道钢管、PLEM吊装	吊车的钢丝绳严重磨损，不符合安全要求、吊具不符合安全要求及机手无证上岗	起重伤害	吊装设备的钢丝绳、吊具等必须定期检查，不符合安全要求的要及时更换，吊机手必须持证上岗
		钢管的吊运无专门的人员指挥	起重伤害	钢管桩的吊运和拼接须有专人指挥
		钢管堆放过高，未采取措施	物体打击	钢管严禁超高堆放并设置防滑措施
3	船员水上作业	水上作业人员未穿好救生衣	淹溺	水上作业必须穿好救生衣
		安排单人进行水上作业	淹溺	不得安排单人进行水上作业
		水上作业无稳固作业平台	淹溺	水上作业必须有稳固的作业平台
		临水未设置救生圈、救生艇等	淹溺	临水须设置救生圈，救生艇等安全设施
4	潜水作业	潜水过程中电话员擅离职守	淹溺	潜水作业过程中电话员必须坚守岗位
		潜水作业区域附近有施工船舶经过或作业或有锚缆经过潜水区域、附近有爆破作业	淹溺，机械	潜水员水下作业时，在 50m 范围内不能有运输船舶通过；锚缆不得通过潜水作业区，2600m 范围内不得进行爆破作业
5	夜间海上拖管施工	夜间施工照明不足	淹溺 / 坠落	夜间海上施工必须要有充足的照明
6	拖管船舶调遣及使用	船舶断缆漂泊	船舶碰撞	施工船舶必须定位稳固
		船舶施工未设置施工信号标志	船舶碰撞	施工船舶必须设置施工信号和标志
		船舶“三防”设施不齐全	船舶沉没	船舶“三防”设施必须定期检查且有效
		在雷雨等恶劣天气时继续作业	船机损坏	雷雨等恶劣天气时船舶必须停止作业

8.2 安全专项技术措施

（1）防止走锚、断揽措施：底拖法拖管时最大拖拉力出现在拖管最后阶段的初始，通过计算可以获得最大理论拉力。为保证拖管船后向牵制锚能提供足够的抓力，选取了 StevpriS 形大抓力锚，拖管前根据地质勘察报告针对不同的地质情况，对后向牵制锚做拉力试验，根据拖管前的锚拉力试验，该类型锚能提供 10 倍质量以上的抓力，因此，选取的锚完全能满足拖管所需的后向牵制力，避免出现走锚事故。检查拖缆及拖缆眼环上引缆的磨损程度；检查拖管船递出的引缆，对其破断强度有怀疑时要求其更换，避免在上绞过程中断缆；对拖缆在缆机滚筒上的排列情况要清楚，作业前清理好，确保出缆流畅顺利；养成良好的工作习惯，每次作业完毕需及时清理因受力而“挤刹”进下一排滚筒拖缆的夹缆部分；防止作业中出缆时，因“夹缆”而造成突然的停顿冲力而造成绷弹反弹现象，导致安全事故。

（2）拖管期间恶劣海况时的应急措施：拖管期间，拖管船一直系泊于海面长达 10d，遭遇热带气旋、台风等恶劣海况的概率较大，应制订详细应急预案。若遭遇恶劣天气，在陆上端部向管道内注入水使其稳管于管沟内；拖管头上部绑扎的浮筒拆除，绑扎标识浮漂后弃管；拖管船、人员迅速撤离避险，待海况好转后，排除海底管道内的水并拾取拖管头后可继续进行拖管作业。

（3）拖管期间施工海域的禁航措施：拖管前应对施工海域做好保护措施，严禁其他船只在拖缆上方航行；拖管前对拖缆两侧抛设浮漂做好警示标记；拖管时，应安排巡逻交通船在附近巡视，若发现有船只强行通过应立即制止，防止过往船只剐蹭拖缆发生事故。

（4）海上测量定位安全措施：测量人员应穿救生服，应携带联络工具，定时与驻地保持联系，遇有险情要立即呼救；测量船应配备应急用的配件、工具和救生器具以便进行应急处理和逃生。禁止测量人员单独出行测量。

（5）管材及 PLEM 撬座运输、吊装安防措施：管材运输、吊装前，应查询预计运输、吊装过程中的天气预报，选择适宜运输、吊装的天气进行运输吊装；PLEM 撬座运输、吊装时应密切关注天气变化，大风及其他恶劣天气，应采取紧急避风措施或停止作业；管材堆放及吊装前，应根据施工方案选择合理的吊装设备及吊装方式。应使用专用吊具，吊装作业要有持有特种作业证的起重工、指挥员及相关安全监管人员。吊装时应用牵引绳控制管材的摆动，绳长应能保证人员安全；施工前，起重工每次要对吊装用的钢丝绳、吊带、吊钩进行检查，存在隐患时及时修理或更换；吊装时，起重半径内严禁站人；禁止在六级及以上大风、大雾、雨天从事吊装作业；堆管场区域要平整，底层的管材应用垫木或坚固土堆掩实，以防滚动；管堆高度不能超过规范要求，堆管处设有“危险，禁止攀登”“当心滚管”等标志牌。

（6）海底管沟开挖安防措施：应对施工水域的现场进行踏勘，准确了解施工现场的通航密度、水文、气象、土质、障碍物、水下管道等情况，将水下情况向施工人员交底，开挖管沟要指定专人负责。向参与施工的抓斗船、泥驳及辅助作业人员进行全面的安全技术交底。参与施工的船舶必须具有海事、船检部门核发的各类有效证件，船舶操作人员应具有岗位相适应的上岗证书，并接受当地执法部门的监督检查。施工期间，应悬挂施工旗帜。参与水上作业人员必须按要求穿戴救生衣，严禁酒后上岗作业。船舶设备应加强检修和保养，船舶航行应加强瞭望。配备专用交通警戒船，加强现场瞭望，做好交通警戒，确保施工船舶和过往船舶的安全。

9 环保措施

9.1 环境保护及文明施工的总体要求

严格遵照当地环境及相关法规、以及对工程环境保护的评估报告的要求，确定施工过程中的环境保护工作及具体的工作安排，减少施工过程对周围滩涂和海洋环境造成的不利影响，并定期进行环保宣传教育活动，不断提高职工的环境保护意识和法制观念。

在施工临时设施的规划、选址和建设时，进行严格的环境影响评估，并采取有效的环境保护措施，避免对海岸滩涂等造成环境破坏；在工程施工期间，对噪声、振动、废水、废气和固体废弃物进行全面控制，对海上运输和拖管作业船舶、机械设备进行严格的管理与控制，切实保护好施工海域的海洋环境。

9.2 施工阶段环保措施

（1）指定专人负责拖管现场和施工活动的环境保护，完成施工环境保护设计方案和环境保护工作方案中的各项工作。

（2）将环境保护工作和责任落实到岗位、个人，日常施工中随时检查，出现问题及时纠正。

（3）根据不同的施工阶段及时调整环境保护工作内容，保证工作质量。

（4）生态环境部每周对环境保护工作进行一次例行检查，并记录检查结果。

（5）指定专人负责应急计划的制定，组织每季度进行一次应急计划落实情况的检查工作，一旦发生事故或紧急状态时，积极处理并及时通知业主。

（6）废水排放严格执行各项排放标准，废水排入自然水体时悬浮物严格执行《污水综合排放标准》（GB 8978—1996）的二级标准（150mg/L）。对有害物质和施工废水进行处理，严禁直接排放。

（7）对柴油发电机安装防漏油设施，对机壳进行围护，避免漏油污染海洋。

（8）对易产生粉尘、扬尘的作业过程，制定操作规程和洒水降尘制度。

（9）严禁在施工现场焚烧任何废弃物和会产生有毒有害气体、烟尘等。

（10）施工营地的便道，定期压实地面和洒水，减少灰尘对周围环境的污染。

（11）严格执行《工业企业噪声卫生标准》，控制和降低施工机械和运输车辆造成的噪声污染。出入辅助施工区域的机械、车辆做到不鸣笛，不急刹车；加强设备维修，定时保养润滑，以避免或减少噪声。

（12）剩余料具、包装应及时回收、清退。对可再利用的废弃物尽量回收利用。各类垃圾及时清扫、清运，不随意倾倒，每班清扫、每日清运。

（13）对于海上作业船只上的固定废弃物每天进行清理，并利用运输船舶返程运输至岸上设置的集中地点，然后定期清运至指定地点。

（14）施工人员应养成良好的工作习惯，不随地乱丢垃圾、杂物，保持工作和生活环境的整洁。

9.3 加强海洋环境保护

（1）加强对作业人员的教育，提高海洋环境保护的意识和素质。邀请所在国当地海洋环境保护部门的专家，赴现场对所有参建员工进行有关海洋环境保护相关知识的教育，提高所有员工对海洋环境的保护意识和海洋环境保护的知识学习，使广大参建员工能够自觉并有效地做好施工海域的海洋环境保护。

（2）加强对拖管作业船舶的监管、控制排污。海上拖管船以及交通运输船等在航行与作业过程中，对环境的影响主要表现在废气废水的排放、废弃物的丢弃、废弃油污的污染。施工时，将主要航运和作业人员进行严格的教育和监管，对航运船舶和设备进行废气排放系统加装净化装置，并杜绝海上抛弃废弃物。

（3）加强对施工海域的巡查，发现问题及时处理。在施工过程中，派巡查船只和固定人员定期对施工海域的海洋环境进行巡查，并填写详细的巡查日志。对于发现的海洋污染问题，立即通过无线通信方式上报项目部和业主，同时先进行处理和补救，尽快把污染减少到最低限度。

（4）建立严格的奖罚制度。各项措施的贯彻落实要以严格的制度来保证，应建立严格的配套奖罚制度，保证各项海洋环境保护措施的落实到位，最终实现对施工海域的环境保护目标，确保施工海域的环境不受施工生产活动的影响而破坏。

10 效益分析

10.1 经济效益

以安哥拉渔港油库扩建项目 CBM 工程海底管道设施为例，从施工难度、施工速度、施工资源配置、施工费用等四个影响经济效益因素对铺管船法、浮拖法、近底拖法、底拖法四种方法进行比较分析（表 10–1）。

表 10-1　各类海底管道施工方式经济效益影响因素对比分析

海底管道施工方式	施工难度	施工速度	施工资源设备	施工费用
铺管船铺设法	深海区域，受波浪影响小；浅水区域受船型影响大	两条海底管道两次安装，且 PLEM 需要单独安装；PLEM 与海底管道连接需要潜水作业	铺管船的资源短缺，动迁费，租船费用较高	高
浮拖法	牵引力小，不受水深影响；受海上交通影响大；受波浪海流影响大，对于天气要求高，牵引长度有限；控制管线沉放难度大	两条海底管道拖管两次，且 PLEM 需要单独安装；PLEM 与海底管道连接需要潜水作业	不需要考虑大型船舶的动迁和租赁；但是需要后向牵制船	高
近底拖法	浮力控制相对复杂，受海底地形影响大，拖拉长度有限，不可预见费用高；	两条海底管道拖管两次，且 PLEM 需要单独安装；PLEM 与海底管道连接需要潜水作业	不需要考虑大型船舶的动迁和租赁；但是需要后向牵制船	高
底拖法	受不利天气影响相对较小；如果天气超过了拖轮的极限，可以弃管	两条海底管道与 PLEM 连为一体同时安装；	不需要考虑大型船舶的租赁；无需后向牵制船	低

通过对比分析可见，对于近海海底油气管道的安装，浮拖法、近底拖法和底拖法均适用，但浮拖法和近底拖法不能一次将海底管道与 PLEM（海底管汇）同时安装到位，需要二次安装 PLEM 以及连接 PLEM 与海底管道的 S 形弯管。因此相较于底拖法安装海底管道，具有工期长，设备租赁费高等缺点。综合比较，底拖法安装海底管道较为经济。

以上几种方法，海底管道的陆上预制及准备工作基本相同，因此，经济效益计算以浮拖法和底拖法为例，从海上安装的设备台班费及特种作业潜水员费用进行比较分析。

安哥拉渔港油库扩建项目 CBM 工程海底管道及 PLEM 设施，海底管道设计为双管并行，单线长度为 855m，双线总长度为 1710m，管径为 508mm，壁厚 19.1mm。由于海岸线后方施工空间的限制，为了便于拖管将管道分为 10 段，每段的长度约为 171m。浮拖法施工和底拖法施工成本比较如下：

（1）浮拖法安装海底管道及 PLEM 施工设备成本计算：采用浮拖法安装每次仅能拖拉一条海底管道，共计需要两次才能完成安装。每条海底管道浮拖过程中需要四次连头，浮拖时需要后向牵制船配合；两条海底管道安装完成后，采用海上施工船将 PLEM 及 S 形弯管运输到海上指定位置进行安装。两条海底管道浮拖需要 8d 时间，安装 PLEM 需要 2d，S 形弯管水下安装需要 3d。

设备费用：拖管船可以用来拖管和安装 PLEM 以及 S 形弯管；拖管船动迁费 40.834 万美元，租赁费 3.961 万美元 /d；后向牵制船动迁费 16.871 万美元，1.927 万美元 /d；5 名潜水员每天 0.893 万美元；

设备费用：40.834+16.871+8 × 3.961+8 × 1.927+2 × 3.961+3 × 3.961=124.614 万美元；潜水员费用：13 × 0.893=11.609 万美元。

设备和潜水员费用总计：124.614+11.609=136.223 万美元。

（2）底拖法安装海底管道及 PLEM 施工设备成本计算：采用底拖法安装一次性可以将两条海底管道、PLEM、S 形弯管同时安装到位。海底管道底拖过程中需要 4 次连头。两条海底管道、PLEM 以及 S 形弯管底拖需要 6d 时间。

设备费用：拖管船动迁费 40.834 万美元，租赁费 3.961 万美元 /d；3 名潜水员每天 0.522 万美元；

设备费用：40.834+6 × 3.961=64.6 万美元；潜水员费用：6 × 0.522=3.132 万美元。

设备和潜水员费用共计：64.600+3.132=67.732 万美元；

综上所述，底拖法安装安哥拉渔港油库 CBM 项目海底管道设施，海上关键施工设备费用总计节约：136.223–67.732=68.491 万美元。

10.2 社会效益

底拖施工工法安装海底管道，为近海油气管道的安装提供了参考与借鉴，也为系泊设施海底管道的安装提供了参考的模型。

底拖法安装海洋油气管道，安装速度快，施工成本低。与铺管船法以及浮拖法施工相比，底拖法施工海上安装周期短，航道干扰小，不会破坏海洋生态环境，有利于维护当地稳定的生态经济。

11 应用实例

2014 年 9 月至 2015 年 5 月，海底油气管道与终端管汇底拖法整体安装技术在安哥拉渔港油库扩建项目 CBM 工程海底管道设施安装中得到了成功应用。

该工程由中国石油管道局安哥拉分公司作为 EPC 总包，业主为彪马能源公司。该 CBM 工程油品传输系统主要由两条 12in 海底软管、PLEM、两条 20in 海底管道以及陆上收球设施等组成。其中海底管道设计为 20in 双管并行，海底管道单线长度 855m。工程水域水深为 0~25m，最深处位于海底管道终点 PLEM 处。

在 CBM 海底管道的铺设及 PLEM 安装时采用了底拖法整体安装施工工艺，施工工期为 3 个月（包括陆上焊接、预制以及海上施工）。全部管道在陆上预制场地每 15 根焊接预制成一个长 171m 管段，共 10 段的标准管段后，再按顺序每次传送一个管段到下水滑道上，与上次拖拉完毕的管段进行连头，然后通过抛锚就位的拖管船甲板上安装的绞车，将其沿预挖的管沟采用拖缆拖拉入海。依此法再拖拉后续管段入海，直至形成整条海底管道，下水滑道为两条并行，本工程共计需要连头 4 次，拖管 5 次既可以完成整个拖管过程。

采用底拖法无配重层安装海底管道在管道局海底管道项目设计中尚属首次，经计算各项指标均满足要求。底拖法安装安哥拉渔港油库扩建项目 CBM 海底管道，相较于其他管道安装方法施工成本低，施工周期短，缓解了安哥拉成品油市场供应紧张的局面，对于维护安哥拉经济和社会的稳定起到了积极的作用。

装配式预制清水混凝土外墙施工工法

中国石油管道局工程有限公司

马　涛　李战宏　孙秀全　徐树立　王晶磊

1　前言

剪力墙或砌块填充墙是设备厂房钢筋混凝土框架结构中墙体的主要结构形式，该两种墙体都会占用大量的施工工期，耗费巨额的工程措施费，安全环保管理也存在较高风险。如何最大程度压缩现场墙体的施工工期，降低安全环保的风险，从而减少措施费的支出，是高效完成工程项目的关键。中国石油天然气管道局东南亚项目部和泰国属地设计、施工分包商IBCI合作，通过科学研究以及工程实践，梳理总结出相关的施工工艺。在2015—2017年泰国压气站项目建设中，采用本施工工法对变电所建筑单体和压缩机厂房进行施工。变电所建筑单体为两层钢筋混凝土结构，建筑面积5050m^2，能够抵抗10kPa抗爆要求。泰国压气站项目的压缩机厂房（2座，长47.25m×宽31.98m×高23.3m），两侧山墙为混凝土墙板+降噪吸声棉+金属瓦楞板复合结构，其中混凝土墙板应用此工法施工。采用本施工工法比传统工法节约工程造价32.8%，缩短施工工期42%，安全高效地完成了建筑单体的建造施工，并获得美国建筑委员会颁发的LEED认证（绿色能源与环境设计先锋奖）金奖，以及中国石油天然气集团有限公司“五化”优秀成果三等奖。通过工程项目的实践积累，总结形成了“装配式预制清水混凝土外墙施工”工法。

2　工法特点

（1）设计标准化，构件模块化。与原建筑方法比，按照标准化进行设计，根据建筑、结构的特点将外墙进行拆分，形成模块化构件，在预制构件厂内进行标准化生产。

（2）机械化施工工效高。与原安装方法比，现场施工主要为机械安装，施工速度快，现场工人数量少，构件拆分和生产的统一性保证了安装的标准性和规范性，大大提高了工作效率，能有效地缩短施工工期。

（3）工艺流程化。生产工艺分为构件预制加工、拉运至现场、现场安装三大流程，将大部分作业从交叉施工密集的现场分离开来，充分体现了流水作业的严密性。

（4）不受气候影响，工期更有保证。与原施工方法比，墙板构件的生产在预制厂内进行，现场仅为吊装、固定作业（且固定作业在室内进行），最大程度地降低了降雨等不利环境的影响，工期有保证。

（5）质量控制更加可靠。构件合理化拆分后，在预制构件厂加工，混凝土品质、养护条件更有保障，外观成型质量良好，且构件上预留孔洞的位置准确及尺寸控制更有保障。清水混凝土的形式，减少了传统的外饰面结构，规避了饰面层质保及维修的风险。

（6）节能环保。装配式混凝土外墙板采用工厂化进行生产，在构件预制厂进行蒸汽养护，现场采用机械进行吊装安装，除墙体底部的圈梁采用混凝土现浇作业外，基本避免了现场湿作业，减少建筑垃圾约为60%，节约施工养护用水约为70%，减少了现场混凝土振捣造成的噪声污染、粉尘污染和施工占地，在节能环保方面优势明显。

3 适用范围

本工法适用于非抗震设计及抗震设防烈度为6度至8度抗震设计的混凝土框架结构、框架剪力墙结构和钢框架混凝土外墙结构建筑单体。

4 工艺原理

装配式预制清水混凝土外墙安装施工工法，其核心技术为墙体混凝土构件在预制构件厂加工生产，清水混凝土面取代了饰面层，现场采用装配式结构施工，将预制的外墙板构件安装在框架结构外，形成厂房外墙，取代了传统的砌块安装或混凝土墙板的现场浇筑。主要关键技术如下：

1. 实现标准化设计

在综合考虑了拟建建筑单体结构特点、施工条件、环境等因素后，通过周详的设计，取消外墙饰面层，采用清水混凝土面层，并将建筑外墙进行模块化拆分，然后根据单块外墙板构件的自身特性，合理设计连接固定节点（图4–1~图4–5）。

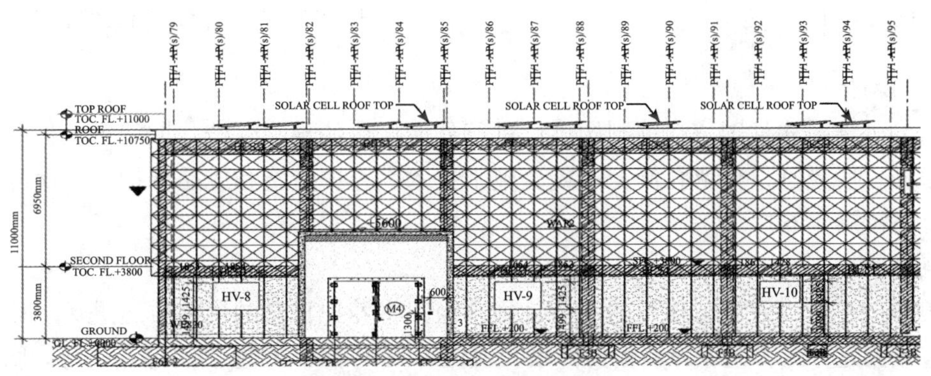

图4–1　预制外墙板块布置图

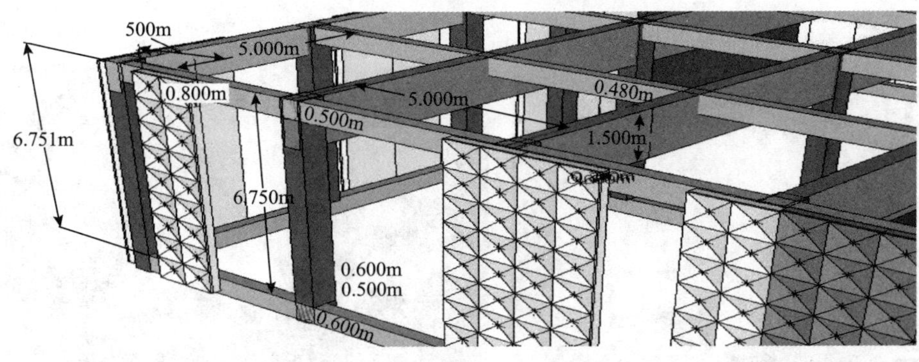

图4–2　预制外墙板块布置三维图

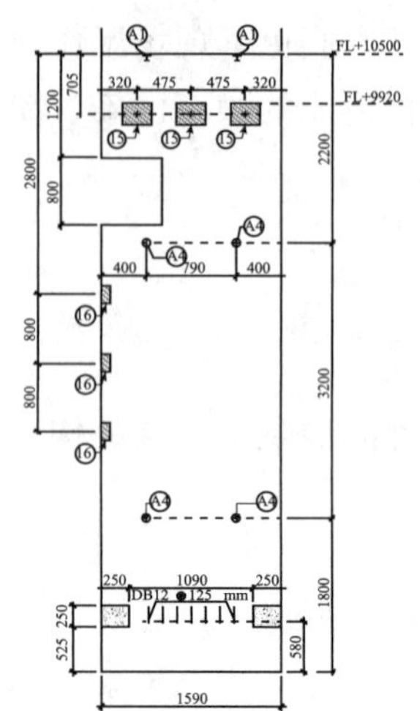

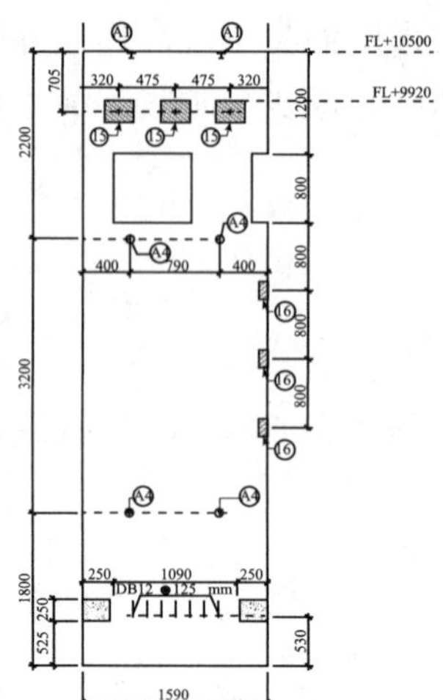

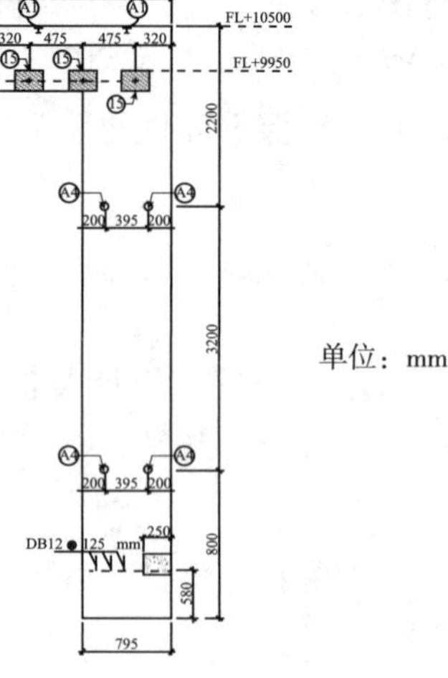

图 4-3　预制外墙板块构件详图

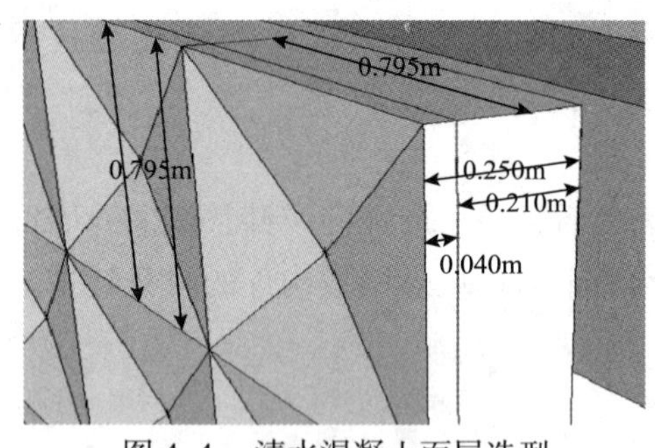

图 4-4　清水混凝土面层造型

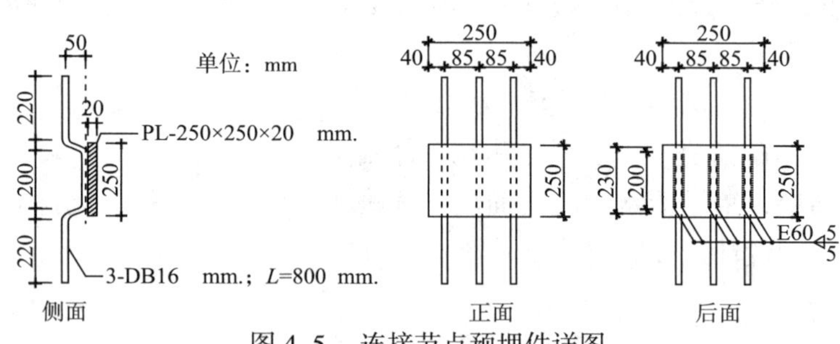

图 4-5　连接节点预埋件详图

2. 模块化预制构件

按照拆分后的外墙板构件图，在预制构件厂进行外墙板块的预制生产，期间重点控制原材料、混凝土配合比、模板、脱模剂、预留孔洞、混凝土施工技术、养护措施和成品保护等方面的质量，确保外墙板块成型合格（图 4-6）。

3. 机械化现场施工

结合预制养护的进度以及施工现场的安装计划，组织将养护合格的构件拉运进场。然后按照确定的安装顺序、连接固定方式，组织外墙板构件吊装就位（图 4-7），对连接固定点进行防腐处理，并在外墙板构件与框架梁、板底部浇筑混凝土圈梁。最后对板块拼缝处进行嵌缝处理。

图 4-6　成型的预制清水混凝土外墙板

图 4-7　预制外墙板现场吊装

5 施工工艺流程、操作要点

5.1 施工工艺流程

5.1.1 总流程（图 5-1）

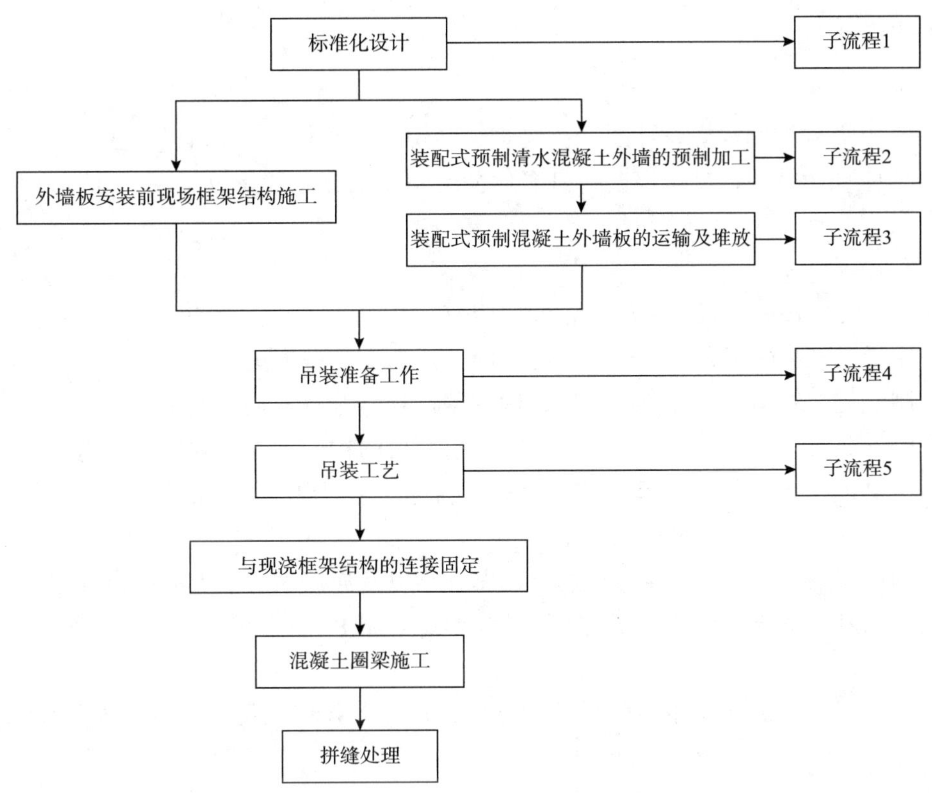

图 5-1 施工工艺流程图

5.1.2 子流程

（1）子流程 1（图 5-2）

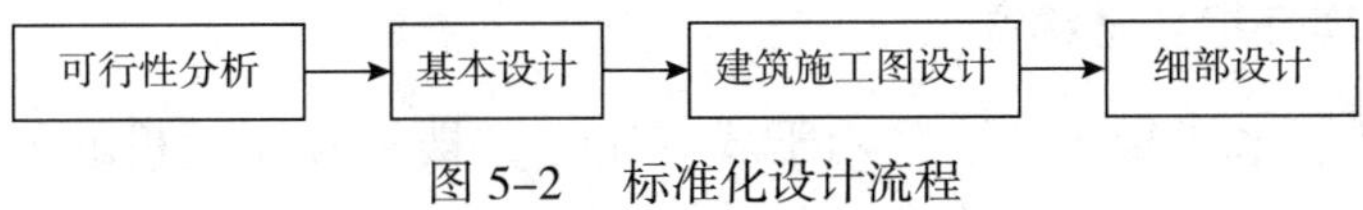

图 5-2 标准化设计流程

（2）子流程 2（图 5-3）

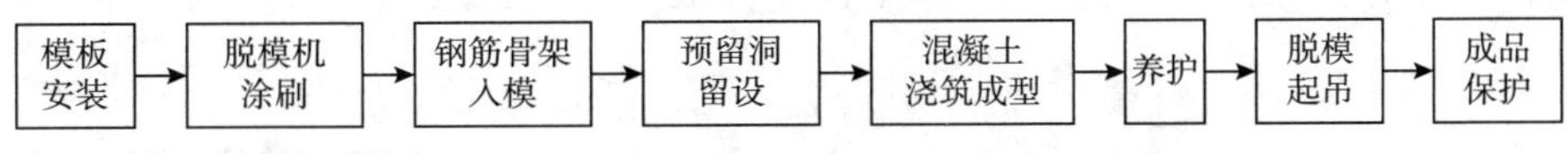

图 5-3 装配式预制清水混凝土外墙的预制加工流程

（3）子流程 3（图 5-4）

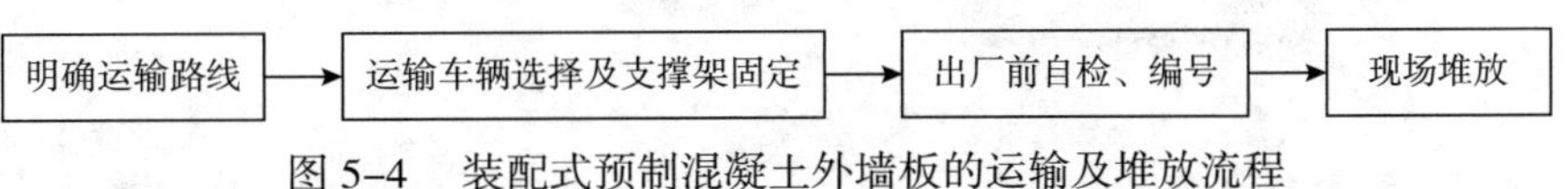

图 5-4 装配式预制混凝土外墙板的运输及堆放流程

（4）子流程 4（图 5-5）

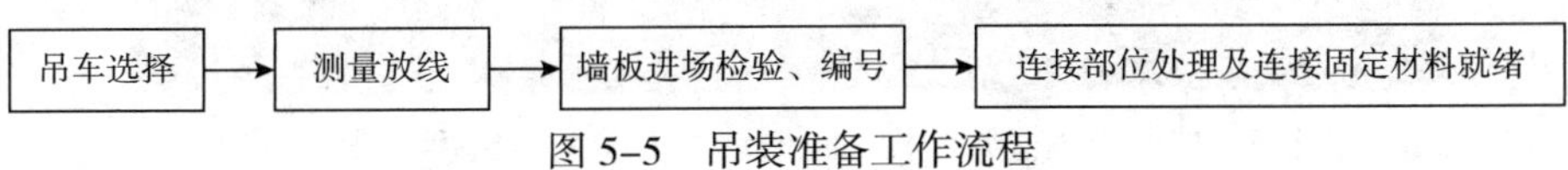

图 5-5 吊装准备工作流程

（5）子流程 5（图 5-6）

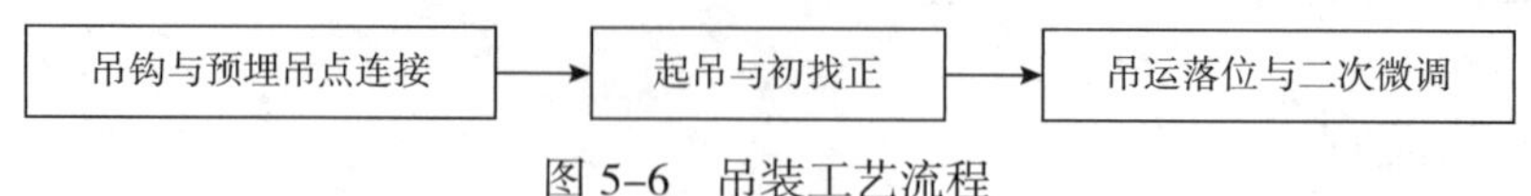

图 5-6 吊装工艺流程

5.2 操作要点

5.2.1 标准化设计

1. 可行性分析

本阶段主要收集资料，如常规设计图纸：建筑、结构及电、信、仪、消等专业，进行分析并确认该项目的预制结构体系；另外，也需根据项目实际情况初步估算总费用及工期，并进行对比分析，明确是否可行。

2. 基本设计

本阶段是整个设计的核心阶段。主要包含的内容有：

（1）确定采用干式安装施工方法（干式较湿式施工法，安装精度更高）。

（2）确定预制混凝土外墙板的部位以及探讨构件制作、运输及吊装的实施性。

（3）取消外墙饰面层，采用清水混凝土面层，清水面层的构造形式采用内凹型造型。

（4）根据楼层高度、运输限制、起吊设备功率等确定预制混凝土墙板的平面及立面分割形式。将外墙划分为 142 块预制墙体，规格为长 7.2m × 宽 1.59m × 高 0.25m。

（5）确定预制混凝土外墙板的厚度、配筋、抗爆性能以及连接固定节点的稳定性。

（6）确定板块的悬挂系统、拼缝宽度及拼缝填充等。采用 PE 棒及耐候胶进行拼缝填充。

3. 建筑施工图设计

根据前阶段的成果，完成建筑单体的平面、立面设计图，并将汇集的各专业预留孔洞信息在图中详细标明。

4. 细部设计

预制墙板制作图绘制阶段，由构件预制厂绘制。在建筑施工图的基础上完成预制墙板块构件图、埋件位置图、埋件连接详图、板块接缝详图、安装装配图、防水构造详图等，最终完成预制混凝土外墙板块的整体设计。

5.2.2 外墙板安装前现场框架结构施工

本工程的装配式预制清水混凝土外墙采用干式施工法，楼板及屋面板的施工无需等墙板吊装就位。按照施工地点不同，将变电所的施工分为现场框架结构施工和清水混凝土外墙板工厂预制两部分。

现场框架结构按照传统的工艺对基础、框架柱、楼板、屋面板进行施工（图 5-7），过程中需在框

图 5-7 现场现浇框架结构（预制墙板安装前）模型与实体对比

架梁、柱部位安装用于连接固定预制墙板的预埋件 250×250×20mm（详见 5.2.7 与现浇框架结构的连接固定）以及在现浇楼板上预留 DB12@125 的插筋，用于预制墙板与梁板底部圈梁施工（详见 5.2.8 混凝土圈梁施工）。

在现场框架结构传统工艺施工的同期，清水混凝土外墙板工厂预制可以在标准化设计完成后，开展工厂预制工作。

5.2.3 装配式预制清水混凝土外墙的预制加工

（1）模板安装：预制混凝土墙板构件外形复杂、尺寸较大，在生产过程中模板很容易变形，所以模板的侧向刚度、精度必须满足规范要求，构件的生产工艺为“反打一次成型”，即外挂板清水面朝下的卧姿生产（图 5-8）。模板组装时要将连接模板的螺栓拧紧，确保模板间没有缝隙，拧紧后要去毛、清洁、除锈。

图 5-8 反打一次成型钢模板制作

（2）脱模剂涂刷：脱模剂有水质脱模剂、油质（加石蜡）脱模剂，经过对两种脱模剂的试验比对，确定油质（加石蜡）脱模剂更有利于减少气泡。实际应用表明油质（加石蜡）脱模剂能更好地保证清水混凝土的外观质量。

（3）钢筋骨架入模：参照标准构件配筋图进行钢筋下料和编号。为确保钢筋和钢模间的距离符合要求，要采用专用塑料垫块来有效控制保护层厚度。

（4）预留洞留设：先做好一个外径和预留洞尺寸一样的隔离芯子，并把隔离芯子安置在内模中，确保二者稳固不脱离。

（5）混凝土浇筑成型：混凝土浇筑分层分段进行，混凝土振捣方式是模板附着式振捣器为主，配以振捣台配合振捣成型。

（6）养护：混凝土养护采用蒸汽养护的方式，严格按照静停→升温→恒温→降温的温控程序，最高温度控制在 60℃以内。

（7）脱模起吊：混凝土拆模时的混凝土强度应不小于设计强度的 80%，应采用横梁方式起吊，使构件上吊点垂直受力，严禁在横梁和构件间采用三角方式起吊。

（8）成品保护：为防止构件在堆放时损坏，要求场地地基坚实，场内无积水并基本平整；垫木要用苫布包裹防止污染清水混凝土面，并且要保证码放中不得出现弯曲或翘曲变形。

5.2.4 装配式预制混凝土外墙板的运输及堆放

预制混凝土外墙板的拉运应结合现场的施工情况进行合理部署，何时拉运以及拉运的次序必须与安装计划紧密结合，避免现场大量堆放带来的各种风险或者拉运进度不能满足安装进度的现象发生。

图 5-9 预制墙板运输

（1）明确运输路线：在准备运输过程中，至少要对不少于 2 条的运送路线进行测试。先空车测试行程时间，同时还要对交通高峰期的交通限制以及时间段等进行实地勘察，并向相关部门提出申请、备案，配备相应的安全措施。

（2）运输车辆选择及支撑架固定：混凝土外墙板采用低平板拖车作为运输车辆，并采用竖立式装车（图 5-9）。制定支撑角 70°、-75° 的“人”字形支撑架（图5–10），支撑架的相关数据要与构件吻合，每个支撑架固定2块墙板，每块墙板设有5个支撑点对其支撑，同时把橡胶垫块固定在支撑点上，以保证运输过程中构件不会因震动等原因发生破坏。另外还要用紧固器、封车带、橡胶带、钢丝等材料将构件稳固，避免发生因构件活动、掉落等造成的损失。

（3）出厂前自检、编号：在预制混凝土外墙板出厂前，根据吊装顺序图对构件进行编号标识，这样有利于后续的对号安装工作。同时，预制装配式混凝土外墙板出厂前必须通过自检及监督方的质量验收，合格后方可出厂。

（4）现场堆放：预制混凝土外墙板块的现场堆放支撑架同运输用的“人”字形支撑架（图5–11）。

图5–10 预制墙板堆放

图5–11 预制墙板支撑架

5.2.5 吊装准备工作

（1）吊车选择：需综合考虑吊车占位、墙板块自重等因素。结合单块预制墙板的自重，以及建筑单体周边障碍物的影响，计算选用吊车的吊装能力。

（2）测量放线：为了确保将墙板底部标高控制在允许范围内，需要在墙板内侧标明1m水平标高线。同时，为了确定外墙板X、Y向位置，需要将外墙板两侧边线与竖直中心线在作业层板面进行标示。

（3）墙板进场检验、编号核对：吊装前对墙板进行检查，是否有损坏的现象，并确定构件轴线、型号是否和实际需要相匹配。同时，依照吊装的顺序，对墙板进行编号核对。

（4）连接部位处理及连接固定材料：将预制混凝土墙板与现浇梁板底部结合处凿毛、清理干净。同时，检查确定连接件、垫板等安装固定材料准备就绪。

5.2.6 吊装工艺

（1）吊钩与预埋吊点连接：在吊装过程中，采用双耳钢丝绳与2组倒链配合使用的方式，与预埋在预制混凝土墙板中的吊点（每块预制墙板2个吊点）连接固定（图5–12），通过倒链调整预制墙板吊装过程中的垂直度。不同尺寸的构件吊装，通过一种吊具就能实现，通用性强，可提高效率，减少吊装时间，节约成本。

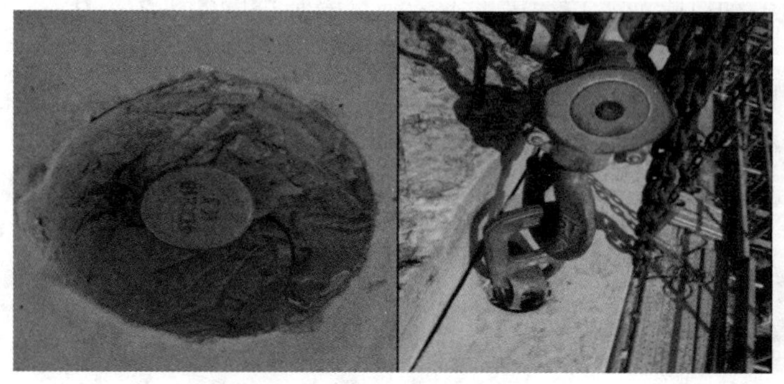

图5–12 预制外墙板吊点

（2）起吊与初找正：墙板构件吊离地面或运输车辆20~30cm时，复核和调整墙体顶部水平度，以方便就位。

（3）吊运落位与二次微调：将预制混凝土墙板安置在合适位置后竖直固定，通过倒链配合钢垫板对混凝土预制墙板进行细微调整（图 5-13），保证预制墙板安装的垂直度、拼缝间隙满足规范要求。

图 5-13 预制墙板二次微调

5.2.7 与现浇框架结构的连接固定

混凝土预制外墙板吊装就位后，用连接钢板将预制混凝土外墙与现浇梁板顶部的预埋件焊接固定（图 5-14）；框架柱连接固定采用同样的方式，该方法操作方便快捷，施工简单。连接件和焊缝均做防腐处理，焊接处应除去焊皮熔渣，刷一道防锈漆作底漆（干膜总厚 50μm），两道防锈面漆（涂刷 30μm）保护，涂层厚度≥80μm。

图 5-14 预制墙板与梁板顶部、框架柱的连接固定

5.2.8 混凝土圈梁施工

在吊装预制墙板前，将底部与现浇梁板结合处凿毛、清理，待预制墙板顶部与现浇梁板全部焊接固定后，进行底部圈梁的钢筋、模板安装，然后现浇混凝土，完成圈梁施工，至此预制墙板底部固定完成（图 5-15、图 5-16）。

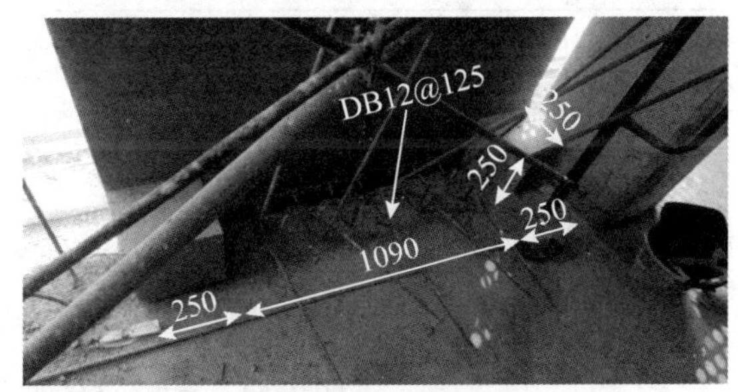

图 5-15 预制墙板与梁板底部的连接固定

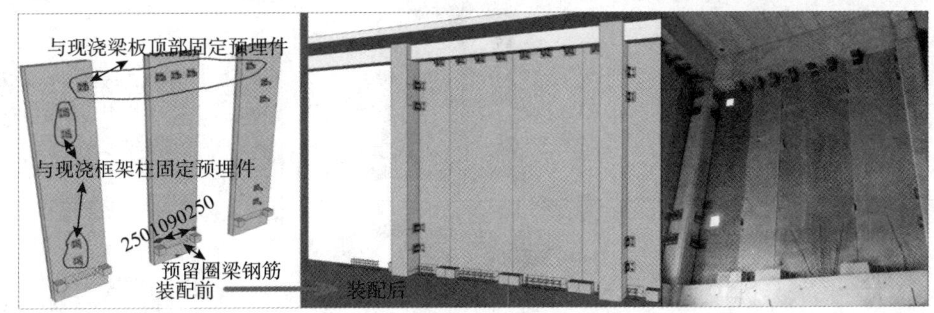

图 5-16 预制墙板的安装三维图及安装后照片

5.2.9 拼缝处理

预制混凝土外墙板块之间的拼缝，内外各有 2 道防水材料来保证防水要求，由外到里分别为：耐候胶和 PE 棒（图 5-17、图 5-18）。

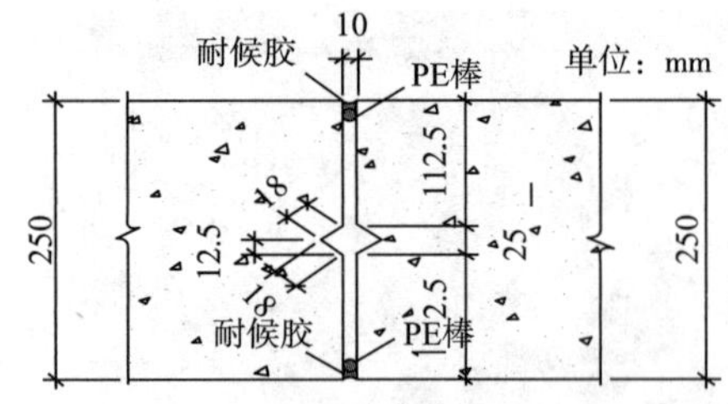

图 5-17　预制墙板拼缝处理设计做法

图 5-18　预制墙板拼缝处理后效果

5.3　劳动力组织

本工法劳动力组织情况（表 5-1）。

表 5-1　劳动力组织情况表

序　号	职　务	数量 / 人	备　注
1	机组长	1	现场总协调
2	技术员	1	现场技术跟踪与监督
3	质检员	1	现场施工质量监督检查
4	安全员	1	现场安全监督检查
5	测量员	2	模板、索塔位置测量
6	焊工	2	连接点焊接固定
7	钢筋工	2	
8	混凝土工	2	混凝土圈梁施工
9	木工	2	
10	普工	6	配合工作

6　材料与设备

6.1　材料

本工法所需的主要材料清单（表 6-1）。

表 6-1　主要材料清单（以变电所建筑单位为例）

序　号	名　称	规格型号		备　注
1	圆头吊钉	5t/L=240mm 2.5t/L=85mm		用量：每块预制墙板 2 个 作用：起吊吊点
2	鸭嘴扣	5t 2.5t	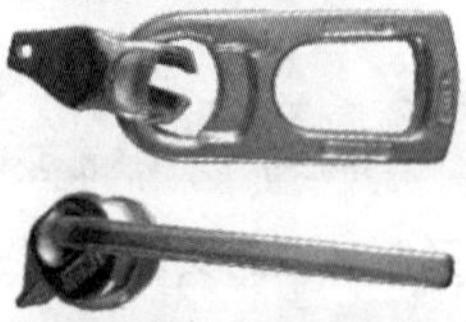	用量：各 4 套（其中 2 套备用） 作用：配套圆头吊钉起吊
3	预埋件	250mm × 250mm × 20mm DB16mm，L=350mm	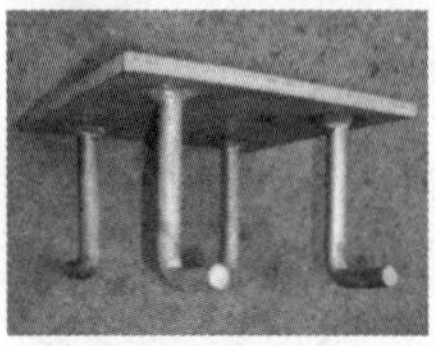	用量：每块预制墙板 3 ~ 5 个 作用：连接固定件

续表

序号	名称	规格型号		备注
4	预埋件	75×200×9 DB19mm，L=350mm	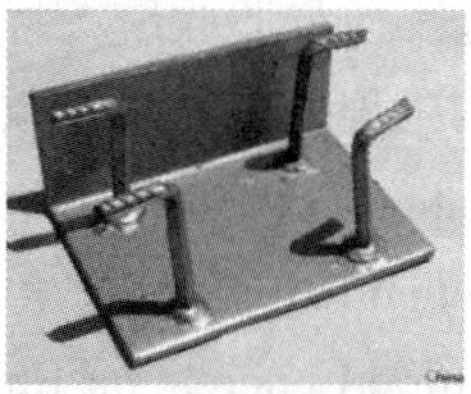	用量：每块预制墙板 3~5 个 作用：连接固定件
5	钢垫板	100mm×100mm，δ5~25mm		用量：每块预制墙板 2~3 个 作用：找平
6	建筑 PE 棒			用量：每道墙板拼缝 14.4m 作用：板块嵌缝防水
7	耐候胶			用量：每道墙板拼缝 0.8L 作用：板块拼缝封堵

6.2 设备

本工法所需的主要设备清单（表 6–2）。

表 6-2 主要设备清单（以变电所建筑单位为例）

序号	设备	规格型号	单位	数量	备注
1	吊车	80t	台	1	吊装
2	平板拖车	20t	台	2	墙板运输
3	倒链	5t	个	2	标高调整
4	电焊机	ZX7–400t	台	2	钢构件焊接
5	全站仪	TSK–202	台	1	测量用
6	水准仪	DST–32	台	1	测量用
7	经纬仪	TDJ–1–02	台	1	测量用
8	混凝土搅拌运输车	SY308c–6	台	1	混凝土运输
9	振捣器	35 型 6m	台	2	混凝土振捣
10	钢筋切断机	GQ40	台	1	钢筋加工
11	钢筋调直机	GT–10B	台	1	钢筋加工
12	钢筋弯曲机	4F20	台	1	钢筋加工

7 质量控制

7.1 执行的质量标准与规范

（1）JGJ 1—2014《装配式混凝土结构技术规程》。

（2）GB/T 51231—2016《装配式混凝土建筑技术标准》。

（3）JGJ 130—2011《建筑施工扣件式钢筋脚手架安全技术规范》。

（4）GB 50300—2013《建筑工程施工质量验收统一标准》。

（5）GB 50204—2015《混凝土结构工程施工质量验收规范》。

（6）GES.01.40.001 Rev.D1 Specification for Civil Work。

（7）GES.01.95.092 Rev.D1 Construction Inspection。

（8）ACI 301 Specifications for Structural Concrete for Buildings。

（9）ACI 347R Guide to Formwork for Concrete。

7.2 质量控制要点

7.2.1 外墙板预制构件质量控制（表 7-1）

表 7-1 外墙板预制构件质量控制点及检验方法

项目		允许偏差 /mm	检查时机或频次	检验方法
长度 /mm		±5	浇筑前及拆模后，逐块检查	钢尺检查
宽度、高（厚）度 /mm		±5	浇筑前及拆模后，逐块检查	钢尺量一端及中部，取其中较大值
侧同弯曲		L^*/1000 且≤20	浇筑前及拆模后。逐块检查	拉线、钢尺量最大侧向弯曲处
预埋件	中心线位置	10	浇筑前及拆模后，逐块检查	钢尺检查
	螺栓位置	5	浇筑前及拆模后，逐块检查	
	螺栓外露长度	＋10，－5	浇筑前及拆模后，逐块检查	
预留孔	中心线位置	5	浇筑前及拆模后，逐块检查	钢尺检查
预留洞	中心线位置	15	浇筑前及拆模后，逐块检查	钢尺检查
主筋保护层厚度 /mm		＋10，－5	浇筑前，每块墙板抽检 3 处	钢尺或保护层厚度测定仪量测
对角线差		10	浇筑前及拆模后，逐块检查	钢尺量两个对角线
表面平整度		5	拆模后逐块检查	2m 靠尺和塞尺检查
翘曲		L^*/1000	拆模后逐块检查	调平尺在两端量测

注：*L 为构件长度（mm）。

（1）原材料要求：整个构件生产过程的原材料供应商，应采用同一个厂家的同一种水泥和外加剂，选择粗、细骨料时要严格控制砂石含泥量和其他杂质成分，掺和料的选择要通过试配确定。

（2）混凝土配合比：为了控制清水混凝土表面容易出现色差、裂纹、气泡等质量问题，经过反复试验，多次试配调整确定最终配合比方案。

（3）钢筋进行外观验收、取样复试。钢筋骨架尺寸应准确，钢筋品种、规格、强度、数量、位置应符合设计和验收规范文件要求，钢筋骨架入模后不得移动，并确保保护层厚度。

（4）模板的制作应具有足够的强度、刚度和稳定性。模板组装正确，牢固、严密、不漏浆，并符合构件的精度要求。模板堆放场地应平整、坚实、不得有积水，模板应清理干净，均匀涂刷脱模剂。

（5）混凝土浇筑成型前应进行隐蔽工程检验，检验项目应包括：

①钢筋的品种、规格、数量、位置、间距、保护层厚度等；

②纵向受力钢筋的连接方式、接头位置、接头质量、接头面积百分率和搭接长度等；

③预埋件、插筋的规格、数量和位置等。

（6）混凝土浇筑应符合下列规定：

①布料机下料口或封板不得触碰模具、钢筋及其他预留预埋装置；布料机下料由一端开始按顺序

均匀进行，每次下料不宜过量；

②起重机配合吊斗下料时，吊斗距离模具高度≤600mm；下料均匀，并辅以人工摊铺；摊铺时站在铺设好的跳板上或站在钢制模具边缘操作，不得踩踏钢筋骨架，严禁一次性集中下料。

（7）混凝土振捣过程中，随时检查模板有无漏浆、变形或预埋件有无移位等，若有漏浆、变形或移位超出偏差时，及时采取补救措施。

（8）预制构件混凝土浇筑、振捣完毕后进行抹平，先用杠尺对混凝土面进行刮平，然后用抹子进行搓面，最后在混凝土收水或初凝前进行不少于3次的压光。

7.2.2 外墙板构件吊装的质量控制（表7-2）

表7-2 外墙板预制构件吊装质量控制点及检验方法

项 目		允许偏差/mm	检查时机或频次	检验方法
预制墙板	标高	±5	逐块检查	用水准仪检查
	表面平整度	±5	逐块检查	靠尺、塞尺检查
	拼缝宽度	±5	逐块检查	塞尺、钢尺检查
预埋件	平面位置	±20	逐块检查	钢尺、水平尺检查
	表面平整度	±10	逐块检查	靠尺、塞尺检查

（1）预制构件的进场检验：预制生产单位应提供构件质量证明文件；预制构件的外观质量和尺寸偏差；预埋件、预留孔、吊点等再次核查，进入现场的构件逐一进行质量检查，检查不合格的构件不得使用。

（2）预制构件生产厂与现场吊装作业队伍必须严格按照吊装顺序及吊装计划进行吊装施工。

（3）预制构件测量定位，每层楼面轴线垂直控制点不宜少于4个，楼层上的控制线应由底层向上传递引测；每个楼层应设置1个高程引测控制点；预制构件安装位置线应由控制线引出，每件预制构件应设置两条安装位置线。预制墙板安装前，应在墙板上的内侧弹出竖向与水平安装线，竖向与水平安装线应与楼层安装位置线相符合。

（4）预制墙体吊装时事先将对应的结构标高线标于构件内侧，有利于标高控制。

8 安全措施

8.1 执行的安全法

（1）JGJ 80—2016《建筑施工高处作业安全技术规范》。

（2）JGJ 59—2011《建筑施工安全检查标准》。

（3）JGJ 46—2005《建筑现场临时用电安全技术规范》。

（4）JGJ 130—2011《建筑施工扣件式钢管脚手架安全技术规范》。

（5）《中国石油天然气管道局高处作业安全管理办法》。

（6）Hazardous Substances Act BE 2535（1992）。

（7）Building Control Act No. 2 BE 2535-1992 and Associated Ministerial Regulations。

8.2 安全保障措施

（1）设专职安全员负责工地安全管理工作，由施工负责人监督日常安全工作，各工种、各施工班组设立兼职安全员，由项目经理、施工负责人、专职安全员组成项目安全检查小组，检查监督项目安全工作。

（2）施工现场设安全警示牌，划分吊装区域，并在吊装区域内设警示带，派专人负责警示带区域安全工作，吊装施工时严禁闲杂人员进入警示带内。

（3）现场施工人员必须学习现场安全规章制度，总学时不少于8学时，特种作业人员必须持有特种作业资格证方能从事特种作业。

（4）临时配电线路必须按规范架设整齐。施工机具、车辆及人员应与内、外线路保持安全距离，达不到规范要求时，必须采用可靠的安全措施。

（5）配电系统必须实行分级配电，各类配电箱、开关箱安装和内部设施必须符合有关规定，箱内电器必须可靠完好，其选型定值要符合规定，开关箱外观应完整，牢固防雨、防尘。箱体应统一编号，箱内无杂物，停止使用时应切断电源，箱上锁。

（6）临时用电必须设专人管理，分片包干，责任到人，非电工人员严禁乱拉乱接电源线和动用各类电器设备。对临时用电的线路及设备，必须由专业电工每天进行巡视检查，发现各类问题及时处理。

（7）电弧焊机一次线不得超过5m，二次线不得超过30m，焊机一侧、二侧必须有防护罩，二次线必须双线到位，二次零线、焊把线禁止用钢筋或钢管代替。

（8）脚手架搭设及拆除应严格按照规范进行搭设和拆除，脚手架应严格按照规范要求进行检查，发现隐患应及时进行整改。

（9）每次吊装前对所有吊具进行质量检查和数量核对，检查倒链、钢丝绳等起重用品的性能是否完好。

（10）构件吊装前在构件上安装2条溜绳，便于构件在空中时，吊装人员控制落点，减少失误。

9 环保措施

9.1 执行的环保标准、规定

（1）GB 12523—2011《建筑施工场界环境噪声排放标准》。

（2）GB/T 50378—2014《绿色建筑评价标准》。

（3）《中国石油天然气集团公司环境保护管理规定》。

（4）National Environmental Quality Act BE 2535（NEQA 1992）。

（5）Notification the Ministry of Science，Technology and Environment，No.3，B.E.2539（1996）。

9.2 环保保障措施

（1）现场施工标牌应包括环境保护内容。

（2）施工现场应在醒目位置设环境保护标识。

（3）施工作业面、临时道路实施洒水降尘措施，控制扬尘。

（4）现场应设置可移动环保厕所，并定期清运、消毒。

（5）现场设噪声监测点，并应实施动态监测。

（6）现场应有医务室，人员健康应急预案应完善。

（7）施工应采取基坑封闭降水措施。

（8）建筑垃圾回收利用率达到60%。

（9）工程污水应采取去泥沙、除油污、分解有机物、沉淀过滤、酸碱中和等处理方式，实现达标排放。

（10）施工完毕后，废弃物、油污及其他杂物要装车运走，场地保持干净整洁。

10 效益分析

10.1 经济效益

由于预制混凝土墙板在工厂预制完成，且外饰面一步到位，大大减少了现场钢筋、模板安装、混凝土浇筑等高处作业带来的施工降效，也缩短了外墙装修工期，加快了整体施工进度。原项目整体计划外墙工期100d，实际采用了装配式预制清水混凝土外墙方式，将工期缩短至58d，节约工期42d，从而降低了建筑安装工程费。

“装配式预制清水混凝土外墙与传统现浇混凝土外墙”，二者的建筑安装工程费用均由直接费、间接费、利润、税金组成。但是由于生产过程不同导致其在造价方面存在差异，差异主要体现在直接费中的“直接工程费”和“措施费”。

与传统现浇混凝土外墙工艺相比，虽然“直接工程费中的施工机械费”高于传统工艺，但在其他方面的费用支出均节省于传统工艺，故采用“装配式预制清水混凝土外墙”工艺较传统工艺节约资金524.79万泰铢，折合人民币111.65万元（表10–1）。

另外，采用“装配式预制清水混凝土外墙”工艺，可规避保修期内外墙立面装修层脱落的风险，减少维修费用，从全寿命费用分析的角度考虑更是可行的。

表10-1 新工艺与传统工艺投资费用差异对比表

项目		传统工艺/万泰铢	新工艺/万泰铢	节省费用/万泰铢
直接工程费	人工费	352	127.6	224.4
	材料费	877.92	784.71	93.22
	施工机械费	48.40	60.75	–12.35
措施费	环境保护费	62.00	25.05	36.95
	安全文明施工费	96.16	37.29	58.87
	混凝土模板支架、脚手架	161.75	38.05	123.70
合计		1598.23	1073.44	524.79

10.2 社会效益

（1）提高工程质量。清水混凝土外墙减少了传统的外饰面层，成功的规避了传统外饰面层裂纹、起皮、脱落的质量风险，更易于控制施工质量。墙板构件在预制构件厂实现了工厂化制作，减少了现场操作而产生的质量通病。

（2）安全有保障。传统的施工方式要求大量的劳动力聚集在现场，作业空间狭窄、交叉量大、多为高处作业，容易对工人造成高空坠落、物体打击、触电等伤害。而装配式清水混凝土外墙技术，把大量的作业转移到了预制构件厂，将现场工人数目减少80%~82.5%，从而降低了安全事故的发生概率。

（3）更加环保。装配式清水混凝土外墙施工技术，将大部分工作推向了专业工厂，实现了建筑工业化，仅在现场进行吊装作业，极大地减少了现场建筑垃圾排放以及噪声污染、扬尘污染、光污染等，在节能减排、保护环境方面起到了积极的作用，为顺利取得LEED认证奠定了基础，也融洽了现场周边的社区、居民关系，为建设、施工单位树立了良好的形象。

11 应用实例

应用实例一：泰国压气站项目

变电所建筑单体。项目位于泰国曼谷附近的 Chacheongsao 市，距离曼谷 100 多公里，该项目中的变电所建筑单体为两层钢筋混凝土结构，建筑面积 5050m²，能够抵抗 10kPa 抗爆要求，并要求通过美国建筑委员会颁发的 LEED 认证。由于变电所是为各专业提供能源的核心，涉及电气、仪表、消防、空调、通信等专业预留孔洞 58 个。抗爆外墙施工完成后，不得再外力开洞或破坏受力钢筋，且抗爆密封堵块的安装对预留洞的尺寸要求较高；另外，时值雨季，施工进度受降雨影响严重，综合考虑了技术要求、天气因素后，该建筑单体的抗爆外墙采用"装配式预制清水混凝土外墙施工技术"，提前工期 42d，节约资金 524.79 万泰铢。该建筑单体于 2015 年 12 月 22 日开工，2017 年 07 月 30 日竣工，经检验满足设计和施工规范要求（图 11–1）。

图 11–1 变电所建筑单体建成后效果

应用实例二：泰国压气站项目

压缩机厂房。项目同为泰国压气站项目的压缩机厂房（2 座，长 47.25m × 宽 31.98m × 高 23.3m），两侧山墙为混凝土墙板 + 降噪吸声棉 + 金属瓦楞板复合结构，其中混凝土墙板应用此工法施工，提前工期 21d，节约资金 554.11 万泰铢，折合人民币 117.90 万元。该厂房于 2016 年 03 月 24 日开工，2017 年 07 月 01 日竣工，经检验满足设计和施工规范要求（图 11–2）。

图 11–2 压缩机厂房建成后效果

小断面盾构隧道内管道预制小车发送施工工法

中国石油管道局工程有限公司

寇宝庆　刘　江　马佳杰　谢虎辉　冉洽闻

1　前言

盾构隧道在非开挖管道敷设中是一种常用的技术手段，管道安装一般采用隧道内焊接安装方式。但在 3.8m 以上大断面盾构隧道造价昂贵，如何能够解决直径在 3.8m 以下小断面隧道安装大口径管道，是降低工程造价的主要手段。中国石油天然气管道局东南亚项目部通过科研解决了小断面隧道管道安装与牵引发送。通过工程实践，总结梳理了相关的施工工艺，编制了本工法。并在 2018 年的中俄东线过境段控制性工程天然气管道建设中采用本工法施工。盾构隧道直径 2440mm，盾构隧道长度 1139m；管道直径 1420mm，壁厚 33.4mm。共建设两条隧道，一条为主隧道，另外一条为备用隧道。采用本工法的隧道管道安装，比传统的隧道内管道安装节约安装费用 2062 万元。工程进展顺利，安全高效地完成了小断面盾构隧道管道安装施工。本项目在实施中形成三项实用新型专利技术，分别是“一种小断面盾构隧道内管道发送装置”（专利号：ZL 2016 2 1182777.5）、“运管车及管道安装系统”（专利号：ZL 2018.21037513.X）和“一种管道盾构隧道内管道回拖的钢丝对中装置”。盾构竖井内大口径立管整体预制焊接吊装技术研究和钢沉井围堰施工技术研究均荣获 2018 年管道局技术革新一等奖。

2　工法特点

（1）施工机械化程度高，管道预制在竖井内进行，工序作业条件完备，可连续采用机械化施工。

（2）降低劳动强度，由于焊接管道和管道牵引作业大部是在竖井内作业，机械化作业程度高，操作人员的劳动强度大幅度下降，有效实现了文明施工。

（3）烟尘伤害程度低，隧道内管道安装工艺相互交叉，互有干涉，有限空间作业，管道焊接烟尘大，通风要求指标高。而本竖井管道安装工艺采用顺序施工方法，人员少，工效高，烟尘小，安全性强。

3　适用范围

本工法适用于盾构、顶管和矿山法隧道比管道直径 <1m 以上，隧道坡度在 0~4% 以内的管道安装施工。

4　工艺原理

小断面盾构隧道管道安装利用竖井空间进行管道安装作业。管道安放在轨道小车上，采用前端牵引和后端推送方法将管道发送到隧道中。其关键工艺技术包括：

（1）竖井内管道安装平台和顶推装置技术：竖井内为完成管道安装所制作的工艺设备，具有与盾构隧道始发斜巷角度相同的安装平台、管道后端的顶推机构，安装小车发送轨道，焊接、防腐工位的可移动平台，钢管可旋转、可调整对口间隙的工艺条件。

（2）隧道内牵引系统的设计制造技术：隧道内和接收井内为完成管道发送的牵引系统，隧道内始发井曲线段管道发送采用倒刺小车牵引，倒刺小车行走至下一工位通过接收井卷扬机牵引行驶。平巷段及接收井曲线段管道发送采用卷扬机牵引。卷扬机钢丝绳在平巷段用小平车承负，不仅可减少摩擦力，也有助于防止钢丝绳的磨损。为防止钢丝绳对隧道的损伤，在曲线段与平巷段相交位置处设置钢索对中装置，解决了隧道受钢丝绳外力破坏的风险和钢丝绳与隧道的摩擦。

（3）管道小车设计技术：管道运送小车满足钢管旋转、曲线段与平巷段交叉位置时小车卡轨、脱轨，补偿轨道安装误差、小车偏移以及管道对口时引起管道直线度变化产生的运管小车小角度扭转。

（4）竖井内 S 弯管安装技术：竖井内弯管在地面采用自动焊焊接，预制完成形成大 S 弯管，采用穿竖井井壁的吊装工艺。

5 施工工艺流程及操作要点

5.1 隧道管道安装施工工艺流程

5.1.1 总流程（图 5-1）

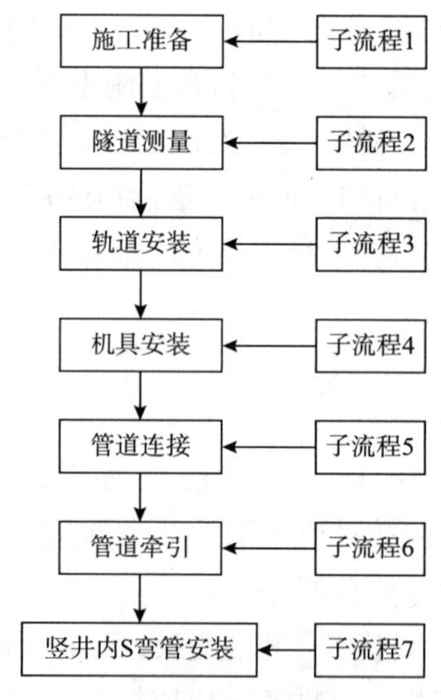

图 5–1 隧道管道安装施工工艺流程图

5.1.2 子流程

（1）子流程 1（图 5–2）：

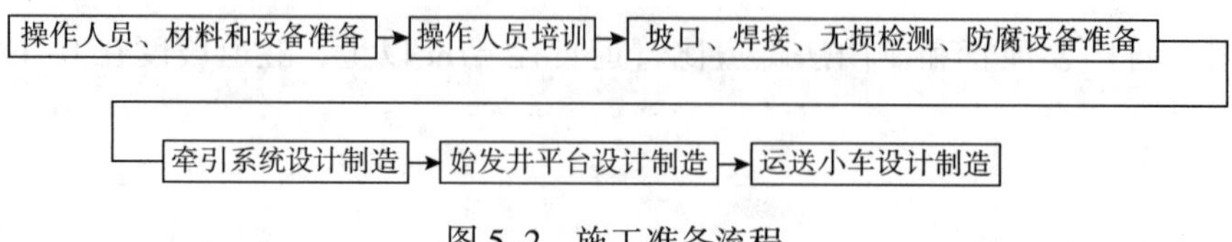

图 5–2 施工准备流程

（2）子流程 2（图 5–3）：

隧道误差测量 → 绘制实际隧道平面与立面图 → 绘制隧道横剖面牵引系统布置图

图 5–3 隧道误差测量流程

（3）子流程 3（图 5-4）：

轨道底盘安装→光缆护管安装→轨道安装→混凝土浇筑→轨道测量调整

图 5-4　机具安装流程

（4）子流程 4（图 5-5）：

始发井钢管安装平台安装→接收井卷扬机安装→牵引系统安装→钢管牵引端安装→运管小车安装

图 5-5　机具安装流程

（5）子流程 5（图 5-6）：

钢管坡口→钢管组对焊接→RT、AUT无损检测→防腐补口

图 5-6　管道连接流程

（6）子流程 6（图 5-7）：

向下曲线段牵引→平巷段牵引→向上曲线段牵引

图 5-7　管道牵引流程

（7）子流程 7（图 5-8）：

S弯管井上预制→绘制实际安装图→竖井破壁→S弯管吊装→S弯管组对焊接

图 5-8　S 弯管安装流程

5.2　操作要点

5.2.1　施工准备

（1）按照施工部署准备施工人员、材料和设备。

（2）操作人员按批准的施工方案、焊接规程、无损检测、防腐和起重人员进行相关的作业培训，并取得相应的上岗资格。

（3）按施工方案将相关坡口、焊接和无损检测等设备检修完好，并运抵施工现场，进入现场后应二次进行性能完好性试验。

（4）牵引设备的设计制造需考虑隧道的坡度，本工法牵引设备设计计算是按照隧道长度 1139m，内径 2440mm，始发井内径 14m，深度 18m；接收井内径 10m，深度 22m。盾构隧道轴线为 4% 坡度向下斜巷段 + 弹性敷设段 + 平巷段 + 弹性敷设段 +4% 向上斜巷段，如图 5-9 所示。

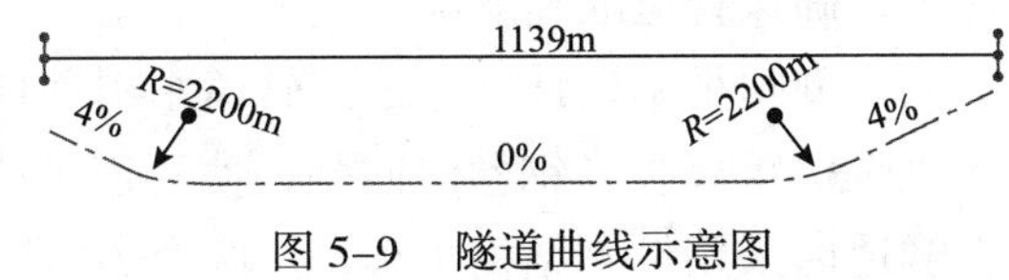

图 5-9　隧道曲线示意图

盾构始发井入隧道一般是曲线段，初始管道安装时，管道质量轻，牵引力较小，卷扬机放置在接收井内，钢丝绳弹性较大，启动时极易将牵引的管道瞬间拉入隧道，在此曲线段采用了倒刺结构小车，用两个 10t 级的电动葫芦作为牵引动力。后期管道自重大，采用卷扬机直接牵引，当牵引负荷不满足卷扬机直接牵引时，采用动滑轮形式进行倍力牵引。

①管道牵引力计算：隧道内卷扬机和顶推装置需要根据管道最大牵引力和最大启动力值选择，应进行牵引力计算，根据牵引力的计算，合理设计牵引系统。

a. 最大牵引力计算：随着管道焊接长度的增加，管道先下坡进入隧道，随后平巷，最终经过上坡段牵引就位，可以分析，管道最大牵引力段出现在后期，理论上，管道最终就位时牵引力最大，据此计算最大牵引力：

$$F_{max}=\delta_1\times\delta_2\ (F_1+G_0)$$

$$F_1=\mu\ (G_1+G_2+G_3)$$

$$G_0=(G_1+G_2+G_3)\times\cos\alpha$$

式中，F_1 为滚动摩擦力，kN；G_0 为牵引段管道在上坡段的下滑力，kN；G_1 为全部管道焊接完之后的质量（含防腐层、热收缩套）1280t；G_2 为全部小车的质量（含橡胶板）144t；G_3 为牵引头和钢丝绳等牵引机构质量 20t；μ 为小车在轨道上的滚动摩擦系数，选取 0.05；α 为斜线段角度，$\cos\alpha$ 值为 0.04；δ_1 为安全储备系数选取 1.2；δ_2 为小车不同步系数，选取 1.1。

按照如上计算：

$$F_{max}=\delta_1\times\delta_2(F_1+G_0)=1.1\times1.2\times(72+58)=172t$$

分析得知管道牵引力随着管道长度的增加而增大，最终增大至最大牵引力水平，按照最大牵引力 172t 计算，选取 100t 卷扬机作为主牵引动力源，管道牵引后期，牵引力可通过动滑轮的方式扩大至 200t。设置在接收井内的卷扬机基础应满足 200t 要求。

b. 最大启动力计算：施工中，因管道焊接、牵引交替进行，管道走走停停，每次启动都要克服最大静摩擦力，在管道牵引后期，管道随着长度的增加质量也越来越大，需要克服管道牵引启动时的最大静摩擦力。考虑到隧道前面 170m 为 4% 下坡斜巷段，最大静摩擦力 F_2 按照 2 倍动摩擦力选取，则启动瞬间最大牵引力 F_{max} 为：

$$F_{max}=\delta_1\times\delta_2(F_2+G_0)$$

$$F_2=2\times F_1$$

式中，F_1 为滚动摩擦力，kN；F_2 为最大静摩擦力，kN；G_0 为牵引段管道在上坡段的下滑力；δ_1 为安全储备系数选取 1.2；δ_2 为小车不同步系数，选取 1.1。

$$F_{max}=\delta_1\times\delta_2(F_2+G_0)=1.1\times1.2\times(2\times72+58)=267t$$

为了克服管道启动时的最大静摩擦力和惯性，在始发井一侧，设置液压油缸助推装置，可提供最大 300t 顶推力，确保管道牵引顺利启动。

②管道牵引设备设计：卷扬机作为动力源，因力的传导依靠钢丝绳，在牵引距离较长时，存在钢丝绳回弹，产生“停机不停牵”现象。考虑此因素和启动时的惯性力作用，增设了牵引助推设施。合理设计牵引系统基本思路：一是牵引前期，即下行段，另行设计移动式牵引机构提供牵引动力源；二是进入水平段之后，改用卷扬机牵引方式，最大程度减小“停机不停牵”现象；三是设置管道助推千斤顶，确保管道准确就位。

a. 倒刺小车设计：考虑到管道牵引前期，即下行段牵引，由于管道质量轻，牵引力较小，采用卷扬机牵引距离长、钢丝绳回弹，使管道可能瞬间滑入隧道内，入隧管道长度难以控制、效率低。因此在隧道内采用倒刺结构小车，用两个 10t 级的电动倒链作为牵引动力，如图 5-10 所示。牵引力足够，位置控制精确，且倒刺结构小车机动灵活，可以满足管道前期牵引要求。

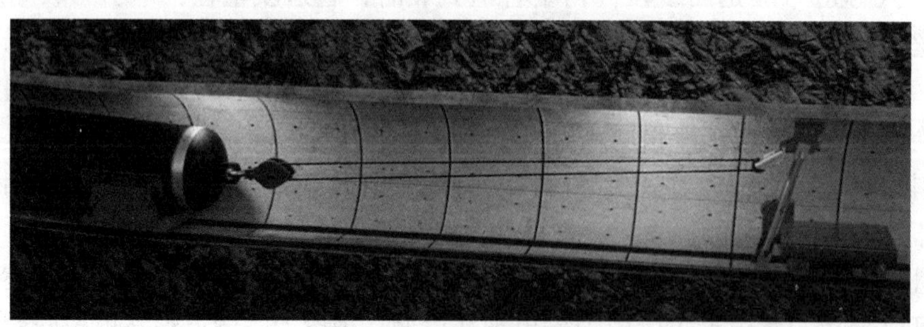

图 5-10 倒刺结构回拖

b. 卷扬机牵引设计：管道进入平巷段之后，管道自重逐步增大，牵引力不断提高，改用卷扬机作为牵引动力，用助推千斤顶控制管道入隧长度。进入到上坡段之后，牵引力进一步增大，管道牵引头处增加动滑轮，牵引力可以达到 200t。为防止钢丝绳的摩擦损伤和对隧道的受力损伤，在隧道曲线段和隧道口设置钢索对中装置和承载钢丝绳的简易小车，钢丝绳对中装置及安装如图 5-11 所示。

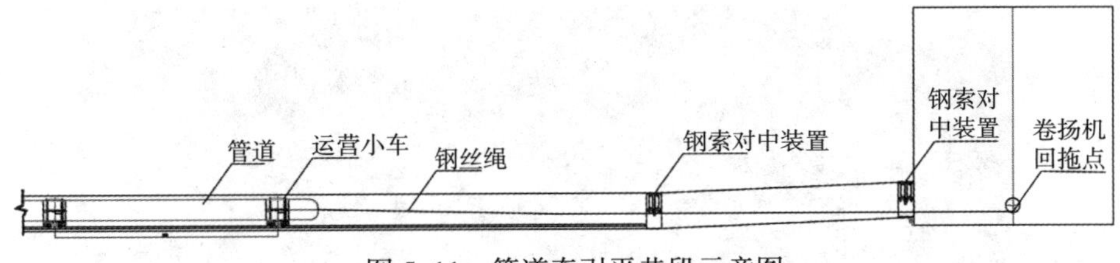

图 5-11 管道牵引平巷段示意图

c. 助推千斤顶设计：为了确保管道能够精确牵引就位，在始发井一侧，设置液压油缸助推装置，提供最大 300t 顶推力，克服管道启动时的最大静摩擦力和惯性，通过前拉后推的方式牵引管道就位。受竖井空间限制，助推油缸最大行程设置为 0.5m，如图 5-12 所示。

③钢索对中装置设计：为防止钢丝绳的摩擦损伤和对隧道的受力损伤，钢丝绳在牵引过程中采用了简易小车搭载和在接收井洞口端，曲线段和水平段相交处设置钢索对中装置。如图 5-13 所示。

图 5-12 管道牵引示意图

图 5-13 钢索对中装置

（5）始发井平台准备。对现场竖井和隧道坡度进行测量，对竖井内进行工艺设备的布置，对竖井安装平台进行设计制作。竖井平台应与始发井隧道下坡段同角度，平台上轨道与隧道内轨道相接，相邻两根轨道间距应比隧道内轨道宽度增加 20mm，以便于钢管在运管小车摆放时管口组对的横向摆动。在焊接、防腐工位的平台底盘应设计为可移动式，以便于施工作业。应校核龙门起吊吨位以满足吊管要求，并配置相应的吊管索具。如图 5-14、图 5-15 所示：

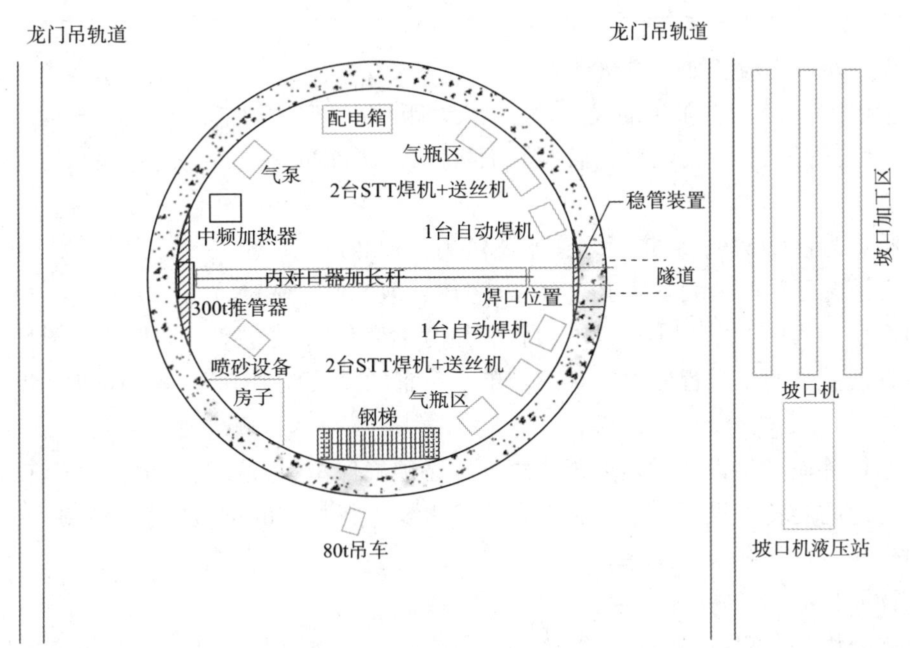

图 5-14 竖井工艺设备布置图

图 5-15　竖井钢管安装平台示意图

（6）运管小车设计制作：

①小车间距计算：为了成功发送牵引管道进入隧道，需设置合理的小车间距。小车间距过大，会造成单个小车受力过大，如果小车间距过小，会造成管道通过隧道曲线段时，无法自由下挠，造成管道无法通过隧道曲线段。经过反复计算得出（表 5-1），当小车间距 28m 时，跨中挠度为 2.6mm；此时假定一个小车悬空，管道通过隧道曲线段时，小车间距变为 56m，小车作为荷载（按每辆小车荷载 3t =30kN 计）加载于管道上，此时跨中挠度 71mm，该距离小于管道至轨道的距离 200mm，假定成立；当小车间距 84m 时，2 辆小车作为荷载加载于管道，跨中挠度 376mm，该挠度大于管道至轨道的距离 200mm，假定不能成立；小车间距 28m 时，管道可以在自身挠度下，中间小车在略悬空的状态下顺利通过隧道曲线段。

表 5-1　小车不同间距跨中位移

分析工况	小车间距 /m	跨中挠度 /mm
	28	2.6
管道自重 + 小车荷载	56	71
	84	376

②单个小车设计承载力应按如下方法计算：

a. 管道牵引过程中，小车通过隧道曲线段时，最大间距 56m、管道内空状态，W_1=56m × 1.153t/m=65t；

b. 管道就位后，管道进行试压时，管道内注满水，小车间距 28m 状态，W_2=28m ×（1.153t/m+1.58t/m）=77t；

其中，管道每米质量为：1.153t；管道每米注水质量为：1.58t。

上述两种状态情况下，按最大设计承载力 77t 考虑，取 80t（800kN）。

在实际管道牵引过程中，单个小车的受力状态是时刻变化的，通过力学模型，分析小车从进入隧道开始，到最后管道就位的全过程的力学状态，单个小车的最大反力值为 643.07kN，小于小车设计承载能力 800kN。

③小车基本结构除应满足设计承载力要求之外，必须确保牵引过程的安全，包括车体结构强度、曲线段防脱空，管道防旋转等设计。小车制作完成后也要进行相应的机械压载试验确保结构安全。小车结构如图 5-16。

具体的结构特征为：

a. 设计为分体结构，中间设置桶状伸缩机构，在管道通过隧道曲线段时，上装管道紧固结构可以跟随管道悬空上移，车轮底盘不脱轨；

b. 设置管道轴向旋转机构，以释放管道焊接过程中累积的旋转应力，即使管道旋转，小车不会跟随管道旋转而造成脱轨；

c. 设置角度机构，在管道与轨道中心存在偏差时，小车桶状伸缩机构可左右微扭通过，不卡轨。

d. 设置轨道补偿机构，车轮轴可横向摆动，防止卡轨。

e. 小车之间的间距应满足钢管挠度的要求，小车高度应满足管道在曲线段与直线段过渡时不触顶的要求，必要时应进行现场通过性试验。

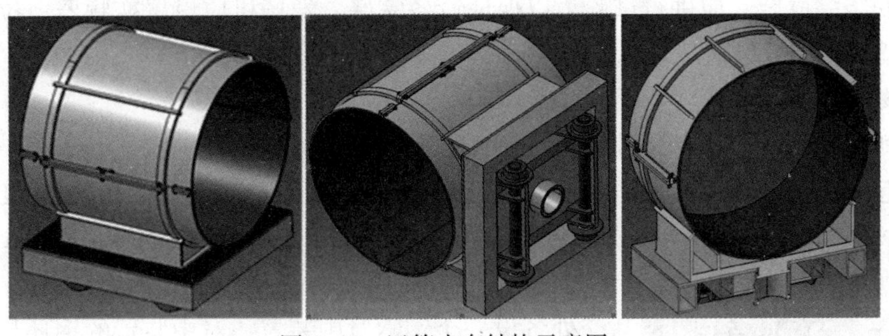

图 5-16　运管小车结构示意图

5.2.2　隧道测量

（1）运管小车轨道安装前应进行隧道误差测量，隧道误差测量分为横向测量和水平测量，测量间距为 3m，测量精度为 100mm。测量数据应填写隧道误差测量数据表。

（2）根据隧道误差测量数据表绘制隧道平、立面图。在隧道平、立面图上按 3m 一个点位绘制轨道的中心线位置和标明安装轨道的高程。

（3）绘制隧道横剖面牵引系统布置图，按此布置图所示进行牵引系统的安装。

5.2.3　隧道内轨道安装

（1）轨道底盘就位安装：轨道底盘按 3m 一个在隧道内就位，逐个进行高程、中心线标定和测量。其高程允许误差 2mm，中心线允许误差 2mm。轨道底盘如图 5-17 所示。

（2）光缆护管安装：将光缆护管插入底盘中心位置，并点焊固定。两根护管钢管之间用焊接方式或螺纹接头形式连接。

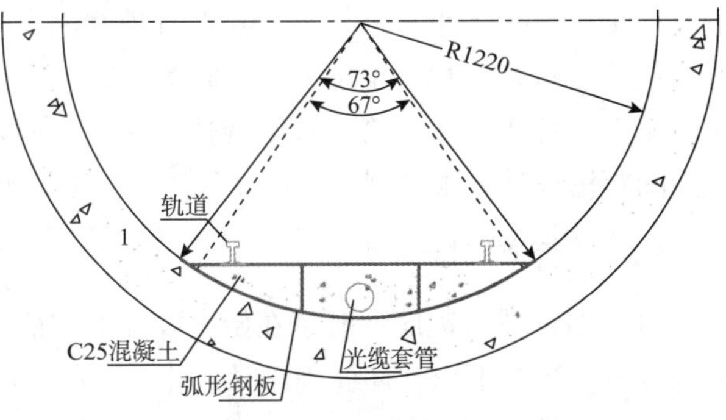

图 5-17　轨道底盘示意图

（3）轨道安装：将轨道按中心线标定位置放置在底盘上，并用轨道压板进行固定。轨道中心线允许偏差 5mm，轨道间距允许偏差 +10mm。

（4）每一节轨道安装完成后，用水准仪进行测量，当轨道安装精度满足要求时，用标号 C25 以上混凝土浇筑固定轨道底盘。

（5）轨道安装完成后，用测量仪器进行全程测量，对轨道安装允许误差超标的位置，松开轨道压板进行调整，并紧固。用简易小车在轨道上进行行驶试验，无卡滞、间隙过大为合格。

5.2.4　机具安装

1. 始发井钢管安装平台安装

（1）按始发井测量数据，清理始发井内地面垫层至要求标高，用钢板垫铁调整平台底部钢结构至要求的斜度和标高，用膨胀螺栓固定钢管安装平台。焊接防腐工位底部设 20mm 钢板作为移动平台块滑动幅，移动平台可与整体安装平台顺畅插接。

（2）测量钢管安装平台上相邻两根轨道间距应比隧道内轨道宽度大 20mm，以便于钢管在运管小车摆放时管口组对的横向摆动。

2. 接收井卷扬机安装

（1）按发井测量数据，清理始发井内地面垫层至要求标高。按图纸要求布设工字钢桩、绑扎钢筋和浇筑卷扬机基础。待卷扬机基础强度允许时，安装卷扬机。

（2）卷扬机安装完成后，应进行试验，以保证设备完好。卷扬机应设置变频器、拉力计。以便于控制卷扬速度和读取牵引力数值。

3. 牵引系统安装

（1）先将倒刺小车放入隧道，倒刺小车后部用卷扬机钢丝绳连接。

（2）倒刺立起，上部帽顶与隧道紧密接触，下部靴脚与垫层贴合。采用 2 个 10t 级的电动葫芦，起重链宜用 12m 链长，以完成一根钢管长度的牵引。

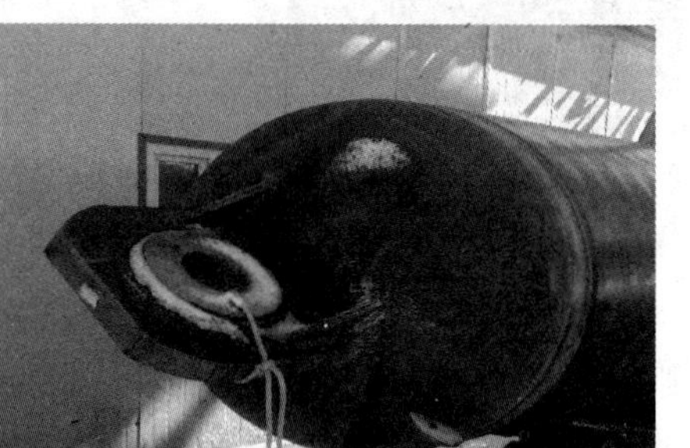

图 5–18 管道牵引头

（3）在接收井洞口端和接收井的上坡曲线段与水平段相交处各设一个钢索对中装置，对中装置的钢环与隧道要贴合紧密。卷扬机钢丝绳从对中装置的滑轮受力侧穿过，以改变钢丝绳的拉力方向。

4. 管道牵引头安装

（1）管道牵引头是用 1m 直管段与管帽牵引环组焊而成，焊缝应饱满（图 5–18）。

（2）将管道牵引头与第一根钢管焊接。

5. 运管小车安装

先将运管小车放在始发井平台上，打开小车上部固定钢管的环片，将带有牵引头的第一根钢管吊放在小车上，将小车上部环片扣在管顶并固定在小车上。用牵引系统缓慢将第一根钢管牵引进入隧道，钢管后端置于焊接工位上。再将第二个小车放置钢管安装平台上，并将待焊接的第二根钢管放置在小车上，并用吊车与第一根钢管连接完成后向隧道牵引。依次进行，完成整体管道安装。运管小车之间间距按设计要求控制。如恰逢焊道处，要避开焊道 1m 以上。

5.2.5 管道连接

（1）钢管坡口工序一般是在始发井井上完成，完成后用龙门吊吊入井下，焊接前可用角向磨光机进行修口。当井下出现环缝割口时，此时坡口工序将在井下作业。

（2）钢管组对焊接：用龙门吊双绳吊装索具将钢管吊入井下的运管小车上，再将钢管用单绳吊起，用内对口器对口。按焊接规程的要求，预热、缓冷、STT 根焊，自动焊气保焊丝填充盖帽。

（3）无损检测：RT 采用 X 射线中心曝光，AUT 采用相控阵超声波检测。

（4）防腐补口可采用底漆 + 热收缩带补口 + 牺牲带结构。补口处采用中频加热、密闭回收式机械化喷砂设备喷砂，机械化底漆喷涂，远红外热收缩带收缩等。管道进入隧道前要进行钢管的电火花检漏。

5.2.6 管道牵引

（1）始发井入隧时，一般有一段向下曲线段，曲线段平曲线段相交为 1500D 的曲率半径的曲线段。此曲线段管道以倒刺小车为牵引动力。倒刺小车的就位是用卷扬机钢丝绳牵引就位的，倒刺小车上配置的电动葫芦牵引钢管通过运管小车的运动沿隧道内轨道前行。为防止钢管溜坡 ，在始发井洞口设有刹车摩擦环（图 5-19）。

图 5-19 刹车摩擦环

（2）平巷段以卷扬机为牵引动力，由于钢丝绳具有弹性，决定了在牵引过程中运管小车运行不平稳状态。当管道后端侧离焊接工位约 4m 时，启动始发井后背墙的推力油缸，通过顶杠将管道后端精确推送定位至焊接工位处。当卷扬机钢丝绳拉力接近卷扬机额定拉力时，采用动滑轮形式进行牵引。

（3）当管道牵引将至向上曲线段时，注意拆除平巷段与向上曲线段处的钢索对中装置。此时，牵引力进一步增大，管道牵引头处增加动滑轮，牵引力可以达到 200t。在向上曲线段牵引中，如卷扬机拉力已接近额定拉力时，可采用前拉后顶的结合方式。当管端将接近接收井洞口时，拆除接收井洞口的钢索对中装置，完成隧道内管道安装作业。

5.2.7 竖井内 S 弯管安装

1. S 弯管预制

隧道竖井的 S 弯管通常是由二根热煨弯管和中间带有超过一倍管径的直管段组成。由于管件在竖井空间组对和焊接是在高处作业，焊接必须手工焊。操作人员的安全性差、劳动强度高、组对焊接质量难以保证。本工法采用了地面预制方法，将枕木形成管墩，S 弯管平置其上，管端坡口后用内对口器组对管口，并用固定焊固定连接管口。测量 S 弯管的平面度，平面度允差为 ±2mm，当 S 弯管平面度满足要求时，再进行与隧道管道连接相同的工艺进行焊接、无损检测和防腐补口作业。

2. 竖井实测

由于竖井浇筑和 S 弯管制作时均有误差，S 弯管预制完成后，应对 S 弯管整体尺寸进行测量，并对竖井进行实测。利用上述的实际测量数据绘制实际 S 弯管安装图，图上应标明竖井壁开孔的位置和尺寸。

3. 竖井破壁

（1）竖井破壁前先进行竖井外 S 弯管伸出端的管沟开挖，如管沟在 5m 以内时可直接进行开挖作业，按地质条件确定开挖坡比后进行开挖。地下水可采用管沟底一侧开挖排水沟，用集水坑集水后抽提。如管沟开挖深度较深时，可采用井点（轻型井点或管井）降水和围堰（拉森桩、钢板沉井）进行基坑开挖。

（2）根据上述的实际 S 弯管安装图进行竖井壁的破壁开孔作业，开孔采用水钻方式沿边缘开孔，初定钻孔直径为 100mm，连续钻孔。钻孔完成后用钢丝绳和牵引设备将此钢筋混凝土块拖出。按图进行修孔作业。

4. S 弯管吊装（图 5-20）

（1）由于预制后的 S 弯管质量较大，需要的起重设备较多，吊装前需要进行吊装方案的编制。在吊装方案编制时要重点考虑以下问题：①起重设备的站位、起重技术参数、吊装高度和吊装轨迹与 S 弯管质量、吊装方式配套，并有足够的安全裕量；②起重索具的选择和制作；③地面承载力和提高地面承载力的措施。除上述，还应对安全检查措施、起重人员安排、起重指挥命令等进行规定和培训。

图 5-20 S 弯管吊装、安装图

（2）起重设备进场后，按吊装方案的要求，吊车进入站位，起重索具按规定的方案进行安装。起重指挥和起重工进行起重安装作业，起重前先进行 S 弯管试吊，掌握形心变化，再进行 S 弯管穿入竖井壁的作业。

（3）S 弯管组对焊接，将内对口器穿入 S 弯管内，隧道内管和 S 弯管组对焊接工艺与隧道内管道焊接工艺相同。完成焊接作业后进行无损检测、防腐补口等作业，再进行 S 弯管地面端直管段的连接，工艺与上述相同。

5.3 人员配置表（表 5-2）

表 5-2 盾构隧道管道安装人员配置表

序 号	岗 位	数量 / 人	备 注
1	项目经理	1	负责整改项目的组织、管理和协调
2	施工调度	1	组织和安排现场具体工作
3	技术	2	施工现场的技术支持和资料管理
4	安全员	2	安全管理
5	质量检验	1	
6	机组长	2	始发井与接收井各 1 人
7	司机	2	管材倒运
8	焊工	8	管道焊接
9	管工	2	管口组对
10	电工	2	
11	无损检测	2	管道检测
12	防腐工	5	管道防腐
13	普工	5	
14	吊装工	3	竖井内 S 弯管吊装
15	吊装指挥	2	竖井内 S 弯管吊装
合计：40 人			

6 材料与设备

该部分材料设备配置以中俄东线过境段控制性工程黑龙江盾构穿越工程为例，施工时可根据工程实际做相应调整（表 6-1 ~ 表 6-4）。

表 6-1 施工材料配备表

序 号	名 称	规格型号	单 位	数 量	备 注
1	运管小车		台	44	运送安装后的管道（根据管道长度确定）
2	热收缩带		套		防腐补口（根据管道长度确定）
3	绝缘护板		个		保护管道（根据管道长度确定）
4	橡胶板		㎡		防水套管处管道保护
5	轨道底盘		个		
6	钢轨	24#	m	528	
7	枕木	M20	m^3	480	
8	螺栓	M12 × 100mm	套	252	
9	警戒带		m	300	
10	电缆	3 × 70+50+35 mm^2	m	300	
11	钢板	20mm	m^2		钢板沉井围堰（根据围堰尺寸确定）
12	钢板	40mm	m^2		钢板沉井围堰（根据围堰尺寸确定）
13	槽钢				
14	氧气		瓶	300	钢板沉井制作（根据围堰尺寸确定）
15	乙炔		瓶	252	钢板沉井制作（根据围堰尺寸确定）

表 6-2 主要设备

序 号	名 称	规格、型号	数量 / 台	备 注
1	运管车		1	管材倒运
2	坡口机	ϕ1420mm	1	钢管坡口
3	根焊焊机	STT	1	根焊
4	自动焊机	CRC300C	1	填充、盖帽焊接
5	环保喷砂机	ϕ1420mm	1	防腐补口
6	中频加热设备	ϕ1420mm	1	防腐补口
7	对口器	ϕ1420mm	1	钢管组对
8	卷扬机	100t	1	管道牵引
9	油缸顶进机	300t	1	管道顶推
10	吊车	130t	1	S 弯管吊装
11	吊车	80t	1	S 弯管吊装
12	吊车	50t	1	S 弯管吊装
13	管井降水钻孔机		1	管井降水
14	深井泵	15m	6	降水（根据井数）
15	潜水泵	15m^3/h	2	
16	水钻		2	竖井破壁

表 6-3 施工机具

序 号	名 称	规格、型号	单 位	数 量	备 注
1	倒刺小车		台	1	管道下坡段牵引
2	管道牵引头		个	1	管道牵引用
3	卸扣	200t	个	10	钢丝绳绑扎
4	卸扣	100t	个	6	钢丝绳绑扎
5	竖井管道安装平台		套	1	
6	断线钳	300mm	把	1	

续表

序　号	名　称	规格、型号	单　位	数　量	备　注
7	钢丝钳	180mm	把	1	
8	钢板尺	1500	个	3	
9	开口扳手	22～36	套	3	
10	梅花扳手	22～36	套	3	
11	管钳	450	把	2	
12	螺丝刀	一字	把	2	
13	螺丝刀	十字	把	2	
14	套筒	10–32	套	1	

表 6-4　HSE 设施

序　号	名　称	规格、型号	单　位	数　量	备　注
1	灭火器	8kg	个	10	
2	警示牌		个	6	
3	急救包		个	1	
4	安全带		个	4	
5	警戒带		盒	6	

7　质量控制

7.1　执行标准

（1）GB 50424—2015《油气输送管道穿越工程施工规范》。

（2）GB 50369—2014《油气长输管道工程施工及验收规范》。

（3）SY/T 4109—2013《石油天然气钢质管道无损检测》。

（4）GB/T 50818—2013《石油天然气管道工程全自动超声波检测技术规范》。

（5）2010 年版 《盾构穿越施工图和设计文件》。

（6）《相关安装工艺设计图》。

7.2　质量保证措施

（1）施工初期要进行技术交底，做好各工序之间的交接，确保上一道工序不合格不能进行下一道工序施工。

（2）要严格控制轨道偏差，在混凝土垫层浇筑前后均要用发送小车在轨道的进行行走试验；在发送小车安装前，先把小车放在轨道上定位，以保证不同小车间同心，确保在拖管过程中不脱轨。

（3）管道回拖的速度要匀速，保证牵引过程的平稳。确保准确牵引至焊接工位。

（4）隧道内管道安装时，管道对接环焊缝与管道支座要错开布置，其间距≥1m。

（5）施工前和施工中检查设备及机具的完好情况，确保工程安全、高效的开展。

（6）由有经验的技术人员在现场组织施工，严格执行质量体系文件程序，做好各项记录。

（7）有资质的操作人员必须持证上岗。

（8）与监理、检测单位保持的联系畅通，每道工序及时检验。

7.3 关键工序质量控制点（表 7-1）

表 7-1 关键工序主要技术指标检验统计表

序号	检验项目	指标要求	检查时机或频次	检验工具
1	竖井平台安装	1. 平台与斜巷角度相同 2. 轨道误差： 高程允许误差 ±2mm 中心线允许误差 ±2mm 轨道内侧 1070mm±2mm	安装完成后	全站仪 钢板尺
2	隧道内轨道底盘安装	轨道底盘安装误差： 高程允许误差 ±2mm 中心线允许误差 ±2mm 间距 3m	每 3 盘检验一次 逐盘检验	全站仪 水平仪 钢卷尺
3	轨道安装	轨道安装误差： 高程允许误差 ±2mm 中心线允许误差 ±2mm 间距 +10mm、-0mm	每安装一组钢轨 全部安装后小车行走一遍 目视检查	全站仪 水平仪 钢卷尺 轨道车行走
4	小车制作	原料目测检验 首个压载试验 加工件、外购件抽样检验 加工件记录检查	检查合格证 下井前目测检验	机械加工工序检验量具 压力机试验
5	卷扬机	机械完好	空载试验 负载试验	目视
6	顶推油缸	机械完好	空载试验 负载试验	目视
7	倒刺小车	机械完好	空载试验 负载试验	目视
8	管口清理	管口完好无损，无铁锈、油污、油漆、毛刺	逐个	目视
9	管口坡口	图纸尺寸	逐个	焊接尺
10	焊口预热	符合焊规	逐个	远红外线测试仪
11	焊接外观	连续 50mm 范围内局部最大应≤3mm，错边沿周长应均匀分布 焊接余高≤2mm、局部焊接余高≤3mm	逐个	焊接尺
12	焊接缺陷	RT 二级 AUT 二级		相应检测设备
13	防腐补口和管体检测	电火花 25kV 剥离强度 80N	逐个进行电火花检漏 每 1Km 剥离抽检 1 道口	电火花检漏仪拉力计

8 安全措施

8.1 安全标准

（1）GB 2894—2008《安全标志》。

（2）GB 12523—2011《建筑施工场界环境噪声排放标准》。

（3）JGJ 46—2005《施工现场临时用电安全技术规范》。

8.2 安全保证措施

（1）特殊工种必须持有效证件上岗；吊装作业必须由起重工指挥，并使用统一指挥信号，杜绝违章作业和违章指挥，并对作业场所悬挂警示标志。

（2）建立施工隔离区，无关人员禁止入内。

（3）隧道内应定时通风，保证空气的正常流通。

（4）组织参加工程的人员进行技术交底和入场安全教育，增强安全意识。

（5）隧道内牵设防水电缆，合理布置安装防水防爆照明灯具，并为便携式焊机提供电源，保证施工顺利进行。

（6）操作人员在隧道管道安装前端作业时，当拖动管道时，人员应站在牵引小车后侧较远处，并在牵引小车后设置掩木，防止管道溜管造成事故。

（7）建立畅通的通信网络，保证施工的安全可靠。

（8）现场临时用电，配电箱要按照指定形式摆放，用电开关要有漏电保护器，人员离开现场必须切断电源。

（9）施工现场专职安全员进行不间断巡视监督，查找安全隐患，杜绝安全事故发生。

（10）施工现场及林区内禁止吸烟或点火，做好森林脑炎疫苗注射及蜱虫防护措施。

9 环保措施

9.1 环保标准

（1）GB 8978—1996《污水综合排放标准》。

（2）GB 12523—2011《建筑施工场界环境噪声排放标准》。

9.2 环保措施

（1）施工产生的垃圾及废弃物及时收集、分类存放。

（2）施工期间的废油集中回收统一处理，禁止随意倾倒，禁止随意排放。

（3）工程施工场地和作业限制在允许的范围内，合理布置、规范围挡。

（4）施工前对工程机械等设备进行全面检修，施工中及时 维修保养，确保性能良好，减少尾气排放对大气的污染。

10 效益分析

10.1 经济效益

中俄东线过境段隧道共 2 条，每条隧道长度为 1139m，与传统的较大型盾构断面 3.8m 比较，盾构隧道每条施工费约 7719 万元，现采用的盾构断面为 2.44m，每条施工费约 6176 万元。

与传统的隧道内安装方法相比，单条隧道直接费用节约 1031 万元，两条隧道共计节约 2062 万元。如表 10–1 所示：

表 10-1 投资费用对比表

序 号	项目名称	费用明细	费用 / 万元	备 注
1	ϕ 3800mm 盾构施工	机械费	2435	
2		人工费	1680	
3		材料费	2215	
4		其他费用	1378	含场建、HSE、竖井分包、调遣、征地、其他直接费等
5	小计		7719	

续表

序　号	项目名称	费用明细	费用/万元	备　注
1	ϕ2440mm 盾构施工	机械费	1652	
2		人工费	1460	
3		材料费	1686	
4		其他费用	1378	含场建、HSE、竖井分包、调遣、征地、其他直接费等
5	小计		6176	
1	ϕ1420mm 管道隧道内管道安装	机械费	204	
2		人工费	238	
3		材料费	394	
4		其他	189	
5	小计		1025	
1	ϕ1420mm 管道竖井内管道安装	机械费	380	
2		人工费	444	
3		材料费	394	
4		其他	309	
5	小计		1527	
	合计节约		1031	

10.2　社会效益

（1）竖井管道安装，避免了施工人员长时间在隧道内管道作业烟尘的困扰，易造成人身伤害的风险，施工人员的健康得以保障。

（2）隧道内管道安装作业，在强制通风合格后才能允许人员进入，在有限空间内作业由于施工空间狭窄，且机具设备多，危险程度高。竖井内安装作业有充足空间，空气流通好，烟尘伤害低，各工序衔接紧密，安全性好。

（3）本工法的使用有利于推进小断面盾构隧道内管道安装的技术进步和工艺创新，焊接质量、防腐质量好。基本上采用了机械化操作，人员劳动强度低，符合健康、安全、环保的发展理念，符合经济效益、社会效益和生态环境效益并重的综合效益原则。

11　应用实例

应用实例一：中俄东线过境段控制性工程黑龙江盾构穿越工程主隧道工程

该工程的建设单位是中国石油管道有限责任公司北方分公司和俄罗斯天然气工业股份公司，施工地点在黑河市和俄罗斯布拉戈维申斯克市。该工程的开工日期是 2018 年 3 月 15 日，完工时间 2018 年 7 月 9 日，满足合同工期要求。圆满完成了工程的主盾构隧道管道安装。此工法安装简便，工期可控，经济效益好。员工劳动强度低，施工环境好，烟尘伤害低。比传统盾构隧道管道安装，共节约资金 1031 万元。

应用实例二：中俄东线过境段控制性工程黑龙江盾构穿越工程备用隧道工程

该工程的建设单位是中国石油管道有限责任公司北方分公司和俄罗斯天然气工业股份公司，施工地点在黑河市和俄罗斯布拉戈维申斯克市。该工程的开工日期是 2018 年 7 月 11 日，完工时间 2018 年 10 月 5 日。通过本工法的实施，提前合同工期 10 天。圆满完成了工程的备用盾构隧道管道安装。此工法安装简便，工期可控，经济效益好。员工劳动强度低，施工环境好，烟尘伤害低。比传统盾构隧道管道安装，共节约资金 1031 万元。

石方段管沟机械化静态爆破成沟施工工法

中国石油天然气管道第二工程有限公司

王礼来　陈　元　董立江　丁英利　吴大伟

1　前言

管道作为石油天然气输送的重要方式，近年来得到了快速的发展。管道山区段安装受地形及地质影响较大，当新建的管道与其他管线并行或紧邻公路、房屋等建筑物时，由于传统的炸药及二氧化碳爆破法碎石乱飞而无法采用，膨胀剂静态爆破法和破碎锤法开挖管沟速度慢、效率低，难以满足施工要求。

中国石油天然气管道第二工程有限公司（以下简称“管道二公司”）在岩石地区施工过程中通过技术研究创新采用潜孔钻机钻出一定规格的分裂孔，随后通过放入孔内的分裂棒液压油缸顶升将山体上的岩石胀裂剥离。该施工工艺解决了岩石地区管沟开挖速度慢、周期长、资源投入多的难题，有效缩短了施工工期，降低施工成本，具有较大的推广应用价值。经现场测算，每个施工台班（1 台分裂机、1 台潜孔钻机、1 台破碎锤）每天可开挖岩石 5.8m^3。通过工程实践，管道二公司组织有关技术人员进行汇总、梳理、归纳、总结，编制了“石方段管沟机械化静态爆破成沟施工工法”。2016 年 5 月 ~2016 年 9 月，管道二公司在忝镇管道老塘山段改线工程 30° 的老塘山山坡处，采用机械化静态爆破技术进行岩石管沟开挖，用时 143 天完成 415m 的石方管沟的开挖，分裂石方 1660m^3。2018 年 5 月 8 日至 2018 年 5 月 28 日，采用本技术进行淮武支线武汉段蔡甸区常福新城开发区管道改线工程 X206 石方段顶管穿越施工，套管内石方开挖 60m^3。采用本工法施工速度快、效率高、污染小、安全可靠，获得了良好的社会效益和经济效益。

2　工法特点

（1）设备操作简单、钻孔效率高、施工成本低。采用潜孔钻机进行岩石地质分裂孔施工速度快、效率高、机械化程度高、辅助作业时间少、施工投入设备少、成本低。

（2）适用范围广：通过调整分裂孔的间距、深度及选择不同型号的液压分裂机，满足不同强度岩石的分裂施工。

（3）安全可靠：施工波动范围小，避免了碎石的飞溅与滚落，减少对施工人员、植被、山下房屋及来往车辆造成伤害，安全性高。

（4）环保效果好，无喷浆及强碱性危害，噪声污染小。

3　适用范围

本工法适用于石方段管沟开挖，尤其是无法采用传统爆破的硬质石方段管沟开挖；适用于人口密集区、隧道、建筑物、公路等地区的石方管沟开挖；适用于永冻土地区管沟开挖。

4 工艺原理

利用脆性材料抗拉强度远低于抗压强度的特性（一般低于抗压强度的10%），从岩石内部施加向外推力，破坏岩石内部结构，完成岩石与山体的分离。本工法采用的关键技术如下：

（1）潜孔钻机钻孔技术：潜孔钻机钻孔是间歇式冲击岩石并连续回转进行开孔。钻孔时钻杆前端安装的潜孔冲击器潜入孔底，由冲击器的活塞直接冲击钻头，并由钻杆带动钻头旋转进行钻孔，随着孔洞的延伸不断推进。由调压机构调整钻头推进力的大小，以高效完成钻孔工作，钻孔过程中形成的岩屑粉由流经钻杆与孔壁之间的气体排至孔外。钻杆不传递冲击能，冲击能量损失小，效率高。潜孔钻机钻孔施工如图4–1所示。

图4–1 潜孔钻机钻孔作业

（2）液压分裂机岩石分裂技术：液压分裂机岩石分裂技术是将分裂棒（图4–2）插入分裂孔内，由液压动力站输出的高压油通过进油管进入分裂棒的油缸内，并驱动油缸内的活塞伸出，对石壁产生巨大推动力。当油压达到一定数值后，分裂棒的活塞对岩石孔内壁一侧产生的推力大于岩石的抗拉强度，分裂孔两侧即产生10~40mm的裂纹，岩石沿着开孔方向断裂，并从山体上剥离，如图4–3所示。

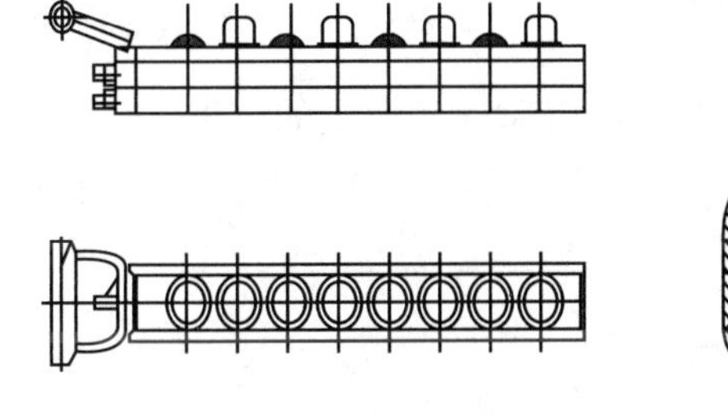

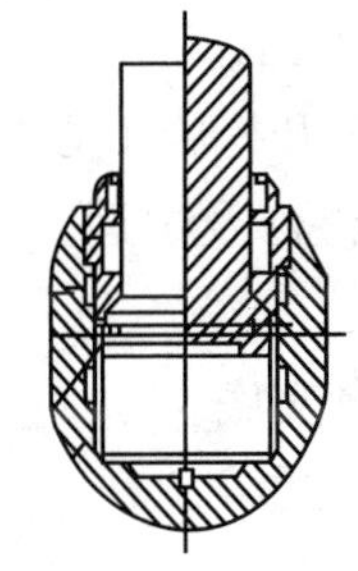

图4–2 分裂棒结构示意图

图4–3 液压分裂机岩石分裂施工

5 施工工艺流程及操作要点

5.1 施工工艺流程图（图5-1）

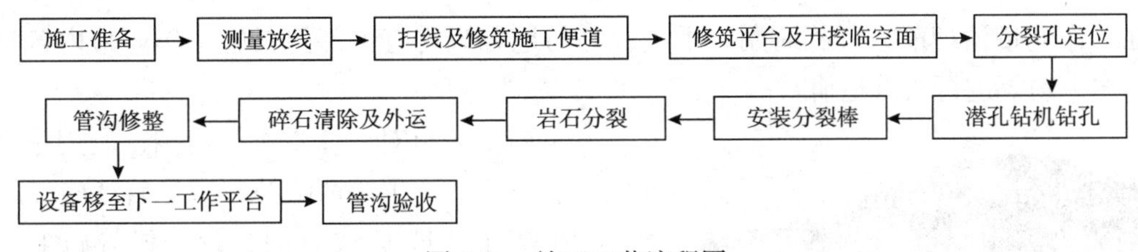

图5–1 施工工艺流程图

5.2 操作要点

5.2.1 施工准备

（1）施工作业带内采集岩石样品，送到有资质的检测中心进行力学性能检测，并将检查结果与施工图纸中的岩石力学性能数据进行对比，差别小时取大者进行计算施工，相差超过20%时，进行多组岩石检测。

（2）根据岩石的力学数据、管沟开挖尺寸、现有的分裂机性能参数等进行分裂孔间距及排间距的计算，计算公式如下：

①每根分裂棒提供的最大分裂力 F：

$$F=3.14\times(D/2)^2\times N_1\times P_2 \tag{5-1}$$

式中：D 为分裂棒活塞直径，m；N_1 为分裂棒活塞数量，m；P_2 为液压站提供最大压力，MPa。

②每根分裂棒可分裂的岩石最大面积 S：

$$S=F/P_1 \tag{5-2}$$

式中：S 为分裂岩石最大截面，m^2；F 为每根分裂棒提供的最大分裂力，N；P_1 为岩石抗拉强度平均值，MPa。

③分裂孔排间距 L_2：

$$L_2<(S\times N_2-L\times L_1)/(2L_1+L) \tag{5-3}$$

式中：L_2 为分裂孔排间距，m；S 为分裂岩石最大截面，m^2；N_2 为管沟每排分裂孔数量（根据分裂机配备的分裂棒数量确定，一般 3~5 个）；L 为管沟宽度，m；L_1 为分裂孔深，m；

④分裂孔间距 L_3：

$$L_3=(L+2L_2)/(N_2+1) \tag{5-4}$$

式中：L 为管沟宽度，m；L_2 为分裂孔排间距，m；N_2 为管沟每排分裂孔数量。

一般每排分裂孔不超过 6 个，以保证每台分裂设备正常工作，设计的分层应根据管沟的开挖尺寸进行，由于分裂棒的长度限制，岩石分裂每层不超过 1m。

（3）根据现场实际情况编制管沟机械化静态爆破开挖施工方案，获得监理、业主的审批。

（4）施工人员进场准备，材料采购、设备进行检修及试运转，并进行进场人员、设备、材料及测量器具的报验。

（5）对施工人员进行进场的安全培训及技术质量交底。

5.2.2 测量放线

（1）根据线路平面图、断面图、线路控制桩、水准标桩的位置，采用 GPS 进行测量放线，采用钉木桩、桩身喷漆及绑红布的方式进行边线、中心线及转角桩的标记。

（2）测量放线及施工过程中应对控制桩全过程保护。对于丢失的控制桩、水准标桩，应根据交接桩记录或中线成果表等测量资料进行补桩。

5.2.3 扫线及修筑施工便道

（1）施工作业带清理前办理临时用地手续，并与地方政府有关部门对施工作业带内各种建（构）筑物和植（作）物等进行清点造册。

图 5-2 施工便道

（2）施工人员对作业带进行清扫，利用挖掘机将地表的泥土、石渣、树木等清除掉，满足后续施工的要求。

（3）当山体坡度 >20° 时，挖掘机等施工设备无法直接进入的施工场地，沿着山体修筑“之”字形施工便道及机械转角平台。一般施工便道修筑宽度约 5m，坡度 <20°，机械转角平台尺寸为 15m × 15m，满足挖掘机倒运钢管需要，施工便道如图 5-2 所示。

（4）“之”字形施工便道两侧进行拉网处理，防止施工设备行走时石头滚落，造成人员、房屋、车辆损害。

（5）施工过程中对施工便道进行日常维护，确保施工车辆及设备安全通过。

（6）作业带扫线及施工便道修筑完成后，将管沟边线采用中线平移的方式用喷漆标记出，完成管沟边线的定位。

5.2.4 修筑平台及开挖临空面

（1）管线沿山脊敷设时，自上而下进行管沟开挖，当山体坡度 >20° 时，沿着管沟每隔 6m 修筑一个 4m × 4m 的作业平台，满足潜孔钻机及挖掘机工作要求。

（2）采用液压破碎锤开挖液压分裂施工的临空面，分裂施工一般由高到低，临空面深度及宽度大于管沟尺寸 0.2m。静态爆破施工临空面、分裂孔、排孔示意图如图 5-3 所示。

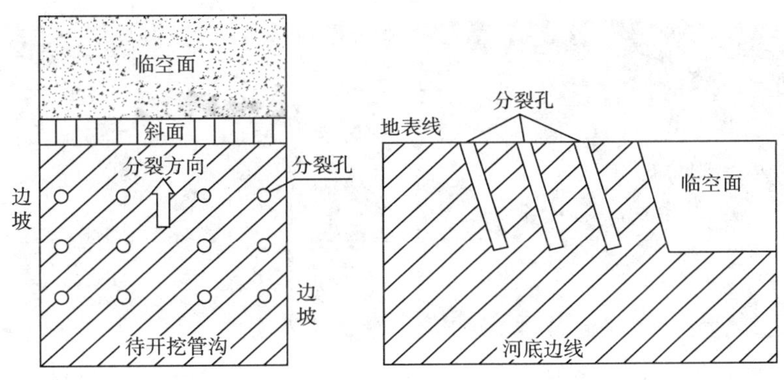

图 5-3 临空面、分裂孔、排孔示意图

5.2.5 分裂孔定位

根据管道中心线及边线位置，使用钢卷尺在管沟范围内的开挖面上按照施工方案规定的分裂孔间距和排距进行分裂孔定位，并用蓝色喷漆进行喷点标记。

5.2.6 潜孔钻机钻孔

（1）将潜孔钻机通过“之”字形便道转移至山顶处，从陡坡段的最高点自上而下按照定位标记进行分裂孔的施工。

（2）潜孔钻机就位前利用挖掘机将潜孔钻机下方的施工场地垫平，保证潜孔钻机平稳就位，钻孔过程中设备平稳运行。

（3）将空压机输气软管与潜孔钻机风路连接，开启空压机，调试钻头处是否通气，查看空压机工作是否正常，风路是否畅通。

（4）根据管沟的位置，将潜孔钻机停靠在平稳的位置，调整滑架和钻臂，保持机体平衡。调整滑架上回转机构及钻架偏摆机构，满足分裂孔的施工。潜孔钻机分裂孔施工如图 5-4 所示。

图 5-4 潜孔钻机分裂孔施工

（5）分裂孔施工按照由上到下、由左到右顺序进行，开孔规格按照施工方案规定执行。分裂孔施工完成后用钢板尺检查孔深是否达到要求，如不合格，继续钻孔直至满足要求。用编织袋将合格的分裂孔上口封堵，防止四周的石屑等杂物滑落至孔内，影响后期液压分裂机的施工质量。

（6）每完成 8~10 排分裂孔后停止施工，将作业面移交给液压分裂机操作人员进行岩石分裂。

5.2.7 安装分裂棒

（1）启动发电机，带动液压站运转，做好升压前的准备工作。

（2）将分裂孔周围的石屑等杂物清除，取出分裂孔内的编织袋，按照方案要求逐个安装分裂棒，如果分裂孔内有碎石等则用工具取出，保证分裂棒完全安装至分裂孔内。

（3）安装分裂棒时活塞统一向上，便于统一力的方向，岩石按预定方向分裂，施工如图 5–5 所示。

5.2.8 岩石分裂

（1）分裂棒安装完成后，启动分裂机液压站，为分裂棒提供液压动力。

（2）当分裂棒工作后压力突然变小，表明岩石已被分裂。如果压力达到额定压力而岩石未被分裂，则需要将孔距减小，重新选择合适的位置钻孔再进行分裂施工，施工如图 5–6 所示。

图 5–5 安装分裂棒

图 5–6 岩石分裂

（3）在管沟开挖作业面内按照从左到右、从上至下的顺序依次进行岩石分裂施工，保证管沟开挖有序进行。

5.2.9 碎石清除及外运

岩石分裂完成后采用破碎锤对管沟内的碎石进行清理，碎石可用于修筑潜孔钻机的施工平台及铺垫施工便道，剩余的碎石由挖掘机倒运至山下，采用翻斗车拉运至指定地点堆放。

5.2.10 管沟修整

图 5–7 管沟修整

（1）一般分裂孔深约 1m，由于不同工程管径不同，管沟开挖深度也不相同，一般将管沟分上、下两层进行开挖，每层管沟挖深约 1m。完成上层石方开挖后接着进行下层开挖，施工工艺与第一层相同。当管沟深度 >2m 时，根据管沟开挖的深度进行多次分层，每层深度不超过 1m。

（2）管沟开挖至图纸要求深度后，采用破碎锤对管沟进行修整，将沟底及沟壁的岩石凸起逐一削平，避免主管道安装及就位过程中划伤防腐层，如图 5–7 所示。

5.2.11 设备移至下一工作平台

当一个作业平台范围内的管沟开挖完成后，将潜孔钻机、液压分裂机移至下一个平台，进行下一段的管沟开挖施工。

5.2.12 管沟验收

（1）管沟修整完成后进行管沟外观检查，平直段的管沟应顺直，曲线段管沟应圆滑过渡，管沟曲率半径应满足设计要求。

（2）采用钢卷尺和 GPS 进行管沟尺寸及位置的测量检查。管沟中心线、沟底标高、沟底宽度、变坡点位移的允许偏差应符合《油气长输管道工程施工及验收规范》GB 50369—2014 的规定。

（3）管沟检查合格后上报监理进行管沟检查验收，验收合格后进行下一道工序施工。

5.3 劳动力组织

以忝镇管道老塘山段改线工程开挖宽 2m × 深 2m × 长 415m 的岩石管沟为例，人员配备见表 5–1。

表 5-1 机械化静态爆破开挖机组人员配备

序 号	岗 位	数量 / 人	备 注
1	机组长	1	机组长兼机组安全员，负责石方段管沟开挖施工
2	技术员	1	技术员兼质量员，负责现场管沟开挖的技术质量
3	潜孔钻操作手	2	负责潜孔钻操作
4	分裂机操作手	3	负责分裂机操作
5	空压机操作手	2	负责空压机操作
6	挖掘机操作手	1	临时配合管沟清理及作业场地的铺垫
7	翻斗车司机	1	碎石拉运
合计		11	

6 材料与设备

以忝镇管道老塘山段改线工程开挖宽 2m × 深 2m × 长 415m 的岩石管沟为例，设备、材料配备如表 6–1、表 6–2 所示。

6.1 主要设备、材料配备

表 6-1 机械化静态爆破施工每台班主要设备配备

序号	设备名称	规格、型号	单 位	数 量	备 注
1	潜孔钻机	YGL–100C/K	台	1	分裂孔施工
2	柱式分裂机	JR–90–9	套	1	6 根分裂棒
3	空压机	$13m^3$	台	1	潜孔钻机配备
4	挖掘机	PC220	台	1	带破碎锤
5	简易发电机	THK–15GF	台	1	为液压站提供电力
6	翻斗车	20t	台	1	碎石倒运

表 6-2 机械化静态爆破施工主要材料、工具配备

序 号	材料名称	规格型号	单 位	数 量	备 注
1	合金钻头	ϕ102mm	根	70	根据现场情况增添
2	吊带	5t	根	2	进行设备吊装
3	大锤	8lb	把	1	分裂设备安装
4	铁锹		把	2	碎石清理
5	高压软管		m	50	空压机输气管线
6	编织袋		条	100	分裂孔封堵
7	油桶	32L	个	2	漏油收集处理
8	棉纱		kg	5	漏油处理

6.2 施工专业设备说明

（1）潜孔钻机是以压缩空气为动力，回转冲击破碎岩石来成孔的。其工作原理是潜孔钻的风动冲击器连同钻头装在钻杆的前端，钻孔时，推进机构使钻具连续推进并将一定的轴向压力施加于孔底，使钻头与孔底岩石相接触；回转机构使钻具连续回转，安装在钻杆前面的冲击器，在压缩空气的作用下，使活塞往返冲击钻头，完成对岩石的冲击；压缩空气从回转供风机构进入，经中空杆直达孔底，把破碎的岩粉从钻杆与孔壁之间的环形空间排至孔外。潜孔钻机如图 6–1 所示。

（2）液压分裂机由液压动力站、分裂棒及简易发电机三部分组成。由液压站输出的超高压油驱动分裂棒的油缸，推动楔器使劈块向两边扩张产生巨大推动力。分裂棒单机分裂力达到 400~500t，使物体快速的按预定方向分裂，使坚硬而巨大的岩石从山体上分离，液压分裂机如图 6–2 所示。

图 6–1　潜孔钻机

图 6–2　液压分裂机

7 质量控制措施

7.1 质量标准

（1）GB 50026—2007《工程测量规范》。

（2）GB 50369—2014《油气长输管道工程施工及验收规范》。

（3）SY 4208—2016《石油天然气建设工程施工质量验收规范 输油输气管道线路工程》。

7.2 质量保证措施

（1）作业人员应经过培训合格，施工前应进行技术、质量、安全交底。

（2）潜孔钻机应运转正常，并满足山上施工要求。钻机的最大扭矩满足施工方案要求的孔径及孔深的施工要求。

（3）液压分裂机的最大分裂力满足施工需要，液压站提供满足液压分裂机所需的最大压力。

（4）检查调节液压分裂机的同步性，使分裂机能够同步工作，保证岩石按照预定的方向进行分裂剥离。

（5）施工作业带内的岩石进行力学性能试验，根据岩石的力学性能数据进行分裂孔间距及排间距的计算。

（6）严格按照方案要求的间距进行放线定位，防止间距过大液压分裂机无法正常施工。

（7）分裂孔检查合格后及时用编织袋将孔口封堵，防止碎石等杂物进入孔内影响分裂棒安装。

（8）空压机排气量及工作压力满足潜孔钻的施工要求，施工前进行调试，运转正常后进场施工。

（9）破碎锤清理管沟时要将沟底及沟壁凸出的岩石削平，防止划伤钢管的防腐层。

（10）静态爆破开挖管沟质量关键控制点如表 7–1 所示。

表 7-1 质量关键控制点明细表

序号	控制内容	检查时机或工序	技术要求	检测工具或方法
1	岩石力学性能试验	施工准备阶段	有资质的单位进行检测	检测设备
2	分裂孔层间距	每个工作面分裂孔施工完成后	最大 290mm	直角拐尺
3	分裂孔深度	每个工作面分裂孔施工完成后	≥1m	卷尺
4	管沟深度	破碎锤管沟修整完成	+50mm -100mm	GPS
5	管沟宽度	破碎锤管沟修整完成	-100mm	卷尺
6	沟底平整度	破碎锤管沟修整完成	无凸起岩石	目测

8 安全措施

8.1 安全标准

（1）JGJ 33—2012 《建筑机械使用安全技术规程》。

（2）JGJ 46—2005 《施工现场临时用电安全技术规范》。

（3）Q/SY 1490—2012 《油气管道安全防护规范》。

8.2 安全保证措施

（1）施工前对进场人员进行安全培训，确保每个操作人员熟悉设备操作规程，并进行相应的应急演练。

（2）挖掘机与潜孔钻机上、下坡时存在倾覆及下滑的风险，设备行走时慢速行驶，途中不许变速，驱动轮应在坡底方向，臂杆在坡顶方向，设备爬坡坡度不超过 20° 。

（3）潜孔钻机钻孔时操作手存在碎石击伤等风险，钻孔时操作人员要佩戴防护镜、手套等劳动保护用品。

（4）设备操作存在不按照设备操作规程操作的风险，要求设备操作人员严格按照设备操作规程进行操作。

（5）岩石分裂时存在液压油管破裂伤人风险，分裂前要检查分裂机的液压油管，发现破损及时更换，施工时附近严禁站人。

（6）施工现场存在用电线路乱接的风险，现场临时用电要符合安全用电要求。

（7）挖掘机作业时存在伤人风险，挖掘机施工时半径内严禁站人，挖机操作手操作前鸣笛警示。

（8）破碎锤施工时存在碎石飞崩伤人的风险，施工前在挖掘机驾驶室挡风玻璃处加装一层防护网，且破碎锤施工时附近严禁站人。

9 环保措施

9.1 环保标准

（1）JGJ 146—2013 《建设工程施工现场环境与卫生标准》。

（2）GB 12523—2011 《建筑施工场界环境噪声排放标准》。

（3）GB 8978—1996 《污水综合排放标准》。

9.2 环保措施

（1）工程施工过程中施工燃油、工程材料、设备、废水、生产生活垃圾、弃渣等存在污染环境的风险，施工过程中需要对以上风险进行控制和治理，遵守有关防火及废弃物处理的规章制度。

（2）潜孔钻机及破碎锤施工时存在较大的噪声，施工时应避开附近居民的休息时间，减少噪声污染。

（3）山体管沟开挖时存在水土流失风险，管沟开挖时石块沿着作业带及施工便道整齐堆放，防止石块滚落，并防止水土流失，有利于后期的地貌恢复。

（4）施工设备存在漏油污染土壤的风险，设备发生漏油时应及时应收集到油桶内，将泄漏到地面的油及污染物收集到垃圾桶里集中处理，并用棉纱将沾油的设备、油管等擦拭干净，避免继续污染。

10 效益分析

10.1 经济效益分析

以岙镇管道老塘山段改线工程为例进行经济效益分析。该段工程为岩石地质，岩石饱和单轴抗压强度平均值为 41.4MPa，管沟开挖规格为宽 2m × 深 2m × 长 415m。

管道二公司在工程前期采用破碎锤进行该岩石管沟的开挖，每台破碎锤平均每天开挖岩石约 1m^3，采用常规静态爆破技术平均每天开挖岩石 2.1m^3（3 台风钻、3 台风镐），后采用机械化静态爆破开挖技术，平均每天开挖石方 5.8m^3，该技术大幅度提高了工效，节约了施工成本。相应费用对比分析如表 10–1 所示。

表 10-1 破碎锤、常规静态爆破及机械化静态爆破石方段管沟开挖的经济费用对比

对比项目	破碎锤管沟开挖	常规静态爆破管沟开挖	机械化静态爆破管沟开挖
施工工期	208d	296d	143d
资源投入	8 台 CAT329 挖机带破碎锤	风钻 8 台、风镐 8 台、1 台 CAT320 挖掘机、1 台简易发电机	2 台潜孔钻机、2 台空压机、2 套分裂机、1 台 CAT329 挖机带破碎锤、简易发电机 2 台
人工费	8 人 × 208d × 400 元 /d=66.56 万元	18 人 × 296d × 400 元 /d=213.12 万元	11 人 × 143d × 400 元 /d=62.9 万元
材料费	破碎锤钢钎损耗费：0.2 万元 / 根 ×（208d/20 根 /d）× 8 台 =16 万元 柴油费：150 升 /d · 台 × 208d × 8 台 × 6.1 元 /L=152.256 万元 小计：168.256 万元	合金钻头损耗费：2m × 2m × 415m × 0.8 根 /m^3 × 60 元 / 根 =7.968 万元 静态爆破剂：65kg/m^3 × 2m × 2m × 415m × 3.3 元 /kg=35.6 万元 小计：43.568 万元	潜孔钻钻头损耗费：0.023 元 / 个 ×（415m/6m/ 个）=1.61 万元 柴油费：400L/d × 143d × 2 × 6.1 元 / L=69.784 万元 小计：71.394 万元
设备台班费	挖机台班费：0.14 万元 /d × 208d × 8=232.96 万元	挖掘机台班费：0.14 万元 /d × 296d= 41.44 万元 风钻台班费：8 台 × 30 元 /d × 296d= 7.104 万元 风镐台班费：8 台 × 30 元 /d × 296d= 7.104 万元 简易发电机台班费：0.01 万元 /d × 296d × 2=5.92 万元 小计：61.568 万元	挖掘机台班费：0.14 万元 /d × 143d= 20.02 万元 空压机台班费：0.015 万元 /d × 143d × 2=4.29 万元 潜孔钻机台班费：0.02 万元 /d × 143d × 2=5.72 万元 分裂机台班费：0.01 万元 /d × 143d × 2=2.86 万元 简易发电机台班费：0.01 万元 /d × 143d × 2=2.86 万元 小计：35.75 万元
运输费	设备拉运费：0.32 万元 / 次 × 2 次 = 0.64 万元	设备拉运费：0.16 万元 / 次 × 2 次 = 0.32 万元	设备拉运费：0.16 万元 / 次 × 2 次 =0.32 万元
合计	484.42 万元	318.576 万元	170.36 万元

10.2 社会效益分析

机械化静态爆破技术操作简单、施工速度快、钻孔直径大、孔间距大、裂缝均匀、工效高；无喷浆和强碱性危害、噪声小，环境污染小；施工过程无碎石飞溅，安全性高；施工占地面积小，植被破坏少，环保效果好。

11 应用实例

应用实例一：沿镇管道老塘山段改线工程（2016 年 5 月—2016 年 9 月）

管道穿越山体段长度 415m，距离老塘山隧道仅 20m，无法采用炸药爆破开沟法施工。管道二公司前期采用破碎锤施工，每台破碎锤每天平均开挖岩石约 $1m^3$，效率低。同时采用常规静态爆破技术每 6 人组成一个施工台班，每天完成 $2.1m^3$ 的石方开挖。后创新采用石方段管沟机械化静态爆破成沟技术进行管沟开挖，平均每天开挖石方 $5.8m^3$，极大地提高了施工效率，节省了施工成本，对周围环境影响小。

应用实例二：淮武支线武汉段蔡甸区管道改线工程（2018 年月 8 日—2018 年 5 月 28 日）

本工程 X206 石方段顶管穿越施工，穿越长度 36m，由于岩石硬度大，前期采用冲击钻开挖施工每天只能开挖石方 $1.2m^3$。由于施工进度缓慢，后采用石方段管沟机械化静态爆破成沟技术，即采用潜孔钻机在套管穿越处打孔，采用液压分裂机进行岩石分裂，并采用冲击钻对孔壁进行修整，满足套管顶进要求。采用该工法每天开挖岩石 $3.5m^3$，可顶进水泥套管 1 根（ϕ1200mm × 120mm × 2000mm），提高了施工效率，缩短了施工工期，降低施工成本。

废弃钢制管道无害化处理工程施工工法

中国石油天然气管道第二工程有限公司

杨书魁　龚　剑　王　纪　宋海斌　王　艳

1　前言

部分管道建设于20世纪七八十年代，达到了设计使用年限，存在着较大的泄漏隐患，管道进入了事故多发期。此外随着近年来经济的快速增长，城区扩展增长和城区扩建，油源调整，部分管道处于停用或闲置状态，管道废弃处置问题日益突出。

典型的管道废弃方式包括拆除和原位弃置（也称就地废弃）两种，如果采用拆除方式，需要移除地面构筑物，开挖管沟后将埋地管道全部找出并移除，工程周期长、成本高，且实施过程中存在环境污染的隐患。目前多采用就地废弃方式，利用油泵将废弃管道内的原油收集至油罐车内，拉运至附近的大型输油站内进场储存，然后对废弃管道进行清洗，并对管体填充固化物或惰性介质，管道两端密封。

管道内残留物清理和填充作业是管道就地废弃的重要环节，直接影响到地上公路、铁路等设施的稳定性和河流的免污染。中国石油天然气管道第二工程有限公司（以下简称“管道二公司”）在近几年管道隐患整治工程中，创新应用氮气推动单向皮碗聚酯板清管器清管推油、结合高压油泵抽油的方法进行油品回收，再采用金属表面处理剂进行管道内壁的油蜡清洗，然后采用流动性强、初凝时间长、抗压强度高的新型材料进行注浆，最后在管道两端焊接盲板封堵，彻底消除安全隐患的同时，大大降低了管道无害化处理成本。管道二公司通过梳理、归纳、总结形成“废弃钢制管道无害化处理工程施工工法”，为类似工程施工提供技术借鉴。2016—2017年，管道二公司应用本工法先后完成东黄复线寿光市化龙镇马家新农合段隐患治理工程1.5km、ϕ711mm和东黄复线广饶县孙斗村改线工程1.6km、ϕ711mm管道无害化处理任务及鲁宁线安全隐患整治工程六合改线段23.67km、ϕ720mm管道的无害化处理任务，因处理效果好、成本低，得到监理、业主、运营单位的一致好评。

“废弃输油管道非开挖无害化处理技术”获得中国石油天然气管道局2016年度技术革新三等奖。

2　工法特点

（1）清管器推油安全可靠，节能环保。利用防爆跨接管将旧管道与新管道连接，中间安装高压抽油泵和防爆单向阀门，从旧管道一端注入氮气推动单向皮碗聚酯板清管器，将油品通过跨接管和高压抽油泵直接注入新建管线内。油品在密闭管线内安全运行，避免了利用油罐车频繁装卸、运输油品危险系数大、油气易挥发等安全隐患，减少了油品倒换环节的损失和对环境的污染。

（2）施工受外界环境影响小、人员劳动强度低。通过清管器跨接管和高压抽油泵转移油品，管段两端仅需3~4人，与油罐车抽油倒运相比，不需修筑专门的油罐车运油便道，节省人工资源75%。

（3）膨胀砂浆填充管道效果好，消除了安全隐患。合理划分管道区段，每段管道内注入膨胀砂浆填充，消除了若干年后废弃管道腐蚀及上方建筑物易塌陷的风险。

3 适用范围

本工法适用于 *DN*160～*DN*1200，输送介质为原油、轻质油、成品油、天然气、给排水、氧气乙炔等钢质管道无害化处理，适用范围对高程没有特殊要求。

4 工艺原理

本工法涉及的关键技术主要包括废弃管道内油品推送转移技术、废弃管道内壁清洗技术和管道内注浆填充技术。

（1）油品推送转移技术：用气化机使液氮气化成氮气，加压推动旧管道内预置的清管器匀速前进，继而推动管内的油品，通过跨接管线移流至新建管线或储罐内。在跨接管上增设高压抽油泵，利用高压抽泵产生的压力克服管道运行产生的阻力，持续将油品注入新建管道或储罐内。清管器内置定位跟踪器，根据清管器到达各个跟踪点所用的时间，计算出每小时推油管段长度，推算出整个管段的推油时间，时间的可控性和现场的追踪性，最终完成废弃管段内全部油品回收的目的。跨接管安装示意图如图 4–1 所示。

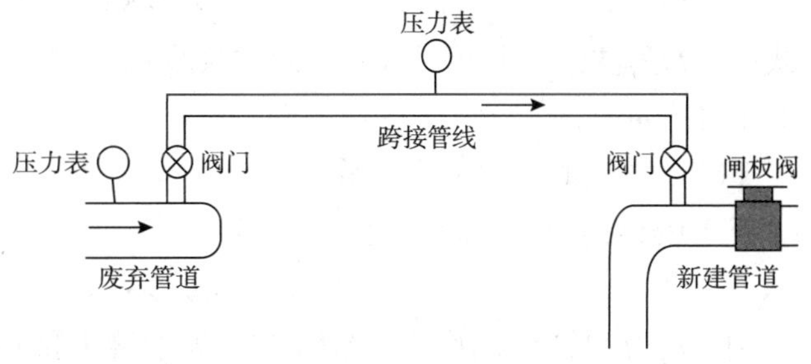

图 4–1 跨接管安装示意图

（2）废弃管道内壁清洗技术：在废弃管道两端安装收发球筒，在发球筒端安装两个钢丝刷清管器，两个清管器之间注入原油清洗剂和清水，混合液体长度约 100m，采用氮气推动钢丝刷清管器，辅助原油清洗剂对管道内壁附属油蜡进行清理。

（3）管道内注浆填充技术：在管道两端焊接开孔盲板，管道低端开设注浆孔，安装注浆阀门，管道内放置聚氨酯清管器；管道高端开设排气孔。根据实验室多次匹配确定的注浆料按一定比混合搅拌均匀，通过盲板上的注浆孔向管道内注浆，利用增加泵的压力推动水泥浆在管道内流淌填充，注浆压力控制在 0.2～0.5MPa，直至聚氨酯清管器到达排气孔位置，灌浆结束。

5 施工工艺流程及操作要点

5.1 工艺流程（图 5-1）

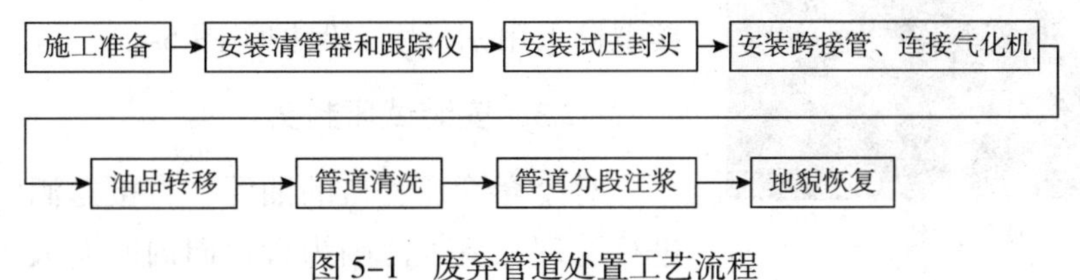

图 5–1 废弃管道处置工艺流程

5.2 操作要点

5.2.1 施工准备

（1）利用 GPS 测量定位仪器配合雷迪探测器，测出管道及地面标高，雷迪探测器测出管道埋深，计算出管道标高，画出废弃管道标高断面图。

（2）对施工进场道路进行修整，保证气化机和氮气车等设备顺利进场。

（3）液氮、清洗剂、水泥及发泡剂等材料和清管器、跟踪仪、气化机、高压抽油泵、地泵等设备现场准备就绪。

（4）试压封头提前在预制厂预制合格并运至施工现场，配套法兰、阀门、压力表、跨接管线、高压抽油泵提前预备齐全，确保与各连接处的法兰和阀门吻合。跨接管预制安装完成，经监理、业主、运营单位确认合格后方可使用。

（5）气化机选择：

$$V=T/t \quad (5\text{-}1)$$

式中，V 为气化机每小时气化氮气量，m^3/h；T 为氮气总量，m^3；t 为注氮时间，h。

$$T=L\times(D/2)2\times\pi\times C\times 10/646\times(1+5\%) \quad (5\text{-}2)$$

式中，T 为液氮总量，t，（一般 1t 液氮可产生 $646m^3$ 氮气）；L 为废弃管道总长度，m；D 为废弃管道内径，m；π 为圆周率；C 为废弃管道内压力，MPa。

（6）注浆管段最大长度计算：

$$L=0.8\times P\times T/(R^2\times 3.14) \quad (5\text{-}3)$$

式中，L 为注浆段长度，m；P 为注浆泵每小时注浆量，m^3/h；T 为水泥浆初凝时间，h；R 为管道有效半径，m。

（7）注浆时钢管应力计算：

①废弃钢管承受的最大应力计算：

$$\sigma=PD\times(1-C_2/\tau)/(2\times\tau) \quad (5\text{-}4)$$

式中，σ 为钢管许用应力，MPa；P 为钢管内部压力，N；D 为钢管外径，m；τ 为管材壁厚，m；C_2 为腐蚀裕量，m；$C_2=K$（腐蚀速率）×B（预期使用寿命）。

其中腐蚀裕量建议进行专家评估。

②注浆时废弃钢管最大环向应力计算：

$$\sigma_{max}=\sigma+H\times 0.001<0.8\times\sigma_s \quad (5\text{-}5)$$

式中，σ_{max} 为钢管许最大环向应力，MPa；G 为钢管许用应力，MPa；H 为管道注浆段最大高差，m；σ_s 为钢管最低屈服强度，MPa。

因是废弃管道，最大允许应力不超过钢管最低屈服强度的 80%。

图 5-2 跟踪器安装图

5.2.2 安装清管器和跟踪仪

在发射球筒中放置两个聚氨酯皮碗清管器，将备好电池的跟踪仪安装在第二个清管器改装好的骨架中，外面焊接螺栓采用钢板固定保护（图 5-2）。

5.2.3 安装试压封头

对废弃管道管口的油泥，直接抛洒滑石粉，用塑料铲进行清理，清理范围为管口向内距离大于管道直径。在管口砌筑黄油墙一道，厚度大于管道外径。发球封头设置注水孔、注氮孔和压力表安装孔，收球端设置出油孔和压力表孔。将清管器放置在试压封头内，进行废旧管道和封头的焊接。

5.2.4 安装跨接管、连接气化机

（1）根据新建管道上方开孔大小选择无缝钢管直径和壁厚，根据废弃管道段和新建管道段开孔位置确定预制长度，注油孔闸板阀螺栓距离闸板阀 0.5m，避开焊缝位置。在废弃管道和新建管道间预制跨接管线，两端设置阀门控制，中间安装压力表，利用直尺和水准尺确保跨接管在一条线上。

（2）确定气化机规格型号后，将气化机底部与钢板焊接固定（图 5–3），保证其稳定性。

5.2.5 油品转移

根据新建管道是否运行，废弃管道内油品转移施工分为封堵期间和解除封堵两种情况。

（1）封堵期间向新建管线内注油：封堵期间新建管道停输，管道内无运行压力，废弃管道内的原油通过跨接管直接注入新建管道内。先从试压封头进水口注入 >10m 长的清水段，关闭上水阀门，打开连接气化机阀门，开始注入氮气。氮气从管道低点注入，高点设置呼吸孔排气。氮气注入时注意旧管道两端压力表的变化，进气口保持在 0.5MPa 为宜，压差最大不宜超过 0.2MPa。

（2）解除封堵期间向新建管线内注油：因生产运行需要，管道停输时间有限，如果短距离管道在停输时间内完成油品转移，可考虑直接推油方式。否则，辅助采用高压抽油泵注油方式（图 5–4），管道解除封堵前对注油孔进行下塞封堵，避免管道运行后产生的压力损坏闸板阀。利用新建管道上方的呼吸孔注油，采用高压抽油泵克服管道运行压力泵油至新建管道内或储罐内，高点呼吸孔关闭。泵入的油随管道运行至下游。

图 5–3 化机底部与钢板焊接固定

图 5–4 高压抽油泵往管道内注油

5.2.6 管道清洗

（1）打开废弃管道两端的阀门进行试压封头氮气放空，并配备四合一气体检测仪检测可燃气体含量，待两端无气体排出时确认放空完毕。在试压封头切割下方铺设防渗膜后，再利用冷切割设备对试压封头进行切割，防渗膜收集废弃管道末端的黄油墙残留物。取出推油时所用的清管器，采用吸油毡和防渗布包裹清管器，将收集的残油及黄油墙残留物运输到具有残油处理资质单位进行处理。

（2）清理管口处的油蜡，焊接连接法兰。法兰焊接按照石油管道动火要求进行，管口内先砌筑大于管径厚度的黄油墙，检测合格后方可组对焊接。全部焊接完成后，将封堵墙清理干净，安装收发器，收发器安装如图 5–5、图 5–6 所示。

图 5–5 收发器

图 5–6 收发器安装完毕

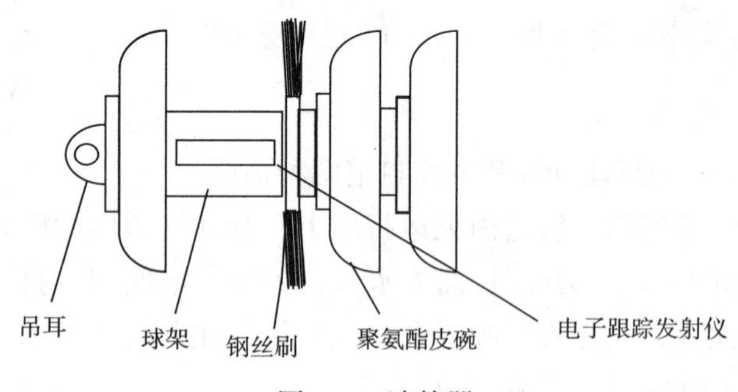

图 5-7 清管器

（3）考虑到旧管道内残留的原油，管道内壁结蜡情况以及清管安全，采用氮气作为推进剂推动皮碗清管器在管道内运行。在管线内先后放置两个清管器，分别是皮碗清管器和皮碗加钢丝刷清管器，如图 5-7 所示。

（4）在两个清管器之间注入 100m 长管段的清水，水中加入专用原油清洗剂，水与原油清洗剂注入比例为 1∶3。利用空压机作气源进行管道通球，清管器行进速度控制在 10m/min，至少对管道吹扫 3 次，每完成 1 次，在收球端对清出的油蜡和残油进行检查，直至将旧管道中的残余原油清理干净。对推出的油蜡和残液委托具有危化物处理资质的单位进行处理。

（5）最后 1 次通球接收到的液体无油花后，委托具有试验资质的实验室进行水质化验，依据《水和废水监测分析方法》检测合格。管道内壁呈现金属本色（图 5-8、图 5-9），采用测爆仪检测管内，无可燃气体为合格；同时委托具有试验资质的实验室进行气体分析检测，依据固定污染源排气中非甲烷总烃的测定方法，检测合格。

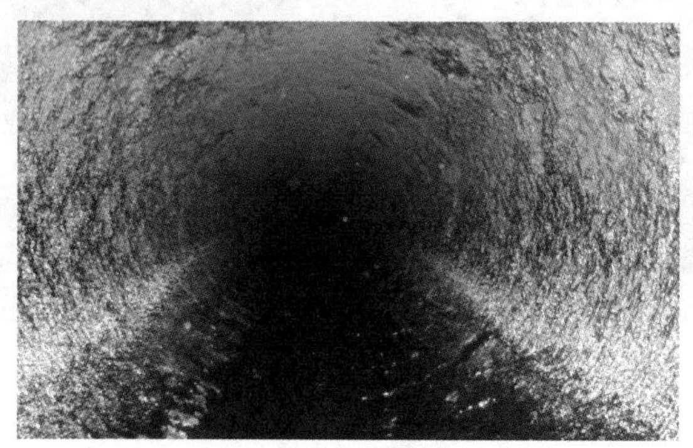

图 5-8 管道通球清洗前

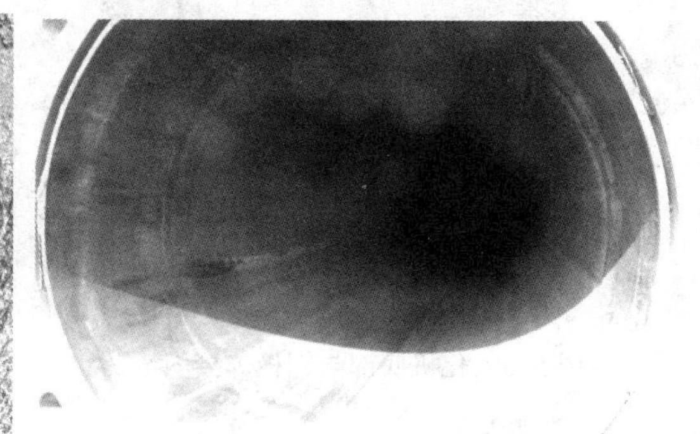

图 5-9 管道通球清洗后

（6）将废弃管道内清理出来的原油采用油罐车拉至当地输油站，清理出的油蜡委托具备资质的单位进行处理。

5.2.7 管道分段注浆

（1）为使管道内浆料填充完全，考虑注浆料的初凝时间及注浆泵的功率，依据注浆量和现场实际情况综合分析，对注浆管段进行合理分段。管道分段处应避开河底、建筑物下方等不易开挖位置。最大注浆段管道长度划分通过公式（5-3）计算确定。

（2）依据分段情况，每段管道两端分别开挖一个操作坑，根据土质情况进行放坡，并采用彩钢瓦和方管进行硬质围挡。注浆系统设备摆放在便于施工位置，废弃管道两端焊接法兰盲板。

（3）在管道高端处的盲板上开设 *DN*50 排气孔，低点设置注浆口，如图 5-10 所示。在注浆点和排气点附近铺设碎石施工便道，便道宽 5m，长度以现场实际为准。上下坡段，采用低点注浆，高点排

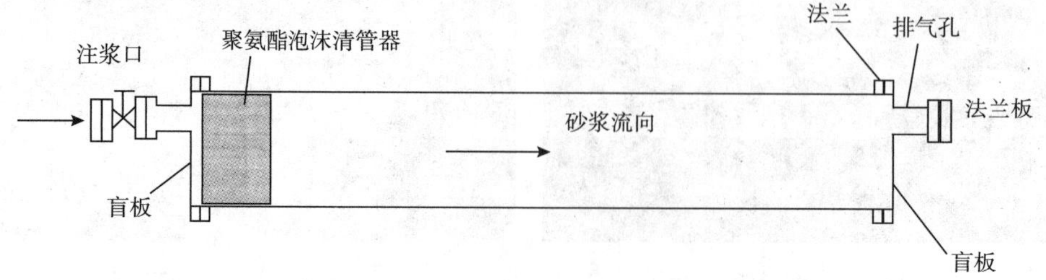

图 5-10 管道分段灌浆示意图

空，低端放置聚氨酯泡沫清管器；U形和S形段采取一端注浆，一端排空，注浆端放置聚氨酯泡沫清管器。

（4）根据最长注浆管段、注浆量、初凝时间、抗压强度、膨胀率、泌水性等参数，由试验室多次试验确定注浆料配合比。就近联系混凝土搅拌站并组织技术交底，确定所使用的水泥标号、粉煤灰、砂、核心母料等材料数量、技术参数及质量符合要求（鲁宁项目注浆料质量配合比：粉煤灰硅酸盐水泥（32.5 级）：促凝剂：稳定剂：植物性发泡剂：粉煤灰：洁净水 =100：12：20：15：300：500），委托搅拌站按照废弃管道专用注浆料配合比进行生产，通过混凝土搅拌车运输至注浆点预定位置，利用混凝土泵车向管道内注浆（图 5–11）。

（5）管道标高随地形起伏变化较大，呈现众多“S”或“U”形状，对废弃管道断面图进行分析，在管道注浆端放置聚氨酯清管器，注浆时利用水泥浆的压力推动清管器前行，保证注浆密实性。如注浆过程中清管器未移动，缓慢增大注浆压力，注浆压力控制在管道材质应力的 80% 之内。钢管注浆时承受的最大应力 σ 通过公式（5–4）计算确定。考虑管道压差，管道注浆时最大环向应力 σ_{max} 通过公式（5–5）计算确定，因是废弃管道，最大允许压力不超过钢管最低屈服强度的 80%。

（6）在注浆过程中，要控制注浆就是要控制聚氨酯清管器的行走速度，防止在下坡段管道内注浆清管器速度过快致使后面的浆料中断。通过排气孔上的排气阀控制注浆管段的通风，同时根据注浆管段纵断面标高情况控制注浆泵输出压力，以保证注浆清管器和排气端之间有充足的背压，以便控制注浆清管器的行走速度。注浆清管器的最大行走速度应限制为 3km/h（图 5–11）。

（7）在管道两端安装压力表和阀门，管道内放置聚氨酯清管器，打开注浆阀和排气孔，利用增加泵的压力推动水泥浆推动清管器在管道内行走，注浆过程中观察确认填充物，直到聚氨酯清管器到达排气孔位置，关闭排气端阀门，继续注浆，两端压力表观察注浆后压力，0.5MPa 为宜，注浆结束，泵车停止注浆，采用法兰板对两侧的法兰进行密封。

（8）对于注浆完成的段落，根据终凝时间进行开孔检查。在距离管道端部排气孔 10m 左右的管道上方开 100mm × 100mm 的方孔进行检查（图 5–12），砂浆充满管段，管道充盈 90% 为合格，否则对空隙部位继续注浆进行补充。

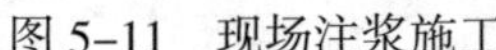

图 5–11 现场注浆施工

图 5–12 注浆效果检查

5.2.8 地貌恢复

施工完成后，对操作坑进行回填压实，回填堆放在作业带边界附近的耕作土，并留出沉降余量。施工场地按原地貌进行恢复。设备撤出场地，施工垃圾收集后统一处理，对施工时修筑的施工便道按原要求进行修整，破坏的道路和基础设施按原标准恢复。

5.3 劳动力组织

以鲁宁线六合改线段工程为例，管道长 23.67km、管径 720mm，采用本工法进行废弃管道无害化处理，人员配备如表 5–1 所示。

表 5-1 管道无害化处理项目人员配置表

序 号	岗 位	数量 / 人	备 注
1	项目经理	1	负责整改项目的组织、管理和协调
2	施工调度	1	组织和安排现场具体工作
3	技术总工	1	施工现场的技术支持和资料管理
4	安全员	1	贯彻落实现场 HSE 方针政策、法规
5	起重工	1	负责指挥气化机吊装机安装
6	电工	1	负责高压抽油泵接线
7	试压人员	8	管道推油及管道清洗、管道注浆
8	焊工	4	法兰盲板焊接
9	挖掘机操作手	2	开挖操作基坑
10	司机	4	1 辆越野车、1 辆皮卡、一辆双排、金杯车 1 辆
11	后勤	1	
合计：25 人			

6 材料与设备

以鲁宁线六合改线段隐患整治工程管道无害化处理施工为例，主要设备和材料配置见表 6-1、6-2。

表 6-1 主要设备配备表

序 号	名 称	规格、型号	单 位	数 量	备 注
1	试压封头		台	2	
2	清管器		个	3	带聚氨酯板
3	跟踪仪		套	1	
4	气化机	$1000m^3$	台	1	
5	高压抽油泵	45kW、1.6MPa	台	1	
6	地泵		台	1	
7	单向阀	ϕ 50mm	个	1	
8	吸油毡		包	2	
9	压力表	0~10MPa	块	4	
10	球阀	*DN*150	个	4	法兰配套
11	球阀	*DN*50	个	1	法兰配套
12	集油槽	长 1m 宽 0.7m 高 0.3m	个	2	
13	吊车	50t	辆	1	
14	吊车	25t	辆	1	
15	挖掘机	CAT 320D	台	2	
16	越野车		台	1	
17	金杯车	15 座以上	台	1	
18	皮卡		台	1	
19	双排		台	1	
20	气体检测仪		台	1	
21	便携式气体检测仪	四合一	个	1	
22	防毒面具呼吸器		套	4	
23	电焊机	一体焊机	台	2	

表 6-2 主要材料配备表

序号	名称	规格、型号	单位	数量	备注
1	液氮		t	150	
2	清洗剂		t	20	
3	水泥		t	9103	管内注浆
4	发泡剂		t	120	
5	钢卷尺	5m	把	1	
6	钢丝钳	180mm	把	2	
7	防爆方锹	铍青铜	把	10	
8	活动扳手	250	把	2	
9	防爆开口扳手	22~36	套	2	
10	防爆梅花扳手	22~36	套	2	
11	螺丝刀	一字	把	2	
12	螺丝刀	十字	把	2	
13	T 型扳手		个	2	
14	内六角		套	1	
15	防爆管钳	450	把	1	
16	焊条	E4303	包	8	
17	灭火器	8kg	个	10	
18	手推式灭火器	35kg	个	1	
19	警示牌		个	6	
20	急救包		个	1	
21	警戒带		m	300	
22	消防水带		m	50	
23	半胶手套		副	600	
24	吸油毡	2 × 5m	张	80	
25	彩条布	30mm × 10mm	张	12	
26	塑料布		m^2	200	
27	电缆	3 × 25+16 mm^2	m	300	
28	接地线	16 mm^2	m	10	
29	照明电缆	2 × 2.5 mm^2	m	300	
30	防爆灯		个	8	

7 质量控制

7.1 质量标准

（1）环境保护部 2002 年（第四版增补版）《水和废水监测分析方法》。

（2）GB 16297—2017 《大气污染物综合排放标准》。

（3）GB/T 11901—1989 《水质悬浮物的测定》。

（4）HJ 637—2018 《水质石油类和动植物油类的测定》。

（5）GB/T 50080 《普通混凝土拌合物性能试验方法标准》。

（6）SY/T 4208—2016 《石油天然气建设工程施工质量验收规范 – 输油输气管道线路工程》。

7.2 质量保证措施

（1）开孔检查确认。需提前准备收油槽和油罐车，及相关抽油设备。如果管内残油过多，管线正常输送后在旧管线低点进行开孔抽油。

（2）控制好清管器运行速度和原油清洗剂的加入比例。

（3）注浆过程不能停断，必须一次性注浆完成。

（4）注浆完成 7 天后，在管道尾端约 100m 处的适宜开挖段开挖作业坑，开孔检查注浆效果，不满足质量要求的及时填补。

7.3 关键工序质量控制点（表 7-1）

表 7-1 关键工序主要技术指标检验统计表

序号	检验项目	检查时机或工序	指标要求	检验工具或方法
1	管道推油效果	管道内油品清理	管道内无残油	打开收球筒检查
2	管道清洗效果	管道内壁清洗	满足气体和水质化验结果	水质化验和气体检测，实验室检测
3	注浆密实度	管道内注浆	充满整个管径	在末端开孔检验

8 安全措施

8.1 执行的安全法规

（1）2014 年 12 月 1 日实施 《中华人民共和国安全生产法》。

（2）GB 2894—2017 《安全标志》。

（3）JGJ 46—2017 《施工现场临时用电安全技术规范》。

（4）GB 12523—2016 《建筑施工场界环境噪声排放标准》。

8.2 安全保障措施

（1）黄油墙砌筑严格按规范执行，砌筑完成后采用四合一气体检测仪检测。

（2）将施工区域与其他区域采用彩钢瓦配合脚手架进行隔离，并粘贴醒目标语，无关人员禁止进入施工区。

（3）液氮气化注入存在冻伤风险，操作人员要佩戴防护镜、手套等劳动保护用品防止冻伤，现场悬挂安全告示牌。

（4）放空时存在可燃气体的聚集排出风险，氮气放空时间隔检测可燃气体含量，其他人员切勿靠近。

（5）避免特殊情况下无法及时沟通的风险，建立畅通的通信网络，保证收发球筒两端正常的通讯联系。

（6）避免现场临时用电风险，配电箱要按照指定形式摆放，用电开关要有漏电保护器，人员离开现场必须切断电源。

（7）因特殊原因停止时，关闭所有阀门，氮气车停止输送氮气。

（8）通过注入氮气将压力控制在 0.5MPa 左右，清管器正常运行即可。

（9）施工区域氮气排放存在氧气稀少风险，作业过程中，经常用可燃气体检测仪检测周围环境，确保安全。

（10）作业现场应配备足够的消防设备、劳保用品。

（11）管道爬管机切割时严禁周边有动火作业或其他产生火花的作业，泄漏的原油要及时使用吸油毡将油污清理干净。

（12）放空过程中采用硬质围挡进行围护，禁止人员进入，并降低放空速度，用四合一气体检测仪对防控气体进行检测。

（13）操作坑开挖存在塌方风险，作业坑超过 1.2m 以上，采用放坡形式并对坡度进行夯实处理；对松软土质或沙土，可采用钢管打桩并用竹排四周进行围挡支护，安全人员进行检查确认，全程监控；对于较大基坑或地下泥浆可采用钢板桩支护或制作钢板防护笼。

9 环保措施

9.1 环保标准

（1）GB 8978—2017 《污水综合排放标准》。

（2）GB 12523—2016 《建筑施工场界环境噪声排放标准》。

9.2 环保措施

（1）施工设备中存在漏油及污染环境的风险，施工前检查设备润滑部位的油位情况，漏油的地面应及时进行处理，防止地面污染。

（2）施工过程中存在残油落地污染的风险，在作业区域做好施工过程中残油脂排放处理工作。落地的残油脂要及时清理，并按要求运送到指定地点，保证作业区的环境卫生、清洁。

（3）生活和施工废料存在污染的风险，及时收集、处理生活和施工废料，并设置分类的垃圾处置箱。对于施工设备的水、电、油杜绝外泄，做到工完、料净、场地清。

（4）管道清洗废液存在污染的风险，委托具备相应资质的试验室处理。

（5）注浆过程中存在砂浆环境污染，对注浆过程中泄漏的砂浆及时进行清理，避免对环境造成污染。

（6）在抽排油过程中，存在油品污染环境风险，利用接油槽及时对泄漏的原油进行回收，确保油品不落地污染；一旦出现泄漏，立即关闭泄漏源，用应急消防砂围挡流淌的原油，并用吸油毡进行回收泄漏原油，清除所有泄漏原油。

（7）施工过程中存在油品污染地下水的风险，施工过程中尽量避免油品泄漏，若有少量油品掉入水中，用吸油毡将水体表面的油花吸收干净；若有大量油品掉入水中，采用围油栏将水面油品赶至一处，集中回收，将水面的油花用吸油毡吸掉后，对整个受污染水体采样化验，若不合格，需要集中收集后无害化处理。

（8）施工现场存在噪声污染的风险，合理布置施工机具，对于高噪声设备进行分开设置，并尽量采用低噪声的设备和工艺，将现场的噪声控制在 70dB 以下。

10 效益分析

10.1 经济效益

废弃管道推油注入新建管道中，油品回收率达到 98% 以上，有效避免了资源的浪费。而采用油罐车运输转移油品过程中易造成油品浪费。以管道二公司鲁宁线安全隐患整治工程为例，管线长度 23.67km，管径 720mm，油量约 9104m^3，以注油孔直径 159mm 计算仅需要 227h 就可以完成；每天油罐车按 8 台班，4 辆计算，每辆 30m^3，历时 38d。两种方法施工对比见表 10–1。

表 10-1　氮气推油至新建管道与罐车运油至输油站费用对比表

序号	对比内容	氮气推油至新建管道内	罐车运油至输油站	节省费用 / 万元
1	施工工期	10d	38d	
2	人工费	每天 2 班，每班 4 人：8 人 ×300 元 / 人班 ×10d=2.40 万元	每班 16 人：16 人 ×300 元 / 人班 ×38d=18.24 万元	15.84
3	材料费	跨接管线及阀门，吸油毡共计 1 万元	跨接管线及阀门，吸油毡共计 1 万元	0
4	机械费	高压抽油泵 1 台，租赁费 1200 元 /d，10d×1200 元 /d=12000 元 2 台 $1500m^3$ 气化机租赁费 6000 元 /d，$33.15m^3$ 液氮车 5000 元 /d，（6000 元 /d+5000 元 /d）×10d=110000 万元， 合计：1.2 万元 +11 万元 =12.20 万元	$30m^3$ 油罐运输车 5000 元 /d，4 台，5000 元 /d×4 台 ×38d=760000 元，1 台高压抽油泵 1200 元 / 元，1 台抽油泵 800 元 /d，2 台 $1500m^3$ 气化机 6000 元 /d，$33.15m^3$ 液氮车 5000 元 /d，（1200 元 /d+800 元 /d+6000 元 /d+5000 元 /d）×38d=494000 元 合计：76 万元 +49.4 万元 =125.40 万元	113.20
小计		15.60 万元	144.64 万元	129.04

将 23.67km 长的管道内的油品通过氮气推油至新建管道与罐车运油至输油站相比，工期提前 28d，相应节省 129.04 万元。

氮气推油回收节约 5.452 万元 /km（129.04 万元 /23.67km=5.452 万元 /km）

氮气推油回收 0.618 万元 /km（14.6 万元 /23.67km=0.618 万元 /km）

罐车运油回收 6.068 万元 /km（143.64 万元 /23.67km=6.11 万元 /km）

废弃管道注浆和开挖拆除进行对比分析，注浆费用 19.23 万元 /km，开挖拆除费用 35.48 万元 /km，一些开挖无法估量征地补偿及构筑物拆迁费用；废弃管道注浆和开挖拆除两种施工形式从费用、临时征地、安全风险、施工工期、地貌恢复、施工范围等其他几个方面进行对比分析，详见表 10–2。

表 10-2　废弃管道注浆处理与大开挖施工对比分析表

序号	项　目	注　浆	大开挖
1	费用对比	注浆费用 19.23 万元 /km，不包含注浆点附属物赔偿	开挖拆除费用 35.48 万元 /km，不包含作业带内附属物和征地赔偿
2	临时征地	只征注浆点和排气点，征地量减少，征地费用少	管道上方全部按作业带征地，建构筑物拆除及赔偿，征地及补偿费用较大
3	安全风险	只切割注浆点和排气点，浆料运输	废弃管道开挖切割、吊卸、运输
4	施工工期	工期较快，不间断注浆施工	施工较慢，需要按规范开挖，最大切割距离 10m
5	地貌恢复	只恢复注浆点和排气点	管道移除后需要外购土方，全部开挖段均要恢复
6	施工范围	只要能开挖注浆点和排气点均可施工	定向钻河流段、房屋下方、高速公路、铁路施工难度较大，无法进行施工
7	其他	天气对注浆影响不大	雨雪天气不能施工，受天气影响较大

近年来完成多项废弃管道无害化处理任务，相应节省成本见表 10–3、表 10–4。

表 10-3　废弃管道氮气推油至新建管道节约成本统计表

序号	项目名称	管径 /mm	氮气推油至新建管道 / 万元	罐车运油至输油站 / 万元	项目起止时间
1	鲁宁线安全隐患整治二期工程江苏六合段（23.67km）	ϕ720	15.62	144.63	2017.06~2017.12
2	东黄复线广饶县孙斗村改线工程（1.60km）	ϕ711	1.99	10.71	2016.06~2016.07
3	东黄复线化龙镇隐患整治工程（1.50km）	ϕ711	1.93	10.10	2016.05~2016.06
成本 /（万元 /km）			0.618	6.068	
小计成本 / 万元			19.54	165.44	
累计节省成本 / 万元			145.90		

表 10-4 废弃管道注浆节约成本统计表

序号	项目名称	管径 /mm	管道注浆 / 万元	开挖拆除 / 万元	项目起止时间
1	鲁宁线安全隐患整治二期工程江苏六合段（23.67km）	ϕ720	455.17	839.81	2017.06~2017.12
2	东黄复线广饶县孙斗村改线工程（1.60km）	ϕ711	30.77	56.77	2016.06~2016.07
3	东黄复线化龙镇隐患整治工程（1.50km）	ϕ711	28.85	53.22	2016.05~2016.06
成本 /（万元 /km）			19.23	35.48	
小计成本 / 万元			514.79	949.80	
累计节省成本 / 万元			435.01		

采用本工法进行废弃钢制管道无害化处理的 3 个工程累计节约成本 580.91 万元。

10.2 社会效益

采用旧管道内注浆法进行无害化处理，大大降低了管线上方建（构）筑物移除风险，人力、物力、财力有效降低，安全环保，且消除了安全隐患。有利于推进隐患整治旧管道油品处理业务的技术进步和工艺创新，符合经济效益、社会效益、生态环境效益和人的发展效益并重的综合效益原则。

11 应用实例

应用实例一：鲁宁线安全隐患整治二期工程（江苏段）六合改线段项目

该项目旧管道 23.67km 进行无害化处置，施工起止时间 2017 年 6 月至 2017 年 12 月。该管道于 1978 年 7 月建成，管道沿线被城区发展圈占，违章占压严重，管道运行存在较大安全隐患。管道距离长，油量大。动火连头结束后采用往新建管道内注油，直接注油至 3000m^3 储油罐中。包括气化机安装，跨接管线连接及推油，实际工期仅用 9 天，共完成 9104m^3 原油回收工作。

大多数管道在建筑物下方，无法进行大范围拆除，进行管道清洗，清洗检测合格，进行分段注浆，注浆检查效果良好，受到业主、监理及地方政府的一致认可。

应用实例二：东黄复线广饶县孙斗村改线工程，该项目旧管道 1.6km 进行无害化处置

施工起止时间 2016 年 6 月至 2016 年 7 月。该管线于 1986 年 7 月 7 日建成投产，随着村庄的扩展，广饶县陈官乡孙斗村段管道被现有村庄民房占压，无法进行检维修，存在严重的安全隐患，为保证管道安全，对占压无法拆除段管线进行改线设计，以降低该段管道存在的隐患，对管道进行清洗和注浆。采用本工法中的管道清洗和注浆技术，快速优质完成了管道无害化处理作业。

应用实例三：东黄复线寿光市化龙镇马家新农合段隐患治理工程

该项目旧管道 1.5km 进行无害化处置。施工起止时间 2016 年 5 月至 2016 年 6 月。由于工业厂房的扩建，导致东黄复线（桩号 62#+200m 附近）在寿光市被化龙镇马家新农村和厂房长期占压，无法正常检维修，存在严重的安全隐患，为保证管道安全，对占压无法拆除段管线进行改线设计，以降低该段管道存在的隐患。采用本工法中的管道清洗和注浆技术，快速优质完成了管道无害化处理作业。

小口径玻璃钢管道施工工法

中国石油天然气管道第二工程有限公司
王　康　王　艳　杨新娜　王　纪　龚　剑

1　前言

近年来随着高含硫油气田的不断开发，介质对钢质管道腐蚀十分严重。玻璃钢管由于抗腐蚀介质的能力较强，被广泛应用于各种介质的油气输送。近年来玻璃钢管道的施工越来越多，但在装卸、保管、回填等环节比其他管材要求严格。

2015年中国石油天然气管道第二工程有限公司（以下简称“管道二公司”）在新疆哈拉哈塘油田二期产能建设地面工程1号清管站及其附属工程21km玻璃钢管施工中，采用承插螺纹粘接、密封圈对接两种连接方式施工，针对玻璃钢管施工过程中破损程度不同，创新使用4种修补技术，工效高，成本低，缩短施工工期15天。管道二公司通过梳理、归纳、总结形成了“小口径玻璃钢管道施工工法”，为今后玻璃钢管道施工提供技术借鉴。

2018—2019年，在马来西亚RAPID P30A烯烃储罐项目工程推广应用此工法，完成4km玻璃钢管道安装施工。

“玻璃钢管道施工技术”2017年荣获管道局技术革新三等奖。

2　工法特点

（1）运输方便，成本费用低。玻璃钢管材质轻，通过合理排布固定，采用平板拖车一次可运输直径100mm、长9m的玻璃钢管200~300根左右，有效减少了管材运输成本。玻璃钢管质量轻，易于搬运，2人即可轻松抬动，人工组对安装即可，安装简便迅速，无需使用吊管机等大型机械设备，搬运方便，成本低。

（2）施工高效快捷，维护成本低。玻璃钢管道采用承插螺纹粘接、密封圈对接两种连接方式，安装时不需大型机械设备配合，施工操作便捷，效率高，平均每天可完成管道安装1km。同时因其玻璃钢管抗腐蚀性好，不生锈、输送高含硫介质更安全，一般情况无需维护，维护成本低。

（3）创新玻璃钢管修补技术，节支降耗效果佳。针对玻璃钢管道破损程度不同，创新采用局部更换、对接外包、表面修补和金属件维修等配套的修补技术措施及方法，与原来的整根管道更换施工方法相比，省时、省力、省材料，高效完成管道修补施工的同时，大大降低了管道修补成本。

（4）施工安全风险低。由于玻璃钢管道连接是非焊接作业模式，比重轻，劳动型施工模式，人员少，操作方便，不需机械设备配合吊装使用，大大降低机械设备作业安全隐患，人员安全风险较低。

3　适用范围

该工法适用直径≤300mm的可输送水、油、气三种介质及其混合物的中、低压玻璃钢管道安装；输送温度最高达78℃左右。

4 工艺原理

玻璃钢管道两端有螺纹，现场涂密封脂安装，螺纹保持管道拉力、增加接头受力强度，密封脂、密封圈保证其对接无间隙；根据玻璃钢管道破损程度的大小，确定不同的修补方式，快速、高效、安全完成管道修补，关键施工工艺原理如下：

（1）承插螺纹粘接法：将具有特殊粘接密封能力的螺纹粘接密封脂均匀涂抹在玻璃钢管道两侧的对接螺纹接头处，用布带钳或链钳拧紧玻璃钢螺纹头，完成玻璃钢管连接。

（2）密封圈对接法：具有合格对接口的玻璃钢管道，根据管径不同选择相应的橡胶密封圈，将密封圈放在承口槽内就位并压实，确保各个部位不翘不扭，采用专用液压挤紧装置挤压玻璃钢管对接口，将对接螺纹紧固件拧紧，拆卸专用液压挤紧装置，完成玻璃钢管对接。

（3）修补技术措施：针对玻璃钢管道所需长度不同、破损程度不同，利用玻璃钢材料的性能特点，创新采用局部更换、对接外包、表面修补和金属件维修等配套的修补技术措施及方法，快速、高效抢修维修管道，达到设计运行的要求，减少施工过程中材料浪费，降低施工材料成本，省时、省料。此技术可在玻璃钢管道施工中通用。

5 施工工艺流程及操作要点

5.1 施工工艺流程（图 5-1）

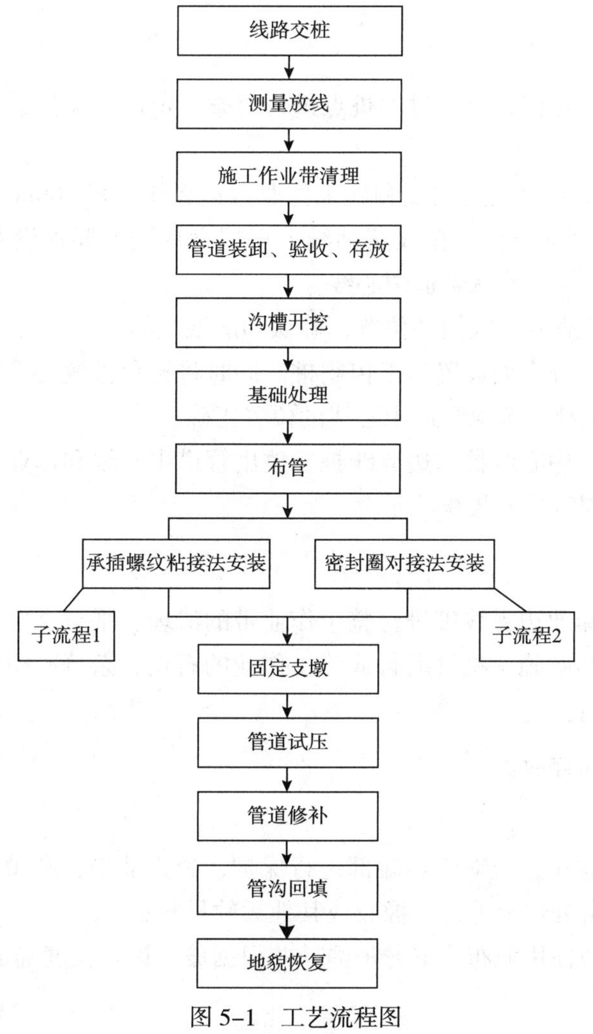

图 5–1 工艺流程图

（1）子流程 1（图 5–2）。

（2）子流程 2（图 5–3）。

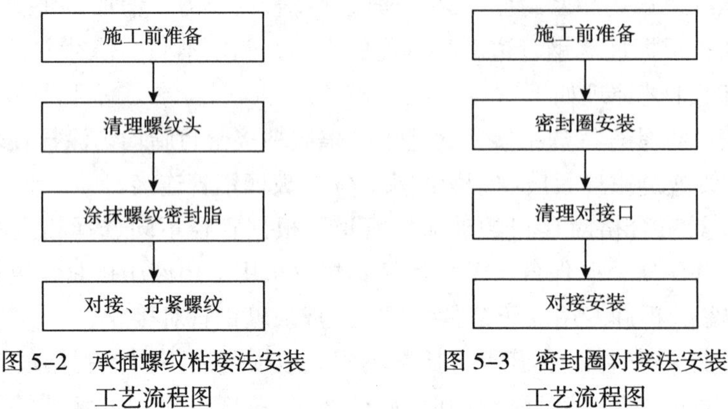

图 5–2 承插螺纹粘接法安装工艺流程图

图 5–3 密封圈对接法安装工艺流程图

5.2 操作要点

5.2.1 线路交桩

线路交接桩由业主或监理组织，设计单位和施工单位共同参加，在现场利用 GPS 逐个桩核对，用红油漆在木桩上标明桩号，木桩做好位置标志。管线交桩完毕，应填写交接桩记录，并由相关人员共同会签。

5.2.2 测量放线

（1）复查：用校正过的全站仪，对定过的桩点进行复查、定位及保护，并利用管线控制桩测定管道中心线。

（2）加桩、标桩：测定出管道线路轴线和施工作业带边界线，每 100m 设置一个百米木桩，地势起伏较大的地段，要适当加密标志桩；在线路轴线上根据设计图纸要求设置转弯标志；植被茂密地段，采用系红布条方法进行放线，确认管道中心线。

（3）测量管道中心线和检查井、阀门井位置，确认和图纸上的位置一致，并做好标志。

（4）移桩：在管道转弯、分支处设置施工控制桩。同时将转角桩按要求进行移桩，以便于挖掘机开挖管沟时进行跟踪测量、校核，确保管道中心线的位置正确。

（5）撒灰线：根据定好的中心线桩和边界线桩，放出管道中心线和作业带边界线；作业带宽度严格按照规定好的宽度执行，同时撒上灰线。

5.2.3 施工作业带清理

根据定好的中心桩点和作业边界线桩进行整个作业带的清理、平整，应遵循减少或防止产生水土流失的原则。对于作业带内影响施工机具通行或施工作业的石块、杂草、树木、构筑物等，采用挖掘机进行清理，沟、坎应予平整。

5.2.4 管道装卸、验收和存放

1. 管道装卸

（1）在搬运玻璃钢管过程中，应对管道端部进行保护，禁止乱扔、乱抛、撞击或击打玻璃钢管。当使用叉车装卸时，应在叉臂处垫上毛毡、橡胶或其他柔软材料；

（2）吊装玻璃钢管时，应使用帆布或尼龙吊绳，并根据玻璃钢管长度确定吊绳根数和吊架长度。

2. 管道和管件检查、验收

（1）管道尺寸应符合标准规范要求，管端应标明材料执行标准、规格类型等，并提供产品质量合格证明及验收内容等。

（2）管道内表面应光滑，无龟裂、分层、针孔、杂质、贫胶区及气泡等，管端面应平齐、无毛刺，外表面无明显裂纹、分层等缺陷。

（3）承插螺纹口内外螺纹要有螺纹保护帽，所有螺纹应顺滑，不得有裂纹、断口、断纹或对连接面使用性能不利的其他缺陷。

3. 橡胶密封圈验收

（1）密封橡胶圈外观应完好，无接头，表面不得有裂纹、杂质和气泡，规格、外观尺寸必须与管道圈槽加工尺寸一致，橡胶密封圈截面直径差不得超过 ±0.5mm，橡胶密封圈环的直径差不得超过 ±10mm。

（2）橡胶密封圈的性能指标以保证密封、无渗漏为准。

4. 存放

（1）玻璃钢管存放时，每间隔 3m 放置一个支架，端与端之间的距离不超过 1.5m。

（2）堆放的玻璃钢管高度不超过 3m，旁边放置支撑或挡板，以防管道滚动或滑落。

（3）螺纹粘接密封脂应存放在室温 5～35℃的房间内，并且避免阳光直射。

（4）密封圈等配件存放时应避免阳光直射和雨淋，存放温度高于 10℃。

5.2.5 沟槽开挖

沟槽开挖过程中要控制好深度，防止超挖；沟槽开挖后应及时检查高程是否准确，确保沟槽中心线、沟底坡度及附属构筑物位置正确。

沟槽开挖以机械为主、人工为辅。沟底表面应连续平整，沟壁应视情况放坡，以保证安全。清除直径 >38mm 的圆石或 >25mm 的夹角形石块。并清除沟上可能掉落的、碰落的物体以防损坏玻璃钢管。

雨季施工，应尽量做到挖沟、管道安装、管沟回填同步进行，以防沟槽塌陷及管材浮起。沟槽内如有积水，应及时用水泵排出。

当地下水平面在管道基床以上时，安装管道前应进行排水处理，为了减少排水工作量，可分段开挖沟槽，每段长度控制在一根或两根管长。

沟槽的宽度应便于管道铺设及装置，推荐宽度为 500mm，在接头处应挖出适当操作坑来满足拧紧螺纹的空间需求。

5.2.6 基础处理

（1）沟槽底遇淤泥、卵石、岩石、硬质土、不规则碎石块及浸泡土质应挖除，并做相应的管基处理（铺垫一层软土），并应按设计要求进行管基加固。

（2）当土壤承载力不足时，应选用经夯实后的原土作为根底，夯实密度要达到 90%。

5.2.7 布管

在沟槽地基质量检验合格后，人工将玻璃钢管道抬起放置在沟槽底部；严禁架空放置或放在有尖锐石头的地面上；用木块或沙袋两点均匀支撑管道。摆放时应注意将每根管的承口方向保持与管道安装方向一致，与设计水流方向相反（管内流体由阴螺纹入阳螺纹出），并在各接口处掏挖工作坑，工作坑大小为方便管道对接安装为宜。

5.2.8 承插螺纹粘接法安装和密封圈对接法安装

1. 承插螺纹粘接法安装

（1）施工前，将夹具、接头、扳手、螺纹密封脂、黏合剂等机具、材料提前准备就绪；对运至现场的玻璃钢管道及管件逐根、逐件复验检查，管道与管件的各部分尺寸应符合设计和合同约定标准的规定；管道的外部、内部和两端及螺纹等应完好，无破损或硬伤。不合格者不得使用。

（2）管道连接前，首先对螺纹区进行外观检验，如图 5–4 所示，保证螺纹区无任何缺陷；取掉管道两端的螺纹保护套，检查螺纹完好，用硬毛刷清理阴、阳螺纹上的杂质，保证螺纹干净无杂物；清除连接处管内壁的污垢。

（3）涂抹螺纹密封脂。将厂家提供的密封脂的各组分按比例配制搅拌均匀，用专用的刮板将密封脂涂在阴螺纹上，如图 5–5 所示，涂层薄厚均匀，不得漏涂和流淌，刮平螺纹为止。

图 5–4　玻璃钢管专用安装

图 5–5　涂抹螺纹密封脂

图 5–6　对接螺纹

（4）对接、拧紧螺纹。手工将管道对正拧上 2~3 扣螺纹，如图 5–6 所示。确认螺纹无错扣之后，手紧至一定位置，再用布带钳或链钳拧紧螺纹；如果丝扣错位未密切接合，应当重新拧开螺纹，用干净的硬毛刷把内外螺纹刷干净，并在外螺纹上重新涂上螺纹密封脂。然后按上述方法把管子对正接好。

管道安装中断时，应用木塞或其他堵盖将管口封闭，防止杂物、动物等进入管道，导致管道堵塞或影响管道卫生。

2. 密封圈对接法安装

（1）施工前，专用夹具（带压力表）、密封圈、自制紧固扳手等机具、材料提前准备就绪；对运至现场的玻璃钢管道及管件逐根、逐件复验检查，管道与管件的各部分尺寸应符合设计和合同约定标准的规定；管道的外部、内部和两端及螺纹等应完好，无破损或硬伤。不合格者不得使用。

（2）根据管径选择相应橡胶密封圈，用软质刷子将管道对接口及橡胶圈上面的泥土清理洁净，将橡胶密封圈弯成心形或花形后放在承口槽内就位，并用手压实，确保各个部位不翘不扭。橡胶密封圈润滑剂由配套厂商提供，不得使用石油制成的润滑剂，如图 5–7 所示。

（3）对接前，先对对接螺纹紧固件和对接口进行清理，清除泥土和异物，将清理过的螺纹紧固件推向远离接口的一侧，观察接口是否有毛刺，并清理干净。

（4）对接安装，轻轻地将对接口接入放好密封圈的槽内，进行轻微压实；用玻璃钢管专用液压挤紧装置（带压力表）放在对接处（图 5–8），从两侧挤紧管头，致使密封圈均匀受力，压实管口；根据设计压力及厂家规定的安装压力对其进行升压（图 5–9），直至压力表度数满足安装需求。

拧紧对接紧固件：将对接紧固件对正橡胶圈槽外的螺纹，拧上 2~3 扣螺纹，确认无错扣后，拧紧到一定位置后，用自制紧固扳手进行再次拧紧螺纹，拿走扳手，完成拧紧工作。

拆掉液压挤紧装置：经检查，螺纹对接无误后，对带有压力表的专用液压挤紧装置进行卸压、拆卸，完成玻璃钢管道对接（图 5–10）。

图 5–7 安装好的橡胶密封

图 5–8 放置液压挤紧工

图 5–9 升压

图 5–10 安装完成的对接口

5.2.9 固定支墩

在管道弯头、变径、三通及阀门等处按设计要求设置混凝土固定支墩，经过池塘、河道等地段按要求设置混凝土抗浮墩，各支墩混凝土强度达到设计强度后方可进行管道系统试压。

穿越河流或沟渠两端设置止推墩，受力一边应支承在原状土层上，并保证支墩和土体紧密接触，否则土壤应分层夯实或用素混凝土填实。

5.2.10 管道试压

试压前，对待试压管道进行覆土做稳管作业，高度不宜超过 200mm，管口对接外除外。对所有的管道及系统进行检查，确定不在试压范围内的任何连接件都已拆除或隔离开。运用爆吹法将压缩空气进行管内爆吹，将异物、杂物吹出玻璃钢管道。

管道水压试验时每段长度不宜超过 2km，对中间设有附件的管段，分段长度应≤500m，系统中不同材质管道应分别进行试压。可在玻璃钢管与钢管及其管件、其他设备连接处安装柔性玻璃钢管法兰短管接口等，进行分段试压。试验管段不得采用闸阀作封堵，应当采用钢质转换接头制作的专用试压封头（图 5–11）进行封堵。试压泵和压力表设置在试验管段最低点。

图 5–11 专用试压头

工程采用洁净水作为试压介质，试验压力应慢慢地提升，分阶段进行提升压力，升压过程中对管道系统进行检查。强度试验压力应是系统设计压力的 1.25 倍，最低稳压时间为 4h，压降不大于试验压力的 1%，接头无渗漏，强度试压合格。将压力降到管道工作压力，进行严密性试压，稳压 4h，压降不大于工作压力的 1%，并对接口处进行外观检查，没有泄漏或渗漏，严密性试压合格。系统压力试验完毕后，试压前拆除的所有部件都必须重新复位。

当水压试验不合格时，应查明漏水原因，重新安装或调整管道后再试验，直到合格为止。

试压后，采用压缩空气推动管段内水进行排水，排水地点应由当地有关部门同意，并办理排水许可，排水管道应固定。地势起伏较大地区，应根据高程确定控制排水口的压力，并设足够背压。

5.2.11 管道修补

当玻璃钢管道损坏或管道压力试验不合格时，应进行管道的修补或更换。优先对损坏、撞坏或剪切损坏的地方使用新管予以替换。如不便使用新管替换时，可对损坏处进行局部修补。修补前，对管道进行泄压并排空，如果管道里已充过水，需要对管道进行预热、烘干。常用的维修方法有局部更换、对接外包、表面修补和金属件维修，对于高压玻璃钢管道，一般采用局部更换和金属件维修两种方式。

（1）局部更换：当管道或管件损坏的比较严重，如撞烂、出现大洞等现象时，将损坏管段切割掉，从同规格的管道上截取同样长的短管来代替损坏管段。将短管两端和原管连接端进行打磨，涂上强化胶黏结剂，将厂家定制的外螺纹接头套在涂有黏合剂的管端进行连接，再用两端有内螺纹的维修短节将短管与原管道直接对接拧紧。维修短节或螺纹头如图 5-12 所示。

（2）对接外包：当管道或管件的损坏部位比较小（一般损坏部位直径不超过 5mm），黏合剂连接处泄漏比较小，或者由于空间狭小、时间紧迫、缺少备用管而无法进行部分更换的情况，可采用对接外包的方法进行修补；对接外包时切除受损部位，形成平滑的过渡区，选用满足使用要求的原材料，制作与切割面积相同大小的衬板，将衬板固定与开孔处，涂上黏合剂或树脂，做好接缝处的防渗处理，外部整体采用玻璃丝纤维包覆加强，补强厚度要达到可以承受相应的压力，做好外保护层，待固化后进行表面修整处理，管道即可投入正常使用。

（3）表面修补：对于管道的微小外表缺陷或磨损，如小划痕、表面裂纹、黏合剂破裂、表面轻微烧坏等，修补时把有缺陷的地方轻轻地用砂纸打磨掉、清洗，涂上薄层黏合剂，补强的厚度和面积，根据管道的压力确定，黏合剂必须与产品材质兼容，以便让涂层在环境温度下自然凝胶固化。此方法仅为应急措施，在正常运行的管道中还需把维修的位置标记清楚，在具备修补条件时，按局换更换的方式进行管道维修，来保障长期使用。

（4）金属件维修：对于管径 4in 以上或压力等级超过 16MPa 的玻璃钢管道或玻璃钢管道与金属管道对接时，宜采用金属件维修方式，如图 5-13 所示；将原管道待修的端口磨锥，涂上螺纹胶黏结剂，将金属维修件按照螺纹上紧方向旋转（拧紧）套进管口，加温固化；另一端同样进行操作，最后在金属维修件中间对接部位进行焊接，完成快速抢修。

修补完毕后，对修补的管段再次进行水压试验，试验压力应与系统压力试验一致。

图 5-12 螺纹短接、螺纹

图 5-13 钢质螺纹接头

5.2.12 管沟回填

当管道试压合格后，必须尽快回填，避免因水冲造成浮管、管道移位或者沟壁塌方，损坏管道。

回填前应清除沟槽中的杂物，并排除积水，不得在有积水情况下回填。管顶覆土深度应符合设计要求。

管区应对称分层回填，严禁单侧回填。每次回填厚度应根据回填材料和回填方法确定，回填步骤需符合设计或规范要求。

管道通过铁路、公路、河流时，应按铁路、公路、河流部门的要求施工，建议把玻璃钢管插在钢套管内进行保护。使用钢套管保护管道时，进出口两端要垫好，防止玻璃钢管产生局部应力或磨损。在钢管的进出口通常是加橡胶保护套或塑料扶正器。钢管里面的玻璃钢接头也要用塑料扶正器或其他类似材料加以保护。管体上每隔 2m 在接箍或整体接头处放置塑料扶正器。

当多条玻璃钢管线同沟敷设时，管线之间必须用至少 150mm 厚的纯净回填土或沙子隔开。要确保管道下面及四周都充满回填土，不得留有空隙。

5.2.13 地貌恢复

应把作业带以内所有的剩余材料清理干净，废弃物应收集起来，从作业带上清走。将作业带内的所有取土坑填平、土堆推平并压实，恢复原地形地貌。

5.3 劳动力组织

以哈拉哈塘油田二期产能建设地面工程 1 号清管站及其附属工程 21km 为例，其劳动力配备如表 5–1 所示。

表 5-1 劳动力配备表

序 号	工种 / 职务	数量 / 人	备 注
1	项目经理（安全负责人）	1	统筹管理安全、质量及生产
2	技术 / 质量负责人	1	负责本工程技术措施；协助经理做好施工管理，负责本工程的质量
3	司机（操作工）	2	
4	安装操作工	6	
合计		10	

表 5–1 所列劳动力是一个机组施工时人力配备情况，当多个机组同时施工时，需要增加相应的司机、技术、安装操作工和现场安全员。

6 材料与设备

6.1 设备

以哈拉哈塘油田二期产能建设地面工程 1 号清管站及其附属工程 21km 为例，玻璃钢管道施工的主要设备见表 6–1。

表 6-1 玻璃钢管道施工的主要设备配备表

序 号	设备名称	规格、型号	单 位	数 量	备 注
1	布带钳		台	8	拧紧扳手
2	磨光机	UTM–101H	台	1	

续表

序 号	设备名称	规格、型号	单 位	数 量	备 注
3	砂轮机	YZ–050	个	1	
4	专用液压挤紧装置		台	1	厂家提供
5	平板车	18m 长的大型平板车	台	1	运输整体的玻璃钢管（仅用 1 次）
6	吊车或叉车	16t 汽车吊或 5t 叉车	台	1	装卸玻璃钢管（仅用 1 次）

6.2 材料

以哈拉哈塘油田二期产能建设地面工程 1 号清管站及其附属工程 21km 为例，玻璃钢管道施工的主要材料见表 6–2。

表 6-2 玻璃钢管道施工的主要材料配备表（玻璃钢管道 21km）

序号	材料名称	规格型号	单 位	数 量	备 注
1	现场螺纹头	*DN*50、*DN*80、*DN*100	个	60	
2	玻璃钢短接	*DN*50、*DN*80、*DN*100	个	20	
3	玻璃钢双丝头	*DN*50、*DN*80、*DN*100	个	40	
4	螺纹密封脂	*DN*50、*DN*80、*DN*100	箱	60	
5	钢质转换接头	*DN*50、*DN*80、*DN*100	个	21	
6	专用试压头	*DN*50、*DN*80、*DN*100	对	3	

7 质量控制

7.1 施工中执行的质量标准

（1）GB 50819—2013《油气田集输管道施工规范》。

（2）SYT 4122—2012《油气注水工程施工技术规范》。

（3）SYT 6769.1—2010《非金属管道设计、施工及验收规范第 1 部分：高压玻璃纤维管线管》。

（4）SYT 6419—2009《玻璃纤维管的使用和维护》。

7.2 质量保证措施

（1）搬运和运输过程中要对端部进行保护，搬运时要小心轻放，应避免抛掷、磕碰和撞击。

（2）玻璃钢管若长期存放时，宜用苫布覆盖，应远离明火，避免曝晒和与油类、酸、碱、盐等化学物品接触。

（3）螺纹密封脂要存放在室温为 5 ~ 35℃的房间内，并且避免把螺纹密封脂放在阳光直射的地方。

（4）当承插口安装不合格需要返修时，承插头和承插座必须重新制作，不得采用已使用过的承插件。

（5）如不便使用新管替换，则对损坏处进行修补，修补必须由有资格的玻璃钢管施工人员或安装工进行，同时满足 SYT 6419—2009 中的规定。

（6）在回填时应先回填细土，在细土厚度达到规范要求后再回填原状土，防止回填时损伤管道。回填细土要夯实，防止管道悬空损坏管道。

（7）试压要求：试压介质为清洁水，强度试压为应设计压力的 1.25 倍，升压量每分钟不应超过 0.7MPa，直至达到试压压力，稳压 4h，压降 ≤ 1%，接头无渗漏，合格。压力降至工作压力进行严密性试压，稳压 4h，所有接头外观检查，无渗漏或泄漏，且压降不大于工作压力的 1%，严密性试压合格。

7.3 关键工序质量控制点（表 7-1）

表 7-1 关键工序主要技术指标检验统计表

序号	检验项目	指标要求	检查时机或工序	检验工具
1	螺纹密封脂	室温 5~35℃的房间内，避免阳光直射	随时查看存放环境	温度计目测
2	玻璃螺纹	有螺纹保护帽、螺纹顺滑、不得有裂纹、断纹	玻璃钢管道安装	目测硬毛刷
3	沟底标高	沟底标高 -50~100mm	管沟开挖	水平仪全站仪钢卷尺
4	管道试压效果	强度试压，1.25 倍，稳压 4h，不泄漏；严密性，工作压力、稳压 4h，不泄漏	玻璃钢管试压	压力表目测

8 安全措施

8.1 安全标准

（1）GB 18218—2018 《危险化学品重大危险源辨识》。

（2）QSY 178—2009 《员工个人劳动防护用品管理及配备规定》。

（3）GB 18597—2001/XG1-2013 《危险废物贮存污染控制标准》。

（4）GB 2894—2014 《安全标志》。

8.2 安全保证措施

（1）玻璃钢管道施工存在刺激皮肤的风险，要穿长袖工作服和长裤，佩戴安全眼镜、护目镜或面罩，不让灰尘进入眼睛。打磨或用砂纸摩擦时，要使用一次性口罩。

（2）施工结束后要用凉水冲澡，使用中性肥皂，以减少刺激；不要摩擦或抓挠受刺激的皮肤；工作服要分开洗涤。

（3）如果是由于与玻璃纤维接触而引起的刺激，可用凉水冲洗皮肤；也可用流水冲洗眼睛至少 15min，冲洗完后如果刺激还不能停止，要进行医治。

（4）避免黏合剂等化学物品碰到眼睛、皮肤或衣服，避免呼吸到螺纹密封胶蒸汽。戴上安全眼镜避免眼睛与黏合剂接触。使用一次性聚乙烯手套或类似的手套避免皮肤与螺纹密封胶接触。

（5）搬运和使用树脂或螺纹密封胶时，存在污染环境的风险，周围要盖上纸板，防止溢流。

（6）对于未使用、未污染、未配制、未发生变化的树脂，应送到指定的废物回收厂或焚烧厂。

（7）施工时，在工地四周搭设警戒带，以隔断通往施工现场的通道，防止无关人员闯入。

（8）施工现场专职安全员进行不间断巡视监督，查找安全隐患，杜绝安全事故发生。

9 环保措施

9.1 环保标准

（1）JGJ 146—2013 《建设工程施工现场环境与卫生标准》。

（2）GB 12523—2011 《建筑施工场界环境噪声排放标准》。

（3）GB 8978—1996 《污水综合排放标准》。

9.2 环保措施

（1）工程施工过程中加强对施工废材料、设备、生产生活垃圾的控制和治理，遵守有关防火及废弃物处理的规章制度。

（2）现场施工做到标牌清楚、齐全、各种标识醒目、施工场地整洁文明。

（3）使用后的渗透剂瓶，应在瓶底部打孔后放置在指定回收点。

（4）做好施工现场的降尘措施。

（5）施工完毕后，螺纹保护套、废弃物及其他杂物要装车运走，分类存放、场地保持干净整洁。

10 效益分析

10.1 经济效益

（1）节约机械设备费用：与同管径钢管对比，玻璃钢管材质轻，2 人即可轻松抬动，人工组织安装，无需大型机械设备配合，成本低廉。工期 6 个月，1 个施工机组配备，项目可节省机械费用明细如表 10–1 所示：

表 10-1 采用本工法节省机械费用和油料费用一览表

项 目	节省费用
16t 吊车	1 辆 ×800 元 /d×30d×6 月 =14.4 万元（管材倒运）
管车	1 辆 ×900 元 /d×30d×6 月 =16.2 万元（管材倒运）
平板车	1 辆 ×1200 元 / 趟 ×8 趟 / 月 ×6 月 =5.76 万元（设备倒运）
管道人焊车	1 台 ×800 元 / 台 ×30d×6 月 =14.4 万元（焊接设备使用）
挖掘机	1 台 ×1200 元 /d×30d×6 月 =21.6 万元
油料费用	6 元 /L×200L×30d×6 月 =21.6 万元
皮卡车（值班）	1 辆 ×0.035 万元 /d · 辆 ×15d=0.525 万元（提前 15d 完工）
客货两用车（值班）	1 辆 ×0.045 万元 /d · 辆 ×15d=0.675 万元（提前 15d 完工）
合计	95.16 万元

（2）节省人工费用：通过采用本工法，玻璃钢管安装操作人员减少，操作人员由原来的 9 人减少到 5 人，原来每天安装 40 根玻璃钢管，现在每天安装 70 根，工效提高 75%；比业主要求的工期提前 15d 完成，节省人工费：9 人 ×15d×300 元 / 人 · d=4.05 万元。

（3）管道修补节约费用：根据现场情况科学选择管道修补方法，适度切割管材，充分利用管箍短节、现做螺纹接头及金属件更换，达到抢修目的，有效减少新管更换率，节约了玻璃钢管材费用，降低了施工维修成本，提高了管道修补效果，相应节省施工成本如表 10–2 所示。

表 10-2 采用修补法节省施工成本统计表

对比项目	更换新玻璃钢管道	管箍短节、现场螺纹头、金属件修补	小计节省 / 万元
修补管道管材费	（*DN*150）9m×10×400 元 =3.6 万元 （*DN*100）9m×16×290 元 =4.176 万元 （*DN*80）9m×6×160 元 =0.864 万元	1.5m×10×400 元 =0.6 万元 1.5m×16×290 元 =0.696 万元 1.5m×6×160 元 =0.144 万元	7.2
修补管道人工费	6 人 ×500 元 /d×32 处 =9.6 万元	2 人 ×500 元 /d×32 处 =3.2 万元	6.4

总计节省成本：95.16+4.05+7.2+6.4=112.81 万元

（4）应用效益统计：采用本工法先后在新疆哈拉哈塘油田二期产能建设地面工程 1 号清管站及其

附属工程、马来西亚 PAPID P30A 烯烃储罐项目工程上应用，累计节省施工成本如表 10–3 所示。

表 10-3 玻璃钢管施工工法节省施工成本统计表

序号	项目名称	节约机械设备费用 / 万元	节约人工费用 / 万元	管道修补节约费用 / 万元	项目起止时间
1	1 号清管站及其附属工程（21.35km）	95.16	4.05	13.60	2016.11~2017.5
2	马来西亚 PAPID P30A 烯烃储罐项目工程（4km）	17.83	0.76	2.55	2017.12~2019.2
节省成本 / 万元		112.99	4.81	16.15	
累计节省成本 / 万元		133.95			

10.2 社会效益

玻璃钢管材质轻、易于搬运、运输方便、成本低；其安装为非焊接作业模式，人员少、操作方便，不需大型机械设备配合吊装使用，大大降低机械设备作业安全隐患，人员安全风险较低，同时减少了大型机械设备产生的噪声污染和尾气排放。

11 应用实例

应用实例一：新疆哈拉哈塘油田二期产能建设地面工程 1 号清管站及其附属工程

2015 年 11 月 ~ 2017 年 5 月，采用本工法共完成低压玻璃钢管（抗硫）*DN*150、*DN*80、*DN*100 管道安装 21.35km。玻璃钢管道采用承插螺纹粘接法和密封圈对接法两种安装方式，仅用 120 天就完成了管道安装任务，比业主要求的工期提前 15 天完成，工效高，质量优。施工中完成管道修补 32 处，保证安装质量的同时，有效减少了新管更换数量，节支降耗的同时，节省了施工成本，为以后绿色施工提供了良好的经验借鉴。

应用实例二：马来西亚 RAPID P30A 烯烃储罐项目

项目其中有 4km 的地下消防管线为玻璃钢管道，2017 年 12 月 ~ 2019 年 2 月，采用本工法完成玻璃钢管道安装。针对玻璃钢管道破损程度，运用局部更换、对接外包、表面修补等修补措施对玻璃钢管道进行快速有效地维修，施工中完成管道修补 10 处，保证安装质量的同时，有效减少了新管更换数量，节支降耗的同时，节省了施工成本。

D1422mm 管道水平定向钻穿越施工工法

中国石油管道局工程有限公司第四分公司

刘光磊　王　佳　李　昕　宋　聪　祁小伟

1　前言

随着国内能源消耗需求的增长，原有小管径管道已无法满足天然气的供量需求，当设计输气量 >$300\times10^8m^3/a$ 时，需要采取直径 1422mm、压力 12MPa 的管道输送方案，因此，大管径、高压力、高钢级将成为今后管道建设的重点发展方向。然而随着管径越来越大，给水平定向钻施工带来的挑战也越大，且水平定向钻施工技术应用于 D1422mm 口径管道在国内尚属全新领域，在国外实施的案例也屈指可数。

2014 年管道局四公司开展了《D1422mm 高钢级水平定向钻穿越施工技术研究》科研课题，在借鉴以往大管径施工经验基础上，设计研制大尺寸轻量化扩孔器和柔性钻杆，通过试验确定泥浆配方，通过分析计算确定不稳定地层处理措施，为 D1422mm 高强度管道水平定向钻穿越施工做了技术储备。2017 年实施首条 D1422mm 管道定向钻施工，在研究成果推广应用基础上，同时采用大级差钻具组合配置、新型“猫背”回拖、注水降浮、双钻机同步对扩施工等新技术方法，保障了工程施工顺利完成。后续在中俄东三个工程成功应用的基础上，编制形成了“D1422 管道水平定向钻穿越施工工法”，以便在未来更好的指导 D1422mm 水平定向钻穿越现场作业。

目前，管道四公司已完成三条 D1422 管道水平定向钻穿越工程。2018 年 4 月 4 日成功完成了中俄东线讷谟尔河定向钻穿越；2019 年 3 月 6 日完成了中俄东线乌裕尔河定向钻穿越；2019 年 4 月 28 日完成了中俄东线嫩江定向钻穿越。2019 年年中，又中标了中俄东线中段西辽河定向钻穿越和唐山 LNG 外输管线 5 条 D1422mm 定向钻穿越工程。

“D1422 高强度钢管水平定向钻穿越施工技术研究”获得管道局 2018 年科技进步二等奖。“一种穿越钻杆”（专利号 ZL 2015 2 0673108.7）和“一种高抗拉高抗推穿越定向钻专用钻杆”（专利号 ZL 2015 2 0822832，1）两项专利获得授权。

2　工法特点

2.1　采用大级别轻量化扩孔钻具组合技术、新型“猫背”技术等，施工质量更有保障

采用大级别轻量化扩孔钻具组合技术，优化扩孔钻具组合方式，可调整扩孔器、扶正器等钻具在孔洞内的受力状态，能够有效地控制导平滑程度和精度以及扩孔后孔洞的稳定性；采用的新型“猫背”搭建技术，有效降低“猫背”顶点的高度，极大的降低施工难度，是管道能够顺利入洞的重要措施。对 D1422mm 管道定向钻施工具有重要的指导作用，是高质量完成工程施工的有力保障。

2.2 采用双钻机同步扩孔、注水降浮等措施，降低施工风险

采用双钻机同步对扩工艺，可将扩孔扭矩平均分配到扩孔器两侧的钻杆上，减少单侧钻杆的受力，最大程度地降低钻具扭断的风险；采用创新型注水降浮措施的使用，有效地降低管道所承受的浮力与重力差，从而达到降低回拖力的目的。

2.3 施工效率得到提高

本工法要求在施工前做好充分的准备工作，合理安排施工流程和设备配备，与传统单侧扩孔施工工艺相比，能够缩短 1/3 的扩孔施工周期，降低施工风险的同时提高施工效率，节约施工成本。

3 适用范围

适用于管径为 1422mm 的水平定向钻穿越工程，或更大管径的水平定向钻穿越工程参考使用。工程施工地质适用于常规地层，包括黏土、粉质黏土、粉砂、细砂、中粗砂、岩石等，不适用于卵石、碎石等地层。

4 工艺原理

将传统水平定向钻施工技术运用于直径 1422mm 管道穿越工程之中，结合扩孔钻具组合技术、双钻机同步对扩技术、注水降浮措施和新型“猫背”搭建技术，确保 D1422mm 管道顺利回拖。采用的关键技术如下：

4.1 扩孔钻具组合创新技术

D1422mm 管道定向钻穿越采用六级以上扩孔工艺，自 1200mm 以上扩孔开始，采用钻具串组合的方式进行扩孔，以主扩孔器尺寸、质量等参数为基础，前后选配不同尺寸、不同类型、不同间距的扶正器，并且选用不同强度的连接钻杆，以达到扶正对中、减小应力集中、增加挠度的作用（图 4–1）。

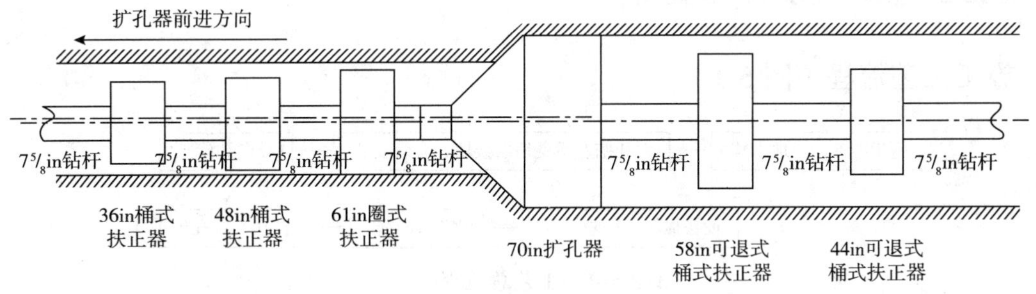

图 4–1 第六级扩孔钻具组合

4.2 双钻机同步对扩技术

双钻机同步对扩工艺，是两台钻机输出的扭矩以及推拉力叠加，利用两种合力作用进行扩孔，将扩孔扭矩平均分配到扩孔器两侧的钻杆上，减少单侧钻杆的受力，最大限度地降低钻具扭断的风险（图 4–2）。

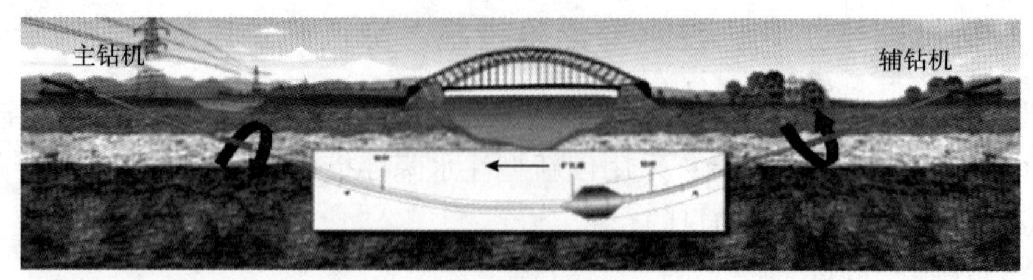

图4-2　双钻机扩孔示意图

4.3　注水降浮技术

管线回拖前使用注水降浮措施，即在焊接好的D1422mm的管道内拖进去同长度直径900mm的PE管，与PE管并行一起拖入的还有D144×5mm注水钢管，于管尾处注水，采用边回拖边注水的方式使PE管与钢管之间注满水，以达到降低浮力的目的，注水管在尾部管外固定，随着回拖的进行与主管逐步分离。

4.4　新型“猫背”搭建技术

D1422mm口径管道具有刚性高、曲率半径大、管道自重大的特点，采用常规的猫背搭建技术施工难度非常高，经过计算吊点高度最高需达到6.24m，吊点需7个，且曲线水平总长度达288m，对直管段场地要求较高，曲线布置非常困难。因此根据出土角度、钢管挠度等参数，通过计算设计新型“猫背”搭建方法，在出土端开挖一定长度的直管段，开挖深度宜为4m，开挖长度宜为48m，沟底高程符合入洞曲线，开挖后地上入洞曲线水平长度为169m，最高吊点为2.19m，可有效保障管道平稳、顺滑入洞（图4-3）。

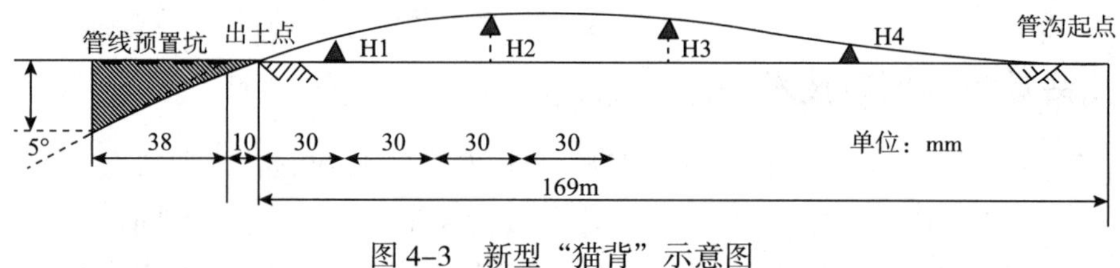

图4-3　新型“猫背”示意图

5　施工工艺流程及操作要点

5.1　施工工艺流程（图5-1）

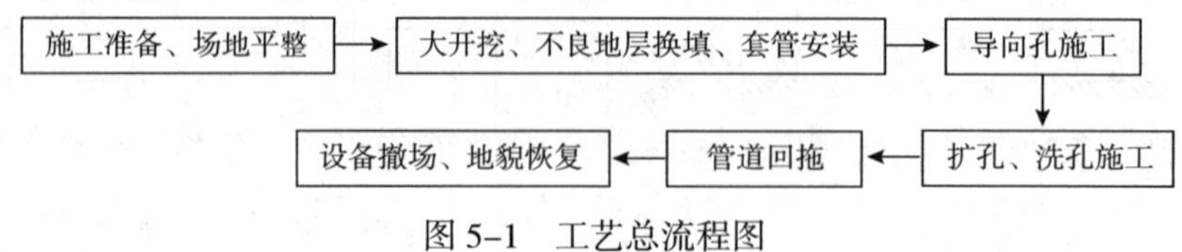

图5-1　工艺总流程图

5.2　操作要点

5.2.1　施工准备、场地平整

按照大型水平定向钻穿越施工要求进行施工准备、场地平整及设备就位。

（1）认真做好现场调查，尽可能详细了解穿越段的地质资料及地下构筑物情况，为施工做好准备。

（2）详细了解穿越段施工的技术要求、所执行的规范及质量标准。

（3）施工钻机及配套设备提前进行维修保养，施工机具配置齐全。

（4）施工准备工作就绪后，进行测量放线，根据设计交底（桩）与施工图纸放出钻机场地控制线及设备摆放位置线，确保钻机钻杆中心线与入土点、出土点成一条直线。

（5）测量放线完成，进行场地平整。施工场地平整铺垫，满足大吨位钻机就位要求。修筑泥浆池和地锚，冬季施工时搭建保温棚。

（6）将施工钻机就位在穿越中心线位置上，钻机及其辅助设备进行系统连接、试运转，保证设备正常工作。

5.2.2 大开挖、不良地层换填、套管施工

当某些工程存在出、入土两端有不适合定向钻穿越的地质结构，例如卵石层、碎石层、圆砾层等，需要先对不良地层进行处理。针对D1422管道施工，开挖换填后埋设套管是一种行之有效的工艺。

（1）开挖前做好施工准备工作，检查机械设备完好性、开挖区域承载力等。

（2）开始开挖。一般情况自上而下至圆砾层共有三层，分别是第一层表面耕土、第二层细砂、第三层圆砾。为保证回填后恢复原地貌，因此需要分层开挖、分层堆放。

（3）圆砾层密实性差，软硬不均，承载力低，并且水位较高，因此需要采用大口径井点降水的方式进行降水，避免出现基坑内大量积水导致塌方的情况发生。

（4）当到达第四层稳定地层时，例如全风化泥岩层，进行破除开挖作业，仅需要破除2m深左右，确保套管管头能够完全进入稳定地层即可。

（5）套管安装及换填、回填。沿穿越轴线半径1m内的砾石层进行替换，使用细土或细砂填充，同时精准的预置安装钢套管。这种安装套管的功效高，人机料的消耗小，增加了套管的精准度，可以实现精准的与设计穿越曲线重合，避免了返工操作。

5.2.3 导向孔施工

钻头沿设计轨迹钻出一条先导孔的过程，称为导向孔施工。

D1422mm管道由于其管径大、刚性高，按常规的1500D计算，曲率半径可达2133m。在进行导向孔施工时，每根钻杆可调整的角度仅为0.26°，连续4根钻杆可调整角度宜为1°左右（钻杆长度按9.6m/根计算）。因此导向孔的施工质量是定向钻穿越成功与否的关键。

（1）根据图纸控制点，现场架设GPS基站，复测出入土点坐标，测量放出穿越中心线，将钻机就位于穿越中心线位置上（复测实际场地高程与设计图纸高程是否有变化）。

（2）开挖地锚坑，完成就位地锚后，直接采用管桩固定，在地锚前后紧贴地锚各打4根ϕ325mm×10mm，长8m的钢管桩，地锚左右紧贴地锚各打1根ϕ325mm×10mm，长8m的钢管桩，钢管桩高出地面0.5m，在地锚和钢管桩之间用22#槽钢焊接牢固成为一整体。

（3）控向对穿越精度及工程成功至关重要，开钻前仔细分析地质资料，确定控向方案，泥浆与司钻重视每一个环节，认真分析各项参数，互相配合钻出符合要求的导向孔，钻导向孔要随时对照地质资料及仪表参数分析成孔情况，达到出土准确，成孔良好。

（4）为防止钻孔时导向孔与设计穿越曲线的偏移，控向采用P2控向软件和地面信标系统进行精准控向。当地面信标系统使用的电缆接通交流电后产生交变磁场，P2软件即通过采集交流线圈磁场强度等数据并进行分析计算，最后得出导向探头精确位置。同时，在施工中严格按照施工规范，确保每根钻杆可调整的角度，以符合设计所规定的曲率半径。

（5）导向孔钻具组合：一般采用以下导向孔钻进钻具配置方案。

$12^1/_4$in 钻头 + SLZ244 螺杆马达 + 8in 无磁钻铤 + $6^5/_8$in 钻杆

（6）钻进过程中，在钻头即将出套管的时候，不要调整方位，并注意倾角变化，尽量与套管轴线保持一致，避免出套管后由于地层软硬不均形成台阶，不利于后续扩孔作业。

5.2.4 扩孔、洗孔施工

（1）导向孔施工完成后，需要使用扩孔器将孔洞逐级扩大至预定尺寸，这个过程称为扩孔施工。

D1422mm 管道宜扩孔至 1722mm（规范要求管径 +300mm），约为 68in。综合考虑各方面因素，每一级扩孔级差宜为 6~9 级，小级别扩孔时级差可达 12in，超过 48in 扩孔时，级差宜 4~6 级。

（2）洗孔施工是对已形成的孔洞进行进一步清理的施工工艺。D1422mm 管道孔径大，切削下来的岩屑多，需要进行多次洗孔施工。对于哪一级别扩孔完成后进行洗孔作业没有强制要求，更多的时候是根据现场实际情况来判定。

（3）根据已有的施工经验，宜按表 5-1 方案配置扩孔钻具。在第三级、第四级和第六级扩孔完成之后进行洗孔施工。

表 5-1 扩孔钻具组合表

第一级	$6^5/_8$in 钻杆	28in 扩孔器	$6^5/_8$in 钻杆			
第二级	$6^5/_8$in 钻杆	前扶正器	40in 扩孔器	$6^5/_8$in 钻杆		
第三级	$6^5/_8$in 钻杆	前扶正器	50in 扩孔器	$6^5/_8$in 钻杆	后扶正器	$6^5/_8$in 钻杆
第四级	$6^5/_8$in 钻杆	前扶正器	56in 扩孔器	$6^5/_8$in 钻杆	后扶正器	$6^5/_8$in 钻杆
第五级	$6^5/_8$in 钻杆	前扶正器	62in 扩孔器	$6^5/_8$in 钻杆	后扶正器	$6^5/_8$in 钻杆
第六级	$6^5/_8$in 钻杆	前扶正器	68in 扩孔器	$6^5/_8$in 钻杆	后扶正器	$6^5/_8$in 钻杆

（4）扩孔作业扩孔器水眼的选用

①扩孔作业过程中，除了需要确定钻具组合以外，扩孔器上的水眼尺寸也非常重要，在相同泥浆排量情况下，扩孔器上的水眼大小不同，则喷出泥浆的喷射速度不同，从而导致泥浆对于扩孔器水眼前方地层的冲击力不同，进而影响扩孔钻进的工作效率，故考虑并研究扩孔器上的水眼尺寸，对于估算扩孔工序时间，以及管理扩孔工序进度是十分必要的。

②为保证泥浆足够的切削能力，泥浆射离扩孔器时的水眼射速应≥50m/s，经过筛选，符合 >50m/s 条件的水眼组合全部按以下划线形式标注出来，如图 5-2 所示：

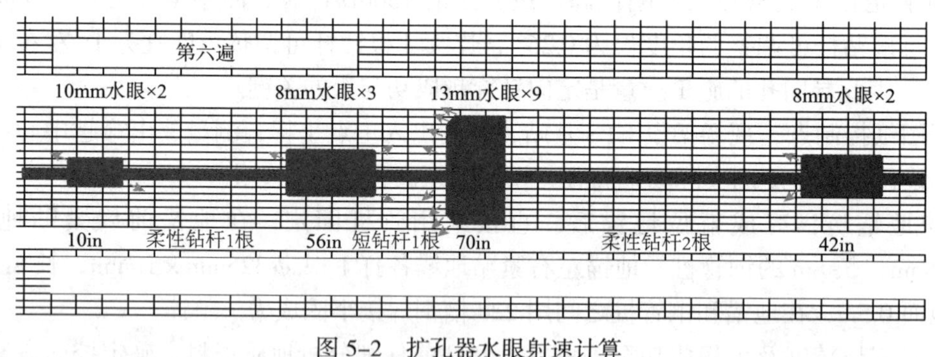

图 5-2 扩孔器水眼射速计算

（5）扩孔器选型。D1422mm 管道定向钻宜进行六级扩孔，所用扩孔器分别为 28in、40in、50in、56in、62in 和 68in，每级扩孔单根钻杆的理论切削量见表 5-2：

表 5-2 扩孔切削量对照表

扩孔级别	上一级孔洞直径 /in	本级孔洞直径 /in	单根钻杆长度 /m	单根钻杆切削量 /m^3
第一级	12.25	28	9.5	3.77
第二级	28	40	9.5	7.7
第三级	40	50	9.5	12.03
第四级	50	58	9.5	16.19
第五级	58	64	9.5	19.72
第六级	64	70	9.5	23.59

（6）扶正器选型。扩孔器需要配合比上一级扩孔直径小 2~4in 的中心扶正器，本工法取小 3in 的中心定位器，所以第二级、第三级、第四级扩孔的中心定位器分别为 25in、37in 和 47in。

（7）双钻机扩孔工艺。双钻机扩孔工艺主要是指两台钻机输出的扭矩叠加，主钻机的拉力和辅钻机的推力叠加，利用两种合力作用进行扩孔（图 5-3）。解决了单一钻机施工时遇到扭矩力不足导致卡钻，能有效降低主钻机扩孔时需要的扭矩、拉力，提高扩孔速度，同时可降低扩孔器单侧承受扭力过大导致钻杆断裂的风险，确保工程顺利进行。

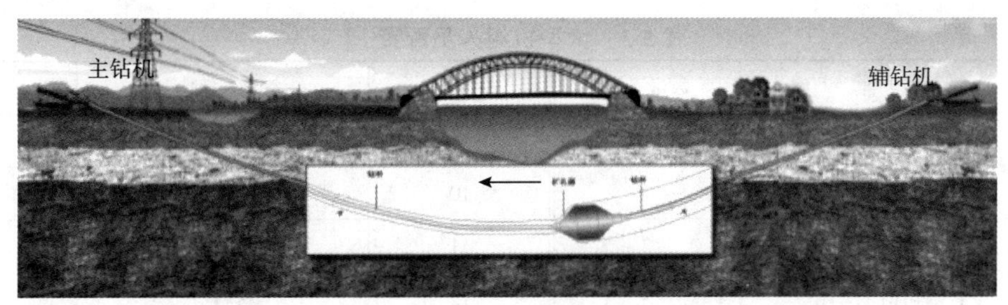

图 5-3　双钻机扩孔示意图

（8）洗孔。为了保证洗孔的效率与质量，本工法要求司钻、泥浆及现场操作人员要做到以下几点：

①洗孔用 46in、52in、64in 桶式扩孔器，分别在第三级扩孔、第四级扩孔、第六级扩孔之后进行作业。在安装桶式扩孔器之前要将扩孔器内部焊渣等杂物清除干净，防止焊渣等异物堵塞桶式扩孔器水眼；

②要由经验丰富的操作人员安装桶式扩孔器，并在不伤丝扣的情况下确保扩孔器与钻杆连接牢固；

③桶式扩孔器进入套管前，要先进行测试，检查扩孔器水眼是否通畅，若发现水眼被堵塞要及时疏通；

④洗孔过程中速度要保持平稳。发现扭矩和拉力有突然增大时，要详细记录好。在扭矩有变化处，加大泥浆排量，来回进行洗孔，将钻削携带出，保证扭矩和拉力没有大的波动，再继续洗孔；

⑤泥浆操作人员要保证泥浆的动塑比保持在 1~3 之间，并注意观察振动筛出砂情况，及时并如实地和司钻沟通泥浆携砂情况；注意观察井口的返浆情况，加强两岸机组的沟通，防止异常情况的出现。

5.2.5　回拖

为了保证回拖的质量和效率，建议回拖钻具组合为：

$6^5/_8$inV-150 钻杆 +62in 桶式扩孔器 +500t 万向节 + 拖拉头 +ϕ1422mm 管线

（1）开挖预制坑，预制坑角度与出土角尽量一致，搭建符合管道敷设曲率半径的“猫背”支撑点。

（2）预回拖，将管头至洞口，由于需要进行管外注水，因此需要对 PE 管进行打压。调整第一根管道角度与钻杆角度一致，保持入洞角度。

（3）管道回拖入洞后开始注水降浮，控制回拖速度与注水量相匹配。管道开始回拖后，受回拖力及角度影响，“猫背”部分区域可能会有角度过大、偏移的情况发生，此时需使用大吨位吊管机 + 吊篮进行辅助回拖。

（4）管道回拖进行至 200m 以后，可适当加快回拖速度，一般控制在每根钻杆 3~6min，注水需同步进行，此时注水速度可略慢于回拖速度。

（5）保持回拖节奏，同时准备好夯管锤、滑轮组等应急设备，以便于出现在回拖力急剧增大或扭矩剧烈波动的情况下，能够及时投入使用。

5.2.6 设备撤场、地貌恢复

管道回拖完成后，拆卸钻机及配套设备，撤出临时场地。使用盲板对管道进行封闭保护，清理施工场地残留物，恢复地貌。

5.3 人员配置

D1422 管道水平定向钻穿越，一般选用大型钻机施工，人员配置详见表 5-3 机组人员配置。

表 5-3 大型机组人员配置

序 号	工 种	数量 / 人	序 号	工 种	数量 / 人
1	机组长	1	9	机械手	2
2	安全员	1	10	起重工	2
3	控向	2	11	司机	3
4	司钻工	3	12	材料员	1
5	泥浆工	4	13	钻杆工	4
6	修理工	2	14	炊事员	1
7	电工	2	15	普工	12
8	电焊工	1			
合计					41 人

6 材料与设备

6.1 材料（表 6-1）

表 6-1 主要材料表

序 号	名 称	规格型号	数 量	技术指标
1	膨润土		—	一级钠搬土
2	羧甲基纤维素钠	CMC	—	
3	纯碱		—	
4	烧碱		—	
5	泥浆润滑剂		—	
6	水龙带	4in	200	
7	电源线	$95mm^2$	200	
8	信号线	$6mm^2$	穿越长度 ×2	
9	交流磁场线	$10mm^2$	穿越长度 ×2.5	
10	枕木	200mm × 180mm × 2000mm	40	
11	槽钢	20 #	100	
12	角钢	20 #	60	
13	焊条		根据管径规格确定	
14	焊丝		根据管径规格确定	

6.2 机具设备（表 6-2、表 6-3）

表 6-2 主要设备机具表

序号	设备名称	规格型号	单次穿越数量	对接穿越数量
1	水平定向钻机		1 台	2 台
2	泥浆泵	$3m^3/min$	2 台	4 台
3	泥浆回收装置	$90m^3/min$	1 套	2 套
4	发电机	220kW	1 台	2 台
5	泥浆压滤机		1 套	
6	泥浆罐		4 个	8 个
7	快速水化装置		1 个	2 个
8	钻杆	$5\frac{1}{2}$in	穿越长度 +500m	
	钻杆	$6\frac{5}{8}$in	穿越长度 +1000m	
9	钻头	$9\frac{1}{2}$in	1 套	2 套
10	探头		1 套	2 套
11	目标磁铁			1 套
12	控向软件		1 套	2 套
13	普通地层扩孔器		每间隔 100～150mm 一级	
14	岩石地层扩孔器		每间隔 100～150mm 一级	
15	万向节	3 倍回拖力	1 个	
16	全站仪		1 台	2 台
17	吊车	16t	1 辆	2 辆
18	挖掘机	PC—220	1 台	2 台

表 6-3 扩孔器质量指标要求

规　格	质量 /kN	体积 /m^3	浮力 /kN	液体中的质量 /kN
68in 板桶	57.2	4.5	49.5	7.7
74in 板桶	63.2	5.3	58.3	4.9
66in 桶式	38	2.1	23.1	14.9
70in 桶式	39.6	2.3	25.3	14.3

7 质量控制

7.1 执行标准

（1）GB 50369—2014 《油气长输管道工程施工及验收规范》。

（2）GB 50423—2013 《油气输送管道穿越工程设计规范》。

（3）GB 50424—2015 《油气输送管道穿越工程施工规范》。

（4）SY 4207—2016 《石油天然气建设工程施工质量验收规范管道穿跨越工程》。

（5）SY 4208—2015 《石油天然气建设工程施工质量验收规范输油输气管道线路工程》。

（6）CDP-G-OGP-PL-009-2012-1 《油气管道水平定向钻穿越技术规定》。

7.2 质量保证措施

（1）钻导向孔时，控制好每根钻杆改变角度。注意控制好每根钻杆的最大折角，尤其是主管线的钻进，保证好钻进曲线的平滑，以利于管线的回拖。

（2）预扩孔前，试喷泥浆，检查切割刀和扩孔器水嘴是否通畅，泥浆压力是否正常。地质条件发生变化时，应该及时调整泥浆配比，使其适合地质条件要求。

（3）在扩孔施工时，如果出现扭矩、拖力、泥浆压力变化异常等情况，若无采取有效的措施，不应继续扩孔。

（4）主钻机、辅钻机司钻在施工过程应保持通讯畅通，明确操作口令，防止误操作发生，双钻机同步扩孔施工配备的各种设备和机具均需检修完好后才能使用，以确保工程顺利进行。

（5）充分做好回拖准备，对猫背进行精准测量，确保回拖时管道能平滑入洞。回拖前管应漂浮在发送沟内，管道与发送沟下底无应力接触，避免回拖时划伤防腐层，回拖时要控制好 PE 管注水量及注水速度。

（6）本工法关键工序主要技术指标检验统计表见表 7–1。

表 7-1　关键工序主要技术指标检验统计表

序号	检验项目	检查时机或工序	指标要求	检验工具或方法
1	安装调试	导向孔施工之前	主钻机倾角 6°~20°，与穿越图纸角度一致；辅助钻机倾角 4°~12°，与实际穿越角度一致。误差不得超过于 0.2°	采用水平尺，角度尺测量
2	导向孔钻进	扩孔、洗孔施工之前	导向孔实际曲线与设计曲线横向允许偏差 ±3m，上下允许偏差 +1~−2m	控向软件结合人工磁场
3	扩孔钻具组合	每级扩孔过程中	控制扩孔器下沉量	孔洞测量
4	双钻机扩孔	每级扩孔过程中	预紧扣扭矩应为钻机正常施工扭矩的 1.5 倍以上。主辅钻机转速同步。转速控制在 30r/min 以下	观察扭矩表和转速表
5	猫背搭建	回拖前	对猫背进行检查，确保猫背开挖坑的深度、角度与孔洞一致	采用全站仪、角度尺测量
6	配重降浮	回拖过程中	回拖前检查 PE 管安装质量，回拖过程中控制注水量及注水速度	观察

8 安全施工措施

8.1 执行标准

（1）GB 6067.1—2010《起重机械安全规程》。

（2）Q/SY 1002.1—2013《健康、安全与环境管理体系》。

（3）3Q/SY 1242—2009《进入受限空间安全管理规范》。

（4）Q/SY 1244—2009《临时用电安全管理规范》。

（5）Q/SY 1247—2009《挖掘作业安全管理规范》。

8.2 安全保证措施

（1）所有施工人员要明确分工，听从项目负责人的统一指挥。

（2）特种作业人员必须持证上岗。

8.3 临时用电

（1）现场的各种电气设备均应检修完好，并经常检查电源装置的安全情况。

（2）安装、维修、拆除临时用电线路的作业，应由电气专业人员进行。电气专业人员作业应持有效证件，电工等级应与工程的难易度和技术复杂性相适应。电工作业由二人以上配合进行，并按规定穿绝缘鞋、戴绝缘手套、使用绝缘工具，严禁带电接线和带负荷插拔插头等。

（3）潮湿区域、户外的临时用电设备及临时建筑内的电源插座应安装漏电保护器，在每次使用之前应利用试验按钮进行测试。

（4）使用的临时用电设施和器材，必须是正规厂家、并经过国家级专业检测机构认证的合格产品。

8.4 现场其他要求

（1）在工作坑两侧各设置明显的施工标示牌，以确保来往车辆及行人安全通过。

（2）施工现场要设置足够的警示灯及照明设施，以确保现场施工安全照明。

（3）泥浆罐等爬梯设置扶手，作业平台护栏进行加固。

（4）施工所用高压胶管、管接头、贮气罐等应符合耐压要求，安全可靠。

（5）各种油品、易燃物品要妥善存放，并做好防火标志。

9 环保措施

9.1 执行标准

中华人民共和国环境保护法；

（1）GB/T 24001—2016 《环境管理体系规范及使用指南》。

（2）GB 12523—2011 《建筑施工场界环境噪声排放标准》。

（3）GBZ/T 229.4—2012 《工作场所职业病危害作业分级》。

9.2 环保措施

（1）施工人员应文明施工，禁止对周围环境造成污染和破坏。

（2）施工期间专（兼）职 HSE 监督员对工程施工期间进行环境管理，其管理的内容主要是根据上级有关环保管理规定和施工项目特点制定的环境保护措施，并对作业现场实施监督检查。

9.3 噪声防护

（1）为作业人员配备耳塞、耳罩等防噪设施，并要求作业人员正确佩戴。

（2）尽量选用低噪声或备有消声降噪设备的机械和低噪声的作业方法，同时确保机械设备在良好状态下运行，并加强对设备的经常性维护。

（3）降低设备运行负荷，使用消声器、隔振降噪等工艺措施。

9.4 废弃物处理

（1）施工过程产生的废弃物随时清理回收，做到工完、料净、场地清。

（2）施工作业中的焊条头、废砂轮片、废钢丝绳和包装物等每天进行回收，统一送回营地集中处理。

（3）施工期间产生的工业污油，由专用回收装置专人送到营地统一处理，禁止随意倾倒。

（4）在施工现场对管线进行防腐处理时产生的防腐材料废弃物回收处理，使其不任意散落在环境中。

9.5 油料处理

（1）在施工期间使用的临时燃料油罐、燃料油运输车要制定安全储存和运输措施，防止燃料泄漏污染。

（2）动力源、机械设备起动前，必须认真检查各部位技术状态，油位、水位、仪表、线路。不得有漏气、漏油、漏水、漏电等现象存在，及各部位不得松动，如不符合要求，必须采取相应措施。

9.6 泥浆配置要求

（1）配制泥浆所需原材料必须符合环保要求，减少对环境的影响。

（2）泥浆配制场所设置防风挡板。

（3）施工现场配置泥浆回收装置。泥浆净化回收装置将泥浆进行三级处理加以循环再利用，降低泥浆材料消耗，从而减少环境影响。

10 效益分析

水平定向钻穿越大部分作业内容均在地下进行，避免了地面开挖施工产生的大量场地占用，消除了对城市交通、河流航运、周围的居民生活及建筑物的影响，最大限度地保护了环境，并且施工周期短，效率高。D1422mm定向钻穿越技术，从穿越口径上拓展了施工领域，提升技术发展速度，加快管道事业的发展，取得显著的经济效益和社会效益。

10.1 经济效益

本工法具有对环境影响小、效率高、精度高、成本低等优点。在中俄东线讷谟尔河穿越中，应用盾构工艺施工需要费用约为3500万元，而应用定向钻穿越工艺施工费用为2500万元，并且可以节约6个月的工期。

施工工艺	定向钻	盾构法
工期对比	4个月	10个月
孔径对比	1.8m	2.44m
孔洞成形后	直接回拖就位	进行隧道内安装
施工费用	约2500万元	约3500万元

由于本工法的成功应用，使得我公司中标乌裕尔河与嫩江两项定向钻穿越工程。在实际施工时应用了本工法，并全部一次回拖成功，为公司创造了大量的经济效益，预估工程利润率为15%。同时由于在D1422mm管道定向钻中应用了本工法取得成功，管道四公司在中俄东线中段中标西辽河穿越，在系统外的市场上，中标唐山LNG外输管线5条D1422mm定向钻工程。在业内取得良好的口碑，后续市场产生的经济效益无法预估。

10.2 社会效益

本工法从穿越口径上拓展了施工领域，能够契合当前国内大口径输气管道建设的需求。由于定向钻穿越施工具有非开挖的特性，可以有降低管道施工中不适宜开挖区域的破坏程度，减少开挖量，避免水土流失及破坏植被。因此D1422mm管道定向钻穿越的施工方式具有非常高的推广和应用价值。

11 应用实例

应用实例一：中俄东线讷谟尔河定向钻穿越工程

中俄东线讷漠尔河定向钻穿越工程是国内首条 D1422mm 大口径、高钢级定向钻穿越工程，同时也是中俄东线控制性工程。讷谟尔河定向钻水平长度 752m，管径 D1422mm，X80 钢级，壁厚 25.7mm，穿越曲率半径 2133m，最大埋深 27m。本次定向钻穿越地质条件复杂，两岸含卵砾石夹层，国内没有可借鉴的成功先例，导向孔精度要求极为苛刻，扩孔级别也要大大超过以往工程，同时，过大管径还会造成回拖时浮力过大，这些因素都给本次施工造成了前所未有的难度。

主管导向孔 2017 年 12 月 13 日开钻，正值冬季采用场地整体搭建大棚的措施克服零下 40℃低温严寒，通过扩孔钻具组合创新、双钻机同步对扩、注水降浮措施创新、新型"猫背"搭建等技术等创新手段与措施的使用，经过 113 个日夜连续奋战，顺利完成主管导向孔一次、扩孔六级、洗孔九次、主管回拖的施工任务。

讷谟尔河定向钻成功穿越，填补了国内同等管径水平定向钻施工的技术空白，刷新国内最大管径穿越记录，对定向钻穿越施工来说具有里程碑式的重要意义。

应用实例二：中俄东线乌裕尔河定向钻穿越工程

乌裕尔河定向钻穿越工程位于黑龙江齐齐哈尔市克东县宝泉镇，管道设计压力为 12MPa，输送温度为 40℃，地区等级为二级。穿越段钢管为 D1422mm × 30.8mm X80M 直缝埋弧焊钢管，防腐采用 3LPE 加强级外防腐层。穿越地层主要为泥岩、粉质黏土、粗砂、圆砾，入土角为 9°，出土角为 6°，穿越管段的曲率半径为 1500D，定向钻穿越段水平长度为 792.9m。

工程施工采用了 D1422mm 管道水平定向钻穿越施工工法，对扩孔器类型及尺寸进行合理的配比，降低了大级别扩孔过程中孔径下沉的风险，有效规避了常见的卡钻、扩孔器断裂、脱扣等问题。并通过新型注水降浮措施、保证了 D1422mm 管道一次性回拖成功。

应用实例三：中俄东线嫩江南岸大堤及老马圈后沟定向钻穿越工程

中俄东线嫩江南岸大堤及老马圈后沟定向钻穿越工程，管径 D1422mm × 30.8mm，穿越长度 805m，穿越地质主要为粉沙层、粉质黏土层。穿越使用 HK–450 钻机（回拖力 450t）施工，2 月 22 日开始进场，3 月 11 日开始光缆套管穿越导向孔钻进，3 月 15 日完成。主管穿越 3 月 22 日开钻，4 月 28 日完成回拖。

该工程借鉴前两次 D1422mm 管道穿越的经验，参考工法内扩孔器类型及尺寸的配比，保证大级别扩孔过程中减少孔径下沉、扩孔器断裂等风险，回拖过程中熟练应用工法指导降浮措施。在主管管线经过六次扩孔，其中四级扩孔后各进行一级洗孔。其中第六级扩孔：$6^5/_8$in 钻杆 +48in 桶式扶正器 + 70in 板桶式扩孔器 +44in 桶式扶正器 $6^5/_8$in 钻杆（扩孔器与前后桶加两根柔性钻杆）。回拖时采用 PE 管降浮等措施之后，顺利完成了施工。

采用该工法有效规避了大级别扩孔施工中常见的卡钻、踏孔、抱钻、扩孔器断裂、脱扣等施工风险，采用降浮措施回拖管道顺利入洞保证了 D1422mm 管道一次性回拖成功。

D1422mm 双焊炬自动焊施工工法

中国石油管道局工程有限公司

安军辉　任　伟　于东海　安治国　楼剑军

1　前言

随着能源结构的不断调整，天然气需求量与日俱增。为满足发展需求，进一步提高管道输送效率，降低管道建设和输送成本，大口径、高钢级长输管道已经成为当前油气管道建设的主流。以往项目施工，自动焊焊接最大口径至 D1219mm。而中俄东线天然气管道工程（黑河－长岭段）尚属国内首条的 D1422mm 高钢级长输管道，无成熟焊接经验借鉴，材质等级为 X80M，壁厚 21.4mm、25.7mm、30.8mm，质量重（单根质量达 10t、11.5t、13t）。因管径大、管壁厚、管材重，导致管口组对、焊接面临安全风险高、质量控制难等问题。

为有效解决上述问题，提高 D1422mm 双焊炬自动焊焊接质量。中国石油管道局工程有限公司第四分公司（以下简称管道四公司），自 2013 年起就陆续开展了“D1422mm 管道施工技术方案研究”“中俄东线示范段工程设计优化及施工技术研究”“耐低温焊接预热装置研制”等多项科研课题，重点针对自动焊焊接质量提升进行深入研究，并取得了一系列科研成果。2016 年 11 月 ~2019 年 5 月，管道四公司先后承建了中俄东线试验段一期、试验段二期、中俄东线一标段项目，工程技术人员结合研究成果和现场双焊炬自动焊实际焊接情况，持续改进技术及装备，总结提炼各项技术，形成“D1422mm 双焊炬自动焊施工工法”，为后续大口径、高钢级长输管道自动焊施工提供技术参考。

项目施工中，“DGY40 型吊管机改为 D1422 坡口机动力源研究”荣获管道局 2018 年度科技进步三等奖。共申报专利 7 项，分别为：“一种坡口机液压动力供给系统”（专利号 201720942365.5）；“一种用于自动焊接的复合线缆”（专利号 201720209849.9）；“一种气压报警装置”专利号（201720171229.0）；“一种焊接防风棚”专利号（201710302004.9）；“一种管口组对参数测量、分析的方法及装置”专利号（201710592792.X）；“自动焊车载低温罐供气装置”专利号（201730570242.9）；“一种沟底整平整装置及方法”专利号（201711292640.4）。

2　工法特点

（1）焊接组对前，采用管口椭圆度测量仪对钢管进行测量级配，以确保组对管口椭圆度相当及内外径匹配。

（2）防风棚侧门采用自动开闭圆弧设计。就位前，在上端配重铁的重力作用下侧门处于开启状态。就位后，在管材顶部支撑力作用下，完全闭合。既简化了操作又改善了密封效果。

（3）采用双焊炬自动焊技术，较好地解决了因 D1422mm 管道口径大、管壁厚而导致的焊工劳动强度大问题，在设备人员配置相同的前提下，工效较半自动焊接技术提升 1~2 倍，且焊缝机械性能优于半自动焊技术。

3 适用范围

适用于平原及作业面坡度≤12° 的山区，D1422mm 油气长输管道焊接施工。

4 工艺原理

本工法是在 D1422mm 长输管道焊接关键工序，采用一系列新型的工机具及设备，有效地解决了大口径、厚壁管组对难、焊接质量控制难等问题。主要采用如下几项关键技术：

4.1 坡口机动力源改进技术

工作原理是通过对吊管机液压系统重新设计，在不改变原有吊装功能的前提下，使吊管机液压系统可满足吊装和坡口作业两种工况需要。相比传统模式优化了设备配置，提高了设备利用率，降低了燃油消耗。作为坡口机动力源时，设备具有行走自锁功能，规避了误操作风险。同时解决了传统坡口在加工作业时，吊管机因搭载坡口机动力源而导致吊管机重心后移，及在松软地段及坡路通过性差、噪声污染等问题。

4.2 组对技术

利用自行设计的“管口组对参数测量装置”对管口的椭圆度进行测量，并自动分析数据，确定合理的级配方案。具体原理为：采用激光测量直径，将装置沿管口内表面滑动一周，测出管口多个方向的直径，并自动分析得出最大值、最小值。采用光电编码器机构，进行管口内部周长的测量，并自动记录数据。技术人员根据测量数据能快速得到匹配度高的管口组对方案。

4.3 双焊炬自动焊技术

采用内焊机根焊 + 双焊炬自动外焊焊接工艺。根焊采用 DC400 焊机为内焊机提供焊接电源，通过操控内焊机送达杆完成根焊焊接；双焊炬外焊设备由福尼斯焊机为其提供电源，通过操作手持遥控盒完成填充、盖面焊接。

5 施工工艺流程及操作要点

5.1 工艺流程（图 5-1）

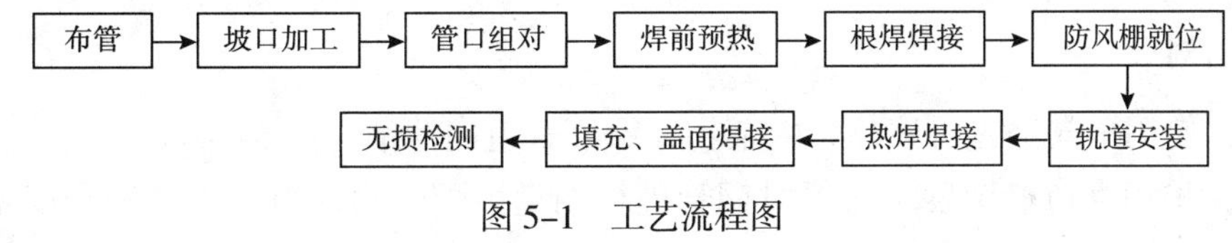

图 5-1 工艺流程图

5.2 操作要点

5.2.1 布管

（1）一般地段采用吊管机布管，相邻管口成平行分开，间隔 150～200mm，管子两端用土堆、袋装土或枕木支撑，管材距地面距离≥200mm。

（2）为满足机械加工坡口，采用双管同布的方法进行布管（图 5-2）。

（3）在斜坡地段布管时，根据地形和土质情况将支撑管墩宽度加大至稳定摆放防腐管的尺寸，并且管子摆放要平整；当坡度 >10° 时，采取随时布管，随时组装焊接的方式。

（4）低温环境下管材吊装时，务必进行试吊，起吊距离约为0.5~1m。试吊确认安全后方可正常吊起（图5-3）。

（5）吊管机行走过程中务必保持运行平稳，防止钢管晃动，碰撞大臂，造成防腐层损伤。

（6）低温环境下土墩与管材之间需放置草帘或熟胶皮等软质材料作为隔离，防止管材底部与土堆冻结，主体焊接时清理困难，降低施工工效。

（7）低温环境下布管完成后，要检查管口封堵情况，如有破损必须进行修补，防止冰雪进入管内。

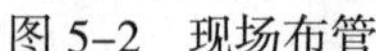

图5-2　现场布管

图5-3　管材吊装

5.2.2　坡口加工

（1）现场使用坡口机加工坡口。坡口加工过程中合理选择进给量，减少铁屑夹刀，提高切削效率和质量。加工完成后，使用游标卡尺和万能角度尺配合对坡口进行检查，确保符合工艺规程要求。

（2）D1422施工过程中，对坡口机动力源进行技术创新，常规由吊管机运载液压站为坡口机头提供动力源，改装后采用吊管机自身液压系统为坡口机提供动力源，有效提高了坡口工效，减轻了吊管机运载质量（图5-4、图5-5）。

图5-4　坡口机液压系统改装前

图5-5　坡口机液压系统改装后

5.2.3　管口组对

（1）组对前，使用角向磨光机清除管内杂物，保证管道内清洁（图5-6）。

（2）组对前，采用管口椭圆度测量仪对钢管进行测量级配，确保组对管口椭圆度相当及内外径匹配（图5-7）。

图5-6　管口清理

图5-7　椭圆度测量及级配

（3）采用自动内焊机进行管口组对，首先使内焊机三个组对定位器端面紧贴固定管管段坡口钝边平面，再涨紧内焊机后排涨力靴进行固定。然后吊运活动管接近内焊机，对口时吊管机移动要平稳，当管口贴近后实现“零间隙”组对。

（4）管口出现错边量超标时，采用吊管机配合转管方法将错边均匀分布在整个圆周上。

（5）地形起伏地段施工时，采用吊管机吊管，挖掘机配合的方式对悬空管段及时进行底部垫墩处理，调整钢管高低，保证每根防腐管至少有一个管墩支撑。

（6）管口组对完成后，采用自动焊坡口上开口宽度测量仪测量开口宽度（图 5–8、图 5–9）。

图 5–8　自动焊坡口上开口宽度测量仪

图 5–9　上开口测量仪现场使用

5.2.4　焊前预热

高寒环境下，因温度较低，考虑到预热工效，测算发电机和中频加热器的匹配程度。宜选用电动开合钳式中频加热器（图 5–10）。施工过程中，安排专人对中频加热器和发电机进行看护，发现问题，立即解决。

5.2.5　根焊焊接

采用全自动内焊机进行根焊焊接，焊枪不摆动（图 5–11）。送丝速度、焊接速度等焊接工艺参数焊前根据工艺规程调试设定完毕。根焊完成后，对其外观进行检查。存在缺陷位置进行内补焊。在极寒环境（温度低于零下 20℃）时，配置 70kW 的热风机提前预热内焊机，以防其动作缓慢或无动作。内焊机工作过程中，管道两头要采用帆布或彩条布进行临时封堵。焊接过程的技术数据通过 PCM 管理系统适时上传和保存。

图 5–10　电动开合钳式中频加热设备

图 5–11　内焊机根焊焊接

5.2.6　防风棚就位

全自动焊采用专门研制的全封闭防风棚，在气温较低或风、雨、雪恶劣天气施工时，内部安装制暖设备（浴霸等），提高棚内温度，为焊工创造良好工作环境。

针对东北低温特点，防风棚外墙体采用强化阻燃保温，最大限度减少通过墙壁引起的热量损失。保温防风棚采用红外线暖泡进行棚内加热，和其他加热器相比具有体积小、升温速度快、加热无风、

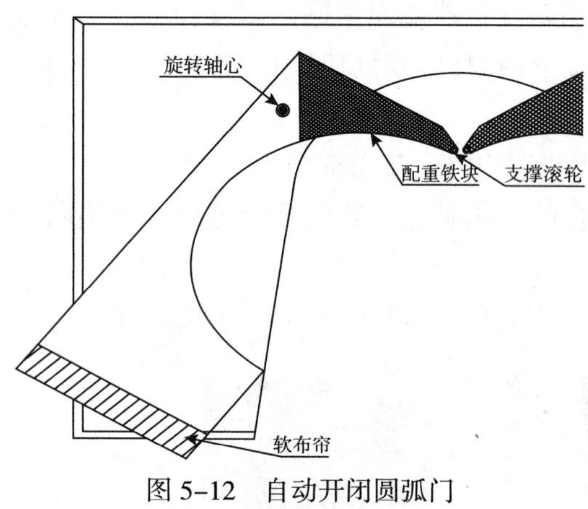

图 5-12　自动开闭圆弧门

安装方便、配件通用采购方便等特点，在环境温度 -30℃棚内加热 10min 温度可达到 -10℃，保证焊接设备运行。采用自动开合侧门结构，降低工人劳动强度。防风棚整体采用螺栓固定，可拆分为片状，便于运输，大大节约运输成本（图 5-12）。

防风棚就位前，通过侧门上端配重铁重力，使小门处于开启状态（示意图 5-13 左图）；就位过程中，侧门上端的支撑滚轮与管子顶面接触，推动侧门向内侧运动（示意图 5-13 中图）；就位后，防风棚内部圆弧梁与管子接触，侧门停止运动，下部完全闭合（示意图 5-13 右图）。自动开闭圆弧门开闭过程现场实图如图 5-14 所示。

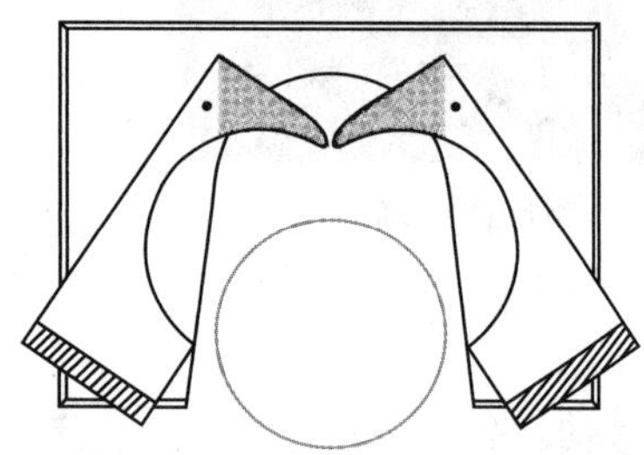
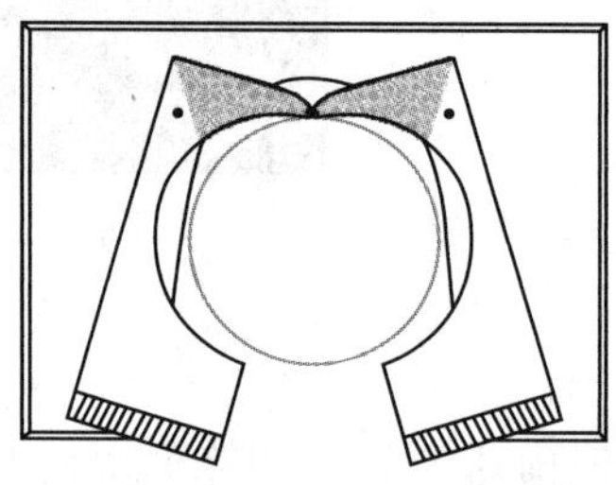
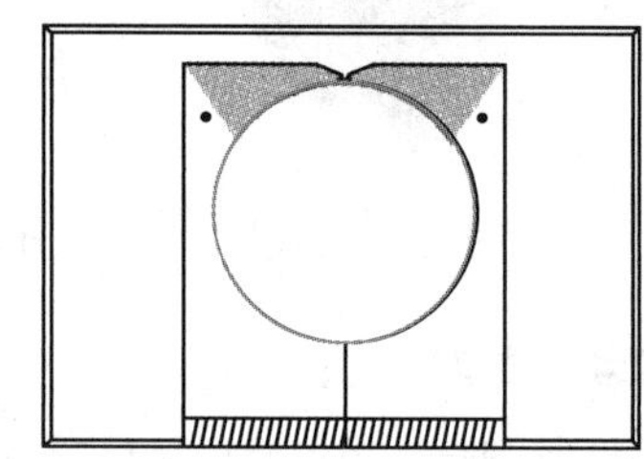

图 5-13　自动开闭圆弧门开闭过程示意图

图 5-14　自动开闭圆弧门开闭过程现场实图

5.2.7　轨道安装

可采用轨道装夹校正器辅助轨道安装。确定轨道边缘与钢管坡口之间的距离为 110mm；调整轨道松紧度；轨道安装后，要保证轨道与管外表面的距离差≤3mm，轨道与管口端面的距离差≤2mm（图 5-15）。

5.2.8　热焊焊接

采用手持遥控盒控制自动外焊机（单焊炬）进行热焊焊接（图 5-16）。为确保钝边能够完全融合，热焊前从顶部到底部对焊道进行详细检查，错边位置采用角磨机进行打磨处理，使两侧钝边保持平齐。热焊道接头要打磨且错开 30mm 以上距离，打磨时，砂轮片高速运转产生一定风力，为保证焊接质量，当一侧焊接小车行走至 3 点左右位置时，另一侧在顶部放置止风板后方可进行接头打磨。需注意低温环境焊接过程中，要适时配置伴热带（加热功率 12kW），保证焊接层间温度。焊接过程技术数据通过 PCM 管理系统适时上传和保存。

图 5-15 采用轨道装夹校正器辅助轨道安装

图 5-16 热焊焊接

5.2.9 填充、盖面焊接

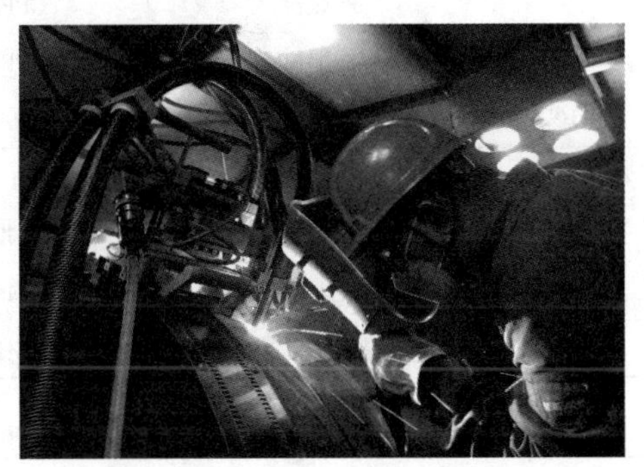
图 5-17 双焊炬自动焊填充盖面

采用手持遥控盒控制自动外焊机（双焊炬）进行填充、盖面焊接（图 5-17），焊接过程技术数据通过 PCM 管理系统适时上传和保存。每层焊道接头要打磨且错开 30mm 以上距离。打磨时，砂轮片高速运转产生一定风力，为保证焊接质量，当一侧焊接小车行走至 3 点左右位置时，另一侧在顶部放置止风板后方可进行接头打磨。

需注意低温环境焊接过程中，要适时配置伴热带（加热功率 12kW），保证焊接层间温度。同时注意盖面焊时，“6 点”位焊道余高容易超标，技术人员要根据情况及时调整工艺参数。

5.2.10 无损检测

（1）焊缝外观检查合格后，采用全自动超声波（AUT）进行无损检测。

（2）无损检测发现超标缺陷时，及时按照返修指令要求和工艺返修，采用 RT 和 UT 进行复检。

5.3 劳动力组织

以长输管道 6.9km、管径 1422mm、壁厚 21.4mm 施工为例，人员配备分别如表 5-1 所示。

表 5-1 劳动力配备表

序 号	工序	人数 / 人	工 种						
			管工	焊工	操作手	坡口工	起重工	司机	普工
1	布管	7			1		1	1	3
2	坡口加工	4			1	1			2
3	管口组对	11	2	3	2				4
4	焊前预热	3			1				2
5	根焊焊接	4		3	1				
6	填充盖面焊接	22		15	7				
合计		51	2	21	13	1	1	1	11

6 材料与设备

以中俄东线试验段（一期）D1422 管道工程自动焊机组配置为例，主要设备及材料如表 6-1、表 6-2 所示。

表 6-1 管道安装主要设备配置表

序号	设备名称	型号规格	单位	数量	用途
1	吊管机	70t	台	1	摆管、布管
2	吊管机	40t	台	1	加工坡口
3	吊管机	90t	台	3	管口组对
4	坡口机	CPP900-FM56	套	2	坡口加工
5	多功能焊车	20t	台	8	提供外焊电源和吊运防风棚
6	内焊机	CPP900-IW56	套	1	包括内对口器
7	移动电站	100kW	台	1	
8	外焊机	CPP900-W2	套	1	2台（热焊）
9	外焊机	CPP900-W2	套	6	12台（填充、盖面）
10	空压机	$1.6m^3$	台	1	提供压缩空气
11	防风棚	3.6m × 3m × 3m	个	7	
12	中频加热器	120kW	套	1	
13	发电机	150kW	台	1	
14	焊条烘干箱	NZH-G-100	台	1	烘干焊条

表 6-2 主要材料消耗表（单公里）

序号	材料名称	型号规格	单位	数量	用途
1	二氧化碳气	100%	瓶	40	热焊接保护熔池
2	混合气	20%CO_2+Ar80%	瓶	135	内焊和填充、盖面焊接保护熔池
3	椭圆度测量仪		套	1	钢管椭圆度测量
4	组对开口检测尺		个	1	自动焊坡口上开口测量
5	根焊丝	ER70S-G	kg	40.5	内焊机焊接用
6	填充盖面焊丝	ER80S-G	kg	540	外焊机焊接用
7	砂轮片	直径 150mm × 3mm	片	90	清理管口、焊道
8	钢丝刷	D150	片	90	清理管口、焊道
9	吊带	30t	条	2	自动焊机组用

7 质量控制

7.1 执行的标准

（1）GB 50369—2014 《油气长输管道工程施工及验收规范》。

（2）GB 50424—2015 《油气输送管道穿越工程施工规范》。

（3）GB/T50818—2013 《石油天然气管道工程全自动超声波检测技术规范》。

（4）SY/T 5257—2012 《油气输送用钢制感应加热弯管》。

7.2 质量保障措施

（1）管口组对前，采用红外线检测设备进行钢管椭圆度测量，严格执行钢管级配，确保错边量满足焊接工艺要求；组对完成后上开口宽度采用专用设备测量。

（2）低温环境施工，焊前预热必须采用中频加热器，温度 100～150℃。

7.3 关键工序质量控制点

序号	检验项目	指标要求	检查时机或频次	检验工具
1	防腐管材质、规格	符合设计要求	每检验批抽查 10%	检查质量证明书或复检报告
2	防腐层质量	符合设计要求	每检验批抽查 10%	查质量证明书或复检报告
3	钢管管口	完好无损，管口清理应无铁锈、油污及毛刺	每检验批抽查 10 点（处）	目测检查
4	钢管管端	10mm 范围内余高应打磨掉并平滑过渡	每检验批抽查 10 点（处）	用尺检查或目测检查
5	两管口螺旋焊缝或直焊缝错开间距	≥100mm	每检验批抽查 10 点（处）	用卷尺检查
6	对口间隙	符合焊接工艺规程	每检验批抽查 10 点（处）	用焊接检测尺或塞尺测量
7	错边量	符合焊接工艺规程	每检验批抽查 10 点（处）	用焊接检测尺测量
8	管子组对偏差	应≤3°	检验批内全部检查	用尺检查
9	焊材	符合设计要求	每检验批抽查 10%	检查质量证明书、合格证和复检报告
10	焊缝外观	符合焊接工艺规程要求	每检验批抽查 10%	目测检查

8 安全措施

8.1 执行的安全法规

（1）GB/T 28001—2011 《职业健康安全管理体系 要求》。

（2）Q/SY 1002.1—20078.1.2 《健康、安全与环境管理体系》。

8.2 安全保障措施

（1）山区段自动焊施工时，两设备之间应保持安全距离，且用警示带隔断。

（2）采用 90t 吊管机进行短节吊装下沟，吊装时，吊具必须固定牢靠，设专人指挥、监护，以确保施工安全。

（3）氧气、乙炔等各种气瓶应定期检查。禁止剧烈振动与撞击，搬运时要轻装轻卸，不得放在阳光下曝晒。

（4）自动焊施工时，防风棚吊运过程中下方严禁站人。

（5）管道下沟施工，专人统一指挥，为设备操作手配置带耳机的对讲机，保证下沟安全。

9 环保措施

9.1 执行的环保法规

（1）GB/T 24001—2004《环境管理体系》。

（2）GB/T 16453.1—2008《水土保持综合治理　技术规范　坡耕地治理技术》。

（3）GB/T 16453.2—2008《水土保持综合治理　技术规范　荒地治理技术》。

（4）GB/T 16453.5—2008《水土保持综合治理　技术规范　风沙治理技术》。

（5）GB 3095—2012《环境空气质量标准》。

（6）GB 12523—2011《建筑施工场界环境噪声排放标准》。

9.2 环保措施

（1）建立各级环境保护组织，落实环境保护规定和责任制度。

（2）施工过程中加强对施工燃油、工程材料、设备、废水、污油、生产生活垃圾、弃渣的控制和治理，遵守有关防火及废弃物处理的规章制度，将废弃物运送到指定地点统一处理。

（3）坡口机加工坡口时产生的铁屑采用自动铁屑拾取器进行收集，统一处理。

（4）将工程施工场地和作业限制在允许的范围内，合理布置、规范围挡。做到标牌清楚、齐全、各种标识醒目、施工场地整洁文明。

（5）施工前对工程机械等大型设备进行全面检修，施工中及时维修保养，确保性能良好，减少尾气排放对大气的污染。

10 效益分析

随着国家对能源需求的快速增长，为达到投资的良好经济性，长输管道趋向于采用大口径、大壁厚、高钢级管材。同时也产生了施工难度大、质量控制困难等问题。新工艺、新技术及新设备的应用，为提高 D1422 长输管道焊接质量提供了有力保障。

10.1 经济效益

2016 年 11 月初至 2019 年 10 月，管道四公司采用自动焊设备在中俄东线试验段一期、二期、北段一标段项目成功完成约 84.5km 管线施工任务。与以往半自动焊接工艺相比，在资源配置相同的前提下，工效大幅提升。工效对比如表 10–1 所示。

表 10-1 自动焊与半自动工效对比表（以 D1422mm × 21.4mm，单公里 90 道口为基准）

工艺方法	焊接工效 /（道口 /d）	焊接长度 /km	所需时间 /d	备 注
全自动焊	24 ~ 32	1	3.2	
半自动焊	10 ~ 15	1	7.2	

10.2 社会效益

长输管道安装技术和管理水平的创新提高，实现了管道施工的机械化、自动化、信息化，从而使施工效率提高、劳动强度降低、材料消耗减少，整体提高了国内管道施工的施工水平和管理能力，为国内大口径管道自动焊技术大面积应用起到了良好的推动作用。

11 应用实例

应用实例一：试验段一期项目

试验段一期选定在五大连池分输压气站前 GXAC2016 桩 ~ GXAC2018 桩之间，以及站后 GXAC2024 桩 ~ GXAC2026 桩之间，共计线路长度约 7km。试验段一期于 2016 年 11 月初开始采用自动焊设备施工建设，2017 年 3 月初完成施工。

应用实例二：试验段二期项目

试验段（二期）起始点位于黑龙江省农垦局北安管理局下属的襄河农场红旗桩村北侧约 3km 处（GXAC2001 桩），终点位于五大连池市新发乡凤山村南 3km 的五大连池市与克东县交接处（GXAC2066 桩），总体走向自东北向西南，线路总长 71.5km。管道四公司采用自动焊设备于 2017 年 6 月中旬开工，10 月底顺利完成约 7.5km 焊接施工任务。

应用实例三：中俄东线干线一标段

中俄东线干线（黑河 – 长岭）一标段起点为黑河首站（桩号 AA001），终点爱辉区二站乡（桩号 AA211+390m），总长度 73.59km，管径 D1422mm，设计压力 12MPa。本标段包含阀室 3 座（1#、2#、3#）；大型河流穿越 1 处（公别拉河，长度 1.5km）；中型河流穿越 1 处（石锦河，长度 0.41km）；一、二级公路顶管穿越 4 处；铁路顶箱涵穿越 2 处。2017 年 12 月中旬至 2019 年 5 月底，管道四公司在黑龙江省中俄东线天然气管道一标段工程中采用全套 D1422mm 管道自动化机械设备完成了约 73.1km D1422mm 的管线安装。

施工期间，作业机组克服零下 30℃严寒的自然环境、连绵起伏及地质条件复杂的山区、泥泞的沼泽地等不同环境下的自动焊施工，采用本工法施工保证了施工质量，减轻了工人劳动强度，减少了恶劣环境对人体的伤害，使工程建设取得阶段性成功。

水平定向钻穿越“裸扩孔”施工工法

中国石油管道局工程有限公司第四分公司

霍学庆　侯建华　周明明　杨　飞　杨　明

1　前言

近年来，水平定向钻市场竞争日趋激烈，工程造价越来越低。为了实现工程盈利，合理优化工艺、降低施工风险、节省施工成本显得尤为重要。针对短距离黏性土、砂土、粉土、砂层等较松软地层，采用常规定向钻扩孔器后面连接钻杆的方法，耗时较多，施工扭矩增加，增加设备配置数量。不仅增加了施工成本，而且增大了风险。

为了有效地降低施工成本和风险，中国石油管道局工程有限公司第四分公司（以下简称：管道四公司）研究了水平定向钻“裸扩孔”施工技术，与传统扩孔工艺相比，该工艺在扩孔器后面不再接钻杆，每级扩孔结束后使用认孔器将钻杆推入孔洞，连接扩孔器后进行下一级扩孔。该工艺可有效减少扩孔资源投入，降低施工成本，保护生态环境，解决了中、短距离黏性土、砂土、粉土等较松软地层施工过程中耗时较多、扭矩增大、设备配置数量多的问题，同时还为其他复杂地层的定向钻施工提供了参考。管道四公司结合工程应用情况，总结形成了管道定向钻穿越“裸扩孔”施工工法。

2016年以来，川气东送吴昆项目已成功利用此工艺完成了19条定向钻穿越工程，其中，最长穿越距离2117m，管径 ϕ813mm，壁厚23.8mm，穿越地层为粉细砂地层。通过使用“裸扩孔”工艺，不仅减少了设备和人员的投入，而且节省了施工时间、降低了风险，最终仅用24天顺利完成施工。随后，该工法在甬台温天然气输气管道工程苍南支线和孟加拉单点系泊等国内外多个工程中得到了成功的应用，经济效益明显。

与本工艺配套使用的“自带仰角认孔器制作与应用”获2017年度管道局技术革新一等奖，“大级差扩孔工艺在粉土、粉砂、黏土地层定向钻施工中的运用”获2018年度管道局技术革新二等奖。

2　工法特点

2.1　施工效率高

由于在扩孔（反扩）过程中，扩孔器后不再接钻杆，提高了扩孔速度，节省了时间和人员投入，大大提高了施工效率。

2.2　施工风险低

由于黏土层和砂层具有不稳定性，在定向钻穿越工程中存在泥包钻、沉沙卡钻和塌孔的风险，扩孔器后不接钻杆，一方面降低了扭矩，另一方面，节省了时间，降低了泥包钻、沉沙卡钻和塌孔的几率。另外，使用“裸扩孔”工艺减少了孔洞内钻具的质量，钻具切削后的孔洞形状更加规整，有利于管道回拖。

2.3 减少了人员、设备和材料的投入

采用“裸扩孔”工艺，出土点不再架设泥浆回收系统和泥浆泵，返出的泥浆通过罐车拉运至入土点回收处理后再利用，也不需要倒运钻杆。出土点设备仅需要一台挖掘机、一台发电机、一台渣浆泵和水泵若干。因此，节省了大量的人员、设备和材料（油料、泥浆材料、手段用料）。

3 适用范围

适用于短距离和较长距离黏性土、砂土、粉土、砂层等较松软地层，在岩石和卵砾石地层等其他复杂工况中也可适当的借鉴。

以下根据不同地层，将“裸扩孔”工艺适用的管径和穿越长度进行简要说明（注：下列表格中“★”的数量表示在对应工况中的适用程度，数量越多，适用程度越高；“/”表示不适用）。

3.1 黏性土、砂土、粉土等松软土层（表 3-1）

表 3-1 “裸扩孔”工艺在黏性土、砂土、粉土等松软土层穿越中的适用性

长度 /m	管径 /mm				
	0~406	406~813	813~1016	1016~1219	>1219
0~500	★★★★★	★★★★★	★★★★★	★★★★★	★★★
500~1000	★★★★★	★★★★★	★★★★	★★★★	★★
1000~1500	★★★★★	★★★★★	★★★★	★★★	★
1500~2000	★★★★★	★★★★	★★★★	★★★	★
2000~2500	★★★★	★★★	★★★	★★	★
2500~3000	★★★	★★★	★	★	—
>3000	★	★	—	—	—

3.2 粉细砂地层（表 3-2）

表 3-2 “裸扩孔”工艺在粉细砂地层穿越中的适用性

长度 /m	管径 /mm				
	0~406	406~813	813~1016	1016~1219	>1219
0~500	★★★★★	★★★★★	★★★★	★★★★	★★★
500~1000	★★★★★	★★★★	★★★★	★★★	★
1000~1500	★★★★★	★★★★	★★★	★★	—
1500~2000	★★★★	★★★★	★★★	★	—
2000~2500	★★★★	★★★	★★	—	—
2500~3000	★★	★	★	—	—
>3000	★	—	—	—	—

3.3 中粗砂地层（表 3-3）

表 3-3 “裸扩孔”工艺在中粗砂地层穿越中的适用性

长度 /m	管径 /mm				
	0~406	406~813	813~1016	1016~1219	>1219
0~500m	★★★★★	★★★★	★★★	★★	★
500~1000m	★★★★	★★★	★★	★	—
1000~1500m	★★★	★★	★	—	—
1500~2000m	★★★	★★	★	—	—
2000~2500m	★★	★	—	—	—
2500~3000m	★	—	—	—	—
>3000m	—	—	—	—	—

3.4 岩石等其他较复杂地层

在硬度 30MPa 以下，短距离、稳定的岩石地层的定向钻穿越工程中，可以使用“裸扩孔”工艺；在短距离、小管径的卵砾石穿越施工中，可根据地层的稳定性决定是否使用“裸扩孔”工艺。

4 工艺原理

4.1 工艺原理

导向孔完成后，在出土点拆卸钻头，连接扩孔器，在扩孔器后不再接钻杆，而是接盲堵进行扩孔作业。扩孔过程中仅从钻机侧泵浆，泥浆排量根据扩孔切削量和地层情况进行调整。从出土点返出的泥浆汇流至泥浆坑后，由渣浆泵泵送至罐车（或船舱）内，再陆运（或水运）至入土点，经回收处理后再次利用。待本级扩孔结束后，拆卸扩孔器，安装自行设计的特殊结构的认孔器进行认孔作业，认孔器从出土点出土后，换上扩孔器进行下一级扩孔作业。如此反复，直至扩孔结束后进行回拖作业（图 4–1、图 4–2）。

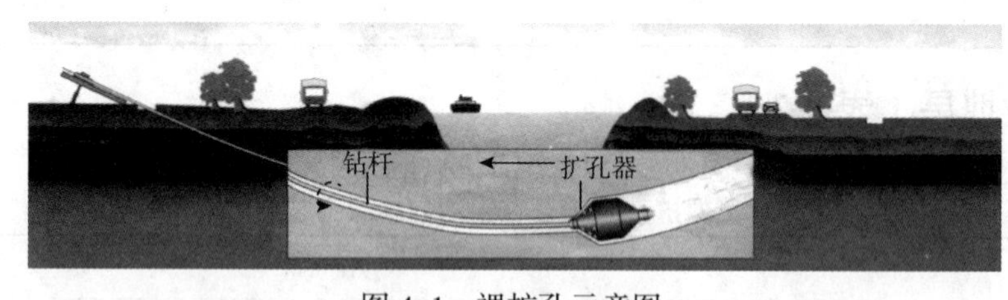

图 4–1 裸扩孔示意图

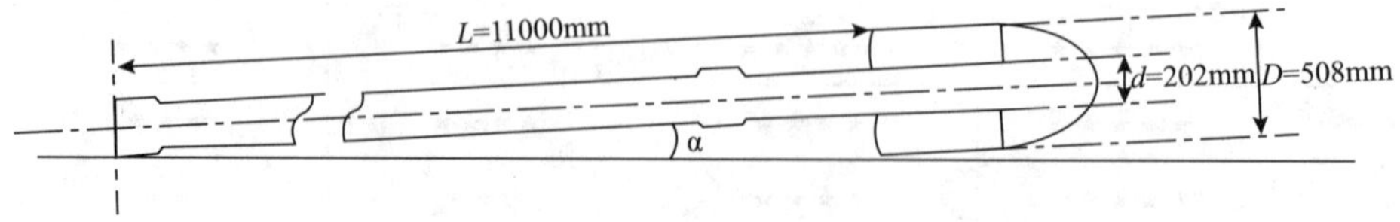

图 4–2 认孔示意图

4.2 关键技术

4.2.1 “裸扩孔”技术

“裸扩孔”技术是指在进行水平定向钻穿越预扩孔和洗孔作业时，扩孔器或者洗孔器后不连接钻杆进行作业，待预扩孔完成后，采用认孔器推钻杆工艺，将钻杆从入土点推至出土点，然后再开始进行下一级作业的过程，同时在场地布置、钻具选型、泥浆处理等方面采取的一系列技术的统称。

4.2.2 自带仰角认孔器设计技术

自带仰角认孔器的作用是在预扩孔完成后，安装在钻杆最前端，引导钻杆从入土侧沿原孔洞推进到出土侧。该认孔器设计的独特之处在于：①浮筒式设计，认孔器的尺寸和质量要经过计算，使其浮力与重力基本相等。这样在认孔推进时就不会出现由于钻杆和认孔器重力作用导致曲线下沉或者认孔失败的情况。②仰角的设计，利用认孔器直径大于钻杆直径的原理实现的仰角，确保认孔器始终将钻杆向孔的中心引导，从而带动钻杆顺利到达出土点。③保证孔洞完整性“肩颈”设计，为了克服塌孔和沉积物，必须保持认孔器有切削能力，所以在“颈”的位置布置切削刀头；切削是双刃剑，多余的切削会增加产生新孔的风险，所以在“肩”的位置设计成圆弧形，一方面避免多余的切削，另一方面有利于顺着“颈”切削小孔挤扩向前，通过坍塌和沉积严重部分。④水眼设计，在认孔器前后布置合适数量和方向有利的水眼，在使用中调整水眼大小，控制喷射泥浆的数量，为孔洞补浆，改善孔内泥浆质量，增强泥浆的护壁支撑作用。⑤认孔器尾端弧形设计，保证认孔器在孔内进退自如。

5 施工工艺流程及操作要点

5.1 工艺流程图（图 5-1）

5.2 操作要点

5.2.1 场地布置

定向钻入土点设备摆放的位置和形式与常规方式大致相同，主要设备有定向钻机、泥浆泵、发电机、泥浆配制系统和回收处理系统，还有配合的履带式挖掘机等。

定向钻出土点的场地布置相比常规方式要精简许多。采用“裸扩孔”工艺后，出土点的施工任务大大减少（图 5-2），投入的资源也相应减少。既不需要存放钻杆的大平台，也不需要大型发电机、泥浆泵和回收处理系统，只需要一台挖掘机用于连接扩孔器即可。对于拉运泥浆可以利用现有地形，将泥浆用管路连接到方便拉运的地方，无需在场地特别布置。

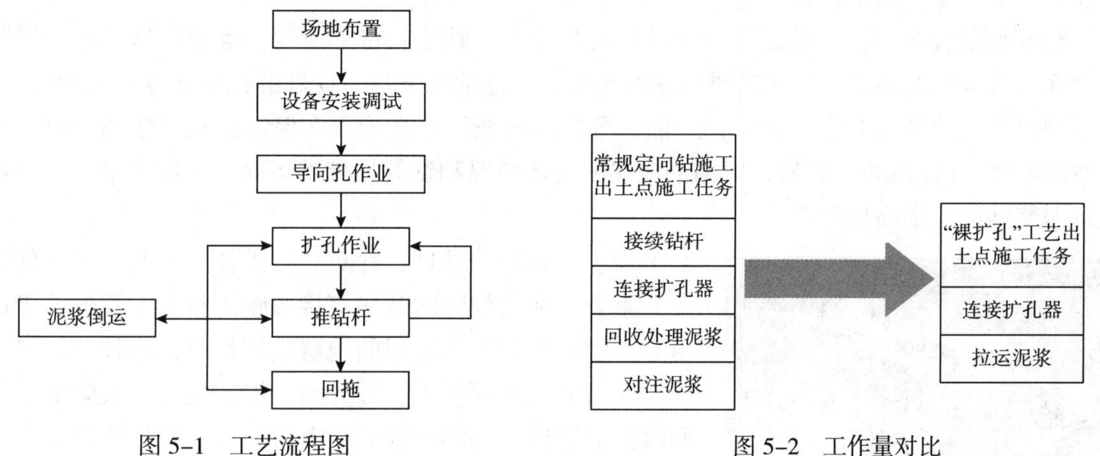

图 5-1 工艺流程图

图 5-2 工作量对比

5.2.2　设备安装调试

“裸扩孔”工艺最适合距离适中的土层或沙层，对施工连续性要求高，因此如果确定要使用“裸扩孔”工艺，在设备的安装调试环节需要做到以下几点：

（1）开钻前，对现场所有设备进行检修保养，排除设备隐患，保证开钻后不能因为设备故障导致停工。

（2）钻机的就位，钻机应严格安装在穿越中心线上，确保钻机位置导致的导向孔偏差最小。

（3）倒运泥浆的管路和抽浆泵要做好检修，最好准备两套，一用一备，并安装到合适的位置，保证泥浆罐车的出入方便。

（4）钻具的检查，包括钻杆钻具的完好性，水眼是否通畅等。

5.2.3　导向孔作业

操作要求与常规定向钻施工方式相同。

5.2.4　扩孔作业

1. 扩孔器选型

由于扩孔器后不连接钻杆，因此在选用扩孔器时，要尽量选择两端都有坡度的扩孔器，这样可以让扩孔器进退自如，不容易出现卡死现象。另外，在扩孔器后要连接一个盲堵，保证泥浆不从扩孔器后喷出，确保扩孔时有足够的泥浆压力。改造中的扩孔器如图 5–3 所示。

图 5–3　扩孔器改造

2. 钻杆钻具预紧

导向孔出土后，拆除导向钻具和控向传感器，连接 1 级扩孔器，使用入土点钻机将整体钻杆进行预紧，预紧扭矩应是正常扩孔扭矩的 1.2~1.5 倍，以预防扩孔中扭矩突然增大造成钻杆粘扣的情况；

3. 泥浆性能保证和泥浆回收处理

（1）泥浆性能保证：由于该工法主要是针对黏性土、砂土、粉土、砂层等较松软地层，泥浆配比和性能方面与常规工艺类似，泥浆需要有好的流变性、低的滤失量、良好的孔壁支撑能力和稳定性。

为了保证在整个施工过程中泥浆的性能，要按时监测泥浆性能。在保证储浆性能的同时，也需要监测返浆的黏度、pH 值和含砂量，以确定地层的具体情况和钻屑的携带情况，根据测量结果分析后进一步改进泥浆性能，提高功效。

图 5–4　离心机现场应用

（2）泥浆回收处理：针对“裸扩孔”工艺，泥浆处理环节尤其重要，泥浆处理的效率直接影响了整个工程的施工进度。由于“裸扩孔”工艺适用的地层钻屑粒径普遍较小，只用振动筛，大部分无效固相无法被分离，泥浆性能大大降低。因此，回收的泥浆经振动筛处理后，需再经离心机进行处理。实践证明，使用离心机后，泥浆中的无效固相被大量分离，泥浆循环利用率提高，图 5–4 是离心机的现场应用实况。

4. 操作中注意防止卡钻

在扩孔过程中，操作人员要密切观察扩孔数据，如发现扭矩异常增大，应立刻采取措施，不要盲目追求进度，避免出现扩孔器卡死现象。

5. 扩孔完成要尽快开始推钻杆

由于完成的孔洞内没有钻杆，仅靠泥浆性能支撑孔壁，因此在每一级扩孔施工完成，都要尽快把扩孔器卸掉，开始推钻杆作业，这样能最大程度上保证孔洞的完整性。

5.2.5 推钻杆作业

推钻杆是指在扩孔作业完成后，采用单独设计的自带仰角认孔器为引导，后面连接普通钻杆，将认孔器从入土点沿原孔洞推送至出土点的过程。

（1）认孔器的制作。认孔器的制作因施工地质条件不同要单独加工，但需要满足以下条件：

①孔洞直径要大于认孔器直径的 1.3 倍。

②认孔器的仰角要控制在 10° 以内。

③认孔器前端要安装一定数量的刀头，保证认孔器能克服孔内的沉积钻屑，通过孔洞内不通畅的部分。

④在认孔器前后布置合适数量和方向有利的水眼，在使用中通过调整水眼大小，控制喷射泥浆的排量和压力，为孔洞补充泥浆，改善孔内泥浆质量，增强泥浆的护壁支撑作用。

⑤认孔器尾端要设计成弧形，保证认孔器在孔内进退自如。

（2）认孔器的安装。上一级扩孔完成后，要尽快开始推钻杆作业，开始作业之前，应注意检查认孔器水眼是否通畅。另外，认孔器和钻杆之间要进行预紧扣操作，扭矩应是正常扩孔的 1.2~1.5 倍，图 5–5 为认孔器和钻杆安装现场。

（3）推进参数控制。正常推钻杆时，行走速度不宜过慢，以每根 1min 左右为宜，通常采取慢转快推的操作方式，尽量避免出现新孔。如果根据钻机参数判断有孔洞不通畅的地方，可以将转速加快。

5.2.6 回拖作业

回拖作业与常规定向钻回拖方式相同，最后一级扩（洗）孔完成后，进行推钻杆，认孔器出土后卸掉，连接扩孔器、万向节以及回拖管线，如图 5–6 所示。

图 5–5 钻杆认孔器安装现场

图 5–6 认孔器引导钻杆出土，准备连接管道

5.2.7 泥浆倒运

传统扩孔工艺是在扩孔器后接钻杆，从出土点返出的泥浆经回收处理后，再通过泥浆泵由钻杆对注至扩孔器处，进行扩孔作业。但是这样一方面需要在出土点安设大量的设备和人力，另一方面，对注过程中需要不停地安装钻杆，耗费大量时间，使施工成本大大增加。

由于“裸扩孔”工艺在扩孔器后不再接钻杆，从出土点返出的泥浆使用罐车拉运的方法，运送至

图 5–7 出土点泥浆倒运装置

入土点，经回收处理后再次利用，为了便于泥浆泵送至罐车内，现场在路边设计制作了以上装置，如图 5–7 所示。

为避免在倒运泥浆的过程中发生泄漏而造成环境污染，用于倒运泥浆的罐车一定要做好防渗漏处理，在泵入和抽出的过程中需要有专人负责操作，避免冒罐和洒落地面。相关操作人员也需要定期检查泥浆管路和罐车管体，如有破损及时修复。

5.3 劳动力组织（表 5-1）

表 5-1 操作人员配置表（按照双班）

序 号	工 种	人数 / 人	备 注
1	机组长	1	机组总负责
2	司钻	2	负责钻机操作
3	起重工	4	负责装卸钻杆
4	泥浆工	6	负责整个泥浆循环流程的工作
5	修理工	2	设备维修
6	电工	2	电力供给
7	机械操作	4	吊车、挖掘机操作
8	司机	4	现场值班车辆和罐车的驾驶
合计		25	

6 材料与设备

主要施工用具、设备、材料清单详见表 6–1 和表 6–2。

表 6-1 主要施工用具及设备清单

序 号	名 称	数 量	单 位	备 注
1	水平定向钻机	1	台	
2	泥浆系统	1	套	带离心机
3	泥浆泵	2	台	
4	钻杆		根	根据实际工程情况
5	扩孔器		个	根据实际施工情况
6	电焊机	1	台	
7	工具房	4	座	
8	发电机	2	台	
9	挖掘机	2	台	
10	全站仪	1	台	
11	中巴车	1	辆	值班车
12	自带仰角认孔器	1	个	
13	无线电台	1	套	
14	对讲机	2	套	一套包含 2 台对讲机

表 6-2 主要施工材料清单

序号	名称	数量	单位	备注
1	膨润土		t	根据工程地质情况需求
2	淡水		t	根据工程地质情况需求
3	纯碱		t	根据工程地质情况需求
4	烧碱		t	根据工程地质情况需求
5	润滑剂		t	根据工程地质情况需求
6	CMC		t	根据工程地质情况需求
7	柴油	3.5/d	t	根据工程工期需求
8	汽油	0.3/d	t	根据工程工期需求

7 质量控制

7.1 执行标准

（1）GB 50423—2013《油气输送管道穿越工程设计规范》。

（2）GB 50424—2015《油气输送管道穿越工程施工规范》。

（3）SY 4207—2007《石油天然气建设工程施工质量验收规范管道穿跨越工程》。

（4）GBT 51317—2019《石油天然气工程施工质量验收统一标准》。

7.2 质量风险点

在“裸扩孔”施工中，由于扩孔器后不接钻杆，一旦出现卡钻、包钻的情况，从出土端将无计可施，只能从入土端采用套洗的方式逐步进行解卡。套洗工艺是一种常规的解卡方式，在扩孔过程中如果出现卡钻、抱钻的情况，需将带扩孔器的钻具组合从钻机上卸开，然后钻机上连接套洗器，并将套洗器套上被包（卡）住的钻杆，通过在套洗器后不断连接钻杆和钻机推进，由套洗器的水嘴向孔洞内喷射泥浆以达到解除卡钻、抱钻的目的。

7.3 质量保障措施

（1）开工前，应制定工艺指导卡，明确施工流程，特别是扭矩、推拉力、转速等工艺参数控制，明确各岗位责任。

（2）各岗位在施工过程应保持通信畅通，明确操作口令，防止误操作发生。

（3）应进行工艺培训和演示，进行质量风险识别。

（4）应确认入土点和出土点两侧通信状况，确保通信畅通。

（5）施工配备的各种设备和机具均需检修完好后才能使用，以确保工程顺利进行。

（6）严格执行质量体系文件程序，做好各项质量记录。

（7）特殊工种人员必须持证上岗，司钻应具丰富的钻机操作经验，能够应对突发状况，并及时采取措施。

（8）质量控制点（表 7-1）。

表 7-1 质量控制表

序 号	工 序	质量控制关键点	控制方法	检查频次
1	安装调试	钻机就位与实际钻孔轴线一致，使钻机中心线与穿越轴线重合，角度偏差不宜超过 0.1°	采用全站仪测量并调整	钻机就位，测量校核不少于 3 次
		钻机倾角 6° ~20°，与穿越图纸角度一致，误差不得超过于 0.2°	采用水平尺，角度尺测量钻机倾斜角并调整	钻机就位，测量校核不少于 3 次
2	扩孔前准备	将钻机扭矩限位阀旋转到设定值，或通过电脑将最大扭矩限定到设定值	调整扭矩限位阀，或通过电脑设定	每次接班操作前检查 1 次
		将钻机转速限位阀旋转到设定值，或通过电脑将最大转速限定到设定值	调整转速限位阀，或通过电脑设定	每次接班操作前检查 1 次
		将钻机行走速度限位阀旋转到设定值，或通过电脑将最大行走速度限定到设定值	调整行走限位阀，或通过电脑设定	每次接班操作前检查 1 次
		将钻机推拉力限位阀旋转到设定值，或通过电脑将最大推拉力限定到设定值	调整推拉力限位阀，或通过电脑设定	每次接班操作前检查 1 次
3	裸扩孔	钻杆紧扣扭矩控制。将钻杆紧扣扭矩控制在该钻杆额定紧扣扭矩之内	通过观察扭矩表控制扭矩大小	每次安装钻杆检查 1 次
		作业时，钻机扭矩控制。将钻机扭矩控制在钻杆额定值以内	通过观察扭矩表控制扭矩大小	实时观察
		作业时，钻机转速控制。将钻机扭转速控制在 30r/min 以下	通过观察转速表控制扭矩大小	实时观察
		作业时，钻机推拉力控制。将钻机拉力控制在设定值以内	通过观察推拉力表控制扭矩大小	实时观察
4	推钻杆	钻具、钻杆紧扣扭矩控制	通过观察扭矩表控制扭矩大小	每次安装钻杆检查 1 次
		推钻杆时，钻机扭矩、转速和推拉力控制	通过观察对应的仪表数据控制大小	实时观察

8 安全措施

8.1 执行标准

Q/SY 1002.1—2013《健康、安全与环境管理体系》。

8.2 安全风险点

（1）分工不明确导致现场施工混乱，易引发安全事故。

（2）设备、钻具使用前未进行全面检修，易引发安全事故。

（3）设备运行和钻具安装的违规操作，易引发安全事故。

（4）罐车手续不全，罐车驾驶员无相关资质、违规操作，易引发安全事故。

（5）夜间施工，现场照明不足，易引发安全事故。

（6）施工过程中，各岗位沟通不充分，易引发安全事故。

（7）高压管汇破损、安装不牢固，会形成高压射流，易引发安全事故。

（8）在运送泥浆过程中，路况和输送泥浆管道、设施状况不佳都会引发安全事故。

（9）油料易燃易爆。

（10）用电风险。

8.3 安全保障措施

（1）所有施工人员要明确分工，听从项目负责人的统一指挥。

（2）在使用设备、安装钻具之前，仔细检查设备、钻具状况，避免因设备、钻具损坏引发安全事故。

（3）安装钻具过程中严格遵守工作要求及流程，避免吊装事故和机械伤害的发生。

（4）罐车驾驶员必须具备驾驶资质，车辆手续齐全，在运输泥浆过程中按照规定路线、流程操作。

（5）施工现场要设置足够的警示、灯及照明设施，以确保现场施工安全照明。

（6）施工过程中，禁止各岗位在无联络情况下进行操作。

（7）施工所用高压胶管、各种接头等应符合耐压要求，安全可靠。

（8）进场道路必须满足罐车行走的条件，路边输送泥浆管道、设施必须安装牢固。

（9）按规定对现场油料区进行重点把控，相关隔离、消防设施配备齐全，由专人对该区域进行管理。

（10）现场电工必须具备相关资质，并按规定对现场电路进行定期检查，非专业人员不得违规用电。

9 环保措施

9.1 执行标准

（1）GB 12523—2011《建筑施工场界环境噪声排放标准》。

（2）GBZ/T 229.4—2012《工作场所职业病危害作业分级》。

9.2 环保风险点

（1）施工车辆扰民。

（2）泥浆泄漏。

（3）施工噪声污染。

（4）施工场地废弃物污染。

（5）配浆产生扬尘，污染空气。

9.3 环境保障措施

（1）施工人员应文明施工，夜间行车尽量避开居民密集地。

（2）罐车拉运泥浆的过程中，应做好防护措施，避免泥浆漏洒，污染路面。所有的泥浆管路都要连接紧固，避免泥浆泄漏。

（3）尽量选用低噪声或备有消声降噪设备的机械的低噪声作业方法，同时确保机械设备在良好状态下运行，并加强对设备的经常性维护；

（4）施工过程产生的废弃物随时清理回收，做到工完、料净、场地清。

（5）在配制泥浆的过程中会产生扬尘，在配浆区域做好防扬尘措施。

10 效益分析

1. 缩短工期（T）

如表 10-1 所示，随机抽取了 6 个采用“裸扩孔”工艺的定向钻工程，比对计划工期和实际工期，推测出采用“裸扩孔”工艺可以节约工期30%左右。即 ΔT=（194–135）/194 ≈ 30%。

表 10-1 工期对比表

工程名称	计划工期 /d	实际工期 /d	节约工期 /d
吴昆白蚬湖（一）	30	21	9
吴昆白蚬湖（二）	30	22	8
吴昆常嘉高速匝道	40	28	12
孟加拉单点系泊工程	35	23	12
沙湾水道定向钻	18	13	5
苍南项目定向钻	41	28	13
	194	135	59

2. 人工、机械节约（*P*）

如表10–2所示，结合当前人才的市场价格和成本构成比例，采用“裸扩孔”工艺后，在出土点，人工、机械消耗量可降低约15%，即 ΔP=15%。

表 10-2 出土点施工资源对比表

施工资源		传统扩孔	裸扩孔
人工	泥浆工	4	0
	电工	2	0
	起重工	2	1
	挖机手	2	2
	合计	10	3
机械	泥浆配制系统	1台套	0
	泥浆回收系统	1台套	0
	泥浆泵	1台	0
	发电机	1台	1台
	挖机	1台	1台
	渣浆泵	1台	1台
	合计	6台套	3台套

3. 总节约（*C*）

工期成本

$$C=P\times T$$

工期成本节约：

$$\Delta C=\Delta P\times\Delta T=30\%\times15\%=4.5\%$$

除了节约工期成本外，还节约施工场地铺垫费、设备调遣费等固定成本。

总节约 = 工期成本 + 固定成本 ≈ 5%。

11 应用实例

应用实例一：吴昆管道项目

吴昆管道工程为川气东送江苏省内配套工程，管道连接苏州市吴江区和昆山市，整条管线长约100km，管径 ϕ813mm。管道局共承担该项目37条、28km的施工任务，截至目前已完成22条、19km工程量。其中，白蚬湖（一）陆对岛穿越1486m，白蚬湖（二）岛对陆穿越1383m，常嘉高速匝道穿越 2117m。此三条定向钻为整个标段的难点控制性工程，成败决定到全线工程是否能够按期完工。该三项定向钻的共同点是出土点场地狭小、地质松软，且无成型的进场路，需要施工单位投入大量人力物力和资金方能使大型设备进场，但是，从成本控制角度考虑，大量投入会导致工程亏损。为此，“裸扩孔”工艺的诞生，彻底改变了出土点的施工组织模式，只要一台挖机进场，即可解决问题，挖机对施工场地和进场路要求较低，节约了大量措施费。同时，“裸扩孔”节约施工工期。继该三项定向钻成功实施“裸扩孔”工艺后，后续 16 项定向钻全部采用该工艺进行扩孔施工，很好地解决了现场问题，控制了施工成本。

2017—2018 年以来，该项目已成功利用此工艺完成了 19 条定向钻穿越工程。大大缩减了工期，节约了大量施工成本。其中最长穿越距离 2117m，管径 ϕ813mm，壁厚 23.8mm，穿越地层为粉细砂地层。通过使用“裸扩孔”工艺，不仅减少了设备和人员的投入，而且节省了施工时间、降低了风险，最终仅用 24 天顺利完成施工。2017 年和 2018 年，该工法的技术成果分别获得管道局技术革新一等奖和二等奖。

应用实例二：孟加拉单点系泊及双线管道安装工程

孟加拉单点系泊及双线管道安装工程项目是孟加拉国属东方炼厂为扩容增产而建设的海上来油输送管道项目，属于中国“一带一路”战略工程。该项目共有水平定向钻工程共计 17 条，管径分别为 457mm 和 914mm，累计穿越长度超过 20km，主要穿越对象是河流、村庄、航道以及陆海，地层以粉细砂、黏土为主。

由于当地场地受限，倒运钻杆和出土点安装设备困难，在已经施工完成定向钻穿越工程中，由于使用“裸扩孔”工艺，从而避免了相关问题的发生，并且施工效率明显提高，节省了大量的工期和成本，为后续管道施工赢得了时间，获得了业主、监理等各界的一致好评。

应用实例三：广东大鹏液化天然气沙湾水道管道迁改工程

广东大鹏液化天然气沙湾水道段管道迁改工程位于广州市南沙区和番禺区，定向钻穿越长度 696.36m，管径为 762mm，直管段壁厚为 20.6mm，穿越经过的主要地层为淤泥、粉质黏土、粉细砂和中粗砂。本工程施工环境极为复杂，场地狭小不规整，周边管线纵横交错，采用传统倒运钻杆进行扩孔，需要修筑约 1km 进场路并拆除沿途房屋，要支付修路费和巨额征地补偿费。

管道四公司采用“裸扩孔”工艺进行施工，扩孔器后不接钻杆，减少了钻杆倒运、出土点安装设备、钻杆等工序，大大缩短了工期，减少了人机材的消耗，避免了大额的修路费和拆迁巨额赔偿费，为项目节约高额的开支，高效高质地完成了沙湾水道定向钻穿越工程，创造了良好的经济效益。

全断面硬岩顶管施工工法

中国石油管道局工程有限公司第四分公司

王　乐　常喜平　郝立钊　张菊萍　祁永春

1　前言

在全断面硬岩（60MPa 以上）地质条件下顶管施工时，可能会出现控向困难、刀盘刀具磨损严重、隧道沉渣抱死管节等施工困难。国内外硬岩顶管施工领域出现过很多失败的案例，给业主和施工单位造成了很大的损失，国内全断面硬岩地层顶管施工案例一般不超过 200m，尚未有长距离全断面硬岩地层顶管施工案例。

2015 年我局完成了杭州天然气利用工程富春江顶管项目，在隧道曲线段有 300m 岩石层，岩石单轴抗压强度为 30～85MPa，为我局岩层顶管施工积累了一定的经验。2015 年 12 月～2016 年 4 月，在鞍大原油管道青云河顶管项目中，完成了国内首个长距离全断面硬岩顶管项目。通过不断摸索研究，解决了岩屑抱管、隧道轴线偏差、隧道沉渣导致摩阻力增大等系列难题，填补了国内该项施工技术空白。2016 年 10 月～2017 年 9 月，采用该工法完成了金丽温管道公路岩石顶管和陕京四线怀九河顶管 2 个项目共 4 条硬岩隧道的施工任务，以上几个项目的成功实施为该项技术的成熟应用积累了经验，并形成了全断面硬岩顶管施工工法。

基于青云河顶管长距离全断面硬岩顶管项目实践，中国石油管道局工程有限公司第四分公司（以下简称“四公司”）总结形成了“长距离全断面硬岩层纵向曲线顶管施工技术研究”荣获 2018 年石油工程建设科技进步二等奖，“全断面硬岩顶管隧道沉渣冲洗技术”获得 2016 年度管道局技术革新三等奖，并结合富春江顶管项目创新申请并授权了顶管发明专利 4 项，授权实用新型专利 2 项。

2　工法特点

2.1　施工可靠性高

全断面长距离顶管工法通过采用硬岩切削、注浆减阻、中继间助力和岩屑清除等针对性工艺，隧道施工相对环境友好、工期可控，有效提高了施工效率，能规避钻爆法施工中较高的安全风险，较盾构法相比工期短、造价低。

2.2　施工距离较长

采用全自动测量控向和隧道沉渣控制及清洗技术，辅以适当的中继间和注浆减阻措施，可以有效提高顶管隧道施工长度。相比国内常规的 200m 岩石顶管长度，该工法已完成的顶管隧道项目达到了 506m。

2.3 适应岩石硬度高

全断面岩石层施工时，采用适合的设备配置可满足单轴抗压强度高达 160MPa 的岩石顶进作业。

3 适用范围

适用于管径 1.5m ≤直径≤4m、单轴抗压强度≤160MPa、单次顶进长度≤800m 的全断面岩石地质工程。

4 工艺原理

全断面硬岩顶管施工是通过选择合理机具、规范操作方法、优化技术方案，并在发生岩屑抱管时采取有效措施减小地层摩阻系数的一种施工工法。该工法主要解决硬岩切削问题，同时需要克服施工中岩屑或碎石包裹管节而引起的摩阻力增大。采用的关键技术如下。

4.1 硬岩切削技术

硬岩切削主要是通过顶管机刀盘上的滚刀对正面岩层中的岩石表面施加载荷，使岩石所受到的荷载超过强度极限而破碎。

硬岩层顶进时保持较大的贯入度和适度的刀盘转速，发挥设备硬岩层施工最大功效。同时在施工中要做好注浆减阻、中继间布置和隧道轴线控制可以降低摩阻力增大、隧道轴线偏差等施工风险，有效提高硬岩层顶管施工效率。

4.2 沉渣处理技术

当管节外部的岩屑或破碎带碎石聚集在管节周围时，会导致管节外部间隙逐步填满，顶力持续增大，甚至发生隧道抱死。

发生硬岩地层隧道被抱死时应在管节上按照设计方案进行管节开孔，孔洞分为压浆的小孔和出渣的大孔，利用高压泥水压力通过管节上的小孔对管节外侧的沉渣进行冲洗，在高压水的压力下将沉渣由管节上的大孔洞冲出，减少管节外部沉渣以降低摩阻力直至可以正常顶进施工（图 4–1）。

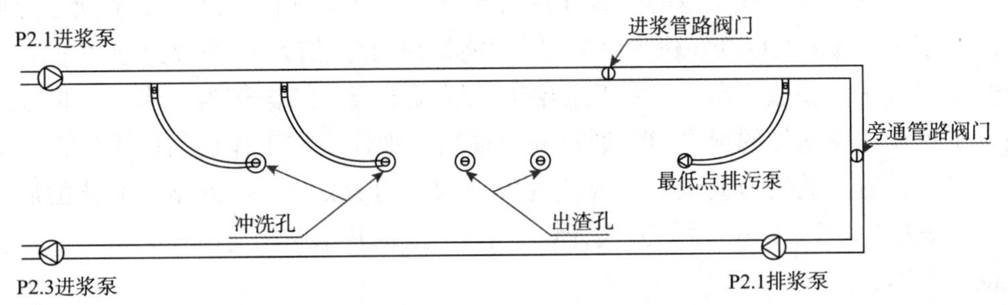

图 4–1 沉渣冲洗原理图

5 施工工艺流程及操作要点

5.1 施工工艺流程（图 5-1）

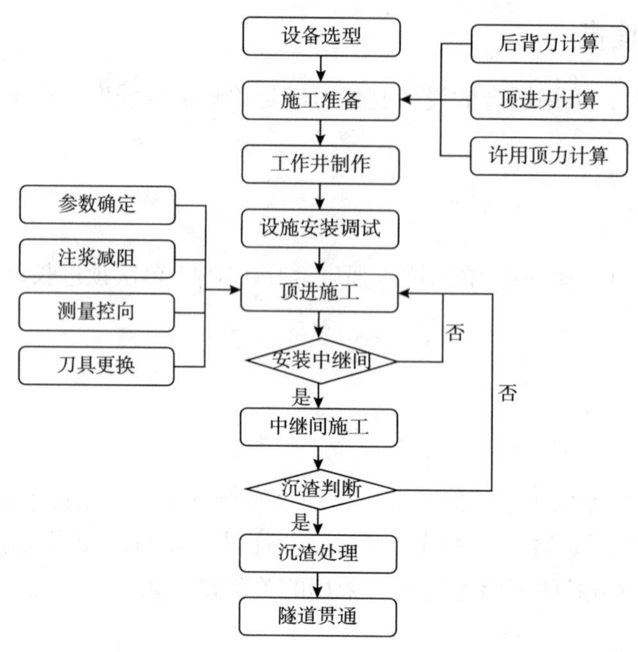

图 5-1 全断面硬岩顶管施工工艺流程图

5.2 操作要点

5.2.1 设备选型

硬岩层顶管施工需要采用可以对岩石切削破碎的顶管设备，具体为刀盘合理配置重型滚刀，刀具可以进行岩石的初次切削破碎，同时顶管机具备二次破碎功能，顶管机配置可以控向纠偏的导向油缸。一般采用泥水平衡式顶管设备。

5.2.2 施工准备

施工前需要对后背力、顶力、混凝土管许用顶力和中继间配置等进行计算并采取相应的措施后方可施工。

具体计算如下：

1. 后座墙受力计算

在设计后座墙时，将后座板桩支承的联合作用对土抗力的影响加以考虑，水平顶进力通过后座墙传递到土体上，近似弹性的荷载曲线（图 5-2），因而能将顶力分散传递，扩大了支承面。

根据《顶管施工技术及验收规范》，由于采用钢筋混凝土竖井结构作为工作井，可以忽略钢制后座的影响，假定主顶千斤顶施加的顶进力是通过后座墙均匀地作用在工作坑后的土体上，为确保后座在顶进过程中的安全，后座的反力或土抗力 R 应为的总顶进力 P 的 1.2~1.6 倍（简化的后座受力模型如图 5-3 所示），反力 R 可采用规范中的公式计算如下：（根据井壁结构与刚度情况，后座反力计算受力模型可按均载荷建模）。

$$R = \alpha \cdot B \cdot \left(\gamma \cdot H^2 \cdot \frac{K_P}{2} + 2c \cdot H \cdot \sqrt{K_P} + \gamma \cdot h \cdot H \cdot K_P\right) \tag{5-1}$$

式中，R 为总推力之反力，kN；α 为系数，取 1.5~2.5；B 为后座墙的宽度，m；γ 为土的容重，kN/m^3；H 为后座墙的高度，m；K_P 为被动土压系数；c 为土的内聚力，kPa；h 为地面到后座墙顶部土体的高度，m。

在硬岩地质条件下，为了增加后座墙的整体强度，施工时需要在后座墙与油缸之间安装厚度 30mm 以上的钢板以防止后背墙或竖井井壁开裂。

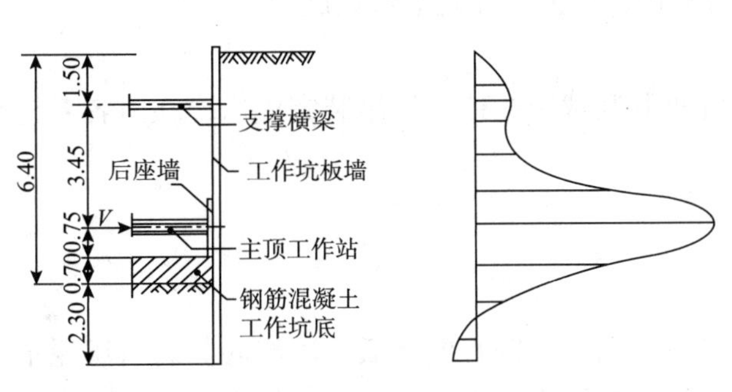

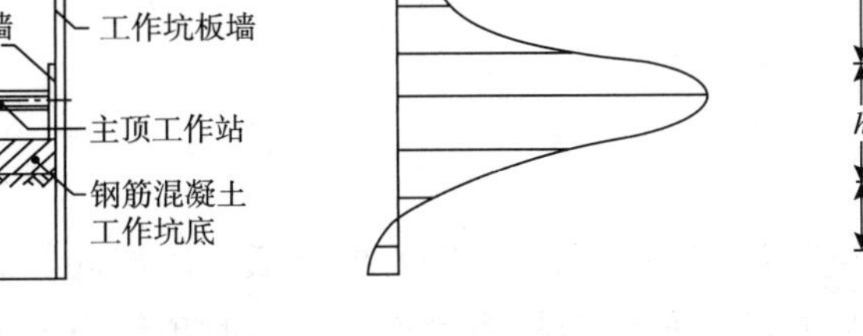

图 5-2　考虑支撑作用时土体的载荷曲线

图 5-3　简化的后座受力模型

2. 顶进力计算

顶进施工中顶力计算按照《油气输送管道穿越同城施工规范》GB–50424 中的计算公式：

$$F_0 = \pi D_0 L f_K + N_F \tag{5-2}$$

$$N_F = \frac{\pi}{4} \times D^2 \times P \tag{5-3}$$

式中，F_0 为总顶力标准值，kN；D_0 为管道的外径，m；L 为管道设计顶进长度，m；f_K 为管道外壁与土的平均摩阻力，kN/m²，见表 5–1；D 为掘进机外径，m；P 为控制土压力。

表 5-1　采用触变泥浆减阻时的管外壁单位面积平均摩擦阻力　kN/m²

管材土类	完整类岩石层	破碎类岩石层	破碎带
钢筋混凝土管	8～12	10～20	18～30

说明：以上参数根据青云河顶管、金丽温顶管、怀九河顶管等全断面硬岩顶管项目摩阻力分析计算得出。

3. 混凝土管道的许用顶力

采用《油气输送管道穿越工程设计规范》GB–50423 中的公式进行计算：

$$F_{dc} = 0.5 \times \frac{\varphi_1 \varphi_2 \varphi_3}{r_{Q_d} \varphi_5} f_c A_p \tag{5-4}$$

式中，F_{dc} 为混凝土管道允许顶力设计值，kN；φ_1 为混凝土材料受压强度折减系数，可取 0.90；φ_2 为偏心受压强度提高系数，可取 1.05；φ_3 为材料脆性系数，可取 0.85；φ_5 为混凝土强度标准调整系数，可取 0.79；f_c 为混凝土受压强度设计值，N/mm²；A_p 为管道的最小有效传力面积，mm²；γ_{Qd} 为顶力分项系数，可取 1.3。

针对硬岩顶管，混凝土管节在采购时应当选在正规厂家C50混凝土管节，并需要做相关质量试验。

5.2.3　工作井制作

工作井分为始发竖井和接收竖井。始发竖井是安装顶管设备、管道顶进的工作井；接收竖井是所顶管贯通后设备吊装出来的工作井。根据工作井地质、施工深度、地下水位情况和经济性一般选择钢板桩法、沉井法、钻爆法和地下连续墙等多种施工方法。

5.2.4　设施安装调试

1. 地面设施安装

根据工作井现场平面布置规划，按照平面布置图，分别建造空压机、供浆泵、泥水分离、箱式变电站、泥浆调节池、冷却水泵、制浆机、注浆泵等设备的基础，并安装就位。

2. 工作井内设施安装

（1）井壁设施安装。井壁设施安装包括井壁管线、电缆和爬梯。安装污水管和井区排污泵。

（2）井底设施安装。井底设施主要有洞门密封、反力强和轨道灯设施。

3. 设备调试

对安装完成的各配套系统，独立进行单机通电调试。在顶管机吊装完成后，在对各系统与顶管机进行联机调试。

5.2.5 顶进施工

1. 施工参数确定

硬岩地层顶进施工应采用一定黏度的泥浆循环携渣，以有效降低碎渣沉底。岩石层泥水顶进施工时应采用负压抽吸，以有效将刀盘仓岩石沉渣抽吸至排渣管道，必要时顶管设备泥水仓底部应具备高压冲洗地层沉渣至刀盘前的功能，减少沉渣的聚集。岩石层顶进参数见表5-2。

表5-2 硬岩层顶管施工参数

序　号	参数名称	一般正常范围	备　注
1	掘进面水压	较地层水压低0.1~0.2bar	适当负抽吸，减少岩屑聚集
2	刀盘转速	1.5~2.5r/min	
3	推进速度	按掘进推力控制	5~10mm贯入度
4	刀盘扭矩设定0~320bar	≤200bar	
5	推进压力设定0~320bar	≤200bar	中\软岩
		≤250bar	硬岩

注：*1bar=10^5Pa。

2. 施工测量与纠偏

顶进施工时应根据测量设备的选型，定期进行测量并固定进行人工复测，以便于对设备自动测量进行检核并指导纠偏。

硬岩地层顶进施工过程中针对控向困难的问题，需要勤测量，缓纠偏，防止急纠导致设备被隧道外侧的岩石卡住。在隧道轴线比较固定时可以通过计算在导向油缸相连接的主机中间垫支一定厚度的钢板以控制轴线。

3. 注浆减阻

作为复杂地层或长距离顶管的关键技术，长距离岩石地层宜采用自动润滑减阻系统（见图5-4），实现全部或局部管节循环注浆，也可以针对局部管节额外补浆。通常隧道内每10~20m布置一套注浆基站，基站间距根据地层条件而定。

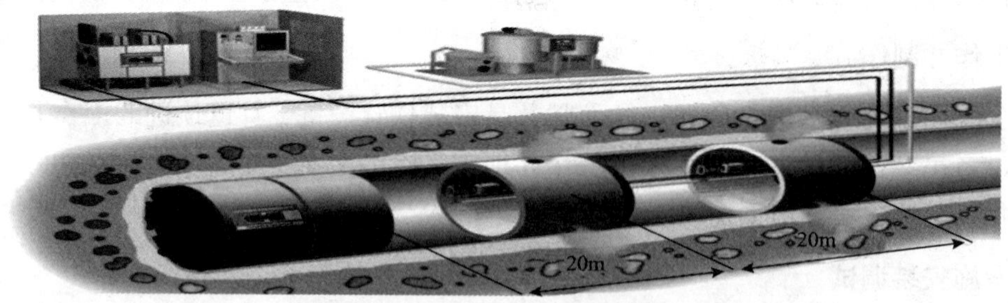

图5-4 润滑系统配置图

注浆材料分为主材和外加剂两类。主材为膨润土，膨润土为钠基膨润土，外加剂主要包括CMC（羧甲基纤维素）、纯碱、降失水剂和增黏剂等。

注浆材料应选择制备后的浆液具有黏度较高、失水量小、稳定性好、流动性好等特性。在硬岩地层，一般选用马氏漏斗黏度值在120s以上的、失水率5.5mL以内的高黏泥浆或泥浓进行润滑，岩屑在高黏泥浆或泥浓中基本处于悬浮状态，降低其聚集的可能性。

4. 刀具检查更换

刀具检查、更换在有条件的情况下应选择在岩体稳定、无渗水或弱透水的地质地段进行。更换原则以保护刀盘结构、保持顶进效率为主。根据刀具磨损具体情况确定，如果刀具的磨损未超限，可只更换部分磨损严重的刀具；如果刀具磨损超限，则需更换所有刀具。

对于在水下隧道或不稳定地质，由于存在的润滑注浆通道，润滑泥浆在开舱作业时流失至掌子面，开舱作业前应通过顶管尾部注入一定数量油脂封水。当高水压施工时，为确保进舱作业的安全，执行刀具检查、更换的作业人员必须进行必要的培训，取得作业证书后方可作业，同时进舱时需要对舱内空气进行检测，确定无有毒有害及可燃气体后方可加压进舱。所有进舱人员应严格按照高压舱作业流程及制度作业，进舱作业的人员只有在掌握作业指导书的全部内容后，方可进行作业。作业前建立相应的应急计划，防止作业过程中出现意外。

5. 中继间施工

中继间可以有效解决长距离顶管施工中的动力补偿，在硬岩地层由于可能存在的沉渣影响，中继间加密布置更为重要，在硬岩地层推荐间隔不超过 80m（图 5–5）。同时满足《油气输送管道工程水域顶管法隧道穿越设计规范》SYT 7022 中关于中继间数量的计算公式：

$$n=\frac{\pi D_1 f_k (L+50)}{0.7 f_0}-1 \quad (5\text{–}1)$$

式中，n 为中继间数量（取整数）；D_1 为管道外径，m；f_k 为管道外壁与土的平均摩擦阻力，kN/m^2；f_0 为中继间允许顶力，kN；L 为设计顶进长度，m。

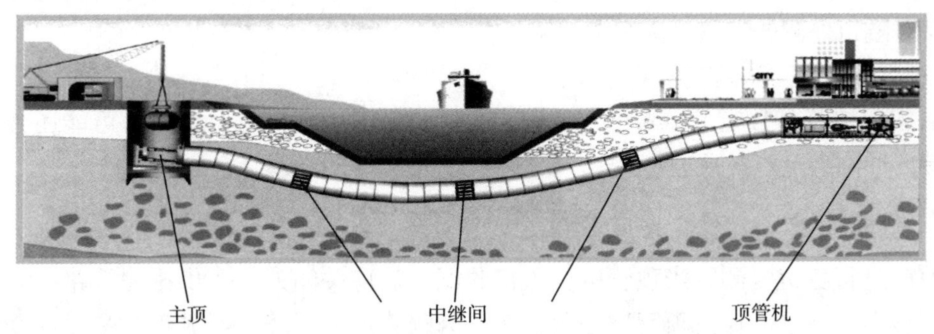

图 5–5　中继间工作原理图

按照《顶管施工技术及验收规范》当顶力达到设计顶力 90% 以上时应启动中继间。在曲线顶管中，曲线段设置中继间可以提高曲线段顶进效率。

一般情况下，第一道中继间离顶管机机头的距离应≤30m，中继站顶力裕量应≥40%。在硬岩地段中继间配置数量按照标准规范计算的数量乘以 1.2 ~ 1.5 的系数，较密的中继间配置有助于克服管节摩阻力。

6. 沉渣处理

1）判断沉渣所在大概位置

当碰到破碎带、断裂带等地层时，管节外部非常容易在短时间形成碎石或沉渣包裹，可根据地质报告或掘进速度、出渣等情况判断沉渣大致位置；当岩石地质比较稳定时，由于沉渣聚集引起的顶力增大一般是长时间积累所致，可以通过不同中继间顶力数据分析判断大概位置。

2）管节开孔

确定了沉渣较为严重的管节范围后，针对此范围内的管节按照 1 : 1 的大小孔布置进行水钻开孔。一般情况下，可以采用 2in 直径作为小孔冲洗，8in 直径作为大孔出渣，当地下水较多时，开孔前需要预制密封装置安装在管节上，在密封装置上设置较大尺寸的阀门，在阀门内进行冲洗孔的开孔，出渣孔采用蝶阀或顶杠等装置满足密封要求以防止突发涌水涌沙现象（图 5–6）。

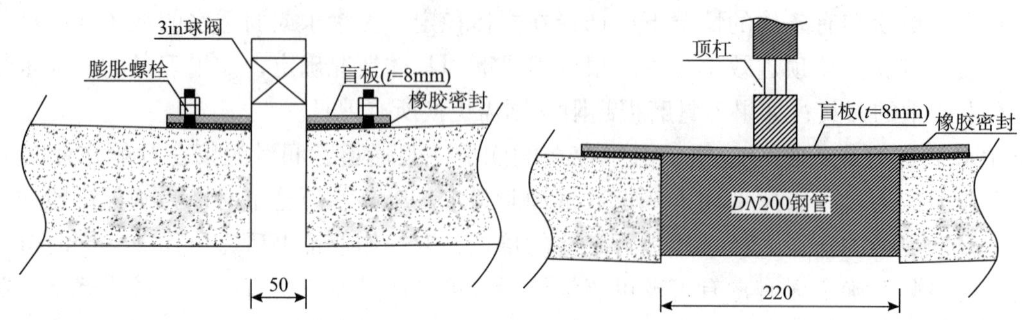

图 5–6　冲洗孔设计

3）冲洗设计及实施

冲洗孔和出渣孔安装完成后，采用泥水循环系统对隧道沉渣进行冲洗处理。其原理见图 4–1，首先利用进浆泵和进浆管道对冲洗泥浆压力进行憋压，达到一定压力后开启冲洗和出渣阀门，将沉渣与泥浆冲出在隧道一定范围内进行围挡，利用排渣泵将其输送至排浆管道或直接排至竖井井内处理。

反冲洗排出的沉渣在隧道最低点设置砂袋挡墙，当沉渣积攒较多时，应及时对沉渣装袋清理并确认出渣量。

4）孔洞封堵与润滑注浆

当完成沉渣冲洗后，需要关闭冲洗孔阀门，同时对出渣孔采用顶杠、阀门等措施进行封堵，再按照正常施工程序对隧道外侧的空壁注满润滑泥浆。

5）恢复顶进

完成以上措施后按照正常施工步骤进行顶进，当沉渣未清理到位时，摩阻力可能还会较大，应当确定沉渣之后继续冲洗直至正常顶进。

5.2.6　隧道贯通

顶管贯通前应进行隧道复测，当顶管机贯入接收洞门后应关闭刀盘、供排泥管路、空气管路。采用顶管干推法缓慢向前顶进，保持顶管推力平稳防止因顶管推力下降，造成管节密封接合松动产生渗漏水。

贯通完毕后应及时对洞门及洞门隧道内进行注浆加固封水，确保将地下水与洞门形成隔膜阻断作用。

5.3　劳动力组织（表 5-3）

表 5-3　主要人员配置

序　号	工　种	数量 / 人	说　明
1	项目经理	1	负责项目全面工作
2	项目副经理	1	负责项目生产、技术
3	质量员	1	现场施工测量及质检工作
4	HSE 员	1	HSE 管理
5	技术员	1	现场技术、施工管理
6	班组长	2	24h 施工，2 班倒
7	顶管司机	2	设备操作

续表

序　号	工　种	数量 / 人	说　明
8	电工	2	现场电气设施作业
9	电焊工	2	设备维护维修、焊接
10	普工	20	隧道施工作业
	合计	33	

6　材料与设备

6.1　材料（表 6-1）

表 6-1　主要材料表

序号	材料名称	规格型号	主要功能	备　注
1	钢筋混凝土管	DRCP Ⅲ级管	顶进施工用管材	参考《顶进施工法用钢筋混凝土排水管》JC/T 640 或其加强型管节
2	橡胶密封圈	与钢筋混凝土管管径配套	管节之间密封	《橡胶密封件 管道用接口密封圈 材料规范》HGT 3091
3	木垫片	与钢筋混凝土管壁厚配套	管节之间传力	《油气输送管道工程水域顶管法隧道穿越设计规范》SYT 7022
4	黏结剂	氯丁胶	管节与密封圈、木垫片之间粘接	
5	膨润土	膨润土（钠基）	配置润滑减阻泥浆	《膨润土》GB/T 20973 或《钻井液材料规范》GB/T 5005
6	添加剂	增粘剂	增加润滑泥浆黏度	

6.2　设备（表 6-2）

表 6-2　主要设备表

序号	设备名称	规格型号	数量	主要功能	备　注
1	顶管机	泥水平衡式	1	掘进	具备破岩能力
2	主顶	单根油缸最大顶力≥250t	1	顶进	
3	制浆机	1.5m^3	1	泥浆制备	
4	注浆泵	≥2MPa、≥80L/min	1	润滑注浆	
5	泥水分离		1	泥水处理	可据情况配置压滤机
6	中继间	与顶管管径配套	—	顶进施工推力储备	组合式中继间，数量按顶进长度计算，每 80m 一台套
7	全站仪	莱卡 TC1800	1	工程测量	
8	陀螺仪 / 激光经纬仪	UNS4.33/LT200	1	工程测量	
9	水泵	流量 20～100m^3/h、扬程 20～50m	6	施工排水	

7　质量控制

7.1　执行的标准与规范

（1）GB 50423—2013 《油气输送管道穿越工程设计规范》。

（2）GB 50424—2013 《油气输送管道穿越工程施工规范》。

（3）GB 50202—2018 《地基与基础工程施工及验收规范》。
（4）HGT 3091—2000 《橡胶密封件 管道用接口密封圈材料规范》。
（5）CJJ 217—2014 《盾构法开仓及气压作业技术规范》。
（6）JC/T 640—2010 《顶进施工法用钢筋混凝土排水管》。
（7）SY/T 7022—2014 《油气输送管道工程水域顶管法隧道穿越设计规范》。
（8）2006 《顶管施工技术及验收规范（试行）》。

7.2 质量保障措施

7.2.1 质量控制关键点（表 7-1）

表 7-1 质量控制关键点

序号	控制项目及指标	控制方法	检查时间 / 频次
材料采购及验收			
1	三极管、混凝土抗压强度≥C50； 管节裂缝荷载及破坏荷载符合标准要求	符合《顶进施工法用钢筋混凝土排水管》JC/T 640 要求	入场前
2	橡胶密封圈邵氏硬度 50±5A、拉伸强度≥9MPa、扯断伸长率≥375%、压缩永久变形≤10%	符合《橡胶密封件 管道用接口密封圈 材料规范》HGT 3091	
3	木垫片厚度 10~30mm、压缩模量≤140MPa、松木或类似木料胶合板	符合《油气输送管道工程水域顶管法隧道穿越设计规范》SYT 7022	
始发顶进			
1	洞门、密封、导轨、后靠背安装误差控制在 5mm 内	采用钢尺、经纬仪等仪器测量并及时调整	安装过程
2	始发轴线偏差不大于 150mm	采用仪器测量并及时调整	
顶进施工			
1	隧道测量：勤测量、多微调	参照测量规范及作业指导书	每 30~50m 人工复测
2	润滑注浆：泥浆黏度 80s 以上	参照作业指导书	施工全程
3	中继间施工：顶力 >90% 设计顶力时启动	参照施工规范及作业指导书	中继间 施工全程
4	刀具检查更换：检查螺栓、更换磨损超限刀具	掌子面稳定、地下水可控、无有毒有害气体	顶进异常
隧道贯通			
1	贯通前洞门、导轨、密封安装符合图纸设计要求，贯通物资齐全	采用钢尺、经纬仪、吊线等方式测量并及时调整	安装过程
2	贯通时顶管机进入洞门轴线误差在 ±100mm 内	采用人工复测基准点并及时调整导向参数	最后 50m 每 15m 人工复测一次

7.2.2 质量控制措施

（1）顶管施工中，顶力作用中心应与管节中心重合，顶进过程中主顶或中继间的顶力不得大于钢筋混凝土管或工作井许用顶力。

（2）后背墙的最低强度应保证在设计顶进力的作用下不被破坏，并留有较大的安全系数。要求其本身的压缩回弹量为最小，以利于充分发挥主顶工作站的顶进效率。

（3）顶进过程有严格的放样复核制度，并做好原始记录，必须避免布设在工作井后方的后背墙在顶进时的移位和变形，必须定时复测并及时调整。

（4）顶进纠偏必须勤测量、多微调，每次调整导向油缸行程量控制在 2~3mm，紧急纠偏时可在短距离内加大行程量调整，但不宜超过 5mm，并设置偏差警戒线。

（5）隧道施工时轴线水平偏差控制 ±100mm 内，高程偏差控制在 +150～-100mm 之间，主顶力控制小于工作井井壁可承受最大顶力与管节许用顶力。

（6）润滑注浆量应根据岩石裂隙发育程度适当调整，充分保证管节外壁空间填充润滑浆液，有效起到润滑减阻作用。

（7）中继间设计顶力、安装数量、位置符合施工方案及设计要求；中继间最大顶力小于管节许用顶力。

8 安全措施

8.1 执行的安全法规

（1）GB 18218—2014 《重大危险源辨识》。
（2）GB 2894—2008 《安全标志》。
（3）GB 6067—2010 《起重机械安全规程》。
（4）JGJ 59—2011 《建筑施工安全检查标准》。
（5）JGJ/T 77—2010 《施工企业安全生产评价标准》。
（6）JGJ 33—2012 《建筑机械使用安全技术规程》。

8.2 安全风险点源及应对措施（表 8-1）

表 8-1 安全控制关键点

序号	场所	风险名称	危害因素	风险辨识（危害）	风险等级	控制及消减措施
1	垂直吊运	物体坠落造成物体打击伤害	人员意识麻痹，未按操作规程操作	人员伤亡 设备损坏	低	1. 人员作业中必须佩戴好防护用品 2. 吊装前检查吊具、吊索、吊点是否符合要求 3. 吊装前检查并取下吊物上方、边槽等处的零散物件
		高处坠落	没有正确佩戴安全带、安全意识淡薄	人员伤亡	中	1. 人员高处作业必须系好安全带 2. 竖井周围做好坚固的围挡 3. 材料堆放区域人员上下要注意滑到摔下 4. 严禁从套管上直接跳下
2	进仓作业	涌水涌沙	人员进仓前经验不足，未达到进仓要求强制进仓	人员伤亡 设备受损	高	1. 进舱前判断进舱风险是否可控 2. 准备好相应的应急措施 3. 舱内人员一定时刻注意水面上涨情况 4. 舱内人员及时提醒舱外人员抽水 5. 出现涌水涌沙迹象及时撤出
		瓦斯气体	检测人员没有按要求检测，瓦斯地层没有应急方案	人员伤亡	高	1. 气体检测工作要每班按要求监控 2. 开舱门前必须先检测舱内瓦斯气体 3. 出现瓦斯气体立即加强通风措施 4. 出现险情做好急救工作
		高压进舱减压事故	减压过程中，操作人员操作失误	人员伤亡	高	1. 高压进舱前要求对加压系统检测调试确保无故障 2. 作业前进行技术交底工作 3. 对应急预案进行演练 4. 应急物资必须齐全有效 5. 加减压作业按照标准操作规程操作

8.3 安全保障措施

（1）电气设备根据使用环境，确定防护等级，采取防护措施。
（2）顶管隧道内的电力电缆、控制线缆应悬挂固定，严禁随地铺设。
（3）施工现场夜间施工照明应充足，灯具安放高度不得低于 3m。
（4）吊装作业时，起重臂和吊物下严禁站人。
（5）维修机械设备时，应停机、断电后进行维修。
（6）定期检查各操作员的操作程序，严防违章操作。
（7）定期检查各压力管路接头的可靠性，防止压力管路爆裂伤人。
（8）应严格按照作业规范和要求进行高压舱作业。

9 环保措施

9.1 执行的环保法规

（1）GB 12348—2008 《工业企业厂界环境噪声排放标准》。
（2）GBZ I—2010 《工业企业设计卫生标准》。
（3）GB 3095—2012 《环境空气质量标准》。

9.2 环境保护措施落实与监督（表 9-1）

表 9-1 环境保护措施落实检查表

序号	分 类	措 施	负责人	落实情况	监督人
1	泥浆及废水污染防护措施	废弃泥浆是否经过检测，原料是否环保	—		—
2		施工废水和生活污水排放是否检测			
3		油料及一切油脂类等物是否有防渗漏措施			
4		废油是否存放到指定地点，是否进行例检			
5	施工现场环境保护措施	HSE 监督员是否对现场环保工作进行定期检查	—		—
6		施工过程产生的工业固体废弃物是否随时清理回收，做到工完、料净、场地清			
7		施工期间产生污油、污水等废液是否设置专用回收装置			
8		设备维修时，是否采取防泄漏措施			

9.3 环保措施

（1）工程竣工后，最大程度的恢复原有地貌，对废弃的砂、石、土运至规定的专门存放地堆放，不得向江河、湖泊、水库和专门存放地以外的沟渠倾倒。

（2）妥善处理泥浆水，未经处理不得直接排入城市排水设施和河流。

（3）除设有符合规定的装置外，不得在施工现场熔融沥青或者焚烧油毡、油漆以及其他会产生有毒有害烟尘和恶臭气体的物质。

（4）禁止将有毒有害废弃物用作土方回填。

10 效益分析

此次经济效益分析以青云河顶管项目为例进行对比，由于青云河顶管隧道附近在役管线的存在无法使用钻爆法施工，只能按照传统的盾构法施工。本次全断面硬岩顶管同时采用了纵断面大坡度曲线顶管施工技术，突破了盾构工法施工坡度≤4% 的设计理念，因此经济效益分析方面主要分为竖井节省费用和隧道节省费用两部分。具体计算见表 10–1：

表 10-1 竖井与隧道两部分节省费用一览表 万元

项　目	始发井费用	接收井费用	隧道施工	总计
传统盾构工法	250	150	2000	2400
全断面硬岩顶管工法	150	65	1500	1715
节省费用	100	85	500	685

11 应用实例

应用实例一：鞍大原油管道青云河顶管

青云河顶管工程位于大连市，隧道主要穿越河流、鱼塘和公路铁路，顶管隧道内径 2.4m，穿越长度约 506m；顶管穿越主要地质为全断面花岗片麻岩，最高强度 120MPa。隧道以 8.5% 下行，变至曲线半径为 2800m，最后以 7.4% 上行到达接收井。工程于 2015 年 10 月开工，2016 年 4 月竣工。

本工程为国内首条全断面长距离硬岩顶管项目，解决了岩屑抱管导致管节裂缝、隧道沉渣导致摩阻力增大、硬岩地层控向困难等施工关键技术，填补了国内该项施工的技术空白。

应用实例二：金丽温县道、高速公路顶管穿越工程

金丽温县道、高速公路顶管穿越工程隶属于金丽温输气管道工程，是浙江省天然气主干管网的重要组成部分。顶管隧道内径均为 2.2m，穿越县道隧道轴线以 2.13% 坡度直线顶进 146m 到达接收井，穿越高速隧道轴线以 2.35% 坡度直线顶进 134m 到达接收井。顶管掘进地质主要为中等风化砂砾岩，强度最大值分别为 42.6MPa（县道）、120MPa（高速）。

金丽温顶管工程采用 2.2m 直径硬岩顶管机，成功穿越县道和高速公路，解决了项目施工难题，节省了施工工期，该项目的成功实施为国内硬岩顶管积累了相关经验。

应用实例三：陕京四线怀九河顶管穿越工程

怀九河顶管是陕京四线输气管道工程的控制性工程，工程位于北京市怀柔区。本工程包括两条顶管隧道，隧道长度分别为 100m 和 88m，隧道内径均为 2.4m，岩石硬度 80～160MPa。

本工程两次穿越怀九河，解决了原山岭隧道的施工风险，节省了施工工期，并应用隧道沉渣冲洗技术，该项目的成功实施为国内硬岩顶管积累了相关经验。

催化裂化两器仪表反吹风疏通施工工法

河北华北石油工程建设有限公司

周俊丽　廉小伟　李勤松　张　云　马　胜

1　前言

目前，催化裂化装置中两器监测核心密度、藏量、料位、压差均采用反吹风引压＋差压变送器，主要是避免在高温介质与催化剂作用下，容器中反应介质流入引压线，同时将测量介质与变送器膜盒进行隔离；而存在缺陷为：在开工或停工过程中，根部阀未关闭，或反吹风中断，让反应介质倒灌入反吹系统，引发反吹最前端取压管路堵塞，依次流经管路造成截面管路堵塞，流经限流闸阀会造成闸阀卡涩，流入流孔板会造成环室堵塞或冲刷损坏，当进入终端设备膜盒时会造成检测设备损坏，影响装置的安全运行。因受检修工期及交叉作业制约，每年堵塞点疏通完成率仅占 60%，造成部分自控设备检测失灵，影响两器数据全面监控。

对于堵塞疏通问题，施工方一直采用：皮管带接入蒸汽吹扫整条管路，分段敲击，不通则切割废除。而新疏通方式则采用管路元器件优化原则，利用新型低压单向阀与大孔径限流孔板组合方式，解决限流闸阀堵塞，提高主体装置长周期运行的安全性和物料平衡的经济性；并从疏通工具进行改造，完成改造高转速电动机构带动加长冲击钻对取源部件进行疏通，取代以往在容器上将取源部件整体切割、带压钢钎敲击等疏通方式。

河北华北石油工程建设有限公司与华北石化公司合作，在 2017 年二三催化装置大检修项目成功解决仪表反吹风测量管路堵塞 151 套，总结、梳理形成催化裂化两器仪表反吹风疏通施工工法。此项目还采用 PDCA 循环，形成一篇 QC。

2　工法特点

（1）提高工作效率：在有限检修工期内，堵塞点疏通完成率由 60% 达到 100%，缩短检修周期。

（2）降低劳动力强度：利用冲击电钻配加长钻杆解决反吹风源头结焦堵塞，有效降低施工人员劳动强度。原 151 套仪表反吹风疏通需 47 人次，现只需 27 人次。

（3）拆卸、安装方便：将部分焊接方式更换为卡套及法兰连接方式，达到不停装置情况下，便可更换部分元器件，保证两器控制系统核心检测数据正常。

（4）使用周期长：装置开工至今，投用后的仪表反吹风系统运行全部正常，经对元器件的技术和工况分析，3 年无需更换元器件，而传统使用周期 1 年就需维护，使用周期延长。

（5）维护作业更容易：维护费用与备品备件比原设计方案要少，只需要几个回力弹簧和密封胶圈。

3 适用范围

本工法适用于化工装置仪表反吹风系统的安装、检修及维护。

4 工艺原理

拆除被检测设备的根部阀连接端口，使用高压蒸汽吹扫反吹风系统管路，高转速戗削取源部件前端碳化物，分段疏通引压管路，低压单向阀替换普通单向阀，法兰式限流孔板替换原有的限流孔板或闸阀，整体管路连接，净化风吹扫，连接检测设备，投用运行。其中关键技术有：

1. 元器件优化

（1）低压单向阀替换普通单向阀。普通单向阀存在形式为柱状承插焊连接式和压盖螺纹连接式，堵塞后进行维修必须办理动火作业，且安装方式必须水平。而低压单向阀两端为卡套连接，对安装的角度无特殊要求，维修与更换便捷，其缺点就是内置的回力弹簧需定期检查与更换。

（2）法兰式限流孔板替换原有限流孔板或闸阀。原反吹风所使用的限流形式是承插焊式限流闸阀，或承插焊式限流孔板。两者均采用 1.0mm 孔径，且检查维修时需切割解体，无法随时更换，两种限流孔板经常堵塞，故障率极高，采用平面法兰连接形式安装限流孔板，便于维护。且不受安装方向影响。

2. 疏通工具改进（加长杆电钻对取源部件前端疏通）

用冲击电钻带动同轴芯加长杆钻杆，做磁场切割，通过传动机构驱动作业装置，带动齿轮加大钻头的动力，可以使钻头刮削物体的表面，更好解决取源部位前端炭化堆积物。

5 施工工艺流程及操作要点

5.1 工艺流程

（1）主工艺流程（图 5–1）。

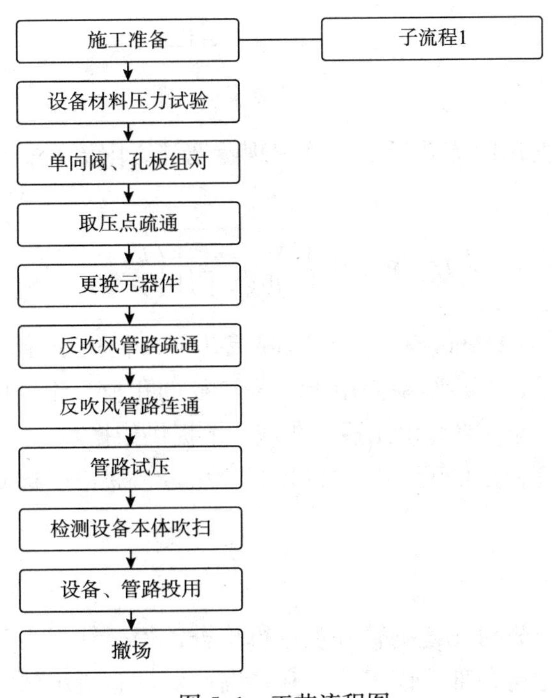

图 5–1 工艺流程图

（2）子流程 1（图 5-2）

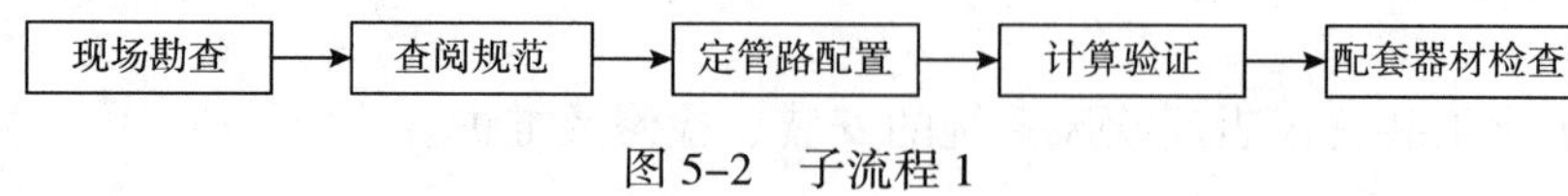

图 5-2 子流程 1

5.2 操作要点

5.2.1 施工准备

（1）现场勘查：开工前，首先对反吹风堵塞点进行现场勘查，对堵塞的管路进行前期吹扫与试压，判断管路上的堵塞位置及其元器件的好坏。

（2）查阅规范：详细查阅反吹风管路施工的技术要求、所执行的规范及质量标准。

（3）确定管路配置：通过对原有反吹管路配置剖析，采用平面法兰连接形式安装限流孔板，采用低压单向阀卡套螺纹连接，便于拆卸维修，彻底改变过去焊接单向阀必须动火弊端，并提高整条反吹系统安全使用期限。合理化改造的方案随之产生（图 5-3）。

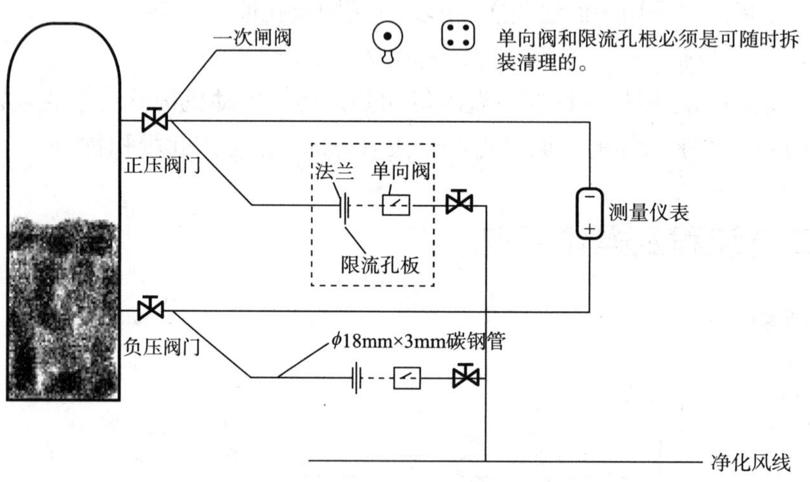

图 5-3 改造方案示意图

（4）计算验证：为了避免使用限流孔板的管路出现噎塞流，限流孔板后压力（P_2）不能小于板前压力（P_1）的 55%。依据：

$$W = 43.78 \cdot C \cdot d_0^2 \cdot P_1 \sqrt{\left(\frac{M}{ZT}\right)\left(\frac{k}{k-1}\right)\left[\left(\frac{P_2}{P_1}\right)^{\frac{2}{k}} - \left(\frac{P_2}{P_1}\right)^{\frac{k+1}{k}}\right]}$$

设计数据计算得出 d_0 在 0.8～1.2mm 有效，针对限流孔板口径狭小导致的易堵塞，查找反吹风流量大小对测量参数的影响进行了比对，结果使用 1.2mm 口径的孔板，测量精度和误差要高于小孔径孔板，由此采用最大口径 1.2mm。为管路优化元器件在理论上提供依据。

（5）配套器材检查：对配套使用的元器材进行外观、型号、规格、材质、数量检查，并要求完好无损，工艺连接件与原管路匹配。

5.2.2 设备材料压力试验

（1）无缝钢管压力试验：首先对无缝钢管外观进行检查，焊缝外观检验合格，无损检测已全部合格，检测报告齐全；焊缝及其他待检部位尚未涂漆和防腐；对试验所用精密压力表进行检查，所用压力表检定都在有效检定周期内，其精度等级不得低于 1.5 级，表的满刻度值为被测最大压力的 1.5~2 倍，每个试验系统压力表不得少于两块。

经检查无异常后，准备试压临时管路安装、盲板封堵安装，启动电动升压泵对系统进行升压，升压速度应均匀缓慢，升压速度≤0.3MPa/min。当系统达到试验压力 9.8 MPa 时，停止升压保压 10min。当检查确认无泄漏无压降时，降压至设计压力 6.4 MPa，保持 30min 后，检查期间压力应维持不变，金属壁和焊缝上没有水珠和水雾，无破裂和无变形现象即水压试验合格，然后缓慢泄压。

（2）低压单向阀试压：单向阀试压前，对外观质量进行检查，试验介质采用洁净水，对试验所用精密压力表符合试验要求，试验时间不得少于 5min，以卡套接头无渗漏为合格，密封试验宜以公称压力进行，以阀瓣密封面不漏为合格。方向试验以入口处无渗漏为合格。试验合格的阀门，应及时排尽内部积水，并吹干。按规范 GB 50235—2010 填写“阀门试验记录”。

5.2.3 单向阀孔板组对

（1）法兰与无缝钢管组对：将法兰式限流孔板的两片法兰进行拆除，用切割机切割 ϕ18mm × 3mm 无缝钢管 500mm 长，去除钢管内的杂物与焊渣，将法兰与无缝钢管对接定位，定位焊前应仔细检查坡口角度、钝边厚度、组对间隙、错边量等是否合乎要求，禁止强力组对。然后进行焊接，采用手工氩弧焊打底，手工电弧焊盖面；承插焊全部采用手工电弧焊。

（2）无缝钢管与不锈钢管接头组对：将低压单向阀的焊接接头直接取出与无缝钢管对接。

5.2.4 取压点疏通

（1）制作疏通工具：制作一只长 1mϕ 10mm 冲击钻头，因引压管线一般为 3/4in 口径的管线且长度均在 1m 左右，普通钻头长度一般达不到疏通强度要求，于是选取钢筋与短接冲击钻头焊接，两种材质保持一致，加长冲击杆长度和坚韧性（焊接后的冲击钻头必须保证同轴心）因为反应器上仪表一次引压阀和放空阀一般是 Z11H–64–20 的，内螺纹为 G3/4in 因此，制作的疏通器的接口是外螺纹 ZG3/4in，同引压线的放空阀连接上。

（2）取压点疏通：打开放空阀，打开引压阀，使用冲击钻来回运动，直到引压线前端得以疏通（图 5–4）。

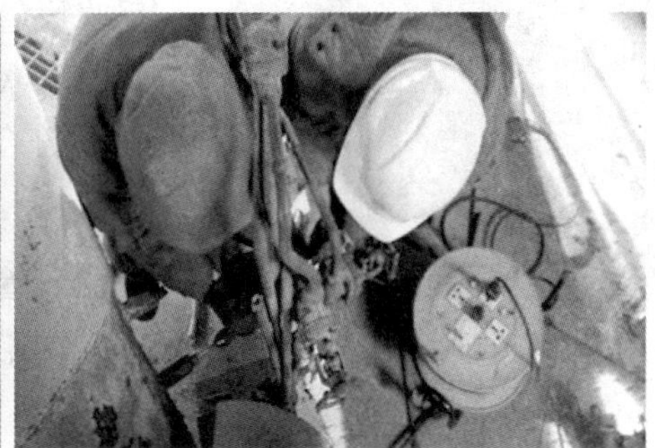

图 5–4 加长丝杆冲击钻处理前端反吹风堵塞

5.2.5 更换元器件

（1）对原有的管路进行吹扫，关闭根部一次阀及其设备二次阀。

（2）检查引压线内无压力后对原有的限流闸阀、承插焊及单向阀进行电动切割。

（3）根据现场管线路走向，合格规范化对组对的限流孔板及其低压单向阀进行更换，与原管路进行对口无应力焊接。焊接时，取出密封垫圈和单向阀体，防止高温损坏内部元件（图 5–5）。

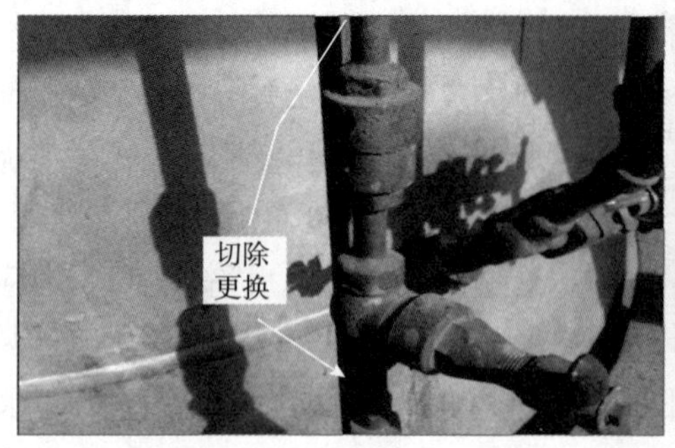

图 5-5 更换元器件示意

5.2.6 反吹风管路疏通

关闭一次引压阀，打开低压单向阀，拆掉二次阀的引压线，打开二次阀，用皮带管带动仪表风引入引压线，恒流风吹扫，直至放空阀仪表风吹出，并无杂物。如堵塞采用敲击听音方式判断堵塞位置，采用分段疏通方式进行切割与焊接，如堵塞严重则整体更换引压线达到疏通的目的（图 5-6）。

图 5-6 引压线疏通方式

开工时，通过气源球阀调节合适的风量，使得差压变送器测量得到稳定的差压数值。当发生因引压线堵塞造成的测量不准或波动时，首先活动气源球阀，查看故障能否排除。如果堵塞严重不能排除故障，考虑停表拆除限流孔板以及单向阀进行清理，以彻底清理堵塞的催化剂，提高仪表的可用性。

图 5-7 反吹风管路连通示意

5.2.7 反吹风管路的连通

反吹风管路连通前应检查内壁清洁无杂物，切口处光滑。导压管、反吹风管应做管线试压。仪表引压管应尽可能短，引压管坡度符合设计或 GB 50093—2013 规定，然后进行管路连通（图 5-7）。

5.2.8 管路试压

（1）检查、确认管线阀门的开关状态。一次阀关闭，二次阀关闭。

（2）断开测量管线与仪表设备的连接，并使管线与设备（或三阀组）错开或采取适当的保护措施。

（3）采用正式的仪表风作为风源，试验压力应为正常工艺压力的 1.15 倍，对仪表反吹风管线及其引压管路依次进行吹扫，放空阀打开后测试仪表风的洁净度，管线无水、无颗粒、无烟尘即为合格。

（4）检查管路是否有裂缝，沙眼或机械损伤发现漏点、泄压应统一处理。

（5）重复（1）~（4）步骤，直至全部合格为止。

5.2.9 检测设备本体吹扫

操作人员到达检测设备，检查设备位号正确后，先关闭引压正负一次阀，然后打开正负排污阀、放空阀，再打开正负限流孔板阀，对正负引压管线进行吹扫。使其畅通无杂物，拧开变送器排液螺钉。慢慢打开正负二次阀对正负压室膜盒进行吹扫，使其畅通无杂物，然后关闭限流孔板阀、检查放空阀、排污阀及变送器排液螺钉，关闭平衡阀，启用变送器，此时变送器指示实际测量值，则说明正负一次阀及其管路畅通，不然则需再次对引压管路进行吹扫直至通畅。

5.2.10 设备、管路投用

首先将反吹风管路进行投入，打开反吹风气源球阀，打开取源部件一次阀；开启检测设备正负压侧两个一次阀门，开启平衡阀，等待气体充满整条管路；开启正压侧二次阀门及正测量室排污螺钉，直到有气体排出；关闭正测量室排污螺钉；开启负测量室排污螺钉，直到有气体排出；关闭正压侧二次阀门；开启负压侧二次阀门，直到气体从排污螺钉处排出；关闭负测量室排污螺钉，关闭负压侧二次阀门；再开启正压侧二次阀门，检查是否渗透漏并检查仪表零点；关闭平衡门，完全开启正负压侧二次阀门，检查设备示值是否符合当前工况，投运结束。

图 5-8 设备、管路投用

5.2.11 撤场

施工完毕后，所用设备及其材料撤出装置区域，引压管路支架进行恢复，工业垃圾清理到指定位置。

5.3 人力资源配置

以华北分公司催化裂化装置为例，其劳动力组织情况见表 5-1。

表 5-1 劳动力组织情况

序号	人员	数量 / 人	工作职责
1	检修机组长	1	全面负责施工组织工作
2	技术员	2	负责反吹风管线疏通流程管理工作
3	质检员	1	负责施工质量管理工作
4	安全员	2	负责仪表反吹风检修项目施工安全管理工作
5	材料员	1	负责仪表反吹风检修项目中材料的发放和回收工作
6	仪表工	4	进行仪表反吹风检修项目检查，疏通工作
7	电焊工	4	引压管路的连接部分的焊接工作
8	火焊工	2	切割仪表堵塞管路的分割工作
9	管工	4	负责引压管路的二次配置
10	工艺操作工	2	检查、监督引压管路的通畅工作
11	辅助操作工	4	配合各工种施工
合计		27	

6 材料与设备

采用的主要机具设备材料（表 6-1）。

表 6-1 机具设备及材料表

序 号	设备名称	设备型号	单 位	数 量	备 注
1	交直流焊机	—	台	2	
2	砂轮切割机	ϕ150mm	台	2	
3	角形砂轮机	ϕ100mm	台	2	
4	氩弧焊机	500A	台	2	
5	电动试压泵	—	台	2	
6	冲击电钻	ϕ10mm、ϕ8mm	台	6	
7	外螺纹球阀	HLQ21M-40C DN10	个	151	
8	限流孔板	WH44PN16C DN15-1.2	个	151	
9	单向阀	WHLQ H44Y-25I 2.5MPaDN15	个	151	
10	无缝钢管 18×3	18×3	m	420	
11	皮带管	ϕ25mm	m	30	
12	精密压力表	1.0MPa、4.0MPa、10.0MPa	块	各 2	
13	截止阀	*DN*15	个	6	

7 质量控制

7.1 施工执行的标准与规

（1）GB 50093—2013《自动化仪表工程施工及质量验收规范》。

（2）HG/T 21581—2012《自控安装图册》。

7.2 质量保证措施

（1）对材料进货验收按全数检验和《材料抽样检验规定》进行检验或试验。

（2）试压人员对受压中的管线必须严密检查，不得随便离岗。

（3）检测设备的操作者要具备合格的技能及必要的资质。

（4）用于检测的设备、必须按周期进行鉴定或校验。经检定或校验的仪（器）表、由计量鉴定部门签发合格证书。

（5）装配平焊法兰时，管端应插入法兰 2/3，焊接后应将除去毛刺及熔渣除干净，内孔应光滑，法兰面应无飞溅物。

7.3 疏通工程主要质量控制点（表 7-1）

表 7-1 疏通工程主要质量控制点一览表

序号	项 目	质量检测及控制项目	执行标准	检测人
1	管材、阀门试验检查	规格、型号、材质是否满足设计要求、试验方法、试验比例、试验压力等是否满足规范要求	GB 699—88《优质碳素结构钢》	技术员及质检员
2	管材、阀门试压	清管、浸泡、封堵、上压、降压、强度试验、密性压力试验、泄压排水等是否满足规范要求	不破裂、无泄漏，压降≤1% 试验压力值	技术员及质检员
3	引压管线预制	引压管线切割切口无裂纹、倾斜偏差符合规范要求；管线下料尺寸正确、坡口角度符合规范要求；阀门与管线组对间隙、错边量、错边坡度打磨符合规范要求；取源部件开孔应在安装前完成、方位正确，承插件应同心组对，间隙均匀；支吊架预制形式正确，焊接牢固；预制管段尺寸正确，标识齐全	HG/T 21581—2012 及 Q/SH 0700—2008 SDEP-SPT-IN2011-2008	质检员及安全员

续表

序号	项　目	质量检测及控制项目	执行标准	检测人
4	管线焊接	焊接材料保管、烘烤、发放、回收符合规范要求；焊接环境条件确认；现场焊接符合工艺评定要求；焊缝外观符合规范要求；要求挖眼打底焊采用氩弧焊打底，并渗透；焊后需热处理的焊缝，应按照焊接工艺要求进行热处理等等	GB 50236—2011	质检员及安全员
5	引压及反吹风管线安装检查	管线规格、材质检查，配套孔板法兰密封面检查；阀门安装方位、方向检查，压力等级检查；螺栓材质检查，松紧度检查，垫片检查；孔板位置、方位、流向检查等	HG/T 21581—2012	质检员及安全员
6	管道的吹扫及冲洗	根据设计要求进行：空气吹扫检查、油清洗检查、脱脂检查、酸洗及钝化检查；根据规范要求检查吹扫结果	GB 50093—2013	质检员及安全员
7	反吹风管路投运	检查引压正负阀门，并对整条管路进行排空，吹扫直至畅通无杂物，对检测设备进行投运，调整变送器的零位	GB 50093—2013	质检员及安全员

8　安全措施

8.1　安全控制标准

（1）SY/T 5858《石油工业动火作业安全规程》。

（2）Q/SY1240—2009《作业许可管理规范》。

（3）Q/CNPC 104.1-2004《健康、安全与环境管理体系》。

（4）GB 18218—2009《危险化学品重大危险源辨识》。

8.2　安全控制措施

（1）管线吹扫时在排污周围设置禁区，防止杂物吹出时伤人。

（2）管线试压介质、压力值严格按施工组织设计要求进行控制，不得擅自变动。

（3）作业人员对反吹风系统进行检查处理操作时，在反吹风没有打开的情况下，不得打开一次阀，避免颗粒堵塞。

8.3　重大危险源识别及防控措施（表 8-1）

表 8-1　危险源分析及防范措施表

序号	作业/活动、设施/场所	危险源	可能造成后果	防范措施
1	反吹风疏通工程/催化两器装置区	使用砂轮机切割机打磨工作	砂轮片爆裂伤及人	加强操作规程教育，制止违章
2		使用角向砂轮机用力过猛并未使用防护用品	砂轮机反弹伤及人员	加强操作规程教育，制止违章
3		乙炔、氧气橡皮管破损	会造成火灾	发现问题立即整改
4		电源线混乱破损	金属带电引起人员触电	定期检查，发现问题，立即整改
5		登高设施不合格，损坏不及时修复	作业时不慎发生坠落事故	登高设施须经验收，并经常检查及时维修
6		清洗、脱脂、待装作业区域明火作业	遇到可燃气体或物质引起火灾或爆炸	设置安全作业区，严禁吸烟
7		作业人员向上或向下抛物品	物品坠落造成事故	教育作业人员严格执行安全纪律

续表

序号	作业/活动、设施/场所	危险源	可能造成后果	防范措施
8	反吹风疏通工程/催化两器装置区	在已布置好的吊装现场进行焊接作业	焊机电流通过钢丝造成断丝、断股，引起事故	1. 正确佩戴和使用劳保用品 2. 电器设备完好，电焊机把线、电源线绝缘皮完好无损，实行一机一闸一保护，焊接作业人员持证上岗 3. 动火作业办理动火作业票，动火区域15m内如有井必须进行封闭，配备消防器材
9		临时用电	触电、火灾	专职电工操作，使用电源线路完好，配备灭火器材，日常巡检到位；采用三级配电二级保护，做到“一机一闸一漏一箱”涉电作业应穿戴绝缘鞋、绝缘手套及其他防护用品
10		管路气压试验	介质泄漏伤及人员	1. 试压时划定警戒区，拉警戒线，挂“试压危险”警示牌，并设专人负责警戒，非试压人员不得进入 2. 试验过程中发现泄漏点，严禁带压修补和紧固，试压管道带压时禁止踩踏和敲击 3. 泄压时，按指定位置泄压，并维护

9 环保措施

9.1 环境保护及文明施工的总体要求

项目部严格遵照当地环境及相关法规和对工程环境保护的评估报告要求，确定施工过程中的环境保护工作及具体的工作安排，减少施工过程对周围环境造成的不利影响，并定期进行环保宣传教育活动，不断提高职工的环境保护意识和法制观念。

在施工临时设施的规划、建设时，进行严格的环境影响评估，并采取有效的环境保护措施，避免对装置区造成环境破坏；在工程施工期间，对噪声、振动、废水、废气和固体废弃物进行全面控制，对化工废弃物及其工业用水、气源进行严格的管理与控制，切实保护生产装置环境。

9.2 施工阶段环保措施

（1）废水排放严格执行各项排放标准，废水排入严格执行《污水综合排放标准》，对有害物质和施工废水进行处理，严禁直接排放。

（2）对发电机安装防漏油设施，对机壳进行覆盖围护。

（3）对易产生粉尘、扬尘的作业过程，制定操作规程和洒水降尘制度，保持湿度、控制扬尘。

（4）施工现场保持整洁，物料堆放整齐。

（5）现场设垃圾池集中存放工程垃圾，并定期进行清运。生产生活垃圾日产日清。

10 效益分析

2017年5月2日，根据开工进度，改造后的两器仪表全面启动，从两器进料装催化剂至料位、藏量建立正常，没有因为仪表指示误差造成操作波动。至11月，半年以来，151套反吹仪表全部运行正常，测量准确度符合使用要求。

10.1 技术效益

通过反吹风疏通技术流程完善，将单一设备功能的分解，化繁为简。一方面减少乃至消除仪表取压点堵塞现象的出现；另一方面降低控制系统生产报警频次，减少装置波动，进一步满足生产要求。

10.2 经济效益

（1）工效对比分析：缩短工期 28-10=18 个工作日。

（2）直接经济效益对比分析：

人工费：18（个工作日）×20 人员 ×280（人工单价）=100800（元）

10.3 无形效益分析

有效减少了仪表反吹风堵塞造成的危害，有效减少了直接设备损耗和维修费用，带来良好的经济效益。

11 应用实例

应用实例一：

2017 年华北石化分公司全厂炼油装置大检修（二催化装置大检修）项目，项目 2017 年 3 月 25 日开工，2017 年 5 月 2 日完工。完成 100 套仪表反吹风疏通。

应用实例二：

2017 年华北石化分公司全厂炼油装置大检修（二催化装置大检修）项目，项目 2017 年 4 月 1 日开工，2017 年 5 月 2 日完工。完成 51 套仪表反吹风疏通。

10000m³LNG 金属全容罐施工工法

河北华北石油工程建设有限公司

马登雷　吴华礼　丁倩兰　王　超　张清林

1　前言

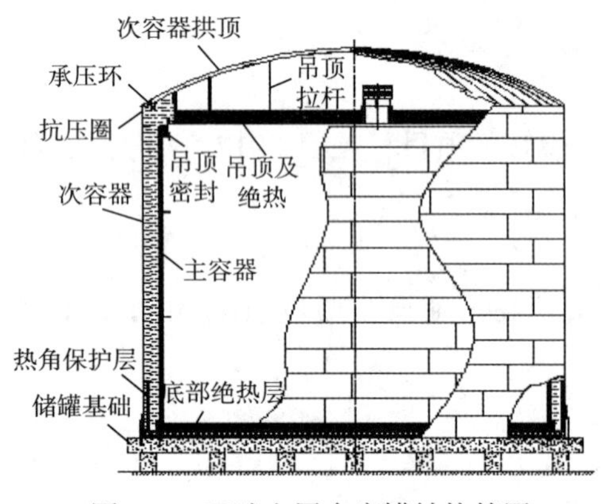

图 1-1　双壁金属全容罐结构简图

10000m³ LNG 全容罐主要由主容器、次容器、底部绝热层、热角保护层、顶部及环形夹层绝热层、储罐内次容器梯子、平台、工艺管线、设备阀门仪表电气等结构组成。主体结构形式为：平底吊顶、立式双圆筒金属壁、全容罐结构。主容器直径 25000mm，筒体高度 23640mm，主体及吊顶材质均为 S30408；次容器直径为 27400mm，筒体高度 26322mm，主体材质为 S30408，拱顶及顶部结构件采用 16MnDR；工艺开孔及主容器梯子平台材质为 S30408，空罐总重约 1532t。图 1-1 为金属全容罐结构简图。

使用金属全容储罐储存液化天然气（LNG）方式因其具有储存效率高、占地少、储存规模易于大型化等优点在社会生产中得到了越来越广泛的应用。河北华北石油工程建设有限公司为适应市场需求，扩大市场规模，不断创新实践储罐制造安装技术，2016 年公司进入山西临汾液化调峰储备集散中心项目，介入 LNG 储罐的制造市场。

为了更快地了解、熟悉 LNG 储罐的施工工艺，公司特意挑选具有多年储罐施工经验的项目管理团队进行管理，并从公司调派具有丰富储罐施工经验机组进行施工；借鉴公司以往不锈钢储罐和低温管道的施工技术，通过山西临汾液化调峰储备集散中心项目 10000m³LNG 储罐的预制安装施工过程，逐步摸索掌握了 LNG 金属全容罐的施工工艺，并于 2016—2017 年山西临汾液化调峰储备集散中心项目工程施工中形成该施工工法。双壁金属全容罐主容器施工是在次容器完成后再进行施工的，两层罐壁间只有 1200mm 间距，施工作业面狭窄，属于受限空间作业。不锈钢板材焊接具有收缩性大的特点，需计算出各种板厚焊接收缩量，做到精确排版下料。根据不锈钢易渗碳的特性需要改进存放、拉运胎具和工装机具，并选择相应的切割机具。

2017 年 2 月在河北华北石油工程建设有限公司 2015—2016 年度工程技术论文发布会上《低温 LNG 金属全容罐施工质量控制要点》获得一等奖。

2　工法特点

2.1　倒装法安全，效益高

双壁金属全容罐的主容器和次容器均采用倒装法施工，无需搭设满堂红脚手架，大大减少高空作业，施工较为安全，也可以降低成本，取得了很好的经济效益和社会效益。

2.2 顶升设备平稳高效

双壁金属全容罐施工中，主次容器的起升采用螺旋环步提升机，较原来液压顶升设备更加平稳，劳动强度降低、工效提高。

2.3 保护环境

双壁金属全容罐酸洗钝化产生的废液较少，有效地减少污染，改善施工环境，保障员工的身体健康。

3 适用范围

本工法适用于 10000～30000m^3 双壁金属全容罐制作安装施工；
适用区域：油田、炼油厂区、LNG 液化工厂、LNG 接收站和储备调峰站等。

4 工艺原理

双壁金属全容罐内外罐均采用螺旋环步提升机进行倒装法施工，先安装外罐，后安装内罐，在外罐罐顶安装完毕后，在罐底铺设组焊内罐顶，内罐顶和外罐顶之间用吊杆连接，并随外罐同步起升，再安装组焊内罐，待罐内施工全部完成后，最后封装预留的外罐罐壁板。该工法是通过螺旋环步提升机进行提升、涂抹酸洗钝化膏式内壁表面处理工艺等形成的全容罐制作安装工艺流程，该工法采用的关键技术如下：

4.1 螺旋顶升技术

螺旋环步提升机是一种机械放大式提升机，具有尺寸小、提升平稳的特点，减少了原来储罐液压提升机需要在罐顶开天窗的问题。罐壁板采用槽钢胀圈加强胀紧，然后吊装组对下圈罐壁板。胀圈分为若干段，每一段用千斤顶将罐壁板撑圆，胀圈通过焊接在罐壁板上挡板传递升力，螺旋顶升装置提升胀圈带动罐壁板上升，组对完下圈壁板，再将胀圈的千斤顶松力，将胀圈放落至下圈壁板上再次胀紧提升，如此反复提升，直至完成全部的壁板组对。

4.2 酸洗钝化技术

涂抹酸洗钝化膏是通过人工将酸洗钝化膏涂抹在储罐内壁，酸洗膏将钢板表面原有氧化膜腐蚀掉，将铁及铁的氧化物优先溶解，使不锈钢表面富铬，再在氧化剂钝化作用下产生完整稳定的钝化膜，这种富铬钝化膜的电位接近贵金属的电位，可有效提高抗腐蚀的稳定性。

5 施工工艺流程及操作要点

5.1 施工工艺流程图

5.1.1 施工总流程（图 5-1）

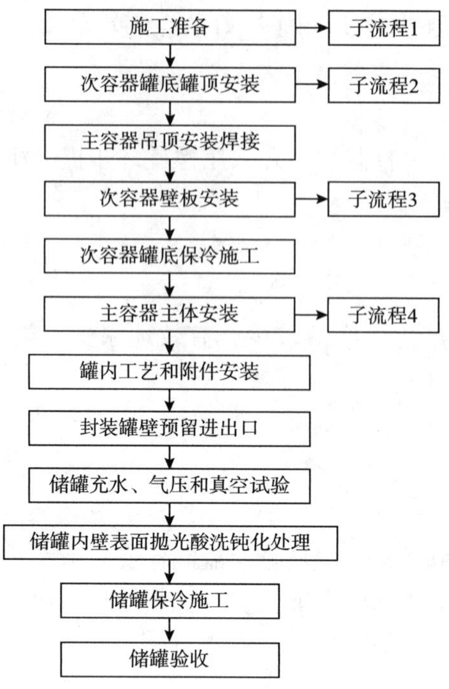

图 5-1　双壁金属全容罐施工工艺流程

5.1.2　子流程

子流程 1：施工准备流程图（图 5-2）

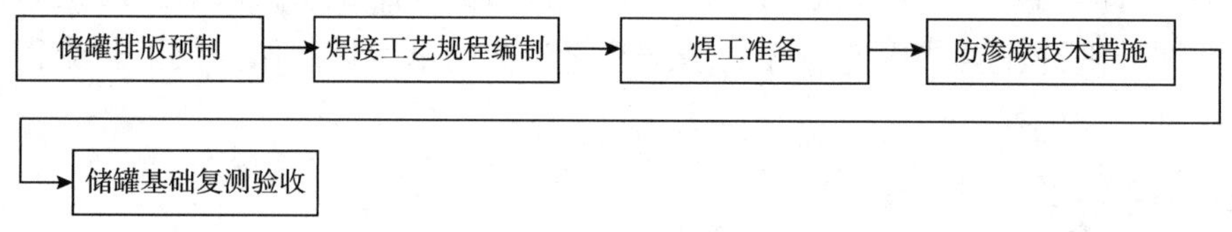

图 5-2　施工准备流程图

子流程 2：次容器罐底罐顶安装流程图（图 5-3）

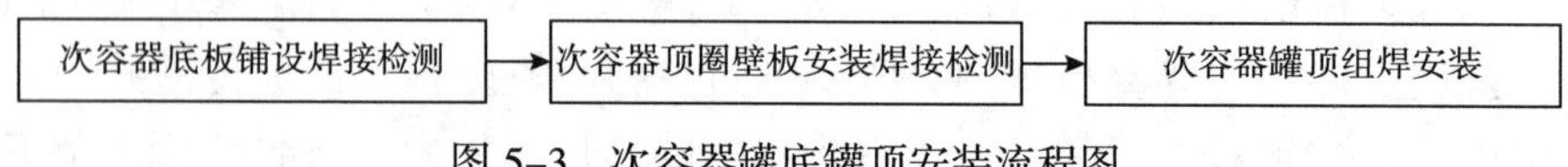

图 5-3　次容器罐底罐顶安装流程图

子流程 3：次容器壁板安装流程图（5-4）

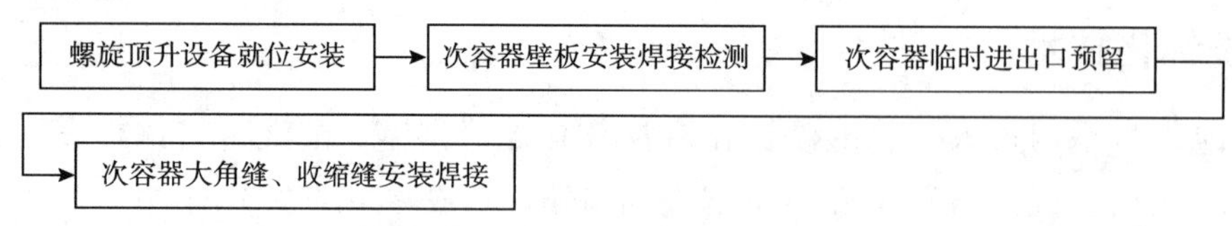

图 5-4　次容器壁板安装流程图

子流程 4：主容器主体安装流程图（图 5-5）

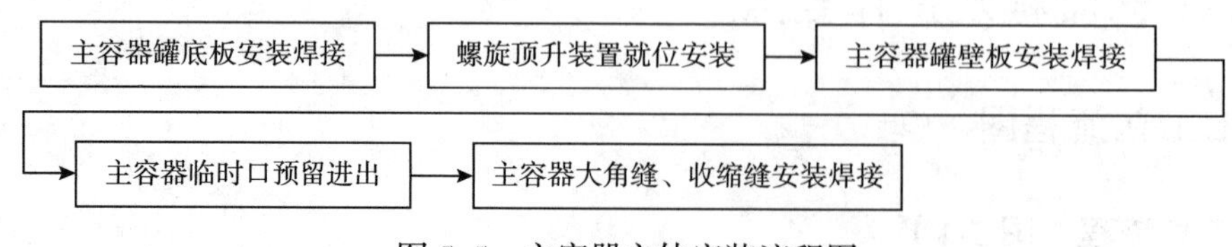

图 5-5　主容器主体安装流程图

5.2 操作要点

5.2.1 施工准备

1. 储罐排版预制

不锈钢板的膨胀系数较碳钢大，且价格较高，因此精确排版下料是保证合理利用板材的前提，根据 AutoCAD 精准排版后，计算出同一收缩方向的收缩总量，预留富余量。由于纵缝焊接形成的圆周收缩量较大，需对纵缝焊接收缩量进行准确估算。纵缝焊接横向收缩量可用下述公式进行计算：

$$\Delta H=0.27F/\delta$$

式中，F 为焊缝横截面积 mm^2；δ为板厚，mm。

2. 焊接工艺规程编制

主容器与次容器的焊接是 LNG 全容罐制作的重点及难点，在焊接时应严格按照焊接工艺评定及焊接工艺规程执行。

（1）主次容器的材质均为 S30408，焊接性良好，严格按照焊接施工规程施工，能够保证焊接质量。但由于全容罐设计工作条件为 -196℃低温，需要保证焊缝及热影响区的抗低温韧性，可以通过调整焊接热输入来控制。严格执行焊接工艺评定及作业规程，并应尽可能地采用较小的焊接线能量，快速多道焊。

（2）与异种钢焊接的焊道均应编制焊接工艺规程。焊接工艺评定应满足 NB/T47014《承压设备用焊接工艺评定》

3. 焊工准备

按焊接工艺评定的要求对所参加的电焊工进行培训考试，经甲方及监理人员现场考核，合格者方可进行现场预制和施工焊接。

4. 防渗碳技术措施

（1）不锈钢板的预制和碳钢板预制基本相同，切割采用数控等离子切割，钢板坡口成形采用数控刨床，不锈钢板和预制平台间用胶皮或木方隔离，以防止板材表面刮伤、渗碳污染。

（2）不锈钢板辊制时，先将辊板机的辊筒喷涂油漆保护，再用 2~3 层厚牛皮纸包裹，以防止不锈钢板表面在卷板时渗碳污染；辊筒表面应注意时常清理，避免附着尖锐物，也可避免在卷板时表面划伤。

（3）预制完成的不锈钢板在存放及拉运过程中，在胎具上包覆镀锌铁皮或垫不锈钢垫板隔离，捆扎固定采用不锈钢带或镀锌铁丝。罐壁拉运必须使用专用胎具，其支架曲率应与罐壁一致，以防止变形。

（4）胀圈与罐壁接触的外边缘用薄不锈钢板焊接，碳钢与罐体接触部分均用不锈钢过渡连接；铆工用撬棍、手锤，焊工用刨锤、扁铲等工具用不锈钢焊条过渡一层，用硬质木槌代替铁锤，防止渗碳污染。

5. 储罐基础复测验收

底板安装前，对储罐基础进行复查，核对基础标高、直径、方位、坡度、表面凹凸度等是否符合设计及规范要求。

验收合格后，以基础中心点画出十字中心线，再画出罐底板圆周线，要考虑焊缝的收缩量。

5.2.2 次容器罐底罐顶安装

1. 次容器底板铺设焊接检测

中幅板从中心向四周铺设，不规则板和边缘板按排板图及预制编号、划线位置进行铺设。

中幅板组对好后先分段点焊，使两张搭接板贴合紧密，先焊接中幅板的短缝，后点焊焊接中幅板长缝，点焊时必须由中间向两端一次点焊完毕，长缝采用分段退步焊，需等前道焊缝组焊完成冷却后，方可组焊下道焊缝。

边缘板铺设完毕后，先焊接靠外缘 400mm 部位的焊缝。初层焊缝焊接时，焊工应均匀分布，对称施焊，并采取一定反变形措施；在大角焊缝焊完后龟甲缝施焊前，完成剩余边缘板对接焊缝的焊接。

2. 次容器顶圈壁板安装焊接检测

次容器罐底边缘板焊接检验合格后，进行顶圈壁板的安装，以基础中心为圆心，在罐底板画出次容器的圆周线，沿圆周均匀布置限位支墩，间距 300~500mm，上下用不锈钢垫板隔离，并在支墩上点焊不锈钢挡块，保障与壁板隔离。

按照图纸排版进行顶圈壁板围板，相邻壁板用组对卡具连接固定，然后调整壁板的椭圆度、垂直度和水平度，并检查纵缝的组对是否合格，然后焊接成型。工装卡具焊接不锈钢板，防止碳钢污染。

3. 次容器罐顶组焊安装

次容器罐顶由中心环、径向梁、环向梁、承压环和抗压圈组成，径向梁两端分别与中心环和承压环连接。

（1）次容器顶圈壁板安装完毕后，按照排版图吊装组对抗压圈，相邻抗压圈用罐壁卡具连接固定。抗压圈安装完成后，应复测抗压圈的椭圆度、垂直度和水平度，并标记出径向梁、环向梁和承压环的安装位置。

（2）抗压圈安装后，按图安装承压环，并用临时导向板辅助安装，导向板每间隔 1~1.5m 设置一个，并用千斤顶压实，保障承压环的安装角度。

（3）在罐中心用钢管搭设临时支架用于支撑中心环，中心环安装时需进行中心环中心和罐底中心的方位找正复核，待核实无误后，将中心环和支架点焊固定，并在中心环上标记出径向梁、环向梁的安装线。

（4）先将径向梁拼接完成（图 5-6），按中心环和承压环划好的标记线，安装 0°、90°、180°、270° 四根径向梁，接着安装 45°、135°、225°、315° 方位上的四根梁，再依次对称安装剩余径向梁，最后安装环向梁。

（5）蒙皮板按照设计图纸和排版图要求铺设，点焊次容器罐顶板，铺设时应对称均匀铺设，防止受力不均衡使梁产生变形（图 5-7）。

图 5-6　径向梁拼接

图 5-7　蒙皮板安装

5.2.3　主容器吊顶安装焊接

主容器罐顶在次容器罐底上铺设，组焊完成后，安装连接主次容器罐顶的吊杆，使主容器罐顶随次容器罐顶罐壁同步起升。

悬顶吊杆安装可与悬顶板焊接同步（图 5-8），应注意安装焊接悬顶吊杆时应保证焊接完成的悬顶吊杆垫板垂直，在焊接部位的下方做保护，以免飞溅污染悬顶板。用激光水准仪保证悬顶吊杆的垂直度及直线度（图 5–9）。

图 5–8　吊顶加强筋焊接

图 5–9　吊顶提升

5.2.4 次容器壁板安装

1. 螺旋顶升设备就位安装

螺旋环步起升装置控制平台放置在罐底中心，通过电源线和数据信号线和顶升立柱连接，由控制平台集中调整螺旋顶升装置，如有偏差，可单独对每台顶升装置调整，确保同步起升。顶升设备就位（图 5–10）。单台顶升立柱参数：直径 200mm，高 1.3m，起升速度 2m/20min，行程 2200mm，额定载荷 15t。螺旋环步起升装置数量的确定：

图 5–10　螺旋顶升设备就位

各种规格的金属储罐选用提升机的数量，可根据罐体的质量和周长两个因素，计算出所需提升机的数量，经验计算公式如下：

$$L/3.5 \sim 4.5 \leqq N \geqslant G/(T \times 75\%)$$

式中，N 为提升机的数量（取偶数，如得奇数则加 1），台；G 为罐体质量（含附件，不含罐底），t；L 为罐体周长，m；T 为提升机额定提升质量，t。

胀圈的设置：储罐主次容器均用胀圈提升，胀圈分为 4 段，胀圈每段之间用 35t 千斤顶将罐壁撑圆，胀圈通过焊接在罐体的提升挡板传力给罐体。胀圈的制作采用双层 [20# 槽钢卷制拼接而成。每个提升点应用撑板及垫板对槽钢进行加强，保证每个提升点在提升过程不至于产生变形。

2. 次容器壁板安装焊接

按照设计图纸要求，提升已经连为一体的次容器顶圈壁板、抗压圈、主次容器罐顶，组装剩余壁板，相邻壁板用组对卡具连接固定，以内壁平齐为标准。

壁板安装过程中，应在加固圈同层壁板焊缝检测合格后及时安装罐壁加固圈，加固圈分段预制，点焊限位板辅助安装，保证加固圈焊缝和壁板焊缝的间距满足标准要求。预留加固次容器临时进出口（图 5–11）。

焊接时在焊缝两侧涂抹用膨润土调和的糊状物，防止焊接飞溅落到母材上，焊接完毕后用水冲洗掉。

3. 次容器临时进出口预留

为了便于人员和机具进出主次容器，在次容器底部两圈壁板预留一张壁板不焊接，待底圈环缝焊接完成后，对预留进出口按照图纸要求进行加固处理，将未焊接壁板移走做成临时进出口（图 5–11）。

图 5–11　预留加固次容器临时进出口

4. 次容器大角缝、收缩缝安装焊接

次容器大角缝焊接在罐壁板组装焊接完成后进行，为防止角变形，在罐内侧用临时支撑加固。大角缝焊接完毕后，焊接次容器边缘板预留焊缝，再组焊罐底收缩缝。

5.2.5 次容器罐底保冷施工

次容器罐底与主容器罐底之间采用约 946mm 厚泡沫玻璃砖绝热，同时为保证主容器罐底及泡沫玻璃砖基础均匀受力，在泡沫玻璃砖绝热层下面及其顶部分别铺设 75mm 混凝土和 50mm 厚的干砂找平层。铺砖原则是纵向交错结合，层间结合严密，上下层之接缝需成 30°~45° 排列（图 5–12），为使每一层泡沫玻璃达到它们最好的压缩强度，在每一层泡沫玻璃上下应使用沥青油毡包覆（图 5–13），在边缘泡沫玻璃层与外罐壁之间还应环向填充一圈玻璃纤维保温层。底层砂子铺好后，将第一层泡沫砖错缝地铺在上面，每层之间也相应错缝。铺砖时应检查泡沫玻璃砖的接合情况，空隙大了应进行修磨，泡沫玻璃砖之间应用铁钉固定。最上层泡沫玻璃砖铺好后，检查水平度。圆周任意 9000mm 弧长范围内偏差应≤+3mm，在上面做防水层，严防混凝土中水分进入泡沫玻璃砖绝热层中。

因泡沫玻璃砖为非金属脆性材料，主容器施工中吊装、搬运、组对等工作都要求保护好泡沫玻璃砖，防止泡沫玻璃砖碎裂；并且因环境温度超低对玻璃砖及水泥环梁的含水量要求很高（含水量不能超过 3%），中途停止施工时应用防水雨布遮盖，将泡沫玻璃砖要保护好，防止受潮。

图 5–12 沥青油毡铺设

图 5–13 泡沫玻璃砖铺设

5.2.6 主容器主体安装

1. 主容器罐底板安装焊接

主容器罐底板在罐底保冷层的干砂层上铺设，在施工过程中不能破坏干砂层表面的平整度，且铺设前次容器罐底高强度混凝土应养护完成强度达到 100%。主容器罐底板的组对焊接检验要求同次容器罐底板相同。

2. 螺旋顶升装置就位安装

图 5–14 单轨电动葫芦

螺旋顶升装置均布在罐壁内侧，距离罐壁 250mm，立柱底座板与罐底固定，立柱上部支撑作用在罐壁上。顶升装置吊点与组对胀圈上吊点之间用钢丝绳连接。顶升装置依据储罐质量合理均匀布置。计算方法类同于次容器。

3. 主容器罐壁板安装焊接

主容器罐壁板同样采用螺旋顶升 倒装法施工，主容器罐壁的组装在罐底边缘板焊接检测合格后施工，罐壁板由预留的进出口吊入，罐壁板可利用在主次容器罐顶之间建造的单轨电动葫芦（图 5–14）进行罐内吊装。主容器罐壁板和加固圈的安装均与次容器相同。

4. 主容器临时进出口预留

对次容器进出口位置，在主容器留设进出口，以便于人员机具进出。

5. 主容器大角缝、收缩缝安装焊接

主容器大角缝、收缩缝组焊检测程序和次容器施工方法相同。

5.2.7 罐内工艺和附件安装

附件安装包括梯子、栏杆、平台安装，罐内工艺管线安装等。

（1）储罐有罐内工艺接管从罐顶直穿至罐底，对此类接管均分两段安装，接口位置预留在主次容器罐顶之间，其中下段需拼接好后整体吊装，先将接管由预留进出口位置吊至罐内，再用 50t 吊车吊钩从罐顶接管开孔处放入进行吊装作业。

（2）下部接管就位后，调整垂直度复核设计及标准要求，分别在罐顶和罐底固定好，然后进行上部接管安装，最后进行接管焊缝的拼接，并同时由上至下安装接管支架。

（3）在下部接管的安装过程中，对于罐内较大的接管，为了防止在吊装过程中接管产生变形，且保证安装的稳定性，可采用滑轨方式或带轮小车方式安装，在罐底部临时安装滑轨或轮式小车，使接管下部慢慢滑动就位，再精确找正。

（4）罐顶平台在安装完次容器罐顶后进行施工，尽量减少高空作业；塔体分段预制拼接，待储罐主体完成后进行吊装拼接。

（5）安装在罐顶上的附件，如人孔、接管等，用煤油试漏法进行严密性检查，无渗漏为合格。开孔补强板焊完后，由信号孔通入 0.2MPa 的压缩空气，检查焊缝严密性，无渗漏为合格。

5.2.8 封装罐壁预留进出口

待罐内施工结束后，保证罐底真空试漏检验合格，将所有施工机具、技措用料等全部施工物品撤出罐内，并彻底清扫罐底后，封装罐壁预留进出口，先封装主容器罐壁预留进出口，待焊接完成检测合格后，再封装次容器罐壁预留进出口，并将罐壁预留进出口上的加固措施清除。

5.2.9 储罐充水、气压和真空试验

储罐试验前，确保储罐所有安装焊接和无损检测等工作均全部完成且验收合格，罐内清理干净，次容器罐壁不能与锚固件焊接固定。试验用的计量器具均已校核完毕，且在有效期之内，充水应采用清洁水，水温不应低于 5℃。

（1）主容器充水试验过程中应开启人孔保证主容器始终与大气相通，充水高度按设计文件执行，充水速度不应超过设计和标准要求。

充水过程应按设计文件规定进行次容器和罐基础沉降观测，沉降观测应在充水前、当水充到 1/2、3/4 和水充满 48h 分别进行，主容器或基础发生较大沉降或不均匀沉降时应停止充水，检查处理后继续进行试验。充水试验时应对主容器焊接接头的严密性及罐体各部位的变形进行检查，充水达到最高液位并保持 48h 后，主容器无渗漏、罐体无异常变形为合格。如果出现渗漏现象，应立即放水至低于渗漏处 300mm 以下进行处理，处理完毕后再继续充水试验。

（2）内罐充水外罐气压试验前确保次容器所有施工均已完成，按设计文件规定的试验液位检查确认后充气加压。当压力达到设计规定时，用发泡剂涂刷罐壁罐顶焊缝，以无泄漏为合格。然后继续充压至试验压力，稳压 1h，焊接接头无泄漏，罐体无异常变形为合格。储罐充水气压试验合格后应立即打开排气减压阀，使罐内与大气相通，排气后应先将次容器与基础预埋锚固件组对焊接，然后排放试验用水并清洗，罐内不得存有积水和脏物。放水过程中排气减压阀应与大气相通，并按设计文件规定

进行沉降观测。

（3）储罐真空试验应在气压试验合格后进行，用真空泵抽除罐内空气，打开排气阀缓慢释放罐内空气，使罐内真空度达到设计规定的实验值，保持 1h，同时检查罐体有无异常变形，无异常变形为合格。试验后应立即打开进气阀，使罐内部与大气相通。实验过程中，如有发现异常现象应立即停止试验并泄压，待处理完毕后方可重新进行试验。

真空试验时也应检查锚固结构紧固是否满足规范要求。

5.2.10 储罐内壁表面抛光酸洗钝化处理

LNG 储罐因其存储介质的特殊性，对其内壁粗糙度和耐腐蚀性能有较高的要求，所以应对主容器内壁进行抛光和酸洗钝化等表面处理。

（1）储罐采用倒装法施工，为提高工效，抛光处理应在每圈壁板组焊及探伤完成后进行。应合理安排施工工序，以减少重复作业量和高空作业量。抛光前要仔细调整抛光轮平衡度，保证抛光质量。

当换用不同型号的抛光轮时，抛光方向应变换 45°～90°，便于观察前道抛光工序留下的条纹痕迹。

（2）储罐内壁的酸洗钝化处理的步骤为：涂抹酸洗钝化膏→用硬质塑料刷摩擦→等待充分反应 0.5h→用清洁水反复冲洗→检测罐壁残留液是否达到规定要求。

涂抹酸洗钝化膏不能用高速转动工具，防止造成钢板过热氧化，酸洗产生的废液先收集到废液池中，待中和反应达标后再行处理。

5.2.11 储罐保冷施工

储罐保冷施工包括三个工作内容，分别是弹性棉毡悬挂安装，珍珠岩发泡填充和珍珠岩震动填实。

壁板保冷施工先按照设计规定的密度粘贴保温销钉（图 5-15），再将弹性玻璃棉毡穿透（图 5-16），挂在保温销钉上，垫上垫片，将保温销钉的端部弯曲，再捆扎钢带，竖向和横向间的密度按设计规定，钢带的松紧度应适中。在弹性玻璃棉毡保温施工时，罐外壁的施工口处要设置“防雨帘”，以防止雨水飘进罐内而打湿玻璃棉毡。

图 5-15 粘贴保温销钉

图 5-16 悬挂弹性玻璃棉毡

珍珠岩填充采用现场膨胀、气力管道自动输送方式。最大限度确保超低温绝热用膨胀珍珠岩的材料性能指标。

在振动前，将珍珠岩填充到与内罐顶平齐的位置，以方便观察以及测量沉降高度。将振动器按要求位置进行安装固定，根据储罐壁厚调整安装位置、气压大小。振动器从储罐低部外壳起，每个振动点振动 30min，振动设备升高一层板，重复操作，直到振动到储罐侧板顶部。振动结束后，对沉降部分进行补充填实。

5.2.12 储罐验收

全容罐主体、附件、保冷等全部安装完毕后，由业主单位组织监理及施工单位进行验收，验收内容需要满足设计及规范要求。竣工后全貌如图 5–17 所示。

图 5–17 竣工全貌图

5.3 劳动力组织

以山西临汾液化调峰储备集散中心项目工程 10000m³LNG 储罐为例，本工法需要的劳动力组织情况见表 5–1。

表 5-1 劳动力组织情况表

序 号	工 种	人数 / 人	备 注
1	施工队长	1	负责施工队全面工作管理
2	技术员	2	负责技术管理
3	质检员	1	负责质量检查
4	安全员	1	负责现场的安全管理工作
5	材料员	1	材料保管、发放及焊材烘干
6	铆工	4	负责现场储罐安装施工
7	管工	2	负责现场储罐和接管安装施工
8	电焊工	20	负责现场焊接工作
9	气焊工	4	配合板材、型材的切割工作
10	起重工	3	负责施工现场吊装工作
11	电工	2	负责保障现场施工用电
12	设备操作手	1	主要负责现场螺旋顶升设备的操作维护
13	维修钳工	1	负责现场机具的维护保养
14	吊车司机	2	负责现场吊装施工
15	普工	20	配合施工
合计		65	

6 材料与设备

6.1 主要施工技措用料

以山西临汾液化调峰储备集散中心项目工程 10000m³LNG 储罐为例，本工法需要的主要施工技措用料见表 6–1。

表 6-1 主要施工技措用料表

序 号	名 称	规 格	单 位	数 量	备 注
1	钢板	δ=10mm Q235–A	m²	80	钢平台制作
2	钢板	δ=10mm 06Ni9	m²	40	隔离用垫板
3	钢板	δ=16mm 06Ni9	m²	20	隔离用垫板
4	焊接钢管	*DN*50 Q235–A	m	20	罐顶支撑
5	无缝钢管	ϕ159mm × 7mm 20	m	80	钢平台制作
6	无缝钢管	ϕ219mm × 6mm 20	m	300	钢平台制作
7	无缝钢管	ϕ273mm × 7mm 20	m	150	钢平台制作
8	角钢	∠ 63 × 6 Q235–A	m	200	临时平台

续表

序　号	名　称	规　格	单　位	数　量	备　注
9	角钢	∠ 50×5　Q235-A	m	300	临时平台
10	角钢	∠ 80×8　Q235-A	m	300	临时平台
11	工字钢	ϕ14mm　Q235-A	m	360	防变形背杠
12	工字钢	ϕ10mm　Q235-A	m	200	防变形背杠
13	槽钢	ϕ20mm　Q235-A	m	200	胀圈
14	槽钢	ϕ20mm　Q235-A	m	100	洞口加固

6.2　主要施工机具设备

以山西临汾液化调峰储备集散中心项目工程 10000m^{3}LNG 储罐为例，本工法需要的主要施工机具和设备见表 6-2。

表 6-2　主要施工机具和设备表

序号	机具名称	规格型号	单　位	数　量	备　注
1	三辊卷板机	W1132×2500mm	台	1	
2	数控龙门火焰切割机	HMEC07-20	台	1	
3	刨边机	LH-Q50	台	1	
4	直流电焊机	DC-400	台	30	
5	半自动切割机	CG1-30	台	4	
6	螺旋顶升	15t	套	1	
7	焊条恒温烘干箱	ZYH2-100	个	2	
8	可插电焊条保温桶	—	个	30	
9	除湿机	MDA-616A	台	2	
10	角向磨光机	ϕ150mm	台	20	
11	角向磨光机	ϕ125mm	台	30	
12	轨道式电动倒链	10t	台	2	
13	电动倒链	10t	台	10	
14	手动倒链	5t	台	10	
15	手动倒链	2t	台	10	
16	钢丝绳	6×37-ϕ13.5mm　L=15m	根	30	
17	钢丝绳	6×37-ϕ13.5mm　L=5m	根	6	
18	钢丝绳	6×37-ϕ18.5mm　L=6m	根	4	
19	真空泵	2XZ-4	台	2	
20	离心泵	Q=400m^3/h H=150m	台	1	
21	砂轮切割机	ϕ400mm	台	1	
22	卡环	10t、5t、2t	个	30	
23	千斤顶	10t、5t	台	20	
24	磁力电钻	23A	台	1	
25	空压机	0.6m^3/h	台	1	
26	防爆轴流风机	BT-35	台	3	
27	手动液压弯管机	—	台	1	
28	汽车吊	50t	台	1	
29	汽车吊	25t	台	1	
30	半挂车	30t	辆	1	

6.3 主要施工用检测仪器

以山西临汾液化调峰储备集散中心项目工程 10000m³LNG 储罐为例，本工法需要的主要检验与试验仪器设备见表 6-3。

表 6-3 主要检验与试验仪器设备

序号	仪器名称	规格型号	单 位	数 量	备 注
1	全站仪	Leica303	台	1	
2	经纬仪	DT105D	台	1	
3	水准仪	DZS3-1	台	2	
4	激光测距仪	DISTO-D5 0-200m	个	1	
5	焊接检验尺	45A	个	20	
6	红外测温仪	MT4U	个	16	
7	超声波测厚仪	EPK 420	个	1	
8	漆膜测厚仪	尼克斯 4500	个	1	
9	湿膜测厚仪	TT220	个	2	
10	锚纹仪	TR223	个	1	
11	温湿度仪	WHM5 型	个	1	
12	温湿度表	HD100	个	2	
13	风速仪	AVM-01	个	1	
14	钢盘尺	50m	把	2	
15	钢卷尺	10m	把	8	
16	水平尺	JS-08600（600mm）	把	4	
17	塞尺	HFDB/15mm	把	1	
18	游标卡尺	0-150mm 0.02mm	把	1	
19	便携式 pH 计	STARTER 300	台	1	

7 质量控制

7.1 执行的质量标准与规范

（1）SH/T 3537—2009 《立式圆筒形低温储罐施工技术规程》。

（2）API 620—2009 《大型焊接低压储罐的设计和建造》。

（3）SY/T 0608—2014 《大型焊接低压储罐的设计与建造》。

（4）GB 50205—2001 《钢结构工程施工质量验收规范》。

（5）GB 50128—2014 《立式圆筒形钢制焊接储罐施工规范》。

（6）NB/T 47014—2011 《承压设备焊接工艺评定》。

（7）HG/T 4079—2009 《金属抛光表面质量检测及评判规则》。

（8）ASTM A380—2006 《不锈钢零件、设备和系统的清洗和除垢》。

7.2 质量保证措施

（1）项目部组建精干高效的项目质量管理组织机构，确保质量体系的有效运行，强化质量监检，对组装、焊接、抛光、酸洗钝化等关键工序进行重点监控。

（2）对施工图纸认真核查，组织施工图纸交底及会审，认真查找设计图纸中错、漏、碰问题，并及时反馈。

（3）对进场人员进行质量交底和资质取证，以及技术培训，定期考核施工人员的劳动技能，严格执行施工规范和操作规程。对入场施工设备进行检验，确保进场设备完好并能够满足施工需求。对计量器具建账，确认其检定状态，确保符合使用要求。

（4）对进场物资的技术规格书和数据单进行审核，把好材料设备进场验收关。对运抵施工现场的材料及设备（包括自购和甲供），验收合格后方可办理交接手续，存在质量问题的材料和设备，不得进入施工现场；入库前认真进行型号、规格、外观质量、数量等检验。同时加强对材料及设备使用前的确认和技术交底，防止错用和使用不合格的材料。

（5）施工过程的质量控制点按工序设置。结合业主、监理等相关方要求，依据工序各专业特性、控制的必要性，各质量控制点对工程项目最终质量影响的重要程度，结合工程结构分解，划定出不同的控制等级，实施不同等级的检查活动。

（6）施工过程中认真落实“三检制”，确保上道工序质量合格后，方可进入下道工序。并针对现场出现的问题及时开展问题分析会，总结经验，纠正问题。

（7）加强员工的质量意识教育，加强员工上岗前的技能培训，严格执行治理浪费奖惩制度，将三者有机结合起来，及时消除施工中的“低老坏”通病，并推动全员全过程质量管理，提高施工质量水平。

7.3 关键工序质量控制点（表 7-1）

表 7-1 关键工序质量控制

序号	工 序	质量指标	检验方法	检验频次和时机
1	罐底焊接	凹凸变形不应大于变形长度的 2%，且≤50mm	钢板尺测量	抽检 / 罐底焊接完成后
2	罐壁纵缝错边量	当板厚≤10mm 时，应≤1mm；当板厚 >10mm 时，应不大于板厚的 1/10，且≤1.5mm	焊检尺测量	抽检 / 罐壁纵缝组对完成后
3	罐壁环缝错边量	上圈板厚 <8mm 时，应≤1.5mm；当上圈板厚≥8mm 时，不大于板厚的 1/5，且≤2mm。	焊检尺测量	抽检 / 罐壁环缝组对完成后
4	壁板角焊缝	当板厚≤12mm 时，角变形值≤10mm；当板厚 >12mm，≤25mm 时，角变形值≤8mm	弧形样板、钢板尺	逐条焊缝检查 / 罐壁纵缝焊接完成后
5	储罐半径偏差	储罐直径≤45m 时，壁板半径的允许偏差为 ±19mm	钢盘尺、红外线测距仪	抽检 / 每圈壁板焊接完成后
6	储罐垂直度	总体垂直度不大于罐壁高度的 4‰，且≤50mm；罐壁高度不应大于设计高度的 0.5%，且≤100mm	线坠、钢板尺	抽检 / 每圈壁板焊接完成后
7	罐顶组装焊接	搭接量满足设计标准要求，凹凸变形应≤50mm	钢板尺测量	抽检 / 罐顶焊接完成后
8	开孔接管	中心偏差应≤10mm，外伸长度允许偏差为 ±5mm	水平尺、钢卷尺	抽检 / 开孔接管焊接完成后
9	接管法兰密封面	倾斜度不大于法兰外径的 1%，且≤3mm	水平尺、钢卷尺	抽检 / 开孔接管焊接完成后
10	罐内接管垂直度	垂直度不得大于接管长度的 1‰，且应≤10mm	线坠、钢板尺	抽检 / 罐内接管安装完成后
11	储罐基础沉降	基础圆周每 10m 范围内的沉降差≤13mm；基础外围任意两点的沉降差应≤25mm	水准仪、经纬仪	抽检 / 按设计规范要求

8 安全措施

8.1 执行的安全标准与规范

（1）GB 6067—2014 《起重设备安全规程》。

（2）JGJ 46—2005 《施工现场临时用电安全技术规范》。

（3）JGJ 80—2016 《建筑施工高处作业安全技术规范》。

（4）Q/SY 1240—2009 《作业许可管理规范》。

（5）Q/SY 1367—2011 《通用工器具安全管理规范》。

8.2 起重作业安全措施

（1）操作人员听从指挥人员的指挥，并及时报告吊装情况。

（2）起吊时检查钢丝绳、吊物状况，无异常后，方可起吊。

（3）禁止施工人员随吊物起吊或在吊钩、吊物下停留。

（4）指挥人员配齐哨旗，吊装时，起重臂下及吊车回转范围内严禁站人。

（5）风天吊装应使用揽风绳，5 级风以上禁止吊装作业。

8.3 施工用电安全措施

（1）设备接地时要根据本设备用电量大小选择接地线的规格，严禁超载。

（2）所有用电设备均应设有安全防护设施，室外的用电设备要采取防雨设施，同时注意保护设备电缆，对已损坏的电缆要及时更换。

（3）与用电设备相关的电焊机房、钢平台、金属构架等都应做接零或接地保护。

（4）罐内照明应使用 36V 以下安全电压。

8.4 顶升设备使用安全措施

（1）顶升机应沿罐壁四周均匀布置，且必须垂直于地面，其底座务必固定牢固。

（2）顶升机应由专人操作，顶升过程中应注意观察提升状态，发现异常应立即停止提升，进行调整。

（3）顶升机工作时，注意观察刻度尺使其升降不要到达极限位置，以免损伤设备。

8.5 抛光酸洗钝化安全措施

（1）抛光时，在罐内作业会产生较大的粉尘及噪声，操作人员应穿戴好防护口罩、耳塞、眼镜、防护服及其他劳保用品；抛光作业时，其抛光轮转动方向附近不得有其他作业人员。

（2）接触酸碱人员应穿耐酸、耐碱工作服，必要时戴防毒口罩，禁止用人抱、肩扛、背驮等方式运输酸、碱。

（3）酸洗钝化时，应在施工区域悬挂醒目的安全标志和警告牌，并用安全警戒绳围出施工区，防止无关人员进入施工区，设专人进行有效监护。

9 环保措施

9.1 执行的环境保护标准与规范

（1）GB 3095—2012 《环境空气质量标准》。

（2）GB 16297—1996 《大气污染物综合排放标准》。

（3）GB 12348—2008 《工业企业厂界环境噪声排放标准》。

（4）GB 18918—2002 《城镇污水处理厂污染物排放标准》。

（5）GB 3838—2002《地表水环境质量标准》。

9.2 建立环保目标责任制

建立环境保护管理体系，落实责任人，明确职责，制定相应可行的环境保护方案和计划，以环保责任书形式将环保目标分解到部室和机组，并加强现场检查，和现场文明施工管理一起考核。

9.3 环境保护重点管理环节

（1）机械设备、顶升设备和其他用油机械安排专人检查是否漏油，漏点要及时清理干净，保障施工材料不被污染，防止污染环境。

（2）储罐酸洗钝化产生的废液不可直接排放，必须严格按照国家工业废液排放标准进行处理，处理合格后方可排放。

（3）尽量采用低噪声或安装消音装置的设备，及时对设备保养，避免因设备非正常工作产生的噪声，减少或限制高噪声设备夜间工作，尽量减少现场施工对周围环境的干扰。

（4）施工车辆、设备必须在规定的施工道路上通行，在现场进出门口设置清洗池，减少车辆携带泥沙污染现场，施工道路指定专人打扫，防止道路扬尘，并严格控制车辆在施工场内的行驶速度。

（5）施工现场的垃圾统一收集管理，不得随意进行倾倒或掩埋处理，需运出施工现场倾倒在指定地点。

10 效益分析

10.1 经济效益

通过应用此工法，施工工序能够合理安排，施工人员设备能够有效布置，提高施工效率，缩短施工工期，降低施工成本。以下主要从人工、材料、机械等费用进行简要分析：

（1）本工法较原边缘柱提升法节约成本（表10-1）：

表10-1 本工法较原边缘提升法节约费用

新旧工法	材 料	设备安装		现场施工	
		吊车	人工	人工	工期
本工法	重复利用	0.5	2	5	4
原工法	单次投入约1万元	2	10	30	4

节约机械成本：2000元/d×1.5d=0.3万元；

节约人工成本：108人工 ×300元/d=3.24万元；

节约材料成本：约1万元；

合计节省人、材、机共计4.54万元。

（2）本工法较原酸洗钝化法：

因酸洗后的废水属于有害废弃物，原酸洗钝化法需要专业人员采用专业设备，故相对收费较高度。本工程采用先进的涂抹酸洗钝化膏作业，产生的废液很少，费用极低，施工仅需厂家1人现场指导。

节约成本约10万元：

共计节约成本=4.54万元+10万元=14.54万元。

10.2 社会效益

在山西临汾液化调峰储备集散中心项目 10000m³LNG 储罐工程，河北华北石油工程建设有限公司通过运用此工法，高标准、高质量、高效率地完成施工任务，并因此受到建设单位和监理单位的赞誉。

本工法结合外浮顶储罐和拱顶储罐施工工法，在防渗碳、预制卷板、罐体螺旋顶升、焊接变形防控、内壁表面处理等环节，均制定和形成了较科学、完善的工艺措施和方法，也补充了低温材质领域的施工，弥补了公司在 LNG 储罐施工上的技术空白，同时也为公司进行类似工程施工提供了良好的借鉴参考。施工过程中的很多优秀环保技术也可以推广到其他工程应用，如焊接防变形措施、酸洗钝化措施等，进一步增强了公司技术储备和竞争力。

11 应用实例

工程名称：山西临汾液化调峰储备集散中心项目 10000m³LNG 储罐工程

施工地点：山西省临汾市

施工周期：2016 年 9 月 ~2017 年 9 月

应用数量：10000m³LNG 储罐工程 1 具

应用效果：整个施工过程中工程质量、工期进度和施工安全方面均处于平稳受控状态，经参建各方验收，施工质量达到设计和相应标准规范要求，该施工方法得到了建设单位、监理单位和公司领导的一致认可和好评，同时也取得了一定的经济效益和社会效益。为公司进入 LNG 储罐市场奠定了坚实的基础，进一步增强了公司的市场竞争力。

石方基槽 CO_2 相变致裂施工工法

河北华北石油工程建设有限公司
刘 征 侯伟杰 郭英奇 郑兆辉 张 谦

1 前言

在石方工程开挖施工中，当无法采用常规爆破，一般采用机械破碎进行施工，但既耗时，成本又大。如何能够安全、有效地解决在无法爆破地区的石方基槽施工，是降低工程施工成本的重要手段。河北华北石油工程建设有限公司在湖北国储工程中采用 CO_2 相变致裂技术，利用液态二氧化碳瞬间汽化产生的膨胀力进行爆破，减少诱发瓦斯爆炸的概率，无火花外露、无有害气体。通过工程实践，总结梳理了相关的施工工艺，编制了《石方基槽 CO_2 相变致裂施工工法》。并在新疆国储工程中采用本工法施工，节省了工程造价，工程进展顺利，安全高效地完成了石方开挖施工。

2017 年 2 月，在华油工建公司 2015—2016 年度工程技术论文发布会上《二氧化碳炮爆破技术在山体石方开挖工程中的应用》荣获优秀奖。2017 年 12 月，华油工建公司收到国家成品油储备能力建设 935 处工程项目部的表扬信。表彰华油工建公司运用新技术、新工艺、创新新工法，参战干部员工展现了华油工建“石油工程先遣军”的企业品牌形象。应用该工法的湖北国储项目部获得公司级“2018 年度先进项目部”“2018 年度安全环保先进项目部”的荣誉称号。

2 工法特点

2.1 可靠性

既可定向爆破又可延时控制，特别是在特殊环境下，如居民区、隧道、原有老库区、地铁、井下等环境，实施过程中无破坏性震动和短波，对周围环境无破坏性影响。

2.2 高效性

液态二氧化碳灌注仅需 1～3min，致裂开始至结束仅需 400ms。实施过程无哑炮，无需验炮。组装、充装操作简单，爆破准备时间短，可大大提高工作效率与量产。致裂管回收方便，可连续使用。

2.3 安全性

从储存、运输、携带、使用、回收等方面均十分安全。安全警戒距离短，无安全隐患。组装、填充和运输等过程安全可靠，相对于炸药爆破可彻底消除哑炮伤人事故，且无需火工库，管理简便，操作易学，操作人员少，无需专业人员值守。液态二氧化碳相变致裂采用低压启动（9V），比传统爆破更安全。

2.4 便利性

材料来源丰富，可就地取材，化工厂、充气站都有液态二氧化碳。减少繁杂的报批审核程序和管理限制。在二氧化碳相变致裂施工时，无需公安部门审批。通过不同的 CO_2（二氧化碳）填充量，更换不同型号的定能爆裂片和加热管可控制膨胀系统的工作压力，从而适应不同的工作环境。

2.5 可控性

如想要获得较大量的威力，可根据现场情况，把致裂管并联使用即可。

2.6 环保性

定向泄能对周围环境不产生破坏，不产生一氧化碳及氮氧化物等有害气体，能较好地改善工作环境。

3 适用范围

适用于不便于火工爆破、机械开凿费用高的基槽石方松动作业（如油库、巷道、城市街道、桥梁附近及人群密集区的民建旁等）。广泛适用各类矿山、场站、坑道、原有库区、管沟石方定向松动、冻土层松动等等工程。

4 工艺原理

CO_2 气体在一定的高压条件下可以转化为液态，通过高压泵将液态二氧化碳压缩输送到圆柱体容器（致裂管、致裂器或膨胀管）内，装入安全膜、爆裂片、导热棒和密封圈，拧紧合金帽即完成了致裂前的准备工作。致裂时将致裂管及电源线携带至致裂现场，把致裂管插入钻孔中固定好，快速利用充气机将液态 CO_2 冲入致裂管内，充气达到设计要求的压力后，连接起爆器电源，当微电流通过高导热棒时产生高温击穿安全膜，瞬间将液态 CO_2 气化，急剧膨胀产生高压冲击波至泄压阀（即爆裂片）打开，对致裂的石方产生冲击波，从而起到对石方破裂的作用（图 4–1）。

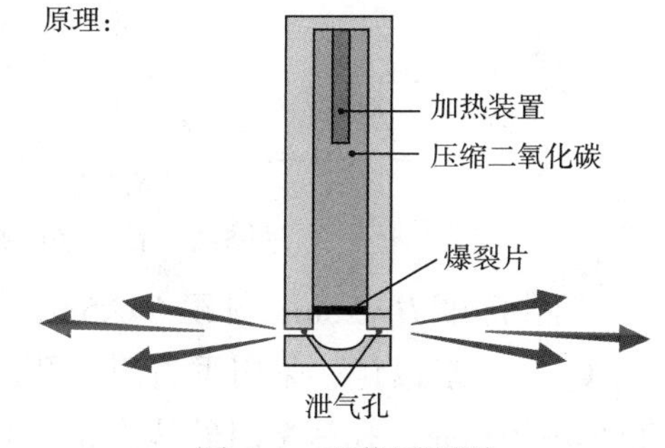

图 4–1 工艺原理图

5 施工工艺流程及操作要点

5.1 CO_2 相变致裂工艺流程

CO_2 相变致裂工艺流程（图 5–1）可以多台阶、多工作面同时循环作业。

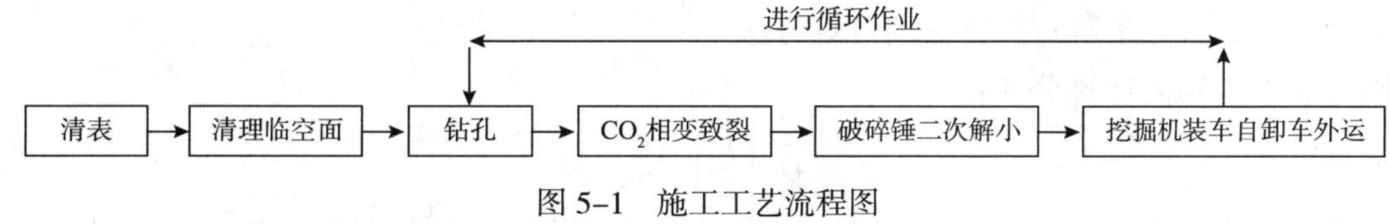

图 5–1 施工工艺流程图

5.2 CO_2 相变致裂各工序操作要点

以某油库罐石方基槽致裂为例，现场山体为白云质灰岩，岩石硬度为 20~40MPa。

5.2.1 清表

（1）需要将施工作业面范围内的所有地表树木、植被清除干净，将地表覆土用挖掘机清除，并外运；

（2）清表完毕后，要露出石方，个别凸起的石方应用破碎锤清理，以便钻孔设备进出。

5.2.2 清理临空面

（1）根据现场实际情况，确定临空面设置，以保证后续爆破的最佳效果和作用，临空面用机械破碎锤清理；

（2）依据施工现场地形进行合理 CO_2 相变致裂作业，原则上采取平面分块，竖向分层进行 CO_2 相变致裂作业，平面分块以一次致裂布孔的平方面为一个单元，经计算及现场试验，竖向分层以 3.0~4.0m 为最佳厚度。

5.2.3 钻孔

根据经验计算和试爆取得以下数据：

（1）每次每层致裂，钻孔平面布置如图 5-2 所示。

钻孔间距：a=2.25m，钻孔排距：b=2.5m，第一排炮孔距临空面距离：c=0.8b。

（2）孔位的选择：孔的位置、方向和深度直接影响致裂效果，所以一定要合理选择孔位。钻孔不宜布置在层理和裂缝处，以防致裂时气体由层理裂缝泄出，降低致裂效果；

（3）孔竖向布置位置如图 5-3 所示。

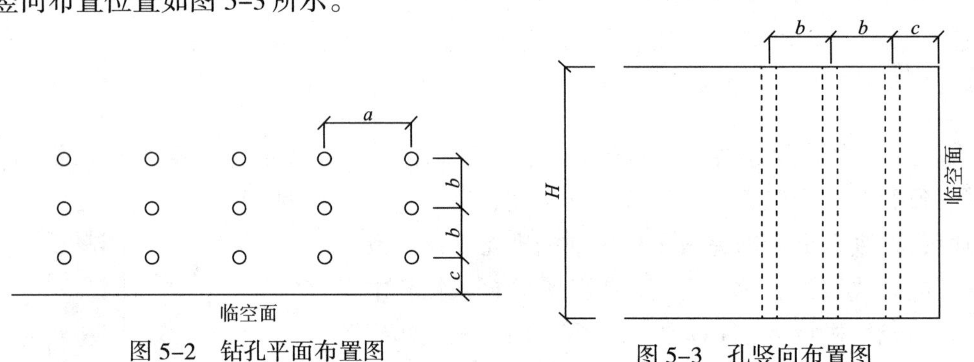

图 5-2 钻孔平面布置图

图 5-3 孔竖向布置图

钻孔深度 H=3.5m，排距 b=2.5m，第一排钻孔距临空面为排距的 0.8 倍。

（4）孔眼设计，采用垂直眼，孔眼直径根据致裂管的直径确定，致裂管直径采用 95mm，则钻孔直径 d=105mm，孔深采用最佳为 3.0~3.5m。

（5）孔位安全距离计算。

安全振动速度是被保护对象受到该 90%～95% 的爆破地震作用不产生任何破坏的振动速度峰值。满足安全振动速度要求的炸药量是允许炸药量。中国建（构）筑物的安全振动速度是：民居土窑洞、土坯房、毛石房是 1cm/s，一般砖房、非抗震大型砌块建筑物是 2～3cm/s，钢筋混凝土框架房屋是 5cm/s，水工隧洞为 10cm/s，交通隧洞为 15cm/s，矿山围岩不稳定但有良好支护的巷道为 10cm/s，围岩中等稳定有良好支护的巷道为 20cm/s，围岩稳定无支护的巷道是 30cm/s。为了计算 CO_2 爆破的安全距离和地面震动速度，首先了解炸药爆破的计算方法

①爆破地震安全距离计算公式：

$$R=\sqrt[3]{Q}\left[\frac{K}{V}\right]^{1/\alpha}\text{m} \quad (5\text{-}1)$$

式中，R 为爆破安全距离，m；Q 为炸药量（齐发时爆破总药量，秒差爆破或微差爆破时取最大段的药量），kg；K，α 分别为与爆破地形、地质等条件有关的系数和衰减指数，可按表 5-1 取值。

表 5-1 爆破地形、地质等条件有关系数和衰减指数

岩 性	K	α
坚硬岩石	50~150	1.3~1.5
中硬岩石	150~250	1.5~1.8
软岩石	250~350	1.8~2.0

②爆破地面震动速度的计算。我国现在一般采用以下公式计算：

$$V=K\left(\frac{\sqrt[3]{Q}}{R}\right)^{\alpha} \tag{5-2}$$

式中，Q 为一次起爆的最大药量，kg；K、α 为介质系数、衰减指数，与地质系数有关，岩石中爆破取值为 K=100～150；α=1.5～2.0。

③ CO_2 爆破爆炸能量与炸药爆破能量的换算。

CO_2 爆破能量的计算公式如下：

$$W=\frac{P_1V}{K-1}\left[1-\left(\frac{P_2}{P_1}\right)\times\frac{K-1}{K}\right] \tag{5-3}$$

式中，W 为爆炸能量，J；P_1 为爆炸压力，Pa；P_2 为标准大气压力，Pa；V 为爆破器内部的体积，m^3，取值 0.001m^3；K 为 CO_2 的绝热系数，取值 1.295。

④ CO_2 爆炸当量换算成 TNT 炸药的计算：

$$W_{TNT}=\frac{W}{Q_{TNT}} \tag{5-4}$$

式中，W_{TNT} 为换算成 TNT 炸药的当量，kg；Q_{TNT} 为 1kgTNT 炸药的爆炸能量 4520，kJ；W 为 CO_2 爆破的能量，kJ。

根据以上公式（5–3）和式（5–4）计算得出不同直径膨胀管，CO_2 爆破在不同。

爆破压力下的爆炸能量换算成 TNT 炸药的爆炸当量如表 5–2 所示。

表 5-2　一根 CO_2 爆破管的爆炸能量换算成 TNT 炸药的相当药量表

序号	爆破管直径，ϕ/mm	爆破压力，P/MPa	爆炸能量，W/kJ	爆炸当量，W_{TNT}/kg
1	50	50	148.48	0.03
2	55	100	304.74	0.07
3	65	150	462.9	0.11
4	75	200	622.14	0.15
5	85	250	782.12	0.18

⑤举例说明：以某国储 1#、2#、3# 罐石方基槽 CO_2 爆破安全距离的计算。

经过现场实际测量，1# 罐位爆破点距离原有储油罐室最近的距离为 60m。爆破时采用 ϕ75mm 的爆破管，10 根管同时起爆，由表 5–2 可知：总爆炸当量 W_{TNT}=0.15×10=1.5kg；即相当于 1.5kg 的 TNT 炸药的爆炸［即公式（5–1）中 Q=1.5kg］。

再根据设计地质钻探报告，1#、2#、3# 罐位开挖岩石属于中硬岩石，公式（5–1）计算爆破安全距离时，由表（1）中取值 K=150、α=1.8，将原有储油罐室视为一般砖房、非抗震大型砌块建筑物，地面安全震动速度为 2～3cm/s，V 取值 3.0cm/s，则 10 根 ϕ75mm 的爆破管，10 根管同时起爆的安全距离为：由公式（5–1）套用得出，R=1.1447×8.785=10.06m（即便按毫无防震能力的土坯房计算 R=18.519m），远小于实际测量的实际 60m，因此 CO_2 爆破完全能够保证原有储油罐室（罐体）的安全。

5.2.4　CO_2 相变致裂

（1）充装：液态 CO_2 充装采用充装机把储罐内的液体 CO_2 给致裂器进行充装。

（2）孔眼清理好后，安装致裂管时应使用塑料楔形卡进行固定，固定好之后派专人进行检查，以免在致裂时未固定，而影响致裂效果。在致裂管固定完毕后，快速利用充气机将液态 CO_2 冲入致裂管内，充气达到设计要求的压力后，连接起爆器电源。

（3）致裂：

①将致裂器放入已钻好的孔内，将致裂器尾端露在孔洞外，且用钢丝绳连接固定。

②清理现场，孔眼附近不能有石块，以免石块被气流吹起伤人，人员疏散到 100m 以外，并有专人负责宣传警戒，避免无关人员和车辆进入现场。

③将引发线引至有防护的安全爆破点，检查整个电路系统无误后，将引发线与发爆器连接，启动发爆器，进行致裂（图 5-4）。

图 5-4 致裂现场图

（4）致裂完成后，检查孔眼，按程序要求，测量致裂器电阻，检查和处理未致裂管。处理完毕后，撤除警戒。

5.2.5 破碎锤二次解小

使用“360”破碎锤将大块石方破碎成小块，便于挖掘机装运。

5.2.6 挖掘机装车自卸车外运

将解小的石方用挖掘机装车，自卸车外运，然后清理作业面和临空面，以利于下周期循环作业。

5.3 劳动力组织

根据现场工程量和实际情况，配备 CO_2 相变致裂施工队，见表 5-3。

表 5-3 CO_2 相变致裂施工队人员配备表

序 号	岗 位	数量 / 人	备 注
1	队长	1	统一协调清表、钻孔、致裂、解小、拉运作业
2	技术员	1	技术管理及 CO_2 致裂操作
3	质检员	1	质量监督
4	HSE 监督员	1	HSE 监督
5	材料员	1	材料保管、发放
6	挖掘机操作手	2	清表、解小、装运作业
7	钻孔工	2	钻孔
8	修理工	1	设备保养修理
9	司机	4	拉运
10	充装工	2	致裂管 CO_2 充装

6 材料与设备

6.1 材料（表 6-1、表 6-2）

表 6-1 CO_2 气体液化特性

气体名称	临界温度 /℃	临界压力 /MPa
CO_2（二氧化碳）	31.1	7.4

表 6-2　CO_2 液体气化参数

液态转变为气体 CO_2 体积释放倍数	150~600
反应时间 /ms	约 400
致裂压力 /MPa	150~270

6.2　设备

6.2.1　设备（表 6-3）

表 6-3　设备

序　号	设备名称	型　号	主要性能指标	设备状况	数　量
1	履带式挖掘机	PC-200	最大反铲斗容量 1.25m^3	良好	1 台
2	气压联动式潜孔钻	ZKL-600	螺杆链轨式	良好	2 台
3	自卸汽车		15t	良好	3 辆
4	履带式挖掘机	卡特 320	最大反铲斗容量 1.4m^3	良好	1 台
5	轮胎式装载机	50 型		良好	1 台

6.2.2　CO_2 致裂设备明细（表 6-4）

表 6-4　CO_2 致裂设备明细

序　号	部件名称	数　量	备　注
1	制冷充装设备	1 套	含充装架
2	致裂管	50 根	
3	提升管	25 根	
4	旋紧机	1 台	含旋转架
5	分管架	1 台	
6	低温储气罐	1 只	
7	低压空气压缩机	1 台	
8	启动器	1 台	
9	欧姆表	1 支	
10	电线	2 盘	
11	工具包	1 包	
12	维修包	5 包	
13	加热管	100 根	含剪切片
14	装配架	2 台	

7　质量控制

7.1　质量控制标准

（1）GB/T 6052—2011 《工业液体二氧化碳》。

（2）GB 50201—2012 《土方与爆破工程施工及验收规范》。

（3）GB 50087—2013 《工业企业噪声控制设计规范》。

7.2　质量保证措施

（1）正式致裂前应先进行试致裂，按照试致裂所确定的工艺参数进行正式生产。当地质条件和施工环境改变时，应重新进行试生产。

（2）在进行致裂作业时，各工序按本工序的质量要求填写检验记录，各工序之间按质量检验记录为交接依据。

（3）致裂期间应保证设备性能稳定、工艺参数准确、工艺参数不得随意调整，确保产品质量合格。

（4）在石方致裂和开挖拉运过程中，操作人员应定期对环境条件进行监测，并做好对温度、湿度的监测记录。

7.3 关键工序质量控制点（表 7-1）

表 7-1 主要技术指标检验统计表

序 号	工 序	质量指标	检验方法	检验频次和时机
1	设备灌装	空压机、注液泵性能检查	检查运转、保养记录	过程控制 结果检查
		储液管两端气密性检查	充装后 100% 数量检查	
		灌注液称重检查	磅秤充装前后称重	
		线路导通测试	欧姆表测试	
2	钻孔	孔径、孔距、孔深检查	检查钻孔记录 用工具测量	过程控制 结果检查

8 安全措施

8.1 安全控制标准

（1）GB 18218—2009 《危险化学品重大危险源辨识》。

（2）GB/T 28001—2011 《职业安全健康管理体系》。

（3）GB 2894—2008 《安全标志及其使用导则》。

（4）GB 15630—1995 《消防安全标志设置要求》。

（5）GB 12801—2008 《生产过程安全卫生要求总则》。

（6）GB 15603—1995 《常用化学危险品贮存通则》。

（7）GB 6067.1—2010 《起重机械安全规程》。

（8）GB 15577—2007 《粉尘防爆安全规程》。

（9）GB 6722—2014 《爆破安全规程》。

8.2 安全保障措施

8.2.1 安全体系建设

（1）坚决贯彻“安全第一，预防为主、综合治理”的方针，从源头控制安全风险，并制定具体、可行、科学的制度及措施。

（2）建立、健全安全管理制度和保证体系，定期检查。

（3）对员工定期进行安全教育，定期举行消防和逃生演练。

（4）强化安全监管人员的责任意识。

8.2.2 CO_2 相变致裂作业安全生产措施

重要危险源辨识及风险评价：可能发生的事故类型为致裂作业安全事故，可能影响的范围：致裂施工区域，可能影响的人员为：现场施工、管理人员，可能发生的事故：人员受伤及设备损坏，可能发生的风险：飞石、飞管、设备泄漏二氧化碳造成人员冻伤。

8.3 安全风险识别及控制措施

序号	安全风险点识别	预防控制措施
1	飞石、飞管	1. 致裂前必须检查确认每一个致裂管都已经与保安钢丝绳相连，保安钢丝绳已经固定到至少 2 个锚杆（锚索）上，各处钢丝绳卡子，各处“马镫子”已经连接好 2. 封孔好坏一方面直接关系到致裂效果，另一方面也是飞管的直接原因，关系到安全。因此，致裂前，必须检查钻孔封堵，并使其确实完好 3. 操作平台的内外吊脚手应兜底满挂安全网 4. 需要严格遵守安全距离的规定，必须由现场安全负责人进行喊话，确认所有人员退离到爆破施工范围以外
2	触电、机械伤害	1. 确保机械性能良好，装运石方安全距离内禁止人员停留 2. 机械维修时有人进行安全警戒、停止作业后及时关闭机械电源 3. 设备操作由专人负责，无关人员禁止操作设备
3	人员受伤及设备损坏	1. 厂区内必须用护栏或其他隔离设施划分出施工区域和非施工区域，未经安全管理人员允许，非作业人员不得进入生产区域 2. 设备操作由专人负责，无关人员禁止操作设备 3. 作业前，对所有相关人员进行培训，并在地面进行各种操作的模拟试验，确保每一个人都熟练正确掌握操作
4	设备泄露二氧化碳造成人员冻伤	1. 充装前，无关人员离开库房，试验人员对空压机、注液泵性能进行检查，确保装置一切正常时开始充装二氧化碳 2. 操作人员需要戴手套操作，防止冻伤手 3. 充装过程中，严格按照《操作手册》执行。若出现漏气应及时停止，排查故障 4. 充装后，将储液管两端分别插到水中，检验是否漏气。充装前后对储液管称重，核实灌入液态二氧化碳的质量。对线路进行导通测试，确保线路正常；充装完成后，上好两端保护盖 5. 充装最大风险就是二氧化碳喷出，可能刺伤人员，或者冻伤人员，因此，一定要远离出气孔 6. CO_2 设备间通风良好、阴凉，发现钢瓶有腐蚀、损伤、裂纹等缺陷时，及时向试验人员汇报并安排更换

9 环保措施

9.1 执行的相关标准

（1）GB 12348—2008 《工业企业厂界环境噪声排放标准》。
（2）GB 16297—1996 《大气污染物综合排放标准》。
（3）GBZ 1—2010 《工业企业设计卫生标准》。

9.2 环境保证措施

致裂过程中影响环境的因素主要有：粉尘、噪声、固体废弃物。

9.2.1 粉尘控制

（1）钻孔采用湿式钻孔法，土石方拉运采用苫盖方式，路面采用洒水车降尘。
（2）为所有操作人员配置防尘面罩等防护用品。

9.2.2 噪声控制

（1）噪声源来自致裂、钻孔、机械破碎等，采用白天作业、修建隔音墙进行噪声屏蔽。
（2）为所有操作人员配置耳塞等噪声防护用品。

9.2.3 固体废弃物控制

（1）施工和生活产生的废弃物必须按废弃物类别投入指定箱（桶）或在指定的场地放置，禁止乱投乱放。放置废弃物的地点要有明显标识。
（2）弃渣场由业主指定，并按弃渣堆土要求做好维护、排水、苫盖。

10 效益分析

本工法在油库内部土石方开挖工程施工中得到充分应用，并且产生了很大的经济效益和社会效益，工程质量受到业主的高度评价。

10.1 经济效益分析

应用的主要工程及产生的经济效益见如下：

因新建覆土罐室与原有洞库罐室之间不符合爆破安全距离，采用二氧化碳裂岩技术，一般爆破深度 5m 左右，爆破量为 20~40m^3，共计处理石方量 42529.2m^3。

（1）二氧化碳裂岩设备投入成本约 30 万元，一次性摊销折合：30000/42529.2=0.705（元 /m^3）。

（2）二氧化碳裂岩管单根长度 1.8m、直径 0.108m，循环利用约 3000 次，成本 4500 元 / 根，投入 32 根，一次性摊销折合：30000/（4500 × 32）=0.208（元 /m^3）。

（3）机械钻孔 50 元 /m，爆破量综合考虑 30m^3/5m，折合 8.333 元 /m^3。

（4）主要耗材加热管（也叫活化器）跟液体二氧化碳，折合 4 元 /m^3，综合用工折合 2 元 /m^3，合计 6 元 /m^3。

（5）破碎锤二次机械破碎大块岩石，破碎粒径 0.5m，折合 17 元 /m^3；CO_2 裂岩破碎岩石每立方米成本：0.705+0.208+8.333+6+17=32.246（元 /m^3）；

综合对比单纯使用液压挖掘机破碎岩石：液压挖掘机破碎较软岩石定额费用：62 元 /m^3；节约成本：（62-32.246）/62=48%。

（6）机械装车二者都存在不予考虑。

因此，在不能使用常规爆破的环境下，利用二氧化碳裂岩比机械破碎在经济效益上节省了大量资金。

10.2 社会效益分析

（1）经与火药爆破震动相比，其震动波小，未对周边洞库及民房产生破坏性影响，有效保证了油库和居民安全。

（2）CO_2 致裂因其本质安全性，在致裂过程中未出现伤人事件。

（3）环境噪声和粉尘污染得到有效控制，经检测，未影响周边居民水源及身心健康。

（4）其爆破当量和效果可按充装液态 CO_2 量不同而不同，根据现场实际情况，可灵活选用，各种地质条件下的孔距孔深可采用计算和试爆确定，便捷宜用。

有效保证了当地居民及用户安全，对百姓干扰小，受到当地政府和业主的一致好评，可以在今后的不能采取火工爆破的条件下应用，如桥梁附近、在役管道旁、巷道及石方、冻土管沟开挖等可以广泛推广应用。

11 应用实例

应用实例一：国家成品油储备能力建设 935 工程

地点：湖北

开竣工时间：2016 年 9 月 ~12 月

实物工程量：石方 42000m^3

使用效果和存在的问题：国储工程石方开挖 42000m^3，本工法在本项目中继续发挥它的优势，施工质量高，应用效果明显，目前该工作已完成，施工质量优良。

经济效益：125 万元。

应用实例二：国家成品油储备能力建设 653 工程

地点：新疆

开竣工时间：2017 年 4 月 ~8 月

实物工程量：石方 22000m^3

使用效果和存在的问题：国储工程石方开挖 22000m^3，本工法在本项目中继续发挥它的优势，施工质量高，应用效果明显，目前该工作已完成，施工质量优良。

经济效益：85 万元。

湿地保护区深水面架空管线敷设施工工法

辽河油田建设有限公司

吴 强 杨国斌 马 恒 谭永亮 李 锴

1 前言

辽河油田曙光采油厂SAGD外输管线工程，管线规格为D355.6×7.9mm，长度为5.2km，管线路由经过湿地保护区如图1–1所示，设计长度3.2km，采用架空方式敷设，水面区域管线支架需打桩477根，安装热煨弯管286个。该工程施工工期为2个月，施工季节在夏季，施工区域内水深平均1.67m。

我公司结合水田水网段施工经验，针对本工程水域施工的特点，自主研制了水面机械化浮动打桩系统、水面运管吊装系统和水面平台焊接工装，可不围堰排水创造作业场地，而直接在水域内施工，有效地解决了架空管线在连片水域中的管架安装、架上管线运输吊装、水上管线焊接等施工难点，特此总结出苇田区域内大面积、深水面管线架空敷设施工工法。

图1–1 管线经过湿地保护区水面区域图

工法应用辽河油田在SAGD–1系统改造工程中，收到各方一致好评。与传统围堰排水晾晒后在围堰内顺序施工作业的方法相比，本工法缩短了施工工期，提高了施工质量，降低了对周边环境的影响。

自主研制水面机械化浮动打桩系统、水面运管吊装系统和水面平台焊接工装获得了辽河油田建设有限公司科技成果一等奖，目前正在申报专利。

2 工法特点

2.1 打桩速度快

自主研制的机械化浮动打桩系统，实现了直接在水面快速打桩的目标。

2.2 吊装操作简便

利用漂管法和自主研制的吊装系统，操作简便，解决了湿地保护区内大面积、深水面管线运输和吊装就位的难题。

2.3 焊接质量高

焊接平台的设计，保证了焊工在水面施焊作业平稳性，提高了焊接质量。

3 适用范围

本工法适用于ϕ114mm×5mm~ϕ406mm×11mm，水深800~2000mm的湿地保护区内水域架空管线施工。

4 工艺原理

4.1 主要理论依据

本工法应用了力学中浮力原理、工程材料力学中的组合变形构件强度理论、直杆的轴向拉伸和压缩原理、压杆稳定原理、工程静力学中空间力系、力矩与平面力偶理论。

4.2 主要工艺原理

利用自主研制的水面机械化浮动打桩系统，实现了水面快速打桩的预期目标；主要工艺原理：通过制作单只浮船，并通过单只浮船的排列组合，制作吊装用浮动系统；通过制作桅杆、缆风绳及稳定系统、采用振动桩锤作为打桩工具，采用电动葫芦作为桅杆的吊装系统的吊装工具。通过桅杆吊装系统与吊装浮动系统的结合，形成水面机械化浮动打桩系统。

利用自主研制的水面浮船－支架－抱杆组合式一体化吊装器，采用漂管法，解决了苇田区域内大面积、深水面管线吊装就位难题，主要工艺原理：将用于封堵的专用皮球放入预制管段及补偿器两端，再将专用皮球充气，直至皮球将管线整个圆周封堵严密。管段封堵合格后，漂采用管法将管段运送指定位置。采用“水面浮船－支架－抱杆组合式一体化吊装器”对管段及补偿器进行吊装，完成管段水中就位。

通过设计水面焊接操作平台，保证了焊接时的平稳性，提高了焊接质量。

5 施工工艺流程及操作要点

5.1 工艺流程

施工工艺流程如图 5–1 所示：

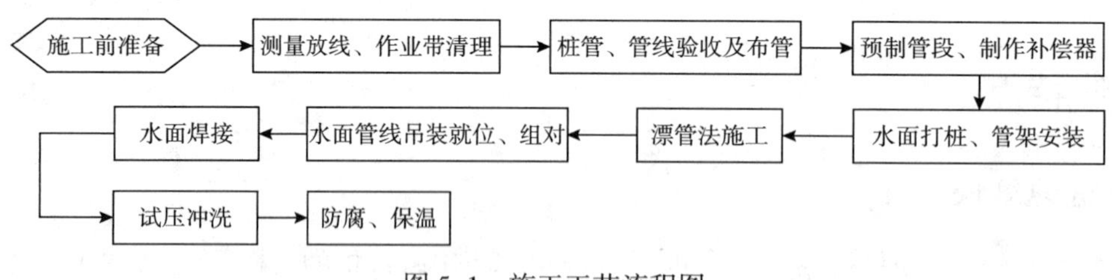

图 5–1 施工工艺流程图

5.2 施工准备

5.2.1 机械化打桩系统的设计

整个打桩系统包括浮船、桅杆、电动葫芦、振动桩锤、发电机等，桅杆固定在浮船上并通过缆风绳固定（便于水面通行、作业，浮船可拆卸便于运输），电动葫芦安装在桅杆上，电动葫芦下方连接振动桩锤，岸上设置大功率发电机，通过电缆连接到电动葫芦提供电源（水中电缆通过绑扎浮漂装置浮在水面，保证绝缘安全）；打桩系统工作时利用岸上发电机供电，浮船上的电动葫芦吊着振动桩锤上下往复运动，利用桩锤动能敲击桩管，将桩管打入水底。

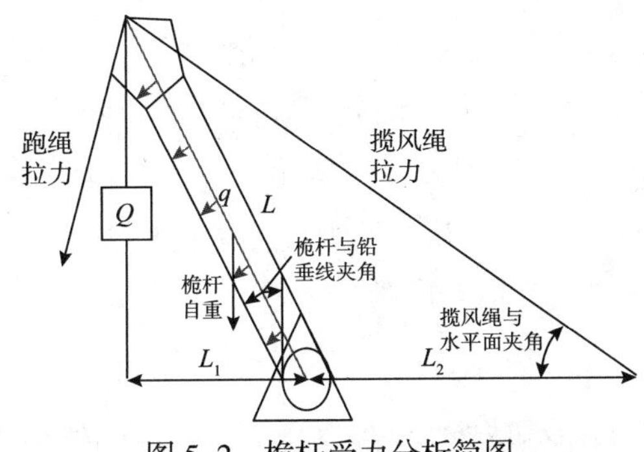

图 5-2 桅杆受力分析简图

5.2.2 桅杆设计

桅杆是受压形势的偏心压杆，除了承受压力，还要承受偏心弯矩，设计时按压弯组合进行，简便计算：将偏心压杆简化成轴心压杆进行计算。受力分析与内力计算，如图 5-2 所示：

（1）顶部轴力：$N_{顶}=T\times\cos(90°-\alpha-\beta)$。

（2）吊耳部轴力：$N_{吊}=N_{顶}+Q_{计}\times\cos\alpha+L_1\times q\cos\alpha+\Sigma s$。

（3）桅杆中部轴力：$N_{中}=N_{吊}+0.5\times L\times q\times\cos\alpha$。

（4）桅杆底部轴力：$N_{底}=N_{中}+0.5\times L\times q\times\cos\alpha$。

（5）桅杆能力核算，起重桅杆能力是按压杆稳定条件进行核算：

$$\sigma_p=\frac{N}{\Sigma F\phi}+\frac{M_{max}}{W}\leqslant[\sigma]$$

式中，σ_p 为起重桅杆工作时强度应力值，MPa；$[\sigma]$ 为强度许用应力值（MPa）；N 桅杆承受总压力，kN；ΣF 为桅杆断面积总和，cm^2；ϕ 为纵向应力折减系数；W 为桅杆抗弯界面系数，cm^3；M_{max} 为吊装载荷引起的最大弯矩，kN · cm；

5.2.3 缆风绳的设计

在单直立桅杆吊装、斜立桅杆吊装中，因只有一侧缆风绳受力，另一侧缆风绳起平衡稳定作用，所以缆风绳必须非均匀分布，其分布有多种，本系统采用两根受力，缆风绳间隔 60° 的 4 根方式。

5.2.4 水面浮船设计

通过自行研制的水面机械化浮动打桩系统进行水面打桩，浮船的设计主要考虑吊装载荷、运输、装卸方便的特点，浮船 2mm 厚钢板及钢管制成制作（图 5-3），通过浮力计算，单个浮船尺寸为 2000mm × 1000mm × 200mm。

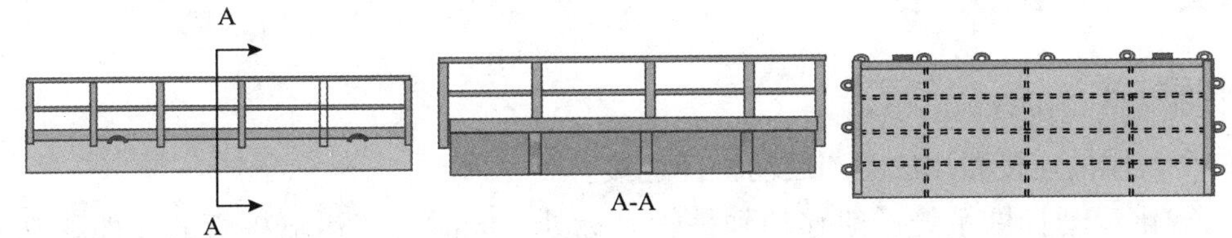

图 5-3 浮船图

5.2.5 水面吊装系统设计

支架 – 抱杆组合式一体化吊装器，利用管桩的桩头，在桩头上自主设计吊装器，用抱杆与桩体结合，通过倒链提升水面的管道至管道的支架，如图 5-4 所示。

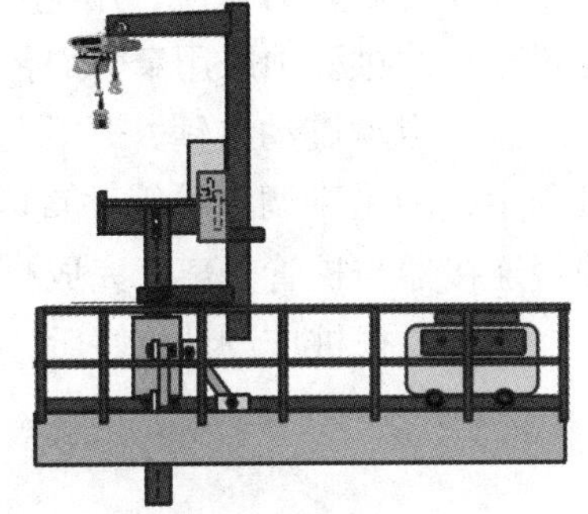
图 5-4 浮船 – 支架 – 抱杆组合式一体化吊装器

5.3 测量放线、作业带清理

5.3.1 测量放线

按照设计提供坐标点确定管线转角位置，在转角点位置设置浮漂标记，浮漂用铅坠定位，标记出管架及水面打桩管位置。

5.3.2 作业带清理

管线施工前将管线中心线 6m 范围内芦苇、杂草等用人工清理干净，集中外运统一处理。

5.4 桩管、管线验收及布管

5.4.1 桩管、管线验收

材料进场后，应核对管材质量证明文件是否符合设计及规范要求，并对外观尺寸进行检查，经检查合格，方可使用。管线经验收合格后采用专用车辆从中转站拉运至施工现场。

5.4.2 布管

为便于水中漂管及预制管段，布管应沿着水面沿线井场、道路进行，在布管前，在每根钢管长度方向上划出平分线，以利于平稳吊装；布管前先在布管中心线上打好管墩，钢管下表面与地面的距离为 0.5~0.7m，管墩施工与布管同步进行。

5.5 预制管段、制作补偿器

为减少水中管线焊接数量，管线在水面沿岸边预制成 2 接 1 形式，补偿器由 4 个 90°、R=5D 的弯头及直管段组成，补偿器也在陆地上预制完成，如图 5–5 所示。

图 5–5 管段预制现场

5.6 水面打桩、管架安装

5.6.1 水面打桩

（1）将首个使用的连接器用法兰与震动桩锤连接。

（2）将机械化浮动打桩系统浮船移动到桩管坐标处，同时，将运输桩管的浮船移动到要打桩位置，当两船靠近，再将桩锤连接器插入要使用的桩管内，并用螺栓固定。

（3）开启动力系统，用桅杆将桩管从运输浮船上吊起，通过移动浮船，将桩管前端插入水中指定位置，在此过程中采用牵引绳控制桩管方向及垂直度。

（4）启动震动桩锤，开始打桩，吊装震动桩锤与桩管的钢丝绳要随桩管的下沉速度而放松，在此过程中，用吊索调整桩管垂直度，当桩管沉入深度符合设计要求时，关闭震动桩锤开关，停止沉桩，并将连接器与桩管分离，完成打桩过程。

（5）一根桩按设计打好后，进行下一个桩管打桩，打桩方法按上述方法重复进行，如图5–6所示：

图 5–6 水面浮动打桩

5.6.2 管架安装

（1）管架预制：按照设计图纸提供的尺寸、数量，管架焊接在预制场内完成；管架预制完成后在预制场内统一除锈、刷漆；管架预制完成后，在每组管架上标号标记，以便安装时对号入座。

（2）基础找平：管线打桩施工完毕后，进行基础找平，用水准仪根据设计提供沿线控制点高程及控制点与管架的相对高差确定管桩高度，将漏出水面多余部分用火焰切割，并根据施工图纸标记好需安装管架的尺寸及型号。

（3）管架安装：将在预制场内施工完的管架拉运至施工现场，再用浮船运至水面，按照标记好的尺寸、型号在指定位置逐个安装，安装时复测管架顶管标高是否符合设计要求，同时用水准仪检测相邻管架之间水平度，确保每段的几组管架在同一标高上，如图 5–7 所示：

5.7 漂管法施工

将用于封堵的专用皮球放入预制完成的管段及补偿器两端，再将专用皮球充气，直至皮球将管线整个圆周封堵严密，过盈量为5%。此过程，质检员必须逐个管段认真检查封堵情况（管段封堵不严，管段可能沉入水中）。管段封堵合格后，用吊车先将管段吊至水边，采用漂浮法，使管段在水中漂浮，采用人工配合，将管段漂浮至水中预定位置，如图 5–8 所示：

图 5–7 管架安装图

图 5–8 水面漂管图片

5.8 水面管线吊装就位、组对

管段漂浮到指定位置后，采用“水面浮船 – 支架 – 抱杆组合式一体化吊装器”对管段及补偿器进行吊装。

“水面浮船 – 支架 – 抱杆组合式一体化吊装器”配对使用，吊装前，应检查吊装器相互接触部分及管段绑扎处是否安装牢固，平稳。吊装过程由 2 人同时匀速拉动手动葫芦，保证管线匀速提升，管线提升高于管道桩体 500mm 后停止提升，调整抱杆角度，将管线就位在管道支架上方，按设计要求按照滑动管托，焊接完成后将管道就位在管托上，如图 5–9 所示。

图 5–9 一体化吊装器吊装管线

5.9 水面焊接

焊工站在平台固定在焊接管线，保证焊接平稳性，提高焊接质量（图 5–10 焊工站在固定管道焊接平台焊接作业）。

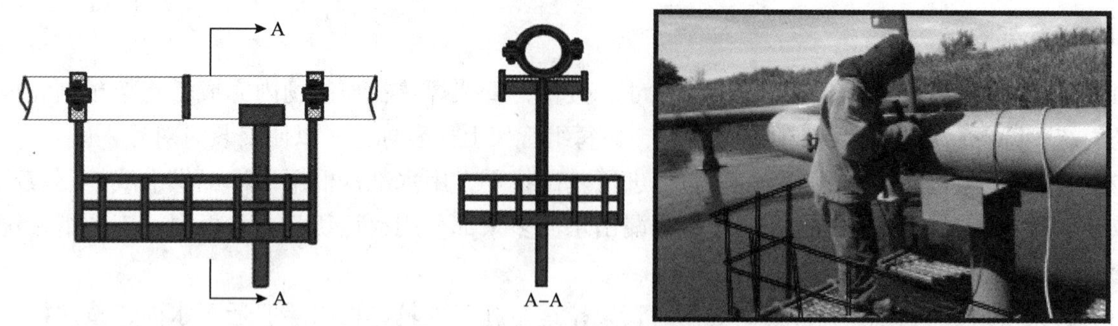

图 5-10 固定管道焊接作业平台

5.10 试压冲洗

5.10.1 管道试压

管线安装完成后进行本段管线的水压试验工作，管线试验压力为3.75MPa，试验过程中缓慢升压，待达到试验压力后，稳压4h，再将试验压力降至设计压力2.5MPa，稳压24h，压力表无压降，管道所有部位无渗漏即为合格。

5.10.2 管道冲洗

压力试验合格后进行管道冲洗，管道冲洗应使用洁净水，冲洗流速≥1.5m/s，冲洗压力不超过管道设计压力；管道水冲洗应连续进行，排出口水色和透明度应与入口处水色和透明度目测一致；管道试压水和冲洗水经过水质处理后，由污水车统一回收至油田污水处理站。

5.11 防腐、保温

5.11.1 管线防腐

管材表面涂装前必须先进行表面除锈处理，表面喷砂除锈等级达到Sa2.5级，然后进行防腐，首先刷酚醛环氧耐高温底漆2道，干膜厚度为100μm，再刷酚醛环氧耐高温面漆4道，干膜厚度200μm，总干膜厚度300μm。

5.11.2 管线保温

管线保温材料采用憎水型复合铝镁硅酸盐管壳。首先缠60mm厚憎水型复合硅酸盐后采用0.5mm厚的彩钢板进行包覆。

5.12 劳动力组织（表5-1）

表5-1 劳动力组织表

序号	岗位	数量/人	备注
1	项目经理	1	负责整改项目的组织、管理和协调
2	施工调度	1	组织和安排现场具体工作
3	技术员	2	施工现场的技术支持和资料管理
4	安全员	2	安全管理
5	质量检验	1	
6	机组长	2	

续表

序号	岗位	数量/人	备注
7	司机	2	管材倒运
8	焊工	8	管道焊接
9	管工	2	管口组对
10	电工	2	
11	无损检测	2	管道检测
12	防腐工	5	管道防腐
13	普工	5	
14	吊装工	3	管线吊装
15	吊装指挥	2	管线吊装

6 材料与设备

6.1 主要材料（表 6-1）

表 6-1 主要材料

序号	材料名称	规格型号	单位	数量	备注
1	钢管	ϕ76mm × 5mm	m	200	制作浮船系统
2	钢管	ϕ159mm × 7mm	m	20	制作桅杆
3	钢管	ϕ219mm × 7mm	m	2	制作桩头连接器
4	浮漂	ϕ80mm	个	100	水面标记
5	浮漂	ϕ150mm	个	60	水面电缆固定
6	自喷漆	红色	瓶	20	标记
7	彩钢板	0.5mm	m^2	1000	管线保温
8	试压冲洗材料		套	1	试压冲洗

6.2 主要设备配置（表 6-2）

表 6-2 主要施工设备

序号	主要设备名称	规格型号	单位	数量	性能	备注
1	焊机	DC400	台	6	良好	地面预制焊接
2	手动倒链	2t	台	6	良好	管道就位
3	手动倒链	3t	台	6	良好	管道就位
4	震动桩锤	TDZ30	台	2	良好	打管桩
5	发电机组	100kW	台	2	良好	焊接、打管桩
6	外对口器	*DN*350	台	6	良好	管道组对
7	压风机	20m³/min~1.2MPa	台	1	良好	试压冲洗
8	水准仪		台	3	良好	桩体高度控制
9	经纬仪		台	3	良好	桩体垂直度控制
10	单斗挖掘机	325C	台	2	良好	材料倒运
11	日本双弧焊机	TLW–450	台	6	良好	水面焊接

续表

序号	主要设备名称	规格型号	单位	数量	性能	备 注
12	吊车	25t	台	1	良好	管材吊装
13	浮动打桩系统		套	2	良好	水面打桩系统
14	防风棚	自制	个	6	良好	保证焊接质量

7 质量控制

7.1 执行标准

（1）GB 50540—2009 《石油天然气站内工艺管道工程施工规范（2012年版）》。
（2）GB 50819—2013 《油气田集输管道施工规范》。
（3）GB 50460—2015 《油气输送管道跨越工程施工规范》。
（4）SY/T 4109—2013 《石油天然气钢制管道无损检测》。
（5）SY 4203—2016 《石油天然气建设工程施工质量验收规范 站内工艺管道工程》。
（6）SY 4204—2016 《石油天然气建设工程施工质量验收规范 油气田集输管道工程》。

7.2 质量控制点和控制措施（表7-1）

表7-1 质量控制点和控制措施

序号	质量控制点	质量控制措施
1	打桩垂直度控制	打桩前，将桩的前端定位，调整导轨与桩的垂直度，使倾斜度不超过2°
2	打桩速度控制	打桩过程中，通过控制电流表指数进而控制打桩速度，保证打桩匀速进行
3	管内清洁度控制	漂管前，对管内进行清洁，清洁后对预制管道进行充气球封堵，防止水进入管内，保证管内清洁度
4	焊接质量控制	作业中，当风速 >5m/s 时，用防风棚保证焊接质量
5	焊接稳定性控制	水面焊接时，焊工站在专用固定式平台上，保证了焊接的平稳性

8 安全措施

8.1 安全标准

（1）GB 2894—2008 《安全标志》。
（2）GB 12523—2011 《建筑施工场界环境噪声排放标准》。
（3）JGJ 46—2005 《施工现场临时用电安全技术规范》。

8.2 安全风险点和控制措施（表8-1）

表8-1 安全风险点和控制措施

序号	安全风险点	安全控制措施
1	触电风险	设备使用前，应检查并确认电气箱内，各部件的完好性，确保接触点无松动情况，焊接电缆线与发电机连接电缆线均为整根电缆，避免接头漏电
2	机械伤害风险	作业前，检查振动桩锤与连接螺栓的紧固性，不得在螺栓松动或缺件的状态下启动。夹持器与振动器连接处的紧固螺栓不得松动。液压缸根部的接头防护罩配备齐全
3	溺水风险	施工人员佩戴好劳保着装和救生衣，防止溺水风险

9 环保措施

9.1 环保标准

（1）GB 8978—1996《污水综合排放标准》。

（2）GB 12523—2011《建筑施工场界环境噪声排放标准》。

9.2 环保风险点和控制措施（表9-1）

表9-1 环保风险点和控制措施

序号	环保风险点	环保控制措施
1	油污风险	对施工设施定期维护，杜绝跑、冒、漏、滴对湿地保护区造成的环境污染
2	生态破坏风险	不准破坏保护区动物巢穴、不准捕杀野生动物
3	垃圾污染风险	焊接完的焊条头回收到焊条回收桶内，每日焊条领取以前日焊条回收为基础，杜绝废焊条的随意丢弃行为
4	火灾风险	禁止在保护区内吸烟，施工区域动火点下方铺放灭火毯，防止发生火灾
5	水污染风险	防腐作业时，在管道底部敷设彩条布，防止油漆污染湿地保护区水面

10 效益分析

10.1 经济效益

以辽河油田曙光采油厂SAGD外输管线工程为例，采用水面机械化浮动打桩系统实现了流水化打桩施工，打桩平均速度为4根/h（打桩速度包含浮船移动时间，桩管规格：ϕ216mm×6mm×6400mm），而传统围堰抽水人工打桩发放，平均每2h天只能打桩1根，不仅速度慢，质量很难保证。与传统围堰抽水打桩法相比，采用水面机械化浮动打桩系统，不仅打桩速度快，而且桩的垂直度、焊接质量有了大幅提高，节约工期30天，累计节约成本23.5万元。经济效益分析如下：

（1）节约围堰排水费用：抽水台班80kW发电机1500元/台班，人工费200元/工日，*DN*100泥浆泵100元/台班，与传统人工打桩比较每天节约80kW1个台班，人工12工日（打桩10人，配合抽水2人），*DN*100泥浆泵4台班，围堰材料费用20000元/项。累计节约：（1500+12×200+100×4）×30+20000=119000元。

（2）提高打桩功效节约成本：与传统人工打桩比较提高功效后每天节约人工6人，挖掘机台班1个（3000元/台班），16t吊车台班1个（1500元/台班），累计节约（6×200+3000+1500）×30=171000元。

（3）提高管线预制、组装成本：与管线预制组装相比，应用水面浮船－支架－抱杆组合式一体化吊装器，提高功效后每天节约人工10人，挖掘机台班1个（3000元/台班），16t吊车台班1个（1500元/台班），累计节约（10×200+3000+1500）×30=195000元。

（4）研制水面机械化浮动打桩系统和水面浮船－支架－抱杆组合式一体化吊装器费用25万元。

合计节约成本：119000+171000+195000−250000=235000元。

10.2 社会效益

采用新工法提高公司在湿地保护区内水面架空管道的施工能力，保证了水面焊接的施工质量，为公司下一步更好开拓市场奠定基础。

10.3 节能与环保

水面打桩系统避免了围堰排水的常规施工对周边环境的破坏，加强了对湿地保护区的生态系统保护。

11 应用实例

在SAGD系统改造工程施工中，辽河油田建设有限公司首次采用“湿地保护区内大面积、深水面管线架空敷设施工工法”取得了良好的效果，后续我们又完成了SAGD-1期水面A型支架 ϕ180mm × 6mm × 6400mm规格管桩224根的打桩和水上焊接任务；杜84块注汽干线 ϕ219mm × 6mm × 6400mm规格管桩12处的打桩和水上焊接任务；注汽隐患整改18#热注站工程 ϕ114mm × 4mm × 5000mm规格管桩168根的打桩和水上焊接任务，均比预计工期提前完成，施工质量、进度受到监理、业主充分肯定。

大型不同轴离心式压缩机组分体安装工法

大庆油田建设集团有限责任公司

徐　可　刘殿钊　朱　岩　李　冬　王　永

1　前言

常规离心式压缩机组因其尺寸较小，一般采用撬装整体到货的形式运输至安装现场，在安装过程中施工工艺较为简单。2017 年大庆油田建设集团有限责任公司在大庆油田萨南深冷装置安装 1 套大型离心式压缩机组，因其各部件尺寸较大，到货方式为两级缸体、变速箱、电机、干气密封系统散件到货，要求以电机、缸体双轴线布置的形式安装在现场焊接成型的钢制底座上。机组各部件相对位置的可调整范围较小，不同轴的长轴系找正难度较大，刚性连接的联轴器对对中精度的要求较高，底座为普通型钢焊接而成，长度较长存在弹性变形，使得安装精度难以掌控。

在施工过程中改变传统习惯，以两轴线相交处“齿轮箱”为安装基准，向两侧逐级对设备进行定位找正，克服了轴系过长设备位置偏差易逐级放大的难题，保质保量地完成了安装任务，总结施工经验形成了大庆油田 2017 年度企业级工法《不同轴离心式压缩机组分体安装工法》，2018 年应用此工法在大庆炼化 6×10^4t/a 废酸处理装置中安装 2 台类似布置的离心式压缩机组，获得了使用方的一致好评。

2　特点

2.1　安装精度高

以两轴系的结合部位变速齿轮箱为安装基准，使用激光对中仪分别向两侧精找气缸及电机，有效减小因轴系过长带来的偏差逐级放大效应，保障设备的定位安装精度。

2.2　施工效率高

采用安装反变形垫铁的方式抵消钢制底座中部的弹性塌陷，改善无垫铁安装机组底座承载不足的缺陷；采用先底座二次灌浆后设备安装的施工流程，提升联合底座的承载能力；在设备就位前预先对底座支撑架进行精调，降低了气缸精调的施工难度，有效提高施工效率。

2.3　劳动强度低

采用灌制承重台的方式承受机组自重，为调整螺栓减负，防止因调整螺栓挤压变形、断裂对机组调整带来的影响，降低了施工人员劳动强度。

3　适用范围

本工法主要适用双轴线布置或多轴线布置的分体到货压缩机组的安装施工。

4 工艺原理

4.1 定位原理

采用两条轴线相交汇的变速齿轮箱为基准，固定一个基准确定出两条轴线，在两条轴线上采用激光对中仪分别向两端逐级定位电机及两级气缸。图 4–1 为压缩机定位示意图。

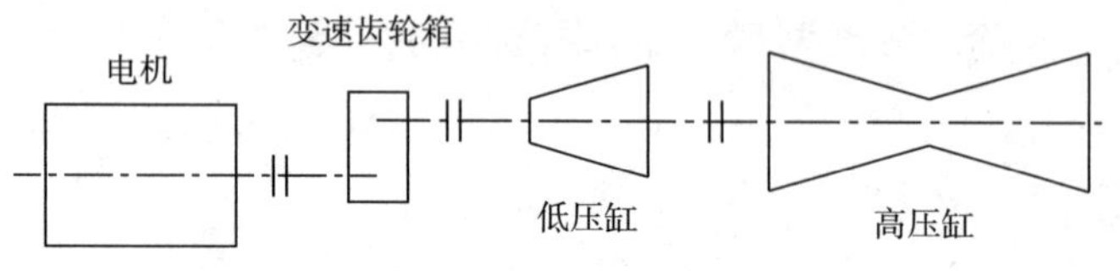

图 4–1 压缩机定位示意图

4.2 激光对中原理（图 4-2）

激光对中仪操作原理

（1）按要求安装激光对中仪的发射端和接收端，确保激光传输无遮挡。

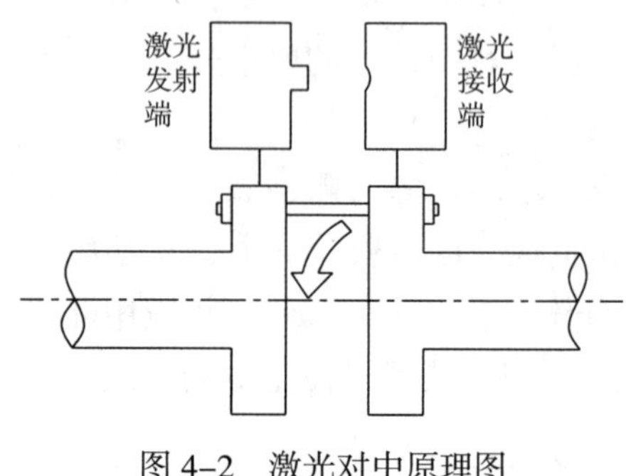

图 4–2 激光对中原理图

（2）在控制器中输入可调整端地脚螺栓的实测间距及与轴心的距离等数据。

（3）数据设置完毕后控制器点击开始按钮，两半轴同时缓慢转动，转动 360° 后控制器将自动计算轴向、径向偏差并给出各地脚的调整数据。

（4）依照数据对可调端进行偏移、加垫、撤垫等操作，重新进行盘车，直至控制器给出的偏差值符合对中要求，即完成联轴器对中工作。

5 施工工艺流程及操作要点

5.1 施工工艺流程（图 5-1）

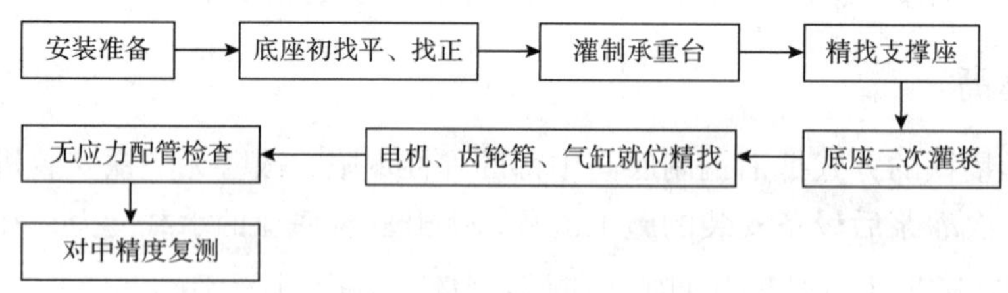

图 5–1 工艺流程图

5.2 操作要点

5.2.1 安装准备

1. 基础验收及处理

机组采用联合底座，基础表面积极大，必须按照要求严格验收及处理混凝土基础上表面，使用刨锤对基础进行凿毛，而后充分清洁基础上表面，并弹出纵横中心线及标高定位线。

2. 设备验收及处理

按规范要求对设备的各个部件进行验收，验收完毕后要仔细清洗机器底座下表面，除掉锈蚀，油污等。

5.2.2 底座初找平、找正

（1）在底座就位前，将地脚螺栓穿入基础地脚孔中，底脚板套到地脚螺栓上。

（2）底座水平度的调整采用底座自带的调整螺栓，为防止调整螺栓受力过大导致的丝扣损伤，使用临时垫铁配合安装，在每两条地脚螺栓中间放置一组垫铁。垫铁不作为调整件使用，仅用来承重，待锚栓两侧承重台达到强度后，将临时垫铁撤除。

（3）底座的跨度较长，在使用调整螺栓调整标高时，因自身挠度较大原因，底座中间易形成弹性塌陷，因此底座中间横撑上增设反变形垫铁，其使用原则是尽量只承重，不影响底座精度的调整。

（4）因标准规范中并未对动设备底座的水平度及水平位置进行规定，依据以往的施工经验并结合现场实际情况决定，底座的初找平找正可按卧式静设备的找正要求执行。

5.2.3 灌制承重台

为防止在微调过程中调整螺栓因承重造成的断裂，决定在锚栓周围灌出承台，其具体做法如下：

（1）围绕每一底脚板及其地脚锚栓做一个临时模板。这些模板要固定牢固，防止灰浆逸出。

（2）在精调螺栓下设置一块钢板，钢板底部焊接两条角钢以增加锚固长度，将钢板底部埋入承重台内，使后续调整时精调螺栓的着力点在钢板上，降低调整难度。

（3）先在锚栓套管内灌进 50mm 高灰浆，再进行套管内填充干砂，再把灰浆灌进模板内，为防止灰浆把地脚螺栓固定，地脚螺栓在灰浆覆盖部位用聚四氟生料带缠满，隔离灰浆。

（4）在灌浆过程中为了避免形成气孔，要不停搅动灰浆。承重块灌浆施工应一次完成，并留有试块。

（5）在灌浆层达到强度后，松开初调使用的调整螺栓，在后续的微调中使用锚栓两侧的两条精调螺栓进行调整（图 5–2）。

5.2.4 精找支撑架

机器转动部件与底座上的支撑架之间直接接触，仅能采用薄垫片进行微调，可调整空间极其有限，为保证部件的安装精度，决定预先对底座支撑架进行水平度调整。

将合像水平仪，分别放置在底座与压缩机气缸、齿轮箱、电机连接的支撑架上，调整微调螺栓使底座局部标高产生变化从而调整支撑架的水平度（图 5–3）。

图 5–2 灌制承重台

图 5–3 支撑架精调平

为保障机体就位后的水平度达标，对支撑架的水平度调整时，要求轴向偏差≤0.05mm，径向偏差≤0.1mm。

图 5-4 底座二次灌浆

5.2.5 底座二次灌浆

支撑架调整完毕后，在24h内使用高强灌浆料进行底座整体二次灌浆。因基础较大，灌浆前需充分湿润基础，为防止出现空洞处，将底座表面上的花纹钢板拆卸，从中间及四周同时进行灌浆。灌浆应一次进行完毕，在灌浆过程中使用振动棒不断搅动泥浆，保障灌浆的质量（图5–4）。

5.2.6 电机、齿轮箱、气缸就位精找

底座二次灌浆达到强度后，进行电机、齿轮箱、气缸的就位安装工作。因变速齿轮箱是两条轴线的连接节点，因此优先安装齿轮箱，齿轮箱的精找工作完毕后，以齿轮箱为基准向两侧以联轴器精找的方式，找正电机及两级气缸（图5–5）。

电机 ← 齿轮箱 → 低压缸 → 高压缸

图 5-5 精找方式

（1）为防止两侧设备高于找正基准，在齿轮箱就位前需在底部垫0.3～0.5mm调整垫片。使用合相水平仪测量齿轮箱基准面，使其水平度符合安装精度要求，而后锁紧连接螺母，保证齿轮箱不动，以此为依据进行上下级的找正校准。

（2）利用联轴器对中的方式精调电机和气缸的位置，使用压缩机自带盘车装置进行盘车，使用激光对中仪对各联轴器进行找正。

（3）联轴器对中的精度应符合设备说明文件的要求，找正合格并经监理确认后，应立即拧紧锁紧螺母，保障已经调整完毕的设备位置固定（图5–6）。

5.2.7 无应力配管检查

（1）管道与压缩机组的连接应在设备安装定位并紧固地脚螺栓后进行。

（2）配管应从设备进出口向外测量下料装配，装配前管道支吊架必须安装完毕。

（3）管道系统与动设备最终连接时，应在联轴器上架设百分表监视动设备的位移。与压缩机组相连的管道固定口焊接，首先采用定位焊对管道进行焊口固定，填充和盖面焊接采用对称焊接，焊接过程中在与设备相连的法兰处架设百分表，百分表显示位移值应符合设备安装文件要求，同时用塞尺进行法兰平行度检测（图5–7）。

图 5-6 电机、齿轮箱、汽缸就位精找

图 5-7 无应力配管检查

5.2.8 对中精度复测

机组配管完毕后，使用激光对中仪对机组的所有联轴器对中的精度进行复测，对中偏差值必须在规定范围内。

5.3 劳动力组织

压缩机施工主要劳动力配备如表 5-1 所示。

表 5-1 压缩机施工主要劳动力配备

序 号	工种 / 职务	数量 / 人	备 注
1	施工负责人	1	现场管理、整体协调
2	技术员	2	施工技术管理
3	HSE 监督员	1	现场施工安全管理
4	质量员	1	现场施工质量管理
5	钳工	4	压缩机精调
6	测量工	1	划线测量
7	起重工	1	起重吊装
8	电工	1	现场临时用电
9	架子工	2	搭设临时操作平台
10	普工	6	配合施工
合计		20	

6 材料与设备

6.1 压缩机安装主要措施用料（表 6-1）

表 6-1 主要措施用料表

序号	名 称	规格型号	单 位	数 量	备 注
1	二硫化钼润滑油		kg	20	润滑
2	柴油		kg	20	清洗油封
3	白色擦机布		张	100	清洗油封
4	四氯化碳洗液		kg	10	清洗轴瓦
5	不锈钢板	厚度 5mm	m^2	20	制作酸洗池

6.2 压缩机安装主要机械设备（表 6-2）

表 6-2 主要措施用料表

序号	名 称	规格型号	单 位	数 量	备 注
1	汽车吊	100t	1	台	卸车吊装
2	电焊机	电焊机 ZX-400	1	台	焊接
3	液压千斤顶	5t	2	台	辅助找正
4	液压千斤顶	10t	2	台	辅助找正
5	激光对中仪		2	套	联轴器对中

6.3 主要测量器具（表6-3）

表6-3 主要测量器具表

序号	名称	规格型号	单位	数量	备注
1	框式水平仪	SK200-0.02mm	台	2	设备精调
2	条形水平仪	ST150-0.02	台	2	设备精调
3	合相水平仪	150mm	台	1	设备精调
4	经纬仪	T2	架	1	放线定位
5	水准仪	DS2	架	1	放线定位
6	百分表	0.02mm	块	4	位移监测
7	外径千分尺	0~25，50~75	把	2	垫片测量
8	内径千分尺	50~250，50~600	把	2	间隙测量
9	直尺	L=2m，L=3m	把	2	测量
10	游标卡尺	L=1000	把	1	测量
11	塞尺	0.02 L=100、200	把	各1	间隙测量

7 质量控制

7.1 施工技术标准及验收规范

（1）GB 50275—2010 《风机、压缩机、泵安装工程》。

（2）GB 50231—2009 《机械设备安装工程施工及验收通用规范》。

（3）SY 4201.1—2016 《石油天然气建设工程施工质量验收规范 设备安装工程 第1部分：机泵类》。

（4）SY/T 4111—2018 《天然气压缩机组安装工程施工技术规范》。

（5）SH/T 3538—2017 《石油化工机器设备安装工程施工及验收通用规范》。

7.2 关键质量控制点（表7-1）

表7-1 压缩机施工关键质量控制点

项目	允许偏差/mm	检验方法	检查时机	检查位置
底座水平度	L/1000	水准仪、直尺	一次灌浆前	底座纵横两方向边线
支撑架水平度 纵/横	0.05/0.10	合相水平仪	二次灌浆前	支撑架上机加平面
齿轮箱水平度 纵/横	0.05/0.10	框式水平仪	联轴器对中前	齿轮箱机加平面
联轴器对中精度径/轴	0.15/0.05	激光对中仪	气缸紧固前	联轴器轴径及端面
配管时机器位移值	0.02	百分表	机器安装完毕后	气缸底座纵横两方向

7.3 施工质量控制措施

（1）设备开箱验收时应着重针对机械装配部分的形式、尺寸进行检测，并形成检查记录。

（2）设备基础上表面应使用刨锤将基础上表面凿成麻面，在100mm×100mm面积内应有3~5个深度≥10mm的麻点。

（3）为防止底座过长、过大产生的弹性形变，应用反变形垫铁对底座进行调整，以保证其安装质量。每个工序完成后应进行精度测量，确保其安装精度符合安装文件的要求后进行下一道工序的施工。

（4）对所有计量器具进行检定校准，必须保障其测量精度。

（5）针对灌浆、油管线装配、工艺管线装配等影响后续机组使用的施工工序，在施工过程中派专人进行监管。

8 安全措施

8.1 施工主要安全标准

（1）GB 50870—2013 《建筑施工安全技术统一规范》。

（2）Q/SY TZ 0363—2013 《吊装作业安全管理标准》。

（3）JGJ 46—2005 《施工现场临时用电安全技术规程》。

（4）GB 50484—2008 《石油化工建设工程施工安全技术规范》。

（5）GB/ 3787—2017 《手持式电动工具的管理、使用、检查和维修安全技术规范》。

8.2 安全管理措施

（1）参加施工人员，必须严格执行施工现场安全管理规程。

（2）施工人员必须佩戴安全帽，高空作业必须系好安全带。

（3）利用桥式起重机安装设备时，吊车必须达到使用条件。

（4）压缩机安装时，厂房内应有专人管理，非工作人员禁止入内。

（5）在盘车进行联轴器找正对中，以及转子、轴瓦、齿轮等各部件间隙检查、调整时，手指不得伸入与工作无关的间隙和啮合部位。

（6）机器拆洗时，做好安全防护，防止清洗剂灼伤，清洗区严禁烟火。

（7）采用加热法装配零部件时，应严格控制油温，防止油温过高起火及烫伤。

（8）零部件必须用木块妥善垫牢，防止碰坏部件及伤人。

（9）压盖应使用专用吊装工具，且应绑牢，吊离机身后必须放在专门制作的支架上。

（10）作业和操作手持电动工具人员必须按规定穿戴绝缘防护用品。

（11）禁止穿硬底、高跟、易滑、带钉的鞋。

9 环保措施

9.1 施工主要环保标准及验收规范

（1）GB 12523—2011 《建筑施工场界环境噪声排放标准》。

（2）GB/T 24001—2016 《环境管理体系要求及使用指南》。

（3）SY/T 6276—2014 《石油天然气工业健康、安全与环境管理体系》。

9.2 施工环保措施

（1）成立卫生管理机构，在工程施工过程中严格遵守国家和地方政府下发的有关环境保护的法律、法规，加强对施工废料、工业垃圾的治理。

（2）施工现场合理布置对生产区搭设隔离墙，进行有效隔离，施工现场设立 HSE 警示标志。

（3）设立专用的污染物槽，对污水、污油统一回收处理。

（4）清理油污的擦机布集中销毁，严禁随意堆放。

（5）作业区域用电及照明设备做到人走断电，减少隐患并节约能源。

（6）作业产生的垃圾必须及时清理，废料不得堆积在施工现场，不得堵塞消防通道。

（7）优先选用先进的环保机械，采取设立隔音墙、隔音罩等消音措施降低施工噪声到允许值以下，同时尽可能避免夜间施工。

10 效益分析

10.1 经济效益

大庆油田建设集团有限责任公司应用《大型不同轴离心式压缩机组分体安装工法》进行安装的 3 套压缩机组，共计创造经济效益 26.71 万元。

其中，在大庆油田天然气分公司萨南深冷调整改造工程中施工一台不同轴线离心式压缩机组，单套机组安装缩短工期 24 日，除卸车外未使用大型吊装机械配合，综合创造经济效益约 8.8 万元，详见表 10–1。

表 10-1 萨南深冷工程经济效益对比分析表

项 目	传统施工方法	应用本工法	效益计算
机械费	底座在厂家预制完毕后拉运至现场进行吊装就位，需使用 75t 拖板车拉运、260t 吊车跨厂房吊装，机械费共计 45000 元	底座散件到货运输至室内后焊接拼装，仅使用 50t 汽车吊倒运物资，机械费 4000 元	创造效益 45000–4000=41000 元
人工费	工期 96d，施工人员 10 人，人工取费 163.15 元 / 工日；人工费 =96 × 10 × 163.15=156624 元	工期 72d，施工人员 6 人，人工费 =72 × 6 × 163.15=109636.8 元	创造效益 156624–109636.8=46987.2
合计	安装单台套散装不同轴离心压缩机组应用本工法创造经济效益共 8.8 万元		

在大庆炼化 6×10^4t/a 废酸处理装置中安装 2 套压缩机组，累计缩短工期 36 日，综合创造经济效益 17.91 万元，详见表 10–2。

表 10-2 废酸处理装置经济效益对比分析表

项 目	传统施工方法	应用本工法	效益计算
机械费	设备撬装到货现场使用 300t 吊车吊装就位，300t 吊车 2 个台班费用共计 68000 元	要求厂方散件到货，应用厂房内航吊对各组件进行就位，仅使用 1 台 40t 拖车，机械费 2500 元	创造效益 68000–2500=65500 元
人工费	工期 124d，施工人员 12 人，人工取费 163.15 元 / 工日；人工费 =124 × 12 × 163.15= 242767.2 元	工期 88d，施工人员 9 人，实际人工费 = 88 × 9 × 163.15=129214.8 元	创造效益 242767.2–129214.8=113552.4 元
合计	安装 2 套压缩机组应用本工法创造经济效益共 17.91 万元		

10.2 社会效益

本套工法的形成，对机组安装具有较强的指导意义，为各施工单位如何优质、高效地完成施工任务提供了新的思路。工法在节能、环保等方面均领先于业内水平，应用本工法能够有效保证机组安装质量要求，缩短施工周期，提升劳动效率。机组一次开车成功率 100%，且经数小时试运行，未出现异常响动、温升快等现象，在现场施工过程中受到业主的一致好评，在石油天然气建设行业具有很强的推广意义与价值。

11　工程应用实例

2017 年大庆油田建设集团有限责任公司在大庆油田萨南深冷装置调整改造工程中，应用本工法安装一套不同轴线离心式压缩机组。

2018 年应用本工法在大庆炼化 6×10^4t/a 废酸处理装置中安装 2 台离心式压缩机组。

两次施工均优质、高效地完成了安装任务，各项指标均高于安装标准要求，一次验收合格率 100%，机组一次开车成功。图 11–1 为工程实例。

图 11–1　工程实例

斜栈桥带式输送机散装安装工法

大庆油田建设集团有限责任公司

祁军鹏　王忠哲　朱　尧　董海洋　牛家傲

1　前言

带式输送机是火电厂、化工厂等矿石原料的常用运输设备，多为散装运输现场安装。而斜栈桥带式输送机的安装是安装难度最大的形式，常用安装方法主要有经纬仪安装法、挂钢丝线安装法。经纬仪法对工人使用仪器的要求精度高，挂钢丝线法安装进度受重力影响大。大庆油田建设集团有限责任公司创新安装工艺，经过龙凤油改煤项目、大庆油田化工集团一期工程、大庆油田牡丹江柳树河 3×10^4t 页岩油中试先导基地炼厂项目、宁夏石嘴山埃肯（铸造）有限公司年产 40000t 球化剂和孕育剂项目结合公司专利技术（2007 年，由我公司自主研究的可调角度水平仪获得国家专利，专利号：ZL2005 2 0133195.3）。多次应用改进，形成安装技术要求门槛低、受重力影响小的斜栈桥水平仪安装工法。到目前为止我公司应用该工法累计安装皮带输送机 27 套。

2　工法特点

2.1　采用流水作业，安装效率高周期短

皮带输送机安装时，支架拼装、支架安装找正、拖辊支架安装、托辊安装等工序间实现流水作业，前后衔接紧密，缩短施工周期，安装效率高。

2.2　受外界环境影响小，质量控制容易

采用水平仪对输送机的安装倾斜角度和两侧中间架水平度的控制，水平仪受作业环境影响小，安装质量容易保证。

2.3　改变斜角度安装控制方法，操作简单易学

采用专利技术将斜角度控制变成水平控制，简化了安装工艺，安装人员更容易学习和掌握，新工艺受安装人员的技能水平影响小。

2.4　施工资源投入少，节支降耗效果好

水平仪测量方法一人即可实现，而经纬仪控制法需要两人，在核心技术工人的投入上是原来的 50%，找正工效上提高 80%。对测量工的技能要求大大降低。

3 适用范围

本工法适用于斜栈桥皮带输送机的安装。

4 工艺原理

4.1 长中心线控制原理

依据头架、尾架中心点，使用经纬仪确定整体输送机安装控制中心，并使用墨斗进行中心线绘制。安装时以中心线为调整基准进行输送机的整体中心控制。

4.2 “两平行，一水平”控制工艺

斜栈桥皮带输送机安装核心控制工艺是“两平行，一水平”控制工艺。即皮带输送机的右（左）侧支腿支撑斜度体系倾角控制根据几何学的平行线两角相等的原理，增加过渡相似三角形，将角度的测量通过“平行线”转换为水平面的测量，达到两侧斜支腿在同一水平面的控制（图 4–1）。

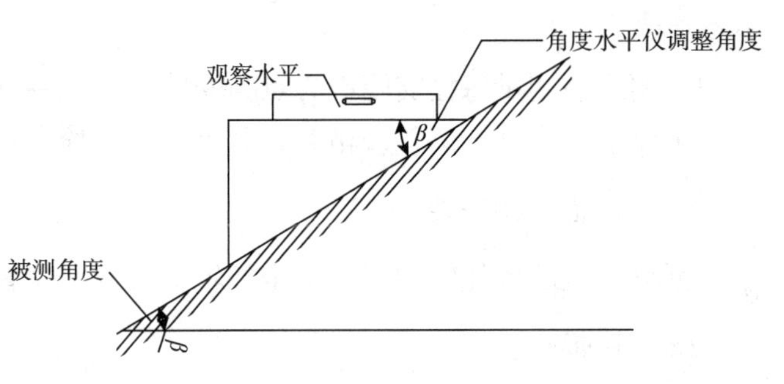

图 4–1 斜度测量原理示意图

5 施工工艺及操作要点

5.1 施工工艺流程（图 5-1）

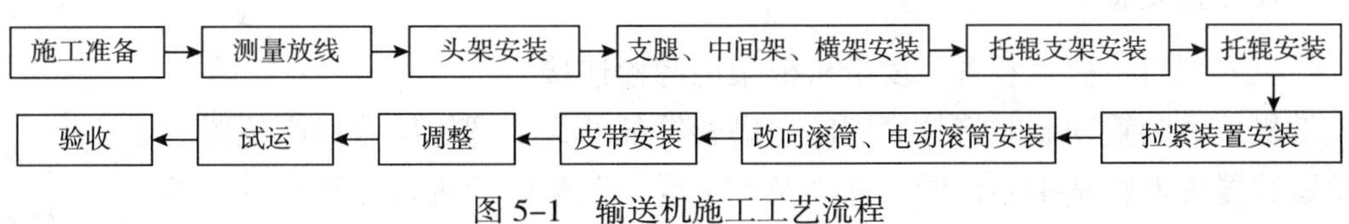

图 5–1 输送机施工工艺流程

5.2 操作要点

5.2.1 施工准备

（1）按设备到货清单对设备配件进行清点，按每条输送机的安装图纸进行安装配件的分类和准备。施工现场进行清理，保证安装空间、安装部位无杂物，设备安装埋件经过验收符合安装要求。准备好相应电源，配置相应的安全措施。施工用机械、设备及计量器具等经过检验满足施工需求。

（2）进场材料经过验收满足相应的要求；有经过审批的设计交底、图纸会审、施工方案、技术交底等。

5.2.2 测量放线

（1）清理基础及预埋件表面，根据图纸，划出输煤皮带的纵横向中心线。纵横向中心线偏差为 ±10mm。以纵横中心线为准，划出机架安装位置、头部滚筒轴及驱动装置的中心线位置。中心线距离偏差为 ±3mm。

（2）依据图纸在基础上绘制出输送机的中心线绘制两侧支腿的安装中心线。

（3）使用水准仪测量各支腿安装埋件的标高并记录，计算出与安装标高的偏差，准备各支腿位置的安装垫铁。

5.2.3 头架安装

（1）将头架运输至吊装基础上，使用垫铁调整头架达到安装标高。

（2）头架传动辊中心与输送机中心线一致，并调整传动滚轴线与输送机中心先垂直。

（3）使用水平测量头架传动辊水平，水平度控制在1mm/m以内。

5.2.4 支腿、中间架、横架安装

（1）使用扳手对每樘支腿进行组装，将两个支腿与连接横梁组装为一体，并标识中心。

（2）将过渡三脚架放置在中间架上，水平仪放置在三脚架上，通过调整支腿高度，直至水平仪测量水平度合格。两侧中间架均按上述方法进行测量，中间架测量合格后，用水平仪测量支腿间横梁水平符合要求。

（3）用线坠测量每樘支腿中心点与安装中心线一致。

（4）以上3步全部调整合格后，紧固安装螺栓，点焊调整垫铁。

5.2.5 托辊支架安装

根据输送机的各托辊的形式确定托辊支架安装位置。托辊支架的轴线必须与胶带中心线垂直。

5.2.6 托辊安装

托辊安装要先划出托辊支架螺栓孔的中心线，托辊轴线必须与胶带中心线垂直，相邻托辊工作面高度偏差≤2mm，托辊水平度偏差≤0.5mm。调心托辊安装时要注意挡轮的安装方向，挡轮要迎着胶带的运行方向，托辊支架要与构架连接牢固，每个连接螺栓应在长螺栓孔的中间位置并有方斜垫。托辊轴头必须紧密地嵌入支架槽内，不能随意脱落。特别对于靠近头部滚筒处的几组托辊应与胶带充分接触，否则应将其适当垫高。

5.2.7 拉紧装置安装

（1）皮带机安装时将拉紧装置与皮带机框架用螺栓连接。

（2）皮带机拉紧装置安装时将拉紧底座、塔架等部件穿上螺栓吊放相应位置。

（3）拉紧装置要调整其中心位置、标高及水平度，调整好后进行灌浆。

（4）拉紧装置应行走自如，无卡涩。

（5）复查滑轮之间相对位置应符合图纸要求。

5.2.8 改向滚筒、电动滚筒安装

（1）将头部、尾部滚筒及各改向滚筒与框架连接，调整各滚筒的纵横中心位置、滚筒中心标高及滚筒水平度，调整好后将滚筒与框架用螺栓紧固好。

（2）检查电机与减速机联轴器对中情况，然后以滚筒为基准找正减速机（传动装置），要求电动机轴和减速器高速轴，传动滚筒和减速机低速轴之间，同轴度为 ±0.1mm，两轴线倾斜度应小于2/1000，两轴端面的间隙应≤2mm，小于两半联轴器的间隙。符合要求后先将传动装置的基础框架与埋件点焊，复查联轴器的对中，按技术要求进行最后焊接，焊后进行最后复检验收。

5.2.9 皮带安装

（1）将整卷皮带架在电缆轴架上，在皮带的端头上用角钢或槽钢将皮带掐住，利用5t卷扬机牵引皮带，将皮带铺设在架构上，并使对接的两个皮带头停放在粘接皮带的平台处，为防止皮带滑落，将

皮带两头固定在构架上。

（2）皮带敷设完后将拉紧装置处滚筒拉起，收紧皮带进行胶接。

（3）皮带胶接应严格按厂家说明书进行。胶接时应分清工作面与非工作面，防止装反；接口的方向应顺着胶带前进的方向。

（4）皮带胶接好后，将临进带紧的葫芦松掉。皮带用顶丝将尾部滚筒顶至设计位置将皮带拉紧或拉紧装置处穿钢丝绳，安装配重将皮带拉紧（图 5–2）。

图 5–2 输送机相关配件安装图

5.2.10 调整

（1）所有传动部件（托辊、滚筒等）应转动灵活，不得有卡死现象。

（2）检查各连接部位是否牢固。

（3）改向滚筒水平中心位置复查，根据复查情况通过顶丝进行调整。

（4）拉紧装置中心位置，配重数量进行最终配置。

5.2.11 试运

（1）检查电机与减速机联轴器对中情况。

（2）减速机、滚筒轴承、电机进行润滑脂或润滑油的加注工作。

（3）进行驱动电机的试运行，检查启动按钮、紧急拉线开关是否有效，电机旋转方向是否正确。

（4）完成上述步骤后连接联轴器，进行皮带机的试运行。试运行期间检查皮带跑偏情况，根据跑偏现象调整改向滚筒、拉紧装置、调整托辊等逐步使皮带机皮带运行正常（图 5–3）。

（5）检查皮带机运行时减速机、轴承、电机的温度是否符合厂家说明书的要求。

图 5–3 输送机调整试运示意图

5.2.12 验收

皮带运行合格后，组织相关人员进行设备验收工作。

5.3 劳动力组合（表 5-1）

表 5-1 施工劳动力组合表

序 号	工种 / 职务	数量 / 人	备 注
1	施工负责人	1	现场管理、整体协调
2	技术员	1	施工技术管理
3	HSE 监督员	1	现场施工安全管理
4	质量员	1	现场施工质量管理
5	电焊工	1	现场焊接
6	气焊工	1	切割下料
7	起重工	2	吊装作业
8	电 工	1	临时用电

续表

序　号	工种 / 职务	数量 / 人	备　注
9	力 工	6	配合施工
10	钳 工	2	设备精找
11	操作手	1	设备操作
合计		18	

6　材料与设备

6.1　主要施工机械、设备（表 6-1）

表 6-1　施工主要机械、设备

序　号	名称及规格型号	单　位	数　量	备　注
1	电焊机 ZX-700	台	1	
2	6t 运输汽车	台	1	
3	25t　汽车吊	台	1	
4	扳手	套	6	
5	手拉葫芦 5t	套	2	
6	水准仪	台	1	
7	经纬仪	台	1	
8	安装调整三脚架	个	1	
9	皮带硫化机	台	1	
10	输送皮带黏结卡具	套	1	
11	手锤	台	1	
12	水平仪	台	2	
13	线坠	个	1	
14	钢卷尺 5m	把	2	
15	钢盘尺 100m	把	1	
16	划线墨斗	个	1	

6.2　主要施工措施用料（表 6-2）

表 6-2　施工主要措施用料

序　号	名称及规格型号	单　位	数　量	备　注
1	平垫铁 140mm × 70mm	块	80	
2	斜垫铁 140mm × 70mm	块	160	
3	撬棍	个	4	
4	ϕ159mm × 6mm 钢管	m	6	
5	钢板 δ=20mm	m^2	4	
6	吊带 5t	个	2	
7	钢丝绳 4 分	m	20	
8	角铁 50 × 5	m	3	
9	槽钢 80	m	6	

7 质量控制

7.1 施工主要技术标准及验收规范

（1）GB 50270—2010 《输送设备安装工程施工及验收》。

（2）DL 5190.2—2012 《电力建设施工技术规范 第 2 部分 锅炉机组》。

7.2 质量保证措施

（1）严格控制机架安装的垂直度、水平度，重点控制头架和尾架。通过调整机架中间架的纵横方向的水平度，控制整体输送机的偏差在 10mm 以内。控制机架中心与输送机定位中心线偏差在 3mm 内。

（2）滚筒安装时控制纵横方向的水平，水平度符合要求。在试运时可根据运行状况通过顶丝进行细微的调整。

（3）安装控制中心线采用经纬控制其直线度。

（4）为控制皮带跑偏，安装时应注意：保证滚筒中心线与胶带中心线垂直；托辊组轴线同胶带中心线垂直；胶带接头平整。

7.3 关键工序质量控制点

关键工序质量控制点及检查时机或工序、指标要求、检验工具或方法，详见表 7–1。

表 7-1 关键工序质量控制点统计表

序号	检查项目	检查时机或工序	指标要求	检验工具或方法
1	中心线偏差	输送机横架安装完	≤3mm	线坠
2	水平度偏差	机架安装完	≤2‰构架长度（宽）且全长≤10mm	水平
3	滚筒中心线偏差	滚筒安装完	≤3mm	线坠
4	滚筒水平度偏差	滚筒安装完	≤2‰滚筒轴线长度	水平
5	拉紧装置灵活	试运前	无弯曲调节灵活	目测
6	皮带接口设置	粘接前	胶接接口的工作面应顺着皮带的前进方向，两个接头间的皮带长度应≥6 倍滚筒直径	米尺，目测

8 安全措施

8.1 施工主要安全标准及验收规范

（1）GB 22340—2008 《煤矿用带式输送机 安全规范》。

（2）JGJ 33—2012 《建筑机械使用安全技术规程》。

（3）JGJ 46—2005 《工现场临时用电安全技术规范》。

（4）SY 6279—2016 《大型设备吊装安全规程》。

8.2 安全主要应对措施

在施工中主要存在安全风险有：起重作业、施工用电、施工动火三种作业风险。

8.2.1 起重作业安全措施

（1）操作人员听从指挥人员的指挥，并及时报告险情。

（2）根据重物的具体情况和吊装方案要求选择合适的吊具与吊索并保证正确使用。

（3）吊物捆绑必须牢靠。

（4）禁止施工人员随吊物起吊或在吊钩、吊物下停留。

（5）吊挂重物时，起吊绳、链所经过的棱角处应加衬垫。

（6）不得绑挂和起吊不明质量的重物。

（7）人员与吊物应保持一定的安全距离。

（8）风天吊装应使用揽风绳，5 级风以上禁止吊装作业。

8.2.2 用电安全措施

（1）设备接地线时要根据本设备用电量大小选择电线的规格，严禁超载。

（2）所有用电设备均应设有安全防护设施，室外的用电设备要采取防雨设施，同时注意保护设备电缆，对已损坏的电缆要及时更换。

（3）做到人走断电。

（4）与用电设备相关的电焊机房、金属板房、钢平台、金属构架等都应做接零或接地保护。

（5）施工用的机械设备应有漏电保护装置。

8.2.3 施工动火管理规定

（1）动火作业施工人员上岗前，必须按规定进行上岗前的动火安全教育。

（2）动火作业的施工现场，必须按规定配置消防器材，并保持消防通道畅通。

（3）动火部位附近有可燃物、易燃、易爆物品，在未做清理或未采取有效的安全防范措施前，不得动火。

（4）施工完毕，应仔细检查清理现场，熄灭火种、切断电源后方可离开。

9 环保措施

9.1 施工主要环保标准及验收规范

（1）GB 12523—2011 《建筑施工场界环境噪声排放标准》。

（2）GB/T 24001—2016 《环境管理体系要求及使用指南》。

（3）SY/T 6276—2014 《石油天然气工业健康、安全与环境管理体系》。

9.2 施工环保措施

（1）施工现场拆箱板、金属切削物、钢丝轮、砂轮片等要及时清理出现场，并运到指定地点，严禁随意凌空抛撒。

（2）施工现场应指定专人定期洒水清扫，并形成制度，防止扬尘。对易飞扬的细颗粒物、散体材料和废弃物的运输、堆放应具备可靠的防扬尘措施。禁止在施工现场焚烧垃圾。

（3）焊条头、焊渣等各种废弃物进行分类后统一存放、统一处理。

（4）在居住密集区施工时，控制施工噪声，尽量减少夜间作业。

10 效益分析

10.1 经济效益分析

应用该工法施工皮带输送机，安装控制方法简单，安装难度降低，可进行流水作业，在节省人工费方面效果明显，我公司施工的17套皮带输送机累计节省费用49.06万元。具体计算如下：

案例1：在化工集团一期工程中，施工4条皮带输送机，其中2条长120m，2条长148m。依照传统方法施工需要25人，80d完成，总人工2000工日；应用本工法安装综合工期68天，施工人员20人，总人工1360工日。

当年人工费定额44.5元/工日，实际取费=（44.5+44.5×165.52%）×（1+1.012%）+17=136.35元/工日，则节省人工费=（2000−1360）×136.35元=87264元。

案例2：在大庆油田牡丹江柳树河3×10^4t页岩油中试先导基地项目中，安装8条皮带输送机，总长度1200m，依照传统方法需施工人员40人，工期140d，总人工5600个工日；应用本工法安装施工人员32人，总工期110d，总人工3520个工日。

当年人工费定额64.58元/工日，实际取费=64.58+64.58×126.314%+17=163.15元/工日，则节省人工费=（5600−3520）×163.15元=339352元。

案例3：在宁夏埃肯铸造40000t球化剂和孕育剂项目中，安装5条皮带输送机，总长度380m，依照传统方法需施工人员20人，工期50天，总人工1000个工日；应用本工法安装人员16人，工期38d，总人工608个工日。

当年人工费定额64.58元/工日，实际取费=64.58+64.58×126.314%+17=163.15元/工日，则节省人工费=（1000−608）×163.15元=63954.8元。

10.2 社会效益分析

采用本工法，可有效地降低劳动强度，提高工作效率，缩短了施工工期，保证了安装质量，工法在节能、环保等方面均领先于业内水平，在施工过程中受到了各方业主的一致好评。

11 应用实例

应用实例一：大庆油田化工集团一期工程

2006年11月—2007年3月，由大庆油田建设集团有限责任公司在大庆油田化工集团一期工程中使用本工法安装皮带输送机4条。

应用实例二：大庆油田牡丹江柳树河3×10^4t页岩油中试先导基地炼厂项目

2013年，由大庆油田建设集团有限责任公司在大庆油田牡丹江柳树河3×10^4t页岩油中试先导基地炼厂项目中使用本工法安装皮带输送机8条，顺利完成施工任务，得到了业主单位认可。

应用实例三：宁夏石嘴山埃肯（铸造）有限公司年产40000t球化剂和孕育剂项目

2017年，由大庆油田建设集团有限责任公司在石嘴山埃肯（铸造）有限公司年产40000t球化剂和孕育剂项目中使用本工法安装皮带输送机5条，顺利完成施工任务，得到了业主单位认可。

回填海床区域基坑开挖工程二重管高压旋喷桩止水施工工法

大庆油田建设集团有限责任公司

韩嘉文　罗　涛　刘古文　郑天齐　王　亮

1　前言

目前，常用的基坑工程止水施工方法主要有拉森钢板桩法、高压旋喷桩法等。拉森钢板桩法适用于浅水低桩承台并且水深4m以上，河床覆盖层较厚的砂类土、碎石土，对土质结构复杂适用性不好，钢材用量大、工程造价较高。高压旋喷法是利用射流作用切割掺搅地层，改变原地层的结构和组成，同时灌入水泥浆或复合浆形成凝结体，借以达到防渗止水的目的，对于回填海床区域的基坑开挖工程，高压旋喷桩法止水方法具有机械设备简单、施工速度快、机械化程度高、使用成本低、受土层、土的粒度、土的密度、硬化剂黏性、硬化剂硬化时间影响小等优点。

2017年，在浙江石油化工有限公司 4000×10^4t/a 炼化一体化项目全厂性给排水、地下水监测设施、海水取水泵站工程，项目中地下管道及构筑物均施工于回填海床区域，地下水位高，回填石粒坚而层数较深，基坑边缘距海岸线直线距离不超过1.2km，开挖地点为海沙、淤泥吹填的人造岛屿，海拔较低，涌水量极大且涌水速度极快。因此，我们在施工过程中应用二重管高压旋喷桩止水技术进行防渗止水施工，在保证工期和质量的前提下，获得了良好的经济效益，经过总结整理形成了本工法。

2　工法特点

2.1　防渗止水效果好，保证基础施工质量

旋喷桩是在地下胶结硬化后，形成止水护坡墙体式帷幕，将水隔离在基坑外，止水效果好，从而保证了基础下土体的稳定性，亦保证基础施工的质量。

2.2　桩体固结强度高，提高后续施工工效，确保施工安全

旋喷桩胶结硬化强度高，单桩承载力较大，基槽开挖后，基坑内可不设支撑护具，不影响基坑内挖方、基础浇筑、管道安装等大规模机械化作业，充分提高紧后施工任务的工作效率，同时保证了基坑内施工的作业安全。

2.3　施工机具设备简单，施工速度快，机械化程度高，使用成本低

对于较深基坑且地下土质为碎砾石的情况，拉森钢板桩等其他止水措施无法实施。使用旋喷桩止水，避免了打拔钢板桩吊装机械长期驻场和频繁挪位，施工连续性好，机械化程度高，降低劳动力，节省成本，提高效益。

2.4 施工占地小，交叉施工工效高

旋喷桩止水作业占地面积小，且桩体处于地下可充分利用基坑上面作业空间，可多点交叉作业，同时可与基坑内基础同时作业，大大缩短工期。

3 适用范围

本工法适用于处理淤泥、多种土质甚至碎石土等多种土层地基防渗，特别是地下水位高，回填石粒坚而层数较深的回填海床区域，可作为施工中的临时防渗止水措施，也可作为永久性建筑物的防渗加固。

4 工艺原理

4.1 高压旋喷桩加固原理

高压旋喷桩法是利用钻机把带有特殊喷嘴的注浆管钻进至土层的预定深度后，以水泥浆搅拌系统、高压注浆泵等设备使浆液或水（空气）成为20~40MPa的高压射流从喷嘴中喷射出来，冲切、扰动、破坏土体，当能量大、速度和脉动状的射流以其动压大于土层结构强度时，土颗粒便从土层中剥落下来。同时钻杆以一定速度逐渐提升，一部分细颗粒随浆液或水冒出地面，其余土粒在射流的冲击力、离心力和重力等力的作用下，与浆液强制搅拌混合，浆液凝固后，在土中形成一个圆柱状固结体（即旋喷桩）。

根据喷射方法的不同，喷射注浆可分为单管法、二重管法和三重管法，不同方法施工工艺不同，适用土质条件不同，下面对二重管法原理进行简要介绍。

二重管法是用同轴双通道二重注浆管复合喷射高压水泥浆和压缩空气二种介质，在其外围裹着一圈空气流成为复合喷射流，向四周以高速水平喷入土体，与此同时钻杆一面以一定的速度（20r/min）旋转，一面低速（15~30cm/min）徐徐提升，使土体与水泥浆充分搅拌混合，在高压浆液和它外圈环绕气流的共同作用下，破坏土体的能量显著增大，最后在土中形成较大的固结体。胶结硬化后即在地基中形成直径比较均匀，具有一定强度（0.5~8.0MPa）的圆柱体。

喷射注浆法的加固半径和许多因素有关，其中包括喷射压力P、提升速度S、被加固土的抗剪强度τ、喷嘴直径d和浆液稠度B。加固范围与喷射压力P、喷嘴直径d成正比，与提升速度S、土的抗剪强度τ和浆液稠度B成反比。加固体强度与单位加固体中的水泥掺入量和土质有关。二重管旋喷桩机注浆施工示意参见图4–1。

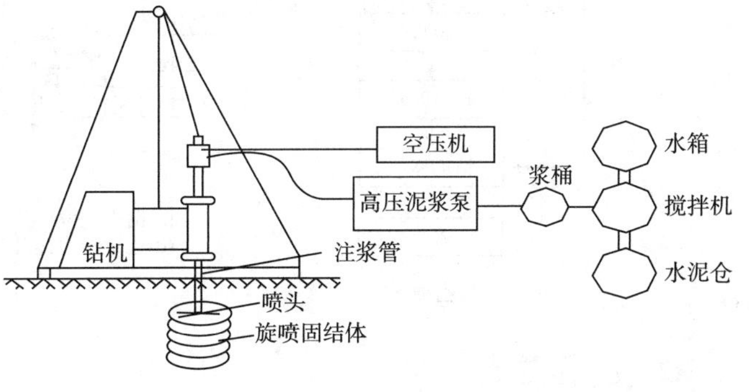

图4–1 二重管旋喷注浆示意图

4.2 高压旋喷桩成桩原理

高压喷射注浆的成桩机理包括以下四种作用：

（1）高压喷射流切割破坏土体作用。喷射流动压以脉冲形式冲击破坏土体，使土体出现空穴，土体裂隙扩张。

（2）混合搅拌作用。钻杆在旋转提升过程中，在射流后部形成空隙，在喷射压力下，迫使土粒向

着与喷嘴移动方向相反的方向（即阻力小的方向）移动位置，与浆液搅拌混合形成新的结构。

（3）充填、渗透固结作用。高压水泥浆迅速充填冲开的沟槽和土粒的空隙，析水固结，还可渗入砂层一定厚度而形成固结体。

（4）压密作用。高压喷射流在切割破碎土层过程中，在破碎部位边缘还有剩余压力，并对土层可产生一定压密作用，使旋喷桩体边缘部分的抗压强度高于中心部分。旋喷桩固结体情况如图4–2所示。

基础开挖前，首先在基坑边缘轴线向外4.0m位置施工3排相互交联咬合旋喷桩。旋喷桩长18.0m，桩径 ϕ800mm 间距600mm，咬合距离200mm，如图4–3所示。

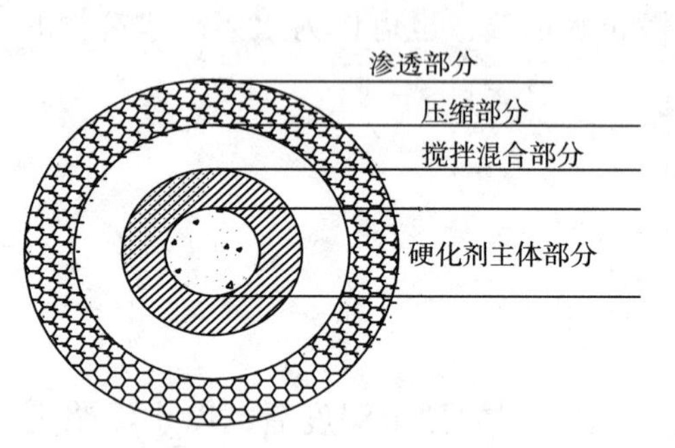

图4–2　旋喷桩体固结情况图

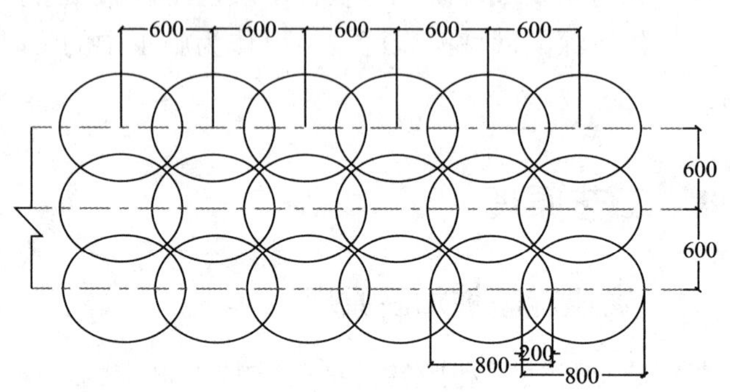

图4–3　桩型成孔示意图

5　工艺流程及操作要点

5.1　施工工艺流程（图5-1）

图5–2是施工方法示意图。

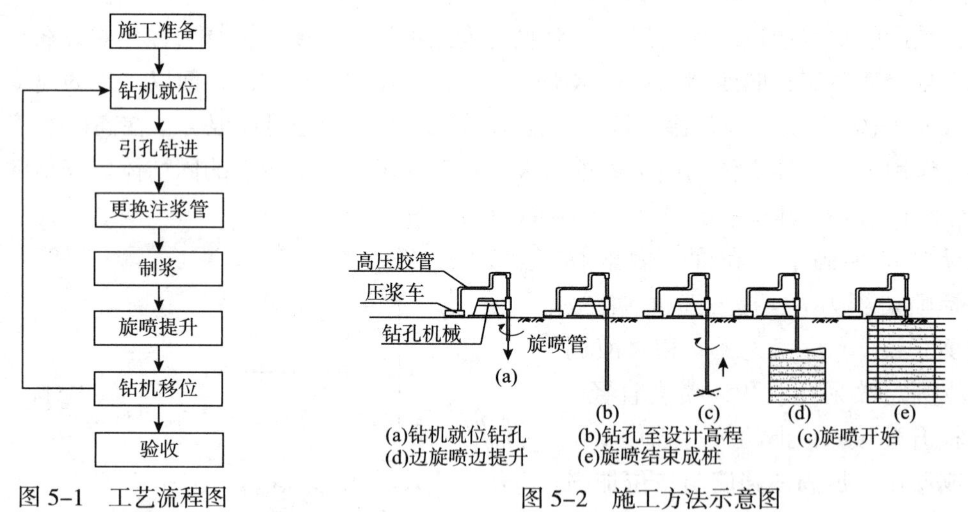

图5–1　工艺流程图

图5–2　施工方法示意图

5.2　操作要点

5.2.1　施工准备

1. 现场踏勘及三通一平

结合设计文件提供的技术资料补充工程地质勘探，确定好施工区域各点地基土的性质等因素。施工前先进行场地平整，填出路拱，基坑放线并确定基坑止水支护范围。准备好临时排、截水设施，并在施工范围以外开挖废泥浆池以及施工孔位至泥浆池间的排浆沟，同时合理布置施工机械、输送管路、电力线路位置。确保场地三通一平。

2. 桩位放样及钻机定位

施工前用 GPSRTK 测定旋喷桩施工控制点，埋石标志，经复测验线合格后用钢尺布设桩位，并用竹签钉紧，一桩一签，保证桩孔中心位移≤50mm。提起做好钻机定位，要求钻机安放保持水平，钻杆保持垂直，其倾斜度应≤1.5%。

3. 修建排污和灰浆搅拌系统

旋喷桩施工过程中将会产生 10%~20% 的返浆量，将返浆液引入沉淀池中。沉淀后的清水根据场地条件可进行无公害排放。沉淀泥土则在基坑开挖时一起运走。灰浆拌制系统主要设计在水泥附近，便于作业。主要由灰浆拌制设备、灰浆存储设备、灰浆输送设备组成（图 5–3）。

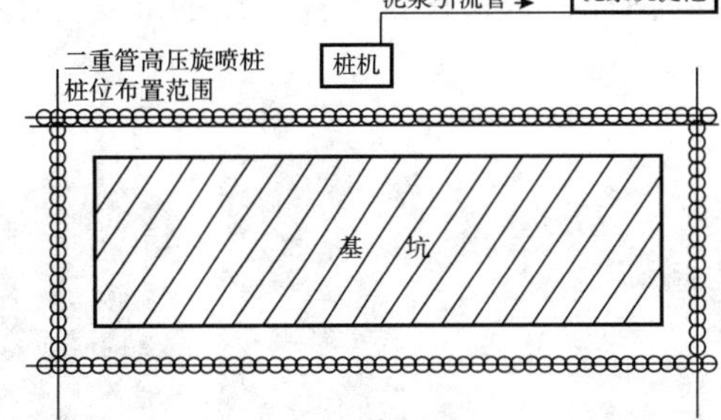

图 5–3 泥浆外引示意图

4. 高压旋喷工艺技术参数

旋喷桩施工喷嘴直径、提升速度、旋喷速度、喷射压力、排量等旋喷参数见表 5–1 或根据现场试验确定。

表 5-1 旋喷施工主要机具和参数

项 目			单管法	二重管法	三重管法
参数	喷嘴孔径 /mm		ϕ2~ϕ3	ϕ2~ϕ3	ϕ2~ϕ3
	喷嘴个数		2	1~2	1~2
	旋转速度 /（r/min）		20	10	5~15
	提升速度 /（mm/min）		200~250	100	50~150
机具性能	高压泵	压力 /MPa	20~40	20~40	20~40
		流量 /（L/min）	60~120	60~120	60~120
	空压机	压力 /MPa	—	0.7	0.7
		流量（L/min）	—	1~3	1~3
	泥浆泵	压力 /MPa	—	—	3~5
		流量 /（L/min）	—	—	100~150
浆液配合比：水：水泥：陶土：碱			（1~1.5）：1 ：0.03 ：0.0009		

注：高压泵喷射的单管法、二重管法是浆液或三重管法的水。

旋喷桩施工前要进行试桩，根据实际情况确定浆液配比、喷射压力、喷浆量等技术参数，会同监理一同确定。桩喷浆量 Q（L/ 根）可按下式计算：

$$Q=\frac{H}{v}q(1+\beta)$$

式中，H 为旋喷长度，m；v 为旋喷管提升速度，m/min；q 为泵的排浆量，L/min；β 为浆液损失系数，一般取 0.1~0.2。

旋喷过程中，冒浆量应控制在 10%~25% 之间。对需要扩大加固范围或提高强度的工程，可采取复喷措施，即先喷一遍清水，再喷一遍或两遍水泥浆。

5.2.2 钻机就位

钻机就位后，对桩机进行调平、居中，调整桩机垂直度。保证钻杆应与桩位一致，偏差应在 10mm 以内。钻孔垂直度误差 <0.3%。钻孔前应调试空压机、泥浆泵，使设备运转正常。校验钻杆长度，并用红油漆在钻塔旁标注深度线，保证孔底标高满足设计深度（图 5–4、图 5–5）。

5.2.3 引孔钻进

钻机施工前，应首先在地面进行试喷，在钻孔机械试运转正常后，开始引孔钻进，钻孔口径应大于喷射管外径 20~50mm，以保证喷射时正常返浆、冒浆；造孔每钻进 5m 用水平尺测量机身水平和立轴垂直 1 次，以保证钻孔垂直；钻孔过程中随时注意地层变化，对孔深、塌孔、漏浆等情况，要详细记录好钻杆节数，保证钻孔深度的准确（图 5–6）。

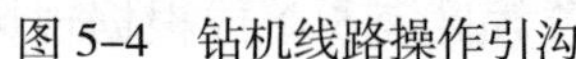

图 5–4 钻机线路操作引沟

图 5–5 钻机就位

图 5–6 钻机引孔钻进

5.2.4 更换注浆管

引孔至设计深度后，拔出岩芯管，并换上喷射注浆管插入预定深度。在插管过程中，为防止泥沙堵塞喷嘴，要边射水边插管，水压不得超过 1.0MPa，以免压力过高，将孔壁射穿，高压水喷嘴要用塑料布包裹，以防泥土进入管内。

5.2.5 制浆

采用 42.5R 普通硅酸盐水泥搅制浆，水泥应为新鲜无结块，通过 0.08mm 方孔筛的筛余量为 <5%，每批次进场水泥必须有生产厂家产品合格证，并根据有关规定进行抽查检验。旋喷桩每延米水泥含量应≥350kg，水灰比为 1.0~1：5。

按设计配比进行浆液搅制，在制浆过程中应随时测量浆液的相对密度。每孔高喷灌浆结束后要统计该孔的材料用量。浆液用高速搅拌机搅制，拌制浆液必须连续均搅拌时间≥30s，一次搅拌使用时间亦控制在 4h 以内。

5.2.6 旋喷提升

当喷射注浆管插入设计深度后，接通泥浆泵，然后由下向上旋喷，同时将泥浆清理排出。喷射时，先应达到预定的喷射压力、喷浆后再逐渐提升旋喷管，以防扭断旋喷管。为保证桩底端的质量，喷嘴下沉到设计深度时，在原位置旋转 10s 左右，待孔口冒浆正常后再旋喷提升。钻杆的旋转和提升应连续进行，不得中断，钻机发生故障，应停止提升钻杆和旋转，以防断桩，并立即检修排除故障，为提高桩底端质量，在桩底部 1.0m 范围内应适当增加钻杆喷浆旋喷时间。在旋喷提升过程中，可根据不同的土层，调整旋喷参数（图 5–7、图 5–8）。

图 5–7 旋喷提升

图 5–8 旋喷桩成型

5.2.7 钻机移位

当旋喷管提升接近桩顶时，应从桩顶以下 1.0m 开始，慢速提升旋喷，旋喷数秒，再向上慢速提升 0.5m，直至桩顶停浆面停止旋喷。提升钻头出孔口，向浆液罐中注入适量清水，开启高压泵，清洗全部管路中残存的水泥浆，直至基本干净，并将黏附在喷浆管头上的土清洗干净，然后将钻机移位进行下一根桩的施工（图 5–9～图 5–13）。

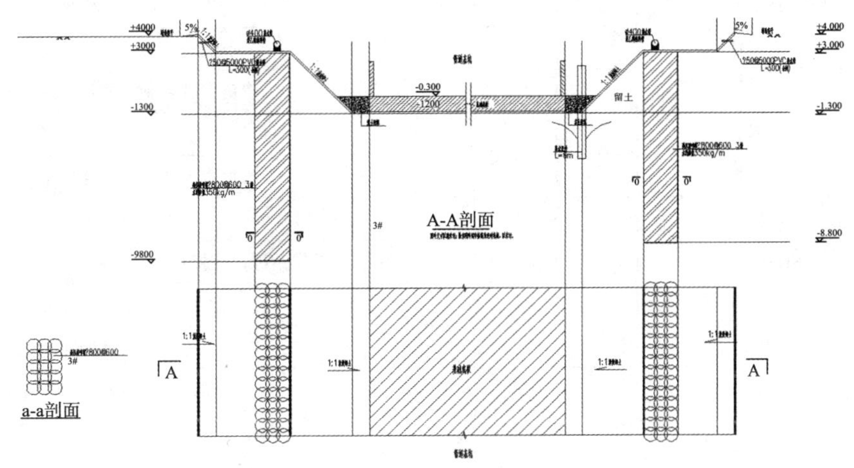

图 5–9　管基坑止水围护设计图

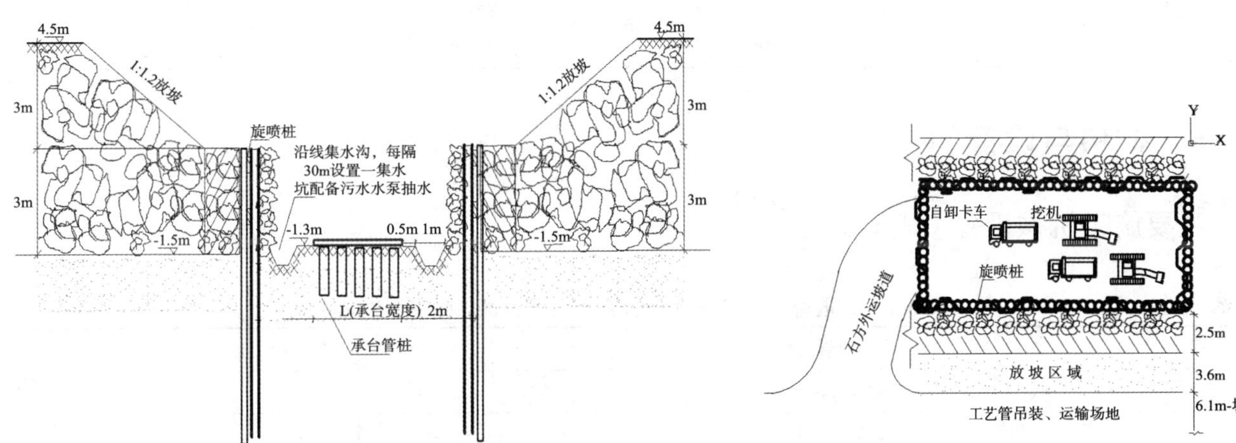

图 5–10　高压旋喷桩支护剖面图　　图 5–11　基坑施工示意图

图 5–12　基坑开挖

图 5–13　地基处理

5.2.8 验收

高压旋喷桩施工完成后，其复合地基承载力要符合设计及规范要求。检查数量不少于总桩数的 2‰，且不少于 3 根。

5.3 劳动力组织（表5-2）

表5-2 二重管高压旋喷桩止水施工主要劳动力配备

序 号	工种 / 职务	数量 / 人	备 注
1	施工经理	1	负责现场管理、整体协调
2	技术员	2	负责施工技术管理
3	HSE 监督员	2	负责现场施工安全管理
4	质量员	1	负责现场施工质量管理
5	材料员	1	负责施工用料申报、提领管理
6	班组长	1	负责现场指挥具体施工
7	起重工	2	指挥起重机具
8	钻机操作手	1	操作钻机，卸接钻杆，维修保养和排除故障
9	空压机操作工	1	操作空压机及维修保养
10	电工	1	负责钻机、电源、电路、工地照明及电气故障排除
11	钳工	1	全面维修保养机具设备
12	泵工	1	操作泥浆泵、清水泵及维修保养
13	普 工	2	倒运水泥，操作泥浆搅拌罐及倒灰和过滤
14	普 工	2	协助钻机工作（卸接钻杆、冲洗等）
合计		19	

6 材料与设备

主要施工机械设备（表6-1）

表6-1 二重管高压旋喷桩止水施工主要机械、设备、材料

序号	名称及规格型号	单 位	数 量	备 注
1	钻机 SX–50 型	台	1	
2	旋喷机 SH–30	台	1	
3	高压泵 3BX	台	1	
4	泥浆泵 BW250	台	1	
5	泥浆泵 BW120	台	1	
6	空压机 1.87 型	台	1	
7	高压胶管 4 层钢丝 40MPa	m	80	
8	二重管 附带压缩空气喷嘴和水泥浆喷嘴	m	15	
9	排污管 *DN*50	m	100	

7 质量控制

7.1 高压旋喷桩施工质量控制

（1）施工前应检查水泥、外掺剂等的质量，桩位、压力表、流量表的精度和灵敏度、高压喷射设备的性能等。

（2）施工中应检查施工参数（压力、水泥浆量、提升速度、旋转速度等）的应用情况及施工程序。

（3）施工结束后 28 天，对施工质量及承载力进行检验、内容为桩体强度、承载力、平均直径、桩体中心位置、桩体均匀性等。

（4）旋喷桩质量检验标准如表 7–1 所示。

表 7-1　高压旋喷桩质量检验标准

项	序	检查项目	允许偏差或允许值		检查方法
			单位	数值	
主控项目	1	水泥及外掺剂质量	符合出厂要求		查产品合格证书或抽样送检
	2	水泥用量	设计要求		查看流量表及水泥浆水灰比
	3	桩体抗压强度及完整性检验	设计要求		按规定方法
	4	地基承载力	设计要求		按规定的方法
一般项目	1	钻孔位置	mm	≤50	用钢尺量
	2	钻孔垂直度	%	≤1.5	经纬仪测钻杆或实测
	3	孔深	mm	± 200	用钢尺量
	4	注浆压力	按设定参数指标		查看压力表
	5	桩体搭接	mm	>200	用钢尺量
	6	桩体直径	mm	≤50	开挖后用钢尺量
	7	桩身中心允许偏差		≤0.2D	开挖后桩顶下 500mm 处用尺量，*D* 为设计桩径

7.2　基坑开挖施工质量控制

（1）土石方开挖之前首先由专业测量人员对开挖区域自然地面标高进行复测，绘制百格网，确定好基坑开挖工程量。旋喷桩支护止水段土石方开挖分为两层开挖：即 4.5 ~ 1.5m 层为放坡开挖，放坡系数为 1∶1.2。

（2）开挖遵循原则。基坑开挖时，根据地质条件采取相应的开挖方式，“分层开挖，先护后挖”，支护与挖土配合，在支护做好后，才可进行下层挖土，严禁超挖。基坑开挖中，要求尽可能减少初始位移，按照“分层、分段、留土护壁、先护后挖，减少无支护暴露时间”的原则，掌握每个分步开挖的空间几何和支护墙体开挖部分的无支护暴露时间，科学地利用土体自身的控制地层位移的潜力，以解决基坑稳定和变形的问题。

土方开挖应分层分段连续施工，并对称开挖，基坑开挖过程中，应防止碰撞支护结构旋喷桩。当发生异常情况时，应立即停止挖土，并应立即查清原因和采取措施，方能继续挖土。

（3）基坑边堆放荷载的控制。坑边荷载，是形成基坑失稳的不利荷载，加大土体内的剪应力，一旦控制不当，会诱发基坑坍塌的突发。因此，在基坑开挖过程，基坑边缘不得堆置土方和建筑材料。沿挖方边缘移动运输工具和机械，距基坑上部边缘应≥2m，弃土堆置高度应≤1.5m。

8　安全措施

8.1　基坑坍塌滑坡

8.1.1　预防措施

（1）严格按设计文件和技术交底施工、严格控制基坑开挖坡度。

（2）如果遇到特殊情况，需要基坑停工较长时间，应在平台、基坑边和坡脚设置排水明沟和积水坑，并派专人抽水值班，并对基坑边坡面进行喷射素砼保护。

（3）在进度允许的条件下尽量采用少开工作面的形式，避免暴露太多的基坑工作面。

（4）坡顶严禁堆积荷载。

（5）基坑四周设置排水沟；分层开挖，层间设台阶，每层开挖边坡坡率根据地质情况按规定放坡，必要时坡面喷射砼保证稳定。

（6）开挖期间加强监测频率，对监测报表中的数据进行认真分析总结。

8.1.2 应急措施

（1）出现险情时，现场人员从安全通道有序疏散，同时对可能造成影响的周边人员进行疏散。

（2）通知相关管线单位，根据影响程度进行管线监护和处置。

（3）会同相关部门对影响到的周边道路进行调整和交通疏解。

（4）在具备条件和不危及人员安全的前提下补强支撑，并对坡脚处进行土方回填。

（5）尽量减少动载、进行坡顶卸载。

（6）杜绝任何流入基坑边坡内的水源。

8.2 旋喷桩侧向位移

8.2.1 安全预防措施

（1）基坑开挖过程中，每层开挖深度不超过设计深度，确保旋喷桩支撑体系稳定。

（2）在基坑开挖期间要加强对旋喷桩周边的观察，每班要有专人巡察。当基坑边坡有异样时，立即停止开挖，分析原因，制定对策。

（3）开挖期间加强监测频率，对监测报表中的数据要进行认真的分析。

8.2.2 应急措施

（1）出现险情时，现场人员立即从安全通道有序疏散。

（2）进行坑底加固，如采用注浆、高压喷射注浆等，提高被动区的抗力，同时对周围复查，查找是否有边坡松弛，如果发现有异样，应立即采取加固措施。

（3）如由于支撑失稳已经引起基坑坍塌，立即对基坑坍塌处回填土方，并清理基坑周边的超载，如果围护结构背土发生土体流失，要立即填充砂或砼，同时对周围支撑复查，查找是否有支撑松弛。

8.3 基坑坑底隆起

8.3.1 安全预防措施

（1）基坑开挖过程中加强基底隆起监测，对监测报表中的数据要进行认真的分析。

（2）地基加固、周边设降水排水等措施严格按设计要求施工。

（3）基坑周边防止过多的超载。

（4）开挖前对围护质量摸底、详查，对可能会发生渗漏的部位进行注浆封堵处理。

8.3.2 应急措施

（1）立即疏散险情现场作业人员，同时对可能造成影响的周边单位或住宅内的人员进行疏散。

（2）发现坑底隆起迹象，应立即停止开挖，并应立即加设基坑外沉降监测点。

（3）回填注浆或回填土，直至基坑外沉降趋势收敛方可停止回灌和回填。

8.4 涌砂涌水

8.4.1 安全预防措施

（1）开挖过程中对围护结构桩间等薄弱部位设专人监视。

（2）若发现出现少量渗漏，应及时处理，先堵漏后开挖，防止渗漏点扩大。

（3）加强量控监测，对量测数据进行审查对比，密切关注围桩的变形情况。

（4）监测信息围护结构变形超过允许范围时，必须立即加密补桩，防止变形进一步扩大，遇薄弱环节错位开裂，出现渗水时及时处理。

8.4.2 应急措施

（1）立即疏散险情现场作业人员，同时对可能造成影响的周边人员进行疏散。

（2）在涌砂处打设 ϕ42mm 注浆孔注浆加固；在涌水处采用 M10 浆砌片石围堰，边用抽水机将突水排出，然后回填干砌片石，注浆加固。

8.5 高空坠物

（1）做好基坑四周围闭工作，在基坑坡顶和基坑边按照规范要求设置护栏安全网；

（2）为防止地面杂物吊入基坑，在基坑周边护栏下缘设置踢脚板。

8.6 设备运转作业安全措施

（1）旋喷桩钻机、高压泵、空压机等运转设备进场检验合格。

（2）运转设备周边设置警戒区，无关人员禁止靠近。

（3）机器操作工按指挥执行工作任务。

8.7 用电安全措施

（1）设备接地时要根据本设备用电量大小选择接地线的规格，严禁超载。

（2）施工现场临时用电应实行三相五线（TN–S）、三级配电两级保护、末级开关箱“一机、一闸、一漏保”制度。

（3）现场临时电缆禁止采取直接连接方式接长使用，中间不得有接头；必须接长使用时，应用专用的过渡接线箱或防水插头连接。

（4）任何与电源连接的电器设备未经验电，一律应视为有电，不准用手触摸，一切用电的机械设备与电动工具的金属外壳必须按照相关规定接地。线路停电后，一切电器设备必须断开开关。

（5）用电设备、设施附近设置规范的、有效的安全标志，或者隔离措施。

9 环保措施

（1）施工现场的水泥、石灰细颗粒散体材料，运输时必须封闭覆盖，并运到指定地点，不得沿途撒落，严禁随意丢弃；

（2）现场设置专用泥浆池，严禁随意倾倒浆液。

（3）现场水泥统一堆放且遮盖苫布，严禁粉尘乱扬。

（4）制定洒水防尘措施，指定专人负责现场洒水降尘。

（5）采取有效的降噪措施。

（6）施工现场严格按照公司 QHSE 体系运行，减少环境污染。

10 效益分析

10.1 经济效益

应用二重管高压旋喷桩止水工法施工基坑基础，施工过程中，基坑不需要搭设围护支架，节省了措施费用；基坑无渗水无支护，作业面满足机械使用条件，提高机械使用效率，节省了机械费；革新施工工艺，降低劳动强度，工期较以往施工方法相比节省了约一倍，节省了人工费。

本工法在浙江石油化工有限公司 4000×10^4t/a 炼化一体化项目全厂性给排水、地下水监测设施、海水取水泵站工程中应用此工法施工基坑基础防渗工程经济效益如表 10–1 所示。

表 10-1 经济效益对比分析表

项　目	传统基坑基础止水施工方法	应用本工法	效益计算
措施费	基坑止水支护钢板桩需要搭设围檩和支撑，取费 =1800 元 /t	基坑止水无需支护	创造效益 16200–0=16200 元
机械费	300 挖掘机台班 12 个，2400 × 12=28800 元；5t 自卸车台班 36 个，1600 × 36=57600 元，机械费合计 86400 元	300 挖掘机台班 5 个，2400 × 5=12000 元；5t 自卸车台班 15 个，1600 × 15=24000 元，机械费合计 36000 元	创造效益 86400–36000=50400 元
人工费	工期约 12d，施工人员 18 人，定额人工费 64.5 元 / 工日；则实际人工费 =12 × 18 × 64.5=13932 元	工期约 5d，施工人员 15 人，实际人工费 =5 × 15 × 64.5=4837.5 元	创造效益 13932–4837.5=9094.5 元
合计	1000m³ 基坑基础施工应用本工法创造经济效益共 5.9495 万元		

本工法在浙江石油化工有限公司 4000×10^4t/a 炼化一体化项目炼油 11 标段安装工程中应用此工法施工基坑基础防渗工程经济效益如表 10–2 所示。

表 10-2 经济效益对比分析表

项　目	传统基坑基础止水施工方法	应用本工法	效益计算
措施费	基坑止水支护钢板桩需要搭设围檩和支撑，取费 =1800 元 /t	基坑止水无需支护	创造效益 9000–0=9000 元
机械费	300 挖掘机台班 7 个，2400 × 7=16800 元；5t 自卸车台班 21 个，1600 × 21=33600 元，机械费合计 50400 元	300 挖掘机台班 3 个，2400 × 3=7200 元；5 吨自卸车台班 9 个，1600 × 9=14400 元，机械费合计 21600 元	创造效益 50400–21600=28800 元
人工费	工期约 7d，施工人员 10 人，定额人工费 64.5 元 / 工日；则实际人工费 =7 × 10 × 64.5=4515 元	工期约 3d，施工人员 10 人，实际人工费 =3 × 10 × 64.5=1935 元	创造效益 4515–1935=2580 元
合计	600m³ 基坑基础施工应用本工法创造经济效益共 4.038 万元		

注：基坑工程量越大，其经济效益增长越大。

10.2 社会效益

本套工法的形成，革新了地下工程止水支护的施工工艺，为各施工单位如何优质、高效地完成施工任务提供了新的思路。工法在节能、环保等方面均领先于业内水平，在现场施工过程中受到业主的一致好评。

11 工程应用实例

应用实例一：

2017 年 8 月 ~ 2018 年 6 月，在浙江石油化工有限公司 4000×10^4t/a 炼化一体化项目全厂性给排水、地下水监测设施、海水取水泵站工程中应用本施工方法，顺利完成施工任务。

应用实例二：

2018 年 8 月 ~ 2019 年 6 月，在浙江石油化工有限公司 4000×10^4t/a 炼化一体化项目炼油 11 标段安装工程中应用本施工方法，顺利完成施工任务。

拱顶储罐抗压环分段对称式热处理施工工法

大庆油田建设集团有限责任公司

张宪东　刘爱国　刘佳佳　郑贵东　李尊庆

1　前言

大庆油田建设集团有限责任公司施工的催化不合格汽油储罐设计压力0.088MPa，不属于压力容器，为低压储罐，引用国外的设计标准进行施工。低压储罐采用δ=36mm、Q345R钢板制作的抗压环作为连接件、连接壁板与罐顶板，竖向抗压环位于罐顶圈壁板上，径向抗压环与水平成37°角连接竖向抗压环与罐顶瓜皮板。由于钢板厚，焊接后焊道内存在过大过杂的焊接应力，按照图纸要求，需对竖向抗压环与径向抗压环之间角焊缝、竖向抗压环及径向抗压环本身对接焊缝进行焊后热处理，以保证工程质量。

由于该储罐抗压环热处理部位环向线状部分于整个罐顶，因此它的热处理方法不能参照球罐整体煤油燃烧热处理方案进行。而该储罐抗压环周长47.75m，若参照分段组焊塔器焊接部位整体电加热处理方案，抗压环整圈热处理过程中负荷过大，会对项目生产施工用电造成干扰，影响正常施工进度。

大庆油田建设集团有限责任公司经过反复研究在克服分段热处理均匀加热、热处理过程中局部变形等诸多困难后形成本工法。依照本工法进行热处理施工，电功率小，对环境影响小，经济效益显著，2013年度获大庆油田有限责任公司企业级工法。

2　工法特点

本工法针对整圈电加热热处理弊端进行优化，具有以下特点：

（1）采用背面加热热处理工艺，提高角焊缝热处理的效果和热处理质量。

（2）采用分段、对称电加热热处理工艺，减少了角焊缝进行热处理过程中的高温变形量。

（3）使用加热设备数量少，相比较整圈热处理投入少，节省资金。

（4）分段热处理所需电功率较整圈热处理小，用电负荷对项目整体施工影响小。

3　适用范围

本工法适用各类型低压储罐抗压环角焊缝和对接焊缝部位组件的焊后热处理。

4　工艺原理

对于低压拱顶储罐的抗压环组焊焊道部位采用分段对称正面和背面组合加热热处理的施工工艺，进行抗压环焊接部位的角焊缝和对接焊缝的热处理，对称分段的热处理工艺利用了力平衡原理，对称加热减少了热膨胀塑性变形，相比整圈热处理工艺具有用电负荷小、热处理设备投入少、具有重复利用的特点。

施工时将电加热片布置在需进行热处理角焊缝的背面，每8延长米为一段，在0°和180°两端对称布置同时加热，每段使用1台控制柜控制加热片及热电偶，热电偶放置在焊道上，加热片订做时充分考虑焊道尺寸。一段处理完毕后沿逆时针转动方向处理下一段，两段搭接500mm，保证所有焊道均被加热处理。热处理完毕后进行硬度检测，每条焊道在母材、热影响区、焊道上分别取点进行硬度检测，检查热处理质量。

5 工艺流程及操作要点

5.1 工艺流程

工艺流程图如图5-1所示。

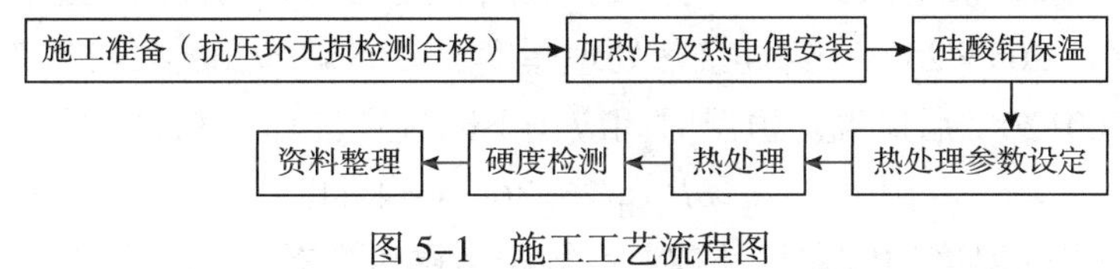

图5-1 施工工艺流程图

5.2 操作要点

5.2.1 施工准备

（1）检查径向抗压环、竖向抗压环是否按图纸施工，是否全部焊接完毕并经外观和无损探伤检查合格。

（2）热处理过程中采用铠装热电偶对储罐表面温度进行测量，热处理设备安装完毕后，检查热处理设备各仪表、记录仪是否在检定期内，并且工作正常。通电10kW的测试加热片和热电偶，观察电脑显示数据及记录仪显示，检查热处理区是否工作正常，使用热电偶校正仪对热电偶进行校正，保证热处理温度可控、准确。

（3）为防止竖向抗压环及径向抗压环在热处理过程中发生过热变形，加热前将本储罐施工用胀圈（胀圈采用［20槽钢制作），在竖向抗压环的里面用千斤顶胀圆。

5.2.2 加热片及热电偶安装

（1）焊后热处理加热范围内的均温带应覆盖焊缝、热影响区及相邻母材，本次施工均温带的宽度应为焊缝最大宽度两侧各加50mm，均温带内任一点的温度应不低于焊后热处理规定的温度。热处理时将履带式电加热带贴附在对接焊道上，角焊道贴在工件背面，固定加热片时要紧贴工件，不得有重叠、交叉、悬空或松动。径向抗压环的外侧焊接支点，电热片用支点支撑住。

（2）竖向抗压环与径向抗压环角焊缝（图5-2）采用1500mm×200mm规格加热片，每次热处理在焊道上放置3片，一次热处理两端焊道共约8m。径向抗压环、竖向抗压环对接焊道同角焊道热处理施工同时进行，均采用小片加热片（800mm×200mm、400mm×200mm）补齐1500mm×200mm规格加热片未加热区域。

图5-2 背面加热径向与竖向抗压环角焊缝

（3）热电偶安装在靠近焊缝边缘 10mm 处，且安放在加热面的对面。角焊道每隔 4.5m 安装一支热电偶，对接焊道在焊道每侧安装一支热电偶。安装热电偶时采用电焊将其点焊固定在罐壁上，为防止加热片影响热电偶的测量引起误差，热电偶均布置在加热带的对面。

5.2.3 硅酸铝保温

硅酸铝纤维毡（图 5-3）将电加热带与热电偶严实覆盖，纤维毡包覆范围为焊道向四周展开 500mm，两层纤维毡接口对接严实。角焊缝处焊接短钢筋制作的三角撑，把纤维毡塞进钢筋撑内，保证加热质量。径向抗压环放置加热带一面的保温毡使用 8 号线拉紧固定。

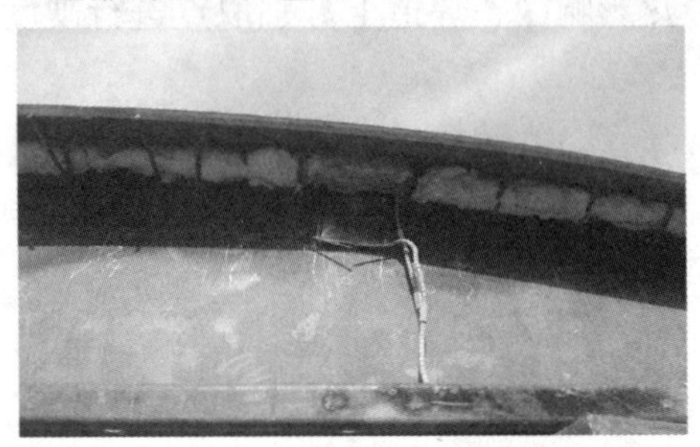

图 5-3 焊缝热处理采用硅酸铝纤维毡保

5.2.4 热处理参数设定

热处理的加热速度、恒温时间及冷却速度（图 5-4）应符合下列要求：

（1）加热升温至 400℃后开始控温，加热速度计算如下：

$$T_{升}=205\times25/t\text{（}t\text{ 为焊接热处理厚度）}=205\times25/36\approx142℃/h$$

（2）焊道加热到 600+20℃后恒温。恒温时间应按下列规定计算：

$$t=\delta P_{WHT}/25=36/25\approx1.44h$$

在恒温期间，各测点的温度均应在热处理温度规定范围内，其差值不得大于 80℃。

（3）恒温后的冷却速度计算如下：

$$T_{降}=260\times25/t\text{（}t\text{ 为焊接热处理厚度）}=260\times25/36\approx180℃/h$$

冷却至 400℃后可自然冷却。

5.2.5 热处理

热处理时由 2 台机器一台放置于 0°，一台放置于 180°，两台机器均逆时针转动每次处理约 8 延长米。每段热处理搭接 500mm，保证搭接处应力的充分释放（图 5-5）。

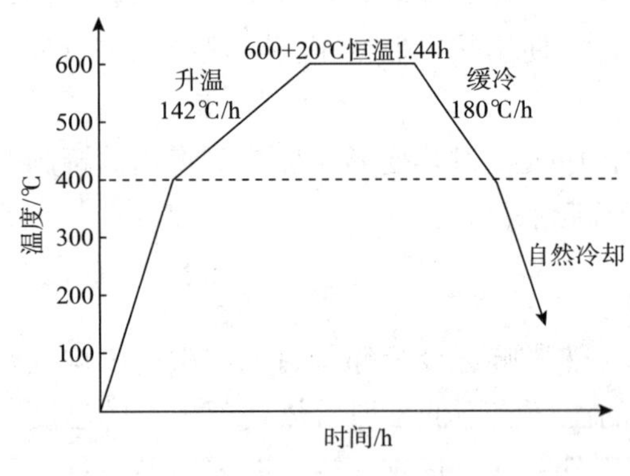

图 5-4 热处理温度 - 时间曲线示意图

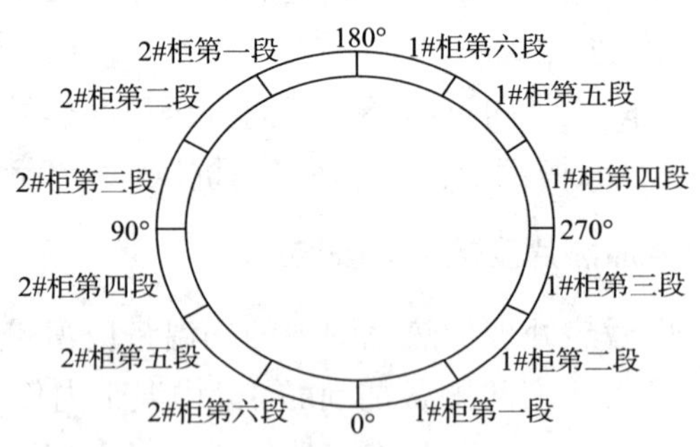

图 5-5 对称分段式热处理分配示意图

5.2.6 硬度检测

（1）热处理后，首先应确认热处理自动记录曲线，然后在焊缝及热影响区各取一点测定硬度值，每条焊道均检查。

（2）焊缝和热影响区硬度值，合金钢不应大于母材硬度测试的 125%。热处理后焊缝的硬度值应满足 $HB\leqslant200$。打点时应在焊道上、热影响区、母材各取 1 点，每点打硬度 3 次，取平均值记录。

（3）热处理自动记录曲线异常，且被查部位的硬度值超过规定范围时，应加倍复检，并查明原因，对不合格焊接接头重新进行热处理。

5.3 劳动力组织

施工主要劳动力配备（表 5-1）。

表 5-1 施工主要劳动力配备

序 号	工种 / 职务	数量 / 人	备 注
1	施工负责人	1	现场管理、整体协调
2	技术员	2	施工技术管理
3	HSE 监督员	1	现场施工安全管理
4	质量员	1	现场施工质量管理
5	热处理工	4	热处理设备安装
6	检测工	1	硬度检测
7	电工	1	现场临时用电
8	架子工	2	搭设临时操作平台
9	普工	6	配合施工
合计		19	

6 材料与设备

热处理施工机具材料（表 6-1）。

表 6-1 热处理施工机具材料

序号	名 称	型号及规格	单 位	数 量	备 注
1	一次电源箱		台	1	
2	脚手架		kg	600	劳动保护
3	热处理控制柜	LWK-90 型	台	2	
4	履带式加热带	800mm × 200mm	套	6	10kW，220V
		400mm × 200mm	套	6	5kW，220V
		1400mm × 350mm	套	4	20kW，220V
		1500mm × 200mm	套	9	10kW，220V
5	布氏硬度计	布氏 HT-2000A	支	1	
6	测温笔	0~800℃	支	1	
7	万用表	MF30	块	1	
8	一次电缆	YJV22	m	120	供电电缆
9	接长导线	$10mm^2$	m	100	加热线
10	补偿导线	铜 – 康铜，K（EU-2）型 $2 \times 1.5mm^2$	m	200	热电偶导线
11	铠装（简装）热电偶	镍铬 – 镍硅，K（EU-2）型 ϕ3mm，L=600~1000mm	支	20	0~1100℃
12	钢板	8mm	m^2	5	防变形措施
13	硅酸铝纤维毡	δ=50mm	m^2	150	
14	铁丝	14#	kg	60	固定保温毡

续表

序号	名　称	型号及规格	单　位	数　量	备　注
15	安全警戒线	红黄绿三色	盘	5	
16	圆钢	ϕ8mm	kg	60	加热带支点
17	绝缘胶布	500V	盘	10	
18	棕绳	ϕ20mm	m	30	
19	节能灯	200W	支	2	

7 质量控制

7.1 施工技术标准及验收规范

（1）NBT 47015—2017 《压力容器焊接规程》。

（2）GB 150—2011 《钢制压力容器》。

（3）GB 9452—2012 《热处理炉有效加热区测定方法》。

（4）API Std 620—2013 《大型焊接低压储罐设计与建造》。

（5）SH/T 3167—2012 《钢制焊接低压储罐》。

7.2 质量过程控制点（表 7-1）

表 7-1　施工关键质量控制点

项　目	允许偏差	检验方法	检查时机	检查位置
竖向抗压环椭圆度	± 19 12.5m< 直径≤ 45m	盘尺测量	热处理前	竖向抗压环
测温点温度差	T ≤80℃	热电偶	恒温	测温点
硬度检测	HB ≤200	硬度计	热处理后	热处理后的焊缝
竖向抗压环椭圆度	± 19 12.5m< 直径≤45m	盘尺测量	热处理完毕	竖向抗压环

7.3 质量过程控制措施

（1）热处理临时支护及防变形措施胀圈等应采用砂轮机切割拆除，不允许使用火焊切割。

（2）打开电源前检查确认所有接线是否完成，设备接地是否良好。确保所有检测设备均经过检定且在有效期内。热电偶需经过校正，确保加热效果。加热过程中可以采用红外线测温仪对热电偶控温记录进行复测。

（3）进行热处理前做好防风挡雨措施，防止风速过大导致温度升不上去，或保温过程中温度不能保持在设定温度；现场施工前准备好移动式防风挡雨棚，高空作业和安装时，不管是否下雨都必须将防风防雨棚安装在需要进行热处理的位置。

（4）开始热处理后应安排专人看护热处理设备，如果设备出现故障或热处理温度偏离预设温度时，应及时采用相应的应急措施；热处理过程中应保证供电，如果中途断电或加热片损坏而不得不停止热处理时，应按热处理工艺重新进行热处理。

（5）严格按照热处理设备使用说明书的要求进行安装、操作。

（6）300℃以上的升温、恒温、降温段，对照自动记录每 30min 手工记录一次。

（7）热处理工作人员必须在焊缝热处理过程中，使热处理过程处于时时监控状态。热处理工作人员必须时时监控状态观察各仪表、计算机显示参数，并根据显示参数做出正确判断及正确的操作指令。杜绝热处理过程有无人监控状态出现。

（8）如出现保温毡脱离、张开和保温被外表面温度 >60℃时应及时修补，确保热处理全过程正常进行。

（9）热处理完成后对抗压环的几何尺寸进行复验，对超差部分整改。如果整改时需要使用电焊或火焊，该部分需重新进行热处理。

8　安全措施

8.1　施工主要安全标准

（1）GB 50870—2013 《建筑施工安全技术统一规范》。

（2）Q/SY TZ 0363—2013 《吊装作业安全管理标准》。

（3）JGJ 46—2005 《施工现场临时用电安全技术规程》。

（4）GB 50484—2008 《石油化工建设工程施工安全技术规范》。

（5）GB/T 3787-2017 《手持式电动工具的管理、使用、检查和维修安全技术规范》。

8.2　安全管理措施

（1）热处理操作人员在送电前，应认真检查电源是否正确连接，漏电保护器是否灵敏，有无裸露的电源线及线头，加热器磁环有无损坏，有无裸露电阻丝，热处理设备和壁板连接是否良好且有可靠的接地，与加热器是否隔离。

（2）加强用电管理，保证用电机具“一机一闸一保护”，出现断电、短路情况，切断电源并立即找专业电工进行维修处理，严禁违章操作。

（3）高空作业时必须系好安全带，没有地方系安全绳时应拉设“生命线”，将安全带挂在生命线上，且高空作业时，防止保温棉被风吹掉，应做好防风挡雨措施。

（4）在热处理区域拉好警戒线，非作业人员严禁入内，防止非作业人员不清楚热处理施工被烫伤、触电等事故的发生。

（5）保温材料要保持干燥，保证加热过程中不会因为保温材料潮湿发生触电、漏电事故。

（6）待抗压环冷却至 50℃时再行拆卸保温材料，防止烫伤。

（7）保温施工人员配备呼吸防护口罩，避免吸入保温毡碎屑。

9　环保措施

9.1　施工主要环保标准及验收规范

（1）GB 12523—2011 《建筑施工场界环境噪声排放标准》。

（2）GB/T 24001—2016 《环境管理体系要求及使用指南》。

（3）SY/T 6276—2014 《石油天然气工业健康、安全与环境管理体系》。

9.2　施工环保措施

（1）热处理控制室保证通风良好。

（2）使用过的硅酸盐保温毡集中回收，集中处理，避免污染环境。

（3）夜间施工应有足够的照明灯具，避免照明死角。

（4）在明显地方及特殊工位悬挂警示牌；配电箱安装漏电保护器；加热材料摆放有序、现场整洁；热处理周围拉警戒线；配置足够消防器材。

10　效益分析

10.1　经济效益

本工法使用分段热处理，与整圈热处理相比，拱顶储罐 3000m^3 热处理费用对比如表 10–1 所示。

表 10-1　分段热处理与整圈热处理费用对比表

热处理方式费用类别	整圈热处理	分段热处理
人工费	10 工日，按 250 元 / 工日计算，人工成本为 10×250=2500 元	40 工日，人工成本为 40×250=10000 元
材料费	1.YJV22 0.6/1kV3×185+2×95×FC 电缆需要 240m，价格 600×240=144000 元 2. 电加热片 75 片，75000 元 3. 热电偶 60 支，1800 元 4. 热处理柜 5 台，150000 元 5. 硅酸铝保温毡 15 立，6500 元	1.YJV22 0.6/1kV3×150+2×70×FC 电缆需要 120m，价格 450×120=54000 元 2. 需要 25 片，25000 元 3. 热电偶 20 支，600 元 4. 热处理柜 2 台，60000 元 5. 硅酸铝保温毡 3.2 立，1150 元
其他措施费	1 万元	1.8 万元
费用合计	38.98 万元	16.87 万元

根据表 10–1 费用对比分段安装比整圈安装节省施工成本 38.98–16.77=22.1 万元，经济效益显著。

本工法使用分段热处理，与整圈热处理相比，拱顶储罐 10000m^3 热处理费用对比如表 10–2 所示。

表 10-2 分段热处理与整圈热处理费用对比表

热处理方式费用类别	整圈热处理	分段热处理
人工费	20 工日，按 250 元 / 工日计算，人工成本为 20×250=5000 元	120 工日，人工成本为 120×250=30000 元
材料费	1.YJV22 0.6/1kV3×240+2×120×FC 电缆需要 480m，价格 700×480=336000 元 2. 电加热片 140 片，140000 元 3. 热电偶 120 支，3600 元 4. 热处理柜 10 台，300000 元 5. 硅酸铝保温毡 45 立，19350 元	1.YJV22 0.6/1kV3×150+2×70×FC 电缆需要 120m，价格 450×120=54000 元 2. 需要 35 片，35000 元 3. 热电偶 30 支，900 元 4. 热处理柜 3 台，90000 元 5. 硅酸铝保温毡 6 立，2580 元
其他措施费	1.5 万元	2.5 万元
费用合计	81.9 万元	23.75 万元

根据表 10–2 费用对比分段安装比整圈安装节省施工成本 81.9–23.75=58.15 万元，经济效益显著。

10.2　社会效益

通过本工法的应用，虽然工期较整圈热处理施工长，但在费用节约、环境保护、功率消耗上有显著优点，赢得了业主的高度赞赏，大庆油田建设集团有限责任公司在此领域获得了良好的施工业绩，赢得了很好的社会信誉。

11 工程应用实例

应用实例一：

在中国石油呼和浩特石化公司 $500 \times 10^4 t/a$ 炼油扩能改造工程－中间原料罐区两台 $3000m^3$ 催化不合格汽油储罐项目中得到成功应用，施工工期为 2013 年 4 月 17～27 日，施工质量经检测达到标准规范和设计要求，质量优良。

应用实例二：

在浙江石油化工有限公司 $4000 \times 10^4 t/a$ 炼油一体化施工项目，炼油常压罐区 11 标段工程中两台 $10000m^3$ 轻污油储罐项目成功实施应用了本工法，项目中成功实施应用了本工法，热处理施工工期为 2018 年 8 月 10～30 日，施工质量经检测达到标准规范和设计要求，2019 年 6 月投产运行平稳。

不锈钢立式储罐液压顶升倒装施工工法

大庆油田建设集团有限责任公司

孙清涛　刘古文　王君彪　赵　军　李冬梅

1　前言

不锈钢储罐因其具有良好的耐腐蚀性和洁净度而被石化行业广泛应用。同时不锈钢储罐由于材质的特殊性，其施工方法与碳钢、低合金钢储罐存在一定差异，特别是在防渗碳、焊接变形防控及内壁表面处理等方面。

2006 大庆油田建设集团有限责任公司根据已往施工项目的成功经验，总结、开发的《5000m^3 不锈钢储罐施工工法》获石油工程建设省部级工法，工法编号：SYGF-02-2006。于 2012 升级调整为《不锈钢立式储罐施工工法》，获石油工程建设省部级工法，工法编号：SYGF-65-2013。现依托大庆油田建设集团有限责任公司于 2015 年承建的大庆炼化公司石油磺酸盐工程中 5000m^3 不锈钢立式储罐的施工经验，调整升级为《不锈钢立式储罐液压顶升倒装施工工法》，本工法对原工法进行改进和升级，主要提升内容：使用三维建模软件精准下料、运用数控等离子切割机和数控滚板机完成模块化预制，针对不锈钢储罐不同部位提出合理焊接参数、焊接顺序，焊接时采用反变形和强制变形等方法，内壁表面采用手持式机械抛光和高压顶喷式循环喷淋酸洗钝化法，使本工法从安装精度和预制深度方面更加完善。

2　特点

2.1　三维建模，节约成本

使用三维建模软件，精准下料，避免材料浪费，节约施工成本。

2.2　软件模拟，提高安装精度

通过软件模拟，可以提前检测焊缝是否存在碰撞情况，更有利于控制焊缝间距，提高安装精度。

2.3　数控技术，减少误差

最终通过软件排版、数控切割和数控滚板达到模块化预制的目的。在预制过程中，使用的数控等离子切割机替代传统的等离子切割机，削减了人工放线环节，减少施工误差。

2.4　使用液压顶升，提高工效

用液压提升替代传统的手拉倒链提升，起升平稳、劳动强度降低、工效提高。

2.5 制定合理的焊接方案，减少储罐焊接变形

针对奥氏体不锈钢材质易产生焊接变形的特点，选择合理的焊接顺序、焊接参数，使用反变形和强制变形方法，可以有效地控制不锈钢储罐焊接变形问题。

2.6 科学的抛光、酸洗钝化，提高效率

内壁表面处理采用手持式机械抛光和封闭循环喷淋式酸洗钝化，质量更优、效率更高。

3 适用范围

本工法适用于现场组焊的容积 $2 \times 10^4 m^3$ 及以下的不锈钢立式储罐的倒装施工。

4 工艺原理

4.1 倒装工艺

以罐底基础为基准，先安装顶层壁板和罐顶，然后自上而下逐层壁板组焊、安装和顶起，交替进行，依次直到底层壁板安装完成。

4.2 排版工艺

选取合理的不锈钢材质膨胀系数对工件进行放大，使用 PRO E 软件进行不锈钢储罐三维建模，利用软件展开功能，达到排版、下料和精确定位的目的。

4.3 切割工艺

数控切割机机床利用高温等离子电弧的热量使工件切口处的金属局部融化，并借高速等离子的动量排除熔融金属以形成切口的方法。

4.4 数控的预制工艺

使用三维软件建模展开后，利用软件生成的 Auto CAD 或 Soildworks 图纸完成数控等离子切割和数控滚板工件，达到模块化预制的目的。

4.5 焊接工艺

制定合理的焊接参数。为有效控制焊接变形，罐底板短焊缝采用 $2° \sim 3°$ 反变形方式焊接；罐底板长焊缝采用反变形压杠的措施；壁板纵焊缝采用加装防变形弧板方式焊接；壁板横缝采用增加胀圈涨力和胀圈椭圆度来控制焊接变形。

4.6 组装工艺

罐体提升设备采用行程放大式液压提升机，根据动滑轮组原理实现行程放大，达到缩小提升装置高度的目的，在施工中不需在罐顶开、补“天窗”。且提升机采取一机一泵的设计方案，提升作业时既可多机集中控制，保证提升同步性；又可单机控制，精确进行环缝组对调整。

4.7 内壁表面处理工艺

4.7.1 机械抛光的原理

使用抛光轮施加以一定的压力在不锈钢表面做高速旋转，使不锈钢表面产生塑性变形，实现削凸填凹的整平过程，并以高速反复进行，使原表面缺陷被清除，粗糙度降低，变得平滑光洁，可有效防止介质物料粘连。

4.7.2 酸洗钝化的原理

通过自主研发的高压顶喷式循环喷淋系统将酸洗液经过系统内的加药槽、耐酸碱泵输送至储罐顶部进行喷淋，完成酸洗钝化。酸洗钝化后的废液在集液池统一回收、处理。

5 施工工艺流程及操作要点

5.1 施工工艺流程（图 5-1）

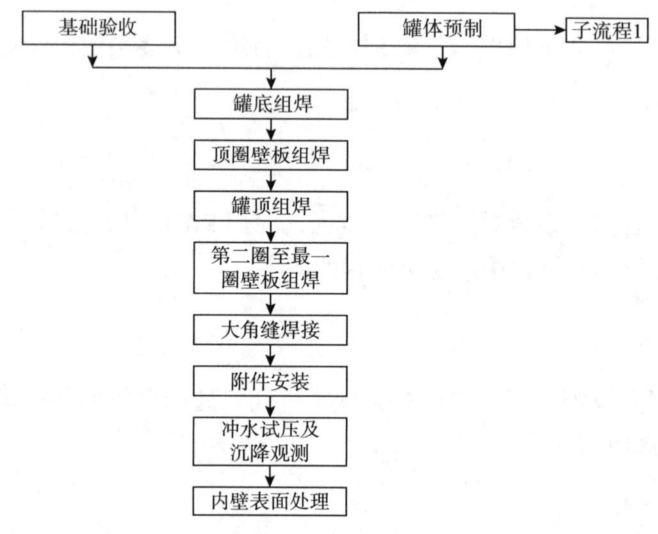

图 5–1 施工工艺流程

子流程 1（图 5–2）

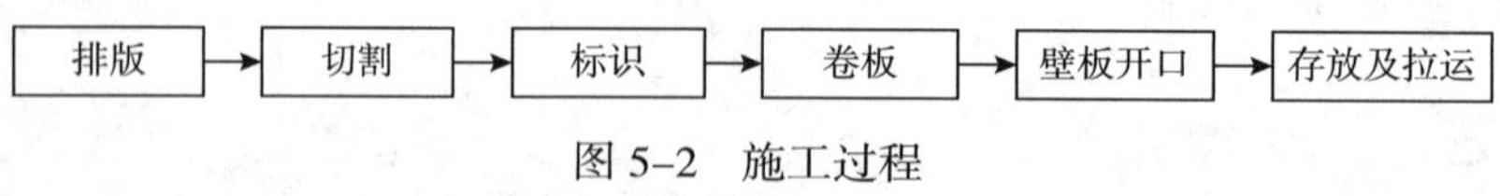

图 5–2 施工过程

5.2 操作要点

5.2.1 基础验收

底板安装前，对储罐基础进行复查，核对基础标高、直径、方位、坡度、表面凹凸度等是否符合设计及规范要求。

5.2.2 罐体预制

1. 排板

不锈钢储罐壁板板幅（1.5m × 6m）相对较小，每圈纵向焊缝增加，加上其线膨胀系数又较大，为此由纵缝焊接形成的圆周收缩量也较大。对纵缝焊接收缩量进行准确估算，是壁板精确排板的前提条件。纵缝焊接横向收缩量可用下述公式进行计算：

$$\Delta H=0.27F/\delta \tag{5-1}$$

式中，F 为焊缝横截面积，mm^2；δ为板厚，mm。

使用 PRO E 软件对不锈钢储罐三维建模（图 5-3），在软件中模拟接管位置，储罐展开，根据接管位置和不锈钢板板幅尺寸合理排版，排版时避免开口位置在焊缝上，同时要合理控制焊缝间距。

2. 切割

当使用数控等离子切割机对不锈钢板切割时（图 5-4），首先把用 Auto CAD 或 Soildworks 软件的工件图转换为 DXF 格式，将 DXF 格式的工件图导入 Fast Cam 中进行套料、转换程序，存入控制柜（通常将转换后的程序名称保存为该零件的图号，以便管理）。根据不锈钢材质特性，选择适合的切割速度和输入电流，调整割枪在不锈钢板上位置，切割不锈钢工件。

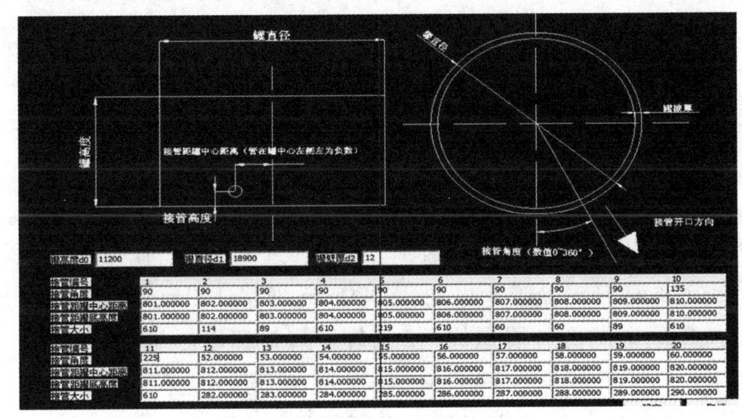

图 5-3　储罐三维建模及展开

图 5-4　钢板数控等离子切割

3. 标识

切割完毕后，依据排版图中编号使用记号笔在工件明显的位置做好序号标记，以便将来滚板、运输和安装时使用。

4. 卷板

（1）当使用数控卷板机对不锈钢板卷板时，首先向计算程序中输入所需卷制工件的直径、卷板宽度、卷板厚度、卷制的端曲系数。根据程序计算的托辊移动量，调整托辊倒位。

（2）为防止不锈钢钢板表面在卷板时渗碳污染，使用帆布包裹滚板机辊筒。帆布表面应注意时常清理，避免附着尖锐物。另卷板时，应将壁板上有划痕、表面损伤的一面置于底面，即让其为罐壁外侧、不与介质接触的一侧。

5. 壁板开孔

卷板结束后，使用等离子切割机在不锈钢卷板上，严格按排版图位置给接管开孔。在切割线附近150mm 范围内用膨润土加水配成糊状物涂刷，可有效防止切割飞溅污染板材。

6. 存放及拉运

预制完毕的半成品，在存放及拉运过程中，在胎具上包覆镀锌铁皮或垫不锈钢垫板隔离，捆扎固定采用不锈钢带或镀锌铁丝。罐壁拉运必须使用专用胎具，其支架曲率应与罐壁一致，以防止变形。

5.2.3　罐底组焊

1. 防渗碳措施

在不锈钢储罐罐底组装时，防渗碳措施主要表现在铆工的工具方面。

2. 组装

（1）底板按排板图及预制编号、划线位置进行铺设。罐底采用带垫板的对接接头，铺设时应将垫板一侧先与底板分段点焊、贴紧，其缝隙应≤1mm。

（2）底板组对采取“由小块到大块”拼装原则，由储罐中心向两侧进行。组对时按（5±1）mm 控制焊缝间隙，将垫板另一侧与底板贴紧。

3. 焊接参数

罐底板焊接参数，见表 5-1。

表 5-1 罐底板焊接参数

焊道层次	焊接方法	填充金属		焊接电流 /A	每根焊条焊接长度 /mm
		牌号	直径 /mm		
1	手工焊	A102	3.2	90~95	260~300
2	手工焊	A102	3.2	90~95	160~200
3	手工焊	A102	3.2	90~95	150~180

注：对接，坡口 V 形 60° ，钝边量 0.5~1.0mm，组对间隙 4.0~4.5mm。

4. 焊接顺序

罐底板焊接时先焊短焊缝、后焊长焊缝。短焊缝焊接时先焊外侧，后焊与介质接触的内侧，焊接内侧前先清根。打底焊接时，从中心向两端分段退焊，分段长度每隔 300mm 焊接 150mm，焊接时由一名焊工完成。长焊缝焊接时，由 2 名焊工从中间向两侧分段退焊，2 名焊工焊接速度尽量保持一致。分段长度每隔 400mm 焊接 200mm。

底板焊接应该严格遵守焊接顺序，上道焊缝未完全焊接完成前，下道焊缝不得进行焊机，包括点焊固定。

5. 防变形措施

短焊缝点焊固定后做 2° ~3° 反变形，以抵消焊后变形量；如反变形量不能完全补偿焊后变形，则将反变形量放大，使焊后出现向上拱起的变形，便于焊后用木槌敲击焊道矫正变形。

罐底长焊缝做反变形后加装反变形压杠，强制施加反作用力来抵消焊接变形，反变形压杠两端楔入木楔，中间采用不锈钢垫板与底板隔离。

6. 焊接防渗碳及防飞溅措施

（1）为防止焊接作业过程中渗碳，焊工用刨锤、钢丝刷、扁铲皆为不锈钢材质；焊接地线也用不锈钢板与罐体过渡连接；打磨片、切割片采用铝基不锈钢专用产品。

（2）为防止焊接飞溅玷污钢板表面，坡口两侧 150mm 范围内用膨润土加水配成糊状物涂刷。此方法较使用成品防飞溅剂可节约大量成本；又克服了涂刷白垩粉干燥后现场飞尘多、易对施工人员眼睛和皮肤造成伤害的缺点。

（3）除顶圈壁板外，其余各圈壁板纵缝外侧焊接时，与上圈壁板紧贴。为防止焊接过瘤及飞溅损伤上圈壁板母材，在两层壁板间塞 0.75mm 镀锌铁皮进行隔离。

5.2.4 顶圈壁板组焊

1. 防渗碳措施

不锈钢储罐的组装与普通碳钢、低合金钢材质的立式储罐基本相同，区别主要在于组装过程中针对不锈钢材质采取的若干防渗碳措施。

（1）铆工工具的防渗碳措施。铆工组对使用不锈钢或木质的工具。

（2）壁板组装限位支墩。顶圈壁板安装前，在底板上划出壁板组装圆周线，沿圆周均匀布置槽钢支墩，间距 300~500mm，上下用不锈钢垫板隔离，支墩与底板点焊，同时将壁板组装圆周线引至支墩上面，并在支墩上点焊 60mm 高的不锈钢挡块。

（3）胀圈的防渗碳隔离措施见 5.2.4 第 2 款；提升设备的防渗碳隔离措施见 5.2.4 第 3 款。

2. 组装

（1）在吊车的配合下，按顺序依次将壁板吊装至限位支墩上就位，全部就位后，以壁板组装圆周线为基准，壁板根部用楔子进行限位固定，同时调节罐壁椭圆度和上口水平度。限位完成后组对纵缝，收尾纵缝暂不组对用手拉倒链收紧，待其余纵缝全部组对完毕并上下盘圆后，切割尾板余量，再进行收尾纵焊缝的组对。

（2）顶圈壁板组对完毕后，所有纵向焊缝同步施焊，为防止焊接收缩使罐壁周长缩小，造成“卡墩”现象，在收尾焊缝组对时应适当放大周长。纵缝焊接横向收缩量按式（5-1）计算，顶圈壁板厚 8mm，共有 7 条纵缝，则放大量 $\Delta L=7\Delta H=7\times0.27\times0.577\times8\times8/8\approx8.75$mm。

（3）顶圈壁板所有纵焊缝组对完毕后安装胀圈，胀圈用［200 槽钢制作，中间用 10t 千斤顶撑紧，与罐壁接触部分用镀锌铁皮隔离，以防止渗碳。

（4）先将顶圈壁板每条纵焊缝顶部 100mm 进行满焊，然后进行包边角钢安装。包边角钢安装时，先将上边缘与罐壁点焊，然后用自制压钳使之与罐壁压紧，再点焊包边角钢下边缘。

（5）包边角钢安装完毕后，安装加减丝和罐底支撑环，加减丝一端安装在罐底支撑环上，另一端点焊在罐壁顶部，碳钢与罐壁接触位置加不锈钢垫板隔离。通过调节加减丝长度可调整罐壁垂直度。顶圈壁板组装尺寸经验收合格后，方可进行纵缝焊接。

3. 提升设备安装

（1）提升设备选择和需用数量计算。提升设备选用行程放大式液压提升机，需用数量根据罐体质量和周长两个因素进行计算，选用最大值且为偶数，其计算经验公式：

$$\frac{L}{4}\leqslant N\geqslant\frac{G}{T\times75\%} \quad (5\text{-}2)$$

式中，N 为提升机台数（若为奇数则加 1），台；G 为提升罐体最大质量（含附件，不包括罐底），t；L 为罐壁周长，m；T 为单台提升机最大提升质量，t。

（2）提升设备安装。提升机设备在顶圈壁板围板前提前置于罐内，顶圈壁板和罐顶组焊完成后安装就位。提升机沿罐壁均匀布置且必须保证垂直于地面，下垫镀锌铁皮与底板隔离，底座用 6 块挡板予以固定；两根 45° 斜支撑固定在罐底板上，接触部分用不锈钢材质过渡；提升机的两个前滑轮与罐壁相距 30cm，环形钢丝绳通过固定在胀圈上的 U 形卡具与胀圈连接，吊点两侧焊接不锈钢挡板。

4. 焊接参数

顶圈罐壁板纵焊缝参数，见表 5-2。

表 5-2　顶圈壁板纵焊缝焊接参数

焊道层次	焊机方法	填充金属		焊接电流 /A	每根焊条焊机长度 /mm
		牌号	直径 /mm		
1	手工焊	A102	2.5	70~80	150~160
2	手工焊	A102	3.2	90~95	160~180
3	手工焊	A102	3.2	90~95	150~160
4	氩弧焊	H0Gr21Ni10	2.5	95~105	

注：对接，坡口 V 形 60°，钝边量 0.5~1.0mm，组对间隙 2.0~2.5mm。

5. 焊接顺序

罐壁纵缝外侧打底时，应从纵焊缝中心开始，向上边缘方向焊接，然后从下边缘开始向焊缝中部方向焊接。根部焊接采用分段焊，每隔200~300mm焊接100~150mm，填充时每隔600mm焊接300mm，盖面时由下边缘向上依次焊接。所有纵焊缝应在环焊缝焊接开始前完成并冷却，否则未焊的纵焊缝会出现严重的内凹现象，不易矫正。

6. 防变形措施

顶圈壁板纵缝焊接时，应在罐内壁纵缝上下边缘300mm位置和中部设三道不锈钢弧板进行防变形（1000mm×400mm×10mm），弧板与焊缝接触处留10mm窄缝，便于以后焊接内侧焊缝时焊条通过。

7. 焊接防渗碳及防飞溅措施

具体方式详见5.2.3第6款。

5.2.5 罐顶组焊

5000m^{3}储罐罐顶较小，可先于地面进行组焊预制。按排板图将顶板进行拼接，组装时预留一收尾缝最后组焊，先组焊除收尾缝外的顶板焊缝，然后组焊肋筋，再用吊车将罐顶中心提起，用加减丝调节收尾缝间隙，进行收尾缝组焊。罐顶预制完毕后，用吊车吊装就位，进行组焊。

焊接防渗碳及防飞溅措施详见5.2.3第6款。

5.2.6 第二圈至最后一圈壁板组焊

1. 防渗碳措施

详见5.2.4第1款。

2. 组装

（1）围板和纵缝组对。顶圈壁板组焊完毕后，启动提升装置将罐体提起约200mm，进行第二圈壁板围板，依次组对纵缝，且必须保证上口水平度（收尾纵缝不组对用手拉倒链收紧），同时从收尾纵缝对面起将木楔钉紧，使第二圈罐壁与顶圈罐壁贴紧。

（2）罐体提升及环缝组对。收尾纵缝锁紧后，第二圈罐壁其余纵向焊缝由数名焊工在外侧同时施焊，施焊完毕后打开锁紧装置。启动提升装置，提升罐体至1m高度停止，在上圈壁板下沿内侧焊接不锈钢挡板，挡板间隔300mm左右均匀分布。继续提升罐体至环缝组对位置，调整好环缝间隙后锁紧收尾纵缝，使下圈壁板上沿紧贴在上圈壁板下沿的挡板。环缝组对时，收尾纵缝两侧各1m范围内环缝先不组对，待尾板多余部分用磨光机切除并打磨坡口后，再进行收尾纵缝和剩余环焊缝的组对。

环缝组焊完毕后，将胀圈千斤松开，将胀圈降至第二圈壁板最下方，顶紧胀圈。进行下一圈壁板围板、组对、焊接及提升，直至最后一圈。

3. 焊接参数

罐壁板纵焊缝参数，见表5-3。

表5-3 壁板纵焊缝焊接参数

焊道层次	焊机方法	填充金属		焊接电流/A	每根焊条焊机长度/mm
		牌号	直径/mm		
1	手工焊	A102	2.5	70~80	150~160
2	手工焊	A102	3.2	90~95	160~180
3	手工焊	A102	3.2	90~95	150~160
4	氩弧焊	H0Gr21Ni10	2.5	95~105	

注：对接，坡口V形60°，钝边量0.5~1.0mm，组对间隙2.0~2.5mm。

罐壁板横焊缝参数，见表5-4。

表 5-4 壁板横焊缝焊接参数

焊道层次	焊机方法	填充金属		焊接电流 /A	每根焊条焊机长度 /mm
		牌号	直径 /mm		
1	手工焊	A102	2.5	70 ~ 80	150 ~ 160
2	手工焊	A102	2.5	75 ~ 80	200 ~ 220
3	手工焊	A102	3.2	90 ~ 95	350 ~ 380
4	手工焊	A102	3.2	90 ~ 95	380 ~ 400
5	氩弧焊	H0Gr21Ni10	2.5	95 ~ 105	

注：对接，坡口单 V 形 45°，钝边量 0.5 ~ 1.0mm，组对间隙 2.0 ~ 2.5mm。

4. 焊接顺序

（1）罐壁板纵焊缝。详见 5.2.4 第 5 款。

（2）罐壁板横焊缝。壁板环焊缝焊接时，先焊内侧焊缝再焊外侧焊缝，打底焊接时，由 6 名焊工沿罐壁均匀分布，同时同向进行退焊。每层焊道焊接结束前，任何焊工不得提前进行下一层焊道焊接。填充时可不采用退焊，分段长度可以根据实际情况增加。盖面时，同时同向依次焊接（图5–5）。

图 5–5 储罐横焊缝焊接

5. 防变形措施

壁板纵缝焊接时，由于所焊壁板包在内圈壁板外，纵焊缝变形不大，但施焊前必须在收尾缝位置，用手拉葫芦收紧。每圈收尾缝施焊时，均需要设施防变形弧板。

6. 焊接防渗碳及防飞溅措施。

具体方式详见 5.2.3 第 6 款。

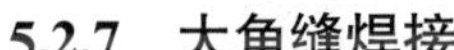

5.2.7 大角缝焊接

先焊内侧角焊缝，再焊外侧角焊缝。打底焊由数名焊工沿周向均布同向施焊。

焊接防渗碳及防飞溅措施，具体方式详见 5.2.3 第 6 款。

5.2.8 附件安装

盘梯、平台、开孔接管等附件安装在罐体组焊完成后进行，注意控制位置及尺寸。

5.2.9 充水试验及沉降观测

（1）充水试验前所有附件及其他与罐体焊接的构件，应全部完工，并检验合格。

（2）充水试验前对试验用水进行检测，氯离子含量不超过 25mg/L。

（3）充水试验及沉降观测按《立式圆筒形钢制焊接储罐施工及验收规范》GB 50128—2014 规定执行。

5.2.10 内壁表面处理

不锈钢储罐因其存储化工原料及产品的特殊性，对其内壁粗糙度和耐腐蚀性能有较高的要求，所以应对内壁进行抛光和酸洗钝化等表面处理。

1. 抛光处理

（1）抛光处理时机。不锈钢储罐采用倒装法施工，为提高工效，抛光处理应在每圈壁板组焊及探伤完成后进行。应合理安排施工工序，给抛光工序施工留有足够的时间和空间，使其尽量在每圈罐壁提升前完成，以减少重复作业量和高空作业量。

（2）机械抛光流程。本工法采用手持式机械抛光，流程为粗抛→细抛→精抛。每道工序使用工具及所需达到表面粗糙度的要求，详见表 5–5。

表 5-5 抛光各工序使用工具及所需达到的表面粗糙度要求

抛光工序		所用工具（材料）	工具型号	表面粗糙度要求 /μm
粗抛		金刚砂轮	80#～120#	Ra1.2
细抛		金刚砂轮、千叶轮	180#	Ra1.0
精抛	第 1 遍	纤维轮 + 抛光膏	240#	Ra0.8
	第 2 遍	纤维轮 + 抛光膏	320#	Ra0.5
	第 3 遍	布轮 + 抛光膏	—	Ra0.4

（3）抛光操作要点。抛光前要仔细调整抛光轮平衡度，否则无法保证抛光质量。当换用不同型号的抛光轮时，抛光方向应变换 45°～90°，这样前道抛光工序留下的条纹印记即可分辨出来。

（4）抛光检测。检测采用袖珍式粗糙度检测仪 TR101 进行。各部位检测点数不得低于设计要求，检测值不超过给定值为合格。

2. 酸洗钝化

（1）酸洗钝化处理时机。酸洗钝化在充水试验完成后进行。

（2）酸洗钝化方式及流程。酸洗钝化采用封闭循环喷淋方式进行，喷淋管线采用与储罐同材质的不锈钢制作，喷淋头采用耐酸碱塑料喷头，喷淋装置在罐内组装，成十字形。

从罐顶中心的放空口吊起，安装至指定位置。通过管线将加药槽、耐酸碱泵和储罐连接起来，形成闭合的系统，冲洗用水为系统提供的脱盐水。流程为：水冲洗→碱洗→中和、水冲洗→酸洗→中和、水冲洗→钝化→水洗→排污。

（3）酸洗钝化各工序操作及检测要求见表 5–6。

表 5-6 酸洗钝化各工序操作及检测要求

工 序	目 的	操作步骤	检测项目及合格标准
水冲洗	清除表面的灰尘及附着物	启动清洗泵连续向系统注水，当水达到一定的量后停泵，在无泄漏的情况下尽量迅速将水排掉	浊度，1 次 /15min，达到三级标准（肉眼看不到混浊物；水质清澈透明），为合格
碱洗	去除表面的油脂	将碱洗药剂按配比量随水溶液通过清洗泵加入系统中，在循环清洗过程中用蒸汽加热；碱洗药剂：1.5% 氢氧化钾 +0.5% 磷酸氢二钠 +1% 有机磷钠 +0.5% 脂肪醇聚氧乙烯醚 +0.5% 烷基苯磺酸钠；温度：80～850℃；流速：0.05～0.5m/s，时间：4～6h	—
中和、水冲洗	将碱中和，冲洗掉残留物质	将碱洗废液用（2% 硝酸）中和后排掉，然后用清水冲洗至水透明	pH 值为 7，合格
酸洗	将锈斑、氧化皮等除去，以得到清净的表面，使利于钝化处理的进行	在清洗系统的循环下，回路内挂好腐蚀试片；用清水配含有缓蚀剂的酸溶液，然后将其注入配液槽，再通过清洗泵向系统内清洗；酸洗药剂：6% 硝酸 +1% 酸性缓蚀剂 VCAH–IV+2% 氯化亚锡 +1% 氢氟 +3% 磷酸；温度：常温，流速：0.05～0.5m/s，时间：2～3h	$[H]^+$ 浓度，$[Fe]^{3+}$ 浓度，1 次 /30min；当 $[H]^+$ 两次测量值≤0.2% 及 $[Fe]^{3+}$ 浓度 <300mg/L 时，合格
中和、水冲洗	将酸中和，冲洗掉残留物质	用氢氧化钾（5%）中和酸洗剂，然后迅速排放，再用清水冲洗至水透明	pH 值为（1 次 /30min）7～8，合格
钝化	钝化处理，以保护金属表面不生成二次浮锈	用烧碱调清洗液的 pH 值；药剂：3% 钝化剂 VCD–III，温度：40～600℃，时间：4～6h，流速：0.05～0.5m/s 蓝点检验，用 1g 氰化钾加 3mL（65%~85%）硝酸和 100mL 水配制成溶液（宜现用现配）。用滤纸浸渍溶液贴附于待测表面或直接将溶液涂于待测表面，14s 内观察表面显现蓝点情况	pH 值为（1 次 /h）10 左右，合格；蓝点检验，有蓝点为不合格

续表

工 序	目 的	操作步骤	检测项目及合格标准
水洗	水洗铁离子含量达到要求	钝化后达到蓝点检测合格后再进行水冲洗，用脱盐水洗直至铁离子含量达到工艺要求	$[Fe]^{3+}$ 浓 度，(1 次 /h)，<100ppb（$1ppb=10^{-9}$）为合格

5.3 劳动力组织（表 5-7）

表 5-7 5000m³ 不锈钢立式储罐施工劳动力组合表

序 号	工种 / 职务	数量 / 人	备 注
1	施工经理	1	负责现场管理、整体协调
2	技术员	2	负责施工技术管理
3	HSE 监督员	1	负责现场施工安全管理
4	质量员	1	负责现场施工质量管理
5	材料员	1	负责施工用料申报、提领料管理
6	铆工	4	下料、组对等工作
7	电焊工	8	焊接
8	起重工	3	指挥起重机具
9	气焊工	2	切割
10	酸洗钝化工	8	酸洗、钝化
11	电工	1	施工用电
12	普 工	8	配合施工
13	操作手	2	操作数控滚板机和数控等离子切割机
14	司机	3	车辆操作
合计		45	

6 材料与设备

6.1 主要施工机具、设备总需要量（表 6-1）

表 6-1 主要施工机具、设备清单

序号	名 称	规格型号	单 位	数 量	备 注
1	行程放大式液压提升机	5t	台	20	
2	数控卷板机	恒久 /W12Y	台	1	
3	逆变式弧焊机	ZX7-500S/ST	台	12	
4	数控等离子切割机	CNCSG-3500	台	1	
5	焊条烘干箱	BHY-100	台	2	
6	水准仪		台	1	
7	射线探伤机		台	1	
8	风速仪		台	1	
9	红外测温仪		台	1	
10	汽车吊	16t	台	2	
11	汽车吊	25t	台	1	
12	卡车	8t	辆	1	

续表

序号	名 称	规格型号	单 位	数 量	备 注
13	螺旋千斤顶	30t	台	2	
14	手拉倒链	5t	台	4	
15	轴流风机	1.2kW	台	4	
16	真空箱	1000mm×300mm×200mm	个	1	
17	真空泵	2X-2	台	1	
18	试压泵	YZ-25	台	1	
19	坡口机	GD-20	台	1	
20	空气压缩机	XW-0.36/8	台	1	
21	直流变压器	6~36V	台	6	
22	角向磨光机	180	台	8	
23	角向磨光机	125	台	8	
24	角向磨光机	180	台	6	
25	粗糙度检测仪	TR101	台	1	
26	便携PH计	STARTER 300	台	1	
27	加药槽		个	2	酸、碱各1个
28	耐酸碱泵		台	1	

6.2 技术手段措施用料（表6-2）

表6-2 主要技术手段措施用料清单

序号	名 称	规格型号	单 位	数 量	备 注
1	胀圈	[200槽钢	套	3	
2	壁板托架	[100槽钢、ϕ114mm钢管	套	3	
3	槽钢垫敦	[100槽钢、6mm不锈钢板	个	120	
4	加减丝	ϕ50mm圆钢	个	24	
5	底板压杠	[100槽钢	个	20	
6	加强筋板	不锈钢板1500mm×200mm×10mm	块	14	
7	加强弧板	不锈钢板1000mm×400mm×10mm	块	21	R=5250
8	不锈钢挡板	100mm×200mm	块	180	
9	不锈钢撬杠	ϕ30mm圆钢 L=1000mm	根	18	
10	不锈钢刨锤	ϕ30mm圆钢	个	20	
11	不锈钢钢丝刷	ϕ125mm/ϕ180mm	个	200	
12	铝基切割片	ϕ125mm/ϕ180mm	片	500	
13	铜锤	18lb	把	4	
14	木榔	16lb	把	6	
15	木楔	50mm×50mm×150mm	个	500	
16	镀锌钢管	ϕ34mm	m	60	
17	胶管	2in	m	200	
18	镀锌铁皮	0.75mm	m^2	1000	
19	电缆盘		个	8	
20	温度/湿度仪	-20~40℃	个	3	

续表

序号	名　称	规格型号	单　位	数　量	备　注
21	膨润土		kg	3000	1000kg/ 罐
22	腻子		kg	50	
23	酸洗钝化膏	A304 不锈钢钝化膏	kg	90	30kg/ 罐
24	自动喷水壶	4L	个	3	
25	预制平台	20mm 钢板　10000mm × 2000mm	个	3	
26	金刚砂轮	80#～120#	个	若干	
27	抛光片	180#	个	若干	
28	千叶轮	180#	个	若干	
29	纤维轮	240#～320#	个	若干	
30	布轮	240#～320#	个	若干	
31	直磨棒		个	若干	
32	合金钢旋转锉		个	2	
33	不锈钢支架		套	1	
34	不锈钢喷淋管线	1in	套	1	
35	塑料喷淋头	1in	个	14	
36	试管、烧杯、滤纸等		个	若干	

7　质量控制

7.1　施工主要技术标准及验收规范

（1）GB 50128—2014《立式圆筒形钢制焊接储罐施工及验收规范》。

（2）NB/T 47014—2011《承压设备焊接工艺评定》。

（3）NB/T 47015—2011《压力容器焊接规程》。

（4）HG/T 4079—2009《金属抛光表面质量检测及评判规则》。

（5）ASTM A380—2017《不锈钢零件、设备和系统的清洗和除垢》。

7.2　质量控制措施

（1）组建精干高效的项目质量管理组织机构，确保质量体系的有效运行，强化质量监测，对组装、焊接、抛光、酸洗钝化等关键工序进行重点监控。

（2）罐体焊接严格执行焊接工艺，控制焊接线能量和层间温度在允许区间内，必要时对焊道采取强制冷却措施，以减少在敏化温度区间的停留时间，避免晶间腐蚀。

（3）采取合理的焊接顺序及有效的焊接变形防控措施，控制焊接变形量，使之符合 GB 50128—2014 的要求：罐底组焊后，局部凹凸变形的深度，不应大于变形长度的 2%，且≤30mm；罐壁组焊后，焊缝角变形≤12mm，局部凹凸变形平缓，无突然起伏，且≤15mm。

（4）抛光作业人员培训后上岗，合理安排工序，减少重复作业量和高空作业量，加大抛光工序间粗糙度检测频率和检测点数，合格后方可进入下一工序。

（5）酸洗钝化实施过程中，严格控制酸、碱的配比和各工序的温度、时间，及时、准确地进行各项检测，避免出现过洗现象，具体检测要求详见表 5-5。

7.3 关键工序质量控制点

关键工序质量控制点及检查时机或工序、指标要求、检验工具或方法，详见表 7–1。

表 7-1 关键工序质量控制点统计表

序号	关键工序控制点	检查时机或工序	指标要求	检验工具或方法
1	人员资格	人员入场前检查	人员资质证书和入场考试	资质证书及考试结果核实
2	材料质量证明文件检查及复验	材料入场前验收	查资料、查实物	质量证明文件及复检报告核实
3	焊接工艺评定	储罐预制前检查	资料检查	工艺评定核实
4	罐板预制	安装前进行检查	罐底边缘板长度、宽度偏差为 ±2mm，对角线差≤3；壁板、底板长度偏差为 ±2mm，宽度偏差为 ±1.5mm，对角线差≤3，直线度长度方向偏差≤2，宽度方向偏差≤1；垂直方向上用直线样板检查，其间隙应≤2mm；水平方向上用弧形样板检查，其间隙应≤4mm	钢盘尺、钢卷尺、钢板尺、样板、焊接检验尺
5	罐壁组装	每圈壁板组对后焊接前进行检查	第一圈壁垂直度≤3mm，相邻两点水平度≤2mm、任意两点≤6mm，纵缝间隙 4~6mm，错边量≤1mm，环缝间隙 0~1mm，错边量≤1.5mm	水准仪、钢盘尺、钢板尺、样板尺和线坠
6	罐底组装	钢板组对后焊接前检查	组对间隙 3~5mm，错边量≤1.5mm	钢卷尺、钢板尺和焊接检验尺
7	罐体焊接	焊接后进行检查	对接焊缝的咬边深度，应≤0.5mm；咬边的连续长度，应≤100mm；焊缝两侧咬边的总长度不应超过该焊缝长度的 10%，凹陷深度不应≤0.5mm。凹陷的连续长度不应≤100mm。凹陷的总长度不应大于该焊缝长度的 10%；罐内侧焊缝的余高应≤1mm	焊缝检验尺、样板尺和钢板尺、无损检测报告

8 安全措施

8.1 施工主要安全标准及验收规范

（1）GB 50484—2008 《石油化工建设工程施工安全技术规范》。

（2）JGJ 33—2012 《建筑机械使用安全技术规程》。

（3）JGJ 46—2005 《工现场临时用电安全技术规范》。

（4）SY 6279—2016 《大型设备吊装安全规程》。

8.2 起重作业安全措施

（1）操作人员听从指挥人员的指挥，并及时报告险情。

（2）起吊时检查钢丝绳、吊物状况无异常后，方可起吊。

（3）禁止施工人员随吊物起吊或在吊钩、吊物下停留。

（4）指挥人员配齐哨旗，吊装时，起重臂下及吊车回转范围内严禁站人。

（5）风天吊装应使用揽风绳，5 级风以上禁止吊装作业。

8.3 用电安全措施

（1）设备接地时要根据本设备用电量大小选择接地线的规格，严禁超载。

（2）所有用电设备均应设有安全防护设施，室外的用电设备要采取防雨设施，同时注意保护设备电缆，对已损坏的电缆要及时更换。

（3）与用电设备相关的电焊机房、钢平台、金属构架等都应做接零或接地保护。

（4）罐内照明应使用 36V 以下安全电压。

（5）施工用的机械设备应有漏电保护装置。

8.4 提升设备使用安全措施

（1）施工前应根据罐体质量和周长两个因素，对提升机的需用数量进行计算。

（2）提升机应沿罐壁四周均匀布置，且必须垂直于地面，其底座务必固定牢固。

（3）提升机应由专人操作，提升过程中应注意观察提升状态，发现异常应立即停止提升，进行调整。

（4）每次罐体提升至 0.4～0.6m 高时，应暂停，对所有提升机的受力状态和提升高度进行一次中间检查和调整，以保证提升均匀。

（5）提升机工作时，注意观察刻度尺使其升降不要到达极限位置，以免损伤设备。

（6）5 级风以上不准提升起罐。

8.5 抛光及酸洗钝化安全措施

（1）抛光时，在罐内作业会产生较大的粉尘及噪声，操作人员应穿戴好防护口罩、耳塞、眼镜、防护服及其他劳保用品。

（2）抛光作业时，其抛光轮转动方向附近不得有其他作业人员。

（3）接触酸碱人员应穿耐酸、碱工作服，必要时戴防毒口罩。

（4）禁止用人抱、肩扛、背驮等方式运输酸、碱。

（5）酸洗钝化时，应在施工区域悬挂醒目的安全标志和警告牌，并用安全警戒绳围出施工区，防止无关人员进入施工区，设专人进行有效监护。

9 环保措施

（1）焊条头、焊渣、用过的抛光轮等各种废弃物进行分类后统一存放、统一处理。

（2）射线检测时做好防护及警示标志，派专人进行巡视，避免射线对人的伤害。

（3）酸洗钝化产生的废液主要是含重金属的有毒物质和易于被细菌氧化的硝酸盐等，排放前要对含重金属的有毒物质进行分离沉淀，对被细菌氧化的硝酸盐进行氧化处理，使废液达到废水排放标准，检验合格后，方可排放至指定地点。

（4）施工现场严格按照公司 QHSE 体系运行，减少环境污染。

10 效益分析

10.1 经济效益

应用升级、改进后的工法施工不锈钢储罐，与原工法相比，工效更高，质量更优，带来了更好的经济效益，其费用对比见表 10–1。

表 10-1　单台 $5000m^3$ 不锈钢立式储罐新旧工法费用对比表

费用类别 / 项目		升级、改进后的工法	原工法	节省费用
人工费	储罐内壁抛光	使用手持式电动工具抛光，人工费 100 元 / 人 · d × 8 人 × 6d ≈ 0.48 万元	使用钢丝刷手工抛光，人工费 100 元 / 人 · 天 × 8 人 × 20d ≈ 1.6 万元	1.12 万元
	储罐内壁酸洗钝化	用喷淋方式进行，不再需要人在罐内进行操作，且不再需要搭设升降台，人工费可忽略不计	采用涂抹酸洗钝化膏方式，人工费 200 元 / 人 · d × 6 人 × 10 天 ≈ 1.2 万元；搭设及拆除升降台，人工费 100 元 / 人 · d × 4 人 × 3d ≈ 0.12 万元	1.32 万元
材料费	防飞溅措施	使用膨润土，需用量 1t × 0.05 万元 / t ≈ 0.05 万元	使用成品不锈钢防飞溅剂，需用量 0.5t × 4 万元 /t ≈ 2 万元	1.95 万元
	储罐内壁酸洗钝化	喷淋装置所需材料费约 0.8 万元（可多次使用）	升降台搭设所需材料（中心柱、横臂、吊篮、索具、斜支撑、隔离衬垫等）费用约 0.8 万元（可多次使用）	0 万元
其他措施费	储罐内壁酸洗钝化防护费用	—	罐内操作人员防化服、面罩、耐酸碱靴等，1700 元 / 套 × 6 人 ≈ 1.02 万元；通风措施费用，160 元 /d × 5d ≈ 0.08 万元	1.1 万元
节省费用合计				5.49 万元

10.2　社会效益

本工法应用于大型不锈钢储罐的施工，在排版、数控切割、防渗碳、数控卷板、罐体液压提升、焊接变形防控、内壁表面处理等环节，均已形成了较科学、完善的工艺措施和方法，可在今后类似工程中广泛予以应用，增强了公司技术储备和竞争力，且储罐内壁封闭循环喷淋式酸洗钝化与涂抹酸洗钝化膏的传统方式相比作业更安全、措施更环保。

11　工程应用实例

应用实例一：

在大庆炼化公司“7×10^4t/a 石油磺酸盐工程”大庆油田建设集团有限责任公司承建的 4 台 $5000m^3$ 不锈钢立式储罐的安装施工中得到了成功应用，施工工期为 2015 年 4 月 20 日至 12 月 31 日，经参建各方验收，施工质量达到设计和相应标准规范要求。

应用实例二：

在浙江舟山“4000×10^4t/a 炼化一体化项目（一期）”大庆油田建设集团有限责任公司承建的 6 台 $1000m^3$ 不锈钢立式储罐的安装施工中得到了成功应用，施工工期为 2017 年 10 月 20 日至 2019 年 5 月 30 日，经参建各方验收，施工质量达到设计和相应标准规范要求。

污水池反吊膜加盖施工工法

大庆油田建设集团有限责任公司

任海峰　孙彩茹　胡　杰　张守宇　赵　军

1　前言

污水池体反吊膜加盖改造施工对于石油化工建设是全新的施工领域，施工难度较大。大庆油田建设集团有限责任公司在PKOP奇姆肯特炼油厂现代化改造工程中先后承揽了多个污水池的反吊膜加盖施工，依据反吊膜结构特点，采取了钢结构深度预制、模块化组装、膜结构3D成型、反吊铺设安装等系列技术措施，优质高效地完成了施工，取得良好的效果，经总结形成本工法。本工法获得大庆油田有限责任公司2018年度企业级工法。

2　工法特点

（1）钢结构于现场深度预制、模块化组装，在降低施工成本、提高施工效率的同时，减少了高空作业，提高了施工安全性。

（2）膜材根据3D模型进行裁剪、热合，形成完整曲面结构，反吊铺设安装于钢结构上，避免了膜材空中热合成型，降低了施工难度，显著提高了施工效率。

3　适用范围

本工法适用于各类污水池反吊膜加盖安装工程。

4　工艺原理

（1）钢结构支撑桁架现场深度预制，在地面模块化组装为整体，整体吊装安装，与基础预埋件焊接固定。

（2）反吊膜材根据3D模型进行裁剪、热合，形成完整的曲面结构，以反吊形式在钢结构支撑桁架上铺设，利用紧线器拉紧膜材，四周锚固，由内部空气压力支承膜面，形成具有一定刚度并能覆盖大空间的空间膜结构体系。

5　工艺流程及操作要点

5.1　工艺流程

工艺流程详见图5-1。

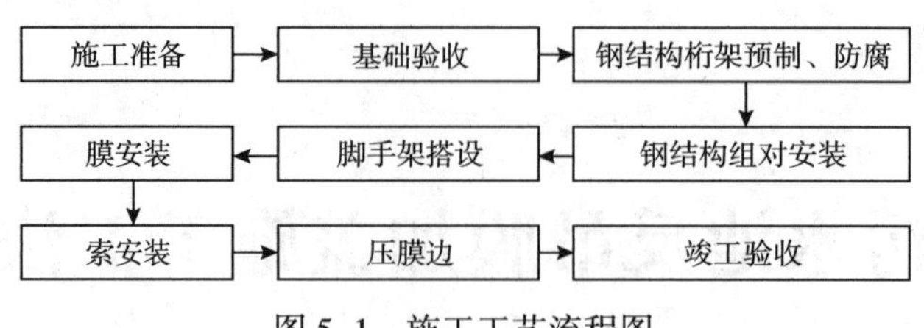

图 5-1　施工工艺流程图

5.2　操作要点

5.2.1　施工准备

（1）组织进行图纸会审工作，掌握对于膜和钢构件的组装方式，会审结束后应及时做好图纸会审记录。

（2）制定施工技术方案，在施工前由专业技术人员向所有施工人员进行施工技术、安全交底，检查施工机具是否完好，满足施工要求。

（3）做好施工过程中涉及的动火作业、吊装作业等高危风险作业准备，对于改造的含油污水应该清理洁净，应达到安全动火标准（图 5-2）。

图 5-2　旧污水池污油清理

（4）所有参与施工人员需取得各项特种作业资格证，如：焊工证、起重证等。

5.2.2　基础验收

钢结构安装前应对建筑物的定位轴线，基础轴线和标高、地脚螺栓位置等进行检查。

5.2.3　钢结构桁架预制、防腐

1. 桁架预制

制作前根据细部设计图纸，在放样平台上对钢管柱进行 1：1 实物放样，定制样板、样条，以保证制作精度（图 5-3）。

2. 桁架焊接

采用对称法施焊，使焊接变形和收缩量达到最小。钢管等空心构件的端口应采用钢板作为封头，封头板厚度与钢管壁厚相同，采用连续焊缝密闭，使内外空气隔绝，且施焊前构件内部不得有水。焊接以大管径和壁厚大的管优先焊接，支管与支管相贯时一律满焊。

3. 桁架除锈、刷漆

预制好的钢结构桁架采用喷砂除锈方法，除锈等级应达到 Sa2.5 级；局部采用手动除锈时应采用 St3 级。涂层外观用目测检查法，检查漆膜是否存在龟裂、流挂、鱼眼、漏涂、片落和其他弊病。

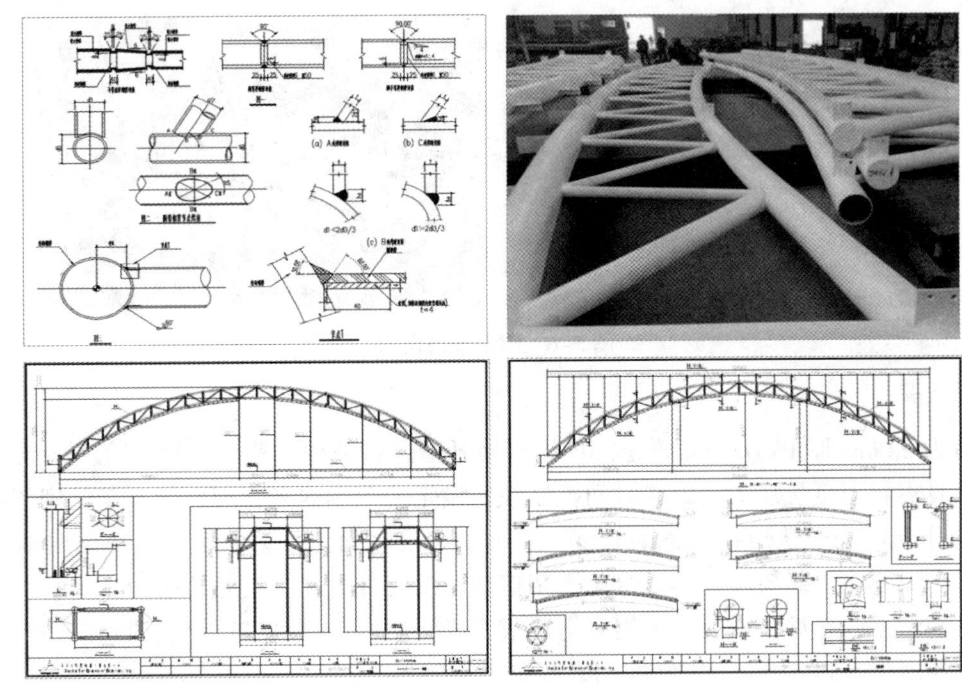

图 5–3　钢结构桁架预制图

5.2.4　钢结构组对安装

（1）钢结构桁架在地面根据施工图进行拼接组装，彼此间焊接连接时，应充分考虑焊接变形影响，组装尺寸控制应符合图纸及 GB50205 等相关验收规范的要求。钢结构桁架预制如图 5–4 所示。

（2）钢结构桁架拼装为整体后（图 5–5），应吊起进行安装曲率校正。

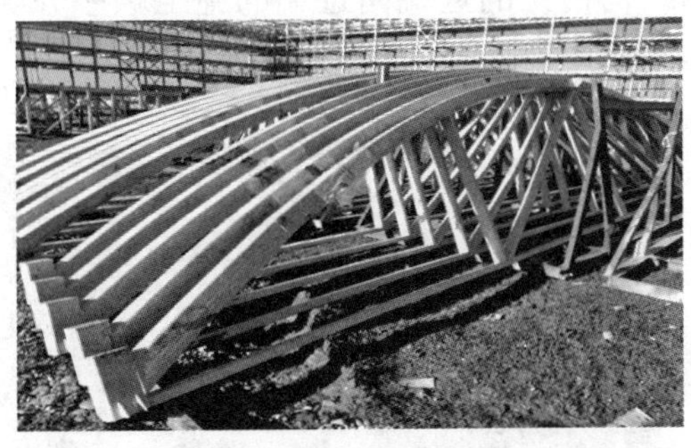

图 5–4　钢结构桁架预制

图 5–5　钢结构桁架模块化安装效果图

（3）钢结构焊接部分需在地面补漆完成，尽量避免高空作业。

（4）池子下部要放置至少两部钢梯，且钢梯的位置选择以方便逃离为标准。

（5）吊装安装作业过程中，如遇大风、暴雨、雷电等不利天气，应停止作业。

5.2.5　脚手架搭设

（1）脚手架沿钢结构主跨桁架轴线搭设，搭设宽度应每侧超出钢结构 1m，搭设高度应低于膜安装时放坡后的高度，且侧脚手架外侧不能搭设护栏（图 5–6）。

（2）脚手架所有可能与膜接触的部位，都应用帆布包裹住以防止膜安装时有棱角部分划伤膜材。

（3）脚手架搭设前必须在现场对脚手架搭设专业施工人员及现场管理人员进行技术、安全交底，未参加交底的人员不得参与搭设作业；脚手架搭设人员和使用人员必须熟悉掌握脚手架施工方案内容、要求和特点。

图 5-6 脚手架搭设图

5.2.6 膜安装

（1）膜材为 2.0mm 厚 PVDF 膜，根据 3D 模型展开图进行裁剪、热合，形成完整的曲面结构。热熔合设备必须具有将温度、压力、熔接时间控制在所设定的范围内来管理性能，条件则依膜材的种类而定。热熔合作业前先确认熔接设备的温度、压力、熔接时间并且记录下来。热熔时双道焊缝搭接宽度≥100mm，焊缝应错缝搭接，尽量避免十字接缝，焊缝处 PVDF 膜应熔结为一个整体，不得出现虚熔、漏熔或超量熔，热熔完成后可采用真空法或充气法对每条焊缝进行接缝质量的检测并做详细记录。膜的抗拉强度为 5000N/cm^2，抗撕裂强度为 800N（图 5-7）。

（2）膜材裁剪、热合时，操作工人的手套必须是干净的、无油污的；鞋子必须是软底胶鞋；工具放置时一定要平稳摆放，使用时必须做到安全的、可控制的；小工具必须放置在工具包内，施工过程中务必保证膜布不破损，表面不被污浊。

（3）膜安装时，使用 1 台 50t 吊车将成型后的膜材整体吊起置于钢结构支撑桁架上，先将膜的中心点固定于桁架最高处的中心位置，另用 1 台 50t 吊车辅助进行膜材的敷设。膜材由中心点向四周进行敷设。以钢结构桁架为分界线，池体上按从距离钢结构桁架的远端向近端的施工顺序分次进行 1/4 圆周膜材的展开和初步安装固定（图 5-8）。

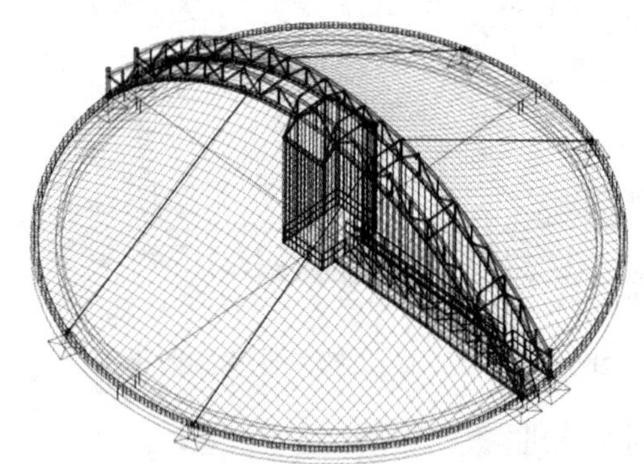

图 5-7 膜结构安装轴侧图

图 5-8 膜安装过程照片

（4）调整膜布周边，使膜布中心位置与钢结构中心位置相一致，然后利用紧线器对膜面进行张拉，当膜面被牵引到距预定最终位置 80cm 远时，卸除部分紧线器，拆除所有夹具，进行膜布周边固定工作。

（5）反吊膜与污水池基础用膨胀螺栓固定，每 200mm 设置一个固定点，在用冲击钻钻孔时注意机械伤人。

（6）膜结构安装宜在风力不大于四级的情况下进行，避免发生颤动现象。风速大于四级时，应停止反吊膜铺设，现场准备好绳索把 PVDF 膜捆绑在钢结构上，防止反吊膜被刮破。

（7）膜体敷设过程中必须做好成品保护，并严禁在膜材周边范围内进行焊接、切割作业。

5.2.7 索安装

（1）膜面展开后，应立即进行索安装，在膜的周边固定（图5–9）。

图5–9 膜安装竣工图片

（2）安装应以保证钢结构桁架水平度和垂直度在偏差范围内为准。

5.2.8 压膜边

（1）膜面固定时，先用紧线器拉紧膜的四只角，使膜尽量接近固定位置，再进行膜边的固定。

（2）膜结构支架上的螺栓间距与膜布上的眼孔是相匹配的，当膜布拉到其安装位置后即可将膜面固定在螺栓上。膜面固定时局部地方的眼孔会与支架上的螺栓位置不一致，因此要求现场开孔。开孔时用美工刀或冲头，禁止使用榔头直接敲击膜布进行开孔。当膜面周遍固定好后，拆除所有夹具。

5.2.9 竣工验收

（1）检查反吊膜膜面结构。用水冲洗膜面，测试膜面是否有渗漏现象，并观察膜面是否有明显褶皱、超张拉现象、膜面磨损、串色和积水现象。

（2）检查螺栓及其他固定节点是否紧密牢固、排列整齐，避免影响膜的密封性。

（3）检查钢结构工艺。检查钢结构表面是否进行充分涂刷，未涂刷部分要求进行补漆。

5.3 劳动组织

所有的人员分工按施工所需分配，整体抽油机基础倒置成型施工所需的主要人员及分工见表5–1。

表5-1 主要人员分工表

序号	岗位工种名称	人数/人	分 工
1	总工	1	全面技术质量管理
2	项目经理	1	组织生产
3	技术员	1	负责现场技术指导
4	班长	1	组织班组管理实施
5	质检员	1	负责现场质量监督检查
6	起重工	1	起重作业
7	电工	1	临时电管理
8	火焊工	1	负责钢结构切割
9	电焊工	7	负责钢结构焊接
10	管工	2	施工作业

6 材料与设备（表 6-1、表 6-2）

表 6-1 施工手段用料计划一览表

序号	名 称	规格 /mm	材 质	单 位	数 量	备 注
一	预制及工装卡具用料					
1	钢管	ϕ159mm × 6mm	20#	m	50	临时支撑
2	角钢	∠ 50 × 5	Q235-B	m	150	角式脚手架
3	钢板	δ=32	Q235-B	m^2	20	吊耳、鞍座
4	钢板	δ=26	Q235-B	m^2	0.5	方销
二	安全防护用料					
1	电焊面罩			个	6	
2	电焊手套			副	20	
3	线手套			副	10	
4	墨镜			副	10	
5	平光镜			副	10	
6	工具袋			个	4	
7	安全带			副	20	
8	防尘帽			件	20	
9	鞋罩			副	10	
10	口罩			副	20	
11	防火帆布			m^2	50	
12	灭火器			个	6	
三	消耗材料					
1	砂轮片	ϕ100mm		片	10	
2	砂轮片	ϕ150mm		片	10	
3	电焊把钳			个	4	

表 6-2 施工设备、机具、计量器具一览表

序 号	名 称	规格型号	单 位	数 量	备 注
1	履带吊	50t	台	2	
2	板车	20t	台	1	
3	电焊机	ZX7-400	台	4	
4	焊条烘干箱	ZYH-100	台	1	
5	磨光机	ϕ100mm/ϕ150mm	台	4	
6	小号割把		把	2	
7	胶皮电源线	2 × 1.5mm^2	m	1000	
8	电焊把线	35mm^2	m	200	
9	脚手架杆	ϕ48mm × 3.5mm	吨	4	
10	钢跳板	2500mm	块	60	
11	盘尺	50m	把	1	

续表

序 号	名 称	规格型号	单 位	数 量	备 注
12	卷尺	5m	把	4	
13	水平仪	3m	把	4	
14	线坠		个	4	
15	紧线器		副	40	
16	拉力计	KL-10 型	把	4	
17	水准仪	WILD-NA2	台	1	
18	热熔机		台	6	
19	打孔机		台	2	

7 质量控制

7.1 工程技术标准及验收规范

（1）GB 50205—2001 《钢结构施工质量规范》。
（2）GB 50661—2011 《钢结构焊接规范》。
（3）CECS 24：1990 《钢结构防火涂料应用技术规范》。
（4）GB 8923.1—2011 《涂装前刚才表面锈蚀等级和除锈等级》。
（5）CECS 158：2015 《膜结构技术工程》。

7.2 施工过程质量控制

（1）保证加工好的膜材、钢构、各部件形状、尺寸、对应位置均符合图纸设计要求。

（2）到场材料必须经过严格复检，部件复检合格后才能够进行下一道工序。

（3）严格按照预留孔洞、预埋件等的位置进行钢构安装，确保安装位置和形状的正确，实时进行焊接定位。天气潮湿时，焊接部分一定要做烘干处理。

（4）膜材料安装时一定要用选用专业合适的膜材张拉装置进行预应力的施加，张拉紧绷达到设计形态后将对边进行固定。

（5）工程开工前由专门技术人员对项目体施工员以上人员进行技术交底，明确每道工序质量要求和质量标准，以及可能发生的质量事故预防措施。

（6）膜面安装前需检查钢结构所有与膜面连接点是否有飞溅、毛刺等现象，并应确保无锋利刺口。

（7）膜面安装前用棉布将周边可伤及膜面的构件包盖。

（8）膜面安装前必须将所有螺栓孔试钻。

（9）搭设膜面搁置平台，用的九夹板板面应保证清洁、无污物，并保证无尖锐毛刺，以免造成膜面的损坏或污染。

（10）周边螺栓固定后，应逐一进行检查。保证做到螺栓无缺少、无漏拧。

（11）膜面的保护要贯穿到从运输、起吊、展开和安装的全过程。

（12）安装膜面时，安装工具不可随意抛掷，以防止膜面损坏。

（13）膜面展开后发现有风时，应及时拉设反绳网，不让膜面随着风有较大的起伏。

（14）每 1/4 圆周膜面安装完成后，严禁上膜面。

（15）膜面张拉固定时，需对膜面应力估测，以防止应力过大造成膜面的损坏。

7.3 关键质量控制点（表 7-1）

表 7-1 关键质量控制点

序号	工序名称	检测项目	检测标准	记录单	工序类别		
					A	B	C
一	钢结构						
1	材料到货验收	材质、规格，构件型号数量、预制质量，质量证明书等	符合规范、图纸要求	材料报验单	A		
2	基础验交	砼试压报告、原材料质量证书、基础实测记录等	符合图纸要求	中间交接记录		B	
3	构件制作	材质、下料尺寸、外观质量、螺栓孔质量、标识等	符合规范、图纸要求	—			C
4	组装、焊接	组装偏差、焊接质量（外观质量，满足规定的检测报告）	符合规范、图纸要求你	检测记录			C
5	钢结构安装	保证资料及材料材质；实体质量：尺寸偏差、焊接质量、	符合规范要求	安装施工记录		B	
二	防腐刷漆						
1	材料验收	材料的规格、型号，质量证明书、说明书等	符合规范、图纸要求	材料报验单	A		
2	涂前质量	打磨质量：无焊渣、焊疤，表面打磨光滑	符合规范、图纸要求	工序报验单		B	
3	涂层质量	外观质量，补漆质量，涂层厚度，均匀度，涂层道数	符合规范、图纸要求	涂层验收记录		B	
三	膜安装						
1	材料到货验收	材质、规格，构件型号数量、预制质量，质量证明书等	符合规范、图纸要求	材料报验单	A		
2	膜安装	外观质量、表面洁净度	符合规范要求	安装施工记录		B	

8 安全措施

8.1 安全标准

（1）JGJ 46—2005《施工现场临时用电安全技术规程》。

（2）JGJ 130—2011《建筑施工扣件式钢管脚手架安全技术规范》。

8.2 安全控制措施

施工过程中应控制存在的风险有触电、动火作业、吊篮作业、物体打击、有毒有害气体风险，主要存在于桁架焊接、桁架安装、吊装作业、膜体安装等工序中。制定危险源分析表（表 8–1），并制定相应安全防范措施。

表 8-1 危险源分析及预防对策

序号	危险点源	预防对策
1	触电	用电设备应接地良好，电源线不应有破损外露金属芯现象，如有应及时整改，小型用电设备电源线全部装插头，严禁直接插进插座或接在闸刀开关上

续表

序号	危险点源	预防对策
2	动火作业	1. 开具相应作业许可，做好安全措施，安全部门人员现场确认后方可施工，并向消防部门事先备案，改造的污水池应符合业主安全管理规定 2. 作业前进行安全技术交底，讲明作业内容、作业范围、危险源 3. 池边动火作业时，应设置专人监火，并且至少配置 2 具灭火器 4. 移动焊车应保持车身洁净无油污，并做好可靠接地，检查磨光机电源、把手、砂轮片稳固性 5. 大风、雷电、暴风雨等不利天气条件下，严禁进行电焊动火作业
3	吊装作业	1. 遵守吊装作业"十不吊"；吊装专业围好警戒区域，检查好吊索用具，吊物时应使用溜绳。指挥人员配齐口哨，警示马甲 2. 作业前仔细检查好吊篮、挂篮各部件完好确保其安全性能，严禁私自改变吊挂篮结构 3. 在四级及以上大风、大雾、雷电、暴风雨的不利天气条件下，严禁进行吊装、吊挂篮、高空作业
4	物体打击	在吊装前检查吊耳、卡具、捆绑等是否牢固，当工件离开地面的应当再检查一下，是否有斜吊、卡具受力不均等情况，如有应当立即纠正
5	有毒气体	1. 施工前，应首先用检测仪检测调池内及上方、周边空气质量，若空气质量不达标，不可施工 2. 作业的人员，如感觉到心慌、头晕等，应立即停止作业休息，并重新测量有害气体的含量

9 环保措施

9.1 环保标准

（1）JGJ 146—2013《建筑工程施工现场环境与卫生标准》。

（2）GB 12523—2011《建筑施工厂界环境噪音排放标准》。

（3）GB/T 24001—2016《环境管理体系要求及使用指南》。

（4）SY/T 6276—2014《石油天然气工业健康、安全与环境管理体系》。

9.2 环保措施

污水池反吊膜加盖施工过程中对环境的危害主要是粉尘污染、固体废弃物污染、噪声污染等。针对以上危害依据标准制定防范措施如下：

（1）施工完成后所用的各种工具，手段料必须运送至指定地点。

（2）施工现场应指定专人定期洒水清扫，并形成制度，防止扬尘；对易飞扬的细颗粒物、散体废料的运输、堆放应具备可靠的防尘措施。

（3）机械设备加油或维修时，对可能产生污油泄漏污染地面环境时，应提前铺设塑料布，回收后统一处理，防止对土壤和水源造成污染。

（4）选用低噪声或备消声降噪设备的施工机械，对施工现场的强噪声机械设置封闭的机械棚内，以减少强噪声的扩散。

（5）施工现场严格按照公司 QHSE 体系运行，减少环境污染。

10 效益分析

10.1 经济效益分析

（1）与传统施工方法相比，12 个池体进行现场预制安装，总计可节省 8d 工期。按 15 名操作人员可完成本工作计算，日工资 520 元 /d，总计可节省人工费为 15 × 8 × 520=62400 元。

（2）与传统施工方法相对，采用整体吊装法，每个池体可节省 2 个 50t 汽车吊台班，每个台班

2560 元 /d，12 个池体，总计可节省机械费为 12 × 2 × 2560=61440 元。

人工费与机械费用累计节省 123840 元。

10.2 社会效益分析

近几年来环境治理要求越来越高，污水池反吊膜加盖应用也越来越广，掌握反吊膜加盖施工安装技术，并在工程实践中成功应用形成工法，增强了企业在该领域的施工竞争力。

11 工程应用实例

应用实例一：

2016 年 6 月—2017 年 3 月，应用于哈萨克斯坦奇姆肯特 PKOP 炼油厂现代化改造一期工程污水处理厂改建工程，对 4 个改造污水池进行反吊膜加盖安装，优质高效地完成了施工，取得良好的效果。

应用实例二：

2017 年 3 月—2018 年 11 月，应用于哈萨克斯坦奇姆肯特 PKOP 炼油厂现代化改造二期工程污水处理厂新建工程，对新建 4 个气浮池、4 个隔油池进行反吊膜加盖安装，优质高效地完成了施工，取得良好的效果。

埋地管道不开挖内衬修复施工工法

大庆油田建设集团有限责任公司

蒋　明　包巴特　赵春庆　徐　闯　曲志君

1　前言

自大庆油田开发以来，各种埋地集输管道承担着多项输 送任务，平均运行年限约为20年。现如今，经过多年运行的管道产生了很多问题，腐蚀穿孔现象较为严重，其中被建筑物占压管道，不符合安全距离的管道腐蚀穿孔后开挖修复困难、普通修复受限且改线成本高。针对这种情况，大庆油田建设集团有限责任公司于2008年研究，探索出《埋地管道不开挖长距离内翻衬施工工法》，2011年被评为国家级工法，工法编号GJEJGF354—2010。通过近年的施工实践，大庆油田建设集团有限责任公司又发展新技术，即内衬平拖修复技术。经查新，该技术在行业内具有领先水平。新修复技术与原修复技术相比，具有施工周期更短，操作更简便，接头性能更好，大型设备使用数量少的优点。由于小口径管道在内衬平拖修复时，摩擦阻力较大，修复困难，所以本工法仍为小口径管道修复施工保留内翻衬修复技术。本工法将两种修复技术统称为内衬修复技术，即内翻衬修复技术和内衬平拖修复技术。内衬修复技术可在不大面积开挖、不破坏自然地貌、不损坏原管道的情况下，将渗漏管道进行修复，此项技术已在大庆油田多处集油管线、含油污水管线中得到应用，并取得良好效果。

2　工法特点

本工法具有以下特点：

2.1　修复质量好

衬里层连续完整，强化了管道的整体功能，抗腐蚀能力远远高于钢管本身。

2.2　施工周期短

只需在弯头或处理管道变径、管内障碍物处开挖操作坑，不大面积开挖土方，缩短施工工期。

2.3　修复成本低

无需大面积开挖，且施工过程无需大量的劳动力，与新建管道相比减少因土地补偿等原因带来的附加费用。

2.4　降低管道运行成本

由于内衬层为聚氨酯，聚氨酯具有对称的分子结构，能防止垢层的附着，具有突出的防结垢性，可降低管道运行成本。

2.5 提高输送量

由于内衬层光滑，可减少输送阻力，提高输送量 5%~10%。

2.6 施工过程清洁环保

本工法在施工过程中，全面回收断管后和清洗过程中产生的污油、污水，不会对周围环境造成污染。

3 适用范围

内翻衬修复技术适用于 ϕ60~ϕ76mm 口径管道内衬修复施工；内衬平拖修复技术适用于 ϕ76mm 以上口径管道内衬修复施工。一次内衬修复距离≤500m。

4 工艺原理

4.1 内翻衬修复技术工艺原理

内翻衬修复技术的核心工艺是软管翻衬技术。其工艺原理（图 4–1）是将管道内污物清理干净，恢复原有通径后，将带有防渗透层并浸透热固性树脂的纤维，增强软管作为衬管的成型材料，将旧管道作为内衬管的翻衬通道和成型模板，采用气压（或水压）将软管翻转并送入旧管道内，使软管的浸树脂层朝外贴于旧管道内壁，防渗透层朝里成为新管道的内壁表面。用加热（或室温）固化法使衬管的树脂固化与原管道构成钢塑复合管，原管道起维护支撑作用，衬里层起防腐作用。

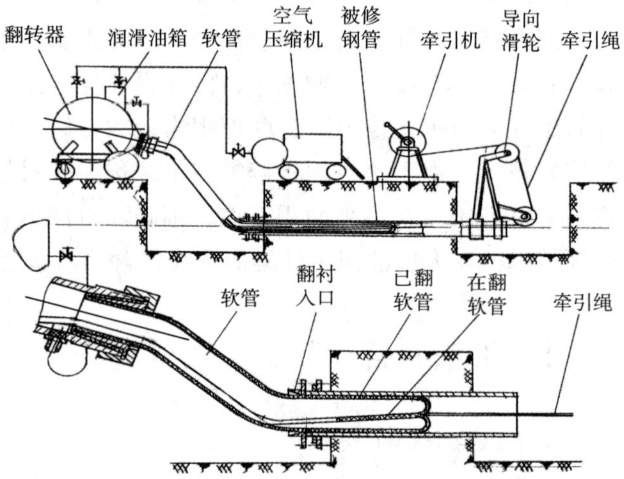

图 4–1 内翻衬修复技术工艺原理示意图

4.2 内衬平拖修复技术工艺原理

内衬平拖修复技术的核心工艺是平拖内衬软管技术，其工艺原理（图 4–2）是将管道内污物清理干净，恢复原有通径后，利用牵引机的牵引力，将折 U 后的软管，平拖内衬入旧管道，采用气压（或水压）使软管受力撑起，软管外壁紧贴旧管道的内壁，软管内防渗透层成为新管道的内壁，原管道起维护支撑作用，衬里层起防腐作用（图 4–3、图 4–4）。

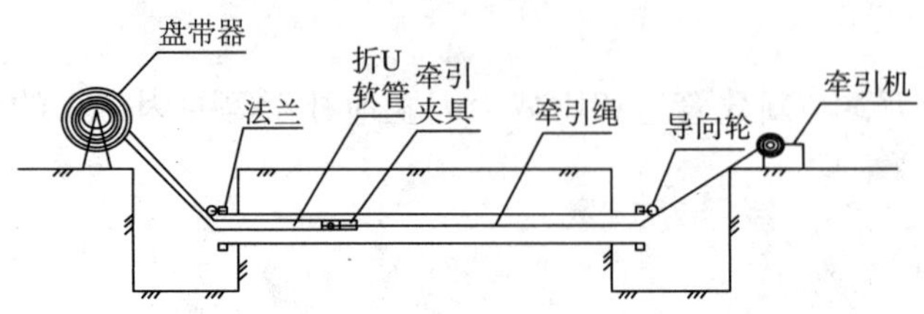

图 4–2 内衬平拖修复技术工艺原理示意图

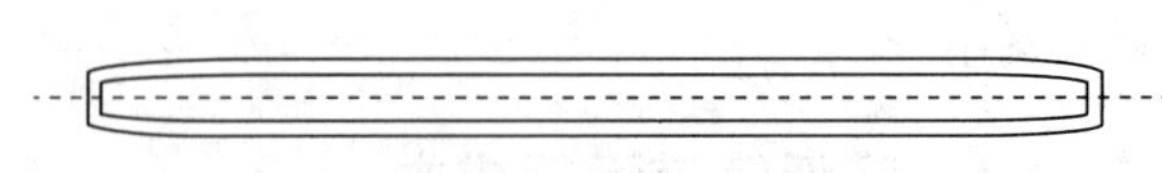

图 4–3 软管（可压平式）折 U 前示意图

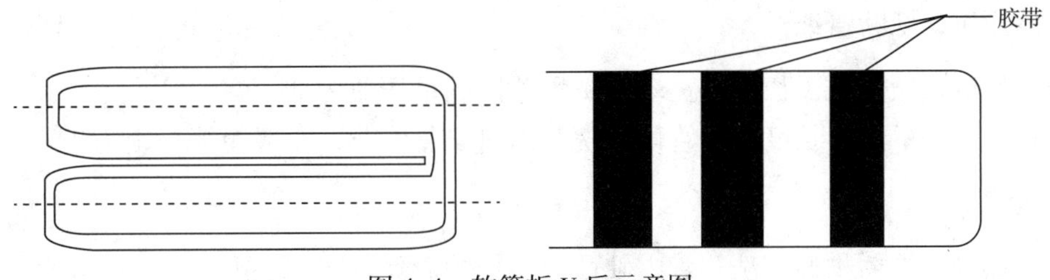

图 4-4 软管折 U 后示意图

5 工艺流程及操作要点

5.1 工艺流程

工艺总流程如图 5-1 所示。

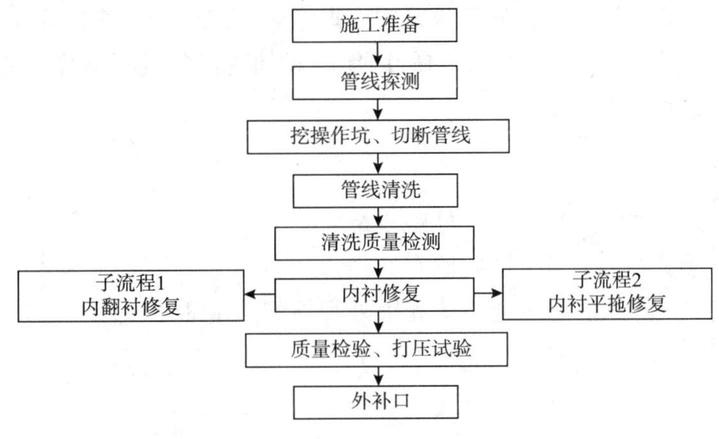

图 5-1 工艺总流程图

5.1.1 子流程 1

内翻衬修复工艺流程图（图 5-2）。

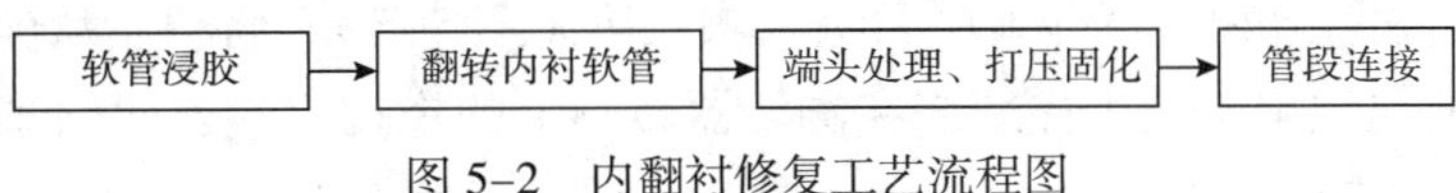

图 5-2 内翻衬修复工艺流程图

5.1.2 子流程 2

内衬平拖修复工艺流程图（图 5-3）。

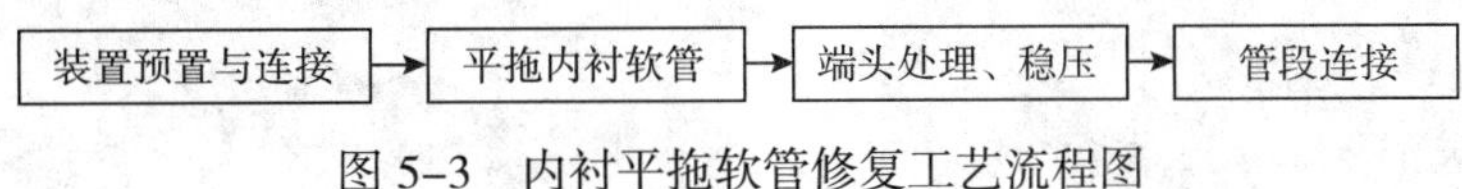

图 5-3 内衬平拖软管修复工艺流程图

5.2 操作要点

5.2.1 施工准备

施工前核实管道信息包括规格、壁厚、输送介质、防腐保温结构、敷设年代、维修记录等，确定修复管道长度和起、止点位置，编写施工组织设计。

5.2.2 管线探测

使用管线探测仪找到被测管道敷设的位置，并在转弯处做好标识。

5.2.3 挖操作坑、切断管线

（1）开挖操作坑，操作坑（长 × 宽 × 深）尺寸以满足作业为准。

（2）切断管线，切下短管长度便于管段清洗和内衬修复作业，一般短管长度为 1~1.5m。

5.2.4 管线清洗

管线清洗包括管内结垢物的清洗和管内硬性障碍物的清除。

1. 管内结垢物的清洗

在管段两头分别安装清洗发射装置和清洗接收装置，根据被修复管段规格选择叠片清洗器直径，水压为介质，清除管内污垢。

2. 管内硬性障碍物清除

（1）焊接过瘤和穿孔栽钉采取火焊开孔方式处理，割掉突出部分。

（2）变径和过桥，切掉变径管段和过桥，更换与被修管段相同规格的新管段。

（3）断面变形，采用更换管段方式处理或采用火焊烘烤、修整的方法排除。

使用聚氨酯清管器以压缩空气为动力，对管内垢膜和油膜反复进行清除，并排除管内污水，至清管器内无水，表面无明显油污为止。

5.2.5 清洗质量检测

清洗质量检测包括通过性检测和内表面外观质量检测。

（1）利用测径清管器检测管道是否恢复原有通径。

（2）管道内窥仪从两头进入管道内通过荧光屏外观检测清洗质量（图 5–4）

5.2.6 内衬修复

1. 内翻衬修复

1）软管浸胶

（1）浸胶前准备。用风送法在被修复管段内穿插牵引绳索。根据预计固化时间进行树脂配比，并用专用机具灌入软管内。

（2）将灌有树脂的软管经由现场作业平台进入碾胶机（图 5–5），将树脂从前往后碾压使树脂浸透整根软管，将软管内的编织扁带和事先缠绕在翻转器转轴上的拖拉扁带连同软管三者连接在一起，从上方紧紧缠绕在翻转器的转轴上。

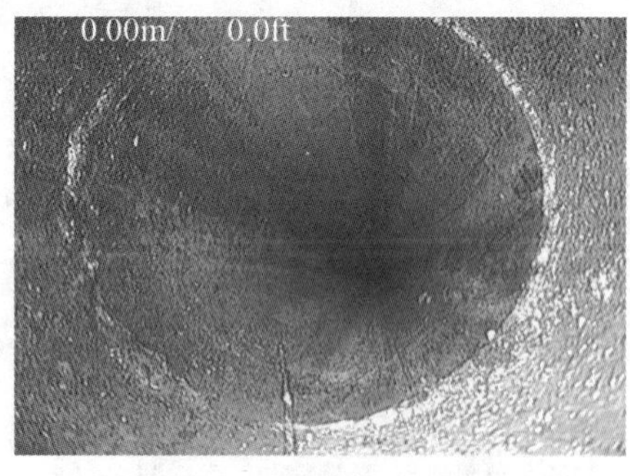

图 5–4 管道内窥仪检测

图 5–5 软管浸胶

2）翻转内衬软管

（1）将软管内的牵引扁带和被修管段内牵引绳索连接在一起。

（2）将软管端头外翻并锁定在翻转器的软管出口上。

（3）启动空气压缩机往翻转器内供压缩空气，打开润滑油路上的阀门向翻转器内供润滑油。

（4）人工将翻出的软管通过翻衬入口送入被修复管段内（图 5–6），并拉紧被修管段内的牵引绳索。

（5）调整进气量，使压力稳定在 0.3～0.35MPa。翻衬速度稳定在 25～35m/min。

（6）翻衬阻力较大，翻衬困难时，允许压力提升至 0.5MPa。

（7）翻衬工作接近尾声时，取消对牵引绳的拉力。

3）端头处理、打压固化

在被修复管段两端分别留出 35～40mm 软管，其余部分剪掉，并将留下的软管沿轴线六等分剪成外翻粘贴在管段外壁上，用锁定环固定。被修管段两端密封，打压 0.3～0.4MPa，稳压 24h 固化（图 5–7）。

图 5–6　翻转内衬软管

图 5–7　打压固化

4）管段连接

先将已备管段连接时使用的短管 4 落入在两管段被修复段之间（图 5–8），由两头各 2 根托杆定位，保证短管和管段同轴线。再将浸满树脂的无纺毡条缠绕在短管和管段接缝处成为填满端头缝隙的玻璃钢密封圈，使单面覆膜软管衬里层连续完整，无钢铁裸露。然后将套管移至两隔热圈之间（螺丝孔朝上）搭在两隔热圈上，用小电流进行角缝焊接，最后通过螺丝孔往环形空间灌注已混合好的树脂，拧入丝堵并使树脂沿螺纹缝隙溢出（图 5–9）。

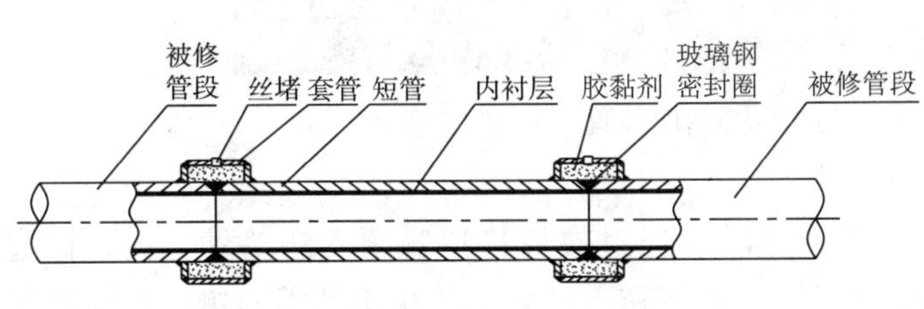

图 5–8　管段组装平面示意图

图 5–9　管段连接

2. 内衬平拖修复

1）装置预置与连接

（1）在管段首端预置穿线器，将穿线器穿插入待修管道内。

（2）牵引绳与穿线器连接，反向旋转穿线器轮盘，将牵引绳预置在管段内。

（3）在管段末端预置牵引机，使用牵引绳将牵引机的钢丝绳拖入待修管段内。

（4）在管段两端焊接法兰，并在法兰上安装可拆卸式导向轮（图 5–10）。

（5）将内衬管使用胶带进行折 U 处理，胶带缠绕距离为 10～20cm，然后将内衬软管整齐的缠绕在盘带器上，并在软管一端安装牵引头（图 5–11）与牵引机的钢丝绳相连，将盘带器预置在距管口 2m 左右的位置。

图 5-10 可拆卸式导向轮

图 5-11 预置双面覆膜软管、安装牵引头

2）平拖内衬软管

操作手启动牵引机进行平拖（图 5-12），待软管从管口平拖出 2m 距离时，关闭牵引机。

图 5-12 内衬复合软管

3）端头处理、稳压

拆卸导向轮，剪断内衬管首、末两端，使软管与管口余留距离为 1m。在内衬软管一端安装进气装置（图 5-13），另一端安装封闭装置，空气压缩机打压至 0.4MPa，稳压 10min。

图 5-13 法兰外套与进气与封闭装置

4）管段连接

管段连接方式采用全通径顶入式管道接头（图 5-14）。通过拉杆将顶管顶入法兰外套内，撑起胀管，胀管向外变形扩张衬管，将衬管壁紧扣在顶管与法兰外套内壁之间，接头两端与钢管使用法兰连接。

图 5-14 顶入式内衬软管接头

5.2.7 质量检验、打压试验

使用管道内窥仪从管道两头进入管内，检查衬里层有无气鼓、塌陷和破损等缺陷。按设计要求对

管道进行水压试验，压力无变化为合格。

5.2.8 外补口

钢管外防腐层、保温层和外保护层均按设计要求用同种材料、同种结构，一个整体的原则进行补口。

5.3 劳动力组织（表5-1）

表5-1 劳动力组织明细表

序号	岗 位	人数/人	说 明
1	现场指挥	1	组织协调，指挥施工
2	技术负责	1	分析处理问题，收集资料
3	安全	1	现场安全
4	操作	4	内翻衬、牵引、处理管段接头、管段清洗
5	辅助	1	土方、拉绳、处理障碍
6	火焊	1	处理故障
7	电焊	1	处理故障、管道连接
8	司机	2	拉运物资、接送人员、管段清洗

6 材料与设备

6.1 主要设备表（表6-1）

表6-1 埋地管道不开外内衬修复设备表

序号	名 称	型 号	用 途	数 量
1	万能精密管线定位仪	RD8KPDL—A	探测管线走向	1
2	管道内窥仪	VIVX	检测清洗、内衬质量	1
3	空气压缩机	$9m^3/min$；0.7MPa	管线清洗	1
4	空气压缩机	$0.9\sim1.25m^3/min$	翻衬软管	1
5	清污泵	WQ65-15-65	排水	1
6	软管翻转器	FZH.00	翻衬软管	1
7	胶黏剂搅拌机	JBJ.00	胶液混合搅拌	1
8	软管浸胶机	NYJ.00	软管浸胶	1
9	盘带机	CDJ.00	软管和扁带缠绕	1
10	手动切管机	BOSCH	切断管线	1
11	电焊机	ZX7-400	焊接	1
12	发电机	YC2115ZD	现场用电	1
13	火焊机		处理障碍物	1
14	工程车	庆铃	拉运物资	
15	清洗头	叠片清洗器	管线清洗	
16	灌胶漏斗	自制	软管内灌胶	1
17	穿线器		预置牵引绳	1
18	牵引机		拖拉软管	1

6.2 主要材料表（表 6-2）

表 6-2 埋地管道不开挖内衬修复材料表

序号	名 称	型 号	用 途	数 量
1	润滑剂	机油、洗涤剂	润滑	
2	防油渗布		回收污水、污油	
3	管组	自制	管段连接	
4	无纺毡条		管段连接	
5	顶入式接头	自制	管段连接	
6	海绵软泡清管器	聚氨酯泡沫	管内干燥	
7	隔热圈	自制	管段连接	
8	导向轮	自制	牵引软管	
9	封堵器	自制	打压	
10	软管	单面覆膜，承压范围 2MPa	内翻衬	
11	软管	双面覆膜，承压范围 4MPa	内衬平拖	

7 质量控制

7.1 质量控制标准

（1）GB 50235—2010 《工业金属管道工程施工及验收规范》。

（2）SY/T 5918—2017 《埋地钢质管道外防腐层修复技术规范》。

（3）Q/SY DQ2009—59 《油田集输系统在役钢质旧管道内翻衬玻璃钢修复技术规范》。

（4）Q/0900TTY 001—2010 《乙烯基酯树脂》。

7.2 关键质量控制（表 7-1）

表 7-1 关键质量控制表

序号	检查项目 / 阶段	检验方法	检验指标	检验时间 / 频次
1	树脂固化	监测样品	根据配比在预计时间内固化	到达预计固化时间后 /1 次
2	内衬修复质量（外观）	管道内窥仪检测	衬里层有无气鼓、塌陷和破损等缺陷	内衬修复后 /1 次
3	内衬修复质量	水压试验	水压试验无泄漏	内衬修复后，稳压 24h/1 次
4	接头封闭性	水压试验	无泄漏	管段连接后 /1 次
5	外防腐层修复质量	电火花检测	检测无漏点	外防腐层修复后 /1 次
6	清洗质量	测径清管器	管道恢复原有通径	管线清理后 /1 次
7	清洗质量	管道内窥仪	管道内壁表面无明显油污、障碍物等	管线清理后 /1 次

7.3 质量保证措施

（1）利用测径清管器检测管段内径，确保管道畅通。

（2）清除管内水分和 80% 管道内表面上的油膜。

（3）清洗质量达到规定要求，管内无残留硬性障碍物或尖锐物体。

（4）内翻衬修复过程中，被修复管段要在 0.3MPa 压力下稳压 24h，确保衬里层与钢管具有良好的粘接强度。

（5）内衬平拖修复过程中牵引速度应控制在 30～35m/min。

8 安全措施

8.1 安全标准

（1）GB 50484—2008 《石油化工建设工程施工安全技术规范》。

（2）GB 50194—2014 《建筑工程施工现场供用电安全规范》。

（3）JGJ 180—2019 《建筑施工土石方工程安全技术规范》。

8.2 安全措施

（1）凡参加施工人员执行本工种的安全操作规程。

（2）参加施工人员必须遵循开挖作业安全规程。

（3）参加施工人员必须遵循施工现场用电安全管理。

（4）参加施工人员必须遵循现场牵引机安全操作规程。

（5）坚持安排施工的同时讲安全生产，现场施工人员应按规定穿戴劳保用品。

（6）定期对施工设备进行检查，发现隐患，应立即采取措施。

（7）施工现场按符合防火、防风、防雷、防触电等安全规定及安全施工要求进行布置，并完善各种安全标识。

（8）建立完善的施工安全保证体系，加强施工作业中的安全检查，确保施工标准化和规范化。

9 环保措施

9.1 环保标准

（1）JGJ 146—2013 《建筑工程施工现场环境与卫生标准》。

（2）GB 12523—2011 《建筑施工场界环境噪音排放标准》。

9.2 环保措施

（1）对管道进行清洗时，在管道接收端设置污物回收装置，将回收的污物交给采油矿回收队或输送到指定的地点进行处理。

（2）现场软管浸胶时在地面铺设彩条布，在彩条布上操作以保护地面不受胶的污染。

（3）施工中开挖的操作坑在工程结束时要及时回填，恢复原有地貌。

（4）成立施工环境卫生管理机构，在工程施工过程中严格遵守国家和地方政府下发的有关环境保护的法律、法规和规章，加强对工程材料、设备、废水、生产生活垃圾、弃渣的控制和管理，遵守有关防火和废弃物处理的规章制度。

10 效益分析

10.1 经济效益

2017 年至 2019 年，大庆油田建设集团有限责任公司应用本工法创造产值 376 万元，获得利润

56.4 万元。

内衬修复后，可延长使用管道寿命，与更换管段相比，每公里可节约因征地补偿带来的附加费用约 20 万元。

管线经过修复，一是恢复原有通径达到设计输液量，降低使用成本；二是衬里层与原管道形成新的结构，增加防腐保温功能。

10.2 社会效益

埋地管道不开挖内衬修复技术必将以独特的技术优势，在大庆乃至全国各油田推广应用，为社会提供可观的就业岗位，成为社会提倡的、企业广泛参与的高新技术产业和环境友好的一项关键技术。不仅可以降低原油生产成本，保护生态环境，打造百年油田，塑造节约型企业和环保型企业，而且能够规范管道内衬修复的施工工艺，提高施工技术水平，还能够满足市场开发的需要，提升公司产业竞争能力。

11 应用实例（表 11-1）

表 11-1 应用实例表

时 间	单 位	管线名称	管径 /mm	类 型	修复长度 /m
2008 年	大庆油田第九采油厂龙虎泡油田	站外集油系统	$\phi89\times4.5$	集油管线	1100
2017 年	大庆油田第一采油厂第四油矿中八队	41- 斜 26	$\phi76\times4.5$ $\phi60\times3.5$	集油、掺水管线	190
2017 年	大庆油田第一采油厂第四油矿中八队	东 42- 斜 26	$\phi76\times4.5$ $\phi60\times3.5$	集油、掺水管线	190
2017 年	大庆油田第一采油厂第四油矿中八队	42- 斜 24	$\phi76\times4.5$ $\phi60\times3.5$	集油、掺水管线	190
2017 年	大庆油田第一采油厂第四油矿中八队	51- 斜 23	$\phi76\times4.5$ $\phi60\times3.5$	集油、掺水管线	190
2017 年	大庆油田第一采油厂第六油矿	5-115	$\phi89\times4.5$	集油管线	198
2017 年	大庆油田第一采油厂第六油矿	5-16	$\phi60\times3.5$ $\phi60\times3.5$	集油、掺水管线	510
2017 年	大庆油田第一采油厂第六油矿 610 队	351-16	$\phi60\times3.5$	集油管线	134
2018 年	大庆油田第一采油厂第六油矿	高 133-392	$\phi76\times4.5$	含油污水管线	345
2018 年	哈萨克斯坦 PKOP 炼油厂	3000 单元污水处理厂	$DN200$	含油污水	185
2018 年	哈萨克斯坦 PKOP 炼油厂	3000 单元污水处理厂	$DN250$	含油污水	210
2018 年	哈萨克斯坦 PKOP 炼油厂	3000 单元污水处理厂	$DN300$	含油污水	85
2018 年	哈萨克斯坦 PKOP 炼油厂	3000 单元污水处理厂	$DN400$	含油污水	122
2018 年	哈萨克斯坦 PKOP 炼油厂	3000 单元污水处理厂	$DN600$	含油污水	75
2018 年	大庆油田第一采油厂第六油矿	高 228-345	$\phi60\times3.5$	含油污水管线	38
2018 年	大庆油田第一采油厂第六油矿	高 123-402	$\phi60\times3.5$	含油污水管线	215
2019 年	大庆油田第一采油厂第四油矿中九队	408 转油站至 3# 计量间	$\phi89\times4.5$	掺水、热洗管线	2040

低温环境大口径长输管道环焊缝全自动超声波检测工法

大庆油田建设集团有限责任公司

陈　剑　蒋雪松　单忠斌　李国庆　李洪志

1　前言

全位置自动焊接技术已成为大口径长输管道工程建设中的主要焊接方法，全自动超声波检测技术（AUT）是其首选检测技术，能大幅度提高管道焊缝的检测质量和工效，在多项长输管道工程检测中得到了推广应用。但是原 AUT 检测施工工艺技术主要适用于常温工况，在零度以下的低温工况下有其不适用性，主要体现在以下几方面：

（1）低温环境中，AUT 系统的启机速度、运行稳定性均会有所下降。

（2）受低温影响，AUT 检测灵敏度偏低，且在管道周向各位置的检测灵敏度偏差较大，影响检测质量。

（3）超声波声速在低温环境中变化较大，影响对检测声速、检测角度等主要工艺参数的设置。

（4）原工艺采用普通润滑脂和水作为耦合剂，在低温下冻结凝固，影响检测耦合质量。

（5）低温环境的工作场所湿滑，大口径管道表面存在冰霜，需要采取相应的安全防护措施。

（6）原工艺主要依据 A 扫描图谱评定焊缝缺欠，存在误差。由于 2016—2018 年相继开工建设的中俄原油管道二线工程、陕京四线输气管道工程、中俄东线天然气管道试验段工程，冬季检测施工的最低温度达到 -35℃，已不适合采用原检测工艺，因此需要研究适合低温环境下应用的 AUT 检测施工工艺技术。

本着保证冬季 AUT 检测施工质量和进度的原则，通过技术创新和工程实践研究，大庆油田建设集团有限责任公司开发出了适合低温工况下应用的大口径长输管道环焊缝 AUT 检测施工工艺技术，并已应用在国家重点工程中俄原油管道二线、陕京四线输气管道、中俄东线天然气管道试验段等项目的冬季检测施工中，检测管道超过 200km，焊缝 18000 多道口，保证了工程 AUT 检测质量和施工进度，拓宽了 AUT 技术的工程检测应用范围。经过整理、总结和归纳，形成了本工法。

该工艺技术在研究应用过程中取得多项科研和技术创新成果，发表多篇论文，先后荣获“大庆油田重大技术革新成果二等奖”“大庆油田有限责任公司企业级工法”“大庆油田有限责任公司油田地面技术研讨会优秀论文一等奖”等奖项。

2　工法特点

本检测工法具有以下特点：

（1）研发的低温环境检测灵敏度周向校准工艺技术，实现了 AUT 系统在管道周向检测灵敏度的一致性，提高了低温工况下 AUT 检测灵敏度。

（2）研发的超声波声速多角度测量拟合技术，提高了低温工况下 AUT 检测工艺参数的准确性。

（3）采用低温环境系统耦合技术，提高了耦合质量，通过回收装置对防冻液进行循环利用，降低了检测成本。

（4）采用低温环境热启机工艺技术，提高了低温工况下 AUT 系统的运行效率和稳定性。

（5）优化改进了 AUT 扫查器和轨道安装工艺技术，保证了冬季大口径管道 AUT 检测施工安全性和检测工效。

（6）开发应用的 AUT 多通道综合评价技术，提高了 AUT 检测评定质量和效率。

3 适用范围

本工法适合施工环境温度在 0~-35℃的低温情况下，采用多通道、声聚焦、分区扫查的相控阵全自动超声波检测系统对壁厚为 6~50mm、公称直径 ϕ813mm~1422mm 的大口径管道环向对接接头的全自动超声波检测施工。

4 工艺原理

本工法工艺原理如下：

在低温工况下，首先采用超声波声速多角度测量拟合技术测定钢管中的超声波横波声速。然后通过热启机工艺技术快速启动设备。先根据相控阵超声波多通道、声聚焦、分区扫查原理进行检测工艺参数设置。再通过检测灵敏度周向校准技术分别校正 AUT 系统在管道焊缝 3 点、6 点、9 点、12 点位的全周向检测灵敏度。然后根据检测参考线安装 AUT 扫查器的行走轨道，轨道接头位于 3 点位置，在 12 点位安装 AUT 扫查器。采用防冻液进行管道表面的检测耦合。启动 AUT 扫查器进行管道焊缝检测生成 AUT 扫查图，采用多通道综合评价技术根据 A 扫描、B 扫描和 TOFD 扫描图谱分析评定焊缝质量。

5 施工工艺流程和操作要点

5.1 工艺流程

本工法主要工艺流程（图 5–1）。

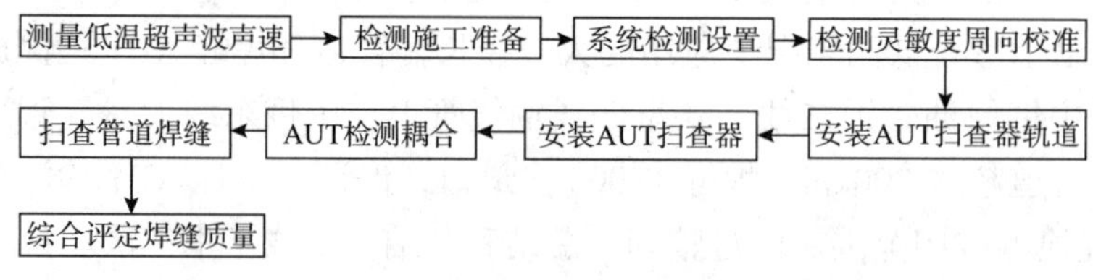

图 5–1 低温环境大口径长输管道环焊缝全自动超声波检测工艺流程图

5.2 操作要点

5.2.1 测量低温超声波声速

检测施工前，采用钢管材料设计和加工制作超声波声速测定试块，选择一个 AUT 检测系统的脉冲发射 / 接收通道，连接 5MHz 横波声速探头，根据脉冲反射原理应用横波声速探头和超声波声速测定试块测量计算钢管中 0°、70° 和 90° 等角度的低温超声波声速值（图 5–2~ 图 5–4），拟合成低温超声波声速曲线（图 5–5），根据测量拟合曲线确定低温环境下的超声波声速值。

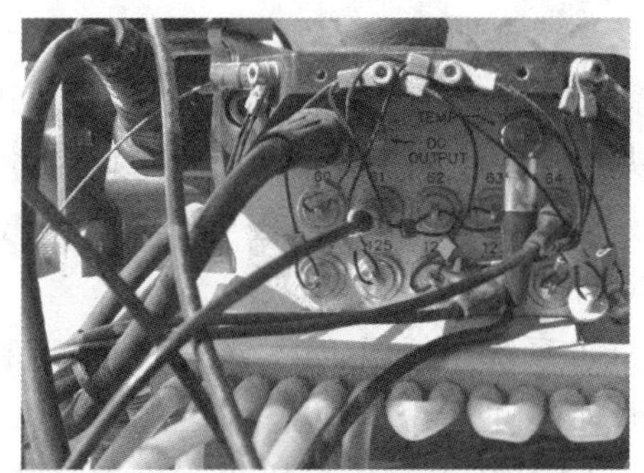
图 5-2 声速测量通道连接图

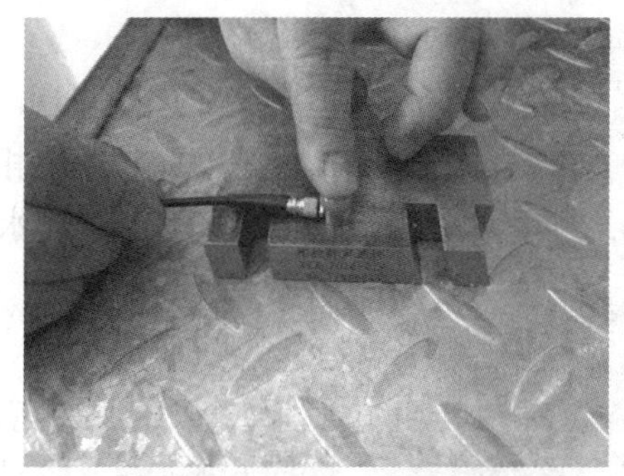
图 5-3 超声波声速测量

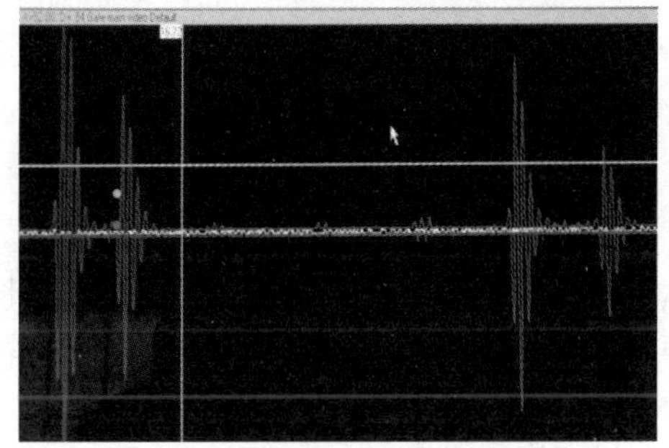
图 5-4 超声波测量波形图

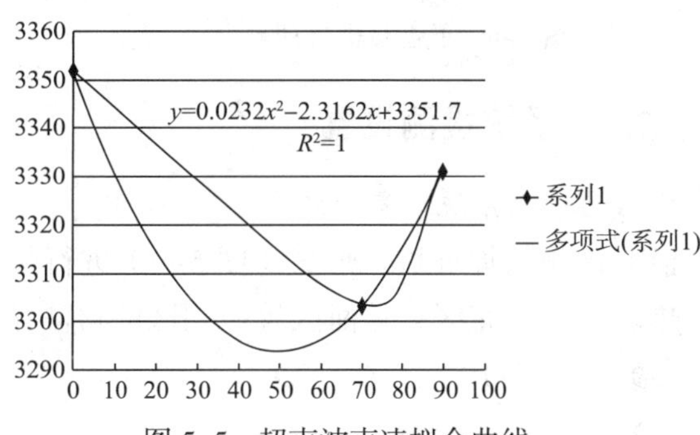

图 5-5 超声波声速拟合曲线

5.2.2 检测施工准备

1. 画焊缝检测参考线

在焊接之前，检测人员在坡口两侧管端表面采用专用工具画一条平行于管端的检测参考线（图 5-6），参考线与坡口中心线的距离应≥40mm，工程上一般采用100mm，参考线位置误差应为 ±0.5mm。

2. 管道表面处理

（1）扫查器探头移动区的宽度应按检测设备、坡口形式及被检焊接接头的厚度等确定，探头移动区的范围宜为焊缝两侧各≥150mm。

（2）扫查器探头移动区内的内外制管焊接接头应采用机械方法打磨至与母材齐平，打磨后余高应为 0~0.5mm，且应与母材圆滑过渡。

（3）检测前应清理扫查器探头移动区的防腐涂层、飞溅、锈蚀、油垢、冰雪及其他外部杂质。

3. 画焊缝参检测标识

每道焊缝应有检测标识，在平焊位置画检测起始标记和扫查方向标记（图 5-7）。起始标记宜用“0”表示，扫查方向标记宜用箭头表示，并且沿介质流动方向顺时针画定，所有标记应对扫查结果无影响。

图 5-6 画焊缝检测参考线

图 5-7 画焊缝检测标识

4. 低温工况下 AUT 检测施工

现场采用功率为 6kW 以上的发电机供电，配备功率为 2kW 左右的暖风机对 AUT 设备进行热机，在相控阵探头和楔块之间涂抹复合锂基润滑脂，水箱中加注水性防冻液作为检测耦合剂。

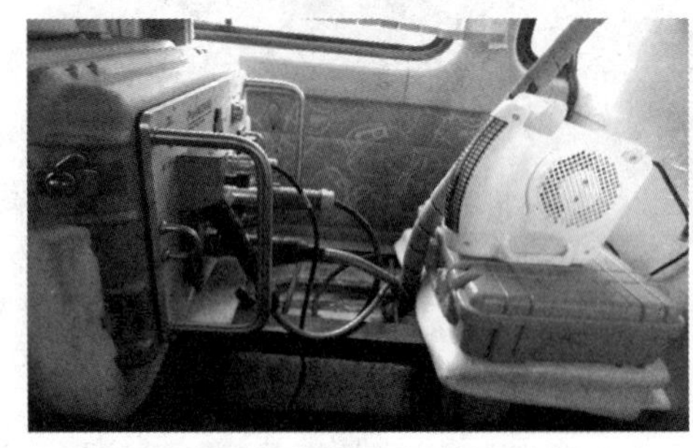
图 5-8 低温热机启动

5. 启动 AUT 系统

为保证 AUT 系统在低温工况下的运行效率和稳定性，先启动暖风机对 AUT 系统的数据采集单元（DAU）和马达驱动控制单元（MCDU）和工控机等主机部分热机 3 ~ 5min（图 5-8），然后再启动 AUT 检测系统。

5.2.3 系统检测设置

1. 启动检测系统设置模式

根据检测的焊缝坡口形式（图 5-9）进行焊缝定义，设置探头和楔块参数，再设置根部区、钝边区、热焊区、填充区、盖面区等检测区的检测角度、声速值、检测门长、晶片号、检测晶片数等检测工艺参数（图 5-10）。

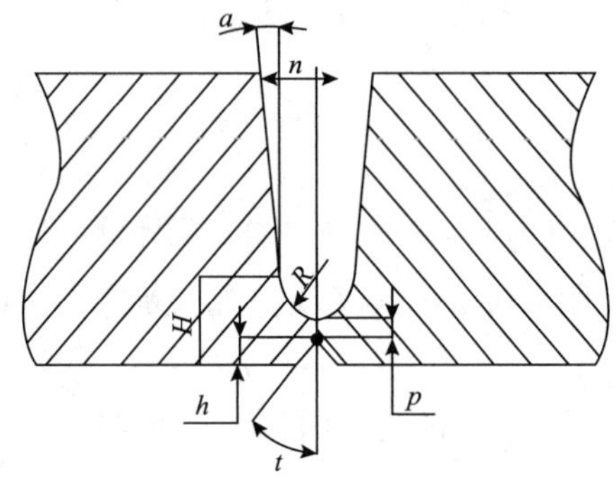

图 5-9 全自动焊缝坡口图

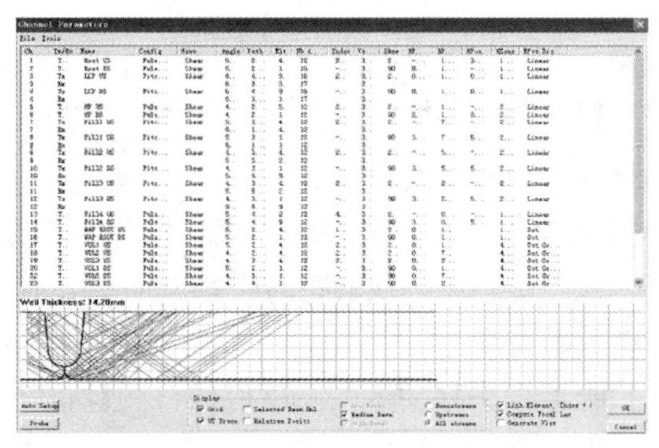
图 5-10 系统通道检测参数设置

2. 基准灵敏度的设置

低温工况下，在 AUT 对比试块上设置 A 扫描、B 扫描和 TOFD 扫描通道的基准灵敏度（图 5-11）。

（1）将 A 扫描、B 扫描每个通道的参考反射体峰值信号调整到满屏高度的 80%（图 5-12）。

（2）将 TOFD 通道的直通波调整到满屏高的 40%~90%。

图 5-11 检测基准灵敏度设置

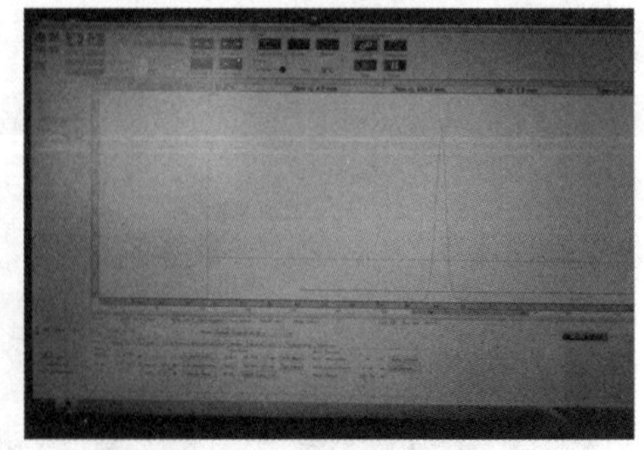
图 5-12 系统通道设置

3. 通道闸门及扫查灵敏度的设置

（1）熔合区闸门应采用熔合区的反射体设置，闸门的起点应在坡口熔合线前至少 5mm，闸门终点应超过焊接接头中心线至少 2mm。

（2）当管子壁厚≥12mm 时，体积通道的灵敏度应在填充区（包括盖面区和热焊区）的焊缝中心线上设置附加反射体调节，并应设置闸门。闸门的起点应在探头侧坡口熔合线前至少 1mm，闸门终点至少应覆盖探头对面坡口熔合线。扫查灵敏度应在附加反射体基准灵敏度的基础上提高 8~14dB，但不得影响准确评定。

（3）根焊区闸门设置应用根焊区反射体，闸门的起点应在坡口前至少 5mm，闸门终点应覆盖根焊区。扫查灵敏度应在直径为 1.5~2mm 平底孔回波信号 80% 满屏高的基础上提高 4~14dB，但不得影响准确评定。

（4）TOFD 闸门应在对比试块上完好部位设置。闸门的起点应设在直通波前，闸门的终点应滞后底面反射波，闸门的长度应大于被检工件的壁厚。

4. 动态调试

（1）系统参数选定后，在对比试块上进行总体扫查时应使用与现场检测相同的扫查速度。

（2）每个反射体的峰值信号应达到满屏高的 80%。TOFD 的直通波幅度应为满屏高的 40%~90%。扫查过程中 AUT 对比试块上主反射体的波幅达到满屏高度 80% 时，其两侧临近反射体的显示波幅比主反射体显示波幅低 6~14dB。

（3）在 AUT 对比试块上进行总体扫查，耦合监视通道应保证在耦合状态良好时，扫查记录上不应有耦合不良显示，否则应重新调试。

（4）记录反射体间的编码位置相对于实际圆周位置的误差应为 ±2mm。

5.2.4 检测灵敏度周向校准

低温工况下的 AUT 系统检测灵敏度偏低，且在管道周向各位置的检测灵敏度有偏差，进行检测灵敏度的全周向校准。

（1）校验前应采用对比试块对 AUT 系统进行设置和基准扫查，并记录所有 A 扫描通道参考反射体的回波幅度值。

（2）将 AUT 对比试块中心分别放置在 12 点、3 点、6 点和 9 点等点位，进行管道焊缝的周向校准设置（图 5-13）。

（3）将各点位扫查结果中所有 A 扫描通道的回波幅度值与基准扫查的结果进行比较，所有 A 扫描通道的波幅变化应≤ ±2dB。

（4）在每班检测前、检测工作结束后和检测过程中每个 1h 或扫查完 5 道焊缝，应利用对比试块对系统检测灵敏度进行校准（图 5-14），A 扫描通道的每个主反射体的波幅应为满屏高度的 70%~99%，其两侧临近反射体的波幅应比主反射体波幅低 6~14dB；体积通道应以峰值信号达到满屏高的 100% 为合格；TOFD 通道的直通波波幅达到满屏高的 40%~90%。

图 5-13 检测灵敏度周向校准

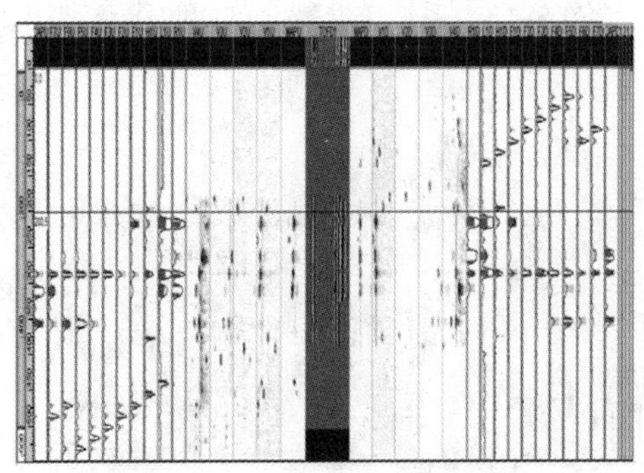

图 5-14 系统检测灵敏度校准图

5.2.5 安装 AUT 扫查器轨道

检测人员应根据检测参考线在管道表面焊缝旁安装扫查器轨道，轨道位置距离焊缝中心 200mm，轨道接头安装在管道焊缝的 3 点位置，这样有利于扫查器顺利通过轨道接头位置，减少扫查数据丢失，提高扫查质量，轨道安装位置误差应控制在 ±1mm。对于大口径管道的低温工况下 AUT 检测施工，为保证检测施工安全，检测人员需要在管道两侧架设梯子来辅助完成扫查器轨道的安装测量作业（图 5–15、图 5–16）。

图 5–15 测量扫查器轨道距离

图 5–16 安装固定扫查器轨道

5.2.6 安装 AUT 扫查器

对于大口径管道的低温工况下 AUT 检测施工，由于管道表面有冰、雪、霜等物质，为保证检测施工安全，检测人员需要在管道两侧架设梯子来辅助完成 AUT 扫查器的安装工作，检测人员应将扫查器安装在轨道正上方的 12 点位置（图 5–17）。

图 5–17 安装 AUT 扫查器

5.2.7 AUT 检测耦合

（1）冬季低温工况下的 AUT 检测施工，宜采用水性防冻液作为耦合剂进行管道表面检测耦合。

（2）通过水泵和回收槽进行防冻液的回收循环利用（图 5–18、图 5–19），降低施工成本。

图 5–18 系统校准耦合剂回收循环利用

图 5–19 焊缝检测耦合剂回收循环利用

（3）低温工况下，打开系统水泵给耦合剂后，管道表面耦合宜采用系统自动耦合和人工涂刷相结合的方法，水泵管道两侧的检测人员用刷子将水性防冻液均匀涂刷在管道表面，对管道表面的超声波探头移动区进行充分耦合（图 5–20）。

图 5–20 AUT 检测管道表面耦合

5.2.8 扫查管道焊缝

为保证冬季低温工况下的焊缝扫查质量，焊缝扫查器上安装耐低温编码器，扫查速度设置为 40~60mm/s，管道表面充分耦合后启动 AUT 系统对焊缝进行扫查（图 5-21），扫查过程中检测人员应扶好 AUT 扫查器防止扫查器脱离轨道和打滑，以保证焊缝的 AUT 检测质量。

5.2.9 综合评定焊缝质量

在 AUT 检测系统的数据分析模式下，根据焊缝 AUT 扫查图的 A 扫描、B 扫描、TOFD 扫描等多通道扫查图谱（图 5-22），综合分析评定焊缝质量。

图 5-21 AUT 扫查管道焊缝

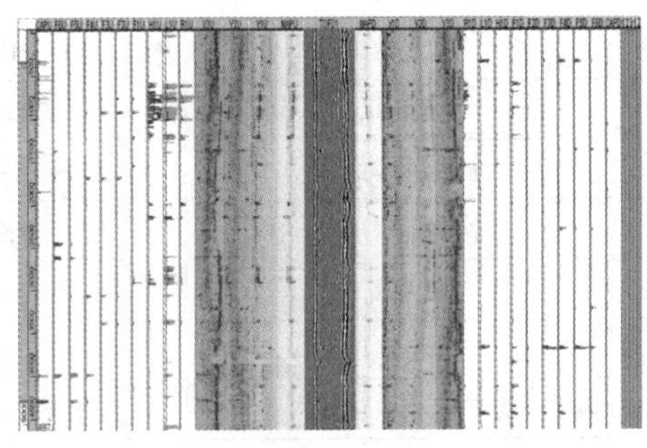

图 5-22 管道焊缝 AUT 扫查图

5.3 劳动力组织（表 5-1）

表 5-1 全自动超声波检测施工机组人员配置

序号	工种	人员数量 / 人	备注
1	机组长 / 技术员	1	全面负责现场管理
2	HSE 监督员	1	施工现场 HSE 管理
3	资料员	1	检测记录、报告管理
4	AUT 检测员	3	AUT 检测施工
5	司机	1	工程车辆驾驶
合计		7	

6 材料和设备

6.1 主要材料（表 6-1）

表 6-1 主要材料清单

序号	名称	规格型号	单位	数量
1	AUT 对比试块	复合 U、CRC	块	3
2	扫查器轨道	ϕ1422mm、ϕ1219mm、ϕ813mm	条	6
3	防冻液	-45℃	L/km	20
4	润滑脂	复合锂基	kg	5
5	编码器	耐低温	个	2
6	驱动电机	ACUX901	个	2
7	相控阵探头	7.5L60-60X10-PWZ1-P-0.6- HYCE	个	2
8	TOFD 探头	C544-SL	个	2
9	楔块	ABWX122A	个	2
10	温度传感器总成	ACUX230C	个	2

6.2 主要设备机具（表 6-2）

表 6-2 主要设备、机具

序 号	设备名称	型 号	单 位	数 量	备 注
1	全自动超声波检测系统	PWZPA V4	套	1	管道环焊缝检测
2	横波声速探头	V156-RM（5MHz）	个	1	测量钢管超声波声速
3	发电机	EF6600	台	1	设备供电
4	划线器	IT-HX01A	个	2	画焊缝参考线
5	直角钢尺	300mm	个	6	测量扫查器轨道距离
6	轨道安装工具	尾部内六方	把	3	安装扫查器轨道
7	检测工程车	庆铃	辆	1	检测施工
8	暖风机	2000W	台	1	对 AUT 系统热机
9	梯子	1.8m	个	2	安装扫查器、安全防护
10	防冻液回收装置	2m × 2m	个	1	对防冻液进行回收循环利用

7 质量控制

7.1 质量控制标准

（1）GB/T 50818—2013 《石油天然气管道工程全自动超声波检测技术规范》。

（2）CDP-G-OGP-88-2016-1 《油气管道环焊缝全自动超声检测技术规定》。

7.2 质量保证措施

1. 检测前工作

检测前要依据 AUT 检测工艺方案进行技术交底工作，使检测施工人员明确检测工艺和技术标准，并建立技术交底记录。

2. 检测施工人员的要求

检测施工人员在施工准备期间进行专业培训，经考试合格，取得资格证书，在证书有效期内从事检测工作。

3. 仪器设备的质量控制

（1）计量器具需经过计量检定合格且在有效期内使用。

（2）全自动超声波检测设备的线性校准周期不应超过一年，在设备的线性发生改变时应重新校准。垂直线性误差应小于或等于满屏高的 5%，水平线性误差应小于或等于满刻度的 1%。

4. 对比试块设计及制作的质量控制

（1）对比试块材料应与被检测管道材料相同，也可采用与被检管道规格相同、声学性能相似的材料制成。对比试块材料在用直探头以 ϕ2mm 平底孔灵敏度检测时，不得出现 >ϕ2mm 平底孔 1/4 回波幅度的缺欠信号。

（2）对比试块的设计和制作应根据被检测焊缝的坡口参数等要求进行，并应符合对比试块产品技术条件。

（3）人工反射体允许误差应符合下列规定：

①孔直径：± 0.1mm；

②槽长度：±0.1mm；

③槽深度：±0.2mm；

④角度：±1°；

⑤反射体中心位置：±0.1mm。

（4）对比试块应经取得国家相应计量资质单位的检定合格，并应经调试合格后方可使用。

（5）校准试块放在作业现场，在不进行检测作业时要采取措施防止校准试块上霜雪引起耦合不良的问题。

5. 调节仪器和检测时应采用同一种耦合剂

6. 检测过程质量控制

（1）检测施工前测量钢管中的超声波声速值，保证检测设置参数的准确性。

（2）每个反射体的峰值信号应达到满屏高的80%。TOFD的直通波幅度应为满屏高的40%~90%。扫查过程中对比试块上主反射体的波幅达到满屏高度80%时，其两侧临近反射体的显示波幅比主反射体显示波幅低6~14dB。

（3）在焊接之前检测人员在坡口两侧管端表面采用专用工具画一条平行于管端的参考线，参考线与坡口中心线的距离应≥40mm，工程上一般采用100mm，参考线位置误差应为±0.5mm。

（4）扫查器轨道应根据焊缝参考线进行安装，轨道接头安装在管道焊缝的2~3点位置，轨道距离焊缝中心200mm，误差应为±1mm。

（5）管道表面耦合宜采用系统自动耦合和人工涂刷相结合的方法，将耦合剂均匀涂刷在管道表面保证耦合质量。

（6）焊缝扫查速度一般设置为40~60mm/s，扫查过程中检测人员应扶好扫查器防止扫查器脱离轨道和打滑，保证扫查数据质量。

（7）根据焊缝扫查图的A扫描、B扫描、TOFD扫描图谱综合评定焊缝质量。

7.3 质量控制关键点

质量控制应符合工程施工标准要求，质量控制关键点的检验项目、方法、指标及频次应符合表7-1的要求。

表7-1 质量控制表

序号	项 目	质量控制方法	检验指标	检验频次
1	测量超声波声速	多角度测量拟合计算	误差：±0.2%	检测施工前
2	检测参考线距离	测量参考线位置	误差：±0.5mm	每次检测前
3	相控阵探头距离	测量设置探头距离	误差：±0.5mm	检测施工前
4	TOFD探头距离	测量设置探头距离	误差：±0.5mm	检测施工前
5	系统检测灵敏度	校准每个反射体的波幅	符合GB/T 50818–2013标准要求	每次系统校准
6	扫查距离	校准编码器	分辨率：0.01	检测施工前
7	扫查器轨道距离	测量位置	误差：±1mm	每次检测前
8	管道耦合状况	采用防冻液充分耦合	耦合不良区≤3mm	每次检测前
9	扫查图质量	设置扫查器扫查速度	扫查图数据丢失≤1mm	每次检测前

8 安全措施

（1）在检测施工前，安全管理人员应组织做好寒季低温工况AUT检测施工安全技术交底工作，让检测施工人员明确安全技术措施和安全要求。

（2）寒季低温工况施工应做好防寒保暖和防滑工作，检测人员应穿戴棉工服、防滑棉工靴、棉工帽、棉手套等防护用品，防止冻伤。

（3）在对比试块校准过程中应由专人负责看护好扫查器，防止扫查器失控跌落。

（4）大口径管道的寒季低温环境 AUT 检测施工，管道表面结有冰、雪、霜等，为防止滑落保证施工安全，管道两侧需要架设梯子完成检测工作。

（5）在安装轨道要求两人配合安装，防止碰伤人员和管道防腐层。

（6）安装扫查器时应按下紧急停止按钮，防止扫查器滑落。

（7）焊缝扫查过程中管道两侧的检测人员应扶好扫查器防止扫查器脱离轨道和滑落。

（8）检测施工过程中检测人员应轻拿轻放 AUT 扫查器和设备大线，禁止踩踏。

（9）下雪天应停止检测施工作业，做好设备安全防护工作。

（10）寒季低温工况下的检测施工应加强车辆检修和保养，车辆安装雪地胎，防止疲劳驾驶，保证车辆状况完好和安全行车。

9 环保措施

（1）施工前应对作业现场和施工工序进行风险识别和评价，制定风险消减措施，编制应急预案，组织施工作业人员进行 HSE 交底工作。

（2）在施工过程中严格遵守环境保护的法律、法规和规章制度，加强对施工材料、设备及废弃物的控制和治理。

（3）施工场地合理布局，场地整洁文明。

（4）施工过程中，施工车辆应在规定的路面上行驶，保护好施工所经过地带的植被和野生动植物。

（5）施工过程中应控制机动车尾气污染和扬尘污染。

（6）保管好生产用油料，加强设备维修保养，防止渗漏造成环境污染。

（7）施工过程中应及时回收防冻液，防止污染环境。

10 效益分析

10.1 经济效益

和常规超声波检测（UT）工艺相比，低温工况下采用本检测工法工艺可以有效提高检测工效，节省检测施工成本。以检测 1kmϕ1219mm 大口径长输管道环焊缝为例，应用 UT 检测通常需要配置 3 台超声波检测设备和 9 名现场检测人员，并用机油作为检测耦合剂，一天平均检测 9 道大口径管道环焊缝，10 天能完成检测工作。应用该检测工法需要配置 1 台全自动超声波检测设备和 5 名现场检测人员，采用防冻液作为耦合剂（可回收循环利用），一天平均检测 30 道大口径管道环焊缝，3 天能完成检测工作，比 UT 检测工效提高 2.33 倍，经济效益对比分析见表 10–1。

表 10-1 经济效益对比分析（以检测一公里大口径管道焊缝为例计算）

技 术	人工费 / 元	机械费 / 元	材料费 / 元	合计 / 元
采用 UT 检测工艺	18000	6300	900	25200
采用本工法工艺	3000	2700	300	6000
比较	节省 15000 元	节省 3600 元	节省 600 元	累计节省 19200 元

低温工况下，采用本检测工法每公里大口径管道环焊缝检测施工成本平均节省 19200 元。

10.2 社会效益

本检测工法拓宽了 AUT 检测技术的工程应用范围，应用效果显著，提高了检测质量和工效，降低了施工成本和作业强度，符合安全、环保、节能要求，达到国内同行业领先水平，增强了企业核心技术竞争力，为企业赢得了良好的信誉和知名度。

11 工程应用实例

应用实例一：中俄原油管道二线工程第二标段

2016 年 5 月 ~ 2017 年 6 月，应用在中俄原油管道二线工程第二标段的冬季 AUT 检测施工中，检测 150kmϕ813mm 全位置自动焊管道焊缝，工程检测质量达到标准要求，为企业创造了良好的效益。

应用实例二：中俄东线天然气管道工程试验段

2016 年 11 月 ~ 2017 年 12 月，应用在中俄东线天然气管道工程试验段的冬季检测施工中，检测 11kmϕ1422mm 全位置自动焊管道焊缝，工程检测质量达到标准要求，为企业创造了良好的效益。

应用实例三：陕京四线输气管道工程第三标段

2016 年 9 月 ~ 2017 年 5 月，应用在陕京四线输气管道工程第三标段的冬季检测施工中，检测 50.2kmϕ1219mm 全位置自动焊管道焊缝，工程检测质量达到标准要求，为企业创造了良好的效益。

压缩机组仪表安装调试施工工法

河北华北石油工程建设有限公司
李勤松　郑海涛　廉小伟　高东洲　张　云

1　前言

仪表系统是保障压缩机组安全、稳定运行的关键条件之一。伴随着压缩机长周期运转后出现的线路老化、干扰，管路泄漏，系统报警频繁等多发问题，制约着压缩机组安全运行。本着从安装、调试着手，施工方增加了：①采用特殊密封接头+沟槽埋深法消除机组监控设备现场漏油；②利用双滑道式安装上止点探头监控机械沉降，通过增加气动放大器及其管路口径解决防喘振波动；③关键取源点上运用法兰连接定力矩紧固降低工艺接口泄漏；④改振动大的区域引压管线连接方式避免卡套振动导致松脱；⑤升级压缩机调试设备保证调试精度；提高仪表抗干扰能力等诸项施工措施。2017年河北华北石油工程建设有限公司在华北石化公司大检修项目承揽加氢、重整、二、三催压缩机组及其控制系统完善项目总结，梳理形成大型机组仪表安装、调试施工工法。

2　工法特点

1. 降低返错率

建立管线路三维立体图，解决各专业管线路交叉、互相干扰而造成的工期延误及其返工等危害。

2. 调试精度高

选取适当精度等级校验设备，保证机组监控精度。

3. 减少污染

采用铠装热电阻+特殊密封接头的方法来消除仪表漏油问题，防止环境污染。

3　适用范围

本工法适用于石油、化工领域压缩机组的仪表安装及调试。

4　工艺原理

安装及调试工艺原理是：利用压缩机组本体工艺管口及所占其空间位置合理规划仪表管路配置，通过对密封面的紧固将仪表取源部件引出，遵循近距离、干扰小的位置配置设备管路，同型控制电缆敷设通用性原理的规划路径，管路试压、吹扫，设备安装、投用，仪表单体调试，回路调试，系统联锁测试，压缩机试运，以上各环节依此进行，将机组控制单元全部安装、调试完成。

5 施工工艺流程及操作要点

5.1 施工工艺流程（图 5-1）

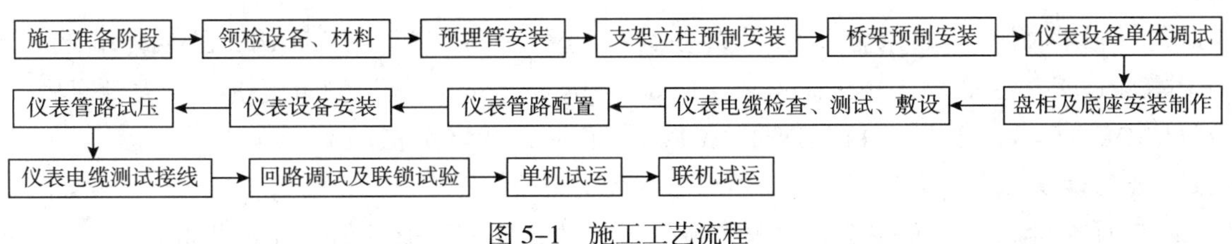

图 5-1 施工工艺流程

5.2 操作要点

5.2.1 施工准备阶段

施工单位进行资料与技术准备并绘制管线路三维立体图。

5.2.2 领验设备、材料

（1）对到货材料要认真验收，其外观、材质、规格、型号应符合要求，并具有质量证明书或合格证。

（2）验收合格材料与设备分类摆放。

（3）随机设备、材料等必须提供随机清单与质量证明材料，逐一核查后建立台账，入库存放。

5.2.3 预埋管安装

施工根据现场点位依据同型电缆敷设原则，规划路径，合理配置预埋管线。

5.2.4 支架立柱预制、安装

在施工准备阶段，对辅助设备材料进行前期预制，缓解后期施工压力，仪表设备的支架与立柱按照设计图纸与现场实量进行前期制作。

5.2.5 桥架预制、安装

弹线定位→支架预制安装→电缆桥架安装→电缆桥架接地

5.2.6 仪表设备单体调试

对压缩机组配套及其成套所供的设备必须在安装前进行复检，用以保证检测设备的完好性。

1. 压力变送器仪表调校（图 5-2）

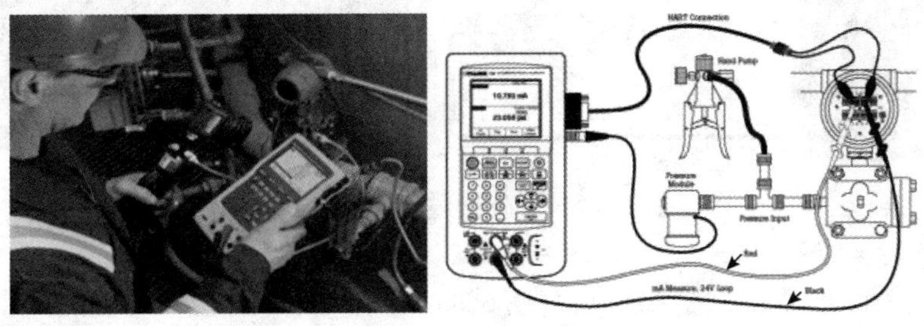

图 5-2 智能压力变送器校验连接图

（1）将被校设备与标准校验仪进行管路连接并正确接线。

（2）参数整定，用通信设备对被校表的位号（TAG）、工程单位（UNIT）、量程上限（LRV）、量程下限（URV）、输出特性（Xfer fnctn）、阻尼时间常数（Damp）、小信号切除（Low cut）等参数安装实际工况进行整定与修改。

（3）进行零点调校：将正、负压室放空，用外部调零螺钉调零或用 HART 智能终端选择 Device setup → Diag/service → Calbration → Sensor → Zero Trim 参数，按两次 OK 键，仪表自动调至零点，输出显示 4mA。

（4）进行量程调校：如果输出信号误差大则进行量程校准；用 HART 智能终端选择 Device setup → Diag/service → Calbration → Sensor → Upper sonsor　trim；施加测量范围，压力稳定后，按 OK（F4）；再按 OK（F4）；输入 200 按 ENTER（F4），稍后，调整完成。

2. 压力开关调试

先核对设计文件与工艺操作压力情况，找出仪表的动作值及返回值（高报或低报），然后连接管路，根据报警值，缓慢的增加（减少）直至报警点数值正确，检查线路触点是否及时反馈，操作后填写原始校验记录。

3. 温度测量仪表调试

（1）根据温度计的测量范围和精度选择合适的温度源（精密恒温水槽）标准水银温度计、高精度标准电阻测试仪器。

（2）选取合适的校验点，一般取零点、量程中间点和满点三点测量。将温度源温度设定在测量点，用标准水银温度计确认，然后将被校温度计放入标准温度源，放置一定的时间，待其温度稳定后，从标准电阻测试仪读取温度计的输出值（电阻、电压或温度）。

4. 流量检测仪表调校

（1）对于差压流量仪表，其调校方法与压力变送器调校方法相同。

（2）其他流量计现场不具备调校条件（流量标定），需要检查出厂合格证及检定合格证明。如合格证及检定合格证明在有效期内，可只进行通电或通气检查，如合格证及检定合格证明超过有效期时，应由业主负责，施工方单位配合送检，对其重新标定。

5. 机械检测仪表调试

首先将探头固定在 TK3 的千分尺前，然后将探头、延伸电缆、前置器、监视仪连接组成回路，将万用表调到直流电压档，检测电压变化，缓慢旋动 TK3 千分尺，使千分尺与探头逐渐远离，分尺每远离 0.25mm 时记录 1 次对应的电压，当距离达到 2mm 时完成测量，对距离与电压对照表进行分析，分析线性是否合格，通常距离变化 1mm 时电压变化 7.87Vdc（图 5–3）。

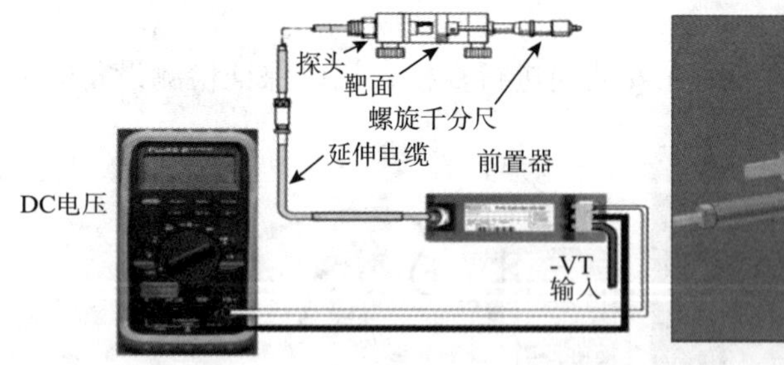

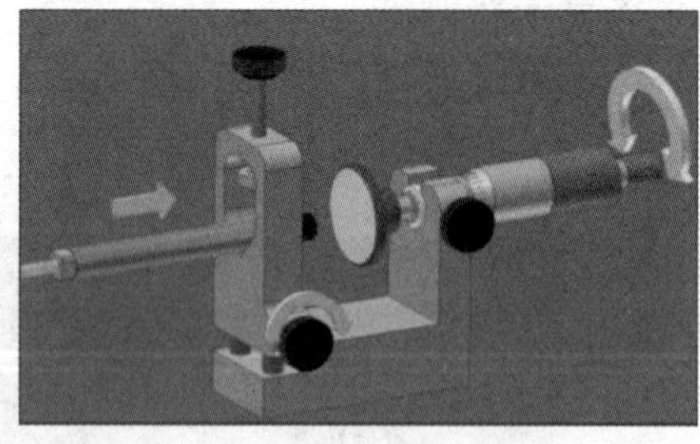

图 5–3　探头标定连接图

6. 调节机构调试

（1）调节阀必须做以下项目试验：膜头气密试验、阀体强度试验、阀座泄漏量试验、行程精度试验、全行程时间试验、灵敏度试验。

（2）将阀门连接到信号发生器和压力源上，检查连接是否正确，选择量程同待验阀门量程相同的信号量，对阀门进行全行程开或关的校验，检查阀门在各点的动作情况和限位开关的反馈信号是否正常，记录阀门全行程动作的时间。

（3）当阀门自带电磁阀，应检查线圈的直流电阻以及线圈与阀体间的绝缘电阻值，然后对电磁阀进行通（断）电试验，检查阀门的动作情况是否灵敏可靠。

（4）阀门带电气转换器，首先应用电流源给电气转换器输入 4mA 电流信号，调节阀门定位器的零点调节螺丝，使阀门处于全关（或全开）位置。缓慢增加输入电流到 20mA 电流信号，调节阀门定位器的量程调节螺丝，使阀门刚好处于全开（或全关）的位置。反复调整定位器，直到阀门输入电流信号与实际动作行程相吻合。

（5）电动阀进行上电前检查，就地 / 远操手柄切换到远操，由远操命令（DCS 命令或就地模拟远方指令）进行操作，并确认就地执行机构操作指示正确；测定执行机构全行程开、关时间；调试完成，恢复所有接线，盖好盖子，做好记录；

5.2.7 盘柜及底座安装制作

现场根据盘柜尺寸对底座进行预制与加工，加工后对所到盘柜进行连接与固定。要求的平整、垂直、安装尺寸误差应符合规范要求。

5.2.8 仪表电缆检查、测试、敷设

对电缆敷设前进行绝缘测试≥5MΩ，然后按照路由敷设电缆。

5.2.9 仪表管路配置

（1）按照施工要求对仪表电缆进行保护管配置，保证管路内径一般为导线束外径的 1.5~2 倍，管口平滑无毛边，弯曲半径必须遵守规范规定。当采用螺纹连接时，管端螺纹加工长度不应小于管接头的 1/2，在爆炸危险场所，其二端管口应用丝堵或密封膏加以密封。

（2）仪表导压管配置。配置导压管时注意连续坡度要求，仪表和工艺接口之间的最小斜度比例为 1 : 10，且注意低点排放，与取源点最近距离配置，减少长距离压降。

因各级压力仪表工作环境不同，一是处于介质为高压气体时，容易造成钢材发生氢脆现象最终造成钢管卡套处松动，容易造成卡套处松脱，另外卡套接头都是与 TUBE 管连接，TUBE 管壁厚一般都不大，所以有发生断裂的风险。二是因为部分机组振动过大大，引压管线连接在机组上，振动传导到卡套接头处，极易造成卡套振动导致松脱。因此在选择振动区域大的场合，将卡套连接改为焊接式。

（3）供风管路配置。要求供风管路所带仪表风总管、分支总管和管件应执行相应管道等级的管道规格。传输管道应使用单独的管支撑。

（4）伴热管路配置。蒸汽伴热的供汽系统，当供汽点分散时，宜采用分散供汽。管端应靠近取压阀或仪表，且不得影响操作、维护和拆卸。管路应采用单回路供汽，不得串联。

5.2.10 仪表设备安装

1. 设备与工艺连接法兰取源部件的紧固

采用步优化定力矩紧固施工方法及步骤，最大限度地均衡因机具及人员差异造成的扭矩不均匀，方法如图 5-4 所示：四同步的每名操作人员在三遍紧固中分别紧固整个法兰螺栓的四分之三，即 1-2-3-1-2-3-1-2-3，使所有人员的工作轨迹有半圈重合，由此来缩小预紧力差异化。

2. 温度仪表的安装

安装时用铅丝把热电阻的铠装丝牢固的固定在设备的安装槽内，使之不会因设备的震动而损坏。铠装丝多余的部分盘在设备不转动的部位，只引出仪表软线。这样设备表面干净整洁。从设备内部引出的温度铠装缆，我们加工了特殊的密封接头。接头本体为不锈钢材质，保证了接头的坚固耐用，内

部采用了耐油橡胶密封环，密封环的形状为锥形的，上面可根据引线的多少开洞，洞的边缘用刀破开，橡胶密封环的上面有一个不锈钢压环，通过压帽的挤压锁死铠装缆。接头可以同时出 1~6 根铠装缆，把润滑油彻底密封在设备内，杜绝了漏油现象。外部螺纹可以配接各种接线盒和保护管，方便仪表配线和配管（图 5–5）。

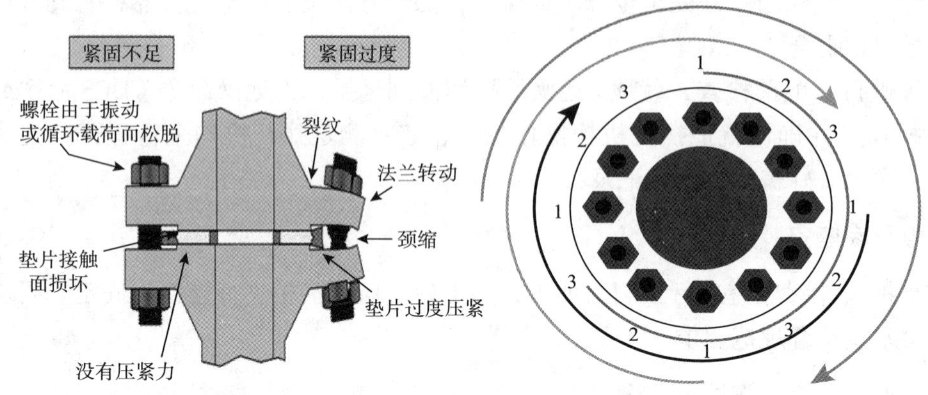

图 5–4　定力矩紧固图

图 5–5　温度仪表安装图

3. 轴系仪表的安装

作业开始前，在前置放大器的 COM、OUT 端测量并记录探头的间隙电压值，以备后期回装时参考。拆除时首先打开探头支架尾部的接线盒，找到探头尾线与延伸电缆的连接头，该接头一般配有绝缘保护套管，断开连接头并用套管保护好。将延伸电缆与接线盒连接接头断开后，松开探头支架的固定螺母，将探头从安装孔内取出。取出后用保护套管对探头顶端进行保护，并按位号进行标识，防止回装过程中发生混装探头尾线和连接电缆有无破损，尾线和延伸电缆的镀金不锈钢接头有无损坏，接头处的可收缩套管是否可用等。检查尾线铠装套管和中间接线箱是否有油污，并进行清理。检查前置放大器接线端子是否完好，安装轨道是否牢固。

在机组外壳吊装回位并且固定好以后进行探头的回装，通过机体上的外壳组件，将探头伸入压缩机内部，并通过螺纹连接将探头固定，注胶密封（图 5–6）。

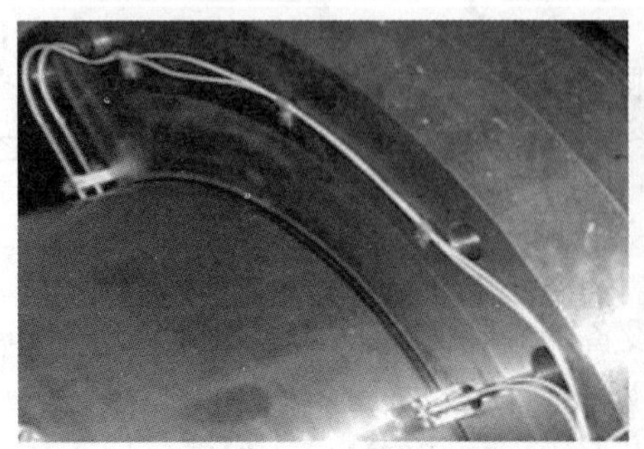

图 5–6　轴系仪表安装

4. 上止点安装

上止点传感器用于使控制系统与压缩机速度同步，该点要求在 ±2° 曲轴转角。在压缩机飞轮或曲轴垂直于传感器的方向上钻一个直径约 20mm、深 10mm 的孔。确定安装位置的具体措施：

（1）上止点找正两次，偏差大，需继续找正；

（2）找好后，使用卡尺再次检查无误后进行钻孔和攻丝；

（3）TDC 安装在自制的双滑道支架上，可以自由对正中心与 TDC 保持一致。

（4）TDC 小螺栓之间的距离为 2~3mm；可以使用塞规标定（图 5–7）。

图 5–7 上止点安装

5.2.11 仪表管路试压

现场仪表安装完毕，现场仪表管路施工完毕，配合工艺管道进行吹扫、试压。为此节流装置不能安装孔板，调节阀在吹扫时必须拆下，用相同长度的短节代替，用临时法兰连接。

5.2.12 仪表电缆测试接线

根据设计图纸及其随机设备所带接线图，进行接线与测试，保证线路的正确性。用 500V 摇表测量控制回路对地、电机绕组 , 对地绝缘电阻，其值应 >20MΩ。

5.2.13 回路调试及联锁试验

（1）对回路进行模拟调试前，都应先检查回路的接地、绝缘、连续性进行检查。

（2）用标准校验设备对回路进行校验，不应少于 3 点。

（3）防喘振控制回路校验：协同业主进行采用防喘振控制回路试验。并根据现场气量影响放空速度，依次试验将引风管路口径进行调节选择适合的管路配置。

（4）报警、联锁回路调试：回路调试完毕后，与工艺设备及其相关专业对设计联锁进行调试

①调试中协同业主方增加了控制系统硬件报警管理系统应用。通过对 DCS 中故障诊断进行组态，依据工艺所需报警等级，建立数据库，然后进行筛选，通过仪表关键点等级，将报警点数据上传，并以短信及网页通知调度、管理和维护人员及时得到并快速处理。

②解决装置仪表联锁、联调介入的深度不够。2018 年 5 月 7 日，催化装置主风机 FLL2105 联锁停机，7 月 3 日，机组低于 97% 转速逻辑与电机跳闸引发主风机联锁停车。其根本原因就是在仪表联锁回路调试过程中，工艺人员与仪表人员配合不紧密，介入深度不足，对联锁逻辑掌握不透彻，没有认真的对联锁逻辑进行学习研究，盲目地切除部分联锁，没考虑复杂回路控制，没有发现联锁逻辑画面与底层联锁逻辑不对应的问题，造成了联锁的误动作。

施工按项目要求组织开展了装置仪表联锁专项排查，一是搜集终版设计资料；二是将联锁逻辑图与底层逻辑比对；三是将设计资料与联锁逻辑图比对。由各生产部对联锁逻辑合理性进行评审，设置不合理的联锁进行整改。保证了后续装置开工联锁逻辑的可靠性，没有再发生因联锁逻辑掌握不清发生误动作的问题。

③引入先进控制优化工艺。装置中某些工艺参数需要被卡边控制的，如质量指标，或为保证安全生产而需要限制在一定变化范围内的工艺参数。

为将被控变量CV值控制在允许的范围，先进控制系统要对各操纵变量（MV）进行协调调节。在调节各MV时，必须保证MV的值（也就是DCS中对应PID调节器的设定值/输出值）不超过装置正常运行所允许的范围。

5.2.14 单机试运

施工方协同主办方对压缩机进行单机试运。

5.2.15 联机试运

单机完成后配合相关方进行负荷联机调试。

5.3 人力资源配置（表5-1）

表5-1 主要人员配置

序号	人员	数量/人	工作职责
1	安装、调试机组长	2	全面负责施工组织工作
2	技术员	3	负责工艺电气仪表流程管理工作
3	质检员	1	负责压缩机组安装、调试施工质量管理工作
4	安全员	1	负责压缩机组调试施工安全管理工作
5	材料员	1	负责调试施工过程中设备、材料的发放和回收工作
6	施工班长	2	全面部署压缩机组安装、调试工作
7	仪表工	8	负责压缩机组安装、调试工作
8	电工	4	负责电气与仪表联调部分的调试
9	工艺操作工	4	负责压缩机组工艺流程正确性
10	钳工	4	负责压缩机组机械对中及其大型设备的密封性
11	辅助工	4	配合调试的设备修复及其流程倒运工作
	合计	33	

6 材料与设备

6.1 采用的主要机具设备（表6-1）

表6-1 机具设备表

序号	设备名称	设备型号	单位	数量	用途
1	百分表	0.01（大号）	台	1	机械对中
2	转速表	HT–400 30r/50000r/min	台	3	机械对中
3	测振仪	R10V1BRO，Vμ–63	台	1	调试
4	多功能校验仪	FLUKE744	台	2	调试
5	便携式万用表	FLUKE719	台	2	调试
6	回路校验仪	FLUKE709H	台	2	调试
7	干体炉	FLUKE9143	台	1	调试
8	光时域反射仪	OTDRE6000C	台	1	光缆测试

续表

序　号	设备名称	设备型号	单　位	数　量	用　途
9	光纤熔接机	FMS-50S	台	1	光缆熔接
10	光源	—	台	1	光缆测试
11	光功率计	—	台	1	光缆测试
12	绝缘电阻表	ZC-7	台	1	电缆绝缘测试
13	直流电阻箱	ZX25a	台	1	电阻发生器
14	稳压电源	24VDC	台	1	供电

7 质量控制

7.1 施工执行的标准与规范

（1）GB 50093—2013《自动化仪表工程施工及质量验收规范》。

（2）Q/SH 0700—2008 DEP-SPT-IN2011-2008《中国石化炼化工程建设标准仪表配管配线设计规定》。

（3）Q/S0700—2008 SDEP-SPT-IN2015-2008《中国石化炼化工程建设标准仪表防爆及防护设计规》。

（4）HG/T 21581—2012《自控安装图册》。

7.2 质量保证措施

（1）用于施工调试的各种标准校验工具、量具、器具应为合格用具，计量器具必须经过校验合格。

（2）仪表的连接螺纹种类繁多，各种接头大小、规格、型号不一，调试前应特别注意螺纹的大小和形状，防止发生用错而造成螺纹连接处泄漏或咬死，造成仪表损坏。

（3）安装旋转机械量前置器防护箱时，应合理安排位置，以防探头电缆长度不够，长出的同轴电缆应整齐盘于箱内，严禁剪断，造成测量误差。前置器应做位号标识，以防不同尾长、不同型号的探头与前置器不匹配。

（4）调试阶段，仪表试验人员应遵守操作规程，不能乱动。

（5）工程工序质量控制点分为 A、B、C 三个等级，其主要安装工程质量控制点如表 7-1 所示。

表 7-1　工程质量控制

序号	质量控制点	控制内容	等级	检测工具或方法	备　注
1	机组到货验收	核对装箱单、技术资料、随机配（备）件、专用工具、设备外观质量	A	清单对照	配合采购质量工程师
2	电缆路径核查	符合设计图纸要求、避免强磁场、热源、振动干扰	C	监督检查	仪表专业
3	自动控制	各类仪表安装及单校；报警、连锁调试	B	设备单体测试	配合仪表专业
4	试运条件确认	试车方案通过审批；电机空载运行合格；注油器试运合格；自控调试合格；系统跑油合格；水、气、风到位	A	现场查看	设备、电气仪表、工艺
5	机组无负荷试车	试运中的压力、温度、声音情况	A	单机调试，现场与控制系统监控	设备、电气仪表、工艺

8 安全措施

8.1 安全控制标准

（1）SY/T 6276—2014《石油天然气工业健康安全与环境管理体系》。

（2）SY/T 6276—2014《石油天然气工业 健康、安全与环境管理体系》。

（3）Q/CNPC 104.1—2004《健康、安全与环境管理体系》。

（4）GB/T 28001—2011《职业健康安全管理体系》。

8.2 安全控制措施（表 8-1）

表 8-1 安全主要控制措施

序号	作业活动	危险因素	主要控制措施
1	设备安装	高处坠落物体打击	1. 脚手架要严格执行操作规程 2. 高空作业时应做好防高坠落措施，架设安全网，铺设安全通道，正确佩挂安全带 3. 特殊作业人员应持证上岗 4. 加强安全监督防护措施 5. 严格执行安全操作规程 6. 按规定正确佩戴个人防护用品
2	系统送电，施工临时用电	触电、弧光灼伤	1. 严格执行电力设备安全操作规程 2. 正确使用设备安全操作规程 3. 施工用电有防止触电装置和防雷击措施 4. 按规定正确佩戴个人防护用品
3	回路试验	高处坠落、触电物体打击	1. 高空作业应做好防高坠措施，正确佩挂安全带 2. 露天作业有防止触电装置和防雷击措施 3. 试验设备性能良好 4. 作业人员应持证上岗 5. 加强安全监护措施
4	联校过程中管道试压，进料	物料冲击伤害	1. 严格执行安全操作规程 2. 按规定正确佩戴个人防护用品

8.3 职业安全健康

（1）施工人员如发现患有心脏病、高血压等，严禁高空作业和有危险的施工作业。

（2）施工人员在施工中，严禁长时间、大体力作业，应做到合理搭配、有张有弛。

（3）施工人员在进行高空作业或带电作业时，发现自身有不适时，应及时向施工负责人提出。

（4）施工负责人应做好每天对施工人员的精神状态观察。

（5）做好在施工过程中所接触的有害气体、液体、固体的防护。

（6）做好对施工人员存在伤害的危险源、危险点的监控工作。

9 环保措施

9.1 环保控制标准

2019 年版《中华人民共和国环境保护法》。

9.2 环保控制措施

（1）成立对应的施工环境卫生管理机构，在工程施工过程中严格遵守国家和地方政府下发的有关环境保护的法律、法规和规章，加强对施工燃油、工程材料、设备、废水、生产生活垃圾、弃渣的控制和治理，遵守有关防火及废弃物处理的规章制度，随时接受相关单位的监督检查。

（2）将施工场地和作业限制在工程建设允许的范围内，合理布置、规范围挡，做到标牌清楚、齐全，各种标识醒目，施工场地整洁文明。

（3）对施工中可能影响到的各种公共设施，要制定可靠的防止损坏和移位的实施措施，加强实施中的监测、应对和验证。同时，将相关方案和要求向全体施工人员详细交底。

（4）施工物料器具应按施工平面图指定位置就位布置，根据不同特点和性质规范布置，码放整齐规范分类、挂牌标识要醒目。

（5）现场设备堆放整齐，按工序垫放，在露天地堆放要挖排水沟，保证道路畅通平整并做好防锈、防尘防撞压保护。

（6）施工完做到四清：即工完料清、器具清、场地清、资料清。

（7）定期对现场施工进行检查，检查结果记入文明施工检查记录表。

10 效益分析

10.1 经济效益

本工法机组安装调试步骤清晰、层次结构合理、技术先进、工序紧凑，以三联合加氢重整装置机组——补充氢压缩机为例，比同类型机组安装调试缩短试运行时间 11 天，为业主节约了大量检修费用，也为装置提前开工打下了良好基础。

例：经济效益

人工费包含：现场电气仪表工艺工程师 2 名、相关专业调试人员 2 名、HSE 管理人员 1 名、系统调试厂家及其配套相关厂家 2 名等；各专业取费不同

估计：人工费专业工程师：2 × 480 × 11=10560（元）

相关专业调试人员：2 × 480 × 11=10560（元）

HSE 管理人员及其监理：1 × 480 × 11=5280（元）

系统调试厂家及其配套相关厂家：1 × 800 × 11=8800（元）

节约人工费用 =10560+10560+5280+8800=3.52（万元）

注：上述分析，不包括标准设备折旧费、压缩机电机电量损耗费、车辆所发生的机械台班租赁费用等等。

10.2 社会效益

通过报警管理控制完善解决了各装置的工艺特点和生产需求，增加 73 项预警功能，有效辅助技术人员分析生产、设备潜在隐患问题，做到提前发现、分析、解决故障，规避停车和人员伤害等生产安全事故的发生。

根据海恩法则，每 100 个超过操作员应对能力的报警，有一个被忽略的报警，而且这个被忽略的报警就是事故隐患。按照 2017 及 2018 年的数据估计，每天超出标准的报警数量在 1.3 万次以上，对应了 130 个被忽略的报警带来的事故隐患，13 次未遂先兆，1.3 次轻微事故，和 0.04 次严重事故。项目执行后每年估计减少 14.6 起严重事故的发生，避免损失的潜在经济效益约合 14.6 × 100=1460 万元。

劳动生产率的提高。在没有报警管理系统之前，每周都有仪表工程师负责收集、整理报警数据，工艺工程师负责分析报警过量原因。这两项工作需要占用每个装置两名工程师一天的时间。系统建立后，报警数据的收集整理实现了全面自动化，不再需要仪表工程师的手工处理，结合重点报警的历史趋势、交接班等功能，每个工艺工程师 1 ~ 2h 就可以完成报警分析报表的编制，大大地提高了报警管理的工作效率，约合 2 个工程师的工作量。

按照每名工程师每年 20 万的企业实际负担，约合 20 × 2=40 万元每年的经济效益。

以上两项相加，总计产生 1460+40=1500 万元 / 年的社会效益。

11 应用实例

应用实例一： 120×10^4t/a 柴油加氢改质装置加氢循环氢压缩机检修工程

地点：华北石化装置

开竣工时间：2017 年 6 月 11 日至 2017 年 6 月 30 日

实物工程量：6 套机组

经济效益：创收 7.04 万元。

应用实例二： 三联合加氢重整装置机组——补充氢压缩机检修工程

地点：华北石化装置

开竣工时间：2017 年 1 月 14 日至 2017 年 1 月 28 日

实物工程量：4 套机组

经济效益：创收 3.52 万元。

基于瑞利相干检测的管道光纤预警系统安装调试工法

中国石油天然气管道通信电力工程有限公司

曾科宏　李　刚　杨文明　林晓晖　闫会朋

1　前言

依靠埋地钢制管道输送原油、成品油和天然气是目前国内外普遍采用的最安全、快捷和稳定的输送方法。然而，长距离输油气管道极易受到第三方施工、自然灾害或人为活动的破坏。如果油气外泄，还将造成环境污染、燃烧、爆炸等事故，使人民生命财产遭受重大损失，严重影响沿线地区正常的油气资源供应和经济发展。

2004—2006 年，中国石油天然气管道通信电力工程有限公司开发一代预警系统并验证了技术路线可行；2006—2007 年，通信公司依据一代马赫增德尔干涉原理开发二代预警系统，解决产品结构化与模块化设计、信号分析处理、识别模型建立与工程应用等问题。2008—2012 年，预警系统在阿独线、兰郑长、抚鲅、兰成、总参、乍得等长输油气管道应用，根据现场安装调试经验编制形成国家级“长输油气管道安全预警系统工法”。2012 年通信公司针对二代预警系统（马赫增德尔干涉原理）在复杂地表环境下无法有效解决信号叠加、并行检测、占用纤芯多等难题，通过技术调研与技术比选，采用基于瑞利相干检测原理并成功研制第三代预警系统与实现成果转化。2013—2018 年第三代预警系统在青海乐都、四川合川、总后桂平、西气东输（武汉、银川、厦门）、阿独线、烟台港务局等项目全面推广应用，共安装系统 33 套。三代预警系统发明专利授权 4 项，实用新型专利授权 4 项，产品 2015 年被评为中国石油天然气集团公司自主创新重要产品和第六届安全生产科技成果二等奖。

基于瑞利相干检测的管道光纤安全预警系统实时连续分布式检测管道周围土壤的振动信号，对可能威胁管道的危害事件提前预警和准确定位，有效防止长输油（气）管道的破坏。本工法是结合各工程现场实际安装调试经验和系统运行的可靠性，逐步总结出的一套规范化、系统化的工作方法。

2　工法特点

2.1　功能特点

（1）此工法利用分布式光纤传感器在管道沿线形成保护带，对威胁光缆与管道的破坏事件进行提前预警与准确定位；预警系统作为一种有效的第三方振动检测方式，解决了人防时间上不连续、空间上非全方位的缺陷，实现了对管道沿线破坏事件的无缝监控。

（2）扩展了同沟敷设通信光缆的用途，使其从单纯的通信功能扩展为通信和传感两种功能，实现多用途使用。

（3）系统只占用一根纤芯作为传感，节省了光纤资源。

（4）实现技防与人防措施的有效结合，给管道安全运行保障提供一种可靠的方法。

2.2 施工特点

（1）长输油气管道同沟光缆敷设，不需要单独开挖光缆沟，简化了工序、缩短了工期与降低了施工成本。

（2）现场施工安装简单方便，适应油气站场不同的电源方式，能与场站其他系统进行有效融合。

（3）适应长输油气管道阀室与场站的距离分布，借助场站、RTU 阀室的光传输系统直接组网。

3 适用范围

（1）长输油气管道（不限材质和介质）上基于瑞利相干检测的管道光纤安全预警系统安装和调试工程。

（2）地方管网或城市燃气干线基于瑞利相干检测的管道光纤安全预警系统安装和调试工程。

（3）非架空长途通信光缆（管道、直埋等）干线基于瑞利相干检测的管道光纤安全预警的安装和调试工程。

4 工艺原理

4.1 原理

4.1.1 基于马赫增德尔干涉原理的管道安全预警系统

利用与管道同沟敷设光缆中的三根普通光纤作为干涉仪的干涉臂、传感臂和传输光纤，进而形成连续分布式的土壤振动检测传感器，拾取管道附近沿线土壤的振动信号，土壤振动信号经由不同的光路用不同的时间分别传到光电检测管 X 和光电检测管 Y，由光电检测器输出的电信号经过处理分析，可以根据传输时间差值可分析计算出管道附近沿线的土壤振动事件的发生位置（图 4–1）。

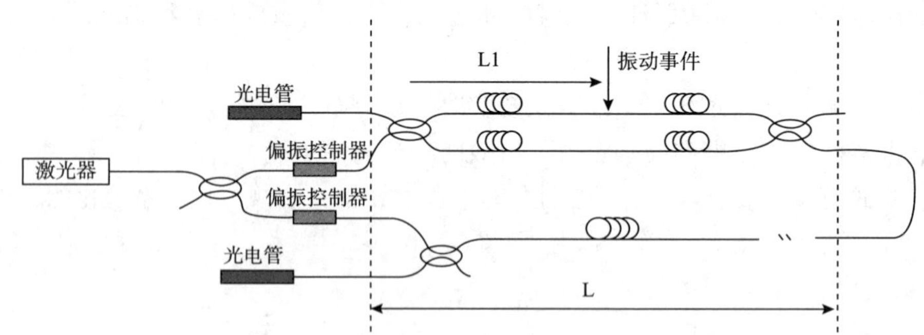

图 4–1 基于马赫增德尔干涉原理的管道安全预警系统

4.1.2 基于瑞利相干检测原理的管道安全预警系统

利用与管道同沟敷设的一芯通信光纤作为连续分布式土壤振动检测传感器，长距离连续实时检测油气管道沿线的土壤振动情况，在管道沿线形成以管道保护带，对可能危害管道与光缆安全的（如：第三方机械施工、人为破坏、自然冲蚀等）破坏事件进行预警并准确定位，提前制止破坏事件的发生如图 4–2 所示。

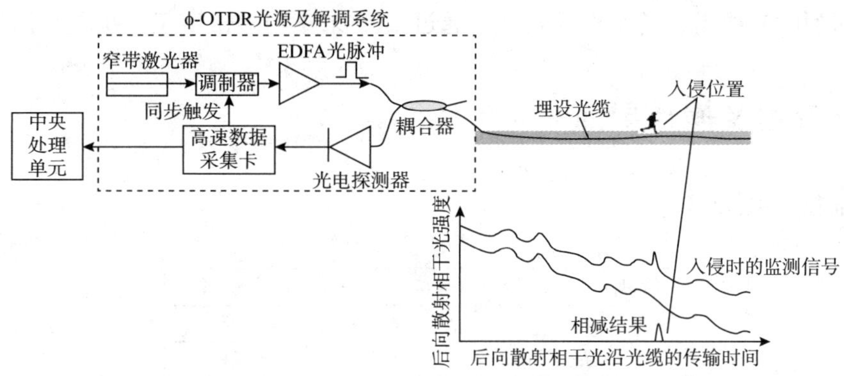

图 4–2　基于瑞利相干检测原理的管道光纤安全预警系统

4.2　关键技术

4.2.1　分布式光纤传感振动定位技术

利用一芯通信光纤作为传感子系统，采用瑞利相干检测技术，通过振动对瑞利散射光相位变化的干涉检测、解调和识别，实现振动事件的破坏预警和定位（图 4–3）。

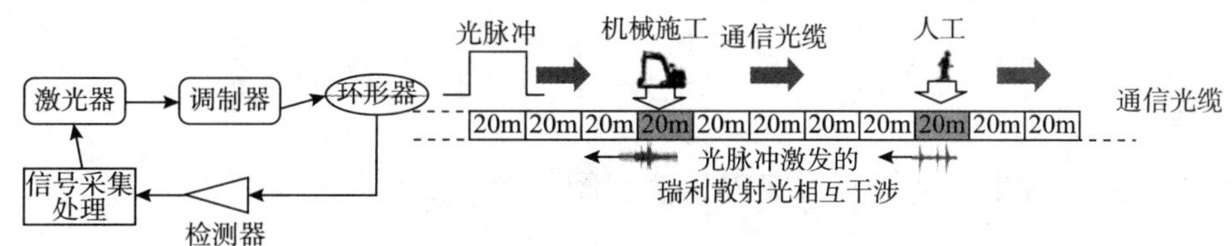

图 4–3　基于瑞利相干检测原理的振动定位图

4.2.2　信号放大技术

当光信号沿着光纤传输的过程中会产生衰减，特别是应用于长距离目标监测时衰减会更大，返回的信号光也更加微弱。此外光路中还有其他的一些光学元器件，如耦合器、环形器、光纤接头，也会引入损耗。经过一段距离的传输，光信号的累计衰减将使得信号太弱而难于检测。为了防止这种情况发生，必须要恢复信号的强度。

常用的光放大器主要是掺铒光纤放大模块（Er–Doped Fiber Amplifier，EDFA）、光纤拉曼放大模块（Fiber Raman Amplifier，FRA）等，如图 4–4 所示。

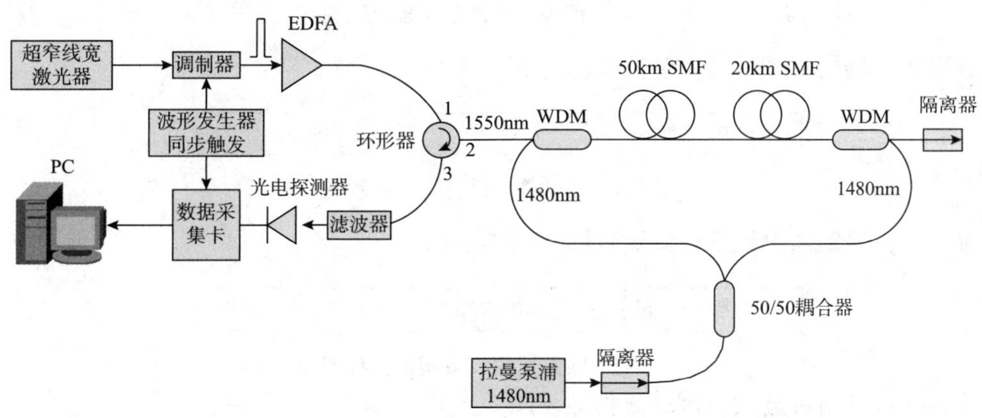

图 4–4　EDFA 和双向拉曼泵浦放大技术方案

4.2.3　光缆与管道距离校正技术

预警事件的光缆与地理位置的差异性，管道光纤预警系统是通过光缆检测振动事件并按实际定位的光缆距离。如何消除光缆与管道距离的差异，通过 GPS 采集与敲击定位解决差异所做的距离校正。

5 工工艺流程及操作要点

5.1 工艺流程（图 5-1）

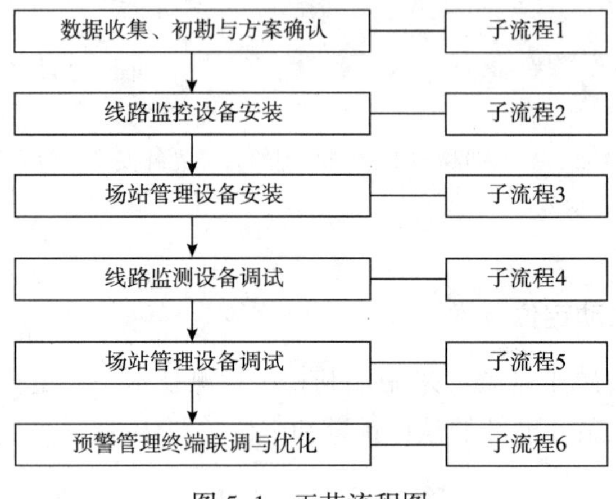

图 5-1 工艺流程图

5.1.1 子流程

（1）子流程 1：数据收集、初勘与方案确认流程图（图 5-2）：

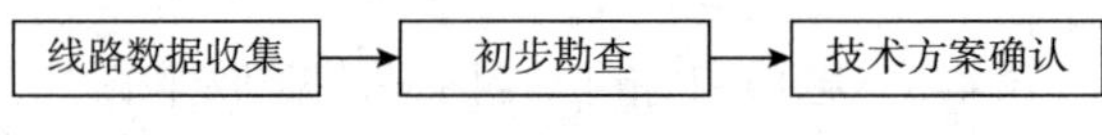

图 5-2 数据收集、初勘与方案确认流程图

（2）子流程 2：线路监测设备安装流程图（图 5-3）：

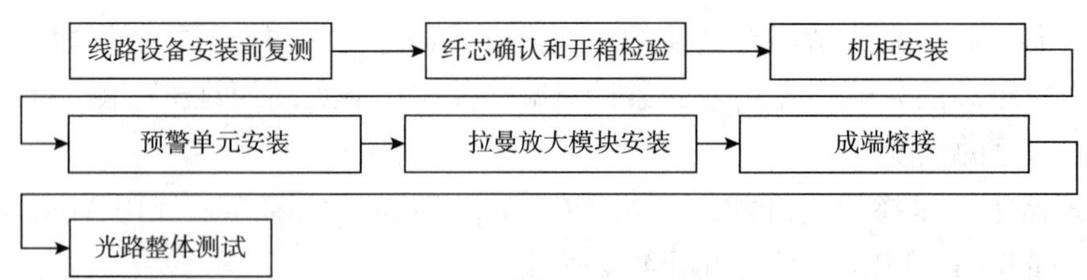

图 5-3 预警线路设备安装流程图

（3）子流程 3：场站管理设备安装流程图（图 5-4）：

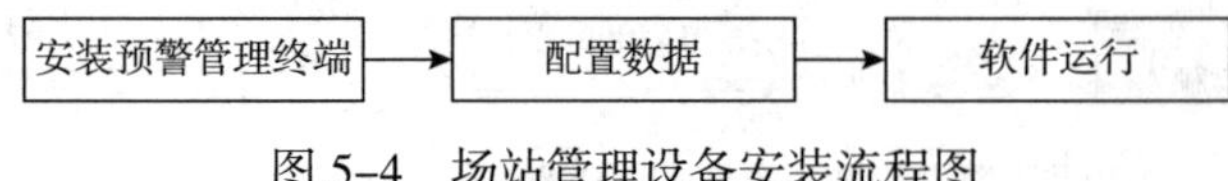

图 5-4 场站管理设备安装流程图

（4）子流程 4：线路监测设备调试流程图（图 5-5）：

图 5-5 线路监测设备调试流程图

（5）子流程 5：场站管理设备调试流程图（图 5-6）：

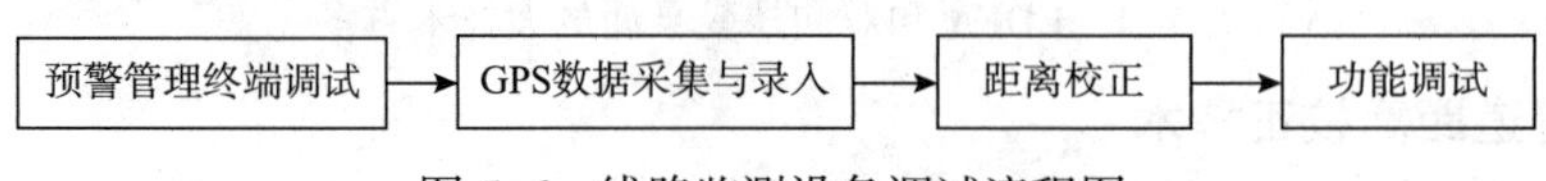

图 5-6 线路监测设备调试流程图

（6）子流程 6：预警管理终端联调与优化流程图（图 5–7）：

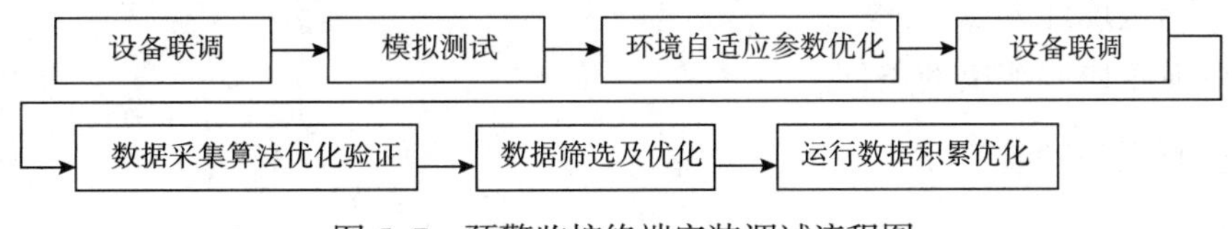

图 5–7　预警监控终端安装调试流程图

5.2　操作要点

5.2.1　数据收集、初勘与方案确认

1. 资料收集

（1）线路测试的 OTDR 曲线，线路平均衰耗。

（2）阀室、站场分布情况以及站间距。

（3）管道光缆同沟敷设、光缆富余纤芯情况，光缆是否存在架空、偏离等现象；光缆埋深现象。

（4）线路三桩（阴保桩、穿越桩、警示桩）GPS 数据以及里程、行政区域。

（5）线路管道走向以及线路情况概述。

（6）线路存在的破坏事件 、常告警点、高风险区域等。

（7）线路阀室供电负荷以及光缆进站情况。

（8）FU 安装位置，是否有空余机柜位置。

（9）FST 安装位置，是否有空余位置。

（10）现场网络情况，设备如果分散，存在通信问题；如果安装设备位置有光传输系统，通过现有网络组网；如果不具备条件，需要增加一芯光纤用于数据传输。

（11）线路以及站场联系人电话。

2. 初步踏勘与协调确认位置

（1）FU 位置选择通风好，不直接接触地面的地方，FU 是按照标准机柜设计（9U 大小），功耗 150W，提供 UPS 电源。

（2）FU 中的光模块外引光纤不能用接法兰头的方法与 ODF 架上的光纤对接，这样会因为发光太强把法兰头烧坏，严重的会影响设备的正常运行，一定要采取光纤对接光纤的办法，必要时和业主进行协商解决。

（3）远端拉曼放大器必须放置在室内机房环境，空间 2U，功耗 30W，提供 UPS 电源。

（4）在业主人员配合下，对管道线路进行全程初步踏勘并采集 GPS；对业主提供的 GPS 校验，并保存实地照片，对线路环境进行了解与评估；重点要对其中的穿跨越点、公路交叉点、公路并行点、线路施工点、水网区域进行全面细致了解；能对系统预运行提供线路环境基础数据。

（5）与业主沟通，获取管道与光缆的高风险区域。

（6）沟通 FU、FST、机架拉曼、机柜等安装位置。

（7）沟通机房供电方案。

（8）沟通现场告警处理方式与流程；关注现场哪些破坏事件。

3. 技术方案确认

（1）工程总体概述。

（2）设备分布配置。

（3）设备详细配置表。

（4）主要工作量。

（5）安装条件及技术参数。

（6）项目组织与进度计划。

（7）现场需要业主协调解决的条件。

5.2.2 线路监测设备安装

1. 预警单元安装

1）开箱检验

目的：检查设备运输过程有无损坏和丢失：检查设备的完整性和完好性。

要求：整个检查过程应做详细记录，并由监理、施工、配送、厂家等联合签字确认。

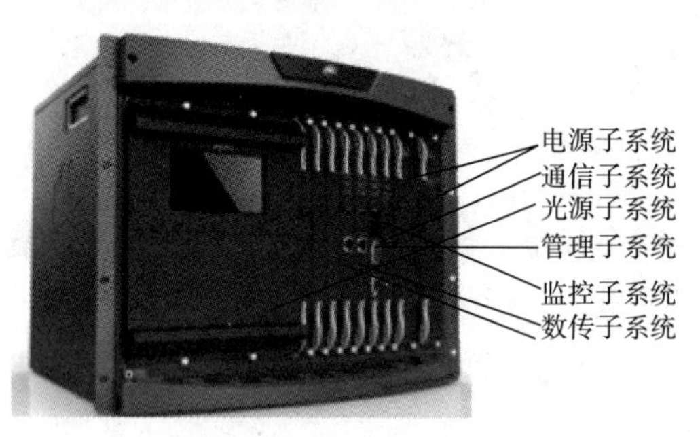

图 5-8 工厂安装好板卡的线路监测设备 FU

2）设备安装

（1）板卡安装在工厂内部进行（图 5-8）。现场组装时，根据安装手册，将办卡插入相应槽位并锁定即可。

（2）机箱、机柜安装要按照通信设备安装施工规范进行，符合下述要求：

①机柜底座和地面应用膨胀螺栓与基础固定。

②机柜与底座应采用防锈材料的紧固件连接牢固，不应采用焊接方式连接。

③机柜安装垂直偏差不应大于机架高度的1‰。

④列内机柜应相互靠拢，机柜间隙应≤3mm，列内平齐，无明显参差不齐现象。

⑤光纤配线架（ODF）安装排列及各种标志应符合设计要求，法兰盘的安装位置应正确、牢固，方向一致。

⑥机架上的各种零件不得脱落或碰坏，漆面如有脱落应予补漆。各种文字和符号标志应正确、清晰、齐全。

（3）将 FU 和专用尾缆连接，应符合以下要求：

①光纤连接线的规格、程式应符合设计规定；技术指标应符合设计文件及技术规格书的要求。

②光纤连接线的路由走向应符合施工图设计文件的规定。

③光纤连接线两端的预留长度应统一，并符合工艺要求。

④线槽内光纤连接线拐弯处的曲率半径应≥40mm。

⑤光纤连接线在线槽内应加软套管保护。

⑥无套管保护的光纤连接线宜用防火、耐用的扎带绑扎。扎带不宜扎得过紧。

⑦编扎后的光纤连接线在线槽内应顺直，无明显扭绞。

⑧布放电（光）缆的规格、路由、截面和位置应符合施工图的规定，排列必须整齐，外皮无损伤。

⑨电缆转弯均匀圆滑，电缆弯的曲率半径 >60mm。

⑩电缆槽内电（光）缆顺直，尽量不交叉。

（4）按照站场供电实际情况，正确配置电源。

3）设备加电

（1）加电前检查：

①设备及插板类型、数量、安装位置应与设计文件或设备说明书相符。

②设备的各种选择开关应置于指定位置上，各输入输出端子类型和位置应与设计文件相符。

③电源线的引出位置、电源极性应正确。

④机柜、设备等应按要求接地良好。

⑤尾纤顺序应与设计文件相符。

（2）设备加电。启动电源开关，检查设备的各个模块工作是否正常。当模块自检不能通过时，相应模块会发出报警。对没能通过自检的模块要用备件更换。

（3）预警单元灯板状态如表 5-1~ 表 5-4 所示。

表 5-1　监控交换（COM）模块灯板显示状态说明

序号	名　称	说　明	状　态	备　注
1	PWR1	监控电路部分电源	常亮	
2	PWR2	交换机模块电源	常亮	
3	LINK1	MM 板网口连接状态	常亮	
4	LINK2	PM 板网口连接状态	常亮	
5	LINK3	CPCI 背板网口 J12 连接状态	J12 连接常亮，无连接常灭	
6	LINK4	监控电路部分网络连接状态	常亮	

表 5-2　管理（MM）模块灯板显示状态说明

序号	名　称	说　明	状　态	备　注
1	5V	5V 电源显示灯	常亮	
2	3.3V	3.3V 电源显示灯	常亮	
3	LINK	MM 板网口数据状态	闪烁	
4	SPEED	MM 板网口连接状态	常亮	
5	RSA	MM 板复位状态	正常时常灭，复位时常亮	
6	SATA	硬盘读写灯	闪烁	

表 5-3　处理（PM）模块灯板显示状态说明

序号	名　称	说　明	状　态	备　注
1	PWR	电源显示灯	常亮	
2	RST	PM 板复位状态	正常时常灭，复位时常亮	
3	D1-R		常亮	
4	D1-C		常亮	
5	D2-R		常亮	
6	D2-C		常亮	

表 5-4　电源（PWR）模块灯板显示状态说明

序号	名　称	说　明	状　态	备　注
1	FAULT	电源故障灯	正常时常灭，故障时亮黄灯	
2	PWR	电源状态显示灯	常亮	
黄灯异常现象：1. 负载太小，只有 1 路电源开启；2. 电源没插紧，与 CPCI 背板虚接；3. 负载有短路；4. 其他异常。				

2. 拉曼模块安装

（1）拉曼放大模块安装示意图如图 5-9 所示。

拉曼放大模块宜放在远端阀室或者中间 RTU 阀室，根据阀室站距和线路平均衰耗确认，宜安装在 60km/40km 光缆处，设备安装位置应符合下列要求：

① 温度：-5 ~ 45℃。

② 湿度：10% ~ 90%。

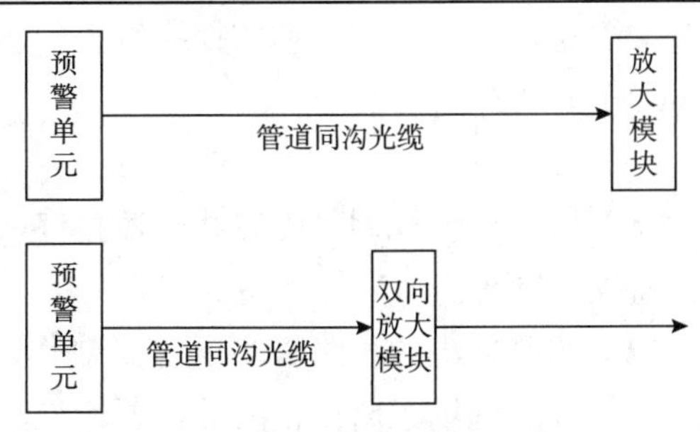

图 5-9　拉曼放大模块安装示意图

③ 电磁干扰：无线电干扰场强应≤126dB；磁场干扰环境场强应≤800A/m。

④ 机房内应有消防措施。

（2）拉曼模块安装过程：

① 拉曼模块安装前复测。拉曼放大模块在使用之前必须进行检测，应按出厂检测报告提供的方法对输出光功率进行复测并记录，达到要求时方可使用。

外观检验要求：无缺陷，无刮痕；尾缆齐全、牢靠，密封好，无扭绞和指标说明铭牌/单页齐全。拉曼放大模块光端面应清洁，尾缆应≥1.5m。

指标检验要求：使用专用仪表对拉曼放大模块进行指标测试，光功率不能低于 25dB。

按照光缆接续的方法连接好测试尾纤。

将测试合格品重新封装备用；不合格品应予以调换。

② 纤芯确认和检验。根据光纤及束管的色谱识别出预警系统使用的 1 芯光纤并确认。纤芯确认使用光源、光功率计测试法（一头接光源，一头接光功率计）。线路的损耗指标使用专用仪器 OTDR 测试。

指标要求：

线路平均损耗≤0.25dB/km（1550nm）；

光纤最大衰减点损耗不能大于 0.5dB。

③ 拉曼放大模块安装。将拉曼放大模块尾纤直接熔接接入光纤配线架或引缆接入光缆接头盒内的纤序应正确；如果使用中间拉曼放大模块需要使用盘纤盒，光纤的余留长度和曲率半径应满足要求。

④ 成端熔接。在 FU 所在的站控室（阀室、场站）内，将尾纤直接熔接接入光纤配线架，中间不允许有法兰接头。

5.2.3 场站管理设备［预警管理终端或区域管理终端（FST、DMC）］安装

预警管理终端（FST、DMC）是管道光纤安全预警系统的管理终端，安装在场站值班室或管道管理处和 FU 组网后，监控整个管网的管线、场站安全（图 5–10）。

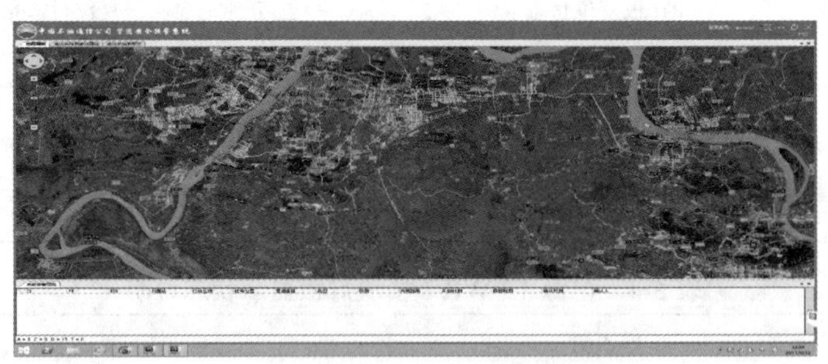

图 5–10 预警管理终端软件主界面图

1. 安装服务器

（1）FST、DMC 服务器按照设计指定位置摆放。

（2）将预警室内设备和监控终端正确连接；将连接线贴好标签。

（3）开机运行。

2. 配置数据

（1）按照设计规划，配置线路监控终端和场站监控终端数据。线路监控终端数据包括 IP 数据、名称、监控范围等。

（2）按照采集的线路 GPS 数据，制作数据脚本。

（3）按照现场距离校正的数据，输入数据库。

（4）配置数据库管理用户名称。

（5）根据线路数据，配置 FUT 数据。

3. 运行软件

（1）运行监控软件，测试各项功能

①预警管理终端（FST）和区域监控中心（DMC）应显示预警信息。

②预警管理终端（FST）、区域监控中心（DMC）应显示预警时间、位置、级别等预警内容。

（2）设置用户权限。管理员按照不同角色设备不同的管理权限。

5.2.4　线路监测设备（预警单元和拉曼放大模块）调试

1. 预警单元调试

1）信号调试

使用 CFUT 软件查看原始信号，如果远端没有拉曼放大模块的情况下，一台正常的 FU 前 20km 应该是饱和信号，可以检测线路应该在 30~40km 左右，确保原始信号在正常的范围，原始信号阈值图示（图 5–11）：

信号阈值：信号的噪声一般保持在 1000dB 上下为优，噪声超过 2000dB 或者低于 300dB（图 5–12）。

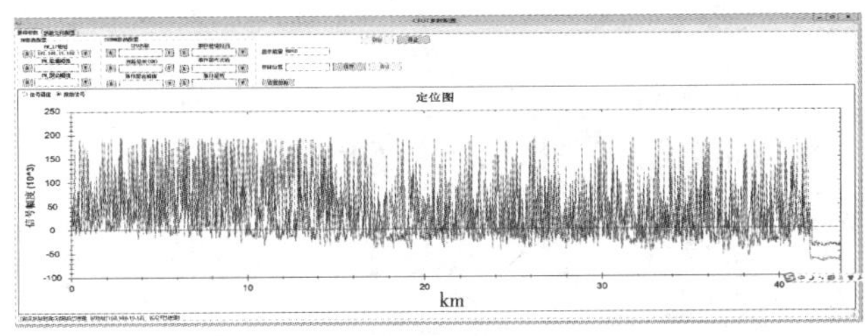

图 5–11　FUT 显示的原始信号波形图

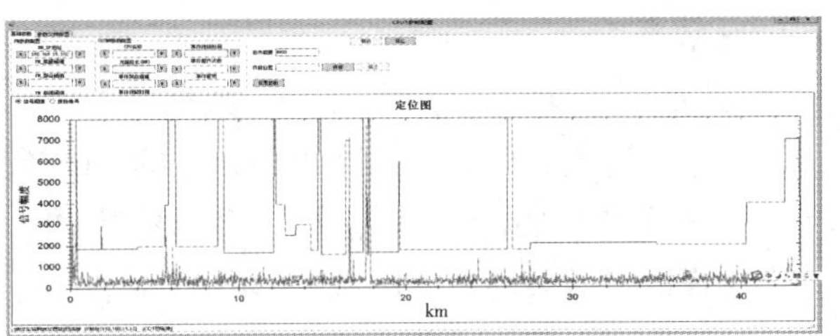

图 5–12　FUT 显示的信号阈值图

2）模块参数调试

（1）APD 模块调试。如果发现信号不正常，比如说两路光比例差太大，要适当地调节 APD，需要保持两路信号基本平衡（图 5–13）。

（2）EDFA 模块调试。关闭 COTMM，然后打开 PhotonByte 小型化模块上位机软件，选择 com5，在设置数值里面设置合适的数值，一般设置数值为 51mA（图 5–14）。

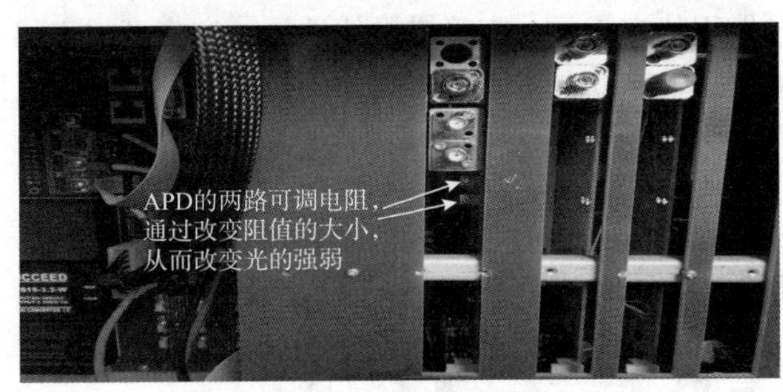

图 5–13　APD 模块信号调节

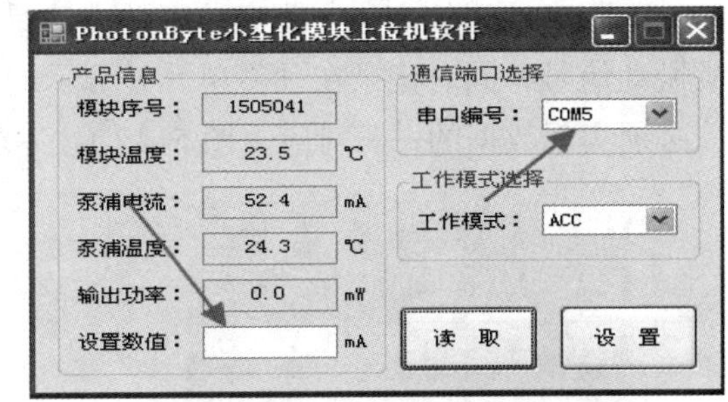

图 5–14　EDFA 模块参数设置

（3）前端拉曼模块调试。打开多功能模块式 EDFA 上位机，选取 com6，根据线路长度，设置合适的参数即可。设置数值最大为 27dB（图 5–15）。

2. 远端拉曼放大模块调试

使用“X—II 型机架式上位机”软件，打开软件—通讯设置—串口选择—串口通信—保存设置—读取，根据线路的实际衰减与线路长度情况，设置合适的数据，最大不超过 27dB。拉曼模块与拉曼放大模块的设置数据需要保持平衡，两者差值不能大于3dB。

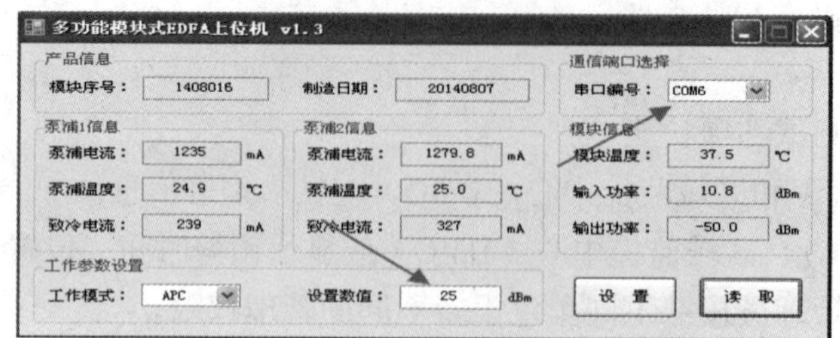

图5–15　拉曼模块参数据调节设置

如果调试笔记本没有串口，需要准备一根USB转串口的线。

5.2.5　场站管理设备（预警管理终端或区域管理终端（FST、DMC）调试

1. 预警管理终端调试

1）GPS数据采集与录入

（1）采集管道沿线关键点的GPS数据，主要采集内容包括（图5–16）：

①管道走向GPS数据。管道平直走向地段，不超过200m采集一个GPS数据；管道转角处均应采集GPS数据。

②沿线主要场站、阀室的GPS数据。

③主要河流、公路、铁路等穿越点的GPS数据；沿线常告警点、振动源等GPS数据。

④管道阴极保护桩、转角桩、穿越桩等GPS数据。

⑤管道高后果高风险区域等GPS数据。

⑥拉曼放大模块安装位置。

（2）采集完毕后，将所有数据以FU为单位，一律按从近端到远端的顺序整理。

（3）按照统一的格式使用专用软件录入到系统中。

如管道出现闭环或尖锐转角等异常显示，说明数据输入顺序错误或者数据采集记录错误，应核对、更正，重新录入。

2）距离校正

进行距离校正的目的是消除光缆距离与地面距离的差异，使预警事件位置定位准确、可靠。

（1）距离校正的方法：距离校正的方法是通过使用特定工具，在管道沿线选取一定密度的定位点形成振动信号，同时记录在预警单元处显示的定位数据。定位点的选择要根据现场采集的GPS数据而定，必须实现数据的一一对应（图5–17）。

图5–16　采集线路GPS数据

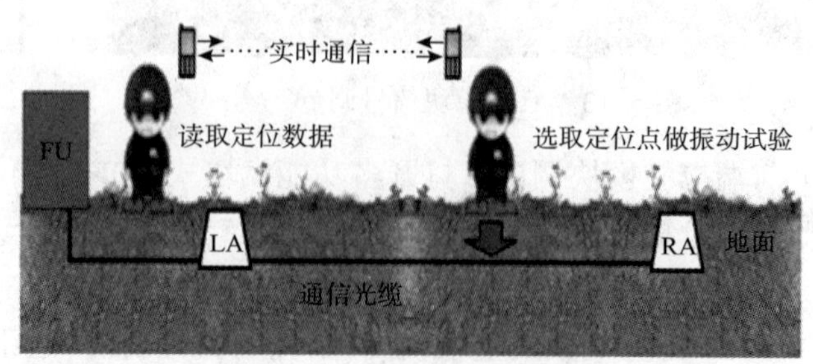

图5–17　距离校正示意图

在纵向定位点做振动试验时，要求每隔 1m 间距在横向选取定位点进行振动试验，根据判断信号的强弱准确确定地下光缆的埋设位置（图 5–18）。

（2）距离校正的步骤

①收集管道光缆布放的型号、走向、长度、盘留等相关信息。

②在本 FU 监测范围内沿线选取定位点。

③在定位点处用专用工具进行振动试验，同时通知 FU 处的工作人员读取数据。

④记录数据并编号存档。

⑤数据整理和录入系统，形成 FST 显示屏上 GIS 界面（图 5–19）。

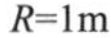

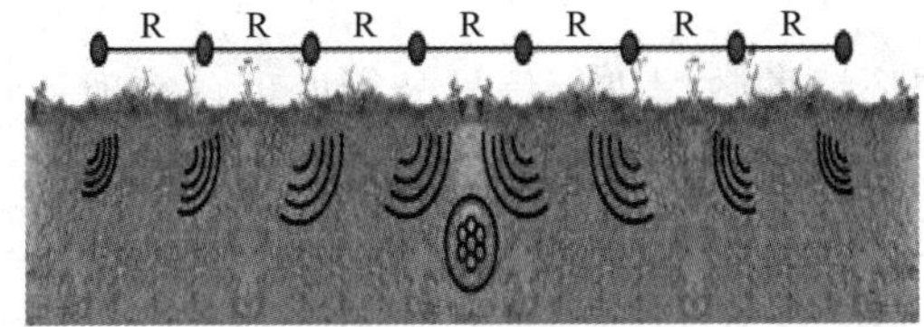

图 5–18 横向振动示意图

图 5–19 FST 显示 GIS 界面

⑥间隔一段时间后，根据环境变化再次进行距离校正，如此反复 2~3 次，有效消除地面距离与光缆距离的差异。

3）预警功能调试

（1）打开 FST 监控主界面，显示（图 5–19）所示的管线 GIS 地图。

（2）在管道线路上人为模拟产生振动事件（图 5–20）。

（3）检查 GIS 地图上显示的预警位置是否和实际位置相符（图 5–21）。

图 5–20 线路上模拟振动事件

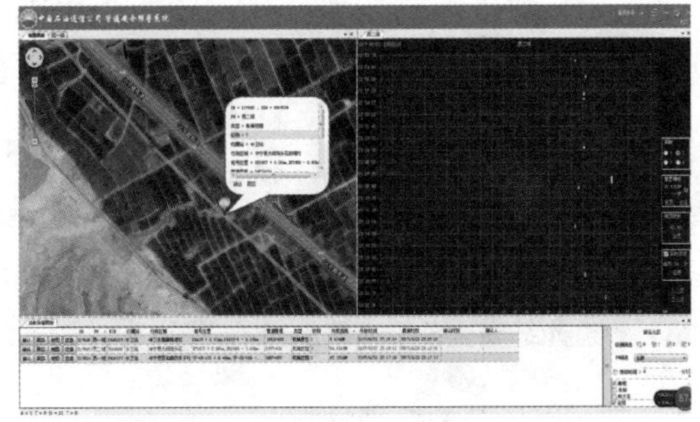

图 5–21 FST 显示报警信息界面

（4）在同一点长时间模拟振动，检查 FST 界面对事件变化过程的显示（图 5–22）。

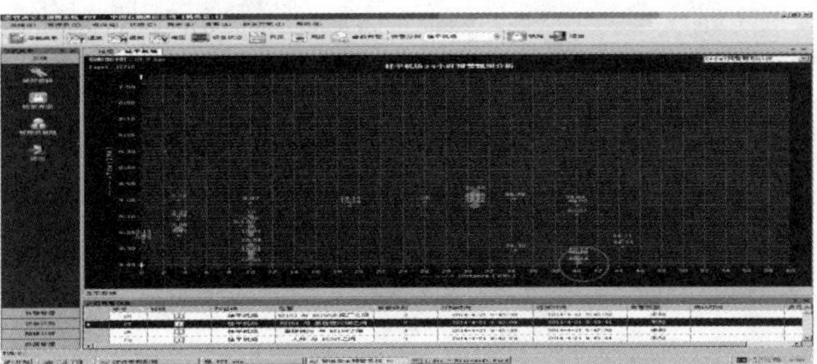

图 5–22 FST 显示预警事件变化过程界面

5.2.6 预警管理终端联调与优化

1. 设备联调

（1）当 FST、DMC 及网络都连接后，测试网络 FST、DMC 和线路监控终端、场站监控终端之间的网络带宽，通常 FST 与单监控终端之间的带宽要不低于 1M，FST 与 DMC 之间的带宽要不低于 10M。

（2）FST、DMC 和监控终端均连接正常后，数据能正常传输与显示。

（3）FST、DMC 功能正常，按照区域划分能管理与显示相应的监控数据。

（4）现场模拟测试能正常报警并显示。

2. 模拟测试

选取不同的地质条件实施人工敲击、人工挖掘、机械挖掘、机械碾压等测试，采集不同区间的振动数据，获取不同地质条件下的信号灵敏度和信号特征。

3. 环境自适应参数优化

线路地形复杂，各种环境具有不同特点；采集不同环境的数据进行信号分析处理，实现不同环境与区间的参数设置；根据线路划分环境区间，针对不同类型实现不同时间的响应。

4. 数据采集算法优化验证

算法优化处理通过现场第三方施工或现场敲击事件验证有效性。

5. 数据筛选及优化

根据系统运行数据，通过不同时间段、持续时间、频次、能量等结合地理环境，持续筛选线路有效数据并对干扰位置进行再次详细标定。

6. 运行数据积累优化

运行期间积累现场运行数据，摸清现场环境规律，有效结合人防 + 技防，建立系统预警事件的信息发布与反馈流程。

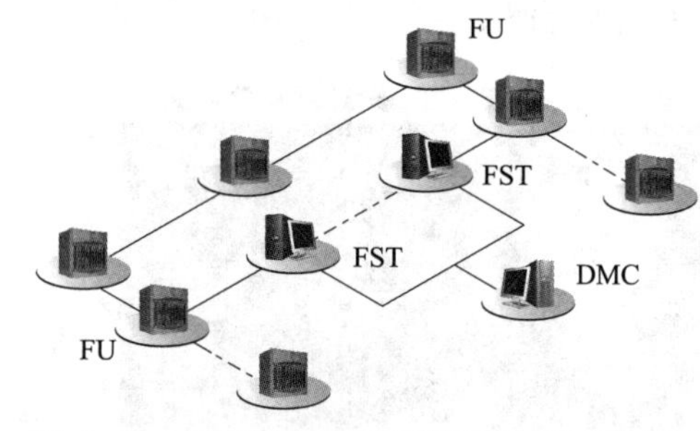

图 5-23 管道光纤安全预警系统组网示意图

运行期间根据预警事件数据统计，统计预警事件记录与位置的统计；统计不同位置的事件类型，结合事件反馈信号，实现事件等级分类，建立事件威胁度判断。

5.3 劳动力组织（图 5-23）

本工法实施过程中，通常预警安装调试组（线路部分、场站部分）进行人员组织，人员配置见表 5-5。按照施工进度，人员可以兼用。

表 5-5 预警系统安装调试组人员配置表

序号	工 种	人数 / 人	备 注
1	机组长	1	机组总负责、QHSE 管理、材料设备调运
2	技术员	1（兼）	负责技术管理和设备调试
3	设备安装	2	负责预警设备安装、数据采集、光缆接续
4	设备调试	2	负责线路设备检测和功能调试
5	司机	1	负责车辆驾驶
合计		6	

6 材料与设备

6.1 材料

主要材料清单（表 6–1）。

表 6-1 主要材料清单

序号	名称	备注
1	光缆	阀室引接、场站进站
2	机柜底座	尺寸依不同工程而定
3	电源线	机柜电源连接
4	接地线	机柜及电源接地
5	拉曼放大器	远端光功率向前放大
6	预警单元	监控线路振动信号设备
7	预警管理终端	预警信号显示与管理设备

6.2 设备

主要施工用具及设备清单（表 6–2）。

表 6-2 主要施工用具及设备清单

序号	名称	技术要求	单位	数量	备注
1	GPS	精度 <10m	个	1	距离校正、数据采集
2	OTDR	40dB	台	1	测试光路
3	熔接机		台	1	熔接光路
4	发电机	2kW	个	1	野外接续用
5	对讲机	防爆，≥0.5W	套	1	沟通用
6	光缆及束管剖刀		套	1	T 接线路监测设备时剖光纤用
7	光源 / 光功率计	1550nm/1310nm 双波长，10mW	个	1	传感光路测试
8	笔记本电脑		台	1	调试用

7 质量控制

7.1 质量标准

（1）2018 年最新全文 《中华人民共和国产品质量法》。

（2）YD 5025—2005 《长途通信光缆塑料管道工程设计规范》。

（3）YD 5043—2005 《长途通信光缆塑料管道验收规范》。

（4）SY/T 4108—2012 《输油（气）管道同沟敷设光缆（硅芯管）设计、施工及验收规范》。

7.2 质量保证措施

（1）施工前先向作业者进行工程工艺技术交底，交代清楚质量要求和施工操作技术规程，使施工工艺的质量控制标准化、规范化、制度化。

（2）建立主要质量控制点分级控制制度。项目部根据全线主要质量控制点的重要程度，按项目部经理、主要管理人员、项目分部经理等管理人员划分三个等级的质量控制点，各控制点施工时责任人到现场监督指导，该控制点的质量情况与责任人的经济利益挂钩。

（3）选择要检查和控制的施工工序及工序控制点；确定各个工序控制点应该达到的质量目标，按规范对工序控制点的质量进行监测和检测，进而对工序控制点的质量现状和质量目标进行对比分析，找出二者之间的质量差距及产生差距的原因，采取相应的技术和管理措施，以消除这一质量差距，防止其再次发生。

（4）制定周密的施工计划。确定施工的关键工序和难点工序，根据各个工序的特点，组织有施工经验的人员来完成。

（5）对施工的难点问题，负责编制施工作业指导书，施工人员按施工作业指导书施工。

（6）各工序作业人员严格执行相应技术标准、规范和作业指导书，并按照质量记录控制程序认真填写质量记录。

（7）质检人员做好工序质量检查并做好记录，对不合格品应按相关程序文件进行标识、处理。

（8）管道光纤预警系统安装调试质量关键控制点见表 7-1。

表 7-1 质量关键控制点明细表

序号	检查点或工序	指标要求	检验仪表或方法
1	线路设备安装	最大衰减点衰耗应≤0.08dB	OTDR
2	线路平均损耗	<0.25dB/km	OTDR
3	最大衰减点	<0.5dB	OTDR
4	设备垂直度	偏差 <3mm	吊锤和水平尺
5	电源电压	根据实际配置	万用表
6	线路关键点位置	不超过 200m 采集一个 GPS 数据	GPS
7	线路监测设备定位距离	根据实际配置，最大 60km	OTDR、振动源、GPS
8	线路监测设备定位灵敏度	可检测到 15m 范围内的机械施工	振动源、GPS
9	线路监测设备定位误差	± 50m	振动源、GPS
10	软件响应时间	1min	振动源、秒表

8 安全措施

8.1 安全标准

（1）GB 18218 《重大危险源辨识》。

（2）GB/T 28001 《职业安全健康管理体系》。

（3）GB 2894 《安全标志》。

（4）GB 15630 《消防安全标志设置要求》。

（5）GB/T 12801 《生产过程安全卫生要求总则》。

8.2 安全保证措施

（1）光缆接续安全措施：操作时一定要注意光缆光纤的曲率半径，防止折断光纤；在进行光纤涂覆层的剥除、端面的制作过程中，万万不能用手去揉眼睛，以防碎的光纤刺入眼睛，受到伤害。同时也要防止刺入皮肤中。

（2）预警设备安装安全措施：应注意用电安全，防止触电。由专职电工操作，操作前一定要检查设备接地保护是否完好，电源连接线是否接错或有无破损，严禁违章操作。

（3）应注意激光安全，严紧用眼直视传光光纤。

（4）注意通信安全，严禁损坏在用通信光纤，避免造成通信事故。

（5）设备安装过程要分工明确，防止挤翻机架，砸伤人体。

（6）现场操作人员进行设备模块更换、检查时要佩戴防静电手环，防止静电损伤设备。

9 环保措施

9.1 环保标准

（1）YD 5039《通信工程建设环境保护技术暂行规定》。

（2）JGJ 146《建筑施工现场环境与卫生标准》。

（3）GB 12348《工业企业厂界环境噪声排放标准》。

（4）GB 16297《大气污染物综合排放标准》。

9.2 环保措施

（1）堆放材料应根据现场情况，选择合理布置方案，力求占地最少，搬运距离最近，对环境造成的污染最小。

（2）施工现场建立健全控制人为噪声的管理制度，加强对强噪声机械作业控制，合理安排施工作业时间并加强对噪声的监测，防止噪声污染。

（3）采取合理措施，防止施工粉尘污染和大气污染，不得焚烧化学、塑料、橡胶、油料等物品，以防产生有害、有毒的烟尘污染大气，造成毒害。

（4）施工操作人员进入土石方施工区域，应佩带防尘口罩等安全防护用品，确保操作人员的施工安全。

（5）将施工用的所有废弃物如光纤电缆外皮、塑料包装等按废弃物类别分别投入指定箱（桶）或在指定的场地放置，禁止乱投乱放，放置废弃物的地点要有明显标识。

（6）施工完毕后，派专人进行清理施工过程遗留的废弃物，按《废弃物清单及处理要求》中规定的处置要求执行，统一处理。

（7）安装过程中产生的弃土应严格按照环保部门要求执行处理。

（8）施工现场油料采用密闭专门容器存放，废弃的油料应集中处理，不得随意倾倒。

（9）对生产机械、设备及运输车辆经常进行维修保养，有效地减少跑、冒、滴、漏产生的含油废水。含油废水采用隔油池或其他方法处理合格后才能排放。

（10）施工时注意保护周围的植被，施工完毕后注意按施工规范回填作业坑。

（11）做好施工现场环境保护的监督检查工作，定期对环境各项工作进行检查，对存在的问题及时解决，并做好文字记录和存档工作。

（12）预警系统等生产过程中要注意噪声和固体废弃物的控制和处理。

10 效益分析

10.1 经济效益分析

（1）管道光纤预警系统是科研产品转化成果，从投入应用到截至 2018 年，应用情况见表 10-1，总共签订合同额 2505.9 万元，创造利润 810 万元左右。

表 10-1 光纤管道安全预警系统近 5 年应用统计表

序号	工程名称	时间 / 年	合同额 / 万元
1	总后桂平管道安全预警系统	2014	
2	四川合川管道安全预警系统	2013	
3	乌石化管道安全预警系统技术服务	2014—2016	
4	板南储气库预警系统	2015	
5	阿独线预警系统改造	2015—2106	
6	总参环城预警系统	2015	
7	烟台港务局预警系统技术服务	2016—2018	
8	兰州临洮实验段	2016—2018	
9	西部管道阿独线技术服务	2017—2018	
10	西气东输武汉、厦门、银川管理处试点段	2017—2018	
11	西南管道临洮陇西段	2018	
累计			2505.9

（2）管道光纤预警系统使用以后，提高了人工巡检的效率，降低了人工巡检的风险，实现全天候无缝实时监控，降低了管道破坏的风险。经过现场应用总结，系统能够实现线路全线重点监控，能够做到有目的巡检与发现问题，巡线的车辆成本降低了二分之一左右，同时监控线路没有发生管道与光缆破坏事件；系统预警数据量大幅下降，1500km 管道线路每年减少了现场事件复核成本大约 876 万元。

（3）第三代管道光纤预警系统只占用一芯光纤，节约了两芯光纤，提高了纤芯的利用率。

10.2 社会效益分析

采用该基于瑞利相干检测的管道光纤安全预警系统实现实时全天候无缝检测，提高管道的智能化水平，降低管道巡线人员、车辆及管道遭破坏后抢维修直接费用，还可节省油气泄漏对油气管道周围人员、城市、村镇、土壤、树木、庄稼及河流等环境污染带来巨额赔偿的间接费用。

11 应用实例

基于瑞利相干检测的管道光纤安全预警系统自从工业化应用并商用以来，有效提高管道的智能化监测水平，有力保障管道的安全输送。

应用实例一：青海乐都管道安全预警系统项目（图 11-1）

施工地点：青海海东

施工工期：2013 年 06 月 01 日至 2013 年 11 月 05 日

实物工程量：1 台 FU、1 套 FST。

应用实例二：烟台港务局管道安全预警系统技术服务

施工地点：烟台

施工工期：2016 年 7 月 15 日至 2017 年 5 月 20 日

实物工程量：10 台 FU、10 套 FST，2 套 DMC。

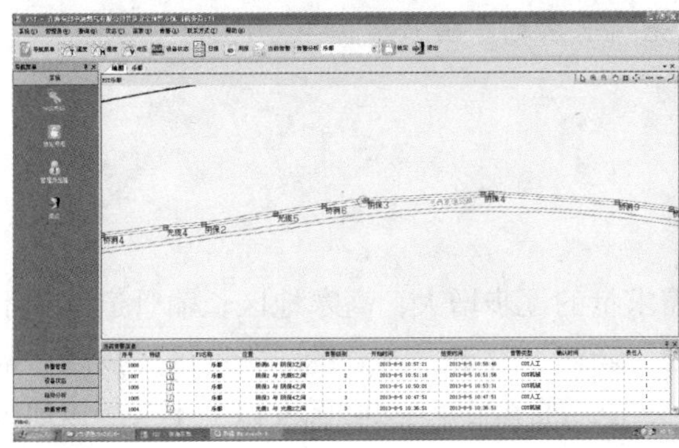
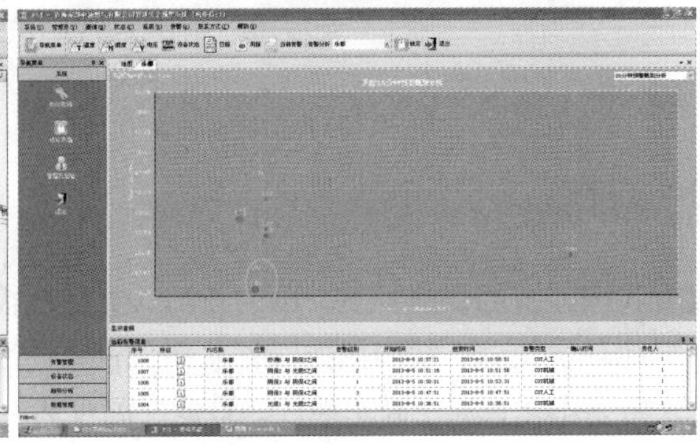

图 11–1　青海乐都管道安全预警系统设备应用效果图

应用实例三：西气东输武汉、银川、厦门预警试点

施工地点：武汉、银川、厦门

施工工期：2017 年 6 月 15 日至 2017 年 8 月 30 日

实物工程量：7 台 FU、3 套 FST。

系统其他应用项目（表 11–1）：

表 11-1　管道光纤预警系统项目其他应用统计

序号	项目名称	FST 数量 / 台	FU 数量 / 台	安装时间 / 年	备注
1	合川外输干线（联合站 – 末站）光纤管道安全预警系统工程	1	1	2013	
2	总后桂平机场站输油管道改造工程（光纤管道安全预警系统）	1	1	2013	
3	西部管道乌石化预警系统	1	1	2014	
4	西气东输阿独线预警项目	1	5	2013	
5	板南储气库预警系统	1	1	2015	
6	总参航天城预警系统	1	2	2015	
7	西南管道兰州分公司预警项目	3	4	2017—2019	
		9	15		

应用典型效果：

第三代预警系统通过在长输油气管道、地方管网、国防通信、城市燃气等行业应用总结与分析，系统能够有效检测第三方机械施工、人为破坏、自然灾害等威胁管道与光缆的破坏事件发生。系统监控距离能够达到 60km；机械预警范围能够在 20m 范围内不漏报；地表定位精度达到 50m；通过有效结合技防与人防措施实现事件全面复核，有效告警准确率达到 80%。系统能够为油气管道、国防通信、地方管网、城市燃气、民用通信等行业安全运行提供有效的事前预警技术手段。

油气长输管道冻土管沟开挖施工工法

中国石油管道局工程有限公司

安治国　高永东　李洪亮　张京元　胡卫军

1　前言

随着我国经济的快速发展，国内石油、天然气需求量的逐步增大，高寒地区长输管道施工不可避免。根据地理学划分，我国黑龙江省北部、青藏高原、新疆、甘肃、内蒙古部分地区海拔高、常年低温、冻土常年不化，属于高寒地区，最低气温可达 -53℃，冻土深度在 5~200m 以上不等。该地区冻土开挖十分困难，施工效率较低，严重影响工期和质量。传统工艺主要为爆破法、液压镐、单钩开挖。爆破法适用于较厚的坚硬冻土层，效率较高，但是爆破手续办理困难，火工品管控严格，安全环保风险较大，方案实施受限因素较多。液压镐对于石方破碎开挖效果较好，对多年冻土破碎效率相对较低，单机日均开挖进度为 18m。单钩主要用于季节性冻土开挖效率较高，对多年冻土开挖困难，效率极低，单机开挖日均不足 10m。

近几年来，中国石油管道局工程有限公司燃气分公司（原国内事业部）（以下简称“燃气公司”）参与承建了多个大型长输管道建设项目，在高寒地区冬季施工过程中，通过技术研究与攻关，创新应用矿山高频破碎锤进行管沟冻土破碎开挖，配合挖掘机进行管沟清理的新工艺，该施工工艺解决了冻土开挖困难、施工周期长、并行在役管道安全风险大等难题，有效缩短了施工周期，降低施工成本，具有较大的推广价值。经现场测算，按照标准机组（5 台高频破碎锤 +5 台挖机清理），单机组每日开挖总工程量为 2700m^3，单台破碎锤日均破碎冻土 540m^3。通过工程实践，燃气公司组织有关技术人员进行汇总、梳理、归纳、总结，编制了《油气长输管道冻土管沟开挖施工工法》。并在 2017 年度在中俄原油管道二线工程、中俄东线试验段工程等工程中成功应用。采用本工法施工效果良好，确保了施工安全和工期，收到了较好的社会效益和经济效益。

2017 年 12 月 30 日《油气长输管道冻土管沟开挖施工技术研究》课题中的 3 项关键技术通过了管道局原国内事业部科学技术委员会的审定。该项课题研究获得 2017 年度国内事业部技术革新一等奖、QC 成果一等奖、“五小成果”一等奖。2018 年 5 月 14 日局级科研课题《沼泽及永冻土冬季开挖及管沟细土回填施工技术研究》通过专家组验收，2019 年 3 月 12 日完成集团公司科技成果登记。

2　工法特点

2.1　适用范围广、效率高

高频破碎锤可以对振动频率进行调整，可对不同地质及含水量的多年冻土进行开挖，适用范围广、施工效率高。

2.2 设备通用性好

高频破碎锤适应多年冻土、季节性冻土等各类冻土施工，避免了频繁更换设备的麻烦，减少了设备投入，通用性较高，成本低。

2.3 冻土开挖安全性高

在爆破施工风险较大的地区或工况条件下，如人口密集区、并行在役管道施工等情况下，采用高频破碎锤进行冻土开挖，安全风险相对较小，无需办理施工手续，可以随时开展施工，有利于保证施工周期。

3 适用范围

适用于连续多年冻土区、岛状多年冻土区和季节性冻土区等高寒地区长输管道冬季管沟开挖施工。

4 工艺原理

通过试验研究，冻土在轴向振动荷载作用下颗粒呈定向排列，导致冻土破坏应变和蠕变强度减小。随着振动频率的提高，动强度大幅下降，从而实现冻土结构破坏。本工法采用的关键技术如下。

4.1 高频振动破碎冻土技术

在冻土开挖过程中，动强度直接决定着土体开挖的难易程度，动强度和残余应变主要受温度、含水量、加载频率、振动次数以及加载速率的影响。冻土动强度和破坏应变随温度的降低而增大，随含水量的增加而减小，加载频率、振动次数以及加载速率对动强度和微观变形的影响最为显著。通过试验研究，冻土在轴向振动荷载作用下颗粒呈定向排列，导致冻土破坏应变和蠕变强度减小。随着振动频率的提高，动强度大幅下降，从而实现冻土结构破坏。

高频破碎锤是基于以上原理设计的新型物理破碎设备，由配套挖掘机液压动力源传递液压能给液压马达，带动振动箱内的偏心齿轮转动，进而产生离心力，其处置分量为周期性变化的干扰力，使轴产生径向受迫振动的高频激振力；再由激振器箱体传递给振动刀排斗齿进行冻土破碎作业（图 4–1、图 4–2）。

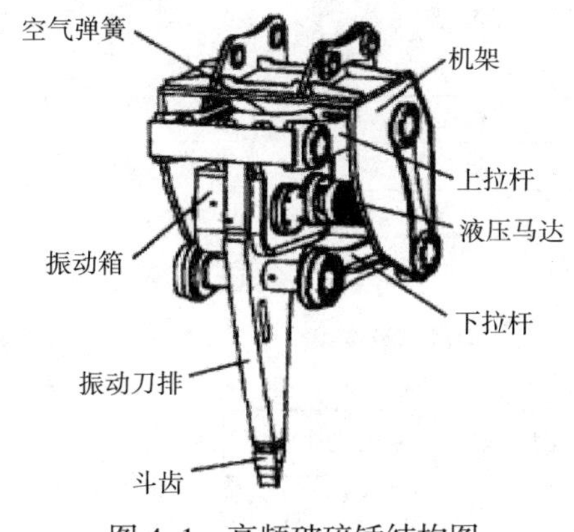

图 4–1 高频破碎锤结构图

图 4–2 现场施工

4.2 楔形角冲头冻土贯入技术

高频破碎锤采用 30° 楔形角刀排斗齿冲头（图 4–3）比圆柱形冲头（图 4–4）更易贯入冻土，在冲击过程中，楔形刀具尖端有应力集中现象。应力波在垂直于楔形面的方向上向外传递最快，使冻土更容易沿着楔形刃的方向最先开裂，从而提高开挖效率高。同时，采用齿靴保护刀排本体，延长使用寿命，降低设备成本。

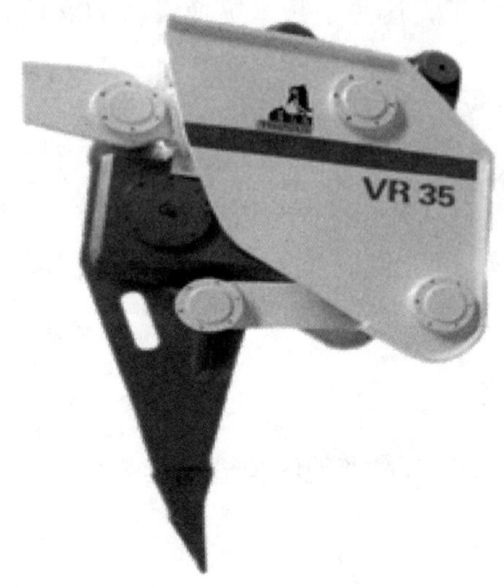

图 4–3 高频破碎锤楔形刀具

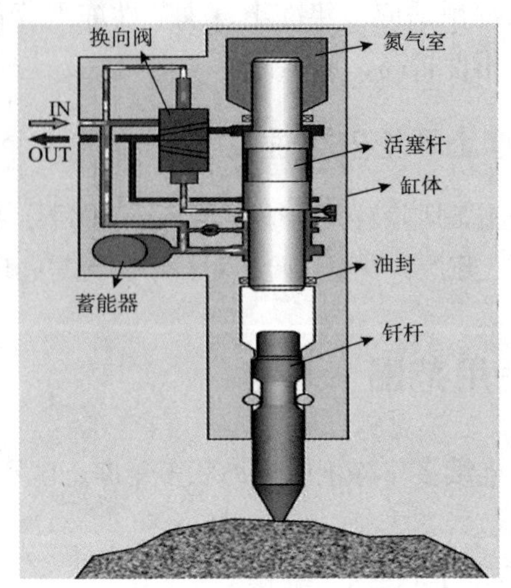

图 4–4 常规低频破碎锤圆柱形钎杆冲头

4.3 高频破碎锤振频调节技术

在恒定的动荷载（最大应力及最小应力恒定）作用下，冻土的破坏时间及破坏变形随振动频率的加快而减小，即冻土破坏变形及破坏时间随频率的加快而减小。

根据试验成果，采用调节挖掘机液压泵转速、增加流量控制阀对高频破碎锤振动频率进行调节，使设备能够对不同含冰量及不同地质类别的多年冻土、季节性冻土进行有效的破碎开挖。高频破碎锤振动频率调整范围为 1300~1800bpm（每分钟打击次数，折合 21.7~30Hz）。

5 施工工艺流程及操作要点

5.1 施工工艺流程（图 5-1）

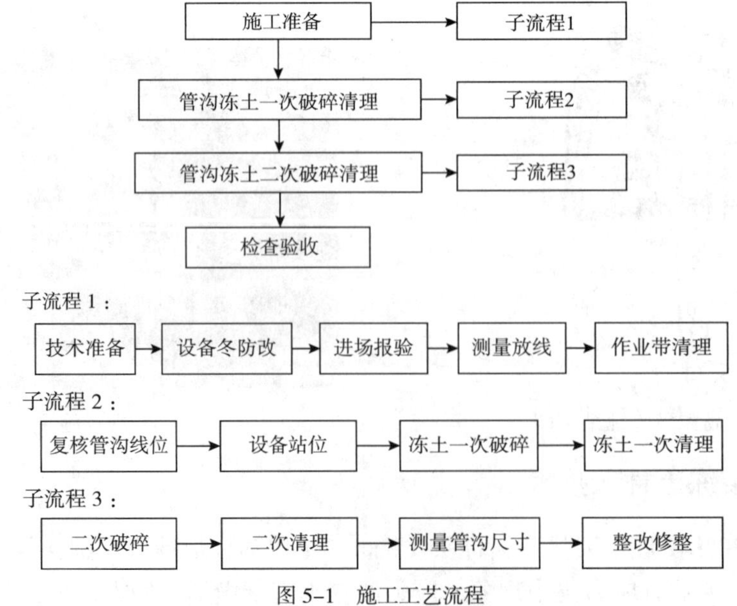

图 5–1 施工工艺流程

5.2 操作要点

5.2.1 施工准备

1. 技术准备

组织施工人员熟悉施工图，仔细勘查现场地质、水文情况，了解沼泽地段冬季封冻情况和开春初融时间（表5-1）。对员工进行技术交底和培训，熟悉掌握各类施工活动的冻结指数范围，保证严格按图施工。

表 5-1 各类施工活动的冻结指数范围

施工活动	早期开始	晚期开始
砍树、扫线	积雪厚度达到 5cm、冻结指数达到 –100℃·日，且冻土冻结的强度能承载扫线设备的压强	积雪厚度达到 10cm、冻结指数达到 –300℃·日
作业带整理及冬季施工便道修理	积雪厚度达到 10cm、冻结指数达到 –300℃·日	积雪厚度达到 10cm、冻结指数达到 –750℃·日
高寒冰冻土区管沟开挖、布管与管材运输	积雪厚度达到 72cm、冻结指数达到 –900℃·日	积雪厚度达到 127cm、冻结指数达到 –2500℃·日
寒季施工结束	早期撤场时间：融化指数大于 –6℃·日	晚期撤场时间：融化指数大于 –12℃·日

2. 设备冬防改造

维护和保养用于施工的挖掘机、破碎锤、发电机、抽水泵等施工设备，确保机具状况良好，挖掘机等主要设备完成冬防改造。挖掘机更换低温燃油、润滑油、机油、防冻液，发动机加装燃油加热器，对发动机冷却液进行预热，提高发动机温度，达到启动条件，其尾气同时对油底壳进行加热，改善发动机润滑条件，确保设备在环境温度达到 –48℃左右时仍可以正常启动。

3. 进场报验

施工前，进行人、材、机的准备及向监理进场报验工作。

4. 测量放线

采用 GPS–RTK 实时动态差分技术，利用 GPS 定位进行测量。根据设计图纸要求，在设计中心线两侧放出管沟边线。根据设计管沟深度、沟底宽度、管沟坡比，核算管沟宽度。根据《多年冻土地区油气输送管道工程设计规范》(SY/T 7364—2017) 的规定，全冻结状态下寒季施工，多年冻土段管沟最小边坡比应按 1 : 0.2 放坡，非全冻结状态下管沟最小坡比应根据冻土冻结趋势及土壤特性经现场试挖确定。推荐边坡比见表 5–2，具体施工时应现场试挖后确定，防止阳光直射造成沟壁融塌，确保施工安全。

表 5-2 深度在 5m 以内管沟的最陡边坡坡度（动载荷）

土壤类别	多年冻土	季节性冻土
砾砂、粗砂、中砂、细砂	0.25	0.5
碎（卵）石	0.23	0.4
粉土	0.22	0.35
粉质黏土、黏土	0.2	0.3

注：中砂（粒径 <0.075mm 颗粒含量均 ≤ 15%），细砂（粒径 <0.075mm 颗粒含量均 ≤ 10%）。

5. 作业带清理

作业带清理前，对地下构筑物等应进行调查、勘测、核对准确位置，树立醒目警示标志。在施工作业带范围内，对于影响施工机具通行或施工作业的石块、杂草、树木、构筑物等进行清理，平整沟、坎，对有积水的地势低洼地段排水填平。在高含冰量多年冻土分布地段，植被清理在寒季进行，以减少对多年冻土的扰动，对于低含冰量多年冻土分布地段，由于冻土融化后压密沉降较小，植被清理不受季节限制，但林区林木砍伐宜在寒季进行。

5.2.2 管沟冻土一次破碎及清理

1. 复核管沟线位

开挖前，由施工员依照设计图纸，对开挖段的控制桩和标志桩、管线中心线、边线进行验收和核对，确认无误后方可进行管沟开挖，防止返工。

2. 设备站位

高频破碎锤设备采用正向破碎施工，即沿设备行走方向进行作业，冻块破碎挖出后进行平整保证设备站位。配合清理的挖掘机在破碎锤开挖一段距离后，采用后退法清理施工，为破碎锤二次破碎清理作业面（图5–2、图5–3）。

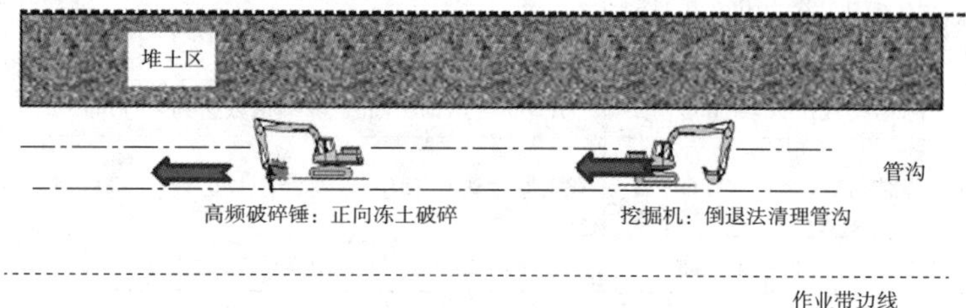

图5–2 设备站位及施工方向示意图

图5–3 现场设备站位及施工方向示意图

3. 冻土一次破碎

以管沟深度3m、管道直径D813mm，多年冻土管沟开挖为例，挖掘机（PC450）履带宽度为3.5m，配重高度为1.32m，最小回转半径3.645m。多年冻土管沟坡度按照设计标准不低于0.2，季节性冻土需要现场开挖试验，考虑设备规格的影响，管沟上口开度为5.0m，管底宽度为2.0m，多年冻土一次破碎厚度为1.5m。对于季节性冻土地段，冻深一般为0.8~1.4m，一次破碎时，直接将冻土凿穿，不再进行二次破碎。一次破碎施工断面图及高频破碎锤现场施工如图5–4~图5–6。

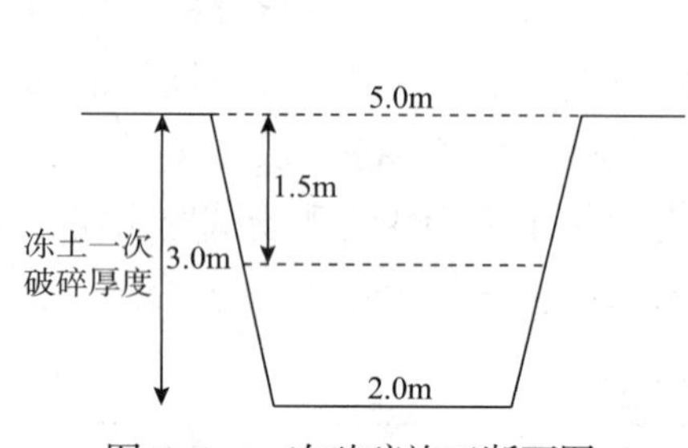

图5–4 一次破碎施工断面图

图5–5 高频破碎锤现场施工

图5–6 高频破碎锤现场施工

管沟沟底宽度根据管道外径、开挖方式、组装焊接工艺及地质等因素确定，深度在5m以内管沟沟底宽度按照下式确定：

$$B=D_m+K$$

式中，B为沟底宽度，m；D_m为钢管的结构外径（包括防腐、保温层的厚度），m；K为沟底加宽余量，按表5–3取值。

表5-3 沟底加宽余量K值

m

条件因素		沟上焊接				沟下焊条电弧焊接			沟下半自动焊接处管沟	沟下焊接弯头、弯管及连头处管沟
		土质管沟		岩石爆破管沟	弯头、冷弯管处管沟	土质管沟		岩石爆破管沟		
		沟中有水	沟中无水			沟中有水	沟中无水			
K值	沟深3m以内	0.7	0.5	0.9	1.5	1.0	0.8	0.9	1.6	2.0
	沟深3～5m	0.9	0.7	1.1	1.5	1.2	1.0	1.1	1.6	2.0

注：当采用机械开挖时，计算的沟底宽度小于挖斗宽度时，沟底宽度按照挖斗宽度计算。

4. 冻土一次清理

为保证挖掘机行走和旋转不受限制，一次清理深度为1.3m。一次清理后的管沟宽度为3.7m。一般施工地段，需要将挖出的冻土堆放在焊接施工对面一侧，堆土距沟边1.5m（图5-7）。

挖掘机清理时先将表层腐殖土冻块（熟土）清理放置到作业带边缘，表层腐殖土一般厚度为0.5m左右，土质呈黑褐色，与下层黄色生土界限比较明显，易于区分。表层腐殖土冻块清理完成后，再清理生土较大冻块放置外侧并与腐殖土冻块保持一定距离，最后清理较小冻土块及土方放置在管沟旁安全位置，作为后续管沟细土粉碎原料。

对于季节性冻土，在一次破碎凿穿后，采用挖掘机直接清理开挖至沟底，达到设计埋深（图5-8）。

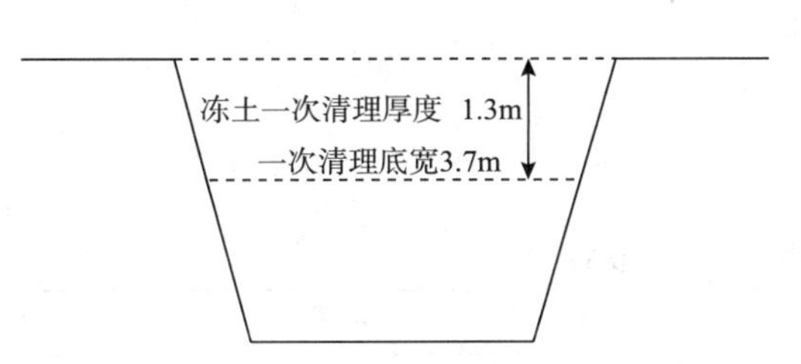

图5-7　一次破碎清理施工断面图

图5-8　一次破碎清理完成效果

5.2.3 管沟冻土二次破碎及清理

1. 二次破碎

管沟冻土一次清理深度达到1.3m后，使用高频破碎锤对底层冻土进行二次破碎，破碎锤采用正向破碎施工。二次破碎深度需达到管沟设计要求并需超挖300mm，破碎深度1.8m，为铺垫细土做好准备，然后采用挖掘机进行清理（图5-9）。

2. 二次清理

高频破碎锤与管沟清理挖掘机间距应≥50m，挖掘机采用后退法进行冻块清理施工，冻土二次清理需将破碎完的冻土清理至超深300mm。直线段管沟应顺直；曲线段管沟应圆滑过渡，并应保证设计要求的曲率半径（图5-10）。

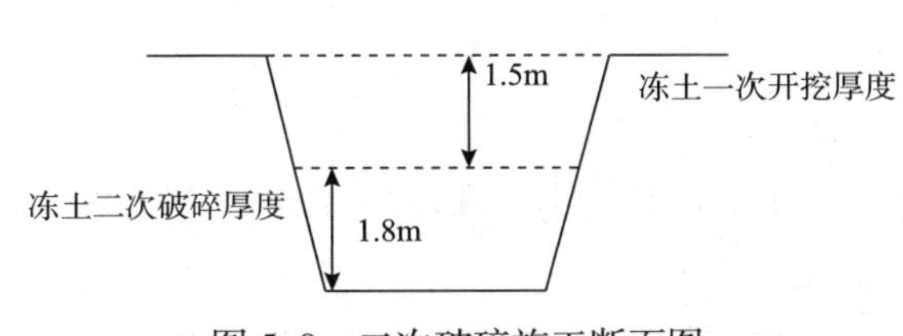

图5-9　二次破碎施工断面图

图5-10　现场管沟二次清理作业

3. 测量管沟尺寸

管沟清理完成后，采用GPS测量仪对管沟中线、深度、宽度、边坡点等参数进行测量，侧向斜坡地段的管沟深度，应按管沟横断面的低侧深度计算。

4. 自检整改

根据自检结果，对存在问题的局部管沟安排操作手进行整改修复，确保管沟顺直，坡度、深度等数据符合设计要求。

5.2.4 检查验收

（1）直线段管沟应顺直，曲线段管沟应圆滑过渡，曲率半径应满足设计要求。

（2）管沟中心线、沟底标高、沟底宽度、变坡点位移的允许偏差应符合表 5–4 的规定。

表 5-4 管沟偏差取值表

项 目	允许偏差 /mm
管沟中心线偏移	<150
沟底标高	+50 ~ −100
沟底宽度	−100
变坡点位移	<1000

（3）冻土段管沟沟壁不得有欲坠的冻块，沟底不应有冻块。

（4）开挖后应及时检查验收，不符合要求时应及时修整。

（5）管沟验收数据合格后尽快进行管道下沟及回填作业。

5.3 劳动组织

表 5-5 冻土开挖施工单机组主要劳动力配备（*DN*800）

序号	工种名称	人数 / 人	备 注
1	机组长	1	负责机组管理、整体协调
2	技术员	1	负责机组施工技术管理
3	HSE 监督员	1	负责现场施工安全管理
4	质量员	1	负责现场施工质量管理
5	测量员	1	负责现场测量
6	修理工	1	负责设备修理
7	挖掘机操作手	11	负责现场开挖作业
8	普工	4	配合现场施工
9	司机	2	负责车辆驾驶（接送人员、运管）
合计		25	

6 材料与设备

6.1 设备

主要施工机具和设备配备情况见表 6–1：

按照冻土开挖施工单机组进行配置，日工作量按照开挖300m左右管沟（深度3m以内）进行测算。

表 6-1 主要施工机具设备配备（单机组）

序 号	名 称	型 号	单 位	数 量	备 注
1	挖掘机（配高频破碎锤）		台	5	
2	挖掘机		台	5	
3	挖掘机（配破碎筛分斗）		台	1	
4	GPS 测量仪	RTK	台	1	
5	中客车	宇通	辆	1	
6	皮卡车		辆	1	
合计				14	

6.2 材料

所需维保材料如表 6–2，劳动保护材料根据规范标准的要求进行配备。

表 6-2 维保材料

序 号	材料名称	单 位	数 量	备 注
1	斗齿齿靴	个	100	
2	筛分破碎斗刀片	片	200	
3	润滑脂	kg	50	
4	高压油管	根	10	
5	防火帽	个	1	
6	劳保	批	1	按需配置

6.3 施工专业设备说明

矿山高频破碎锤：高频破碎锤改变了使用活塞冲击式的破碎原理，一种以马达驱动的一种利用离心力上下往复运动产生破坏力的新型的挖掘机附件产品，是集机械液压力学及数字信号、数字化监控为一体的物理破碎设备；是常规配套于挖掘机上的破碎属具，有强于常规单钩松土器的作业优势，更优于常规破碎锤破碎作业效率的装置（图 6–1）。

图 6–1 矿山高频破碎锤

矿山高频破碎锤的斗齿可在激振器的作用下对冻土产生冲击，进而实现破碎。工作原理是由液压动力源或能够独立运行的液压设备传递液压能给液压马达，带动振动箱内的偏心齿轮转动，进而产生离心力 F，其处置分量 F_{sin}(wt) 为周期性变化的干扰力，使轴产生径向受迫振动的压力，称为激振力。再由激振器的箱体将振动传递给斗齿进行破碎作业。设备参数详见表 6–3：

表 6-3 高频破碎锤基本参数

序号	项 目	单 位	参 数	备 注
1	液压挖掘机	t	35~45	配套主机
2	破碎器质量（包括上支架）	kg	3300	
3	破碎器质量（不包括上支架）	kg	2800	
4	工作压力	MPa	22~24	
5	回油压力	MPa	1	
6	马达泄油压力	MPa	0.4	
7	流量	L/min	240	
8	频率	1/min	1300~1800	
9	尺寸 $L \times W \times H$	cm	280 × 93 × 180	
10	蓄能器压力	MPa	0.5	

7 质量控制措施

7.1 质量标准

（1）GB 50369—2014《油气输送管道工程施工及验收规范》。

（2）Q/SY 1358—2010《油气管道并行敷设技术规范》。

7.2 质量控制措施

质量风险分析：主要为管沟测量放线、管沟深度、宽度、坡比、生熟土剥离等。

（1）开工前编制施工方案和作业指导书，对全体员工进行技术、安全交底。特种作业人员要求持证上岗。

（2）严格执行“三检制”，做好冻土管沟的验沟工作，确保管沟开挖的深度、平直度、顺直度符合设计及标准规范要求。

（3）检测仪器仪表状态良好并在检定有效期内。

（4）管沟开挖过程中将管沟边侧各 1m 范围内的土块及石方清除干净，防止土块冻结损伤管线防腐层。

（5）管沟开挖应顺直，曲线段管沟应圆滑过渡，曲率半径应满足设计要求。

（6）细土回填厚度及回填粒径满足设计要求。

7.3 冻土开挖质量关键控制点（表 7-1）

表 7-1 冻土开挖质量关键控制点

序号	检查项目	检测时机和频次	指标要求	检测工具和方法
1	测量放线	每 100m 检查 1 点	定出作业带中心线和边线。	GPS 测量
2	管沟中心线偏移	每 50m 检查 1 点	管沟中心线偏移 <150mm	GPS 测量
3	沟底标高	每 50m 检查 1 点	沟底标高：+50～−100mm	GPS 测量
4	沟底宽度	每 50m 检查 1 点	沟底宽度：−100mm	钢卷尺
5	变坡点位移	每个变形点全检	变坡点位移：<1000mm	GPS、钢卷尺
6	坡比	每 50m 检查 1 点	坡比	钢卷尺
7	生熟土剥离	每 500m 检查 1 次	生熟土分离，分开堆放	目测检验
8	管沟验收	沿管沟全部检查	沟内无石块、冻块	目测检验

8 安全措施

8.1 安全标准

（1）GB 50348—2018《安全防范工程技术标准》。

（2）JGJ 46—2012《施工现场临时用电安全技术规范》。

8.2 安全措施

安全风险分析：主要为设备防冻、设备滑车、机械伤害等。

（1）施工前，组织施工人员进行安全技术交底。

（2）特殊工种持证上岗，严禁违章作业、违章指挥、违反劳动纪律。

（3）设备停用时，检测防冻液冰点，对不合格的进行更换，防止水箱爆裂。

（4）施工设备在坡上行驶时注意安全，防止滑车事故发生。车辆设备不得在坡上停放。冰、雪天车辆外出时车轮要装防滑链或雪地轮胎。

（5）在低温条件下，作业人员对使用的设备应每天进行例行检查，对螺栓、销子、操作系统、制动系统、安全装置等部位进行重点检查。在操作过程中随时关注设备状况，发现问题及时维修，严禁设备带病作业。

（6）高寒地区冬季冰雪覆盖，履带设备易发生侧滑、下滑现象，设备行驶中应有专人监护，设备停止时应用三角木塞实。

（7）山地施工前，仔细检查机械设备的刹车、制动系统是否可靠有效。机械设备周围 1m 范围内不得有人停留、休息。操作手启动机械设备时，要检查设备周围是否有人方可启动，行走前鸣笛示警。

（8）机械、车辆不得停放在上下坡段，应停放在坡顶（坡底），否则要修筑平台，以便设备停放。

9 环保措施

9.1 环保标准

（1）JGJ 146—2013 《建设工程施工现场环境与卫生标准》。

（2）GB 12523—2011 《建筑施工场界环境噪声排放标准》。

（3）GB 8978—2002 《污水综合排放标准》。

9.2 环保措施

环保风险分析：主要为水土流失、冻土环境破坏、燃油滴漏等。

（1）实现清洁生产保护自然与生态环境，妥善处理合同执行过程中各种生产、生活废物，避免环境污染事故和社会投诉事件，排除水土流失隐患。环境保护、水土保持工作满足设计要求，符合国家、地方相关法律、法规要求。

（2）弃渣场的选择应与当地环保部门结合选择渣场，做好渣场的拦挡及水土保持工作。

（3）每天做好垃圾分类回收工作，并按环保部门的要求送至指定垃圾处理厂。

（4）注意施工设备燃油“跑、冒、滴、漏”问题，做好防护措施，防止污染环境。

（5）多年冻土环境保护应贯彻“预防为主，保护优先，建设与保护并重”的原则。

（6）多年冻土地区管道施工，注意对多年冻土区自然环境和生态环境的保护，尽量减少对多年冻土环境的人为破坏。

（7）多年冻土区域的植被是多年冻土的良好隔热屏障，也是多年冻土地区生态环境的重要组成部分，施工中为了避免对现场外附近环境资源和财产的过度干扰，所有施工人员应当在指定的作业带范围、临时性工作场地、辅助施工场地和施工便道内从事活动，保护地表植被。

（8）施工过程中按照当地文明施工要求，严禁破坏工地周围原有绿化和环境。

10 效益分析

10.1 社会效益

冻土爆破施工手续办理困难，火工品运输、保管监管严格，受重大节日等各种社会因素升级管理影响，经常出现停工限供的情况，对现场施工影响较大。同时，爆破烟尘、噪声、飞石对环境影响较大，临近人口密集区更容易出现房屋开裂赔偿纠纷，增加了外协难度。采用本工法施工有效解决了冻土爆破施工安全环保风险大的难题，可以根据施工部署随时组织施工，确保了施工总体工期。

该工法在中俄东线天然气管道工程试验段（二期）、中俄东线天然气管道工程进行了推广应用，并可为其他国内外高寒地区油气管道工程建设提供技术支持，具有较大的推广意义。

10.2 经济效益

采用传统爆破开挖方式单公里费用为64.03万元（单公里按照$1\times10^4m^3$计算），采用高频破碎锤单公里费用为51.03万元，综合对比单公里降低成本13.02万元。单机组（5台高频破碎锤+5台挖机清理），每日开挖进度为270m，折合总工程量$2700m^3$（表10–1）。

表10-1 冻土开挖传统工艺与新工艺费用分析对比表 万元/km

序号	名称	传统爆破工艺/万元	新工艺高频破碎锤/万元	节约费用/万元	新工艺与传统工艺经济指标对比节约/%
1	人工费	11.72	9	2.72	23.21
2	材料费	22.78	19.38	3.4	14.93
3	机械费	34.5	27.65	7.5	21.74
合计		69	56.03	13.02	18.87

（1）中俄原油管道二线工程：

本工程应用168km，相应节约成本13.02万元 ×168=2187.36万元。

（2）中俄东线天然气管道工程试验段二期工程：

本工程应用3.4km，相应节约成本13.02万元 ×3.4=44.268万元。

（3）中俄东线天然气管道工程（黑河–长岭段）：

本工程应用120km，相应节约成本13.02万元 ×12=1562.4万元。

综上，累计节约费用3794万元。

11 应用实例

通过中俄原油管道二线工程项目，油气长输管道冻土管沟开挖施工工艺在大兴安岭高寒冻土区应用良好。该工艺解决了高寒地区冻土开挖效率低的难题，提高了施工效率，降低施工成本，并且在并行在役管道施工区段确保了施工安全。取得了良好的社会效益和经济效益。对冻土开挖施工具有较大的推广意义。主要应用实例为以下3条：

应用实例一：中俄原油管道二线工程

中俄原油管道二线工程全长221.2km，管径D813mm，钢级X65，设计压力9.5MPa。沼泽段73.66km、永久冻土段20.653km、季节性冻土20.56km，与漠大线并行168.24km。本工程应用15.7km，节约成本2187.36万元。本工法的应用有效地解决了高寒地区冻土开挖效率低的难题，解决了大兴安岭国家林区细土采购难的问题，提高了施工效率，降低施工成本，并且在并行在役管道施工区段确保了施工安全。

应用实例二：中俄东线天然气管道工程试验段二期

中俄东线天然气管道工程试验段二期位于黑龙江省黑河市五大连池市境内，起点位于黑龙江省农垦局北安管理局襄河农场红旗庄村，终点位于五大连池市新发乡凤山村南的五大连池市与克东县交界处，总体走向自东北向西南。线路长度约为69.4km，管径D1422mm，设计压力12MPa。本工程应用3.4km，节约成本44.268万元。本工法的应用有效地提高了冻土开挖施工效率，降低了施工成本，有效地保证了施工工期。

应用实例三：中俄东线天然气管道工程（黑河－长岭段）

中俄东线天然气管道工程（黑河－长岭段）1 标段长度为 70km，2 标段长度为 71km，5 标段长度为 68.62km。设计输量 $380\times10^8m^3$，设计压力 12/10MPa，管径 D1422mm。本工程累计应用 120km。节约成本 1562.4 万元。本工法的应用有效地提高了冻土开挖施工效率，减少了设备投入，将现场冻土粉碎作为细土进行回填，降低了施工成本，有效地保证了工期。

高寒地区冬季长输管道站场大体积混凝土基础施工工法

中国石油管道局工程有限公司

安治国　高永东　李洪亮　任成军　吕玉龙

1　前言

随着我国经济的高速发展，国内油气需求量快速增长，高寒地区长输管道站场施工不可避免。根据地理学划分，我国黑龙江省北部、青藏高原、新疆、甘肃、内蒙古部分地区海拔高、常年低温、冻土常年不化，属于高寒地区，最低气温可达 –53℃。这些地区冬期长达 7 个月，进入采暖期后，建筑工程基本停止。低温施工对混凝土结构质量影响较大，严重影响工期。

根据《大体积混凝土施工标准》GB 50496—2018 里规定：混凝土结构物实体最小几何尺寸≥1m 的大体量混凝土，或预计会因混凝土中胶凝材料水化引起的温度变化及收缩而导致有害裂缝产生的混凝土，称之为大体积混凝土。

根据《建筑工程冬期施工规程》（JGJ 104—2011）规范规定，当室外日平均气温连续 5 天稳定低于 5℃即进入冬期施工。传统冬季施工在 –15℃以内，一般做法为在混凝土施工中掺加较强型抗冻剂，采用综合蓄热法进行养护。

近几年来，中国石油管道局工程有限公司燃气分公司（原国内事业部）（以下简称“燃气公司”），参与承建了多个大型长输管道建设项目，在高寒地区站场冬季施工过程中，通过改进混凝土搅拌方法，优化防寒保温措施和养护措施，保证了站场冬季大体积混凝土基础施工质量和工期。通过工程实践，燃气公司组织有关技术人员进行梳理总结，编制了《高寒地区冬季长输管道站场大体积混凝土基础施工工法》。该工法在中俄二线、鞍大线等工程中成功应用，有效地解决了大体积混凝土的冬季施工难题，确保了工程质量和工期，收到了良好的社会效益和经济效益。

2017 年 12 月 31 日《高寒地区冬季长输管道站场大体积混凝土基础施工技术研究》课题中的 3 项关键技术通过了管道局原国内事业部科学技术委员会的审定。该项课题研究获得 2017 年度管道局原国内事业部技术革新一等奖、QC 成果一等奖、五小成果一等奖。

2　工法特点

2.1　防寒保温效果好

采用搭设大型暖棚、常压锅炉供暖、原材料预热、模板外加保温板等各项加热保温措施，确保了极寒环境下的施工质量。

2.2　混凝土强度高，成本低

采用分次投料搅拌技术，在不改变机械设备、增加人力、物力的前提下，提高了混凝土的抗拉、抗压强度、抗渗性、抗冻性、抗冲击疲劳强度，降低了水泥用量及施工成本。

2.3 基础结构的整体性和耐久性好

采用循环水冷却混凝土散热技术，通过混凝土内降温盘管将水化热及时、有效的排出混凝土于外部，保持内外温差均衡，从而防止裂纹的产生，确保了混凝土结构的整体性和耐久性。

2.4 混凝土养护自动化程度高

通过智能化远程监控技术，依据监控数据智能启停降温水泵，通过降温盘管注水冷却，确保基础养护期间温差符合设计要求，降低了劳动强度，减少了人为因素影响，提高了冬季大体积混凝土养护质量。

3 适用范围

适用于高寒地区冬季环境温度不低于 –53℃的长输管道站场大体积混凝土设备基础施工。

4 工艺原理

采用搭建大型暖棚改善局部环境，使站场冬季大体积混凝土成型强度超过受冻临界强度而保证施工质量，实现高寒地区冬季混凝土正常施工。本工法采用的关键技术如下。

4.1 冬季施工大型暖棚加热保温技术

站场单体施工采用整体暖棚覆盖，暖棚采取半地下方式搭建，先开挖基坑，后搭建大棚，节约覆盖材料，增加保温效果，降低综合成本，向阳面棚顶采取透光设计，在保暖的同时，提高采光效果，节约电力。暖棚采用常压锅炉供暖，保证棚内温度达到 5~10℃左右（图 4–1、图 4–2）。

图 4–1 常压锅炉供暖

图 4–2 大型暖棚搭设

4.2 冬季混凝土分次投料搅拌浇筑技术

分次投料搅拌技术是将水泥、砂、石和水分次投入搅拌机，即先将骨料与部分水拌合，达到表面湿润饱和，再投入水泥搅拌，使骨料表面黏附一层较小水灰比的水泥皮壳，然后投入剩余水搅拌，使骨料周围的水泥皮壳与水充分混合糊化。混凝土具有泌水少、不易离析和沉降，具有较好的物理力学性能，其抗拉、抗压强度、抗渗性、抗冻性、抗冲击疲劳强度均大幅提高（图 4–3、图 4–4）。

图 4-3 分次投料搅拌

图 4-4 泵送方式浇筑

4.3 冬季大体积混凝土智能化养护技术

设置远程监控测温点等技术措施检测控制砼内部温度，基础采取内置循环水降温盘管，通过智能化远程监控技术，依据监控数据智能启停降温水泵，确保基础养护期间温差符合设计要求，提高了冬季大体积混凝土养护质量（图 4-5、图 4-6）。

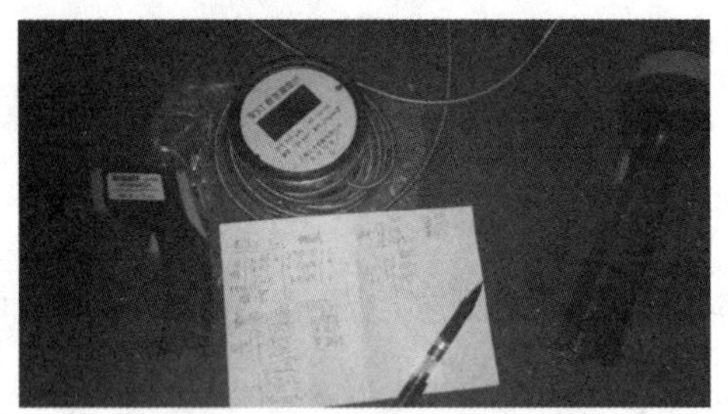
图 4-5 基础远传监控探头

图 4-6 测温点预埋套管

5 施工工艺流程及操作要点

5.1 施工工艺流程（图 5-1）

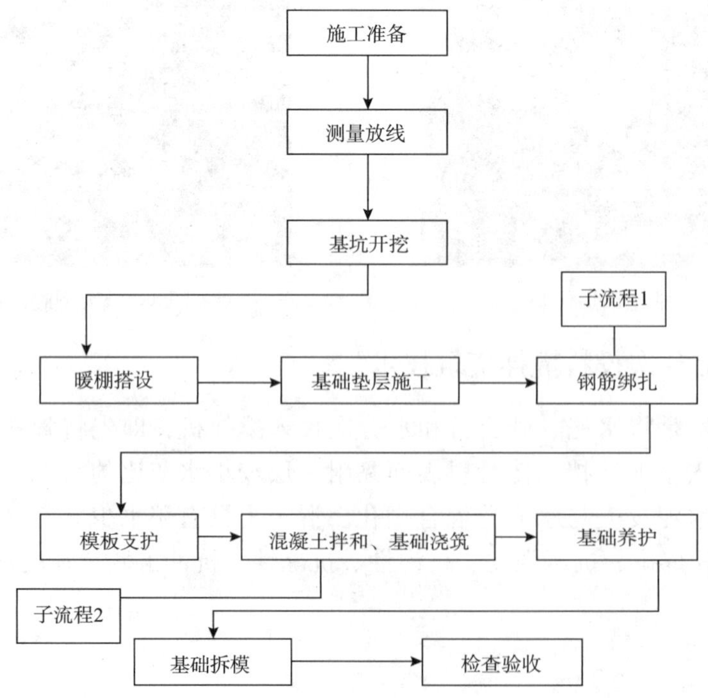

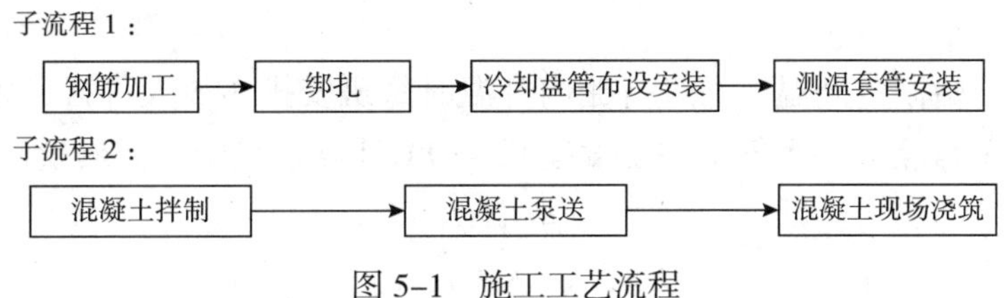

图 5–1 施工工艺流程

5.2 操作要点

5.2.1 施工准备

（1）技术准备：熟悉图纸、组织技术、质量、安全交底。施工前，向监理单位报验人、材、机进场资料。

（2）材料储备：依据站场工程量提前做好原材料的储备工作。防止大雪封路等因素影响材料供应。

（3）实验数据：提前联系具有合格资质的实验室做好冬期施工混凝土及外加剂的试配工作，出具配合比报告。

5.2.2 测量放线

施工前进行现场设计交桩，根据控制点，测试基础的纵横双向控制桩放样，并根据控制点高程确定拟开挖基槽深度，开挖区域放样用白灰撒出基坑开挖的边界线。控制桩距基槽边缘 1.5m，单独隔离保护，控制桩坐标及标高经复验合格无误后进行下一道工序。

5.2.3 基坑开挖

基坑开挖采用机械开挖配合人工清理修整，按施工规范要求边坡比放坡。机械开挖至接近设计基底标高时，预留 100~200mm 厚土层人工清理。为防止坑底扰动，测量人员及时测定标高，并在沟壁制作控制点进行坑底抄平工作。施工技术人员及时进行基槽开挖的报验，经设计验槽合格后进行基础垫层施工。

5.2.4 暖棚搭设

根据现场实际情况，暖棚搭建方式有两种，一是采用脚手架搭建，二是保温型轻钢板房。根据冬季施工大型暖棚加热保温技术计算设计搭建方式，确定采取锅炉或是电暖气加热方式。

1. 脚手架暖棚

采用脚手架管架设，增设剪刀撑、斜拉撑等措施，保证暖棚的稳定性。墙板、屋顶板均采用加厚防寒的材料填充，暖棚顶部（由里向外顺序）铺设木模板、军用棉被、塑料布、防雨雪帆布外罩（图 5–2）。

2. 保温型轻钢板房

轻钢保温板房整体采购，现场安装，其结构性能好，轻质高强，可以重复使用，主要用锅炉房、临时办公室、临时库房（图 5–3）。

图 5–2 脚手架暖棚搭建

图 5–3 锅炉间轻钢板房

3. 能耗计算

搅拌开盘前 4~6h 开始棚内升温。在进行棚内升温时每班安排 3~5 人进行，每 4h 为一班，轮流值班，使棚内温度达到 5℃，暖棚外大气平均温度按照 -30℃计算，暖棚内耗热量计算：

$$Q_0=Q_1+Q_2 \tag{5-1}$$

$$Q_1=\Sigma A\times K\ (T_a-T_b) \tag{5-2}$$

$$Q_2=V\times n\times C_a\times \rho_a\ (T_b-T_a)\ /3.6 \tag{5-3}$$

式中，Q_0 为暖棚总耗热量，W；Q_1 为通过围护结构各部位的散热量之和，W；Q_2 为由通风换气引起的热损失，W；A 为围护结构的总面积，m^2；K 为维护结构的传热系数（根据查表 K 取 3.6），$W/m^2\cdot K$；T_b 为棚内气温，℃；T_a 为室外气温，℃；V 为暖棚体积，m^3；ρ_a 为空气的表观密度（取 $1.37kg/m^3$），kg/m^3；C_a 为空气的比容热（取 1kJ/kg·K），kJ/kg·K；n 为每小时换气次数，一般按 2 次计算。

（1）暖气片散热量计算：

$$Q=K\times F\times T \tag{5-4}$$

式中，Q 为散热量，W/m^2；K 为传热系数；F 为散热面积，m^2；T 为标准传热温度，℃。

（2）供热主管保温层计算：

$$\delta=2.75\frac{D^{1.2}\lambda^{1.35}t_1^{\ 1.173}}{q^{1.5}} \tag{5-5}$$

式中，D 为管道外径，mm；λ 为保温材料导热系数，W/m·K；t_1 为管道外表面温度（取介质温度），℃；q 为允许最大散热损失，W/m；δ 为保温层厚度，mm。

经计算，暖棚每小时内的耗热量为 181545W(即 0.18MW/h)，2t 节能燃煤锅炉供热量为 1.4MW/h，满足供热要求。供热主管采用石棉保温，厚度 80mm。暖气片采用 75mm×75mm×2100mm 规格，需要 20 组。

5.2.5 基础垫层施工

在地基或砂石褥垫层上清除淤泥和杂物，并应有防水和排水措施。C15 垫层厚度为 100mm，砼运输采用泵送方式，振捣器捣密实。

5.2.6 钢筋绑扎

1. 钢筋加工

钢筋加工、制作需要根据设计图纸要求进行。

2. 绑扎

严格按照设计要求进行钢筋绑扎，钢筋工程质量检验标准应符合规范要求。

3. 冷却水管布设安装

绑扎钢筋过程中，在基础内安装 ϕ57mm×3.5mm 钢管循环冷却水管。冷却水管采用焊接方式，与钢筋结合处进行绑扎加固处理，防止位移。与基础主筋重合或距离较近时可以适当避让调整。

4. 测温套管安装

为保证测温探头的安全使用，在钢筋绑扎阶段安装测温套管，采用 ϕ32mm 镀锌钢管制作测温套管，测温套管按照测温点位置及高度进行安装，与就近钢筋绑扎牢固。测温结束后，每一个孔用比结构混凝土标号高一等级的细石混凝土（掺微膨胀剂）注浆填实（图 5-4、图 5-5）。

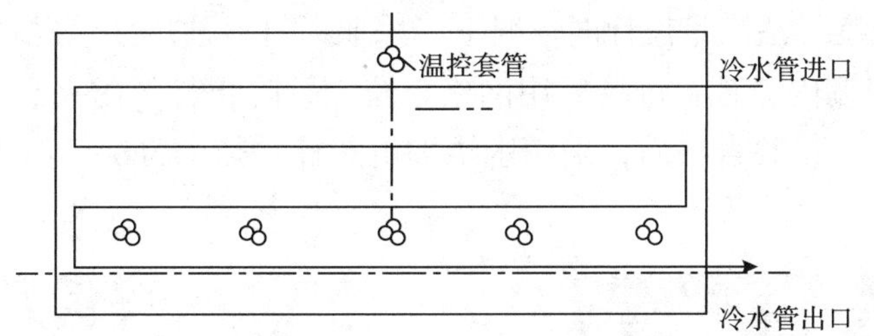

图 5-4 冷却盘管及温控套管平面布置图

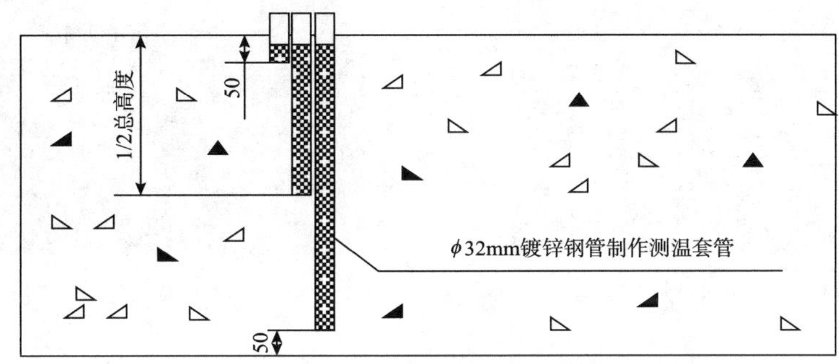

图 5-5 温控套管立面布置图

5.2.7 模板支护

输油泵基础模板采用双层木胶模板（中间夹裹泡沫保温板），内部设对拉螺栓拉接。模板外侧设双排脚手架。模板的截面尺寸、方正度用尺量对角线控制。垂直度采用吊线坠、钢尺测量控制；模板较高时，可用经纬仪在两个方向上进行控制（图 5-6）。

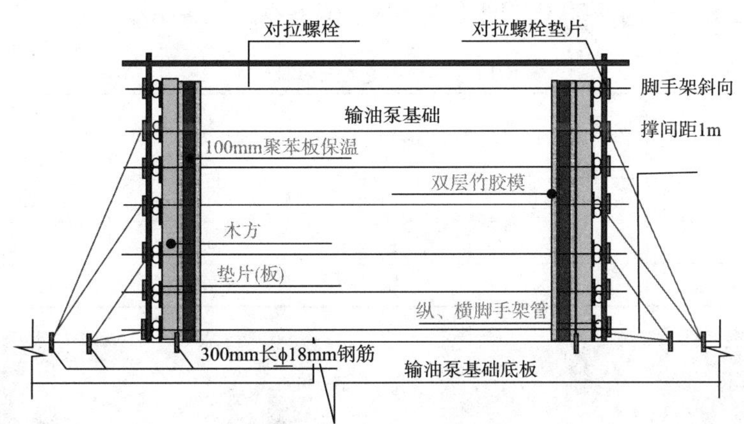

图 5-6 输油泵基础模板安装断面示意图

5.2.8 混凝土拌制、基础浇筑

1. 混凝土拌制（以 C30 为例）

1）原材料

（1）水泥采用普通硅酸盐水泥，标号为：P.042.5。

（2）粗骨料：采用碎石，粒径 5~25mm，含泥量≤1%。

（3）细骨料：采用水洗砂，含泥量≤2%；

（4）外加剂：采用适量泵送剂，泵送剂可改善混凝土的和易性、保水性，提高混凝土的强度，减少泵送混凝土坍落度损失和混凝土分层离析。

2）原材料预热处理

根据混凝土分次投料搅拌技术的计算公式中，输入水、水泥、砂、石的温度，计算混凝土拌和物的出机温度计算，出机温度无法满足设计的情况下，采取原材料预热技术提高骨料温度。

水泥进场后放置在暖棚内，骨料进场后用网格布覆盖，防止骨料内夹有冰碴或雪团，使用前 3 天运入暖棚预热。拌和用水经检验合格后，采用水罐加电热棒加热的方法。将水温控制在 60℃以内（图 5–7、图 5–8）。

图 5–7　搅拌区暖棚

图 5–8　水泥存放在暖棚内保温

3）分次投料搅拌

混凝土搅拌严格按照试验室配发的配合比通知单进行配制，搅拌前先用热水冲洗搅拌机 10min，对设备料斗进行预热。预热后将砂、石投入搅拌机，并加入总拌和水量的 70%～75% 的水（包括砂、石含水量），搅拌 20～25s，再将水泥投入搅拌 70～75s，最后投入剩余水及泵送剂、缓凝剂等外加剂，搅拌 50～70s 出罐。混凝土出机温度≥5℃。对于大型基础需要加缓凝剂，防止基础凝固过快，热量无法散失，形成裂纹。对于梁柱及小型基础根据环境温度添加防冻剂，严格控制其掺量。拌和时随时测量拌和水的温度，水温控制在 40~60℃之间（表 5–1、图 5–9、图 5–10）。

表 5-1　C30 混凝土配合比　　kg/m³

材　料	水　泥	砂　子	碎　石	水	外加剂	
					泵送剂	缓凝剂
理论配比	396	787	961	176	7.92	7.92
施工配比	1	1.99	4.43	0.44		
每罐用量	158.4	314.8	384.4	70.4	3.168	3.168

图 5–9　分次投料搅拌

图 5–10　混凝土搅拌温度测量

2. 混凝土泵送

为保证混凝土在输送过程中，不得有表层冻结、混凝土离析、水泥砂浆流失等现象。采用泵送工艺，保证运输中混凝土降温速度不超过 5℃ /h。严禁使用有冻结现象的混凝土。在暖棚内安装混凝土泵，将混凝土输送管安装伴热管道包裹保温层，保证输送温度，保证混凝土运到现场后入模温度保持在 5℃以上。

3. 混凝土现场浇筑

（1）浇筑前准备：对模板及其支架，钢筋和预埋螺栓孔筒体必须检查并做好相应记录；对模板内杂物和钢筋上油污清理干净，对板缝和孔洞应堵严，对木模板应浇水湿润，但不得有积水。当浇筑高度超过 3m 时，提前准备溜管等辅助设备。

（2）砼浇筑总体原则为连续进行，振捣密实。基础砼浇筑方式为在整个基础内全面分层浇筑混凝土，每层浇筑厚度控制在 300~500mm，利用自然流淌形成斜坡沿高度均匀上升。施工时从基础短边开始，沿长边进行，要求做到第一层全面浇筑完毕再回来浇筑第二层时，第一层浇筑的混凝土还未初凝，如此逐层进行，直至浇筑完成。

（3）入模温度的控制：每半小时监测一次，测定数据填入冬期施工混凝土入模温度统计表，入模温度不低于 5℃。

5.2.9 基础养护

基础浇筑完成后，用塑料薄膜将裸露部位包裹并覆盖土工布，采用温度远程监控技术实时监测棚内及模板周围的室内温度、砼内部温度等数据，通过智能控制系统控制冷水水泵的启停，确保基础养护期间温差不得过大而影响成型质量。确定合理的拆模时间，延缓降温时间和速度，确保基础养护期间温差符合设计要求，确保施工质量。

加强测温和温度监测与管理，随时控制混凝土内的温度变化，控制混凝土基础与外界温差不超过 25℃，当混凝土浇筑高度超过冷却水管位置并振捣密实后，即可进行通水，冷却水管初期流量控制在 1.2~1.5m^3/h，随着温差提高和降低，智能调节水泵流量，利用水的对流降低混凝土内部的水化热，使混凝土的温度梯度和湿度不至过大，以有效控制有害裂缝的出现。

1. 温控数据计算

计算混凝土的最终绝热温升、各龄期混凝土的绝热温升、各龄期混凝土实际水化热最高温升值、计算水化热平均温度、计算各龄期混凝土收缩值及收缩当量温差、计算各龄期综合温差、各龄期混凝土总温差等数据，为智能温控提供基础数据。

（1）混凝土的最终绝热温升计算：

$$T_{max}=\frac{W \cdot Q}{c \cdot \rho} \tag{5-6}$$

式中，T_{max} 为混凝土最大水化热温升值，℃；W 为每立方米混凝土中胶凝材料用量，kg/m^3；Q 为水泥水化热量，J/kg；c 为混凝土的比热，一般由 0.92～1.0，取 0.96，J/kg · K；ρ 为混凝土的质量密度，取 2400kg/m^3。

（2）各龄期混凝土的绝热温升：

$$T_{(t)}=\frac{W \cdot Q}{c \cdot \rho}(1-e^{-mt}) \tag{5-7}$$

式中，$T_{(t)}$ 为浇完一段时间 t，混凝土的绝热温升值，℃；W 为每立方米混凝土水泥用量，kg/m^3；e 为常数，为 2.718；m 为与水泥品种，浇捣时温度有关的经验系数，一般为 0.2～0.4；t 为混凝土浇筑后至计算时的天数，d；Q 为水泥水化热量，J/kg；c 为混凝土的比热，一般由 0.92～1.0，取 0.96，J/kg · K；ρ 为混凝土的质量密度，取 2400kg/m^3。

（3）各龄期混凝土实际水化热最高温升值：

$$T_{d(s)}=T_n-T_0 \tag{5-8}$$

式中，T_d 为各龄期混凝土实际水化热最高温升值，℃；T_n 为各龄期实测温度值，℃；T_0 为混凝土入模温度，℃。

（4）计算水化热平均温度：

$$T_{(x)t}=T_1+\frac{2}{3}T_4=T_1+\frac{2}{3}(T_2-T_1) \tag{5-9}$$

式中，$T_{(x)t}$ 为混凝土水化热平均温度，℃；T_1 保温养护下混凝土表面温度，℃；T_2 为实测混凝土结构中心最高温度，℃；T_4 为实测混凝土结构中心最高温度与混凝土表面温度之差，℃。

（5）计算各龄期混凝土收缩值及收缩当量温差：

$$\varepsilon_{y(t)}=\varepsilon_y^0(1-e^{-0.01t})\times M_1\times M_2\times M_3\cdots\times M_n \tag{5-10}$$

$$T_{y(t)}=\frac{\varepsilon_{y(t)}}{\alpha} \tag{5-11}$$

式中，$\varepsilon_{y(t)}$ 为各龄期混凝土的收缩相对变形值；ε_y^0 为标准状态下的最终收缩值（即极限收缩值），取 3.24×10^{-4}；$M_1\times M_2\times M_3\cdots\times M_n$ 为考虑各种非标准条件的修正系数；$T_{y(t)}$ 为各龄期（d）混凝土收缩当量温差，℃；α 为混凝土的线膨胀系数，取 1.0×105。

（6）计算各龄期综合温差：

$$\Delta T_{(t)}=\Delta T_{(x)t}+\Delta T_{y(x)} \tag{5-12}$$

（7）各龄期混凝土总温差：

$$T_{0(t)}=\Sigma T_{(t)} \tag{5-13}$$

2. 温度监测与管理

大体积混凝土温度控制标准：

（1）混凝土浇筑体在入模温度基础上的温升值应≤50℃。

（2）混凝土浇筑块体的里表温差（不含混凝土收缩的当量温度）应≤25℃。

（3）混凝土浇筑体的降温速率应≤2.0℃ /d。

（4）混凝土浇筑体表面与大气温差应≤20℃。

基础内测温点布置：

（1）监测点的布置范围以所选混凝土浇筑体平面图对称轴线的半条轴线为测试区，在测试区内监测点按平面分层布置；在每条测试轴线上，监测点位宜不少于 4 处，应根据结构的几何尺寸布置，详见图 5–11。

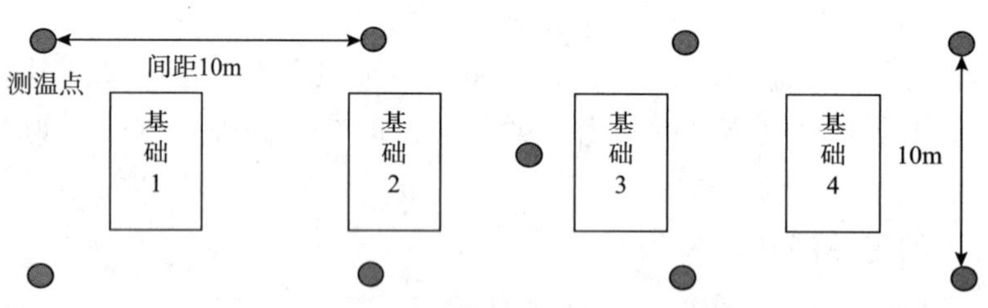

图 5–11　暖棚温度监测点布置图

（2）沿混凝土浇筑体厚度方向，需要布置外面、底面和中间温度测点，其余测点宜按测点间距≤500mm 布置；混凝土浇筑体的外表温度，宜为混凝土外表以内 50mm 处的温度；混凝土浇筑体底面的温度，宜为混凝土浇筑体底面上 50mm 处的温度，详见图 5–5。

（3）暖棚内温度监测点布置。暖棚内沿四角及中心位置至少布设 5 个测温点，安装热电偶远传探头和就地显示温度计，比对实际温度。暖棚 >100m^2 的，根据实际情况增加感温探头，一般间隔 10m 加设 1 组。

（4）基础温度远程监控技术。利用热电偶传感器技术，采用 GPRS 或 NB–ioT 联网的方式，安装方便，利用数据终端软件 24h 不间断监控基础温度及暖棚内环境温度。在无人区或通信盲区则采用北斗系统卫星电话系统进行通信监控，实现无死角监控管理，数据监控采用 B/S 架构，可直接登录浏览器访问，或者通过手机移动客户端浏览；用户可以灵活设置温度上报周期，设置温度报警的上下限，超温后会有消息推送和语音提醒。项目管理人员可以及时通知现场施工人员及时处理问题。智能控制系统根据温控报警，及时通过编程 PLC 模块启动冷却水泵，为冷却管线注水冷却，在混凝土温度降至合格温度后，自动停泵。通过温度数据监控及智能冷却功能，为大体积混凝土安全养护提供技术支持。现场临建办公室及 EPC 项目部可以各安装 1 条电脑终端监视器。根据基本预埋测温点安装测温元件，测温元件的测温误差应≤0.3℃（25℃环境下）；测试范围：-30～150℃；绝缘电阻应 >500M。每组热电偶配置 2 个传感器，一个手动测量、一个配置发射器自动测量将数据按照要求时时上传数据中心（图 5-12）。

图 5-12　无线远传系统架构示意图

5.2.10　基础拆模

当混凝土未达到受冻临界强度均不得拆除保温加热设备。混凝土冷却到 5℃，且超过临界强度满足常温混凝土拆模要求时方可拆模。

5.2.11　检查验收

施工完成后，通知监理进行现场验收，填写相关记录。

5.3　劳动组织

暖棚搭建施工班组人员配备如表 5-2 所示。

表 5-2　暖棚搭建施工班组人员配备

序号	工　种	数量 / 人	备　注
1	机组长	1	
2	安全员	1	
3	技术质量	1	
4	木工	4	
5	材料员	1	
6	架子工	6	
7	电焊工	2	
8	电工	1	
9	普工	10	
10	司机	2	
合计		29	

暖棚运维班组人员配备如表 5-3 所示。

表 5-3 暖棚运维班组人员配备

序 号	工 种	数量 / 人	备 注
1	班长	1	
2	安全员	1	
3	技术质量	1	
4	锅炉工	2	
5	热力管线巡线员	4	现场巡查，温度监测
合计		9	

混凝土施工班组人员配备如表 5–4 所示。

表 5-4 混凝土施工班组人员配备

序 号	工 种	数量 / 人	备 注
1	机组长	1	
2	安全员	1	
3	质检员	1	
4	技术员	1	兼职做资料
5	材料员	1	
6	混凝土工	2	
7	瓦工	5	
8	钢筋工	5	
9	木工	6	
10	架子工	4	
11	搅拌机操作手	2	
12	挖掘机机手	2	
13	装载机机手	1	
14	电焊工	2	
15	电工	1	
16	普工	10	
17	炊事员	2	
18	司机	2	
合计		47	

6 材料与设备

6.1 材料

施工材料如表 6–1~ 表 6–4，劳动保护材料根据规范标准的要求进行配备。

表 6-1 暖棚材料表（投影面积：每 $100m^2$）

序号	材料名称	规格型号	数 量	单 位	备 注
1	脚手架管	ϕ 48mm × 3.5mm	1150	m	
2	卡扣件		900	套	
3	铁丝		125	kg	
4	木胶板	厚度 =20mm	435	m^2	
5	棉帆布		435	m^2	

续表

序号	材料名称	规格型号	数　量	单　位	备　注
6	棉被		435	m^2	
7	塑料布		500	m^2	
8	方木	40mm × 70mm	100	m	
9	透明采光瓦		100	m^2	

表 6-2　暖棚运维材料表

序号	材料名称	规格型号	数　量	单　位	备　注
1	帆布棉门帘		10	扇	
2	消防水龙带	*DN*100	3	卷	
3	无烟煤		20	t	锅炉燃料
4	临时板房	*L*=15m	1	栋	锅炉房
5	扳手等维修工具		2	套	
6	密封金属垫片	*DN*25–*DN*200	20	片	
7	生料带		20	卷	

表 6-3　C30 混凝土材料表（单位：1.0m³）

序号	材料名称	规格型号	数　量	单　位	备　注
1	水泥	P.O425	396	kg	
2	砂子	中砂	787	kg	
3	碎石		961	kg	
4	水		176	kg	
5	泵送剂		7.92	kg	
6	缓凝剂		7.92	kg	

表 6-4　混凝土施工手段用料表

序号	材料名称	规格型号	数　量	单　位	备　注
1	材料库房	24 尺	1	套	临时板房
2	草帘子		200	卷	砼养护
3	土工格栅		1000	m^2	砼养护
4	塑料膜		800	m^2	砼养护
5	照明灯具	碘钨灯	60	盏	
6	LED 探照灯	500W	4	盏	
7	E43 焊条		100	kg	
8	砼试块模子		20	个	

6.2　设备

主要施工机具和设备配备情况见表 6–5~ 表 6–8：

表 6-5　通用设备配备

序号	设备或仪器名称	型号规格	数量	单位	单机额定功率 /kW	备　注
1	挖掘机	360	1	台		
2	装载机	ZXB20	1	台		上砂石料等
3	装载机	ZL50	1	辆		

表 6-6 暖棚搭设设备配备

序号	设备或仪器名称	型号规格	数量	单位	单机额定功率 /kW	备 注
1	卡车一体吊	10t	1	台		运输材料
2	升降台		1	台		安装暖棚
3	射钉枪		5	把		
4	充电式电钻		10	把		
5	电焊机		2	台		
6	中巴车		1	辆		
7	电锯		2	台		

表 6-7 暖棚运维设备配备

序号	设备或仪器名称	型号规格	数量	单位	单机额定功率 /kW	备 注
1	节能锅炉	2t	1	台		
2	热电偶温度传感器		60	套		就地远传一体机
3	远程终端电脑		2	台		
4	红外线温度计		4	台		
5	普通温度计		30	支		
6	风速仪		2	个		
7	手机显示终端		10	台		个人手机安装软件
8	热电油汀		20	个		备用取暖
9	自吸式水泵	2in	5	台		

表 6-8 混凝土施工主要施工机具设备配备

序号	设备或仪器名称	型号规格	数量	单位	单机额定功率 /kW	备 注
1	蛙式打夯机	HW-60	2	台	2.8	
2	汽油振动打夯机		2	台		
3	配置式搅拌机	JZC350	2	台	4×2=8	
4	钢筋切断机	D-40	1	台	4.4	
5	钢筋弯曲机	WJ40-1	1	台	4.4	
6	钢筋调直机	GJ6-4/8	1	台	4.4	
7	插入式振捣器	ZN50	6	台	1.5	
8	电焊机	BX6-400	2	台	15	焊接预埋件、钢筋等
9	皮卡车		1	辆		
10	自卸三轮车		2	辆		
11	双排车		1	辆		
12	木工圆盘锯	400~800mm	1	台	6	
13	自吸式水泵	2in	2	台		
14	切割机		1	台		
15	电茶炉热水器		2	套		
16	台秤		1	台		称量配比骨料质量
17	全站仪		1	台		
18	水准仪		2	台		
19	质检靠尺		1	把		
20	水平尺		10	把		

续表

序号	设备或仪器名称	型号规格	数量	单位	单机额定功率 /kW	备　注
21	混凝土坍落度仪		1	套		
22	小型吸尘器	1.2kW	2	台		
23	混凝土泵车		1	台		配套甭管 200m
24	电加热水罐	$15m^3$	1	台		配套电加热棒
25	热电偶温度计		2	套		
26	回弹仪		1	套		
27	水钻		1	套		
28	冲击钻		4	台		

7　质量控制措施

7.1　质量标准

（1）JGJT 104—2011 《建筑工程冬期施工规程》。

（2）GB 50119—2013 《砼外加剂应用技术规程》。

（3）JGJ 52—2006 《普通砼用碎石和卵石质量标准及检验方法》。

（4）GB 50204—2015 《混凝土结构工程施工质量验收规范》。

（5）GB 50164—2011 《混凝土质量控制标准》。

（6）GB 50107—2010 《混凝土强度检验评定标准》。

（7）GB 50496—2009 《大体积混凝土施工规范》。

7.2　质量控制措施

质量风险分析：主要为原材料质量、钢筋绑扎、混凝土浇筑、养护温度控制。

（1）开工前编制施工方案和作业指导书，对全体员工进行技术、质量交底。

（2）严格控制进场材料的质量，按照规范做好材料复检工作。

（3）按照质量关键控制点，重点做好钢筋绑扎、混凝土浇筑、温度控制的质量管理工作。

（4）入模前必须检测混凝土是否有结冰或冻凝现象。

（5）混凝土熟料出机后尽快浇注入模，防止热量散失。

（6）混凝土未达到抗冻临界强度严禁拆模。

7.3　质量关键控制点（表 7-1~ 表 7-3）

表 7-1　钢筋安装施工质量关键控制点

序号	检验项目			检验时机及频次	指标要求 /mm	检测工具或方法
1	绑扎钢筋骨架	长		绑扎后全检	± 10	钢尺检查
		宽、高		绑扎后全检	± 5	钢尺检查
2	受力钢筋	间距		绑扎后全检	± 10	钢尺量两端中间，各一点取最大值
		排距		绑扎后全检	± 5	
		保护层厚度	绑扎后全检	绑扎后全检	± 10	钢尺检查
			绑扎后全检	绑扎后全检	± 5	钢尺检查

续表

序号	检验项目		检验时机及频次	指标要求 /mm	检测工具或方法
3	绑扎箍筋、横向钢筋间距		绑扎后全检	绑扎后全检	钢尺量连续三档，取最大值
4	钢筋弯起点位置		绑扎后全检	绑扎后全检	钢尺检查
5	预埋件	中心线位置	绑扎后全检	5	钢尺检查
		水平高差	绑扎后全检	+3，0	钢尺和塞尺检查

表 7-2　混凝土施工质量关键控制点

序号	检验项目	检验时机及频次	指标要求	检测工具或方法
1	原材料检验	袋装水泥每200t复检1次，砂子和碎石每项400m³ 或600t复检1次，外加剂每50t复检1次，水按同一水源检验1次。钢筋每同批≤60t复检1次	水泥、砂子、碎石、钢筋现场取样送检，具体指标按照设计要求	检查实验室复检报告及质量证明文件
2	浇筑	浇筑过程中，每层检验	浇筑厚度300~500mm	钢板尺、塔尺
3	振捣	浇筑过程中	振捣均匀	目视检查
4	取样与试件留置	在同一配合比条件下，每100盘但不超过100m³ 的混凝土取样不应少于1次；每工作班不足100盘时和100m³ 不少于1次；连续浇筑超过1000m³ 时，每200m³ 不得少于1次；每一楼层取样不得少于1次	抗压强度、坍落度等试验数值符合设计要求	实验室检验，检查实验报告
5	混凝土养护	浇筑完成后	塑料薄膜将裸露部位包裹并覆盖土工布	目视检查

表 7-3　测温控制质量控制点

序号	检验项目	检验时机及频次	指标要求	检测工具或方法
1	暖棚环境温度控制	每小时1次	棚内温度≥ -5℃	温度计、热电偶远传
2	原材料预热温度	上、下午开盘各1次	砂、碎石≤40℃，水≤60℃	温度计、热电偶远传
3	原材料计量	每班1次	胶凝材料 ±2%，骨料 ±2%，水和外加剂 ±1%	电子计量设备
4	混凝土入模温度	每盘检查1次	≥ 5℃	温度计、点温仪
5	大气温度	昼夜4次	实测	热电偶远传
6	混凝土养护	4MPa前，昼夜12次；4MPa后，昼夜4次	入模后温升值应≤50℃ 里表温差应≤25℃ 表面与大气温差≤20℃ 降温速率应≤2.0℃ /d	热电偶远传、现场温度计

8　安全措施

8.1　安全标准

（1）GB 50348—2018 《安全防范工程技术标准》。

（2）JGJ 46—2012 《施工现场临时用电安全技术规范》。

8.2　安全措施

安全风险分析：主要风险为基坑融塌、高空作业、物体打击、临时用电、一氧化碳中毒。

（1）施工前，组织施工人员进行安全技术交底。

（2）特殊工种持证上岗，严禁违章作业、违章指挥、违反劳动纪律。

（3）冬期寒冷，作业人员配置定制防寒劳保用品，保证施工安全。

（4）现场道路做好防滑处理，悬挂安全警示标识。

（5）加强现场临时用电管理，防止触电，特别对电热管、电焊机、电缆要经常检查其绝缘性能。

（6）钢筋绑扎、吊装容易出现机械伤害、物体打击、钢筋扎人等风险，需要做好佩戴手套、安全帽等劳动保护用品，焊接接头容易烫伤，设置警示标志。

（7）冬季施工暖棚内基坑容易出现融塌，开挖基槽时加大放坡坡度，边坡铺设热反射膜，降低风险，加强监护。

（8）现场高空作业必须佩戴五点式安全带，配置安全绳，防止高空坠落。

（9）受限空间作业需要提前办理作业票，落实各项应急措施，施工时专人监护。

（10）锅炉房易发一氧化碳中毒问题，加装报警器，加强通风。

9 环保措施

9.1 环保标准

（1）JGJ 146—2013 《建设工程施工现场环境与卫生标准》。

（2）GB 12523—2011 《建筑施工场界环境噪声排放标准》。

（3）GB 8978—2002 《污水综合排放标准》。

9.2 环保措施

环保风险分析：主要为设备燃油泄漏、冻土扰动、锅炉烟尘污染。

（1）实现清洁生产保护自然与生态环境，妥善处理合同执行过程中各种生产、生活废物，避免环境污染事故和社会投诉事件，排除水土流失隐患。环境保护、水土保持工作满足设计要求，符合国家、地方相关法律、法规要求。

（2）施工现场做好扬尘控制措施。

（3）每天做好垃圾分类回收工作，并按环保部门的要求送至指定垃圾处理厂。

（4）注意施工设备燃油“跑、冒、滴、漏”问题，做好防护措施，防止污染环境。

（5）多年冻土环境保护应贯彻“预防为主，保护优先，建设与保护并重”的原则。

常压锅炉采用无烟煤，锅炉采用节能降烟技术，提高燃烧效率，严格控制烟尘排放符合环保要求。

10 效益分析

10.1 社会效益

本工法解决了高寒地区冬季站场大体积混凝土施工问题，实现了不间断施工，保证了工期和质量，为后续高寒地区同类工程的开展积累了宝贵的经验。

10.2 经济效益

以 C30 混凝土为例，采用分次投料搅拌工艺施工，能够节约水泥用量 10%，每立方米混凝土水泥节约 39.6kg。市场价 500 元 /t，每立方米降低成本 19.8 元（表 10–1）。

表 10-1 混凝土施工传统工艺与新工艺费用分析对比表

序 号	名 称	传统工艺 /（元 /m³）	新工艺 / 元	节约费用 / 元	新工艺与传统工艺经济指标对比节约 /%
1	人工费	120	120	0	0.00
2	材料费	252	232.2	19.8	7.86
3	机械费	17	17	0	0.00
合计		389	369.2	19.8	5.09

本工法节约成本为：

（1）中俄原油管道二线工程加格达奇泵站：

本工程应用 4 个单体，混凝土工程量为 6553.36m³，节约成本 12.975 万元。

（2）铁大线安全改造工程（鞍 – 大段）瓦房店输油泵站：

本工程应用 4 个单体，混凝土工程量为 6890m³，节约成本 13.642 万元。

综上，累计节约成本 26.617 万元。

11 应用实例

应用实例一：加格达奇站输油泵房

中俄原油管道二线工程（第二标段）加格达奇泵站，设计压力 10MPa，位于大兴安岭地区加格达奇区加北乡境内，加格达奇泵站与已建的漠大线加格达奇输油站合建。包括综合值班室、6kV 开闭所、工艺阀组区、输油泵区等，混凝土主要工程量为 6553.36m³，采用本工法，有效地解决了高寒地区冬季长输管道站场冬期混凝土施工问题。在高寒地区冬季实现了站场混凝土不间断施工，保证了工期和质量，降低了施工成本，避免了工期延后造成的巨额赔偿。

应用实例二：铁大线安全改造工程（鞍 – 大段）瓦房店输油泵站

铁大线安全改造工程（鞍 – 大段）瓦房店输油泵站，设计压力 8MPa，包括综合值班室、综合设备间、工艺阀组区、输油泵区等，混凝土主要工程量为 6890m³，应用本工法按期完成了施工任务，解决冬季低温施工的难题，确保了施工质量，提高了企业的信誉。

海底管道水平开孔施工工法

中国石油管道局工程有限公司

陈社鹏　郝新伟　夏国发　王国超　姜修才

1　前言

随着我国海底管道里程和管径的不断增加，海底管道的高效安全运行问题也逐步提到了日程上来，海底环境复杂多变，受到海水腐蚀、微生物腐蚀、海流海浪的冲击、地震、船锚剐蹭等困难因素，造成海底管道运行能力降低甚至局部管道本体失效，为了不影响管道的正常运行，需要采用海底管道修复技术进行管道本体快速高效修复，不至于给运营方和管道下游用户造成严重经济损失，也不会给海洋环境造成污染。水下开孔作业是海底管道永久修复的一种有效措施之一，此工法在应用了自主研发的海洋管道开孔机，通过放置在施工船甲板上的动力系统和控制系统，以脐带缆作为媒介，控制水下开孔作业。作业过程水下全程潜水员监控或者ROV监控（用潜水员或者ROV决定因素是水深）开孔机状况，并随时上报开孔机计数器数据，同时技术人员将上报的数据与远程作业终端的数据进行比对，确保整个开孔作业准确安全。开孔机采用了远程控制系统，高低压平衡系统、数显与机械度数结合的模式，满足30m以内海洋管道的开孔作业，此设备采用压力平衡技术、远程控制技术等手段实现海底管道开孔作业，已申报发明专利2项，并获2018年管道局科技进步一等奖，创造的经济效益、社会效益和环境效益显著，与国外设备相比，设备成本和施工成本降低近50%，开孔稳定性超越国外同类产品。此工法源于2016年4月在崖城13–1海洋管道KP694点处进行了实际水深为30m的水下开孔作业应用，取得了良好的效果，同时也打破了我国长期以来依赖国外专业公司进行海管维修的局面，受到了崖城13–1海洋管道运行方的一致好评。

2　工法特点

2.1　装备特点

此工法中使用的开孔机为自主研发，采用了远程控制系统、压力平衡系统、数显计数器、机械计数器，海上施工过程可以通过远程操作进行水下开孔作业，开孔机的压力平衡系统可以平衡水深压力对开孔机本体的影响和管线介质压力对开孔机的影响，数字显示和标尺杆读数相结合，保证了开孔机开孔中主轴行程的准确性，确保开孔过程和下档条或塞柄过程准确无误，同时在筒刀和塞柄机构上增加楔形支撑，防止水平开孔及下塞柄时由于主轴伸出过长而产生挠度，提高工程效率和质量（图2–1、图2–2）。

2.2　工艺特点

此工艺无需进行在役管道停输，不干预管道的正常运行，无需施工作业人员潜入水下进行手动开孔作业，即可完成开孔及下档条或者塞柄过程，技术人员在施工船甲板上通过远程控制终端，操控开孔机进行水下开孔作业，全程潜水人员只做水下监控，实时将信息通过水下通信设备告知潜水监督和技术总监，技术总监进行远程控制终端数据与潜水员报告数据比对，做出开孔参数的实时调整，确保开孔作业过程顺利完成（图 2–3、图 2–4）。

图 2–1　开孔机标尺杆示意图

图 2–2　楔形导向装置

图 2–3　技术人员远程控制开孔机作业

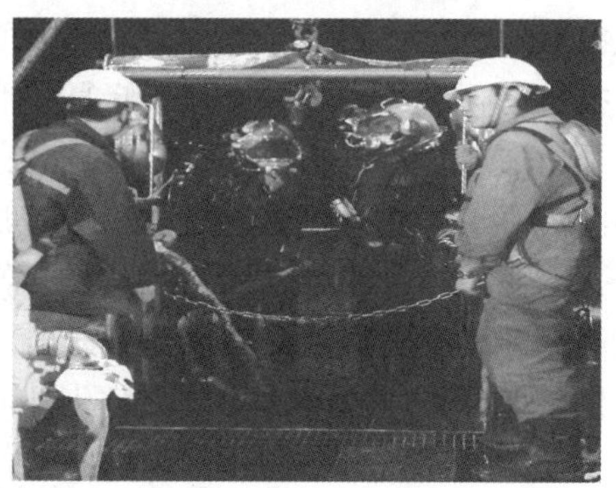

图 2–4　潜水人员进行潜水作业

3　适用范围

此工法适用于 30m 以内水深各种规格钢制管道开孔作业。

4　工艺原理

施工工艺原理及示意图如图 4–1、图 4–2 所示。

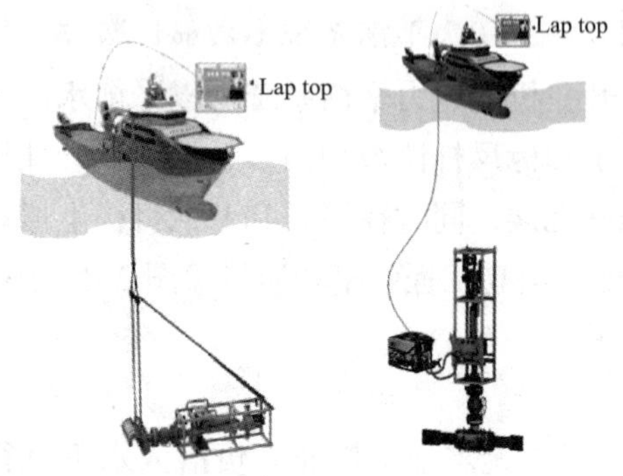

图 4–1　施工工艺原理

图 4–2　施工工艺原理示意图

在海底管道正常运行的情况下，通过热开孔作业实现管道在役改造，开孔作业时，开孔机通过放置在施工船甲板上的动力设备和控制终端进行开孔作业，开孔机带动安装在开孔机主轴上的筒刀进行旋转切割，实现热开孔，整个过程是在密闭环境下实施，密闭环境由扣在管道上的三通 + 球阀 + 开孔结合器及开孔机连接所形成的密闭腔体，开孔结束后，开孔机收回筒刀及鞍形板至开孔结合器内，关闭球阀，结束热开孔作业，整个过程为闭环操作，做到每一步骤万无一失（图 4–3）。

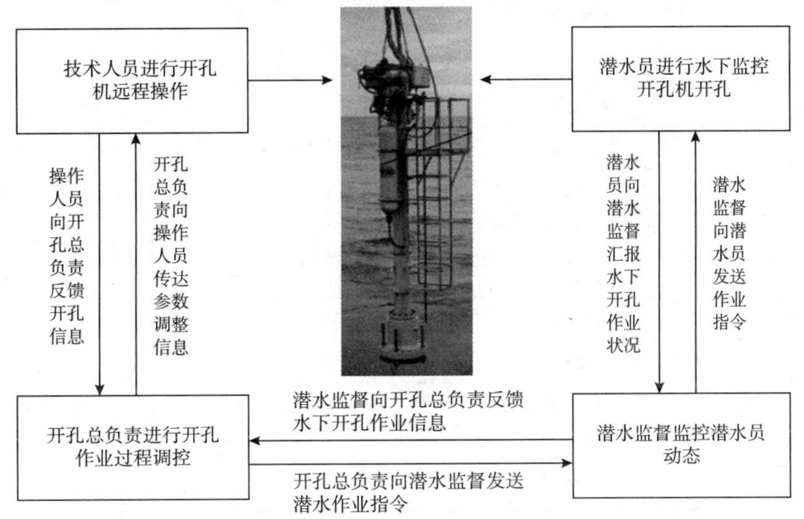

图 4–3　开孔作业闭环控制过程

5　施工工艺流程及操作要点

5.1　施工工艺流程

本工法的工艺流程（图 5–1）

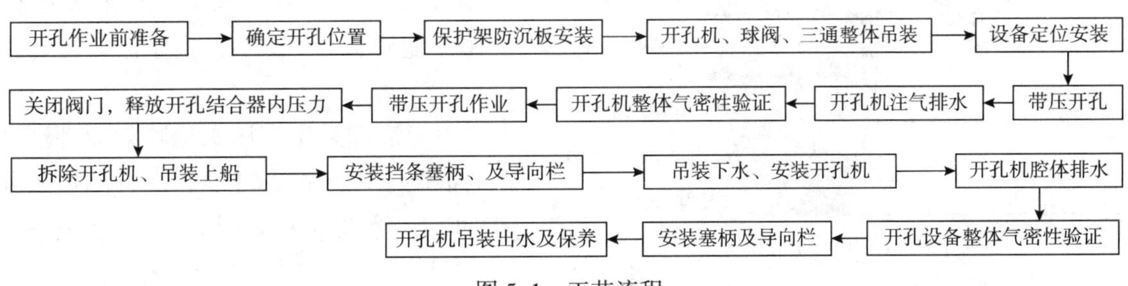

图 5–1　工艺流程

利用水下开孔机对浅海油气管道在役开孔施工示意图（图 5–2）

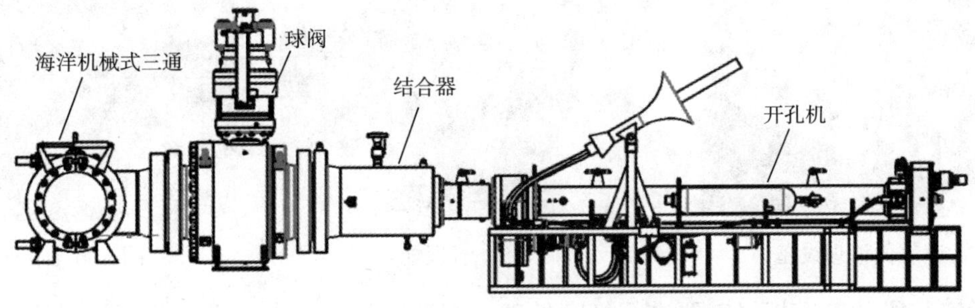

图 5–2　水平开孔示意图

5.2 操作要点

5.2.1 开孔作业具备的前提条件

（1）工具材料准备齐全，施工人员（表 5–1），机具到位。

表 5-1 施工人员统计表

序 号	名 称	人数 / 人	备 注
1	项目经理	1	
2	技术总负责	1	
3	安全总监	1	
4	潜水监督	3	根据排班次数决定
5	开孔作业技术人员	6	
6	潜水员	30	可根据项目调整
7	船级社人员	1	
8	设备加工厂专业技术人员	1	
8	施工船负责人	1	
9	海吊操作人员	1~2	
10	船员	若干	

备注：施工过程人员配置根据项目实际情况进行调整

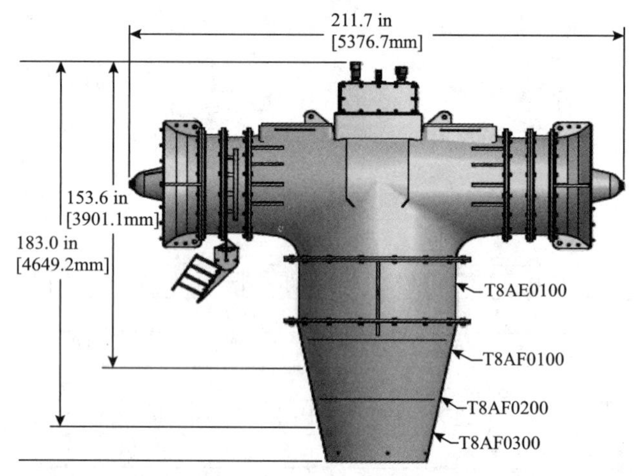

图 5–3 T8000 示意图

（2）作业坑及管沟水下开挖完毕，在天气、海况满足作业的条件下，可采用 T8000 挖沟机进行海床的预处理作业，该挖沟机的原理是利用低压大流量水流冲击海床达到吹泥的效果（图 5–3）。

（3）开孔作业管段已经完成表面清理工作，能够满足机械式三通的安装要求（图 5–4）。

表面清理采用高压水枪喷射原理清理管道上的混凝土配重层、环氧、沥青和熔结环氧粉末（FBE）等保护层（图 5–5、图 5–6）。

图 5–4 管道表面清理设备

图 5–5 清理配重层

图 5–6 清理表面涂层

（4）三通安装段的管道焊缝需要进行打磨处理，焊缝应与管道表面平齐并圆滑过渡。

①开孔机、阀门、三通整体吊装至水下之前，作业坑底必须预制好三通、球阀、开孔机支撑墩，

用以支撑设备自重，确保开孔过程设备不下沉，机械三通不发生偏转。

②开孔机、阀门、三通整体组装完成后、且测量、记录施工的相关尺寸。

③启动开孔机液压站，对开孔机进行调试，并收缩筒刀，检查其通过性。

5.2.2 确定开孔位置

（1）开孔作业点应选择在直管段上。

（2）开孔部位尽量避开管道焊缝，无法避开时，对开孔刀切削部位的焊缝进行适量打磨。

（3）中心钻不能落在焊缝上。

（4）测量管线壁厚，尽量避开严重腐蚀区域。

5.2.3 保护架防沉板安装到位

（1）前期必须完成现场保护架的设计。

保护架的作用两点：一是为了防止管线下沉；二是为了保护管线及阀门不受第三方破坏。

（2）施工前请专业施工队伍按照设计图纸对支撑墩进行施工，以确保其有足够的强度支撑设备自重，防止施工过程中下沉（图 5–7）。

5.3 开孔机、球阀、三通整体吊装入水

开孔机 + 球阀 + 机械三通整体吊装在引导框架内，与框架通过倒链进行柔性连接，下水前需将开孔机脐带缆连接至开孔机上，脐带缆固定到框架和开孔机上，吊装入水前将脐带缆终端连接开孔机，然后一同入水，同时伴随着设备定位和安装（图 5–8）。

图 5–7 保护架吊装

图 5–8 开孔机 + 球阀 + 机械三通整体吊装

5.4 设备定位安装

组装完成的装置由浮吊吊至安装点，并由水下潜水员辅助进行安装，安装位置提前做好标记，专业技术人员通过潜水员控制室的实时监控系统与潜水员沟通，指挥潜水员安装设备（图 5–9）。

图 5–9 开孔机吊装和下放脐带缆示意图

5.5 带压开孔程序

5.5.1 开孔机注气排水程序

（1）浮吊船下放氮气管至水下开孔作业区域。

（2）由潜水员将氮气管连接到开孔结合器上的注气阀接头上，注意此时阀门为开启状态，可通过观察球阀手柄方便进行辨别。

（3）由潜水员在水下打开开孔机底部的排水阀。

（4）确认所有阀门开启后由安置在甲板上的氮气瓶组向开孔机进行注氮气，压力为3bar（1bar=100kPa）（与水深有关），开孔机与球阀和机械三通腔体内的海水由排水阀排出。

（5）潜水员通过观察排水阀处，出现持续稳定的气泡后，通知甲板上的专业技术人员进行确认后，关闭排水阀。

5.5.2 开孔机设备整体气密性试验程序

通过开孔结合器上的阀门持续注入氮气，升压至不超过管线压力的1.1倍，稳压1h，检查各个连接处，观察有无气泡排出，一般为压力不降低，不产生气泡为合格。

5.5.3 带压开孔作业

（1）启动甲板上的液压站等相关设备，通过远程控制台对开孔机进行控制，并通过终控机显示开孔机的开孔状态。

（2）启动开孔机进给马达、下筒刀，直至中心钻尖距管顶约10~15mm。

（3）启动切削马达进行钻孔作业，实施监控钻孔时的压力情况，钻孔转速6~7r/min，确认中心钻钻透管壁后，停止切削改为伸轴至筒刀刀尖距管壁约10~15mm，伸轴期间观察主轴伸轴压力是否升高，无异常继续，马达压力若升高，停止作业。

（4）筒刀刀尖至管壁10~15mm时，进行切削开孔作业，开孔转速定位为11~13r/min，通过控制台监控开孔状态，调整切削转速，对开孔过程中切削压力进行记录。

（5）当开孔机切削至预定尺寸后，关闭旋转马达，然后伸轴，当筒刀深入管内5~10mm时，伸轴期间进给马达压力无持续性升高，确认孔完全开透，方可进行收轴。

（6）开孔结束后，收回开孔机主轴至0位，收轴速度为8r/min，收轴期间，实时观察进给马达的压力值。

开孔作业持续时间一般较长，潜水员需要分别在中心钻钻孔、筒刀切削、切削完成三个阶段对开孔机进行水下监控，开孔机操作人员应提前通知潜水监督派潜水员进行水下观察，同时将开孔机水下计数器的数值上报控制台，由开孔监督员进行数据核对。

5.5.4 关闭阀门，释放开孔结合器内压力

关闭阀门，缓慢打开开孔结合器注气阀，释放结合器内压力，压力降至2.5bar（根据海水深度），稳压1h，检查阀门关闭是否严密，一般按照运营方要求进行验证，确保阀门关闭严密无泄漏。最后打开开孔结合器下放的排水阀，使海水进入结合器，排出剩余的气体。

5.6 拆除开孔机，吊装上船

拆除开孔机时不能拆除脐带缆液压接头，潜水员负责在水下拆除开孔机与球阀之间的螺栓。在拆除的过程中，应注意开孔机与阀门之间的位置标线，不能擦掉。脐带缆连同开孔机、结合器、筒刀、

鞍形板整体吊装出水。

5.7 下挡条塞柄安装程序

5.7.1 拆除筒刀，安装导向栏

（1）拆除鞍形板，筒刀和中心钻。

（2）检查导向栏塞柄，液压塞柄公体等重要部件连接良好。

（3）开孔机伸出主轴，并锁住主轴，然后安装导向栏。

（4）确认塞柄的安装方向无误后，将塞柄安装到开孔机上，收主轴至“0”位（图 5-10）。

（5）测量导向栏位置，并记录，计算下塞柄尺寸。

5.7.2 吊装下水，安装开孔机

海吊吊起导引框架，通过倒链吊起开孔机，调节至相对水平姿态，连同脐带缆一同入水。将导引框架水平移动至水下阀门处时，一定注意两法兰的标记线位置，必须保证两侧的划线位置在一条直线上，潜水员在水下可通过直尺进行测量，并将水下操作情况通过摄像头实时传输甲板潜水监控中心（图 5-11）。

图 5-10 安装挡条塞柄

图 5-11 塞柄吊装安装过程

（1）潜水员需携带水平尺下水，将水平尺放置到阀门与开孔机连接法兰顶端，检查机械三通法线水平度，通过照片上传至甲板控制室进行记录。随后将水平尺放置在机械三通轴线上，检查机械三通轴线水平度，通过照片传输给甲板潜水监控中心。

（2）通过两个姿态的水平度照片，可以判断出机械三通的位置姿态，并制定调姿方案，进行调姿。

①调姿完成后，进行开孔机与阀门之间对口，并安装密封钢圈，潜水员水下穿螺栓，并使螺栓处于带紧状态。

②将水平尺放置到开孔机上，检查开孔机法线与轴线的水平度，与之前机械三通对比后，通过导链做微调处理，使开孔机姿态与机械三通姿态一致。

③水下通过直尺测量法兰间标线是否偏移，将水下偏移情况通过图片上传至甲板控制中心。

④监控中心将调姿方式告诉潜水员，由潜水员调节导链进行开孔机姿态微调。

⑤调整后再次测量法兰间画线部分的直线水平度，通过水下传递画面和水平测量方式可以判定是否达到对中要求。

⑥完成对中要求后，进行螺栓的预紧，通过螺栓拉伸器按照“米”字形方式紧固，紧固过程中，时刻注意法兰间划线位置的直线水平度，避免产生位置偏差。

螺栓紧固完成后，对法兰间隙进行测量，确保法兰间隙均匀一致，水下潜水员将测量结果上报给水面控制中心，并做记录。完成开孔机与阀门的连接。

5.7.3 开孔机腔体排水

（1）浮吊船下放氮气管至水下开孔作业区域。

（2）由潜水员将氮气管连接到开孔结合器上的注气阀门上，注意此时阀门为开启状态。

（3）潜水员打开开孔机底部的排水阀，再次确认所有阀门处于开启状态，并通过甲板上的氮气组向开孔机进行注氮气，排除开孔机与阀门及三通腔体内的海水。

（4）潜水员通过观察排水阀处出现持续稳定的气泡后，可通知甲板控制中心，经控制中心确认后，方可关闭排水阀门。

5.7.4 开孔设备整体气密性试验程序

通过开孔结合器上的阀门持续注入氮气，升压至管线运行压力的 1.1 倍，稳压 1h，潜水员检查各部件结合面，观察有无气泡产生，以压力不降低，不产生气泡为合格。

5.7.5 带压置入导向栏作业

（1）完成气密试验后，潜水员将夹板阀或球阀打开，通过甲板控制台对开孔机进行远程控制，并通过控制台显示器监控开孔机的工作状态。

（2）启动开孔机进给马达，主轴带着导向栏进给到指定尺寸，进给马达速度保持在 5~6r/min。伸轴过程实时检测进给马达压力，伸轴过程实时监测进给马达压力，如有异常立刻停止并收回主轴；

（3）主轴伸至计算值后停止，潜水员查看开孔机计数器数值并上报确认。

（4）潜水员旋松机械三通上的六角丝堵，将六角扳手插入到机械三通卡环螺孔内，顺时针旋转已标记圈数，机械三通上有每一个卡环螺孔，每个旋转的圈数略有不同，需要预先准确标记。如果旋转圈数出现异常不能达到预定圈数，潜水员应上报位置和旋紧圈数，并将异常卡环螺孔反转收回。

（5）直至所有卡环螺孔的旋合圈数达到要求后，表示机械三通卡环机构锁紧导向栏。控制台将进行卡环机构的验证步骤如下：

①主轴伸轴 4mm 检查进给马达压力是否升高，进给马达速度 1r/min 伸轴至压力超过正常压力 0.7MPa 时停止，说明导向栏行至下沿口；

②主轴缩轴 8mm，进给马达速度 1r/min 缩轴至压力超过正常压力 0.7MPa 时停止，说明导向栏行至上沿口。随后再次伸轴 0.5~1mm 停止。

导向栏解脱程序：开孔控制台控制液压顶杆脱开油路，升高压力至 8~10MPa，主轴缩轴时时检查进给马达压力，进给马达转速 1~2r/min，压力持续稳定继续缩轴，观察行程回缩至 200mm 时，说明导向栏解脱成功，可提高进给马达转速至 8~10r/min，最终将轴收回至“0”位；如压力升高 0.7MPa 时停止，并伸轴至锁卡环位置尺寸，重新进行解脱步骤；收轴至“0”位后，潜水员关闭 28in 球阀，完成导向栏下放作业。

5.7.6 开孔机吊装出水

开孔机吊装出水后，应立即检查开孔机整体状况，并进行清水冲洗，拆解，对开孔机进行全面保养，防止关键部件腐蚀。

6 材料与设备

由于海底管道管径不同、埋深不同，因此使用的设备也有所不同，及使用的材料也不同。必须根据实际情况进行选择设备、材料，表 6-1 中材料与设备明细以崖城海管水平开孔项目为例。

6.1 主要设备明细

主要设备如表 6–1 所示。

表 6-1 主要设备明细表

序号	设备名称	设备型号	单位	数量	用 途
1	工程作业船	南天龙号	艘	1	海上施工作业
2	拖轮		艘	1	补给及装备运送
3	吹泥装备	T8000	台	1	施工作业沟开挖
4	潜水指挥中心		台	1	指挥潜水员水下作业
5	减压舱		套	1	潜水员减压
6	配重层切割机		台	1	清楚管道配重层
7	焊缝打磨设备		套	1	对管道焊缝进行表面打磨
8	开孔机	根据开孔尺寸确定	套	1	海底管道开孔
9	液压站	与开孔机配套	套	1	给开孔机提供动力
10	脐带缆及绞车	与开孔机配套	套	1	向开孔机动力及远程控制
11	保护架		套	1	按照工程实际情况设计
12	水面控制站		台	1	与开孔机配套
13	螺栓拉伸器		套	3	用于螺栓紧固

6.2 主要材料明细

主要材料见表（表 6–2）

表 6-2 主要材料明细表

序号	材料名称	型号	单位	数量	用 途
1	开孔三通	按照工程采购或设计加工	套	1	开孔作业
2	开孔结合器	按照工程设计制造	套	1	开孔作业
3	塞柄 + 塞柄结合器	按照工程设计制造	套	1	下塞柄作业
4	筒刀	根据支线要求输气量选择	套	1	开孔用
5	水平导向栏		套	1	开孔完毕下导向栏
6	对讲机	防爆	台	30	人员沟通
7	连接螺栓螺母	按照实际工程配备	套	若干	连接用
8	氮气		瓶	若干	介质置换

7 质量控制

7.1 工程质量控制标准

（1）GB/T 28055—2011 《钢质管道带压封堵技术规范》。

（2）2008 年版 《危险化学品安全技术全书》（化学工业出版社）。

（3）GB50369—2006 《油气长输管道工程施工及验收规范》。

（4）SY/T 5858—2004 《石油工业动火作业安全规程》。

（5）API 2201 《石油及石化行业热开孔操作规范》。

7.2 质量保证措施

7.2.1 开工准备

（1）施工前，项目部必须向全员进行技术交底，做好交底记录。

（2）对施工用物资进行检查，确认其合格性和适用性，有检查记录。

（3）施工中认真填写施工检查表、尺寸计算表及施工记录。

7.2.2 开孔作业

（1）开孔机、阀门、三通整体吊装下水之前，作业坑管底必须预制好三通、球阀、开孔机的支撑，用于支撑设备自重，确保开孔过程中设备不下沉，机械三通不会发生转动。

（2）开孔作业时，可能产生卡刀现象，一旦发生，立即停机，并退刀 0.5in，再重新启机开孔，在选择开孔位置时，尽量选择管线变形小的位置，这一点对封堵作业也尤为关键。

7.2.3 质量控制点

（1）开孔机安装前，必须做好安装标记，保证水下安装精度与陆地上模拟试验一致。

（2）开孔机，三通和阀门整体下水之前，做好必要的测量，测量尺寸作为开孔时的关键控制点，测量尺寸和要求按照 GB 28055 执行。

（3）塞柄安装到位时，卡环螺母的拧紧圈数和拧紧方向必须做好标记。

8 安全措施

8.1 安全标准

（1）SY 6303 《海上石油设施动火作业安全规程》。

（2）GB 2896 《安全标志》。

（3）GB 18218 《重大危险源识别》。

（4）GB 6067 《起重设备安全规程》。

（5）GB/T 28001 《职业安全健康管理体系》。

（6）GB/ 15630—2015 《消防安全标志设置要求》。

（7）GB/T 12801—2008 《生产过程安全卫生要求总则》。

（8）DNV-OS-A101 Safety Principles and Arrangements。

（9）DNV-OS-D202 Automation，Safety，and Telecommunication Systems。

（10）DNV-OS-D301 Fire Protection。

8.2 安全保证措施

（1）作业者应当按照《海洋石油安全生产规定》进行安全资格培训，并取得合格证书。

（2）短期出海人员进行“海上石油作业安全救生”内容培训。临时出海人员应在出海前进行“海上石油作业安全救生”电化教学综合培训

（3）首先开动空气压缩机，打开储气罐底部排液孔，把罐内沉积下来的液体排干净后关好，将罐内空气压缩至 0.6~0.8MPa。同时检查压缩机功能是否正常，检查供气管道、接头是否有漏气，发现异常情况要及时处理，否则不能潜水作业。

（4）潜水人员检查自己所用的呼吸器具功能是否正常，打开吸头是否与供气系统连通。如果异常

情况要及时维修或更换，不能勉强使用。各项工作准备好后方可下水。

（5）船上留守人员和潜水监督人员要经常检查压缩机供气情况和潜水员在水下的状态，一旦出现意外应立即进行救助。

（6）认真贯彻“以人为本，安全第一，预防为主”的方针，根据国家有关规定、条例，结合施工单位实际情况和工程的具体特点，组成由安全总监、专职安全员和班组兼职安全员为一体的安全生产管理网络，执行安全生产责任制，认真落实属地化管理，明确各级人员的职责，认真抓好工程的安全生产。

（7）施工现场需按符合防人员落水、防火、防风、防雷、防洪、防触电等安全规定及安全施工要求进行布置，并完善布置各种安全标识。

（8）施工现场内严禁吸烟，随时清除现场的易燃杂物。

（9）施工现场的临时用电严格按照《施工现场临时用电安全技术规范》的有关规范规定执行。

（10）施工人员进入现场必须佩戴安全帽、工作服、劳保鞋、救生衣、护目镜等个人防护措施。

（11）动火前组织有关施工人员认真学习施工方案和动火安全措施，同时进行安全教育。

（12）严格按照动火报告及操作规程施工作业，确保安全无事故。

（13）施工现场防火、防爆必须做到器材落实，人员落实，消防器材必须专人看管，安全监护人员必须到达现场并一直在现场监护。

（14）每天的天气情况及时更新。

（15）建立完善的施工安全保证体系，加强施工作业中的安全检查，确保作业标准化、规范化。

9 环保措施

9.1 环保标准

（1）SY/T 6276 《石油天然气工业健康、安全与环境管理体系》。

（2）GB 12348 《工业企业厂界环境噪声排放标准》。

（3）GB 16297 《大气污染物综合排放标准》。

（4）GBZ 1—2010 《工业企业设计卫生标准》。

（5）SY/T 10047 《海上油（气）田开发工程环境保护设计规范》。

9.2 环境保证措施

（1）成立对应的施工环境卫生管理机构，在工程施工过程中严格遵守国家和地方政府下发的有关环境保护的法律、法规和规章，加强对施工燃油、工程材料、设备、废水、废油、生产生活垃圾、弃渣的控制和治理，遵守有关防火及废弃物处理的规章制度，随时接受相关单位的监督检查。

（2）将施工场地和作业限制在工程建设允许的范围内，合理布置、规范作业，做到标牌清楚、齐全，各种标识醒目，施工场地整洁文明。

（3）开孔机机体及蓄能器内充植物油，防止环境污染。

10 效益分析

10.1 经济效益

本工法是利用海洋开孔设备在海底管道上进行远程控制开孔，开孔作业和下挡条作业时间有保证，大幅度缩减了海底管道开孔接支线项目的总时间，节约了运行方的工程造价，降低了对海洋环境的影响，提高了施工效率。

我公司采用此工法为中海油镇江分公司管辖的崖城 13–1 海洋海底管道 KP694 点进行了水下水平开孔作业，单就开孔作业，给公司创造效益 500 多万元，可见海底油气管道维抢修改造工程的造价比陆地油气管道维抢修改造价高出数倍，若与国外施工企业开孔作业成本相比，可直接降低成本 40% 左右，因此此工法的成功应用不仅打破了我国一直依赖国外海洋管道维修技术和装备的局面，也为中石油及管道局创造新的效益增长点，同时将管道维抢修业务由陆地拓展至海洋。

10.2 社会效益

此工法的形成，给予管道运行方更大的信心，他们对管道安全运行不再寄托于国外公司；

施工过程无需采用停输作业，对管道运行方来说，影响输送的压力可以忽略，也不会因为施工造成下游终端用户的需求。

10.3 环境效益

本工法实施不需要进行管道的停输和放空，对环境无任何污染和破坏，同时开孔机机体内和蓄能器内采用植物油进行填充，保证了在施工作业中不会对海水造成污染，在环保方面具有一定的优越性。

11 应用实例

工程名称：崖城 13–1 海洋管道 KP694 处水平开孔工程

11.1 工程概况

崖城 13–1 气田位于海南岛以南约 90km 的海域。气田主海管连接崖城 13–1 气田海上平台和香港中华电力龙鼓滩发电厂，总长约 778km，管径 28in（711mm）。输送的主要介质为天然气，设计压力约为 15.5MPa。海管由沿途水深变化范围是采油平台处水深 90m，最大水深处在 KP191 处，水深为 148m。平均水深一般在 90m 左右。该海管于 1996 年 1 月 1 日投入使用，现已服役近 20 年，是中海油给香港供气的唯一通道，该条海管在 2013 年受到外力破坏后进行了第一阶段的临时性维修并暂时恢复供气，第二阶段的永久性修复即将展开。目前，该海管第二阶段维修的 EPCI 总包由深圳海油工程水下技术有限公司承担。

崖城 13–1 气田海管维修作业项目组计划 2016 年 2~6 月对气田主海管进行第二阶段维修作业，该作业需关停气田。为充分利用气田停产、海管停输的时机，有限公司拟在 KP446 和 KP694 两处进行开孔作业。KP446 处开孔为文昌气田群接入崖城 13–1 管线，KP694 处为东方 13–2 气田群接出崖城 13–1 管线至高栏港终端。崖城 13–1 管线布置见图 11–1。

11.2 工程实施

管道局工程有限公司维抢修公司作为施工方针对如图 11–1 崖城 13–1 管线 KP694 处带压开孔位置，水深 26m，海管为 28in（711.2），壁厚为 17.1mm，管内径 677mm。此处开孔的孔径为 630mm。设计压力 15.5MPa，运行压力 5.5MPa，海管材质 X65 直缝管。

KP697 处带压开孔作业主要分为以下：

（1）甲板上调试好机械三通、28in 球阀及开孔机。

（2）安装机械三通至海管上。

（3）进行开孔作业，孔径为 630mm。

（4）完成开孔作业，关闭球阀并拆除开孔机，吊装出水至甲板。

（5）安装挡条塞柄后，再次水下将开孔机安装到球阀上。

（6）完成下挡条塞柄作业后，关闭球阀并拆除开孔机完成作业（图 11–2）。

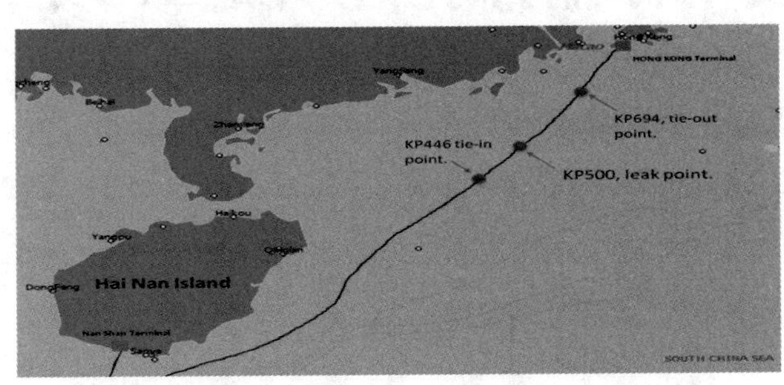

图 11–1　崖城 13–1 管线布置图

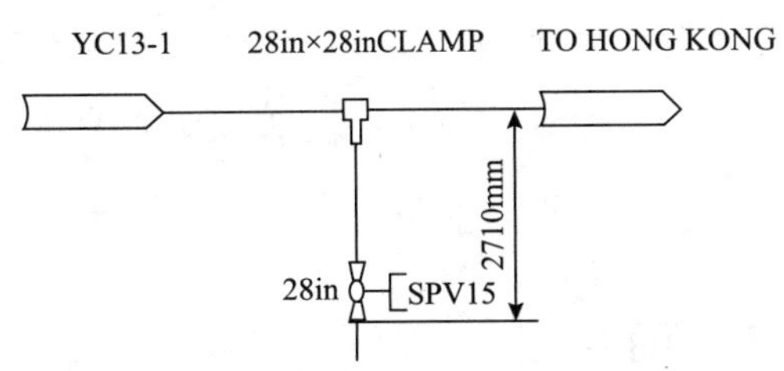

图 11–2　KP694 处开孔示意图

11.3　实施效果

此工程为 ϕ711mm 海底天然气管道水平开孔接支线工程，由于需要将原有海底管道需要进行改造。采用本工法后仅用了 1 个月顺利完成此工程，为业主解决了重大难题。

工程施工时，由于快临近南方雷雨、台风季节，所以时间紧、任务重、安全要求高、海上环境保护要求高等诸多困难因素，项目部合理安排施工时间，确保工程安全顺利完成。

该工程于 2016 年 03 月 25 日开工，2016 年 04 月 28 日竣工。

气田输气干管与单井管线不停输开孔连头施工工法

中国石油管道局工程有限公司

王成明　黄建忠　王迎珍　郑　成　韩剑雄

1　前言

目前，国内多数采气厂在单井管线与输气干管的动火连头施工中，通常采用的工艺是将输气干管内天然气放空，并对其进行氮气置换后将单井管线与输气干管进行连头。此工艺方法的缺点有：①排放天然气会造成环境污染及噪声污染；②大量天然气的放空会造成较大的资源浪费；③关闭、恢复与干管相连的大量其他生产设施不仅周期长且操作复杂，还会影响相应设备的使用寿命；④众多单井管线与干管纵横交错，氮气置换时间长、用量大，并且难以完全置换，存在安全风险。

针对上述问题，2014 年 10 月中国石油天然气管道局西安西北石油管道有限公司结合掌握的不停输开孔技术，在长庆油田推广利用不停输开孔技术进行单井管线与输气干管连头。2015 年在长庆油田采气五厂进行了两处单井管线不停输开孔连头实验，并取得圆满成功，其后又相继在其余各厂开展了多次单井管线连头施工。其核心工艺是采用带压焊接技术将开孔四通焊接在输气干管上，再利用开孔四通连头技术连接开孔四通支管与天然气单井管线，再进行氮气置换及压力平衡，最后用开孔机进行开孔，将单井气体输送到输气干管内。通过总结梳理此工艺，形成了《气田输气干管不停输开孔与单井管线连头施工工法》。近三年来，每年使用本工法完成气田输气干管不停输开孔与单井管线连头施工 10 余处，每连头一次比传统工艺节约施工成本约 6.2 万元，每年可实现直接经济效益约 62 万元，并为油气田节约天然气放空量 $22 \times 10^4 m^3$，避免停输造成天然气减产 $400 \times 10^4 m^3$。

2018 年 12 月，由西安西北石油管道有限公司科委会鉴定，此工法被评定为西北石油管道公司级工法，并获得一等奖。2019 年 5 月，由管道局科委会鉴定，被评定为管道局级工法。申报两项实用新型专利技术，其中一项为“一种开孔封堵三通塞柄单向阀打压装置”，另外一项为“气、液双驱动可拆分免持式快速开孔装置”，目前此二项专利已在集团知识产权平台通过。

2　工法特点

2.1　节能环保

与放空置换连头工艺相比，工法取消了天然气放空流程，避免了天然气排放对环境造成污染，节约了天然气资源。

2.2　施工周期短

传统的放空置换连头工艺工期为 7 天（包含管道运行系统切换流程、天然气放空、氮气置换、动火连头等），本工法施工 2 天即可完成，缩减了施工工期，具有明显的优势。

2.3 优化连头工艺

采用本施工工法进行单井管线与输气干管连头时，干管不需要停输、放空天然气和氮气置换，也不需要对其他干管相连井口设施进行关停操作，简化了井场工艺操作流程。此外，本工法利用井口采出的天然气对单井管线进行压力平衡，删减了开孔四通连头位置的截断阀；由于输气干管不通球，从而取消了开孔四通的塞柄挡条，简化了开孔四通结构。

2.4 新井投产效率高

放空置换连头工艺需要考虑停输成本、冬季保供压力等因素，新井及单井管线建成后需要根据生产任务合理安排连头、投产时间，造成产能滞后。而采用本工法进行施工时，可以做到随时施工、随即投产，并且连入时对在役运行管道影响小，较大地提高了新井投产效率。

2.5 经济效益好

由于施工工期缩短，施工费用减少；少排放天然气，节约了能源。

3 适用范围

本工法适用于气田输气干管与单井管线的各种口径的钢质管线连头作业。

4 工艺原理

在输气干线钢管上采用带压焊接技术安装开孔四通，如图 4–1 所示，开孔四通上的支管与井口单井管线焊接连通；通过开孔四通管上口对输气干线钢管开孔，并密封开孔四通管上口，完成气田输气干管与单井管线的连通作业。其关键技术如下所述。

4.1 不停输带压开孔四通连头技术

本工法利用带压焊接技术和不停输带压开孔技术，是在开孔四通与单井管线连头完毕后，利用夹板阀、开孔联箱及开孔机在管道不停输状态下完成管道开孔作业。首先在输气干管上带压焊接开孔四通，开孔四通焊口经检测合格且与单井管线进行连头后，进行管道带压开孔（图 4–1）。

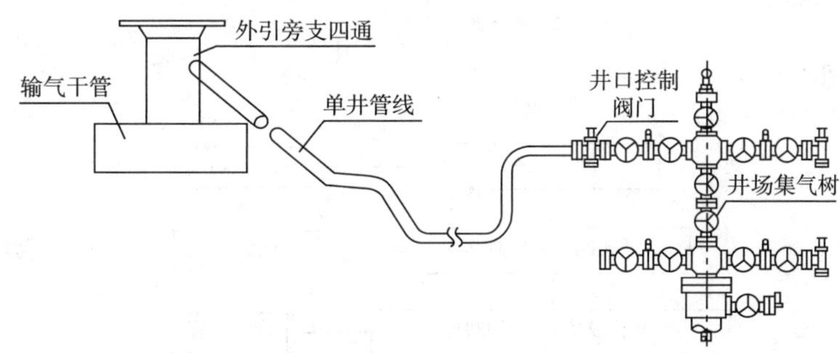

图 4–1 单井管线与开孔四通连头示意图

4.2 开孔机及开孔四通压力平衡施工技术

管道开孔前需对单井管道及开孔四通开孔机进行压力平衡，本工法根据单井管道的特点，在开孔前打开单井管道井口阀门，利用井口采出的天然气完成压力平衡工作（图 4–2）。

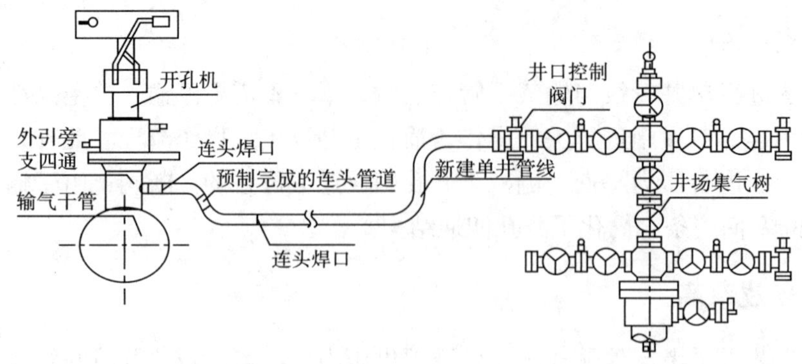

图 4-2 开孔四通开孔前天然气平衡示意图

注：打开井口控制阀门利用单井管道内天然气对单井管道及外引旁支四通、开孔机进行开孔前的平衡工作

4.3 四通开孔关键设备

本工法核心设备为管道开孔机，本工法根据大部分单井管线开孔管径为 *DN*100 及以下，专门研制一套《气、液双驱动可拆分免持式快速开孔装置》，此装置在原有 2in 开孔机上方安装一个驱动头及支撑固定设施，利用液压站或空压机对小口径管道开孔由手动转为气、液驱动开孔，适用于管道开孔直径为 *DN*50~*DN*100 的管道开孔作业（图 4-3）。主要特点为体积轻巧，可拆分方便携带，开孔效率高、时间短，人员劳动强度低，尤其适应山地开孔作业。

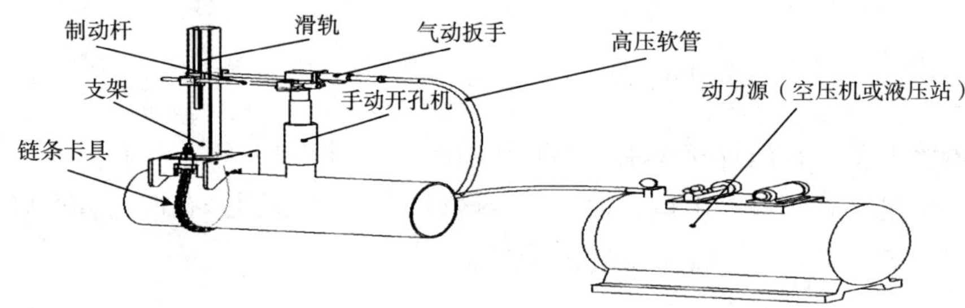

图 4-3 气、液双驱动可拆分免持式快速开孔装置

5 施工工艺流程及操作要点

5.1 施工工艺流程

5.1.1 总流程（图 5-1）

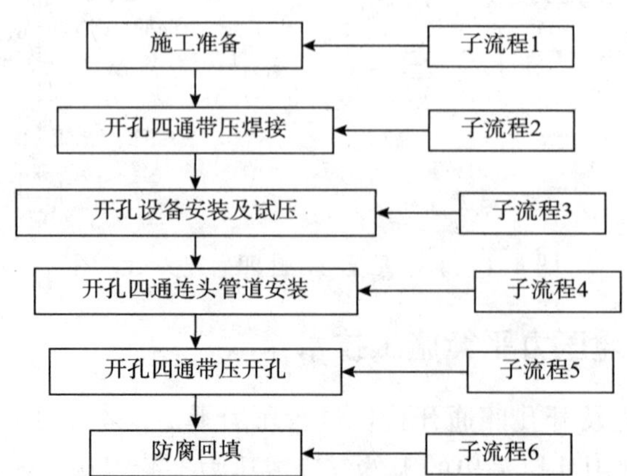

图 5-1 气田输气干管不停输开孔与单井管线连头施工工艺流程图

5.1.2 子流程（图 5-2～图 5-7）

（1）子流程 1：

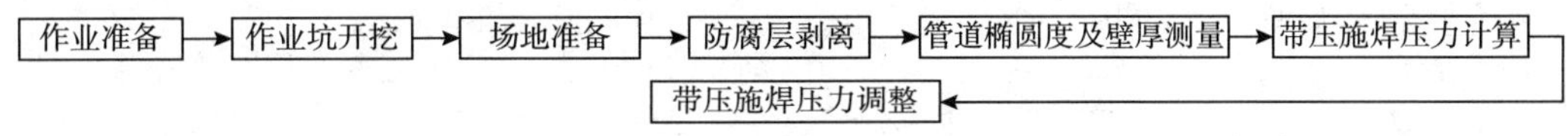

图 5-2　施工准备流程

（2）子流程 2：

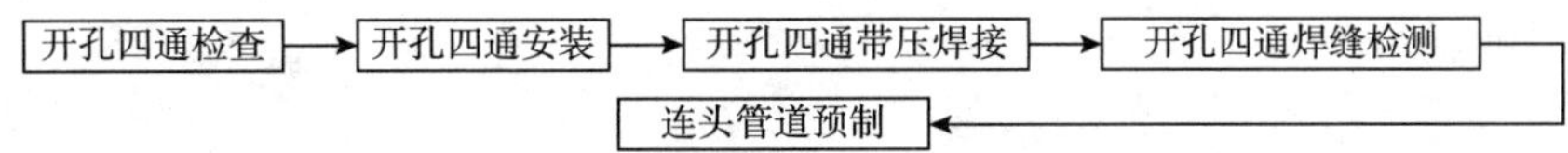

图 5-3　开孔四通带压焊接流程

（3）子流程 3：

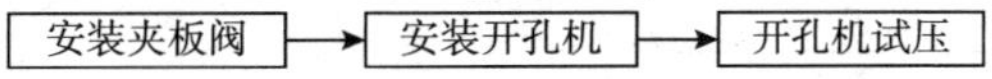

安装夹板阀 → 安装开孔机 → 开孔机试压

图 5-4　开孔设备安装及试压流程

（4）子流程 4：

连头焊接 → 焊口检测 → 新建单井管线氮气置换

图 5-5　开孔四通连头管道安装流程

（5）子流程 5：

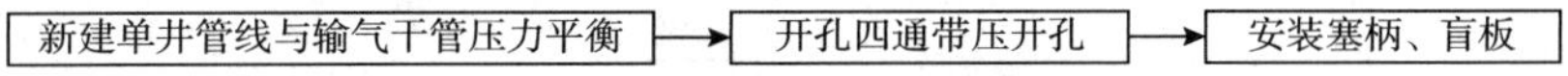

新建单井管线与输气干管压力平衡 → 开孔四通带压开孔 → 安装塞柄、盲板

图 5-6　开孔四通带压开孔流程

（6）子流程 6：

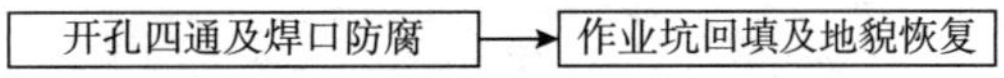

开孔四通及焊口防腐 → 作业坑回填及地貌恢复

图 5-7　防腐及地貌恢复流程

5.2 操作要点

以 ϕ159mm 单井管线连接至 ϕ219mm 输气干管为例进行说明。

5.2.1 施工准备

1. 作业准备

（1）确定干管管线坐标，用雷迪现场复测干管管线位置。

（2）对动火点干管进行人工开挖验证，确定与新建单井管线动火位置，编制施工方案，施工方案在施工前上报监理单位及业主单位审批完毕。

（3）施工前对参与施工的所有员工进行技术方案交底，明确相关工序负责人职责，明确工作内容，做到各工序紧密结合。

（4）明确施工使用物资材料到场情况，并对进场材料进行报审。

（5）对施工设备进行维护保养，确保施工设备完好率达到 100%。

（6）施工前办理完成动火作业票、挖掘作业许可证、吊装作业许可证等相关施工手续。

（7）编制动火应急预案，根据现场情况组织相关的应急演练。

（8）完成开孔四通单向阀试压，确保单向阀不泄漏。

单向阀试压利用本工法专门研制的单向阀打压技术进行试压，主要利用气压稳定快速的手动打压泵，快速、准确验证开孔四通塞柄单向阀的严密性（图 5-8）。该试压技术在施工准备阶段就可以发现开孔四通单向阀是否内漏，可以对塞柄提前进行维修或更换，从而减少施工资源和动火时间的浪费。

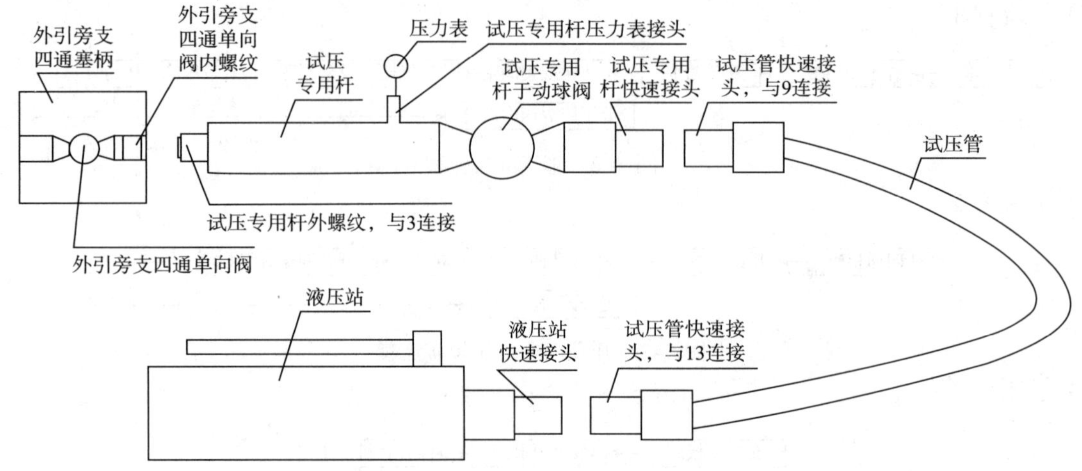

图 5-8 开孔四通塞柄打压技术示意图

注：此图为塞柄单向阀试压俯视示意图

（9）动火前完成单井管线的安装、试压等工作，使单井管线具备连头条件。

2. 作业坑开挖

（1）动火施工前必须按照相关规范要求开挖好动火作业坑（图 5-9）。

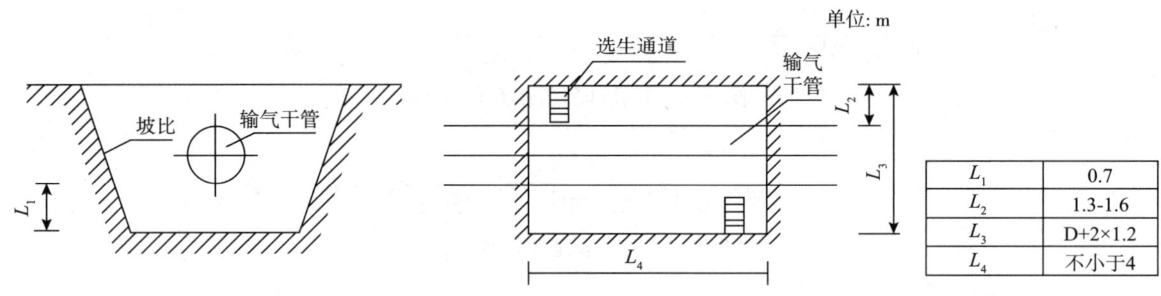

L_1	0.7
L_2	1.3-1.6
L_3	D+2×1.2
L_4	不小于4

图 5-9 作业坑开挖示意图

注：左侧图为作业坑主视图，右侧图为作业坑俯视图

（2）若管线开孔位置与管线对接焊缝重合，根据实际情况，适当加长作业坑，避开焊缝。

（3）作业坑内应设置排水坑，四周应根据需要采取安全防护措施。

（4）设备应摆放在距离作业坑 1m 范围以外。

3. 作业场地布置

（1）动火现场应设置风向标，并根据现场风向对动火作业地带进行分区，具体分为作业区、机具摆放区、车辆停放区、休息区（医疗点、厕所）等。

（2）动火作业施工区域应设置警戒，与动火作业无关人员或车辆不应进入动火作业区域。

（3）机具摆放区、车辆停放区、休息区等应设置在上风口处；休息区宜搭设简易凉棚或帐篷，便于对暂无作业任务的人员进行集中管理。

（4）车辆、设备应按指定区域摆放。

（5）动火施工区域应设立安全警示标志、安全围栏，摆放安全警示牌及“五牌一图”等目视化标牌。

（6）施工现场应有足够的作业场地，作业场地和进出场道路地面承载力应满足现场运输和吊装要求。

4. 剥离防腐层

（1）确定开孔四通的焊接位置，开孔点应选择在直管段，清除管线上方防腐层。

（2）防腐层清除可采用火焰加热方法、机械方式或电磁加热方式。

（3）防腐层清除长度应比开孔四通长度每侧均长出 100mm 以上。

（4）防腐层清除完毕后，手工清除管道残余的底漆及锈蚀的铁锈，焊接部位除锈等级应达到 ST2 级。

5. 管道椭圆度及壁厚测量

（1）测定开孔部位管线椭圆度，确保开孔部位的管道圆度误差不超过管外径的 1%，且≤3mm；

（2）在管线焊接部位打磨见金属光泽后使用超声波测厚仪进行全周向壁厚测量，且≥4 个点，施焊最小壁厚应≥4.8mm。

6. 带压施焊压力计算

依据 SYT 6150.1—2017《钢质管道封堵技术规范 第 1 部分：塞式、筒式封堵》6.2.1 管道施焊压力计算公式：

$$P=2\sigma_s(t-c)F/D$$

式中，P 为管道允许带压施焊的压力，MPa；σ_s 为管材的最小屈服极限，MPa；t 为焊接处管道实际壁厚，mm；c 为因焊接引起的壁厚修正量，mm；D 为管道外径，mm；F 为安全系数。

7. 带压施焊压力调整

按照带压施焊压力计算结果，调整输气干管的天然气运行压力。

5.2.2 开孔四通带压焊接

1. 开孔四通检查

（1）开孔四通应具有质量证明书、产品合格证，产品上应有许可标志和许可证号。

（2）对开孔四通进行外观检验，不应有裂纹、折叠、重皮、超过壁厚负偏差的锈蚀和凹陷。

（3）应检查开孔四通卡环的伸出圈数，以保证安装塞堵位置准确。

（4）密封材料不应有气孔、杂质、飞边、毛刺、裂纹等缺陷，塞柄材料应满足管道介质和运行温度的要求。

2. 开孔四通安装（图 5-10）

（1）安装开孔四通前，用电动钢刷打磨焊缝，除去表面油污、防腐层，开孔四通的坡口也应做打磨处理。

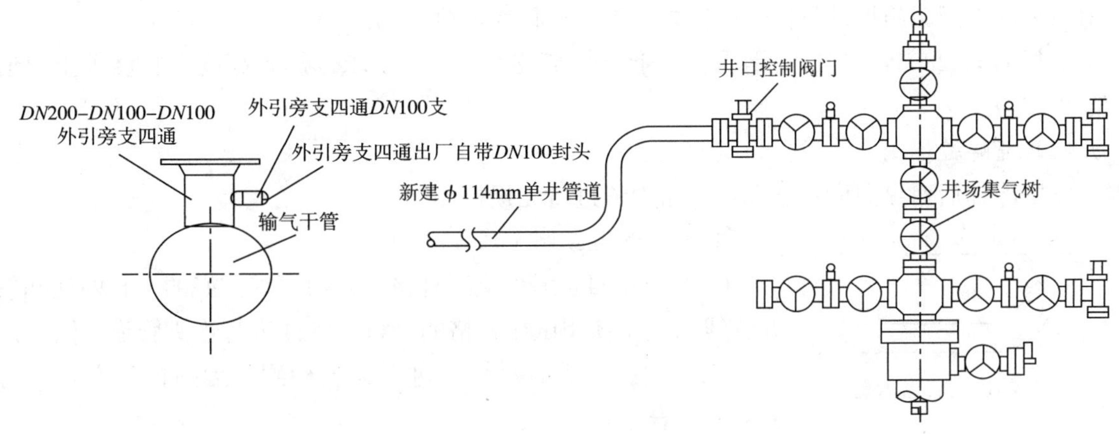

图 5-10 开孔四通示意图

（2）作业前对卡具进行检查，确认各部件完好，选用能够满足现场作业的紧固链条。

（3）将开孔四通上护板（带法兰的部分）用三脚架、吊链吊起放到管线上，将紧固链条组合装置放在管线上，使链条处于松弛状态，并有专人负责扶稳，防止其滑落。将下护板侧两边吊环用卸扣和吊带连接，并用起重设备吊起放到待修复管线下面一侧后，将垫板（低合金钢板）放置到接口连接处底部，连接另一侧吊环、卸扣、吊带将下护板吊起与上护板对接找正。将紧固链条组合放置在上护板两端，并用链条兜起下护板，旋转紧固丝杠使下护板缓慢提升起来。

（4）当管道本体焊缝余高影响组对间隙要求时，宜适量打磨管道螺旋焊缝和直焊缝，以使开孔四通护板与管道间隙符合以下要求；

——主管线为 *DN*500 及以上规格的，间隙宜为 2.5~4mm。

——主管线为 *DN*500 及以下规格的，间隙宜为 1.5~2mm。

（5）开孔四通法兰与管道轴线的平行度应≤1mm，开孔四通法兰中轴线与其所在位置管道轴线间距应≤1.5mm。

3. 开孔四通带压焊接

（1）焊接前装好消除静电接地装置，用专用固定橡胶带将铜编带固定在焊口附近管道上，然后将铜编带引出作业坑外接地，接地电阻应≤10Ω；

（2）焊接前，焊条进行烘干处理，烘干温度按焊评执行，焊条从烘干箱取出后，应马上放入保温桶，并立即进行焊接。

（3）依据 SYT 6150.1—2017《钢质管道封堵技术规范 第 1 部分：塞式、筒式封堵》6.2.2 要求：输气管道管件带压焊接时，气体流速≤10m/s，即在输气干管上焊接开孔四通时，输气干管内的气体流速≤10m/s；

（4）用可燃气体检测仪检测开孔四通四周焊缝位置的可燃气体浓度，用钢丝刷进一步清除开孔四通环焊缝管线位置的油漆及防腐。

（5）将垫板插入到开孔四通护板的垫板槽内，防止焊接时电弧直接与管道接触，烧伤管道。并在上下护板纵焊缝位置采取点焊方式进一步固定，然后拆除链条，待正式焊接时需要把这些焊点去除。

（6）首先焊接纵焊缝，两道焊缝应同时焊接。焊接之前要对焊道进行预热处理，预热温度达到焊接工艺规程所规定的温度，当护板长度≥750mm 的开孔四通进行纵焊缝焊接时，每道焊缝应至少由两名焊工同时施焊。纵焊缝焊接完成后应切除多余垫板。

（7）纵焊缝完成后，焊接开孔四通环向角焊缝。两道开孔四通环焊缝不能同时焊接。焊接之前要对焊道进行预热处理，预堆层焊接前应做好标识，预堆层第一条焊道要保证与开孔四通母材的距离<2mm，并且不能与开孔四通连接，当管道外径≥325mm 的管道上进行环焊缝的焊接时，每道环焊缝应至少由两名焊工同时施焊，具体焊接按焊接工艺规程要求执行。

（8）依据 GBT 28055—2011《钢质管道带压封堵技术规范》要求，焊脚高度和宽度等于管道壁厚的 1.4 倍。

4. 开孔四通焊缝检测

焊接完毕冷却后对纵向横焊缝和环向角焊缝进行无损检测。

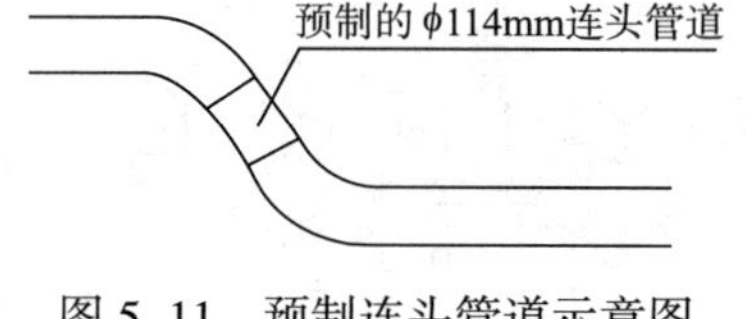

图 5-11　预制连头管道示意图

5. 连头管道预制（图 5-11）

（1）开孔四通焊缝检测合格后，根据焊接好的开孔四通和新建单井管线的定位使用试压合格的管材、管件进行连头管道预制工作；

（2）预制完成后对焊口进行无损检测，无损检测方式为射线检测，Ⅱ级合格。

5.2.3　开孔设备安装及试压

1. 安装夹板阀

（1）应在关闭状态下吊装夹板阀，将夹板阀安装在开孔四通法兰上。

（2）夹板阀内旁通应关闭。

（3）测量夹板阀内孔与开孔四通法兰内孔的同轴度，同轴度误差不应超过 1mm。

2. 安装开孔机（图 5-12）

本工法根据单井管线开孔孔径不同，所选用的开孔机型号也不相同，开孔孔径在 *DN*100 及以下的选用前文叙述的《气、液双驱动可拆分免持式快速开孔装置》及 2in 开孔机，开孔孔径在 *DN*100 以上的，选用 FK900 开孔机及对应的液压站。开孔机安装程序如下：

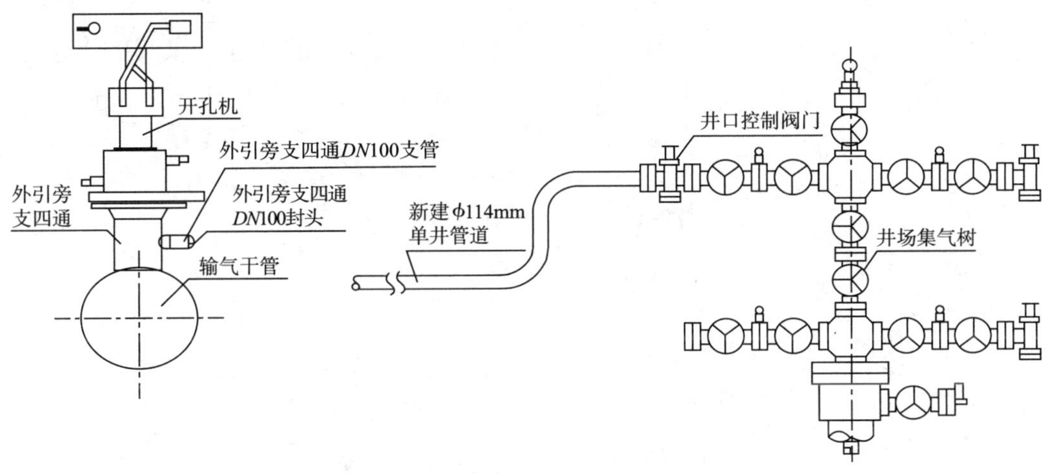

图 5-12 组装开孔机示意图

（1）安装筒刀和中心钻。

（2）中心站 U 形卡环应转动灵活，且每次开孔前应更换中心站放松尼龙棒。

（3）刀具结合器与开孔机主轴之间的锥度连接不应有任何松动。

（4）测量筒刀与开孔结合器内孔的同轴度，同轴度误差在 ϕ1mm 以内。

（5）开孔机与开孔结合器应竖直安装和拆卸。

（6）将开孔机安装至夹板阀上。考虑到安装开孔工具的质量较大，吊装开孔工具前确认临时支护安装牢固、支撑到位。

3. 开孔机整体试压（图 5-13）

管道开孔前，用氮气对开孔机、夹板阀、开孔四通进行整体气密性试压，根据《钢制管道封堵技术规程 第 1 部分：塞式－筒式封堵》SY/T 6150.1—2017 要求，试验压力应为该段管道内运行压力的 1.1 倍，试压时注入氮气（提前对氮气进行检测，由安全员负责），观察压力表直至压力表显示压力为此时管线的运行压力后停止注氮。稳压 15min，使用泡沫水喷淋开孔四通焊缝、各部件结合面，观察有无气泡产生，以压力不降低、不产生气泡为合格。如打压不合格，检查泄漏点，检查完毕后泄压，重新紧固各阀门螺栓，检查合格后，继续打压。

5.2.4 开孔四通连头管道安装

1. 连头焊接（图 5-14）

开孔机试压完毕后，切除开孔四通自带的封头，将新建单井管线与预制好的连头管道进行焊接，焊接严格按照焊规执行。

2. 焊口检测

待连头焊口冷却后，采用射线加超声波探伤双百检测。检测操作按照《石油天然气钢质管道无损检测》（SY/T 4109—2013）标准执行，检测结果评定验收符合《钢质管道焊接及验收》（SY/T 4103—2006）中的无损探伤验收标准为合格。

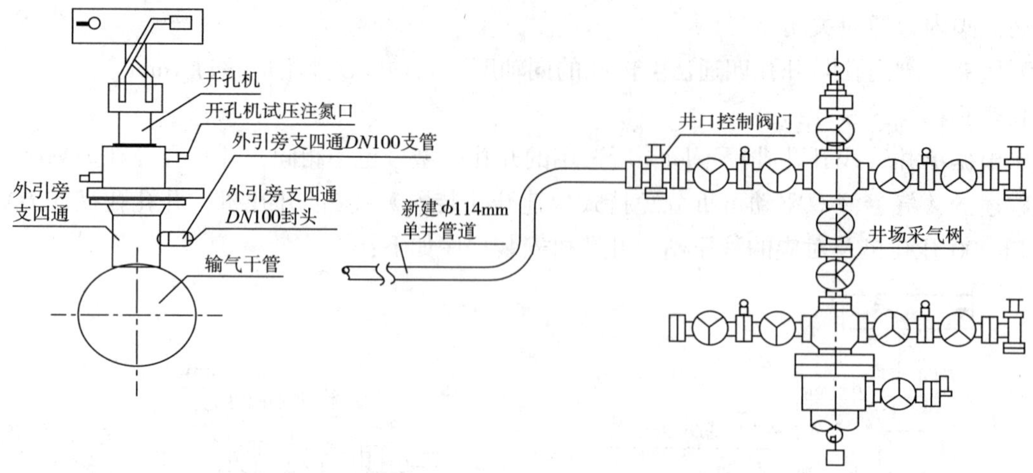

图 5-13 开孔机整体试压示意图

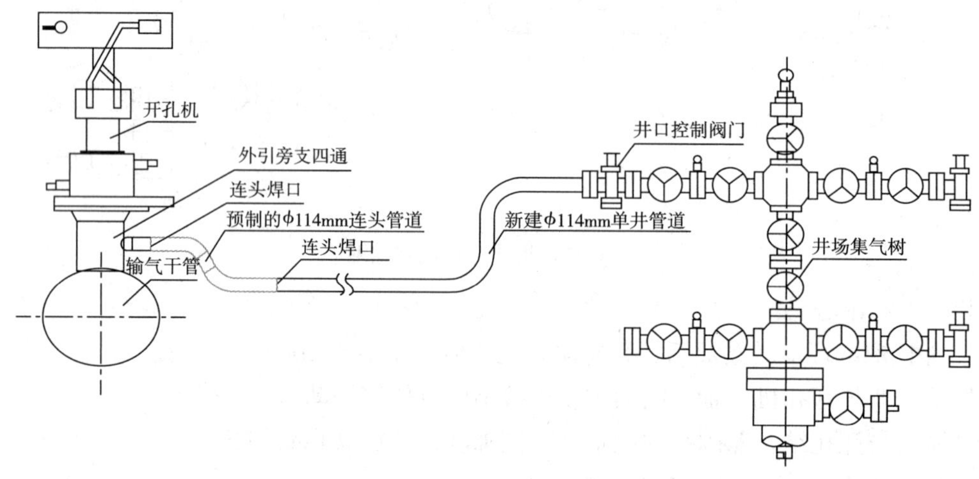

图 5-14 开孔四通与新建 ϕ114mm 单井管线连头示意图

3. 新建单井管线氮气置换

连头焊缝检测合格后，将注氮管线与开孔联箱上 2in 平衡孔相连，通过该孔注入氮气，在井口处排气检测，当含氧量低于 2% 时，氮气置换合格。

5.2.5 开孔四通带压开孔

1. 新建单井管线与输气干管压力平衡

提前预制 50m *DN*50 放空管线，然后将放空管线连接至开孔联箱上 2in 平衡孔处。连接完毕后，打开井口控制阀门，给新建单井管线注入天然气，在放空管线出口处进行排气并检测天然气浓度，当可燃气体浓度 >90% 后，关闭排气阀继续冲入天然气，直至单井管线内压力与干管内压力达到平衡。压力平衡后关闭上述井口控制阀门。

2. 开孔四通带压开孔

（1）测量数据，计算开孔操作尺寸。

（2）压力平衡后，启动液压站，依据尺寸实施开孔作业。

（3）开孔时，当开孔机切削到预定尺寸后，停机，然后以手动操作开孔机，使开孔刀前进 5~10mm，确认孔完全被开透，方可上提刀具。

（4）开孔完成后将刀退出，关闭夹板阀，卸放压力，然后排出开孔结合器内的介质，拆除开孔机。

3. 安装塞柄（图 5-15）

（1）安装塞柄期间，不应调整管道运行参数。

（2）拆除筒刀，测量尺寸，安装开孔机实施下塞柄作业，对开孔结合器腔体进行氮气置换，并用可燃气体测爆仪测量出气口处气体。

（3）操作工程中，应先用夹板阀内旁通平衡压力后再打开外平衡管线阀门。

（4）确认塞柄到位后，伸出卡环并确认卡环圈数。

（5）确认塞柄安装完毕后，应先脱离主轴，并将主轴上提 25mm，然后通过联箱上泄放阀将联箱内压力降低 0.5MPa，然后通过压力表观察联箱内压力是否上升，如若压力无变化则证明塞堵严密，若压力有上升，则证明塞柄不严密，实施重新下塞柄作业，然后重复上述作业，直至检测严密。

（6）安装金属缠绕垫、开孔四通盲板，安装前应对盲板的密封面、密封垫片进行外观检查，不应有缺陷，然后进行安装。

图 5–15　安装塞柄示意图

5.2.6　防腐及地貌恢复

1. 开孔四通及焊口防腐

开孔完毕后，对开孔四通、连头焊口实施除锈作业，除锈等级达到 ST2，除锈完成后，对开孔四通与连头焊口实施防腐作业，其中开孔四通使用黏弹体 + 冷缠带进行防腐，焊口使用聚丙烯胶粘进行防腐，防腐完成后，使用电火花检漏仪进行检漏作业，检测电压为 15kV。开孔连头作业完成（图 5–16）。

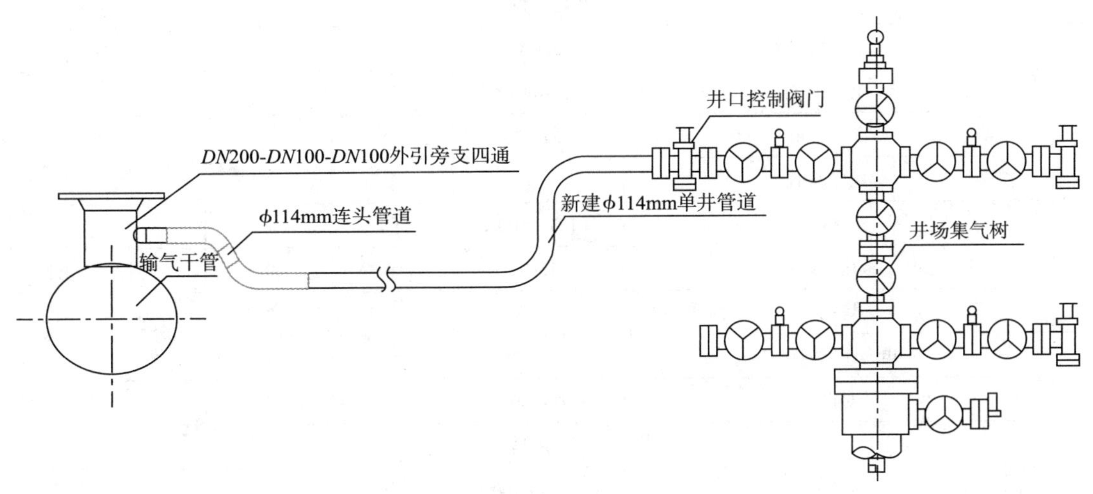

图 5–16　开孔连头作业完成示意图

2. 作业坑回填地貌恢复

（1）埋地管道的土方回填，采用人工与机械相结合的方式回填作业坑以及实施地貌恢复工作，应从作业坑两侧向中间填充，并分层夯实。

（2）作业坑回填至开孔四通盲板位置时，利用编织袋装土覆压至盲板上方，并进行地貌恢复。

地貌恢复后，应在地面上埋设标志桩。标志桩标识内容应包括连头点管道里程、埋深、开孔四通数量等。

5.3 人员配置表（表 5-1）

表 5-1 施工人员配置

序 号	岗 位	人数 / 人	备 注
1	项目经理	1	工程全面管理
2	HSE 监督员	1	负责整个施工安全监督
3	焊工	2	
4	封堵工	1	
5	管工	1	
6	共计	6	

6 材料与设备（表 6-1）

表 6-1 施工设备表

序号	名 称	规格型号	单 位	数 量	备 注
开孔设备					
1	开孔机	T101	台	1	
2	开孔机	FK900	台	1	开孔孔径 *DN*250~*DN*150
3	气、液双驱动可拆分免持式快速开孔装置		套	1	开孔孔径 *DN*100~*DN*50
4	夹板阀	*DN*100	个	1	
5	空压机		台	1	含液压管
6	开孔结合器	*DN*100	台	1	
发电电焊设备					
1	发电机	32kW	台	1	
2	电焊机	YE-400TX	台	2	
3	焊条烘干箱	ZXH-20	台	1	
4	焊条保温桶		个	2	
5	角磨机	125、100	台	2	
6	液化气罐	15kg	个	2	预热
7	烤把		个	2	预热
8	电火花检漏仪		台	1	
9	外对口器	*DN*200	台	2	
安全用具					
1	测厚仪	Minitest400	个	1	
2	可燃气体测试仪		台	1	
3	含氧分析仪		台	1	
4	灭火器	8kg	个	4	
5	正压式空气呼吸器		个	2	
6	测温仪		台	1	
7	风速仪		台	1	
8	防爆轴流风机		台	1	

续表

序号	名　称	规格型号	单　位	数　量	备　注
其他辅助设备工具					
1	全方位泛光工作灯		台	1	
2	对讲机	防爆	个	2	
3	电缆线		m	100	
4	配电箱		个	1	
5	倒链	5t	个	2	
6	千斤顶	2t	个	2	
7	防腐层剥离工具		套	2	
8	吊带	3t	条	2	
9	污水泵	$20m^3/h$	台	2	
10	焊接检验尺	HJC60 型	把	1	
车辆配备					
1	随车吊	8t	辆	1	
2	人员运输车	7 座	辆	1	
施工工器具					
1	呆扳手		套	2	
2	管钳		把	2	
3	活动扳手		把	2	
4	内六方		套	各 2	
5	吊带	3t	条	2	
6	大锤		把	2	
7	水平尺		把	2	
8	钢板尺		把	4	
9	手钳		把	2	
10	起子		把	2	
11	直角尺		把	2	
12	卡尺		把	2	
13	卷尺		把	2	
14	链卡		个	2	
施工材料					
1	无缝钢管	ϕ114mm　20#	m	10	
2	封头	*DN*100	个	1	
3	弯头	ϕ114mm　20#	个	2	
4	开孔开孔四通	*DN*200–*DN*100–*DN*100，6.3MPa	个	1	
5	金属缠扰垫	*DN*100	个	2	一用一备
6	开孔筒刀	*DN*100	把	2	
7	中心钻	*DN*100	个	2	
8	电焊条	ER50–6	kg	15	符合焊接工艺规程
9	电焊条	E5015	kg	40	符合焊接工艺规程

续表

序号	名 称	规格型号	单 位	数 量	备 注
10	黏弹体		m^2	3	
11	聚丙烯冷缠带		卷	5	
12	砂轮片	ϕ125mm	片	30	
13	切割片	ϕ125mm	片	30	
14	压力表（精度 1.5 级）	10MPa	块	4	
15	氧气		瓶	2	
16	乙炔		瓶	1	
17	氮气		瓶	50	
18	棉纱		kg	10	
19	生料带		盘	10	
20	枕木		根	4	
21	警示带		盘	4	
22	编织袋		个	200	
23	各种小阀门 / 短节		个	10	试验压力用

7 质量控制

7.1 执行标准

（1）GBT 28055—2011 《钢质管道带压封堵技术规范》。

（2）GB/T 31032—2015 《钢质管道焊接及验收》。

（3）GB 50236—2011 《现场设备、工业管道焊接工程施工及验收规范》。

（4）Q/SY 1248—2009 《移动式起重机吊装作业安全管理规范》。

（5）Q/SY 05064—2018 《油气管道动火管理规范》。

（6）SY/T 4109—2013 《石油天然气钢制管道无损检测》。

（7）SY/T 4124—2013 《油气输送管道工程竣工验收规范》。

（8）SY 4204—2016 《石油天然气建设工程施工质量验收规范 油气田集输管道工程》。

（9）SY/T 6150.1—2017 《钢制管道封堵技术规程 第 1 部分：塞式—筒式封堵》。

7.2 质量保证措施

7.2.1 焊接作业

（1）施工中所用管道、弯头、开孔四通、焊条等必须有出厂合格证书及材质单，焊条使用前必须经烘干处理。

（2）清洁管线表面，在焊缝的位置上，用电动钢刷打磨，除去表面油污、底漆，开孔四通的坡口应打磨处理。

（3）安装开孔四通时，先测安装开孔四通处管线的椭圆度，保证椭圆度不超过 1%，开孔四通护板与管壁间隙为 0~2mm，上、下护板的间隙≤3mm，找正对中。

（4）焊接开孔四通前，采用测厚仪测管壁实际厚度，尽量避开严重腐蚀区域。焊接工艺上采用直流反接，降低母材的温度，并控制焊接电流。

（5）焊接前，焊条进行烘干处理，烘干温度为250～300℃，焊条从烘干箱取出后，应马上放入保温桶，并立即进行焊接，1h内未使用完的焊条要放回烘干箱进行烘干。

7.2.2 开孔作业

（1）开孔前对结合器以及开孔四通壳体进行试压，用肥皂水检查气密性。

（2）开孔作业时，可能产生卡刀现象，一旦发生，立即停机，并手动退刀10mm，再重新起机开孔，在选择开孔位置时，尽量选择管线变形小的位置。

（3）开孔完毕，拆卸开孔机前，要先向开孔机内打入氮气以置换净存留在开孔机内的天然气，通过引流管把置换出的天然气引流放空处理，防止存积在开孔机内的天然气引爆。置换完毕，经检验引流出的可燃气体的含量达到要求，方可拆卸开孔机。

7.3 关键工序质量控制点（表7-1）

表7-1 关键工序主要技术指标检验统计表

序号	检验项目	指标要求	检查时机或频次	检验工具
1	作业坑开挖	作业坑放坡符合要求，作业坑尺寸符合要求 作业坑逃生通道≥2条，且坡度≤30°，安全踏步宽度≥1m 作业坑周围留出1.5m安全通道，通道内不应摆放任何机具及设备 作业坑底有水时应挖掘集水坑	开挖完成后	目视 钢卷尺
2	剥离防腐层	防腐层清除长度应比开孔四通长度每侧均长出100mm以上 防腐层清除完毕后，手工清除管道残余的底漆及铁锈	剥离完成后	钢卷尺 目视
3	安装、焊接开孔四通	开孔四通外观检测 开孔四通查验合格证明材料 开孔四通护板与管道间隙宜为1.5~2mm 管道圆度误差不得超过管外径的1%，且≤3mm 管道壁厚不低于规范规定最低施焊要求，且≥4.8mm 开孔四通法兰沿管道轴线方向的两端到管顶的距离差<1mm 开孔四通法兰轴线与其所在位置管道轴线间距应≤1.5mm 开孔四通焊接电流、电压、焊接速度及焊道高度、宽度及焊道层数符合焊规，且环焊角缝焊道高度与宽度不小于管道壁厚的1.4倍 管道内气体流速≤10m/s 接地电阻≤10Ω	安装前 安装中 安装后	测厚仪 水平尺 钢板尺 接地电阻测试仪 卡尺 目测 焊接检验尺
4	预制连头管道	管口完好无损，无铁锈、油污、油漆、毛刺 管道坡口、预热及焊接方式及过程符合焊规 焊接外观符合焊规 焊缝检测：RT二级	焊接前 焊接过程中 焊接完成后	目视 射线探伤仪 焊缝检测尺 钢板尺 水平尺 吊坠
5	组装开孔机	机械完好 中心钻U形卡环灵活，每次开孔前更换中心钻防松尼龙棒 刀具结合器与开孔机主轴之间的锥度连接不应有任何松动 筒刀与开孔结合器内孔的同轴度公差≤ϕ1mm 夹板阀在关闭状态下进行安装，且内旁通应关闭 夹板阀与开孔四通法兰内孔的同轴度公差≤ϕ1mm	开孔前 开孔机安装过程中 开孔机安装完毕后	目视 操作检查 水平尺 钢板尺 吊坠
6	开孔机整体试压	开孔机试验压力不小于管道运行压力的1.1倍，持续时间≥15min	开孔前	压力表 计时器

续表

序号	检验项目	指标要求	检查时机或频次	检验工具
7	单井管道连头	管口完好无损，无铁锈、油污、油漆、毛刺 管道坡口、预热及焊接方式及过程符合焊规 焊接外观符合焊规 焊缝检测：RT 二级	连头前 连头过程中 连头后	目视 射线探伤仪 超声波探伤仪 焊缝检测尺 钢板尺 水平尺 吊坠
8	管线压力平衡	氮气置换单井管道至氧气浓度≤2% 天然气置换氮气至可燃气体浓度≥90% 单井管线内压力与干管内压力达到平衡	开孔前	可燃气体检测仪 压力表 氧气浓度检测仪
9	开孔作业	计算开孔尺寸 符合实际开孔尺寸与计算开孔尺寸一致 检查塞柄密封圈及验证塞柄卡环锁紧 塞柄单向阀进行试压不泄漏 塞柄安装完毕后验证塞柄密封性	开孔前 开孔中 开孔完成后 塞柄安装前 塞柄安装完成后	计算器 钢板尺 操作检查 压力表 单向阀试压装置
10	管线防腐	电火花 15kV	逐个进行电火花检漏	电火花检漏仪

8 安全措施

8.1 安全标准

（1）Q/SY 1241—2009《动火作业安全管理规范》。

（2）Q/SY 05064—2018《油气管道动火管理规范》。

（3）SYJ 4051—91《油气田集输管道动火安全技术规程》。

（4）JGJ 46—2005《施工现场临时用电安全技术规范》。

（5）《长庆油田分公司动火作业安全管理办法》。

8.2 安全保证措施

1. 现场安全措施

（1）施工过程中，设警戒区，任何非施工人员不得进入。

（2）施工现场设置施工公告牌、安全标志、警句齐全，设置“严禁吸烟”警示标志。

（3）施工设备、材料及消防器材，按标准配备齐足，摆放适当，使用方便，确认有效日期。

（4）对施工设备进行检查，发现隐患，应立即采取措施。

（5）施工前办理动土许可证、“动火票”等相关手续，并得到管理部门的许可。

（6）施工过程中，所有施工人员一律穿防静电工作服，佩戴安全帽，禁穿有铁钉的鞋。

（7）组织施工人员学习施工方案及安全措施，增强安全意识。每天召开施工安全会。

（8）施工前召开技术协调会，甲、乙双方共同制定紧急情况应急措施。

（9）施工前清除作业区内各种易燃物。

（10）现场作业完工，施工现场必须做到“工完、料净、场地清”。

（11）建立通畅的通信网络，保证施工中甲、乙双方工序衔接的安全性。

（12）动火前清理现场易燃物并用可燃气体测爆仪检测周围环境，确认安全方可动火。若施工现场可燃气体含量过高，将采用强制通风的方法控制空气中可燃气体含量。动火期间按规定间隔定时抽查，并间插不定时检查。动火必须在指定范围内进行，不得擅自扩大动火范围。

（13）焊接开孔四通前用测厚仪测量管线壁厚，避开腐蚀点。焊接开孔四通时，使用低氢焊条、直流反接、焊接电流控制在 130A 以下，并控制焊接速度。

（14）作业现场保证人员疏散通道及消防通道畅通，灭火器材专人负责到位。现场临时用电，配电箱摆放要符合安全规定，设立用电警示牌，用电开关要有漏电保护，人员离开现场必须切断电源。

（15）施工期间，甲方工艺流程的切换必须按照乙方的要求进行操作，保证准确无误，由项目经理负责联系。

（16）动火操作人员必须严格执行安全操作规程。全部动火部位必须设专人监护，工程结束后，甲、乙双方安全人员组织现场清理工作，确认施工现场余火全部熄灭。

（17）所有车辆均停放在作业区外，车辆进入作业区后应听从安全员的指挥。

2. 开孔作业安全措施

（1）操作人员必须熟知施工所用设备的操作，维修，保养规程。

（2）开孔作业严格按《钢质管道带压封堵技术规范》（GB/T 28055—2011）进行操作。

（3）操作人员必须了解本次施工方案，及主要施工内容。

（4）操作人员必须熟知本次施工的《安全措施》及《应急计划》。

（5）施工前认真检查开孔设备，发现问题立即进行修复，设备不能带“病”作业。

（6）设备严格按照操作规程进行安装，设备之间的连接要牢靠。

（7）在开孔前应对开孔机、开孔结合器、开孔四通及球阀做严密性压力试验。

（8）拆卸开孔机前，要先向结合器内注入氮气以置换净存留在结合器内的天然气，通过引流管把置换出的天然气引流放空处理，防止存积在结合器内的天然气引爆。置换完毕，经检验引流出的可燃气体的含量达到要求，方可拆卸开孔机。

（9）下塞堵前要先压力平衡，下完塞堵后，应验证塞堵的密封效果，在泄压阀泄压时，泄压阀口前不得有人。

（10）认真测量、记录、计算与开孔相关的各种尺寸。

9 环保措施

9.1 环保标准

（1）GB 12348—2008 《工业企业厂界环境噪声排放标准》。

（2）GB/T 24001—2016 《环境管理体系 要求及使用指南》。

（3）GB/T 24004—2017 《环境管理体系 通用实施指南》。

（4）GB 28001—2011 《职业健康安全管理体系 要求》。

（5）Q/SY 05064—2018 《油气管道动火管理规范》。

（6）SY/T 6276—2014 《石油天然气工业健康、安全与环境管理体系》。

9.2 环保措施

（1）加强环境保护教育培训，提高作业人员环保意识，依据现场实际情况制定出环保方案。

（2）施工过程中加强对施工燃料、喷涂清洗产生的废料、工程材料、设备、生产生活垃圾的控制和治理，遵守有关防火及废弃物处理的规章制度，将废弃物运送到指定地点统一处理。

10 效益分析

10.1 经济效益

现以案例 3 苏 6–3–7 丛式井接入苏 6–2–10 井组干管动火连头工程为例进行成本效益分析。

采用天然气放空氮气置换连头施工停输时间一般为 2 天，本工法与天然气放空置换施工相比，估算经济效益如下：

1. 直接经济效益

施工成本直接经济效益估算对比如表 10–1 所示。

表 10-1 施工成本估算对比表

费用名称	天然气放空氮气置换连头工艺			本工法		
	数量	单价 / 元	成本 / 元	数量	单价 / 元	成本 / 元
工期	7d	—	—	2d	—	—
人工直接成本	10 人	300	21000	6 人	300	3600
间接成本	—	—	32000	—	—	5000
氮气	5t	7000	35000	4 瓶	100	400
设备、机械及车辆费	—	—	40000	—	—	50000
其他材料费	—	—	5000	—	—	12000
合计 / 万元	13.3			7.1		

从表中可知，采用气田输气干管不停输开孔与单井管线连头施工方法每连一口单井可节约施工成本 6.2 万元。

综上所述，本例中采取新工法可以节约施工成本 6.2/13.3=46.6%。

根据 2018 年在长庆油田采气厂单井管线连头的工程项目施工统计，使用本工法完成气田输气干管不停输开孔与单井管线连头施工 10 处，实现直接经济效益 62 万元。

2. 间接经济效益

为业主节约的间接经济效益估算对比如表 10–2 所示。

表 10-2 为业主节约经济效益估算对比表

	天然气放空氮气置换连头工艺			本工法		
	数量 /10^4m^3	单价 / 元	价格 / 万元	数量	单价 / 元	价格 / 万元
天然气放空	2.2	0.9	1.98	—	—	0
停输造成减产（2d）	100	0.9	90	—	—	0
合计 / 万元	91.98			0		

从表 10–2 中可知，采用气田输气干管不停输开孔与单井管线连头施工方法每连一口单井可为业主节约天然气放空和停输造成的天然气减产费用 91.98 万元。

根据 2018 年在长庆油田采气厂单井管线连头的工程项目施工统计，使用本工法完成气田输气干管不停输开孔与单井管线连头施工 10 处，每年可实现间接经济效益 91.98 万 ×10=919.8 万元。

综上所述，根据目前长庆油田气田产能建设规模，采用输气干管不停输开孔与单井管线连头施工方法每年可实现总体经济效益 1011.78 万元。

10.2 社会效益

（1）采用气田输气干管不停输开孔与单井管线连头施工工法，实现了输气干管在不停输状态下和单井管道连头，既减少了天然气放空造成的资源浪费，也避免了天然气放空造成的环境污染和噪声污染问题。

（2）管道不停输开孔过程技术成熟、操作时间短、氮气置换量较少且管道在不停输状态下进行的连头，不影响输气干管和相关其他单井管线的正常生产，新建的单井管道可以及时投产，不用等待输气干管停输放空再连头，这样就极大地提高了单井管道连头的效率，且增加了气田的开采效益，具有较高的利用价值。

（3）根据调研数据，长庆油田每年需新铺设单井管线 3000km，如采用单井管线不停输开孔连头施工工法，每年将节约单井管线铺设量的 20%，即节约大概 600km，这将为气田节约较大的单井管道铺设投资费用。

（4）本工法的成功编制为以后类似工程的实施提供了可靠的依据和指导，将促进单井管道连头方面的技术进步，具有显著的社会效益。

11 应用实例

应用实例一：苏东 5 站苏东 55-31 井与 3 号干管不停输带压开孔连头工程（图 11-1）

本次工程动火作业点在苏东 5 站所辖 3 号干管（ϕ159mm × 6mm × 8.8mm），位于苏东 55-31 井管线末端，动火点距离苏东 5 站 6.7km。

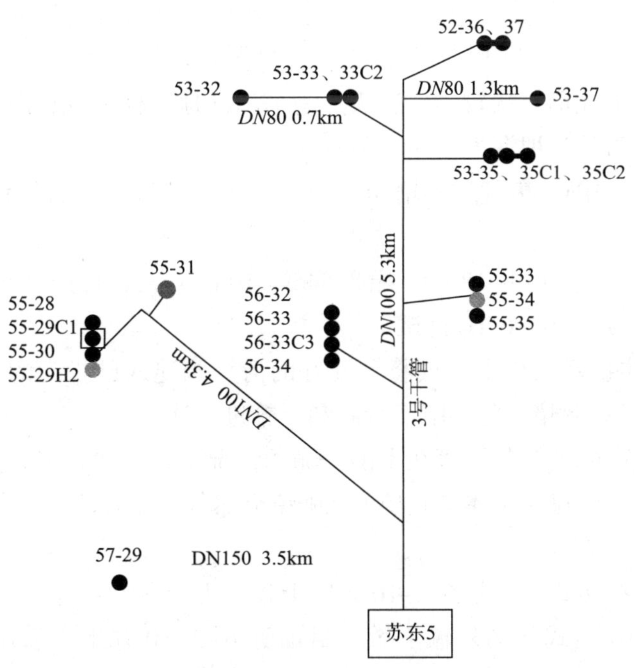

图 11-1 动火点周围管线示意图

动火点干管位于沙滩地，地形起伏较小，连头点为平坦沙地，根据现场勘察，主要为湿滩地地貌单元，该条 ϕ159mm 输气干管设计埋深为 1.7m（管底）。

井口运行压力约为 3.3MPa，集气站不增压外输。动火点所属采气管线设计压力为 6.3MPa，采用 20# 无缝钢管铺设焊接。

动火点所属干管所连接生产井 21 口，配产 $55\times10^4m^3/d$，1 口待接气井，苏东 55-31 无阻流量为 $12.4\times10^4m^3/d$。

本次动火作业需要将 ϕ89mm×5mm 单井管线接入原 ϕ159mm×6mm 输气干管上，施工工艺为在 ϕ159mm 干管上带压焊接 ϕ159mm×ϕ89mm 开孔四通，然后通过不停输带压开孔作业，实现新建单井管线与原干管连通。

本次施工解决了用气高峰期输气干管不能停输的情况下，需要将开采出的气井连入输气干管的问题，取得良好经济效益，共计节约施工成本 7 万元，避免天然气放空损失 $2.1\times10^4m^3$（1.89 万元），停输造成减产损失 $110\times10^4m^3$（99 万元）。

应用实例二：苏东 6 站单井清管阀与 ϕ219mm 干管不停输开孔连头工程（图 11-2）

本次工程作业点位于苏东 6 站所辖 12# 干管（ϕ219mm×7mm×7km）末端与预配清管阀之间，动火点距离苏东 6 集气站 7km，主要工作内容为将预配好的清管阀连入已投产的 12# 干管，连接方式为在 12# 干管末端进行不停输开孔，将预配清管阀和干管进行连接。

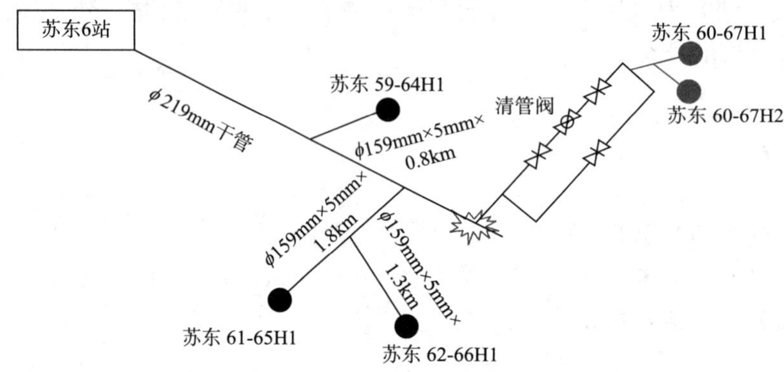

图 11-2　动火点周围管线示意图

动火点干管位于沙滩地地形起伏较小，连头点为平坦沙地，根据现场勘察，主要为湿滩地地貌单元，该条 ϕ219mm 输气干管设计埋深为 1.7m（管底）。

井口运行压力约为 3.3MPa，集气站不增压外输。动火点所属采气管线设计压力为 6.3MPa，采用 20# 无缝钢管铺设焊接。

目前动火点所属干管连接生产井 18 口，配产 $54.3\times10^4m^3/d$，2 口待连接气井，苏东 60-67H1 无阻流量为 $20.6618\times10^4m^3/d$，苏东 60-67H_2 待试气。

根据图 5-18 所示，本次动火作业需要将预配好的清管阀连入已投产的 12# 干管，连接方式为在 12# 干管末端进行不停输开孔封堵，将预配清管阀和干管进行连接。

本次施工解决了用气高峰期输气干管在不能停输的情况下，需要将清管阀连入输气干管的问题，取得良好经济效益，共计节约施工成本 7.1 万元，避免天然气放空损失 $2\times10^4m^3$（1.8 万元），停输造成减产损失 $108.6\times10^4m^3$（97.74 万元）。

应用实例三：苏 6-3-7 丛式井与苏 6-2-10 井组干管连头（图 11-3）

连头点位于苏 6-2-10 丛式井场外输下游，目前苏 6-2-10 井组干管串接生产气井 5 口，现预将苏 6-3-7 丛式、苏 6-3-7 丛式井接入苏 6-2-10 井组干管动火连头工程井接入苏 6-2-10 井组干管。作业需要 ϕ114mm×5mm 新建管线接入原 ϕ159mm×5mm 的管线上，在 ϕ159mm 井组管线上带压焊接 ϕ159mm×ϕ114mm 开孔四通，然后通过不停输带压开孔作业，实现新建管线与原干管连通。

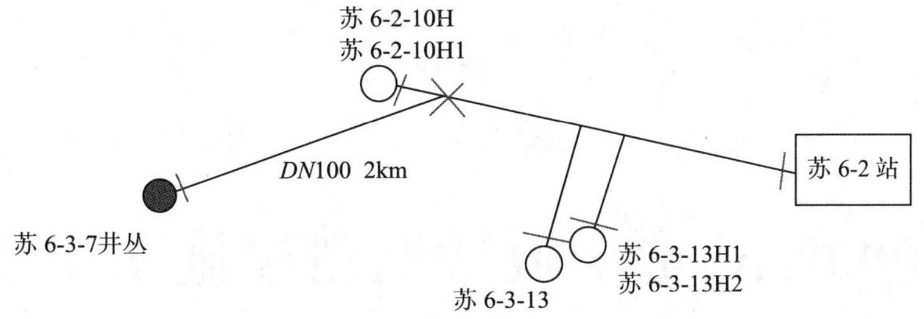

图 11-3 动火点周围管线示意图

井口运行压力约为 3.5MPa，集气站不增压外输。动火点所属采气管线设计压力为 6.3MPa，采用 20# 无缝钢管铺设焊接。

动火点所属干管所连接生产井 25 口，配产 $60 \times 10^4 m^3/d$，1 口待接气井，苏 6–3–7 丛式井无阻流量为 $15.4 \times 10^4 m^3/d$。

根据图 5–19 所示，本次动火作业需要将 ϕ114mm × 5mm 单井管线接入原 ϕ159mm × 5mm 输气干管上，施工工艺为在 ϕ159mm 干管上带压焊接 ϕ159mm × ϕ114mm 开孔四通，然后通过不停输带压开孔作业，实现新建单井管线与原干管连通。

本次施工解决了用气高峰期输气干管在不能停输的情况下，需要将开采出的气井连入输气干管的问题，取得良好经济效益，共计节约施工成本 7.2 万元，避免天然气放空损失 $3 \times 10^4 m^3$（2.7 万元），停输造成减产损失 $120 \times 10^4 m^3$（108 万元）。

应用实例四：苏南 –13 集气站站外管线苏南 15–128c1、c8 二井丛接苏南 24—114 管线带压开孔动火连头工程

苏南 –13 集气站站外管线苏南 15–128c1、苏南 15–128c8 二井丛，设计采气管线为 L245NS–89 × 5/6，管线长度 0.9km。根据生产要求，需接入苏南 24–114 支管投产，苏南 24–114 设计采气管线为 L245NS–114 × 5/6，管线长度 10.125km。接入点距离苏南 –13 站上古进站区围墙 11m。

井口运行压力约为 3MPa，集气站不增压外输。动火点所属采气管线设计压力为 6.3MPa。

动火点所属干管所连接生产井 23 口，配产 $62.7 \times 10^4 m^3/d$，2 口待接气井，苏南 15–128c1、苏南 15–128c8 二井无阻流量分别为 $7.4 \times 10^4 m^3/d$、$11.5 \times 10^4 m^3/d$。

根据图 28 所示，本次动火作业需要将 ϕ89mm × 5mm 单井管线接入原 ϕ114mm × 5mm 输气干管上，施工工艺为在 ϕ114mm 干管上带压焊接 ϕ114mm × ϕ89mm 开孔四通，然后通过不停输带压开孔作业，实现新建单井管线与原干管连通。

本次施工解决了用气高峰期输气干管在不能停输的情况下，需要将开采出的气井连入输气干管的问题，取得良好经济效益，共计节约施工成本 7.1 万元，避免天然气放空损失 $2.54 \times 10^4 m^3$（2.286 万元），停输造成减产损失 $125.4 \times 10^4 m^3$（112.86 万元）。

$10000m^3$ 覆土罐罐壁滑模施工工法

河北华北石油工程建设有限公司

刘　征　顾中东　郑兆辉　侯伟杰　于　闯

1　前言

提升机具的集中液压控制，从根本上解决了变截面结构施工、横向结构联结和施工精度控制等一系列技术问题。滑模施工技术作为一种现代（钢筋）混凝土工程结构高效率的机械施工方式，在混凝土结构各种规则几何截面均可采用。在土木建筑工程中，滑模施工被广泛地应用。滑模施工使混凝土结构的施工经济性和安全性大大提高，施工制作效率成倍增加，使得这种工艺得到迅速推广和发展。

近几年，河北华北石油工程建设有限公司在国家成品油储备能力建设 935 项目覆土罐项目中参与覆土罐罐壁的滑模施工，积累经验，取得高质量、高效率、低成本的良好效果，逐步掌握了滑膜的施工工艺。并在国家成品油储备能力建设 653 项目中进一步得到应用，通过系统总结和梳理，形成《$10000m^3$ 混凝土油罐滑模施工工法》。

2017 年 12 月，华油工建公司收到国家成品油储备能力建设 935 处工程项目部的表扬信。表彰华油工建公司运用新技术、新工艺、创新新工法，参战干部员工展现了华油工建“石油工程先遣军”的企业品牌形象。应用该工法的湖北国储项目部获得公司级“2018 年度先进项目部”“2018 年度安全环保先进项目部”的荣誉称号。

2　工法特点

2.1　节约成本，无需搭设脚手架

因施工过程中大部分操作过程都在一个连续向上滑升的平台上进行，平台的全部荷载由结构中的支撑杆承受，所以钢筋混凝土结构（高度不受限）均无需搭设脚手架，实现了筒仓类结构钢筋混凝土工程施工无脚手架作业。

2.2　机械化施工，缩短工期

滑模施工不受设计高度限制，只需要按标准配置和组装一段模板即可滑升到顶端，在一般气温下，每昼夜（24h）平均进度可 >3.5m，因而大大提高了模板的利用率和周转率，滑升模板自身刚度好，可连续作业，提高了混凝土浇筑的质量。施工中材料水平运输、垂直运输、混凝土浇筑、平台模板向上滑升均机械化，因而工效较高、工期缩短。

2.3 降低劳动强度

由于滑动模板代替了普通拆装式模板和倒模法的模板反复多次的拆除、修整、向上搬运再组装、再拆除的操作过程，从而大大减轻了模板工程的劳动强度，也大大降低了模板工程劳动消耗，工效大幅度提高。

3 适用范围

本工法适用 10000m³ 钢筋混凝土覆土罐等高耸筒仓类构筑物的滑模施工。

4 工艺原理

滑升模板的工作原理是以预先竖立在建、构筑物内的钢管杆为支撑，利用千斤顶沿着钢管杆爬升的力量将安装在提升架上竖向设置的模板逐渐向上滑升，其动作犹如体育锻炼中的爬竿运动。由于这种模板是相对设置的，模板与模板之间形成墙槽或柱槽。当浇筑混凝土时，两侧模板就借助于千斤顶的动力向上滑升，使混凝土在凝结过程中徐徐脱去模板（图 4–1）。

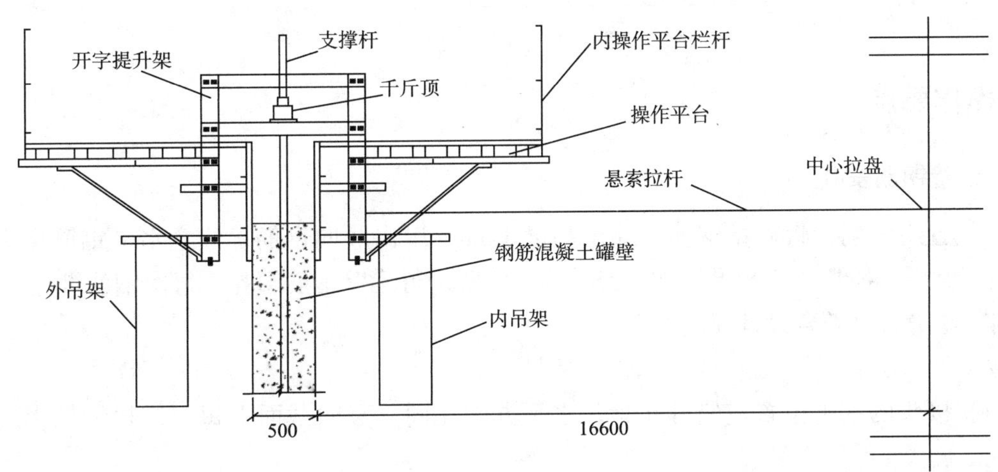

图 4–1 滑模安装示意图

滑升模板是综合了滑升模板与大模板的工艺原理而形成的一种新的模板体系，滑升模板是在地面上按结构物的平面和竖向尺寸要求，在同一水平高度上（先行插入支撑杆），内外组装高 0.9～1.4m 的侧向模板和操作平台，再由围楞和钢管斜撑进行加固，并采用“开字架”均匀设置加固（形成统一的模板夹具），再将所有液压千斤顶分别放置在每个“开字架”中间并固定死，并把所有液压千斤顶集中并联到集中液压控制柜，液压千斤顶中间插入支撑钢管，施工混凝土后使用“混凝土贯入阻力仪”随时检测混凝土凝结时间，检查合格后通过集中控制系统，并借助在支承杆上爬行的液压千斤顶（在支撑杆上标记好标高），带动整体滑动模板进行提升，提升后再进行钢筋的绑扎、混凝土浇筑、钢管支撑杆的焊接、模板提升的循环作业以实现高大结构的施工。同时，滑模装置主要由模板系统、操作平台系统、液压系统（液压千斤顶等）、围圈、中心拉盘以及竹跳板柔性平台和施工电路配套系统等部分组成。

5 施工工艺流程及操作要点

5.1 施工工艺流程（图 5-1）

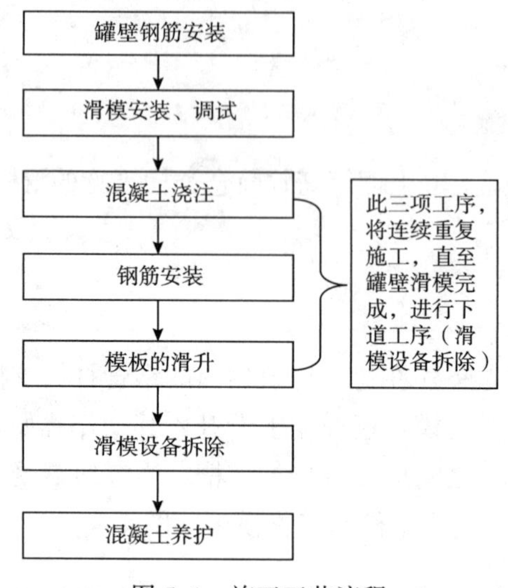

图 5-1 施工工艺流程

5.2 操作要点

5.2.1 罐壁钢筋安装

在滑模装置组装前，将罐壁钢筋绑扎至高度 1.3m，甩出竖向钢筋，注意水平钢筋接头位置要错开。在滑模正常滑升阶段，每提升 1 次（25cm），便要进行罐壁钢筋绑扎，每次钢筋绑扎 600mm 高，绑扎要及时、牢靠，并符合设计规范要求。

1. 钢筋安装

水平钢筋接头的水平位置应错开布置，水平方向在同一竖向截面上每隔三根钢筋不应多于一个接头。

2. 钢筋保护层设置

在滑模支架上安装两根环向水平钢筋，并按纵向钢筋间距在两根环向水平钢筋上焊接控制钢环，以控制钢筋间距及保护层厚度。

3. 材料运输至平台

钢筋（包括支承杆）采用 25t 汽车吊进行吊运，吊运时，每次质量不要超过 1500kg，总重不要超过 9t，只准吊到内、外操作平台上，并在平台上四周对称落放。

5.2.2 滑模安装、调试

1. 模板系统

模板采用 1.0m 高 ×2.0m 长 ×0.012m 厚特殊加固高分子滑模专用耐磨板，模板连接及固定采用平口螺栓与方管进行固定，即模板后面背上 30mm×30mm×3mm 的方管，用 12×7 的沉头螺丝固定，每张模板背 6 根方管，方管间距为 40cm，方管侧面打眼，围圈与模板用 12 号铁丝固定，固定间距为 400mm，模板交叉处用玻璃胶粘合。每张模板组装前打孔，孔距模板边预留 6cm，打 12# 孔 1 个，两边各打一个孔，有利于排水及组装和拆除，模板上口以下 2/3 模板高度处的净间距应与结构设计截面

（0.5m）等宽。如图 5–2 所示。

图 5–2 模板制作图示

模板的锥度：为减少滑升时模板与混凝土的摩擦力，模板在组装时应形成上口小、下口大的锥度，即模板上口宽度比墙面厚度 <5mm，模板下口宽度比墙体厚度 >5mm。

1）水平背楞及斜撑

（1）上下水平背楞（围圈）：模板上下背楞各一道，内模板两道、外模板两道，围圈距模板上口 200mm，距下口 300mm，两围圈间距 500mm，上围楞用 8# 槽钢，下围楞用 8# 槽钢。在内模转角处设 ϕ48mm 钢管作斜撑，上下各一道，长 1.5~2m，与挑架钢管连接。

（2）顶紧螺栓：放在围圈与提升架之间，当围圈调好间距并放在支腿上紧固后调整 M16 螺栓，顶紧围圈防止变形。

2）提升架

提升架采用组合"开"型架提升架，立柱采用［14，横梁采用［12。提升架支腿采用 8# 槽钢，同模板背楞相连。上横梁采用 12# 槽钢。千斤顶安装在上横梁上，用 M16 螺栓紧固。

表 5–1 为构件制作的允许偏差。

表 5-1 构件制作的允许偏差

名 称	内 容	允许偏差 /mm
高分子耐磨模板	高度	± 1
	宽度	−0.7 ~ 0
	表面平整度	± 1
	侧面平整度	± 1
	连接孔位置	± 0.5
围 圈	长度	−5
	弯曲长度≤3m	± 2
	弯曲长度 >3m	± 4
	连接孔位置	± 0.5
提升架	高度	± 3
	宽度	± 3
	围圈支托位置	± 2
	连接孔位置	± 0.5

2. 操作平台系统

操作平台采用内、外钢管桁架结构布置方式，内外平台设计宽度为 1.5m。

（1）在距离门架上门脑下 600mm 立柱处，将直径 60mm、厚度 2.75mm、长度 130mm 的钢管绑条焊在其侧面，作为平台的套筒。

（2）平台杆为直径 48mm、厚度 2.75mm、长度 1.5m 的钢管，塞进 60mm 钢管，用 5mm 厚钢板焊接在平台杆 1.3m 下端，并打 16mm 孔，用于和斜撑连接。

（3）斜撑杆为直径 48mm、厚度 2.75mm、长度 1.35m，根部焊接 16mm 螺纹钢筋长度为 150mm，并在门架立柱距底 100mm 处打孔，作为斜撑根部的支撑点，顶部用 5mm 厚钢板焊接，并打 16mm 孔，用于和平台杆连接。

（4）在平台杆外端用十字扣件安装直径 48mm、厚度 2.75mm、长度 1.2m 的钢管，作为防护栏杆的立杆；水平防护采用直径 12 螺纹钢筋，600mm 一道，共两道，用 14# 铁丝绑扎固定在立杆上，并设置密目网。

（5）操作平台用 40mm × 80mm 方木铺设在平台杆上，并用 14# 铁丝绑扎，最后用 12mm 厚木工板铺设在方木上，用 30mm 长钉子固定。

（6）在模板中心 500mm 处的门架立柱焊接 ϕ14mm 的 U 形螺纹钢，用于挂拉 18 号的花篮螺栓，后面悬挂直径 12mm 螺纹钢筋弯圈焊接，将直径 12mm 螺纹钢筋另一端焊接在直径 800mm、厚度 10mm 的钢板上；浇筑罐壁砼 700mm 高度后，将 18 号的花篮螺栓对称逐个拉紧。

（7）滑模提升 2m 位置，安装吊架，用直径 14mm 的螺纹钢筋做成宽度 600mm 的 U 形，顶端悬挂在门架底钢牛腿的 U 形环上；吊架底部用 50mm 厚模板铺设在钢筋上，并用铁丝绑扎固定，外围用直径 12mm 螺纹钢筋距底间距 600mm 两道，内围距底 1.2m 一道，并用 14# 铁丝绑扎固定在挂筋上（图 5–3）。

图 5–3　平台铺设图示

图 5–4　提升架布置图图示

特殊情况下滑模空滑时，平台上尽量减少堆放物料和施工人员。操作平台上的人员在滑模提升时避免集中堆放物料。滑模安装平台由内、外平台，由挑架、木搁栅、12mm 厚胶木板及栏杆、安全网组成（图 5–4）。吊平台：内、外牛腿下部安装吊杆，两根吊杆下端铺 50mm 厚架板，吊杆采用 ϕ16mm 螺纹钢，设置间距为 1.35m，在吊架外侧及底部挂设安全网。

3. 液压提升系统

本工程各施工单元液压千斤顶选用 GYD–60 型，高压油路系统的油管选用主路油管（ϕ16mm）、支路油管（ϕ8mm），液压控制柜选用 YKT–56 型，支承杆选用 ϕ48mm 钢管，连接方式采用焊接。

（1）为了同步控制操作平台的提升，通过在千斤顶上专门设置一个限位器的措施来达到同步的要求。

（2）限位卡：在爬升上安装限位卡于同一标高，以控制千斤顶同步及保持平台水平，每隔 250~

300mm 上翻一次。

（3）油路系统：油管采用高压橡胶管（ϕ8mm、ϕ16mm）组成。为了保持各台千斤顶的供油均匀，便于调整千斤顶的升差，采用两级并联方式。即：从液压控制台通过主油管至分油器为一级，从分油器经分油管至千斤顶为二级。各级油管管径应与出油口和进油口配套。由液压控制台到各分油器及由分油器经分油管到各千斤顶的管线长度应尽量相同。

（4）液压系统组装完毕，应在插入支撑杆前进行试验和检查，并符合下列规定：①对千斤顶逐一进行排气，并做到排气彻底；②液压系统在试验油压下持压 5min，不得渗油和漏油；③空载、持压、往复次数、排气等整体试验指标应调整适宜，记录准确。液压系统试验合格后方可插入支撑杆，支撑杆轴线应与千斤顶轴线保持一致，其偏斜度允许偏差为 2‰。为保证千斤顶同时作业，主路、支路油管保持长度一致。

（5）滑模油路布置（图 5-5）

5.2.3 混凝土浇筑

安排专人负责检查浇筑高度，确保开始时浇筑面在同一个水平面上混凝土的浇筑，10m 以下用 1 个 52m 泵车，10m 以上用 2 个 52m 泵车，必须分层均匀对称交圈浇筑，每层要求在同一水平面上，并应有计划、均匀地变换浇灌方向（图 5-6）。

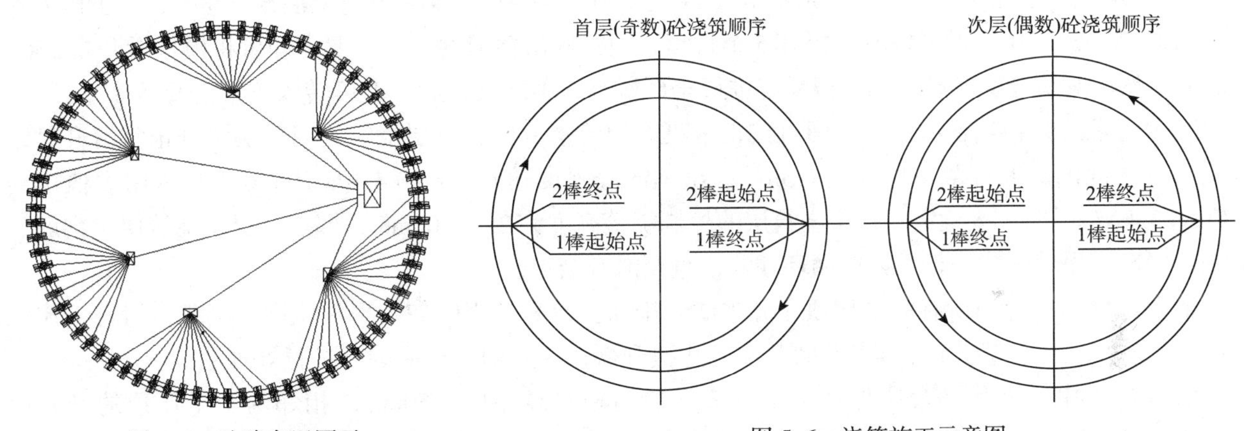

图 5-5 油路布置图示

图 5-6 浇筑施工示意图

每层厚 250~300mm，为便于控制浇筑厚度，一般要求做一个尺杆。

一般情况下，必须在 2～2.5h 内浇筑一圈，保证混凝土在初凝之前，上下层的连续粘接，以确保混凝土的整体强度。

1. 混凝土泵送配合比要求

泵送混凝土中要掺加适量粉煤灰，保证泵送效果。改善混凝土的和易性，减少混凝土的坍落度损失保证泵送效果。泵送混凝土配合比中要控制砂率，砂率高可以增加混凝土的可泵性，但是砂率过高会使混凝土软卧层增厚，同时会增加混凝土表面的裂缝。因此，砂率要控制在合理的范围内。

2. 浇筑时滑模提升应注意的要点

（1）浇筑间歇时间：砼浇筑应连续进行，必须间歇时，其时间应缩短，确保前层砼初凝前，将第二层砼浇筑完毕，按不同强度等级，不同部位根据气温提出砼的初凝要求。

（2）根据气候情况拟定每昼夜 24h 连续作业；正常浇筑每层 250~300mm 左右，相邻两次提升的时间间隔不宜过长，上层混凝土覆盖下层混凝土的时间间隔不得大于混凝土的凝结时间（相当于混凝土贯入阻力值为 0.35kN/cm^2 时的时间），保持混凝土在塑性状态下（混凝土贯入阻力值达到 0.30~0.35kN/cm^2 时）滑升，以免拉裂，当间隔时间超过规定时，接茬处应按施工缝的要求处理，浇筑混凝土应划分区段，每区段的浇筑数量和时间应大体一致，并严格执行分层均匀浇圈制，不应自一端开始单方向浇筑，防止引起构筑物倾斜，且每滑升一次后振捣棒应插入下层混凝土 50mm。

进行试滑时，检查 2~3 个行程，约 75mm 左右停止滑升，检查罐壁四周模板是否同步。若有不同步的地方，立即检查原因并排除后可继续试滑的 1~2 个行程，若正常则停止试滑，继续分层浇灌砼，要求每层 25~30cm。待砼填充满模板后，振捣结束，即可提升模板，每次提升 10~12 个行程约 250~300mm；如此反复直至达到顶板底标高为止。在模板提升 2m 后，将内外吊脚手架、安全网挂上，安全网要安全可靠。

5.2.4 钢筋安装（施工做法同 5.2.1）

5.2.5 模板的滑升

滑升过程是滑模施工的主导工序，其他各工序作业均应安排在规定的时间完成。模板的滑升分 3 个阶段。

（1）罐室壁滑模指的是钢筋混凝土罐体基础环带以上，以混凝土覆土罐为例：即从 –0.700~16.828m 处的罐壁滑模，罐体基础环带施工完毕后，在 –0.700m 处开始安装滑模设备、模板上口标高为 1.000m，校验无误后，浇筑混凝土，滑模从 1.000m 处开始提升，每次提升一个整浇层。

（2）初滑：砼分 5 层浇筑 1000mm 高，混凝土强度达到 0.2~0.4MPa（混凝土贯入阻力值达到 0.30~0.35kN/cm^2 时）开始试提升，提升 5 个行程，观察砼出模强度，符合要求即可将模板滑升高 250~300mm，然后对所有提升设备和模板系统进行全面检查，确定正常后，方可转入正常滑升。

（3）正常滑升：当初滑以后，即可按正常班次和流水分段、分层浇筑，当分层滑升正常滑升时，两次滑升之间的时间间隔不应超过 0.5h，以出模的砼强度达到 0.2~0.4MPa（混凝土贯入阻力值达到 0.30~0.35kN/cm^2 时）来确定。每个浇筑层的控制浇筑高度为 250~300mm，绑扎一层（浇筑层）钢筋、浇筑一层砼，提升一次模板，如此循环往复，直至滑升结束。

滑升过程中，应使所有的千斤顶充分进油、排油。提升过程中如出现油压增加至正常滑升工作压力值的 1.2 倍，还不能使千斤顶升起时，应停止提升操作，立即检查原因，进行处理。

滑升过程中，操作平台应保持水平，千斤顶的相对高差应≤50mm，相邻两个千斤顶的升差应≤20mm。如果超过允许值，应及时检查各系统的工作情况以及砼出模强度，并及时找出原因，采取有效的措施予以排除。

支撑杆设置间距应为 1.35m，插入过程中有与竖向钢筋位置冲突时，适当调整钢筋间距。

支撑杆上如有油污应及时清理干净，接头错开，相邻两根支撑杆同一水平面不能有接头，在支撑杆分布位置可兼做竖向结构钢筋，对兼做结构钢筋的支撑杆其表面不得有油污。采用平头对接的支撑杆，当千斤顶通过接头部位时，应及时对接头进行焊接加固，当发生支撑杆局部失稳、被千斤顶带起或弯曲的情况时，应立即进行加固处理，当支撑杆穿过较高洞口或滑模滑空时，应对支撑杆进行加固。

首滑时支撑杆加固方法：在首次混凝土浇筑前采用直径 >20mm 的短钢筋，将支撑杆与罐体壁钢筋焊接，焊接前必须调整支撑杆竖直度。支撑杆轴线与千斤顶轴线保持一致，其偏斜度允许偏差为 2‰。支撑杆采用 ϕ48mm × 2.75mm 钢管，壁厚最薄应≥ϕ48mm × 2.75mm 钢管。

（4）模板完成滑升阶段：当模板滑升到距环梁底 700mm 时，滑模进入完成滑升阶段，此时应放慢滑升速度，并进行准确的抄平和找正工作，使最后一层砼能够均匀交圈，保证顶部标高及位置的正确。

派专人收集天气预报，并及时报告总指挥。在滑升施工前应了解当地 2 年该季节段气象资料，并选最佳时机。在遇到五级以上大风或中到大雨天气时，要停止浇灌混凝土，并把模板空滑，滑空高度不宜超过 400mm。中雨时，要采取搭设雨篷的措施继续进行浇筑施工。

（5）罐室壁混凝土面处理：需随时备有充足抹灰工，以便内、外壁随滑随压实，内、外壁应以铁抹清除升模痕迹及其他不均匀处。

本工程采用专用滑模记录表形式进行滑模施工各项控制，记录表格采用见《滑动模板工程技术规范》GB 50113—2005 附表 D-1、D-2、D-3、D-4、D-5、D-6。

（6）模板滑升速度。

①当支撑杆无失稳可能时，按砼的出模强度控制，按下式计算：

$$V=(H-h_0-a)/t$$

式中，V 为模板滑升速度，m/h［$V=(1.2-0.2-0.05)/5=0.19$m/h］；h_0 为每个浇灌层厚度，m；a 为砼浇筑后其表面到模板上口的距离，取 0.05～0.1m；t 为砼从浇灌到位至达到出模强度所需的时间，h。

②当支撑杆受压时，应按支撑杆的稳定条件控制模板的滑升速度，按下式计算：

$$V=\frac{26.5}{T_2\cdot\sqrt{KP}}+\frac{0.6}{T_2}$$

式中，V 为模板滑升速度，m/h［V=0.17m/h］；P 为单根支撑杆承受的垂直荷载，kN，取 30kN；T_2 为在作业班的平均气温条件下，混凝土强度达到 2.5MPa 所需的时间，h，取 24h；K 为安全系数，取 K=2.0。

每天可滑升高度为：0.17×24=4.08m，计划每天浇筑高度控制在 3m 左右。5.2.3—5.2.5 此三项工序进行重复施工直至滑模完成。

5.2.6 滑模设备拆除

罐室壁最后一层浇筑的混凝土强度达到设计强度的 75% 时方可进行滑模拆除。将滑模平台划分拆除区段，每段提升架、三脚架、模板、吊架等质量不得超过 1.3t，本工程拆除分段为 4m，质量 1.2t。

罐室壁砼浇筑至环梁底时，滑模施工全部完成，将所有平台上部砼施工垃圾、钢材、水泥、水桶等物件全部清理至地面，并分类堆放整齐。

（1）滑模脱空：在正常情况下，模板的夹固作用要大于模板下口早期混凝土对支承杆的嵌固作用。

滑模装置待砼达到初凝强度后开始脱空，砼早期强度 >0.7MPa 时，利用滑模下口夹固作用及支撑杆的嵌固作用，保证滑模脱空后整体稳定性。

空滑完成后，必须对滑模系统进行仔细检查，检查的主要内容：支承杆有无弯曲变形；平台是否水平，有无侧移、倾斜、扭转等现象。如发现问题，必须及时调整和纠正。此外，空滑时需减缓千斤顶的回油速度，延长回油时间，避免千斤顶回油时的下坠冲击力过大。

（2）拆除平台板：分段拆除平台板，将吊架底部架板全部上传至平台上部，统一吊装至地面，全部平台板拆除完成后，再将平台板底支撑全部分段拆除，吊装至地面。

（3）拆除中心拉盘：拆除中心拉盘时，在保证滑模装置整体受力均匀前提下，对称拆除每根拉盘钢筋。用汽车吊挂住中心拉盘，然后对称松掉所有“门”架立柱处的花篮螺栓，最后将中心拉盘与拉筋全部拆卸、吊运至地面，逐一拆除。

（4）分段拆除滑模装置：当拆除工作利用在施工结构作主支承点时，对结构混凝土强度的要求不低于 15MPa。本工程使用汽车吊，汽车吊中心距罐室壁距离为 10m，吊臂长度≥47m，选用的汽车吊起质量和吊臂长度必须完全满足施工需要。

①在滑模施工平台上先拆除大、小液压油管，整理、盘卷并吊运至地面，清理、码放整齐。

②从任意起点，按同一方向、依次、分段拆除门架、围圈及模板。用两根直径 16mm 的钢丝绳分别挂在连续三个门架中外侧两个门梁上，吊紧钢丝绳。

③用电焊切割外侧门架处的内外围圈，模数为 4m 长度，刚好为 2 张模板长度。

④从一边倒退焊割模板上口处支撑杆，最后吊运至地面，逐段拆除。

5.2.7 混凝土养护

混凝土出模后具有塑性，要及时进行检查修整，由专人通过平台吊架进行表面修补和压光作业，这种做法能够检查到混凝土出模质量情况，便于及时采取处理措施，有利于提高工程质量控制水平，同时压光作业工序能够改变混凝土表面结构，增加混凝土表面密实度，对混凝土养护和强度增长具有有利作用。

对混凝土要用铁抹子将原浆压光；养护期间，应保持混凝土表面湿润，养护时间不少于 14 天；养护方法：罐外侧使用塑料薄膜包裹养护，罐壁内侧采用滑模平台下挂棉毡洒湿润养护，滑模结束后，浇水养护。

5.3 劳动力组织（表 5-2）

表 5-2 单罐滑模人员配置明细表

序 号	工 种	人数 / 人	备 注
1	钢筋制作工	10	—
2	钢筋绑扎工	20	—
3	模板工	5	预留洞口
4	砼工	16	分 2 班
5	电工	4	分 2 班
6	实验员	2	分 2 班
7	焊工	4	分 2 班
8	滑模工	8	分 2 班

6 材料与设备

6.1 材料（表 6-1）

表 6-1 材料（以 $10000m^3$ 混凝土油罐为例）

序号	材料名称	规格及型号	单 位	数 量	进场时间
	工程用料				
1	钢筋	ϕ8~ϕ25mm	t	187.5	滑模施工前 30 天
2	混凝土	C30P8	m^3	913.75	每天连续供应不少于 $200m^3$
	措施用料				
1	对中线坠	8 kg	个	1	滑模施工前 10 天
2	防扭转线坠	0.5 kg	个	1	滑模施工前 10 天
3	电焊机		台	4	滑模施工前 10 天
4	角磨机		把	3	滑模施工前 10 天
5	环管	ϕ48mm × 2.75mm	m	834	滑模施工前 10 天
6	2m 短管	ϕ48mm × 2.75mm	根	312	滑模施工前 10 天
7	1.5m 短管	ϕ48mm × 2.75mm	根	312	滑模施工前 10 天
8	扣件	十字接头	个	1500	滑模施工前 10 天
9	扣件	对接接头	个	200	滑模施工前 10 天

续表

序号	材料名称	规格及型号	单 位	数 量	进场时间
10	挑角	ϕ48mm × 2.75mm	m	512	滑模施工前 10 天
11	模板 2010	1 × 2m	块	106	滑模施工前 10 天
12	U 形环		个	3000	滑模施工前 10 天
13	液压控制柜	YKT–56 型	台	1	滑模施工前 10 天
14	千斤顶	GYD–60 型	台	88	滑模施工前 10 天
15	油管	ϕ16mm × 8m	根	44	滑模施工前 10 天
16	油管	ϕ16mm × 4m	根	44	滑模施工前 10 天
17	油管	ϕ8mm × 3m	根	88	滑模施工前 10 天
18	标准件	M16 × 90	套	500	滑模施工前 10 天
19	标准件	M16 × 75	套	300	滑模施工前 10 天
20	标准件	M16 × 90	套	200	滑模施工前 10 天
21	油顶限位卡	ϕ48mm	个	88	滑模施工前 10 天
22	液压油	大桶	桶	2	滑模施工前 10 天
23	吊架挂铁		套	78	滑模施工前 10 天
24	拉杆 12.62m	ϕ12mm	根	39	滑模施工前 10 天
25	拉杆丝头	ϕ18mm	根	39	滑模施工前 10 天
26	支撑杆	ϕ48mm × 2.75mm	m	1326	滑模施工前 10 天
27	提升架	[12—[14	榀	156	滑模施工前 10 天
28	内平台	1800mm	付	156	滑模施工前 10 天
29	外平台	1800mm	付	156	滑模施工前 10 天
30	内外加固	[8#	m	212	滑模施工前 10 天
31	内围圈	[8#	m	209	滑模施工前 10 天
32	外围圈	[8#	m	215	滑模施工前 10 天
33	拉杆	ϕ12mm	m	664	滑模施工前 10 天
34	中心盘	ϕ1000mm	付	1	滑模施工前 10 天
35	花栏螺丝	ϕ24mm	付	156	滑模施工前 10 天
36	内吊架	∠ 40 × 4mm	付	156	滑模施工前 10 天
37	外吊架	∠ 40 × 4mm	付	156	滑模施工前 10 天
38	调平器	GYD–60	个	156	滑模施工前 10 天
39	压力丝杆	16~25	套	2	滑模施工前 10 天
40	柱子支架	45# 钢	套	2	滑模施工前 10 天
41	断线钳		个	2	滑模施工前 10 天
42	氧气、乙炔表		套	4	滑模施工前 10 天
43	氧气、乙炔管		套	4	滑模施工前 10 天
44	割 枪		个	4	滑模施工前 10 天
45	配 电 箱		台	2	滑模施工前 10 天
46	焊 把 线	500mm² × 30m	根	4	滑模施工前 10 天
47	焊 把	800A	把	4	滑模施工前 10 天
48	电 缆 线	1.5mm² 二芯	m	280	滑模施工前 10 天
49	电 缆 线	16mm² 五芯	m	200	滑模施工前 10 天

6.2 设备（表 6-2）

表 6-2 设备（以 10000m³ 混凝土油罐为例）

序号	机械名称	规格型号	单 位	数 量	功 率	备 注
1	滑模模具		套	1		
2	吊 车	75t	台	1		拆装滑模设备
3	吊 车	25t	台	1		吊材料
4	泵 车	臂长 52m	台	2		1 台备用
5	钢筋调直机		台	2		
6	钢筋弯曲机	GJ7-45	台	2	8.4kW	
7	钢筋切断机	GJ5-40	台	2	7kW	
8	插入式震动器	HZ6X-50	台	4	2.2kW	2 台备用
9	砼试模	100×100	组	6		
10	对讲机	海王星 X5	台	4		
11	钢卷尺	100m	把	1		在有效期内
12	发电机	100kW	台	2		1 台备用
13	电缆线	1.5mm² 二芯	m	280		
14	电缆线	6mm² 四芯	m	200		
15	水管	ϕ32mm	m	200		
16	配电箱		台	2		
17	水准仪	DS05	台	2		
18	经纬仪	DJ1	台	2		
19	砼强度检测仪	SHJ-30	台	2		
20	贯入阻力仪	SGO-1200	台	2		
21	抗渗试模		组	2		
22	坍落筒		个	1		
23	抽水泵		个	2		
24	三防灯		个	3		
25	喷雾机		个	1		砼养护

7 质量控制

7.1 质量标准

（1）GB 50113—2005 《滑动模板工程技术规范》。
（2）GB 50300—2013 《建筑工程施工质量验收统一标准》。
（3）GB 50204—2015 《混凝土结构工程质量验收规范》。

7.2 质量保证措施

7.2.1 加强预控

做好培训和交底，增强全体员工的质量意识是创造精品的首要措施，项目将定期组织质量讲评会，同时组织到内外部单位进行观摩和学习，并邀请上级质量主管领导和专家进行集中培训和现场指导；项目还将做好规范、标准和技术知识的培训工作，促使项目人员的素质不断提高，从人的因素上消除产生质量问题的源头。

7.2.2　加强过程控制

（1）技术员要向班组长、质检员、HSE 监督员和班组员工进行技术交底，在施工过程中要检查作业工人的施工作业，是否符合技术交底和有关规定的要求；为了充分发挥质检员的作用，落实质量责任，严把检查、验收关，质检员应在实物上做出检查点标识及记录，以证明质检员工作的真实性和代表性；对不到位、不称职、不履职的“三员”，进行批评教育，使其提高自身素质和技能；对屡教不改者，予以辞退。

（2）严格按方案施工。我们对每个方案的实施都要通过：方案提出→讨论→编制→审核→修改→定稿→交底→实施等几个步骤进行。施工中有了完备的施工组织设计和可行的施工方案，以及可操作性强的技术交底，就能保证工程的整体部署有条不紊，施工现场整洁规矩，机械配备合理，人员编制有序，施工流水不乱，分部工程方案科学合理，施工操作人员严格执行方案、交底的要求。这些，都将有力地保障工程的质量和进度。

（3）实行“三检制”。在施工过程中项目部将坚持检查上道工序、保障本道工序、服务下道工序，做好自检、互检、交接检；遵循班组自检、互检、专业质检员检查的三级检查制度；严格工序管理，认真做好隐蔽工程的检测和记录。

（4）实行质量例会制度、质量会诊制度，加强对质量通病的控制，定期由项目质量经理主持，由项目经理部及劳务、分包方的施工现场管理人员和技术人员、质量人员参加，总结前期项目施工的质量情况、质量体系运行情况，共同商讨解决质量问题应采取的措施，特别是质量通病的解决方法和预控措施，最后由质量经理以《月度质量管理情况简报》的形式发至项目各负责人、各部门和各劳务、分包方，简报中对质量好的要给予表扬，质量差的要予以处罚，希望引以为戒，提高整体质量水平。

（5）加强对成品的保护的管理。由于各工种交叉频繁，对于成品和半成品，容易出现二次污染、损坏和丢失，影响工程进展，增加额外费用。我们将制定成品（半成品）保护的措施，并设专人负责成品保护工作。在施工过程中对易受污染、破坏的成品和半成品要进行标识和防护，由专门负责人经常巡视检查，发现没有保护措施损坏的，及时恢复；对损坏比较严重的，要予以处罚。工序交接检采用书面形式，由双方签字认可。工序交接检的单据必须由下道工序作业人员和成品保护负责人同时签字方为有效，并保存工序交接书面材料；签字确认后，下道工序作业人员对防止成品的污染、损坏或丢失负直接责任，成品保护专人对成品保护负监督、检查责任。

（6）国家规定强制检定的计量检测器具必须 100% 按时送检，并要按时抽检。计量过程中，必须使用检定合格的计量检测器具，超过检定周期及经检验不合格的计量检测器具均不得使用。

（7）材料部门及时对水泥、钢材、砂、砖等进场消耗进行计量检测，管理好大中型材料消耗定额，做好原始记录，并对检测数据负责。

（8）认真把好材料进场关，做好钢筋、水泥等原料的进场检验，所有进场材料（成品及半成品）必须有出厂合格证，并按规定取样复检，复检合格后方可用于工程上。

（9）质量员应按施工顺序、质量评定标准及时做好计量检测，其量值应在规范允许的范围内。

（10）贯彻以自检为基础的自检、互检、交接检的“三检”制，层层把关，及时搞好质量等级的评定和质量验收工作，定期召开质量会议，公布各专业施工队已完工的工程质量情况，建立奖优罚劣制度。

（11）施工中严格执行隐蔽工程检查验收制，隐蔽工程必须按规定，经项目部自检、互检合格，报请监理工程师验收并签字认可，方能进入下道工序的施工。

7.3 关键主要质量控制点（表 7-1）

表 7-1 质量控制点

序号	施工工序	质量控制指标	检验方法	检验次数（次 /rad）
	罐壁施工工序			
1	测量放线	中心桩符合图纸及施工规范要求	测量仪器复合	3
2	基坑开挖	基坑基底符合施工规范要求	基底土质检验	3
3	滑模平台	滑模平台符合施工方案中的要求	焊接、管卡、门架垂直度	2
4	钢筋加工	必须符合图纸及施工规范要求	锚固钢筋、弯钩长度、弯心半径	2
5	钢筋绑扎	必须符合图纸及施工规范要求	锚固长度、搭接长度、钢筋间距	3
6	模板安装	必须符合图纸及施工规范要求	平整度、垂直度、径尺寸、牢固度	3
7	混凝土施工	必须符合图纸及施工规范要求	标号、强度、坍落度、试块	4
8	模板拆除	必须符合方案及施工规范要求	混凝土表面平整、预留洞口	2

8 安全措施

8.1 安全标准

GB 50484—2008 《石油化工建设工程施工安全技术规范》

8.2 安全保证措施

（1）对参加滑模施工人员，必须进行技术培训和安全教育，使其了解滑模施工特点，熟悉本方案的有关条文和本岗位的安全技术操作规程，并通过考核合格方能上岗工作。

（2）施工前必须配备专职的安全检查员，应实行项目部安全生产责任制，密切配合做好安全工作。安全员负责滑模施工现场的安全检查工作，对违章作业有权制止。发现重大不安全问题有权指令先行停工，并立即报告领导研究处理。

（3）操作平台的内外吊脚手应兜底满挂安全网，从地面向滑模操作平台供电的电缆，应以上端固定在操作平台上的拉索为依托，电缆和拉索的长度应大于操作平台最大滑升高度 10m，电缆在拉索上相互固定点的间距≤2.0m，其下端应理顺，并加防护措施。

（4）每作业班应设专人负责检查混凝土的出模强度，混凝土出模强度应≥0.2MPa。当出模混凝土发生流淌或局部坍落现象时，应立即停滑处理。

（5）每作业班的施工指挥人员应严格按施工方案的要求控制滑升速度，严禁随意超速滑升。

（6）滑模施工现场，必须具备平整，道路通畅、通电、通水的条件，在施工现场划出≥10m 的施工危险警戒区。危险警戒线应设置围栏和明显的警戒标志。滑模工程进行立体交叉作业时，应搭设隔离防护棚。人员上下通道，应设扶手和安全栏杆，用密目网围护。

（7）工程场地面积较大，施工电焊次数频繁，应该特别注重消防预防工作。

8.3 安全风险识别及控制措施

序号	安全风险点识别	预防控制措施
1	高空坠落	1. 高处作业人员必须经医生体验合格，凡患有不适宜从事高空作业疾病的人员，一律禁止从事高空作业 2. 高空作业所需的料具、设备等，必须根据本工程施工进度随用随运，料具应均匀堆放在内外操作平台上，堆方材料总质量不超过 9000kg 3. 操作平台及吊脚手架上的铺板必须严密平整、防滑、固定可靠，并不得随意挪动，操作平台的孔洞应设盖板封严 4. 操作平台的内外吊脚手应兜底满挂安全网
2	机械伤害	1. 确保机械性能良好，有资格人员操作，遵守操作规程，转动装置有保护罩 2. 机械维修时有人进行安全警戒、停止作业后及时关闭机械电源
3	起重伤害	1. 加强吊车日常保养维护、确保状态良好、操作人员持证上岗、专人指挥吊装作业 2. 吊装安全距离内禁止人员停留 3. 吊装之前严格检查吊具等辅助工具
4	高空物体打击	1. 工具应随时放入工具袋内，严禁乱堆乱放和从高处抛掷材料、工具、物件 2. 拆除时跳板等不能高空下抛
5	触电	各类电气设备、线路按施工用电方案不准超负荷使用，线路接头要接实接牢，防止设备、线路过热或短路；发现问题应及时处理；过路电缆应穿管保护，采用防爆灯照明
6	火灾	1. 消防设备的配备：滑模施工现场配备 6 台干粉灭火器，设应急消防水池，专用 30m 扬程水泵两台，水管 50m，并备用水桶、砂箱等灭火工具，统一由 HSE 监督员检查、维修。保证灭火器材完好有效，不准他人擅自乱移、乱用 2. 现场要有明显的防火宣传标志。每月对职工进行一次消防教育和组织防火检查。严格遵照动用明火审批制度，电工、焊工从事电气设备安装和电、气焊切割作业，要有操作证和动用明火批准手续。动火前，要清除附近易燃物品，配备看火人员和灭火工具

9 环保措施

9.1 环保标准

JGJ 146—2013 《建设工程施工现场环境与卫生标准》

9.2 环保措施

（1）材料堆放，设备机械停放整齐，保证施工现场清洁，道路畅通。

（2）严格施工现场管理，职工食堂做到干净卫生，操作人员持证上岗。

（3）工程竣工后，认真清理杂物，拆除临建，并将垃圾弃至最终指定地点。

（4）将施工场地和作业限制在工程建设允许的范围内，合理布置、规范围挡，做到标牌清楚、齐全，各种标识醒目，施工场地整洁文明。

（5）对施工中可能影响到的各种公共设施制定可靠的防止损坏和移位的实施措施，加强实施中的监测、应对和验证。同时，将相关方案和要求向全体施工人员详细交底。

9.3 环保风险源及控制措施

序号	环保风险源	预防控制措施
1	废水、废气排放	现场施工过程中工程污水不得污染水源
2	废料	在施工过程中，产生的建筑垃圾要按照工地指定地点进行堆放，等竣工后运至最终堆放地

续表

序号	环保风险源	预防控制措施
3	水土流失	认真贯彻和执行各级有关水土保护，环境保护的方针、政策和法令。结合设计文件和工程特点，及时控制环境污染和水土流失
4	绿色植被破坏	保护已有建筑物和既有的绿色植被，尽量减少施工对既有绿色植被破坏

10 效益分析

10.1 经济效益

10.1.1 机械成本分析

本工法对大型仓储构筑物的施工做了优化安排，保证了施工安全、质量及效率，单体罐施工周期缩短了 25d。在我单位以往的大型仓储构筑物的施工过程中，都采用翻模进行大型仓储构筑物的施工；通过对滑模液压顶升装置技术的引进，大型仓储构筑物的施工仅需 15d；其中滑模液压顶升装置租赁费、安装及操作费用约 150000 元 / 台。

10.1.2 材料成本分析

在以往的大型仓储构筑物施工过程中，施工技措材料、主料购置费 80.05 万元，而采用滑模液压顶升装置技术，施工技措材料、主料购置费仅为 4.13 万元。

10.1.3 人工成本分析

采用滑膜液压顶升技术进行大型仓储构筑物施工。完成大型仓储构筑物施工（10000m^3 覆土罐）仅需 15 天左右，减少了相应的人工和机械成本。应用本工法较以往施工有效保证各工序的无缝衔接和质量，提高了施工效率，节约了成本，缩短了整体施工周期。翻模人工比滑模人工多用 3.04 万元。

10.1.4 节省费用累计

综上所述，按照工程建设 1 套 10000m^3 大型仓储构筑物，进行机械、材料、人工费用的核算。现进行单体 10000m^3 覆土罐罐壁施工的机械、材料、人工节省费用的累加；

（1）两种工艺在人工成本中节约累计：

翻模所用人工：木工 47 人 =1710.55m^2 × 35 元 /m^2=59869.18 元

架子工 10 人 =1836.33m^2 × 20 元 /m^2=36726.7 元

电工 2 人 =40d × 200 元 /d=16000 元

焊工 6 人 =17d × 200 元 /d=20400 元

滑模所用人工：滑模工（设备操作）5 人 =14d × 200 元 /d=14000 元

电工 2 人 =15d × 200 元 /d=6000 元

焊工 4 人 =13d × 200 元 /d=10400 元

合计：翻模工艺人工 – 滑模工艺人工 =102595.88 元。

（2）两种工艺在材料成本中节约累计：

翻模比滑模所用多出：模板 =3436.416m^2 × 39.51 元 /m^2=135772 元

木方 =9000m × 15.5 元 /m=139500 元

对拉丝 =8085 根 × 13.5 元 / 根 =109147.5 元

止水垫 =8085 个 × 5.4 元 / 个 =20400 元

钢管（18235m）=55956.45kg × 4760 元 /kg=266350.56 元

扣件（十字接头）=5300 个 ×10 元 / 个 =53000 元

扣件（对接接头）=462 个 ×8.2 元 / 个 =3788.4 元

加固钢筋（Φ20mm）=7180kg×4350 元 /kg=31283 元

合计：翻模工艺材料 =759241.46 元。

（3）两种工艺在设备成本中节约累计

翻模：吊车 25t=39 台班 ×1107.07 元 / 台班 =43175.73 元

臂架车（52m×2 辆）=5 台班 ×1398.49 元 / 台班 =6992.45 元

罐车 3 辆 =5 台班 ×1180.79 元 / 台班 =17711.85 元

滑模：滑模设备租赁 =150000 元 / 台

吊车 75t=8 台班 ×3636.98 元 / 台班 =29095.84 元

臂架车（52m×2 辆）=6 台班 ×1398.49 元 / 台班 =8390.94 元

罐车 3 辆 =6 台班 ×1180.79 元 / 台班 =21254.22 元

合计：滑模工艺设备 – 翻模工艺设备 =140860.97 元。

（4）总计：翻模工艺 – 滑模工艺≈ 72.1 万元。表 10–1 为节省费用累计表。

表 10-1　节省费用累计表

施工方法	施工周期	人工成本	材料成本	设备机械	总　计
翻模工艺	40d/ 罐	132995.88	800541.46	67880.03	1001417.37
滑模工艺	15d/ 罐	30400	41300	208741	280441
对比结果	缩短工期 25d	节省 10.25 万元	节省 75.92 万元	多花费 14 万元	节约 72.17 万元

10.2　社会效益

本工法将工程施工由地下向上滑模，避免了搭设脚手架等施工产生措施，而导致的大量材料、设备的投入及施工空间的大量占用，降低了施工产生的作业周期。工程施工建设时，并未对周边的居民及企事业单位造成影响。滑模在筒仓覆土罐施工的成功，为以后我单位承建此类工程情况下的规划建设提供了可靠的决策依据和技术指标，新颖的工法技术将促进地下覆土罐类工程施工技术进步，社会效益和环境效益明显。

11　应用实例

应用实例一：国家成品油储备能力建设 935 处工程

地点：湖北省宜昌市宜都市

开竣工时间：2016 年 8 月 25 日至今

使用效果及存在问题：施工全过程处于安全、稳定、快速、优质的可控状态，覆土罐罐壁的滑模施工方法能保证工期、节约成本，无安全生产事故发生，得到了各方的好评。但是个别细节处还需要不断地完善，例如：模板滑升时板与板之间的缝隙会向下流水，导致罐壁混凝土表面被水冲刷严重影响观感质量，目前以整改完善。滑模施工时在未滑到目标标高是不能停止的，因为停留时间过长会影响滑模提升，导致再次滑动时混凝土观感质量较差并形成施工缝。所以在施工前应把所有的困难及解决办法全部想到，尽量做到有备无患。

应用实例二：国家成品油储备能力建设 653 处工程

地点：新疆自治区昌吉州呼图壁县

开竣工时间：2017 年 7 月 18 日至今

使用效果及存在问题：施工过程中始终处于安全、稳定、快速、优质的可控状态，筒仓类滑模施工方法能做到保证工期、节约成本，无安全生产事故发生，得到了各方的好评。但还需要不断地完善，例如：整体外观质量较差。滑模为“软脱模”工艺，砼表面光洁度较差，需要增设吊篮在施工时随起随抹。滑模施工在钢筋安装、混凝土浇筑、模板滑升等工序方面需平行施工，其施工质量、进度对混凝土的早期强度、作业人员素质、施工机具、砼的拌和运输能力、备用电源等方面的要求较高，需配置专门的机具、人员 24h 进行现场配合，平行投入量集中。所以在施工前应把所有的准备工作做好。